# NOUVEAU

# LIVRE DE CUBAGE

## OU

## TABLES MÉTRIQUES

### de deux en deux centimètres

# NOUVEAU
# LIVRE DE CUBAGE

OU

## TABLES MÉTRIQUES

**De deux en deux centimètres**

Indiquant en MÈTRES CUBES l'encombrement à bord des Navires
des Caisses et des Futailles de toute dimension

SUIVIES DES

## TABLES DE CONVERSION

### EN TONNEAU FRANÇAIS ET ANGLAIS OU AMÉRICAIN

**Ouvrage calculé sur les bases posées par**

## LA CHAMBRE DE COMMERCE DU HAVRE

ET PUBLIÉ SOUS SON PATRONAGE

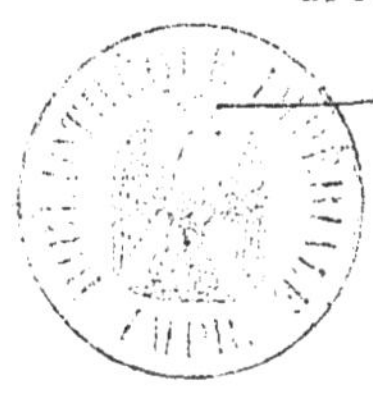

### 3ᵉ ÉDITION

REVUE ET CORRIGÉE AVEC LE PLUS GRAND SOIN

**Relié, Répertoire découpé 15 Fr.**

**HAVRE**

IMPRIMERIE DU COMMERCE — ALPH. LEMALE — EDITEUR

QUAI D'ORLÉANS, 9

1858

# Explication et Usage des Tables.

Le fret des marchandises s'établit assez généralement, non pas d'après le poids des marchandises, mais bien d'après l'encombrement, surtout lorsqu'il s'agit de caisses, ballots ou paniers. Cet encombrement cubique s'obtient par la multiplication pure et simple des trois dimensions.

Pour *toiser* les colis, d'après la loi du 4 juillet 1837, on ne peut se servir que du mètre ou d'une toise métrique. On conçoit donc que pour avoir le Cubage des colis, il faudrait opérer pour chacun d'eux des multiplications longues et fatigantes. C'est pour éviter au Commerce des opérations qui l'exposeraient à commettre des erreurs que ces Tables ont été calculées.

Pour faciliter l'usage de ces Tables, on leur a conservé la forme qu'elles avaient dans l'ouvrage anglais. La manière de les employer est toujours la même ; il n'y a de changé que le système ; le *mètre* et le *centimètre* ont remplacé le *pied* et le *pouce*. Les Tables nouvelles sont construites de *deux* en *deux* centimètres ; elles présentent donc plus de précision que les anciennes qui n'étaient établies que de *pouce* en *pouce*. En outre, les calculs ont été poussés jusqu'à la troisième décimale, tandis que les Tables anglaises de W. Norie ne vont pas au-delà des douzièmes de pieds cubes.

EXEMPLE

*Pour avoir la solidité d'une caisse de 2$^m$,60 de longueur sur 1$^m$,60 de largeur et 0$^m$,96 centimètres d'épaisseur.*

La plus petite dimension étant 0$^m$,96 centimètres, on la cherche sur l'Indicateur placé à la marge, ou au haut des pages, à la place ordinaire de la pagination ; on cherche également la moyenne dimension 1$^m$,60 en tête de cette même page à la 3$^{me}$ colonne sous le titre *largeur ;* puis en descendant dans cette colonne jusque vis-à-vis 2$^m$,60, on trouve 3$^m$,994 qui est le Cubage cherché.

Cet exemple suffit pour indiquer le moyen de trouver le cubage de tous les colis dont la plus petite dimension n'excède pas 1$^m$,30 (4 pieds) ; les Tables de W. Norie qui n'allaient pas au-delà suffisaient aux besoins du commerce.

---

*Colis dont les dimensions ne se trouvent pas dans les tables.*

S'il arrivait qu'un colis dépassât, par l'une de ses dimensions l'étendue des Tables, il y aurait deux moyens de se procurer le Cubage de ce colis :

Le premier moyen consiste à prendre la moitié de la dimension la plus
forte, puis on cherche la solidité pour cette moitié (les autres dimensions
restant les mêmes), et on double le résultat.

EXEMPLE

*Trouver la solidité d'une caisse de 4ᵐ,12 de longueur, sur 1ᵐ 90 de
largeur et 1ᵐ,20 d'épaisseur.* — La plus grande dimension 4ᵐ,12 ne se
trouvant pas dans les Tables, on prend la moitié de cette dimension, soit
2ᵐ,06. — Les dimensions du colis sont alors 2,06 — 1ᵐ,90 — et 1ᵐ,20.—
On trouve dans la Table pour résultat 4ᵐ,697. En doublant, on obtient le
Cubage réel de la caisse qui est de 9ᵐ,394.

La seconde méthode consiste à faire le calcul qui s'obtient au moyen
de la multiplication pure et simple des trois dimensions.

Ainsi, dans l'exemple précédent, on aurait obtenu également 9ᵐ,394,
en opérant le forcement sur la troisième décimale.

|  |  |
|---|---|
| longueur | 4, 12 |
| multipliée par la largeur | 1, 90 |
|  | 37080 |
|  | 412 |
|  | 7,8280 |
| multipliée par l'épaisseur | 1, 20 |
|  | 1565600 |
|  | 78280 |

9ᵐ,393600, Cubage cherché.

Il arrive souvent qu'en prenant la moitié d'une dimension, on obtient
pour résultat un nombre impair qui ne se rencontre pas dans les Tables.
Ainsi, s'il fallait prendre la moitié de 4ᵐ,30, on aurait 2ᵐ,15 qui ne se
trouvent pas dans la Table construite de 2 en 2 cent., et qui ne renferme
que des dimensions exprimées en nombres pairs ; on obvie à cet inconvénient en prenant les deux sommes qui se rapprochent le plus *en plus* et
*en moins* de ce nombre impair, soit 2ᵐ,10 et 2ᵐ,20 ; en les additionnant,
on obtient le résultat cherché.

---

Les décimales exprimées après les mètres cubes ne sont pas des milli-
mètres cubes, ainsi qu'ils seraient nommés dans la numération des mesures
de longueur, mais bien des décimètres cubes. Pour se rendre compte de cette
désignation, on peut supposer un cube ou un dé ayant les dimensions d'un
centimètre cube, c'est-à-dire d'un centimètre sur chacune de ses faces.

10 dés placés, soit les uns à côté des autres, soit les uns au-dessus
des autres ne pourraient former la figure du décimètre cube qui doit avoir
un décimètre sur toute face. Il faudrait donc placer les uns à côté des
autres dix lignes de chacune dix dés, pour avoir le décimètre carré, et
superposer dix décimètres carrés les uns au-dessus des autres, pour
obtenir la figure du décimètre cube. Or, les 10 lignes de 10 dés repré-
sentent 100 dés, qui, multipliés par dix, donnent 1000 dés pour le décimètre cube.

Même observation pour le rapport du décimètre cube avec le mètre
cube.

# BARRIQUES ET FUTAILLES

## Mesure de la solidité des Barriques et Futailles

Les Futailles ou Pièces sont d'une forme cylindrique, et généralement elles vont en diminuant depuis la bonde jusqu'aux deux bouts. Dans le Commerce, pour mesurer leur solidité, on les considère comme un solide carré dont la largeur égale l'épaisseur, et pour obtenir l'encombrement cubique de la Futaille, on déduit un *cinquième* du résultat obtenu pour le solide carré.

### EXEMPLE

*Soit une futaille dont le plus grand diamètre est de* 1ᵐ,22 *et la longueur de* 2ᵐ,44. En considérant cette futaille comme un solide à arête droite, on trouvera son encombrement cubique dans la Table qui porte 1ᵐ,22 sur l'Indicateur placé à la marge, vis-à-vis la longueur 2ᵐ,44 et dans la colonne commençant en tête par 1ᵐ,22. Cet encombrement est de 3ᵐ,632; en retranchant le cinquième de ce produit, on obtient 2ᵐ,905 pour le Cubage de la futaille. C'est précisément le chiffre que l'on trouve dans la *colonne des futailles,* colonne dans laquelle la déduction du cinquième a été faite.

Depuis quelques années on ne fait plus la déduction du cinquième ; alors, c'est dans la colonne qui suit celle des futailles que se trouve l'encombrement. On ne tient compte de la déduction du cinquième que quand il s'agit d'un nombre important de barriques. Dans l'un et l'autre cas les Tables peuvent servir.

# DES TABLES DE RÉDUCTION.

Notre ouvrage est terminé par des Tables de réduction dans lesquelles tous les résultats qui se trouvent dans les Tables de Cubage correspondent aux tonneaux et millièmes de tonneau de mer français, anglais ou américain. C'est un avantage que n'avaient pas les anciennes Tables : en effet, les Tables anglaises de W. Norie présentaient la réduction des pieds et pouces cubes en *Tonneaux anglais ou américains,* et les Tables françaises publiées à Bordeaux donnaient cette réduction en *tonneaux français.* Il fallait donc se servir de l'une ou de l'autre de ces Tables, suivant la nature du chargement. Les nôtres peuvent servir, soit qu'on charge sur les navires français ou sur les navires étrangers, puisque nous avons donné la *Réduction des Cubages métriques en tonneau français et anglais ou américain.*

Pour construire ces Tables, nous avons employé les rapports suivants :

Le tonneau français est de 42 pieds cubes correspondant à 1$^m$,43955.

En faisant cette proportion :

Si 1$^m$,43955, forment 1 *tonneau de mer français*, 1 mètre cube donnera.................................................................................... 0 T,6946.

Le tonneau anglais ou américain est de 40 pieds cubes anglais ; en adoptant le rapport donné dans l'Annuaire du Bureau des Longitudes, 1 pied anglais $= 0^m$,3048 ; on trouve donc pour 40 pieds cubes, ou un tonneau, 1$^m$,13267.

Si 1$^m$,13267 forment 1 *tonneau de mer anglais*, 1 mètre cube donnera.................................................................................... 0 T,8829.

Lorsque le résultat d'un cubage ne se trouve pas dans la table, ce qui ne peut se présenter que rarement, voici la manière dont on doit opérer :

En supposant que le cubage à convertir en tonneau soit de 12 mètres cubes 357 millièmes.

|  | tonneaux français | tonneaux anglais |
|---|---|---|
| Pour 10 mètres cubes la table donne...................... | 6 947 | 8 829 |
| Pour 2 mètres cubes.......................................... | 2 084 | 2 648 |
| Pour 357 millièmes ou décimètres cubes............... | 0 248 | 0 315 |
| Tonnage cherché.... | 9 279 | 10 972 |

Cet exemple sert à démontrer qu'il sera toujours facile de trouver, par une simple addition, le nombre de tonneaux de mer correspondant au cubage obtenu.

________

Quand le *Livre de Cubage* est découpé en marge *comme un répertoire*, on peut voir d'un coup d'œil la page qui contient la Table dont on a besoin ; mais les divisions de cet ouvrage étant beaucoup plus nombreuses que dans l'ancien Barême, il devient très difficile de découper exactement le répertoire ; pour obvier autant que possible à cet inconvénient, nous avons répété, au haut de chaque page, le chiffre déjà imprimé en marge, en sorte qu'en feuilletant le livre on trouvera de suite *la plus petite dimension* cherchée.

________

### Observation importante.

Les Tables de Cubage peuvent servir non seulement pour trouver l'encombrement cubique des colis, mais encore pour trouver le cube de tous les corps réguliers dont les dimensions sont exprimées en nombres pairs.

# AVERTISSEMENT.

—oo:o:oo—

**Ces Tables sont dressées de 2 en 2 centimètres.**

La plus grande dimension est toujours la *Longueur ;*

La moyenne est la *Largeur ;*

La plus petite l'*Épaisseur.*

L'*Epaisseur* se trouve sur l'Indicateur de la marge, ou au haut des pages, à la place ordinaire de la pagination ;

La *Largeur,* en tête des Tableaux ;

La *Longueur,* dans la première colonne à gauche de chaque Tableau.

Le Cubage cherché se trouve, dans la Table, au point de rencontre des deux plus grandes dimensions.

Le Cubage est exprimé en millièmes de mètre cube ; les calculs ont été poussés jusqu'à la quatrième décimale ; la troisième a été augmentée d'une unité toutes les fois que la quatrième a atteint ou dépassé le nombre 5.

LARGEUR — 10

| LONGUEUR | 0,20 | 0,22 | 0,24 | 0,26 | 0,28 | 0,30 | 0,32 | 0,34 | 0,36 | 0,38 |
|---|---|---|---|---|---|---|---|---|---|---|
| 0,20 | 0 008 | | | | | | | | | |
| 0,22 | 0 009 | 0 010 | | | | | | | | |
| 0,24 | 0 010 | 0 011 | 0 012 | | | | | | | |
| 0,26 | 0 010 | 0 011 | 0 012 | 0 014 | | | | | | |
| 0,28 | 0 011 | 0 012 | 0 013 | 0 015 | 0 016 | | | | | |
| 0,30 | 0 012 | 0 013 | 0 014 | 0 016 | 0 017 | 0 018 | | | | |
| 0,32 | 0 013 | 0 014 | 0 015 | 0 017 | 0 018 | 0 019 | 0 020 | | | |
| 0,34 | 0 014 | 0 015 | 0 016 | 0 018 | 0 019 | 0 020 | 0 022 | 0 023 | | |
| 0,36 | 0 015 | 0 016 | 0 017 | 0 019 | 0 020 | 0 022 | 0 023 | 0 024 | 0 026 | |
| 0,38 | 0 015 | 0 017 | 0 018 | 0 020 | 0 021 | 0 023 | 0 024 | 0 026 | 0 027 | 0 029 |
| 0,40 | 0 016 | 0 018 | 0 019 | 0 021 | 0 022 | 0 024 | 0 026 | 0 027 | 0 029 | 0 030 |
| 0,42 | 0 017 | 0 018 | 0 020 | 0 022 | 0 024 | 0 025 | 0 027 | 0 029 | 0 030 | 0 032 |
| 0,44 | 0 018 | 0 019 | 0 021 | 0 023 | 0 025 | 0 026 | 0 028 | 0 030 | 0 032 | 0 033 |
| 0,46 | 0 018 | 0 020 | 0 022 | 0 024 | 0 026 | 0 028 | 0 029 | 0 031 | 0 033 | 0 035 |
| 0,48 | 0 019 | 0 021 | 0 023 | 0 025 | 0 027 | 0 029 | 0 031 | 0 033 | 0 035 | 0 036 |
| 0,50 | 0 020 | 0 022 | 0 024 | 0 026 | 0 028 | 0 030 | 0 032 | 0 034 | 0 036 | 0 038 |
| 0,52 | 0 021 | 0 023 | 0 025 | 0 027 | 0 029 | 0 031 | 0 033 | 0 035 | 0 037 | 0 039 |
| 0,54 | 0 022 | 0 024 | 0 026 | 0 028 | 0 030 | 0 032 | 0 034 | 0 037 | 0 039 | 0 041 |
| 0,56 | 0 022 | 0 025 | 0 027 | 0 029 | 0 031 | 0 034 | 0 035 | 0 038 | 0 040 | 0 043 |
| 0,58 | 0 023 | 0 026 | 0 028 | 0 030 | 0 032 | 0 035 | 0 037 | 0 039 | 0 042 | 0 044 |
| 0,60 | 0 024 | 0 026 | 0 029 | 0 031 | 0 034 | 0 036 | 0 038 | 0 041 | 0 043 | 0 046 |
| 0,62 | 0 025 | 0 027 | 0 030 | 0 032 | 0 035 | 0 037 | 0 040 | 0 042 | 0 045 | 0 047 |
| 0,64 | 0 026 | 0 028 | 0 031 | 0 033 | 0 036 | 0 038 | 0 041 | 0 044 | 0 046 | 0 049 |
| 0,66 | 0 026 | 0 029 | 0 032 | 0 034 | 0 037 | 0 040 | 0 042 | 0 045 | 0 048 | 0 050 |
| 0,68 | 0 027 | 0 030 | 0 033 | 0 035 | 0 038 | 0 041 | 0 044 | 0 046 | 0 049 | 0 052 |
| 0,70 | 0 028 | 0 031 | 0 034 | 0 036 | 0 039 | 0 042 | 0 045 | 0 048 | 0 050 | 0 053 |
| 0,72 | 0 029 | 0 032 | 0 035 | 0 037 | 0 040 | 0 043 | 0 046 | 0 049 | 0 052 | 0 055 |
| 0,74 | 0 030 | 0 033 | 0 036 | 0 038 | 0 041 | 0 044 | 0 047 | 0 050 | 0 053 | 0 056 |
| 0,76 | 0 030 | 0 033 | 0 036 | 0 040 | 0 043 | 0 046 | 0 049 | 0 052 | 0 055 | 0 058 |
| 0,78 | 0 031 | 0 034 | 0 037 | 0 041 | 0 044 | 0 047 | 0 050 | 0 053 | 0 056 | 0 059 |
| 0,80 | 0 032 | 0 035 | 0 038 | 0 042 | 0 045 | 0 048 | 0 051 | 0 054 | 0 058 | 0 061 |
| 0,82 | 0 033 | 0 036 | 0 039 | 0 043 | 0 046 | 0 049 | 0 052 | 0 056 | 0 059 | 0 062 |
| 0,84 | 0 034 | 0 037 | 0 040 | 0 044 | 0 047 | 0 050 | 0 054 | 0 057 | 0 060 | 0 064 |
| 0,86 | 0 034 | 0 038 | 0 041 | 0 045 | 0 048 | 0 052 | 0 055 | 0 058 | 0 062 | 0 065 |
| 0,88 | 0 035 | 0 039 | 0 042 | 0 046 | 0 049 | 0 053 | 0 056 | 0 060 | 0 063 | 0 067 |
| 0,90 | 0 036 | 0 040 | 0 043 | 0 047 | 0 050 | 0 054 | 0 058 | 0 061 | 0 065 | 0 068 |
| 0,92 | 0 037 | 0 040 | 0 044 | 0 048 | 0 052 | 0 055 | 0 059 | 0 063 | 0 066 | 0 070 |
| 0,94 | 0 038 | 0 041 | 0 045 | 0 049 | 0 053 | 0 056 | 0 060 | 0 064 | 0 068 | 0 071 |
| 0,96 | 0 038 | 0 042 | 0 046 | 0 050 | 0 054 | 0 058 | 0 061 | 0 065 | 0 069 | 0 073 |
| 0,98 | 0 039 | 0 043 | 0 047 | 0 051 | 0 055 | 0 059 | 0 063 | 0 067 | 0 071 | 0 074 |
| 1,— | 0 040 | 0 044 | 0 048 | 0 052 | 0 056 | 0 060 | 0 064 | 0 068 | 0 072 | 0 076 |
| 1,02 | 0 041 | 0 045 | 0 049 | 0 053 | 0 057 | 0 061 | 0 065 | 0 069 | 0 073 | 0 078 |
| 1,04 | 0 042 | 0 046 | 0 050 | 0 054 | 0 058 | 0 062 | 0 067 | 0 071 | 0 075 | 0 079 |
| 1,06 | 0 042 | 0 047 | 0 051 | 0 055 | 0 060 | 0 064 | 0 068 | 0 072 | 0 076 | 0 081 |
| 1,08 | 0 043 | 0 048 | 0 052 | 0 056 | 0 060 | 0 065 | 0 069 | 0 073 | 0 078 | 0 082 |
| 1,10 | 0 044 | 0 048 | 0 053 | 0 057 | 0 062 | 0 066 | 0 070 | 0 075 | 0 079 | 0 084 |
| 1,12 | 0 045 | 0 049 | 0 054 | 0 058 | 0 063 | 0 067 | 0 072 | 0 076 | 0 081 | 0 085 |
| 1,14 | 0 046 | 0 050 | 0 055 | 0 059 | 0 064 | 0 068 | 0 073 | 0 078 | 0 082 | 0 087 |
| 1,16 | 0 046 | 0 051 | 0 056 | 0 060 | 0 065 | 0 070 | 0 074 | 0 079 | 0 084 | 0 088 |
| 1,18 | 0 047 | 0 052 | 0 057 | 0 061 | 0 066 | 0 071 | 0 076 | 0 080 | 0 085 | 0 090 |
| 1,20 | 0 048 | 0 053 | 0 058 | 0 062 | 0 067 | 0 072 | 0 077 | 0 082 | 0 086 | 0 091 |
| 1,22 | 0 049 | 0 054 | 0 059 | 0 063 | 0 068 | 0 073 | 0 078 | 0 083 | 0 088 | 0 093 |
| 1,24 | 0 050 | 0 055 | 0 060 | 0 064 | 0 069 | 0 074 | 0 079 | 0 084 | 0 089 | 0 094 |
| 1,26 | 0 050 | 0 055 | 0 060 | 0 066 | 0 071 | 0 076 | 0 081 | 0 086 | 0 091 | 0 096 |
| 1,28 | 0 051 | 0 056 | 0 061 | 0 067 | 0 072 | 0 077 | 0 082 | 0 087 | 0 092 | 0 097 |
| 1,30 | 0 052 | 0 057 | 0 062 | 0 068 | 0 073 | 0 078 | 0 083 | 0 088 | 0 094 | 0 099 |
| 1,32 | 0 053 | 0 058 | 0 063 | 0 069 | 0 074 | 0 079 | 0 084 | 0 090 | 0 095 | 0 100 |
| 1,34 | 0 054 | 0 060 | 0 065 | 0 071 | 0 076 | 0 082 | 0 087 | 0 092 | 0 098 | 0 102 |
| 1,36 | 0 054 | 0 060 | 0 065 | 0 071 | 0 076 | 0 082 | 0 087 | 0 092 | 0 098 | 0 103 |
| 1,38 | 0 055 | 0 061 | 0 066 | 0 072 | 0 077 | 0 083 | 0 088 | 0 094 | 0 099 | 0 105 |
| 1,40 | 0 056 | 0 062 | 0 067 | 0 073 | 0 078 | 0 084 | 0 090 | 0 095 | 0 101 | 0 106 |
| 1,42 | 0 057 | 0 062 | 0 068 | 0 074 | 0 080 | 0 085 | 0 091 | 0 097 | 0 102 | 0 108 |
| 1,44 | 0 058 | 0 063 | 0 069 | 0 075 | 0 081 | 0 086 | 0 092 | 0 098 | 0 104 | 0 109 |
| 1,46 | 0 058 | 0 064 | 0 070 | 0 076 | 0 082 | 0 088 | 0 093 | 0 099 | 0 105 | 0 111 |
| 1,48 | 0 059 | 0 065 | 0 071 | 0 077 | 0 083 | 0 089 | 0 095 | 0 101 | 0 107 | 0 112 |
| 1,50 | 0 060 | 0 066 | 0 072 | 0 078 | 0 084 | 0 090 | 0 096 | 0 102 | 0 108 | 0 114 |
| 1,52 | 0 061 | 0 067 | 0 073 | 0 079 | 0 085 | 0 091 | 0 097 | 0 103 | 0 109 | 0 116 |
| 1,54 | 0 062 | 0 068 | 0 074 | 0 080 | 0 086 | 0 092 | 0 099 | 0 105 | 0 111 | 0 117 |
| 1,56 | 0 062 | 0 069 | 0 075 | 0 081 | 0 087 | 0 094 | 0 100 | 0 106 | 0 112 | 0 119 |
| 1,58 | 0 063 | 0 070 | 0 076 | 0 082 | 0 088 | 0 095 | 0 101 | 0 107 | 0 114 | 0 120 |





LARGEUR — 11

| LONGUEUR | 0,40 | 0,42 | 0,44 | 0,46 | 0,48 | 0,50 | 0,52 | 0,54 | 0,56 | 0,58 |
|---|---|---|---|---|---|---|---|---|---|---|
| 0,40 | 0 032 | | | | | | | | | |
| 0,42 | 0 034 | 0 035 | | | | | | | | |
| 0,44 | 0 035 | 0 037 | 0 039 | | | | | | | |
| 0,46 | 0 037 | 0 039 | 0 040 | 0 042 | | | | | | |
| 0,48 | 0 038 | 0 040 | 0 042 | 0 044 | 0 046 | | | | | |
| 0,50 | 0 040 | 0 042 | 0 044 | 0 046 | 0 048 | 0 050 | | | | |
| 0,52 | 0 042 | 0 044 | 0 046 | 0 048 | 0 050 | 0 052 | 0 054 | | | |
| 0,54 | 0 043 | 0 045 | 0 048 | 0 050 | 0 052 | 0 054 | 0 056 | 0 058 | | |
| 0,56 | 0 045 | 0 047 | 0 049 | 0 052 | 0 054 | 0 056 | 0 058 | 0 060 | 0 063 | |
| 0,58 | 0 046 | 0 049 | 0 051 | 0 053 | 0 056 | 0 058 | 0 060 | 0 063 | 0 065 | 0 067 |
| 0,60 | 0 048 | 0 050 | 0 053 | 0 055 | 0 058 | 0 060 | 0 062 | 0 065 | 0 067 | 0 070 |
| 0,62 | 0 050 | 0 052 | 0 055 | 0 057 | 0 059 | 0 062 | 0 064 | 0 067 | 0 069 | 0 072 |
| 0,64 | 0 051 | 0 054 | 0 056 | 0 059 | 0 061 | 0 064 | 0 067 | 0 069 | 0 072 | 0 074 |
| 0,66 | 0 053 | 0 055 | 0 058 | 0 061 | 0 063 | 0 066 | 0 069 | 0 071 | 0 074 | 0 077 |
| 0,68 | 0 054 | 0 057 | 0 060 | 0 063 | 0 065 | 0 068 | 0 071 | 0 073 | 0 076 | 0 079 |
| 0,70 | 0 056 | 0 059 | 0 062 | 0 064 | 0 067 | 0 070 | 0 073 | 0 076 | 0 078 | 0 081 |
| 0,72 | 0 058 | 0 060 | 0 063 | 0 066 | 0 069 | 0 072 | 0 075 | 0 078 | 0 081 | 0 084 |
| 0,74 | 0 060 | 0 062 | 0 065 | 0 068 | 0 071 | 0 074 | 0 077 | 0 080 | 0 083 | 0 086 |
| 0,76 | 0 061 | 0 064 | 0 067 | 0 070 | 0 073 | 0 076 | 0 079 | 0 082 | 0 085 | 0 088 |
| 0,78 | 0 062 | 0 066 | 0 069 | 0 072 | 0 075 | 0 078 | 0 081 | 0 084 | 0 087 | 0 090 |
| 0,80 | 0 064 | 0 067 | 0 070 | 0 074 | 0 077 | 0 080 | 0 083 | 0 086 | 0 090 | 0 093 |
| 0,82 | 0 066 | 0 069 | 0 072 | 0 075 | 0 079 | 0 082 | 0 085 | 0 089 | 0 092 | 0 095 |
| 0,84 | 0 067 | 0 071 | 0 074 | 0 077 | 0 081 | 0 084 | 0 087 | 0 091 | 0 094 | 0 097 |
| 0,86 | 0 069 | 0 072 | 0 076 | 0 079 | 0 083 | 0 086 | 0 089 | 0 093 | 0 096 | 0 100 |
| 0,88 | 0 070 | 0 074 | 0 077 | 0 081 | 0 084 | 0 088 | 0 092 | 0 095 | 0 099 | 0 102 |
| 0,90 | 0 072 | 0 076 | 0 079 | 0 083 | 0 086 | 0 090 | 0 094 | 0 097 | 0 101 | 0 104 |
| 0,92 | 0 073 | 0 077 | 0 081 | 0 085 | 0 088 | 0 092 | 0 096 | 0 099 | 0 103 | 0 107 |
| 0,94 | 0 075 | 0 079 | 0 083 | 0 086 | 0 090 | 0 094 | 0 098 | 0 101 | 0 105 | 0 109 |
| 0,96 | 0 077 | 0 081 | 0 084 | 0 088 | 0 092 | 0 096 | 0 100 | 0 104 | 0 108 | 0 111 |
| 0,98 | 0 078 | 0 082 | 0 086 | 0 090 | 0 094 | 0 098 | 0 102 | 0 106 | 0 110 | 0 114 |
| 1,— | 0 080 | 0 084 | 0 088 | 0 092 | 0 096 | 0 100 | 0 104 | 0 108 | 0 112 | 0 116 |
| 1,02 | 0 082 | 0 086 | 0 090 | 0 094 | 0 098 | 0 102 | 0 106 | 0 110 | 0 114 | 0 118 |
| 1,04 | 0 083 | 0 087 | 0 092 | 0 096 | 0 100 | 0 104 | 0 108 | 0 112 | 0 116 | 0 121 |
| 1,06 | 0 085 | 0 089 | 0 093 | 0 098 | 0 102 | 0 106 | 0 110 | 0 114 | 0 119 | 0 123 |
| 1,08 | 0 086 | 0 091 | 0 095 | 0 099 | 0 104 | 0 108 | 0 112 | 0 117 | 0 121 | 0 125 |
| 1,10 | 0 088 | 0 092 | 0 097 | 0 101 | 0 106 | 0 110 | 0 114 | 0 119 | 0 123 | 0 128 |
| 1,12 | 0 090 | 0 094 | 0 099 | 0 103 | 0 107 | 0 112 | 0 116 | 0 121 | 0 125 | 0 130 |
| 1,14 | 0 091 | 0 096 | 0 100 | 0 105 | 0 109 | 0 114 | 0 119 | 0 123 | 0 128 | 0 132 |
| 1,16 | 0 093 | 0 097 | 0 102 | 0 107 | 0 111 | 0 116 | 0 121 | 0 125 | 0 130 | 0 135 |
| 1,18 | 0 094 | 0 099 | 0 104 | 0 109 | 0 113 | 0 118 | 0 123 | 0 127 | 0 132 | 0 137 |
| 1,20 | 0 096 | 0 101 | 0 106 | 0 110 | 0 115 | 0 120 | 0 125 | 0 130 | 0 134 | 0 139 |
| 1,22 | 0 098 | 0 102 | 0 107 | 0 112 | 0 117 | 0 122 | 0 127 | 0 132 | 0 137 | 0 142 |
| 1,24 | 0 099 | 0 104 | 0 109 | 0 114 | 0 119 | 0 124 | 0 129 | 0 134 | 0 139 | 0 144 |
| 1,26 | 0 101 | 0 106 | 0 111 | 0 116 | 0 121 | 0 126 | 0 131 | 0 136 | 0 141 | 0 146 |
| 1,28 | 0 102 | 0 108 | 0 113 | 0 118 | 0 123 | 0 128 | 0 133 | 0 138 | 0 143 | 0 148 |
| 1,30 | 0 104 | 0 109 | 0 114 | 0 120 | 0 125 | 0 130 | 0 135 | 0 140 | 0 146 | 0 151 |
| 1,32 | 0 106 | 0 111 | 0 116 | 0 121 | 0 127 | 0 132 | 0 137 | 0 143 | 0 148 | 0 153 |
| 1,34 | 0 107 | 0 113 | 0 118 | 0 123 | 0 129 | 0 134 | 0 139 | 0 145 | 0 150 | 0 155 |
| 1,36 | 0 109 | 0 114 | 0 120 | 0 125 | 0 131 | 0 136 | 0 141 | 0 147 | 0 152 | 0 158 |
| 1,38 | 0 110 | 0 116 | 0 121 | 0 127 | 0 132 | 0 138 | 0 144 | 0 149 | 0 155 | 0 160 |
| 1,40 | 0 112 | 0 118 | 0 123 | 0 129 | 0 134 | 0 140 | 0 146 | 0 151 | 0 157 | 0 162 |
| 1,42 | 0 114 | 0 119 | 0 125 | 0 131 | 0 136 | 0 142 | 0 148 | 0 153 | 0 159 | 0 165 |
| 1,44 | 0 115 | 0 121 | 0 127 | 0 132 | 0 138 | 0 144 | 0 150 | 0 156 | 0 161 | 0 167 |
| 1,46 | 0 117 | 0 123 | 0 128 | 0 134 | 0 140 | 0 146 | 0 152 | 0 158 | 0 164 | 0 169 |
| 1,48 | 0 118 | 0 124 | 0 130 | 0 136 | 0 142 | 0 148 | 0 154 | 0 160 | 0 166 | 0 172 |
| 1,50 | 0 120 | 0 126 | 0 132 | 0 138 | 0 144 | 0 150 | 0 156 | 0 162 | 0 168 | 0 174 |
| 1,52 | 0 122 | 0 128 | 0 134 | 0 140 | 0 146 | 0 152 | 0 158 | 0 164 | 0 170 | 0 176 |
| 1,54 | 0 123 | 0 129 | 0 136 | 0 142 | 0 148 | 0 154 | 0 160 | 0 166 | 0 172 | 0 179 |
| 1,56 | 0 125 | 0 131 | 0 137 | 0 144 | 0 150 | 0 156 | 0 162 | 0 168 | 0 175 | 0 181 |
| 1,58 | 0 126 | 0 133 | 0 139 | 0 145 | 0 152 | 0 158 | 0 164 | 0 171 | 0 177 | 0 183 |

| LONGUEUR | 0,60 | 0,62 | 0,64 | 0,66 | 0,68 | 0,70 | 0,72 | 0,74 | 0,76 | 0,78 |
|---|---|---|---|---|---|---|---|---|---|---|
| 0,60 | 0 072 |  |  |  |  |  |  |  |  |  |
| 62 | 0 074 | 0 077 |  |  |  |  |  |  |  |  |
| 64 | 0 077 | 0 079 | 0 082 |  |  |  |  |  |  |  |
| 66 | 0 079 | 0 082 | 0 084 | 0 087 |  |  |  |  |  |  |
| 68 | 0 082 | 0 084 | 0 087 | 0 090 | 0 092 |  |  |  |  |  |
| 0,70 | 0 084 | 0 087 | 0 090 | 0 092 | 0 095 | 0 098 |  |  |  |  |
| 72 | 0 086 | 0 089 | 0 092 | 0 095 | 0 098 | 0 101 | 0 104 |  |  |  |
| 74 | 0 089 | 0 092 | 0 095 | 0 098 | 0 101 | 0 104 | 0 107 | 0 110 |  |  |
| 76 | 0 091 | 0 094 | 0 097 | 0 100 | 0 103 | 0 106 | 0 109 | 0 112 | 0 116 |  |
| 78 | 0 094 | 0 097 | 0 100 | 0 103 | 0 106 | 0 109 | 0 112 | 0 115 | 0 119 | 0 122 |
| 0,80 | 0 096 | 0 099 | 0 102 | 0 106 | 0 109 | 0 112 | 0 115 | 0 118 | 0 122 | 0 125 |
| 82 | 0 098 | 0 102 | 0 105 | 0 108 | 0 112 | 0 115 | 0 118 | 0 121 | 0 125 | 0 128 |
| 84 | 0 101 | 0 104 | 0 108 | 0 111 | 0 114 | 0 118 | 0 121 | 0 124 | 0 128 | 0 131 |
| 86 | 0 103 | 0 107 | 0 110 | 0 114 | 0 117 | 0 120 | 0 124 | 0 127 | 0 131 | 0 134 |
| 88 | 0 106 | 0 109 | 0 113 | 0 116 | 0 120 | 0 123 | 0 127 | 0 130 | 0 134 | 0 137 |
| 0,90 | 0 108 | 0 112 | 0 115 | 0 119 | 0 122 | 0 126 | 0 130 | 0 133 | 0 137 | 0 140 |
| 92 | 0 110 | 0 114 | 0 118 | 0 121 | 0 125 | 0 129 | 0 132 | 0 136 | 0 140 | 0 144 |
| 94 | 0 113 | 0 117 | 0 120 | 0 124 | 0 128 | 0 132 | 0 135 | 0 139 | 0 143 | 0 147 |
| 96 | 0 115 | 0 119 | 0 123 | 0 127 | 0 131 | 0 134 | 0 138 | 0 142 | 0 146 | 0 150 |
| 98 | 0 118 | 0 122 | 0 125 | 0 129 | 0 133 | 0 137 | 0 141 | 0 145 | 0 149 | 0 153 |
| 1,— | 0 120 | 0 124 | 0 128 | 0 132 | 0 136 | 0 140 | 0 144 | 0 148 | 0 152 | 0 156 |
| 02 | 0 122 | 0 126 | 0 131 | 0 135 | 0 139 | 0 143 | 0 147 | 0 151 | 0 155 | 0 159 |
| 04 | 0 125 | 0 129 | 0 133 | 0 137 | 0 141 | 0 146 | 0 150 | 0 154 | 0 158 | 0 162 |
| 06 | 0 127 | 0 131 | 0 136 | 0 140 | 0 144 | 0 148 | 0 153 | 0 157 | 0 161 | 0 165 |
| 08 | 0 130 | 0 134 | 0 138 | 0 143 | 0 147 | 0 151 | 0 156 | 0 160 | 0 164 | 0 168 |
| 1,10 | 0 132 | 0 136 | 0 141 | 0 145 | 0 150 | 0 154 | 0 158 | 0 163 | 0 167 | 0 172 |
| 12 | 0 134 | 0 139 | 0 143 | 0 148 | 0 152 | 0 157 | 0 161 | 0 166 | 0 170 | 0 175 |
| 14 | 0 137 | 0 141 | 0 146 | 0 150 | 0 155 | 0 160 | 0 164 | 0 169 | 0 173 | 0 178 |
| 16 | 0 139 | 0 144 | 0 148 | 0 153 | 0 158 | 0 162 | 0 167 | 0 172 | 0 176 | 0 181 |
| 18 | 0 142 | 0 146 | 0 151 | 0 156 | 0 160 | 0 165 | 0 170 | 0 175 | 0 179 | 0 184 |
| 1,20 | 0 144 | 0 149 | 0 154 | 0 158 | 0 163 | 0 168 | 0 173 | 0 178 | 0 182 | 0 187 |
| 22 | 0 146 | 0 151 | 0 156 | 0 161 | 0 166 | 0 171 | 0 176 | 0 181 | 0 185 | 0 190 |
| 24 | 0 149 | 0 154 | 0 159 | 0 164 | 0 169 | 0 174 | 0 179 | 0 184 | 0 188 | 0 193 |
| 26 | 0 151 | 0 156 | 0 161 | 0 166 | 0 171 | 0 176 | 0 181 | 0 186 | 0 192 | 0 197 |
| 28 | 0 154 | 0 159 | 0 164 | 0 169 | 0 174 | 0 179 | 0 184 | 0 189 | 0 195 | 0 200 |
| 1,30 | 0 156 | 0 161 | 0 166 | 0 172 | 0 177 | 0 182 | 0 187 | 0 192 | 0 198 | 0 203 |
| 32 | 0 158 | 0 164 | 0 169 | 0 174 | 0 180 | 0 185 | 0 190 | 0 195 | 0 201 | 0 206 |
| 34 | 0 161 | 0 166 | 0 172 | 0 177 | 0 182 | 0 188 | 0 193 | 0 198 | 0 204 | 0 209 |
| 36 | 0 163 | 0 169 | 0 174 | 0 180 | 0 185 | 0 190 | 0 196 | 0 201 | 0 207 | 0 212 |
| 38 | 0 166 | 0 171 | 0 177 | 0 182 | 0 188 | 0 193 | 0 199 | 0 204 | 0 210 | 0 215 |
| 1,40 | 0 168 | 0 174 | 0 179 | 0 185 | 0 190 | 0 196 | 0 202 | 0 207 | 0 213 | 0 218 |
| 42 | 0 170 | 0 176 | 0 182 | 0 187 | 0 193 | 0 199 | 0 204 | 0 210 | 0 216 | 0 222 |
| 44 | 0 173 | 0 179 | 0 184 | 0 190 | 0 196 | 0 202 | 0 207 | 0 213 | 0 219 | 0 225 |
| 46 | 0 175 | 0 181 | 0 187 | 0 193 | 0 199 | 0 204 | 0 210 | 0 216 | 0 222 | 0 228 |
| 48 | 0 178 | 0 184 | 0 189 | 0 195 | 0 201 | 0 207 | 0 213 | 0 219 | 0 225 | 0 231 |
| 1,50 | 0 180 | 0 186 | 0 192 | 0 198 | 0 204 | 0 210 | 0 216 | 0 222 | 0 228 | 0 234 |
| 52 | 0 182 | 0 188 | 0 195 | 0 201 | 0 207 | 0 213 | 0 219 | 0 225 | 0 231 | 0 237 |
| 54 | 0 185 | 0 191 | 0 197 | 0 203 | 0 209 | 0 216 | 0 222 | 0 228 | 0 234 | 0 240 |
| 56 | 0 187 | 0 193 | 0 200 | 0 206 | 0 212 | 0 218 | 0 225 | 0 231 | 0 237 | 0 243 |
| 58 | 0 190 | 0 196 | 0 202 | 0 209 | 0 215 | 0 221 | 0 228 | 0 234 | 0 240 | 0 246 |
| 1,60 | 0 192 | 0 198 | 0 205 | 0 211 | 0 218 | 0 224 | 0 230 | 0 237 | 0 243 | 0 250 |
| 62 | 0 194 | 0 201 | 0 207 | 0 214 | 0 220 | 0 227 | 0 233 | 0 240 | 0 246 | 0 253 |
| 64 | 0 197 | 0 203 | 0 210 | 0 216 | 0 223 | 0 230 | 0 236 | 0 243 | 0 249 | 0 256 |
| 66 | 0 199 | 0 206 | 0 212 | 0 219 | 0 226 | 0 232 | 0 239 | 0 246 | 0 252 | 0 259 |
| 68 | 0 202 | 0 208 | 0 215 | 0 222 | 0 228 | 0 235 | 0 242 | 0 249 | 0 255 | 0 262 |
| 1,70 | 0 204 | 0 211 | 0 218 | 0 224 | 0 231 | 0 238 | 0 245 | 0 252 | 0 258 | 0 265 |
| 72 | 0 206 | 0 213 | 0 220 | 0 227 | 0 234 | 0 241 | 0 248 | 0 255 | 0 261 | 0 268 |
| 74 | 0 209 | 0 216 | 0 223 | 0 230 | 0 237 | 0 244 | 0 251 | 0 258 | 0 264 | 0 271 |
| 76 | 0 211 | 0 218 | 0 225 | 0 232 | 0 239 | 0 246 | 0 253 | 0 260 | 0 268 | 0 275 |
| 78 | 0 214 | 0 221 | 0 228 | 0 235 | 0 242 | 0 249 | 0 256 | 0 263 | 0 271 | 0 278 |
| 1,80 | 0 216 | 0 223 | 0 230 | 0 238 | 0 245 | 0 252 | 0 259 | 0 266 | 0 274 | 0 281 |
| 82 | 0 218 | 0 226 | 0 233 | 0 240 | 0 248 | 0 255 | 0 262 | 0 269 | 0 277 | 0 284 |
| 84 | 0 221 | 0 228 | 0 236 | 0 243 | 0 250 | 0 258 | 0 265 | 0 272 | 0 280 | 0 287 |
| 86 | 0 223 | 0 231 | 0 238 | 0 246 | 0 253 | 0 260 | 0 268 | 0 275 | 0 283 | 0 290 |
| 88 | 0 226 | 0 233 | 0 241 | 0 248 | 0 256 | 0 263 | 0 271 | 0 278 | 0 286 | 0 293 |
| 1,90 | 0 228 | 0 236 | 0 243 | 0 251 | 0 258 | 0 266 | 0 274 | 0 281 | 0 289 | 0 296 |
| 92 | 0 230 | 0 238 | 0 246 | 0 253 | 0 261 | 0 269 | 0 276 | 0 284 | 0 292 | 0 300 |
| 94 | 0 233 | 0 241 | 0 248 | 0 256 | 0 264 | 0 272 | 0 279 | 0 287 | 0 295 | 0 303 |
| 96 | 0 235 | 0 243 | 0 251 | 0 259 | 0 267 | 0 274 | 0 282 | 0 290 | 0 298 | 0 306 |
| 98 | 0 238 | 0 246 | 0 253 | 0 261 | 0 269 | 0 277 | 0 285 | 0 293 | 0 301 | 0 309 |





| LONGUEUR | 0,80 | 0,82 | 0,84 | 0,86 | 0,88 | 0,90 | 0,92 | 0,94 | 0,96 | 0,98 |
|---|---|---|---|---|---|---|---|---|---|---|
| 0,80 | 0 128 |  |  |  |  |  |  |  |  |  |
| 82 | 0 131 | 0 134 |  |  |  |  |  |  |  |  |
| 84 | 0 134 | 0 138 | 0 141 |  |  |  |  |  |  |  |
| 86 | 0 138 | 0 141 | 0 144 | 0 148 |  |  |  |  |  |  |
| 88 | 0 141 | 0 144 | 0 148 | 0 151 | 0 155 |  |  |  |  |  |
| 0,90 | 0 144 | 0 148 | 0 151 | 0 155 | 0 158 | 0 162 |  |  |  |  |
| 92 | 0 147 | 0 151 | 0 155 | 0 158 | 0 162 | 0 166 | 0 169 |  |  |  |
| 94 | 0 150 | 0 154 | 0 158 | 0 162 | 0 165 | 0 169 | 0 173 | 0 177 |  |  |
| 96 | 0 154 | 0 157 | 0 161 | 0 165 | 0 169 | 0 173 | 0 177 | 0 180 | 0 184 |  |
| 98 | 0 157 | 0 161 | 0 165 | 0 169 | 0 172 | 0 176 | 0 180 | 0 184 | 0 188 | 0 192 |
| 1,— | 0 160 | 0 164 | 0 168 | 0 172 | 0 176 | 0 180 | 0 184 | 0 188 | 0 192 | 0 196 |
| 02 | 0 163 | 0 167 | 0 171 | 0 175 | 0 180 | 0 184 | 0 188 | 0 192 | 0 196 | 0 200 |
| 04 | 0 166 | 0 171 | 0 175 | 0 179 | 0 183 | 0 187 | 0 191 | 0 196 | 0 200 | 0 204 |
| 06 | 0 170 | 0 174 | 0 178 | 0 182 | 0 187 | 0 191 | 0 195 | 0 199 | 0 204 | 0 208 |
| 08 | 0 173 | 0 177 | 0 181 | 0 186 | 0 190 | 0 194 | 0 199 | 0 203 | 0 207 | 0 212 |
| 1,10 | 0 176 | 0 180 | 0 185 | 0 189 | 0 194 | 0 198 | 0 202 | 0 207 | 0 211 | 0 216 |
| 12 | 0 179 | 0 184 | 0 188 | 0 193 | 0 197 | 0 202 | 0 206 | 0 211 | 0 215 | 0 220 |
| 14 | 0 182 | 0 187 | 0 192 | 0 196 | 0 201 | 0 205 | 0 210 | 0 214 | 0 219 | 0 223 |
| 16 | 0 186 | 0 190 | 0 195 | 0 200 | 0 204 | 0 209 | 0 213 | 0 218 | 0 223 | 0 227 |
| 18 | 0 189 | 0 194 | 0 198 | 0 203 | 0 208 | 0 212 | 0 217 | 0 222 | 0 227 | 0 231 |
| 1,20 | 0 192 | 0 197 | 0 202 | 0 206 | 0 211 | 0 216 | 0 221 | 0 226 | 0 230 | 0 235 |
| 22 | 0 195 | 0 200 | 0 205 | 0 210 | 0 215 | 0 220 | 0 224 | 0 229 | 0 234 | 0 239 |
| 24 | 0 198 | 0 203 | 0 208 | 0 213 | 0 218 | 0 223 | 0 228 | 0 233 | 0 238 | 0 243 |
| 26 | 0 202 | 0 207 | 0 212 | 0 217 | 0 222 | 0 227 | 0 232 | 0 237 | 0 242 | 0 247 |
| 28 | 0 205 | 0 210 | 0 215 | 0 220 | 0 225 | 0 230 | 0 236 | 0 241 | 0 246 | 0 251 |
| 1,30 | 0 208 | 0 213 | 0 218 | 0 224 | 0 229 | 0 234 | 0 239 | 0 244 | 0 250 | 0 255 |
| 32 | 0 211 | 0 216 | 0 222 | 0 227 | 0 232 | 0 238 | 0 243 | 0 248 | 0 253 | 0 259 |
| 34 | 0 214 | 0 220 | 0 225 | 0 230 | 0 236 | 0 241 | 0 247 | 0 252 | 0 257 | 0 263 |
| 36 | 0 218 | 0 223 | 0 228 | 0 234 | 0 239 | 0 245 | 0 250 | 0 256 | 0 261 | 0 267 |
| 38 | 0 221 | 0 226 | 0 232 | 0 237 | 0 243 | 0 248 | 0 254 | 0 259 | 0 265 | 0 270 |
| 1,40 | 0 224 | 0 230 | 0 235 | 0 241 | 0 246 | 0 252 | 0 258 | 0 263 | 0 269 | 0 274 |
| 42 | 0 227 | 0 233 | 0 239 | 0 244 | 0 250 | 0 256 | 0 261 | 0 267 | 0 273 | 0 278 |
| 44 | 0 230 | 0 236 | 0 242 | 0 248 | 0 253 | 0 259 | 0 265 | 0 271 | 0 276 | 0 282 |
| 46 | 0 234 | 0 239 | 0 245 | 0 251 | 0 257 | 0 263 | 0 269 | 0 274 | 0 280 | 0 286 |
| 48 | 0 237 | 0 243 | 0 249 | 0 255 | 0 260 | 0 266 | 0 272 | 0 278 | 0 284 | 0 290 |
| 1,50 | 0 240 | 0 246 | 0 252 | 0 258 | 0 264 | 0 270 | 0 276 | 0 282 | 0 288 | 0 294 |
| 52 | 0 243 | 0 249 | 0 255 | 0 261 | 0 268 | 0 274 | 0 280 | 0 286 | 0 292 | 0 298 |
| 54 | 0 246 | 0 253 | 0 259 | 0 265 | 0 271 | 0 277 | 0 283 | 0 290 | 0 296 | 0 302 |
| 56 | 0 250 | 0 256 | 0 262 | 0 268 | 0 275 | 0 281 | 0 287 | 0 293 | 0 300 | 0 306 |
| 58 | 0 253 | 0 259 | 0 265 | 0 272 | 0 278 | 0 284 | 0 291 | 0 297 | 0 303 | 0 310 |
| 1,60 | 0 256 | 0 262 | 0 269 | 0 275 | 0 282 | 0 288 | 0 294 | 0 301 | 0 307 | 0 314 |
| 62 | 0 259 | 0 266 | 0 272 | 0 279 | 0 285 | 0 292 | 0 298 | 0 305 | 0 311 | 0 318 |
| 64 | 0 262 | 0 269 | 0 276 | 0 282 | 0 289 | 0 295 | 0 302 | 0 308 | 0 315 | 0 321 |
| 66 | 0 266 | 0 272 | 0 279 | 0 286 | 0 292 | 0 299 | 0 305 | 0 312 | 0 319 | 0 325 |
| 68 | 0 269 | 0 276 | 0 282 | 0 289 | 0 296 | 0 302 | 0 309 | 0 316 | 0 323 | 0 329 |
| 1,70 | 0 272 | 0 279 | 0 286 | 0 292 | 0 299 | 0 306 | 0 313 | 0 320 | 0 326 | 0 333 |
| 72 | 0 275 | 0 282 | 0 289 | 0 296 | 0 303 | 0 310 | 0 316 | 0 323 | 0 330 | 0 337 |
| 74 | 0 278 | 0 285 | 0 292 | 0 299 | 0 306 | 0 313 | 0 320 | 0 327 | 0 334 | 0 341 |
| 76 | 0 282 | 0 289 | 0 296 | 0 303 | 0 310 | 0 317 | 0 324 | 0 331 | 0 338 | 0 345 |
| 78 | 0 285 | 0 292 | 0 299 | 0 306 | 0 313 | 0 320 | 0 328 | 0 335 | 0 342 | 0 349 |
| 1,80 | 0 288 | 0 295 | 0 302 | 0 310 | 0 317 | 0 324 | 0 331 | 0 338 | 0 346 | 0 353 |
| 82 | 0 291 | 0 298 | 0 306 | 0 313 | 0 320 | 0 328 | 0 335 | 0 342 | 0 349 | 0 357 |
| 84 | 0 294 | 0 302 | 0 309 | 0 316 | 0 324 | 0 331 | 0 339 | 0 346 | 0 353 | 0 361 |
| 86 | 0 298 | 0 305 | 0 312 | 0 320 | 0 327 | 0 335 | 0 342 | 0 350 | 0 357 | 0 365 |
| 88 | 0 301 | 0 308 | 0 316 | 0 323 | 0 331 | 0 338 | 0 346 | 0 353 | 0 361 | 0 368 |
| 1,90 | 0 304 | 0 312 | 0 319 | 0 327 | 0 334 | 0 342 | 0 350 | 0 357 | 0 365 | 0 372 |
| 92 | 0 307 | 0 315 | 0 323 | 0 330 | 0 338 | 0 346 | 0 353 | 0 361 | 0 369 | 0 376 |
| 94 | 0 310 | 0 318 | 0 326 | 0 334 | 0 341 | 0 349 | 0 357 | 0 365 | 0 372 | 0 380 |
| 96 | 0 314 | 0 321 | 0 329 | 0 337 | 0 345 | 0 353 | 0 361 | 0 368 | 0 376 | 0 384 |
| 98 | 0 317 | 0 325 | 0 333 | 0 341 | 0 348 | 0 356 | 0 364 | 0 372 | 0 380 | 0 388 |

. Epaisseur : **0m 22** centimètres

<table>
<tr><th rowspan="2">LONGUEUR</th><th colspan="10">LARGEUR</th><th>14</th></tr>
<tr><th>0,22</th><th>0,24</th><th>0,26</th><th>0,28</th><th>0,30</th><th>0,32</th><th>0,34</th><th>0,36</th><th>0,38</th><th>0,40</th></tr>
<tr><td>0,22</td><td>0 011</td><td></td><td></td><td></td><td></td><td></td><td></td><td></td><td></td><td></td></tr>
<tr><td>24</td><td>0 012</td><td>0 013</td><td></td><td></td><td></td><td></td><td></td><td></td><td></td><td></td></tr>
<tr><td>26</td><td>0 013</td><td>0 014</td><td>0 015</td><td></td><td></td><td></td><td></td><td></td><td></td><td></td></tr>
<tr><td>28</td><td>0 014</td><td>0 015</td><td>0 016</td><td>0 017</td><td></td><td></td><td></td><td></td><td></td><td></td></tr>
<tr><td>0,30</td><td>0 015</td><td>0 016</td><td>0 017</td><td>0 018</td><td>0 020</td><td></td><td></td><td></td><td></td><td></td></tr>
<tr><td>32</td><td>0 015</td><td>0 017</td><td>0 018</td><td>0 020</td><td>0 021</td><td>0 023</td><td></td><td></td><td></td><td></td></tr>
<tr><td>34</td><td>0 016</td><td>0 018</td><td>0 019</td><td>0 021</td><td>0 022</td><td>0 024</td><td>0 025</td><td></td><td></td><td></td></tr>
<tr><td>36</td><td>0 017</td><td>0 019</td><td>0 021</td><td>0 022</td><td>0 024</td><td>0 025</td><td>0 027</td><td>0 029</td><td></td><td></td></tr>
<tr><td>38</td><td>0 018</td><td>0 020</td><td>0 022</td><td>0 023</td><td>0 025</td><td>0 027</td><td>0 028</td><td>0 030</td><td>0 032</td><td></td></tr>
<tr><td>0,40</td><td>0 019</td><td>0 021</td><td>0 023</td><td>0 025</td><td>0 026</td><td>0 028</td><td>0 030</td><td>0 032</td><td>0 033</td><td>0 035</td></tr>
<tr><td>42</td><td>0 020</td><td>0 022</td><td>0 024</td><td>0 026</td><td>0 028</td><td>0 030</td><td>0 031</td><td>0 033</td><td>0 035</td><td>0 037</td></tr>
<tr><td>44</td><td>0 021</td><td>0 023</td><td>0 025</td><td>0 027</td><td>0 029</td><td>0 031</td><td>0 033</td><td>0 035</td><td>0 037</td><td>0 039</td></tr>
<tr><td>46</td><td>0 022</td><td>0 024</td><td>0 026</td><td>0 028</td><td>0 030</td><td>0 032</td><td>0 034</td><td>0 036</td><td>0 038</td><td>0 040</td></tr>
<tr><td>48</td><td>0 023</td><td>0 025</td><td>0 027</td><td>0 030</td><td>0 032</td><td>0 034</td><td>0 036</td><td>0 038</td><td>0 040</td><td>0 042</td></tr>
<tr><td>0,50</td><td>0 024</td><td>0 026</td><td>0 029</td><td>0 031</td><td>0 033</td><td>0 035</td><td>0 037</td><td>0 040</td><td>0 042</td><td>0 044</td></tr>
<tr><td>52</td><td>0 025</td><td>0 027</td><td>0 030</td><td>0 032</td><td>0 034</td><td>0 037</td><td>0 039</td><td>0 041</td><td>0 043</td><td>0 046</td></tr>
<tr><td>54</td><td>0 026</td><td>0 029</td><td>0 031</td><td>0 033</td><td>0 035</td><td>0 038</td><td>0 040</td><td>0 043</td><td>0 045</td><td>0 048</td></tr>
<tr><td>56</td><td>0 027</td><td>0 030</td><td>0 032</td><td>0 035</td><td>0 037</td><td>0 039</td><td>0 042</td><td>0 044</td><td>0 047</td><td>0 049</td></tr>
<tr><td>58</td><td>0 028</td><td>0 031</td><td>0 033</td><td>0 036</td><td>0 038</td><td>0 041</td><td>0 043</td><td>0 046</td><td>0 048</td><td>0 051</td></tr>
<tr><td>0,60</td><td>0 029</td><td>0 032</td><td>0 034</td><td>0 037</td><td>0 040</td><td>0 042</td><td>0 045</td><td>0 048</td><td>0 050</td><td>0 053</td></tr>
<tr><td>62</td><td>0 030</td><td>0 033</td><td>0 035</td><td>0 038</td><td>0 041</td><td>0 044</td><td>0 046</td><td>0 049</td><td>0 052</td><td>0 055</td></tr>
<tr><td>64</td><td>0 031</td><td>0 034</td><td>0 037</td><td>0 039</td><td>0 042</td><td>0 045</td><td>0 048</td><td>0 051</td><td>0 054</td><td>0 056</td></tr>
<tr><td>66</td><td>0 032</td><td>0 035</td><td>0 038</td><td>0 041</td><td>0 044</td><td>0 046</td><td>0 049</td><td>0 052</td><td>0 055</td><td>0 058</td></tr>
<tr><td>68</td><td>0 033</td><td>0 036</td><td>0 039</td><td>0 042</td><td>0 045</td><td>0 048</td><td>0 051</td><td>0 054</td><td>0 057</td><td>0 060</td></tr>
<tr><td>0,70</td><td>0 034</td><td>0 037</td><td>0 040</td><td>0 043</td><td>0 046</td><td>0 049</td><td>0 052</td><td>0 055</td><td>0 059</td><td>0 062</td></tr>
<tr><td>72</td><td>0 035</td><td>0 038</td><td>0 041</td><td>0 044</td><td>0 048</td><td>0 051</td><td>0 054</td><td>0 057</td><td>0 060</td><td>0 063</td></tr>
<tr><td>74</td><td>0 036</td><td>0 039</td><td>0 042</td><td>0 046</td><td>0 049</td><td>0 052</td><td>0 055</td><td>0 059</td><td>0 062</td><td>0 065</td></tr>
<tr><td>76</td><td>0 037</td><td>0 040</td><td>0 043</td><td>0 047</td><td>0 050</td><td>0 054</td><td>0 057</td><td>0 060</td><td>0 064</td><td>0 067</td></tr>
<tr><td>78</td><td>0 038</td><td>0 041</td><td>0 045</td><td>0 048</td><td>0 051</td><td>0 055</td><td>0 058</td><td>0 062</td><td>0 065</td><td>0 069</td></tr>
<tr><td>0,80</td><td>0 039</td><td>0 042</td><td>0 046</td><td>0 049</td><td>0 053</td><td>0 056</td><td>0 060</td><td>0 063</td><td>0 067</td><td>0 070</td></tr>
<tr><td>82</td><td>0 040</td><td>0 043</td><td>0 047</td><td>0 051</td><td>0 054</td><td>0 058</td><td>0 061</td><td>0 065</td><td>0 069</td><td>0 072</td></tr>
<tr><td>84</td><td>0 041</td><td>0 044</td><td>0 048</td><td>0 052</td><td>0 055</td><td>0 059</td><td>0 063</td><td>0 067</td><td>0 070</td><td>0 074</td></tr>
<tr><td>86</td><td>0 042</td><td>0 045</td><td>0 049</td><td>0 053</td><td>0 057</td><td>0 061</td><td>0 064</td><td>0 068</td><td>0 072</td><td>0 076</td></tr>
<tr><td>88</td><td>0 043</td><td>0 047</td><td>0 050</td><td>0 054</td><td>0 058</td><td>0 062</td><td>0 066</td><td>0 070</td><td>0 074</td><td>0 077</td></tr>
<tr><td>0,90</td><td>0 044</td><td>0 048</td><td>0 051</td><td>0 055</td><td>0 059</td><td>0 063</td><td>0 067</td><td>0 071</td><td>0 075</td><td>0 079</td></tr>
<tr><td>92</td><td>0 045</td><td>0 049</td><td>0 053</td><td>0 057</td><td>0 061</td><td>0 065</td><td>0 069</td><td>0 073</td><td>0 077</td><td>0 081</td></tr>
<tr><td>94</td><td>0 045</td><td>0 050</td><td>0 054</td><td>0 058</td><td>0 062</td><td>0 066</td><td>0 070</td><td>0 074</td><td>0 079</td><td>0 083</td></tr>
<tr><td>96</td><td>0 046</td><td>0 051</td><td>0 055</td><td>0 059</td><td>0 063</td><td>0 068</td><td>0 072</td><td>0 076</td><td>0 080</td><td>0 084</td></tr>
<tr><td>98</td><td>0 047</td><td>0 052</td><td>0 056</td><td>0 060</td><td>0 065</td><td>0 069</td><td>0 073</td><td>0 078</td><td>0 082</td><td>0 086</td></tr>
<tr><td>1,—</td><td>0 048</td><td>0 053</td><td>0 057</td><td>0 061</td><td>0 066</td><td>0 070</td><td>0 075</td><td>0 079</td><td>0 084</td><td>0 088</td></tr>
<tr><td>02</td><td>0 049</td><td>0 054</td><td>0 058</td><td>0 063</td><td>0 067</td><td>0 072</td><td>0 076</td><td>0 081</td><td>0 085</td><td>0 090</td></tr>
<tr><td>04</td><td>0 050</td><td>0 055</td><td>0 059</td><td>0 064</td><td>0 069</td><td>0 073</td><td>0 078</td><td>0 082</td><td>0 087</td><td>0 092</td></tr>
<tr><td>06</td><td>0 051</td><td>0 056</td><td>0 061</td><td>0 065</td><td>0 070</td><td>0 075</td><td>0 079</td><td>0 084</td><td>0 089</td><td>0 093</td></tr>
<tr><td>08</td><td>0 052</td><td>0 057</td><td>0 062</td><td>0 067</td><td>0 071</td><td>0 076</td><td>0 081</td><td>0 086</td><td>0 090</td><td>0 095</td></tr>
<tr><td>1,10</td><td>0 053</td><td>0 058</td><td>0 063</td><td>0 068</td><td>0 073</td><td>0 077</td><td>0 082</td><td>0 087</td><td>0 092</td><td>0 097</td></tr>
<tr><td>12</td><td>0 054</td><td>0 059</td><td>0 064</td><td>0 069</td><td>0 074</td><td>0 079</td><td>0 084</td><td>0 089</td><td>0 094</td><td>0 099</td></tr>
<tr><td>14</td><td>0 055</td><td>0 060</td><td>0 065</td><td>0 070</td><td>0 075</td><td>0 080</td><td>0 085</td><td>0 090</td><td>0 095</td><td>0 100</td></tr>
<tr><td>16</td><td>0 056</td><td>0 061</td><td>0 066</td><td>0 071</td><td>0 077</td><td>0 082</td><td>0 087</td><td>0 092</td><td>0 097</td><td>0 102</td></tr>
<tr><td>18</td><td>0 057</td><td>0 062</td><td>0 067</td><td>0 073</td><td>0 078</td><td>0 083</td><td>0 088</td><td>0 093</td><td>0 099</td><td>0 104</td></tr>
<tr><td>1,20</td><td>0 058</td><td>0 063</td><td>0 069</td><td>0 074</td><td>0 079</td><td>0 084</td><td>0 090</td><td>0 095</td><td>0 100</td><td>0 106</td></tr>
<tr><td>22</td><td>0 059</td><td>0 064</td><td>0 070</td><td>0 075</td><td>0 081</td><td>0 086</td><td>0 091</td><td>0 097</td><td>0 102</td><td>0 107</td></tr>
<tr><td>24</td><td>0 060</td><td>0 065</td><td>0 071</td><td>0 076</td><td>0 082</td><td>0 087</td><td>0 093</td><td>0 098</td><td>0 104</td><td>0 109</td></tr>
<tr><td>26</td><td>0 061</td><td>0 067</td><td>0 072</td><td>0 078</td><td>0 083</td><td>0 089</td><td>0 094</td><td>0 100</td><td>0 105</td><td>0 111</td></tr>
<tr><td>28</td><td>0 062</td><td>0 068</td><td>0 073</td><td>0 079</td><td>0 084</td><td>0 090</td><td>0 096</td><td>0 101</td><td>0 107</td><td>0 113</td></tr>
<tr><td>1,30</td><td>0 063</td><td>0 069</td><td>0 074</td><td>0 080</td><td>0 086</td><td>0 092</td><td>0 097</td><td>0 103</td><td>0 109</td><td>0 114</td></tr>
<tr><td>32</td><td>0 064</td><td>0 070</td><td>0 076</td><td>0 081</td><td>0 087</td><td>0 093</td><td>0 099</td><td>0 105</td><td>0 110</td><td>0 116</td></tr>
<tr><td>34</td><td>0 065</td><td>0 071</td><td>0 077</td><td>0 083</td><td>0 088</td><td>0 094</td><td>0 100</td><td>0 106</td><td>0 112</td><td>0 118</td></tr>
<tr><td>36</td><td>0 066</td><td>0 072</td><td>0 078</td><td>0 084</td><td>0 090</td><td>0 096</td><td>0 102</td><td>0 108</td><td>0 114</td><td>0 120</td></tr>
<tr><td>38</td><td>0 067</td><td>0 073</td><td>0 079</td><td>0 085</td><td>0 091</td><td>0 097</td><td>0 103</td><td>0 109</td><td>0 115</td><td>0 121</td></tr>
<tr><td>1,40</td><td>0 068</td><td>0 074</td><td>0 080</td><td>0 086</td><td>0 092</td><td>0 099</td><td>0 105</td><td>0 111</td><td>0 117</td><td>0 123</td></tr>
<tr><td>42</td><td>0 069</td><td>0 075</td><td>0 081</td><td>0 087</td><td>0 094</td><td>0 100</td><td>0 106</td><td>0 112</td><td>0 119</td><td>0 125</td></tr>
<tr><td>44</td><td>0 070</td><td>0 076</td><td>0 082</td><td>0 089</td><td>0 095</td><td>0 101</td><td>0 108</td><td>0 114</td><td>0 120</td><td>0 127</td></tr>
<tr><td>46</td><td>0 071</td><td>0 077</td><td>0 084</td><td>0 090</td><td>0 096</td><td>0 103</td><td>0 109</td><td>0 116</td><td>0 122</td><td>0 128</td></tr>
<tr><td>48</td><td>0 072</td><td>0 078</td><td>0 085</td><td>0 091</td><td>0 098</td><td>0 104</td><td>0 111</td><td>0 117</td><td>0 124</td><td>0 130</td></tr>
<tr><td>1,50</td><td>0 073</td><td>0 079</td><td>0 086</td><td>0 092</td><td>0 099</td><td>0 106</td><td>0 112</td><td>0 119</td><td>0 125</td><td>0 132</td></tr>
<tr><td>52</td><td>0 074</td><td>0 080</td><td>0 087</td><td>0 094</td><td>0 100</td><td>0 107</td><td>0 114</td><td>0 120</td><td>0 127</td><td>0 134</td></tr>
<tr><td>54</td><td>0 075</td><td>0 081</td><td>0 088</td><td>0 095</td><td>0 102</td><td>0 108</td><td>0 115</td><td>0 122</td><td>0 129</td><td>0 136</td></tr>
<tr><td>56</td><td>0 075</td><td>0 082</td><td>0 089</td><td>0 096</td><td>0 103</td><td>0 110</td><td>0 117</td><td>0 124</td><td>0 130</td><td>0 137</td></tr>
<tr><td>58</td><td>0 076</td><td>0 083</td><td>0 090</td><td>0 097</td><td>0 104</td><td>0 111</td><td>0 118</td><td>0 125</td><td>0 132</td><td>0 139</td></tr>
<tr><td>1,60</td><td>0 077</td><td>0 084</td><td>0 092</td><td>0 099</td><td>0 106</td><td>0 113</td><td>0 120</td><td>0 127</td><td>0 134</td><td>0 141</td></tr>
</table>

Epaisseur : **0m 22** centimètres .

<table>
<tr><th rowspan="2">LONGUEUR</th><th colspan="10">LARGEUR</th><th>15</th></tr>
<tr><th>0,42</th><th>0,44</th><th>0,46</th><th>0,48</th><th>0 50</th><th>0,52</th><th>0 54</th><th>0,56</th><th>0,58</th><th>0 60</th></tr>
<tr><td>0,42</td><td>0 039</td><td></td><td></td><td></td><td></td><td></td><td></td><td></td><td></td><td></td></tr>
<tr><td>44</td><td>0 041</td><td>0 043</td><td></td><td></td><td></td><td></td><td></td><td></td><td></td><td></td></tr>
<tr><td>46</td><td>0 043</td><td>0 045</td><td>0 047</td><td></td><td></td><td></td><td></td><td></td><td></td><td></td></tr>
<tr><td>48</td><td>0 044</td><td>0 046</td><td>0 049</td><td>0 051</td><td></td><td></td><td></td><td></td><td></td><td></td></tr>
<tr><td>0,50</td><td>0 046</td><td>0 048</td><td>0 051</td><td>0 053</td><td>0 055</td><td></td><td></td><td></td><td></td><td></td></tr>
<tr><td>52</td><td>0 048</td><td>0 050</td><td>0 053</td><td>0 055</td><td>0 057</td><td>0 059</td><td></td><td></td><td></td><td></td></tr>
<tr><td>54</td><td>0 050</td><td>0 052</td><td>0 055</td><td>0 057</td><td>0 059</td><td>0 062</td><td>0 064</td><td></td><td></td><td></td></tr>
<tr><td>56</td><td>0 052</td><td>0 054</td><td>0 057</td><td>0 059</td><td>0 062</td><td>0 064</td><td>0 067</td><td>0 069</td><td></td><td></td></tr>
<tr><td>58</td><td>0 054</td><td>0 056</td><td>0 059</td><td>0 061</td><td>0 064</td><td>0 066</td><td>0 069</td><td>0 071</td><td>0 074</td><td></td></tr>
<tr><td>0,60</td><td>0 055</td><td>0 058</td><td>0 061</td><td>0 063</td><td>0 066</td><td>0 069</td><td>0 071</td><td>0 074</td><td>0 077</td><td>0 079</td></tr>
<tr><td>62</td><td>0 057</td><td>0 060</td><td>0 063</td><td>0 065</td><td>0 068</td><td>0 071</td><td>0 074</td><td>0 076</td><td>0 079</td><td>0 082</td></tr>
<tr><td>64</td><td>0 059</td><td>0 062</td><td>0 065</td><td>0 068</td><td>0 070</td><td>0 073</td><td>0 076</td><td>0 079</td><td>0 082</td><td>0 084</td></tr>
<tr><td>66</td><td>0 061</td><td>0 064</td><td>0 067</td><td>0 070</td><td>0 073</td><td>0 076</td><td>0 078</td><td>0 081</td><td>0 084</td><td>0 087</td></tr>
<tr><td>68</td><td>0 063</td><td>0 066</td><td>0 069</td><td>0 072</td><td>0 075</td><td>0 078</td><td>0 081</td><td>0 084</td><td>0 087</td><td>0 090</td></tr>
<tr><td>0,70</td><td>0 065</td><td>0 068</td><td>0 071</td><td>0 074</td><td>0 077</td><td>0 080</td><td>0 083</td><td>0 086</td><td>0 089</td><td>0 092</td></tr>
<tr><td>72</td><td>0 067</td><td>0 070</td><td>0 073</td><td>0 076</td><td>0 079</td><td>0 082</td><td>0 086</td><td>0 089</td><td>0 092</td><td>0 095</td></tr>
<tr><td>74</td><td>0 068</td><td>0 072</td><td>0 075</td><td>0 078</td><td>0 081</td><td>0 085</td><td>0 088</td><td>0 091</td><td>0 094</td><td>0 098</td></tr>
<tr><td>76</td><td>0 070</td><td>0 074</td><td>0 077</td><td>0 080</td><td>0 084</td><td>0 087</td><td>0 090</td><td>0 094</td><td>0 097</td><td>0 100</td></tr>
<tr><td>78</td><td>0 072</td><td>0 076</td><td>0 079</td><td>0 082</td><td>0 086</td><td>0 089</td><td>0 093</td><td>0 096</td><td>0 100</td><td>0 103</td></tr>
<tr><td>0,80</td><td>0 074</td><td>0 078</td><td>0 081</td><td>0 084</td><td>0 088</td><td>0 092</td><td>0 095</td><td>0 099</td><td>0 102</td><td>0 106</td></tr>
<tr><td>82</td><td>0 076</td><td>0 079</td><td>0 083</td><td>0 087</td><td>0 090</td><td>0 094</td><td>0 097</td><td>0 101</td><td>0 105</td><td>0 108</td></tr>
<tr><td>84</td><td>0 078</td><td>0 081</td><td>0 085</td><td>0 089</td><td>0 092</td><td>0 096</td><td>0 100</td><td>0 103</td><td>0 107</td><td>0 111</td></tr>
<tr><td>86</td><td>0 079</td><td>0 083</td><td>0 087</td><td>0 091</td><td>0 095</td><td>0 098</td><td>0 102</td><td>0 106</td><td>0 110</td><td>0 114</td></tr>
<tr><td>88</td><td>0 081</td><td>0 085</td><td>0 089</td><td>0 093</td><td>0 097</td><td>0 101</td><td>0 105</td><td>0 108</td><td>0 112</td><td>0 116</td></tr>
<tr><td>0,90</td><td>0 083</td><td>0 087</td><td>0 091</td><td>0 095</td><td>0 099</td><td>0 103</td><td>0 107</td><td>0 111</td><td>0 115</td><td>0 119</td></tr>
<tr><td>92</td><td>0 085</td><td>0 089</td><td>0 093</td><td>0 097</td><td>0 101</td><td>0 105</td><td>0 109</td><td>0 113</td><td>0 117</td><td>0 121</td></tr>
<tr><td>94</td><td>0 087</td><td>0 091</td><td>0 095</td><td>0 099</td><td>0 103</td><td>0 108</td><td>0 112</td><td>0 116</td><td>0 120</td><td>0 124</td></tr>
<tr><td>96</td><td>0 089</td><td>0 093</td><td>0 097</td><td>0 101</td><td>0 106</td><td>0 110</td><td>0 114</td><td>0 118</td><td>0 122</td><td>0 127</td></tr>
<tr><td>98</td><td>0 091</td><td>0 095</td><td>0 099</td><td>0 103</td><td>0 108</td><td>0 112</td><td>0 116</td><td>0 121</td><td>0 125</td><td>0 129</td></tr>
<tr><td>1,—</td><td>0 092</td><td>0 097</td><td>0 101</td><td>0 106</td><td>0 110</td><td>0 114</td><td>0 119</td><td>0 123</td><td>0 128</td><td>0 132</td></tr>
<tr><td>02</td><td>0 094</td><td>0 099</td><td>0 103</td><td>0 108</td><td>0 112</td><td>0 117</td><td>0 121</td><td>0 126</td><td>0 130</td><td>0 135</td></tr>
<tr><td>04</td><td>0 096</td><td>0 101</td><td>0 105</td><td>0 110</td><td>0 114</td><td>0 119</td><td>0 124</td><td>0 128</td><td>0 133</td><td>0 137</td></tr>
<tr><td>06</td><td>0 098</td><td>0 103</td><td>0 107</td><td>0 112</td><td>0 117</td><td>0 121</td><td>0 126</td><td>0 131</td><td>0 135</td><td>0 140</td></tr>
<tr><td>08</td><td>0 100</td><td>0 105</td><td>0 109</td><td>0 114</td><td>0 119</td><td>0 124</td><td>0 128</td><td>0 133</td><td>0 138</td><td>0 143</td></tr>
<tr><td>1,10</td><td>0 102</td><td>0 106</td><td>0 111</td><td>0 116</td><td>0 121</td><td>0 126</td><td>0 131</td><td>0 136</td><td>0 140</td><td>0 145</td></tr>
<tr><td>12</td><td>0 103</td><td>0 108</td><td>0 113</td><td>0 118</td><td>0 123</td><td>0 128</td><td>0 133</td><td>0 138</td><td>0 143</td><td>0 148</td></tr>
<tr><td>14</td><td>0 105</td><td>0 110</td><td>0 115</td><td>0 120</td><td>0 125</td><td>0 130</td><td>0 135</td><td>0 140</td><td>0 145</td><td>0 150</td></tr>
<tr><td>16</td><td>0 107</td><td>0 112</td><td>0 117</td><td>0 122</td><td>0 128</td><td>0 133</td><td>0 138</td><td>0 143</td><td>0 148</td><td>0 153</td></tr>
<tr><td>18</td><td>0 109</td><td>0 114</td><td>0 119</td><td>0 125</td><td>0 130</td><td>0 135</td><td>0 140</td><td>0 145</td><td>0 151</td><td>0 156</td></tr>
<tr><td>1,20</td><td>0 111</td><td>0 116</td><td>0 121</td><td>0 127</td><td>0 132</td><td>0 137</td><td>0 143</td><td>0 148</td><td>0 153</td><td>0 158</td></tr>
<tr><td>22</td><td>0 113</td><td>0 118</td><td>0 123</td><td>0 129</td><td>0 134</td><td>0 140</td><td>0 145</td><td>0 150</td><td>0 156</td><td>0 161</td></tr>
<tr><td>24</td><td>0 115</td><td>0 120</td><td>0 125</td><td>0 131</td><td>0 136</td><td>0 142</td><td>0 147</td><td>0 153</td><td>0 158</td><td>0 164</td></tr>
<tr><td>26</td><td>0 116</td><td>0 122</td><td>0 128</td><td>0 133</td><td>0 139</td><td>0 144</td><td>0 150</td><td>0 155</td><td>0 161</td><td>0 166</td></tr>
<tr><td>28</td><td>0 118</td><td>0 124</td><td>0 130</td><td>0 135</td><td>0 141</td><td>0 146</td><td>0 152</td><td>0 158</td><td>0 163</td><td>0 169</td></tr>
<tr><td>1,30</td><td>0 120</td><td>0 126</td><td>0 132</td><td>0 137</td><td>0 143</td><td>0 149</td><td>0 154</td><td>0 160</td><td>0 166</td><td>0 172</td></tr>
<tr><td>32</td><td>0 122</td><td>0 128</td><td>0 134</td><td>0 139</td><td>0 145</td><td>0 151</td><td>0 157</td><td>0 163</td><td>0 168</td><td>0 174</td></tr>
<tr><td>34</td><td>0 124</td><td>0 130</td><td>0 136</td><td>0 142</td><td>0 147</td><td>0 153</td><td>0 159</td><td>0 165</td><td>0 171</td><td>0 177</td></tr>
<tr><td>36</td><td>0 126</td><td>0 132</td><td>0 138</td><td>0 144</td><td>0 150</td><td>0 156</td><td>0 162</td><td>0 168</td><td>0 174</td><td>0 180</td></tr>
<tr><td>38</td><td>0 128</td><td>0 134</td><td>0 140</td><td>0 146</td><td>0 152</td><td>0 158</td><td>0 164</td><td>0 170</td><td>0 176</td><td>0 182</td></tr>
<tr><td>1,40</td><td>0 129</td><td>0 136</td><td>0 142</td><td>0 148</td><td>0 154</td><td>0 160</td><td>0 166</td><td>0 172</td><td>0 179</td><td>0 185</td></tr>
<tr><td>42</td><td>0 131</td><td>0 138</td><td>0 144</td><td>0 150</td><td>0 156</td><td>0 162</td><td>0 169</td><td>0 175</td><td>0 181</td><td>0 187</td></tr>
<tr><td>44</td><td>0 133</td><td>0 139</td><td>0 146</td><td>0 152</td><td>0 158</td><td>0 165</td><td>0 171</td><td>0 177</td><td>0 184</td><td>0 190</td></tr>
<tr><td>46</td><td>0 135</td><td>0 141</td><td>0 148</td><td>0 154</td><td>0 161</td><td>0 167</td><td>0 173</td><td>0 180</td><td>0 186</td><td>0 193</td></tr>
<tr><td>48</td><td>0 137</td><td>0 143</td><td>0 150</td><td>0 156</td><td>0 163</td><td>0 169</td><td>0 176</td><td>0 182</td><td>0 189</td><td>0 195</td></tr>
<tr><td>1,50</td><td>0 139</td><td>0 145</td><td>0 152</td><td>0 158</td><td>0 165</td><td>0 172</td><td>0 178</td><td>0 185</td><td>0 191</td><td>0 198</td></tr>
<tr><td>52</td><td>0 140</td><td>0 147</td><td>0 154</td><td>0 161</td><td>0 167</td><td>0 174</td><td>0 181</td><td>0 187</td><td>0 194</td><td>0 201</td></tr>
<tr><td>54</td><td>0 142</td><td>0 149</td><td>0 156</td><td>0 163</td><td>0 169</td><td>0 176</td><td>0 183</td><td>0 190</td><td>0 197</td><td>0 203</td></tr>
<tr><td>56</td><td>0 144</td><td>0 151</td><td>0 158</td><td>0 165</td><td>0 172</td><td>0 178</td><td>0 185</td><td>0 192</td><td>0 199</td><td>0 206</td></tr>
<tr><td>58</td><td>0 146</td><td>0 153</td><td>0 160</td><td>0 167</td><td>0 174</td><td>0 181</td><td>0 188</td><td>0 195</td><td>0 202</td><td>0 209</td></tr>
<tr><td>1,60</td><td>0 148</td><td>0 155</td><td>0 162</td><td>0 169</td><td>0 176</td><td>0 183</td><td>0 190</td><td>0 197</td><td>0 204</td><td>0 211</td></tr>
</table>

## Épaisseur 0,22 — Largeurs 0,62 à 0,80 (16)

| LONGUEUR | 0,62 | 0,64 | 0,66 | 0,68 | 0,70 | 0,72 | 0,74 | 0,76 | 0,78 | 0,80 |
|---|---|---|---|---|---|---|---|---|---|---|
| 0,62 | 0 085 | | | | | | | | | |
| 64 | 0 087 | 0 090 | | | | | | | | |
| 66 | 0 090 | 0 093 | 0 096 | | | | | | | |
| 68 | 0 093 | 0 096 | 0 099 | 0 102 | | | | | | |
| 0,70 | 0 095 | 0 099 | 0 102 | 0 105 | 0 108 | | | | | |
| 72 | 0 098 | 0 101 | 0 105 | 0 108 | 0 111 | 0 114 | | | | |
| 74 | 0 101 | 0 104 | 0 107 | 0 111 | 0 114 | 0 117 | 0 120 | | | |
| 76 | 0 104 | 0 107 | 0 110 | 0 114 | 0 117 | 0 120 | 0 124 | 0 127 | | |
| 78 | 0 106 | 0 110 | 0 113 | 0 117 | 0 120 | 0 124 | 0 127 | 0 130 | 0 134 | |
| 0,80 | 0 109 | 0 113 | 0 116 | 0 120 | 0 123 | 0 127 | 0 130 | 0 134 | 0 137 | 0 141 |
| 82 | 0 112 | 0 115 | 0 119 | 0 123 | 0 126 | 0 130 | 0 133 | 0 137 | 0 141 | 0 144 |
| 84 | 0 115 | 0 118 | 0 122 | 0 126 | 0 129 | 0 133 | 0 137 | 0 140 | 0 144 | 0 148 |
| 86 | 0 117 | 0 121 | 0 125 | 0 129 | 0 132 | 0 136 | 0 140 | 0 144 | 0 148 | 0 151 |
| 88 | 0 120 | 0 124 | 0 128 | 0 132 | 0 136 | 0 139 | 0 143 | 0 147 | 0 151 | 0 155 |
| 0,90 | 0 123 | 0 127 | 0 131 | 0 135 | 0 139 | 0 143 | 0 147 | 0 151 | 0 154 | 0 158 |
| 92 | 0 125 | 0 130 | 0 134 | 0 138 | 0 142 | 0 146 | 0 150 | 0 154 | 0 158 | 0 162 |
| 94 | 0 128 | 0 132 | 0 136 | 0 141 | 0 145 | 0 149 | 0 153 | 0 157 | 0 161 | 0 165 |
| 96 | 0 131 | 0 135 | 0 139 | 0 144 | 0 148 | 0 152 | 0 156 | 0 161 | 0 165 | 0 169 |
| 98 | 0 134 | 0 138 | 0 142 | 0 147 | 0 151 | 0 155 | 0 160 | 0 164 | 0 168 | 0 172 |
| 1,— | 0 136 | 0 141 | 0 145 | 0 150 | 0 154 | 0 158 | 0 163 | 0 167 | 0 171 | 0 176 |
| 02 | 0 139 | 0 144 | 0 148 | 0 153 | 0 157 | 0 162 | 0 166 | 0 171 | 0 175 | 0 180 |
| 04 | 0 142 | 0 146 | 0 151 | 0 156 | 0 160 | 0 165 | 0 169 | 0 174 | 0 178 | 0 183 |
| 06 | 0 145 | 0 149 | 0 154 | 0 159 | 0 163 | 0 168 | 0 173 | 0 177 | 0 182 | 0 187 |
| 08 | 0 147 | 0 152 | 0 157 | 0 162 | 0 166 | 0 171 | 0 176 | 0 181 | 0 185 | 0 190 |
| 1,10 | 0 150 | 0 155 | 0 160 | 0 165 | 0 169 | 0 174 | 0 179 | 0 184 | 0 189 | 0 194 |
| 12 | 0 153 | 0 158 | 0 163 | 0 168 | 0 172 | 0 177 | 0 182 | 0 187 | 0 192 | 0 197 |
| 14 | 0 155 | 0 161 | 0 166 | 0 171 | 0 176 | 0 181 | 0 186 | 0 191 | 0 196 | 0 201 |
| 16 | 0 158 | 0 163 | 0 168 | 0 174 | 0 179 | 0 184 | 0 189 | 0 194 | 0 199 | 0 204 |
| 18 | 0 161 | 0 166 | 0 171 | 0 177 | 0 182 | 0 187 | 0 192 | 0 197 | 0 202 | 0 208 |
| 1,20 | 0 164 | 0 169 | 0 174 | 0 180 | 0 185 | 0 190 | 0 195 | 0 200 | 0 206 | 0 211 |
| 22 | 0 166 | 0 172 | 0 177 | 0 183 | 0 188 | 0 193 | 0 199 | 0 204 | 0 209 | 0 215 |
| 24 | 0 169 | 0 175 | 0 180 | 0 186 | 0 191 | 0 196 | 0 202 | 0 207 | 0 213 | 0 218 |
| 26 | 0 172 | 0 177 | 0 183 | 0 188 | 0 194 | 0 200 | 0 205 | 0 211 | 0 216 | 0 222 |
| 28 | 0 175 | 0 180 | 0 186 | 0 191 | 0 197 | 0 203 | 0 208 | 0 214 | 0 220 | 0 225 |
| 1,30 | 0 177 | 0 183 | 0 189 | 0 194 | 0 200 | 0 206 | 0 212 | 0 217 | 0 223 | 0 229 |
| 32 | 0 180 | 0 186 | 0 192 | 0 197 | 0 203 | 0 209 | 0 215 | 0 221 | 0 226 | 0 232 |
| 34 | 0 183 | 0 189 | 0 195 | 0 200 | 0 206 | 0 212 | 0 218 | 0 224 | 0 230 | 0 236 |
| 36 | 0 186 | 0 191 | 0 197 | 0 203 | 0 209 | 0 215 | 0 221 | 0 227 | 0 233 | 0 239 |
| 38 | 0 188 | 0 194 | 0 200 | 0 206 | 0 213 | 0 219 | 0 225 | 0 231 | 0 237 | 0 243 |
| 1,40 | 0 191 | 0 197 | 0 203 | 0 209 | 0 216 | 0 222 | 0 228 | 0 234 | 0 240 | 0 246 |
| 42 | 0 194 | 0 200 | 0 206 | 0 212 | 0 219 | 0 225 | 0 231 | 0 237 | 0 244 | 0 250 |
| 44 | 0 196 | 0 203 | 0 209 | 0 215 | 0 222 | 0 228 | 0 234 | 0 241 | 0 247 | 0 253 |
| 46 | 0 199 | 0 206 | 0 212 | 0 218 | 0 225 | 0 231 | 0 238 | 0 244 | 0 251 | 0 257 |
| 48 | 0 202 | 0 208 | 0 215 | 0 221 | 0 228 | 0 234 | 0 241 | 0 247 | 0 254 | 0 260 |
| 1,50 | 0 205 | 0 211 | 0 218 | 0 224 | 0 231 | 0 238 | 0 244 | 0 251 | 0 257 | 0 264 |
| 52 | 0 207 | 0 214 | 0 221 | 0 227 | 0 234 | 0 241 | 0 247 | 0 254 | 0 261 | 0 268 |
| 54 | 0 210 | 0 217 | 0 224 | 0 230 | 0 237 | 0 244 | 0 251 | 0 257 | 0 264 | 0 271 |
| 56 | 0 213 | 0 220 | 0 227 | 0 233 | 0 240 | 0 247 | 0 254 | 0 261 | 0 268 | 0 275 |
| 58 | 0 216 | 0 222 | 0 229 | 0 236 | 0 243 | 0 250 | 0 257 | 0 264 | 0 271 | 0 278 |
| 1,60 | 0 218 | 0 225 | 0 232 | 0 239 | 0 246 | 0 253 | 0 260 | 0 268 | 0 275 | 0 282 |
| 62 | 0 221 | 0 228 | 0 235 | 0 242 | 0 249 | 0 257 | 0 264 | 0 271 | 0 278 | 0 285 |
| 64 | 0 224 | 0 231 | 0 238 | 0 245 | 0 253 | 0 260 | 0 267 | 0 274 | 0 281 | 0 289 |
| 66 | 0 226 | 0 234 | 0 241 | 0 248 | 0 256 | 0 263 | 0 270 | 0 278 | 0 285 | 0 292 |
| 68 | 0 229 | 0 237 | 0 244 | 0 251 | 0 259 | 0 266 | 0 274 | 0 281 | 0 288 | 0 296 |
| 1,70 | 0 232 | 0 239 | 0 247 | 0 254 | 0 262 | 0 269 | 0 277 | 0 284 | 0 292 | 0 299 |
| 72 | 0 235 | 0 242 | 0 250 | 0 257 | 0 265 | 0 272 | 0 280 | 0 288 | 0 295 | 0 303 |
| 74 | 0 237 | 0 245 | 0 253 | 0 260 | 0 268 | 0 276 | 0 283 | 0 291 | 0 299 | 0 306 |
| 76 | 0 240 | 0 248 | 0 256 | 0 263 | 0 271 | 0 279 | 0 287 | 0 294 | 0 302 | 0 310 |
| 78 | 0 243 | 0 251 | 0 258 | 0 266 | 0 274 | 0 282 | 0 290 | 0 298 | 0 305 | 0 313 |
| 1 80 | 0 246 | 0 253 | 0 261 | 0 269 | 0 277 | 0 285 | 0 293 | 0 301 | 0 309 | 0 317 |
| 82 | 0 248 | 0 256 | 0 264 | 0 272 | 0 280 | 0 288 | 0 296 | 0 304 | 0 312 | 0 320 |
| 84 | 0 251 | 0 259 | 0 267 | 0 275 | 0 283 | 0 291 | 0 300 | 0 308 | 0 316 | 0 324 |
| 86 | 0 254 | 0 262 | 0 270 | 0 278 | 0 286 | 0 295 | 0 303 | 0 311 | 0 319 | 0 327 |
| 88 | 0 256 | 0 265 | 0 273 | 0 281 | 0 290 | 0 298 | 0 306 | 0 314 | 0 323 | 0 331 |
| 1,90 | 0 259 | 0 268 | 0 276 | 0 284 | 0 293 | 0 301 | 0 309 | 0 318 | 0 326 | 0 334 |
| 92 | 0 262 | 0 270 | 0 279 | 0 287 | 0 296 | 0 304 | 0 313 | 0 321 | 0 329 | 0 338 |
| 94 | 0 265 | 0 273 | 0 282 | 0 290 | 0 299 | 0 307 | 0 316 | 0 324 | 0 333 | 0 341 |
| 96 | 0 267 | 0 276 | 0 285 | 0 293 | 0 302 | 0 310 | 0 319 | 0 328 | 0 336 | 0 345 |
| 98 | 0 270 | 0 279 | 0 287 | 0 296 | 0 305 | 0 314 | 0 322 | 0 331 | 0 340 | 0 348 |
| 2,— | 0 273 | 0 282 | 0 290 | 0 299 | 0 308 | 0 317 | 0 326 | 0 334 | 0 343 | 0 352 |

## Épaisseur 0,22 — Largeurs 0,82 à 1,00 (17)

| LONGUEUR | 0,82 | 0,84 | 0,86 | 0,88 | 0,90 | 0,92 | 0,94 | 0,96 | 0,98 | 1,00 |
|---|---|---|---|---|---|---|---|---|---|---|
| 0 82 | 0 148 | | | | | | | | | |
| 84 | 0 152 | 0 155 | | | | | | | | |
| 86 | 0 155 | 0 159 | 0 163 | | | | | | | |
| 88 | 0 159 | 0 163 | 0 166 | 0 170 | | | | | | |
| 0,90 | 0 162 | 0 166 | 0 170 | 0 174 | 0 178 | | | | | |
| 92 | 0 166 | 0 170 | 0 174 | 0 178 | 0 182 | 0 186 | | | | |
| 94 | 0 170 | 0 174 | 0 178 | 0 182 | 0 186 | 0 190 | 0 194 | | | |
| 96 | 0 173 | 0 177 | 0 182 | 0 186 | 0 190 | 0 194 | 0 199 | 0 203 | | |
| 98 | 0 177 | 0 181 | 0 185 | 0 190 | 0 194 | 0 198 | 0 203 | 0 207 | 0 211 | |
| 1,— | 0 180 | 0 185 | 0 189 | 0 194 | 0 198 | 0 202 | 0 207 | 0 211 | 0 216 | 0 220 |
| 02 | 0 184 | 0 188 | 0 193 | 0 197 | 0 202 | 0 206 | 0 211 | 0 215 | 0 220 | 0 224 |
| 04 | 0 187 | 0 192 | 0 197 | 0 201 | 0 206 | 0 210 | 0 215 | 0 220 | 0 224 | 0 229 |
| 06 | 0 191 | 0 196 | 0 201 | 0 205 | 0 210 | 0 215 | 0 219 | 0 224 | 0 229 | 0 233 |
| 08 | 0 195 | 0 200 | 0 204 | 0 209 | 0 214 | 0 219 | 0 223 | 0 228 | 0 233 | 0 238 |
| 1 10 | 0 198 | 0 203 | 0 208 | 0 213 | 0 218 | 0 223 | 0 227 | 0 232 | 0 237 | 0 242 |
| 12 | 0 202 | 0 207 | 0 212 | 0 217 | 0 222 | 0 227 | 0 232 | 0 237 | 0 241 | 0 246 |
| 14 | 0 206 | 0 211 | 0 216 | 0 221 | 0 226 | 0 231 | 0 236 | 0 241 | 0 246 | 0 251 |
| 16 | 0 209 | 0 214 | 0 219 | 0 225 | 0 230 | 0 235 | 0 240 | 0 245 | 0 250 | 0 255 |
| 18 | 0 213 | 0 218 | 0 223 | 0 228 | 0 234 | 0 239 | 0 244 | 0 249 | 0 254 | 0 260 |
| 1,20 | 0 216 | 0 222 | 0 227 | 0 232 | 0 238 | 0 243 | 0 248 | 0 253 | 0 259 | 0 264 |
| 22 | 0 220 | 0 225 | 0 231 | 0 236 | 0 242 | 0 247 | 0 252 | 0 258 | 0 263 | 0 268 |
| 24 | 0 224 | 0 229 | 0 235 | 0 240 | 0 246 | 0 251 | 0 256 | 0 262 | 0 267 | 0 273 |
| 26 | 0 227 | 0 233 | 0 238 | 0 244 | 0 249 | 0 255 | 0 261 | 0 266 | 0 272 | 0 277 |
| 28 | 0 231 | 0 237 | 0 242 | 0 248 | 0 253 | 0 259 | 0 265 | 0 270 | 0 276 | 0 282 |
| 1,30 | 0 235 | 0 240 | 0 246 | 0 252 | 0 257 | 0 263 | 0 269 | 0 275 | 0 280 | 0 286 |
| 32 | 0 238 | 0 244 | 0 250 | 0 256 | 0 261 | 0 267 | 0 273 | 0 279 | 0 285 | 0 290 |
| 34 | 0 242 | 0 248 | 0 254 | 0 259 | 0 265 | 0 271 | 0 277 | 0 283 | 0 289 | 0 295 |
| 36 | 0 245 | 0 251 | 0 257 | 0 263 | 0 269 | 0 275 | 0 281 | 0 287 | 0 293 | 0 299 |
| 38 | 0 249 | 0 255 | 0 261 | 0 267 | 0 273 | 0 279 | 0 285 | 0 292 | 0 298 | 0 304 |
| 1,40 | 0 253 | 0 259 | 0 265 | 0 271 | 0 277 | 0 283 | 0 290 | 0 296 | 0 302 | 0 308 |
| 42 | 0 256 | 0 262 | 0 269 | 0 275 | 0 281 | 0 287 | 0 294 | 0 300 | 0 306 | 0 312 |
| 44 | 0 260 | 0 266 | 0 272 | 0 279 | 0 285 | 0 291 | 0 298 | 0 304 | 0 310 | 0 317 |
| 46 | 0 263 | 0 270 | 0 276 | 0 283 | 0 289 | 0 296 | 0 302 | 0 308 | 0 315 | 0 321 |
| 48 | 0 267 | 0 274 | 0 280 | 0 286 | 0 293 | 0 300 | 0 306 | 0 313 | 0 319 | 0 326 |
| 1,50 | 0 271 | 0 277 | 0 284 | 0 290 | 0 297 | 0 304 | 0 310 | 0 317 | 0 323 | 0 330 |
| 52 | 0 275 | 0 281 | 0 288 | 0 294 | 0 301 | 0 308 | 0 314 | 0 321 | 0 328 | 0 334 |
| 54 | 0 278 | 0 285 | 0 291 | 0 298 | 0 305 | 0 312 | 0 318 | 0 325 | 0 332 | 0 339 |
| 56 | 0 281 | 0 288 | 0 295 | 0 302 | 0 309 | 0 316 | 0 323 | 0 330 | 0 336 | 0 343 |
| 58 | 0 285 | 0 292 | 0 299 | 0 306 | 0 313 | 0 320 | 0 327 | 0 334 | 0 341 | 0 348 |
| 1,60 | 0 289 | 0 296 | 0 303 | 0 310 | 0 317 | 0 324 | 0 331 | 0 338 | 0 345 | 0 352 |
| 62 | 0 292 | 0 299 | 0 307 | 0 314 | 0 321 | 0 328 | 0 335 | 0 342 | 0 349 | 0 356 |
| 64 | 0 296 | 0 303 | 0 310 | 0 318 | 0 325 | 0 332 | 0 339 | 0 346 | 0 354 | 0 361 |
| 66 | 0 299 | 0 307 | 0 314 | 0 321 | 0 329 | 0 336 | 0 343 | 0 351 | 0 358 | 0 365 |
| 68 | 0 303 | 0 310 | 0 318 | 0 325 | 0 333 | 0 340 | 0 347 | 0 355 | 0 362 | 0 370 |
| 1,70 | 0 307 | 0 314 | 0 322 | 0 329 | 0 337 | 0 344 | 0 352 | 0 360 | 0 367 | 0 374 |
| 72 | 0 310 | 0 318 | 0 325 | 0 333 | 0 341 | 0 348 | 0 356 | 0 363 | 0 371 | 0 378 |
| 74 | 0 314 | 0 322 | 0 329 | 0 337 | 0 345 | 0 352 | 0 360 | 0 368 | 0 375 | 0 383 |
| 76 | 0 318 | 0 325 | 0 333 | 0 341 | 0 348 | 0 356 | 0 364 | 0 372 | 0 379 | 0 387 |
| 78 | 0 321 | 0 329 | 0 337 | 0 345 | 0 352 | 0 360 | 0 368 | 0 376 | 0 384 | 0 392 |
| 1,80 | 0 325 | 0 333 | 0 341 | 0 348 | 0 356 | 0 364 | 0 372 | 0 380 | 0 388 | 0 396 |
| 82 | 0 328 | 0 336 | 0 344 | 0 352 | 0 360 | 0 368 | 0 376 | 0 384 | 0 392 | 0 400 |
| 84 | 0 332 | 0 340 | 0 348 | 0 356 | 0 364 | 0 372 | 0 381 | 0 389 | 0 397 | 0 405 |
| 86 | 0 336 | 0 344 | 0 352 | 0 360 | 0 368 | 0 376 | 0 385 | 0 393 | 0 401 | 0 409 |
| 88 | 0 339 | 0 347 | 0 356 | 0 364 | 0 372 | 0 381 | 0 389 | 0 397 | 0 405 | 0 414 |
| 1,90 | 0 343 | 0 351 | 0 359 | 0 367 | 0 376 | 0 384 | 0 393 | 0 401 | 0 410 | 0 418 |
| 92 | 0 346 | 0 355 | 0 363 | 0 372 | 0 380 | 0 389 | 0 397 | 0 406 | 0 414 | 0 422 |
| 94 | 0 350 | 0 359 | 0 367 | 0 376 | 0 384 | 0 393 | 0 401 | 0 410 | 0 418 | 0 427 |
| 96 | 0 354 | 0 362 | 0 371 | 0 379 | 0 388 | 0 397 | 0 405 | 0 414 | 0 423 | 0 431 |
| 98 | 0 357 | 0 366 | 0 375 | 0 383 | 0 392 | 0 401 | 0 409 | 0 418 | 0 427 | 0 436 |
| 2,— | 0 361 | 0 370 | 0 378 | 0 387 | 0 396 | 0 405 | 0 414 | 0 422 | 0 431 | 0 440 |

**LONGUEUR** / **LARGEUR** — 18

| LONGUEUR | 0,24 | 0,26 | 0,28 | 0,30 | 0,32 | 0,34 | 0,36 | 0,38 | 0,40 | 0,42 |
|---|---|---|---|---|---|---|---|---|---|---|
| 0,24 | 0 014 | | | | | | | | | |
| 0,26 | 0 015 | 0 016 | | | | | | | | |
| 0,28 | 0 016 | 0 017 | 0 019 | | | | | | | |
| 0,30 | 0 017 | 0 019 | 0 020 | 0 022 | | | | | | |
| 0,32 | 0 018 | 0 020 | 0 022 | 0 023 | 0 025 | | | | | |
| 0,34 | 0 020 | 0 021 | 0 023 | 0 024 | 0 026 | 0 028 | | | | |
| 0,36 | 0 021 | 0 022 | 0 024 | 0 026 | 0 028 | 0 029 | 0 031 | | | |
| 0,38 | 0 022 | 0 024 | 0 026 | 0 027 | 0 029 | 0 031 | 0 033 | 0 035 | | |
| 0,40 | 0 023 | 0 025 | 0 027 | 0 029 | 0 031 | 0 033 | 0 035 | 0 036 | 0 038 | |
| 0,42 | 0 024 | 0 026 | 0 028 | 0 030 | 0 032 | 0 034 | 0 036 | 0 038 | 0 040 | 0 042 |
| 0,44 | 0 025 | 0 027 | 0 030 | 0 032 | 0 034 | 0 036 | 0 038 | 0 040 | 0 042 | 0 044 |
| 0,46 | 0 026 | 0 029 | 0 031 | 0 033 | 0 035 | 0 038 | 0 040 | 0 042 | 0 044 | 0 046 |
| 0,48 | 0 028 | 0 030 | 0 032 | 0 035 | 0 037 | 0 039 | 0 041 | 0 044 | 0 046 | 0 048 |
| 0,50 | 0 029 | 0 031 | 0 034 | 0 036 | 0 038 | 0 041 | 0 043 | 0 046 | 0 048 | 0 050 |
| 0,52 | 0 030 | 0 032 | 0 035 | 0 037 | 0 040 | 0 042 | 0 045 | 0 047 | 0 050 | 0 052 |
| 0,54 | 0 031 | 0 034 | 0 036 | 0 039 | 0 041 | 0 044 | 0 047 | 0 049 | 0 052 | 0 054 |
| 0,56 | 0 032 | 0 035 | 0 038 | 0 040 | 0 043 | 0 046 | 0 048 | 0 051 | 0 054 | 0 056 |
| 0,58 | 0 033 | 0 036 | 0 039 | 0 042 | 0 045 | 0 047 | 0 050 | 0 053 | 0 056 | 0 058 |
| 0,60 | 0 035 | 0 037 | 0 040 | 0 043 | 0 046 | 0 049 | 0 052 | 0 055 | 0 058 | 0 060 |
| 0,62 | 0 036 | 0 039 | 0 042 | 0 045 | 0 048 | 0 051 | 0 054 | 0 057 | 0 060 | 0 062 |
| 0,64 | 0 037 | 0 040 | 0 043 | 0 046 | 0 049 | 0 052 | 0 055 | 0 058 | 0 061 | 0 065 |
| 0,66 | 0 038 | 0 041 | 0 044 | 0 048 | 0 051 | 0 054 | 0 057 | 0 060 | 0 063 | 0 067 |
| 0,68 | 0 039 | 0 042 | 0 046 | 0 049 | 0 052 | 0 055 | 0 059 | 0 062 | 0 065 | 0 069 |
| 0,70 | 0 040 | 0 044 | 0 047 | 0 050 | 0 054 | 0 057 | 0 060 | 0 064 | 0 067 | 0 071 |
| 0,72 | 0 041 | 0 045 | 0 048 | 0 052 | 0 055 | 0 059 | 0 062 | 0 066 | 0 069 | 0 073 |
| 0,74 | 0 043 | 0 046 | 0 050 | 0 053 | 0 057 | 0 060 | 0 064 | 0 067 | 0 071 | 0 075 |
| 0,76 | 0 044 | 0 047 | 0 051 | 0 055 | 0 058 | 0 062 | 0 066 | 0 069 | 0 073 | 0 077 |
| 0,78 | 0 045 | 0 049 | 0 052 | 0 056 | 0 060 | 0 064 | 0 067 | 0 071 | 0 075 | 0 079 |
| 0,80 | 0 046 | 0 050 | 0 054 | 0 058 | 0 061 | 0 065 | 0 069 | 0 073 | 0 077 | 0 081 |
| 0,82 | 0 047 | 0 051 | 0 055 | 0 059 | 0 063 | 0 067 | 0 071 | 0 075 | 0 079 | 0 083 |
| 0,84 | 0 048 | 0 052 | 0 056 | 0 060 | 0 065 | 0 069 | 0 073 | 0 077 | 0 081 | 0 085 |
| 0,86 | 0 050 | 0 054 | 0 058 | 0 062 | 0 066 | 0 070 | 0 074 | 0 078 | 0 083 | 0 087 |
| 0,88 | 0 051 | 0 055 | 0 059 | 0 063 | 0 068 | 0 072 | 0 076 | 0 080 | 0 084 | 0 089 |
| 0,90 | 0 052 | 0 056 | 0 060 | 0 065 | 0 069 | 0 073 | 0 078 | 0 082 | 0 086 | 0 091 |
| 0,92 | 0 053 | 0 057 | 0 062 | 0 066 | 0 071 | 0 075 | 0 079 | 0 084 | 0 088 | 0 093 |
| 0,94 | 0 054 | 0 059 | 0 063 | 0 068 | 0 072 | 0 077 | 0 081 | 0 086 | 0 090 | 0 095 |
| 0,96 | 0 055 | 0 060 | 0 065 | 0 069 | 0 074 | 0 078 | 0 083 | 0 088 | 0 092 | 0 097 |
| 0,98 | 0 056 | 0 061 | 0 066 | 0 071 | 0 075 | 0 080 | 0 085 | 0 089 | 0 094 | 0 099 |
| 1,— | 0 058 | 0 062 | 0 067 | 0 072 | 0 077 | 0 082 | 0 086 | 0 091 | 0 096 | 0 101 |
| 1,02 | 0 059 | 0 064 | 0 069 | 0 073 | 0 078 | 0 083 | 0 088 | 0 093 | 0 098 | 0 103 |
| 1,04 | 0 060 | 0 065 | 0 070 | 0 075 | 0 080 | 0 085 | 0 090 | 0 095 | 0 100 | 0 105 |
| 1,06 | 0 061 | 0 066 | 0 071 | 0 076 | 0 081 | 0 086 | 0 092 | 0 097 | 0 102 | 0 107 |
| 1,08 | 0 062 | 0 067 | 0 073 | 0 078 | 0 083 | 0 088 | 0 093 | 0 098 | 0 104 | 0 109 |
| 1,10 | 0 063 | 0 069 | 0 074 | 0 079 | 0 084 | 0 090 | 0 095 | 0 100 | 0 106 | 0 111 |
| 1,12 | 0 065 | 0 070 | 0 075 | 0 081 | 0 086 | 0 091 | 0 097 | 0 102 | 0 108 | 0 113 |
| 1,14 | 0 066 | 0 071 | 0 077 | 0 082 | 0 088 | 0 093 | 0 098 | 0 104 | 0 109 | 0 115 |
| 1,16 | 0 067 | 0 072 | 0 078 | 0 084 | 0 089 | 0 095 | 0 100 | 0 106 | 0 111 | 0 117 |
| 1,18 | 0 068 | 0 074 | 0 079 | 0 085 | 0 091 | 0 096 | 0 102 | 0 108 | 0 113 | 0 119 |
| 1,20 | 0 069 | 0 075 | 0 081 | 0 086 | 0 092 | 0 098 | 0 104 | 0 109 | 0 115 | 0 121 |
| 1,22 | 0 070 | 0 076 | 0 082 | 0 088 | 0 094 | 0 100 | 0 105 | 0 111 | 0 117 | 0 123 |
| 1,24 | 0 071 | 0 077 | 0 083 | 0 089 | 0 095 | 0 101 | 0 107 | 0 113 | 0 119 | 0 125 |
| 1,26 | 0 073 | 0 079 | 0 085 | 0 091 | 0 097 | 0 103 | 0 109 | 0 115 | 0 121 | 0 127 |
| 1,28 | 0 074 | 0 080 | 0 086 | 0 092 | 0 098 | 0 104 | 0 111 | 0 117 | 0 123 | 0 129 |
| 1,30 | 0 075 | 0 081 | 0 087 | 0 094 | 0 100 | 0 106 | 0 112 | 0 119 | 0 125 | 0 131 |
| 1,32 | 0 076 | 0 082 | 0 089 | 0 095 | 0 101 | 0 108 | 0 114 | 0 120 | 0 127 | 0 133 |
| 1,34 | 0 077 | 0 084 | 0 090 | 0 096 | 0 103 | 0 109 | 0 116 | 0 122 | 0 129 | 0 135 |
| 1,36 | 0 078 | 0 085 | 0 091 | 0 098 | 0 104 | 0 111 | 0 118 | 0 124 | 0 131 | 0 137 |
| 1,38 | 0 079 | 0 086 | 0 093 | 0 099 | 0 106 | 0 113 | 0 119 | 0 126 | 0 132 | 0 139 |
| 1,40 | 0 081 | 0 087 | 0 094 | 0 101 | 0 108 | 0 114 | 0 121 | 0 128 | 0 134 | 0 141 |
| 1,42 | 0 082 | 0 089 | 0 095 | 0 102 | 0 109 | 0 116 | 0 123 | 0 130 | 0 136 | 0 143 |
| 1,44 | 0 083 | 0 090 | 0 097 | 0 104 | 0 111 | 0 118 | 0 124 | 0 131 | 0 138 | 0 145 |
| 1,46 | 0 084 | 0 091 | 0 098 | 0 105 | 0 112 | 0 119 | 0 126 | 0 133 | 0 140 | 0 147 |
| 1,48 | 0 085 | 0 092 | 0 099 | 0 107 | 0 114 | 0 121 | 0 128 | 0 135 | 0 142 | 0 149 |
| 1,50 | 0 086 | 0 094 | 0 101 | 0 108 | 0 115 | 0 122 | 0 130 | 0 137 | 0 144 | 0 151 |
| 1,52 | 0 088 | 0 095 | 0 102 | 0 109 | 0 117 | 0 124 | 0 131 | 0 139 | 0 146 | 0 153 |
| 1,54 | 0 089 | 0 096 | 0 103 | 0 111 | 0 118 | 0 126 | 0 133 | 0 140 | 0 148 | 0 155 |
| 1,56 | 0 090 | 0 097 | 0 105 | 0 112 | 0 120 | 0 127 | 0 135 | 0 142 | 0 150 | 0 157 |
| 1,58 | 0 091 | 0 099 | 0 106 | 0 114 | 0 121 | 0 129 | 0 137 | 0 144 | 0 152 | 0 159 |
| 1,60 | 0 092 | 0 100 | 0 108 | 0 115 | 0 123 | 0 131 | 0 138 | 0 146 | 0 154 | 0 161 |
| 1,62 | 0 093 | 0 101 | 0 109 | 0 117 | 0 124 | 0 132 | 0 140 | 0 148 | 0 156 | 0 163 |





0,24

0,24—0

| LONGUEUR | 0,44 | 0,46 | 0,48 | 0,50 | 0,52 | 0,54 | 0,56 | 0,58 | 0,60 | 0,62 |
|---|---|---|---|---|---|---|---|---|---|---|
| 0,44 | 0 046 | | | | | | | | | |
| 0,46 | 0 049 | 0 051 | | | | | | | | |
| 0,48 | 0 051 | 0 053 | 0 055 | | | | | | | |
| 0,50 | 0 053 | 0 055 | 0 058 | 0 060 | | | | | | |
| 0,52 | 0 055 | 0 057 | 0 060 | 0 062 | 0 065 | | | | | |
| 0,54 | 0 057 | 0 060 | 0 062 | 0 065 | 0 067 | 0 070 | | | | |
| 0,56 | 0 059 | 0 062 | 0 065 | 0 067 | 0 070 | 0 073 | 0 075 | | | |
| 0,58 | 0 061 | 0 064 | 0 067 | 0 070 | 0 072 | 0 075 | 0 078 | 0 081 | | |
| 0,60 | 0 063 | 0 066 | 0 069 | 0 072 | 0 075 | 0 078 | 0 081 | 0 084 | 0 086 | |
| 0,62 | 0 065 | 0 068 | 0 071 | 0 074 | 0 077 | 0 080 | 0 083 | 0 086 | 0 089 | 0 092 |
| 0,64 | 0 068 | 0 071 | 0 074 | 0 077 | 0 080 | 0 083 | 0 086 | 0 089 | 0 092 | 0 095 |
| 0,66 | 0 070 | 0 073 | 0 076 | 0 079 | 0 082 | 0 086 | 0 089 | 0 092 | 0 095 | 0 098 |
| 0,68 | 0 072 | 0 075 | 0 078 | 0 082 | 0 085 | 0 088 | 0 091 | 0 095 | 0 098 | 0 101 |
| 0,70 | 0 074 | 0 077 | 0 081 | 0 084 | 0 087 | 0 091 | 0 094 | 0 097 | 0 101 | 0 104 |
| 0,72 | 0 076 | 0 079 | 0 083 | 0 086 | 0 090 | 0 093 | 0 097 | 0 100 | 0 104 | 0 107 |
| 0,74 | 0 078 | 0 082 | 0 085 | 0 089 | 0 092 | 0 096 | 0 099 | 0 103 | 0 107 | 0 110 |
| 0,76 | 0 080 | 0 084 | 0 088 | 0 091 | 0 095 | 0 098 | 0 102 | 0 106 | 0 109 | 0 113 |
| 0,78 | 0 082 | 0 086 | 0 090 | 0 094 | 0 097 | 0 101 | 0 105 | 0 109 | 0 112 | 0 116 |
| 0,80 | 0 084 | 0 088 | 0 092 | 0 096 | 0 100 | 0 104 | 0 108 | 0 111 | 0 115 | 0 119 |
| 0,82 | 0 087 | 0 091 | 0 094 | 0 098 | 0 102 | 0 106 | 0 110 | 0 114 | 0 118 | 0 122 |
| 0,84 | 0 089 | 0 093 | 0 097 | 0 101 | 0 105 | 0 109 | 0 113 | 0 117 | 0 121 | 0 125 |
| 0,86 | 0 091 | 0 095 | 0 099 | 0 103 | 0 107 | 0 111 | 0 116 | 0 120 | 0 124 | 0 128 |
| 0,88 | 0 093 | 0 097 | 0 101 | 0 106 | 0 110 | 0 114 | 0 118 | 0 122 | 0 127 | 0 131 |
| 0,90 | 0 095 | 0 099 | 0 104 | 0 108 | 0 112 | 0 117 | 0 121 | 0 125 | 0 130 | 0 134 |
| 0,92 | 0 097 | 0 102 | 0 106 | 0 110 | 0 115 | 0 119 | 0 124 | 0 128 | 0 132 | 0 137 |
| 0,94 | 0 099 | 0 104 | 0 108 | 0 113 | 0 117 | 0 122 | 0 126 | 0 131 | 0 135 | 0 140 |
| 0,96 | 0 101 | 0 106 | 0 111 | 0 115 | 0 120 | 0 124 | 0 129 | 0 134 | 0 138 | 0 143 |
| 0,98 | 0 103 | 0 108 | 0 113 | 0 118 | 0 122 | 0 127 | 0 132 | 0 136 | 0 141 | 0 146 |
| 1,— | 0 106 | 0 110 | 0 115 | 0 120 | 0 125 | 0 130 | 0 134 | 0 139 | 0 144 | 0 149 |
| 1,02 | 0 108 | 0 113 | 0 118 | 0 122 | 0 127 | 0 132 | 0 137 | 0 142 | 0 147 | 0 152 |
| 1,04 | 0 110 | 0 115 | 0 120 | 0 125 | 0 130 | 0 135 | 0 140 | 0 145 | 0 150 | 0 155 |
| 1,06 | 0 112 | 0 117 | 0 122 | 0 127 | 0 132 | 0 137 | 0 142 | 0 148 | 0 153 | 0 158 |
| 1,08 | 0 114 | 0 119 | 0 124 | 0 130 | 0 135 | 0 140 | 0 145 | 0 150 | 0 156 | 0 161 |
| 1,10 | 0 116 | 0 121 | 0 127 | 0 132 | 0 137 | 0 143 | 0 148 | 0 153 | 0 158 | 0 164 |
| 1,12 | 0 118 | 0 124 | 0 129 | 0 134 | 0 140 | 0 145 | 0 151 | 0 156 | 0 161 | 0 167 |
| 1,14 | 0 120 | 0 126 | 0 131 | 0 137 | 0 142 | 0 148 | 0 153 | 0 159 | 0 164 | 0 170 |
| 1,16 | 0 122 | 0 128 | 0 134 | 0 139 | 0 145 | 0 150 | 0 156 | 0 161 | 0 167 | 0 173 |
| 1,18 | 0 125 | 0 130 | 0 136 | 0 142 | 0 147 | 0 153 | 0 159 | 0 164 | 0 170 | 0 176 |
| 1,20 | 0 127 | 0 132 | 0 138 | 0 144 | 0 150 | 0 156 | 0 161 | 0 167 | 0 173 | 0 179 |
| 1,22 | 0 129 | 0 135 | 0 141 | 0 146 | 0 152 | 0 158 | 0 164 | 0 170 | 0 176 | 0 182 |
| 1,24 | 0 131 | 0 137 | 0 143 | 0 149 | 0 155 | 0 161 | 0 167 | 0 173 | 0 179 | 0 185 |
| 1,26 | 0 133 | 0 139 | 0 145 | 0 151 | 0 157 | 0 163 | 0 169 | 0 175 | 0 181 | 0 187 |
| 1,28 | 0 135 | 0 141 | 0 147 | 0 154 | 0 160 | 0 166 | 0 172 | 0 178 | 0 184 | 0 190 |
| 1,30 | 0 137 | 0 144 | 0 150 | 0 156 | 0 162 | 0 168 | 0 175 | 0 181 | 0 187 | 0 193 |
| 1,32 | 0 139 | 0 146 | 0 152 | 0 158 | 0 165 | 0 171 | 0 177 | 0 184 | 0 190 | 0 196 |
| 1,34 | 0 142 | 0 148 | 0 154 | 0 161 | 0 167 | 0 174 | 0 180 | 0 187 | 0 193 | 0 199 |
| 1,36 | 0 144 | 0 150 | 0 157 | 0 163 | 0 170 | 0 176 | 0 183 | 0 189 | 0 196 | 0 202 |
| 1,38 | 0 146 | 0 152 | 0 159 | 0 166 | 0 172 | 0 179 | 0 185 | 0 192 | 0 199 | 0 205 |
| 1,40 | 0 148 | 0 155 | 0 161 | 0 168 | 0 175 | 0 181 | 0 188 | 0 195 | 0 202 | 0 208 |
| 1,42 | 0 150 | 0 157 | 0 164 | 0 170 | 0 177 | 0 184 | 0 191 | 0 198 | 0 204 | 0 211 |
| 1,44 | 0 152 | 0 159 | 0 166 | 0 173 | 0 180 | 0 187 | 0 194 | 0 200 | 0 207 | 0 214 |
| 1,46 | 0 154 | 0 161 | 0 168 | 0 175 | 0 182 | 0 189 | 0 196 | 0 203 | 0 210 | 0 217 |
| 1,48 | 0 156 | 0 163 | 0 170 | 0 178 | 0 185 | 0 192 | 0 199 | 0 206 | 0 213 | 0 220 |
| 1,50 | 0 158 | 0 166 | 0 173 | 0 180 | 0 187 | 0 194 | 0 202 | 0 209 | 0 216 | 0 223 |
| 1,52 | 0 161 | 0 168 | 0 175 | 0 182 | 0 190 | 0 197 | 0 204 | 0 212 | 0 219 | 0 226 |
| 1,54 | 0 163 | 0 170 | 0 177 | 0 185 | 0 192 | 0 200 | 0 207 | 0 214 | 0 222 | 0 229 |
| 1,56 | 0 165 | 0 172 | 0 180 | 0 187 | 0 195 | 0 202 | 0 210 | 0 217 | 0 225 | 0 232 |
| 1,58 | 0 167 | 0 174 | 0 182 | 0 190 | 0 197 | 0 205 | 0 212 | 0 220 | 0 228 | 0 235 |
| 1,60 | 0 169 | 0 177 | 0 184 | 0 192 | 0 200 | 0 207 | 0 215 | 0 223 | 0 230 | 0 238 |
| 1,62 | 0 171 | 0 179 | 0 187 | 0 194 | 0 202 | 0 210 | 0 218 | 0 226 | 0 233 | 0 241 |

LONGUEUR — LARGEUR

| LONGUEUR | 0,64 | 0,66 | 0,68 | 0,70 | 0,72 | 0,74 | 0,76 | 0,78 | 0,80 | 0,82 |
|---|---|---|---|---|---|---|---|---|---|---|
| 0,64 | 0 098 | | | | | | | | | |
| 66 | 0 101 | 0 105 | | | | | | | | |
| 68 | 0 104 | 0 108 | 0 111 | | | | | | | |
| 0,70 | 0 108 | 0 111 | 0 114 | 0 118 | | | | | | |
| 72 | 0 111 | 0 114 | 0 118 | 0 121 | 0 124 | | | | | |
| 74 | 0 114 | 0 117 | 0 121 | 0 124 | 0 128 | 0 131 | | | | |
| 76 | 0 117 | 0 120 | 0 124 | 0 128 | 0 131 | 0 135 | 0 139 | | | |
| 78 | 0 120 | 0 124 | 0 127 | 0 131 | 0 135 | 0 139 | 0 142 | 0 146 | | |
| 0,80 | 0 123 | 0 127 | 0 131 | 0 134 | 0 138 | 0 142 | 0 146 | 0 150 | 0 154 | |
| 82 | 0 126 | 0 130 | 0 134 | 0 138 | 0 142 | 0 146 | 0 150 | 0 154 | 0 157 | 0 161 |
| 84 | 0 129 | 0 133 | 0 137 | 0 141 | 0 145 | 0 149 | 0 153 | 0 157 | 0 161 | 0 165 |
| 86 | 0 132 | 0 136 | 0 140 | 0 144 | 0 149 | 0 153 | 0 157 | 0 161 | 0 165 | 0 169 |
| 88 | 0 135 | 0 139 | 0 144 | 0 148 | 0 152 | 0 156 | 0 161 | 0 165 | 0 169 | 0 173 |
| 0,90 | 0 138 | 0 143 | 0 147 | 0 151 | 0 156 | 0 160 | 0 164 | 0 168 | 0 173 | 0 177 |
| 92 | 0 141 | 0 146 | 0 150 | 0 154 | 0 159 | 0 163 | 0 168 | 0 172 | 0 177 | 0 181 |
| 94 | 0 144 | 0 149 | 0 153 | 0 158 | 0 162 | 0 167 | 0 171 | 0 176 | 0 180 | 0 185 |
| 96 | 0 147 | 0 152 | 0 157 | 0 161 | 0 166 | 0 170 | 0 175 | 0 180 | 0 184 | 0 189 |
| 98 | 0 151 | 0 155 | 0 160 | 0 165 | 0 169 | 0 174 | 0 179 | 0 183 | 0 188 | 0 193 |
| 1,— | 0 154 | 0 158 | 0 163 | 0 168 | 0 173 | 0 178 | 0 182 | 0 187 | 0 192 | 0 197 |
| 02 | 0 157 | 0 162 | 0 166 | 0 171 | 0 176 | 0 181 | 0 186 | 0 191 | 0 196 | 0 201 |
| 04 | 0 160 | 0 165 | 0 170 | 0 175 | 0 180 | 0 185 | 0 190 | 0 195 | 0 200 | 0 205 |
| 06 | 0 163 | 0 168 | 0 173 | 0 178 | 0 183 | 0 188 | 0 193 | 0 198 | 0 204 | 0 209 |
| 08 | 0 166 | 0 171 | 0 176 | 0 181 | 0 187 | 0 192 | 0 197 | 0 202 | 0 207 | 0 213 |
| 1,10 | 0 169 | 0 174 | 0 180 | 0 185 | 0 190 | 0 195 | 0 201 | 0 206 | 0 211 | 0 216 |
| 12 | 0 172 | 0 177 | 0 183 | 0 188 | 0 194 | 0 199 | 0 204 | 0 210 | 0 215 | 0 220 |
| 14 | 0 175 | 0 181 | 0 186 | 0 191 | 0 197 | 0 202 | 0 208 | 0 213 | 0 219 | 0 224 |
| 16 | 0 178 | 0 184 | 0 189 | 0 195 | 0 200 | 0 206 | 0 212 | 0 217 | 0 223 | 0 228 |
| 18 | 0 181 | 0 187 | 0 193 | 0 198 | 0 204 | 0 210 | 0 215 | 0 221 | 0 227 | 0 232 |
| 1,20 | 0 184 | 0 190 | 0 196 | 0 202 | 0 207 | 0 213 | 0 219 | 0 225 | 0 230 | 0 236 |
| 22 | 0 187 | 0 193 | 0 199 | 0 205 | 0 211 | 0 217 | 0 223 | 0 228 | 0 234 | 0 240 |
| 24 | 0 190 | 0 196 | 0 202 | 0 208 | 0 214 | 0 220 | 0 226 | 0 232 | 0 238 | 0 244 |
| 26 | 0 194 | 0 200 | 0 206 | 0 212 | 0 218 | 0 224 | 0 230 | 0 236 | 0 242 | 0 248 |
| 28 | 0 197 | 0 203 | 0 209 | 0 215 | 0 221 | 0 227 | 0 233 | 0 240 | 0 246 | 0 252 |
| 1,30 | 0 200 | 0 206 | 0 212 | 0 218 | 0 225 | 0 231 | 0 237 | 0 243 | 0 250 | 0 256 |
| 32 | 0 203 | 0 209 | 0 215 | 0 222 | 0 228 | 0 234 | 0 241 | 0 247 | 0 253 | 0 260 |
| 34 | 0 206 | 0 212 | 0 219 | 0 225 | 0 232 | 0 238 | 0 244 | 0 251 | 0 257 | 0 264 |
| 36 | 0 209 | 0 215 | 0 222 | 0 228 | 0 235 | 0 242 | 0 248 | 0 255 | 0 261 | 0 268 |
| 38 | 0 212 | 0 219 | 0 225 | 0 232 | 0 238 | 0 245 | 0 252 | 0 258 | 0 265 | 0 272 |
| 1,40 | 0 215 | 0 222 | 0 228 | 0 235 | 0 242 | 0 249 | 0 255 | 0 262 | 0 269 | 0 276 |
| 42 | 0 218 | 0 225 | 0 232 | 0 239 | 0 245 | 0 252 | 0 259 | 0 266 | 0 273 | 0 279 |
| 44 | 0 221 | 0 228 | 0 235 | 0 242 | 0 249 | 0 256 | 0 263 | 0 270 | 0 276 | 0 283 |
| 46 | 0 224 | 0 231 | 0 238 | 0 245 | 0 252 | 0 259 | 0 266 | 0 273 | 0 280 | 0 287 |
| 48 | 0 227 | 0 234 | 0 242 | 0 249 | 0 256 | 0 263 | 0 270 | 0 277 | 0 284 | 0 291 |
| 1,50 | 0 230 | 0 238 | 0 245 | 0 252 | 0 259 | 0 266 | 0 274 | 0 281 | 0 288 | 0 295 |
| 52 | 0 233 | 0 241 | 0 248 | 0 255 | 0 263 | 0 270 | 0 277 | 0 285 | 0 292 | 0 299 |
| 54 | 0 237 | 0 244 | 0 251 | 0 259 | 0 266 | 0 274 | 0 281 | 0 288 | 0 296 | 0 303 |
| 56 | 0 240 | 0 247 | 0 255 | 0 262 | 0 270 | 0 277 | 0 285 | 0 292 | 0 300 | 0 307 |
| 58 | 0 243 | 0 250 | 0 258 | 0 265 | 0 273 | 0 281 | 0 288 | 0 296 | 0 303 | 0 311 |
| 1,60 | 0 246 | 0 253 | 0 261 | 0 269 | 0 276 | 0 284 | 0 292 | 0 300 | 0 307 | 0 315 |
| 62 | 0 249 | 0 257 | 0 264 | 0 272 | 0 280 | 0 288 | 0 295 | 0 303 | 0 311 | 0 319 |
| 64 | 0 252 | 0 260 | 0 268 | 0 276 | 0 283 | 0 291 | 0 299 | 0 307 | 0 315 | 0 323 |
| 66 | 0 255 | 0 263 | 0 271 | 0 279 | 0 287 | 0 295 | 0 303 | 0 311 | 0 319 | 0 327 |
| 68 | 0 258 | 0 266 | 0 274 | 0 282 | 0 290 | 0 298 | 0 306 | 0 314 | 0 323 | 0 331 |
| 1,70 | 0 261 | 0 269 | 0 277 | 0 286 | 0 294 | 0 302 | 0 310 | 0 318 | 0 326 | 0 335 |
| 72 | 0 264 | 0 272 | 0 281 | 0 289 | 0 297 | 0 305 | 0 314 | 0 322 | 0 330 | 0 338 |
| 74 | 0 267 | 0 276 | 0 284 | 0 292 | 0 301 | 0 309 | 0 317 | 0 326 | 0 334 | 0 342 |
| 76 | 0 270 | 0 279 | 0 287 | 0 296 | 0 304 | 0 313 | 0 321 | 0 329 | 0 338 | 0 346 |
| 78 | 0 273 | 0 282 | 0 290 | 0 299 | 0 308 | 0 316 | 0 325 | 0 333 | 0 342 | 0 350 |
| 1,80 | 0 276 | 0 285 | 0 294 | 0 302 | 0 311 | 0 320 | 0 328 | 0 337 | 0 346 | 0 354 |
| 82 | 0 280 | 0 288 | 0 297 | 0 306 | 0 314 | 0 323 | 0 332 | 0 341 | 0 349 | 0 358 |
| 84 | 0 283 | 0 291 | 0 300 | 0 309 | 0 318 | 0 327 | 0 336 | 0 344 | 0 353 | 0 362 |
| 86 | 0 286 | 0 295 | 0 304 | 0 312 | 0 321 | 0 330 | 0 339 | 0 348 | 0 357 | 0 366 |
| 88 | 0 289 | 0 298 | 0 307 | 0 316 | 0 325 | 0 334 | 0 343 | 0 352 | 0 361 | 0 370 |
| 1,90 | 0 292 | 0 301 | 0 310 | 0 319 | 0 328 | 0 337 | 0 347 | 0 356 | 0 365 | 0 374 |
| 92 | 0 295 | 0 304 | 0 313 | 0 323 | 0 332 | 0 341 | 0 350 | 0 359 | 0 369 | 0 378 |
| 94 | 0 298 | 0 307 | 0 317 | 0 326 | 0 335 | 0 344 | 0 354 | 0 363 | 0 372 | 0 382 |
| 96 | 0 301 | 0 310 | 0 320 | 0 329 | 0 339 | 0 348 | 0 358 | 0 367 | 0 376 | 0 386 |
| 98 | 0 304 | 0 314 | 0 323 | 0 333 | 0 342 | 0 352 | 0 361 | 0 371 | 0 380 | 0 390 |
| 2,— | 0 307 | 0 317 | 0 326 | 0 336 | 0 346 | 0 355 | 0 365 | 0 374 | 0 384 | 0 394 |
| 02 | 0 310 | 0 320 | 0 330 | 0 339 | 0 349 | 0 359 | 0 368 | 0 378 | 0 388 | 0 398 |



Epaisseur : **0ᵐ 24** centimètres **0,24**

LONGUEUR — LARGEUR

| LONGUEUR | 0,84 | 0,86 | 0,88 | 0,90 | 0,92 | 0,94 | 0,96 | 0,98 | 1,00 | 1,02 |
|---|---|---|---|---|---|---|---|---|---|---|
| 0,84 | 0 169 | | | | | | | | | |
| 86 | 0 173 | 0 178 | | | | | | | | |
| 88 | 0 177 | 0 182 | 0 186 | | | | | | | |
| 0,90 | 0 181 | 0 186 | 0 190 | 0 194 | | | | | | |
| 92 | 0 185 | 0 190 | 0 194 | 0 199 | 0 203 | | | | | |
| 94 | 0 190 | 0 194 | 0 199 | 0 203 | 0 208 | 0 212 | | | | |
| 96 | 0 194 | 0 198 | 0 203 | 0 207 | 0 212 | 0 217 | 0 221 | | | |
| 98 | 0 198 | 0 202 | 0 207 | 0 212 | 0 216 | 0 221 | 0 226 | 0 230 | | |
| 1,— | 0 202 | 0 206 | 0 211 | 0 216 | 0 221 | 0 226 | 0 230 | 0 235 | 0 240 | |
| 02 | 0 206 | 0 211 | 0 215 | 0 220 | 0 225 | 0 230 | 0 235 | 0 240 | 0 245 | 0 250 |
| 04 | 0 210 | 0 215 | 0 220 | 0 225 | 0 230 | 0 235 | 0 240 | 0 245 | 0 250 | 0 255 |
| 06 | 0 214 | 0 219 | 0 224 | 0 229 | 0 234 | 0 239 | 0 244 | 0 249 | 0 254 | 0 259 |
| 08 | 0 218 | 0 223 | 0 228 | 0 233 | 0 238 | 0 244 | 0 249 | 0 254 | 0 259 | 0 264 |
| 1,10 | 0 222 | 0 227 | 0 232 | 0 238 | 0 243 | 0 248 | 0 253 | 0 259 | 0 264 | 0 269 |
| 12 | 0 226 | 0 231 | 0 237 | 0 242 | 0 247 | 0 253 | 0 258 | 0 263 | 0 269 | 0 274 |
| 14 | 0 230 | 0 235 | 0 241 | 0 246 | 0 252 | 0 257 | 0 263 | 0 268 | 0 274 | 0 279 |
| 16 | 0 234 | 0 239 | 0 245 | 0 251 | 0 256 | 0 262 | 0 267 | 0 273 | 0 278 | 0 284 |
| 18 | 0 238 | 0 244 | 0 249 | 0 255 | 0 261 | 0 266 | 0 272 | 0 278 | 0 283 | 0 289 |
| 1,20 | 0 242 | 0 248 | 0 253 | 0 259 | 0 265 | 0 271 | 0 276 | 0 282 | 0 288 | 0 294 |
| 22 | 0 246 | 0 252 | 0 258 | 0 264 | 0 269 | 0 275 | 0 281 | 0 287 | 0 293 | 0 299 |
| 24 | 0 250 | 0 256 | 0 262 | 0 268 | 0 274 | 0 280 | 0 286 | 0 292 | 0 298 | 0 304 |
| 26 | 0 254 | 0 260 | 0 266 | 0 272 | 0 278 | 0 284 | 0 290 | 0 296 | 0 302 | 0 308 |
| 28 | 0 258 | 0 264 | 0 270 | 0 276 | 0 283 | 0 289 | 0 295 | 0 301 | 0 307 | 0 313 |
| 1,30 | 0 262 | 0 268 | 0 275 | 0 281 | 0 287 | 0 293 | 0 300 | 0 306 | 0 312 | 0 318 |
| 32 | 0 266 | 0 272 | 0 279 | 0 285 | 0 291 | 0 298 | 0 304 | 0 310 | 0 317 | 0 323 |
| 34 | 0 270 | 0 277 | 0 283 | 0 289 | 0 296 | 0 302 | 0 309 | 0 315 | 0 322 | 0 328 |
| 36 | 0 274 | 0 281 | 0 287 | 0 294 | 0 300 | 0 307 | 0 313 | 0 320 | 0 326 | 0 333 |
| 38 | 0 278 | 0 285 | 0 291 | 0 298 | 0 305 | 0 311 | 0 318 | 0 325 | 0 331 | 0 338 |
| 1,40 | 0 282 | 0 289 | 0 296 | 0 302 | 0 309 | 0 316 | 0 323 | 0 329 | 0 336 | 0 343 |
| 42 | 0 286 | 0 293 | 0 300 | 0 307 | 0 314 | 0 320 | 0 327 | 0 334 | 0 341 | 0 348 |
| 44 | 0 290 | 0 297 | 0 304 | 0 311 | 0 318 | 0 325 | 0 332 | 0 339 | 0 346 | 0 353 |
| 46 | 0 294 | 0 301 | 0 308 | 0 315 | 0 322 | 0 329 | 0 336 | 0 343 | 0 350 | 0 357 |
| 48 | 0 298 | 0 305 | 0 313 | 0 320 | 0 327 | 0 334 | 0 341 | 0 348 | 0 355 | 0 362 |
| 1,50 | 0 302 | 0 310 | 0 317 | 0 324 | 0 331 | 0 338 | 0 346 | 0 353 | 0 360 | 0 367 |
| 52 | 0 306 | 0 314 | 0 321 | 0 328 | 0 336 | 0 343 | 0 350 | 0 358 | 0 365 | 0 372 |
| 54 | 0 310 | 0 318 | 0 325 | 0 333 | 0 340 | 0 347 | 0 355 | 0 362 | 0 370 | 0 377 |
| 56 | 0 314 | 0 322 | 0 329 | 0 337 | 0 344 | 0 352 | 0 359 | 0 367 | 0 374 | 0 382 |
| 58 | 0 319 | 0 326 | 0 334 | 0 341 | 0 349 | 0 356 | 0 364 | 0 372 | 0 379 | 0 387 |
| 1,60 | 0 323 | 0 330 | 0 338 | 0 346 | 0 353 | 0 361 | 0 369 | 0 376 | 0 384 | 0 392 |
| 62 | 0 327 | 0 334 | 0 342 | 0 350 | 0 358 | 0 365 | 0 373 | 0 381 | 0 389 | 0 397 |
| 64 | 0 331 | 0 338 | 0 346 | 0 354 | 0 362 | 0 370 | 0 378 | 0 386 | 0 394 | 0 401 |
| 66 | 0 335 | 0 343 | 0 351 | 0 359 | 0 367 | 0 374 | 0 382 | 0 390 | 0 398 | 0 406 |
| 68 | 0 339 | 0 347 | 0 355 | 0 363 | 0 371 | 0 379 | 0 387 | 0 395 | 0 403 | 0 411 |
| 1,70 | 0 343 | 0 351 | 0 359 | 0 367 | 0 375 | 0 384 | 0 392 | 0 400 | 0 408 | 0 416 |
| 72 | 0 347 | 0 355 | 0 363 | 0 372 | 0 380 | 0 388 | 0 396 | 0 405 | 0 413 | 0 421 |
| 74 | 0 351 | 0 359 | 0 367 | 0 376 | 0 384 | 0 393 | 0 401 | 0 409 | 0 418 | 0 426 |
| 76 | 0 355 | 0 363 | 0 372 | 0 380 | 0 389 | 0 397 | 0 406 | 0 414 | 0 422 | 0 431 |
| 78 | 0 359 | 0 367 | 0 376 | 0 384 | 0 393 | 0 402 | 0 410 | 0 419 | 0 427 | 0 436 |
| 1,80 | 0 363 | 0 372 | 0 380 | 0 389 | 0 397 | 0 406 | 0 415 | 0 423 | 0 432 | 0 441 |
| 82 | 0 367 | 0 376 | 0 384 | 0 393 | 0 402 | 0 411 | 0 419 | 0 428 | 0 437 | 0 446 |
| 84 | 0 371 | 0 380 | 0 389 | 0 397 | 0 406 | 0 415 | 0 424 | 0 433 | 0 442 | 0 450 |
| 86 | 0 375 | 0 384 | 0 393 | 0 402 | 0 411 | 0 420 | 0 429 | 0 437 | 0 446 | 0 455 |
| 88 | 0 379 | 0 388 | 0 397 | 0 406 | 0 415 | 0 424 | 0 433 | 0 442 | 0 451 | 0 460 |
| 1,90 | 0 383 | 0 392 | 0 401 | 0 410 | 0 420 | 0 429 | 0 438 | 0 447 | 0 456 | 0 465 |
| 92 | 0 387 | 0 396 | 0 406 | 0 415 | 0 424 | 0 433 | 0 442 | 0 452 | 0 461 | 0 470 |
| 94 | 0 391 | 0 400 | 0 410 | 0 419 | 0 428 | 0 438 | 0 447 | 0 456 | 0 466 | 0 475 |
| 96 | 0 395 | 0 405 | 0 414 | 0 423 | 0 433 | 0 442 | 0 452 | 0 461 | 0 470 | 0 480 |
| 98 | 0 399 | 0 409 | 0 418 | 0 428 | 0 437 | 0 447 | 0 456 | 0 466 | 0 475 | 0 485 |
| 2,— | 0 403 | 0 413 | 0 422 | 0 432 | 0 442 | 0 451 | 0 461 | 0 470 | 0 480 | 0 490 |
| 02 | 0 407 | 0 417 | 0 427 | 0 436 | 0 446 | 0 456 | 0 465 | 0 475 | 0 485 | 0 495 |

Epaisseur : **0ᵐ 26** centimètres

0,2

| LONGUEUR | 0,26 | 0,28 | 0,30 | 0,32 | 0,34 | 0,36 | 0,38 | 0,40 | 0,42 | 0,44 |
|---|---|---|---|---|---|---|---|---|---|---|
| 0,26 | 0 018 | | | | | | | | | |
| 28 | 0 019 | 0 020 | | | | | | | | |
| 0,30 | 0 020 | 0 022 | 0 023 | | | | | | | |
| 32 | 0 022 | 0 023 | 0 025 | 0 027 | | | | | | |
| 34 | 0 023 | 0 025 | 0 027 | 0 028 | 0 030 | | | | | |
| 36 | 0 024 | 0 026 | 0 028 | 0 030 | 0 032 | 0 034 | | | | |
| 38 | 0 026 | 0 028 | 0 030 | 0 032 | 0 034 | 0 036 | 0 038 | | | |
| 0,40 | 0 027 | 0 029 | 0 031 | 0 033 | 0 035 | 0 037 | 0 040 | 0 042 | | |
| 42 | 0 028 | 0 031 | 0 033 | 0 035 | 0 037 | 0 039 | 0 041 | 0 044 | 0 046 | |
| 44 | 0 030 | 0 032 | 0 034 | 0 037 | 0 039 | 0 041 | 0 043 | 0 046 | 0 048 | 0 050 |
| 46 | 0 031 | 0 033 | 0 036 | 0 038 | 0 041 | 0 043 | 0 045 | 0 048 | 0 050 | 0 053 |
| 48 | 0 032 | 0 035 | 0 037 | 0 040 | 0 042 | 0 045 | 0 047 | 0 050 | 0 052 | 0 055 |
| 0,50 | 0 034 | 0 036 | 0 039 | 0 042 | 0 044 | 0 047 | 0 049 | 0 052 | 0 055 | 0 057 |
| 52 | 0 035 | 0 038 | 0 041 | 0 043 | 0 046 | 0 049 | 0 051 | 0 054 | 0 057 | 0 059 |
| 54 | 0 037 | 0 039 | 0 042 | 0 045 | 0 048 | 0 051 | 0 053 | 0 056 | 0 059 | 0 062 |
| 56 | 0 038 | 0 041 | 0 044 | 0 047 | 0 050 | 0 052 | 0 055 | 0 058 | 0 061 | 0 064 |
| 58 | 0 039 | 0 042 | 0 045 | 0 048 | 0 051 | 0 054 | 0 057 | 0 060 | 0 063 | 0 066 |
| 0,60 | 0 041 | 0 044 | 0 047 | 0 050 | 0 053 | 0 056 | 0 059 | 0 062 | 0 066 | 0 069 |
| 62 | 0 042 | 0 045 | 0 048 | 0 052 | 0 055 | 0 058 | 0 061 | 0 064 | 0 068 | 0 071 |
| 64 | 0 043 | 0 047 | 0 050 | 0 053 | 0 057 | 0 060 | 0 063 | 0 066 | 0 070 | 0 073 |
| 66 | 0 045 | 0 048 | 0 051 | 0 055 | 0 058 | 0 062 | 0 065 | 0 069 | 0 072 | 0 075 |
| 68 | 0 046 | 0 050 | 0 053 | 0 057 | 0 060 | 0 064 | 0 067 | 0 071 | 0 074 | 0 078 |
| 0,70 | 0 047 | 0 051 | 0 055 | 0 058 | 0 062 | 0 066 | 0 069 | 0 073 | 0 076 | 0 080 |
| 72 | 0 049 | 0 052 | 0 056 | 0 060 | 0 064 | 0 068 | 0 071 | 0 075 | 0 078 | 0 082 |
| 74 | 0 050 | 0 054 | 0 058 | 0 062 | 0 065 | 0 069 | 0 073 | 0 077 | 0 081 | 0 085 |
| 76 | 0 051 | 0 055 | 0 059 | 0 063 | 0 067 | 0 071 | 0 075 | 0 079 | 0 083 | 0 087 |
| 78 | 0 053 | 0 057 | 0 061 | 0 065 | 0 069 | 0 073 | 0 077 | 0 081 | 0 085 | 0 089 |
| 0,80 | 0 054 | 0 058 | 0 062 | 0 067 | 0 071 | 0 075 | 0 079 | 0 083 | 0 087 | 0 092 |
| 82 | 0 055 | 0 060 | 0 064 | 0 068 | 0 072 | 0 077 | 0 081 | 0 085 | 0 090 | 0 094 |
| 84 | 0 057 | 0 061 | 0 066 | 0 070 | 0 074 | 0 079 | 0 083 | 0 087 | 0 091 | 0 096 |
| 86 | 0 058 | 0 063 | 0 067 | 0 072 | 0 076 | 0 080 | 0 085 | 0 089 | 0 094 | 0 098 |
| 88 | 0 059 | 0 064 | 0 069 | 0 073 | 0 078 | 0 082 | 0 087 | 0 092 | 0 096 | 0 101 |
| 0,90 | 0 061 | 0 066 | 0 070 | 0 075 | 0 080 | 0 084 | 0 089 | 0 094 | 0 098 | 0 103 |
| 92 | 0 062 | 0 067 | 0 072 | 0 077 | 0 081 | 0 086 | 0 091 | 0 096 | 0 100 | 0 105 |
| 94 | 0 064 | 0 068 | 0 073 | 0 078 | 0 083 | 0 088 | 0 093 | 0 098 | 0 102 | 0 107 |
| 96 | 0 065 | 0 070 | 0 075 | 0 080 | 0 085 | 0 090 | 0 095 | 0 100 | 0 105 | 0 110 |
| 98 | 0 066 | 0 071 | 0 076 | 0 082 | 0 087 | 0 092 | 0 097 | 0 102 | 0 107 | 0 112 |
| 1,— | 0 068 | 0 073 | 0 078 | 0 083 | 0 088 | 0 094 | 0 099 | 0 104 | 0 109 | 0 114 |
| 02 | 0 069 | 0 074 | 0 080 | 0 085 | 0 090 | 0 096 | 0 101 | 0 106 | 0 111 | 0 117 |
| 04 | 0 070 | 0 076 | 0 081 | 0 087 | 0 092 | 0 098 | 0 103 | 0 108 | 0 113 | 0 119 |
| 06 | 0 072 | 0 077 | 0 083 | 0 088 | 0 094 | 0 099 | 0 105 | 0 110 | 0 116 | 0 121 |
| 08 | 0 073 | 0 079 | 0 084 | 0 090 | 0 095 | 0 101 | 0 107 | 0 112 | 0 118 | 0 124 |
| 1,10 | 0 074 | 0 080 | 0 086 | 0 092 | 0 097 | 0 103 | 0 109 | 0 114 | 0 120 | 0 126 |
| 12 | 0 076 | 0 082 | 0 087 | 0 093 | 0 099 | 0 105 | 0 111 | 0 116 | 0 122 | 0 128 |
| 14 | 0 077 | 0 083 | 0 089 | 0 095 | 0 101 | 0 107 | 0 113 | 0 118 | 0 124 | 0 130 |
| 16 | 0 078 | 0 084 | 0 090 | 0 097 | 0 103 | 0 109 | 0 115 | 0 121 | 0 127 | 0 133 |
| 18 | 0 080 | 0 086 | 0 092 | 0 098 | 0 104 | 0 110 | 0 117 | 0 123 | 0 129 | 0 135 |
| 1,20 | 0 081 | 0 087 | 0 094 | 0 100 | 0 106 | 0 112 | 0 119 | 0 125 | 0 131 | 0 137 |
| 22 | 0 082 | 0 089 | 0 095 | 0 102 | 0 108 | 0 114 | 0 121 | 0 127 | 0 133 | 0 140 |
| 24 | 0 084 | 0 090 | 0 097 | 0 103 | 0 110 | 0 116 | 0 123 | 0 129 | 0 135 | 0 142 |
| 26 | 0 085 | 0 092 | 0 098 | 0 105 | 0 111 | 0 118 | 0 124 | 0 131 | 0 138 | 0 144 |
| 28 | 0 087 | 0 093 | 0 100 | 0 106 | 0 113 | 0 120 | 0 126 | 0 133 | 0 140 | 0 146 |
| 1,30 | 0 088 | 0 095 | 0 101 | 0 108 | 0 115 | 0 122 | 0 128 | 0 135 | 0 142 | 0 149 |
| 32 | 0 089 | 0 096 | 0 103 | 0 110 | 0 117 | 0 124 | 0 130 | 0 137 | 0 144 | 0 151 |
| 34 | 0 091 | 0 098 | 0 105 | 0 111 | 0 118 | 0 125 | 0 132 | 0 139 | 0 146 | 0 153 |
| 36 | 0 092 | 0 099 | 0 106 | 0 113 | 0 120 | 0 127 | 0 134 | 0 141 | 0 149 | 0 156 |
| 38 | 0 093 | 0 100 | 0 108 | 0 115 | 0 122 | 0 129 | 0 136 | 0 144 | 0 151 | 0 158 |
| 1,40 | 0 095 | 0 102 | 0 109 | 0 116 | 0 124 | 0 131 | 0 138 | 0 146 | 0 153 | 0 160 |
| 42 | 0 096 | 0 103 | 0 111 | 0 118 | 0 126 | 0 133 | 0 140 | 0 148 | 0 155 | 0 162 |
| 44 | 0 097 | 0 105 | 0 112 | 0 120 | 0 127 | 0 135 | 0 142 | 0 150 | 0 157 | 0 165 |
| 46 | 0 099 | 0 106 | 0 114 | 0 121 | 0 129 | 0 137 | 0 144 | 0 152 | 0 159 | 0 167 |
| 48 | 0 100 | 0 108 | 0 115 | 0 123 | 0 131 | 0 139 | 0 146 | 0 154 | 0 162 | 0 169 |
| 1,50 | 0 101 | 0 109 | 0 117 | 0 125 | 0 133 | 0 140 | 0 148 | 0 156 | 0 164 | 0 172 |
| 52 | 0 103 | 0 111 | 0 119 | 0 126 | 0 134 | 0 142 | 0 150 | 0 158 | 0 166 | 0 174 |
| 54 | 0 104 | 0 112 | 0 120 | 0 128 | 0 136 | 0 144 | 0 152 | 0 160 | 0 168 | 0 176 |
| 56 | 0 105 | 0 114 | 0 122 | 0 130 | 0 138 | 0 146 | 0 154 | 0 162 | 0 170 | 0 178 |
| 58 | 0 107 | 0 115 | 0 123 | 0 131 | 0 140 | 0 148 | 0 156 | 0 164 | 0 173 | 0 181 |
| 1,60 | 0 108 | 0 116 | 0 125 | 0 133 | 0 141 | 0 150 | 0 158 | 0 166 | 0 175 | 0 183 |
| 62 | 0 110 | 0 118 | 0 126 | 0 135 | 0 143 | 0 152 | 0 160 | 0 168 | 0 177 | 0 185 |
| 64 | 0 111 | 0 119 | 0 128 | 0 136 | 0 145 | 0 154 | 0 162 | 0 171 | 0 179 | 0 188 |

| LONGUEUR | 0,46 | 0,48 | 0,50 | 0,52 | 0,54 | 0,56 | 0,58 | 0,60 | 0,62 | 0,64 |
|---|---|---|---|---|---|---|---|---|---|---|
| 0,46 | 0 055 | | | | | | | | | |
| 48 | 0 057 | 0 060 | | | | | | | | |
| 0,50 | 0 060 | 0 062 | 0 065 | | | | | | | |
| 52 | 0 062 | 0 065 | 0 068 | 0 070 | | | | | | |
| 54 | 0 065 | 0 067 | 0 070 | 0 073 | 0 076 | | | | | |
| 56 | 0 067 | 0 070 | 0 073 | 0 076 | 0 079 | 0 082 | | | | |
| 58 | 0 069 | 0 072 | 0 075 | 0 078 | 0 081 | 0 084 | 0 087 | | | |
| 0,60 | 0 072 | 0 075 | 0 078 | 0 081 | 0 084 | 0 087 | 0 090 | 0 094 | | |
| 62 | 0 074 | 0 077 | 0 081 | 0 084 | 0 087 | 0 090 | 0 093 | 0 097 | 0 100 | |
| 64 | 0 077 | 0 080 | 0 083 | 0 087 | 0 090 | 0 093 | 0 097 | 0 100 | 0 103 | 0 106 |
| 66 | 0 079 | 0 082 | 0 086 | 0 089 | 0 093 | 0 096 | 0 100 | 0 103 | 0 106 | 0 110 |
| 68 | 0 081 | 0 085 | 0 088 | 0 092 | 0 095 | 0 099 | 0 103 | 0 106 | 0 110 | 0 113 |
| 0,70 | 0 084 | 0 087 | 0 091 | 0 095 | 0 098 | 0 102 | 0 106 | 0 109 | 0 113 | 0 116 |
| 72 | 0 086 | 0 090 | 0 094 | 0 097 | 0 101 | 0 105 | 0 109 | 0 112 | 0 116 | 0 120 |
| 74 | 0 089 | 0 092 | 0 096 | 0 100 | 0 104 | 0 108 | 0 112 | 0 115 | 0 119 | 0 123 |
| 76 | 0 091 | 0 095 | 0 099 | 0 103 | 0 107 | 0 111 | 0 115 | 0 119 | 0 123 | 0 126 |
| 78 | 0 093 | 0 097 | 0 101 | 0 105 | 0 110 | 0 114 | 0 118 | 0 122 | 0 126 | 0 130 |
| 0,80 | 0 096 | 0 100 | 0 104 | 0 108 | 0 112 | 0 116 | 0 121 | 0 125 | 0 129 | 0 133 |
| 82 | 0 098 | 0 102 | 0 107 | 0 111 | 0 115 | 0 119 | 0 124 | 0 128 | 0 132 | 0 136 |
| 84 | 0 100 | 0 105 | 0 109 | 0 114 | 0 118 | 0 122 | 0 127 | 0 131 | 0 135 | 0 140 |
| 86 | 0 103 | 0 107 | 0 112 | 0 116 | 0 121 | 0 125 | 0 130 | 0 134 | 0 139 | 0 143 |
| 88 | 0 105 | 0 110 | 0 114 | 0 119 | 0 124 | 0 128 | 0 133 | 0 137 | 0 142 | 0 146 |
| 0,90 | 0 108 | 0 112 | 0 117 | 0 122 | 0 126 | 0 131 | 0 136 | 0 140 | 0 145 | 0 150 |
| 92 | 0 110 | 0 115 | 0 120 | 0 124 | 0 129 | 0 134 | 0 139 | 0 144 | 0 148 | 0 153 |
| 94 | 0 112 | 0 117 | 0 122 | 0 127 | 0 132 | 0 137 | 0 142 | 0 147 | 0 152 | 0 156 |
| 96 | 0 115 | 0 120 | 0 125 | 0 130 | 0 135 | 0 140 | 0 145 | 0 150 | 0 155 | 0 160 |
| 98 | 0 117 | 0 122 | 0 127 | 0 132 | 0 138 | 0 143 | 0 148 | 0 153 | 0 158 | 0 163 |
| 1,— | 0 120 | 0 125 | 0 130 | 0 135 | 0 140 | 0 146 | 0 151 | 0 156 | 0 161 | 0 166 |
| 02 | 0 122 | 0 127 | 0 133 | 0 138 | 0 143 | 0 149 | 0 154 | 0 159 | 0 164 | 0 170 |
| 04 | 0 124 | 0 130 | 0 135 | 0 141 | 0 146 | 0 151 | 0 157 | 0 162 | 0 168 | 0 173 |
| 06 | 0 127 | 0 132 | 0 138 | 0 143 | 0 149 | 0 154 | 0 160 | 0 165 | 0 171 | 0 176 |
| 08 | 0 129 | 0 135 | 0 140 | 0 146 | 0 152 | 0 157 | 0 163 | 0 168 | 0 174 | 0 180 |
| 1,10 | 0 132 | 0 137 | 0 143 | 0 149 | 0 154 | 0 160 | 0 166 | 0 172 | 0 177 | 0 183 |
| 12 | 0 134 | 0 140 | 0 146 | 0 151 | 0 157 | 0 163 | 0 169 | 0 175 | 0 181 | 0 186 |
| 14 | 0 136 | 0 142 | 0 148 | 0 154 | 0 160 | 0 166 | 0 172 | 0 178 | 0 184 | 0 190 |
| 16 | 0 139 | 0 145 | 0 151 | 0 157 | 0 163 | 0 169 | 0 175 | 0 181 | 0 187 | 0 193 |
| 18 | 0 141 | 0 147 | 0 153 | 0 160 | 0 166 | 0 172 | 0 178 | 0 184 | 0 190 | 0 196 |
| 1,20 | 0 144 | 0 150 | 0 156 | 0 162 | 0 168 | 0 175 | 0 181 | 0 187 | 0 193 | 0 200 |
| 22 | 0 146 | 0 152 | 0 159 | 0 165 | 0 171 | 0 178 | 0 184 | 0 190 | 0 197 | 0 203 |
| 24 | 0 148 | 0 155 | 0 161 | 0 168 | 0 174 | 0 181 | 0 187 | 0 193 | 0 200 | 0 206 |
| 26 | 0 151 | 0 157 | 0 164 | 0 170 | 0 177 | 0 183 | 0 190 | 0 197 | 0 203 | 0 210 |
| 28 | 0 153 | 0 160 | 0 166 | 0 173 | 0 180 | 0 186 | 0 193 | 0 200 | 0 206 | 0 213 |
| 1,30 | 0 155 | 0 162 | 0 169 | 0 176 | 0 183 | 0 189 | 0 196 | 0 203 | 0 210 | 0 216 |
| 32 | 0 158 | 0 165 | 0 172 | 0 178 | 0 185 | 0 192 | 0 199 | 0 206 | 0 213 | 0 220 |
| 34 | 0 160 | 0 167 | 0 174 | 0 181 | 0 188 | 0 195 | 0 202 | 0 209 | 0 216 | 0 223 |
| 36 | 0 163 | 0 170 | 0 177 | 0 184 | 0 191 | 0 198 | 0 205 | 0 212 | 0 219 | 0 226 |
| 38 | 0 165 | 0 172 | 0 179 | 0 187 | 0 194 | 0 201 | 0 208 | 0 215 | 0 222 | 0 230 |
| 1,40 | 0 167 | 0 175 | 0 182 | 0 189 | 0 197 | 0 204 | 0 211 | 0 218 | 0 226 | 0 233 |
| 42 | 0 170 | 0 177 | 0 185 | 0 192 | 0 199 | 0 207 | 0 214 | 0 222 | 0 229 | 0 236 |
| 44 | 0 172 | 0 180 | 0 187 | 0 195 | 0 202 | 0 210 | 0 217 | 0 225 | 0 232 | 0 240 |
| 46 | 0 175 | 0 182 | 0 190 | 0 197 | 0 205 | 0 213 | 0 220 | 0 228 | 0 235 | 0 243 |
| 48 | 0 177 | 0 185 | 0 192 | 0 200 | 0 208 | 0 215 | 0 223 | 0 231 | 0 239 | 0 246 |
| 1,50 | 0 179 | 0 187 | 0 195 | 0 203 | 0 211 | 0 218 | 0 226 | 0 234 | 0 242 | 0 250 |
| 52 | 0 182 | 0 190 | 0 198 | 0 206 | 0 213 | 0 221 | 0 229 | 0 237 | 0 245 | 0 253 |
| 54 | 0 184 | 0 192 | 0 200 | 0 208 | 0 216 | 0 224 | 0 232 | 0 240 | 0 248 | 0 256 |
| 56 | 0 187 | 0 195 | 0 203 | 0 211 | 0 219 | 0 227 | 0 235 | 0 243 | 0 251 | 0 260 |
| 58 | 0 189 | 0 197 | 0 205 | 0 214 | 0 222 | 0 230 | 0 238 | 0 247 | 0 255 | 0 263 |
| 1,60 | 0 191 | 0 200 | 0 208 | 0 216 | 0 225 | 0 233 | 0 241 | 0 250 | 0 258 | 0 266 |
| 62 | 0 194 | 0 202 | 0 211 | 0 219 | 0 227 | 0 236 | 0 244 | 0 253 | 0 261 | 0 270 |
| 64 | 0 196 | 0 205 | 0 213 | 0 222 | 0 230 | 0 239 | 0 247 | 0 256 | 0 264 | 0 273 |

Épaisseur : **0ᵐ 26** centimètres          Épaisseur : **0ᵐ 26** centimètres          **0,26**

## LARGEUR — Épaisseur 0ᵐ 26 (largeurs 0,66 à 0,84)

| Longueur | 0,66 | 0,68 | 0,70 | 0,72 | 0,74 | 0,76 | 0,78 | 0,80 | 0,82 | 0,84 |
|---|---|---|---|---|---|---|---|---|---|---|
| 0,66 | 0 113 | | | | | | | | | |
| 0,68 | 0 117 | 0 120 | | | | | | | | |
| 0,70 | 0 120 | 0 124 | 0 127 | | | | | | | |
| 0,72 | 0 124 | 0 127 | 0 131 | 0 135 | | | | | | |
| 0,74 | 0 127 | 0 131 | 0 135 | 0 139 | 0 142 | | | | | |
| 0,76 | 0 130 | 0 134 | 0 138 | 0 142 | 0 146 | 0 150 | | | | |
| 0,78 | 0 134 | 0 138 | 0 142 | 0 146 | 0 150 | 0 154 | 0 158 | | | |
| 0,80 | 0 137 | 0 141 | 0 146 | 0 150 | 0 154 | 0 158 | 0 162 | 0 166 | | |
| 0,82 | 0 141 | 0 145 | 0 149 | 0 154 | 0 158 | 0 162 | 0 166 | 0 170 | 0 175 | |
| 0,84 | 0 144 | 0 149 | 0 153 | 0 157 | 0 162 | 0 166 | 0 170 | 0 174 | 0 179 | 0 183 |
| 0,86 | 0 148 | 0 152 | 0 157 | 0 161 | 0 165 | 0 170 | 0 174 | 0 179 | 0 183 | 0 183 |
| 0,88 | 0 151 | 0 156 | 0 160 | 0 165 | 0 169 | 0 174 | 0 178 | 0 183 | 0 188 | 0 192 |
| 0,90 | 0 154 | 0 159 | 0 164 | 0 168 | 0 173 | 0 178 | 0 183 | 0 187 | 0 192 | 0 197 |
| 0,92 | 0 158 | 0 163 | 0 167 | 0 172 | 0 177 | 0 182 | 0 187 | 0 191 | 0 196 | 0 201 |
| 0,94 | 0 161 | 0 166 | 0 171 | 0 176 | 0 181 | 0 186 | 0 191 | 0 195 | 0 200 | 0 205 |
| 0,96 | 0 165 | 0 170 | 0 175 | 0 180 | 0 185 | 0 190 | 0 195 | 0 200 | 0 205 | 0 210 |
| 0,98 | 0 168 | 0 173 | 0 178 | 0 183 | 0 189 | 0 194 | 0 199 | 0 204 | 0 209 | 0 214 |
| 1,— | 0 172 | 0 177 | 0 182 | 0 187 | 0 192 | 0 198 | 0 203 | 0 208 | 0 213 | 0 218 |
| 1,02 | 0 175 | 0 180 | 0 186 | 0 191 | 0 196 | 0 202 | 0 207 | 0 212 | 0 217 | 0 223 |
| 1,04 | 0 178 | 0 184 | 0 189 | 0 195 | 0 200 | 0 206 | 0 211 | 0 216 | 0 222 | 0 227 |
| 1,06 | 0 182 | 0 187 | 0 193 | 0 198 | 0 204 | 0 209 | 0 215 | 0 220 | 0 226 | 0 232 |
| 1,08 | 0 185 | 0 191 | 0 197 | 0 202 | 0 208 | 0 213 | 0 219 | 0 225 | 0 230 | 0 236 |
| 1,10 | 0 189 | 0 194 | 0 200 | 0 206 | 0 212 | 0 217 | 0 223 | 0 229 | 0 235 | 0 240 |
| 1,12 | 0 192 | 0 198 | 0 204 | 0 210 | 0 216 | 0 221 | 0 227 | 0 233 | 0 239 | 0 245 |
| 1,14 | 0 196 | 0 202 | 0 207 | 0 213 | 0 219 | 0 225 | 0 231 | 0 237 | 0 243 | 0 249 |
| 1,16 | 0 199 | 0 205 | 0 211 | 0 217 | 0 223 | 0 229 | 0 235 | 0 241 | 0 247 | 0 253 |
| 1,18 | 0 202 | 0 209 | 0 215 | 0 221 | 0 227 | 0 233 | 0 239 | 0 245 | 0 252 | 0 258 |
| 1,20 | 0 206 | 0 212 | 0 218 | 0 224 | 0 231 | 0 237 | 0 243 | 0 250 | 0 256 | 0 262 |
| 1,22 | 0 209 | 0 216 | 0 222 | 0 228 | 0 235 | 0 241 | 0 247 | 0 254 | 0 260 | 0 266 |
| 1,24 | 0 213 | 0 219 | 0 226 | 0 232 | 0 239 | 0 245 | 0 251 | 0 258 | 0 264 | 0 271 |
| 1,26 | 0 216 | 0 223 | 0 229 | 0 236 | 0 242 | 0 249 | 0 256 | 0 262 | 0 269 | 0 275 |
| 1,28 | 0 220 | 0 227 | 0 233 | 0 240 | 0 246 | 0 253 | 0 260 | 0 266 | 0 273 | 0 280 |
| 1,30 | 0 223 | 0 230 | 0 237 | 0 243 | 0 250 | 0 257 | 0 264 | 0 270 | 0 277 | 0 284 |
| 1,32 | 0 227 | 0 234 | 0 240 | 0 247 | 0 254 | 0 261 | 0 268 | 0 274 | 0 281 | 0 288 |
| 1,34 | 0 230 | 0 237 | 0 244 | 0 251 | 0 258 | 0 265 | 0 272 | 0 279 | 0 286 | 0 293 |
| 1,36 | 0 233 | 0 241 | 0 248 | 0 255 | 0 262 | 0 269 | 0 276 | 0 283 | 0 290 | 0 297 |
| 1,38 | 0 237 | 0 244 | 0 251 | 0 258 | 0 266 | 0 273 | 0 280 | 0 287 | 0 294 | 0 301 |
| 1,40 | 0 240 | 0 248 | 0 255 | 0 262 | 0 269 | 0 277 | 0 284 | 0 291 | 0 298 | 0 306 |
| 1,42 | 0 244 | 0 251 | 0 258 | 0 266 | 0 273 | 0 281 | 0 288 | 0 295 | 0 303 | 0 310 |
| 1,44 | 0 247 | 0 255 | 0 262 | 0 270 | 0 277 | 0 285 | 0 292 | 0 299 | 0 307 | 0 314 |
| 1,46 | 0 251 | 0 258 | 0 266 | 0 273 | 0 281 | 0 288 | 0 296 | 0 304 | 0 311 | 0 319 |
| 1,48 | 0 254 | 0 262 | 0 269 | 0 277 | 0 285 | 0 292 | 0 300 | 0 308 | 0 316 | 0 323 |
| 1,50 | 0 257 | 0 265 | 0 273 | 0 281 | 0 289 | 0 296 | 0 304 | 0 312 | 0 320 | 0 328 |
| 1,52 | 0 261 | 0 269 | 0 277 | 0 285 | 0 292 | 0 300 | 0 308 | 0 316 | 0 324 | 0 332 |
| 1,54 | 0 264 | 0 272 | 0 280 | 0 288 | 0 296 | 0 304 | 0 312 | 0 320 | 0 328 | 0 336 |
| 1,56 | 0 268 | 0 276 | 0 284 | 0 292 | 0 300 | 0 308 | 0 316 | 0 324 | 0 333 | 0 341 |
| 1,58 | 0 271 | 0 280 | 0 288 | 0 296 | 0 304 | 0 312 | 0 320 | 0 329 | 0 337 | 0 345 |
| 1,60 | 0 275 | 0 283 | 0 291 | 0 300 | 0 308 | 0 316 | 0 324 | 0 333 | 0 341 | 0 349 |
| 1,62 | 0 278 | 0 287 | 0 295 | 0 303 | 0 312 | 0 320 | 0 329 | 0 337 | 0 345 | 0 354 |
| 1,64 | 0 281 | 0 290 | 0 298 | 0 307 | 0 316 | 0 324 | 0 333 | 0 341 | 0 349 | 0 358 |
| 1,66 | 0 285 | 0 294 | 0 302 | 0 311 | 0 319 | 0 328 | 0 337 | 0 345 | 0 354 | 0 363 |
| 1,68 | 0 288 | 0 297 | 0 306 | 0 314 | 0 323 | 0 332 | 0 341 | 0 349 | 0 358 | 0 367 |
| 1,70 | 0 292 | 0 301 | 0 309 | 0 318 | 0 327 | 0 336 | 0 345 | 0 354 | 0 362 | 0 371 |
| 1,72 | 0 295 | 0 304 | 0 313 | 0 322 | 0 331 | 0 340 | 0 349 | 0 358 | 0 367 | 0 376 |
| 1,74 | 0 299 | 0 308 | 0 317 | 0 326 | 0 335 | 0 344 | 0 353 | 0 362 | 0 371 | 0 380 |
| 1,76 | 0 302 | 0 311 | 0 320 | 0 329 | 0 339 | 0 348 | 0 357 | 0 366 | 0 375 | 0 384 |
| 1,78 | 0 305 | 0 315 | 0 324 | 0 333 | 0 342 | 0 352 | 0 361 | 0 370 | 0 379 | 0 389 |
| 1,80 | 0 309 | 0 318 | 0 328 | 0 337 | 0 346 | 0 356 | 0 365 | 0 374 | 0 384 | 0 393 |
| 1,82 | 0 312 | 0 322 | 0 331 | 0 341 | 0 350 | 0 360 | 0 369 | 0 379 | 0 388 | 0 397 |
| 1,84 | 0 316 | 0 326 | 0 335 | 0 345 | 0 354 | 0 364 | 0 373 | 0 383 | 0 392 | 0 402 |
| 1,86 | 0 319 | 0 329 | 0 339 | 0 348 | 0 358 | 0 368 | 0 377 | 0 387 | 0 397 | 0 406 |
| 1,88 | 0 323 | 0 333 | 0 342 | 0 352 | 0 362 | 0 371 | 0 381 | 0 391 | 0 401 | 0 411 |
| 1,90 | 0 326 | 0 336 | 0 346 | 0 356 | 0 366 | 0 375 | 0 385 | 0 395 | 0 405 | 0 415 |
| 1,92 | 0 329 | 0 339 | 0 349 | 0 359 | 0 369 | 0 379 | 0 389 | 0 399 | 0 409 | 0 419 |
| 1,94 | 0 333 | 0 343 | 0 353 | 0 363 | 0 373 | 0 383 | 0 393 | 0 404 | 0 414 | 0 424 |
| 1,96 | 0 336 | 0 347 | 0 357 | 0 367 | 0 377 | 0 387 | 0 397 | 0 408 | 0 418 | 0 428 |
| 1,98 | 0 340 | 0 350 | 0 360 | 0 371 | 0 381 | 0 391 | 0 402 | 0 412 | 0 422 | 0 432 |
| 2,— | 0 343 | 0 354 | 0 364 | 0 374 | 0 385 | 0 395 | 0 406 | 0 416 | 0 426 | 0 437 |
| 2,02 | 0 347 | 0 357 | 0 368 | 0 378 | 0 389 | 0 399 | 0 410 | 0 420 | 0 431 | 0 441 |
| 2,04 | 0 350 | 0 361 | 0 371 | 0 382 | 0 392 | 0 403 | 0 414 | 0 424 | 0 435 | 0 446 |



## LARGEUR — Épaisseur 0ᵐ 26 (largeurs 0,86 à 1,04)

| Longueur | 0,86 | 0,88 | 0,90 | 0,92 | 0 94 | 0,96 | 0.98 | 1 00 | 1,02 | 1 04 |
|---|---|---|---|---|---|---|---|---|---|---|
| 0,86 | 0 192 | | | | | | | | | |
| 0,88 | 0 197 | 0 201 | | | | | | | | |
| 0,90 | 0 201 | 0 206 | 0 211 | | | | | | | |
| 0,92 | 0 206 | 0 210 | 0 215 | 0 220 | | | | | | |
| 0,94 | 0 210 | 0 215 | 0 220 | 0 225 | 0 230 | | | | | |
| 0,96 | 0 215 | 0 220 | 0 225 | 0 230 | 0 235 | 0 240 | | | | |
| 0,98 | 0 219 | 0 224 | 0 229 | 0 234 | 0 240 | 0 245 | 0 250 | | | |
| 1,— | 0 224 | 0 229 | 0 234 | 0 239 | 0 244 | 0 250 | 0 255 | 0 260 | | |
| 1,02 | 0 228 | 0 233 | 0 239 | 0 244 | 0 249 | 0 255 | 0 260 | 0 265 | 0 271 | |
| 1,04 | 0 233 | 0 238 | 0 243 | 0 249 | 0 254 | 0 260 | 0 265 | 0 270 | 0 276 | 0 281 |
| 1,06 | 0 237 | 0 243 | 0 248 | 0 254 | 0 259 | 0 265 | 0 270 | 0 276 | 0 281 | 0 287 |
| 1,08 | 0 241 | 0 247 | 0 253 | 0 258 | 0 264 | 0 270 | 0 275 | 0 281 | 0 286 | 0 292 |
| 1,10 | 0 246 | 0 252 | 0 257 | 0 263 | 0 269 | 0 275 | 0 280 | 0 286 | 0 292 | 0 297 |
| 1,12 | 0 250 | 0 256 | 0 262 | 0 268 | 0 274 | 0 280 | 0 285 | 0 291 | 0 297 | 0 303 |
| 1,14 | 0 255 | 0 261 | 0 267 | 0 273 | 0 279 | 0 285 | 0 290 | 0 296 | 0 302 | 0 308 |
| 1,16 | 0 259 | 0 265 | 0 271 | 0 277 | 0 284 | 0 290 | 0 296 | 0 302 | 0 308 | 0 314 |
| 1,18 | 0 264 | 0 270 | 0 276 | 0 282 | 0 288 | 0 295 | 0 301 | 0 307 | 0 313 | 0 319 |
| 1,20 | 0 268 | 0 275 | 0 281 | 0 287 | 0 293 | 0 300 | 0 306 | 0 312 | 0 318 | 0 324 |
| 1,22 | 0 273 | 0 279 | 0 285 | 0 292 | 0 298 | 0 305 | 0 311 | 0 317 | 0 324 | 0 330 |
| 1,24 | 0 277 | 0 284 | 0 290 | 0 297 | 0 303 | 0 310 | 0 316 | 0 322 | 0 329 | 0 335 |
| 1,26 | 0 282 | 0 288 | 0 295 | 0 301 | 0 308 | 0 315 | 0 321 | 0 328 | 0 334 | 0 341 |
| 1,28 | 0 286 | 0 293 | 0 300 | 0 306 | 0 313 | 0 320 | 0 326 | 0 333 | 0 339 | 0 346 |
| 1,30 | 0 291 | 0 297 | 0 304 | 0 311 | 0 318 | 0 325 | 0 331 | 0 338 | 0 345 | 0 352 |
| 1,32 | 0 295 | 0 302 | 0 309 | 0 316 | 0 323 | 0 329 | 0 336 | 0 343 | 0 350 | 0 357 |
| 1,34 | 0 300 | 0 307 | 0 314 | 0 320 | 0 327 | 0 334 | 0 341 | 0 348 | 0 355 | 0 362 |
| 1,36 | 0 304 | 0 311 | 0 318 | 0 325 | 0 332 | 0 339 | 0 347 | 0 354 | 0 361 | 0 368 |
| 1,38 | 0 309 | 0 316 | 0 323 | 0 330 | 0 337 | 0 344 | 0 352 | 0 359 | 0 366 | 0 373 |
| 1,40 | 0 313 | 0 320 | 0 328 | 0 335 | 0 342 | 0 349 | 0 357 | 0 364 | 0 371 | 0 379 |
| 1,42 | 0 318 | 0 325 | 0 332 | 0 340 | 0 347 | 0 354 | 0 362 | 0 369 | 0 377 | 0 384 |
| 1,44 | 0 322 | 0 329 | 0 337 | 0 344 | 0 352 | 0 359 | 0 367 | 0 374 | 0 382 | 0 389 |
| 1,46 | 0 326 | 0 334 | 0 342 | 0 349 | 0 357 | 0 364 | 0 372 | 0 380 | 0 387 | 0 395 |
| 1,48 | 0 331 | 0 339 | 0 346 | 0 354 | 0 362 | 0 369 | 0 377 | 0 385 | 0 392 | 0 400 |
| 1,50 | 0 335 | 0 343 | 0 351 | 0 359 | 0 367 | 0 374 | 0 382 | 0 390 | 0 398 | 0 406 |
| 1,52 | 0 340 | 0 348 | 0 356 | 0 364 | 0 371 | 0 379 | 0 387 | 0 395 | 0 403 | 0 411 |
| 1,54 | 0 344 | 0 352 | 0 360 | 0 368 | 0 376 | 0 384 | 0 392 | 0 400 | 0 408 | 0 416 |
| 1,56 | 0 349 | 0 357 | 0 365 | 0 373 | 0 381 | 0 389 | 0 397 | 0 406 | 0 414 | 0 422 |
| 1,58 | 0 353 | 0 362 | 0 370 | 0 378 | 0 386 | 0 394 | 0 403 | 0 411 | 0 419 | 0 427 |
| 1,60 | 0 358 | 0 366 | 0 374 | 0 383 | 0 391 | 0 399 | 0 408 | 0 416 | 0 424 | 0 433 |
| 1,62 | 0 362 | 0 371 | 0 379 | 0 388 | 0 396 | 0 404 | 0 413 | 0 421 | 0 430 | 0 438 |
| 1,64 | 0 367 | 0 375 | 0 384 | 0 392 | 0 401 | 0 409 | 0 418 | 0 426 | 0 435 | 0 443 |
| 1,66 | 0 371 | 0 380 | 0 388 | 0 397 | 0 406 | 0 414 | 0 423 | 0 432 | 0 440 | 0 449 |
| 1,68 | 0 376 | 0 384 | 0 393 | 0 402 | 0 411 | 0 419 | 0 428 | 0 437 | 0 446 | 0 454 |
| 1,70 | 0 380 | 0 389 | 0 398 | 0 407 | 0 415 | 0 424 | 0 433 | 0 442 | 0 451 | 0 460 |
| 1,72 | 0 385 | 0 394 | 0 402 | 0 411 | 0 420 | 0 429 | 0 438 | 0 447 | 0 456 | 0 465 |
| 1,74 | 0 389 | 0 398 | 0 407 | 0 416 | 0 425 | 0 434 | 0 443 | 0 452 | 0 461 | 0 470 |
| 1,76 | 0 394 | 0 403 | 0 412 | 0 421 | 0 430 | 0 439 | 0 448 | 0 458 | 0 467 | 0 476 |
| 1,78 | 0 398 | 0 407 | 0 417 | 0 426 | 0 435 | 0 444 | 0 454 | 0 463 | 0 472 | 0 481 |
| 1,80 | 0 402 | 0 412 | 0 421 | 0 431 | 0 440 | 0 449 | 0 459 | 0 468 | 0 477 | 0 487 |
| 1,82 | 0 407 | 0 416 | 0 426 | 0 435 | 0 445 | 0 454 | 0 464 | 0 473 | 0 483 | 0 492 |
| 1,84 | 0 411 | 0 421 | 0 431 | 0 440 | 0 450 | 0 459 | 0 469 | 0 478 | 0 488 | 0 498 |
| 1,86 | 0 416 | 0 426 | 0 435 | 0 445 | 0 455 | 0 464 | 0 474 | 0 484 | 0 493 | 0 503 |
| 1,88 | 0 420 | 0 430 | 0 440 | 0 450 | 0 459 | 0 469 | 0 479 | 0 489 | 0 499 | 0 508 |
| 1,90 | 0 425 | 0 435 | 0 445 | 0 455 | 0 464 | 0 474 | 0 484 | 0 494 | 0 504 | 0 514 |
| 1,92 | 0 429 | 0 439 | 0 449 | 0 459 | 0 469 | 0 479 | 0 489 | 0 499 | 0 509 | 0 519 |
| 1,94 | 0 434 | 0 444 | 0 454 | 0 464 | 0 474 | 0 484 | 0 494 | 0 504 | 0 514 | 0 525 |
| 1,96 | 0 438 | 0 448 | 0 459 | 0 469 | 0 479 | 0 489 | 0 500 | 0 510 | 0 520 | 0 530 |
| 1,98 | 0 443 | 0 453 | 0 463 | 0 474 | 0 484 | 0 494 | 0 505 | 0 515 | 0 525 | 0 535 |
| 2,— | 0 447 | 0 458 | 0 468 | 0 478 | 0 489 | 0 499 | 0 510 | 0 520 | 0 530 | 0 541 |
| 2,02 | 0 452 | 0 462 | 0 473 | 0 483 | 0 494 | 0 504 | 0 515 | 0 525 | 0 536 | 0 546 |
| 2,04 | 0 456 | 0 467 | 0 477 | 0 488 | 0 499 | 0 509 | 0 520 | 0 530 | 0 541 | 0 552 |

| LONGUEUR | LARGEUR | | | | | | | | | |
|---|---|---|---|---|---|---|---|---|---|---|
| | 0,28 | 0,30 | 0,32 | 0,34 | 0,36 | 0,38 | 0,40 | 0,42 | 0,44 | 0,46 |
| 0,28 | 0 022 | | | | | | | | | |
| 0,30 | 0 024 | 0 025 | | | | | | | | |
| 0,32 | 0 025 | 0 027 | 0 029 | | | | | | | |
| 0,34 | 0 027 | 0 029 | 0 030 | 0 032 | | | | | | |
| 0,36 | 0 028 | 0 030 | 0 032 | 0 034 | 0 036 | | | | | |
| 0,38 | 0 030 | 0 032 | 0 034 | 0 036 | 0 038 | 0 040 | | | | |
| 0,40 | 0 031 | 0 034 | 0 036 | 0 038 | 0 040 | 0 043 | 0 045 | | | |
| 0,42 | 0 033 | 0 035 | 0 038 | 0 040 | 0 042 | 0 045 | 0 047 | 0 049 | | |
| 0,44 | 0 034 | 0 037 | 0 039 | 0 042 | 0 044 | 0 047 | 0 049 | 0 052 | 0 054 | |
| 0,46 | 0 036 | 0 039 | 0 041 | 0 044 | 0 046 | 0 049 | 0 052 | 0 054 | 0 057 | 0 059 |
| 0,48 | 0 038 | 0 040 | 0 043 | 0 046 | 0 048 | 0 051 | 0 054 | 0 056 | 0 059 | 0 062 |
| 0,50 | 0 039 | 0 042 | 0 045 | 0 048 | 0 050 | 0 053 | 0 056 | 0 059 | 0 062 | 0 064 |
| 0,52 | 0 041 | 0 044 | 0 047 | 0 050 | 0 052 | 0 055 | 0 058 | 0 061 | 0 064 | 0 067 |
| 0,54 | 0 042 | 0 045 | 0 048 | 0 051 | 0 054 | 0 057 | 0 060 | 0 064 | 0 067 | 0 070 |
| 0,56 | 0 044 | 0 047 | 0 050 | 0 053 | 0 056 | 0 060 | 0 063 | 0 066 | 0 069 | 0 072 |
| 0,58 | 0 045 | 0 049 | 0 052 | 0 055 | 0 058 | 0 062 | 0 065 | 0 068 | 0 071 | 0 075 |
| 0,60 | 0 047 | 0 050 | 0 054 | 0 057 | 0 060 | 0 064 | 0 067 | 0 071 | 0 074 | 0 077 |
| 0,62 | 0 049 | 0 052 | 0 056 | 0 059 | 0 062 | 0 066 | 0 069 | 0 073 | 0 076 | 0 080 |
| 0,64 | 0 050 | 0 054 | 0 057 | 0 061 | 0 065 | 0 068 | 0 072 | 0 075 | 0 079 | 0 082 |
| 0,66 | 0 052 | 0 055 | 0 059 | 0 063 | 0 067 | 0 070 | 0 074 | 0 078 | 0 081 | 0 085 |
| 0,68 | 0 053 | 0 057 | 0 061 | 0 065 | 0 069 | 0 072 | 0 076 | 0 080 | 0 084 | 0 088 |
| 0,70 | 0 055 | 0 059 | 0 063 | 0 067 | 0 071 | 0 074 | 0 078 | 0 082 | 0 086 | 0 090 |
| 0,72 | 0 056 | 0 060 | 0 065 | 0 069 | 0 073 | 0 077 | 0 081 | 0 085 | 0 089 | 0 093 |
| 0,74 | 0 058 | 0 062 | 0 066 | 0 070 | 0 075 | 0 079 | 0 083 | 0 087 | 0 091 | 0 095 |
| 0,76 | 0 060 | 0 064 | 0 068 | 0 072 | 0 077 | 0 081 | 0 085 | 0 089 | 0 094 | 0 098 |
| 0,78 | 0 061 | 0 066 | 0 070 | 0 074 | 0 079 | 0 083 | 0 087 | 0 092 | 0 096 | 0 100 |
| 0,80 | 0 063 | 0 067 | 0 072 | 0 076 | 0 081 | 0 085 | 0 090 | 0 094 | 0 099 | 0 103 |
| 0,82 | 0 064 | 0 069 | 0 073 | 0 078 | 0 083 | 0 087 | 0 092 | 0 096 | 0 101 | 0 106 |
| 0,84 | 0 066 | 0 071 | 0 075 | 0 080 | 0 085 | 0 089 | 0 094 | 0 099 | 0 103 | 0 108 |
| 0,86 | 0 067 | 0 072 | 0 077 | 0 082 | 0 087 | 0 092 | 0 096 | 0 101 | 0 106 | 0 111 |
| 0,88 | 0 069 | 0 074 | 0 079 | 0 084 | 0 089 | 0 094 | 0 099 | 0 103 | 0 108 | 0 113 |
| 0,90 | 0 071 | 0 076 | 0 081 | 0 086 | 0 091 | 0 096 | 0 101 | 0 106 | 0 111 | 0 116 |
| 0,92 | 0 072 | 0 077 | 0 082 | 0 088 | 0 093 | 0 098 | 0 103 | 0 108 | 0 113 | 0 118 |
| 0,94 | 0 074 | 0 079 | 0 084 | 0 089 | 0 095 | 0 100 | 0 105 | 0 111 | 0 116 | 0 121 |
| 0,96 | 0 075 | 0 081 | 0 086 | 0 091 | 0 097 | 0 102 | 0 108 | 0 113 | 0 118 | 0 124 |
| 0,98 | 0 077 | 0 082 | 0 088 | 0 093 | 0 099 | 0 104 | 0 110 | 0 115 | 0 121 | 0 126 |
| 1,— | 0 078 | 0 084 | 0 090 | 0 095 | 0 101 | 0 106 | 0 112 | 0 118 | 0 123 | 0 129 |
| 1,02 | 0 080 | 0 086 | 0 091 | 0 097 | 0 103 | 0 109 | 0 114 | 0 120 | 0 126 | 0 131 |
| 1,04 | 0 082 | 0 087 | 0 093 | 0 099 | 0 105 | 0 111 | 0 116 | 0 122 | 0 128 | 0 134 |
| 1,06 | 0 083 | 0 089 | 0 095 | 0 101 | 0 107 | 0 113 | 0 119 | 0 125 | 0 131 | 0 137 |
| 1,08 | 0 085 | 0 091 | 0 097 | 0 103 | 0 109 | 0 115 | 0 121 | 0 127 | 0 133 | 0 139 |
| 1,10 | 0 086 | 0 092 | 0 099 | 0 105 | 0 111 | 0 117 | 0 123 | 0 129 | 0 136 | 0 142 |
| 1,12 | 0 088 | 0 094 | 0 100 | 0 107 | 0 113 | 0 119 | 0 125 | 0 132 | 0 138 | 0 144 |
| 1,14 | 0 089 | 0 096 | 0 102 | 0 109 | 0 115 | 0 121 | 0 128 | 0 134 | 0 140 | 0 147 |
| 1,16 | 0 091 | 0 097 | 0 104 | 0 110 | 0 117 | 0 123 | 0 130 | 0 136 | 0 143 | 0 149 |
| 1,18 | 0 093 | 0 099 | 0 106 | 0 112 | 0 119 | 0 126 | 0 132 | 0 139 | 0 145 | 0 152 |
| 1,20 | 0 094 | 0 101 | 0 108 | 0 114 | 0 121 | 0 128 | 0 134 | 0 141 | 0 148 | 0 155 |
| 1,22 | 0 096 | 0 102 | 0 109 | 0 116 | 0 123 | 0 130 | 0 137 | 0 143 | 0 150 | 0 157 |
| 1,24 | 0 097 | 0 104 | 0 111 | 0 118 | 0 125 | 0 132 | 0 139 | 0 146 | 0 153 | 0 160 |
| 1,26 | 0 099 | 0 106 | 0 113 | 0 120 | 0 127 | 0 134 | 0 141 | 0 148 | 0 155 | 0 162 |
| 1,28 | 0 100 | 0 108 | 0 115 | 0 122 | 0 129 | 0 136 | 0 143 | 0 151 | 0 158 | 0 165 |
| 1,30 | 0 102 | 0 109 | 0 116 | 0 124 | 0 131 | 0 138 | 0 146 | 0 153 | 0 160 | 0 167 |
| 1,32 | 0 103 | 0 111 | 0 118 | 0 126 | 0 133 | 0 140 | 0 148 | 0 155 | 0 163 | 0 170 |
| 1,34 | 0 105 | 0 113 | 0 120 | 0 128 | 0 135 | 0 143 | 0 150 | 0 158 | 0 165 | 0 173 |
| 1,36 | 0 107 | 0 114 | 0 122 | 0 129 | 0 137 | 0 145 | 0 152 | 0 160 | 0 168 | 0 175 |
| 1,38 | 0 108 | 0 116 | 0 124 | 0 131 | 0 139 | 0 147 | 0 155 | 0 162 | 0 170 | 0 178 |
| 1,40 | 0 110 | 0 118 | 0 125 | 0 133 | 0 141 | 0 149 | 0 157 | 0 165 | 0 172 | 0 180 |
| 1,42 | 0 111 | 0 119 | 0 127 | 0 135 | 0 143 | 0 151 | 0 159 | 0 167 | 0 175 | 0 183 |
| 1,44 | 0 113 | 0 121 | 0 129 | 0 137 | 0 145 | 0 153 | 0 161 | 0 169 | 0 177 | 0 185 |
| 1,46 | 0 114 | 0 123 | 0 131 | 0 139 | 0 147 | 0 155 | 0 164 | 0 172 | 0 180 | 0 188 |
| 1,48 | 0 116 | 0 124 | 0 133 | 0 141 | 0 149 | 0 157 | 0 166 | 0 174 | 0 182 | 0 191 |
| 1,50 | 0 118 | 0 126 | 0 134 | 0 143 | 0 151 | 0 160 | 0 168 | 0 176 | 0 185 | 0 193 |
| 1,52 | 0 119 | 0 128 | 0 136 | 0 145 | 0 153 | 0 162 | 0 170 | 0 179 | 0 187 | 0 196 |
| 1,54 | 0 121 | 0 129 | 0 138 | 0 147 | 0 155 | 0 164 | 0 172 | 0 181 | 0 190 | 0 198 |
| 1,56 | 0 122 | 0 131 | 0 140 | 0 149 | 0 157 | 0 166 | 0 175 | 0 183 | 0 192 | 0 201 |
| 1,58 | 0 124 | 0 133 | 0 142 | 0 150 | 0 159 | 0 168 | 0 177 | 0 186 | 0 195 | 0 204 |
| 1,60 | 0 125 | 0 134 | 0 143 | 0 152 | 0 161 | 0 170 | 0 179 | 0 188 | 0 197 | 0 206 |
| 1,62 | 0 127 | 0 136 | 0 145 | 0 154 | 0 163 | 0 172 | 0 181 | 0 191 | 0 200 | 0 209 |
| 1,64 | 0 129 | 0 138 | 0 147 | 0 156 | 0 165 | 0 174 | 0 184 | 0 193 | 0 202 | 0 211 |
| 1,66 | 0 130 | 0 139 | 0 149 | 0 158 | 0 167 | 0 177 | 0 186 | 0 195 | 0 205 | 0 214 |

Epaisseur : 0m **28** centimètres

0,28—

| LONGUEUR | LARGEUR | | | | | | | | | |
|---|---|---|---|---|---|---|---|---|---|---|
| | 0,48 | 0,50 | 0,52 | 0,54 | 0,56 | 0,58 | 0,60 | 0,62 | 0,64 | 0,66 |
| 0,48 | 0 065 | | | | | | | | | |
| 0,50 | 0 067 | 0 070 | | | | | | | | |
| 0,52 | 0 070 | 0 073 | 0 076 | | | | | | | |
| 0,54 | 0 073 | 0 076 | 0 079 | 0 082 | | | | | | |
| 0,56 | 0 075 | 0 078 | 0 082 | 0 085 | 0 088 | | | | | |
| 0,58 | 0 078 | 0 081 | 0 084 | 0 088 | 0 091 | 0 094 | | | | |
| 0,60 | 0 081 | 0 084 | 0 087 | 0 091 | 0 094 | 0 097 | 0 101 | | | |
| 0,62 | 0 083 | 0 087 | 0 090 | 0 094 | 0 097 | 0 101 | 0 104 | 0 108 | | |
| 0,64 | 0 086 | 0 090 | 0 093 | 0 097 | 0 100 | 0 104 | 0 108 | 0 111 | 0 115 | |
| 0,66 | 0 089 | 0 092 | 0 096 | 0 100 | 0 103 | 0 107 | 0 111 | 0 115 | 0 118 | 0 122 |
| 0,68 | 0 091 | 0 095 | 0 099 | 0 103 | 0 107 | 0 110 | 0 114 | 0 118 | 0 122 | 0 126 |
| 0,70 | 0 094 | 0 098 | 0 102 | 0 106 | 0 110 | 0 114 | 0 118 | 0 122 | 0 125 | 0 129 |
| 0,72 | 0 097 | 0 101 | 0 105 | 0 109 | 0 113 | 0 117 | 0 121 | 0 125 | 0 129 | 0 133 |
| 0,74 | 0 099 | 0 104 | 0 108 | 0 112 | 0 116 | 0 120 | 0 124 | 0 128 | 0 133 | 0 137 |
| 0,76 | 0 102 | 0 106 | 0 111 | 0 115 | 0 119 | 0 123 | 0 128 | 0 132 | 0 136 | 0 140 |
| 0,78 | 0 105 | 0 109 | 0 114 | 0 118 | 0 122 | 0 127 | 0 131 | 0 135 | 0 140 | 0 144 |
| 0,80 | 0 108 | 0 112 | 0 116 | 0 121 | 0 125 | 0 130 | 0 134 | 0 139 | 0 143 | 0 148 |
| 0,82 | 0 110 | 0 115 | 0 119 | 0 124 | 0 129 | 0 133 | 0 138 | 0 142 | 0 147 | 0 152 |
| 0,84 | 0 113 | 0 118 | 0 122 | 0 127 | 0 132 | 0 136 | 0 141 | 0 146 | 0 151 | 0 155 |
| 0,86 | 0 116 | 0 120 | 0 125 | 0 130 | 0 135 | 0 140 | 0 144 | 0 149 | 0 154 | 0 159 |
| 0,88 | 0 118 | 0 123 | 0 128 | 0 133 | 0 138 | 0 143 | 0 148 | 0 153 | 0 158 | 0 163 |
| 0,90 | 0 121 | 0 126 | 0 131 | 0 136 | 0 141 | 0 146 | 0 151 | 0 156 | 0 161 | 0 166 |
| 0,92 | 0 124 | 0 129 | 0 134 | 0 139 | 0 144 | 0 149 | 0 155 | 0 160 | 0 165 | 0 170 |
| 0,94 | 0 126 | 0 132 | 0 137 | 0 142 | 0 147 | 0 153 | 0 158 | 0 163 | 0 168 | 0 174 |
| 0,96 | 0 129 | 0 134 | 0 140 | 0 145 | 0 151 | 0 156 | 0 161 | 0 167 | 0 172 | 0 177 |
| 0,98 | 0 132 | 0 137 | 0 143 | 0 148 | 0 154 | 0 159 | 0 165 | 0 170 | 0 176 | 0 181 |
| 1,— | 0 134 | 0 140 | 0 146 | 0 151 | 0 157 | 0 162 | 0 168 | 0 174 | 0 179 | 0 185 |
| 1,02 | 0 137 | 0 143 | 0 149 | 0 154 | 0 160 | 0 166 | 0 171 | 0 177 | 0 183 | 0 188 |
| 1,04 | 0 140 | 0 146 | 0 151 | 0 157 | 0 163 | 0 169 | 0 175 | 0 181 | 0 186 | 0 192 |
| 1,06 | 0 142 | 0 148 | 0 154 | 0 160 | 0 166 | 0 172 | 0 178 | 0 184 | 0 190 | 0 196 |
| 1,08 | 0 145 | 0 151 | 0 157 | 0 163 | 0 169 | 0 175 | 0 181 | 0 187 | 0 194 | 0 200 |
| 1,10 | 0 148 | 0 154 | 0 160 | 0 166 | 0 172 | 0 179 | 0 185 | 0 191 | 0 197 | 0 203 |
| 1,12 | 0 151 | 0 157 | 0 163 | 0 169 | 0 176 | 0 182 | 0 188 | 0 194 | 0 201 | 0 207 |
| 1,14 | 0 153 | 0 160 | 0 166 | 0 172 | 0 179 | 0 185 | 0 192 | 0 198 | 0 204 | 0 211 |
| 1,16 | 0 156 | 0 162 | 0 169 | 0 175 | 0 182 | 0 188 | 0 195 | 0 201 | 0 208 | 0 214 |
| 1,18 | 0 159 | 0 165 | 0 172 | 0 178 | 0 185 | 0 192 | 0 198 | 0 205 | 0 211 | 0 218 |
| 1,20 | 0 161 | 0 168 | 0 175 | 0 181 | 0 188 | 0 195 | 0 202 | 0 208 | 0 215 | 0 222 |
| 1,22 | 0 164 | 0 171 | 0 178 | 0 184 | 0 191 | 0 198 | 0 205 | 0 212 | 0 219 | 0 225 |
| 1,24 | 0 167 | 0 174 | 0 181 | 0 187 | 0 194 | 0 201 | 0 208 | 0 215 | 0 222 | 0 229 |
| 1,26 | 0 169 | 0 176 | 0 183 | 0 191 | 0 198 | 0 205 | 0 212 | 0 219 | 0 226 | 0 233 |
| 1,28 | 0 172 | 0 179 | 0 186 | 0 194 | 0 201 | 0 208 | 0 215 | 0 222 | 0 229 | 0 237 |
| 1,30 | 0 175 | 0 182 | 0 189 | 0 197 | 0 204 | 0 211 | 0 218 | 0 226 | 0 233 | 0 240 |
| 1,32 | 0 177 | 0 185 | 0 192 | 0 200 | 0 207 | 0 214 | 0 222 | 0 229 | 0 237 | 0 244 |
| 1,34 | 0 180 | 0 188 | 0 195 | 0 203 | 0 210 | 0 218 | 0 225 | 0 233 | 0 240 | 0 248 |
| 1,36 | 0 183 | 0 190 | 0 198 | 0 206 | 0 213 | 0 221 | 0 228 | 0 236 | 0 244 | 0 251 |
| 1,38 | 0 185 | 0 193 | 0 201 | 0 209 | 0 216 | 0 224 | 0 232 | 0 240 | 0 247 | 0 255 |
| 1,40 | 0 188 | 0 196 | 0 204 | 0 212 | 0 220 | 0 227 | 0 235 | 0 243 | 0 251 | 0 259 |
| 1,42 | 0 191 | 0 199 | 0 207 | 0 215 | 0 223 | 0 231 | 0 239 | 0 247 | 0 254 | 0 262 |
| 1,44 | 0 194 | 0 202 | 0 210 | 0 218 | 0 226 | 0 234 | 0 242 | 0 250 | 0 258 | 0 266 |
| 1,46 | 0 196 | 0 204 | 0 213 | 0 221 | 0 229 | 0 237 | 0 245 | 0 253 | 0 262 | 0 270 |
| 1,48 | 0 199 | 0 207 | 0 215 | 0 224 | 0 232 | 0 240 | 0 249 | 0 257 | 0 265 | 0 274 |
| 1,50 | 0 202 | 0 210 | 0 218 | 0 227 | 0 235 | 0 244 | 0 252 | 0 260 | 0 269 | 0 277 |
| 1,52 | 0 204 | 0 213 | 0 221 | 0 230 | 0 238 | 0 247 | 0 255 | 0 264 | 0 272 | 0 281 |
| 1,54 | 0 207 | 0 216 | 0 224 | 0 233 | 0 241 | 0 250 | 0 259 | 0 267 | 0 276 | 0 285 |
| 1,56 | 0 210 | 0 218 | 0 227 | 0 236 | 0 245 | 0 253 | 0 262 | 0 271 | 0 280 | 0 288 |
| 1,58 | 0 212 | 0 221 | 0 230 | 0 239 | 0 248 | 0 257 | 0 265 | 0 274 | 0 283 | 0 292 |
| 1,60 | 0 215 | 0 224 | 0 233 | 0 242 | 0 251 | 0 260 | 0 269 | 0 278 | 0 287 | 0 296 |
| 1,62 | 0 218 | 0 227 | 0 236 | 0 245 | 0 254 | 0 263 | 0 272 | 0 281 | 0 290 | 0 299 |
| 1,64 | 0 220 | 0 230 | 0 239 | 0 248 | 0 257 | 0 266 | 0 276 | 0 285 | 0 294 | 0 303 |
| 1,66 | 0 223 | 0 232 | 0 242 | 0 251 | 0 260 | 0 270 | 0 279 | 0 288 | 0 297 | 0 307 |

## Epaisseur : 0ᵐ 28 centimètres

| LONGUEUR | \ LARGEUR 0,68 | 0,70 | 0,72 | 0,74 | 0,76 | 0,78 | 0,80 | 0,82 | 0,84 | 0.86 |
|---|---|---|---|---|---|---|---|---|---|---|
| 0,68 | 0 129 | | | | | | | | | |
| 0,70 | 0 133 | 0 137 | | | | | | | | |
| 72 | 0 137 | 0 141 | 0 145 | | | | | | | |
| 74 | 0 141 | 0 145 | 0 149 | 0 153 | | | | | | |
| 76 | 0 145 | 0 149 | 0 153 | 0 157 | 0 162 | | | | | |
| 78 | 0 149 | 0 153 | 0 157 | 0 162 | 0 166 | 0 170 | | | | |
| 0,80 | 0 152 | 0 157 | 0 161 | 0 166 | 0 170 | 0 175 | 0 179 | | | |
| 82 | 0 156 | 0 161 | 0 165 | 0 170 | 0 174 | 0 179 | 0 184 | 0 188 | | |
| 84 | 0 160 | 0 165 | 0 169 | 0 174 | 0 179 | 0 183 | 0 188 | 0 193 | 0 198 | |
| 86 | 0 164 | 0 169 | 0 173 | 0 178 | 0 183 | 0 188 | 0 193 | 0 197 | 0 202 | 0 207 |
| 88 | 0 168 | 0 172 | 0 177 | 0 182 | 0 187 | 0 192 | 0 197 | 0 202 | 0 207 | 0 212 |
| 0,90 | 0 171 | 0 176 | 0 181 | 0 186 | 0 192 | 0 197 | 0 202 | 0 207 | 0 212 | 0 217 |
| 92 | 0 175 | 0 180 | 0 185 | 0 191 | 0 196 | 0 201 | 0 206 | 0 211 | 0 216 | 0 222 |
| 94 | 0 179 | 0 184 | 0 190 | 0 195 | 0 200 | 0 205 | 0 211 | 0 216 | 0 221 | 0 227 |
| 96 | 0 183 | 0 188 | 0 194 | 0 199 | 0 204 | 0 210 | 0 215 | 0 220 | 0 226 | 0 231 |
| 98 | 0 187 | 0 192 | 0 198 | 0 203 | 0 209 | 0 214 | 0 220 | 0 225 | 0 230 | 0 236 |
| 1,— | 0 190 | 0 196 | 0 202 | 0 207 | 0 213 | 0 218 | 0 224 | 0 230 | 0 235 | 0 241 |
| 02 | 0 194 | 0 200 | 0 206 | 0 211 | 0 217 | 0 223 | 0 228 | 0 234 | 0 240 | 0 246 |
| 04 | 0 198 | 0 204 | 0 210 | 0 215 | 0 221 | 0 227 | 0 233 | 0 239 | 0 245 | 0 251 |
| 06 | 0 202 | 0 208 | 0 214 | 0 220 | 0 226 | 0 232 | 0 237 | 0 243 | 0 249 | 0 255 |
| 08 | 0 206 | 0 212 | 0 218 | 0 224 | 0 230 | 0 236 | 0 242 | 0 248 | 0 254 | 0 260 |
| 1,10 | 0 209 | 0 216 | 0 222 | 0 228 | 0 234 | 0 240 | 0 246 | 0 253 | 0 259 | 0 265 |
| 12 | 0 213 | 0 220 | 0 226 | 0 232 | 0 238 | 0 245 | 0 251 | 0 257 | 0 263 | 0 270 |
| 14 | 0 217 | 0 223 | 0 230 | 0 236 | 0 243 | 0 249 | 0 255 | 0 262 | 0 268 | 0 275 |
| 16 | 0 221 | 0 227 | 0 234 | 0 240 | 0 247 | 0 253 | 0 260 | 0 266 | 0 273 | 0 279 |
| 18 | 0 225 | 0 231 | 0 238 | 0 244 | 0 251 | 0 258 | 0 264 | 0 271 | 0 278 | 0 284 |
| 1,20 | 0 228 | 0 235 | 0 242 | 0 249 | 0 255 | 0 262 | 0 269 | 0 276 | 0 282 | 0 289 |
| 22 | 0 232 | 0 239 | 0 246 | 0 253 | 0 260 | 0 266 | 0 273 | 0 280 | 0 287 | 0 294 |
| 24 | 0 236 | 0 243 | 0 250 | 0 257 | 0 264 | 0 271 | 0 278 | 0 285 | 0 292 | 0 299 |
| 26 | 0 240 | 0 247 | 0 254 | 0 261 | 0 268 | 0 275 | 0 282 | 0 289 | 0 296 | 0 303 |
| 28 | 0 244 | 0 251 | 0 258 | 0 265 | 0 272 | 0 280 | 0 287 | 0 294 | 0 301 | 0 308 |
| 1,30 | 0 248 | 0 255 | 0 262 | 0 269 | 0 277 | 0 284 | 0 291 | 0 298 | 0 306 | 0 313 |
| 32 | 0 251 | 0 259 | 0 266 | 0 273 | 0 281 | 0 288 | 0 296 | 0 303 | 0 310 | 0 318 |
| 34 | 0 255 | 0 263 | 0 270 | 0 278 | 0 285 | 0 293 | 0 300 | 0 308 | 0 315 | 0 323 |
| 36 | 0 259 | 0 267 | 0 274 | 0 282 | 0 289 | 0 297 | 0 305 | 0 312 | 0 320 | 0 327 |
| 38 | 0 263 | 0 270 | 0 278 | 0 286 | 0 294 | 0 301 | 0 309 | 0 317 | 0 325 | 0 332 |
| 1,40 | 0 267 | 0 274 | 0 282 | 0 290 | 0 298 | 0 306 | 0 314 | 0 321 | 0 329 | 0 337 |
| 42 | 0 270 | 0 278 | 0 286 | 0 294 | 0 302 | 0 310 | 0 318 | 0 326 | 0 334 | 0 342 |
| 44 | 0 274 | 0 282 | 0 290 | 0 298 | 0 306 | 0 314 | 0 323 | 0 331 | 0 339 | 0 347 |
| 46 | 0 278 | 0 286 | 0 294 | 0 303 | 0 311 | 0 319 | 0 327 | 0 335 | 0 343 | 0 352 |
| 48 | 0 282 | 0 290 | 0 298 | 0 307 | 0 315 | 0 323 | 0 332 | 0 340 | 0 348 | 0 356 |
| 1,50 | 0 286 | 0 294 | 0 302 | 0 311 | 0 319 | 0 328 | 0 336 | 0 344 | 0 353 | 0 361 |
| 52 | 0 289 | 0 298 | 0 306 | 0 315 | 0 323 | 0 332 | 0 340 | 0 349 | 0 358 | 0 366 |
| 54 | 0 293 | 0 302 | 0 310 | 0 319 | 0 328 | 0 336 | 0 345 | 0 354 | 0 362 | 0 371 |
| 56 | 0 297 | 0 306 | 0 314 | 0 323 | 0 332 | 0 341 | 0 349 | 0 358 | 0 367 | 0 376 |
| 58 | 0 301 | 0 310 | 0 319 | 0 327 | 0 336 | 0 345 | 0 354 | 0 363 | 0 372 | 0 380 |
| 1,60 | 0 305 | 0 314 | 0 323 | 0 332 | 0 340 | 0 349 | 0 358 | 0 367 | 0 376 | 0 385 |
| 62 | 0 308 | 0 318 | 0 327 | 0 336 | 0 345 | 0 354 | 0 363 | 0 372 | 0 381 | 0 390 |
| 64 | 0 312 | 0 321 | 0 331 | 0 340 | 0 349 | 0 358 | 0 367 | 0 377 | 0 386 | 0 395 |
| 66 | 0 316 | 0 325 | 0 335 | 0 344 | 0 353 | 0 363 | 0 372 | 0 381 | 0 390 | 0 400 |
| 68 | 0 320 | 0 329 | 0 339 | 0 348 | 0 358 | 0 367 | 0 376 | 0 386 | 0 395 | 0 405 |
| 1,70 | 0 324 | 0 333 | 0 343 | 0 352 | 0 362 | 0 371 | 0 381 | 0 390 | 0 400 | 0 409 |
| 72 | 0 327 | 0 337 | 0 347 | 0 356 | 0 366 | 0 376 | 0 385 | 0 395 | 0 404 | 0 414 |
| 74 | 0 331 | 0 341 | 0 351 | 0 360 | 0 370 | 0 380 | 0 390 | 0 400 | 0 409 | 0 419 |
| 76 | 0 335 | 0 345 | 0 355 | 0 365 | 0 374 | 0 384 | 0 394 | 0 404 | 0 414 | 0 424 |
| 78 | 0 339 | 0 349 | 0 359 | 0 369 | 0 379 | 0 389 | 0 399 | 0 409 | 0 419 | 0 429 |
| 1,80 | 0 343 | 0 353 | 0 363 | 0 373 | 0 383 | 0 393 | 0 403 | 0 413 | 0 423 | 0 433 |
| 82 | 0 347 | 0 357 | 0 367 | 0 377 | 0 387 | 0 397 | 0 408 | 0 418 | 0 428 | 0 438 |
| 84 | 0 350 | 0 361 | 0 371 | 0 381 | 0 391 | 0 402 | 0 412 | 0 422 | 0 433 | 0 443 |
| 86 | 0 354 | 0 365 | 0 375 | 0 385 | 0 396 | 0 406 | 0 417 | 0 427 | 0 437 | 0 448 |
| 88 | 0 358 | 0 368 | 0 379 | 0 390 | 0 400 | 0 411 | 0 422 | 0 432 | 0 442 | 0 453 |
| 1,90 | 0 362 | 0 372 | 0 383 | 0 394 | 0 404 | 0 415 | 0 426 | 0 436 | 0 447 | 0 458 |
| 92 | 0 366 | 0 376 | 0 387 | 0 398 | 0 409 | 0 419 | 0 430 | 0 441 | 0 452 | 0 462 |
| 94 | 0 369 | 0 380 | 0 391 | 0 402 | 0 413 | 0 424 | 0 435 | 0 445 | 0 456 | 0 467 |
| 96 | 0 373 | 0 384 | 0 395 | 0 406 | 0 417 | 0 428 | 0 439 | 0 450 | 0 461 | 0 472 |
| 98 | 0 377 | 0 388 | 0 399 | 0 410 | 0 421 | 0 432 | 0 444 | 0 455 | 0 466 | 0 477 |
| 2,— | 0 381 | 0 392 | 0 403 | 0 414 | 0 426 | 0 437 | 0 448 | 0 459 | 0 470 | 0 482 |
| 02 | 0 385 | 0 396 | 0 407 | 0 419 | 0 430 | 0 441 | 0 452 | 0 464 | 0 475 | 0 486 |
| 04 | 0 388 | 0 400 | 0 411 | 0 423 | 0 434 | 0 446 | 0 457 | 0 468 | 0 480 | 0 491 |
| 06 | 0 392 | 0 404 | 0 415 | 0 427 | 0 438 | 0 450 | 0 461 | 0 473 | 0 485 | 0 496 |

## Epaisseur : 0ᵐ 28 centimètres

| LONGUEUR | \ LARGEUR 0 88 | 0,90 | 0,92 | 0,94 | 0,96 | 0,98 | 1 00 | 1,02 | 1,04 | 1,06 |
|---|---|---|---|---|---|---|---|---|---|---|
| 0,88 | 0 217 | | | | | | | | | |
| 0,90 | 0 222 | 0 227 | | | | | | | | |
| 92 | 0 227 | 0 232 | 0 237 | | | | | | | |
| 94 | 0 232 | 0 237 | 0 242 | 0 247 | | | | | | |
| 96 | 0 237 | 0 242 | 0 247 | 0 253 | 0 258 | | | | | |
| 98 | 0 241 | 0 247 | 0 252 | 0 258 | 0 263 | 0 269 | | | | |
| 1,— | 0 246 | 0 252 | 0 258 | 0 263 | 0 269 | 0 274 | 0 280 | | | |
| 02 | 0 251 | 0 257 | 0 263 | 0 268 | 0 274 | 0 280 | 0 286 | 0 291 | | |
| 04 | 0 256 | 0 262 | 0 268 | 0 274 | 0 280 | 0 285 | 0 291 | 0 297 | 0 303 | |
| 06 | 0 261 | 0 267 | 0 273 | 0 279 | 0 285 | 0 291 | 0 297 | 0 303 | 0 309 | 0 315 |
| 08 | 0 266 | 0 272 | 0 278 | 0 284 | 0 290 | 0 296 | 0 302 | 0 308 | 0 314 | 0 321 |
| 1,10 | 0 271 | 0 277 | 0 283 | 0 290 | 0 296 | 0 302 | 0 308 | 0 314 | 0 320 | 0 326 |
| 12 | 0 276 | 0 282 | 0 288 | 0 295 | 0 301 | 0 307 | 0 314 | 0 320 | 0 326 | 0 332 |
| 14 | 0 281 | 0 287 | 0 293 | 0 300 | 0 306 | 0 313 | 0 319 | 0 326 | 0 332 | 0 338 |
| 16 | 0 286 | 0 292 | 0 298 | 0 305 | 0 312 | 0 318 | 0 325 | 0 331 | 0 338 | 0 344 |
| 18 | 0 291 | 0 297 | 0 304 | 0 311 | 0 317 | 0 324 | 0 330 | 0 337 | 0 344 | 0 350 |
| 1,20 | 0 296 | 0 302 | 0 309 | 0 316 | 0 323 | 0 329 | 0 336 | 0 343 | 0 349 | 0 356 |
| 22 | 0 301 | 0 307 | 0 314 | 0 321 | 0 328 | 0 335 | 0 342 | 0 348 | 0 355 | 0 362 |
| 24 | 0 306 | 0 312 | 0 319 | 0 326 | 0 333 | 0 340 | 0 347 | 0 354 | 0 361 | 0 368 |
| 26 | 0 310 | 0 318 | 0 325 | 0 332 | 0 339 | 0 346 | 0 353 | 0 360 | 0 367 | 0 374 |
| 28 | 0 315 | 0 323 | 0 330 | 0 337 | 0 344 | 0 351 | 0 358 | 0 366 | 0 373 | 0 380 |
| 1,30 | 0 320 | 0 328 | 0 335 | 0 342 | 0 349 | 0 357 | 0 364 | 0 371 | 0 379 | 0 386 |
| 32 | 0 325 | 0 333 | 0 340 | 0 347 | 0 355 | 0 362 | 0 370 | 0 377 | 0 384 | 0 392 |
| 34 | 0 330 | 0 338 | 0 345 | 0 352 | 0 360 | 0 368 | 0 375 | 0 383 | 0 390 | 0 398 |
| 36 | 0 335 | 0 343 | 0 350 | 0 358 | 0 366 | 0 373 | 0 381 | 0 388 | 0 396 | 0 404 |
| 38 | 0 340 | 0 348 | 0 355 | 0 363 | 0 371 | 0 379 | 0 386 | 0 394 | 0 402 | 0 410 |
| 1,40 | 0 345 | 0 353 | 0 361 | 0 368 | 0 376 | 0 384 | 0 392 | 0 400 | 0 408 | 0 416 |
| 42 | 0 350 | 0 358 | 0 366 | 0 374 | 0 382 | 0 390 | 0 398 | 0 406 | 0 414 | 0 421 |
| 44 | 0 355 | 0 363 | 0 371 | 0 379 | 0 387 | 0 395 | 0 403 | 0 411 | 0 419 | 0 427 |
| 46 | 0 360 | 0 368 | 0 376 | 0 384 | 0 392 | 0 401 | 0 409 | 0 417 | 0 425 | 0 433 |
| 48 | 0 365 | 0 373 | 0 381 | 0 390 | 0 398 | 0 406 | 0 414 | 0 423 | 0 431 | 0 439 |
| 1,50 | 0 370 | 0 378 | 0 386 | 0 395 | 0 403 | 0 412 | 0 420 | 0 428 | 0 437 | 0 445 |
| 52 | 0 375 | 0 383 | 0 391 | 0 400 | 0 409 | 0 417 | 0 426 | 0 434 | 0 443 | 0 451 |
| 54 | 0 380 | 0 388 | 0 396 | 0 405 | 0 414 | 0 423 | 0 431 | 0 440 | 0 448 | 0 457 |
| 56 | 0 384 | 0 393 | 0 402 | 0 411 | 0 419 | 0 428 | 0 437 | 0 446 | 0 454 | 0 463 |
| 58 | 0 389 | 0 398 | 0 407 | 0 416 | 0 425 | 0 434 | 0 442 | 0 451 | 0 460 | 0 469 |
| 1,60 | 0 394 | 0 403 | 0 412 | 0 421 | 0 430 | 0 439 | 0 448 | 0 457 | 0 466 | 0 475 |
| 62 | 0 399 | 0 408 | 0 417 | 0 426 | 0 435 | 0 445 | 0 454 | 0 463 | 0 472 | 0 481 |
| 64 | 0 404 | 0 413 | 0 422 | 0 431 | 0 441 | 0 450 | 0 459 | 0 469 | 0 478 | 0 487 |
| 66 | 0 409 | 0 418 | 0 427 | 0 437 | 0 446 | 0 456 | 0 465 | 0 474 | 0 483 | 0 493 |
| 68 | 0 414 | 0 423 | 0 433 | 0 442 | 0 452 | 0 461 | 0 470 | 0 480 | 0 489 | 0 499 |
| 1,70 | 0 419 | 0 428 | 0 438 | 0 447 | 0 457 | 0 466 | 0 476 | 0 486 | 0 495 | 0 505 |
| 72 | 0 424 | 0 433 | 0 443 | 0 453 | 0 462 | 0 472 | 0 482 | 0 491 | 0 501 | 0 510 |
| 74 | 0 429 | 0 438 | 0 448 | 0 458 | 0 468 | 0 477 | 0 487 | 0 497 | 0 507 | 0 516 |
| 76 | 0 434 | 0 444 | 0 453 | 0 463 | 0 473 | 0 483 | 0 493 | 0 503 | 0 513 | 0 522 |
| 78 | 0 439 | 0 449 | 0 459 | 0 468 | 0 478 | 0 488 | 0 498 | 0 508 | 0 518 | 0 528 |
| 1,80 | 0 444 | 0 454 | 0 464 | 0 474 | 0 484 | 0 494 | 0 504 | 0 514 | 0 524 | 0 534 |
| 82 | 0 449 | 0 459 | 0 469 | 0 479 | 0 489 | 0 499 | 0 510 | 0 520 | 0 530 | 0 540 |
| 84 | 0 454 | 0 464 | 0 474 | 0 484 | 0 495 | 0 505 | 0 515 | 0 526 | 0 536 | 0 546 |
| 86 | 0 458 | 0 469 | 0 479 | 0 490 | 0 500 | 0 510 | 0 521 | 0 531 | 0 542 | 0 552 |
| 88 | 0 463 | 0 474 | 0 484 | 0 495 | 0 505 | 0 516 | 0 526 | 0 537 | 0 547 | 0 558 |
| 1,90 | 0 468 | 0 479 | 0 489 | 0 500 | 0 511 | 0 521 | 0 532 | 0 543 | 0 553 | 0 564 |
| 92 | 0 473 | 0 484 | 0 494 | 0 505 | 0 516 | 0 527 | 0 538 | 0 548 | 0 559 | 0 570 |
| 94 | 0 478 | 0 489 | 0 499 | 0 510 | 0 521 | 0 532 | 0 543 | 0 554 | 0 565 | 0 576 |
| 96 | 0 483 | 0 494 | 0 505 | 0 516 | 0 527 | 0 538 | 0 549 | 0 560 | 0 571 | 0 582 |
| 98 | 0 488 | 0 499 | 0 510 | 0 521 | 0 532 | 0 543 | 0 554 | 0 565 | 0 577 | 0 588 |
| 2,— | 0 493 | 0 504 | 0 515 | 0 526 | 0 538 | 0 549 | 0 560 | 0 571 | 0 582 | 0 594 |
| 02 | 0 498 | 0 509 | 0 520 | 0 532 | 0 543 | 0 554 | 0 566 | 0 577 | 0 588 | 0 600 |
| 04 | 0 503 | 0 514 | 0 526 | 0 537 | 0 548 | 0 560 | 0 571 | 0 583 | 0 594 | 0 605 |
| 06 | 0 508 | 0 519 | 0 531 | 0 542 | 0 554 | 0 565 | 0 577 | 0 588 | 0 600 | 0 611 |

## Table 30

| Long. | Tailles | 0,30 | 0,32 | 0,34 | 0,36 | 0,38 | 0,40 | 0,42 | 0,44 | 0,46 | 0,48 |
|---|---|---|---|---|---|---|---|---|---|---|---|
| 0,30 | 0 022 | 0 027 | | | | | | | | | |
| 32 | 0 023 | 0 029 | 0 031 | | | | | | | | |
| 34 | 0 024 | 0 031 | 0 033 | 0 035 | | | | | | | |
| 36 | 0 026 | 0 032 | 0 035 | 0 037 | 0 039 | | | | | | |
| 38 | 0 027 | 0 034 | 0 036 | 0 039 | 0 041 | 0 043 | | | | | |
| 0,40 | 0 029 | 0 036 | 0 038 | 0 041 | 0 043 | 0 046 | 0 048 | | | | |
| 42 | 0 030 | 0 038 | 0 040 | 0 043 | 0 045 | 0 048 | 0 050 | 0 053 | | | |
| 44 | 0 032 | 0 040 | 0 042 | 0 045 | 0 047 | 0 050 | 0 053 | 0 055 | 0 058 | | |
| 46 | 0 033 | 0 041 | 0 044 | 0 047 | 0 050 | 0 052 | 0 055 | 0 058 | 0 061 | 0 063 | |
| 48 | 0 035 | 0 043 | 0 046 | 0 049 | 0 052 | 0 055 | 0 058 | 0 060 | 0 063 | 0 066 | 0 069 |
| 0,50 | 0 036 | 0 045 | 0 048 | 0 051 | 0 054 | 0 057 | 0 060 | 0 063 | 0 066 | 0 069 | 0 072 |
| 52 | 0 037 | 0 047 | 0 050 | 0 053 | 0 056 | 0 059 | 0 062 | 0 066 | 0 069 | 0 072 | 0 075 |
| 54 | 0 039 | 0 049 | 0 052 | 0 055 | 0 058 | 0 062 | 0 065 | 0 068 | 0 071 | 0 075 | 0 078 |
| 56 | 0 040 | 0 050 | 0 054 | 0 057 | 0 060 | 0 064 | 0 067 | 0 071 | 0 074 | 0 077 | 0 081 |
| 58 | 0 042 | 0 052 | 0 056 | 0 059 | 0 063 | 0 066 | 0 070 | 0 074 | 0 077 | 0 080 | 0 084 |
| 0,60 | 0 043 | 0 054 | 0 058 | 0 061 | 0 065 | 0 068 | 0 072 | 0 076 | 0 079 | 0 083 | 0 086 |
| 62 | 0 045 | 0 056 | 0 060 | 0 063 | 0 067 | 0 071 | 0 074 | 0 078 | 0 082 | 0 086 | 0 089 |
| 64 | 0 046 | 0 058 | 0 061 | 0 065 | 0 069 | 0 073 | 0 077 | 0 081 | 0 084 | 0 088 | 0 092 |
| 66 | 0 048 | 0 059 | 0 063 | 0 067 | 0 071 | 0 075 | 0 079 | 0 083 | 0 087 | 0 091 | 0 095 |
| 68 | 0 049 | 0 061 | 0 065 | 0 069 | 0 073 | 0 078 | 0 082 | 0 086 | 0 090 | 0 094 | 0 098 |
| 0,70 | 0 050 | 0 063 | 0 067 | 0 071 | 0 076 | 0 080 | 0 084 | 0 088 | 0 092 | 0 097 | 0 101 |
| 72 | 0 052 | 0 065 | 0 069 | 0 073 | 0 078 | 0 082 | 0 086 | 0 091 | 0 095 | 0 099 | 0 104 |
| 74 | 0 053 | 0 067 | 0 071 | 0 075 | 0 080 | 0 084 | 0 089 | 0 093 | 0 098 | 0 102 | 0 107 |
| 76 | 0 055 | 0 068 | 0 073 | 0 078 | 0 082 | 0 087 | 0 091 | 0 096 | 0 100 | 0 105 | 0 109 |
| 78 | 0 056 | 0 070 | 0 075 | 0 080 | 0 084 | 0 089 | 0 094 | 0 098 | 0 103 | 0 108 | 0 112 |
| 0,80 | 0 058 | 0 072 | 0 077 | 0 082 | 0 086 | 0 091 | 0 096 | 0 101 | 0 106 | 0 110 | 0 115 |
| 82 | 0 059 | 0 074 | 0 079 | 0 084 | 0 089 | 0 093 | 0 098 | 0 103 | 0 108 | 0 113 | 0 118 |
| 84 | 0 060 | 0 076 | 0 081 | 0 086 | 0 091 | 0 096 | 0 101 | 0 106 | 0 111 | 0 116 | 0 121 |
| 86 | 0 062 | 0 077 | 0 083 | 0 088 | 0 093 | 0 098 | 0 103 | 0 108 | 0 114 | 0 119 | 0 124 |
| 88 | 0 063 | 0 079 | 0 084 | 0 090 | 0 095 | 0 100 | 0 106 | 0 111 | 0 116 | 0 121 | 0 127 |
| 0,90 | 0 065 | 0 081 | 0 086 | 0 092 | 0 097 | 0 103 | 0 108 | 0 113 | 0 119 | 0 124 | 0 130 |
| 92 | 0 066 | 0 083 | 0 088 | 0 094 | 0 099 | 0 105 | 0 110 | 0 116 | 0 121 | 0 127 | 0 132 |
| 94 | 0 068 | 0 085 | 0 090 | 0 096 | 0 102 | 0 107 | 0 113 | 0 118 | 0 124 | 0 130 | 0 135 |
| 96 | 0 069 | 0 086 | 0 092 | 0 098 | 0 104 | 0 109 | 0 115 | 0 121 | 0 127 | 0 132 | 0 138 |
| 98 | 0 071 | 0 088 | 0 094 | 0 100 | 0 106 | 0 112 | 0 118 | 0 123 | 0 129 | 0 135 | 0 141 |
| 1,— | 0 072 | 0 090 | 0 096 | 0 102 | 0 108 | 0 114 | 0 120 | 0 126 | 0 132 | 0 138 | 0 144 |
| 02 | 0 073 | 0 092 | 0 098 | 0 104 | 0 110 | 0 116 | 0 122 | 0 129 | 0 135 | 0 141 | 0 147 |
| 04 | 0 075 | 0 094 | 0 100 | 0 106 | 0 112 | 0 119 | 0 125 | 0 131 | 0 137 | 0 144 | 0 150 |
| 06 | 0 076 | 0 095 | 0 102 | 0 108 | 0 114 | 0 121 | 0 127 | 0 134 | 0 140 | 0 146 | 0 153 |
| 08 | 0 078 | 0 097 | 0 104 | 0 110 | 0 117 | 0 123 | 0 130 | 0 136 | 0 143 | 0 149 | 0 156 |
| 1,10 | 0 079 | 0 099 | 0 106 | 0 112 | 0 119 | 0 125 | 0 132 | 0 139 | 0 145 | 0 152 | 0 158 |
| 12 | 0 081 | 0 101 | 0 108 | 0 114 | 0 121 | 0 128 | 0 134 | 0 141 | 0 148 | 0 155 | 0 161 |
| 14 | 0 082 | 0 103 | 0 109 | 0 116 | 0 123 | 0 130 | 0 137 | 0 144 | 0 150 | 0 157 | 0 164 |
| 16 | 0 084 | 0 104 | 0 111 | 0 118 | 0 125 | 0 132 | 0 139 | 0 146 | 0 153 | 0 160 | 0 167 |
| 18 | 0 085 | 0 106 | 0 113 | 0 120 | 0 127 | 0 135 | 0 142 | 0 149 | 0 156 | 0 163 | 0 170 |
| 1,20 | 0 086 | 0 108 | 0 115 | 0 122 | 0 130 | 0 137 | 0 144 | 0 151 | 0 158 | 0 166 | 0 173 |
| 22 | 0 088 | 0 110 | 0 117 | 0 124 | 0 132 | 0 139 | 0 146 | 0 154 | 0 161 | 0 168 | 0 176 |
| 24 | 0 089 | 0 112 | 0 119 | 0 126 | 0 134 | 0 141 | 0 149 | 0 156 | 0 164 | 0 171 | 0 179 |
| 26 | 0 091 | 0 113 | 0 121 | 0 129 | 0 136 | 0 144 | 0 151 | 0 159 | 0 166 | 0 174 | 0 181 |
| 28 | 0 092 | 0 115 | 0 123 | 0 131 | 0 138 | 0 146 | 0 154 | 0 161 | 0 169 | 0 177 | 0 184 |
| 1,30 | 0 094 | 0 117 | 0 125 | 0 133 | 0 140 | 0 148 | 0 156 | 0 164 | 0 172 | 0 179 | 0 187 |
| 32 | 0 095 | 0 119 | 0 127 | 0 135 | 0 143 | 0 150 | 0 158 | 0 166 | 0 174 | 0 182 | 0 190 |
| 34 | 0 096 | 0 121 | 0 129 | 0 137 | 0 145 | 0 153 | 0 161 | 0 169 | 0 177 | 0 185 | 0 193 |
| 36 | 0 098 | 0 122 | 0 131 | 0 139 | 0 147 | 0 155 | 0 163 | 0 171 | 0 180 | 0 188 | 0 196 |
| 38 | 0 099 | 0 124 | 0 132 | 0 141 | 0 149 | 0 157 | 0 166 | 0 174 | 0 182 | 0 190 | 0 199 |
| 1,40 | 0 101 | 0 126 | 0 134 | 0 143 | 0 151 | 0 160 | 0 168 | 0 176 | 0 185 | 0 193 | 0 202 |
| 42 | 0 102 | 0 128 | 0 136 | 0 145 | 0 153 | 0 162 | 0 170 | 0 179 | 0 187 | 0 196 | 0 204 |
| 44 | 0 104 | 0 130 | 0 138 | 0 147 | 0 156 | 0 164 | 0 173 | 0 181 | 0 190 | 0 199 | 0 207 |
| 46 | 0 105 | 0 131 | 0 140 | 0 149 | 0 158 | 0 166 | 0 175 | 0 184 | 0 193 | 0 201 | 0 210 |
| 48 | 0 107 | 0 133 | 0 142 | 0 151 | 0 160 | 0 169 | 0 178 | 0 186 | 0 195 | 0 204 | 0 213 |
| 1,50 | 0 108 | 0 135 | 0 144 | 0 153 | 0 162 | 0 171 | 0 180 | 0 189 | 0 198 | 0 207 | 0 216 |
| 52 | 0 109 | 0 137 | 0 146 | 0 155 | 0 164 | 0 173 | 0 182 | 0 192 | 0 201 | 0 210 | 0 219 |
| 54 | 0 111 | 0 139 | 0 148 | 0 157 | 0 166 | 0 176 | 0 185 | 0 194 | 0 203 | 0 213 | 0 222 |
| 56 | 0 112 | 0 140 | 0 150 | 0 159 | 0 168 | 0 178 | 0 187 | 0 197 | 0 206 | 0 215 | 0 225 |
| 58 | 0 114 | 0 142 | 0 152 | 0 161 | 0 171 | 0 180 | 0 190 | 0 199 | 0 209 | 0 218 | 0 228 |
| 1,60 | 0 115 | 0 144 | 0 154 | 0 163 | 0 173 | 0 182 | 0 192 | 0 202 | 0 211 | 0 221 | 0 230 |
| 62 | 0 117 | 0 146 | 0 156 | 0 165 | 0 175 | 0 185 | 0 194 | 0 204 | 0 214 | 0 224 | 0,233 |
| 64 | 0 118 | 0 148 | 0 157 | 0 167 | 0 177 | 0 187 | 0 197 | 0 207 | 0 216 | 0 226 | 0 236 |
| 66 | 0 120 | 0 149 | 0 159 | 0 169 | 0 179 | 0 189 | 0 199 | 0 209 | 0 219 | 0 229 | 0 239 |
| 68 | 0 121 | 0 151 | 0 161 | 0 171 | 0 181 | 0 192 | 0 202 | 0 212 | 0 222 | 0 232 | 0 242 |

## Table 31

| Longueur | 0,50 | 0,52 | 0,54 | 0,56 | 0,58 | 0,60 | 0,62 | 0,64 | 0,66 | 0,68 |
|---|---|---|---|---|---|---|---|---|---|---|
| 0,50 | 0 075 | | | | | | | | | |
| 52 | 0 078 | 0 081 | | | | | | | | |
| 54 | 0 081 | 0 084 | 0 087 | | | | | | | |
| 56 | 0 084 | 0 087 | 0 091 | 0 094 | | | | | | |
| 58 | 0 087 | 0 090 | 0 094 | 0 097 | 0 101 | | | | | |
| 0,60 | 0 090 | 0 094 | 0 097 | 0 101 | 0 104 | 0 108 | | | | |
| 62 | 0 093 | 0 097 | 0 100 | 0 104 | 0 108 | 0 112 | 0 115 | | | |
| 64 | 0 096 | 0 100 | 0 104 | 0 108 | 0 111 | 0 115 | 0 119 | 0 123 | | |
| 66 | 0 099 | 0 103 | 0 107 | 0 111 | 0 115 | 0 119 | 0 123 | 0 127 | 0 131 | |
| 68 | 0 102 | 0 106 | 0 110 | 0 114 | 0 118 | 0 122 | 0 126 | 0 131 | 0 135 | 0 139 |
| 0,70 | 0 105 | 0 109 | 0 113 | 0 118 | 0 122 | 0 126 | 0 130 | 0 134 | 0 139 | 0 143 |
| 72 | 0 108 | 0 112 | 0 117 | 0 121 | 0 125 | 0 130 | 0 134 | 0 138 | 0 143 | 0 147 |
| 74 | 0 111 | 0 115 | 0 120 | 0 124 | 0 129 | 0 133 | 0 138 | 0 142 | 0 147 | 0 151 |
| 76 | 0 114 | 0 119 | 0 123 | 0 128 | 0 132 | 0 137 | 0 141 | 0 146 | 0 150 | 0 155 |
| 78 | 0 117 | 0 122 | 0 126 | 0 131 | 0 136 | 0 140 | 0 145 | 0 150 | 0 154 | 0 159 |
| 0,80 | 0 120 | 0 125 | 0 130 | 0 134 | 0 139 | 0 144 | 0 149 | 0 154 | 0 158 | 0 163 |
| 82 | 0 123 | 0 128 | 0 133 | 0 138 | 0 143 | 0 148 | 0 153 | 0 157 | 0 162 | 0 167 |
| 84 | 0 126 | 0 131 | 0 136 | 0 141 | 0 146 | 0 151 | 0 156 | 0 161 | 0 166 | 0 171 |
| 86 | 0 129 | 0 134 | 0 139 | 0 144 | 0 150 | 0 155 | 0 160 | 0 165 | 0 170 | 0 175 |
| 88 | 0 132 | 0 137 | 0 143 | 0 148 | 0 153 | 0 158 | 0 164 | 0 169 | 0 174 | 0 180 |
| 0,90 | 0 135 | 0 140 | 0 146 | 0 151 | 0 157 | 0 162 | 0 167 | 0 173 | 0 178 | 0 184 |
| 92 | 0 138 | 0 144 | 0 149 | 0 155 | 0 160 | 0 166 | 0 171 | 0 177 | 0 182 | 0 188 |
| 94 | 0 141 | 0 147 | 0 152 | 0 158 | 0 164 | 0 169 | 0 175 | 0 180 | 0 186 | 0 192 |
| 96 | 0 144 | 0 150 | 0 156 | 0 161 | 0 167 | 0 173 | 0 179 | 0 184 | 0 190 | 0 196 |
| 98 | 0 147 | 0 153 | 0 159 | 0 165 | 0 171 | 0 176 | 0 182 | 0 188 | 0 194 | 0 200 |
| 1,— | 0 150 | 0 156 | 0 162 | 0 168 | 0 174 | 0 180 | 0 186 | 0 192 | 0 198 | 0 204 |
| 02 | 0 153 | 0 159 | 0 165 | 0 171 | 0 177 | 0 184 | 0 190 | 0 196 | 0 202 | 0 208 |
| 04 | 0 156 | 0 162 | 0 168 | 0 175 | 0 181 | 0 187 | 0 193 | 0 200 | 0 206 | 0 212 |
| 06 | 0 159 | 0 165 | 0 172 | 0 178 | 0 184 | 0 191 | 0 197 | 0 204 | 0 210 | 0 216 |
| 08 | 0 162 | 0 168 | 0 175 | 0 181 | 0 188 | 0 194 | 0 201 | 0 207 | 0 214 | 0 220 |
| 1,10 | 0 165 | 0 172 | 0 178 | 0 185 | 0 191 | 0 198 | 0 205 | 0 211 | 0 218 | 0 224 |
| 12 | 0 168 | 0 175 | 0 181 | 0 188 | 0 195 | 0 202 | 0 208 | 0 215 | 0 222 | 0 228 |
| 14 | 0 171 | 0 178 | 0 185 | 0 192 | 0 198 | 0 205 | 0 212 | 0 219 | 0 226 | 0 233 |
| 16 | 0 174 | 0 181 | 0 188 | 0 195 | 0 202 | 0 209 | 0 216 | 0 223 | 0 230 | 0 237 |
| 18 | 0 177 | 0 184 | 0 191 | 0 198 | 0 205 | 0 212 | 0 219 | 0 227 | 0 234 | 0 241 |
| 1,20 | 0 180 | 0 187 | 0 194 | 0 202 | 0 209 | 0 216 | 0 223 | 0 230 | 0 238 | 0 245 |
| 22 | 0 183 | 0 190 | 0 198 | 0 205 | 0 212 | 0 220 | 0 227 | 0 234 | 0 242 | 0 249 |
| 24 | 0 186 | 0 193 | 0 201 | 0 208 | 0 216 | 0 223 | 0 231 | 0 238 | 0 246 | 0 253 |
| 26 | 0 189 | 0 197 | 0 204 | 0 212 | 0 219 | 0 227 | 0 234 | 0 242 | 0 249 | 0 257 |
| 28 | 0 192 | 0 200 | 0 207 | 0 215 | 0 223 | 0 230 | 0 238 | 0 246 | 0 253 | 0 261 |
| 1,30 | 0 195 | 0 203 | 0 211 | 0 218 | 0 226 | 0 234 | 0 242 | 0 250 | 0 257 | 0 265 |
| 32 | 0 198 | 0 206 | 0 214 | 0 222 | 0 230 | 0 238 | 0 246 | 0 253 | 0 261 | 0 269 |
| 34 | 0 201 | 0 209 | 0 217 | 0 225 | 0 233 | 0 241 | 0 249 | 0 257 | 0 265 | 0 273 |
| 36 | 0 204 | 0 212 | 0 220 | 0 228 | 0 237 | 0 245 | 0 253 | 0 261 | 0 269 | 0 277 |
| 38 | 0 207 | 0 215 | 0 224 | 0 232 | 0 240 | 0 248 | 0 257 | 0 265 | 0 273 | 0 282 |
| 1,40 | 0 210 | 0 218 | 0 227 | 0 235 | 0 244 | 0 252 | 0 260 | 0 269 | 0 277 | 0 286 |
| 42 | 0 213 | 0 222 | 0 230 | 0 239 | 0 247 | 0 256 | 0 264 | 0 273 | 0 281 | 0 290 |
| 44 | 0 216 | 0 225 | 0 233 | 0 242 | 0 251 | 0 259 | 0 268 | 0 276 | 0 285 | 0 294 |
| 46 | 0 219 | 0 228 | 0 237 | 0 245 | 0 254 | 0 263 | 0 272 | 0 280 | 0 289 | 0 298 |
| 48 | 0 222 | 0 231 | 0 240 | 0 249 | 0 258 | 0 266 | 0 275 | 0 284 | 0 293 | 0 302 |
| 1,50 | 0 225 | 0 234 | 0 243 | 0 252 | 0 261 | 0 270 | 0 279 | 0 288 | 0 297 | 0 306 |
| 52 | 0 228 | 0 237 | 0 246 | 0 255 | 0 264 | 0 274 | 0 283 | 0 292 | 0 301 | 0 310 |
| 54 | 0 231 | 0 240 | 0 249 | 0 259 | 0 268 | 0 277 | 0 286 | 0 296 | 0 305 | 0 314 |
| 56 | 0 234 | 0 243 | 0 253 | 0 262 | 0 271 | 0 281 | 0 290 | 0 300 | 0 309 | 0 318 |
| 58 | 0 237 | 0 246 | 0 256 | 0 265 | 0 275 | 0 284 | 0 294 | 0 303 | 0 313 | 0 322 |
| 1,60 | 0 240 | 0 250 | 0 259 | 0 269 | 0 278 | 0 288 | 0 298 | 0 307 | 0 317 | 0 326 |
| 62 | 0 243 | 0 253 | 0 262 | 0 272 | 0 282 | 0 292 | 0 301 | 0 311 | 0 321 | 0 330 |
| 64 | 0 246 | 0 256 | 0 266 | 0 276 | 0 285 | 0 295 | 0 305 | 0 315 | 0 325 | 0 335 |
| 66 | 0 249 | 0 259 | 0 269 | 0 279 | 0 289 | 0 299 | 0 309 | 0 319 | 0 329 | 0 339 |
| 68 | 0 252 | 0 262 | 0 272 | 0 282 | 0 292 | 0 302 | 0 312 | 0 323 | 0 333 | 0 343 |

**32**

| LONGUEUR | 0,70 | 0,72 | 0,74 | 0,76 | 0,78 | 0,80 | 0,82 | 0,84 | 0,86 | 0 88 |
|---|---|---|---|---|---|---|---|---|---|---|
| 0,70 | 0 147 | | | | | | | | | |
| 72 | 0 151 | 0 156 | | | | | | | | |
| 74 | 0 155 | 0 160 | 0 164 | | | | | | | |
| 76 | 0 160 | 0 164 | 0 169 | 0 173 | | | | | | |
| 78 | 0 164 | 0 168 | 0 173 | 0 178 | 0 183 | | | | | |
| 0,80 | 0 168 | 0 173 | 0 178 | 0 182 | 0 187 | 0 192 | | | | |
| 82 | 0 172 | 0 177 | 0 182 | 0 187 | 0 192 | 0 197 | 0 202 | | | |
| 84 | 0 176 | 0 181 | 0 186 | 0 192 | 0 197 | 0 202 | 0 207 | 0 212 | | |
| 86 | 0 181 | 0 186 | 0 191 | 0 196 | 0 201 | 0 206 | 0 212 | 0 217 | 0 222 | |
| 88 | 0 185 | 0 190 | 0 195 | 0 201 | 0 206 | 0 211 | 0 216 | 0 222 | 0 227 | 0 232 |
| 0,90 | 0 189 | 0 194 | 0 200 | 0 205 | 0 211 | 0 216 | 0 221 | 0 227 | 0 232 | 0 238 |
| 92 | 0 193 | 0 199 | 0 204 | 0 210 | 0 215 | 0 221 | 0 226 | 0 232 | 0 237 | 0 243 |
| 94 | 0 197 | 0 203 | 0 209 | 0 214 | 0 220 | 0 226 | 0 231 | 0 237 | 0 243 | 0 248 |
| 96 | 0 202 | 0 207 | 0 213 | 0 219 | 0 225 | 0 230 | 0 236 | 0 242 | 0 248 | 0 253 |
| 98 | 0 206 | 0 212 | 0 218 | 0 223 | 0 229 | 0 235 | 0 241 | 0 247 | 0 253 | 0 259 |
| 1,— | 0 210 | 0 216 | 0 222 | 0 228 | 0 234 | 0 240 | 0 246 | 0 252 | 0 258 | 0 264 |
| 02 | 0 214 | 0 220 | 0 226 | 0 233 | 0 239 | 0 245 | 0 251 | 0 257 | 0 263 | 0 269 |
| 04 | 0 218 | 0 225 | 0 231 | 0 237 | 0 243 | 0 250 | 0 256 | 0 262 | 0 268 | 0 275 |
| 06 | 0 223 | 0 229 | 0 235 | 0 242 | 0 248 | 0 254 | 0 261 | 0 267 | 0 273 | 0 280 |
| 08 | 0 227 | 0 233 | 0 240 | 0 246 | 0 253 | 0 259 | 0 266 | 0 272 | 0 279 | 0 285 |
| 1,10 | 0 231 | 0 238 | 0 244 | 0 251 | 0 257 | 0 264 | 0 271 | 0 277 | 0 284 | 0 290 |
| 12 | 0 235 | 0 242 | 0 249 | 0 255 | 0 262 | 0 269 | 0 276 | 0 282 | 0 289 | 0 296 |
| 14 | 0 239 | 0 246 | 0 253 | 0 260 | 0 267 | 0 274 | 0 280 | 0 287 | 0 294 | 0 301 |
| 16 | 0 244 | 0 251 | 0 258 | 0 264 | 0 271 | 0 278 | 0 285 | 0 292 | 0 299 | 0 306 |
| 18 | 0 248 | 0 255 | 0 262 | 0 269 | 0 276 | 0 283 | 0 290 | 0 297 | 0 304 | 0 312 |
| 1,20 | 0 252 | 0 259 | 0 266 | 0 274 | 0 281 | 0 288 | 0 295 | 0 302 | 0 310 | 0 317 |
| 22 | 0 256 | 0 264 | 0 271 | 0 278 | 0 285 | 0 293 | 0 300 | 0 307 | 0 315 | 0 322 |
| 24 | 0 260 | 0 268 | 0 275 | 0 283 | 0 290 | 0 298 | 0 305 | 0 312 | 0 320 | 0 327 |
| 26 | 0 265 | 0 272 | 0 280 | 0 287 | 0 295 | 0 302 | 0 310 | 0 318 | 0 325 | 0 333 |
| 28 | 0 269 | 0 276 | 0 284 | 0 292 | 0 300 | 0 307 | 0 315 | 0 323 | 0 330 | 0 338 |
| 1,30 | 0 273 | 0 281 | 0 289 | 0 296 | 0 304 | 0 312 | 0 320 | 0 328 | 0 335 | 0 343 |
| 32 | 0 277 | 0 285 | 0 293 | 0 301 | 0 309 | 0 317 | 0 325 | 0 333 | 0 341 | 0 348 |
| 34 | 0 281 | 0 289 | 0 297 | 0 306 | 0 314 | 0 322 | 0 330 | 0 338 | 0 346 | 0 354 |
| 36 | 0 286 | 0 294 | 0 302 | 0 310 | 0 318 | 0 326 | 0 335 | 0 343 | 0 351 | 0 359 |
| 38 | 0 290 | 0 298 | 0 306 | 0 315 | 0 323 | 0 331 | 0 339 | 0 348 | 0 356 | 0 364 |
| 1,40 | 0 294 | 0 302 | 0 311 | 0 319 | 0 328 | 0 336 | 0 344 | 0 353 | 0 361 | 0 370 |
| 42 | 0 298 | 0 307 | 0 315 | 0 324 | 0 332 | 0 341 | 0 349 | 0 358 | 0 366 | 0 375 |
| 44 | 0 302 | 0 311 | 0 320 | 0 328 | 0 337 | 0 346 | 0 354 | 0 363 | 0 372 | 0 380 |
| 46 | 0 307 | 0 315 | 0 324 | 0 333 | 0 342 | 0 350 | 0 359 | 0 368 | 0 377 | 0 385 |
| 48 | 0 311 | 0 320 | 0 329 | 0 337 | 0 346 | 0 355 | 0 364 | 0 373 | 0 382 | 0 391 |
| 1,50 | 0 315 | 0 324 | 0 333 | 0 342 | 0 351 | 0 360 | 0 369 | 0 378 | 0 387 | 0 396 |
| 52 | 0 319 | 0 328 | 0 337 | 0 347 | 0 356 | 0 365 | 0 374 | 0 383 | 0 392 | 0 401 |
| 54 | 0 323 | 0 333 | 0 342 | 0 351 | 0 360 | 0 370 | 0 379 | 0 388 | 0 397 | 0 407 |
| 56 | 0 328 | 0 337 | 0 346 | 0 356 | 0 365 | 0 374 | 0 384 | 0 393 | 0 402 | 0 412 |
| 58 | 0 332 | 0 341 | 0 351 | 0 360 | 0 370 | 0 379 | 0 389 | 0 398 | 0 408 | 0 417 |
| 1,60 | 0 336 | 0 346 | 0 355 | 0 365 | 0 374 | 0 384 | 0 394 | 0 403 | 0 413 | 0 422 |
| 62 | 0 340 | 0 350 | 0 360 | 0 369 | 0 379 | 0 389 | 0 399 | 0 408 | 0 418 | 0 428 |
| 64 | 0 344 | 0 354 | 0 364 | 0 374 | 0 384 | 0 394 | 0 403 | 0 413 | 0 423 | 0 433 |
| 66 | 0 349 | 0 359 | 0 369 | 0 378 | 0 388 | 0 398 | 0 408 | 0 418 | 0 428 | 0 438 |
| 68 | 0 353 | 0 363 | 0 373 | 0 383 | 0 393 | 0 403 | 0 413 | 0 423 | 0 433 | 0 444 |
| 1,70 | 0 357 | 0 367 | 0 377 | 0 388 | 0 398 | 0 408 | 0 418 | 0 428 | 0 439 | 0 449 |
| 72 | 0 361 | 0 372 | 0 382 | 0 392 | 0 402 | 0 413 | 0 423 | 0 433 | 0 444 | 0 454 |
| 74 | 0 365 | 0 376 | 0 386 | 0 397 | 0 407 | 0 418 | 0 428 | 0 438 | 0 449 | 0 459 |
| 76 | 0 370 | 0 380 | 0 391 | 0 401 | 0 412 | 0 422 | 0 433 | 0 444 | 0 454 | 0 465 |
| 78 | 0 374 | 0 384 | 0 395 | 0 406 | 0 417 | 0 427 | 0 438 | 0 449 | 0 459 | 0 470 |
| 1 80 | 0 378 | 0 389 | 0 400 | 0 410 | 0 421 | 0 432 | 0 443 | 0 454 | 0 464 | 0 475 |
| 82 | 0 382 | 0 393 | 0 404 | 0 415 | 0 426 | 0 437 | 0 448 | 0 459 | 0 470 | 0 480 |
| 84 | 0 386 | 0 397 | 0 408 | 0 420 | 0 431 | 0 442 | 0 453 | 0 464 | 0 475 | 0 486 |
| 86 | 0 391 | 0 402 | 0 413 | 0 424 | 0 435 | 0 446 | 0 458 | 0 469 | 0 480 | 0 491 |
| 88 | 0 395 | 0 406 | 0 417 | 0 429 | 0 440 | 0 451 | 0 462 | 0 474 | 0 485 | 0 496 |
| 1.90 | 0 399 | 0 410 | 0 422 | 0 433 | 0 445 | 0 456 | 0 467 | 0 479 | 0 490 | 0 502 |
| 92 | 0 403 | 0 415 | 0 426 | 0 438 | 0 449 | 0 461 | 0 472 | 0 484 | 0 495 | 0 507 |
| 94 | 0 407 | 0 419 | 0 431 | 0 442 | 0 454 | 0 466 | 0 477 | 0 489 | 0 501 | 0 512 |
| 96 | 0 412 | 0 423 | 0 435 | 0 447 | 0 459 | 0 470 | 0 482 | 0 494 | 0 506 | 0 517 |
| 98 | 0 416 | 0 428 | 0 440 | 0 451 | 0 463 | 0 475 | 0 487 | 0 499 | 0 511 | 0 523 |
| 2,— | 0 420 | 0 432 | 0 444 | 0 456 | 0 468 | 0 480 | 0 492 | 0 504 | 0 516 | 0 528 |
| 02 | 0 424 | 0 436 | 0 448 | 0 461 | 0 473 | 0 485 | 0 497 | 0 509 | 0 521 | 0 533 |
| 04 | 0 428 | 0 441 | 0 453 | 0 465 | 0 477 | 0 490 | 0 502 | 0 514 | 0 526 | 0 539 |
| 06 | 0 433 | 0 445 | 0 457 | 0 470 | 0 482 | 0 494 | 0 507 | 0 519 | 0 531 | 0 544 |
| 08 | 0 437 | 0 449 | 0 462 | 0 474 | 0 487 | 0 499 | 0 512 | 0 524 | 0 537 | 0 549 |

**33**

| LONGUEUR | 0,90 | 0,92 | 0,94 | 0,96 | 0,98 | 1 00 | 1,02 | 1,04 | 1,06 | 1,08 |
|---|---|---|---|---|---|---|---|---|---|---|
| 0,90 | 0 243 | | | | | | | | | |
| 92 | 0 248 | 0 254 | | | | | | | | |
| 94 | 0 254 | 0 259 | 0 265 | | | | | | | |
| 96 | 0 259 | 0 265 | 0 271 | 0 276 | | | | | | |
| 98 | 0 265 | 0 270 | 0 276 | 0 282 | 0 288 | | | | | |
| 1,— | 0 270 | 0 276 | 0 282 | 0 288 | 0 294 | 0 300 | | | | |
| 02 | 0 275 | 0 282 | 0 288 | 0 294 | 0 300 | 0 306 | 0 312 | | | |
| 04 | 0 281 | 0 287 | 0 293 | 0 300 | 0 306 | 0 312 | 0 318 | 0 324 | | |
| 06 | 0 286 | 0 293 | 0 299 | 0 305 | 0 312 | 0 318 | 0 324 | 0 331 | 0 337 | |
| 08 | 0 292 | 0 298 | 0 305 | 0 311 | 0 318 | 0 324 | 0 330 | 0 337 | 0 343 | 0 350 |
| 1,10 | 0 297 | 0 304 | 0 310 | 0 317 | 0 323 | 0 330 | 0 337 | 0 343 | 0 350 | 0 356 |
| 12 | 0 302 | 0 309 | 0 316 | 0 323 | 0 329 | 0 336 | 0 343 | 0 349 | 0 356 | 0 363 |
| 14 | 0 308 | 0 315 | 0 321 | 0 328 | 0 335 | 0 342 | 0 349 | 0 356 | 0 363 | 0 369 |
| 16 | 0 313 | 0 320 | 0 327 | 0 334 | 0 341 | 0 348 | 0 355 | 0 362 | 0 369 | 0 376 |
| 18 | 0 319 | 0 326 | 0 333 | 0 340 | 0 347 | 0 354 | 0 361 | 0 368 | 0 375 | 0 382 |
| 1,20 | 0 324 | 0 331 | 0 338 | 0 346 | 0 353 | 0 360 | 0 367 | 0 374 | 0 382 | 0 389 |
| 22 | 0 329 | 0 337 | 0 344 | 0 351 | 0 359 | 0 366 | 0 373 | 0 381 | 0 388 | 0 395 |
| 24 | 0 335 | 0 342 | 0 350 | 0 357 | 0 365 | 0 372 | 0 379 | 0 387 | 0 394 | 0 402 |
| 26 | 0 340 | 0 348 | 0 355 | 0 363 | 0 370 | 0 378 | 0 386 | 0 393 | 0 401 | 0 408 |
| 28 | 0 346 | 0 353 | 0 361 | 0 369 | 0 376 | 0 384 | 0 392 | 0 399 | 0 407 | 0 415 |
| 1,30 | 0 351 | 0 359 | 0 367 | 0 374 | 0 382 | 0 390 | 0 398 | 0 406 | 0 413 | 0 421 |
| 32 | 0 356 | 0 364 | 0 372 | 0 380 | 0 388 | 0 396 | 0 404 | 0 412 | 0 420 | 0 428 |
| 34 | 0 362 | 0 370 | 0 378 | 0 386 | 0 394 | 0 402 | 0 410 | 0 418 | 0 426 | 0 434 |
| 36 | 0 367 | 0 375 | 0 384 | 0 392 | 0 400 | 0 408 | 0 416 | 0 424 | 0 432 | 0 441 |
| 38 | 0 373 | 0 381 | 0 389 | 0 397 | 0 406 | 0 414 | 0 422 | 0 431 | 0 439 | 0 447 |
| 1,40 | 0 378 | 0 386 | 0 395 | 0 403 | 0 412 | 0 420 | 0 428 | 0 437 | 0 445 | 0 454 |
| 42 | 0 383 | 0 392 | 0 400 | 0 409 | 0 417 | 0 426 | 0 435 | 0 443 | 0 452 | 0 460 |
| 44 | 0 389 | 0 397 | 0 406 | 0 415 | 0 423 | 0 432 | 0 441 | 0 449 | 0 458 | 0 466 |
| 46 | 0 394 | 0 403 | 0 412 | 0 420 | 0 429 | 0 438 | 0 447 | 0 456 | 0 464 | 0 473 |
| 48 | 0 400 | 0 408 | 0 417 | 0 426 | 0 435 | 0 444 | 0 453 | 0 462 | 0 471 | 0 480 |
| 1,50 | 0 405 | 0 414 | 0 423 | 0 432 | 0 441 | 0 450 | 0 459 | 0 468 | 0 477 | 0 486 |
| 52 | 0 410 | 0 420 | 0 429 | 0 438 | 0 447 | 0 456 | 0 465 | 0 474 | 0 483 | 0 492 |
| 54 | 0 416 | 0 425 | 0 434 | 0 444 | 0 453 | 0 462 | 0 471 | 0 480 | 0 490 | 0 499 |
| 56 | 0 421 | 0 431 | 0 440 | 0 449 | 0 459 | 0 468 | 0 477 | 0 487 | 0 496 | 0 505 |
| 58 | 0 427 | 0 436 | 0 446 | 0 455 | 0 465 | 0 474 | 0 483 | 0 493 | 0 502 | 0 512 |
| 1,60 | 0 432 | 0 442 | 0 451 | 0 461 | 0 470 | 0 480 | 0 490 | 0 499 | 0 509 | 0 518 |
| 62 | 0 437 | 0 447 | 0 457 | 0 467 | 0 476 | 0 486 | 0 496 | 0 505 | 0 515 | 0 525 |
| 64 | 0 443 | 0 453 | 0 462 | 0 472 | 0 482 | 0 492 | 0 502 | 0 512 | 0 522 | 0 531 |
| 66 | 0 448 | 0 458 | 0 468 | 0 478 | 0 488 | 0 498 | 0 508 | 0 518 | 0 528 | 0 538 |
| 68 | 0 454 | 0 464 | 0 474 | 0 484 | 0 494 | 0 504 | 0 514 | 0 524 | 0 534 | 0 544 |
| 1,70 | 0 459 | 0 469 | 0 479 | 0 490 | 0 500 | 0 510 | 0 520 | 0 530 | 0 541 | 0 551 |
| 72 | 0 464 | 0 475 | 0 485 | 0 495 | 0 506 | 0 516 | 0 526 | 0 537 | 0 547 | 0 557 |
| 74 | 0 470 | 0 480 | 0 491 | 0 501 | 0 512 | 0 522 | 0 532 | 0 543 | 0 553 | 0 564 |
| 76 | 0 475 | 0 486 | 0 496 | 0 507 | 0 517 | 0 528 | 0 539 | 0 549 | 0 560 | 0 570 |
| 78 | 0 481 | 0 491 | 0 502 | 0 513 | 0 523 | 0 534 | 0 545 | 0 555 | 0 566 | 0 577 |
| 1,80 | 0 486 | 0 497 | 0 508 | 0 518 | 0 529 | 0 540 | 0 551 | 0 562 | 0 572 | 0 583 |
| 82 | 0 491 | 0 502 | 0 513 | 0 524 | 0 535 | 0 546 | 0 557 | 0 568 | 0 579 | 0 590 |
| 84 | 0 497 | 0 508 | 0 519 | 0 530 | 0 541 | 0 552 | 0 563 | 0 574 | 0 585 | 0 596 |
| 86 | 0 502 | 0 513 | 0 525 | 0 536 | 0 547 | 0 558 | 0 569 | 0 580 | 0 591 | 0 603 |
| 88 | 0 508 | 0 519 | 0 530 | 0 541 | 0 553 | 0 564 | 0 575 | 0 587 | 0 598 | 0 609 |
| 1,90 | 0 513 | 0 524 | 0 536 | 0 547 | 0 559 | 0 570 | 0 581 | 0 593 | 0 604 | 0 616 |
| 92 | 0 518 | 0 530 | 0 541 | 0 553 | 0 564 | 0 576 | 0 588 | 0 599 | 0 611 | 0 622 |
| 94 | 0 524 | 0 535 | 0 547 | 0 559 | 0 570 | 0 582 | 0 594 | 0 605 | 0 617 | 0 629 |
| 96 | 0 529 | 0 541 | 0 553 | 0 564 | 0 576 | 0 588 | 0 600 | 0 612 | 0 623 | 0 635 |
| 98 | 0 535 | 0 546 | 0 558 | 0 570 | 0 582 | 0 594 | 0 606 | 0 618 | 0 630 | 0 642 |
| 2,— | 0 540 | 0 552 | 0 564 | 0 576 | 0 588 | 0 600 | 0 612 | 0 624 | 0 636 | 0 648 |
| 02 | 0 545 | 0 558 | 0 570 | 0 582 | 0 594 | 0 606 | 0 618 | 0 630 | 0 642 | 0 654 |
| 04 | 0 551 | 0 563 | 0 575 | 0 588 | 0 600 | 0 612 | 0 624 | 0 636 | 0 649 | 0 661 |
| 06 | 0 556 | 0 569 | 0 581 | 0 593 | 0 606 | 0 618 | 0 630 | 0 643 | 0 655 | 0 667 |
| 08 | 0 562 | 0 574 | 0 587 | 0 599 | 0 612 | 0 624 | 0 636 | 0 649 | 0 661 | 0 674 |

LARGEUR

| LONG. | FUTAILLES | 0,32 | 0,34 | 0,36 | 0,38 | 0,40 | 0,42 | 0,44 | 0,46 | 0,48 | 0,50 |
|---|---|---|---|---|---|---|---|---|---|---|---|
| 0,32 | 0 026 | 0 033 | | | | | | | | | |
| 34 | 0 028 | 0 035 | 0 037 | | | | | | | | |
| 36 | 0 029 | 0 037 | 0 039 | 0 041 | | | | | | | |
| 38 | 0 031 | 0 039 | 0 041 | 0 044 | 0 046 | | | | | | |
| 0,40 | 0 033 | 0 041 | 0 044 | 0 046 | 0 049 | 0 051 | | | | | |
| 42 | 0 034 | 0 043 | 0 046 | 0 048 | 0 051 | 0 054 | 0 056 | | | | |
| 44 | 0 036 | 0 045 | 0 048 | 0 051 | 0 054 | 0 056 | 0 059 | 0 062 | | | |
| 46 | 0 038 | 0 047 | 0 050 | 0 053 | 0 056 | 0 059 | 0 062 | 0 065 | 0 068 | | |
| 48 | 0 039 | 0 049 | 0 052 | 0 055 | 0 058 | 0 061 | 0 065 | 0 068 | 0 071 | 0 074 | |
| 0,50 | 0 041 | 0 051 | 0 054 | 0 058 | 0 061 | 0 064 | 0 067 | 0 070 | 0 074 | 0 077 | 0 080 |
| 52 | 0 043 | 0 053 | 0 057 | 0 060 | 0 063 | 0 067 | 0 070 | 0 073 | 0 077 | 0 080 | 0 083 |
| 54 | 0 044 | 0 055 | 0 059 | 0 062 | 0 066 | 0 069 | 0 073 | 0 076 | 0 079 | 0 083 | 0 086 |
| 56 | 0 046 | 0 057 | 0 061 | 0 065 | 0 068 | 0 072 | 0 075 | 0 079 | 0 082 | 0 086 | 0 090 |
| 58 | 0 048 | 0 059 | 0 063 | 0 067 | 0 071 | 0 074 | 0 078 | 0 082 | 0 085 | 0 089 | 0 093 |
| 0,60 | 0 049 | 0 061 | 0 065 | 0 069 | 0 073 | 0 077 | 0 081 | 0 084 | 0 088 | 0 092 | 0 096 |
| 62 | 0 051 | 0 063 | 0 067 | 0 071 | 0 075 | 0 079 | 0 083 | 0 087 | 0 091 | 0 095 | 0 099 |
| 64 | 0 052 | 0 066 | 0 070 | 0 074 | 0 078 | 0 082 | 0 086 | 0 090 | 0 094 | 0 098 | 0 102 |
| 66 | 0 054 | 0 068 | 0 072 | 0 076 | 0 080 | 0 084 | 0 089 | 0 093 | 0 097 | 0 101 | 0 106 |
| 68 | 0 056 | 0 070 | 0 074 | 0 078 | 0 083 | 0 087 | 0 091 | 0 096 | 0 100 | 0 104 | 0 109 |
| 0,70 | 0 057 | 0 072 | 0 076 | 0 081 | 0 085 | 0 090 | 0 094 | 0 099 | 0 103 | 0 108 | 0 112 |
| 72 | 0 059 | 0 074 | 0 078 | 0 083 | 0 088 | 0 092 | 0 097 | 0 101 | 0 106 | 0 111 | 0 115 |
| 74 | 0 061 | 0 076 | 0 081 | 0 085 | 0 090 | 0 095 | 0 099 | 0 104 | 0 109 | 0 114 | 0 118 |
| 76 | 0 062 | 0 078 | 0 083 | 0 088 | 0 092 | 0 097 | 0 102 | 0 107 | 0 112 | 0 117 | 0 122 |
| 78 | 0 064 | 0 080 | 0 085 | 0 090 | 0 095 | 0 100 | 0 105 | 0 110 | 0 115 | 0 120 | 0 125 |
| 0,80 | 0 066 | 0 082 | 0 087 | 0 092 | 0 097 | 0 102 | 0 108 | 0 113 | 0 118 | 0 123 | 0 128 |
| 82 | 0 067 | 0 084 | 0 089 | 0 094 | 0 100 | 0 105 | 0 110 | 0 115 | 0 121 | 0 126 | 0 131 |
| 84 | 0 069 | 0 086 | 0 091 | 0 097 | 0 102 | 0 108 | 0 113 | 0 118 | 0 124 | 0 129 | 0 134 |
| 86 | 0 070 | 0 088 | 0 094 | 0 099 | 0 105 | 0 110 | 0 116 | 0 121 | 0 127 | 0 132 | 0 138 |
| 88 | 0 072 | 0 090 | 0 096 | 0 101 | 0 107 | 0 113 | 0 118 | 0 124 | 0 130 | 0 135 | 0 141 |
| 0,90 | 0 074 | 0 092 | 0 098 | 0 104 | 0 109 | 0 115 | 0 121 | 0 127 | 0 132 | 0 138 | 0 144 |
| 92 | 0 075 | 0 094 | 0 100 | 0 106 | 0 112 | 0 118 | 0 124 | 0 130 | 0 135 | 0 141 | 0 147 |
| 94 | 0 077 | 0 096 | 0 102 | 0 108 | 0 114 | 0 120 | 0 126 | 0 132 | 0 138 | 0 144 | 0 150 |
| 96 | 0 079 | 0 098 | 0 104 | 0 111 | 0 117 | 0 123 | 0 129 | 0 135 | 0 141 | 0 147 | 0 154 |
| 98 | 0 080 | 0 100 | 0 107 | 0 113 | 0 119 | 0 125 | 0 132 | 0 138 | 0 144 | 0 151 | 0 157 |
| 1,— | 0 082 | 0 102 | 0 109 | 0 115 | 0 122 | 0 128 | 0 134 | 0 141 | 0 147 | 0 154 | 0 160 |
| 02 | 0 084 | 0 104 | 0 111 | 0 118 | 0 124 | 0 131 | 0 137 | 0 144 | 0 150 | 0 157 | 0 163 |
| 04 | 0 085 | 0 106 | 0 113 | 0 120 | 0 126 | 0 133 | 0 140 | 0 146 | 0 153 | 0 160 | 0 166 |
| 06 | 0 087 | 0 109 | 0 115 | 0 122 | 0 129 | 0 136 | 0 142 | 0 149 | 0 156 | 0 163 | 0 170 |
| 08 | 0 088 | 0 111 | 0 118 | 0 124 | 0 131 | 0 138 | 0 145 | 0 152 | 0 159 | 0 166 | 0 173 |
| 1,10 | 0 090 | 0 113 | 0 120 | 0 127 | 0 134 | 0 141 | 0 148 | 0 155 | 0 162 | 0 169 | 0 176 |
| 12 | 0 092 | 0 115 | 0 122 | 0 129 | 0 136 | 0 143 | 0 151 | 0 158 | 0 165 | 0 172 | 0 179 |
| 14 | 0 093 | 0 117 | 0 124 | 0 131 | 0 139 | 0 146 | 0 153 | 0 161 | 0 168 | 0 175 | 0 182 |
| 16 | 0 095 | 0 119 | 0 126 | 0 134 | 0 141 | 0 148 | 0 156 | 0 164 | 0 171 | 0 178 | 0 186 |
| 18 | 0 097 | 0 121 | 0 128 | 0 136 | 0 143 | 0 151 | 0 159 | 0 167 | 0 174 | 0 181 | 0 189 |
| 1,20 | 0 098 | 0 123 | 0 131 | 0 138 | 0 146 | 0 154 | 0 161 | 0 169 | 0 177 | 0 184 | 0 192 |
| 22 | 0 100 | 0 125 | 0 133 | 0 141 | 0 148 | 0 156 | 0 164 | 0 172 | 0 180 | 0 187 | 0 195 |
| 24 | 0 102 | 0 127 | 0 135 | 0 143 | 0 151 | 0 159 | 0 167 | 0 175 | 0 183 | 0 190 | 0 198 |
| 26 | 0 103 | 0 129 | 0 137 | 0 145 | 0 153 | 0 161 | 0 169 | 0 177 | 0 185 | 0 194 | 0 202 |
| 28 | 0 105 | 0 131 | 0 139 | 0 147 | 0 156 | 0 164 | 0 172 | 0 180 | 0 188 | 0 197 | 0 205 |
| 1,30 | 0 106 | 0 133 | 0 141 | 0 150 | 0 158 | 0 166 | 0 175 | 0 183 | 0 191 | 0 200 | 0 208 |
| 32 | 0 108 | 0 135 | 0 144 | 0 152 | 0 161 | 0 169 | 0 177 | 0 186 | 0 194 | 0 203 | 0 211 |
| 34 | 0 110 | 0 137 | 0 146 | 0 154 | 0 163 | 0 172 | 0 180 | 0 189 | 0 197 | 0 206 | 0 214 |
| 36 | 0 111 | 0 139 | 0 148 | 0 157 | 0 165 | 0 174 | 0 183 | 0 191 | 0 200 | 0 209 | 0 218 |
| 38 | 0 113 | 0 141 | 0 150 | 0 159 | 0 168 | 0 177 | 0 185 | 0 194 | 0 203 | 0 212 | 0 221 |
| 1,40 | 0 115 | 0 143 | 0 152 | 0 161 | 0 170 | 0 179 | 0 188 | 0 197 | 0 206 | 0 215 | 0 224 |
| 42 | 0 116 | 0 145 | 0 154 | 0 164 | 0 173 | 0 182 | 0 191 | 0 200 | 0 209 | 0 218 | 0 227 |
| 44 | 0 118 | 0 147 | 0 157 | 0 166 | 0 175 | 0 184 | 0 194 | 0 203 | 0 212 | 0 221 | 0 230 |
| 46 | 0 120 | 0 150 | 0 159 | 0 168 | 0 178 | 0 187 | 0 196 | 0 206 | 0 215 | 0 224 | 0 234 |
| 48 | 0 121 | 0 152 | 0 161 | 0 170 | 0 180 | 0 189 | 0 199 | 0 208 | 0 218 | 0 227 | 0 237 |
| 1,50 | 0 123 | 0 154 | 0 163 | 0 173 | 0 182 | 0 192 | 0 202 | 0 211 | 0 221 | 0 230 | 0 240 |
| 52 | 0 125 | 0 156 | 0 165 | 0 175 | 0 185 | 0 195 | 0 204 | 0 214 | 0 224 | 0 233 | 0 243 |
| 54 | 0 126 | 0 158 | 0 168 | 0 177 | 0 187 | 0 197 | 0 207 | 0 217 | 0 227 | 0 237 | 0 246 |
| 56 | 0 128 | 0 160 | 0 170 | 0 180 | 0 190 | 0 200 | 0 210 | 0 220 | 0 230 | 0 240 | 0 250 |
| 58 | 0 129 | 0 162 | 0 172 | 0 182 | 0 192 | 0 202 | 0 212 | 0 222 | 0 233 | 0 243 | 0 253 |
| 1,60 | 0 131 | 0 164 | 0 174 | 0 184 | 0 195 | 0 205 | 0 215 | 0 225 | 0 236 | 0 246 | 0 256 |
| 62 | 0 133 | 0 166 | 0 176 | 0 187 | 0 197 | 0 207 | 0 218 | 0 228 | 0 238 | 0 249 | 0 259 |
| 64 | 0 134 | 0 168 | 0 178 | 0 189 | 0 199 | 0 210 | 0 220 | 0 231 | 0 241 | 0 252 | 0 262 |
| 66 | 0 136 | 0 170 | 0 181 | 0 191 | 0 202 | 0 212 | 0 223 | 0 234 | 0 244 | 0 255 | 0 266 |
| 68 | 0 138 | 0 172 | 0 183 | 0 194 | 0 204 | 0 215 | 0 226 | 0 237 | 0 247 | 0 258 | 0 269 |
| 1,70 | 0 139 | 0 174 | 0 185 | 0 196 | 0 207 | 0 218 | 0 228 | 0 239 | 0 250 | 0 261 | 0 272 |

34



0,32—

LARGEUR

| LONGUEUR | 0,52 | 0,54 | 0,56 | 0,58 | 0,60 | 0,62 | 0,64 | 0,66 | 0,68 | 0,70 |
|---|---|---|---|---|---|---|---|---|---|---|
| 0,52 | 0 087 | | | | | | | | | |
| 54 | 0 090 | 0 093 | | | | | | | | |
| 56 | 0 093 | 0 097 | 0 100 | | | | | | | |
| 58 | 0 097 | 0 100 | 0 104 | 0 108 | | | | | | |
| 0,60 | 0 100 | 0 104 | 0 107 | 0 111 | 0 115 | | | | | |
| 62 | 0 103 | 0 107 | 0 111 | 0 115 | 0 119 | 0 123 | | | | |
| 64 | 0 106 | 0 111 | 0 115 | 0 119 | 0 123 | 0 127 | 0 131 | | | |
| 66 | 0 110 | 0 114 | 0 118 | 0 122 | 0 127 | 0 131 | 0 135 | 0 139 | | |
| 68 | 0 113 | 0 117 | 0 122 | 0 126 | 0 131 | 0 135 | 0 139 | 0 144 | 0 148 | |
| 0,70 | 0 116 | 0 121 | 0 125 | 0 130 | 0 134 | 0 139 | 0 143 | 0 148 | 0 152 | 0 157 |
| 72 | 0 120 | 0 124 | 0 129 | 0 134 | 0 138 | 0 143 | 0 147 | 0 152 | 0 157 | 0 161 |
| 74 | 0 123 | 0 128 | 0 133 | 0 137 | 0 142 | 0 147 | 0 152 | 0 156 | 0 161 | 0 166 |
| 76 | 0 126 | 0 131 | 0 136 | 0 141 | 0 146 | 0 151 | 0 156 | 0 161 | 0 165 | 0 170 |
| 78 | 0 130 | 0 135 | 0 140 | 0 145 | 0 150 | 0 155 | 0 160 | 0 165 | 0 170 | 0 175 |
| 0,80 | 0 133 | 0 138 | 0 143 | 0 148 | 0 154 | 0 159 | 0 164 | 0 169 | 0 174 | 0 179 |
| 82 | 0 136 | 0 142 | 0 147 | 0 152 | 0 157 | 0 163 | 0 168 | 0 173 | 0 178 | 0 184 |
| 84 | 0 140 | 0 145 | 0 151 | 0 156 | 0 161 | 0 167 | 0 172 | 0 177 | 0 183 | 0 188 |
| 86 | 0 143 | 0 149 | 0 154 | 0 160 | 0 165 | 0 171 | 0 176 | 0 182 | 0 187 | 0 193 |
| 88 | 0 146 | 0 152 | 0 158 | 0 163 | 0 169 | 0 175 | 0 180 | 0 186 | 0 192 | 0 197 |
| 0,90 | 0 150 | 0 156 | 0 161 | 0 167 | 0 173 | 0 179 | 0 184 | 0 190 | 0 196 | 0 202 |
| 92 | 0 153 | 0 159 | 0 165 | 0 171 | 0 177 | 0 183 | 0 188 | 0 194 | 0 200 | 0 206 |
| 94 | 0 156 | 0 162 | 0 168 | 0 174 | 0 180 | 0 186 | 0 193 | 0 199 | 0 205 | 0 211 |
| 96 | 0 160 | 0 166 | 0 172 | 0 178 | 0 184 | 0 190 | 0 197 | 0 203 | 0 209 | 0 215 |
| 98 | 0 163 | 0 169 | 0 176 | 0 182 | 0 188 | 0 194 | 0 201 | 0 207 | 0 213 | 0 220 |
| 1,— | 0 166 | 0 173 | 0 179 | 0 186 | 0 192 | 0 198 | 0 205 | 0 211 | 0 218 | 0 224 |
| 02 | 0 170 | 0 176 | 0 183 | 0 189 | 0 196 | 0 202 | 0 209 | 0 215 | 0 222 | 0 228 |
| 04 | 0 173 | 0 180 | 0 186 | 0 193 | 0 200 | 0 206 | 0 213 | 0 220 | 0 226 | 0 233 |
| 06 | 0 176 | 0 183 | 0 190 | 0 197 | 0 204 | 0 210 | 0 217 | 0 224 | 0 231 | 0 237 |
| 08 | 0 180 | 0 187 | 0 194 | 0 200 | 0 207 | 0 214 | 0 221 | 0 228 | 0 235 | 0 242 |
| 1,10 | 0 183 | 0 190 | 0 197 | 0 204 | 0 211 | 0 218 | 0 225 | 0 232 | 0 239 | 0 246 |
| 12 | 0 186 | 0 194 | 0 201 | 0 208 | 0 215 | 0 222 | 0 229 | 0 237 | 0 244 | 0 251 |
| 14 | 0 190 | 0 197 | 0 204 | 0 212 | 0 219 | 0 226 | 0 233 | 0 241 | 0 248 | 0 255 |
| 16 | 0 193 | 0 200 | 0 208 | 0 215 | 0 223 | 0 230 | 0 238 | 0 245 | 0 252 | 0 260 |
| 18 | 0 196 | 0 204 | 0 211 | 0 219 | 0 227 | 0 234 | 0 242 | 0 249 | 0 257 | 0 264 |
| 1,20 | 0 200 | 0 207 | 0 215 | 0 223 | 0 230 | 0 238 | 0 246 | 0 253 | 0 261 | 0 269 |
| 22 | 0 203 | 0 211 | 0 219 | 0 226 | 0 234 | 0 242 | 0 250 | 0 258 | 0 265 | 0 273 |
| 24 | 0 206 | 0 214 | 0 222 | 0 230 | 0 238 | 0 246 | 0 254 | 0 262 | 0 270 | 0 278 |
| 26 | 0 210 | 0 218 | 0 226 | 0 234 | 0 242 | 0 250 | 0 258 | 0 266 | 0 274 | 0 282 |
| 28 | 0 213 | 0 221 | 0 229 | 0 238 | 0 246 | 0 254 | 0 262 | 0 270 | 0 279 | 0 287 |
| 1,30 | 0 216 | 0 225 | 0 233 | 0 241 | 0 250 | 0 258 | 0 266 | 0 275 | 0 283 | 0 291 |
| 32 | 0 220 | 0 228 | 0 237 | 0 245 | 0 253 | 0 262 | 0 270 | 0 279 | 0 287 | 0 296 |
| 34 | 0 223 | 0 232 | 0 240 | 0 249 | 0 257 | 0 266 | 0 274 | 0 283 | 0 292 | 0 300 |
| 36 | 0 226 | 0 235 | 0 244 | 0 252 | 0 261 | 0 270 | 0 279 | 0 287 | 0 296 | 0 305 |
| 38 | 0 230 | 0 238 | 0 247 | 0 256 | 0 265 | 0 274 | 0 283 | 0 291 | 0 300 | 0 309 |
| 1,40 | 0 233 | 0 242 | 0 251 | 0 260 | 0 269 | 0 278 | 0 287 | 0 296 | 0 305 | 0 314 |
| 42 | 0 236 | 0 245 | 0 254 | 0 264 | 0 273 | 0 282 | 0 291 | 0 300 | 0 309 | 0 318 |
| 44 | 0 240 | 0 249 | 0 258 | 0 267 | 0 276 | 0 286 | 0 295 | 0 304 | 0 313 | 0 323 |
| 46 | 0 243 | 0 252 | 0 262 | 0 271 | 0 280 | 0 290 | 0 299 | 0 308 | 0 318 | 0 327 |
| 48 | 0 246 | 0 256 | 0 265 | 0 275 | 0 284 | 0 294 | 0 303 | 0 313 | 0 322 | 0 332 |
| 1,50 | 0 250 | 0 259 | 0 269 | 0 278 | 0 288 | 0 298 | 0 307 | 0 317 | 0 326 | 0 336 |
| 52 | 0 253 | 0 263 | 0 272 | 0 282 | 0 292 | 0 302 | 0 311 | 0 321 | 0 331 | 0 340 |
| 54 | 0 256 | 0 266 | 0 276 | 0 286 | 0 296 | 0 306 | 0 315 | 0 325 | 0 335 | 0 345 |
| 56 | 0 260 | 0 270 | 0 280 | 0 290 | 0 300 | 0 310 | 0 319 | 0 329 | 0 339 | 0 349 |
| 58 | 0 263 | 0 273 | 0 283 | 0 293 | 0 303 | 0 313 | 0 324 | 0 334 | 0 344 | 0 354 |
| 1,60 | 0 266 | 0 276 | 0 287 | 0 297 | 0 307 | 0 317 | 0 328 | 0 338 | 0 348 | 0 358 |
| 62 | 0 270 | 0 280 | 0 290 | 0 301 | 0 311 | 0 321 | 0 332 | 0 342 | 0 353 | 0 363 |
| 64 | 0 273 | 0 283 | 0 294 | 0 304 | 0 315 | 0 325 | 0 336 | 0 346 | 0 357 | 0 367 |
| 66 | 0 276 | 0 287 | 0 297 | 0 308 | 0 319 | 0 329 | 0 340 | 0 351 | 0 361 | 0 372 |
| 68 | 0 280 | 0 290 | 0 301 | 0 312 | 0 323 | 0 333 | 0 344 | 0 355 | 0 366 | 0 376 |
| 1,70 | 0 283 | 0 294 | 0 305 | 0 316 | 0 326 | 0 337 | 0 348 | 0 359 | 0 370 | 0 381 |

35    B

Epaisseur : **0**<sup>m</sup> **32** centimètres

| LONGUEUR | 0,72 | 0,74 | 0,76 | 0,78 | 0,80 | 0,82 | 0,84 | 0,86 | 0,88 | 0,90 |
|---|---|---|---|---|---|---|---|---|---|---|
| 0,72 | 0 166 | | | | | | | | | |
| 74 | 0 170 | 0 175 | | | | | | | | |
| 76 | 0 175 | 0 180 | 0 185 | | | | | | | |
| 78 | 0 180 | 0 185 | 0 190 | 0 195 | | | | | | |
| 0,80 | 0 184 | 0 189 | 0 195 | 0 200 | 0 205 | | | | | |
| 82 | 0 189 | 0 194 | 0 199 | 0 205 | 0 210 | 0 215 | | | | |
| 84 | 0 194 | 0 199 | 0 204 | 0 210 | 0 215 | 0 220 | 0 226 | | | |
| 86 | 0 198 | 0 204 | 0 209 | 0 215 | 0 220 | 0 226 | 0 231 | 0 237 | | |
| 88 | 0 203 | 0 208 | 0 214 | 0 220 | 0 225 | 0 231 | 0 237 | 0 242 | 0 248 | |
| 0,90 | 0 207 | 0 213 | 0 219 | 0 225 | 0 230 | 0 236 | 0 242 | 0 248 | 0 253 | 0 259 |
| 92 | 0 212 | 0 218 | 0 224 | 0 230 | 0 236 | 0 241 | 0 247 | 0 253 | 0 259 | 0 265 |
| 94 | 0 217 | 0 223 | 0 229 | 0 235 | 0 241 | 0 247 | 0 253 | 0 259 | 0 265 | 0 271 |
| 96 | 0 221 | 0 227 | 0 233 | 0 240 | 0 246 | 0 252 | 0 258 | 0 264 | 0 270 | 0 276 |
| 98 | 0 226 | 0 232 | 0 238 | 0 245 | 0 251 | 0 257 | 0 263 | 0 270 | 0 276 | 0 282 |
| 1,— | 0 230 | 0 237 | 0 243 | 0 250 | 0 256 | 0 262 | 0 269 | 0 275 | 0 282 | 0 288 |
| 02 | 0 235 | 0 242 | 0 248 | 0 255 | 0 261 | 0 268 | 0 274 | 0 281 | 0 287 | 0 294 |
| 04 | 0 240 | 0 246 | 0 253 | 0 260 | 0 266 | 0 273 | 0 280 | 0 286 | 0 293 | 0 300 |
| 06 | 0 244 | 0 251 | 0 258 | 0 265 | 0 271 | 0 278 | 0 285 | 0 292 | 0 298 | 0 305 |
| 08 | 0 249 | 0 256 | 0 263 | 0 270 | 0 276 | 0 283 | 0 290 | 0 297 | 0 304 | 0 311 |
| 1,10 | 0 253 | 0 260 | 0 268 | 0 275 | 0 282 | 0 289 | 0 296 | 0 303 | 0 310 | 0 317 |
| 12 | 0 258 | 0 265 | 0 272 | 0 280 | 0 287 | 0 294 | 0 301 | 0 308 | 0 315 | 0 323 |
| 14 | 0 263 | 0 270 | 0 277 | 0 285 | 0 292 | 0 299 | 0 306 | 0 314 | 0 321 | 0 328 |
| 16 | 0 267 | 0 275 | 0 282 | 0 290 | 0 297 | 0 304 | 0 312 | 0 319 | 0 327 | 0 334 |
| 18 | 0 272 | 0 279 | 0 287 | 0 295 | 0 302 | 0 310 | 0 317 | 0 325 | 0 332 | 0 340 |
| 1,20 | 0 276 | 0 284 | 0 292 | 0 300 | 0 307 | 0 315 | 0 323 | 0 330 | 0 338 | 0 346 |
| 22 | 0 281 | 0 289 | 0 297 | 0 305 | 0 312 | 0 320 | 0 328 | 0 336 | 0 344 | 0 351 |
| 24 | 0 286 | 0 294 | 0 302 | 0 310 | 0 317 | 0 325 | 0 333 | 0 341 | 0 349 | 0 357 |
| 26 | 0 290 | 0 298 | 0 306 | 0 314 | 0 323 | 0 331 | 0 339 | 0 347 | 0 355 | 0 363 |
| 28 | 0 295 | 0 303 | 0 311 | 0 319 | 0 328 | 0 336 | 0 344 | 0 352 | 0 360 | 0 369 |
| 1,30 | 0 300 | 0 308 | 0 316 | 0 324 | 0 333 | 0 341 | 0 349 | 0 358 | 0 366 | 0 374 |
| 32 | 0 304 | 0 313 | 0 321 | 0 329 | 0 338 | 0 346 | 0 355 | 0 363 | 0 372 | 0 380 |
| 34 | 0 309 | 0 317 | 0 326 | 0 334 | 0 343 | 0 352 | 0 360 | 0 369 | 0 377 | 0 386 |
| 36 | 0 313 | 0 322 | 0 331 | 0 339 | 0 348 | 0 357 | 0 366 | 0 374 | 0 383 | 0 392 |
| 38 | 0 318 | 0 327 | 0 336 | 0 344 | 0 353 | 0 362 | 0 371 | 0 380 | 0 389 | 0 397 |
| 1,40 | 0 323 | 0 332 | 0 340 | 0 349 | 0 358 | 0 367 | 0 376 | 0 385 | 0 394 | 0 403 |
| 42 | 0 327 | 0 336 | 0 345 | 0 354 | 0 364 | 0 373 | 0 382 | 0 391 | 0 400 | 0 409 |
| 44 | 0 332 | 0 341 | 0 350 | 0 359 | 0 369 | 0 378 | 0 387 | 0 396 | 0 406 | 0 415 |
| 46 | 0 336 | 0 346 | 0 355 | 0 364 | 0 374 | 0 383 | 0 392 | 0 402 | 0 411 | 0 420 |
| 48 | 0 341 | 0 350 | 0 360 | 0 369 | 0 379 | 0 388 | 0 398 | 0 407 | 0 417 | 0 426 |
| 1,50 | 0 346 | 0 355 | 0 365 | 0 374 | 0 384 | 0 394 | 0 403 | 0 413 | 0 422 | 0 432 |
| 52 | 0 350 | 0 360 | 0 370 | 0 379 | 0 389 | 0 399 | 0 409 | 0 418 | 0 428 | 0 438 |
| 54 | 0 355 | 0 365 | 0 375 | 0 384 | 0 394 | 0 404 | 0 414 | 0 424 | 0 434 | 0 444 |
| 56 | 0 359 | 0 369 | 0 379 | 0 389 | 0 399 | 0 409 | 0 419 | 0 429 | 0 439 | 0 449 |
| 58 | 0 364 | 0 374 | 0 384 | 0 394 | 0 404 | 0 415 | 0 425 | 0 435 | 0 445 | 0 455 |
| 1,60 | 0 369 | 0 379 | 0 389 | 0 399 | 0 410 | 0 420 | 0 430 | 0 440 | 0 451 | 0 461 |
| 62 | 0 373 | 0 384 | 0 394 | 0 404 | 0 415 | 0 425 | 0 435 | 0 446 | 0 456 | 0 467 |
| 64 | 0 378 | 0 388 | 0 399 | 0 409 | 0 420 | 0 430 | 0 441 | 0 451 | 0 462 | 0 472 |
| 66 | 0 382 | 0 393 | 0 404 | 0 414 | 0 425 | 0 436 | 0 446 | 0 457 | 0 467 | 0 478 |
| 68 | 0 387 | 0 398 | 0 409 | 0 419 | 0 430 | 0 441 | 0 452 | 0 462 | 0 473 | 0 484 |
| 1,70 | 0 392 | 0 403 | 0 413 | 0 424 | 0 435 | 0 446 | 0 457 | 0 468 | 0 479 | 0 490 |
| 72 | 0 396 | 0 407 | 0 418 | 0 429 | 0 440 | 0 451 | 0 462 | 0 473 | 0 484 | 0 495 |
| 74 | 0 401 | 0 412 | 0 423 | 0 434 | 0 445 | 0 457 | 0 468 | 0 479 | 0 490 | 0 501 |
| 76 | 0 406 | 0 417 | 0 428 | 0 439 | 0 451 | 0 462 | 0 473 | 0 484 | 0 496 | 0 507 |
| 78 | 0 410 | 0 421 | 0 433 | 0 444 | 0 456 | 0 467 | 0 478 | 0 490 | 0 501 | 0 513 |
| 1,80 | 0 415 | 0 426 | 0 438 | 0 449 | 0 461 | 0 472 | 0 484 | 0 495 | 0 507 | 0 518 |
| 82 | 0 419 | 0 431 | 0 443 | 0 454 | 0 466 | 0 478 | 0 489 | 0 501 | 0 513 | 0 524 |
| 84 | 0 424 | 0 436 | 0 447 | 0 459 | 0 471 | 0 483 | 0 495 | 0 506 | 0 518 | 0 530 |
| 86 | 0 429 | 0 440 | 0 452 | 0 464 | 0 476 | 0 488 | 0 500 | 0 512 | 0 524 | 0 536 |
| 88 | 0 433 | 0 445 | 0 457 | 0 469 | 0 481 | 0 493 | 0 505 | 0 517 | 0 529 | 0 541 |
| 1,90 | 0 438 | 0 450 | 0 462 | 0 474 | 0 486 | 0 499 | 0 511 | 0 523 | 0 535 | 0 547 |
| 92 | 0 442 | 0 455 | 0 467 | 0 479 | 0 492 | 0 504 | 0 516 | 0 528 | 0 541 | 0 553 |
| 94 | 0 447 | 0 459 | 0 472 | 0 484 | 0 497 | 0 509 | 0 521 | 0 534 | 0 546 | 0 559 |
| 96 | 0 452 | 0 464 | 0 477 | 0 489 | 0 502 | 0 514 | 0 527 | 0 539 | 0 552 | 0 564 |
| 98 | 0 456 | 0 469 | 0 482 | 0 494 | 0 507 | 0 520 | 0 532 | 0 545 | 0 558 | 0 570 |
| 2,— | 0 461 | 0 474 | 0 486 | 0 499 | 0 512 | 0 525 | 0 538 | 0 550 | 0 563 | 0 576 |
| 02 | 0 465 | 0 478 | 0 491 | 0 504 | 0 517 | 0 530 | 0 543 | 0 556 | 0 569 | 0 582 |
| 04 | 0 470 | 0 483 | 0 496 | 0 509 | 0 522 | 0 535 | 0 548 | 0 561 | 0 574 | 0 588 |
| 06 | 0 475 | 0 488 | 0 501 | 0 514 | 0 527 | 0 541 | 0 554 | 0 567 | 0 580 | 0 593 |
| 08 | 0 479 | 0 493 | 0 506 | 0 519 | 0 532 | 0 546 | 0 559 | 0 572 | 0 586 | 0 599 |
| 2,10 | 0 484 | 0 497 | 0 511 | 0 524 | 0 538 | 0 551 | 0 564 | 0 578 | 0 591 | 0 605 |



Epaisseur : **0**<sup>m</sup> **32** centimètres    **0,32**

| LONGUEUR | 0,92 | 0,94 | 0,96 | 0,98 | 1.00 | 1,02 | 1,04 | 1,06 | 1,08 | 1,10 |
|---|---|---|---|---|---|---|---|---|---|---|
| 0,92 | 0 271 | | | | | | | | | |
| 94 | 0 277 | 0 283 | | | | | | | | |
| 96 | 0 283 | 0 289 | 0 295 | | | | | | | |
| 98 | 0 289 | 0 295 | 0 301 | 0 307 | | | | | | |
| 1,— | 0 294 | 0 301 | 0 307 | 0 314 | 0 320 | | | | | |
| 02 | 0 300 | 0 307 | 0 313 | 0 320 | 0 326 | 0 333 | | | | |
| 04 | 0 306 | 0 313 | 0 319 | 0 326 | 0 333 | 0 339 | 0 346 | | | |
| 06 | 0 312 | 0 319 | 0 326 | 0 332 | 0 339 | 0 346 | 0 353 | 0 360 | | |
| 08 | 0 318 | 0 325 | 0 332 | 0 339 | 0 346 | 0 353 | 0 359 | 0 366 | 0 373 | |
| 1,10 | 0 324 | 0 331 | 0 338 | 0 345 | 0 352 | 0 359 | 0 366 | 0 373 | 0 380 | 0 387 |
| 12 | 0 330 | 0 337 | 0 344 | 0 351 | 0 358 | 0 366 | 0 373 | 0 380 | 0 387 | 0 394 |
| 14 | 0 336 | 0 343 | 0 350 | 0 358 | 0 365 | 0 372 | 0 379 | 0 387 | 0 394 | 0 401 |
| 16 | 0 342 | 0 349 | 0 356 | 0 364 | 0 371 | 0 379 | 0 386 | 0 393 | 0 401 | 0 408 |
| 18 | 0 347 | 0 355 | 0 362 | 0 370 | 0 378 | 0 385 | 0 393 | 0 400 | 0 408 | 0 415 |
| 1,20 | 0 353 | 0 361 | 0 369 | 0 376 | 0 384 | 0 392 | 0 399 | 0 407 | 0 415 | 0 422 |
| 22 | 0 359 | 0 367 | 0 375 | 0 383 | 0 390 | 0 398 | 0 406 | 0 414 | 0 422 | 0 429 |
| 24 | 0 365 | 0 373 | 0 381 | 0 389 | 0 397 | 0 405 | 0 413 | 0 421 | 0 429 | 0 436 |
| 26 | 0 371 | 0 379 | 0 387 | 0 395 | 0 403 | 0 411 | 0 419 | 0 427 | 0 435 | 0 444 |
| 28 | 0 377 | 0 385 | 0 393 | 0 401 | 0 410 | 0 418 | 0 426 | 0 434 | 0 442 | 0 451 |
| 1,30 | 0 383 | 0 391 | 0 399 | 0 408 | 0 416 | 0 424 | 0 433 | 0 441 | 0 449 | 0 458 |
| 32 | 0 389 | 0 397 | 0 406 | 0 414 | 0 422 | 0 431 | 0 439 | 0 448 | 0 456 | 0 465 |
| 34 | 0 394 | 0 403 | 0 412 | 0 420 | 0 429 | 0 437 | 0 446 | 0 455 | 0 463 | 0 472 |
| 36 | 0 400 | 0 409 | 0 418 | 0 426 | 0 435 | 0 444 | 0 453 | 0 461 | 0 470 | 0 479 |
| 38 | 0 406 | 0 415 | 0 424 | 0 433 | 0 442 | 0 450 | 0 459 | 0 468 | 0 477 | 0 486 |
| 1,40 | 0 412 | 0 421 | 0 430 | 0 439 | 0 448 | 0 457 | 0 466 | 0 475 | 0 484 | 0 493 |
| 42 | 0 418 | 0 427 | 0 436 | 0 445 | 0 454 | 0 463 | 0 473 | 0 482 | 0 491 | 0 500 |
| 44 | 0 424 | 0 433 | 0 442 | 0 452 | 0 461 | 0 470 | 0 479 | 0 488 | 0 498 | 0 507 |
| 46 | 0 430 | 0 439 | 0 449 | 0 458 | 0 467 | 0 477 | 0 486 | 0 495 | 0 505 | 0 514 |
| 48 | 0 436 | 0 445 | 0 455 | 0 464 | 0 474 | 0 483 | 0 493 | 0 502 | 0 511 | 0 521 |
| 1,50 | 0 442 | 0 451 | 0 461 | 0 470 | 0 480 | 0 490 | 0 499 | 0 509 | 0 518 | 0 528 |
| 52 | 0 447 | 0 457 | 0 467 | 0 477 | 0 486 | 0 496 | 0 506 | 0 516 | 0 525 | 0 535 |
| 54 | 0 453 | 0 463 | 0 473 | 0 483 | 0 493 | 0 503 | 0 513 | 0 522 | 0 532 | 0 542 |
| 56 | 0 459 | 0 469 | 0 479 | 0 489 | 0 499 | 0 509 | 0 519 | 0 529 | 0 539 | 0 549 |
| 58 | 0 465 | 0 475 | 0 485 | 0 495 | 0 506 | 0 516 | 0 526 | 0 536 | 0 546 | 0 556 |
| 1,60 | 0 471 | 0 481 | 0 492 | 0 502 | 0 512 | 0 522 | 0 532 | 0 543 | 0 553 | 0 563 |
| 62 | 0 477 | 0 487 | 0 498 | 0 508 | 0 518 | 0 529 | 0 539 | 0 550 | 0 560 | 0 570 |
| 64 | 0 483 | 0 493 | 0 504 | 0 514 | 0 525 | 0 535 | 0 546 | 0 556 | 0 567 | 0 577 |
| 66 | 0 489 | 0 499 | 0 510 | 0 521 | 0 531 | 0 542 | 0 552 | 0 563 | 0 574 | 0 584 |
| 68 | 0 495 | 0 505 | 0 516 | 0 527 | 0 538 | 0 548 | 0 559 | 0 570 | 0 581 | 0 591 |
| 1,70 | 0 500 | 0 511 | 0 522 | 0 533 | 0 544 | 0 555 | 0 566 | 0 577 | 0 588 | 0 598 |
| 72 | 0 506 | 0 517 | 0 528 | 0 539 | 0 550 | 0 561 | 0 572 | 0 583 | 0 594 | 0 605 |
| 74 | 0 512 | 0 523 | 0 535 | 0 546 | 0 557 | 0 568 | 0 579 | 0 590 | 0 601 | 0 612 |
| 76 | 0 518 | 0 529 | 0 541 | 0 552 | 0 563 | 0 574 | 0 586 | 0 597 | 0 608 | 0 620 |
| 78 | 0 524 | 0 535 | 0 547 | 0 558 | 0 570 | 0 581 | 0 592 | 0 604 | 0 615 | 0 627 |
| 1,80 | 0 530 | 0 541 | 0 553 | 0 564 | 0 576 | 0 588 | 0 599 | 0 611 | 0 622 | 0 634 |
| 82 | 0 536 | 0 547 | 0 559 | 0 571 | 0 582 | 0 594 | 0 606 | 0 617 | 0 629 | 0 641 |
| 84 | 0 542 | 0 553 | 0 565 | 0 577 | 0 589 | 0 601 | 0 612 | 0 624 | 0 636 | 0 648 |
| 86 | 0 548 | 0 559 | 0 571 | 0 583 | 0 595 | 0 607 | 0 619 | 0 631 | 0 643 | 0 655 |
| 88 | 0 553 | 0 566 | 0 578 | 0 590 | 0 602 | 0 614 | 0 626 | 0 638 | 0 650 | 0 662 |
| 1,90 | 0 559 | 0 572 | 0 584 | 0 596 | 0 608 | 0 620 | 0 632 | 0 644 | 0 657 | 0 669 |
| 92 | 0 565 | 0 578 | 0 590 | 0 602 | 0 614 | 0 627 | 0 639 | 0 651 | 0 664 | 0 676 |
| 94 | 0 571 | 0 584 | 0 596 | 0 608 | 0 621 | 0 633 | 0 646 | 0 658 | 0 670 | 0 683 |
| 96 | 0 577 | 0 590 | 0 602 | 0 615 | 0 627 | 0 640 | 0 652 | 0 665 | 0 677 | 0 690 |
| 98 | 0 583 | 0 596 | 0 608 | 0 621 | 0 634 | 0 646 | 0 659 | 0 672 | 0 684 | 0 697 |
| 2,— | 0 589 | 0 602 | 0 614 | 0 627 | 0 640 | 0 653 | 0 666 | 0 678 | 0 691 | 0 704 |
| 02 | 0 595 | 0 608 | 0 621 | 0 633 | 0 646 | 0 659 | 0 672 | 0 685 | 0 698 | 0 711 |
| 04 | 0 601 | 0 614 | 0 627 | 0 640 | 0 653 | 0 666 | 0 679 | 0 692 | 0 705 | 0 718 |
| 06 | 0 606 | 0 620 | 0 633 | 0 646 | 0 659 | 0 672 | 0 686 | 0 699 | 0 712 | 0 725 |
| 08 | 0 612 | 0 626 | 0 639 | 0 652 | 0 666 | 0 679 | 0 692 | 0 706 | 0 719 | 0 732 |
| 2,10 | 0 618 | 0 632 | 0 645 | 0 659 | 0 672 | 0 685 | 0 699 | 0 712 | 0 726 | 0 739 |

Epaisseur : **0ᵐ 34** centimètres

| LONGUEUR | FUTAILLES | 0,34 | 0,36 | 0,38 | 0,40 | 0,42 | 0,44 | 0,46 | 0,48 | 0,50 | 0,52 |
|---|---|---|---|---|---|---|---|---|---|---|---|
| 0,34 | 0 031 | 0 039 | | | | | | | | | |
| 36 | 0 033 | 0 042 | 0 044 | | | | | | | | |
| 38 | 0 035 | 0 044 | 0 047 | 0 049 | | | | | | | |
| 0,40 | 0 037 | 0 046 | 0 049 | 0 052 | 0 054 | | | | | | |
| 42 | 0 039 | 0 049 | 0 051 | 0 054 | 0 057 | 0 060 | | | | | |
| 44 | 0 041 | 0 051 | 0 054 | 0 057 | 0 060 | 0 063 | 0 066 | | | | |
| 46 | 0 043 | 0 053 | 0 056 | 0 059 | 0 063 | 0 066 | 0 069 | 0 072 | | | |
| 48 | 0 044 | 0 055 | 0 059 | 0 062 | 0 065 | 0 069 | 0 072 | 0 075 | 0 078 | | |
| 0,50 | 0 046 | 0 058 | 0 061 | 0 065 | 0 068 | 0 071 | 0 075 | 0 078 | 0 082 | 0 085 | |
| 52 | 0 048 | 0 060 | 0 064 | 0 067 | 0 071 | 0 074 | 0 078 | 0 081 | 0 085 | 0 088 | 0 092 |
| 54 | 0 050 | 0 062 | 0 066 | 0 070 | 0 073 | 0 077 | 0 081 | 0 084 | 0 088 | 0 092 | 0 095 |
| 56 | 0 052 | 0 065 | 0 069 | 0 072 | 0 076 | 0 080 | 0 084 | 0 087 | 0 091 | 0 095 | 0 099 |
| 58 | 0 054 | 0 067 | 0 071 | 0 075 | 0 079 | 0 083 | 0 087 | 0 091 | 0 095 | 0 099 | 0 103 |
| 0,60 | 0 055 | 0 069 | 0 073 | 0 078 | 0 082 | 0 086 | 0 090 | 0 094 | 0 098 | 0 102 | 0 106 |
| 62 | 0 057 | 0 072 | 0 076 | 0 080 | 0 084 | 0 089 | 0 093 | 0 097 | 0 101 | 0 105 | 0 110 |
| 64 | 0 059 | 0 074 | 0 078 | 0 083 | 0 087 | 0 091 | 0 096 | 0 100 | 0 104 | 0 109 | 0 113 |
| 66 | 0 061 | 0 076 | 0 081 | 0 085 | 0 090 | 0 094 | 0 099 | 0 103 | 0 108 | 0 112 | 0 117 |
| 68 | 0 063 | 0 079 | 0 083 | 0 088 | 0 092 | 0 097 | 0 102 | 0 106 | 0 111 | 0 116 | 0 120 |
| 0,70 | 0 065 | 0 081 | 0 086 | 0 090 | 0 095 | 0 100 | 0 105 | 0 109 | 0 114 | 0 119 | 0 124 |
| 72 | 0 067 | 0 083 | 0 088 | 0 093 | 0 098 | 0 103 | 0 108 | 0 113 | 0 118 | 0 122 | 0 127 |
| 74 | 0 068 | 0 086 | 0 091 | 0 096 | 0 101 | 0 106 | 0 111 | 0 116 | 0 121 | 0 126 | 0 131 |
| 76 | 0 070 | 0 088 | 0 093 | 0 098 | 0 103 | 0 109 | 0 114 | 0 119 | 0 124 | 0 129 | 0 134 |
| 78 | 0 072 | 0 090 | 0 095 | 0 101 | 0 106 | 0 111 | 0 117 | 0 122 | 0 127 | 0 133 | 0 138 |
| 0,80 | 0 074 | 0 092 | 0 098 | 0 103 | 0 109 | 0 114 | 0 120 | 0 125 | 0 131 | 0 136 | 0 141 |
| 82 | 0 076 | 0 095 | 0 100 | 0 106 | 0 112 | 0 117 | 0 123 | 0 128 | 0 134 | 0 139 | 0 145 |
| 84 | 0 078 | 0 097 | 0 103 | 0 109 | 0 114 | 0 120 | 0 126 | 0 131 | 0 137 | 0 143 | 0 149 |
| 86 | 0 080 | 0 099 | 0 105 | 0 111 | 0 117 | 0 123 | 0 129 | 0 135 | 0 140 | 0 146 | 0 152 |
| 88 | 0 081 | 0 102 | 0 108 | 0 114 | 0 120 | 0 126 | 0 132 | 0 138 | 0 144 | 0 150 | 0 156 |
| 0,90 | 0 083 | 0 104 | 0 110 | 0 116 | 0 122 | 0 129 | 0 135 | 0 141 | 0 147 | 0 153 | 0 159 |
| 92 | 0 085 | 0 106 | 0 113 | 0 119 | 0 125 | 0 131 | 0 138 | 0 144 | 0 150 | 0 156 | 0 163 |
| 94 | 0 087 | 0 109 | 0 115 | 0 121 | 0 128 | 0 134 | 0 141 | 0 147 | 0 153 | 0 160 | 0 166 |
| 96 | 0 089 | 0 111 | 0 118 | 0 124 | 0 131 | 0 137 | 0 144 | 0 150 | 0 157 | 0 163 | 0 170 |
| 98 | 0 091 | 0 113 | 0 120 | 0 127 | 0 133 | 0 140 | 0 147 | 0 153 | 0 160 | 0 167 | 0 173 |
| 1,— | 0 093 | 0 116 | 0 122 | 0 129 | 0 136 | 0 143 | 0 150 | 0 156 | 0 163 | 0 170 | 0 177 |
| 02 | 0 094 | 0 118 | 0 125 | 0 132 | 0 139 | 0 146 | 0 153 | 0 160 | 0 166 | 0 173 | 0 180 |
| 04 | 0 096 | 0 120 | 0 127 | 0 134 | 0 141 | 0 149 | 0 156 | 0 163 | 0 170 | 0 177 | 0 184 |
| 06 | 0 098 | 0 123 | 0 130 | 0 137 | 0 144 | 0 151 | 0 159 | 0 166 | 0 173 | 0 180 | 0 187 |
| 08 | 0 100 | 0 125 | 0 132 | 0 140 | 0 147 | 0 154 | 0 162 | 0 169 | 0 176 | 0 184 | 0 191 |
| 1,10 | 0 102 | 0 127 | 0 135 | 0 142 | 0 150 | 0 157 | 0 165 | 0 172 | 0 180 | 0 187 | 0 194 |
| 12 | 0 104 | 0 129 | 0 137 | 0 145 | 0 152 | 0 160 | 0 168 | 0 175 | 0 183 | 0 190 | 0 198 |
| 14 | 0 105 | 0 132 | 0 140 | 0 147 | 0 155 | 0 163 | 0 171 | 0 178 | 0 186 | 0 194 | 0 202 |
| 16 | 0 107 | 0 134 | 0 142 | 0 150 | 0 158 | 0 166 | 0 174 | 0 181 | 0 189 | 0 197 | 0 205 |
| 18 | 0 109 | 0 136 | 0 144 | 0 152 | 0 160 | 0 169 | 0 177 | 0 185 | 0 193 | 0 201 | 0 209 |
| 1,20 | 0 111 | 0 139 | 0 147 | 0 155 | 0 163 | 0 171 | 0 180 | 0 188 | 0 196 | 0 204 | 0 212 |
| 22 | 0 113 | 0 141 | 0 149 | 0 158 | 0 166 | 0 174 | 0 183 | 0 191 | 0 199 | 0 207 | 0 216 |
| 24 | 0 115 | 0 143 | 0 152 | 0 160 | 0 169 | 0 177 | 0 186 | 0 194 | 0 202 | 0 211 | 0 219 |
| 26 | 0 117 | 0 146 | 0 154 | 0 163 | 0 171 | 0 180 | 0 188 | 0 197 | 0 206 | 0 214 | 0 223 |
| 28 | 0 118 | 0 148 | 0 157 | 0 165 | 0 174 | 0 183 | 0 191 | 0 200 | 0 209 | 0 218 | 0 226 |
| 1,30 | 0 120 | 0 150 | 0 159 | 0 168 | 0 177 | 0 186 | 0 194 | 0 203 | 0 212 | 0 221 | 0 230 |
| 32 | 0 122 | 0 153 | 0 162 | 0 171 | 0 180 | 0 188 | 0 197 | 0 206 | 0 215 | 0 224 | 0 233 |
| 34 | 0 124 | 0 155 | 0 164 | 0 173 | 0 182 | 0 191 | 0 200 | 0 210 | 0 219 | 0 228 | 0 237 |
| 36 | 0 126 | 0 157 | 0 166 | 0 176 | 0 185 | 0 194 | 0 203 | 0 213 | 0 222 | 0 231 | 0 240 |
| 38 | 0 128 | 0 160 | 0 169 | 0 178 | 0 188 | 0 197 | 0 206 | 0 216 | 0 225 | 0 235 | 0 244 |
| 1,40 | 0 129 | 0 162 | 0 171 | 0 181 | 0 190 | 0 200 | 0 209 | 0 219 | 0 228 | 0 238 | 0 248 |
| 42 | 0 131 | 0 164 | 0 174 | 0 183 | 0 193 | 0 203 | 0 212 | 0 222 | 0 232 | 0 241 | 0 251 |
| 44 | 0 133 | 0 166 | 0 176 | 0 186 | 0 196 | 0 206 | 0 215 | 0 225 | 0 235 | 0 245 | 0 255 |
| 46 | 0 135 | 0 169 | 0 179 | 0 189 | 0 199 | 0 208 | 0 218 | 0 228 | 0 238 | 0 248 | 0 258 |
| 48 | 0 137 | 0 171 | 0 181 | 0 191 | 0 201 | 0 211 | 0 221 | 0 231 | 0 242 | 0 252 | 0 262 |
| 1,50 | 0 139 | 0 173 | 0 184 | 0 194 | 0 204 | 0 214 | 0 224 | 0 235 | 0 245 | 0 255 | 0 265 |
| 52 | 0 141 | 0 176 | 0 186 | 0 196 | 0 207 | 0 217 | 0 227 | 0 238 | 0 248 | 0 258 | 0 269 |
| 54 | 0 142 | 0 178 | 0 188 | 0 199 | 0 209 | 0 220 | 0 230 | 0 241 | 0 251 | 0 262 | 0 272 |
| 56 | 0 144 | 0 180 | 0 191 | 0 202 | 0 212 | 0 223 | 0 233 | 0 244 | 0 255 | 0 265 | 0 276 |
| 58 | 0 146 | 0 183 | 0 193 | 0 204 | 0 215 | 0 226 | 0 236 | 0 247 | 0 258 | 0 269 | 0 279 |
| 1,60 | 0 148 | 0 185 | 0 196 | 0 207 | 0 218 | 0 228 | 0 239 | 0 250 | 0 261 | 0 272 | 0 283 |
| 62 | 0 150 | 0 187 | 0 198 | 0 209 | 0 220 | 0 231 | 0 242 | 0 253 | 0 264 | 0 275 | 0 286 |
| 64 | 0 152 | 0 190 | 0 201 | 0 212 | 0 223 | 0 234 | 0 245 | 0 256 | 0 268 | 0 279 | 0 290 |
| 66 | 0 154 | 0 192 | 0 203 | 0 214 | 0 226 | 0 237 | 0 248 | 0 260 | 0 271 | 0 282 | 0 293 |
| 68 | 0 155 | 0 194 | 0 206 | 0 217 | 0 228 | 0 240 | 0 251 | 0 263 | 0 274 | 0 286 | 0 297 |
| 1,70 | 0 157 | 0 197 | 0 208 | 0 220 | 0 231 | 0 243 | 0 254 | 0 266 | 0 277 | 0 289 | 0 301 |
| 72 | 0 159 | 0 199 | 0 211 | 0 222 | 0 234 | 0 246 | 0 257 | 0 269 | 0 281 | 0 292 | 0 304 |

Epaisseur : **0ᵐ 34** centimètres

| LONGUEUR | 0,54 | 0,56 | 0,58 | 0,60 | 0,62 | 0,64 | 0,66 | 0,68 | 0,70 | 0,72 |
|---|---|---|---|---|---|---|---|---|---|---|
| 0,54 | 0 099 | | | | | | | | | |
| 56 | 0 103 | 0 107 | | | | | | | | |
| 58 | 0 106 | 0 110 | 0 114 | | | | | | | |
| 0,60 | 0 110 | 0 114 | 0 118 | 0 122 | | | | | | |
| 62 | 0 114 | 0 118 | 0 122 | 0 126 | 0 131 | | | | | |
| 64 | 0 118 | 0 122 | 0 126 | 0 131 | 0 135 | 0 139 | | | | |
| 66 | 0 121 | 0 126 | 0 130 | 0 135 | 0 139 | 0 144 | 0 148 | | | |
| 68 | 0 125 | 0 129 | 0 134 | 0 139 | 0 143 | 0 148 | 0 153 | 0 157 | | |
| 0,70 | 0 129 | 0 133 | 0 138 | 0 143 | 0 148 | 0 152 | 0 157 | 0 162 | 0 167 | |
| 72 | 0 132 | 0 137 | 0 142 | 0 147 | 0 152 | 0 157 | 0 162 | 0 166 | 0 171 | 0 176 |
| 74 | 0 136 | 0 141 | 0 146 | 0 151 | 0 156 | 0 161 | 0 166 | 0 171 | 0 176 | 0 181 |
| 76 | 0 140 | 0 145 | 0 150 | 0 155 | 0 160 | 0 165 | 0 171 | 0 176 | 0 181 | 0 186 |
| 78 | 0 143 | 0 149 | 0 154 | 0 159 | 0 164 | 0 170 | 0 175 | 0 180 | 0 186 | 0 191 |
| 0,80 | 0 147 | 0 152 | 0 158 | 0 163 | 0 169 | 0 174 | 0 180 | 0 185 | 0 190 | 0 196 |
| 82 | 0 151 | 0 156 | 0 162 | 0 167 | 0 173 | 0 178 | 0 184 | 0 190 | 0 195 | 0 201 |
| 84 | 0 154 | 0 160 | 0 166 | 0 171 | 0 177 | 0 183 | 0 188 | 0 194 | 0 200 | 0 206 |
| 86 | 0 158 | 0 164 | 0 170 | 0 175 | 0 181 | 0 187 | 0 193 | 0 199 | 0 205 | 0 211 |
| 88 | 0 162 | 0 168 | 0 174 | 0 180 | 0 186 | 0 191 | 0 197 | 0 203 | 0 209 | 0 215 |
| 0,90 | 0 165 | 0 171 | 0 177 | 0 184 | 0 190 | 0 196 | 0 202 | 0 208 | 0 214 | 0 220 |
| 92 | 0 169 | 0 175 | 0 181 | 0 188 | 0 194 | 0 200 | 0 206 | 0 213 | 0 219 | 0 225 |
| 94 | 0 173 | 0 179 | 0 185 | 0 192 | 0 198 | 0 205 | 0 211 | 0 217 | 0 224 | 0 230 |
| 96 | 0 176 | 0 183 | 0 189 | 0 196 | 0 202 | 0 209 | 0 215 | 0 222 | 0 228 | 0 235 |
| 98 | 0 180 | 0 187 | 0 193 | 0 200 | 0 207 | 0 213 | 0 220 | 0 227 | 0 233 | 0 240 |
| 1,— | 0 184 | 0 190 | 0 197 | 0 204 | 0 211 | 0 218 | 0 224 | 0 231 | 0 238 | 0 245 |
| 02 | 0 187 | 0 194 | 0 201 | 0 208 | 0 215 | 0 222 | 0 229 | 0 236 | 0 243 | 0 250 |
| 04 | 0 191 | 0 198 | 0 205 | 0 212 | 0 219 | 0 226 | 0 233 | 0 240 | 0 248 | 0 255 |
| 06 | 0 195 | 0 202 | 0 209 | 0 216 | 0 223 | 0 231 | 0 238 | 0 245 | 0 252 | 0 259 |
| 08 | 0 198 | 0 206 | 0 213 | 0 220 | 0 228 | 0 235 | 0 242 | 0 250 | 0 257 | 0 264 |
| 1,10 | 0 202 | 0 209 | 0 217 | 0 224 | 0 232 | 0 239 | 0 247 | 0 254 | 0 262 | 0 269 |
| 12 | 0 206 | 0 213 | 0 221 | 0 228 | 0 236 | 0 244 | 0 251 | 0 259 | 0 267 | 0 274 |
| 14 | 0 209 | 0 217 | 0 225 | 0 233 | 0 240 | 0 248 | 0 256 | 0 264 | 0 271 | 0 279 |
| 16 | 0 213 | 0 221 | 0 229 | 0 237 | 0 245 | 0 252 | 0 260 | 0 268 | 0 276 | 0 284 |
| 18 | 0 217 | 0 225 | 0 233 | 0 241 | 0 249 | 0 257 | 0 265 | 0 273 | 0 281 | 0 289 |
| 1,20 | 0 220 | 0 228 | 0 237 | 0 245 | 0 253 | 0 261 | 0 269 | 0 277 | 0 286 | 0 294 |
| 22 | 0 224 | 0 232 | 0 241 | 0 249 | 0 257 | 0 265 | 0 274 | 0 282 | 0 290 | 0 299 |
| 24 | 0 228 | 0 236 | 0 245 | 0 253 | 0 261 | 0 270 | 0 278 | 0 287 | 0 295 | 0 304 |
| 26 | 0 231 | 0 240 | 0 248 | 0 257 | 0 266 | 0 274 | 0 283 | 0 291 | 0 300 | 0 308 |
| 28 | 0 235 | 0 244 | 0 252 | 0 261 | 0 270 | 0 279 | 0 287 | 0 296 | 0 305 | 0 313 |
| 1,30 | 0 239 | 0 248 | 0 256 | 0 265 | 0 274 | 0 283 | 0 292 | 0 301 | 0 309 | 0 318 |
| 32 | 0 242 | 0 251 | 0 260 | 0 269 | 0 278 | 0 287 | 0 296 | 0 305 | 0 314 | 0 323 |
| 34 | 0 246 | 0 255 | 0 264 | 0 273 | 0 282 | 0 292 | 0 301 | 0 310 | 0 319 | 0 328 |
| 36 | 0 250 | 0 259 | 0 268 | 0 277 | 0 287 | 0 296 | 0 305 | 0 314 | 0 324 | 0 333 |
| 38 | 0 253 | 0 263 | 0 272 | 0 282 | 0 291 | 0 300 | 0 310 | 0 319 | 0 328 | 0 338 |
| 1,40 | 0 257 | 0 267 | 0 276 | 0 286 | 0 295 | 0 305 | 0 314 | 0 324 | 0 333 | 0 343 |
| 42 | 0 261 | 0 270 | 0 280 | 0 290 | 0 299 | 0 309 | 0 319 | 0 328 | 0 338 | 0 348 |
| 44 | 0 264 | 0 274 | 0 284 | 0 294 | 0 304 | 0 313 | 0 323 | 0 333 | 0 343 | 0 353 |
| 46 | 0 268 | 0 278 | 0 288 | 0 298 | 0 308 | 0 318 | 0 328 | 0 338 | 0 347 | 0 357 |
| 48 | 0 272 | 0 282 | 0 292 | 0 302 | 0 312 | 0 322 | 0 332 | 0 342 | 0 352 | 0 362 |
| 1,50 | 0 275 | 0 286 | 0 296 | 0 306 | 0 316 | 0 326 | 0 337 | 0 347 | 0 357 | 0 367 |
| 52 | 0 279 | 0 289 | 0 300 | 0 310 | 0 320 | 0 331 | 0 341 | 0 351 | 0 362 | 0 372 |
| 54 | 0 283 | 0 293 | 0 304 | 0 314 | 0 325 | 0 335 | 0 346 | 0 356 | 0 367 | 0 377 |
| 56 | 0 286 | 0 297 | 0 308 | 0 318 | 0 329 | 0 339 | 0 350 | 0 361 | 0 371 | 0 382 |
| 58 | 0 290 | 0 301 | 0 312 | 0 322 | 0 333 | 0 344 | 0 355 | 0 365 | 0 376 | 0 387 |
| 1,60 | 0 294 | 0 305 | 0 316 | 0 326 | 0 337 | 0 348 | 0 359 | 0 370 | 0 381 | 0 392 |
| 62 | 0 297 | 0 308 | 0 319 | 0 330 | 0 341 | 0 353 | 0 364 | 0 375 | 0 386 | 0 397 |
| 64 | 0 301 | 0 312 | 0 323 | 0 335 | 0 346 | 0 357 | 0 368 | 0 379 | 0 390 | 0 401 |
| 66 | 0 305 | 0 316 | 0 327 | 0 339 | 0 350 | 0 361 | 0 373 | 0 384 | 0 395 | 0 406 |
| 68 | 0 308 | 0 320 | 0 331 | 0 343 | 0 354 | 0 366 | 0 377 | 0 388 | 0 400 | 0 411 |
| 1,70 | 0 312 | 0 324 | 0 335 | 0 347 | 0 358 | 0 370 | 0 381 | 0 393 | 0 405 | 0 416 |
| 72 | 0 316 | 0 327 | 0 339 | 0 351 | 0 363 | 0 374 | 0 386 | 0 398 | 0 409 | 0 421 |

**Epaisseur : 0ᵐ 34 centimètres**

| LONGUEUR | 0,74 | 0,76 | 0,78 | 0,80 | 0,82 | 0,84 | 0,86 | 0,88 | 0,90 | 0,92 |
|---|---|---|---|---|---|---|---|---|---|---|
| 0,74 | 0 186 | | | | | | | | | |
| 76 | 0 191 | 0 196 | | | | | | | | |
| 78 | 0 196 | 0 202 | 0 207 | | | | | | | |
| 0,80 | 0 201 | 0 207 | 0 212 | 0 218 | | | | | | |
| 82 | 0 206 | 0 212 | 0 218 | 0 223 | 0 229 | | | | | |
| 84 | 0 211 | 0 217 | 0 223 | 0 228 | 0 234 | 0 240 | | | | |
| 86 | 0 216 | 0 222 | 0 228 | 0 234 | 0 240 | 0 246 | 0 251 | | | |
| 88 | 0 221 | 0 227 | 0 233 | 0 239 | 0 245 | 0 251 | 0 257 | 0 263 | | |
| 0,90 | 0 226 | 0 233 | 0 239 | 0 245 | 0 251 | 0 257 | 0 263 | 0 269 | 0 275 | |
| 92 | 0 231 | 0 238 | 0 244 | 0 250 | 0 257 | 0 263 | 0 269 | 0 275 | 0 282 | 0 288 |
| 94 | 0 237 | 0 243 | 0 249 | 0 256 | 0 262 | 0 268 | 0 275 | 0 281 | 0 288 | 0 294 |
| 96 | 0 242 | 0 248 | 0 255 | 0 261 | 0 268 | 0 274 | 0 281 | 0 287 | 0 294 | 0 300 |
| 98 | 0 247 | 0 253 | 0 260 | 0 267 | 0 273 | 0 280 | 0 287 | 0 293 | 0 300 | 0 307 |
| 1,— | 0 252 | 0 258 | 0 265 | 0 272 | 0 279 | 0 286 | 0 292 | 0 299 | 0 306 | 0 313 |
| 02 | 0 257 | 0 264 | 0 271 | 0 277 | 0 284 | 0 291 | 0 298 | 0 305 | 0 312 | 0 319 |
| 04 | 0 262 | 0 269 | 0 276 | 0 283 | 0 290 | 0 297 | 0 304 | 0 311 | 0 318 | 0 325 |
| 06 | 0 267 | 0 274 | 0 281 | 0 288 | 0 296 | 0 303 | 0 310 | 0 317 | 0 324 | 0 332 |
| 08 | 0 272 | 0 279 | 0 286 | 0 294 | 0 301 | 0 308 | 0 316 | 0 323 | 0 331 | 0 338 |
| 1,10 | 0 277 | 0 284 | 0 292 | 0 299 | 0 307 | 0 314 | 0 322 | 0 329 | 0 337 | 0 344 |
| 12 | 0 282 | 0 289 | 0 297 | 0 305 | 0 312 | 0 320 | 0 327 | 0 335 | 0 343 | 0 350 |
| 14 | 0 287 | 0 295 | 0 302 | 0 310 | 0 318 | 0 325 | 0 333 | 0 341 | 0 349 | 0 357 |
| 16 | 0 292 | 0 300 | 0 308 | 0 316 | 0 323 | 0 331 | 0 339 | 0 347 | 0 355 | 0 363 |
| 18 | 0 297 | 0 305 | 0 313 | 0 321 | 0 329 | 0 337 | 0 345 | 0 353 | 0 361 | 0 369 |
| 1,20 | 0 302 | 0 310 | 0 318 | 0 326 | 0 335 | 0 343 | 0 351 | 0 359 | 0 367 | 0 375 |
| 22 | 0 307 | 0 315 | 0 324 | 0 332 | 0 340 | 0 348 | 0 357 | 0 365 | 0 373 | 0 382 |
| 24 | 0 312 | 0 320 | 0 329 | 0 337 | 0 346 | 0 354 | 0 363 | 0 371 | 0 379 | 0 388 |
| 26 | 0 317 | 0 326 | 0 334 | 0 343 | 0 351 | 0 360 | 0 368 | 0 377 | 0 386 | 0 394 |
| 28 | 0 322 | 0 331 | 0 339 | 0 348 | 0 357 | 0 366 | 0 374 | 0 383 | 0 392 | 0 400 |
| 1,30 | 0 327 | 0 336 | 0 345 | 0 354 | 0 362 | 0 371 | 0 380 | 0 389 | 0 398 | 0 407 |
| 32 | 0 332 | 0 341 | 0 350 | 0 359 | 0 368 | 0 377 | 0 386 | 0 395 | 0 404 | 0 413 |
| 34 | 0 337 | 0 346 | 0 355 | 0 364 | 0 373 | 0 383 | 0 392 | 0 401 | 0 410 | 0 419 |
| 36 | 0 342 | 0 351 | 0 361 | 0 370 | 0 379 | 0 388 | 0 398 | 0 407 | 0 416 | 0 425 |
| 38 | 0 347 | 0 357 | 0 366 | 0 375 | 0 385 | 0 394 | 0 404 | 0 413 | 0 422 | 0 432 |
| 1,40 | 0 352 | 0 362 | 0 371 | 0 381 | 0 390 | 0 400 | 0 409 | 0 419 | 0 428 | 0 438 |
| 42 | 0 357 | 0 367 | 0 377 | 0 386 | 0 396 | 0 406 | 0 415 | 0 425 | 0 435 | 0 444 |
| 44 | 0 362 | 0 372 | 0 382 | 0 392 | 0 401 | 0 411 | 0 421 | 0 431 | 0 441 | 0 450 |
| 46 | 0 367 | 0 377 | 0 387 | 0 397 | 0 407 | 0 417 | 0 427 | 0 437 | 0 447 | 0 457 |
| 48 | 0 372 | 0 382 | 0 392 | 0 403 | 0 413 | 0 423 | 0 433 | 0 443 | 0 453 | 0 463 |
| 1,50 | 0 377 | 0 388 | 0 398 | 0 408 | 0 418 | 0 428 | 0 439 | 0 449 | 0 459 | 0 469 |
| 52 | 0 382 | 0 393 | 0 403 | 0 413 | 0 424 | 0 434 | 0 445 | 0 455 | 0 465 | 0 475 |
| 54 | 0 387 | 0 398 | 0 408 | 0 419 | 0 429 | 0 440 | 0 451 | 0 461 | 0 471 | 0 482 |
| 56 | 0 392 | 0 403 | 0 414 | 0 424 | 0 435 | 0 446 | 0 457 | 0 467 | 0 477 | 0 488 |
| 58 | 0 398 | 0 408 | 0 419 | 0 430 | 0 441 | 0 451 | 0 462 | 0 473 | 0 483 | 0 494 |
| 1,60 | 0 403 | 0 413 | 0 424 | 0 435 | 0 446 | 0 457 | 0 468 | 0 479 | 0 490 | 0 500 |
| 62 | 0 408 | 0 419 | 0 430 | 0 441 | 0 452 | 0 463 | 0 474 | 0 485 | 0 496 | 0 507 |
| 64 | 0 413 | 0 424 | 0 435 | 0 446 | 0 457 | 0 469 | 0 480 | 0 491 | 0 502 | 0 513 |
| 66 | 0 418 | 0 429 | 0 440 | 0 452 | 0 463 | 0 474 | 0 485 | 0 497 | 0 508 | 0 519 |
| 68 | 0 423 | 0 434 | 0 446 | 0 457 | 0 468 | 0 480 | 0 491 | 0 503 | 0 514 | 0 526 |
| 1,70 | 0 428 | 0 439 | 0 451 | 0 462 | 0 474 | 0 486 | 0 497 | 0 509 | 0 520 | 0 532 |
| 72 | 0 433 | 0 444 | 0 456 | 0 468 | 0 480 | 0 491 | 0 503 | 0 515 | 0 526 | 0 538 |
| 74 | 0 438 | 0 450 | 0 461 | 0 473 | 0 485 | 0 497 | 0 509 | 0 521 | 0 532 | 0 544 |
| 76 | 0 443 | 0 455 | 0 467 | 0 479 | 0 491 | 0 503 | 0 515 | 0 527 | 0 539 | 0 551 |
| 78 | 0 448 | 0 460 | 0 472 | 0 484 | 0 496 | 0 508 | 0 520 | 0 533 | 0 545 | 0 557 |
| 1,80 | 0 453 | 0 465 | 0 477 | 0 490 | 0 502 | 0 514 | 0 526 | 0 539 | 0 551 | 0 563 |
| 82 | 0 458 | 0 470 | 0 483 | 0 495 | 0 507 | 0 520 | 0 532 | 0 545 | 0 557 | 0 569 |
| 84 | 0 463 | 0 475 | 0 488 | 0 500 | 0 513 | 0 525 | 0 538 | 0 551 | 0 563 | 0 576 |
| 86 | 0 468 | 0 481 | 0 493 | 0 506 | 0 519 | 0 531 | 0 544 | 0 557 | 0 569 | 0 582 |
| 88 | 0 473 | 0 486 | 0 499 | 0 511 | 0 524 | 0 537 | 0 550 | 0 563 | 0 575 | 0 588 |
| 1,90 | 0 478 | 0 491 | 0 503 | 0 517 | 0 530 | 0 543 | 0 556 | 0 568 | 0 581 | 0 594 |
| 92 | 0 483 | 0 496 | 0 509 | 0 522 | 0 535 | 0 548 | 0 561 | 0 574 | 0 588 | 0 601 |
| 94 | 0 488 | 0 501 | 0 514 | 0 527 | 0 541 | 0 554 | 0 567 | 0 580 | 0 594 | 0 607 |
| 96 | 0 493 | 0 506 | 0 520 | 0 533 | 0 546 | 0 560 | 0 573 | 0 586 | 0 600 | 0 613 |
| 98 | 0 498 | 0 512 | 0 525 | 0 539 | 0 552 | 0 565 | 0 579 | 0 592 | 0 606 | 0 619 |
| 2,— | 0 503 | 0 517 | 0 530 | 0 544 | 0 558 | 0 571 | 0 585 | 0 598 | 0 612 | 0 626 |
| 02 | 0 508 | 0 522 | 0 536 | 0 549 | 0 563 | 0 577 | 0 591 | 0 605 | 0 618 | 0 632 |
| 04 | 0 513 | 0 527 | 0 541 | 0 555 | 0 569 | 0 583 | 0 596 | 0 610 | 0 624 | 0 638 |
| 06 | 0 518 | 0 532 | 0 546 | 0 560 | 0 574 | 0 588 | 0 602 | 0 616 | 0 630 | 0 644 |
| 08 | 0 523 | 0 537 | 0 552 | 0 566 | 0 580 | 0 594 | 0 608 | 0 622 | 0 636 | 0 651 |
| 2,10 | 0 528 | 0 543 | 0 557 | 0 571 | 0 585 | 0 600 | 0 614 | 0 628 | 0 643 | 0 657 |
| 12 | 0 533 | 0 548 | 0 562 | 0 577 | 0 591 | 0 605 | 0 620 | 0 634 | 0 649 | 0 663 |

**Epaisseur : 0ᵐ 34 centimètres**

| LONGUEUR | 0,94 | 0,96 | 0,98 | 1,00 | 1,02 | 1,04 | 1,06 | 1,08 | 1,10 | 1,12 |
|---|---|---|---|---|---|---|---|---|---|---|
| 0,94 | 0 300 | | | | | | | | | |
| 96 | 0 307 | 0 313 | | | | | | | | |
| 98 | 0 313 | 0 320 | 0 327 | | | | | | | |
| 1,— | 0 320 | 0 326 | 0 333 | 0 340 | | | | | | |
| 02 | 0 326 | 0 333 | 0 340 | 0 347 | 0 354 | | | | | |
| 04 | 0 332 | 0 339 | 0 347 | 0 354 | 0 361 | 0 368 | | | | |
| 06 | 0 339 | 0 346 | 0 353 | 0 360 | 0 368 | 0 375 | 0 382 | | | |
| 08 | 0 345 | 0 353 | 0 360 | 0 367 | 0 375 | 0 382 | 0 389 | 0 397 | | |
| 1,10 | 0 352 | 0 359 | 0 367 | 0 374 | 0 381 | 0 389 | 0 396 | 0 404 | 0 411 | |
| 12 | 0 358 | 0 366 | 0 373 | 0 381 | 0 388 | 0 396 | 0 404 | 0 411 | 0 419 | 0 426 |
| 14 | 0 364 | 0 372 | 0 380 | 0 388 | 0 395 | 0 403 | 0 411 | 0 419 | 0 426 | 0 434 |
| 16 | 0 371 | 0 379 | 0 387 | 0 394 | 0 402 | 0 410 | 0 418 | 0 426 | 0 434 | 0 442 |
| 18 | 0 377 | 0 385 | 0 393 | 0 401 | 0 409 | 0 417 | 0 425 | 0 433 | 0 441 | 0 449 |
| 1,20 | 0 384 | 0 392 | 0 400 | 0 408 | 0 416 | 0 424 | 0 432 | 0 441 | 0 449 | 0 457 |
| 22 | 0 390 | 0 398 | 0 407 | 0 415 | 0 423 | 0 431 | 0 440 | 0 448 | 0 456 | 0 465 |
| 24 | 0 396 | 0 405 | 0 413 | 0 422 | 0 430 | 0 438 | 0 447 | 0 455 | 0 464 | 0 472 |
| 26 | 0 403 | 0 411 | 0 420 | 0 428 | 0 437 | 0 446 | 0 454 | 0 463 | 0 471 | 0 480 |
| 28 | 0 409 | 0 418 | 0 426 | 0 435 | 0 444 | 0 453 | 0 461 | 0 470 | 0 479 | 0 487 |
| 1,30 | 0 415 | 0 424 | 0 433 | 0 442 | 0 451 | 0 460 | 0 469 | 0 477 | 0 486 | 0 495 |
| 32 | 0 422 | 0 431 | 0 440 | 0 449 | 0 458 | 0 467 | 0 476 | 0 485 | 0 494 | 0 503 |
| 34 | 0 428 | 0 437 | 0 446 | 0 456 | 0 465 | 0 474 | 0 483 | 0 492 | 0 501 | 0 510 |
| 36 | 0 435 | 0 444 | 0 453 | 0 462 | 0 472 | 0 481 | 0 490 | 0 499 | 0 509 | 0 518 |
| 38 | 0 441 | 0 450 | 0 460 | 0 469 | 0 479 | 0 488 | 0 497 | 0 507 | 0 516 | 0 526 |
| 1,40 | 0 447 | 0 457 | 0 466 | 0 476 | 0 486 | 0 495 | 0 505 | 0 514 | 0 524 | 0 533 |
| 42 | 0 454 | 0 463 | 0 473 | 0 483 | 0 492 | 0 502 | 0 512 | 0 521 | 0 531 | 0 541 |
| 44 | 0 460 | 0 470 | 0 480 | 0 490 | 0 499 | 0 509 | 0 519 | 0 529 | 0 539 | 0 548 |
| 46 | 0 467 | 0 477 | 0 486 | 0 496 | 0 506 | 0 516 | 0 526 | 0 536 | 0 546 | 0 556 |
| 48 | 0 473 | 0 483 | 0 493 | 0 503 | 0 513 | 0 523 | 0 533 | 0 543 | 0 554 | 0 564 |
| 1,50 | 0 479 | 0 490 | 0 500 | 0 510 | 0 520 | 0 530 | 0 541 | 0 551 | 0 561 | 0 571 |
| 52 | 0 486 | 0 496 | 0 506 | 0 517 | 0 527 | 0 537 | 0 548 | 0 558 | 0 568 | 0 579 |
| 54 | 0 492 | 0 503 | 0 513 | 0 524 | 0 534 | 0 545 | 0 555 | 0 565 | 0 576 | 0 586 |
| 56 | 0 499 | 0 509 | 0 520 | 0 530 | 0 541 | 0 552 | 0 562 | 0 573 | 0 583 | 0 594 |
| 58 | 0 505 | 0 516 | 0 526 | 0 537 | 0 548 | 0 559 | 0 569 | 0 580 | 0 591 | 0 602 |
| 1,60 | 0 511 | 0 522 | 0 533 | 0 544 | 0 555 | 0 566 | 0 577 | 0 588 | 0 598 | 0 609 |
| 62 | 0 518 | 0 529 | 0 540 | 0 551 | 0 562 | 0 573 | 0 584 | 0 595 | 0 606 | 0 617 |
| 64 | 0 524 | 0 535 | 0 546 | 0 558 | 0 569 | 0 580 | 0 591 | 0 602 | 0 613 | 0 625 |
| 66 | 0 531 | 0 542 | 0 553 | 0 564 | 0 576 | 0 587 | 0 598 | 0 610 | 0 621 | 0 632 |
| 68 | 0 537 | 0 548 | 0 560 | 0 571 | 0 583 | 0 594 | 0 605 | 0 617 | 0 628 | 0 640 |
| 1,70 | 0 543 | 0 555 | 0 566 | 0 578 | 0 590 | 0 601 | 0 613 | 0 624 | 0 636 | 0 647 |
| 72 | 0 550 | 0 561 | 0 573 | 0 585 | 0 596 | 0 608 | 0 620 | 0 632 | 0 643 | 0 655 |
| 74 | 0 556 | 0 568 | 0 580 | 0 592 | 0 603 | 0 615 | 0 627 | 0 639 | 0 651 | 0 663 |
| 76 | 0 562 | 0 574 | 0 586 | 0 598 | 0 610 | 0 622 | 0 634 | 0 646 | 0 658 | 0 670 |
| 78 | 0 569 | 0 581 | 0 593 | 0 605 | 0 617 | 0 629 | 0 642 | 0 654 | 0 666 | 0 678 |
| 1,80 | 0 575 | 0 588 | 0 600 | 0 612 | 0 624 | 0 636 | 0 649 | 0 661 | 0 673 | 0 685 |
| 82 | 0 582 | 0 594 | 0 606 | 0 619 | 0 631 | 0 644 | 0 656 | 0 668 | 0 681 | 0 693 |
| 84 | 0 588 | 0 601 | 0 613 | 0 626 | 0 638 | 0 651 | 0 663 | 0 676 | 0 688 | 0 701 |
| 86 | 0 594 | 0 607 | 0 620 | 0 632 | 0 645 | 0 658 | 0 670 | 0 683 | 0 696 | 0 708 |
| 88 | 0 601 | 0 614 | 0 626 | 0 639 | 0 652 | 0 665 | 0 678 | 0 690 | 0 703 | 0 716 |
| 1,90 | 0 607 | 0 620 | 0 633 | 0 646 | 0 659 | 0 672 | 0 685 | 0 698 | 0 711 | 0 724 |
| 92 | 0 614 | 0 627 | 0 640 | 0 653 | 0 666 | 0 679 | 0 692 | 0 705 | 0 718 | 0 731 |
| 94 | 0 620 | 0 633 | 0 646 | 0 660 | 0 673 | 0 686 | 0 699 | 0 712 | 0 726 | 0 739 |
| 96 | 0 626 | 0 640 | 0 653 | 0 666 | 0 680 | 0 693 | 0 706 | 0 720 | 0 733 | 0 746 |
| 98 | 0 633 | 0 646 | 0 660 | 0 673 | 0 687 | 0 700 | 0 714 | 0 727 | 0 741 | 0 754 |
| 2,— | 0 639 | 0 653 | 0 666 | 0 680 | 0 694 | 0 707 | 0 721 | 0 734 | 0 748 | 0 762 |
| 02 | 0 646 | 0 659 | 0 673 | 0 687 | 0 701 | 0 714 | 0 728 | 0 742 | 0 755 | 0 769 |
| 04 | 0 652 | 0 666 | 0 680 | 0 694 | 0 707 | 0 721 | 0 735 | 0 749 | 0 763 | 0 777 |
| 06 | 0 658 | 0 672 | 0 686 | 0 700 | 0 714 | 0 728 | 0 742 | 0 756 | 0 770 | 0 784 |
| 08 | 0 665 | 0 679 | 0 693 | 0 707 | 0 721 | 0 736 | 0 750 | 0 764 | 0 778 | 0 792 |
| 2,10 | 0 671 | 0 685 | 0 700 | 0 714 | 0 728 | 0 743 | 0 757 | 0 771 | 0 785 | 0 800 |
| 12 | 0 678 | 0 692 | 0 706 | 0 721 | 0 735 | 0 750 | 0 764 | 0 778 | 0 793 | 0 807 |

Epaisseur : 0<sup>m</sup> 36 centimètres

0,36

0,36—0,

| LONG<sup>r</sup> | PETAILLES | LARGEUR 0,36 | 0,38 | 0,40 | 0,42 | 0,44 | 0,46 | 0,48 | 0,50 | 0,52 | 0,54 |
|---|---|---|---|---|---|---|---|---|---|---|---|
| 0,36 | 0 037 | 0 047 | | | | | | | | | |
| 38 | 0 039 | 0 049 | 0 052 | | | | | | | | |
| 0,40 | 0 041 | 0 052 | 0 055 | 0 058 | | | | | | | |
| 42 | 0 044 | 0 054 | 0 057 | 0 060 | 0 064 | | | | | | |
| 44 | 0 046 | 0 057 | 0 060 | 0 063 | 0 067 | 0 070 | | | | | |
| 46 | 0 048 | 0 060 | 0 063 | 0 066 | 0 070 | 0 073 | 0 076 | | | | |
| 48 | 0 050 | 0 062 | 0 066 | 0 069 | 0 073 | 0 076 | 0 079 | 0 083 | | | |
| 0,50 | 0 052 | 0 065 | 0 068 | 0 072 | 0 076 | 0 079 | 0 083 | 0 086 | 0 090 | | |
| 52 | 0 054 | 0 067 | 0 071 | 0 075 | 0 079 | 0 082 | 0 086 | 0 090 | 0 094 | 0 097 | |
| 54 | 0 056 | 0 070 | 0 074 | 0 078 | 0 082 | 0 086 | 0 089 | 0 093 | 0 097 | 0 101 | 0 105 |
| 56 | 0 058 | 0 073 | 0 077 | 0 081 | 0 085 | 0 089 | 0 093 | 0 097 | 0 101 | 0 105 | 0 109 |
| 58 | 0 060 | 0 075 | 0 079 | 0 084 | 0 088 | 0 092 | 0 096 | 0 100 | 0 104 | 0 109 | 0 113 |
| 0,60 | 0 062 | 0 078 | 0 082 | 0 086 | 0 091 | 0 095 | 0 099 | 0 104 | 0 108 | 0 112 | 0 117 |
| 62 | 0 064 | 0 080 | 0 085 | 0 089 | 0 094 | 0 098 | 0 103 | 0 107 | 0 112 | 0 116 | 0 121 |
| 64 | 0 066 | 0 083 | 0 088 | 0 092 | 0 097 | 0 101 | 0 106 | 0 111 | 0 115 | 0 120 | 0 124 |
| 66 | 0 068 | 0 086 | 0 090 | 0 095 | 0 100 | 0 105 | 0 109 | 0 114 | 0 119 | 0 124 | 0 128 |
| 68 | 0 071 | 0 088 | 0 093 | 0 098 | 0 103 | 0 108 | 0 113 | 0 118 | 0 122 | 0 127 | 0 132 |
| 0,70 | 0 073 | 0 091 | 0 096 | 0 101 | 0 106 | 0 111 | 0 116 | 0 121 | 0 126 | 0 131 | 0 136 |
| 72 | 0 075 | 0 093 | 0 098 | 0 104 | 0 109 | 0 114 | 0 119 | 0 124 | 0 130 | 0 135 | 0 140 |
| 74 | 0 077 | 0 096 | 0 101 | 0 107 | 0 112 | 0 117 | 0 123 | 0 128 | 0 133 | 0 139 | 0 144 |
| 76 | 0 079 | 0 098 | 0 104 | 0 109 | 0 115 | 0 120 | 0 126 | 0 131 | 0 137 | 0 142 | 0 148 |
| 78 | 0 081 | 0 101 | 0 107 | 0 112 | 0 118 | 0 124 | 0 129 | 0 135 | 0 140 | 0 146 | 0 152 |
| 0,80 | 0 083 | 0 104 | 0 109 | 0 115 | 0 121 | 0 127 | 0 132 | 0 138 | 0 144 | 0 150 | 0 156 |
| 82 | 0 085 | 0 106 | 0 112 | 0 118 | 0 124 | 0 130 | 0 136 | 0 142 | 0 148 | 0 154 | 0 159 |
| 84 | 0 087 | 0 109 | 0 115 | 0 121 | 0 127 | 0 133 | 0 139 | 0 145 | 0 151 | 0 157 | 0 163 |
| 86 | 0 089 | 0 111 | 0 118 | 0 124 | 0 130 | 0 136 | 0 142 | 0 149 | 0 155 | 0 161 | 0 167 |
| 88 | 0 091 | 0 114 | 0 120 | 0 127 | 0 133 | 0 139 | 0 146 | 0 152 | 0 158 | 0 165 | 0 171 |
| 0,90 | 0 093 | 0 117 | 0 123 | 0 130 | 0 136 | 0 143 | 0 149 | 0 156 | 0 162 | 0 168 | 0 175 |
| 92 | 0 095 | 0 119 | 0 126 | 0 132 | 0 139 | 0 146 | 0 152 | 0 159 | 0 166 | 0 172 | 0 179 |
| 94 | 0 097 | 0 122 | 0 129 | 0 135 | 0 142 | 0 149 | 0 156 | 0 162 | 0 169 | 0 176 | 0 183 |
| 96 | 0 100 | 0 124 | 0 131 | 0 138 | 0 145 | 0 152 | 0 159 | 0 166 | 0 173 | 0 180 | 0 187 |
| 98 | 0 102 | 0 127 | 0 134 | 0 141 | 0 148 | 0 155 | 0 162 | 0 169 | 0 176 | 0 183 | 0 191 |
| 1,— | 0 104 | 0 130 | 0 137 | 0 144 | 0 151 | 0 158 | 0 166 | 0 173 | 0 180 | 0 187 | 0 194 |
| 02 | 0 106 | 0 132 | 0 140 | 0 147 | 0 154 | 0 162 | 0 169 | 0 176 | 0 184 | 0 191 | 0 198 |
| 04 | 0 108 | 0 135 | 0 142 | 0 150 | 0 157 | 0 165 | 0 172 | 0 179 | 0 187 | 0 195 | 0 202 |
| 06 | 0 110 | 0 137 | 0 145 | 0 153 | 0 160 | 0 168 | 0 176 | 0 183 | 0 191 | 0 198 | 0 206 |
| 08 | 0 112 | 0 140 | 0 148 | 0 156 | 0 163 | 0 171 | 0 179 | 0 186 | 0 194 | 0 202 | 0 210 |
| 1,10 | 0 114 | 0 143 | 0 150 | 0 158 | 0 166 | 0 174 | 0 182 | 0 190 | 0 198 | 0 206 | 0 214 |
| 12 | 0 116 | 0 145 | 0 153 | 0 161 | 0 169 | 0 177 | 0 185 | 0 193 | 0 202 | 0 210 | 0 218 |
| 14 | 0 118 | 0 148 | 0 156 | 0 164 | 0 172 | 0 181 | 0 189 | 0 197 | 0 205 | 0 213 | 0 222 |
| 16 | 0 120 | 0 150 | 0 159 | 0 167 | 0 175 | 0 184 | 0 192 | 0 200 | 0 209 | 0 217 | 0 226 |
| 18 | 0 122 | 0 153 | 0 161 | 0 170 | 0 178 | 0 187 | 0 195 | 0 204 | 0 212 | 0 221 | 0 229 |
| 1,20 | 0 124 | 0 156 | 0 164 | 0 173 | 0 181 | 0 190 | 0 199 | 0 207 | 0 216 | 0 225 | 0 233 |
| 22 | 0 126 | 0 158 | 0 167 | 0 176 | 0 184 | 0 193 | 0 202 | 0 211 | 0 220 | 0 228 | 0 237 |
| 24 | 0 129 | 0 161 | 0 170 | 0 179 | 0 187 | 0 196 | 0 205 | 0 214 | 0 223 | 0 232 | 0 241 |
| 26 | 0 131 | 0 163 | 0 172 | 0 181 | 0 191 | 0 200 | 0 209 | 0 218 | 0 227 | 0 236 | 0 245 |
| 28 | 0 133 | 0 166 | 0 175 | 0 184 | 0 194 | 0 203 | 0 212 | 0 221 | 0 230 | 0 240 | 0 249 |
| 1,30 | 0 135 | 0 168 | 0 178 | 0 187 | 0 197 | 0 206 | 0 215 | 0 225 | 0 234 | 0 243 | 0 253 |
| 32 | 0 137 | 0 171 | 0 181 | 0 190 | 0 200 | 0 209 | 0 219 | 0 228 | 0 238 | 0 247 | 0 257 |
| 34 | 0 139 | 0 174 | 0 183 | 0 193 | 0 203 | 0 212 | 0 222 | 0 232 | 0 241 | 0 251 | 0 260 |
| 36 | 0 141 | 0 176 | 0 186 | 0 196 | 0 206 | 0 215 | 0 225 | 0 235 | 0 245 | 0 255 | 0 264 |
| 38 | 0 143 | 0 179 | 0 189 | 0 199 | 0 209 | 0 219 | 0 229 | 0 238 | 0 248 | 0 258 | 0 268 |
| 1,40 | 0 145 | 0 181 | 0 192 | 0 202 | 0 212 | 0 222 | 0 232 | 0 242 | 0 252 | 0 262 | 0 272 |
| 42 | 0 147 | 0 184 | 0 194 | 0 204 | 0 215 | 0 225 | 0 235 | 0 245 | 0 256 | 0 266 | 0 276 |
| 44 | 0 149 | 0 187 | 0 197 | 0 207 | 0 218 | 0 228 | 0 238 | 0 249 | 0 259 | 0 269 | 0 280 |
| 46 | 0 151 | 0 189 | 0 200 | 0 210 | 0 221 | 0 231 | 0 242 | 0 252 | 0 263 | 0 273 | 0 284 |
| 48 | 0 153 | 0 192 | 0 202 | 0 213 | 0 224 | 0 234 | 0 245 | 0 256 | 0 266 | 0 277 | 0 288 |
| 1,50 | 0 156 | 0 194 | 0 205 | 0 216 | 0 227 | 0 238 | 0 248 | 0 259 | 0 270 | 0 281 | 0 292 |
| 52 | 0 158 | 0 197 | 0 208 | 0 219 | 0 230 | 0 241 | 0 252 | 0 263 | 0 274 | 0 285 | 0 295 |
| 54 | 0 160 | 0 199 | 0 211 | 0 222 | 0 233 | 0 244 | 0 255 | 0 266 | 0 277 | 0 288 | 0 299 |
| 56 | 0 162 | 0 202 | 0 213 | 0 225 | 0 236 | 0 247 | 0 258 | 0 270 | 0 281 | 0 292 | 0 303 |
| 58 | 0 164 | 0 205 | 0 216 | 0 228 | 0 239 | 0 250 | 0 262 | 0 273 | 0 284 | 0 296 | 0 307 |
| 1,60 | 0 166 | 0 207 | 0 219 | 0 230 | 0 242 | 0 253 | 0 265 | 0 276 | 0 288 | 0 300 | 0 311 |
| 62 | 0 168 | 0 210 | 0 222 | 0 233 | 0 245 | 0 257 | 0 268 | 0 280 | 0 292 | 0 303 | 0 315 |
| 64 | 0 170 | 0 212 | 0 224 | 0 236 | 0 248 | 0 260 | 0 272 | 0 283 | 0 295 | 0 307 | 0 319 |
| 66 | 0 172 | 0 215 | 0 227 | 0 239 | 0 251 | 0 263 | 0 275 | 0 287 | 0 299 | 0 311 | 0 323 |
| 68 | 0 174 | 0 218 | 0 230 | 0 242 | 0 254 | 0 266 | 0 278 | 0 290 | 0 302 | 0 315 | 0 327 |
| 1,70 | 0 176 | 0 220 | 0 233 | 0 245 | 0 257 | 0 269 | 0 282 | 0 294 | 0 306 | 0 318 | 0 330 |
| 72 | 0 178 | 0 223 | 0 235 | 0 248 | 0 260 | 0 272 | 0 285 | 0 297 | 0 310 | 0 322 | 0 334 |
| 74 | 0 180 | 0 226 | 0 238 | 0 251 | 0 263 | 0 276 | 0 288 | 0 301 | 0 313 | 0 326 | 0 338 |



| LONGUEUR | LARGEUR 0,56 | 0,58 | 0,60 | 0,62 | 0,64 | 0,66 | 0,68 | 0,70 | 0,72 | 0,74 |
|---|---|---|---|---|---|---|---|---|---|---|
| 0,56 | 0 113 | | | | | | | | | |
| 58 | 0 117 | 0 121 | | | | | | | | |
| 0,60 | 0 121 | 0 125 | 0 130 | | | | | | | |
| 62 | 0 125 | 0 129 | 0 134 | 0 138 | | | | | | |
| 64 | 0 129 | 0 134 | 0 138 | 0 143 | 0 147 | | | | | |
| 66 | 0 133 | 0 138 | 0 143 | 0 147 | 0 152 | 0 157 | | | | |
| 68 | 0 137 | 0 142 | 0 147 | 0 152 | 0 157 | 0 162 | 0 166 | | | |
| 0,70 | 0 141 | 0 146 | 0 151 | 0 156 | 0 161 | 0 166 | 0 171 | 0 176 | | |
| 72 | 0 145 | 0 150 | 0 156 | 0 161 | 0 166 | 0 171 | 0 176 | 0 181 | 0 187 | |
| 74 | 0 149 | 0 155 | 0 160 | 0 165 | 0 170 | 0 176 | 0 181 | 0 186 | 0 192 | 0 197 |
| 76 | 0 153 | 0 159 | 0 164 | 0 170 | 0 175 | 0 181 | 0 186 | 0 192 | 0 197 | 0 202 |
| 78 | 0 157 | 0 163 | 0 168 | 0 174 | 0 180 | 0 185 | 0 191 | 0 197 | 0 202 | 0 208 |
| 0,80 | 0 161 | 0 167 | 0 173 | 0 179 | 0 184 | 0 190 | 0 196 | 0 202 | 0 207 | 0 213 |
| 82 | 0 165 | 0 171 | 0 177 | 0 183 | 0 189 | 0 195 | 0 201 | 0 207 | 0 213 | 0 218 |
| 84 | 0 169 | 0 175 | 0 181 | 0 187 | 0 193 | 0 199 | 0 206 | 0 212 | 0 218 | 0 224 |
| 86 | 0 173 | 0 180 | 0 186 | 0 192 | 0 198 | 0 204 | 0 211 | 0 217 | 0 223 | 0 229 |
| 88 | 0 177 | 0 184 | 0 190 | 0 196 | 0 203 | 0 209 | 0 215 | 0 222 | 0 228 | 0 234 |
| 0,90 | 0 181 | 0 188 | 0 194 | 0 201 | 0 207 | 0 213 | 0 220 | 0 227 | 0 233 | 0 240 |
| 92 | 0 185 | 0 192 | 0 199 | 0 205 | 0 212 | 0 219 | 0 225 | 0 232 | 0 238 | 0 245 |
| 94 | 0 190 | 0 196 | 0 203 | 0 210 | 0 217 | 0 223 | 0 230 | 0 237 | 0 244 | 0 250 |
| 96 | 0 194 | 0 200 | 0 207 | 0 214 | 0 221 | 0 228 | 0 235 | 0 242 | 0 249 | 0 256 |
| 98 | 0 198 | 0 205 | 0 212 | 0 219 | 0 226 | 0 233 | 0 240 | 0 247 | 0 254 | 0 261 |
| 1,— | 0 202 | 0 209 | 0 216 | 0 223 | 0 230 | 0 238 | 0 245 | 0 252 | 0 259 | 0 266 |
| 02 | 0 206 | 0 213 | 0 220 | 0 228 | 0 235 | 0 242 | 0 250 | 0 257 | 0 264 | 0 272 |
| 04 | 0 210 | 0 217 | 0 225 | 0 232 | 0 240 | 0 247 | 0 255 | 0 262 | 0 270 | 0 277 |
| 06 | 0 214 | 0 221 | 0 229 | 0 237 | 0 244 | 0 252 | 0 259 | 0 267 | 0 275 | 0 282 |
| 08 | 0 218 | 0 226 | 0 233 | 0 241 | 0 249 | 0 257 | 0 264 | 0 272 | 0 280 | 0 288 |
| 1,10 | 0 222 | 0 230 | 0 238 | 0 246 | 0 254 | 0 261 | 0 269 | 0 277 | 0 285 | 0 293 |
| 12 | 0 226 | 0 234 | 0 242 | 0 250 | 0 258 | 0 266 | 0 274 | 0 282 | 0 290 | 0 298 |
| 14 | 0 230 | 0 238 | 0 246 | 0 255 | 0 263 | 0 271 | 0 279 | 0 287 | 0 295 | 0 304 |
| 16 | 0 234 | 0 242 | 0 251 | 0 259 | 0 267 | 0 276 | 0 284 | 0 292 | 0 301 | 0 309 |
| 18 | 0 238 | 0 246 | 0 255 | 0 263 | 0 272 | 0 280 | 0 289 | 0 297 | 0 306 | 0 314 |
| 1,20 | 0 242 | 0 251 | 0 259 | 0 268 | 0 276 | 0 285 | 0 294 | 0 302 | 0 311 | 0 320 |
| 22 | 0 246 | 0 255 | 0 264 | 0 272 | 0 281 | 0 290 | 0 299 | 0 307 | 0 316 | 0 325 |
| 24 | 0 250 | 0 259 | 0 268 | 0 277 | 0 286 | 0 295 | 0 304 | 0 312 | 0 321 | 0 330 |
| 26 | 0 254 | 0 263 | 0 272 | 0 281 | 0 290 | 0 299 | 0 308 | 0 318 | 0 327 | 0 336 |
| 28 | 0 258 | 0 267 | 0 276 | 0 286 | 0 295 | 0 304 | 0 313 | 0 323 | 0 332 | 0 341 |
| 1,30 | 0 262 | 0 271 | 0 281 | 0 290 | 0 300 | 0 309 | 0 318 | 0 328 | 0 337 | 0 346 |
| 32 | 0 266 | 0 276 | 0 285 | 0 295 | 0 304 | 0 314 | 0 323 | 0 333 | 0 342 | 0 352 |
| 34 | 0 270 | 0 280 | 0 289 | 0 299 | 0 309 | 0 318 | 0 328 | 0 338 | 0 347 | 0 357 |
| 36 | 0 274 | 0 284 | 0 294 | 0 304 | 0 313 | 0 323 | 0 333 | 0 343 | 0 352 | 0 362 |
| 38 | 0 278 | 0 288 | 0 298 | 0 308 | 0 318 | 0 328 | 0 338 | 0 348 | 0 358 | 0 368 |
| 1,40 | 0 282 | 0 292 | 0 302 | 0 312 | 0 323 | 0 333 | 0 343 | 0 353 | 0 363 | 0 373 |
| 42 | 0 286 | 0 296 | 0 307 | 0 317 | 0 327 | 0 337 | 0 348 | 0 358 | 0 368 | 0 378 |
| 44 | 0 290 | 0 301 | 0 311 | 0 321 | 0 332 | 0 342 | 0 353 | 0 363 | 0 373 | 0 384 |
| 46 | 0 294 | 0 305 | 0 315 | 0 326 | 0 336 | 0 347 | 0 357 | 0 368 | 0 378 | 0 389 |
| 48 | 0 298 | 0 309 | 0 320 | 0 330 | 0 341 | 0 352 | 0 362 | 0 373 | 0 384 | 0 394 |
| 1,50 | 0 302 | 0 313 | 0 324 | 0 335 | 0 346 | 0 356 | 0 367 | 0 378 | 0 389 | 0 400 |
| 52 | 0 306 | 0 317 | 0 328 | 0 339 | 0 350 | 0 361 | 0 372 | 0 383 | 0 394 | 0 405 |
| 54 | 0 310 | 0 322 | 0 333 | 0 344 | 0 355 | 0 366 | 0 377 | 0 388 | 0 399 | 0 410 |
| 56 | 0 314 | 0 326 | 0 337 | 0 348 | 0 359 | 0 371 | 0 382 | 0 393 | 0 404 | 0 416 |
| 58 | 0 319 | 0 330 | 0 341 | 0 353 | 0 364 | 0 375 | 0 387 | 0 398 | 0 410 | 0 421 |
| 1,60 | 0 323 | 0 331 | 0 346 | 0 357 | 0 369 | 0 380 | 0 392 | 0 403 | 0 415 | 0 426 |
| 62 | 0 327 | 0 338 | 0 350 | 0 362 | 0 373 | 0 385 | 0 397 | 0 408 | 0 420 | 0 432 |
| 64 | 0 331 | 0 342 | 0 354 | 0 366 | 0 378 | 0 390 | 0 401 | 0 413 | 0 425 | 0 437 |
| 66 | 0 335 | 0 347 | 0 359 | 0 371 | 0 382 | 0 394 | 0 406 | 0 418 | 0 430 | 0 442 |
| 68 | 0 339 | 0 351 | 0 363 | 0 375 | 0 387 | 0 399 | 0 411 | 0 423 | 0 435 | 0 448 |
| 1,70 | 0 343 | 0 355 | 0 367 | 0 379 | 0 392 | 0 404 | 0 416 | 0 428 | 0 441 | 0 453 |
| 72 | 0 347 | 0 359 | 0 372 | 0 384 | 0 396 | 0 409 | 0 421 | 0 433 | 0 446 | 0 458 |
| 74 | 0 351 | 0 363 | 0 376 | 0 388 | 0 401 | 0 413 | 0 426 | 0 438 | 0 451 | 0 464 |



F

Epaisseur : 0m 36 centimètres        Epaisseur : 0m 36 centimètres        **0,36**

| LONGUEUR | 0,76 | 0,78 | 0,80 | 0,82 | 0,84 | 0,86 | 0,88 | 0,90 | 0,92 | 0,94 |
|---|---|---|---|---|---|---|---|---|---|---|
| 0,76 | 0 208 | | | | | | | | | |
| 78 | 0 213 | 0 219 | | | | | | | | |
| 0,80 | 0 219 | 0 225 | 0 230 | | | | | | | |
| 82 | 0 224 | 0 230 | 0 236 | 0 242 | | | | | | |
| 84 | 0 230 | 0 236 | 0 242 | 0 248 | 0 254 | | | | | |
| 86 | 0 235 | 0 241 | 0 248 | 0 254 | 0 260 | 0 266 | | | | |
| 88 | 0 241 | 0 247 | 0 253 | 0 260 | 0 266 | 0 272 | 0 279 | | | |
| 0,90 | 0 246 | 0 253 | 0 259 | 0 266 | 0 272 | 0 279 | 0 285 | 0 292 | | |
| 92 | 0 252 | 0 258 | 0 265 | 0 272 | 0 278 | 0 285 | 0 291 | 0 298 | 0 305 | |
| 94 | 0 257 | 0 264 | 0 271 | 0 277 | 0 284 | 0 291 | 0 298 | 0 305 | 0 311 | 0 318 |
| 96 | 0 263 | 0 270 | 0 276 | 0 283 | 0 290 | 0 297 | 0 304 | 0 311 | 0 318 | 0 325 |
| 98 | 0 268 | 0 275 | 0 282 | 0 289 | 0 296 | 0 303 | 0 310 | 0 318 | 0 325 | 0 332 |
| 1,— | 0 274 | 0 281 | 0 288 | 0 295 | 0 302 | 0 310 | 0 317 | 0 324 | 0 331 | 0 338 |
| 02 | 0 279 | 0 286 | 0 294 | 0 301 | 0 308 | 0 316 | 0 323 | 0 330 | 0 338 | 0 345 |
| 04 | 0 285 | 0 292 | 0 300 | 0 307 | 0 314 | 0 322 | 0 329 | 0 337 | 0 344 | 0 352 |
| 06 | 0 290 | 0 298 | 0 305 | 0 313 | 0 321 | 0 328 | 0 336 | 0 343 | 0 351 | 0 359 |
| 08 | 0 295 | 0 303 | 0 311 | 0 319 | 0 327 | 0 334 | 0 342 | 0 350 | 0 358 | 0 365 |
| 1,10 | 0 301 | 0 309 | 0 317 | 0 325 | 0 333 | 0 341 | 0 348 | 0 356 | 0 364 | 0 372 |
| 12 | 0 306 | 0 314 | 0 323 | 0 331 | 0 339 | 0 347 | 0 355 | 0 363 | 0 371 | 0 379 |
| 14 | 0 312 | 0 320 | 0 328 | 0 337 | 0 345 | 0 353 | 0 361 | 0 369 | 0 378 | 0 386 |
| 16 | 0 317 | 0 326 | 0 334 | 0 342 | 0 351 | 0 359 | 0 367 | 0 376 | 0 384 | 0 393 |
| 18 | 0 323 | 0 331 | 0 340 | 0 348 | 0 357 | 0 365 | 0 374 | 0 382 | 0 391 | 0 399 |
| 1,20 | 0 328 | 0 337 | 0 346 | 0 354 | 0 363 | 0 372 | 0 380 | 0 389 | 0 397 | 0 406 |
| 22 | 0 334 | 0 343 | 0 351 | 0 360 | 0 369 | 0 378 | 0 386 | 0 395 | 0 404 | 0 413 |
| 24 | 0 339 | 0 348 | 0 357 | 0 366 | 0 375 | 0 384 | 0 393 | 0 402 | 0 411 | 0 420 |
| 26 | 0 345 | 0 354 | 0 363 | 0 372 | 0 381 | 0 390 | 0 399 | 0 408 | 0 417 | 0 426 |
| 28 | 0 350 | 0 359 | 0 369 | 0 378 | 0 387 | 0 396 | 0 406 | 0 415 | 0 424 | 0 433 |
| 1,30 | 0 356 | 0 365 | 0 374 | 0 384 | 0 393 | 0 402 | 0 412 | 0 421 | 0 431 | 0 440 |
| 32 | 0 361 | 0 371 | 0 380 | 0 390 | 0 399 | 0 409 | 0 418 | 0 428 | 0 437 | 0 447 |
| 34 | 0 367 | 0 376 | 0 386 | 0 396 | 0 405 | 0 415 | 0 425 | 0 434 | 0 444 | 0 453 |
| 36 | 0 372 | 0 382 | 0 392 | 0 401 | 0 411 | 0 421 | 0 431 | 0 441 | 0 450 | 0 460 |
| 38 | 0 378 | 0 388 | 0 397 | 0 407 | 0 417 | 0 427 | 0 437 | 0 447 | 0 457 | 0 467 |
| 1,40 | 0 383 | 0 393 | 0 403 | 0 413 | 0 423 | 0 433 | 0 444 | 0 454 | 0 464 | 0 474 |
| 42 | 0 389 | 0 399 | 0 409 | 0 419 | 0 429 | 0 440 | 0 450 | 0 460 | 0 470 | 0 481 |
| 44 | 0 394 | 0 404 | 0 415 | 0 425 | 0 435 | 0 446 | 0 456 | 0 467 | 0 477 | 0 487 |
| 46 | 0 399 | 0 410 | 0 420 | 0 431 | 0 442 | 0 452 | 0 463 | 0 473 | 0 484 | 0 494 |
| 48 | 0 405 | 0 416 | 0 426 | 0 437 | 0 448 | 0 458 | 0 469 | 0 480 | 0 490 | 0 501 |
| 1,50 | 0 410 | 0 421 | 0 432 | 0 443 | 0 454 | 0 464 | 0 475 | 0 486 | 0 497 | 0 508 |
| 52 | 0 416 | 0 427 | 0 438 | 0 449 | 0 460 | 0 471 | 0 482 | 0 492 | 0 503 | 0 514 |
| 54 | 0 421 | 0 432 | 0 444 | 0 455 | 0 466 | 0 477 | 0 488 | 0 499 | 0 510 | 0 521 |
| 56 | 0 427 | 0 438 | 0 449 | 0 461 | 0 472 | 0 483 | 0 494 | 0 505 | 0 517 | 0 528 |
| 58 | 0 432 | 0 444 | 0 455 | 0 466 | 0 478 | 0 489 | 0 501 | 0 512 | 0 523 | 0 535 |
| 1,60 | 0 438 | 0 449 | 0 461 | 0 472 | 0 484 | 0 495 | 0 507 | 0 518 | 0 530 | 0 541 |
| 62 | 0 443 | 0 455 | 0 467 | 0 478 | 0 490 | 0 502 | 0 513 | 0 525 | 0 537 | 0 548 |
| 64 | 0 449 | 0 461 | 0 472 | 0 484 | 0 496 | 0 508 | 0 520 | 0 531 | 0 543 | 0 555 |
| 66 | 0 454 | 0 466 | 0 478 | 0 490 | 0 502 | 0 514 | 0 526 | 0 538 | 0 550 | 0 562 |
| 68 | 0 460 | 0 472 | 0 484 | 0 496 | 0 508 | 0 520 | 0 532 | 0 544 | 0 556 | 0 569 |
| 1,70 | 0 465 | 0 477 | 0 490 | 0 502 | 0 514 | 0 526 | 0 539 | 0 551 | 0 563 | 0 575 |
| 72 | 0 471 | 0 483 | 0 495 | 0 508 | 0 520 | 0 533 | 0 545 | 0 557 | 0 570 | 0 582 |
| 74 | 0 476 | 0 489 | 0 501 | 0 514 | 0 526 | 0 539 | 0 551 | 0 564 | 0 576 | 0 589 |
| 76 | 0 482 | 0 494 | 0 507 | 0 520 | 0 532 | 0 545 | 0 558 | 0 570 | 0 583 | 0 596 |
| 78 | 0 487 | 0 500 | 0 513 | 0 525 | 0 538 | 0 551 | 0 564 | 0 577 | 0 590 | 0 602 |
| 1,80 | 0 492 | 0 505 | 0 518 | 0 531 | 0 544 | 0 557 | 0 570 | 0 583 | 0 596 | 0 609 |
| 82 | 0 498 | 0 511 | 0 524 | 0 537 | 0 550 | 0 563 | 0 577 | 0 590 | 0 603 | 0 616 |
| 84 | 0 503 | 0 517 | 0 530 | 0 543 | 0 556 | 0 570 | 0 583 | 0 596 | 0 610 | 0 623 |
| 86 | 0 509 | 0 522 | 0 536 | 0 549 | 0 562 | 0 576 | 0 589 | 0 603 | 0 616 | 0 629 |
| 88 | 0 514 | 0 528 | 0 541 | 0 555 | 0 569 | 0 582 | 0 596 | 0 609 | 0 623 | 0 636 |
| 1,90 | 0 520 | 0 534 | 0 547 | 0 561 | 0 575 | 0 588 | 0 602 | 0 616 | 0 629 | 0 643 |
| 92 | 0 525 | 0 539 | 0 553 | 0 567 | 0 581 | 0 594 | 0 608 | 0 622 | 0 636 | 0 650 |
| 94 | 0 531 | 0 545 | 0 559 | 0 573 | 0 587 | 0 601 | 0 615 | 0 629 | 0 643 | 0 656 |
| 96 | 0 536 | 0 550 | 0 564 | 0 579 | 0 593 | 0 607 | 0 621 | 0 635 | 0 649 | 0 663 |
| 98 | 0 542 | 0 556 | 0 570 | 0 585 | 0 599 | 0 613 | 0 627 | 0 642 | 0 656 | 0 670 |
| 2,— | 0 547 | 0 562 | 0 576 | 0 590 | 0 605 | 0 619 | 0 634 | 0 648 | 0 662 | 0 677 |
| 02 | 0 553 | 0 567 | 0 582 | 0 596 | 0 611 | 0 625 | 0 640 | 0 654 | 0 669 | 0 684 |
| 04 | 0 558 | 0 573 | 0 588 | 0 602 | 0 617 | 0 632 | 0 646 | 0 661 | 0 676 | 0 690 |
| 06 | 0 564 | 0 578 | 0 593 | 0 608 | 0 623 | 0 638 | 0 653 | 0 667 | 0 682 | 0 697 |
| 08 | 0 569 | 0 584 | 0 599 | 0 614 | 0 629 | 0 644 | 0 659 | 0 674 | 0 689 | 0 704 |
| 2,10 | 0 575 | 0 590 | 0 605 | 0 620 | 0 635 | 0 650 | 0 665 | 0 680 | 0 696 | 0 711 |
| 12 | 0 580 | 0 595 | 0 611 | 0 626 | 0 641 | 0 656 | 0 672 | 0 687 | 0 702 | 0 717 |
| 14 | 0 586 | 0 601 | 0 616 | 0 632 | 0 647 | 0 663 | 0 678 | 0 693 | 0 709 | 0 724 |

| LONGUEUR | 0,96 | 0,98 | 1,00 | 1,02 | 1,04 | 1,06 | 1,08 | 1,10 | 1,12 | 1,14 |
|---|---|---|---|---|---|---|---|---|---|---|
| 0,96 | 0 332 | | | | | | | | | |
| 98 | 0 339 | 0 346 | | | | | | | | |
| 1,— | 0 346 | 0 353 | 0 360 | | | | | | | |
| 02 | 0 353 | 0 360 | 0 367 | 0 375 | | | | | | |
| 04 | 0 359 | 0 367 | 0 374 | 0 382 | 0 389 | | | | | |
| 06 | 0 366 | 0 374 | 0 382 | 0 389 | 0 397 | 0 404 | | | | |
| 08 | 0 373 | 0 381 | 0 389 | 0 397 | 0 404 | 0 412 | 0 420 | | | |
| 1,10 | 0 380 | 0 388 | 0 396 | 0 404 | 0 412 | 0 420 | 0 428 | 0 436 | | |
| 12 | 0 387 | 0 395 | 0 403 | 0 411 | 0 419 | 0 427 | 0 435 | 0 444 | 0 452 | |
| 14 | 0 394 | 0 402 | 0 410 | 0 419 | 0 427 | 0 435 | 0 443 | 0 451 | 0 460 | 0 468 |
| 16 | 0 401 | 0 409 | 0 418 | 0 426 | 0 434 | 0 443 | 0 451 | 0 459 | 0 468 | 0 476 |
| 18 | 0 408 | 0 416 | 0 425 | 0 433 | 0 442 | 0 450 | 0 459 | 0 467 | 0 476 | 0 484 |
| 1,20 | 0 415 | 0 423 | 0 432 | 0 441 | 0 449 | 0 458 | 0 467 | 0 475 | 0 484 | 0 492 |
| 22 | 0 422 | 0 430 | 0 439 | 0 448 | 0 457 | 0 466 | 0 474 | 0 483 | 0 492 | 0 501 |
| 24 | 0 429 | 0 437 | 0 446 | 0 455 | 0 464 | 0 473 | 0 482 | 0 491 | 0 500 | 0 509 |
| 26 | 0 435 | 0 445 | 0 454 | 0 463 | 0 472 | 0 481 | 0 490 | 0 499 | 0 508 | 0 517 |
| 28 | 0 442 | 0 452 | 0 461 | 0 470 | 0 479 | 0 488 | 0 498 | 0 507 | 0 516 | 0 525 |
| 1,30 | 0 449 | 0 459 | 0 468 | 0 477 | 0 487 | 0 496 | 0 505 | 0 515 | 0 524 | 0 534 |
| 32 | 0 456 | 0 466 | 0 475 | 0 485 | 0 494 | 0 504 | 0 513 | 0 523 | 0 532 | 0 542 |
| 34 | 0 463 | 0 473 | 0 482 | 0 492 | 0 502 | 0 511 | 0 521 | 0 531 | 0 540 | 0 550 |
| 36 | 0 470 | 0 480 | 0 490 | 0 499 | 0 509 | 0 519 | 0 529 | 0 539 | 0 548 | 0 558 |
| 38 | 0 477 | 0 487 | 0 497 | 0 507 | 0 517 | 0 527 | 0 537 | 0 546 | 0 556 | 0 566 |
| 1,40 | 0 484 | 0 494 | 0 504 | 0 514 | 0 524 | 0 534 | 0 544 | 0 554 | 0 564 | 0 575 |
| 42 | 0 491 | 0 501 | 0 511 | 0 521 | 0 532 | 0 542 | 0 552 | 0 562 | 0 573 | 0 583 |
| 44 | 0 498 | 0 508 | 0 518 | 0 529 | 0 539 | 0 550 | 0 560 | 0 570 | 0 581 | 0 591 |
| 46 | 0 505 | 0 515 | 0 526 | 0 536 | 0 547 | 0 557 | 0 568 | 0 578 | 0 589 | 0 599 |
| 48 | 0 511 | 0 522 | 0 533 | 0 543 | 0 554 | 0 565 | 0 575 | 0 586 | 0 597 | 0 607 |
| 1,50 | 0 518 | 0 529 | 0 540 | 0 551 | 0 562 | 0 572 | 0 583 | 0 594 | 0 605 | 0 616 |
| 52 | 0 525 | 0 536 | 0 547 | 0 558 | 0 569 | 0 580 | 0 591 | 0 602 | 0 613 | 0 624 |
| 54 | 0 532 | 0 543 | 0 554 | 0 565 | 0 577 | 0 588 | 0 599 | 0 610 | 0 621 | 0 632 |
| 56 | 0 539 | 0 550 | 0 562 | 0 573 | 0 584 | 0 595 | 0 607 | 0 618 | 0 629 | 0 640 |
| 58 | 0 546 | 0 557 | 0 569 | 0 580 | 0 592 | 0 603 | 0 614 | 0 626 | 0 637 | 0 648 |
| 1,60 | 0 553 | 0 564 | 0 576 | 0 588 | 0 599 | 0 611 | 0 622 | 0 634 | 0 645 | 0 657 |
| 62 | 0 560 | 0 572 | 0 583 | 0 595 | 0 607 | 0 618 | 0 630 | 0 642 | 0 653 | 0 665 |
| 64 | 0 567 | 0 579 | 0 590 | 0 602 | 0 614 | 0 626 | 0 638 | 0 649 | 0 661 | 0 673 |
| 66 | 0 574 | 0 586 | 0 598 | 0 610 | 0 622 | 0 633 | 0 645 | 0 657 | 0 669 | 0 681 |
| 68 | 0 581 | 0 593 | 0 605 | 0 617 | 0 629 | 0 641 | 0 653 | 0 665 | 0 677 | 0 689 |
| 1,70 | 0 588 | 0 600 | 0 612 | 0 624 | 0 636 | 0 649 | 0 661 | 0 673 | 0 685 | 0 698 |
| 72 | 0 594 | 0 607 | 0 619 | 0 632 | 0 644 | 0 656 | 0 669 | 0 681 | 0 694 | 0 706 |
| 74 | 0 601 | 0 614 | 0 626 | 0 639 | 0 651 | 0 664 | 0 677 | 0 689 | 0 702 | 0 714 |
| 76 | 0 608 | 0 621 | 0 634 | 0 646 | 0 659 | 0 672 | 0 684 | 0 697 | 0 710 | 0 722 |
| 78 | 0 615 | 0 628 | 0 641 | 0 654 | 0 666 | 0 679 | 0 692 | 0 705 | 0 718 | 0 731 |
| 1,80 | 0 622 | 0 635 | 0 648 | 0 661 | 0 674 | 0 687 | 0 700 | 0 713 | 0 726 | 0 739 |
| 82 | 0 629 | 0 642 | 0 655 | 0 668 | 0 681 | 0 695 | 0 708 | 0 721 | 0 734 | 0 747 |
| 84 | 0 636 | 0 649 | 0 662 | 0 676 | 0 689 | 0 702 | 0 715 | 0 729 | 0 742 | 0 755 |
| 86 | 0 643 | 0 656 | 0 670 | 0 683 | 0 696 | 0 710 | 0 723 | 0 737 | 0 750 | 0 763 |
| 88 | 0 650 | 0 663 | 0 677 | 0 690 | 0 704 | 0 717 | 0 731 | 0 744 | 0 758 | 0 772 |
| 1,90 | 0 657 | 0 670 | 0 684 | 0 698 | 0 711 | 0 725 | 0 739 | 0 752 | 0 766 | 0 780 |
| 92 | 0 664 | 0 677 | 0 691 | 0 705 | 0 719 | 0 733 | 0 746 | 0 760 | 0 774 | 0 788 |
| 94 | 0 670 | 0 684 | 0 698 | 0 712 | 0 726 | 0 740 | 0 754 | 0 768 | 0 782 | 0 796 |
| 96 | 0 677 | 0 691 | 0 706 | 0 720 | 0 734 | 0 748 | 0 762 | 0 776 | 0 790 | 0 804 |
| 98 | 0 684 | 0 699 | 0 713 | 0 727 | 0 741 | 0 756 | 0 770 | 0 784 | 0 798 | 0 813 |
| 2,— | 0 691 | 0 706 | 0 720 | 0 734 | 0 749 | 0 763 | 0 778 | 0 792 | 0 806 | 0 821 |
| 02 | 0 698 | 0 713 | 0 727 | 0 742 | 0 756 | 0 771 | 0 785 | 0 800 | 0 814 | 0 829 |
| 04 | 0 705 | 0 720 | 0 734 | 0 749 | 0 764 | 0 778 | 0 793 | 0 808 | 0 823 | 0 838 |
| 06 | 0 712 | 0 727 | 0 742 | 0 756 | 0 771 | 0 786 | 0 801 | 0 816 | 0 831 | 0 845 |
| 08 | 0 719 | 0 734 | 0 749 | 0 764 | 0 779 | 0 794 | 0 809 | 0 824 | 0 839 | 0 854 |
| 2,10 | 0 726 | 0 741 | 0 756 | 0 771 | 0 786 | 0 801 | 0 816 | 0 832 | 0 847 | 0 862 |
| 12 | 0 733 | 0 748 | 0 763 | 0 778 | 0 794 | 0 809 | 0 824 | 0 840 | 0 855 | 0 870 |
| 14 | 0 740 | 0 755 | 0 770 | 0 786 | 0 801 | 0 817 | 0 832 | 0 847 | 0 863 | 0 878 |

### Epaisseur : 0ᵐ 38 centimètres — 46

| LONGUEUR | 0,36 | LARGEUR 0,38 | 0,40 | 0,42 | 0,44 | 0,46 | 0,48 | 0,50 | 0,52 | 0,54 | 0,56 |
|---|---|---|---|---|---|---|---|---|---|---|---|
| 0,38 | 0 044 | 0 055 | | | | | | | | | |
| 0,40 | 0 046 | 0 058 | 0 061 | | | | | | | | |
| 42 | 0 049 | 0 061 | 0 064 | 0 067 | | | | | | | |
| 44 | 0 051 | 0 064 | 0 067 | 0 070 | 0 074 | | | | | | |
| 46 | 0 053 | 0 066 | 0 070 | 0 073 | 0 077 | 0 080 | | | | | |
| 48 | 0 055 | 0 069 | 0 073 | 0 077 | 0 080 | 0 084 | 0 088 | | | | |
| 0,50 | 0 058 | 0 072 | 0 076 | 0 080 | 0 084 | 0 087 | 0 091 | 0 095 | | | |
| 52 | 0 060 | 0 075 | 0 079 | 0 083 | 0 087 | 0 091 | 0 095 | 0 099 | 0 103 | | |
| 54 | 0 062 | 0 078 | 0 082 | 0 086 | 0 090 | 0 094 | 0 098 | 0 103 | 0 107 | 0 111 | |
| 56 | 0 065 | 0 081 | 0 085 | 0 089 | 0 094 | 0 098 | 0 102 | 0 106 | 0 111 | 0 115 | 0 119 |
| 58 | 0 067 | 0 084 | 0 088 | 0 093 | 0 097 | 0 101 | 0 106 | 0 110 | 0 115 | 0 119 | 0 123 |
| 0,60 | 0 069 | 0 087 | 0 091 | 0 096 | 0 100 | 0 105 | 0 109 | 0 114 | 0 119 | 0 123 | 0 128 |
| 62 | 0 072 | 0 090 | 0 094 | 0 099 | 0 104 | 0 108 | 0 113 | 0 118 | 0 123 | 0 127 | 0 132 |
| 64 | 0 074 | 0 092 | 0 097 | 0 102 | 0 107 | 0 112 | 0 117 | 0 122 | 0 126 | 0 131 | 0 136 |
| 66 | 0 076 | 0 095 | 0 100 | 0 105 | 0 110 | 0 115 | 0 120 | 0 125 | 0 130 | 0 135 | 0 140 |
| 68 | 0 079 | 0 098 | 0 103 | 0 109 | 0 114 | 0 119 | 0 124 | 0 129 | 0 134 | 0 140 | 0 145 |
| 0,70 | 0 081 | 0 101 | 0 106 | 0 112 | 0 117 | 0 122 | 0 128 | 0 133 | 0 138 | 0 144 | 0 149 |
| 72 | 0 083 | 0 104 | 0 109 | 0 115 | 0 120 | 0 126 | 0 131 | 0 137 | 0 142 | 0 148 | 0 153 |
| 74 | 0 085 | 0 107 | 0 112 | 0 118 | 0 124 | 0 129 | 0 135 | 0 141 | 0 146 | 0 152 | 0 157 |
| 76 | 0 088 | 0 110 | 0 116 | 0 121 | 0 127 | 0 133 | 0 139 | 0 144 | 0 150 | 0 156 | 0 162 |
| 78 | 0 090 | 0 113 | 0 119 | 0 124 | 0 130 | 0 136 | 0 142 | 0 148 | 0 154 | 0 160 | 0 166 |
| 0,80 | 0 092 | 0 116 | 0 122 | 0 128 | 0 134 | 0 140 | 0 146 | 0 152 | 0 158 | 0 164 | 0 170 |
| 82 | 0 095 | 0 118 | 0 125 | 0 131 | 0 137 | 0 143 | 0 150 | 0 156 | 0 162 | 0 168 | 0 174 |
| 84 | 0 097 | 0 121 | 0 128 | 0 134 | 0 140 | 0 147 | 0 153 | 0 160 | 0 166 | 0 172 | 0 179 |
| 86 | 0 099 | 0 124 | 0 131 | 0 137 | 0 144 | 0 150 | 0 157 | 0 163 | 0 170 | 0 176 | 0 183 |
| 88 | 0 102 | 0 127 | 0 134 | 0 140 | 0 147 | 0 154 | 0 160 | 0 167 | 0 174 | 0 181 | 0 187 |
| 0,90 | 0 104 | 0 130 | 0 137 | 0 144 | 0 150 | 0 157 | 0 164 | 0 171 | 0 178 | 0 185 | 0 192 |
| 92 | 0 106 | 0 133 | 0 140 | 0 147 | 0 154 | 0 161 | 0 168 | 0 175 | 0 182 | 0 189 | 0 196 |
| 94 | 0 109 | 0 136 | 0 143 | 0 150 | 0 157 | 0 164 | 0 171 | 0 179 | 0 186 | 0 193 | 0 200 |
| 96 | 0 111 | 0 139 | 0 146 | 0 153 | 0 161 | 0 168 | 0 175 | 0 182 | 0 190 | 0 197 | 0 204 |
| 98 | 0 113 | 0 142 | 0 149 | 0 156 | 0 164 | 0 171 | 0 179 | 0 186 | 0 194 | 0 201 | 0 209 |
| 1,— | 0 116 | 0 144 | 0 152 | 0 160 | 0 167 | 0 175 | 0 182 | 0 190 | 0 198 | 0 205 | 0 213 |
| 02 | 0 118 | 0 147 | 0 155 | 0 163 | 0 171 | 0 178 | 0 186 | 0 194 | 0 202 | 0 209 | 0 217 |
| 04 | 0 120 | 0 150 | 0 158 | 0 166 | 0 174 | 0 182 | 0 190 | 0 198 | 0 206 | 0 213 | 0 221 |
| 06 | 0 122 | 0 153 | 0 161 | 0 169 | 0 177 | 0 185 | 0 193 | 0 201 | 0 209 | 0 218 | 0 226 |
| 08 | 0 125 | 0 156 | 0 164 | 0 172 | 0 181 | 0 189 | 0 197 | 0 205 | 0 213 | 0 222 | 0 230 |
| 1,10 | 0 127 | 0 159 | 0 167 | 0 176 | 0 184 | 0 192 | 0 201 | 0 209 | 0 217 | 0 226 | 0 234 |
| 12 | 0 129 | 0 162 | 0 170 | 0 179 | 0 187 | 0 196 | 0 204 | 0 213 | 0 221 | 0 230 | 0 238 |
| 14 | 0 132 | 0 165 | 0 173 | 0 182 | 0 191 | 0 199 | 0 208 | 0 217 | 0 225 | 0 234 | 0 243 |
| 16 | 0 134 | 0 168 | 0 176 | 0 185 | 0 194 | 0 203 | 0 212 | 0 220 | 0 229 | 0 238 | 0 247 |
| 18 | 0 136 | 0 170 | 0 179 | 0 188 | 0 197 | 0 206 | 0 215 | 0 224 | 0 233 | 0 242 | 0 251 |
| 1,20 | 0 139 | 0 173 | 0 182 | 0 192 | 0 201 | 0 210 | 0 219 | 0 228 | 0 237 | 0 246 | 0 255 |
| 22 | 0 141 | 0 176 | 0 185 | 0 195 | 0 204 | 0 213 | 0 223 | 0 232 | 0 241 | 0 250 | 0 260 |
| 24 | 0 143 | 0 179 | 0 188 | 0 198 | 0 207 | 0 217 | 0 226 | 0 236 | 0 245 | 0 254 | 0 264 |
| 26 | 0 146 | 0 182 | 0 192 | 0 201 | 0 211 | 0 220 | 0 230 | 0 239 | 0 249 | 0 259 | 0 268 |
| 28 | 0 148 | 0 185 | 0 195 | 0 204 | 0 214 | 0 224 | 0 233 | 0 243 | 0 253 | 0 263 | 0 272 |
| 1,30 | 0 150 | 0 188 | 0 198 | 0 207 | 0 217 | 0 227 | 0 237 | 0 247 | 0 257 | 0 267 | 0 277 |
| 32 | 0 152 | 0 191 | 0 201 | 0 211 | 0 221 | 0 231 | 0 241 | 0 251 | 0 261 | 0 271 | 0 281 |
| 34 | 0 155 | 0 193 | 0 204 | 0 214 | 0 224 | 0 234 | 0 244 | 0 255 | 0 265 | 0 275 | 0 285 |
| 36 | 0 157 | 0 196 | 0 207 | 0 217 | 0 227 | 0 238 | 0 248 | 0 258 | 0 269 | 0 279 | 0 289 |
| 38 | 0 159 | 0 199 | 0 210 | 0 220 | 0 231 | 0 241 | 0 252 | 0 262 | 0 273 | 0 283 | 0 294 |
| 1,40 | 0 162 | 0 202 | 0 213 | 0 223 | 0 234 | 0 245 | 0 255 | 0 266 | 0 277 | 0 287 | 0 298 |
| 42 | 0 164 | 0 205 | 0 216 | 0 227 | 0 237 | 0 248 | 0 259 | 0 270 | 0 281 | 0 291 | 0 302 |
| 44 | 0 166 | 0 208 | 0 219 | 0 230 | 0 241 | 0 252 | 0 263 | 0 274 | 0 285 | 0 295 | 0 306 |
| 46 | 0 169 | 0 211 | 0 222 | 0 233 | 0 244 | 0 255 | 0 266 | 0 277 | 0 288 | 0 300 | 0 311 |
| 48 | 0 171 | 0 214 | 0 225 | 0 236 | 0 247 | 0 259 | 0 270 | 0 281 | 0 292 | 0 304 | 0 315 |
| 1,50 | 0 173 | 0 217 | 0 228 | 0 239 | 0 251 | 0 262 | 0 274 | 0 285 | 0 296 | 0 308 | 0 319 |
| 52 | 0 176 | 0 219 | 0 231 | 0 243 | 0 254 | 0 266 | 0 277 | 0 289 | 0 300 | 0 312 | 0 323 |
| 54 | 0 178 | 0 222 | 0 234 | 0 246 | 0 257 | 0 269 | 0 281 | 0 293 | 0 304 | 0 316 | 0 328 |
| 56 | 0 180 | 0 225 | 0 237 | 0 249 | 0 261 | 0 273 | 0 285 | 0 296 | 0 308 | 0 320 | 0 332 |
| 58 | 0 183 | 0 228 | 0 240 | 0 252 | 0 264 | 0 276 | 0 288 | 0 300 | 0 312 | 0 324 | 0 336 |
| 1,60 | 0 185 | 0 231 | 0 243 | 0 255 | 0 268 | 0 280 | 0 292 | 0 301 | 0 316 | 0 328 | 0 340 |
| 62 | 0 187 | 0 234 | 0 246 | 0 259 | 0 271 | 0 283 | 0 295 | 0 308 | 0 320 | 0 332 | 0 345 |
| 64 | 0 189 | 0 237 | 0 249 | 0 262 | 0 274 | 0 287 | 0 299 | 0 312 | 0 324 | 0 337 | 0 349 |
| 66 | 0 192 | 0 240 | 0 252 | 0 265 | 0 278 | 0 290 | 0 303 | 0 315 | 0 328 | 0 341 | 0 353 |
| 68 | 0 194 | 0 243 | 0 255 | 0 268 | 0 281 | 0 294 | 0 306 | 0 319 | 0 332 | 0 345 | 0 358 |
| 1,70 | 0 196 | 0 245 | 0 258 | 0 271 | 0 284 | 0 297 | 0 310 | 0 323 | 0 336 | 0 349 | 0 362 |
| 72 | 0 199 | 0 248 | 0 261 | 0 275 | 0 288 | 0 301 | 0 314 | 0 327 | 0 340 | 0 353 | 0 366 |
| 74 | 0 201 | 0 251 | 0 264 | 0 278 | 0 291 | 0 304 | 0 317 | 0 331 | 0 344 | 0 357 | 0 370 |
| 76 | 0 203 | 0 254 | 0 268 | 0 281 | 0 294 | 0 308 | 0 321 | 0 334 | 0 348 | 0 361 | 0 375 |

### Epaisseur : 0ᵐ 38 centimètres — 47

| LONGUEUR | LARGEUR 0,58 | 0,60 | 0,62 | 0,64 | 0,66 | 0,68 | 0,70 | 0,72 | 0,74 | 0,76 |
|---|---|---|---|---|---|---|---|---|---|---|
| 0,58 | 0 128 | | | | | | | | | |
| 0,60 | 0 132 | 0 137 | | | | | | | | |
| 62 | 0 137 | 0 141 | 0 146 | | | | | | | |
| 64 | 0 141 | 0 146 | 0 151 | 0 156 | | | | | | |
| 66 | 0 145 | 0 150 | 0 155 | 0 161 | 0 166 | | | | | |
| 68 | 0 150 | 0 155 | 0 160 | 0 165 | 0 171 | 0 176 | | | | |
| 0,70 | 0 154 | 0 160 | 0 165 | 0 170 | 0 176 | 0 181 | 0 186 | | | |
| 72 | 0 159 | 0 164 | 0 170 | 0 175 | 0 181 | 0 186 | 0 192 | 0 197 | | |
| 74 | 0 163 | 0 169 | 0 174 | 0 180 | 0 186 | 0 191 | 0 197 | 0 202 | 0 208 | |
| 76 | 0 168 | 0 173 | 0 179 | 0 185 | 0 191 | 0 196 | 0 202 | 0 208 | 0 214 | 0 219 |
| 78 | 0 172 | 0 178 | 0 184 | 0 190 | 0 196 | 0 202 | 0 207 | 0 213 | 0 219 | 0 225 |
| 0,80 | 0 176 | 0 182 | 0 188 | 0 195 | 0 201 | 0 207 | 0 213 | 0 219 | 0 225 | 0 231 |
| 82 | 0 181 | 0 187 | 0 193 | 0 199 | 0 206 | 0 212 | 0 218 | 0 224 | 0 231 | 0 237 |
| 84 | 0 185 | 0 192 | 0 198 | 0 204 | 0 211 | 0 217 | 0 223 | 0 230 | 0 236 | 0 243 |
| 86 | 0 190 | 0 196 | 0 203 | 0 209 | 0 216 | 0 222 | 0 229 | 0 235 | 0 242 | 0 248 |
| 88 | 0 194 | 0 201 | 0 207 | 0 214 | 0 221 | 0 227 | 0 234 | 0 241 | 0 247 | 0 254 |
| 0,90 | 0 198 | 0 205 | 0 212 | 0 219 | 0 226 | 0 233 | 0 239 | 0 246 | 0 253 | 0 260 |
| 92 | 0 203 | 0 210 | 0 217 | 0 224 | 0 231 | 0 238 | 0 245 | 0 252 | 0 259 | 0 266 |
| 94 | 0 207 | 0 214 | 0 221 | 0 229 | 0 236 | 0 243 | 0 250 | 0 257 | 0 264 | 0 271 |
| 96 | 0 212 | 0 219 | 0 226 | 0 233 | 0 241 | 0 248 | 0 255 | 0 263 | 0 270 | 0 277 |
| 98 | 0 216 | 0 223 | 0 231 | 0 238 | 0 246 | 0 253 | 0 261 | 0 268 | 0 276 | 0 283 |
| 1,— | 0 220 | 0 228 | 0 236 | 0 243 | 0 251 | 0 258 | 0 266 | 0 274 | 0 281 | 0 289 |
| 02 | 0 225 | 0 233 | 0 240 | 0 248 | 0 256 | 0 264 | 0 271 | 0 279 | 0 287 | 0 295 |
| 04 | 0 229 | 0 237 | 0 245 | 0 253 | 0 261 | 0 269 | 0 277 | 0 285 | 0 292 | 0 300 |
| 06 | 0 234 | 0 242 | 0 250 | 0 258 | 0 266 | 0 274 | 0 282 | 0 290 | 0 298 | 0 306 |
| 08 | 0 238 | 0 246 | 0 254 | 0 263 | 0 271 | 0 279 | 0 287 | 0 295 | 0 304 | 0 312 |
| 1,10 | 0 242 | 0 251 | 0 259 | 0 268 | 0 276 | 0 284 | 0 293 | 0 301 | 0 309 | 0 318 |
| 12 | 0 247 | 0 255 | 0 264 | 0 272 | 0 281 | 0 289 | 0 298 | 0 306 | 0 315 | 0 323 |
| 14 | 0 251 | 0 260 | 0 269 | 0 277 | 0 286 | 0 295 | 0 303 | 0 312 | 0 321 | 0 329 |
| 16 | 0 256 | 0 264 | 0 273 | 0 282 | 0 291 | 0 300 | 0 309 | 0 317 | 0 326 | 0 335 |
| 18 | 0 260 | 0 269 | 0 278 | 0 287 | 0 296 | 0 305 | 0 314 | 0 323 | 0 332 | 0 341 |
| 1,20 | 0 264 | 0 274 | 0 283 | 0 292 | 0 301 | 0 310 | 0 319 | 0 328 | 0 337 | 0 347 |
| 22 | 0 269 | 0 278 | 0 287 | 0 297 | 0 306 | 0 315 | 0 325 | 0 334 | 0 343 | 0 352 |
| 24 | 0 273 | 0 283 | 0 292 | 0 302 | 0 311 | 0 320 | 0 330 | 0 339 | 0 349 | 0 358 |
| 26 | 0 278 | 0 287 | 0 297 | 0 306 | 0 316 | 0 325 | 0 335 | 0 345 | 0 354 | 0 364 |
| 28 | 0 282 | 0 292 | 0 302 | 0 311 | 0 321 | 0 330 | 0 340 | 0 350 | 0 360 | 0 370 |
| 1,30 | 0 287 | 0 296 | 0 306 | 0 316 | 0 326 | 0 336 | 0 346 | 0 356 | 0 366 | 0 375 |
| 32 | 0 291 | 0 301 | 0 311 | 0 321 | 0 331 | 0 341 | 0 351 | 0 361 | 0 371 | 0 381 |
| 34 | 0 295 | 0 306 | 0 316 | 0 326 | 0 336 | 0 346 | 0 356 | 0 367 | 0 377 | 0 387 |
| 36 | 0 300 | 0 310 | 0 321 | 0 331 | 0 341 | 0 351 | 0 362 | 0 372 | 0 382 | 0 393 |
| 38 | 0 304 | 0 315 | 0 325 | 0 336 | 0 346 | 0 357 | 0 367 | 0 378 | 0 388 | 0 399 |
| 1,40 | 0 309 | 0 319 | 0 330 | 0 340 | 0 351 | 0 362 | 0 372 | 0 383 | 0 394 | 0 404 |
| 42 | 0 313 | 0 324 | 0 335 | 0 345 | 0 356 | 0 367 | 0 378 | 0 389 | 0 399 | 0 410 |
| 44 | 0 317 | 0 328 | 0 339 | 0 350 | 0 361 | 0 372 | 0 383 | 0 394 | 0 405 | 0 416 |
| 46 | 0 322 | 0 333 | 0 344 | 0 355 | 0 366 | 0 377 | 0 388 | 0 399 | 0 411 | 0 422 |
| 48 | 0 326 | 0 337 | 0 349 | 0 360 | 0 371 | 0 382 | 0 394 | 0 405 | 0 416 | 0 427 |
| 1,50 | 0 331 | 0 342 | 0 353 | 0 365 | 0 376 | 0 388 | 0 399 | 0 410 | 0 422 | 0 433 |
| 52 | 0 335 | 0 347 | 0 358 | 0 370 | 0 381 | 0 393 | 0 404 | 0 416 | 0 427 | 0 439 |
| 54 | 0 339 | 0 351 | 0 363 | 0 375 | 0 386 | 0 398 | 0 410 | 0 421 | 0 433 | 0 445 |
| 56 | 0 344 | 0 356 | 0 368 | 0 379 | 0 391 | 0 403 | 0 415 | 0 427 | 0 439 | 0 451 |
| 58 | 0 348 | 0 360 | 0 372 | 0 384 | 0 396 | 0 408 | 0 420 | 0 432 | 0 444 | 0 456 |
| 1,60 | 0 353 | 0 365 | 0 377 | 0 389 | 0 401 | 0 413 | 0 426 | 0 438 | 0 450 | 0 462 |
| 62 | 0 357 | 0 369 | 0 382 | 0 394 | 0 406 | 0 419 | 0 431 | 0 443 | 0 456 | 0 468 |
| 64 | 0 361 | 0 374 | 0 386 | 0 399 | 0 411 | 0 424 | 0 436 | 0 449 | 0 461 | 0 474 |
| 66 | 0 366 | 0 378 | 0 391 | 0 404 | 0 416 | 0 429 | 0 442 | 0 454 | 0 467 | 0 479 |
| 68 | 0 370 | 0 383 | 0 396 | 0 409 | 0 421 | 0 434 | 0 447 | 0 460 | 0 472 | 0 485 |
| 1,70 | 0 375 | 0 388 | 0 401 | 0 413 | 0 426 | 0 439 | 0 452 | 0 465 | 0 478 | 0 491 |
| 72 | 0 379 | 0 392 | 0 405 | 0 418 | 0 431 | 0 444 | 0 458 | 0 471 | 0 484 | 0 497 |
| 74 | 0 383 | 0 397 | 0 410 | 0 423 | 0 436 | 0 450 | 0 463 | 0 476 | 0 489 | 0 503 |
| 76 | 0 388 | 0 401 | 0 415 | 0 428 | 0 441 | 0 455 | 0 468 | 0 481 | 0 495 | 0 508 |

### LARGEUR — 48

| LONGUEUR | 0,78 | 0,80 | 0,82 | 0,84 | 0,86 | 0,88 | 0,90 | 0,92 | 0,94 | 0,96 |
|---|---|---|---|---|---|---|---|---|---|---|
| 0,78 | 0 231 | | | | | | | | | |
| 0,80 | 0 237 | 0 243 | | | | | | | | |
| 82 | 0 243 | 0 249 | 0 256 | | | | | | | |
| 84 | 0 249 | 0 255 | 0 262 | 0 268 | | | | | | |
| 86 | 0 255 | 0 261 | 0 268 | 0 275 | 0 281 | | | | | |
| 88 | 0 261 | 0 268 | 0 274 | 0 281 | 0 288 | 0 294 | | | | |
| 0,90 | 0 267 | 0 274 | 0 280 | 0 287 | 0 294 | 0 301 | 0 308 | | | |
| 92 | 0 273 | 0 280 | 0 287 | 0 294 | 0 301 | 0 308 | 0 315 | 0 322 | | |
| 94 | 0 279 | 0 286 | 0 293 | 0 300 | 0 307 | 0 314 | 0 321 | 0 329 | 0 336 | |
| 96 | 0 285 | 0 292 | 0 299 | 0 306 | 0 314 | 0 321 | 0 328 | 0 336 | 0 343 | 0 350 |
| 98 | 0 290 | 0 298 | 0 305 | 0 313 | 0 320 | 0 328 | 0 335 | 0 343 | 0 350 | 0 358 |
| 1,— | 0 296 | 0 304 | 0 312 | 0 319 | 0 327 | 0 334 | 0 342 | 0 350 | 0 357 | 0 365 |
| 02 | 0 302 | 0 310 | 0 318 | 0 326 | 0 333 | 0 341 | 0 349 | 0 357 | 0 364 | 0 372 |
| 04 | 0 308 | 0 316 | 0 324 | 0 332 | 0 340 | 0 348 | 0 356 | 0 364 | 0 371 | 0 379 |
| 06 | 0 314 | 0 322 | 0 330 | 0 338 | 0 346 | 0 354 | 0 363 | 0 371 | 0 379 | 0 387 |
| 08 | 0 320 | 0 328 | 0 337 | 0 345 | 0 353 | 0 361 | 0 369 | 0 378 | 0 386 | 0 394 |
| 1,10 | 0 326 | 0 334 | 0 343 | 0 351 | 0 359 | 0 368 | 0 376 | 0 385 | 0 393 | 0 401 |
| 12 | 0 332 | 0 340 | 0 349 | 0 358 | 0 366 | 0 375 | 0 383 | 0 392 | 0 400 | 0 409 |
| 14 | 0 338 | 0 347 | 0 355 | 0 364 | 0 373 | 0 381 | 0 390 | 0 399 | 0 407 | 0 416 |
| 16 | 0 344 | 0 353 | 0 361 | 0 370 | 0 379 | 0 388 | 0 397 | 0 406 | 0 414 | 0 423 |
| 18 | 0 350 | 0 359 | 0 368 | 0 377 | 0 386 | 0 395 | 0 404 | 0 413 | 0 421 | 0 430 |
| 1,20 | 0 356 | 0 365 | 0 374 | 0 383 | 0 392 | 0 401 | 0 410 | 0 420 | 0 429 | 0 438 |
| 22 | 0 362 | 0 371 | 0 380 | 0 389 | 0 399 | 0 408 | 0 417 | 0 427 | 0 436 | 0 445 |
| 24 | 0 368 | 0 377 | 0 386 | 0 396 | 0 405 | 0 415 | 0 424 | 0 434 | 0 443 | 0 452 |
| 26 | 0 373 | 0 383 | 0 393 | 0 402 | 0 412 | 0 421 | 0 431 | 0 440 | 0 450 | 0 460 |
| 28 | 0 379 | 0 389 | 0 399 | 0 409 | 0 418 | 0 428 | 0 438 | 0 447 | 0 457 | 0 467 |
| 1,30 | 0 385 | 0 395 | 0 405 | 0 415 | 0 425 | 0 435 | 0 445 | 0 454 | 0 464 | 0 474 |
| 32 | 0 391 | 0 401 | 0 411 | 0 421 | 0 431 | 0 441 | 0 451 | 0 461 | 0 472 | 0 482 |
| 34 | 0 397 | 0 407 | 0 418 | 0 428 | 0 438 | 0 448 | 0 458 | 0 468 | 0 479 | 0 489 |
| 36 | 0 403 | 0 413 | 0 424 | 0 434 | 0 444 | 0 455 | 0 465 | 0 475 | 0 486 | 0 496 |
| 38 | 0 409 | 0 419 | 0 430 | 0 440 | 0 451 | 0 461 | 0 472 | 0 482 | 0 493 | 0 503 |
| 1,40 | 0 415 | 0 426 | 0 436 | 0 447 | 0 458 | 0 468 | 0 479 | 0 489 | 0 500 | 0 511 |
| 42 | 0 421 | 0 432 | 0 442 | 0 453 | 0 464 | 0 475 | 0 486 | 0 496 | 0 507 | 0 518 |
| 44 | 0 427 | 0 438 | 0 449 | 0 460 | 0 471 | 0 482 | 0 492 | 0 503 | 0 514 | 0 525 |
| 46 | 0 433 | 0 444 | 0 455 | 0 466 | 0 477 | 0 488 | 0 499 | 0 510 | 0 521 | 0 533 |
| 48 | 0 439 | 0 450 | 0 461 | 0 472 | 0 484 | 0 495 | 0 506 | 0 517 | 0 528 | 0 540 |
| 1,50 | 0 445 | 0 456 | 0 467 | 0 479 | 0 490 | 0 502 | 0 513 | 0 524 | 0 536 | 0 547 |
| 52 | 0 451 | 0 462 | 0 474 | 0 485 | 0 497 | 0 508 | 0 520 | 0 531 | 0 543 | 0 554 |
| 54 | 0 456 | 0 468 | 0 480 | 0 491 | 0 503 | 0 515 | 0 527 | 0 538 | 0 550 | 0 562 |
| 56 | 0 462 | 0 474 | 0 486 | 0 498 | 0 510 | 0 522 | 0 531 | 0 545 | 0 557 | 0 569 |
| 58 | 0 468 | 0 480 | 0 492 | 0 504 | 0 516 | 0 528 | 0 540 | 0 552 | 0 564 | 0 576 |
| 1,60 | 0 474 | 0 486 | 0 499 | 0 511 | 0 523 | 0 535 | 0 547 | 0 559 | 0 572 | 0 584 |
| 62 | 0 480 | 0 492 | 0 505 | 0 517 | 0 529 | 0 542 | 0 554 | 0 566 | 0 579 | 0 591 |
| 64 | 0 486 | 0 498 | 0 511 | 0 523 | 0 536 | 0 548 | 0 561 | 0 573 | 0 586 | 0 598 |
| 66 | 0 492 | 0 504 | 0 517 | 0 530 | 0 542 | 0 555 | 0 568 | 0 580 | 0 593 | 0 606 |
| 68 | 0 498 | 0 510 | 0 523 | 0 536 | 0 549 | 0 562 | 0 575 | 0 587 | 0 600 | 0 613 |
| 1,70 | 0 504 | 0 517 | 0 530 | 0 543 | 0 556 | 0 568 | 0 581 | 0 594 | 0 607 | 0 620 |
| 72 | 0 510 | 0 523 | 0 536 | 0 549 | 0 562 | 0 575 | 0 588 | 0 601 | 0 614 | 0 627 |
| 74 | 0 516 | 0 529 | 0 542 | 0 555 | 0 569 | 0 582 | 0 595 | 0 608 | 0 622 | 0 635 |
| 76 | 0 522 | 0 535 | 0 548 | 0 562 | 0 575 | 0 589 | 0 602 | 0 615 | 0 629 | 0 642 |
| 78 | 0 528 | 0 541 | 0 555 | 0 568 | 0 582 | 0 595 | 0 609 | 0 622 | 0 636 | 0 649 |
| 1,80 | 0 534 | 0 547 | 0 561 | 0 575 | 0 588 | 0 602 | 0 616 | 0 629 | 0 643 | 0 657 |
| 82 | 0 539 | 0 553 | 0 567 | 0 581 | 0 595 | 0 609 | 0 622 | 0 636 | 0 650 | 0 664 |
| 84 | 0 545 | 0 559 | 0 573 | 0 587 | 0 601 | 0 615 | 0 629 | 0 643 | 0 657 | 0 671 |
| 86 | 0 551 | 0 565 | 0 580 | 0 594 | 0 608 | 0 622 | 0 636 | 0 650 | 0 664 | 0 679 |
| 88 | 0 557 | 0 572 | 0 586 | 0 600 | 0 614 | 0 629 | 0 643 | 0 657 | 0 672 | 0 686 |
| 1,90 | 0 563 | 0 578 | 0 592 | 0 606 | 0 621 | 0 635 | 0 650 | 0 664 | 0 679 | 0 693 |
| 92 | 0 569 | 0 584 | 0 598 | 0 613 | 0 627 | 0 642 | 0 657 | 0 671 | 0 686 | 0 700 |
| 94 | 0 575 | 0 590 | 0 605 | 0 619 | 0 634 | 0 649 | 0 663 | 0 678 | 0 693 | 0 708 |
| 96 | 0 581 | 0 596 | 0 611 | 0 626 | 0 641 | 0 655 | 0 670 | 0 685 | 0 700 | 0 715 |
| 98 | 0 587 | 0 602 | 0 617 | 0 632 | 0 647 | 0 662 | 0 677 | 0 692 | 0 707 | 0 722 |
| 2,— | 0 593 | 0 608 | 0 623 | 0 638 | 0 654 | 0 669 | 0 684 | 0 699 | 0 714 | 0 730 |
| 02 | 0 599 | 0 614 | 0 629 | 0 645 | 0 660 | 0 675 | 0 691 | 0 706 | 0 722 | 0 737 |
| 04 | 0 605 | 0 620 | 0 636 | 0 651 | 0 667 | 0 682 | 0 698 | 0 713 | 0 729 | 0 744 |
| 06 | 0 611 | 0 626 | 0 642 | 0 658 | 0 673 | 0 689 | 0 705 | 0 720 | 0 736 | 0 751 |
| 08 | 0 617 | 0 632 | 0 648 | 0 664 | 0 680 | 0 696 | 0 711 | 0 727 | 0 743 | 0 759 |
| 2,10 | 0 622 | 0 638 | 0 654 | 0 670 | 0 686 | 0 702 | 0 718 | 0 734 | 0 750 | 0 766 |
| 12 | 0 628 | 0 644 | 0 661 | 0 677 | 0 693 | 0 709 | 0 725 | 0 741 | 0 757 | 0 773 |
| 14 | 0 634 | 0 651 | 0 667 | 0 683 | 0 699 | 0 716 | 0 732 | 0 748 | 0 764 | 0 781 |
| 16 | 0 640 | 0 657 | 0 673 | 0 689 | 0 706 | 0 722 | 0 739 | 0 755 | 0 772 | 0 788 |

### LARGEUR — 49

| LONGUEUR | 0,98 | 1,00 | 1,02 | 1,04 | 1,06 | 1,08 | 1,10 | 1,12 | 1,14 | 1,16 |
|---|---|---|---|---|---|---|---|---|---|---|
| 0,98 | 0 365 | | | | | | | | | |
| 1,— | 0 372 | 0 380 | | | | | | | | |
| 02 | 0 380 | 0 388 | 0 395 | | | | | | | |
| 04 | 0 387 | 0 395 | 0 403 | 0 411 | | | | | | |
| 06 | 0 395 | 0 403 | 0 411 | 0 419 | 0 427 | | | | | |
| 08 | 0 402 | 0 410 | 0 419 | 0 427 | 0 435 | 0 443 | | | | |
| 1,10 | 0 410 | 0 418 | 0 426 | 0 435 | 0 443 | 0 451 | 0 460 | | | |
| 12 | 0 417 | 0 426 | 0 434 | 0 443 | 0 451 | 0 460 | 0 468 | 0 477 | | |
| 14 | 0 425 | 0 433 | 0 442 | 0 451 | 0 459 | 0 468 | 0 477 | 0 485 | 0 494 | |
| 16 | 0 432 | 0 441 | 0 450 | 0 458 | 0 467 | 0 476 | 0 485 | 0 494 | 0 503 | 0 511 |
| 18 | 0 439 | 0 448 | 0 457 | 0 466 | 0 475 | 0 484 | 0 493 | 0 502 | 0 511 | 0 520 |
| 1,20 | 0 447 | 0 456 | 0 465 | 0 474 | 0 483 | 0 492 | 0 502 | 0 511 | 0 520 | 0 529 |
| 22 | 0 454 | 0 464 | 0 473 | 0 482 | 0 491 | 0 501 | 0 510 | 0 519 | 0 529 | 0 538 |
| 24 | 0 462 | 0 471 | 0 481 | 0 490 | 0 499 | 0 509 | 0 518 | 0 528 | 0 537 | 0 547 |
| 26 | 0 469 | 0 479 | 0 488 | 0 498 | 0 508 | 0 517 | 0 527 | 0 536 | 0 546 | 0 555 |
| 28 | 0 477 | 0 486 | 0 496 | 0 506 | 0 516 | 0 525 | 0 535 | 0 545 | 0 554 | 0 564 |
| 1,30 | 0 481 | 0 494 | 0 504 | 0 514 | 0 524 | 0 534 | 0 543 | 0 553 | 0 563 | 0 573 |
| 32 | 0 492 | 0 502 | 0 512 | 0 522 | 0 532 | 0 542 | 0 552 | 0 562 | 0 572 | 0 582 |
| 34 | 0 499 | 0 509 | 0 519 | 0 530 | 0 540 | 0 550 | 0 560 | 0 570 | 0 580 | 0 591 |
| 36 | 0 506 | 0 517 | 0 527 | 0 537 | 0 548 | 0 558 | 0 568 | 0 579 | 0 589 | 0 599 |
| 38 | 0 511 | 0 524 | 0 535 | 0 545 | 0 556 | 0 566 | 0 577 | 0 587 | 0 598 | 0 608 |
| 1,40 | 0 521 | 0 532 | 0 543 | 0 553 | 0 564 | 0 575 | 0 585 | 0 596 | 0 606 | 0 617 |
| 42 | 0 529 | 0 540 | 0 550 | 0 561 | 0 572 | 0 583 | 0 594 | 0 604 | 0 615 | 0 626 |
| 44 | 0 536 | 0 547 | 0 558 | 0 569 | 0 580 | 0 591 | 0 602 | 0 613 | 0 624 | 0 635 |
| 46 | 0 541 | 0 555 | 0 566 | 0 577 | 0 588 | 0 599 | 0 610 | 0 621 | 0 632 | 0 644 |
| 48 | 0 551 | 0 562 | 0 574 | 0 585 | 0 596 | 0 607 | 0 619 | 0 630 | 0 641 | 0 652 |
| 1,50 | 0 559 | 0 570 | 0 581 | 0 593 | 0 601 | 0 616 | 0 627 | 0 638 | 0 650 | 0 661 |
| 52 | 0 566 | 0 578 | 0 589 | 0 601 | 0 612 | 0 624 | 0 635 | 0 647 | 0 658 | 0 670 |
| 54 | 0 573 | 0 585 | 0 597 | 0 609 | 0 620 | 0 632 | 0 644 | 0 655 | 0 667 | 0 679 |
| 56 | 0 581 | 0 593 | 0 605 | 0 617 | 0 628 | 0 640 | 0 652 | 0 664 | 0 676 | 0 688 |
| 58 | 0 588 | 0 600 | 0 612 | 0 624 | 0 636 | 0 648 | 0 660 | 0 672 | 0 684 | 0 696 |
| 1,60 | 0 596 | 0 608 | 0 620 | 0 632 | 0 644 | 0 657 | 0 669 | 0 681 | 0 693 | 0 705 |
| 62 | 0 603 | 0 616 | 0 628 | 0 640 | 0 653 | 0 665 | 0 677 | 0 689 | 0 702 | 0 714 |
| 64 | 0 611 | 0 623 | 0 636 | 0 648 | 0 661 | 0 673 | 0 686 | 0 698 | 0 710 | 0 723 |
| 66 | 0 618 | 0 631 | 0 643 | 0 656 | 0 669 | 0 681 | 0 694 | 0 706 | 0 719 | 0 732 |
| 68 | 0 626 | 0 638 | 0 651 | 0 664 | 0 677 | 0 689 | 0 702 | 0 715 | 0 728 | 0 741 |
| 1,70 | 0 633 | 0 646 | 0 659 | 0 672 | 0 685 | 0 698 | 0 711 | 0 724 | 0 736 | 0 749 |
| 72 | 0 641 | 0 654 | 0 667 | 0 680 | 0 693 | 0 706 | 0 719 | 0 732 | 0 745 | 0 758 |
| 74 | 0 648 | 0 661 | 0 674 | 0 688 | 0 701 | 0 714 | 0 727 | 0 741 | 0 754 | 0 767 |
| 76 | 0 655 | 0 669 | 0 682 | 0 696 | 0 709 | 0 722 | 0 736 | 0 749 | 0 762 | 0 776 |
| 78 | 0 663 | 0 676 | 0 690 | 0 703 | 0 717 | 0 731 | 0 744 | 0 758 | 0 771 | 0 785 |
| 1,80 | 0 670 | 0 684 | 0 698 | 0 711 | 0 725 | 0 739 | 0 752 | 0 766 | 0 780 | 0 793 |
| 82 | 0 678 | 0 692 | 0 705 | 0 719 | 0 733 | 0 747 | 0 761 | 0 775 | 0 788 | 0 802 |
| 84 | 0 685 | 0 699 | 0 713 | 0 727 | 0 741 | 0 755 | 0 769 | 0 783 | 0 797 | 0 811 |
| 86 | 0 693 | 0 707 | 0 721 | 0 735 | 0 749 | 0 763 | 0 777 | 0 792 | 0 806 | 0 820 |
| 88 | 0 700 | 0 714 | 0 729 | 0 743 | 0 757 | 0 772 | 0 786 | 0 800 | 0 814 | 0 829 |
| 1,90 | 0 708 | 0 722 | 0 736 | 0 751 | 0 765 | 0 780 | 0 794 | 0 809 | 0 823 | 0 838 |
| 92 | 0 715 | 0 730 | 0 744 | 0 759 | 0 773 | 0 788 | 0 803 | 0 817 | 0 832 | 0 846 |
| 94 | 0 722 | 0 737 | 0 752 | 0 767 | 0 781 | 0 796 | 0 811 | 0 826 | 0 840 | 0 855 |
| 96 | 0 730 | 0 745 | 0 760 | 0 775 | 0 789 | 0 804 | 0 819 | 0 834 | 0 849 | 0 864 |
| 98 | 0 737 | 0 752 | 0 767 | 0 782 | 0 798 | 0 813 | 0 828 | 0 843 | 0 858 | 0 873 |
| 2,— | 0 745 | 0 760 | 0 775 | 0 790 | 0 806 | 0 821 | 0 836 | 0 851 | 0 866 | 0 882 |
| 02 | 0 752 | 0 768 | 0 783 | 0 798 | 0 814 | 0 829 | 0 844 | 0 860 | 0 875 | 0 890 |
| 04 | 0 760 | 0 775 | 0 791 | 0 806 | 0 822 | 0 837 | 0 853 | 0 868 | 0 884 | 0 899 |
| 06 | 0 767 | 0 783 | 0 798 | 0 814 | 0 830 | 0 845 | 0 861 | 0 877 | 0 892 | 0 908 |
| 08 | 0 775 | 0 790 | 0 806 | 0 822 | 0 838 | 0 854 | 0 869 | 0 885 | 0 901 | 0 917 |
| 2,10 | 0 782 | 0 798 | 0 814 | 0 830 | 0 846 | 0 862 | 0 878 | 0 894 | 0 910 | 0 926 |
| 12 | 0 789 | 0 806 | 0 822 | 0 838 | 0 854 | 0 870 | 0 886 | 0 902 | 0 918 | 0 934 |
| 14 | 0 797 | 0 813 | 0 829 | 0 846 | 0 862 | 0 878 | 0 895 | 0 911 | 0 927 | 0 943 |
| 16 | 0 801 | 0 821 | 0 837 | 0 854 | 0 870 | 0 886 | 0 903 | 0 919 | 0 936 | 0 952 |

**LARGEUR** — 50

| LONGUEUR | FUTAILLES | 0,40 | 0,42 | 0,44 | 0,46 | 0,48 | 0,50 | 0,52 | 0,54 | 0,56 | 0,58 |
|---|---|---|---|---|---|---|---|---|---|---|---|
| 0,40 | 0 051 | 0 064 | | | | | | | | | |
| 42 | 0 054 | 0 067 | 0 071 | | | | | | | | |
| 44 | 0 057 | 0 070 | 0 074 | 0 077 | | | | | | | |
| 46 | 0 059 | 0 074 | 0 077 | 0 081 | 0 085 | | | | | | |
| 48 | 0 061 | 0 077 | 0 081 | 0 084 | 0 088 | 0 092 | | | | | |
| 0,50 | 0 064 | 0 080 | 0 084 | 0 088 | 0 092 | 0 096 | 0 100 | | | | |
| 52 | 0 067 | 0 083 | 0 087 | 0 092 | 0 096 | 0 100 | 0 104 | 0 108 | | | |
| 54 | 0 069 | 0 086 | 0 091 | 0 095 | 0 099 | 0 104 | 0 108 | 0 112 | 0 117 | | |
| 56 | 0 072 | 0 090 | 0 094 | 0 099 | 0 103 | 0 108 | 0 112 | 0 116 | 0 121 | 0 125 | |
| 58 | 0 074 | 0 093 | 0 097 | 0 102 | 0 107 | 0 111 | 0 116 | 0 121 | 0 125 | 0 130 | 0 135 |
| 0,60 | 0 077 | 0 096 | 0 101 | 0 106 | 0 110 | 0 115 | 0 120 | 0 125 | 0 130 | 0 134 | 0 139 |
| 62 | 0 079 | 0 099 | 0 104 | 0 109 | 0 114 | 0 119 | 0 124 | 0 129 | 0 134 | 0 139 | 0 144 |
| 64 | 0 082 | 0 102 | 0 108 | 0 113 | 0 118 | 0 123 | 0 128 | 0 133 | 0 138 | 0 143 | 0 148 |
| 66 | 0 084 | 0 106 | 0 111 | 0 116 | 0 121 | 0 127 | 0 132 | 0 137 | 0 143 | 0 148 | 0 153 |
| 68 | 0 087 | 0 109 | 0 114 | 0 120 | 0 125 | 0 131 | 0 136 | 0 141 | 0 147 | 0 152 | 0 158 |
| 0,70 | 0 090 | 0 112 | 0 118 | 0 123 | 0 129 | 0 134 | 0 140 | 0 146 | 0 151 | 0 157 | 0 162 |
| 72 | 0 092 | 0 115 | 0 121 | 0 127 | 0 132 | 0 138 | 0 144 | 0 150 | 0 156 | 0 161 | 0 167 |
| 74 | 0 095 | 0 118 | 0 124 | 0 130 | 0 136 | 0 142 | 0 148 | 0 154 | 0 160 | 0 166 | 0 172 |
| 76 | 0 097 | 0 122 | 0 128 | 0 134 | 0 140 | 0 146 | 0 152 | 0 158 | 0 164 | 0 170 | 0 176 |
| 78 | 0 100 | 0 125 | 0 131 | 0 137 | 0 144 | 0 150 | 0 156 | 0 162 | 0 168 | 0 175 | 0 181 |
| 0,80 | 0 102 | 0 128 | 0 134 | 0 141 | 0 147 | 0 154 | 0 160 | 0 166 | 0 173 | 0 179 | 0 186 |
| 82 | 0 105 | 0 131 | 0 138 | 0 144 | 0 151 | 0 157 | 0 164 | 0 171 | 0 177 | 0 184 | 0 190 |
| 84 | 0 108 | 0 134 | 0 141 | 0 148 | 0 155 | 0 161 | 0 168 | 0 175 | 0 181 | 0 188 | 0 195 |
| 86 | 0 110 | 0 138 | 0 144 | 0 151 | 0 158 | 0 165 | 0 172 | 0 179 | 0 186 | 0 193 | 0 200 |
| 88 | 0 113 | 0 141 | 0 148 | 0 155 | 0 162 | 0 169 | 0 176 | 0 183 | 0 190 | 0 197 | 0 204 |
| 0,90 | 0 115 | 0 144 | 0 151 | 0 158 | 0 166 | 0 173 | 0 180 | 0 187 | 0 194 | 0 202 | 0 209 |
| 92 | 0 118 | 0 147 | 0 155 | 0 162 | 0 169 | 0 177 | 0 184 | 0 191 | 0 199 | 0 206 | 0 213 |
| 94 | 0 120 | 0 150 | 0 158 | 0 165 | 0 173 | 0 180 | 0 188 | 0 196 | 0 203 | 0 211 | 0 218 |
| 96 | 0 123 | 0 154 | 0 161 | 0 169 | 0 177 | 0 184 | 0 192 | 0 200 | 0 207 | 0 215 | 0 223 |
| 98 | 0 125 | 0 157 | 0 165 | 0 172 | 0 180 | 0 188 | 0 196 | 0 204 | 0 212 | 0 220 | 0 227 |
| 1,— | 0 128 | 0 160 | 0 168 | 0 176 | 0 184 | 0 192 | 0 200 | 0 208 | 0 216 | 0 224 | 0 232 |
| 02 | 0 131 | 0 163 | 0 171 | 0 180 | 0 188 | 0 196 | 0 204 | 0 212 | 0 220 | 0 228 | 0 237 |
| 04 | 0 133 | 0 166 | 0 175 | 0 183 | 0 191 | 0 200 | 0 208 | 0 216 | 0 225 | 0 233 | 0 241 |
| 06 | 0 136 | 0 170 | 0 178 | 0 187 | 0 195 | 0 204 | 0 212 | 0 220 | 0 229 | 0 237 | 0 246 |
| 08 | 0 138 | 0 173 | 0 181 | 0 190 | 0 199 | 0 207 | 0 216 | 0 225 | 0 233 | 0 242 | 0 251 |
| 1,10 | 0 141 | 0 176 | 0 185 | 0 194 | 0 202 | 0 211 | 0 220 | 0 229 | 0 238 | 0 246 | 0 255 |
| 12 | 0 143 | 0 179 | 0 188 | 0 197 | 0 206 | 0 215 | 0 224 | 0 233 | 0 242 | 0 251 | 0 260 |
| 14 | 0 146 | 0 182 | 0 192 | 0 201 | 0 210 | 0 219 | 0 228 | 0 237 | 0 246 | 0 255 | 0 264 |
| 16 | 0 148 | 0 186 | 0 195 | 0 204 | 0 213 | 0 223 | 0 232 | 0 241 | 0 251 | 0 260 | 0 269 |
| 18 | 0 151 | 0 189 | 0 198 | 0 208 | 0 217 | 0 227 | 0 236 | 0 245 | 0 255 | 0 264 | 0 274 |
| 1,20 | 0 154 | 0 192 | 0 202 | 0 211 | 0 221 | 0 230 | 0 240 | 0 250 | 0 259 | 0 269 | 0 278 |
| 22 | 0 156 | 0 195 | 0 205 | 0 215 | 0 224 | 0 234 | 0 244 | 0 254 | 0 264 | 0 273 | 0 283 |
| 24 | 0 159 | 0 198 | 0 208 | 0 218 | 0 228 | 0 238 | 0 248 | 0 258 | 0 268 | 0 278 | 0 288 |
| 26 | 0 161 | 0 202 | 0 212 | 0 222 | 0 232 | 0 242 | 0 252 | 0 262 | 0 272 | 0 282 | 0 292 |
| 28 | 0 164 | 0 205 | 0 215 | 0 225 | 0 236 | 0 246 | 0 256 | 0 266 | 0 276 | 0 287 | 0 297 |
| 1,30 | 0 166 | 0 208 | 0 218 | 0 229 | 0 239 | 0 250 | 0 260 | 0 270 | 0 281 | 0 291 | 0 302 |
| 32 | 0 169 | 0 211 | 0 222 | 0 232 | 0 243 | 0 253 | 0 264 | 0 275 | 0 285 | 0 296 | 0 306 |
| 34 | 0 172 | 0 214 | 0 225 | 0 236 | 0 247 | 0 257 | 0 268 | 0 279 | 0 289 | 0 300 | 0 311 |
| 36 | 0 174 | 0 218 | 0 228 | 0 239 | 0 250 | 0 261 | 0 272 | 0 283 | 0 294 | 0 305 | 0 316 |
| 38 | 0 177 | 0 221 | 0 232 | 0 243 | 0 254 | 0 265 | 0 276 | 0 287 | 0 298 | 0 309 | 0 320 |
| 1,40 | 0 179 | 0 224 | 0 235 | 0 246 | 0 258 | 0 269 | 0 280 | 0 291 | 0 302 | 0 314 | 0 325 |
| 42 | 0 182 | 0 227 | 0 239 | 0 250 | 0 261 | 0 273 | 0 284 | 0 295 | 0 307 | 0 318 | 0 329 |
| 44 | 0 184 | 0 230 | 0 242 | 0 253 | 0 265 | 0 276 | 0 288 | 0 300 | 0 311 | 0 323 | 0 334 |
| 46 | 0 187 | 0 234 | 0 245 | 0 257 | 0 269 | 0 280 | 0 292 | 0 304 | 0 315 | 0 327 | 0 339 |
| 48 | 0 190 | 0 237 | 0 249 | 0 260 | 0 272 | 0 284 | 0 296 | 0 308 | 0 320 | 0 332 | 0 343 |
| 1,50 | 0 192 | 0 240 | 0 252 | 0 264 | 0 276 | 0 288 | 0 300 | 0 312 | 0 324 | 0 336 | 0 348 |
| 52 | 0 195 | 0 243 | 0 255 | 0 268 | 0 280 | 0 292 | 0 304 | 0 316 | 0 328 | 0 340 | 0 353 |
| 54 | 0 197 | 0 246 | 0 259 | 0 271 | 0 283 | 0 296 | 0 308 | 0 320 | 0 333 | 0 345 | 0 357 |
| 56 | 0 200 | 0 250 | 0 262 | 0 275 | 0 287 | 0 300 | 0 312 | 0 324 | 0 337 | 0 349 | 0 362 |
| 58 | 0 202 | 0 253 | 0 265 | 0 278 | 0 291 | 0 303 | 0 316 | 0 329 | 0 341 | 0 354 | 0 367 |
| 1,60 | 0 205 | 0 256 | 0 269 | 0 282 | 0 294 | 0 307 | 0 320 | 0 333 | 0 346 | 0 358 | 0 371 |
| 62 | 0 207 | 0 259 | 0 272 | 0 285 | 0 298 | 0 311 | 0 324 | 0 337 | 0 350 | 0 363 | 0 376 |
| 64 | 0 210 | 0 262 | 0 276 | 0 289 | 0 302 | 0 315 | 0 328 | 0 341 | 0 354 | 0 367 | 0 380 |
| 66 | 0 212 | 0 266 | 0 279 | 0 292 | 0 305 | 0 319 | 0 332 | 0 345 | 0 359 | 0 372 | 0 385 |
| 68 | 0 215 | 0 269 | 0 282 | 0 296 | 0 309 | 0 323 | 0 336 | 0 349 | 0 363 | 0 376 | 0 390 |
| 1,70 | 0 218 | 0 272 | 0 286 | 0 299 | 0 313 | 0 326 | 0 340 | 0 354 | 0 367 | 0 381 | 0 394 |
| 72 | 0 220 | 0 275 | 0 289 | 0 303 | 0 316 | 0 330 | 0 344 | 0 358 | 0 372 | 0 385 | 0 399 |
| 74 | 0 223 | 0 278 | 0 292 | 0 306 | 0 320 | 0 334 | 0 348 | 0 362 | 0 376 | 0 390 | 0 404 |
| 76 | 0 225 | 0 282 | 0 296 | 0 310 | 0 324 | 0 338 | 0 352 | 0 366 | 0 380 | 0 394 | 0 408 |
| 78 | 0 228 | 0 285 | 0 299 | 0 313 | 0 328 | 0 342 | 0 356 | 0 370 | 0 384 | 0 399 | 0 413 |

Epaisseur : 0ᵐ **40** centimètres — **0,40**

**LARGEUR** — 51

0,40—0

| LONGUEUR | 0,60 | 0,62 | 0,64 | 0,66 | 0,68 | 0,70 | 0,72 | 0,74 | 0,76 | 0,78 |
|---|---|---|---|---|---|---|---|---|---|---|
| 0,60 | 0 144 | | | | | | | | | |
| 62 | 0 149 | 0 154 | | | | | | | | |
| 64 | 0 154 | 0 159 | 0 164 | | | | | | | |
| 66 | 0 158 | 0 164 | 0 169 | 0 174 | | | | | | |
| 68 | 0 163 | 0 169 | 0 174 | 0 180 | 0 185 | | | | | |
| 0,70 | 0 168 | 0 174 | 0 179 | 0 185 | 0 190 | 0 196 | | | | |
| 72 | 0 173 | 0 179 | 0 184 | 0 190 | 0 196 | 0 202 | 0 207 | | | |
| 74 | 0 178 | 0 184 | 0 189 | 0 195 | 0 201 | 0 207 | 0 213 | 0 219 | | |
| 76 | 0 182 | 0 188 | 0 195 | 0 201 | 0 207 | 0 213 | 0 219 | 0 225 | 0 231 | |
| 78 | 0 187 | 0 193 | 0 200 | 0 206 | 0 212 | 0 218 | 0 225 | 0 231 | 0 237 | 0 243 |
| 0,80 | 0 192 | 0 198 | 0 205 | 0 211 | 0 218 | 0 224 | 0 230 | 0 237 | 0 243 | 0 250 |
| 82 | 0 197 | 0 203 | 0 210 | 0 216 | 0 223 | 0 230 | 0 236 | 0 243 | 0 249 | 0 256 |
| 84 | 0 202 | 0 208 | 0 215 | 0 222 | 0 228 | 0 235 | 0 242 | 0 249 | 0 255 | 0 262 |
| 86 | 0 206 | 0 213 | 0 220 | 0 227 | 0 234 | 0 241 | 0 248 | 0 255 | 0 261 | 0 268 |
| 88 | 0 211 | 0 218 | 0 225 | 0 232 | 0 239 | 0 246 | 0 253 | 0 260 | 0 268 | 0 275 |
| 0,90 | 0 216 | 0 223 | 0 230 | 0 238 | 0 245 | 0 252 | 0 259 | 0 266 | 0 274 | 0 281 |
| 92 | 0 221 | 0 228 | 0 236 | 0 243 | 0 250 | 0 258 | 0 265 | 0 272 | 0 280 | 0 287 |
| 94 | 0 226 | 0 233 | 0 241 | 0 248 | 0 256 | 0 263 | 0 271 | 0 278 | 0 286 | 0 293 |
| 96 | 0 230 | 0 238 | 0 246 | 0 253 | 0 261 | 0 269 | 0 276 | 0 284 | 0 292 | 0 300 |
| 98 | 0 235 | 0 243 | 0 251 | 0 259 | 0 267 | 0 274 | 0 282 | 0 290 | 0 298 | 0 306 |
| 1,— | 0 240 | 0 248 | 0 256 | 0 264 | 0 272 | 0 280 | 0 288 | 0 296 | 0 304 | 0 312 |
| 02 | 0 245 | 0 253 | 0 261 | 0 269 | 0 277 | 0 286 | 0 294 | 0 302 | 0 310 | 0 318 |
| 04 | 0 250 | 0 258 | 0 266 | 0 275 | 0 283 | 0 291 | 0 300 | 0 308 | 0 316 | 0 324 |
| 06 | 0 254 | 0 263 | 0 271 | 0 280 | 0 288 | 0 297 | 0 305 | 0 314 | 0 322 | 0 331 |
| 08 | 0 259 | 0 268 | 0 276 | 0 285 | 0 294 | 0 302 | 0 311 | 0 320 | 0 328 | 0 337 |
| 1,10 | 0 264 | 0 273 | 0 282 | 0 290 | 0 299 | 0 308 | 0 317 | 0 326 | 0 334 | 0 343 |
| 12 | 0 269 | 0 278 | 0 287 | 0 296 | 0 305 | 0 314 | 0 323 | 0 332 | 0 340 | 0 349 |
| 14 | 0 274 | 0 283 | 0 292 | 0 301 | 0 310 | 0 319 | 0 328 | 0 337 | 0 347 | 0 356 |
| 16 | 0 278 | 0 288 | 0 297 | 0 306 | 0 316 | 0 325 | 0 334 | 0 343 | 0 353 | 0 362 |
| 18 | 0 283 | 0 293 | 0 302 | 0 312 | 0 321 | 0 330 | 0 340 | 0 349 | 0 359 | 0 368 |
| 1,20 | 0 288 | 0 298 | 0 307 | 0 317 | 0 326 | 0 336 | 0 346 | 0 355 | 0 365 | 0 374 |
| 22 | 0 293 | 0 303 | 0 312 | 0 322 | 0 332 | 0 342 | 0 351 | 0 361 | 0 371 | 0 381 |
| 24 | 0 298 | 0 308 | 0 317 | 0 327 | 0 337 | 0 347 | 0 357 | 0 367 | 0 377 | 0 387 |
| 26 | 0 302 | 0 312 | 0 323 | 0 333 | 0 343 | 0 353 | 0 363 | 0 373 | 0 383 | 0 393 |
| 28 | 0 307 | 0 317 | 0 328 | 0 338 | 0 348 | 0 358 | 0 369 | 0 379 | 0 389 | 0 399 |
| 1,30 | 0 312 | 0 322 | 0 333 | 0 343 | 0 354 | 0 364 | 0 374 | 0 385 | 0 395 | 0 406 |
| 32 | 0 317 | 0 327 | 0 338 | 0 348 | 0 359 | 0 370 | 0 380 | 0 391 | 0 401 | 0 412 |
| 34 | 0 322 | 0 332 | 0 343 | 0 354 | 0 364 | 0 375 | 0 386 | 0 397 | 0 407 | 0 418 |
| 36 | 0 326 | 0 337 | 0 348 | 0 359 | 0 370 | 0 381 | 0 392 | 0 403 | 0 413 | 0 424 |
| 38 | 0 331 | 0 342 | 0 353 | 0 364 | 0 375 | 0 386 | 0 397 | 0 408 | 0 420 | 0 431 |
| 1,40 | 0 336 | 0 347 | 0 358 | 0 370 | 0 381 | 0 392 | 0 403 | 0 414 | 0 426 | 0 437 |
| 42 | 0 341 | 0 352 | 0 364 | 0 375 | 0 386 | 0 398 | 0 409 | 0 420 | 0 432 | 0 443 |
| 44 | 0 346 | 0 357 | 0 369 | 0 380 | 0 392 | 0 403 | 0 415 | 0 426 | 0 438 | 0 449 |
| 46 | 0 350 | 0 362 | 0 374 | 0 385 | 0 397 | 0 409 | 0 420 | 0 432 | 0 444 | 0 456 |
| 48 | 0 355 | 0 367 | 0 379 | 0 391 | 0 403 | 0 414 | 0 426 | 0 438 | 0 450 | 0 462 |
| 1,50 | 0 360 | 0 372 | 0 384 | 0 396 | 0 408 | 0 420 | 0 432 | 0 444 | 0 456 | 0 468 |
| 52 | 0 365 | 0 377 | 0 389 | 0 401 | 0 413 | 0 426 | 0 438 | 0 450 | 0 462 | 0 474 |
| 54 | 0 370 | 0 382 | 0 394 | 0 407 | 0 419 | 0 431 | 0 444 | 0 456 | 0 468 | 0 480 |
| 56 | 0 374 | 0 387 | 0 399 | 0 412 | 0 424 | 0 437 | 0 449 | 0 462 | 0 474 | 0 487 |
| 58 | 0 379 | 0 392 | 0 404 | 0 417 | 0 430 | 0 442 | 0 455 | 0 468 | 0 480 | 0 493 |
| 1,60 | 0 384 | 0 397 | 0 410 | 0 422 | 0 435 | 0 448 | 0 461 | 0 474 | 0 486 | 0 499 |
| 62 | 0 389 | 0 402 | 0 415 | 0 428 | 0 441 | 0 454 | 0 467 | 0 480 | 0 492 | 0 505 |
| 64 | 0 394 | 0 407 | 0 420 | 0 433 | 0 446 | 0 459 | 0 472 | 0 485 | 0 499 | 0 512 |
| 66 | 0 398 | 0 412 | 0 425 | 0 438 | 0 452 | 0 465 | 0 478 | 0 491 | 0 505 | 0 518 |
| 68 | 0 403 | 0 417 | 0 430 | 0 444 | 0 457 | 0 470 | 0 484 | 0 497 | 0 511 | 0 524 |
| 1,70 | 0 408 | 0 422 | 0 435 | 0 449 | 0 462 | 0 476 | 0 490 | 0 503 | 0 517 | 0 530 |
| 72 | 0 413 | 0 427 | 0 440 | 0 454 | 0 468 | 0 482 | 0 495 | 0 509 | 0 523 | 0 537 |
| 74 | 0 418 | 0 432 | 0 445 | 0 459 | 0 473 | 0 487 | 0 501 | 0 515 | 0 529 | 0 543 |
| 76 | 0 422 | 0 436 | 0 451 | 0 465 | 0 479 | 0 493 | 0 507 | 0 521 | 0 535 | 0 549 |
| 78 | 0 427 | 0 441 | 0 456 | 0 470 | 0 484 | 0 498 | 0 513 | 0 527 | 0 541 | 0 555 |

Epaisseur : **0ᵐ 40** centimètres     Epaisseur : **0ᵐ 40** centimètres     **0,40**

| LONGUEUR | LARGEUR | | | | | | | | | |
|---|---|---|---|---|---|---|---|---|---|---|
| | 0,80 | 0,82 | 0,84 | 0 86 | 0,88 | 0,90 | 0,92 | 0,94 | 0,96 | 0,98 |
| 0 80 | 0 256 | | | | | | | | | |
| 82 | 0 262 | 0 269 | | | | | | | | |
| 84 | 0 269 | 0 276 | 0 282 | | | | | | | |
| 86 | 0 275 | 0 282 | 0 289 | 0 296 | | | | | | |
| 88 | 0 282 | 0 289 | 0 296 | 0 303 | 0 310 | | | | | |
| 0,90 | 0 288 | 0 295 | 0 302 | 0 310 | 0 317 | 0 324 | | | | |
| 92 | 0 294 | 0 302 | 0 309 | 0 316 | 0 324 | 0 331 | 0 339 | | | |
| 94 | 0 301 | 0 308 | 0 316 | 0 323 | 0 331 | 0 338 | 0 346 | 0 353 | | |
| 96 | 0 307 | 0 315 | 0 323 | 0 330 | 0 338 | 0 346 | 0 353 | 0 361 | 0 369 | |
| 98 | 0 314 | 0 321 | 0 329 | 0 337 | 0 345 | 0 353 | 0 361 | 0 368 | 0 376 | 0 384 |
| 1,— | 0 320 | 0 328 | 0 336 | 0 344 | 0 352 | 0 360 | 0 368 | 0 376 | 0 384 | 0 392 |
| 02 | 0 326 | 0 335 | 0 343 | 0 351 | 0 359 | 0 367 | 0 375 | 0 384 | 0 392 | 0 400 |
| 04 | 0 333 | 0 341 | 0 349 | 0 358 | 0 366 | 0 374 | 0 383 | 0 391 | 0 399 | 0 408 |
| 06 | 0 339 | 0 348 | 0 356 | 0 365 | 0 373 | 0 382 | 0 390 | 0 399 | 0 407 | 0 416 |
| 08 | 0 346 | 0 354 | 0 363 | 0 372 | 0 380 | 0 389 | 0 397 | 0 406 | 0 415 | 0 423 |
| 1,10 | 0 352 | 0 361 | 0 370 | 0 378 | 0 387 | 0 396 | 0 405 | 0 414 | 0 422 | 0 431 |
| 12 | 0 358 | 0 367 | 0 376 | 0 385 | 0 394 | 0 403 | 0 412 | 0 421 | 0 430 | 0 439 |
| 14 | 0 365 | 0 374 | 0 383 | 0 392 | 0 401 | 0 410 | 0 420 | 0 429 | 0 438 | 0 447 |
| 16 | 0 371 | 0 380 | 0 390 | 0 399 | 0 408 | 0 418 | 0 427 | 0 436 | 0 445 | 0 455 |
| 18 | 0 378 | 0 387 | 0 396 | 0 406 | 0 415 | 0 425 | 0 434 | 0 444 | 0 453 | 0 463 |
| 1,20 | 0 384 | 0 391 | 0 403 | 0 413 | 0 422 | 0 432 | 0 442 | 0 451 | 0 461 | 0 470 |
| 22 | 0 390 | 0 400 | 0 410 | 0 420 | 0 429 | 0 439 | 0 449 | 0 459 | 0 468 | 0 478 |
| 24 | 0 397 | 0 407 | 0 417 | 0 427 | 0 436 | 0 446 | 0 456 | 0 466 | 0 476 | 0 486 |
| 26 | 0 403 | 0 413 | 0 423 | 0 433 | 0 444 | 0 454 | 0 464 | 0 474 | 0 484 | 0 494 |
| 28 | 0 410 | 0 420 | 0 430 | 0 440 | 0 451 | 0 461 | 0 471 | 0 481 | 0 492 | 0 502 |
| 1,30 | 0 416 | 0 426 | 0 437 | 0 447 | 0 458 | 0 468 | 0 478 | 0 489 | 0 499 | 0 510 |
| 32 | 0 422 | 0 433 | 0 444 | 0 454 | 0 465 | 0 475 | 0 486 | 0 496 | 0 507 | 0 517 |
| 34 | 0 429 | 0 440 | 0 450 | 0 461 | 0 472 | 0 482 | 0 493 | 0 504 | 0 515 | 0 525 |
| 36 | 0 435 | 0 446 | 0 457 | 0 468 | 0 479 | 0 490 | 0 500 | 0 511 | 0 522 | 0 533 |
| 38 | 0 442 | 0 453 | 0 464 | 0 475 | 0 486 | 0 497 | 0 508 | 0 519 | 0 530 | 0 541 |
| 1,40 | 0 448 | 0 459 | 0 470 | 0 482 | 0 493 | 0 504 | 0 515 | 0 526 | 0 538 | 0 549 |
| 42 | 0 454 | 0 466 | 0 477 | 0 488 | 0 500 | 0 511 | 0 523 | 0 534 | 0 545 | 0 557 |
| 44 | 0 461 | 0 472 | 0 484 | 0 495 | 0 507 | 0 518 | 0 530 | 0 541 | 0 553 | 0 564 |
| 46 | 0 467 | 0 479 | 0 491 | 0 502 | 0 514 | 0 526 | 0 537 | 0 549 | 0 561 | 0 572 |
| 48 | 0 474 | 0 485 | 0 497 | 0 509 | 0 521 | 0 533 | 0 545 | 0 556 | 0 568 | 0 580 |
| 1,50 | 0 480 | 0 492 | 0 504 | 0 516 | 0 528 | 0 540 | 0 552 | 0 564 | 0 576 | 0 588 |
| 52 | 0 486 | 0 499 | 0 511 | 0 523 | 0 535 | 0 547 | 0 559 | 0 572 | 0 584 | 0 596 |
| 54 | 0 493 | 0 505 | 0 517 | 0 530 | 0 542 | 0 554 | 0 567 | 0 579 | 0 591 | 0 604 |
| 56 | 0 499 | 0 512 | 0 524 | 0 537 | 0 549 | 0 562 | 0 574 | 0 587 | 0 599 | 0 612 |
| 58 | 0 506 | 0 518 | 0 531 | 0 544 | 0 556 | 0 569 | 0 581 | 0 594 | 0 607 | 0 619 |
| 1,60 | 0 512 | 0 525 | 0 538 | 0 550 | 0 563 | 0 576 | 0 589 | 0 602 | 0 614 | 0 627 |
| 62 | 0 518 | 0 531 | 0 544 | 0 557 | 0 570 | 0 583 | 0 596 | 0 609 | 0 622 | 0 635 |
| 64 | 0 525 | 0 538 | 0 551 | 0 564 | 0 577 | 0 590 | 0 604 | 0 617 | 0 630 | 0 643 |
| 66 | 0 531 | 0 544 | 0 558 | 0 571 | 0 584 | 0 598 | 0 611 | 0 624 | 0 637 | 0 651 |
| 68 | 0 538 | 0 551 | 0 564 | 0 578 | 0 591 | 0 605 | 0 618 | 0 632 | 0 645 | 0 659 |
| 1,70 | 0 544 | 0 558 | 0 571 | 0 585 | 0 598 | 0 612 | 0 626 | 0 639 | 0 653 | 0 666 |
| 72 | 0 550 | 0 564 | 0 578 | 0 592 | 0 605 | 0 619 | 0 633 | 0 647 | 0 660 | 0 674 |
| 74 | 0 557 | 0 571 | 0 585 | 0 599 | 0 612 | 0 626 | 0 640 | 0 654 | 0 668 | 0 682 |
| 76 | 0 563 | 0 577 | 0 591 | 0 605 | 0 620 | 0 634 | 0 648 | 0 662 | 0 676 | 0 690 |
| 78 | 0 570 | 0 584 | 0 598 | 0 612 | 0 627 | 0 641 | 0 655 | 0 669 | 0 684 | 0 698 |
| 1,80 | 0 576 | 0 590 | 0 605 | 0 619 | 0 634 | 0 648 | 0 662 | 0 677 | 0 691 | 0 706 |
| 82 | 0 582 | 0 597 | 0 612 | 0 626 | 0 641 | 0 655 | 0 670 | 0 685 | 0 699 | 0 713 |
| 84 | 0 589 | 0 604 | 0 618 | 0 633 | 0 648 | 0 662 | 0 677 | 0 692 | 0 707 | 0 721 |
| 86 | 0 595 | 0 610 | 0 625 | 0 640 | 0 655 | 0 670 | 0 684 | 0 699 | 0 714 | 0 729 |
| 88 | 0 602 | 0 617 | 0 632 | 0 647 | 0 662 | 0 677 | 0 692 | 0 707 | 0 722 | 0 737 |
| 1,90 | 0 608 | 0 623 | 0 638 | 0 654 | 0 669 | 0 684 | 0 699 | 0 714 | 0 730 | 0 745 |
| 92 | 0 614 | 0 630 | 0 645 | 0 660 | 0 676 | 0 691 | 0 707 | 0 722 | 0 737 | 0 753 |
| 94 | 0 621 | 0 636 | 0 652 | 0 667 | 0 683 | 0 698 | 0 714 | 0 729 | 0 745 | 0 760 |
| 96 | 0 627 | 0 643 | 0 659 | 0 674 | 0 690 | 0 706 | 0 721 | 0 737 | 0 753 | 0 768 |
| 98 | 0 634 | 0 649 | 0 663 | 0 681 | 0 697 | 0 713 | 0 729 | 0 744 | 0 760 | 0 776 |
| 2,— | 0 640 | 0 656 | 0 672 | 0 688 | 0 704 | 0 720 | 0 736 | 0 752 | 0 768 | 0 784 |
| 02 | 0 646 | 0 663 | 0 679 | 0 695 | 0 711 | 0 727 | 0 743 | 0 760 | 0 776 | 0 792 |
| 04 | 0 653 | 0 669 | 0 685 | 0 702 | 0 718 | 0 734 | 0 751 | 0 767 | 0 783 | 0 800 |
| 06 | 0 659 | 0 676 | 0 692 | 0 709 | 0 725 | 0 742 | 0 758 | 0 775 | 0 791 | 0 808 |
| 08 | 0 666 | 0 682 | 0 699 | 0 716 | 0 732 | 0 749 | 0 765 | 0 782 | 0 799 | 0 815 |
| 2,10 | 0 672 | 0 689 | 0 706 | 0 722 | 0 739 | 0 756 | 0 773 | 0 790 | 0 806 | 0 823 |
| 12 | 0 678 | 0 695 | 0 712 | 0 729 | 0 746 | 0 763 | 0 780 | 0 797 | 0 814 | 0 831 |
| 14 | 0 685 | 0 702 | 0 719 | 0 736 | 0 753 | 0 770 | 0 788 | 0 805 | 0 822 | 0 839 |
| 16 | 0 691 | 0 708 | 0 726 | 0 743 | 0 760 | 0 778 | 0 795 | 0 812 | 0 829 | 0 847 |
| 18 | 0 698 | 0 715 | 0 732 | 0 750 | 0 767 | 0 785 | 0 802 | 0 820 | 0 837 | 0 855 |

| LONGUEUR | LARGEUR | | | | | | | | | |
|---|---|---|---|---|---|---|---|---|---|---|
| | 1,00 | 1,02 | 1,04 | 1,06 | 1,08 | 1,10 | 1,12 | 1,14 | 1,16 | 1,18 |
| 1,— | 0 400 | | | | | | | | | |
| 02 | 0 408 | 0 416 | | | | | | | | |
| 04 | 0 416 | 0 424 | 0 433 | | | | | | | |
| 06 | 0 424 | 0 432 | 0 441 | 0 449 | | | | | | |
| 08 | 0 432 | 0 441 | 0 449 | 0 458 | 0 467 | | | | | |
| 1,10 | 0 440 | 0 449 | 0 458 | 0 466 | 0 475 | 0 484 | | | | |
| 12 | 0 448 | 0 457 | 0 466 | 0 475 | 0 484 | 0 493 | 0 502 | | | |
| 14 | 0 456 | 0 465 | 0 474 | 0 483 | 0 492 | 0 502 | 0 511 | 0 520 | | |
| 16 | 0 464 | 0 473 | 0 483 | 0 492 | 0 501 | 0 510 | 0 520 | 0 529 | 0 538 | |
| 18 | 0 472 | 0 481 | 0 491 | 0 500 | 0 510 | 0 519 | 0 529 | 0 538 | 0 548 | 0 557 |
| 1,20 | 0 480 | 0 490 | 0 499 | 0 509 | 0 518 | 0 528 | 0 538 | 0 547 | 0 557 | 0 566 |
| 22 | 0 488 | 0 498 | 0 508 | 0 517 | 0 527 | 0 537 | 0 547 | 0 556 | 0 566 | 0 576 |
| 24 | 0 496 | 0 506 | 0 516 | 0 526 | 0 536 | 0 546 | 0 556 | 0 565 | 0 575 | 0 585 |
| 26 | 0 504 | 0 514 | 0 524 | 0 534 | 0 544 | 0 554 | 0 564 | 0 575 | 0 585 | 0 595 |
| 28 | 0 512 | 0 522 | 0 532 | 0 543 | 0 553 | 0 563 | 0 573 | 0 581 | 0 594 | 0 604 |
| 1,30 | 0 520 | 0 530 | 0 541 | 0 551 | 0 562 | 0 572 | 0 582 | 0 593 | 0 603 | 0 614 |
| 32 | 0 528 | 0 539 | 0 549 | 0 560 | 0 570 | 0 581 | 0 591 | 0 602 | 0 612 | 0 623 |
| 34 | 0 536 | 0 547 | 0 557 | 0 568 | 0 579 | 0 590 | 0 600 | 0 611 | 0 622 | 0 632 |
| 36 | 0 544 | 0 555 | 0 566 | 0 577 | 0 588 | 0 598 | 0 609 | 0 620 | 0 631 | 0 642 |
| 38 | 0 552 | 0 563 | 0 574 | 0 585 | 0 596 | 0 607 | 0 618 | 0 629 | 0 640 | 0 651 |
| 1,40 | 0 560 | 0 571 | 0 582 | 0 594 | 0 605 | 0 616 | 0 627 | 0 638 | 0 650 | 0 661 |
| 42 | 0 568 | 0 579 | 0 591 | 0 602 | 0 613 | 0 625 | 0 636 | 0 648 | 0 659 | 0 670 |
| 44 | 0 576 | 0 588 | 0 599 | 0 611 | 0 622 | 0 634 | 0 645 | 0 657 | 0 668 | 0 680 |
| 46 | 0 584 | 0 596 | 0 607 | 0 619 | 0 631 | 0 642 | 0 654 | 0 666 | 0 677 | 0 689 |
| 48 | 0 592 | 0 604 | 0 616 | 0 628 | 0 639 | 0 651 | 0 663 | 0 675 | 0 687 | 0 699 |
| 1,50 | 0 600 | 0 612 | 0 624 | 0 636 | 0 648 | 0 660 | 0 672 | 0 684 | 0 696 | 0 708 |
| 52 | 0 608 | 0 620 | 0 632 | 0 644 | 0 657 | 0 669 | 0 681 | 0 693 | 0 705 | 0 717 |
| 54 | 0 616 | 0 628 | 0 641 | 0 653 | 0 665 | 0 678 | 0 690 | 0 702 | 0 715 | 0 727 |
| 56 | 0 624 | 0 636 | 0 649 | 0 661 | 0 674 | 0 686 | 0 699 | 0 711 | 0 724 | 0 736 |
| 58 | 0 632 | 0 645 | 0 657 | 0 670 | 0 683 | 0 695 | 0 708 | 0 720 | 0 733 | 0 746 |
| 1,60 | 0 640 | 0 653 | 0 666 | 0 678 | 0 691 | 0 704 | 0 717 | 0 730 | 0 742 | 0 755 |
| 62 | 0 648 | 0 661 | 0 674 | 0 687 | 0 700 | 0 713 | 0 726 | 0 739 | 0 752 | 0 765 |
| 64 | 0 656 | 0 669 | 0 682 | 0 695 | 0 708 | 0 722 | 0 735 | 0 748 | 0 761 | 0 774 |
| 66 | 0 664 | 0 677 | 0 691 | 0 704 | 0 717 | 0 730 | 0 744 | 0 757 | 0 770 | 0 784 |
| 68 | 0 672 | 0 685 | 0 699 | 0 712 | 0 726 | 0 739 | 0 753 | 0 766 | 0 780 | 0 793 |
| 1,70 | 0 680 | 0 694 | 0 707 | 0 721 | 0 734 | 0 748 | 0 762 | 0 775 | 0 789 | 0 802 |
| 72 | 0 688 | 0 702 | 0 716 | 0 729 | 0 743 | 0 757 | 0 771 | 0 784 | 0 798 | 0 812 |
| 74 | 0 696 | 0 710 | 0 724 | 0 738 | 0 752 | 0 766 | 0 780 | 0 793 | 0 807 | 0 821 |
| 76 | 0 704 | 0 718 | 0 732 | 0 746 | 0 760 | 0 774 | 0 788 | 0 803 | 0 817 | 0 831 |
| 78 | 0 712 | 0 726 | 0 740 | 0 755 | 0 769 | 0 783 | 0 797 | 0 812 | 0 826 | 0 840 |
| 1,80 | 0 720 | 0 734 | 0 749 | 0 763 | 0 778 | 0 792 | 0 806 | 0 821 | 0 835 | 0 850 |
| 82 | 0 728 | 0 743 | 0 757 | 0 772 | 0 786 | 0 801 | 0 815 | 0 830 | 0 844 | 0 859 |
| 84 | 0 736 | 0 751 | 0 765 | 0 780 | 0 795 | 0 810 | 0 824 | 0 839 | 0 854 | 0 868 |
| 86 | 0 744 | 0 759 | 0 774 | 0 789 | 0 804 | 0 818 | 0 833 | 0 848 | 0 863 | 0 878 |
| 88 | 0 752 | 0 767 | 0 782 | 0 797 | 0 812 | 0 827 | 0 842 | 0 857 | 0 872 | 0 887 |
| 1,90 | 0 760 | 0 775 | 0 790 | 0 806 | 0 821 | 0 836 | 0 851 | 0 866 | 0 881 | 0 897 |
| 92 | 0 768 | 0 783 | 0 799 | 0 814 | 0 829 | 0 845 | 0 860 | 0 876 | 0 891 | 0 906 |
| 94 | 0 776 | 0 792 | 0 807 | 0 823 | 0 838 | 0 853 | 0 869 | 0 885 | 0 900 | 0 916 |
| 96 | 0 784 | 0 800 | 0 815 | 0 831 | 0 847 | 0 862 | 0 878 | 0 894 | 0 909 | 0 925 |
| 98 | 0 792 | 0 808 | 0 824 | 0 840 | 0 855 | 0 871 | 0 887 | 0 903 | 0 919 | 0 935 |
| 2,— | 0 800 | 0 816 | 0 832 | 0 848 | 0 864 | 0 880 | 0 896 | 0 912 | 0 928 | 0 944 |
| 02 | 0 808 | 0 824 | 0 840 | 0 856 | 0 872 | 0 889 | 0 905 | 0 921 | 0 937 | 0 953 |
| 04 | 0 816 | 0 832 | 0 849 | 0 865 | 0 881 | 0 898 | 0 914 | 0 930 | 0 947 | 0 963 |
| 06 | 0 824 | 0 840 | 0 857 | 0 873 | 0 889 | 0 906 | 0 923 | 0 939 | 0 956 | 0 972 |
| 08 | 0 832 | 0 849 | 0 865 | 0 882 | 0 898 | 0 915 | 0 932 | 0 948 | 0 965 | 0 982 |
| 2,10 | 0 840 | 0 857 | 0 874 | 0 890 | 0 907 | 0 924 | 0 941 | 0 958 | 0 974 | 0 991 |
| 12 | 0 848 | 0 865 | 0 882 | 0 899 | 0 916 | 0 933 | 0 950 | 0 967 | 0 984 | 1 001 |
| 14 | 0 856 | 0 873 | 0 890 | 0 907 | 0 924 | 0 942 | 0 959 | 0 976 | 0 993 | 1 010 |
| 16 | 0 864 | 0 881 | 0 899 | 0 916 | 0 933 | 0 950 | 0 968 | 0 985 | 1 002 | 1 020 |
| 18 | 0 872 | 0 889 | 0 907 | 0 924 | 0 942 | 0 959 | 0 977 | 0 994 | 1 012 | 1 029 |

| LONG. | FUTAILLES | ____ LARGEUR ____ 3 | | | | | | | | | |
|---|---|---|---|---|---|---|---|---|---|---|---|
| | | 0,42 | 0,44 | 0,46 | 0,48 | 0,50 | 0,52 | 0,54 | 0,56 | 0,58 | 0,60 |
| 0,42 | 0 059 | 0 071 | | | | | | | | | | |
| 44 | 0 062 | 0 078 | 0 081 | | | | | | | | | |
| 46 | 0 065 | 0 081 | 0 085 | 0 089 | | | | | | | | |
| 48 | 0 068 | 0 085 | 0 089 | 0 093 | 0 097 | | | | | | | |
| 0,50 | 0 071 | 0 088 | 0 092 | 0 097 | 0 101 | 0 105 | | | | | | |
| 52 | 0 073 | 0 092 | 0 096 | 0 100 | 0 105 | 0 109 | 0 114 | | | | | |
| 54 | 0 076 | 0 095 | 0 100 | 0 104 | 0 109 | 0 113 | 0 118 | 0 122 | | | | |
| 56 | 0 079 | 0 099 | 0 103 | 0 108 | 0 113 | 0 118 | 0 122 | 0 127 | 0 132 | | | |
| 58 | 0 082 | 0 102 | 0 107 | 0 112 | 0 117 | 0 122 | 0 127 | 0 132 | 0 136 | 0 141 | | |
| 0,60 | 0 085 | 0 106 | 0 111 | 0 116 | 0 121 | 0 126 | 0 131 | 0 136 | 0 141 | 0 146 | 0 151 | |
| 62 | 0 087 | 0 109 | 0 115 | 0 120 | 0 125 | 0 130 | 0 135 | 0 141 | 0 146 | 0 151 | 0 156 | |
| 64 | 0 090 | 0 113 | 0 118 | 0 124 | 0 129 | 0 134 | 0 140 | 0 145 | 0 151 | 0 156 | 0 161 | |
| 66 | 0 093 | 0 116 | 0 122 | 0 128 | 0 133 | 0 139 | 0 144 | 0 150 | 0 155 | 0 161 | 0 166 | |
| 68 | 0 096 | 0 120 | 0 126 | 0 131 | 0 137 | 0 143 | 0 149 | 0 154 | 0 160 | 0 166 | 0 171 | |
| 0,70 | 0 099 | 0 123 | 0 129 | 0 135 | 0 141 | 0 147 | 0 153 | 0 159 | 0 165 | 0 171 | 0 176 | |
| 72 | 0 102 | 0 127 | 0 133 | 0 139 | 0 145 | 0 151 | 0 157 | 0 163 | 0 169 | 0 175 | 0 181 | |
| 74 | 0 105 | 0 131 | 0 137 | 0 143 | 0 149 | 0 155 | 0 162 | 0 168 | 0 174 | 0 180 | 0 186 | |
| 76 | 0 107 | 0 134 | 0 140 | 0 147 | 0 153 | 0 160 | 0 166 | 0 172 | 0 179 | 0 185 | 0 192 | |
| 78 | 0 110 | 0 138 | 0 144 | 0 151 | 0 157 | 0 164 | 0 170 | 0 177 | 0 183 | 0 190 | 0 197 | |
| 0,80 | 0 113 | 0 141 | 0 148 | 0 155 | 0 161 | 0 168 | 0 175 | 0 181 | 0 188 | 0 195 | 0 202 | |
| 82 | 0 116 | 0 145 | 0 152 | 0 158 | 0 165 | 0 172 | 0 179 | 0 186 | 0 193 | 0 200 | 0 207 | |
| 84 | 0 119 | 0 148 | 0 155 | 0 162 | 0 169 | 0 176 | 0 183 | 0 191 | 0 198 | 0 205 | 0 212 | |
| 86 | 0 121 | 0 152 | 0 159 | 0 166 | 0 173 | 0 181 | 0 188 | 0 195 | 0 202 | 0 209 | 0 217 | |
| 88 | 0 124 | 0 155 | 0 163 | 0 170 | 0 177 | 0 185 | 0 192 | 0 200 | 0 207 | 0 214 | 0 222 | |
| 0,90 | 0 127 | 0 159 | 0 166 | 0 174 | 0 181 | 0 189 | 0 197 | 0 204 | 0 212 | 0 219 | 0 227 | |
| 92 | 0 130 | 0 162 | 0 170 | 0 178 | 0 185 | 0 193 | 0 201 | 0 209 | 0 216 | 0 224 | 0 232 | |
| 94 | 0 133 | 0 166 | 0 174 | 0 182 | 0 190 | 0 197 | 0 205 | 0 213 | 0 221 | 0 229 | 0 237 | |
| 96 | 0 135 | 0 169 | 0 177 | 0 185 | 0 193 | 0 202 | 0 210 | 0 218 | 0 226 | 0 234 | 0 242 | |
| 98 | 0 138 | 0 173 | 0 181 | 0 189 | 0 198 | 0 206 | 0 214 | 0 222 | 0 230 | 0 239 | 0 247 | |
| 1,— | 0 141 | 0 176 | 0 185 | 0 193 | 0 202 | 0 210 | 0 218 | 0 227 | 0 235 | 0 244 | 0 252 | |
| 02 | 0 144 | 0 180 | 0 188 | 0 197 | 0 206 | 0 214 | 0 223 | 0 231 | 0 240 | 0 248 | 0 257 | |
| 04 | 0 147 | 0 183 | 0 192 | 0 201 | 0 210 | 0 218 | 0 227 | 0 236 | 0 245 | 0 253 | 0 262 | |
| 06 | 0 150 | 0 187 | 0 196 | 0 205 | 0 214 | 0 223 | 0 232 | 0 240 | 0 249 | 0 258 | 0 267 | |
| 08 | 0 152 | 0 191 | 0 200 | 0 209 | 0 218 | 0 227 | 0 236 | 0 245 | 0 254 | 0 263 | 0 272 | |
| 1,10 | 0 155 | 0 194 | 0 203 | 0 213 | 0 222 | 0 231 | 0 240 | 0 249 | 0 259 | 0 268 | 0 277 | |
| 12 | 0 158 | 0 198 | 0 207 | 0 216 | 0 226 | 0 235 | 0 245 | 0 254 | 0 263 | 0 273 | 0 282 | |
| 14 | 0 161 | 0 201 | 0 211 | 0 220 | 0 230 | 0 239 | 0 249 | 0 259 | 0 268 | 0 278 | 0 287 | |
| 16 | 0 164 | 0 205 | 0 214 | 0 224 | 0 234 | 0 244 | 0 253 | 0 263 | 0 273 | 0 283 | 0 292 | |
| 18 | 0 167 | 0 208 | 0 218 | 0 228 | 0 238 | 0 248 | 0 258 | 0 268 | 0 278 | 0 287 | 0 297 | |
| 1,20 | 0 169 | 0 212 | 0 222 | 0 232 | 0 242 | 0 252 | 0 262 | 0 272 | 0 282 | 0 292 | 0 302 | |
| 22 | 0 172 | 0 215 | 0 225 | 0 236 | 0 246 | 0 256 | 0 266 | 0 277 | 0 287 | 0 297 | 0 307 | |
| 24 | 0 175 | 0 219 | 0 229 | 0 240 | 0 250 | 0 260 | 0 271 | 0 281 | 0 292 | 0 302 | 0 312 | |
| 26 | 0 178 | 0 222 | 0 233 | 0 243 | 0 254 | 0 265 | 0 275 | 0 286 | 0 296 | 0 307 | 0 318 | |
| 28 | 0 181 | 0 226 | 0 237 | 0 247 | 0 258 | 0 269 | 0 280 | 0 290 | 0 301 | 0 312 | 0 323 | |
| 1,30 | 0 183 | 0 229 | 0 240 | 0 251 | 0 262 | 0 273 | 0 284 | 0 295 | 0 306 | 0 317 | 0 328 | |
| 32 | 0 186 | 0 233 | 0 244 | 0 255 | 0 266 | 0 277 | 0 288 | 0 299 | 0 310 | 0 322 | 0 333 | |
| 34 | 0 189 | 0 236 | 0 248 | 0 259 | 0 270 | 0 281 | 0 293 | 0 304 | 0 315 | 0 326 | 0 338 | |
| 36 | 0 192 | 0 240 | 0 251 | 0 263 | 0 274 | 0 286 | 0 297 | 0 308 | 0 320 | 0 331 | 0 343 | |
| 38 | 0 195 | 0 243 | 0 255 | 0 267 | 0 278 | 0 290 | 0 301 | 0 313 | 0 325 | 0 336 | 0 348 | |
| 1,40 | 0 198 | 0 247 | 0 259 | 0 270 | 0 282 | 0 294 | 0 306 | 0 318 | 0 329 | 0 341 | 0 353 | |
| 42 | 0 200 | 0 250 | 0 262 | 0 274 | 0 286 | 0 298 | 0 310 | 0 322 | 0 334 | 0 346 | 0 358 | |
| 44 | 0 203 | 0 254 | 0 266 | 0 278 | 0 290 | 0 302 | 0 314 | 0 327 | 0 339 | 0 351 | 0 363 | |
| 46 | 0 206 | 0 258 | 0 270 | 0 282 | 0 294 | 0 307 | 0 319 | 0 331 | 0 343 | 0 356 | 0 368 | |
| 48 | 0 209 | 0 261 | 0 274 | 0 286 | 0 298 | 0 311 | 0 323 | 0 336 | 0 348 | 0 361 | 0 373 | |
| 1,50 | 0 212 | 0 265 | 0 277 | 0 290 | 0 302 | 0 315 | 0 328 | 0 340 | 0 353 | 0 365 | 0 378 | |
| 52 | 0 215 | 0 268 | 0 281 | 0 294 | 0 306 | 0 319 | 0 332 | 0 345 | 0 358 | 0 370 | 0 383 | |
| 54 | 0 217 | 0 272 | 0 285 | 0 298 | 0 310 | 0 323 | 0 336 | 0 349 | 0 362 | 0 375 | 0 388 | |
| 56 | 0 220 | 0 275 | 0 288 | 0 301 | 0 314 | 0 328 | 0 341 | 0 354 | 0 367 | 0 380 | 0 393 | |
| 58 | 0 223 | 0 279 | 0 292 | 0 305 | 0 319 | 0 332 | 0 345 | 0 358 | 0 372 | 0 385 | 0 398 | |
| 1,60 | 0 226 | 0 282 | 0 296 | 0 309 | 0 323 | 0 336 | 0 349 | 0 363 | 0 376 | 0 390 | 0 403 | |
| 62 | 0 229 | 0 286 | 0 299 | 0 313 | 0 327 | 0 340 | 0 354 | 0 367 | 0 381 | 0 395 | 0 408 | |
| 64 | 0 231 | 0 289 | 0 303 | 0 317 | 0 331 | 0 344 | 0 358 | 0 372 | 0 386 | 0 400 | 0 413 | |
| 66 | 0 234 | 0 293 | 0 307 | 0 321 | 0 335 | 0 349 | 0 363 | 0 376 | 0 390 | 0 404 | 0 418 | |
| 68 | 0 237 | 0 296 | 0 310 | 0 325 | 0 339 | 0 353 | 0 367 | 0 381 | 0 395 | 0 409 | 0 423 | |
| 1,70 | 0 240 | 0 300 | 0 314 | 0 328 | 0 343 | 0 357 | 0 371 | 0 386 | 0 400 | 0 414 | 0 428 | |
| 72 | 0 243 | 0 303 | 0 318 | 0 332 | 0 347 | 0 361 | 0 376 | 0 390 | 0 405 | 0 419 | 0 433 | |
| 74 | 0 246 | 0 307 | 0 322 | 0 336 | 0 351 | 0 365 | 0 380 | 0 395 | 0 409 | 0 424 | 0 438 | |
| 76 | 0 248 | 0 310 | 0 325 | 0 340 | 0 355 | 0 370 | 0 384 | 0 399 | 0 414 | 0 429 | 0 444 | |
| 78 | 0 251 | 0 314 | 0 329 | 0 344 | 0 359 | 0 374 | 0 389 | 0 404 | 0 419 | 0 434 | 0 449 | |
| 1,80 | 0 254 | 0 318 | 0 333 | 0 348 | 0 363 | 0 378 | 0 393 | 0 408 | 0 423 | 0 438 | 0 454 | |

| LONGUEUR | ____ LARGEUR ____ 55 | | | | | | | | | |
|---|---|---|---|---|---|---|---|---|---|---|
| | 0,62 | 0,64 | 0,66 | 0,68 | 0,70 | 0,72 | 0,74 | 0,76 | 0,78 | 0,80 |
| 0,62 | 0 161 | | | | | | | | | |
| 64 | 0 167 | 0 172 | | | | | | | | |
| 66 | 0 172 | 0 177 | 0 183 | | | | | | | |
| 68 | 0 177 | 0 183 | 0 188 | 0 194 | | | | | | |
| 0,70 | 0 182 | 0 188 | 0 194 | 0 200 | 0 206 | | | | | |
| 72 | 0 187 | 0 194 | 0 200 | 0 206 | 0 212 | 0 218 | | | | |
| 74 | 0 193 | 0 199 | 0 205 | 0 211 | 0 218 | 0 224 | 0 230 | | | |
| 76 | 0 198 | 0 204 | 0 211 | 0 217 | 0 223 | 0 230 | 0 236 | 0 243 | | |
| 78 | 0 203 | 0 210 | 0 216 | 0 223 | 0 229 | 0 236 | 0 242 | 0 249 | 0 256 | |
| 0,80 | 0 208 | 0 215 | 0 222 | 0 228 | 0 235 | 0 242 | 0 249 | 0 255 | 0 262 | 0 269 |
| 82 | 0 214 | 0 220 | 0 227 | 0 234 | 0 241 | 0 248 | 0 255 | 0 262 | 0 269 | 0 276 |
| 84 | 0 219 | 0 226 | 0 233 | 0 240 | 0 247 | 0 254 | 0 261 | 0 268 | 0 275 | 0 282 |
| 86 | 0 224 | 0 231 | 0 238 | 0 246 | 0 253 | 0 260 | 0 267 | 0 275 | 0 282 | 0 289 |
| 88 | 0 229 | 0 237 | 0 244 | 0 251 | 0 259 | 0 266 | 0 274 | 0 281 | 0 288 | 0 296 |
| 0,90 | 0 234 | 0 242 | 0 249 | 0 257 | 0 265 | 0 272 | 0 280 | 0 287 | 0 295 | 0 302 |
| 92 | 0 240 | 0 247 | 0 255 | 0 263 | 0 270 | 0 278 | 0 286 | 0 294 | 0 301 | 0 309 |
| 94 | 0 245 | 0 253 | 0 261 | 0 268 | 0 276 | 0 284 | 0 292 | 0 300 | 0 308 | 0 316 |
| 96 | 0 250 | 0 258 | 0 266 | 0 274 | 0 282 | 0 290 | 0 298 | 0 306 | 0 314 | 0 323 |
| 98 | 0 255 | 0 263 | 0 272 | 0 280 | 0 288 | 0 296 | 0 305 | 0 313 | 0 321 | 0 329 |
| 1,— | 0 260 | 0 269 | 0 277 | 0 286 | 0 294 | 0 302 | 0 311 | 0 319 | 0 328 | 0 336 |
| 02 | 0 266 | 0 274 | 0 283 | 0 291 | 0 300 | 0 308 | 0 317 | 0 326 | 0 334 | 0 343 |
| 04 | 0 271 | 0 280 | 0 288 | 0 297 | 0 306 | 0 314 | 0 323 | 0 332 | 0 341 | 0 349 |
| 06 | 0 276 | 0 285 | 0 294 | 0 303 | 0 312 | 0 321 | 0 329 | 0 338 | 0 347 | 0 356 |
| 08 | 0 281 | 0 290 | 0 299 | 0 308 | 0 318 | 0 327 | 0 336 | 0 345 | 0 354 | 0 363 |
| 1,10 | 0 286 | 0 296 | 0 305 | 0 314 | 0 323 | 0 333 | 0 342 | 0 351 | 0 360 | 0 370 |
| 12 | 0 292 | 0 301 | 0 310 | 0 320 | 0 329 | 0 339 | 0 348 | 0 358 | 0 367 | 0 376 |
| 14 | 0 297 | 0 306 | 0 316 | 0 326 | 0 335 | 0 345 | 0 354 | 0 364 | 0 373 | 0 383 |
| 16 | 0 302 | 0 312 | 0 322 | 0 331 | 0 341 | 0 351 | 0 361 | 0 370 | 0 380 | 0 390 |
| 18 | 0 307 | 0 317 | 0 327 | 0 337 | 0 347 | 0 357 | 0 367 | 0 377 | 0 387 | 0 396 |
| 1,20 | 0 312 | 0 323 | 0 333 | 0 343 | 0 353 | 0 363 | 0 373 | 0 385 | 0 393 | 0 403 |
| 22 | 0 318 | 0 328 | 0 338 | 0 348 | 0 359 | 0 369 | 0 379 | 0 389 | 0 400 | 0 410 |
| 24 | 0 323 | 0 333 | 0 344 | 0 354 | 0 365 | 0 375 | 0 385 | 0 396 | 0 406 | 0 417 |
| 26 | 0 328 | 0 339 | 0 349 | 0 360 | 0 370 | 0 381 | 0 392 | 0 402 | 0 413 | 0 423 |
| 28 | 0 333 | 0 344 | 0 355 | 0 366 | 0 376 | 0 387 | 0 398 | 0 409 | 0 419 | 0 430 |
| 1,30 | 0 339 | 0 349 | 0 360 | 0 371 | 0 382 | 0 393 | 0 404 | 0 415 | 0 426 | 0 437 |
| 32 | 0 344 | 0 355 | 0 366 | 0 377 | 0 388 | 0 399 | 0 410 | 0 421 | 0 432 | 0 444 |
| 34 | 0 349 | 0 360 | 0 371 | 0 383 | 0 394 | 0 405 | 0 416 | 0 428 | 0 439 | 0 450 |
| 36 | 0 354 | 0 366 | 0 377 | 0 388 | 0 400 | 0 411 | 0 423 | 0 434 | 0 446 | 0 457 |
| 38 | 0 359 | 0 371 | 0 383 | 0 394 | 0 406 | 0 417 | 0 429 | 0 440 | 0 452 | 0 464 |
| 1,40 | 0 365 | 0 376 | 0 388 | 0 400 | 0 412 | 0 423 | 0 435 | 0 447 | 0 459 | 0 470 |
| 42 | 0 370 | 0 382 | 0 394 | 0 406 | 0 417 | 0 429 | 0 441 | 0 453 | 0 465 | 0 477 |
| 44 | 0 375 | 0 387 | 0 399 | 0 411 | 0 423 | 0 435 | 0 448 | 0 460 | 0 472 | 0 484 |
| 46 | 0 380 | 0 392 | 0 405 | 0 417 | 0 429 | 0 441 | 0 454 | 0 466 | 0 478 | 0 491 |
| 48 | 0 385 | 0 398 | 0 410 | 0 423 | 0 435 | 0 448 | 0 460 | 0 472 | 0 485 | 0 497 |
| 1,50 | 0 391 | 0 403 | 0 416 | 0 428 | 0 441 | 0 454 | 0 466 | 0 479 | 0 491 | 0 504 |
| 52 | 0 396 | 0 409 | 0 422 | 0 434 | 0 447 | 0 460 | 0 472 | 0 485 | 0 498 | 0 511 |
| 54 | 0 401 | 0 414 | 0 427 | 0 440 | 0 453 | 0 466 | 0 479 | 0 492 | 0 505 | 0 517 |
| 56 | 0 406 | 0 419 | 0 432 | 0 445 | 0 459 | 0 472 | 0 485 | 0 498 | 0 511 | 0 524 |
| 58 | 0 411 | 0 425 | 0 438 | 0 451 | 0 465 | 0 478 | 0 491 | 0 504 | 0 518 | 0 531 |
| 1,60 | 0 417 | 0 430 | 0 444 | 0 457 | 0 470 | 0 484 | 0 497 | 0 511 | 0 524 | 0 538 |
| 62 | 0 422 | 0 435 | 0 449 | 0 463 | 0 476 | 0 490 | 0 503 | 0 517 | 0 531 | 0 544 |
| 64 | 0 427 | 0 441 | 0 455 | 0 468 | 0 482 | 0 496 | 0 510 | 0 523 | 0 537 | 0 551 |
| 66 | 0 432 | 0 446 | 0 460 | 0 474 | 0 488 | 0 502 | 0 516 | 0 530 | 0 544 | 0 558 |
| 68 | 0 437 | 0 452 | 0 466 | 0 480 | 0 494 | 0 508 | 0 522 | 0 536 | 0 550 | 0 564 |
| 1,70 | 0 443 | 0 457 | 0 471 | 0 486 | 0 500 | 0 514 | 0 528 | 0 543 | 0 557 | 0 571 |
| 72 | 0 448 | 0 462 | 0 477 | 0 491 | 0 506 | 0 520 | 0 534 | 0 549 | 0 563 | 0 578 |
| 74 | 0 453 | 0 468 | 0 482 | 0 497 | 0 512 | 0 526 | 0 540 | 0 555 | 0 570 | 0 585 |
| 76 | 0 458 | 0 473 | 0 488 | 0 503 | 0 517 | 0 532 | 0 547 | 0 562 | 0 577 | 0 591 |
| 78 | 0 464 | 0 478 | 0 493 | 0 508 | 0 523 | 0 538 | 0 553 | 0 568 | 0 583 | 0 598 |
| 1,80 | 0 469 | 0 484 | 0 499 | 0 514 | 0 529 | 0 544 | 0 559 | 0 575 | 0 590 | 0 605 |

## 56

| LONGUEUR | 0,82 | 0,84 | 0,86 | 0,88 | 0,90 | 0,92 | 0,94 | 0,96 | 0,98 | 1 00 |
|---|---|---|---|---|---|---|---|---|---|---|
| 0,82 | 0 282 | | | | | | | | | |
| 84 | 0 289 | 0 290 | | | | | | | | |
| 86 | 0 296 | 0 303 | 0 311 | | | | | | | |
| 88 | 0 303 | 0 310 | 0 318 | 0 325 | | | | | | |
| 0,90 | 0 310 | 0 318 | 0 325 | 0 333 | 0 340 | | | | | |
| 92 | 0 317 | 0 325 | 0 332 | 0 340 | 0 348 | 0 355 | | | | |
| 94 | 0 324 | 0 332 | 0 340 | 0 347 | 0 355 | 0 363 | 0 371 | | | |
| 96 | 0 331 | 0 339 | 0 347 | 0 355 | 0 363 | 0 371 | 0 379 | 0 387 | | |
| 98 | 0 338 | 0 346 | 0 354 | 0 362 | 0 370 | 0 379 | 0 387 | 0 395 | 0 403 | |
| 1,— | 0 344 | 0 353 | 0 361 | 0 370 | 0 378 | 0 386 | 0 395 | 0 403 | 0 412 | 0 420 |
| 02 | 0 351 | 0 360 | 0 368 | 0 377 | 0 386 | 0 394 | 0 403 | 0 411 | 0 420 | 0 428 |
| 04 | 0 358 | 0 367 | 0 376 | 0 384 | 0 393 | 0 402 | 0 411 | 0 419 | 0 428 | 0 437 |
| 06 | 0 365 | 0 374 | 0 383 | 0 392 | 0 401 | 0 410 | 0 418 | 0 427 | 0 436 | 0 445 |
| 08 | 0 372 | 0 381 | 0 390 | 0 399 | 0 408 | 0 417 | 0 426 | 0 435 | 0 445 | 0 454 |
| 1,10 | 0 379 | 0 388 | 0 397 | 0 407 | 0 416 | 0 425 | 0 434 | 0 444 | 0 453 | 0 462 |
| 12 | 0 386 | 0 395 | 0 405 | 0 414 | 0 423 | 0 433 | 0 442 | 0 452 | 0 461 | 0 470 |
| 14 | 0 393 | 0 402 | 0 412 | 0 421 | 0 431 | 0 440 | 0 450 | 0 460 | 0 469 | 0 479 |
| 16 | 0 400 | 0 409 | 0 419 | 0 429 | 0 438 | 0 448 | 0 458 | 0 468 | 0 478 | 0 487 |
| 18 | 0 406 | 0 416 | 0 426 | 0 436 | 0 446 | 0 456 | 0 466 | 0 476 | 0 486 | 0 496 |
| 1,20 | 0 413 | 0 423 | 0 433 | 0 444 | 0 454 | 0 464 | 0 474 | 0 484 | 0 494 | 0 504 |
| 22 | 0 420 | 0 430 | 0 441 | 0 451 | 0 461 | 0 471 | 0 482 | 0 492 | 0 502 | 0 512 |
| 24 | 0 427 | 0 437 | 0 448 | 0 458 | 0 469 | 0 479 | 0 490 | 0 500 | 0 510 | 0 521 |
| 26 | 0 434 | 0 445 | 0 455 | 0 466 | 0 476 | 0 487 | 0 497 | 0 508 | 0 519 | 0 529 |
| 28 | 0 441 | 0 452 | 0 462 | 0 473 | 0 484 | 0 495 | 0 505 | 0 516 | 0 527 | 0 538 |
| 1,30 | 0 448 | 0 459 | 0 470 | 0 480 | 0 491 | 0 502 | 0 513 | 0 524 | 0 535 | 0 546 |
| 32 | 0 455 | 0 466 | 0 477 | 0 488 | 0 499 | 0 510 | 0 521 | 0 532 | 0 543 | 0 554 |
| 34 | 0 461 | 0 473 | 0 484 | 0 495 | 0 507 | 0 518 | 0 529 | 0 540 | 0 552 | 0 563 |
| 36 | 0 468 | 0 480 | 0 491 | 0 503 | 0 514 | 0 526 | 0 537 | 0 548 | 0 560 | 0 571 |
| 38 | 0 475 | 0 487 | 0 498 | 0 510 | 0 522 | 0 533 | 0 545 | 0 556 | 0 568 | 0 580 |
| 1,40 | 0 482 | 0 494 | 0 506 | 0 517 | 0 529 | 0 541 | 0 553 | 0 564 | 0 576 | 0 588 |
| 42 | 0 489 | 0 501 | 0 513 | 0 525 | 0 537 | 0 549 | 0 561 | 0 573 | 0 584 | 0 596 |
| 44 | 0 496 | 0 508 | 0 520 | 0 532 | 0 544 | 0 556 | 0 569 | 0 581 | 0 593 | 0 605 |
| 46 | 0 503 | 0 515 | 0 527 | 0 540 | 0 552 | 0 564 | 0 576 | 0 589 | 0 601 | 0 613 |
| 48 | 0 510 | 0 522 | 0 535 | 0 547 | 0 559 | 0 572 | 0 584 | 0 597 | 0 609 | 0 622 |
| 1,50 | 0 517 | 0 529 | 0 542 | 0 554 | 0 567 | 0 580 | 0 592 | 0 605 | 0 617 | 0 630 |
| 52 | 0 523 | 0 536 | 0 549 | 0 562 | 0 575 | 0 587 | 0 600 | 0 613 | 0 626 | 0 638 |
| 54 | 0 530 | 0 543 | 0 556 | 0 569 | 0 582 | 0 595 | 0 608 | 0 621 | 0 634 | 0 647 |
| 56 | 0 537 | 0 550 | 0 563 | 0 577 | 0 590 | 0 603 | 0 616 | 0 629 | 0 642 | 0 655 |
| 58 | 0 544 | 0 557 | 0 571 | 0 584 | 0 597 | 0 611 | 0 624 | 0 637 | 0 650 | 0 664 |
| 1,60 | 0 551 | 0 564 | 0 578 | 0 591 | 0 605 | 0 618 | 0 632 | 0 645 | 0 659 | 0 672 |
| 62 | 0 558 | 0 572 | 0 585 | 0 599 | 0 612 | 0 626 | 0 640 | 0 653 | 0 667 | 0 680 |
| 64 | 0 565 | 0 579 | 0 592 | 0 606 | 0 620 | 0 634 | 0 647 | 0 661 | 0 675 | 0 689 |
| 66 | 0 572 | 0 586 | 0 600 | 0 614 | 0 627 | 0 641 | 0 655 | 0 669 | 0 683 | 0 697 |
| 68 | 0 579 | 0 593 | 0 607 | 0 621 | 0 635 | 0 649 | 0 663 | 0 677 | 0 691 | 0 706 |
| 1,70 | 0 585 | 0 600 | 0 614 | 0 628 | 0 643 | 0 657 | 0 671 | 0 685 | 0 700 | 0 714 |
| 72 | 0 592 | 0 607 | 0 621 | 0 636 | 0 650 | 0 665 | 0 679 | 0 694 | 0 708 | 0 722 |
| 74 | 0 599 | 0 614 | 0 628 | 0 643 | 0 658 | 0 672 | 0 687 | 0 702 | 0 716 | 0 731 |
| 76 | 0 606 | 0 621 | 0 636 | 0 650 | 0 665 | 0 680 | 0 695 | 0 710 | 0 724 | 0 739 |
| 78 | 0 613 | 0 628 | 0 643 | 0 658 | 0 673 | 0 688 | 0 703 | 0 718 | 0 733 | 0 748 |
| 1,80 | 0 620 | 0 635 | 0 650 | 0 665 | 0 680 | 0 696 | 0 711 | 0 726 | 0 741 | 0 756 |
| 82 | 0 627 | 0 642 | 0 657 | 0 673 | 0 688 | 0 703 | 0 719 | 0 734 | 0 750 | 0 764 |
| 84 | 0 634 | 0 649 | 0 665 | 0 680 | 0 696 | 0 711 | 0 726 | 0 742 | 0 757 | 0 773 |
| 86 | 0 641 | 0 656 | 0 672 | 0 687 | 0 703 | 0 719 | 0 734 | 0 750 | 0 766 | 0 781 |
| 88 | 0 647 | 0 663 | 0 679 | 0 695 | 0 711 | 0 726 | 0 742 | 0 758 | 0 774 | 0 790 |
| 1,90 | 0 654 | 0 670 | 0 686 | 0 702 | 0 718 | 0 734 | 0 750 | 0 766 | 0 782 | 0 798 |
| 92 | 0 661 | 0 677 | 0 694 | 0 710 | 0 726 | 0 742 | 0 758 | 0 774 | 0 790 | 0 806 |
| 94 | 0 668 | 0 684 | 0 701 | 0 717 | 0 733 | 0 750 | 0 766 | 0 782 | 0 799 | 0 815 |
| 96 | 0 675 | 0 691 | 0 708 | 0 724 | 0 741 | 0 757 | 0 774 | 0 790 | 0 807 | 0 823 |
| 98 | 0 682 | 0 699 | 0 715 | 0 732 | 0 748 | 0 765 | 0 782 | 0 798 | 0 815 | 0 832 |
| 2,— | 0 689 | 0 706 | 0 722 | 0 739 | 0 756 | 0 773 | 0 790 | 0 806 | 0 823 | 0 840 |
| 02 | 0 696 | 0 713 | 0 730 | 0 747 | 0 764 | 0 781 | 0 797 | 0 814 | 0 831 | 0 848 |
| 04 | 0 703 | 0 720 | 0 737 | 0 754 | 0 771 | 0 788 | 0 805 | 0 823 | 0 840 | 0 857 |
| 06 | 0 709 | 0 727 | 0 744 | 0 761 | 0 779 | 0 796 | 0 813 | 0 831 | 0 848 | 0 865 |
| 08 | 0 716 | 0 734 | 0 751 | 0 769 | 0 786 | 0 804 | 0 821 | 0 839 | 0 856 | 0 871 |
| 2,10 | 0 723 | 0 741 | 0 759 | 0 776 | 0 794 | 0 811 | 0 829 | 0 847 | 0 864 | 0 882 |
| 12 | 0 730 | 0 748 | 0 766 | 0 784 | 0 801 | 0 819 | 0 837 | 0 855 | 0 873 | 0 890 |
| 14 | 0 737 | 0 755 | 0 773 | 0 791 | 0 809 | 0 827 | 0 845 | 0 863 | 0 881 | 0 899 |
| 16 | 0 744 | 0 762 | 0 780 | 0 798 | 0 816 | 0 835 | 0 853 | 0 871 | 0 889 | 0 907 |
| 18 | 0 751 | 0 769 | 0 787 | 0 806 | 0 824 | 0 842 | 0 861 | 0 879 | 0 897 | 0 916 |
| 2,20 | 0 758 | 0 776 | 0 795 | 0 813 | 0 832 | 0 850 | 0 869 | 0 887 | 0 906 | 0 924 |

## 57

| LONGUEUR | 1,02 | 1,04 | 1,06 | 1,08 | 1,10 | 1,12 | 1,14 | 1,16 | 1,18 | 1,20 |
|---|---|---|---|---|---|---|---|---|---|---|
| 1,02 | 0 437 | | | | | | | | | |
| 04 | 0 446 | 0 454 | | | | | | | | |
| 06 | 0 454 | 0 463 | 0 472 | | | | | | | |
| 08 | 0 463 | 0 472 | 0 481 | 0 490 | | | | | | |
| 1,10 | 0 471 | 0 480 | 0 490 | 0 499 | 0 508 | | | | | |
| 12 | 0 480 | 0 489 | 0 499 | 0 508 | 0 517 | 0 527 | | | | |
| 14 | 0 488 | 0 498 | 0 508 | 0 517 | 0 527 | 0 536 | 0 546 | | | |
| 16 | 0 497 | 0 507 | 0 516 | 0 526 | 0 536 | 0 546 | 0 555 | 0 565 | | |
| 18 | 0 506 | 0 515 | 0 525 | 0 535 | 0 545 | 0 555 | 0 565 | 0 575 | 0 585 | |
| 1,20 | 0 514 | 0 524 | 0 534 | 0 544 | 0 554 | 0 564 | 0 575 | 0 585 | 0 595 | 0 605 |
| 22 | 0 523 | 0 533 | 0 543 | 0 553 | 0 564 | 0 574 | 0 584 | 0 594 | 0 605 | 0 615 |
| 24 | 0 531 | 0 542 | 0 552 | 0 562 | 0 573 | 0 583 | 0 594 | 0 604 | 0 615 | 0 625 |
| 26 | 0 540 | 0 550 | 0 561 | 0 572 | 0 582 | 0 593 | 0 603 | 0 614 | 0 624 | 0 635 |
| 28 | 0 548 | 0 559 | 0 570 | 0 581 | 0 591 | 0 602 | 0 613 | 0 624 | 0 634 | 0 645 |
| 1,30 | 0 557 | 0 568 | 0 579 | 0 590 | 0 601 | 0 612 | 0 622 | 0 633 | 0 644 | 0 655 |
| 32 | 0 565 | 0 577 | 0 588 | 0 599 | 0 610 | 0 621 | 0 632 | 0 643 | 0 654 | 0 665 |
| 34 | 0 574 | 0 585 | 0 597 | 0 608 | 0 619 | 0 630 | 0 642 | 0 653 | 0 664 | 0 675 |
| 36 | 0 583 | 0 594 | 0 605 | 0 617 | 0 628 | 0 640 | 0 651 | 0 663 | 0 674 | 0 685 |
| 38 | 0 591 | 0 603 | 0 614 | 0 626 | 0 638 | 0 649 | 0 661 | 0 672 | 0 684 | 0 696 |
| 1,40 | 0 600 | 0 612 | 0 623 | 0 635 | 0 647 | 0 659 | 0 670 | 0 682 | 0 694 | 0 706 |
| 42 | 0 608 | 0 620 | 0 632 | 0 644 | 0 656 | 0 668 | 0 680 | 0 692 | 0 704 | 0 716 |
| 44 | 0 617 | 0 629 | 0 641 | 0 653 | 0 665 | 0 677 | 0 689 | 0 702 | 0 714 | 0 726 |
| 46 | 0 625 | 0 638 | 0 650 | 0 662 | 0 675 | 0 687 | 0 699 | 0 711 | 0 724 | 0 736 |
| 48 | 0 634 | 0 646 | 0 659 | 0 671 | 0 684 | 0 696 | 0 709 | 0 721 | 0 733 | 0 746 |
| 1,50 | 0 643 | 0 655 | 0 668 | 0 680 | 0 693 | 0 706 | 0 718 | 0 731 | 0 743 | 0 756 |
| 52 | 0 651 | 0 664 | 0 677 | 0 689 | 0 702 | 0 715 | 0 728 | 0 741 | 0 753 | 0 766 |
| 54 | 0 660 | 0 673 | 0 686 | 0 699 | 0 711 | 0 724 | 0 737 | 0 750 | 0 763 | 0 776 |
| 56 | 0 668 | 0 681 | 0 695 | 0 708 | 0 721 | 0 734 | 0 747 | 0 760 | 0 773 | 0 786 |
| 58 | 0 677 | 0 690 | 0 703 | 0 717 | 0 730 | 0 743 | 0 757 | 0 770 | 0 783 | 0 796 |
| 1,60 | 0 685 | 0 699 | 0 712 | 0 726 | 0 739 | 0 753 | 0 766 | 0 780 | 0 793 | 0 806 |
| 62 | 0 694 | 0 708 | 0 721 | 0 735 | 0 748 | 0 762 | 0 776 | 0 789 | 0 803 | 0 816 |
| 64 | 0 703 | 0 716 | 0 730 | 0 744 | 0 758 | 0 771 | 0 785 | 0 799 | 0 813 | 0 827 |
| 66 | 0 711 | 0 725 | 0 739 | 0 753 | 0 767 | 0 781 | 0 795 | 0 809 | 0 823 | 0 837 |
| 68 | 0 720 | 0 734 | 0 748 | 0 762 | 0 776 | 0 790 | 0 804 | 0 819 | 0 833 | 0 847 |
| 1,70 | 0 728 | 0 743 | 0 757 | 0 771 | 0 785 | 0 800 | 0 814 | 0 828 | 0 843 | 0 857 |
| 72 | 0 737 | 0 751 | 0 766 | 0 780 | 0 795 | 0 809 | 0 824 | 0 838 | 0 852 | 0 867 |
| 74 | 0 745 | 0 760 | 0 775 | 0 789 | 0 804 | 0 818 | 0 833 | 0 848 | 0 862 | 0 877 |
| 76 | 0 754 | 0 769 | 0 784 | 0 798 | 0 813 | 0 828 | 0 843 | 0 858 | 0 872 | 0 887 |
| 78 | 0 763 | 0 778 | 0 792 | 0 807 | 0 822 | 0 837 | 0 852 | 0 867 | 0 882 | 0 897 |
| 1,80 | 0 771 | 0 786 | 0 801 | 0 816 | 0 832 | 0 847 | 0 862 | 0 877 | 0 892 | 0 907 |
| 82 | 0 780 | 0 795 | 0 810 | 0 826 | 0 841 | 0 856 | 0 871 | 0 887 | 0 902 | 0 917 |
| 84 | 0 788 | 0 804 | 0 819 | 0 835 | 0 850 | 0 866 | 0 881 | 0 896 | 0 912 | 0 927 |
| 86 | 0 797 | 0 812 | 0 828 | 0 844 | 0 859 | 0 875 | 0 891 | 0 906 | 0 922 | 0 937 |
| 88 | 0 805 | 0 821 | 0 837 | 0 853 | 0 869 | 0 884 | 0 900 | 0 916 | 0 932 | 0 948 |
| 1,90 | 0 814 | 0 830 | 0 846 | 0 862 | 0 878 | 0 894 | 0 910 | 0 926 | 0 942 | 0 958 |
| 92 | 0 823 | 0 839 | 0 855 | 0 871 | 0 887 | 0 903 | 0 919 | 0 935 | 0 952 | 0 968 |
| 94 | 0 831 | 0 847 | 0 864 | 0 880 | 0 896 | 0 913 | 0 929 | 0 945 | 0 961 | 0 978 |
| 96 | 0 840 | 0 856 | 0 873 | 0 889 | 0 906 | 0 922 | 0 938 | 0 955 | 0 971 | 0 988 |
| 98 | 0 848 | 0 865 | 0 881 | 0 898 | 0 915 | 0 931 | 0 948 | 0 965 | 0 981 | 0 998 |
| 2,— | 0 857 | 0 874 | 0 890 | 0 907 | 0 924 | 0 941 | 0 958 | 0 975 | 0 991 | 1 008 |
| 02 | 0 865 | 0 882 | 0 899 | 0 916 | 0 933 | 0 950 | 0 967 | 0 984 | 1 001 | 1 018 |
| 04 | 0 874 | 0 891 | 0 908 | 0 925 | 0 942 | 0 960 | 0 977 | 0 994 | 1 011 | 1 028 |
| 06 | 0 883 | 0 900 | 0 917 | 0 934 | 0 952 | 0 969 | 0 986 | 1 004 | 1 021 | 1 038 |
| 08 | 0 891 | 0 909 | 0 926 | 0 943 | 0 961 | 0 978 | 0 996 | 1 014 | 1 031 | 1 048 |
| 2,10 | 0 900 | 0 917 | 0 935 | 0 953 | 0 970 | 0 988 | 1 005 | 1 023 | 1 041 | 1 058 |
| 12 | 0 908 | 0 926 | 0 944 | 0 962 | 0 979 | 0 997 | 1 015 | 1 033 | 1 051 | 1 068 |
| 14 | 0 917 | 0 935 | 0 953 | 0 971 | 0 989 | 1 007 | 1 025 | 1 043 | 1 061 | 1 079 |
| 16 | 0 925 | 0 943 | 0 962 | 0 980 | 0 998 | 1 016 | 1 034 | 1 052 | 1 070 | 1 089 |
| 18 | 0 934 | 0 952 | 0 971 | 0 989 | 1 007 | 1 025 | 1 044 | 1 062 | 1 080 | 1 099 |
| 2,20 | 0 942 | 0 961 | 0 979 | 0 998 | 1 016 | 1 035 | 1 053 | 1 072 | 1 090 | 1 100 |

0,44

0,44—0,

| Longueur | Futailles | 0,44 | 0,46 | 0,48 | 0,50 | 0,52 | 0,54 | 0,56 | 0,58 | 0,60 | 0,62 |
|---|---|---|---|---|---|---|---|---|---|---|---|
| | | | | | LARGEUR | | | | | | |
| 0,44 | 0 068 | 0 085 | | | | | | | | | |
| 46 | 0 071 | 0 089 | 0 093 | | | | | | | | |
| 48 | 0 074 | 0 093 | 0 097 | 0 101 | | | | | | | |
| 0,50 | 0 077 | 0 097 | 0 101 | 0 106 | 0 110 | | | | | | |
| 52 | 0 081 | 0 101 | 0 105 | 0 110 | 0 114 | 0 119 | | | | | |
| 54 | 0 084 | 0 105 | 0 109 | 0 114 | 0 119 | 0 121 | 0 128 | | | | |
| 56 | 0 087 | 0 108 | 0 113 | 0 118 | 0 123 | 0 128 | 0 133 | 0 138 | | | |
| 58 | 0 090 | 0 112 | 0 117 | 0 122 | 0 128 | 0 133 | 0 138 | 0 143 | 0 148 | | |
| 0,60 | 0 093 | 0 116 | 0 121 | 0 127 | 0 132 | 0 137 | 0 143 | 0 148 | 0 153 | 0 158 | |
| 62 | 0 096 | 0 120 | 0 125 | 0 131 | 0 136 | 0 142 | 0 147 | 0 153 | 0 158 | 0 164 | 0 169 |
| 64 | 0 099 | 0 124 | 0 130 | 0 135 | 0 141 | 0 146 | 0 152 | 0 158 | 0 163 | 0 169 | 0 175 |
| 66 | 0 102 | 0 128 | 0 134 | 0 139 | 0 145 | 0 151 | 0 157 | 0 163 | 0 168 | 0 174 | 0 180 |
| 68 | 0 105 | 0 132 | 0 138 | 0 144 | 0 150 | 0 156 | 0 162 | 0 168 | 0 174 | 0 180 | 0 186 |
| 0,70 | 0 108 | 0 136 | 0 142 | 0 148 | 0 154 | 0 160 | 0 166 | 0 172 | 0 179 | 0 185 | 0 191 |
| 72 | 0 112 | 0 139 | 0 146 | 0 152 | 0 158 | 0 165 | 0 171 | 0 177 | 0 184 | 0 190 | 0 196 |
| 74 | 0 115 | 0 143 | 0 150 | 0 156 | 0 163 | 0 169 | 0 176 | 0 182 | 0 189 | 0 195 | 0 202 |
| 76 | 0 118 | 0 147 | 0 154 | 0 161 | 0 167 | 0 174 | 0 181 | 0 187 | 0 194 | 0 201 | 0 207 |
| 78 | 0 121 | 0 151 | 0 158 | 0 165 | 0 172 | 0 178 | 0 185 | 0 192 | 0 199 | 0 206 | 0 213 |
| 0,80 | 0 124 | 0 155 | 0 162 | 0 169 | 0 176 | 0 183 | 0 190 | 0 197 | 0 204 | 0 211 | 0 218 |
| 82 | 0 127 | 0 159 | 0 166 | 0 173 | 0 181 | 0 188 | 0 195 | 0 202 | 0 209 | 0 216 | 0 224 |
| 84 | 0 130 | 0 163 | 0 170 | 0 177 | 0 185 | 0 192 | 0 200 | 0 207 | 0 214 | 0 222 | 0 229 |
| 86 | 0 133 | 0 166 | 0 174 | 0 182 | 0 189 | 0 197 | 0 204 | 0 212 | 0 219 | 0 227 | 0 235 |
| 88 | 0 136 | 0 170 | 0 178 | 0 186 | 0 194 | 0 201 | 0 209 | 0 217 | 0 225 | 0 232 | 0 240 |
| 0,90 | 0 139 | 0 174 | 0 182 | 0 190 | 0 198 | 0 206 | 0 214 | 0 222 | 0 230 | 0 238 | 0 246 |
| 92 | 0 142 | 0 178 | 0 186 | 0 194 | 0 202 | 0 210 | 0 219 | 0 227 | 0 235 | 0 243 | 0 251 |
| 94 | 0 146 | 0 182 | 0 190 | 0 199 | 0 207 | 0 215 | 0 223 | 0 232 | 0 240 | 0 248 | 0 256 |
| 96 | 0 149 | 0 186 | 0 194 | 0 203 | 0 211 | 0 220 | 0 228 | 0 237 | 0 245 | 0 253 | 0 262 |
| 98 | 0 152 | 0 190 | 0 198 | 0 207 | 0 216 | 0 224 | 0 233 | 0 241 | 0 250 | 0 259 | 0 267 |
| 1,— | 0 155 | 0 191 | 0 202 | 0 211 | 0 220 | 0 229 | 0 238 | 0 246 | 0 255 | 0 264 | 0 273 |
| 02 | 0 158 | 0 197 | 0 206 | 0 215 | 0 224 | 0 233 | 0 242 | 0 251 | 0 260 | 0 269 | 0 278 |
| 04 | 0 161 | 0 201 | 0 210 | 0 220 | 0 229 | 0 238 | 0 247 | 0 256 | 0 265 | 0 275 | 0 284 |
| 06 | 0 164 | 0 205 | 0 215 | 0 224 | 0 233 | 0 243 | 0 252 | 0 261 | 0 271 | 0 280 | 0 289 |
| 08 | 0 167 | 0 209 | 0 219 | 0 228 | 0 238 | 0 247 | 0 257 | 0 266 | 0 276 | 0 285 | 0 295 |
| 1,10 | 0 170 | 0 213 | 0 223 | 0 232 | 0 242 | 0 252 | 0 261 | 0 271 | 0 281 | 0 290 | 0 300 |
| 12 | 0 173 | 0 217 | 0 227 | 0 237 | 0 246 | 0 256 | 0 266 | 0 276 | 0 286 | 0 296 | 0 306 |
| 14 | 0 177 | 0 221 | 0 231 | 0 241 | 0 251 | 0 261 | 0 271 | 0 281 | 0 291 | 0 301 | 0 311 |
| 16 | 0 180 | 0 225 | 0 235 | 0 245 | 0 255 | 0 265 | 0 276 | 0 286 | 0 296 | 0 306 | 0 316 |
| 18 | 0 183 | 0 228 | 0 239 | 0 249 | 0 260 | 0 270 | 0 280 | 0 291 | 0 301 | 0 312 | 0 322 |
| 1,20 | 0 186 | 0 232 | 0 243 | 0 253 | 0 264 | 0 275 | 0 285 | 0 296 | 0 306 | 0 317 | 0 327 |
| 22 | 0 189 | 0 236 | 0 247 | 0 258 | 0 268 | 0 279 | 0 290 | 0 301 | 0 311 | 0 322 | 0 333 |
| 24 | 0 192 | 0 240 | 0 251 | 0 262 | 0 273 | 0 281 | 0 295 | 0 306 | 0 316 | 0 327 | 0 338 |
| 26 | 0 195 | 0 244 | 0 255 | 0 266 | 0 277 | 0 288 | 0 299 | 0 310 | 0 322 | 0 333 | 0 344 |
| 28 | 0 198 | 0 248 | 0 259 | 0 270 | 0 282 | 0 293 | 0 304 | 0 315 | 0 327 | 0 338 | 0 349 |
| 1,30 | 0 201 | 0 252 | 0 263 | 0 275 | 0 286 | 0 297 | 0 309 | 0 320 | 0 332 | 0 343 | 0 355 |
| 32 | 0 204 | 0 256 | 0 267 | 0 279 | 0 290 | 0 302 | 0 314 | 0 325 | 0 337 | 0 348 | 0 360 |
| 34 | 0 208 | 0 259 | 0 271 | 0 283 | 0 295 | 0 307 | 0 318 | 0 330 | 0 342 | 0 354 | 0 366 |
| 36 | 0 211 | 0 263 | 0 275 | 0 287 | 0 299 | 0 311 | 0 323 | 0 335 | 0 347 | 0 359 | 0 371 |
| 38 | 0 214 | 0 267 | 0 279 | 0 291 | 0 304 | 0 316 | 0 328 | 0 340 | 0 352 | 0 364 | 0 376 |
| 1,40 | 0 217 | 0 271 | 0 283 | 0 295 | 0 308 | 0 320 | 0 333 | 0 345 | 0 357 | 0 370 | 0 382 |
| 42 | 0 220 | 0 275 | 0 287 | 0 300 | 0 312 | 0 325 | 0 337 | 0 350 | 0 362 | 0 375 | 0 387 |
| 44 | 0 223 | 0 279 | 0 291 | 0 304 | 0 317 | 0 329 | 0 342 | 0 355 | 0 367 | 0 380 | 0 393 |
| 46 | 0 226 | 0 283 | 0 296 | 0 308 | 0 321 | 0 334 | 0 347 | 0 360 | 0 373 | 0 385 | 0 398 |
| 48 | 0 229 | 0 287 | 0 300 | 0 313 | 0 326 | 0 339 | 0 352 | 0 365 | 0 378 | 0 391 | 0 404 |
| 1,50 | 0 232 | 0 290 | 0 303 | 0 317 | 0 330 | 0 343 | 0 356 | 0 370 | 0 383 | 0 396 | 0 409 |
| 52 | 0 235 | 0 294 | 0 308 | 0 321 | 0 334 | 0 348 | 0 361 | 0 375 | 0 388 | 0 401 | 0 415 |
| 54 | 0 239 | 0 298 | 0 312 | 0 325 | 0 339 | 0 352 | 0 366 | 0 379 | 0 393 | 0 406 | 0 420 |
| 56 | 0 242 | 0 302 | 0 316 | 0 329 | 0 343 | 0 357 | 0 371 | 0 384 | 0 398 | 0 412 | 0 426 |
| 58 | 0 245 | 0 306 | 0 320 | 0 334 | 0 348 | 0 362 | 0 375 | 0 389 | 0 403 | 0 417 | 0 431 |
| 1,60 | 0 248 | 0 310 | 0 324 | 0 338 | 0 352 | 0 366 | 0 380 | 0 394 | 0 408 | 0 422 | 0 436 |
| 62 | 0 251 | 0 314 | 0 328 | 0 342 | 0 356 | 0 371 | 0 385 | 0 399 | 0 413 | 0 428 | 0 442 |
| 64 | 0 254 | 0 318 | 0 332 | 0 346 | 0 361 | 0 375 | 0 390 | 0 404 | 0 419 | 0 433 | 0 447 |
| 66 | 0 257 | 0 321 | 0 336 | 0 351 | 0 365 | 0 380 | 0 394 | 0 409 | 0 424 | 0 438 | 0 453 |
| 68 | 0 260 | 0 325 | 0 340 | 0 355 | 0 370 | 0 384 | 0 399 | 0 414 | 0 429 | 0 443 | 0 458 |
| 1,70 | 0 263 | 0 329 | 0 344 | 0 359 | 0 374 | 0 389 | 0 404 | 0 419 | 0 434 | 0 449 | 0 464 |
| 72 | 0 266 | 0 333 | 0 348 | 0 363 | 0 378 | 0 394 | 0 409 | 0 424 | 0 439 | 0 454 | 0 469 |
| 74 | 0 269 | 0 337 | 0 352 | 0 367 | 0 383 | 0 398 | 0 413 | 0 429 | 0 444 | 0 459 | 0 475 |
| 76 | 0 273 | 0 341 | 0 356 | 0 372 | 0 387 | 0 403 | 0 418 | 0 434 | 0 449 | 0 465 | 0 480 |
| 78 | 0 276 | 0 345 | 0 360 | 0 376 | 0 392 | 0 407 | 0 423 | 0 439 | 0 454 | 0 470 | 0 486 |
| 1,80 | 0 279 | 0 348 | 0 364 | 0 380 | 0 396 | 0 412 | 0 428 | 0 444 | 0 459 | 0 475 | 0 491 |
| 82 | 0 282 | 0 352 | 0 368 | 0 384 | 0 400 | 0 416 | 0 432 | 0 448 | 0 464 | 0 480 | 0 496 |

| Longueur | 0,64 | 0,66 | 0,68 | 0,70 | 0,72 | 0,74 | 0,76 | 0,78 | 0,80 | 0,82 |
|---|---|---|---|---|---|---|---|---|---|---|
| | | | | LARGEUR | | | | | | |
| 0,64 | 0 180 | | | | | | | | | |
| 66 | 0 186 | 0 192 | | | | | | | | |
| 68 | 0 191 | 0 197 | 0 203 | | | | | | | |
| 0,70 | 0 197 | 0 203 | 0 209 | 0 216 | | | | | | |
| 72 | 0 203 | 0 209 | 0 215 | 0 222 | 0 228 | | | | | |
| 74 | 0 208 | 0 215 | 0 221 | 0 228 | 0 234 | 0 241 | | | | |
| 76 | 0 214 | 0 221 | 0 227 | 0 234 | 0 241 | 0 247 | 0 254 | | | |
| 78 | 0 220 | 0 227 | 0 233 | 0 240 | 0 247 | 0 251 | 0 261 | 0 268 | | |
| 0,80 | 0 225 | 0 232 | 0 239 | 0 246 | 0 253 | 0 260 | 0 268 | 0 275 | 0 282 | |
| 82 | 0 231 | 0 238 | 0 245 | 0 253 | 0 260 | 0 267 | 0 274 | 0 281 | 0 289 | 0 296 |
| 84 | 0 237 | 0 244 | 0 251 | 0 259 | 0 266 | 0 273 | 0 281 | 0 288 | 0 296 | 0 304 |
| 86 | 0 242 | 0 250 | 0 257 | 0 265 | 0 272 | 0 280 | 0 288 | 0 295 | 0 303 | 0 311 |
| 88 | 0 248 | 0 256 | 0 263 | 0 271 | 0 279 | 0 287 | 0 294 | 0 302 | 0 310 | 0 318 |
| 0,90 | 0 253 | 0 261 | 0 269 | 0 277 | 0 285 | 0 293 | 0 301 | 0 309 | 0 317 | 0 325 |
| 92 | 0 259 | 0 267 | 0 275 | 0 283 | 0 291 | 0 300 | 0 308 | 0 316 | 0 324 | 0 332 |
| 94 | 0 265 | 0 273 | 0 281 | 0 290 | 0 298 | 0 306 | 0 314 | 0 323 | 0 331 | 0 339 |
| 96 | 0 270 | 0 279 | 0 287 | 0 296 | 0 304 | 0 313 | 0 321 | 0 329 | 0 338 | 0 346 |
| 98 | 0 276 | 0 285 | 0 293 | 0 302 | 0 310 | 0 319 | 0 328 | 0 336 | 0 345 | 0 354 |
| 1,— | 0 281 | 0 290 | 0 299 | 0 308 | 0 317 | 0 326 | 0 334 | 0 343 | 0 352 | 0 361 |
| 02 | 0 287 | 0 296 | 0 305 | 0 314 | 0 323 | 0 332 | 0 341 | 0 350 | 0 359 | 0 368 |
| 04 | 0 293 | 0 302 | 0 311 | 0 320 | 0 329 | 0 339 | 0 348 | 0 357 | 0 366 | 0 375 |
| 06 | 0 298 | 0 308 | 0 317 | 0 326 | 0 336 | 0 345 | 0 354 | 0 364 | 0 373 | 0 382 |
| 08 | 0 304 | 0 314 | 0 323 | 0 333 | 0 342 | 0 352 | 0 361 | 0 371 | 0 380 | 0 390 |
| 1,10 | 0 310 | 0 319 | 0 329 | 0 339 | 0 348 | 0 358 | 0 368 | 0 378 | 0 387 | 0 397 |
| 12 | 0 315 | 0 325 | 0 335 | 0 345 | 0 355 | 0 365 | 0 375 | 0 384 | 0 394 | 0 404 |
| 14 | 0 321 | 0 331 | 0 341 | 0 351 | 0 361 | 0 371 | 0 381 | 0 391 | 0 401 | 0 411 |
| 16 | 0 327 | 0 337 | 0 347 | 0 357 | 0 367 | 0 378 | 0 388 | 0 398 | 0 408 | 0 419 |
| 18 | 0 332 | 0 343 | 0 353 | 0 363 | 0 374 | 0 384 | 0 395 | 0 405 | 0 415 | 0 426 |
| 1,20 | 0 338 | 0 348 | 0 359 | 0 370 | 0 380 | 0 391 | 0 401 | 0 412 | 0 422 | 0 433 |
| 22 | 0 344 | 0 354 | 0 365 | 0 376 | 0 386 | 0 397 | 0 408 | 0 419 | 0 429 | 0 440 |
| 24 | 0 349 | 0 360 | 0 371 | 0 382 | 0 393 | 0 404 | 0 415 | 0 426 | 0 436 | 0 447 |
| 26 | 0 355 | 0 366 | 0 377 | 0 388 | 0 399 | 0 410 | 0 421 | 0 432 | 0 444 | 0 455 |
| 28 | 0 360 | 0 372 | 0 383 | 0 394 | 0 406 | 0 417 | 0 428 | 0 439 | 0 451 | 0 462 |
| 1,30 | 0 366 | 0 378 | 0 389 | 0 400 | 0 412 | 0 423 | 0 435 | 0 446 | 0 458 | 0 469 |
| 32 | 0 372 | 0 383 | 0 395 | 0 407 | 0 418 | 0 430 | 0 441 | 0 453 | 0 465 | 0 476 |
| 34 | 0 377 | 0 389 | 0 401 | 0 413 | 0 425 | 0 436 | 0 448 | 0 460 | 0 472 | 0 483 |
| 36 | 0 383 | 0 395 | 0 407 | 0 419 | 0 431 | 0 443 | 0 455 | 0 467 | 0 479 | 0 491 |
| 38 | 0 389 | 0 401 | 0 413 | 0 425 | 0 437 | 0 449 | 0 461 | 0 474 | 0 486 | 0 498 |
| 1,40 | 0 394 | 0 407 | 0 419 | 0 431 | 0 444 | 0 456 | 0 468 | 0 480 | 0 493 | 0 505 |
| 42 | 0 400 | 0 412 | 0 425 | 0 437 | 0 450 | 0 462 | 0 475 | 0 487 | 0 500 | 0 512 |
| 44 | 0 406 | 0 418 | 0 431 | 0 444 | 0 456 | 0 469 | 0 482 | 0 494 | 0 507 | 0 520 |
| 46 | 0 411 | 0 424 | 0 437 | 0 450 | 0 463 | 0 475 | 0 488 | 0 501 | 0 514 | 0 527 |
| 48 | 0 417 | 0 430 | 0 443 | 0 456 | 0 469 | 0 482 | 0 495 | 0 508 | 0 521 | 0 534 |
| 1,50 | 0 422 | 0 436 | 0 449 | 0 462 | 0 475 | 0 488 | 0 502 | 0 515 | 0 528 | 0 541 |
| 52 | 0 428 | 0 441 | 0 455 | 0 468 | 0 482 | 0 495 | 0 508 | 0 522 | 0 535 | 0 548 |
| 54 | 0 434 | 0 447 | 0 461 | 0 474 | 0 488 | 0 501 | 0 515 | 0 529 | 0 542 | 0 556 |
| 56 | 0 439 | 0 453 | 0 467 | 0 480 | 0 494 | 0 508 | 0 522 | 0 535 | 0 549 | 0 563 |
| 58 | 0 445 | 0 459 | 0 473 | 0 487 | 0 501 | 0 514 | 0 528 | 0 542 | 0 556 | 0 570 |
| 1,60 | 0 451 | 0 465 | 0 479 | 0 493 | 0 507 | 0 521 | 0 535 | 0 549 | 0 563 | 0 577 |
| 62 | 0 456 | 0 470 | 0 485 | 0 499 | 0 513 | 0 527 | 0 542 | 0 556 | 0 570 | 0 584 |
| 64 | 0 462 | 0 476 | 0 491 | 0 505 | 0 520 | 0 534 | 0 548 | 0 563 | 0 577 | 0 592 |
| 66 | 0 467 | 0 482 | 0 497 | 0 511 | 0 526 | 0 540 | 0 555 | 0 570 | 0 584 | 0 599 |
| 68 | 0 473 | 0 488 | 0 503 | 0 517 | 0 532 | 0 547 | 0 562 | 0 577 | 0 591 | 0 606 |
| 1,70 | 0 479 | 0 494 | 0 509 | 0 524 | 0 539 | 0 554 | 0 568 | 0 583 | 0 598 | 0 613 |
| 72 | 0 484 | 0 499 | 0 515 | 0 530 | 0 545 | 0 560 | 0 575 | 0 590 | 0 605 | 0 621 |
| 74 | 0 490 | 0 505 | 0 521 | 0 536 | 0 551 | 0 567 | 0 582 | 0 597 | 0 612 | 0 628 |
| 76 | 0 496 | 0 511 | 0 527 | 0 542 | 0 558 | 0 573 | 0 589 | 0 604 | 0 620 | 0 635 |
| 78 | 0 501 | 0 517 | 0 533 | 0 548 | 0 564 | 0 580 | 0 595 | 0 611 | 0 627 | 0 642 |
| 1,80 | 0 507 | 0 523 | 0 539 | 0 554 | 0 570 | 0 586 | 0 602 | 0 618 | 0 634 | 0 649 |
| 82 | 0 513 | 0 529 | 0 545 | 0 561 | 0 577 | 0 593 | 0 609 | 0 625 | 0 641 | 0 657 |





H

| LONGUEUR | 0,84 | 0,86 | 0,88 | 0,90 | 0,92 | 0,94 | 0,96 | 0,98 | 1 00 | 1 02 |
|---|---|---|---|---|---|---|---|---|---|---|
| 0,84 | 0 310 | | | | | | | | | |
| 86 | 0 318 | 0 325 | | | | | | | | |
| 88 | 0 325 | 0 333 | 0 341 | | | | | | | |
| 0,90 | 0 333 | 0 341 | 0 348 | 0 356 | | | | | | |
| 92 | 0 340 | 0 348 | 0 356 | 0 364 | 0 372 | | | | | |
| 94 | 0 347 | 0 356 | 0 364 | 0 372 | 0 381 | 0 389 | | | | |
| 96 | 0 355 | 0 363 | 0 372 | 0 380 | 0 389 | 0 397 | 0 406 | | | |
| 98 | 0 362 | 0 371 | 0 379 | 0 388 | 0 397 | 0 405 | 0 414 | 0 423 | | |
| 1,— | 0 370 | 0 378 | 0 387 | 0 396 | 0 405 | 0 414 | 0 422 | 0 431 | 0 440 | |
| 02 | 0 377 | 0 386 | 0 395 | 0 404 | 0 413 | 0 422 | 0 431 | 0 440 | 0 449 | 0 458 |
| 04 | 0 384 | 0 394 | 0 403 | 0 412 | 0 421 | 0 430 | 0 439 | 0 448 | 0 458 | 0 467 |
| 06 | 0 392 | 0 401 | 0 410 | 0 420 | 0 429 | 0 438 | 0 448 | 0 457 | 0 466 | 0 476 |
| 08 | 0 399 | 0 409 | 0 418 | 0 428 | 0 437 | 0 447 | 0 456 | 0 466 | 0 475 | 0 485 |
| 1,10 | 0 407 | 0 416 | 0 426 | 0 436 | 0 445 | 0 455 | 0 465 | 0 474 | 0 484 | 0 494 |
| 12 | 0 414 | 0 424 | 0 434 | 0 444 | 0 453 | 0 463 | 0 473 | 0 483 | 0 493 | 0 503 |
| 14 | 0 421 | 0 431 | 0 441 | 0 451 | 0 461 | 0 472 | 0 482 | 0 492 | 0 502 | 0 512 |
| 16 | 0 429 | 0 439 | 0 449 | 0 459 | 0 470 | 0 480 | 0 490 | 0 500 | 0 510 | 0 521 |
| 18 | 0 436 | 0 447 | 0 457 | 0 467 | 0 478 | 0 488 | 0 498 | 0 509 | 0 519 | 0 530 |
| 1,20 | 0 444 | 0 454 | 0 465 | 0 475 | 0 486 | 0 496 | 0 507 | 0 517 | 0 528 | 0 539 |
| 22 | 0 451 | 0 462 | 0 472 | 0 483 | 0 494 | 0 505 | 0 515 | 0 526 | 0 537 | 0 548 |
| 24 | 0 458 | 0 469 | 0 480 | 0 491 | 0 502 | 0 513 | 0 524 | 0 535 | 0 546 | 0 557 |
| 26 | 0 466 | 0 477 | 0 488 | 0 499 | 0 510 | 0 521 | 0 532 | 0 543 | 0 554 | 0 565 |
| 28 | 0 473 | 0 484 | 0 496 | 0 507 | 0 518 | 0 529 | 0 541 | 0 552 | 0 563 | 0 574 |
| 1,30 | 0 480 | 0 492 | 0 503 | 0 515 | 0 526 | 0 538 | 0 549 | 0 561 | 0 572 | 0 583 |
| 32 | 0 488 | 0 499 | 0 511 | 0 523 | 0 534 | 0 546 | 0 558 | 0 569 | 0 581 | 0 592 |
| 34 | 0 495 | 0 507 | 0 519 | 0 531 | 0 542 | 0 554 | 0 566 | 0 578 | 0 590 | 0 601 |
| 36 | 0 503 | 0 515 | 0 527 | 0 539 | 0 551 | 0 562 | 0 574 | 0 586 | 0 598 | 0 610 |
| 38 | 0 510 | 0 522 | 0 534 | 0 546 | 0 559 | 0 571 | 0 583 | 0 595 | 0 607 | 0 619 |
| 1,40 | 0 517 | 0 530 | 0 542 | 0 554 | 0 567 | 0 579 | 0 591 | 0 604 | 0 616 | 0 628 |
| 42 | 0 525 | 0 537 | 0 550 | 0 562 | 0 575 | 0 587 | 0 600 | 0 612 | 0 625 | 0 637 |
| 44 | 0 532 | 0 545 | 0 558 | 0 570 | 0 583 | 0 596 | 0 608 | 0 621 | 0 634 | 0 646 |
| 46 | 0 540 | 0 552 | 0 565 | 0 578 | 0 591 | 0 604 | 0 617 | 0 630 | 0 642 | 0 655 |
| 48 | 0 547 | 0 560 | 0 573 | 0 586 | 0 599 | 0 612 | 0 625 | 0 638 | 0 651 | 0 664 |
| 1,50 | 0 554 | 0 568 | 0 581 | 0 594 | 0 607 | 0 620 | 0 634 | 0 647 | 0 660 | 0 673 |
| 52 | 0 562 | 0 575 | 0 589 | 0 602 | 0 615 | 0 629 | 0 642 | 0 655 | 0 669 | 0 682 |
| 54 | 0 569 | 0 583 | 0 596 | 0 610 | 0 623 | 0 637 | 0 650 | 0 664 | 0 678 | 0 691 |
| 56 | 0 577 | 0 590 | 0 604 | 0 618 | 0 631 | 0 645 | 0 659 | 0 673 | 0 686 | 0 700 |
| 58 | 0 584 | 0 598 | 0 612 | 0 626 | 0 640 | 0 653 | 0 667 | 0 681 | 0 695 | 0 709 |
| 1,60 | 0 591 | 0 605 | 0 620 | 0 634 | 0 648 | 0 662 | 0 676 | 0 690 | 0 704 | 0 718 |
| 62 | 0 599 | 0 613 | 0 627 | 0 642 | 0 656 | 0 670 | 0 684 | 0 699 | 0 713 | 0 727 |
| 64 | 0 606 | 0 621 | 0 635 | 0 649 | 0 664 | 0 678 | 0 693 | 0 707 | 0 722 | 0 736 |
| 66 | 0 614 | 0 628 | 0 643 | 0 657 | 0 672 | 0 687 | 0 701 | 0 716 | 0 730 | 0 745 |
| 68 | 0 621 | 0 636 | 0 650 | 0 665 | 0 680 | 0 695 | 0 710 | 0 724 | 0 739 | 0 754 |
| 1,70 | 0 628 | 0 643 | 0 658 | 0 673 | 0 688 | 0 703 | 0 718 | 0 733 | 0 748 | 0 763 |
| 72 | 0 636 | 0 651 | 0 666 | 0 681 | 0 696 | 0 711 | 0 727 | 0 742 | 0 757 | 0 772 |
| 74 | 0 643 | 0 658 | 0 674 | 0 689 | 0 704 | 0 720 | 0 735 | 0 750 | 0 766 | 0 781 |
| 76 | 0 650 | 0 666 | 0 681 | 0 697 | 0 712 | 0 728 | 0 743 | 0 759 | 0 774 | 0 790 |
| 78 | 0 658 | 0 674 | 0 689 | 0 705 | 0 721 | 0 736 | 0 752 | 0 768 | 0 783 | 0 799 |
| 1,80 | 0 665 | 0 681 | 0 697 | 0 713 | 0 729 | 0 744 | 0 760 | 0 776 | 0 792 | 0 808 |
| 82 | 0 673 | 0 689 | 0 705 | 0 721 | 0 737 | 0 753 | 0 769 | 0 785 | 0 801 | 0 817 |
| 84 | 0 680 | 0 696 | 0 712 | 0 729 | 0 745 | 0 761 | 0 777 | 0 793 | 0 810 | 0 826 |
| 86 | 0 687 | 0 704 | 0 720 | 0 737 | 0 753 | 0 769 | 0 786 | 0 802 | 0 818 | 0 835 |
| 88 | 0 695 | 0 711 | 0 728 | 0 744 | 0 761 | 0 778 | 0 794 | 0 811 | 0 827 | 0 844 |
| 1,90 | 0 702 | 0 719 | 0 736 | 0 752 | 0 769 | 0 786 | 0 803 | 0 819 | 0 836 | 0 853 |
| 92 | 0 710 | 0 727 | 0 743 | 0 760 | 0 777 | 0 794 | 0 811 | 0 828 | 0 845 | 0 862 |
| 94 | 0 717 | 0 734 | 0 751 | 0 768 | 0 785 | 0 802 | 0 819 | 0 837 | 0 854 | 0 871 |
| 96 | 0 724 | 0 742 | 0 759 | 0 776 | 0 793 | 0 811 | 0 828 | 0 845 | 0 862 | 0 880 |
| 98 | 0 732 | 0 749 | 0 767 | 0 784 | 0 802 | 0 819 | 0 836 | 0 854 | 0 871 | 0 889 |
| 2,— | 0 739 | 0 757 | 0 774 | 0 792 | 0 810 | 0 827 | 0 845 | 0 862 | 0 880 | 0 898 |
| 02 | 0 747 | 0 764 | 0 782 | 0 800 | 0 818 | 0 835 | 0 853 | 0 871 | 0 889 | 0 907 |
| 04 | 0 754 | 0 772 | 0 790 | 0 808 | 0 826 | 0 844 | 0 862 | 0 880 | 0 898 | 0 916 |
| 06 | 0 761 | 0 780 | 0 798 | 0 816 | 0 834 | 0 852 | 0 870 | 0 888 | 0 906 | 0 925 |
| 08 | 0 769 | 0 787 | 0 805 | 0 824 | 0 842 | 0 860 | 0 879 | 0 897 | 0 915 | 0 934 |
| 2,10 | 0 776 | 0 795 | 0 813 | 0 832 | 0 850 | 0 869 | 0 887 | 0 906 | 0 924 | 0 942 |
| 12 | 0 784 | 0 802 | 0 821 | 0 840 | 0 858 | 0 877 | 0 895 | 0 914 | 0 933 | 0 951 |
| 14 | 0 791 | 0 810 | 0 829 | 0 847 | 0 866 | 0 885 | 0 904 | 0 923 | 0 942 | 0 960 |
| 16 | 0 798 | 0 817 | 0 836 | 0 855 | 0 874 | 0 893 | 0 912 | 0 931 | 0 950 | 0 969 |
| 18 | 0 806 | 0 825 | 0 844 | 0 863 | 0 882 | 0 902 | 0 921 | 0 940 | 0 959 | 0 978 |
| 2,20 | 0 813 | 0 832 | 0 852 | 0 871 | 0 891 | 0 910 | 0 929 | 0 949 | 0 968 | 0 987 |
| 22 | 0 821 | 0 840 | 0 860 | 0 879 | 0 899 | 0 918 | 0 938 | 0 957 | 0 977 | 0 996 |



| LONGUEUR | 1,04 | 1,06 | 1,08 | 1,10 | 1,12 | 1,14 | 1,16 | 1,18 | 1,20 | 1,22 |
|---|---|---|---|---|---|---|---|---|---|---|
| 1,04 | 0 476 | | | | | | | | | |
| 06 | 0 485 | 0 494 | | | | | | | | |
| 08 | 0 494 | 0 504 | 0 513 | | | | | | | |
| 1,10 | 0 503 | 0 513 | 0 523 | 0 532 | | | | | | |
| 12 | 0 513 | 0 522 | 0 532 | 0 542 | 0 552 | | | | | |
| 14 | 0 522 | 0 532 | 0 542 | 0 552 | 0 562 | 0 572 | | | | |
| 16 | 0 531 | 0 541 | 0 551 | 0 561 | 0 572 | 0 582 | 0 592 | | | |
| 18 | 0 540 | 0 550 | 0 561 | 0 571 | 0 582 | 0 592 | 0 602 | 0 613 | | |
| 1,20 | 0 549 | 0 560 | 0 570 | 0 581 | 0 591 | 0 602 | 0 612 | 0 623 | 0 634 | |
| 22 | 0 558 | 0 569 | 0 580 | 0 590 | 0 601 | 0 612 | 0 623 | 0 633 | 0 644 | 0 655 |
| 24 | 0 567 | 0 578 | 0 589 | 0 600 | 0 611 | 0 622 | 0 633 | 0 644 | 0 655 | 0 666 |
| 26 | 0 577 | 0 588 | 0 599 | 0 610 | 0 621 | 0 632 | 0 643 | 0 654 | 0 665 | 0 676 |
| 28 | 0 586 | 0 597 | 0 608 | 0 619 | 0 631 | 0 642 | 0 653 | 0 665 | 0 676 | 0 687 |
| 1,30 | 0 595 | 0 606 | 0 618 | 0 629 | 0 641 | 0 652 | 0 664 | 0 675 | 0 686 | 0 698 |
| 32 | 0 604 | 0 616 | 0 627 | 0 639 | 0 650 | 0 662 | 0 674 | 0 685 | 0 697 | 0 709 |
| 34 | 0 613 | 0 625 | 0 637 | 0 648 | 0 660 | 0 672 | 0 684 | 0 696 | 0 708 | 0 719 |
| 36 | 0 622 | 0 634 | 0 646 | 0 658 | 0 670 | 0 682 | 0 694 | 0 706 | 0 718 | 0 730 |
| 38 | 0 631 | 0 644 | 0 656 | 0 668 | 0 680 | 0 692 | 0 704 | 0 716 | 0 729 | 0 741 |
| 1,40 | 0 641 | 0 653 | 0 665 | 0 678 | 0 690 | 0 702 | 0 715 | 0 727 | 0 739 | 0 752 |
| 42 | 0 650 | 0 662 | 0 675 | 0 687 | 0 700 | 0 712 | 0 725 | 0 737 | 0 750 | 0 762 |
| 44 | 0 659 | 0 672 | 0 684 | 0 697 | 0 710 | 0 722 | 0 735 | 0 748 | 0 760 | 0 773 |
| 46 | 0 668 | 0 681 | 0 694 | 0 707 | 0 719 | 0 732 | 0 745 | 0 758 | 0 771 | 0 784 |
| 48 | 0 677 | 0 690 | 0 703 | 0 716 | 0 729 | 0 742 | 0 755 | 0 768 | 0 781 | 0 794 |
| 1,50 | 0 686 | 0 700 | 0 713 | 0 726 | 0 739 | 0 752 | 0 766 | 0 779 | 0 792 | 0 805 |
| 52 | 0 696 | 0 709 | 0 722 | 0 736 | 0 749 | 0 762 | 0 776 | 0 789 | 0 803 | 0 816 |
| 54 | 0 705 | 0 718 | 0 732 | 0 745 | 0 759 | 0 772 | 0 786 | 0 800 | 0 813 | 0 827 |
| 56 | 0 714 | 0 728 | 0 741 | 0 755 | 0 769 | 0 782 | 0 796 | 0 810 | 0 824 | 0 837 |
| 58 | 0 723 | 0 737 | 0 751 | 0 765 | 0 779 | 0 793 | 0 806 | 0 820 | 0 834 | 0 848 |
| 1,60 | 0 732 | 0 746 | 0 760 | 0 774 | 0 788 | 0 803 | 0 817 | 0 831 | 0 845 | 0 859 |
| 62 | 0 741 | 0 756 | 0 770 | 0 784 | 0 798 | 0 813 | 0 827 | 0 841 | 0 855 | 0 870 |
| 64 | 0 750 | 0 765 | 0 779 | 0 794 | 0 808 | 0 823 | 0 837 | 0 851 | 0 866 | 0 880 |
| 66 | 0 760 | 0 774 | 0 789 | 0 803 | 0 818 | 0 833 | 0 847 | 0 862 | 0 876 | 0 891 |
| 68 | 0 769 | 0 784 | 0 798 | 0 813 | 0 828 | 0 843 | 0 857 | 0 872 | 0 887 | 0 902 |
| 1,70 | 0 778 | 0 793 | 0 808 | 0 823 | 0 838 | 0 853 | 0 868 | 0 883 | 0 898 | 0 913 |
| 72 | 0 787 | 0 802 | 0 817 | 0 832 | 0 848 | 0 863 | 0 878 | 0 893 | 0 908 | 0 923 |
| 74 | 0 796 | 0 812 | 0 827 | 0 842 | 0 857 | 0 873 | 0 888 | 0 903 | 0 919 | 0 934 |
| 76 | 0 805 | 0 821 | 0 836 | 0 852 | 0 867 | 0 883 | 0 898 | 0 914 | 0 929 | 0 945 |
| 78 | 0 815 | 0 830 | 0 846 | 0 862 | 0 877 | 0 893 | 0 909 | 0 924 | 0 940 | 0 956 |
| 1,80 | 0 824 | 0 840 | 0 855 | 0 871 | 0 887 | 0 903 | 0 919 | 0 935 | 0 950 | 0 966 |
| 82 | 0 833 | 0 849 | 0 865 | 0 881 | 0 897 | 0 913 | 0 929 | 0 945 | 0 961 | 0 977 |
| 84 | 0 842 | 0 858 | 0 874 | 0 891 | 0 907 | 0 923 | 0 939 | 0 955 | 0 972 | 0 988 |
| 86 | 0 851 | 0 868 | 0 884 | 0 900 | 0 917 | 0 933 | 0 949 | 0 966 | 0 982 | 0 998 |
| 88 | 0 860 | 0 877 | 0 893 | 0 910 | 0 926 | 0 943 | 0 960 | 0 976 | 0 993 | 1 009 |
| 1,90 | 0 869 | 0 886 | 0 903 | 0 920 | 0 936 | 0 953 | 0 970 | 0 986 | 1 003 | 1 020 |
| 92 | 0 879 | 0 895 | 0 912 | 0 929 | 0 946 | 0 963 | 0 980 | 0 997 | 1 014 | 1 031 |
| 94 | 0 888 | 0 905 | 0 922 | 0 939 | 0 956 | 0 973 | 0 990 | 1 007 | 1 024 | 1 041 |
| 96 | 0 897 | 0 914 | 0 931 | 0 949 | 0 966 | 0 983 | 1 000 | 1 018 | 1 035 | 1 052 |
| 98 | 0 906 | 0 923 | 0 941 | 0 958 | 0 976 | 0 993 | 1 011 | 1 028 | 1 045 | 1 063 |
| 2,— | 0 915 | 0 933 | 0 950 | 0 968 | 0 986 | 1 003 | 1 021 | 1 038 | 1 056 | 1 074 |
| 02 | 0 924 | 0 942 | 0 960 | 0 978 | 0 995 | 1 013 | 1 031 | 1 049 | 1 067 | 1 084 |
| 04 | 0 934 | 0 951 | 0 969 | 0 987 | 1 005 | 1 023 | 1 041 | 1 059 | 1 077 | 1 095 |
| 06 | 0 943 | 0 961 | 0 979 | 0 997 | 1 015 | 1 033 | 1 051 | 1 070 | 1 088 | 1 106 |
| 08 | 0 952 | 0 970 | 0 988 | 1 007 | 1 025 | 1 043 | 1 062 | 1 080 | 1 098 | 1 117 |
| 2,10 | 0 961 | 0 979 | 0 998 | 1 016 | 1 035 | 1 053 | 1 072 | 1 090 | 1 109 | 1 127 |
| 12 | 0 970 | 0 989 | 1 007 | 1 026 | 1 045 | 1 063 | 1 082 | 1 101 | 1 119 | 1 138 |
| 14 | 0 979 | 0 998 | 1 017 | 1 036 | 1 055 | 1 073 | 1 092 | 1 111 | 1 130 | 1 149 |
| 16 | 0 988 | 1 007 | 1 026 | 1 045 | 1 064 | 1 083 | 1 102 | 1 121 | 1 140 | 1 159 |
| 18 | 0 998 | 1 017 | 1 036 | 1 055 | 1 074 | 1 093 | 1 112 | 1 132 | 1 151 | 1 170 |
| 2,20 | 1 007 | 1 026 | 1 045 | 1 065 | 1 084 | 1 104 | 1 123 | 1 142 | 1 162 | 1 181 |
| 22 | 1 016 | 1 035 | 1 055 | 1 074 | 1 094 | 1 114 | 1 133 | 1 153 | 1 172 | 1 192 |

| Longueur | Pétables | 0,46 | 0,48 | 0,50 | 0,52 | 0,54 | 0,56 | 0,58 | 0,60 | 0,62 | 0,64 |
|---|---|---|---|---|---|---|---|---|---|---|---|
| 0,46 | 0 078 | 0 097 | | | | | | | | | |
| 48 | 0 081 | 0 102 | 0 106 | | | | | | | | |
| 0,50 | 0 085 | 0 106 | 0 110 | 0 115 | | | | | | | |
| 52 | 0 088 | 0 110 | 0 115 | 0 120 | 0 124 | | | | | | |
| 54 | 0 091 | 0 114 | 0 119 | 0 124 | 0 129 | 0 134 | | | | | |
| 56 | 0 095 | 0 118 | 0 124 | 0 129 | 0 134 | 0 139 | 0 144 | | | | |
| 58 | 0 098 | 0 123 | 0 128 | 0 133 | 0 139 | 0 144 | 0 149 | 0 155 | | | |
| 0,60 | 0 102 | 0 127 | 0 132 | 0 138 | 0 144 | 0 149 | 0 155 | 0 160 | 0 166 | | |
| 62 | 0 105 | 0 131 | 0 137 | 0 143 | 0 148 | 0 154 | 0 160 | 0 165 | 0 171 | 0 177 | |
| 64 | 0 108 | 0 135 | 0 141 | 0 147 | 0 153 | 0 159 | 0 165 | 0 171 | 0 177 | 0 183 | 0 188 |
| 66 | 0 112 | 0 140 | 0 146 | 0 152 | 0 158 | 0 164 | 0 170 | 0 176 | 0 182 | 0 188 | 0 194 |
| 68 | 0 115 | 0 144 | 0 150 | 0 156 | 0 163 | 0 169 | 0 175 | 0 181 | 0 188 | 0 194 | 0 200 |
| 0,70 | 0 118 | 0 148 | 0 155 | 0 161 | 0 167 | 0 174 | 0 180 | 0 187 | 0 193 | 0 200 | 0 206 |
| 72 | 0 122 | 0 152 | 0 159 | 0 166 | 0 172 | 0 179 | 0 185 | 0 192 | 0 199 | 0 205 | 0 212 |
| 74 | 0 125 | 0 157 | 0 163 | 0 170 | 0 177 | 0 184 | 0 191 | 0 197 | 0 204 | 0 211 | 0 218 |
| 76 | 0 129 | 0 161 | 0 168 | 0 175 | 0 182 | 0 189 | 0 196 | 0 203 | 0 210 | 0 217 | 0 224 |
| 78 | 0 132 | 0 165 | 0 172 | 0 179 | 0 187 | 0 194 | 0 201 | 0 208 | 0 215 | 0 222 | 0 230 |
| 0,80 | 0 135 | 0 169 | 0 177 | 0 184 | 0 191 | 0 199 | 0 206 | 0 213 | 0 221 | 0 228 | 0 236 |
| 82 | 0 139 | 0 174 | 0 181 | 0 189 | 0 196 | 0 204 | 0 211 | 0 219 | 0 226 | 0 234 | 0 241 |
| 84 | 0 142 | 0 178 | 0 185 | 0 193 | 0 201 | 0 209 | 0 216 | 0 224 | 0 232 | 0 240 | 0 247 |
| 86 | 0 146 | 0 182 | 0 190 | 0 198 | 0 206 | 0 214 | 0 222 | 0 229 | 0 237 | 0 245 | 0 253 |
| 88 | 0 149 | 0 186 | 0 194 | 0 202 | 0 210 | 0 219 | 0 227 | 0 235 | 0 243 | 0 251 | 0 259 |
| 0,90 | 0 152 | 0 190 | 0 199 | 0 207 | 0 215 | 0 224 | 0 232 | 0 240 | 0 248 | 0 257 | 0 265 |
| 92 | 0 156 | 0 195 | 0 203 | 0 212 | 0 220 | 0 229 | 0 237 | 0 245 | 0 254 | 0 262 | 0 271 |
| 94 | 0 159 | 0 199 | 0 208 | 0 216 | 0 225 | 0 233 | 0 242 | 0 251 | 0 259 | 0 268 | 0 277 |
| 96 | 0 163 | 0 203 | 0 212 | 0 221 | 0 230 | 0 238 | 0 247 | 0 256 | 0 265 | 0 274 | 0 283 |
| 98 | 0 166 | 0 207 | 0 216 | 0 225 | 0 234 | 0 243 | 0 252 | 0 261 | 0 270 | 0 279 | 0 289 |
| 1,— | 0 169 | 0 212 | 0 221 | 0 230 | 0 239 | 0 248 | 0 258 | 0 267 | 0 276 | 0 285 | 0 294 |
| 02 | 0 173 | 0 216 | 0 225 | 0 235 | 0 244 | 0 253 | 0 263 | 0 272 | 0 282 | 0 291 | 0 300 |
| 04 | 0 176 | 0 220 | 0 230 | 0 239 | 0 249 | 0 258 | 0 268 | 0 277 | 0 287 | 0 297 | 0 306 |
| 06 | 0 179 | 0 224 | 0 234 | 0 244 | 0 254 | 0 263 | 0 273 | 0 283 | 0 293 | 0 302 | 0 312 |
| 08 | 0 183 | 0 229 | 0 238 | 0 248 | 0 258 | 0 268 | 0 278 | 0 288 | 0 298 | 0 308 | 0 318 |
| 1,10 | 0 186 | 0 233 | 0 243 | 0 253 | 0 263 | 0 273 | 0 283 | 0 293 | 0 301 | 0 314 | 0 324 |
| 12 | 0 190 | 0 237 | 0 247 | 0 258 | 0 268 | 0 278 | 0 289 | 0 299 | 0 309 | 0 319 | 0 330 |
| 14 | 0 193 | 0 241 | 0 252 | 0 262 | 0 273 | 0 283 | 0 294 | 0 304 | 0 315 | 0 325 | 0 336 |
| 16 | 0 196 | 0 245 | 0 256 | 0 267 | 0 277 | 0 288 | 0 299 | 0 309 | 0 320 | 0 331 | 0 342 |
| 18 | 0 200 | 0 250 | 0 261 | 0 271 | 0 282 | 0 293 | 0 304 | 0 315 | 0 326 | 0 337 | 0 347 |
| 1 20 | 0 203 | 0 254 | 0 265 | 0 276 | 0 287 | 0 298 | 0 309 | 0 320 | 0 331 | 0 342 | 0 353 |
| 22 | 0 206 | 0 258 | 0 269 | 0 281 | 0 292 | 0 303 | 0 314 | 0 325 | 0 337 | 0 348 | 0 359 |
| 24 | 0 210 | 0 262 | 0 274 | 0 285 | 0 297 | 0 308 | 0 319 | 0 331 | 0 342 | 0 354 | 0 365 |
| 26 | 0 213 | 0 267 | 0 278 | 0 290 | 0 301 | 0 313 | 0 325 | 0 336 | 0 348 | 0 359 | 0 371 |
| 28 | 0 217 | 0 271 | 0 283 | 0 294 | 0 306 | 0 318 | 0 330 | 0 342 | 0 353 | 0 365 | 0 377 |
| 1,30 | 0 220 | 0 275 | 0 287 | 0 299 | 0 311 | 0 323 | 0 335 | 0 347 | 0 359 | 0 371 | 0 383 |
| 32 | 0 223 | 0 279 | 0 291 | 0 304 | 0 316 | 0 328 | 0 340 | 0 352 | 0 364 | 0 376 | 0 389 |
| 34 | 0 227 | 0 284 | 0 296 | 0 308 | 0 321 | 0 333 | 0 345 | 0 358 | 0 370 | 0 382 | 0 394 |
| 36 | 0 230 | 0 288 | 0 300 | 0 313 | 0 325 | 0 338 | 0 350 | 0 363 | 0 375 | 0 388 | 0 400 |
| 38 | 0 234 | 0 292 | 0 305 | 0 317 | 0 330 | 0 343 | 0 355 | 0 368 | 0 381 | 0 394 | 0 406 |
| 1,40 | 0 237 | 0 296 | 0 309 | 0 322 | 0 335 | 0 348 | 0 361 | 0 374 | 0 386 | 0 399 | 0 412 |
| 42 | 0 240 | 0 300 | 0 314 | 0 327 | 0 340 | 0 353 | 0 366 | 0 379 | 0 392 | 0 405 | 0 418 |
| 44 | 0 244 | 0 305 | 0 318 | 0 331 | 0 344 | 0 358 | 0 371 | 0 384 | 0 397 | 0 411 | 0 424 |
| 46 | 0 247 | 0 309 | 0 322 | 0 336 | 0 349 | 0 363 | 0 376 | 0 390 | 0 404 | 0 416 | 0 430 |
| 48 | 0 251 | 0 313 | 0 327 | 0 340 | 0 354 | 0 368 | 0 381 | 0 395 | 0 408 | 0 422 | 0 436 |
| 1,50 | 0 254 | 0 317 | 0 331 | 0 345 | 0 359 | 0 373 | 0 386 | 0 400 | 0 414 | 0 428 | 0 442 |
| 52 | 0 257 | 0 322 | 0 336 | 0 350 | 0 364 | 0 378 | 0 392 | 0 406 | 0 420 | 0 434 | 0 447 |
| 54 | 0 261 | 0 326 | 0 340 | 0 354 | 0 368 | 0 383 | 0 397 | 0 411 | 0 425 | 0 439 | 0 453 |
| 56 | 0 264 | 0 330 | 0 344 | 0 359 | 0 373 | 0 388 | 0 402 | 0 416 | 0 430 | 0 445 | 0 459 |
| 58 | 0 267 | 0 334 | 0 349 | 0 363 | 0 378 | 0 392 | 0 407 | 0 422 | 0 436 | 0 451 | 0 465 |
| 1,60 | 0 271 | 0 339 | 0 353 | 0 368 | 0 383 | 0 397 | 0 412 | 0 427 | 0 442 | 0 456 | 0 471 |
| 62 | 0 274 | 0 343 | 0 358 | 0 373 | 0 388 | 0 402 | 0 417 | 0 432 | 0 447 | 0 462 | 0 477 |
| 64 | 0 278 | 0 347 | 0 362 | 0 377 | 0 392 | 0 407 | 0 422 | 0 438 | 0 453 | 0 468 | 0 483 |
| 66 | 0 281 | 0 351 | 0 367 | 0 382 | 0 397 | 0 412 | 0 428 | 0 443 | 0 458 | 0 473 | 0 489 |
| 68 | 0 284 | 0 355 | 0 371 | 0 386 | 0 402 | 0 417 | 0 433 | 0 448 | 0 464 | 0 479 | 0 495 |
| 1,70 | 0 288 | 0 360 | 0 375 | 0 391 | 0 407 | 0 422 | 0 438 | 0 454 | 0 469 | 0 485 | 0 500 |
| 72 | 0 291 | 0 364 | 0 380 | 0 396 | 0 411 | 0 427 | 0 443 | 0 459 | 0 475 | 0 491 | 0 506 |
| 74 | 0 295 | 0 368 | 0 384 | 0 400 | 0 416 | 0 432 | 0 448 | 0 464 | 0 480 | 0 496 | 0 512 |
| 76 | 0 298 | 0 372 | 0 389 | 0 405 | 0 421 | 0 437 | 0 453 | 0 470 | 0 486 | 0 502 | 0 518 |
| 78 | 0 301 | 0 377 | 0 393 | 0 409 | 0 426 | 0 442 | 0 459 | 0 475 | 0 491 | 0 508 | 0 524 |
| 1,80 | 0 305 | 0 381 | 0 397 | 0 414 | 0 431 | 0 447 | 0 464 | 0 480 | 0 497 | 0 513 | 0 530 |
| 82 | 0 308 | 0 385 | 0 402 | 0 419 | 0 435 | 0 452 | 0 469 | 0 486 | 0 502 | 0 519 | 0 536 |
| 84 | 0 311 | 0 389 | 0 406 | 0 423 | 0 440 | 0 457 | 0 474 | 0 491 | 0 508 | 0 525 | 0 542 |





| Longueur | 0,66 | 0,68 | 0,70 | 0,72 | 0,74 | 0,76 | 0,78 | 0,80 | 0,82 | 0,84 |
|---|---|---|---|---|---|---|---|---|---|---|
| 0,66 | 0 200 | | | | | | | | | |
| 68 | 0 206 | 0 213 | | | | | | | | |
| 0,70 | 0 213 | 0 219 | 0 225 | | | | | | | |
| 72 | 0 219 | 0 225 | 0 232 | 0 238 | | | | | | |
| 74 | 0 225 | 0 231 | 0 238 | 0 245 | 0 252 | | | | | |
| 76 | 0 231 | 0 238 | 0 245 | 0 252 | 0 259 | 0 266 | | | | |
| 78 | 0 237 | 0 244 | 0 251 | 0 258 | 0 266 | 0 273 | 0 280 | | | |
| 0,80 | 0 243 | 0 250 | 0 258 | 0 265 | 0 272 | 0 280 | 0 287 | 0 294 | | |
| 82 | 0 249 | 0 256 | 0 264 | 0 272 | 0 279 | 0 287 | 0 294 | 0 302 | 0 309 | |
| 84 | 0 255 | 0 263 | 0 270 | 0 278 | 0 286 | 0 294 | 0 301 | 0 309 | 0 316 | 0 325 |
| 86 | 0 261 | 0 269 | 0 277 | 0 285 | 0 293 | 0 301 | 0 309 | 0 316 | 0 324 | 0 332 |
| 88 | 0 267 | 0 275 | 0 283 | 0 291 | 0 300 | 0 308 | 0 316 | 0 324 | 0 332 | 0 340 |
| 0,90 | 0 273 | 0 282 | 0 290 | 0 298 | 0 306 | 0 315 | 0 323 | 0 331 | 0 339 | 0 348 |
| 92 | 0 279 | 0 288 | 0 296 | 0 305 | 0 313 | 0 322 | 0 330 | 0 339 | 0 347 | 0 355 |
| 94 | 0 285 | 0 294 | 0 303 | 0 311 | 0 320 | 0 329 | 0 337 | 0 346 | 0 355 | 0 363 |
| 96 | 0 291 | 0 300 | 0 309 | 0 318 | 0 327 | 0 336 | 0 344 | 0 353 | 0 362 | 0 371 |
| 98 | 0 298 | 0 307 | 0 316 | 0 325 | 0 334 | 0 343 | 0 352 | 0 361 | 0 370 | 0 379 |
| 1,— | 0 304 | 0 313 | 0 322 | 0 331 | 0 340 | 0 350 | 0 359 | 0 368 | 0 377 | 0 386 |
| 02 | 0 310 | 0 319 | 0 328 | 0 338 | 0 347 | 0 357 | 0 366 | 0 375 | 0 385 | 0 394 |
| 04 | 0 316 | 0 325 | 0 335 | 0 344 | 0 354 | 0 364 | 0 373 | 0 383 | 0 392 | 0 402 |
| 06 | 0 322 | 0 332 | 0 341 | 0 351 | 0 361 | 0 371 | 0 380 | 0 390 | 0 400 | 0 410 |
| 08 | 0 328 | 0 338 | 0 348 | 0 358 | 0 368 | 0 378 | 0 388 | 0 397 | 0 407 | 0 417 |
| 1,10 | 0 334 | 0 344 | 0 354 | 0 364 | 0 374 | 0 385 | 0 395 | 0 405 | 0 415 | 0 425 |
| 12 | 0 340 | 0 350 | 0 361 | 0 371 | 0 381 | 0 392 | 0 402 | 0 412 | 0 422 | 0 433 |
| 14 | 0 346 | 0 357 | 0 367 | 0 378 | 0 388 | 0 399 | 0 409 | 0 420 | 0 430 | 0 440 |
| 16 | 0 352 | 0 363 | 0 374 | 0 384 | 0 395 | 0 406 | 0 416 | 0 427 | 0 438 | 0 448 |
| 18 | 0 358 | 0 369 | 0 380 | 0 391 | 0 402 | 0 413 | 0 423 | 0 434 | 0 445 | 0 456 |
| 1,20 | 0 364 | 0 375 | 0 386 | 0 397 | 0 408 | 0 420 | 0 431 | 0 442 | 0 453 | 0 464 |
| 22 | 0 370 | 0 382 | 0 393 | 0 404 | 0 415 | 0 427 | 0 438 | 0 449 | 0 460 | 0 471 |
| 24 | 0 376 | 0 388 | 0 399 | 0 411 | 0 422 | 0 434 | 0 445 | 0 456 | 0 468 | 0 479 |
| 26 | 0 383 | 0 394 | 0 406 | 0 417 | 0 429 | 0 440 | 0 452 | 0 464 | 0 475 | 0 487 |
| 28 | 0 389 | 0 400 | 0 412 | 0 424 | 0 436 | 0 447 | 0 459 | 0 471 | 0 483 | 0 495 |
| 1,30 | 0 395 | 0 407 | 0 419 | 0 431 | 0 443 | 0 454 | 0 466 | 0 478 | 0 490 | 0 502 |
| 32 | 0 401 | 0 413 | 0 425 | 0 437 | 0 449 | 0 461 | 0 473 | 0 486 | 0 498 | 0 510 |
| 34 | 0 407 | 0 419 | 0 431 | 0 444 | 0 456 | 0 468 | 0 481 | 0 493 | 0 505 | 0 518 |
| 36 | 0 413 | 0 425 | 0 438 | 0 450 | 0 463 | 0 475 | 0 488 | 0 500 | 0 513 | 0 526 |
| 38 | 0 419 | 0 432 | 0 444 | 0 457 | 0 470 | 0 482 | 0 495 | 0 508 | 0 521 | 0 533 |
| 1,40 | 0 425 | 0 438 | 0 451 | 0 464 | 0 477 | 0 489 | 0 502 | 0 515 | 0 528 | 0 541 |
| 42 | 0 431 | 0 444 | 0 457 | 0 470 | 0 483 | 0 496 | 0 509 | 0 523 | 0 536 | 0 549 |
| 44 | 0 437 | 0 450 | 0 464 | 0 477 | 0 490 | 0 503 | 0 517 | 0 530 | 0 543 | 0 556 |
| 46 | 0 443 | 0 457 | 0 470 | 0 484 | 0 497 | 0 510 | 0 524 | 0 537 | 0 551 | 0 564 |
| 48 | 0 449 | 0 463 | 0 477 | 0 490 | 0 504 | 0 517 | 0 531 | 0 545 | 0 558 | 0 572 |
| 1,50 | 0 455 | 0 469 | 0 483 | 0 497 | 0 511 | 0 524 | 0 538 | 0 552 | 0 566 | 0 580 |
| 52 | 0 461 | 0 475 | 0 489 | 0 503 | 0 517 | 0 531 | 0 545 | 0 559 | 0 573 | 0 587 |
| 54 | 0 468 | 0 482 | 0 496 | 0 510 | 0 524 | 0 538 | 0 553 | 0 567 | 0 581 | 0 595 |
| 56 | 0 474 | 0 488 | 0 502 | 0 517 | 0 531 | 0 545 | 0 560 | 0 574 | 0 588 | 0 603 |
| 58 | 0 480 | 0 494 | 0 509 | 0 523 | 0 538 | 0 552 | 0 567 | 0 581 | 0 596 | 0 611 |
| 1,60 | 0 486 | 0 500 | 0 515 | 0 530 | 0 545 | 0 559 | 0 574 | 0 589 | 0 604 | 0 618 |
| 62 | 0 492 | 0 507 | 0 522 | 0 537 | 0 551 | 0 566 | 0 581 | 0 596 | 0 611 | 0 626 |
| 64 | 0 498 | 0 513 | 0 528 | 0 543 | 0 558 | 0 573 | 0 588 | 0 604 | 0 619 | 0 634 |
| 66 | 0 504 | 0 519 | 0 535 | 0 550 | 0 565 | 0 580 | 0 596 | 0 611 | 0 626 | 0 641 |
| 68 | 0 510 | 0 526 | 0 541 | 0 556 | 0 572 | 0 587 | 0 603 | 0 618 | 0 634 | 0 649 |
| 1,70 | 0 516 | 0 532 | 0 547 | 0 563 | 0 579 | 0 594 | 0 610 | 0 626 | 0 641 | 0 657 |
| 72 | 0 522 | 0 538 | 0 554 | 0 570 | 0 585 | 0 601 | 0 617 | 0 633 | 0 649 | 0 665 |
| 74 | 0 528 | 0 544 | 0 560 | 0 576 | 0 592 | 0 608 | 0 624 | 0 640 | 0 656 | 0 672 |
| 76 | 0 534 | 0 551 | 0 567 | 0 583 | 0 599 | 0 615 | 0 631 | 0 648 | 0 664 | 0 680 |
| 78 | 0 540 | 0 557 | 0 573 | 0 590 | 0 606 | 0 622 | 0 639 | 0 655 | 0 671 | 0 688 |
| 1,80 | 0 546 | 0 563 | 0 580 | 0 596 | 0 613 | 0 629 | 0 646 | 0 662 | 0 679 | 0 696 |
| 82 | 0 553 | 0 569 | 0 586 | 0 603 | 0 620 | 0 636 | 0 653 | 0 670 | 0 687 | 0 703 |
| 84 | 0 559 | 0 576 | 0 592 | 0 609 | 0 626 | 0 643 | 0 660 | 0 677 | 0 694 | 0 711 |

Epaisseur : **0ᵐ 46** centimètres       Epaisseur : **0ᵐ 46** centimètres     **0,46**

| LONGUEUR | 0,86 | 0,88 | 0,90 | 0,92 | 0,94 | 0,96 | 0,98 | 1,00 | 1,02 | 1,04 |
|---|---|---|---|---|---|---|---|---|---|---|
| | | | | LARGEUR | | | | | | 64 |
| 0,86 | 0 340 | | | | | | | | | |
| 88 | 0 348 | 0 356 | | | | | | | | |
| 0,90 | 0 356 | 0 364 | 0 373 | | | | | | | |
| 92 | 0 364 | 0 372 | 0 381 | 0 389 | | | | | | |
| 94 | 0 372 | 0 381 | 0 389 | 0 398 | 0 406 | | | | | |
| 96 | 0 380 | 0 389 | 0 397 | 0 406 | 0 415 | 0 424 | | | | |
| 98 | 0 388 | 0 397 | 0 406 | 0 415 | 0 424 | 0 433 | 0 442 | | | |
| 1,— | 0 396 | 0 405 | 0 414 | 0 423 | 0 432 | 0 442 | 0 451 | 0 460 | | |
| 02 | 0 404 | 0 413 | 0 422 | 0 432 | 0 441 | 0 450 | 0 460 | 0 469 | 0 479 | |
| 04 | 0 411 | 0 421 | 0 431 | 0 440 | 0 450 | 0 458 | 0 469 | 0 478 | 0 488 | 0 498 |
| 06 | 0 419 | 0 429 | 0 439 | 0 449 | 0 458 | 0 468 | 0 478 | 0 488 | 0 497 | 0 507 |
| 08 | 0 427 | 0 437 | 0 447 | 0 457 | 0 467 | 0 477 | 0 487 | 0 497 | 0 507 | 0 517 |
| 1,10 | 0 435 | 0 445 | 0 455 | 0 466 | 0 476 | 0 486 | 0 496 | 0 506 | 0 516 | 0 526 |
| 12 | 0 443 | 0 453 | 0 464 | 0 474 | 0 484 | 0 495 | 0 505 | 0 515 | 0 526 | 0 536 |
| 14 | 0 451 | 0 461 | 0 472 | 0 482 | 0 493 | 0 503 | 0 514 | 0 524 | 0 535 | 0 545 |
| 16 | 0 459 | 0 470 | 0 480 | 0 491 | 0 502 | 0 512 | 0 523 | 0 534 | 0 544 | 0 555 |
| 18 | 0 467 | 0 478 | 0 489 | 0 499 | 0 510 | 0 521 | 0 532 | 0 543 | 0 554 | 0 565 |
| 1,20 | 0 475 | 0 486 | 0 497 | 0 508 | 0 519 | 0 530 | 0 541 | 0 552 | 0 563 | 0 574 |
| 22 | 0 483 | 0 494 | 0 505 | 0 516 | 0 528 | 0 539 | 0 550 | 0 561 | 0 572 | 0 584 |
| 24 | 0 491 | 0 502 | 0 513 | 0 525 | 0 536 | 0 548 | 0 559 | 0 570 | 0 582 | 0 593 |
| 26 | 0 498 | 0 510 | 0 522 | 0 533 | 0 545 | 0 556 | 0 568 | 0 580 | 0 591 | 0 603 |
| 28 | 0 506 | 0 518 | 0 530 | 0 542 | 0 553 | 0 565 | 0 577 | 0 589 | 0 601 | 0 612 |
| 1,30 | 0 514 | 0 526 | 0 538 | 0 550 | 0 562 | 0 574 | 0 586 | 0 598 | 0 610 | 0 622 |
| 32 | 0 522 | 0 534 | 0 546 | 0 559 | 0 571 | 0 583 | 0 595 | 0 607 | 0 619 | 0 631 |
| 34 | 0 530 | 0 542 | 0 555 | 0 567 | 0 579 | 0 592 | 0 604 | 0 616 | 0 629 | 0 641 |
| 36 | 0 538 | 0 551 | 0 563 | 0 576 | 0 588 | 0 601 | 0 613 | 0 626 | 0 638 | 0 651 |
| 38 | 0 546 | 0 559 | 0 571 | 0 584 | 0 597 | 0 609 | 0 622 | 0 635 | 0 647 | 0 660 |
| 1,40 | 0 554 | 0 567 | 0 580 | 0 592 | 0 605 | 0 618 | 0 631 | 0 644 | 0 657 | 0 670 |
| 42 | 0 562 | 0 575 | 0 588 | 0 601 | 0 614 | 0 627 | 0 640 | 0 653 | 0 666 | 0 679 |
| 44 | 0 570 | 0 583 | 0 596 | 0 609 | 0 623 | 0 636 | 0 649 | 0 662 | 0 676 | 0 689 |
| 46 | 0 578 | 0 591 | 0 604 | 0 618 | 0 631 | 0 645 | 0 658 | 0 672 | 0 685 | 0 698 |
| 48 | 0 585 | 0 599 | 0 613 | 0 626 | 0 640 | 0 654 | 0 667 | 0 681 | 0 694 | 0 708 |
| 1,50 | 0 593 | 0 607 | 0 621 | 0 635 | 0 649 | 0 662 | 0 676 | 0 690 | 0 704 | 0 718 |
| 52 | 0 601 | 0 615 | 0 629 | 0 643 | 0 657 | 0 671 | 0 685 | 0 699 | 0 713 | 0 727 |
| 54 | 0 609 | 0 623 | 0 638 | 0 652 | 0 666 | 0 680 | 0 694 | 0 708 | 0 723 | 0 737 |
| 56 | 0 617 | 0 631 | 0 646 | 0 660 | 0 675 | 0 689 | 0 703 | 0 718 | 0 732 | 0 746 |
| 58 | 0 625 | 0 640 | 0 654 | 0 669 | 0 683 | 0 698 | 0 712 | 0 727 | 0 741 | 0 756 |
| 1,60 | 0 633 | 0 648 | 0 662 | 0 677 | 0 692 | 0 707 | 0 721 | 0 736 | 0 751 | 0 765 |
| 62 | 0 641 | 0 656 | 0 671 | 0 686 | 0 700 | 0 715 | 0 730 | 0 745 | 0 760 | 0 775 |
| 64 | 0 649 | 0 664 | 0 679 | 0 694 | 0 709 | 0 724 | 0 739 | 0 754 | 0 769 | 0 785 |
| 66 | 0 657 | 0 672 | 0 687 | 0 703 | 0 718 | 0 733 | 0 748 | 0 764 | 0 779 | 0 794 |
| 68 | 0 665 | 0 680 | 0 696 | 0 711 | 0 726 | 0 742 | 0 757 | 0 773 | 0 788 | 0 804 |
| 1,70 | 0 673 | 0 688 | 0 704 | 0 719 | 0 735 | 0 751 | 0 766 | 0 782 | 0 798 | 0 813 |
| 72 | 0 680 | 0 696 | 0 712 | 0 728 | 0 744 | 0 760 | 0 775 | 0 791 | 0 807 | 0 823 |
| 74 | 0 688 | 0 704 | 0 720 | 0 736 | 0 752 | 0 768 | 0 784 | 0 800 | 0 816 | 0 832 |
| 76 | 0 696 | 0 712 | 0 729 | 0 745 | 0 761 | 0 777 | 0 793 | 0 810 | 0 826 | 0 842 |
| 78 | 0 704 | 0 721 | 0 737 | 0 753 | 0 770 | 0 786 | 0 802 | 0 819 | 0 835 | 0 852 |
| 1,80 | 0 712 | 0 729 | 0 745 | 0 762 | 0 778 | 0 795 | 0 811 | 0 828 | 0 845 | 0 861 |
| 82 | 0 720 | 0 737 | 0 753 | 0 770 | 0 787 | 0 804 | 0 820 | 0 837 | 0 854 | 0 871 |
| 84 | 0 728 | 0 745 | 0 762 | 0 779 | 0 796 | 0 813 | 0 829 | 0 846 | 0 863 | 0 880 |
| 86 | 0 736 | 0 753 | 0 770 | 0 787 | 0 804 | 0 821 | 0 838 | 0 856 | 0 873 | 0 890 |
| 88 | 0 744 | 0 761 | 0 778 | 0 796 | 0 813 | 0 830 | 0 848 | 0 865 | 0 882 | 0 899 |
| 1,90 | 0 752 | 0 769 | 0 787 | 0 804 | 0 822 | 0 839 | 0 857 | 0 874 | 0 891 | 0 909 |
| 92 | 0 760 | 0 777 | 0 795 | 0 813 | 0 830 | 0 848 | 0 866 | 0 883 | 0 901 | 0 919 |
| 94 | 0 767 | 0 785 | 0 803 | 0 821 | 0 839 | 0 857 | 0 875 | 0 892 | 0 910 | 0 928 |
| 96 | 0 775 | 0 793 | 0 811 | 0 829 | 0 848 | 0 866 | 0 884 | 0 902 | 0 920 | 0 938 |
| 98 | 0 783 | 0 802 | 0 820 | 0 838 | 0 856 | 0 874 | 0 893 | 0 911 | 0 929 | 0 947 |
| 2,— | 0 791 | 0 810 | 0 828 | 0 846 | 0 865 | 0 883 | 0 902 | 0 920 | 0 938 | 0 957 |
| 02 | 0 799 | 0 818 | 0 836 | 0 855 | 0 873 | 0 892 | 0 911 | 0 929 | 0 948 | 0 966 |
| 04 | 0 807 | 0 826 | 0 845 | 0 863 | 0 882 | 0 901 | 0 920 | 0 938 | 0 957 | 0 976 |
| 06 | 0 815 | 0 834 | 0 853 | 0 872 | 0 891 | 0 910 | 0 929 | 0 948 | 0 967 | 0 986 |
| 08 | 0 823 | 0 842 | 0 861 | 0 880 | 0 899 | 0 919 | 0 938 | 0 957 | 0 976 | 0 995 |
| 2,10 | 0 831 | 0 850 | 0 869 | 0 889 | 0 908 | 0 927 | 0 947 | 0 966 | 0 985 | 1 005 |
| 12 | 0 839 | 0 858 | 0 878 | 0 897 | 0 917 | 0 936 | 0 956 | 0 975 | 0 995 | 1 014 |
| 14 | 0 847 | 0 866 | 0 886 | 0 906 | 0 925 | 0 945 | 0 965 | 0 984 | 1 004 | 1 024 |
| 16 | 0 854 | 0 874 | 0 894 | 0 914 | 0 934 | 0 954 | 0 974 | 0 994 | 1 013 | 1 033 |
| 18 | 0 862 | 0 882 | 0 903 | 0 923 | 0 943 | 0 963 | 0 983 | 1 003 | 1 023 | 1 043 |
| 2,20 | 0 870 | 0 891 | 0 911 | 0 931 | 0 951 | 0 972 | 0 992 | 1 012 | 1 032 | 1 052 |
| 22 | 0 878 | 0 899 | 0 919 | 0 940 | 0 960 | 0 980 | 1 001 | 1 021 | 1 042 | 1 062 |
| 24 | 0 886 | 0 907 | 0 927 | 0 948 | 0 969 | 0 989 | 1 010 | 1 030 | 1 051 | 1 072 |

| LONGUEUR | 1,06 | 1,08 | 1,10 | 1,12 | 1,14 | 1,16 | 1,18 | 1,20 | 1,22 | 1,24 |
|---|---|---|---|---|---|---|---|---|---|---|
| | | | | LARGEUR | | | | | | 65 |
| 1,06 | 0 517 | | | | | | | | | |
| 08 | 0 527 | 0 537 | | | | | | | | |
| 1,10 | 0 536 | 0 546 | 0 557 | | | | | | | |
| 12 | 0 546 | 0 556 | 0 567 | 0 577 | | | | | | |
| 14 | 0 556 | 0 566 | 0 577 | 0 587 | 0 598 | | | | | |
| 16 | 0 565 | 0 576 | 0 587 | 0 598 | 0 608 | 0 619 | | | | |
| 18 | 0 575 | 0 586 | 0 597 | 0 608 | 0 619 | 0 630 | 0 641 | | | |
| 1,20 | 0 585 | 0 596 | 0 607 | 0 618 | 0 629 | 0 640 | 0 651 | 0 662 | | |
| 22 | 0 595 | 0 606 | 0 617 | 0 629 | 0 640 | 0 651 | 0 662 | 0 673 | 0 685 | |
| 24 | 0 605 | 0 616 | 0 627 | 0 639 | 0 650 | 0 662 | 0 673 | 0 684 | 0 696 | 0 707 |
| 26 | 0 614 | 0 626 | 0 638 | 0 649 | 0 661 | 0 672 | 0 684 | 0 696 | 0 707 | 0 719 |
| 28 | 0 624 | 0 636 | 0 648 | 0 659 | 0 671 | 0 683 | 0 695 | 0 707 | 0 718 | 0 730 |
| 1,30 | 0 634 | 0 646 | 0 658 | 0 670 | 0 682 | 0 694 | 0 706 | 0 718 | 0 730 | 0 742 |
| 32 | 0 644 | 0 656 | 0 668 | 0 680 | 0 692 | 0 704 | 0 716 | 0 729 | 0 741 | 0 753 |
| 34 | 0 653 | 0 666 | 0 678 | 0 690 | 0 703 | 0 715 | 0 727 | 0 740 | 0 752 | 0 764 |
| 36 | 0 663 | 0 676 | 0 688 | 0 701 | 0 713 | 0 726 | 0 738 | 0 751 | 0 764 | 0 776 |
| 38 | 0 673 | 0 686 | 0 698 | 0 711 | 0 724 | 0 736 | 0 749 | 0 762 | 0 775 | 0 787 |
| 1,40 | 0 683 | 0 696 | 0 708 | 0 721 | 0 734 | 0 747 | 0 760 | 0 773 | 0 786 | 0 799 |
| 42 | 0 692 | 0 705 | 0 719 | 0 732 | 0 745 | 0 758 | 0 771 | 0 784 | 0 797 | 0 810 |
| 44 | 0 702 | 0 715 | 0 729 | 0 742 | 0 755 | 0 768 | 0 782 | 0 795 | 0 808 | 0 821 |
| 46 | 0 712 | 0 725 | 0 739 | 0 752 | 0 766 | 0 779 | 0 792 | 0 806 | 0 819 | 0 833 |
| 48 | 0 722 | 0 735 | 0 749 | 0 762 | 0 776 | 0 790 | 0 803 | 0 817 | 0 831 | 0 844 |
| 1,50 | 0 731 | 0 745 | 0 759 | 0 773 | 0 787 | 0 800 | 0 814 | 0 828 | 0 842 | 0 856 |
| 52 | 0 741 | 0 755 | 0 769 | 0 783 | 0 797 | 0 811 | 0 825 | 0 839 | 0 853 | 0 867 |
| 54 | 0 751 | 0 765 | 0 779 | 0 793 | 0 808 | 0 822 | 0 836 | 0 850 | 0 864 | 0 878 |
| 56 | 0 761 | 0 775 | 0 789 | 0 804 | 0 818 | 0 832 | 0 847 | 0 861 | 0 875 | 0 890 |
| 58 | 0 770 | 0 785 | 0 799 | 0 814 | 0 829 | 0 843 | 0 858 | 0 872 | 0 887 | 0 901 |
| 1,60 | 0 780 | 0 795 | 0 810 | 0 824 | 0 839 | 0 854 | 0 868 | 0 883 | 0 898 | 0 913 |
| 62 | 0 790 | 0 805 | 0 820 | 0 835 | 0 850 | 0 864 | 0 879 | 0 894 | 0 909 | 0 924 |
| 64 | 0 800 | 0 815 | 0 830 | 0 845 | 0 860 | 0 875 | 0 890 | 0 905 | 0 920 | 0 935 |
| 66 | 0 809 | 0 825 | 0 840 | 0 855 | 0 871 | 0 886 | 0 901 | 0 916 | 0 932 | 0 947 |
| 68 | 0 819 | 0 835 | 0 850 | 0 866 | 0 881 | 0 896 | 0 912 | 0 927 | 0 943 | 0 958 |
| 1,70 | 0 829 | 0 845 | 0 860 | 0 876 | 0 891 | 0 907 | 0 923 | 0 938 | 0 954 | 0 970 |
| 72 | 0 839 | 0 854 | 0 870 | 0 886 | 0 902 | 0 918 | 0 934 | 0 949 | 0 965 | 0 981 |
| 74 | 0 848 | 0 864 | 0 880 | 0 896 | 0 912 | 0 928 | 0 944 | 0 960 | 0 976 | 0 992 |
| 76 | 0 858 | 0 874 | 0 891 | 0 907 | 0 923 | 0 939 | 0 955 | 0 972 | 0 988 | 1 004 |
| 78 | 0 868 | 0 884 | 0 901 | 0 917 | 0 933 | 0 950 | 0 966 | 0 983 | 0 999 | 1 015 |
| 1,80 | 0 878 | 0 894 | 0 911 | 0 927 | 0 944 | 0 960 | 0 977 | 0 994 | 1 010 | 1 027 |
| 82 | 0 887 | 0 904 | 0 921 | 0 938 | 0 954 | 0 971 | 0 988 | 1 005 | 1 021 | 1 038 |
| 84 | 0 897 | 0 914 | 0 931 | 0 948 | 0 965 | 0 982 | 0 999 | 1 016 | 1 033 | 1 050 |
| 86 | 0 907 | 0 924 | 0 941 | 0 958 | 0 975 | 0 992 | 1 010 | 1 027 | 1 044 | 1 061 |
| 88 | 0 917 | 0 934 | 0 951 | 0 969 | 0 986 | 1 003 | 1 020 | 1 038 | 1 055 | 1 072 |
| 1,90 | 0 926 | 0 944 | 0 961 | 0 979 | 0 996 | 1 014 | 1 031 | 1 049 | 1 066 | 1 084 |
| 92 | 0 936 | 0 954 | 0 972 | 0 989 | 1 007 | 1 025 | 1 042 | 1 060 | 1 078 | 1 095 |
| 94 | 0 946 | 0 964 | 0 982 | 0 999 | 1 017 | 1 035 | 1 053 | 1 071 | 1 089 | 1 107 |
| 96 | 0 956 | 0 974 | 0 992 | 1 010 | 1 028 | 1 046 | 1 064 | 1 082 | 1 100 | 1 118 |
| 98 | 0 965 | 0 984 | 1 002 | 1 020 | 1 038 | 1 057 | 1 075 | 1 093 | 1 111 | 1 129 |
| 2,— | 0 975 | 0 994 | 1 012 | 1 030 | 1 049 | 1 067 | 1 086 | 1 104 | 1 122 | 1 141 |
| 02 | 0 985 | 1 004 | 1 022 | 1 041 | 1 059 | 1 078 | 1 096 | 1 115 | 1 134 | 1 152 |
| 04 | 0 995 | 1 013 | 1 032 | 1 051 | 1 070 | 1 089 | 1 107 | 1 126 | 1 145 | 1 164 |
| 06 | 1 004 | 1 023 | 1 042 | 1 061 | 1 080 | 1 099 | 1 118 | 1 137 | 1 156 | 1 175 |
| 08 | 1 014 | 1 033 | 1 052 | 1 072 | 1 091 | 1 110 | 1 129 | 1 148 | 1 167 | 1 186 |
| 2,10 | 1 024 | 1 043 | 1 063 | 1 082 | 1 101 | 1 121 | 1 140 | 1 159 | 1 179 | 1 198 |
| 12 | 1 034 | 1 053 | 1 073 | 1 092 | 1 112 | 1 131 | 1 151 | 1 170 | 1 190 | 1 209 |
| 14 | 1 043 | 1 063 | 1 083 | 1 103 | 1 122 | 1 142 | 1 162 | 1 181 | 1 201 | 1 221 |
| 16 | 1 053 | 1 073 | 1 093 | 1 113 | 1 133 | 1 153 | 1 172 | 1 192 | 1 212 | 1 232 |
| 18 | 1 063 | 1 083 | 1 103 | 1 123 | 1 143 | 1 163 | 1 183 | 1 203 | 1 223 | 1 243 |
| 2,20 | 1 073 | 1 093 | 1 113 | 1 133 | 1 154 | 1 174 | 1 194 | 1 214 | 1 235 | 1 255 |
| 22 | 1 082 | 1 103 | 1 123 | 1 144 | 1 164 | 1 185 | 1 205 | 1 225 | 1 246 | 1 266 |
| 24 | 1 092 | 1 113 | 1 133 | 1 154 | 1 175 | 1 195 | 1 216 | 1 236 | 1 257 | 1 278 |

VI

| LONGr | FUTAILLES | LARGEUR | | | | | | | | | |
|---|---|---|---|---|---|---|---|---|---|---|---|
| | | 0,48 | 0,50 | 0 52 | 0,54 | 0,56 | 0 58 | 0,60 | 0,62 | 0,64 | 0 66 |
| 0,48 | 0 088 | 0 111 | | | | | | | | | |
| 0,50 | 0 092 | 0 115 | 0 120 | | | | | | | | |
| 52 | 0 096 | 0 120 | 0 125 | 0 130 | | | | | | | |
| 54 | 0 100 | 0 124 | 0 130 | 0 135 | 0 140 | | | | | | |
| 56 | 0 103 | 0 129 | 0 134 | 0 140 | 0 145 | 0 151 | | | | | |
| 58 | 0 107 | 0 134 | 0 139 | 0 145 | 0 150 | 0 156 | 0 161 | | | | |
| 0,60 | 0 111 | 0 138 | 0 144 | 0 150 | 0 156 | 0 161 | 0 167 | 0 173 | | | |
| 62 | 0 114 | 0 143 | 0 149 | 0 155 | 0 161 | 0 167 | 0 173 | 0 179 | 0 185 | | |
| 64 | 0 118 | 0 147 | 0 154 | 0 160 | 0 166 | 0 172 | 0 178 | 0 184 | 0 190 | 0 197 | |
| 66 | 0 122 | 0 152 | 0 158 | 0 165 | 0 171 | 0 177 | 0 184 | 0 190 | 0 196 | 0 203 | 0 209 |
| 68 | 0 125 | 0 157 | 0 163 | 0 170 | 0 176 | 0 183 | 0 189 | 0 196 | 0 202 | 0 209 | 0 215 |
| 0,70 | 0 129 | 0 161 | 0 168 | 0 175 | 0 181 | 0 188 | 0 195 | 0 202 | 0 208 | 0 215 | 0 222 |
| 72 | 0 133 | 0 166 | 0 173 | 0 180 | 0 187 | 0 194 | 0 200 | 0 207 | 0 214 | 0 221 | 0 228 |
| 74 | 0 136 | 0 170 | 0 178 | 0 185 | 0 192 | 0 199 | 0 206 | 0 213 | 0 220 | 0 227 | 0 234 |
| 76 | 0 140 | 0 175 | 0 182 | 0 190 | 0 197 | 0 204 | 0 212 | 0 219 | 0 226 | 0 233 | 0 241 |
| 78 | 0 144 | 0 180 | 0 187 | 0 195 | 0 202 | 0 210 | 0 217 | 0 225 | 0 232 | 0 240 | 0 247 |
| 0,80 | 0 147 | 0 184 | 0 192 | 0 200 | 0 207 | 0 215 | 0 223 | 0 230 | 0 238 | 0 246 | 0 253 |
| 82 | 0 151 | 0 189 | 0 197 | 0 205 | 0 213 | 0 220 | 0 228 | 0 236 | 0 244 | 0 252 | 0 260 |
| 84 | 0 155 | 0 191 | 0 202 | 0 210 | 0 218 | 0 226 | 0 234 | 0 242 | 0 250 | 0 258 | 0 266 |
| 86 | 0 159 | 0 198 | 0 206 | 0 215 | 0 223 | 0 231 | 0 239 | 0 248 | 0 256 | 0 264 | 0 272 |
| 88 | 0 162 | 0 203 | 0 211 | 0 220 | 0 228 | 0 237 | 0 245 | 0 253 | 0 262 | 0 270 | 0 279 |
| 0,90 | 0 166 | 0 207 | 0 216 | 0 225 | 0 233 | 0 242 | 0 251 | 0 259 | 0 268 | 0 276 | 0 285 |
| 92 | 0 170 | 0 212 | 0 221 | 0 230 | 0 238 | 0 247 | 0 256 | 0 265 | 0 274 | 0 283 | 0 291 |
| 94 | 0 173 | 0 217 | 0 226 | 0 235 | 0 244 | 0 253 | 0 262 | 0 271 | 0 280 | 0 289 | 0 298 |
| 96 | 0 177 | 0 221 | 0 230 | 0 240 | 0 249 | 0 258 | 0 267 | 0 276 | 0 286 | 0 295 | 0 304 |
| 98 | 0 181 | 0 226 | 0 235 | 0 245 | 0 254 | 0 263 | 0 273 | 0 282 | 0 292 | 0 301 | 0 310 |
| 1,— | 0 184 | 0 230 | 0 240 | 0 250 | 0 259 | 0 269 | 0 278 | 0 288 | 0 298 | 0 307 | 0 317 |
| 02 | 0 188 | 0 235 | 0 245 | 0 255 | 0 264 | 0 274 | 0 284 | 0 294 | 0 304 | 0 313 | 0 323 |
| 04 | 0 192 | 0 240 | 0 250 | 0 260 | 0 270 | 0 280 | 0 290 | 0 300 | 0 310 | 0 319 | 0 329 |
| 06 | 0 195 | 0 244 | 0 254 | 0 265 | 0 275 | 0 285 | 0 295 | 0 305 | 0 315 | 0 326 | 0 336 |
| 08 | 0 199 | 0 249 | 0 259 | 0 270 | 0 280 | 0 290 | 0 301 | 0 311 | 0 321 | 0 332 | 0 342 |
| 1,10 | 0 203 | 0 253 | 0 264 | 0 275 | 0 285 | 0 296 | 0 306 | 0 317 | 0 327 | 0 338 | 0 348 |
| 12 | 0 206 | 0 258 | 0 269 | 0 280 | 0 290 | 0 301 | 0 312 | 0 323 | 0 333 | 0 344 | 0 355 |
| 14 | 0 210 | 0 263 | 0 274 | 0 285 | 0 295 | 0 306 | 0 317 | 0 328 | 0 339 | 0 350 | 0 361 |
| 16 | 0 214 | 0 267 | 0 278 | 0 290 | 0 301 | 0 312 | 0 323 | 0 334 | 0 345 | 0 356 | 0 367 |
| 18 | 0 217 | 0 272 | 0 283 | 0 295 | 0 306 | 0 317 | 0 329 | 0 340 | 0 351 | 0 362 | 0 374 |
| 1,20 | 0 221 | 0 276 | 0 288 | 0 300 | 0 311 | 0 323 | 0 334 | 0 346 | 0 357 | 0 369 | 0 380 |
| 22 | 0 225 | 0 281 | 0 293 | 0 305 | 0 316 | 0 328 | 0 340 | 0 351 | 0 363 | 0 375 | 0 386 |
| 24 | 0 229 | 0 286 | 0 298 | 0 310 | 0 321 | 0 333 | 0 345 | 0 357 | 0 369 | 0 381 | 0 393 |
| 26 | 0 232 | 0 290 | 0 302 | 0 314 | 0 327 | 0 339 | 0 351 | 0 363 | 0 375 | 0 387 | 0 399 |
| 28 | 0 236 | 0 295 | 0 307 | 0 319 | 0 332 | 0 344 | 0 356 | 0 369 | 0 381 | 0 393 | 0 406 |
| 1,30 | 0 240 | 0 300 | 0 312 | 0 324 | 0 337 | 0 349 | 0 362 | 0 374 | 0 387 | 0 399 | 0 412 |
| 32 | 0 243 | 0 304 | 0 317 | 0 329 | 0 342 | 0 355 | 0 367 | 0 380 | 0 393 | 0 406 | 0 418 |
| 34 | 0 247 | 0 309 | 0 322 | 0 334 | 0 347 | 0 360 | 0 373 | 0 386 | 0 399 | 0 412 | 0 425 |
| 36 | 0 251 | 0 313 | 0 326 | 0 339 | 0 353 | 0 366 | 0 379 | 0 392 | 0 405 | 0 418 | 0 431 |
| 38 | 0 254 | 0 318 | 0 331 | 0 344 | 0 358 | 0 371 | 0 384 | 0 397 | 0 411 | 0 424 | 0 437 |
| 1,40 | 0 258 | 0 323 | 0 336 | 0 349 | 0 363 | 0 376 | 0 390 | 0 403 | 0 417 | 0 430 | 0 444 |
| 42 | 0 262 | 0 327 | 0 341 | 0 354 | 0 368 | 0 382 | 0 395 | 0 409 | 0 423 | 0 436 | 0 450 |
| 44 | 0 265 | 0 332 | 0 346 | 0 359 | 0 373 | 0 387 | 0 401 | 0 415 | 0 429 | 0 442 | 0 456 |
| 46 | 0 269 | 0 336 | 0 350 | 0 364 | 0 378 | 0 392 | 0 406 | 0 420 | 0 434 | 0 449 | 0 463 |
| 48 | 0 273 | 0 341 | 0 355 | 0 369 | 0 384 | 0 398 | 0 412 | 0 426 | 0 440 | 0 455 | 0 469 |
| 1,50 | 0 276 | 0 346 | 0 360 | 0 374 | 0 389 | 0 403 | 0 418 | 0 432 | 0 446 | 0 461 | 0 475 |
| 52 | 0 280 | 0 350 | 0 365 | 0 379 | 0 394 | 0 409 | 0 423 | 0 438 | 0 452 | 0 467 | 0 482 |
| 54 | 0 284 | 0 355 | 0 370 | 0 384 | 0 399 | 0 414 | 0 429 | 0 444 | 0 458 | 0 473 | 0 488 |
| 56 | 0 288 | 0 359 | 0 374 | 0 389 | 0 404 | 0 419 | 0 434 | 0 449 | 0 464 | 0 479 | 0 494 |
| 58 | 0 291 | 0 364 | 0 379 | 0 394 | 0 410 | 0 425 | 0 440 | 0 455 | 0 470 | 0 485 | 0 501 |
| 1,60 | 0 295 | 0 369 | 0 384 | 0 399 | 0 415 | 0 430 | 0 445 | 0 461 | 0 476 | 0 492 | 0 507 |
| 62 | 0 299 | 0 373 | 0 389 | 0 404 | 0 420 | 0 435 | 0 451 | 0 467 | 0 482 | 0 498 | 0 513 |
| 64 | 0 302 | 0 378 | 0 394 | 0 409 | 0 425 | 0 441 | 0 457 | 0 472 | 0 488 | 0 504 | 0 520 |
| 66 | 0 306 | 0 382 | 0 398 | 0 414 | 0 430 | 0 446 | 0 462 | 0 478 | 0 494 | 0 510 | 0 526 |
| 68 | 0 310 | 0 387 | 0 403 | 0 419 | 0 435 | 0 452 | 0 468 | 0 484 | 0 500 | 0 516 | 0 532 |
| 1,70 | 0 313 | 0 392 | 0 408 | 0 425 | 0 441 | 0 457 | 0 473 | 0 490 | 0 506 | 0 522 | 0 539 |
| 72 | 0 317 | 0 396 | 0 413 | 0 429 | 0 446 | 0 462 | 0 479 | 0 495 | 0 512 | 0 528 | 0 545 |
| 74 | 0 321 | 0 401 | 0 418 | 0 434 | 0 451 | 0 468 | 0 484 | 0 501 | 0 518 | 0 535 | 0 551 |
| 76 | 0 324 | 0 406 | 0 422 | 0 439 | 0 456 | 0 473 | 0 490 | 0 507 | 0 524 | 0 541 | 0 558 |
| 78 | 0 328 | 0 410 | 0 427 | 0 444 | 0 461 | 0 478 | 0 495 | 0 513 | 0 530 | 0 547 | 0 564 |
| 1,80 | 0 332 | 0 415 | 0 432 | 0 449 | 0 467 | 0 484 | 0 501 | 0 518 | 0 536 | 0 553 | 0 570 |
| 82 | 0 335 | 0 419 | 0 437 | 0 454 | 0 472 | 0 489 | 0 507 | 0 524 | 0 542 | 0 559 | 0 577 |
| 84 | 0 339 | 0 424 | 0 442 | 0 459 | 0 477 | 0 495 | 0 512 | 0 530 | 0 548 | 0 565 | 0 583 |
| 86 | 0 343 | 0 429 | 0 446 | 0 464 | 0 482 | 0 500 | 0 518 | 0 536 | 0 554 | 0 571 | 0 589 |





0,48—

| LONGUEUR | LARGEUR | | | | | | | | | |
|---|---|---|---|---|---|---|---|---|---|---|
| | 0,68 | 0,70 | 0,72 | 0,74 | 0,76 | 0,78 | 0,80 | 0,82 | 0,84 | 0,86 |
| 0,68 | 0 222 | | | | | | | | | |
| 0,70 | 0 228 | 0 235 | | | | | | | | |
| 72 | 0 235 | 0 242 | 0 249 | | | | | | | |
| 74 | 0 242 | 0 249 | 0 256 | 0 263 | | | | | | |
| 76 | 0 248 | 0 255 | 0 263 | 0 270 | 0 277 | | | | | |
| 78 | 0 255 | 0 262 | 0 270 | 0 277 | 0 285 | 0 292 | | | | |
| 0,80 | 0 261 | 0 269 | 0 276 | 0 284 | 0 292 | 0 300 | 0 307 | | | |
| 82 | 0 268 | 0 276 | 0 283 | 0 291 | 0 299 | 0 307 | 0 315 | 0 323 | | |
| 84 | 0 274 | 0 282 | 0 290 | 0 298 | 0 306 | 0 314 | 0 323 | 0 331 | 0 339 | |
| 86 | 0 281 | 0 289 | 0 297 | 0 305 | 0 314 | 0 322 | 0 330 | 0 338 | 0 347 | 0 355 |
| 88 | 0 287 | 0 296 | 0 304 | 0 313 | 0 321 | 0 329 | 0 338 | 0 346 | 0 355 | 0 363 |
| 0,90 | 0 294 | 0 302 | 0 311 | 0 320 | 0 328 | 0 337 | 0 346 | 0 354 | 0 363 | 0 372 |
| 92 | 0 300 | 0 309 | 0 318 | 0 327 | 0 336 | 0 344 | 0 353 | 0 362 | 0 371 | 0 380 |
| 94 | 0 307 | 0 316 | 0 325 | 0 334 | 0 343 | 0 352 | 0 361 | 0 370 | 0 379 | 0 388 |
| 96 | 0 313 | 0 323 | 0 332 | 0 341 | 0 350 | 0 359 | 0 369 | 0 378 | 0 387 | 0 396 |
| 98 | 0 320 | 0 329 | 0 339 | 0 348 | 0 358 | 0 367 | 0 376 | 0 386 | 0 395 | 0 405 |
| 1,— | 0 326 | 0 336 | 0 346 | 0 355 | 0 365 | 0 374 | 0 384 | 0 394 | 0 403 | 0 413 |
| 02 | 0 333 | 0 343 | 0 353 | 0 362 | 0 372 | 0 382 | 0 392 | 0 401 | 0 411 | 0 421 |
| 04 | 0 339 | 0 349 | 0 359 | 0 369 | 0 379 | 0 389 | 0 399 | 0 409 | 0 419 | 0 429 |
| 06 | 0 346 | 0 356 | 0 366 | 0 377 | 0 387 | 0 397 | 0 407 | 0 417 | 0 427 | 0 438 |
| 08 | 0 353 | 0 363 | 0 373 | 0 384 | 0 394 | 0 404 | 0 415 | 0 425 | 0 435 | 0 446 |
| 1,10 | 0 359 | 0 370 | 0 380 | 0 391 | 0 401 | 0 412 | 0 422 | 0 433 | 0 444 | 0 454 |
| 12 | 0 366 | 0 376 | 0 387 | 0 398 | 0 409 | 0 419 | 0 430 | 0 441 | 0 452 | 0 462 |
| 14 | 0 372 | 0 383 | 0 394 | 0 405 | 0 416 | 0 427 | 0 438 | 0 449 | 0 460 | 0 471 |
| 16 | 0 379 | 0 390 | 0 401 | 0 412 | 0 423 | 0 434 | 0 445 | 0 457 | 0 468 | 0 479 |
| 18 | 0 385 | 0 396 | 0 408 | 0 419 | 0 430 | 0 442 | 0 453 | 0 464 | 0 476 | 0 487 |
| 1,20 | 0 392 | 0 403 | 0 415 | 0 426 | 0 438 | 0 449 | 0 461 | 0 472 | 0 484 | 0 495 |
| 22 | 0 398 | 0 410 | 0 422 | 0 433 | 0 445 | 0 457 | 0 468 | 0 480 | 0 492 | 0 504 |
| 24 | 0 405 | 0 417 | 0 429 | 0 440 | 0 452 | 0 464 | 0 476 | 0 488 | 0 500 | 0 512 |
| 26 | 0 411 | 0 423 | 0 435 | 0 448 | 0 460 | 0 472 | 0 484 | 0 496 | 0 508 | 0 520 |
| 28 | 0 418 | 0 430 | 0 442 | 0 455 | 0 467 | 0 479 | 0 492 | 0 504 | 0 516 | 0 528 |
| 1,30 | 0 424 | 0 437 | 0 449 | 0 462 | 0 474 | 0 487 | 0 499 | 0 512 | 0 524 | 0 537 |
| 32 | 0 431 | 0 444 | 0 456 | 0 469 | 0 482 | 0 494 | 0 507 | 0 520 | 0 532 | 0 545 |
| 34 | 0 437 | 0 450 | 0 463 | 0 476 | 0 489 | 0 502 | 0 515 | 0 527 | 0 540 | 0 553 |
| 36 | 0 444 | 0 457 | 0 470 | 0 483 | 0 496 | 0 509 | 0 522 | 0 535 | 0 548 | 0 561 |
| 38 | 0 450 | 0 464 | 0 477 | 0 490 | 0 503 | 0 517 | 0 530 | 0 543 | 0 556 | 0 570 |
| 1,40 | 0 457 | 0 470 | 0 484 | 0 497 | 0 511 | 0 524 | 0 538 | 0 551 | 0 564 | 0 578 |
| 42 | 0 463 | 0 477 | 0 491 | 0 504 | 0 518 | 0 532 | 0 545 | 0 559 | 0 573 | 0 586 |
| 44 | 0 470 | 0 484 | 0 498 | 0 511 | 0 525 | 0 539 | 0 553 | 0 567 | 0 581 | 0 594 |
| 46 | 0 477 | 0 491 | 0 505 | 0 519 | 0 533 | 0 547 | 0 561 | 0 575 | 0 589 | 0 603 |
| 48 | 0 483 | 0 497 | 0 511 | 0 526 | 0 540 | 0 554 | 0 568 | 0 583 | 0 597 | 0 611 |
| 1,50 | 0 490 | 0 504 | 0 518 | 0 533 | 0 547 | 0 562 | 0 576 | 0 590 | 0 605 | 0 619 |
| 52 | 0 496 | 0 511 | 0 525 | 0 540 | 0 554 | 0 569 | 0 584 | 0 598 | 0 613 | 0 627 |
| 54 | 0 503 | 0 517 | 0 532 | 0 547 | 0 562 | 0 577 | 0 591 | 0 606 | 0 621 | 0 636 |
| 56 | 0 509 | 0 524 | 0 539 | 0 554 | 0 569 | 0 584 | 0 599 | 0 614 | 0 629 | 0 644 |
| 58 | 0 516 | 0 531 | 0 546 | 0 561 | 0 576 | 0 592 | 0 607 | 0 622 | 0 637 | 0 652 |
| 1,60 | 0 522 | 0 538 | 0 553 | 0 568 | 0 584 | 0 599 | 0 614 | 0 630 | 0 645 | 0 660 |
| 62 | 0 529 | 0 544 | 0 560 | 0 575 | 0 591 | 0 607 | 0 622 | 0 638 | 0 653 | 0 669 |
| 64 | 0 535 | 0 551 | 0 567 | 0 583 | 0 598 | 0 614 | 0 630 | 0 646 | 0 661 | 0 677 |
| 66 | 0 542 | 0 558 | 0 574 | 0 590 | 0 606 | 0 622 | 0 637 | 0 653 | 0 669 | 0 685 |
| 68 | 0 548 | 0 564 | 0 581 | 0 597 | 0 613 | 0 629 | 0 645 | 0 661 | 0 677 | 0 694 |
| 1,70 | 0 555 | 0 571 | 0 588 | 0 604 | 0 620 | 0 636 | 0 653 | 0 669 | 0 685 | 0 702 |
| 72 | 0 561 | 0 578 | 0 594 | 0 611 | 0 627 | 0 644 | 0 660 | 0 677 | 0 693 | 0 710 |
| 74 | 0 568 | 0 585 | 0 601 | 0 618 | 0 635 | 0 651 | 0 668 | 0 685 | 0 702 | 0 718 |
| 76 | 0 574 | 0 591 | 0 608 | 0 625 | 0 642 | 0 659 | 0 676 | 0 693 | 0 710 | 0 727 |
| 78 | 0 581 | 0 598 | 0 615 | 0 632 | 0 649 | 0 666 | 0 684 | 0 701 | 0 718 | 0 735 |
| 1,80 | 0 588 | 0 605 | 0 622 | 0 639 | 0 657 | 0 674 | 0 691 | 0 708 | 0 726 | 0 743 |
| 82 | 0 594 | 0 612 | 0 629 | 0 646 | 0 664 | 0 681 | 0 699 | 0 716 | 0 734 | 0 751 |
| 84 | 0 601 | 0 618 | 0 636 | 0 654 | 0 671 | 0 689 | 0 707 | 0 724 | 0 742 | 0 760 |
| 86 | 0 607 | 0 625 | 0 643 | 0 661 | 0 679 | 0 696 | 0 714 | 0 732 | 0 750 | 0 768 |

| LONGUEUR | 0,88 | 0,90 | 0 92 | 0,94 | 0,96 | 0,98 | 1,00 | 1 02 | 1,04 | 1,06 |
|---|---|---|---|---|---|---|---|---|---|---|
| 0,88 | 0 372 | | | | | | | | | |
| 0,90 | 0 380 | 0 389 | | | | | | | | |
| 92 | 0 389 | 0 397 | 0 406 | | | | | | | |
| 94 | 0 397 | 0 406 | 0 415 | 0 421 | | | | | | |
| 96 | 0 406 | 0 413 | 0 421 | 0 433 | 0 442 | | | | | |
| 98 | 0 414 | 0 423 | 0 433 | 0 442 | 0 452 | 0 461 | | | | |
| 1,— | 0 422 | 0 432 | 0 442 | 0 451 | 0 461 | 0 470 | 0 480 | | | |
| 02 | 0 431 | 0 441 | 0 450 | 0 460 | 0 470 | 0 480 | 0 490 | 0 499 | | |
| 04 | 0 439 | 0 449 | 0 459 | 0 469 | 0 479 | 0 489 | 0 499 | 0 509 | 0 519 | |
| 06 | 0 448 | 0 458 | 0 468 | 0 478 | 0 488 | 0 499 | 0 509 | 0 519 | 0 529 | 0 539 |
| 08 | 0 456 | 0 466 | 0 477 | 0 487 | 0 498 | 0 508 | 0 518 | 0 529 | 0 539 | 0 550 |
| 1,10 | 0 465 | 0 475 | 0 486 | 0 496 | 0 507 | 0 517 | 0 528 | 0 539 | 0 549 | 0 560 |
| 12 | 0 473 | 0 484 | 0 495 | 0 505 | 0 516 | 0 527 | 0 537 | 0 548 | 0 559 | 0 570 |
| 14 | 0 482 | 0 492 | 0 503 | 0 514 | 0 525 | 0 536 | 0 547 | 0 558 | 0 569 | 0 580 |
| 16 | 0 490 | 0 501 | 0 512 | 0 523 | 0 535 | 0 546 | 0 557 | 0 568 | 0 579 | 0 590 |
| 18 | 0 498 | 0 510 | 0 521 | 0 532 | 0 544 | 0 555 | 0 566 | 0 578 | 0 589 | 0 600 |
| 1,20 | 0 507 | 0 518 | 0 530 | 0 541 | 0 553 | 0 564 | 0 576 | 0 588 | 0 599 | 0 611 |
| 22 | 0 515 | 0 527 | 0 539 | 0 550 | 0 562 | 0 574 | 0 586 | 0 597 | 0 609 | 0 621 |
| 24 | 0 524 | 0 536 | 0 548 | 0 559 | 0 571 | 0 583 | 0 595 | 0 607 | 0 619 | 0 631 |
| 26 | 0 532 | 0 544 | 0 556 | 0 569 | 0 581 | 0 593 | 0 605 | 0 617 | 0 629 | 0 641 |
| 28 | 0 541 | 0 553 | 0 565 | 0 578 | 0 590 | 0 602 | 0 614 | 0 627 | 0 639 | 0 651 |
| 1,30 | 0 549 | 0 562 | 0 574 | 0 587 | 0 599 | 0 612 | 0 624 | 0 636 | 0 649 | 0 661 |
| 32 | 0 558 | 0 570 | 0 583 | 0 596 | 0 608 | 0 621 | 0 634 | 0 646 | 0 659 | 0 672 |
| 34 | 0 566 | 0 579 | 0 592 | 0 605 | 0 617 | 0 630 | 0 643 | 0 656 | 0 669 | 0 682 |
| 36 | 0 575 | 0 588 | 0 601 | 0 614 | 0 627 | 0 640 | 0 653 | 0 666 | 0 679 | 0 692 |
| 38 | 0 583 | 0 596 | 0 609 | 0 623 | 0 636 | 0 649 | 0 662 | 0 676 | 0 689 | 0 702 |
| 1,40 | 0 591 | 0 605 | 0 618 | 0 632 | 0 645 | 0 659 | 0 672 | 0 685 | 0 699 | 0 712 |
| 42 | 0 599 | 0 613 | 0 627 | 0 641 | 0 654 | 0 668 | 0 682 | 0 695 | 0 709 | 0 722 |
| 44 | 0 608 | 0 622 | 0 636 | 0 650 | 0 664 | 0 677 | 0 691 | 0 705 | 0 719 | 0 733 |
| 46 | 0 617 | 0 631 | 0 645 | 0 659 | 0 673 | 0 687 | 0 701 | 0 715 | 0 729 | 0 743 |
| 48 | 0 625 | 0 639 | 0 654 | 0 668 | 0 682 | 0 696 | 0 710 | 0 725 | 0 739 | 0 753 |
| 1,50 | 0 634 | 0 648 | 0 662 | 0 677 | 0 691 | 0 706 | 0 720 | 0 734 | 0 749 | 0 763 |
| 52 | 0 642 | 0 657 | 0 671 | 0 686 | 0 700 | 0 715 | 0 730 | 0 744 | 0 759 | 0 773 |
| 54 | 0 650 | 0 665 | 0 680 | 0 695 | 0 710 | 0 724 | 0 739 | 0 754 | 0 769 | 0 784 |
| 56 | 0 659 | 0 674 | 0 689 | 0 704 | 0 719 | 0 734 | 0 749 | 0 764 | 0 779 | 0 794 |
| 58 | 0 667 | 0 683 | 0 698 | 0 713 | 0 728 | 0 743 | 0 758 | 0 774 | 0 789 | 0 804 |
| 1,60 | 0 676 | 0 691 | 0 707 | 0 722 | 0 737 | 0 753 | 0 768 | 0 783 | 0 799 | 0 814 |
| 62 | 0 684 | 0 700 | 0 715 | 0 731 | 0 746 | 0 762 | 0 778 | 0 793 | 0 809 | 0 824 |
| 64 | 0 693 | 0 708 | 0 724 | 0 740 | 0 756 | 0 771 | 0 787 | 0 803 | 0 819 | 0 834 |
| 66 | 0 701 | 0 717 | 0 733 | 0 749 | 0 765 | 0 781 | 0 797 | 0 813 | 0 829 | 0 845 |
| 68 | 0 710 | 0 726 | 0 742 | 0 758 | 0 773 | 0 790 | 0 806 | 0 823 | 0 839 | 0 855 |
| 1,70 | 0 718 | 0 734 | 0 751 | 0 767 | 0 783 | 0 800 | 0 816 | 0 832 | 0 849 | 0 865 |
| 72 | 0 727 | 0 743 | 0 760 | 0 776 | 0 793 | 0 809 | 0 826 | 0 842 | 0 859 | 0 875 |
| 74 | 0 735 | 0 752 | 0 768 | 0 785 | 0 802 | 0 818 | 0 835 | 0 852 | 0 869 | 0 885 |
| 76 | 0 743 | 0 760 | 0 777 | 0 794 | 0 811 | 0 828 | 0 845 | 0 862 | 0 879 | 0 895 |
| 78 | 0 752 | 0 769 | 0 786 | 0 803 | 0 820 | 0 837 | 0 854 | 0 871 | 0 889 | 0 906 |
| 1,80 | 0 760 | 0 778 | 0 795 | 0 812 | 0 829 | 0 847 | 0 864 | 0 881 | 0 899 | 0 916 |
| 82 | 0 769 | 0 786 | 0 804 | 0 821 | 0 839 | 0 856 | 0 874 | 0 891 | 0 909 | 0 926 |
| 84 | 0 777 | 0 795 | 0 813 | 0 830 | 0 848 | 0 866 | 0 883 | 0 901 | 0 919 | 0 936 |
| 86 | 0 786 | 0 804 | 0 821 | 0 839 | 0 857 | 0 875 | 0 893 | 0 911 | 0 929 | 0 946 |
| 88 | 0 794 | 0 812 | 0 830 | 0 848 | 0 866 | 0 884 | 0 902 | 0 920 | 0 938 | 0 957 |
| 1,90 | 0 803 | 0 821 | 0 839 | 0 857 | 0 876 | 0 894 | 0 912 | 0 930 | 0 948 | 0 967 |
| 92 | 0 811 | 0 829 | 0 848 | 0 866 | 0 885 | 0 903 | 0 922 | 0 940 | 0 958 | 0 977 |
| 94 | 0 819 | 0 838 | 0 857 | 0 875 | 0 894 | 0 913 | 0 931 | 0 950 | 0 968 | 0 987 |
| 96 | 0 828 | 0 847 | 0 866 | 0 884 | 0 903 | 0 922 | 0 941 | 0 960 | 0 978 | 0 997 |
| 98 | 0 836 | 0 855 | 0 874 | 0 893 | 0 912 | 0 931 | 0 950 | 0 969 | 0 988 | 1 007 |
| 2,— | 0 845 | 0 864 | 0 883 | 0 902 | 0 922 | 0 941 | 0 960 | 0 979 | 0 998 | 1 018 |
| 02 | 0 853 | 0 873 | 0 892 | 0 911 | 0 931 | 0 950 | 0 970 | 0 989 | 1 008 | 1 028 |
| 04 | 0 862 | 0 881 | 0 901 | 0 920 | 0 940 | 0 960 | 0 979 | 0 999 | 1 018 | 1 038 |
| 06 | 0 870 | 0 890 | 0 910 | 0 929 | 0 949 | 0 969 | 0 989 | 1 009 | 1 028 | 1 048 |
| 08 | 0 879 | 0 899 | 0 919 | 0 938 | 0 958 | 0 978 | 0 998 | 1 018 | 1 038 | 1 058 |
| 2,10 | 0 887 | 0 907 | 0 927 | 0 947 | 0 968 | 0 988 | 1 008 | 1 028 | 1 048 | 1 068 |
| 12 | 0 895 | 0 916 | 0 936 | 0 957 | 0 977 | 0 997 | 1 018 | 1 038 | 1 058 | 1 079 |
| 14 | 0 904 | 0 924 | 0 945 | 0 966 | 0 986 | 1 007 | 1 027 | 1 048 | 1 068 | 1 089 |
| 16 | 0 912 | 0 933 | 0 954 | 0 975 | 0 995 | 1 016 | 1 037 | 1 058 | 1 078 | 1 099 |
| 18 | 0 921 | 0 942 | 0 963 | 0 984 | 1 005 | 1 025 | 1 046 | 1 067 | 1 088 | 1 109 |
| 2,20 | 0 929 | 0 950 | 0 972 | 0 993 | 1 014 | 1 035 | 1 056 | 1 077 | 1 098 | 1 119 |
| 22 | 0 938 | 0 959 | 0 980 | 1 002 | 1 023 | 1 044 | 1 066 | 1 087 | 1 108 | 1 130 |
| 24 | 0 946 | 0 968 | 0 989 | 1 011 | 1 032 | 1 054 | 1 075 | 1 097 | 1 118 | 1 140 |
| 26 | 0 955 | 0 976 | 0 998 | 1 020 | 1 041 | 1 063 | 1 085 | 1 106 | 1 128 | 1 150 |

LARGEUR





| LONGUEUR | 1,08 | 1,10 | 1,12 | 1,14 | 1,16 | 1,18 | 1,20 | 1,22 | 1,24 | 1,26 |
|---|---|---|---|---|---|---|---|---|---|---|
| 1,08 | 0 500 | | | | | | | | | |
| 1,10 | 0 570 | 0 581 | | | | | | | | |
| 12 | 0 581 | 0 591 | 0 602 | | | | | | | |
| 14 | 0 591 | 0 602 | 0 613 | 0 624 | | | | | | |
| 16 | 0 601 | 0 612 | 0 624 | 0 635 | 0 646 | | | | | |
| 18 | 0 612 | 0 623 | 0 634 | 0 646 | 0 657 | 0 668 | | | | |
| 1,20 | 0 622 | 0 634 | 0 645 | 0 657 | 0 668 | 0 680 | 0 691 | | | |
| 22 | 0 632 | 0 644 | 0 656 | 0 668 | 0 679 | 0 691 | 0 703 | 0 714 | | |
| 24 | 0 643 | 0 655 | 0 667 | 0 679 | 0 690 | 0 702 | 0 714 | 0 726 | 0 738 | |
| 26 | 0 653 | 0 665 | 0 677 | 0 689 | 0 702 | 0 714 | 0 726 | 0 738 | 0 750 | 0 762 |
| 28 | 0 664 | 0 676 | 0 688 | 0 700 | 0 713 | 0 725 | 0 737 | 0 750 | 0 762 | 0 774 |
| 1,30 | 0 674 | 0 686 | 0 699 | 0 711 | 0 724 | 0 736 | 0 749 | 0 761 | 0 774 | 0 786 |
| 52 | 0 684 | 0 697 | 0 710 | 0 722 | 0 735 | 0 748 | 0 760 | 0 773 | 0 786 | 0 798 |
| 54 | 0 695 | 0 708 | 0 720 | 0 733 | 0 746 | 0 759 | 0 772 | 0 785 | 0 798 | 0 810 |
| 56 | 0 705 | 0 718 | 0 731 | 0 744 | 0 757 | 0 770 | 0 783 | 0 796 | 0 809 | 0 823 |
| 58 | 0 715 | 0 729 | 0 742 | 0 755 | 0 768 | 0 782 | 0 795 | 0 808 | 0 821 | 0 835 |
| 1,40 | 0 726 | 0 739 | 0 753 | 0 766 | 0 780 | 0 793 | 0 806 | 0 820 | 0 833 | 0 847 |
| 42 | 0 736 | 0 750 | 0 763 | 0 777 | 0 791 | 0 804 | 0 818 | 0 832 | 0 845 | 0 859 |
| 44 | 0 746 | 0 760 | 0 774 | 0 788 | 0 802 | 0 816 | 0 829 | 0 843 | 0 857 | 0 871 |
| 46 | 0 757 | 0 771 | 0 785 | 0 799 | 0 813 | 0 827 | 0 841 | 0 855 | 0 869 | 0 883 |
| 48 | 0 767 | 0 781 | 0 796 | 0 810 | 0 824 | 0 838 | 0 852 | 0 867 | 0 881 | 0 895 |
| 1,50 | 0 778 | 0 792 | 0 806 | 0 821 | 0 835 | 0 850 | 0 864 | 0 878 | 0 893 | 0 907 |
| 52 | 0 788 | 0 803 | 0 817 | 0 832 | 0 846 | 0 861 | 0 876 | 0 890 | 0 905 | 0 919 |
| 54 | 0 798 | 0 813 | 0 828 | 0 843 | 0 857 | 0 872 | 0 887 | 0 902 | 0 917 | 0 931 |
| 56 | 0 809 | 0 824 | 0 839 | 0 854 | 0 869 | 0 884 | 0 899 | 0 914 | 0 929 | 0 943 |
| 58 | 0 819 | 0 834 | 0 849 | 0 865 | 0 880 | 0 895 | 0 910 | 0 925 | 0 940 | 0 956 |
| 1,60 | 0 829 | 0 845 | 0 860 | 0 876 | 0 891 | 0 906 | 0 922 | 0 937 | 0 952 | 0 968 |
| 62 | 0 840 | 0 855 | 0 871 | 0 886 | 0 902 | 0 918 | 0 933 | 0 949 | 0 964 | 0 980 |
| 64 | 0 850 | 0 866 | 0 882 | 0 897 | 0 913 | 0 929 | 0 945 | 0 960 | 0 976 | 0 992 |
| 66 | 0 861 | 0 876 | 0 892 | 0 908 | 0 924 | 0 940 | 0 956 | 0 972 | 0 988 | 1 004 |
| 68 | 0 871 | 0 887 | 0 903 | 0 919 | 0 935 | 0 952 | 0 968 | 0 984 | 1 000 | 1 016 |
| 1,70 | 0 881 | 0 898 | 0 914 | 0 930 | 0 947 | 0 963 | 0 979 | 0 996 | 1 012 | 1 028 |
| 72 | 0 892 | 0 908 | 0 925 | 0 941 | 0 958 | 0 974 | 0 991 | 1 007 | 1 024 | 1 040 |
| 74 | 0 902 | 0 919 | 0 935 | 0 952 | 0 969 | 0 986 | 1 002 | 1 019 | 1 036 | 1 052 |
| 76 | 0 912 | 0 929 | 0 946 | 0 963 | 0 980 | 0 997 | 1 014 | 1 031 | 1 048 | 1 064 |
| 78 | 0 923 | 0 940 | 0 957 | 0 974 | 0 991 | 1 008 | 1 025 | 1 042 | 1 059 | 1 077 |
| 1,80 | 0 933 | 0 950 | 0 968 | 0 985 | 1 002 | 1 020 | 1 037 | 1 054 | 1 071 | 1 089 |
| 82 | 0 943 | 0 961 | 0 978 | 0 996 | 1 013 | 1 031 | 1 048 | 1 066 | 1 083 | 1 101 |
| 84 | 0 954 | 0 972 | 0 989 | 1 007 | 1 025 | 1 042 | 1 060 | 1 078 | 1 095 | 1 113 |
| 86 | 0 964 | 0 982 | 1 000 | 1 018 | 1 036 | 1 054 | 1 071 | 1 089 | 1 107 | 1 125 |
| 88 | 0 975 | 0 993 | 1 011 | 1 029 | 1 047 | 1 065 | 1 083 | 1 101 | 1 119 | 1 137 |
| 1,90 | 0 985 | 1 003 | 1 021 | 1 040 | 1 058 | 1 076 | 1 094 | 1 113 | 1 131 | 1 149 |
| 92 | 0 995 | 1 014 | 1 032 | 1 051 | 1 069 | 1 087 | 1 106 | 1 124 | 1 143 | 1 161 |
| 94 | 1 006 | 1 024 | 1 043 | 1 062 | 1 080 | 1 099 | 1 117 | 1 136 | 1 155 | 1 173 |
| 96 | 1 016 | 1 035 | 1 054 | 1 073 | 1 091 | 1 110 | 1 129 | 1 148 | 1 167 | 1 185 |
| 98 | 1 026 | 1 045 | 1 064 | 1 083 | 1 102 | 1 121 | 1 140 | 1 159 | 1 178 | 1 197 |
| 2,— | 1 037 | 1 056 | 1 075 | 1 094 | 1 114 | 1 133 | 1 152 | 1 171 | 1 190 | 1 210 |
| 02 | 1 047 | 1 067 | 1 086 | 1 105 | 1 125 | 1 144 | 1 164 | 1 183 | 1 202 | 1 222 |
| 04 | 1 058 | 1 077 | 1 097 | 1 116 | 1 136 | 1 155 | 1 175 | 1 195 | 1 214 | 1 234 |
| 06 | 1 068 | 1 088 | 1 107 | 1 127 | 1 147 | 1 167 | 1 187 | 1 206 | 1 226 | 1 246 |
| 08 | 1 078 | 1 098 | 1 118 | 1 138 | 1 158 | 1 178 | 1 198 | 1 218 | 1 238 | 1 258 |
| 2,10 | 1 089 | 1 109 | 1 129 | 1 149 | 1 169 | 1 189 | 1 210 | 1 230 | 1 250 | 1 270 |
| 12 | 1 099 | 1 119 | 1 140 | 1 160 | 1 180 | 1 201 | 1 221 | 1 241 | 1 262 | 1 282 |
| 14 | 1 109 | 1 130 | 1 150 | 1 171 | 1 192 | 1 212 | 1 233 | 1 253 | 1 274 | 1 294 |
| 16 | 1 120 | 1 140 | 1 161 | 1 182 | 1 203 | 1 223 | 1 244 | 1 265 | 1 286 | 1 307 |
| 18 | 1 130 | 1 151 | 1 172 | 1 193 | 1 214 | 1 235 | 1 256 | 1 277 | 1 298 | 1 319 |
| 2,20 | 1 140 | 1 162 | 1 183 | 1 204 | 1 225 | 1 246 | 1 267 | 1 288 | 1 309 | 1 331 |
| 22 | 1 151 | 1 172 | 1 193 | 1 215 | 1 236 | 1 257 | 1 279 | 1 300 | 1 321 | 1 343 |
| 24 | 1 161 | 1 183 | 1 204 | 1 226 | 1 247 | 1 269 | 1 290 | 1 312 | 1 333 | 1 355 |
| 26 | 1 172 | 1 193 | 1 215 | 1 237 | 1 258 | 1 280 | 1 302 | 1 323 | 1 345 | 1 367 |

LARGEUR

| LONGr | PÉTAILLES | | | | LARGEUR | | | | | | 70 |
| --- | --- | --- | --- | --- | --- | --- | --- | --- | --- | --- | --- |
| | | 0,50 | 0,52 | 0,54 | 0,56 | 0,58 | 0,60 | 0,62 | 0,64 | 0,66 | 0,68 |
| 0,50 | 0 100 | 0 125 | | | | | | | | | |
| 52 | 0 104 | 0 130 | 0 135 | | | | | | | | |
| 54 | 0 108 | 0 135 | 0 140 | 0 146 | | | | | | | |
| 56 | 0 112 | 0 140 | 0 146 | 0 151 | 0 157 | | | | | | |
| 58 | 0 116 | 0 145 | 0 151 | 0 157 | 0 162 | 0 168 | | | | | |
| 0,60 | 0 120 | 0 150 | 0 156 | 0 162 | 0 168 | 0 174 | 0 180 | | | | |
| 62 | 0 124 | 0 155 | 0 161 | 0 167 | 0 174 | 0 180 | 0 186 | 0 192 | | | |
| 64 | 0 128 | 0 160 | 0 166 | 0 173 | 0 179 | 0 186 | 0 192 | 0 198 | 0 205 | | |
| 66 | 0 132 | 0 165 | 0 172 | 0 178 | 0 185 | 0 191 | 0 198 | 0 205 | 0 211 | 0 218 | |
| 68 | 0 136 | 0 170 | 0 177 | 0 184 | 0 190 | 0 197 | 0 204 | 0 211 | 0 218 | 0 224 | 0 231 |
| 0,70 | 0 140 | 0 175 | 0 182 | 0 189 | 0 196 | 0 203 | 0 210 | 0 217 | 0 224 | 0 231 | 0 238 |
| 72 | 0 144 | 0 180 | 0 187 | 0 194 | 0 202 | 0 209 | 0 216 | 0 223 | 0 230 | 0 238 | 0 245 |
| 74 | 0 148 | 0 185 | 0 192 | 0 200 | 0 207 | 0 215 | 0 222 | 0 229 | 0 237 | 0 244 | 0 252 |
| 76 | 0 152 | 0 190 | 0 198 | 0 205 | 0 213 | 0 220 | 0 228 | 0 236 | 0 243 | 0 251 | 0 258 |
| 78 | 0 156 | 0 195 | 0 203 | 0 211 | 0 218 | 0 226 | 0 234 | 0 242 | 0 250 | 0 257 | 0 265 |
| 0,80 | 0 160 | 0 200 | 0 208 | 0 216 | 0 224 | 0 232 | 0 240 | 0 248 | 0 256 | 0 264 | 0 272 |
| 82 | 0 164 | 0 205 | 0 213 | 0 221 | 0 230 | 0 238 | 0 246 | 0 254 | 0 262 | 0 271 | 0 279 |
| 84 | 0 168 | 0 210 | 0 218 | 0 227 | 0 235 | 0 244 | 0 252 | 0 260 | 0 269 | 0 277 | 0 286 |
| 86 | 0 172 | 0 215 | 0 224 | 0 232 | 0 241 | 0 249 | 0 258 | 0 267 | 0 275 | 0 284 | 0 292 |
| 88 | 0 176 | 0 220 | 0 229 | 0 238 | 0 246 | 0 255 | 0 264 | 0 273 | 0 282 | 0 290 | 0 299 |
| 0,90 | 0 180 | 0 225 | 0 234 | 0 243 | 0 252 | 0 261 | 0 270 | 0 279 | 0 288 | 0 297 | 0 306 |
| 92 | 0 184 | 0 230 | 0 239 | 0 248 | 0 258 | 0 267 | 0 276 | 0 285 | 0 294 | 0 304 | 0 313 |
| 94 | 0 188 | 0 235 | 0 244 | 0 254 | 0 263 | 0 273 | 0 282 | 0 291 | 0 301 | 0 310 | 0 320 |
| 96 | 0 192 | 0 240 | 0 250 | 0 259 | 0 269 | 0 278 | 0 288 | 0 298 | 0 307 | 0 317 | 0 326 |
| 98 | 0 196 | 0 245 | 0 255 | 0 265 | 0 274 | 0 284 | 0 294 | 0 304 | 0 314 | 0 323 | 0 333 |
| 1,— | 0 200 | 0 250 | 0 260 | 0 270 | 0 280 | 0 290 | 0 300 | 0 310 | 0 320 | 0 330 | 0 340 |
| 02 | 0 204 | 0 255 | 0 265 | 0 275 | 0 286 | 0 296 | 0 306 | 0 316 | 0 326 | 0 337 | 0 347 |
| 04 | 0 208 | 0 260 | 0 270 | 0 281 | 0 291 | 0 302 | 0 312 | 0 322 | 0 333 | 0 343 | 0 354 |
| 06 | 0 212 | 0 265 | 0 276 | 0 286 | 0 297 | 0 307 | 0 318 | 0 329 | 0 339 | 0 350 | 0 360 |
| 08 | 0 216 | 0 270 | 0 281 | 0 292 | 0 302 | 0 313 | 0 324 | 0 335 | 0 346 | 0 356 | 0 367 |
| 1,10 | 0 220 | 0 275 | 0 286 | 0 297 | 0 308 | 0 319 | 0 330 | 0 341 | 0 352 | 0 363 | 0 374 |
| 12 | 0 224 | 0 280 | 0 291 | 0 302 | 0 314 | 0 325 | 0 336 | 0 347 | 0 358 | 0 370 | 0 381 |
| 14 | 0 228 | 0 285 | 0 296 | 0 308 | 0 319 | 0 331 | 0 342 | 0 353 | 0 365 | 0 376 | 0 388 |
| 16 | 0 232 | 0 290 | 0 302 | 0 313 | 0 325 | 0 336 | 0 348 | 0 360 | 0 371 | 0 383 | 0 394 |
| 18 | 0 236 | 0 295 | 0 307 | 0 319 | 0 330 | 0 342 | 0 354 | 0 366 | 0 378 | 0 389 | 0 401 |
| 1,20 | 0 240 | 0 300 | 0 312 | 0 324 | 0 336 | 0 348 | 0 360 | 0 372 | 0 384 | 0 396 | 0 408 |
| 22 | 0 244 | 0 305 | 0 317 | 0 329 | 0 342 | 0 354 | 0 366 | 0 378 | 0 390 | 0 403 | 0 415 |
| 24 | 0 248 | 0 310 | 0 322 | 0 335 | 0 347 | 0 360 | 0 372 | 0 384 | 0 397 | 0 409 | 0 422 |
| 26 | 0 252 | 0 315 | 0 328 | 0 340 | 0 353 | 0 365 | 0 378 | 0 391 | 0 403 | 0 416 | 0 428 |
| 28 | 0 256 | 0 320 | 0 333 | 0 346 | 0 358 | 0 371 | 0 384 | 0 397 | 0 410 | 0 422 | 0 435 |
| 1,30 | 0 260 | 0 325 | 0 338 | 0 351 | 0 364 | 0 377 | 0 390 | 0 403 | 0 416 | 0 429 | 0 442 |
| 32 | 0 264 | 0 330 | 0 343 | 0 356 | 0 370 | 0 383 | 0 396 | 0 409 | 0 422 | 0 436 | 0 449 |
| 34 | 0 268 | 0 335 | 0 348 | 0 362 | 0 375 | 0 389 | 0 402 | 0 415 | 0 429 | 0 442 | 0 456 |
| 36 | 0 272 | 0 340 | 0 354 | 0 367 | 0 381 | 0 394 | 0 408 | 0 422 | 0 435 | 0 449 | 0 462 |
| 38 | 0 276 | 0 345 | 0 359 | 0 373 | 0 386 | 0 400 | 0 414 | 0 428 | 0 442 | 0 455 | 0 469 |
| 1,40 | 0 280 | 0 350 | 0 364 | 0 378 | 0 392 | 0 406 | 0 420 | 0 434 | 0 448 | 0 462 | 0 476 |
| 42 | 0 284 | 0 355 | 0 369 | 0 383 | 0 398 | 0 412 | 0 426 | 0 440 | 0 454 | 0 469 | 0 483 |
| 44 | 0 288 | 0 360 | 0 374 | 0 389 | 0 403 | 0 418 | 0 432 | 0 446 | 0 461 | 0 475 | 0 490 |
| 46 | 0 292 | 0 365 | 0 380 | 0 394 | 0 409 | 0 423 | 0 438 | 0 453 | 0 467 | 0 482 | 0 496 |
| 48 | 0 296 | 0 370 | 0 385 | 0 400 | 0 414 | 0 429 | 0 444 | 0 459 | 0 474 | 0 488 | 0 503 |
| 1,50 | 0 300 | 0 375 | 0 390 | 0 405 | 0 420 | 0 435 | 0 450 | 0 465 | 0 480 | 0 495 | 0 510 |
| 52 | 0 304 | 0 380 | 0 395 | 0 410 | 0 426 | 0 441 | 0 456 | 0 471 | 0 486 | 0 502 | 0 517 |
| 54 | 0 308 | 0 385 | 0 400 | 0 416 | 0 431 | 0 447 | 0 462 | 0 477 | 0 493 | 0 508 | 0 524 |
| 56 | 0 312 | 0 390 | 0 406 | 0 421 | 0 437 | 0 452 | 0 468 | 0 484 | 0 499 | 0 515 | 0 530 |
| 58 | 0 316 | 0 395 | 0 411 | 0 427 | 0 442 | 0 458 | 0 474 | 0 490 | 0 506 | 0 521 | 0 537 |
| 1,60 | 0 320 | 0 400 | 0 416 | 0 432 | 0 448 | 0 464 | 0 480 | 0 496 | 0 512 | 0 528 | 0 544 |
| 62 | 0 324 | 0 405 | 0 421 | 0 437 | 0 454 | 0 470 | 0 486 | 0 502 | 0 518 | 0 535 | 0 551 |
| 64 | 0 328 | 0 410 | 0 426 | 0 443 | 0 459 | 0 476 | 0 492 | 0 508 | 0 525 | 0 541 | 0 558 |
| 66 | 0 332 | 0 415 | 0 432 | 0 448 | 0 465 | 0 481 | 0 498 | 0 515 | 0 531 | 0 548 | 0 564 |
| 68 | 0 336 | 0 420 | 0 437 | 0 454 | 0 470 | 0 487 | 0 504 | 0 521 | 0 538 | 0 554 | 0 571 |
| 1,70 | 0 340 | 0 425 | 0 442 | 0 459 | 0 476 | 0 493 | 0 510 | 0 527 | 0 544 | 0 561 | 0 578 |
| 72 | 0 344 | 0 430 | 0 447 | 0 464 | 0 482 | 0 499 | 0 516 | 0 533 | 0 550 | 0 568 | 0 585 |
| 74 | 0 348 | 0 435 | 0 452 | 0 470 | 0 487 | 0 505 | 0 522 | 0 539 | 0 557 | 0 574 | 0 592 |
| 76 | 0 352 | 0 440 | 0 458 | 0 475 | 0 493 | 0 510 | 0 528 | 0 546 | 0 563 | 0 581 | 0 598 |
| 78 | 0 356 | 0 445 | 0 463 | 0 481 | 0 498 | 0 516 | 0 534 | 0 552 | 0 570 | 0 587 | 0 605 |
| 1,80 | 0 360 | 0 450 | 0 468 | 0 486 | 0 504 | 0 522 | 0 540 | 0 558 | 0 576 | 0 594 | 0 612 |
| 82 | 0 364 | 0 455 | 0 473 | 0 491 | 0 510 | 0 528 | 0 546 | 0 564 | 0 582 | 0 601 | 0 619 |
| 84 | 0 368 | 0 460 | 0 478 | 0 497 | 0 515 | 0 534 | 0 552 | 0 570 | 0 589 | 0 607 | 0 626 |
| 86 | 0 372 | 0 465 | 0 484 | 0 502 | 0 521 | 0 539 | 0 558 | 0 577 | 0 595 | 0 614 | 0 632 |
| 88 | 0 376 | 0 470 | 0 489 | 0 508 | 0 526 | 0 545 | 0 564 | 0 583 | 0 602 | 0 620 | 0 639 |

| LONGUEUR | | | | LARGEUR | | | | | | 71 |
| --- | --- | --- | --- | --- | --- | --- | --- | --- | --- | --- |
| | 0,70 | 0,72 | 0,74 | 0,76 | 0,78 | 0,80 | 0,82 | 0,84 | 0,86 | 0,88 |
| 0,70 | 0 245 | | | | | | | | | |
| 72 | 0 252 | 0 259 | | | | | | | | |
| 74 | 0 259 | 0 266 | 0 274 | | | | | | | |
| 76 | 0 266 | 0 274 | 0 281 | 0 289 | | | | | | |
| 78 | 0 273 | 0 281 | 0 289 | 0 296 | 0 304 | | | | | |
| 0,80 | 0 280 | 0 288 | 0 296 | 0 304 | 0 312 | 0 320 | | | | |
| 82 | 0 287 | 0 295 | 0 303 | 0 312 | 0 320 | 0 328 | 0 336 | | | |
| 84 | 0 294 | 0 302 | 0 311 | 0 319 | 0 328 | 0 336 | 0 344 | 0 353 | | |
| 86 | 0 301 | 0 310 | 0 318 | 0 327 | 0 335 | 0 344 | 0 353 | 0 361 | 0 370 | |
| 88 | 0 308 | 0 317 | 0 326 | 0 334 | 0 343 | 0 352 | 0 361 | 0 370 | 0 378 | 0 387 |
| 0,90 | 0 315 | 0 324 | 0 333 | 0 342 | 0 351 | 0 360 | 0 369 | 0 378 | 0 387 | 0 396 |
| 92 | 0 322 | 0 331 | 0 340 | 0 350 | 0 359 | 0 368 | 0 377 | 0 386 | 0 396 | 0 405 |
| 94 | 0 329 | 0 338 | 0 348 | 0 357 | 0 367 | 0 376 | 0 385 | 0 395 | 0 404 | 0 414 |
| 96 | 0 336 | 0 346 | 0 355 | 0 365 | 0 374 | 0 384 | 0 394 | 0 403 | 0 413 | 0 422 |
| 98 | 0 343 | 0 353 | 0 363 | 0 372 | 0 382 | 0 392 | 0 402 | 0 412 | 0 421 | 0 431 |
| 1,— | 0 350 | 0 360 | 0 370 | 0 380 | 0 390 | 0 400 | 0 410 | 0 420 | 0 430 | 0 440 |
| 02 | 0 357 | 0 367 | 0 377 | 0 388 | 0 398 | 0 408 | 0 418 | 0 428 | 0 439 | 0 449 |
| 04 | 0 364 | 0 374 | 0 385 | 0 395 | 0 406 | 0 416 | 0 426 | 0 437 | 0 447 | 0 458 |
| 06 | 0 371 | 0 382 | 0 392 | 0 403 | 0 413 | 0 424 | 0 435 | 0 445 | 0 456 | 0 466 |
| 08 | 0 378 | 0 389 | 0 400 | 0 410 | 0 421 | 0 432 | 0 443 | 0 454 | 0 464 | 0 475 |
| 1,10 | 0 385 | 0 396 | 0 407 | 0 418 | 0 429 | 0 440 | 0 451 | 0 462 | 0 473 | 0 484 |
| 12 | 0 392 | 0 403 | 0 414 | 0 426 | 0 437 | 0 448 | 0 459 | 0 470 | 0 482 | 0 493 |
| 14 | 0 399 | 0 410 | 0 422 | 0 433 | 0 445 | 0 456 | 0 467 | 0 479 | 0 490 | 0 502 |
| 16 | 0 406 | 0 418 | 0 429 | 0 441 | 0 452 | 0 464 | 0 476 | 0 487 | 0 499 | 0 510 |
| 18 | 0 413 | 0 425 | 0 437 | 0 448 | 0 460 | 0 472 | 0 484 | 0 496 | 0 507 | 0 519 |
| 1,20 | 0 420 | 0 432 | 0 444 | 0 456 | 0 468 | 0 480 | 0 492 | 0 504 | 0 516 | 0 528 |
| 22 | 0 427 | 0 439 | 0 451 | 0 464 | 0 476 | 0 488 | 0 500 | 0 512 | 0 525 | 0 537 |
| 24 | 0 434 | 0 446 | 0 459 | 0 471 | 0 484 | 0 496 | 0 508 | 0 521 | 0 533 | 0 546 |
| 26 | 0 441 | 0 454 | 0 466 | 0 479 | 0 491 | 0 504 | 0 517 | 0 529 | 0 542 | 0 554 |
| 28 | 0 448 | 0 461 | 0 474 | 0 486 | 0 499 | 0 512 | 0 525 | 0 538 | 0 550 | 0 563 |
| 1,30 | 0 455 | 0 468 | 0 481 | 0 494 | 0 507 | 0 520 | 0 533 | 0 546 | 0 559 | 0 572 |
| 32 | 0 462 | 0 475 | 0 488 | 0 502 | 0 515 | 0 528 | 0 541 | 0 554 | 0 568 | 0 581 |
| 34 | 0 469 | 0 482 | 0 496 | 0 509 | 0 523 | 0 536 | 0 549 | 0 563 | 0 576 | 0 590 |
| 36 | 0 476 | 0 490 | 0 503 | 0 517 | 0 530 | 0 544 | 0 558 | 0 571 | 0 585 | 0 598 |
| 38 | 0 483 | 0 497 | 0 511 | 0 524 | 0 538 | 0 552 | 0 566 | 0 580 | 0 593 | 0 607 |
| 1,40 | 0 490 | 0 504 | 0 518 | 0 532 | 0 546 | 0 560 | 0 574 | 0 588 | 0 602 | 0 616 |
| 42 | 0 497 | 0 511 | 0 525 | 0 540 | 0 554 | 0 568 | 0 582 | 0 596 | 0 611 | 0 625 |
| 44 | 0 504 | 0 518 | 0 533 | 0 547 | 0 562 | 0 576 | 0 590 | 0 605 | 0 619 | 0 634 |
| 46 | 0 511 | 0 526 | 0 540 | 0 555 | 0 569 | 0 584 | 0 599 | 0 613 | 0 628 | 0 642 |
| 48 | 0 518 | 0 533 | 0 548 | 0 562 | 0 577 | 0 592 | 0 607 | 0 622 | 0 636 | 0 651 |
| 1,50 | 0 525 | 0 540 | 0 555 | 0 570 | 0 585 | 0 600 | 0 615 | 0 630 | 0 645 | 0 660 |
| 52 | 0 532 | 0 547 | 0 562 | 0 578 | 0 593 | 0 608 | 0 623 | 0 638 | 0 654 | 0 669 |
| 54 | 0 539 | 0 554 | 0 570 | 0 585 | 0 601 | 0 616 | 0 631 | 0 647 | 0 662 | 0 678 |
| 56 | 0 546 | 0 562 | 0 577 | 0 593 | 0 608 | 0 624 | 0 640 | 0 655 | 0 671 | 0 686 |
| 58 | 0 553 | 0 569 | 0 585 | 0 600 | 0 616 | 0 632 | 0 648 | 0 664 | 0 679 | 0 695 |
| 1,60 | 0 560 | 0 576 | 0 592 | 0 608 | 0 624 | 0 640 | 0 656 | 0 672 | 0 688 | 0 704 |
| 62 | 0 567 | 0 583 | 0 599 | 0 616 | 0 632 | 0 648 | 0 664 | 0 680 | 0 697 | 0 713 |
| 64 | 0 574 | 0 590 | 0 607 | 0 623 | 0 640 | 0 656 | 0 672 | 0 689 | 0 705 | 0 722 |
| 66 | 0 581 | 0 598 | 0 614 | 0 631 | 0 647 | 0 664 | 0 681 | 0 697 | 0 714 | 0 730 |
| 68 | 0 588 | 0 605 | 0 622 | 0 638 | 0 655 | 0 672 | 0 689 | 0 706 | 0 722 | 0 739 |
| 1,70 | 0 595 | 0 612 | 0 629 | 0 646 | 0 663 | 0 680 | 0 697 | 0 714 | 0 731 | 0 748 |
| 72 | 0 602 | 0 619 | 0 636 | 0 654 | 0 671 | 0 688 | 0 705 | 0 722 | 0 740 | 0 757 |
| 74 | 0 609 | 0 626 | 0 644 | 0 661 | 0 679 | 0 696 | 0 713 | 0 731 | 0 748 | 0 766 |
| 76 | 0 616 | 0 634 | 0 651 | 0 669 | 0 686 | 0 704 | 0 722 | 0 739 | 0 757 | 0 774 |
| 78 | 0 623 | 0 641 | 0 659 | 0 676 | 0 694 | 0 712 | 0 730 | 0 748 | 0 765 | 0 783 |
| 1,80 | 0 630 | 0 648 | 0 666 | 0 684 | 0 702 | 0 720 | 0 738 | 0 756 | 0 774 | 0 792 |
| 82 | 0 637 | 0 655 | 0 673 | 0 692 | 0 710 | 0 728 | 0 746 | 0 764 | 0 783 | 0 801 |
| 84 | 0 644 | 0 662 | 0 681 | 0 699 | 0 718 | 0 736 | 0 754 | 0 773 | 0 791 | 0 810 |
| 86 | 0 651 | 0 670 | 0 688 | 0 707 | 0 725 | 0 744 | 0 763 | 0 781 | 0 800 | 0 818 |
| 88 | 0 658 | 0 677 | 0 696 | 0 714 | 0 733 | 0 752 | 0 771 | 0 790 | 0 808 | 0 827 |

Épaisseur : **0m 50** centimètres

| LONGUEUR | 0,90 | 0,92 | 0,94 | 0,96 | 0,98 | 1,00 | 1,02 | 1,04 | 1,06 | 1,08 |
|---|---|---|---|---|---|---|---|---|---|---|
| 0,90 | 0 405 | | | | | | | | | |
| 92 | 0 414 | 0 423 | | | | | | | | |
| 94 | 0 423 | 0 432 | 0 442 | | | | | | | |
| 96 | 0 432 | 0 442 | 0 451 | 0 461 | | | | | | |
| 98 | 0 441 | 0 451 | 0 461 | 0 470 | 0 480 | | | | | |
| 1,— | 0 450 | 0 460 | 0 470 | 0 480 | 0 490 | 0 500 | | | | |
| 02 | 0 459 | 0 469 | 0 479 | 0 490 | 0 500 | 0 510 | 0 520 | | | |
| 04 | 0 468 | 0 478 | 0 489 | 0 499 | 0 510 | 0 520 | 0 530 | 0 541 | | |
| 06 | 0 477 | 0 488 | 0 498 | 0 509 | 0 519 | 0 530 | 0 541 | 0 551 | 0 562 | |
| 08 | 0 486 | 0 497 | 0 508 | 0 518 | 0 529 | 0 540 | 0 551 | 0 562 | 0 572 | 0 583 |
| 1,10 | 0 495 | 0 506 | 0 517 | 0 528 | 0 539 | 0 550 | 0 561 | 0 572 | 0 583 | 0 594 |
| 12 | 0 504 | 0 515 | 0 526 | 0 538 | 0 549 | 0 560 | 0 571 | 0 582 | 0 594 | 0 605 |
| 14 | 0 513 | 0 524 | 0 536 | 0 547 | 0 559 | 0 570 | 0 581 | 0 593 | 0 604 | 0 616 |
| 16 | 0 522 | 0 534 | 0 545 | 0 557 | 0 568 | 0 580 | 0 592 | 0 603 | 0 615 | 0 626 |
| 18 | 0 531 | 0 543 | 0 555 | 0 567 | 0 578 | 0 590 | 0 602 | 0 614 | 0 625 | 0 637 |
| 1,20 | 0 540 | 0 552 | 0 564 | 0 576 | 0 588 | 0 600 | 0 612 | 0 624 | 0 636 | 0 648 |
| 22 | 0 549 | 0 561 | 0 573 | 0 586 | 0 598 | 0 610 | 0 622 | 0 634 | 0 647 | 0 659 |
| 24 | 0 558 | 0 570 | 0 583 | 0 595 | 0 608 | 0 620 | 0 632 | 0 645 | 0 657 | 0 670 |
| 26 | 0 567 | 0 580 | 0 592 | 0 605 | 0 617 | 0 630 | 0 643 | 0 655 | 0 668 | 0 680 |
| 28 | 0 576 | 0 589 | 0 602 | 0 614 | 0 627 | 0 640 | 0 653 | 0 666 | 0 678 | 0 691 |
| 1,30 | 0 585 | 0 598 | 0 611 | 0 624 | 0 637 | 0 650 | 0 663 | 0 676 | 0 689 | 0 702 |
| 32 | 0 594 | 0 607 | 0 620 | 0 634 | 0 647 | 0 660 | 0 673 | 0 686 | 0 700 | 0 713 |
| 34 | 0 603 | 0 616 | 0 630 | 0 643 | 0 657 | 0 670 | 0 683 | 0 697 | 0 710 | 0 724 |
| 36 | 0 612 | 0 626 | 0 639 | 0 653 | 0 666 | 0 680 | 0 694 | 0 707 | 0 721 | 0 734 |
| 38 | 0 621 | 0 635 | 0 649 | 0 662 | 0 676 | 0 690 | 0 704 | 0 718 | 0 731 | 0 745 |
| 1,40 | 0 630 | 0 644 | 0 658 | 0 672 | 0 686 | 0 700 | 0 714 | 0 728 | 0 742 | 0 756 |
| 42 | 0 639 | 0 653 | 0 667 | 0 682 | 0 696 | 0 710 | 0 724 | 0 738 | 0 753 | 0 767 |
| 44 | 0 648 | 0 662 | 0 677 | 0 691 | 0 705 | 0 720 | 0 734 | 0 749 | 0 763 | 0 778 |
| 46 | 0 657 | 0 672 | 0 686 | 0 701 | 0 715 | 0 730 | 0 745 | 0 759 | 0 774 | 0 788 |
| 48 | 0 666 | 0 681 | 0 696 | 0 710 | 0 725 | 0 740 | 0 755 | 0 770 | 0 784 | 0 799 |
| 1,50 | 0 675 | 0 690 | 0 705 | 0 720 | 0 735 | 0 750 | 0 765 | 0 780 | 0 795 | 0 810 |
| 52 | 0 684 | 0 699 | 0 714 | 0 730 | 0 745 | 0 760 | 0 775 | 0 790 | 0 806 | 0 821 |
| 54 | 0 693 | 0 708 | 0 724 | 0 739 | 0 755 | 0 770 | 0 785 | 0 801 | 0 816 | 0 832 |
| 56 | 0 702 | 0 718 | 0 733 | 0 749 | 0 764 | 0 780 | 0 796 | 0 811 | 0 827 | 0 842 |
| 58 | 0 711 | 0 727 | 0 743 | 0 758 | 0 774 | 0 790 | 0 806 | 0 822 | 0 837 | 0 853 |
| 1,60 | 0 720 | 0 736 | 0 752 | 0 768 | 0 784 | 0 800 | 0 816 | 0 832 | 0 848 | 0 864 |
| 62 | 0 729 | 0 745 | 0 761 | 0 778 | 0 794 | 0 810 | 0 826 | 0 843 | 0 859 | 0 875 |
| 64 | 0 738 | 0 754 | 0 771 | 0 787 | 0 804 | 0 820 | 0 836 | 0 853 | 0 869 | 0 886 |
| 66 | 0 747 | 0 764 | 0 780 | 0 797 | 0 813 | 0 830 | 0 847 | 0 863 | 0 880 | 0 896 |
| 68 | 0 756 | 0 773 | 0 790 | 0 806 | 0 823 | 0 840 | 0 857 | 0 874 | 0 890 | 0 907 |
| 1,70 | 0 765 | 0 782 | 0 799 | 0 816 | 0 833 | 0 850 | 0 867 | 0 884 | 0 901 | 0 918 |
| 72 | 0 774 | 0 791 | 0 808 | 0 826 | 0 843 | 0 860 | 0 877 | 0 894 | 0 911 | 0 928 |
| 74 | 0 783 | 0 800 | 0 818 | 0 835 | 0 853 | 0 870 | 0 887 | 0 905 | 0 922 | 0 940 |
| 76 | 0 792 | 0 810 | 0 828 | 0 845 | 0 862 | 0 880 | 0 898 | 0 915 | 0 933 | 0 950 |
| 78 | 0 801 | 0 819 | 0 837 | 0 854 | 0 872 | 0 890 | 0 908 | 0 926 | 0 943 | 0 961 |
| 1,80 | 0 810 | 0 828 | 0 846 | 0 864 | 0 882 | 0 900 | 0 918 | 0 936 | 0 954 | 0 972 |
| 82 | 0 819 | 0 837 | 0 856 | 0 874 | 0 892 | 0 910 | 0 928 | 0 946 | 0 965 | 0 983 |
| 84 | 0 828 | 0 846 | 0 865 | 0 883 | 0 902 | 0 920 | 0 938 | 0 957 | 0 975 | 0 994 |
| 86 | 0 837 | 0 856 | 0 875 | 0 893 | 0 911 | 0 930 | 0 949 | 0 967 | 0 986 | 1 004 |
| 88 | 0 846 | 0 865 | 0 884 | 0 902 | 0 921 | 0 940 | 0 959 | 0 978 | 0 996 | 1 015 |
| 1,90 | 0 855 | 0 874 | 0 893 | 0 912 | 0 931 | 0 950 | 0 969 | 0 988 | 1 007 | 1 026 |
| 92 | 0 864 | 0 883 | 0 903 | 0 922 | 0 941 | 0 960 | 0 979 | 0 998 | 1 018 | 1 037 |
| 94 | 0 873 | 0 892 | 0 912 | 0 931 | 0 951 | 0 970 | 0 989 | 1 009 | 1 028 | 1 048 |
| 96 | 0 882 | 0 902 | 0 922 | 0 941 | 0 960 | 0 980 | 1 000 | 1 019 | 1 039 | 1 058 |
| 98 | 0 891 | 0 911 | 0 931 | 0 950 | 0 970 | 0 990 | 1 010 | 1 030 | 1 049 | 1 069 |
| 2,— | 0 900 | 0 920 | 0 940 | 0 960 | 0 980 | 1 000 | 1 020 | 1 040 | 1 060 | 1 080 |
| 02 | 0 909 | 0 929 | 0 950 | 0 970 | 0 990 | 1 010 | 1 030 | 1 050 | 1 071 | 1 091 |
| 04 | 0 918 | 0 938 | 0 959 | 0 979 | 1 000 | 1 020 | 1 040 | 1 061 | 1 081 | 1 102 |
| 06 | 0 927 | 0 948 | 0 969 | 0 989 | 1 009 | 1 030 | 1 051 | 1 071 | 1 092 | 1 112 |
| 08 | 0 936 | 0 957 | 0 978 | 0 998 | 1 019 | 1 040 | 1 061 | 1 082 | 1 102 | 1 123 |
| 2,10 | 0 945 | 0 966 | 0 987 | 1 008 | 1 029 | 1 050 | 1 071 | 1 092 | 1 113 | 1 134 |
| 12 | 0 954 | 0 975 | 0 997 | 1 018 | 1 039 | 1 060 | 1 081 | 1 102 | 1 124 | 1 145 |
| 14 | 0 963 | 0 984 | 1 006 | 1 027 | 1 049 | 1 070 | 1 091 | 1 113 | 1 134 | 1 156 |
| 16 | 0 972 | 0 994 | 1 016 | 1 037 | 1 058 | 1 080 | 1 102 | 1 123 | 1 145 | 1 166 |
| 18 | 0 981 | 1 003 | 1 025 | 1 046 | 1 068 | 1 090 | 1 112 | 1 134 | 1 155 | 1 177 |
| 2,20 | 0 990 | 1 012 | 1 034 | 1 056 | 1 078 | 1 100 | 1 122 | 1 144 | 1 166 | 1 188 |
| 22 | 0 999 | 1 021 | 1 043 | 1 066 | 1 088 | 1 110 | 1 132 | 1 154 | 1 177 | 1 199 |
| 24 | 1 008 | 1 030 | 1 053 | 1 075 | 1 098 | 1 120 | 1 142 | 1 165 | 1 187 | 1 210 |
| 26 | 1 017 | 1 040 | 1 062 | 1 085 | 1 107 | 1 130 | 1 153 | 1 175 | 1 198 | 1 220 |
| 28 | 1 026 | 1 049 | 1 072 | 1 094 | 1 117 | 1 140 | 1 163 | 1 186 | 1 208 | 1 231 |



Épaisseur : **0m 50** centimètres   **0,50**

| LONGUEUR | 1,10 | 1,12 | 1,14 | 1,16 | 1,18 | 1,20 | 1,22 | 1,24 | 1,26 | 1,28 |
|---|---|---|---|---|---|---|---|---|---|---|
| 1,10 | 0 605 | | | | | | | | | |
| 12 | 0 616 | 0 627 | | | | | | | | |
| 14 | 0 627 | 0 638 | 0 650 | | | | | | | |
| 16 | 0 638 | 0 650 | 0 661 | 0 673 | | | | | | |
| 18 | 0 649 | 0 661 | 0 673 | 0 684 | 0 696 | | | | | |
| 1,20 | 0 660 | 0 672 | 0 684 | 0 696 | 0 708 | 0 720 | | | | |
| 22 | 0 671 | 0 683 | 0 695 | 0 708 | 0 720 | 0 732 | 0 744 | | | |
| 24 | 0 682 | 0 694 | 0 707 | 0 719 | 0 732 | 0 744 | 0 756 | 0 769 | | |
| 26 | 0 693 | 0 706 | 0 718 | 0 731 | 0 743 | 0 756 | 0 769 | 0 781 | 0 794 | |
| 28 | 0 704 | 0 717 | 0 730 | 0 742 | 0 755 | 0 768 | 0 781 | 0 794 | 0 806 | 0 819 |
| 1,30 | 0 715 | 0 728 | 0 741 | 0 754 | 0 767 | 0 780 | 0 793 | 0 806 | 0 819 | 0 832 |
| 32 | 0 726 | 0 739 | 0 752 | 0 766 | 0 779 | 0 792 | 0 805 | 0 818 | 0 832 | 0 845 |
| 34 | 0 737 | 0 750 | 0 764 | 0 777 | 0 791 | 0 804 | 0 817 | 0 831 | 0 844 | 0 858 |
| 36 | 0 748 | 0 762 | 0 775 | 0 789 | 0 802 | 0 816 | 0 830 | 0 843 | 0 857 | 0 870 |
| 38 | 0 759 | 0 773 | 0 787 | 0 800 | 0 814 | 0 828 | 0 842 | 0 856 | 0 869 | 0 883 |
| 1,40 | 0 770 | 0 784 | 0 798 | 0 812 | 0 826 | 0 840 | 0 854 | 0 868 | 0 882 | 0 896 |
| 42 | 0 781 | 0 795 | 0 809 | 0 823 | 0 838 | 0 852 | 0 866 | 0 880 | 0 894 | 0 909 |
| 44 | 0 792 | 0 806 | 0 821 | 0 835 | 0 850 | 0 864 | 0 878 | 0 893 | 0 907 | 0 922 |
| 46 | 0 803 | 0 818 | 0 832 | 0 847 | 0 861 | 0 876 | 0 891 | 0 905 | 0 920 | 0 934 |
| 48 | 0 814 | 0 829 | 0 844 | 0 858 | 0 873 | 0 888 | 0 903 | 0 918 | 0 932 | 0 947 |
| 1,50 | 0 825 | 0 840 | 0 855 | 0 870 | 0 885 | 0 900 | 0 915 | 0 930 | 0 945 | 0 960 |
| 52 | 0 836 | 0 851 | 0 866 | 0 882 | 0 897 | 0 912 | 0 927 | 0 942 | 0 958 | 0 973 |
| 54 | 0 847 | 0 862 | 0 878 | 0 893 | 0 909 | 0 924 | 0 939 | 0 955 | 0 970 | 0 986 |
| 56 | 0 858 | 0 874 | 0 889 | 0 905 | 0 920 | 0 936 | 0 952 | 0 967 | 0 983 | 0 998 |
| 58 | 0 869 | 0 885 | 0 901 | 0 916 | 0 932 | 0 948 | 0 964 | 0 980 | 0 995 | 1 011 |
| 1,60 | 0 880 | 0 896 | 0 912 | 0 928 | 0 944 | 0 960 | 0 976 | 0 992 | 1 008 | 1 024 |
| 62 | 0 891 | 0 907 | 0 923 | 0 940 | 0 956 | 0 972 | 0 988 | 1 004 | 1 021 | 1 037 |
| 64 | 0 902 | 0 918 | 0 935 | 0 951 | 0 968 | 0 984 | 1 000 | 1 017 | 1 033 | 1 050 |
| 66 | 0 913 | 0 930 | 0 946 | 0 963 | 0 979 | 0 996 | 1 013 | 1 029 | 1 046 | 1 062 |
| 68 | 0 924 | 0 941 | 0 958 | 0 974 | 0 991 | 1 008 | 1 025 | 1 042 | 1 058 | 1 075 |
| 1,70 | 0 935 | 0 952 | 0 969 | 0 986 | 1 003 | 1 020 | 1 037 | 1 054 | 1 071 | 1 088 |
| 72 | 0 946 | 0 963 | 0 980 | 0 998 | 1 015 | 1 032 | 1 049 | 1 066 | 1 084 | 1 101 |
| 74 | 0 957 | 0 974 | 0 992 | 1 009 | 1 027 | 1 044 | 1 061 | 1 079 | 1 096 | 1 114 |
| 76 | 0 968 | 0 986 | 1 003 | 1 021 | 1 038 | 1 056 | 1 074 | 1 091 | 1 109 | 1 126 |
| 78 | 0 979 | 0 997 | 1 015 | 1 032 | 1 050 | 1 068 | 1 086 | 1 104 | 1 121 | 1 139 |
| 1,80 | 0 990 | 1 008 | 1 026 | 1 044 | 1 062 | 1 080 | 1 098 | 1 116 | 1 134 | 1 152 |
| 82 | 1 001 | 1 019 | 1 037 | 1 056 | 1 074 | 1 092 | 1 110 | 1 128 | 1 147 | 1 165 |
| 84 | 1 012 | 1 030 | 1 049 | 1 067 | 1 086 | 1 104 | 1 122 | 1 141 | 1 159 | 1 178 |
| 86 | 1 023 | 1 042 | 1 060 | 1 079 | 1 097 | 1 116 | 1 135 | 1 153 | 1 172 | 1 190 |
| 88 | 1 034 | 1 053 | 1 072 | 1 090 | 1 109 | 1 128 | 1 147 | 1 166 | 1 184 | 1 203 |
| 1,90 | 1 045 | 1 064 | 1 083 | 1 102 | 1 121 | 1 140 | 1 159 | 1 178 | 1 197 | 1 216 |
| 92 | 1 056 | 1 075 | 1 094 | 1 114 | 1 133 | 1 152 | 1 171 | 1 190 | 1 210 | 1 229 |
| 94 | 1 067 | 1 086 | 1 106 | 1 125 | 1 145 | 1 164 | 1 183 | 1 203 | 1 222 | 1 242 |
| 96 | 1 078 | 1 098 | 1 117 | 1 137 | 1 156 | 1 176 | 1 196 | 1 215 | 1 235 | 1 254 |
| 98 | 1 089 | 1 109 | 1 129 | 1 148 | 1 168 | 1 188 | 1 208 | 1 228 | 1 247 | 1 267 |
| 2,— | 1 100 | 1 120 | 1 140 | 1 160 | 1 180 | 1 200 | 1 220 | 1 240 | 1 260 | 1 280 |
| 02 | 1 111 | 1 131 | 1 151 | 1 172 | 1 192 | 1 212 | 1 232 | 1 252 | 1 273 | 1 293 |
| 04 | 1 122 | 1 142 | 1 163 | 1 183 | 1 204 | 1 224 | 1 244 | 1 265 | 1 285 | 1 306 |
| 06 | 1 133 | 1 154 | 1 174 | 1 195 | 1 215 | 1 236 | 1 257 | 1 277 | 1 298 | 1 318 |
| 08 | 1 144 | 1 165 | 1 186 | 1 206 | 1 227 | 1 248 | 1 269 | 1 290 | 1 310 | 1 331 |
| 2,10 | 1 155 | 1 176 | 1 197 | 1 218 | 1 239 | 1 260 | 1 281 | 1 302 | 1 323 | 1 344 |
| 12 | 1 166 | 1 187 | 1 208 | 1 230 | 1 251 | 1 272 | 1 293 | 1 314 | 1 336 | 1 357 |
| 14 | 1 177 | 1 198 | 1 220 | 1 241 | 1 263 | 1 284 | 1 305 | 1 327 | 1 348 | 1 370 |
| 16 | 1 188 | 1 210 | 1 231 | 1 253 | 1 274 | 1 296 | 1 318 | 1 339 | 1 361 | 1 382 |
| 18 | 1 199 | 1 221 | 1 243 | 1 264 | 1 286 | 1 308 | 1 330 | 1 352 | 1 373 | 1 395 |
| 2,20 | 1 210 | 1 232 | 1 254 | 1 276 | 1 298 | 1 320 | 1 342 | 1 364 | 1 386 | 1 408 |
| 22 | 1 221 | 1 243 | 1 265 | 1 288 | 1 310 | 1 332 | 1 354 | 1 376 | 1 399 | 1 421 |
| 24 | 1 232 | 1 254 | 1 277 | 1 299 | 1 322 | 1 344 | 1 366 | 1 389 | 1 411 | 1 434 |
| 26 | 1 243 | 1 266 | 1 288 | 1 311 | 1 333 | 1 356 | 1 379 | 1 401 | 1 424 | 1 446 |
| 28 | 1 254 | 1 277 | 1 300 | 1 322 | 1 345 | 1 368 | 1 391 | 1 414 | 1 436 | 1 459 |

Epaisseur : $0^{m}$ **52** centimètres

LARGEUR

| LONG. | FUTAILLES | 0,52 | 0,54 | 0,56 | 0,58 | 0,60 | 0,62 | 0,64 | 0,66 | 0,68 | 0,70 |
|---|---|---|---|---|---|---|---|---|---|---|---|
| **0,52** | 0 112 | 0 141 | | | | | | | | | |
| 54 | 0 117 | 0 146 | 0 152 | | | | | | | | |
| 56 | 0 121 | 0 151 | 0 157 | 0 163 | | | | | | | |
| 58 | 0 125 | 0 157 | 0 163 | 0 169 | 0 175 | | | | | | |
| **0,60** | 0 130 | 0 162 | 0 168 | 0 175 | 0 181 | 0 187 | | | | | |
| 62 | 0 134 | 0 168 | 0 174 | 0 181 | 0 187 | 0 193 | 0 200 | | | | |
| 64 | 0 138 | 0 173 | 0 180 | 0 186 | 0 193 | 0 200 | 0 206 | 0 213 | | | |
| 66 | 0 143 | 0 178 | 0 185 | 0 192 | 0 199 | 0 206 | 0 213 | 0 220 | 0 227 | | |
| 68 | 0 147 | 0 181 | 0 191 | 0 198 | 0 205 | 0 212 | 0 219 | 0 226 | 0 233 | 0 240 | |
| **0,70** | 0 151 | 0 189 | 0 197 | 0 204 | 0 211 | 0 218 | 0 226 | 0 233 | 0 240 | 0 248 | 0 255 |
| 72 | 0 156 | 0 195 | 0 202 | 0 210 | 0 217 | 0 225 | 0 232 | 0 240 | 0 247 | 0 255 | 0 262 |
| 74 | 0 160 | 0 200 | 0 208 | 0 215 | 0 223 | 0 231 | 0 239 | 0 246 | 0 254 | 0 262 | 0 269 |
| 76 | 0 164 | 0 206 | 0 213 | 0 221 | 0 229 | 0 237 | 0 245 | 0 253 | 0 261 | 0 269 | 0 277 |
| 78 | 0 169 | 0 211 | 0 219 | 0 227 | 0 235 | 0 243 | 0 251 | 0 260 | 0 268 | 0 276 | 0 284 |
| **0,80** | 0 173 | 0 216 | 0 225 | 0 233 | 0 241 | 0 250 | 0 258 | 0 266 | 0 275 | 0 283 | 0 291 |
| 82 | 0 177 | 0 222 | 0 230 | 0 239 | 0 247 | 0 256 | 0 264 | 0 273 | 0 281 | 0 290 | 0 298 |
| 84 | 0 182 | 0 227 | 0 236 | 0 245 | 0 253 | 0 262 | 0 271 | 0 280 | 0 288 | 0 297 | 0 306 |
| 86 | 0 186 | 0 233 | 0 241 | 0 250 | 0 259 | 0 268 | 0 277 | 0 286 | 0 295 | 0 304 | 0 313 |
| 88 | 0 190 | 0 238 | 0 247 | 0 256 | 0 265 | 0 275 | 0 284 | 0 293 | 0 302 | 0 311 | 0 320 |
| **0,90** | 0 195 | 0 243 | 0 253 | 0 262 | 0 271 | 0 281 | 0 290 | 0 300 | 0 309 | 0 318 | 0 328 |
| 92 | 0 199 | 0 249 | 0 258 | 0 268 | 0 277 | 0 287 | 0 297 | 0 306 | 0 316 | 0 325 | 0 335 |
| 94 | 0 203 | 0 254 | 0 264 | 0 271 | 0 284 | 0 293 | 0 303 | 0 313 | 0 323 | 0 332 | 0 342 |
| 96 | 0 208 | 0 260 | 0 270 | 0 280 | 0 290 | 0 300 | 0 310 | 0 319 | 0 329 | 0 339 | 0 349 |
| 98 | 0 212 | 0 265 | 0 275 | 0 285 | 0 296 | 0 306 | 0 316 | 0 326 | 0 336 | 0 347 | 0 357 |
| **1,—** | 0 216 | 0 270 | 0 281 | 0 291 | 0 302 | 0 312 | 0 322 | 0 333 | 0 343 | 0 354 | 0 364 |
| 02 | 0 221 | 0 276 | 0 286 | 0 297 | 0 308 | 0 318 | 0 329 | 0 339 | 0 350 | 0 361 | 0 371 |
| 04 | 0 225 | 0 281 | 0 292 | 0 303 | 0 314 | 0 324 | 0 335 | 0 346 | 0 357 | 0 368 | 0 379 |
| 06 | 0 229 | 0 287 | 0 298 | 0 309 | 0 320 | 0 331 | 0 342 | 0 353 | 0 364 | 0 375 | 0 386 |
| 08 | 0 234 | 0 292 | 0 303 | 0 314 | 0 326 | 0 337 | 0 348 | 0 359 | 0 371 | 0 382 | 0 393 |
| **1,10** | 0 238 | 0 297 | 0 309 | 0 320 | 0 332 | 0 343 | 0 355 | 0 366 | 0 378 | 0 389 | 0 400 |
| 12 | 0 242 | 0 303 | 0 314 | 0 326 | 0 338 | 0 349 | 0 361 | 0 373 | 0 384 | 0 396 | 0 408 |
| 14 | 0 247 | 0 308 | 0 320 | 0 332 | 0 344 | 0 356 | 0 368 | 0 379 | 0 391 | 0 403 | 0 415 |
| 16 | 0 251 | 0 314 | 0 326 | 0 338 | 0 350 | 0 362 | 0 374 | 0 386 | 0 398 | 0 410 | 0 422 |
| 18 | 0 255 | 0 319 | 0 331 | 0 344 | 0 356 | 0 368 | 0 380 | 0 393 | 0 405 | 0 417 | 0 430 |
| **1,20** | 0 260 | 0 324 | 0 337 | 0 349 | 0 362 | 0 374 | 0 387 | 0 399 | 0 412 | 0 424 | 0 437 |
| 22 | 0 264 | 0 330 | 0 343 | 0 355 | 0 368 | 0 381 | 0 393 | 0 406 | 0 419 | 0 431 | 0 444 |
| 24 | 0 268 | 0 335 | 0 348 | 0 361 | 0 374 | 0 387 | 0 400 | 0 413 | 0 426 | 0 438 | 0 451 |
| 26 | 0 273 | 0 341 | 0 354 | 0 367 | 0 380 | 0 393 | 0 406 | 0 419 | 0 432 | 0 446 | 0 459 |
| 28 | 0 277 | 0 346 | 0 359 | 0 373 | 0 386 | 0 399 | 0 413 | 0 426 | 0 439 | 0 453 | 0 466 |
| **1,30** | 0 281 | 0 352 | 0 365 | 0 379 | 0 392 | 0 406 | 0 419 | 0 433 | 0 446 | 0 460 | 0 473 |
| 32 | 0 286 | 0 357 | 0 371 | 0 384 | 0 398 | 0 412 | 0 426 | 0 439 | 0 453 | 0 467 | 0 480 |
| 34 | 0 290 | 0 362 | 0 376 | 0 390 | 0 404 | 0 418 | 0 432 | 0 446 | 0 460 | 0 474 | 0 488 |
| 36 | 0 294 | 0 368 | 0 382 | 0 396 | 0 410 | 0 424 | 0 438 | 0 453 | 0 467 | 0 481 | 0 495 |
| 38 | 0 299 | 0 373 | 0 388 | 0 402 | 0 416 | 0 431 | 0 445 | 0 459 | 0 474 | 0 488 | 0 502 |
| **1,40** | 0 303 | 0 379 | 0 393 | 0 408 | 0 422 | 0 437 | 0 451 | 0 466 | 0 480 | 0 495 | 0 510 |
| 42 | 0 307 | 0 384 | 0 399 | 0 414 | 0 428 | 0 443 | 0 458 | 0 473 | 0 487 | 0 502 | 0 517 |
| 44 | 0 312 | 0 389 | 0 405 | 0 419 | 0 435 | 0 449 | 0 464 | 0 479 | 0 494 | 0 509 | 0 524 |
| 46 | 0 316 | 0 395 | 0 410 | 0 425 | 0 440 | 0 456 | 0 471 | 0 486 | 0 501 | 0 516 | 0 531 |
| 48 | 0 320 | 0 400 | 0 416 | 0 431 | 0 446 | 0 462 | 0 477 | 0 493 | 0 508 | 0 523 | 0 539 |
| **1,50** | 0 324 | 0 406 | 0 421 | 0 437 | 0 452 | 0 468 | 0 484 | 0 499 | 0 515 | 0 530 | 0 546 |
| 52 | 0 329 | 0 411 | 0 427 | 0 443 | 0 458 | 0 474 | 0 490 | 0 506 | 0 522 | 0 537 | 0 553 |
| 54 | 0 333 | 0 416 | 0 432 | 0 448 | 0 464 | 0 480 | 0 496 | 0 513 | 0 529 | 0 545 | 0 561 |
| 56 | 0 337 | 0 422 | 0 438 | 0 454 | 0 470 | 0 487 | 0 503 | 0 519 | 0 535 | 0 552 | 0 568 |
| 58 | 0 342 | 0 427 | 0 444 | 0 460 | 0 477 | 0 493 | 0 509 | 0 526 | 0 542 | 0 559 | 0 575 |
| **1,60** | 0 346 | 0 433 | 0 449 | 0 466 | 0 483 | 0 499 | 0 516 | 0 532 | 0 549 | 0 566 | 0 582 |
| 62 | 0 350 | 0 438 | 0 455 | 0 472 | 0 489 | 0 505 | 0 522 | 0 539 | 0 556 | 0 573 | 0 590 |
| 64 | 0 355 | 0 443 | 0 461 | 0 478 | 0 495 | 0 512 | 0 529 | 0 546 | 0 563 | 0 580 | 0 597 |
| 66 | 0 359 | 0 449 | 0 466 | 0 483 | 0 501 | 0 518 | 0 535 | 0 552 | 0 570 | 0 587 | 0 604 |
| 68 | 0 363 | 0 454 | 0 472 | 0 489 | 0 507 | 0 524 | 0 542 | 0 559 | 0 577 | 0 594 | 0 612 |
| **1,70** | 0 368 | 0 460 | 0 477 | 0 495 | 0 513 | 0 530 | 0 548 | 0 566 | 0 583 | 0 601 | 0 619 |
| 72 | 0 372 | 0 465 | 0 483 | 0 501 | 0 519 | 0 537 | 0 555 | 0 572 | 0 590 | 0 608 | 0 626 |
| 74 | 0 376 | 0 470 | 0 489 | 0 507 | 0 525 | 0 543 | 0 561 | 0 579 | 0 597 | 0 615 | 0 633 |
| 76 | 0 381 | 0 476 | 0 494 | 0 513 | 0 531 | 0 549 | 0 567 | 0 586 | 0 604 | 0 622 | 0 641 |
| 78 | 0 385 | 0 481 | 0 500 | 0 518 | 0 537 | 0 555 | 0 574 | 0 592 | 0 611 | 0 629 | 0 648 |
| **1,80** | 0 389 | 0 487 | 0 505 | 0 524 | 0 543 | 0 562 | 0 580 | 0 599 | 0 618 | 0 636 | 0 655 |
| 82 | 0 394 | 0 492 | 0 511 | 0 530 | 0 549 | 0 568 | 0 587 | 0 606 | 0 625 | 0 644 | 0 662 |
| 84 | 0 398 | 0 498 | 0 517 | 0 536 | 0 555 | 0 574 | 0 593 | 0 612 | 0 631 | 0 651 | 0 670 |
| 86 | 0 402 | 0 503 | 0 522 | 0 542 | 0 561 | 0 580 | 0 600 | 0 619 | 0 638 | 0 658 | 0 677 |
| 88 | 0 407 | 0 508 | 0 528 | 0 547 | 0 567 | 0 587 | 0 606 | 0 626 | 0 645 | 0 665 | 0 684 |
| **1,90** | 0 411 | 0 514 | 0 534 | 0 553 | 0 573 | 0 593 | 0 613 | 0 632 | 0 652 | 0 672 | 0 692 |



Epaisseur : $0^{m}$ **52** centimètres

LARGEUR

| LONGUEUR | 0,72 | 0,74 | 0,76 | 0,78 | 0,80 | 0,82 | 0,84 | 0,86 | 0,88 | 0,90 |
|---|---|---|---|---|---|---|---|---|---|---|
| **0,72** | 0 270 | | | | | | | | | |
| 74 | 0 277 | 0 285 | | | | | | | | |
| 76 | 0 285 | 0 292 | 0 300 | | | | | | | |
| 78 | 0 292 | 0 300 | 0 308 | 0 316 | | | | | | |
| **0,80** | 0 300 | 0 308 | 0 316 | 0 324 | 0 333 | | | | | |
| 82 | 0 307 | 0 316 | 0 324 | 0 333 | 0 341 | 0 350 | | | | |
| 84 | 0 314 | 0 323 | 0 332 | 0 341 | 0 349 | 0 358 | 0 367 | | | |
| 86 | 0 322 | 0 331 | 0 340 | 0 349 | 0 358 | 0 367 | 0 376 | 0 385 | | |
| 88 | 0 329 | 0 339 | 0 348 | 0 357 | 0 366 | 0 375 | 0 384 | 0 394 | 0 403 | |
| **0,90** | 0 337 | 0 346 | 0 356 | 0 365 | 0 374 | 0 384 | 0 393 | 0 402 | 0 412 | 0 421 |
| 92 | 0 344 | 0 354 | 0 364 | 0 373 | 0 383 | 0 392 | 0 402 | 0 411 | 0 421 | 0 431 |
| 94 | 0 352 | 0 362 | 0 371 | 0 381 | 0 391 | 0 401 | 0 411 | 0 420 | 0 430 | 0 440 |
| 96 | 0 359 | 0 369 | 0 379 | 0 389 | 0 399 | 0 409 | 0 419 | 0 429 | 0 439 | 0 449 |
| 98 | 0 367 | 0 377 | 0 387 | 0 397 | 0 408 | 0 418 | 0 428 | 0 438 | 0 448 | 0 459 |
| **1,—** | 0 371 | 0 385 | 0 395 | 0 406 | 0 416 | 0 426 | 0 437 | 0 447 | 0 458 | 0 468 |
| 02 | 0 382 | 0 392 | 0 403 | 0 414 | 0 424 | 0 435 | 0 446 | 0 456 | 0 467 | 0 477 |
| 04 | 0 389 | 0 400 | 0 411 | 0 422 | 0 433 | 0 443 | 0 454 | 0 465 | 0 476 | 0 487 |
| 06 | 0 397 | 0 408 | 0 419 | 0 430 | 0 441 | 0 452 | 0 463 | 0 474 | 0 485 | 0 496 |
| 08 | 0 404 | 0 416 | 0 427 | 0 438 | 0 449 | 0 461 | 0 472 | 0 483 | 0 494 | 0 505 |
| **1,10** | 0 412 | 0 423 | 0 435 | 0 446 | 0 458 | 0 469 | 0 480 | 0 492 | 0 503 | 0 515 |
| 12 | 0 419 | 0 431 | 0 443 | 0 454 | 0 466 | 0 478 | 0 489 | 0 501 | 0 513 | 0 524 |
| 14 | 0 427 | 0 439 | 0 451 | 0 462 | 0 474 | 0 486 | 0 498 | 0 510 | 0 522 | 0 534 |
| 16 | 0 434 | 0 446 | 0 458 | 0 470 | 0 483 | 0 495 | 0 507 | 0 519 | 0 531 | 0 543 |
| 18 | 0 442 | 0 455 | 0 466 | 0 479 | 0 491 | 0 503 | 0 515 | 0 528 | 0 540 | 0 552 |
| **1,20** | 0 449 | 0 462 | 0 474 | 0 487 | 0 499 | 0 512 | 0 524 | 0 537 | 0 549 | 0 562 |
| 22 | 0 457 | 0 469 | 0 482 | 0 495 | 0 508 | 0 520 | 0 533 | 0 546 | 0 558 | 0 571 |
| 24 | 0 464 | 0 477 | 0 490 | 0 503 | 0 516 | 0 529 | 0 542 | 0 555 | 0 567 | 0 580 |
| 26 | 0 472 | 0 485 | 0 498 | 0 511 | 0 524 | 0 537 | 0 550 | 0 563 | 0 577 | 0 590 |
| 28 | 0 479 | 0 493 | 0 506 | 0 519 | 0 532 | 0 546 | 0 559 | 0 572 | 0 586 | 0 599 |
| **1,30** | 0 487 | 0 500 | 0 514 | 0 527 | 0 541 | 0 554 | 0 568 | 0 581 | 0 595 | 0 608 |
| 32 | 0 494 | 0 508 | 0 522 | 0 535 | 0 549 | 0 563 | 0 577 | 0 590 | 0 604 | 0 618 |
| 34 | 0 502 | 0 516 | 0 530 | 0 544 | 0 557 | 0 571 | 0 585 | 0 599 | 0 613 | 0 627 |
| 36 | 0 509 | 0 523 | 0 537 | 0 552 | 0 566 | 0 580 | 0 594 | 0 608 | 0 622 | 0 636 |
| 38 | 0 517 | 0 531 | 0 545 | 0 560 | 0 574 | 0 588 | 0 603 | 0 617 | 0 631 | 0 646 |
| **1,40** | 0 524 | 0 539 | 0 553 | 0 568 | 0 582 | 0 597 | 0 612 | 0 626 | 0 641 | 0 655 |
| 42 | 0 532 | 0 546 | 0 561 | 0 576 | 0 591 | 0 605 | 0 620 | 0 635 | 0 650 | 0 665 |
| 44 | 0 539 | 0 554 | 0 569 | 0 584 | 0 599 | 0 614 | 0 629 | 0 644 | 0 659 | 0 674 |
| 46 | 0 547 | 0 562 | 0 577 | 0 592 | 0 607 | 0 623 | 0 638 | 0 653 | 0 668 | 0 683 |
| 48 | 0 554 | 0 570 | 0 585 | 0 600 | 0 616 | 0 631 | 0 646 | 0 662 | 0 677 | 0 693 |
| **1,50** | 0 562 | 0 577 | 0 593 | 0 608 | 0 624 | 0 640 | 0 655 | 0 671 | 0 686 | 0 702 |
| 52 | 0 569 | 0 585 | 0 601 | 0 617 | 0 632 | 0 648 | 0 664 | 0 680 | 0 696 | 0 711 |
| 54 | 0 577 | 0 593 | 0 609 | 0 625 | 0 641 | 0 657 | 0 673 | 0 689 | 0 705 | 0 721 |
| 56 | 0 584 | 0 600 | 0 617 | 0 633 | 0 649 | 0 665 | 0 681 | 0 698 | 0 714 | 0 730 |
| 58 | 0 592 | 0 608 | 0 624 | 0 641 | 0 657 | 0 674 | 0 690 | 0 707 | 0 723 | 0 739 |
| **1,60** | 0 599 | 0 616 | 0 632 | 0 649 | 0 666 | 0 682 | 0 699 | 0 716 | 0 732 | 0 749 |
| 62 | 0 607 | 0 623 | 0 640 | 0 657 | 0 674 | 0 691 | 0 708 | 0 724 | 0 741 | 0 758 |
| 64 | 0 614 | 0 631 | 0 648 | 0 665 | 0 682 | 0 699 | 0 716 | 0 733 | 0 750 | 0 768 |
| 66 | 0 622 | 0 639 | 0 656 | 0 673 | 0 691 | 0 708 | 0 725 | 0 742 | 0 760 | 0 777 |
| 68 | 0 629 | 0 646 | 0 664 | 0 681 | 0 699 | 0 716 | 0 734 | 0 751 | 0 769 | 0 786 |
| **1,70** | 0 636 | 0 654 | 0 672 | 0 690 | 0 707 | 0 725 | 0 743 | 0 760 | 0 778 | 0 796 |
| 72 | 0 644 | 0 662 | 0 680 | 0 698 | 0 716 | 0 733 | 0 751 | 0 769 | 0 787 | 0 805 |
| 74 | 0 651 | 0 670 | 0 688 | 0 706 | 0 724 | 0 742 | 0 760 | 0 778 | 0 796 | 0 814 |
| 76 | 0 659 | 0 677 | 0 696 | 0 714 | 0 732 | 0 750 | 0 769 | 0 787 | 0 805 | 0 824 |
| 78 | 0 666 | 0 685 | 0 703 | 0 722 | 0 740 | 0 759 | 0 778 | 0 796 | 0 815 | 0 833 |
| **1,80** | 0 674 | 0 693 | 0 711 | 0 730 | 0 749 | 0 768 | 0 786 | 0 805 | 0 824 | 0 842 |
| 82 | 0 681 | 0 700 | 0 719 | 0 738 | 0 757 | 0 776 | 0 795 | 0 814 | 0 833 | 0 852 |
| 84 | 0 689 | 0 708 | 0 727 | 0 746 | 0 765 | 0 785 | 0 804 | 0 823 | 0 842 | 0 861 |
| 86 | 0 696 | 0 716 | 0 735 | 0 754 | 0 774 | 0 793 | 0 812 | 0 832 | 0 851 | 0 870 |
| 88 | 0 704 | 0 723 | 0 743 | 0 763 | 0 782 | 0 802 | 0 821 | 0 841 | 0 860 | 0 880 |
| **1,90** | 0 711 | 0 731 | 0 751 | 0 771 | 0 790 | 0 810 | 0 830 | 0 850 | 0 869 | 0 889 |

0,52

### 76

| LONGUEUR | 0,92 | 0,94 | 0,96 | 0,98 | 1,00 | 1,02 | 1,04 | 1,06 | 1,08 | 1,10 |
|---|---|---|---|---|---|---|---|---|---|---|
| 0,92 | 0 440 | | | | | | | | | |
| 94 | 0 450 | 0 459 | | | | | | | | |
| 96 | 0 459 | 0 469 | 0 479 | | | | | | | |
| 98 | 0 469 | 0 479 | 0 489 | 0 499 | | | | | | |
| 1,— | 0 478 | 0 489 | 0 499 | 0 510 | 0 520 | | | | | |
| 02 | 0 488 | 0 499 | 0 509 | 0 520 | 0 530 | 0 541 | | | | |
| 04 | 0 498 | 0 508 | 0 519 | 0 530 | 0 541 | 0 552 | 0 562 | | | |
| 06 | 0 507 | 0 518 | 0 529 | 0 540 | 0 551 | 0 562 | 0 573 | 0 584 | | |
| 08 | 0 517 | 0 528 | 0 539 | 0 550 | 0 562 | 0 573 | 0 584 | 0 595 | 0 607 | |
| 1,10 | 0 526 | 0 538 | 0 549 | 0 561 | 0 572 | 0 583 | 0 595 | 0 606 | 0 618 | 0 629 |
| 12 | 0 536 | 0 547 | 0 559 | 0 571 | 0 582 | 0 594 | 0 606 | 0 617 | 0 629 | 0 641 |
| 14 | 0 545 | 0 557 | 0 569 | 0 581 | 0 593 | 0 605 | 0 617 | 0 628 | 0 640 | 0 652 |
| 16 | 0 555 | 0 567 | 0 579 | 0 591 | 0 603 | 0 615 | 0 627 | 0 639 | 0 651 | 0 664 |
| 18 | 0 565 | 0 577 | 0 589 | 0 601 | 0 614 | 0 626 | 0 638 | 0 650 | 0 663 | 0 675 |
| 1,20 | 0 574 | 0 587 | 0 599 | 0 612 | 0 624 | 0 636 | 0 649 | 0 661 | 0 674 | 0 686 |
| 22 | 0 584 | 0 596 | 0 609 | 0 622 | 0 634 | 0 647 | 0 660 | 0 672 | 0 685 | 0 698 |
| 24 | 0 593 | 0 606 | 0 619 | 0 632 | 0 645 | 0 658 | 0 671 | 0 683 | 0 696 | 0 709 |
| 26 | 0 603 | 0 616 | 0 629 | 0 642 | 0 655 | 0 668 | 0 681 | 0 695 | 0 708 | 0 721 |
| 28 | 0 612 | 0 626 | 0 639 | 0 652 | 0 666 | 0 679 | 0 692 | 0 706 | 0 719 | 0 732 |
| 1,30 | 0 622 | 0 635 | 0 649 | 0 662 | 0 676 | 0 690 | 0 703 | 0 717 | 0 730 | 0 744 |
| 32 | 0 631 | 0 645 | 0 659 | 0 673 | 0 686 | 0 700 | 0 714 | 0 728 | 0 741 | 0 755 |
| 34 | 0 641 | 0 655 | 0 669 | 0 683 | 0 697 | 0 711 | 0 725 | 0 739 | 0 753 | 0 766 |
| 36 | 0 651 | 0 665 | 0 679 | 0 693 | 0 707 | 0 721 | 0 735 | 0 750 | 0 764 | 0 778 |
| 38 | 0 660 | 0 675 | 0 689 | 0 703 | 0 718 | 0 732 | 0 746 | 0 761 | 0 775 | 0 789 |
| 1,40 | 0 670 | 0 684 | 0 699 | 0 713 | 0 728 | 0 743 | 0 757 | 0 772 | 0 786 | 0 801 |
| 42 | 0 679 | 0 694 | 0 709 | 0 724 | 0 738 | 0 753 | 0 768 | 0 783 | 0 797 | 0 812 |
| 44 | 0 689 | 0 704 | 0 719 | 0 734 | 0 749 | 0 764 | 0 779 | 0 794 | 0 809 | 0 824 |
| 46 | 0 698 | 0 714 | 0 729 | 0 744 | 0 759 | 0 774 | 0 790 | 0 805 | 0 820 | 0 835 |
| 48 | 0 708 | 0 723 | 0 739 | 0 754 | 0 770 | 0 785 | 0 800 | 0 816 | 0 831 | 0 847 |
| 1,50 | 0 718 | 0 733 | 0 749 | 0 764 | 0 780 | 0 796 | 0 811 | 0 827 | 0 842 | 0 858 |
| 52 | 0 727 | 0 743 | 0 759 | 0 775 | 0 790 | 0 806 | 0 822 | 0 838 | 0 854 | 0 869 |
| 54 | 0 737 | 0 753 | 0 769 | 0 785 | 0 801 | 0 817 | 0 833 | 0 849 | 0 865 | 0 881 |
| 56 | 0 746 | 0 763 | 0 779 | 0 795 | 0 811 | 0 827 | 0 844 | 0 860 | 0 876 | 0 892 |
| 58 | 0 756 | 0 772 | 0 789 | 0 805 | 0 822 | 0 838 | 0 854 | 0 871 | 0 887 | 0 904 |
| 1,60 | 0 765 | 0 782 | 0 799 | 0 815 | 0 832 | 0 849 | 0 865 | 0 882 | 0 899 | 0 915 |
| 62 | 0 775 | 0 792 | 0 809 | 0 826 | 0 842 | 0 859 | 0 876 | 0 893 | 0 910 | 0 927 |
| 64 | 0 785 | 0 802 | 0 819 | 0 836 | 0 853 | 0 870 | 0 887 | 0 904 | 0 921 | 0 938 |
| 66 | 0 794 | 0 811 | 0 829 | 0 846 | 0 863 | 0 880 | 0 898 | 0 915 | 0 932 | 0 950 |
| 68 | 0 804 | 0 821 | 0 839 | 0 856 | 0 874 | 0 891 | 0 909 | 0 926 | 0 943 | 0 961 |
| 1,70 | 0 813 | 0 831 | 0 849 | 0 866 | 0 884 | 0 902 | 0 919 | 0 937 | 0 955 | 0 972 |
| 72 | 0 823 | 0 841 | 0 859 | 0 877 | 0 894 | 0 912 | 0 930 | 0 948 | 0 966 | 0 984 |
| 74 | 0 832 | 0 851 | 0 869 | 0 887 | 0 905 | 0 923 | 0 941 | 0 959 | 0 977 | 0 995 |
| 76 | 0 842 | 0 860 | 0 879 | 0 897 | 0 915 | 0 934 | 0 952 | 0 970 | 0 988 | 1 007 |
| 78 | 0 852 | 0 870 | 0 889 | 0 907 | 0 926 | 0 944 | 0 963 | 0 981 | 1 000 | 1 018 |
| 1,80 | 0 861 | 0 880 | 0 899 | 0 917 | 0 936 | 0 955 | 0 973 | 0 992 | 1 011 | 1 030 |
| 82 | 0 871 | 0 890 | 0 909 | 0 927 | 0 946 | 0 965 | 0 984 | 1 003 | 1 022 | 1 041 |
| 84 | 0 880 | 0 899 | 0 919 | 0 938 | 0 957 | 0 976 | 0 995 | 1 014 | 1 033 | 1 052 |
| 86 | 0 890 | 0 909 | 0 929 | 0 948 | 0 967 | 0 987 | 1 006 | 1 025 | 1 045 | 1 064 |
| 88 | 0 899 | 0 919 | 0 938 | 0 958 | 0 978 | 0 997 | 1 017 | 1 036 | 1 056 | 1 075 |
| 1,90 | 0 909 | 0 929 | 0 948 | 0 968 | 0 988 | 1 008 | 1 028 | 1 047 | 1 067 | 1 087 |
| 92 | 0 919 | 0 938 | 0 958 | 0 978 | 0 998 | 1 018 | 1 038 | 1 058 | 1 078 | 1 098 |
| 94 | 0 928 | 0 948 | 0 968 | 0 989 | 1 009 | 1 029 | 1 049 | 1 069 | 1 090 | 1 110 |
| 96 | 0 938 | 0 958 | 0 978 | 0 999 | 1 019 | 1 040 | 1 060 | 1 080 | 1 101 | 1 121 |
| 98 | 0 947 | 0 968 | 0 988 | 1 009 | 1 030 | 1 050 | 1 071 | 1 091 | 1 112 | 1 133 |
| 2,— | 0 957 | 0 978 | 0 998 | 1 019 | 1 040 | 1 061 | 1 082 | 1 102 | 1 122 | 1 144 |
| 02 | 0 966 | 0 987 | 1 008 | 1 029 | 1 050 | 1 071 | 1 092 | 1 113 | 1 134 | 1 155 |
| 04 | 0 976 | 0 997 | 1 018 | 1 040 | 1 061 | 1 082 | 1 103 | 1 124 | 1 146 | 1 167 |
| 06 | 0 986 | 1 007 | 1 028 | 1 050 | 1 071 | 1 093 | 1 114 | 1 135 | 1 157 | 1 178 |
| 08 | 0 995 | 1 017 | 1 038 | 1 060 | 1 082 | 1 103 | 1 125 | 1 146 | 1 168 | 1 190 |
| 2,10 | 1 005 | 1 026 | 1 048 | 1 070 | 1 092 | 1 114 | 1 136 | 1 158 | 1 179 | 1 201 |
| 12 | 1 014 | 1 036 | 1 058 | 1 080 | 1 102 | 1 124 | 1 146 | 1 169 | 1 191 | 1 213 |
| 14 | 1 024 | 1 046 | 1 068 | 1 091 | 1 113 | 1 135 | 1 157 | 1 180 | 1 202 | 1 224 |
| 16 | 1 033 | 1 056 | 1 078 | 1 101 | 1 123 | 1 146 | 1 168 | 1 191 | 1 213 | 1 236 |
| 18 | 1 043 | 1 066 | 1 088 | 1 111 | 1 134 | 1 156 | 1 179 | 1 202 | 1 224 | 1 247 |
| 2,20 | 1 052 | 1 075 | 1 098 | 1 121 | 1 144 | 1 167 | 1 190 | 1 213 | 1 236 | 1 258 |
| 22 | 1 062 | 1 085 | 1 108 | 1 131 | 1 154 | 1 177 | 1 201 | 1 224 | 1 247 | 1 270 |
| 24 | 1 072 | 1 095 | 1 118 | 1 142 | 1 165 | 1 188 | 1 211 | 1 235 | 1 258 | 1 281 |
| 26 | 1 081 | 1 105 | 1 128 | 1 152 | 1 175 | 1 199 | 1 222 | 1 246 | 1 269 | 1 293 |
| 28 | 1 091 | 1 114 | 1 138 | 1 162 | 1 186 | 1 209 | 1 233 | 1 257 | 1 280 | 1 304 |
| 2,30 | 1 100 | 1 124 | 1 148 | 1 172 | 1 196 | 1 220 | 1 244 | 1 268 | 1 292 | 1 316 |

### 77

| LONGUEUR | 1,12 | 1,14 | 1,16 | 1,18 | 1,20 | 1,22 | 1,24 | 1,26 | 1,28 | 1,30 |
|---|---|---|---|---|---|---|---|---|---|---|
| 1,12 | 0 652 | | | | | | | | | |
| 14 | 0 664 | 0 676 | | | | | | | | |
| 16 | 0 676 | 0 688 | 0 700 | | | | | | | |
| 18 | 0 687 | 0 700 | 0 712 | 0 724 | | | | | | |
| 1,20 | 0 699 | 0 711 | 0 724 | 0 736 | 0 749 | | | | | |
| 22 | 0 711 | 0 723 | 0 736 | 0 749 | 0 761 | 0 774 | | | | |
| 24 | 0 722 | 0 735 | 0 748 | 0 761 | 0 774 | 0 787 | 0 800 | | | |
| 26 | 0 733 | 0 747 | 0 760 | 0 773 | 0 786 | 0 799 | 0 812 | 0 826 | | |
| 28 | 0 745 | 0 759 | 0 772 | 0 785 | 0 799 | 0 812 | 0 825 | 0 839 | 0 852 | |
| 1,30 | 0 757 | 0 771 | 0 784 | 0 798 | 0 811 | 0 825 | 0 838 | 0 852 | 0 865 | 0 879 |
| 32 | 0 769 | 0 782 | 0 796 | 0 810 | 0 824 | 0 837 | 0 851 | 0 865 | 0 879 | 0 892 |
| 34 | 0 780 | 0 794 | 0 808 | 0 822 | 0 836 | 0 850 | 0 864 | 0 878 | 0 892 | 0 906 |
| 36 | 0 792 | 0 806 | 0 820 | 0 834 | 0 849 | 0 863 | 0 877 | 0 891 | 0 905 | 0 919 |
| 38 | 0 804 | 0 818 | 0 832 | 0 847 | 0 861 | 0 875 | 0 890 | 0 904 | 0 919 | 0 933 |
| 1,40 | 0 815 | 0 830 | 0 844 | 0 859 | 0 873 | 0 888 | 0 903 | 0 917 | 0 932 | 0 946 |
| 42 | 0 827 | 0 842 | 0 857 | 0 871 | 0 886 | 0 901 | 0 916 | 0 930 | 0 945 | 0 960 |
| 44 | 0 839 | 0 854 | 0 869 | 0 884 | 0 899 | 0 914 | 0 929 | 0 943 | 0 958 | 0 973 |
| 46 | 0 850 | 0 865 | 0 881 | 0 896 | 0 911 | 0 926 | 0 941 | 0 957 | 0 972 | 0 987 |
| 48 | 0 862 | 0 877 | 0 893 | 0 908 | 0 924 | 0 939 | 0 954 | 0 970 | 0 985 | 1 000 |
| 1,50 | 0 874 | 0 889 | 0 905 | 0 920 | 0 936 | 0 952 | 0 967 | 0 983 | 0 998 | 1 014 |
| 52 | 0 885 | 0 901 | 0 917 | 0 933 | 0 948 | 0 964 | 0 980 | 0 996 | 1 012 | 1 028 |
| 54 | 0 897 | 0 913 | 0 929 | 0 945 | 0 961 | 0 977 | 0 993 | 1 009 | 1 025 | 1 041 |
| 56 | 0 909 | 0 925 | 0 941 | 0 957 | 0 973 | 0 990 | 1 006 | 1 022 | 1 038 | 1 055 |
| 58 | 0 920 | 0 937 | 0 953 | 0 969 | 0 986 | 1 002 | 1 019 | 1 035 | 1 052 | 1 068 |
| 1,60 | 0 932 | 0 948 | 0 965 | 0 982 | 0 998 | 1 015 | 1 032 | 1 048 | 1 065 | 1 082 |
| 62 | 0 943 | 0 960 | 0 977 | 0 994 | 1 011 | 1 028 | 1 045 | 1 061 | 1 078 | 1 095 |
| 64 | 0 955 | 0 972 | 0 989 | 1 006 | 1 023 | 1 040 | 1 057 | 1 075 | 1 092 | 1 109 |
| 66 | 0 967 | 0 984 | 1 001 | 1 019 | 1 036 | 1 053 | 1 070 | 1 088 | 1 105 | 1 122 |
| 68 | 0 978 | 0 996 | 1 013 | 1 031 | 1 048 | 1 066 | 1 083 | 1 101 | 1 118 | 1 136 |
| 1,70 | 0 990 | 1 008 | 1 025 | 1 043 | 1 061 | 1 078 | 1 096 | 1 114 | 1 132 | 1 149 |
| 72 | 1 002 | 1 020 | 1 038 | 1 055 | 1 073 | 1 091 | 1 109 | 1 127 | 1 145 | 1 163 |
| 74 | 1 013 | 1 031 | 1 050 | 1 068 | 1 086 | 1 104 | 1 122 | 1 140 | 1 158 | 1 176 |
| 76 | 1 025 | 1 043 | 1 062 | 1 080 | 1 098 | 1 117 | 1 135 | 1 153 | 1 171 | 1 190 |
| 78 | 1 037 | 1 055 | 1 074 | 1 092 | 1 111 | 1 129 | 1 148 | 1 166 | 1 185 | 1 203 |
| 1,80 | 1 048 | 1 067 | 1 086 | 1 104 | 1 123 | 1 142 | 1 161 | 1 179 | 1 198 | 1 217 |
| 82 | 1 060 | 1 079 | 1 098 | 1 117 | 1 136 | 1 155 | 1 174 | 1 192 | 1 211 | 1 230 |
| 84 | 1 072 | 1 091 | 1 110 | 1 129 | 1 148 | 1 167 | 1 186 | 1 206 | 1 225 | 1 244 |
| 86 | 1 083 | 1 103 | 1 122 | 1 141 | 1 161 | 1 180 | 1 199 | 1 219 | 1 238 | 1 257 |
| 88 | 1 095 | 1 114 | 1 134 | 1 153 | 1 173 | 1 193 | 1 212 | 1 232 | 1 251 | 1 271 |
| 1,90 | 1 107 | 1 126 | 1 146 | 1 166 | 1 186 | 1 205 | 1 225 | 1 245 | 1 265 | 1 284 |
| 92 | 1 118 | 1 138 | 1 158 | 1 178 | 1 198 | 1 218 | 1 238 | 1 258 | 1 278 | 1 298 |
| 94 | 1 130 | 1 150 | 1 170 | 1 190 | 1 211 | 1 231 | 1 251 | 1 271 | 1 291 | 1 311 |
| 96 | 1 142 | 1 162 | 1 182 | 1 203 | 1 223 | 1 243 | 1 264 | 1 284 | 1 305 | 1 325 |
| 98 | 1 153 | 1 174 | 1 194 | 1 215 | 1 236 | 1 256 | 1 277 | 1 297 | 1 318 | 1 338 |
| 2,— | 1 165 | 1 186 | 1 206 | 1 227 | 1 248 | 1 269 | 1 290 | 1 310 | 1 331 | 1 352 |
| 02 | 1 176 | 1 197 | 1 218 | 1 240 | 1 260 | 1 281 | 1 302 | 1 324 | 1 345 | 1 366 |
| 04 | 1 188 | 1 209 | 1 231 | 1 252 | 1 273 | 1 294 | 1 315 | 1 337 | 1 358 | 1 379 |
| 06 | 1 200 | 1 221 | 1 243 | 1 264 | 1 285 | 1 307 | 1 328 | 1 350 | 1 371 | 1 393 |
| 08 | 1 211 | 1 233 | 1 255 | 1 276 | 1 298 | 1 320 | 1 341 | 1 363 | 1 385 | 1 406 |
| 2,10 | 1 223 | 1 245 | 1 267 | 1 289 | 1 310 | 1 332 | 1 354 | 1 376 | 1 398 | 1 420 |
| 12 | 1 235 | 1 257 | 1 279 | 1 301 | 1 323 | 1 345 | 1 367 | 1 389 | 1 411 | 1 433 |
| 14 | 1 246 | 1 269 | 1 291 | 1 313 | 1 335 | 1 358 | 1 380 | 1 402 | 1 424 | 1 447 |
| 16 | 1 258 | 1 280 | 1 303 | 1 325 | 1 348 | 1 370 | 1 393 | 1 415 | 1 438 | 1 460 |
| 18 | 1 270 | 1 292 | 1 315 | 1 338 | 1 361 | 1 383 | 1 406 | 1 428 | 1 451 | 1 474 |
| 2,20 | 1 281 | 1 304 | 1 327 | 1 350 | 1 373 | 1 396 | 1 419 | 1 441 | 1 464 | 1 487 |
| 22 | 1 293 | 1 316 | 1 339 | 1 362 | 1 385 | 1 408 | 1 431 | 1 455 | 1 478 | 1 501 |
| 24 | 1 305 | 1 328 | 1 351 | 1 374 | 1 398 | 1 421 | 1 444 | 1 468 | 1 491 | 1 514 |
| 26 | 1 316 | 1 340 | 1 363 | 1 387 | 1 410 | 1 434 | 1 457 | 1 481 | 1 504 | 1 528 |
| 28 | 1 328 | 1 352 | 1 375 | 1 399 | 1 423 | 1 446 | 1 470 | 1 494 | 1 518 | 1 541 |
| 2,30 | 1 340 | 1 363 | 1 387 | 1 411 | 1 435 | 1 459 | 1 483 | 1 507 | 1 531 | 1 555 |

| Long. | Futailles | \\ | | | | LARGEUR | | | | | |
|---|---|---|---|---|---|---|---|---|---|---|---|
| | | 0,54 | 0,56 | 0,58 | 0,60 | 0,62 | 0,64 | 0,66 | 0,68 | 0,70 | 0,72 |
| **0,54** | 0 126 | 0 157 | | | | | | | | | |
| 56 | 0 131 | 0 163 | 0 169 | | | | | | | | |
| 58 | 0 135 | 0 169 | 0 175 | 0 182 | | | | | | | |
| **0,60** | 0 140 | 0 175 | 0 181 | 0 188 | 0 194 | | | | | | |
| 62 | 0 145 | 0 181 | 0 187 | 0 194 | 0 201 | 0 208 | | | | | |
| 64 | 0 149 | 0 187 | 0 194 | 0 200 | 0 207 | 0 214 | 0 221 | | | | |
| 66 | 0 154 | 0 192 | 0 200 | 0 207 | 0 214 | 0 221 | 0 228 | 0 235 | | | |
| 68 | 0 159 | 0 198 | 0 206 | 0 213 | 0 220 | 0 228 | 0 235 | 0 242 | 0 250 | | |
| **0,70** | 0 163 | 0 204 | 0 212 | 0 219 | 0 227 | 0 234 | 0 242 | 0 249 | 0 257 | 0 265 | |
| 72 | 0 168 | 0 210 | 0 218 | 0 226 | 0 233 | 0 241 | 0 249 | 0 257 | 0 264 | 0 272 | 0 280 |
| 74 | 0 173 | 0 216 | 0 224 | 0 232 | 0 240 | 0 248 | 0 256 | 0 264 | 0 272 | 0 280 | 0 288 |
| 76 | 0 177 | 0 222 | 0 230 | 0 238 | 0 246 | 0 254 | 0 263 | 0 271 | 0 279 | 0 287 | 0 295 |
| 78 | 0 182 | 0 227 | 0 236 | 0 244 | 0 253 | 0 261 | 0 270 | 0 278 | 0 286 | 0 295 | 0 303 |
| **0,80** | 0 187 | 0 233 | 0 242 | 0 251 | 0 259 | 0 268 | 0 276 | 0 285 | 0 294 | 0 302 | 0 311 |
| 82 | 0 191 | 0 239 | 0 248 | 0 257 | 0 266 | 0 275 | 0 283 | 0 292 | 0 301 | 0 310 | 0 319 |
| 84 | 0 196 | 0 245 | 0 254 | 0 263 | 0 272 | 0 281 | 0 290 | 0 299 | 0 308 | 0 318 | 0 327 |
| 86 | 0 201 | 0 251 | 0 260 | 0 269 | 0 279 | 0 288 | 0 297 | 0 307 | 0 316 | 0 325 | 0 334 |
| 88 | 0 205 | 0 257 | 0 266 | 0 276 | 0 285 | 0 295 | 0 304 | 0 314 | 0 323 | 0 333 | 0 342 |
| **0,90** | 0 210 | 0 262 | 0 272 | 0 282 | 0 292 | 0 301 | 0 311 | 0 321 | 0 330 | 0 340 | 0 350 |
| 92 | 0 215 | 0 268 | 0 278 | 0 288 | 0 298 | 0 308 | 0 318 | 0 328 | 0 338 | 0 348 | 0 358 |
| 94 | 0 219 | 0 274 | 0 284 | 0 294 | 0 305 | 0 315 | 0 325 | 0 335 | 0 345 | 0 355 | 0 365 |
| 96 | 0 224 | 0 280 | 0 290 | 0 301 | 0 311 | 0 321 | 0 332 | 0 342 | 0 353 | 0 363 | 0 373 |
| 98 | 0 229 | 0 286 | 0 296 | 0 307 | 0 318 | 0 328 | 0 339 | 0 349 | 0 360 | 0 370 | 0 381 |
| **1,—** | 0 233 | 0 292 | 0 302 | 0 313 | 0 324 | 0 335 | 0 346 | 0 356 | 0 367 | 0 378 | 0 389 |
| 02 | 0 238 | 0 297 | 0 308 | 0 319 | 0 330 | 0 341 | 0 353 | 0 364 | 0 375 | 0 386 | 0 397 |
| 04 | 0 243 | 0 303 | 0 314 | 0 326 | 0 337 | 0 348 | 0 359 | 0 371 | 0 382 | 0 393 | 0 404 |
| 06 | 0 247 | 0 309 | 0 321 | 0 332 | 0 343 | 0 355 | 0 366 | 0 378 | 0 389 | 0 401 | 0 412 |
| 08 | 0 252 | 0 315 | 0 327 | 0 338 | 0 350 | 0 362 | 0 373 | 0 385 | 0 397 | 0 408 | 0 420 |
| **1,10** | 0 257 | 0 321 | 0 333 | 0 345 | 0 356 | 0 368 | 0 380 | 0 392 | 0 404 | 0 416 | 0 428 |
| 12 | 0 261 | 0 327 | 0 339 | 0 351 | 0 363 | 0 375 | 0 387 | 0 399 | 0 411 | 0 423 | 0 435 |
| 14 | 0 266 | 0 332 | 0 345 | 0 357 | 0 369 | 0 382 | 0 394 | 0 406 | 0 419 | 0 431 | 0 443 |
| 16 | 0 271 | 0 338 | 0 351 | 0 363 | 0 376 | 0 388 | 0 401 | 0 413 | 0 426 | 0 438 | 0 451 |
| 18 | 0 275 | 0 344 | 0 357 | 0 370 | 0 382 | 0 395 | 0 408 | 0 421 | 0 433 | 0 446 | 0 459 |
| **1,20** | 0 280 | 0 350 | 0 363 | 0 376 | 0 389 | 0 402 | 0 415 | 0 428 | 0 441 | 0 454 | 0 467 |
| 22 | 0 285 | 0 356 | 0 369 | 0 382 | 0 395 | 0 408 | 0 422 | 0 435 | 0 448 | 0 461 | 0 474 |
| 24 | 0 289 | 0 362 | 0 375 | 0 388 | 0 402 | 0 415 | 0 429 | 0 442 | 0 455 | 0 469 | 0 482 |
| 26 | 0 294 | 0 367 | 0 381 | 0 395 | 0 408 | 0 422 | 0 435 | 0 449 | 0 463 | 0 476 | 0 490 |
| 28 | 0 299 | 0 373 | 0 387 | 0 401 | 0 415 | 0 429 | 0 442 | 0 456 | 0 470 | 0 484 | 0 498 |
| **1,30** | 0 303 | 0 379 | 0 393 | 0 407 | 0 421 | 0 435 | 0 449 | 0 463 | 0 477 | 0 491 | 0 505 |
| 32 | 0 308 | 0 385 | 0 399 | 0 413 | 0 428 | 0 442 | 0 456 | 0 470 | 0 485 | 0 499 | 0 513 |
| 34 | 0 313 | 0 391 | 0 405 | 0 420 | 0 434 | 0 449 | 0 463 | 0 478 | 0 492 | 0 507 | 0 521 |
| 36 | 0 317 | 0 397 | 0 411 | 0 426 | 0 441 | 0 455 | 0 470 | 0 485 | 0 499 | 0 514 | 0 529 |
| 38 | 0 322 | 0 402 | 0 417 | 0 432 | 0 447 | 0 462 | 0 477 | 0 492 | 0 507 | 0 522 | 0 537 |
| **1,40** | 0 327 | 0 408 | 0 423 | 0 438 | 0 454 | 0 469 | 0 484 | 0 499 | 0 514 | 0 529 | 0 544 |
| 42 | 0 331 | 0 414 | 0 429 | 0 445 | 0 460 | 0 475 | 0 491 | 0 506 | 0 521 | 0 537 | 0 552 |
| 44 | 0 336 | 0 420 | 0 435 | 0 451 | 0 467 | 0 482 | 0 498 | 0 513 | 0 529 | 0 544 | 0 560 |
| 46 | 0 341 | 0 426 | 0 442 | 0 457 | 0 473 | 0 489 | 0 505 | 0 520 | 0 536 | 0 552 | 0 568 |
| 48 | 0 345 | 0 432 | 0 448 | 0 464 | 0 480 | 0 496 | 0 511 | 0 527 | 0 543 | 0 559 | 0 575 |
| **1,50** | 0 350 | 0 437 | 0 454 | 0 470 | 0 486 | 0 502 | 0 518 | 0 535 | 0 551 | 0 567 | 0 583 |
| 52 | 0 355 | 0 443 | 0 460 | 0 476 | 0 492 | 0 509 | 0 525 | 0 542 | 0 558 | 0 575 | 0 591 |
| 54 | 0 359 | 0 449 | 0 466 | 0 482 | 0 499 | 0 516 | 0 532 | 0 549 | 0 565 | 0 582 | 0 599 |
| 56 | 0 364 | 0 455 | 0 472 | 0 489 | 0 505 | 0 522 | 0 539 | 0 556 | 0 573 | 0 590 | 0 607 |
| 58 | 0 369 | 0 461 | 0 478 | 0 495 | 0 512 | 0 529 | 0 546 | 0 563 | 0 580 | 0 597 | 0 614 |
| **1,60** | 0 373 | 0 467 | 0 484 | 0 501 | 0 518 | 0 536 | 0 553 | 0 570 | 0 588 | 0 605 | 0 622 |
| 62 | 0 378 | 0 472 | 0 490 | 0 507 | 0 525 | 0 542 | 0 560 | 0 577 | 0 595 | 0 612 | 0 630 |
| 64 | 0 383 | 0 478 | 0 496 | 0 514 | 0 531 | 0 549 | 0 567 | 0 585 | 0 602 | 0 620 | 0 638 |
| 66 | 0 387 | 0 484 | 0 502 | 0 520 | 0 538 | 0 556 | 0 574 | 0 592 | 0 610 | 0 627 | 0 645 |
| 68 | 0 392 | 0 490 | 0 508 | 0 526 | 0 544 | 0 562 | 0 581 | 0 599 | 0 617 | 0 635 | 0 653 |
| **1,70** | 0 397 | 0 496 | 0 514 | 0 532 | 0 551 | 0 569 | 0 588 | 0 606 | 0 624 | 0 643 | 0 661 |
| 72 | 0 401 | 0 502 | 0 520 | 0 539 | 0 557 | 0 576 | 0 594 | 0 613 | 0 632 | 0 650 | 0 669 |
| 74 | 0 406 | 0 507 | 0 526 | 0 545 | 0 564 | 0 583 | 0 601 | 0 620 | 0 639 | 0 658 | 0 677 |
| 76 | 0 411 | 0 513 | 0 532 | 0 551 | 0 570 | 0 589 | 0 608 | 0 627 | 0 646 | 0 665 | 0 684 |
| 78 | 0 415 | 0 519 | 0 538 | 0 557 | 0 577 | 0 596 | 0 615 | 0 634 | 0 654 | 0 673 | 0 692 |
| **1,80** | 0 420 | 0 525 | 0 544 | 0 564 | 0 583 | 0 603 | 0 622 | 0 642 | 0 661 | 0 680 | 0 700 |
| 82 | 0 425 | 0 531 | 0 550 | 0 570 | 0 590 | 0 609 | 0 629 | 0 649 | 0 668 | 0 688 | 0 708 |
| 84 | 0 429 | 0 537 | 0 556 | 0 576 | 0 596 | 0 616 | 0 636 | 0 656 | 0 676 | 0 696 | 0 715 |
| 86 | 0 434 | 0 542 | 0 562 | 0 583 | 0 603 | 0 623 | 0 643 | 0 663 | 0 683 | 0 703 | 0 723 |
| 88 | 0 439 | 0 548 | 0 569 | 0 589 | 0 609 | 0 629 | 0 650 | 0 670 | 0 690 | 0 711 | 0 731 |
| **1,90** | 0 443 | 0 554 | 0 575 | 0 595 | 0 616 | 0 636 | 0 657 | 0 677 | 0 698 | 0 718 | 0 739 |
| 92 | 0 448 | 0 560 | 0 581 | 0 601 | 0 622 | 0 643 | 0 664 | 0 684 | 0 705 | 0 726 | 0 746 |





| Longueur | \\ | | | | LARGEUR | | | | | |
|---|---|---|---|---|---|---|---|---|---|---|
| | 0,74 | 0,76 | 0,78 | 0,80 | 0,82 | 0,84 | 0,86 | 0,88 | 0,90 | 0,92 |
| **0,74** | 0 296 | | | | | | | | | |
| 76 | 0 304 | 0 312 | | | | | | | | |
| 78 | 0 312 | 0 320 | 0 329 | | | | | | | |
| **0,80** | 0 320 | 0 328 | 0 337 | 0 346 | | | | | | |
| 82 | 0 328 | 0 337 | 0 345 | 0 354 | 0 363 | | | | | |
| 84 | 0 336 | 0 345 | 0 354 | 0 363 | 0 372 | 0 381 | | | | |
| 86 | 0 344 | 0 353 | 0 362 | 0 372 | 0 381 | 0 390 | 0 399 | | | |
| 88 | 0 352 | 0 361 | 0 371 | 0 380 | 0 390 | 0 399 | 0 409 | 0 418 | | |
| **0,90** | 0 360 | 0 369 | 0 379 | 0 389 | 0 399 | 0 408 | 0 418 | 0 428 | 0 437 | |
| 92 | 0 368 | 0 378 | 0 388 | 0 397 | 0 407 | 0 417 | 0 427 | 0 437 | 0 447 | 0 457 |
| 94 | 0 376 | 0 386 | 0 396 | 0 406 | 0 416 | 0 426 | 0 437 | 0 447 | 0 457 | 0 467 |
| 96 | 0 384 | 0 394 | 0 404 | 0 415 | 0 425 | 0 435 | 0 446 | 0 456 | 0 467 | 0 477 |
| 98 | 0 392 | 0 402 | 0 413 | 0 423 | 0 434 | 0 445 | 0 455 | 0 466 | 0 476 | 0 487 |
| **1,—** | 0 400 | 0 410 | 0 421 | 0 432 | 0 443 | 0 454 | 0 464 | 0 475 | 0 486 | 0 497 |
| 02 | 0 408 | 0 419 | 0 430 | 0 441 | 0 452 | 0 463 | 0 474 | 0 485 | 0 496 | 0 507 |
| 04 | 0 416 | 0 427 | 0 438 | 0 449 | 0 461 | 0 472 | 0 483 | 0 494 | 0 505 | 0 517 |
| 06 | 0 424 | 0 435 | 0 446 | 0 458 | 0 469 | 0 481 | 0 492 | 0 504 | 0 515 | 0 527 |
| 08 | 0 432 | 0 443 | 0 455 | 0 467 | 0 478 | 0 490 | 0 502 | 0 513 | 0 525 | 0 537 |
| **1,10** | 0 440 | 0 451 | 0 463 | 0 475 | 0 487 | 0 499 | 0 511 | 0 523 | 0 535 | 0 546 |
| 12 | 0 448 | 0 460 | 0 472 | 0 484 | 0 496 | 0 508 | 0 520 | 0 532 | 0 544 | 0 556 |
| 14 | 0 456 | 0 468 | 0 480 | 0 492 | 0 505 | 0 517 | 0 529 | 0 542 | 0 554 | 0 566 |
| 16 | 0 464 | 0 476 | 0 489 | 0 501 | 0 514 | 0 526 | 0 539 | 0 551 | 0 564 | 0 576 |
| 18 | 0 472 | 0 484 | 0 497 | 0 510 | 0 523 | 0 535 | 0 548 | 0 561 | 0 573 | 0 586 |
| **1,20** | 0 480 | 0 492 | 0 505 | 0 518 | 0 531 | 0 544 | 0 557 | 0 570 | 0 583 | 0 596 |
| 22 | 0 488 | 0 501 | 0 514 | 0 527 | 0 540 | 0 553 | 0 567 | 0 580 | 0 593 | 0 606 |
| 24 | 0 496 | 0 509 | 0 522 | 0 536 | 0 549 | 0 562 | 0 576 | 0 589 | 0 603 | 0 616 |
| 26 | 0 503 | 0 517 | 0 531 | 0 544 | 0 558 | 0 572 | 0 585 | 0 599 | 0 612 | 0 626 |
| 28 | 0 511 | 0 525 | 0 539 | 0 553 | 0 567 | 0 581 | 0 594 | 0 608 | 0 622 | 0 636 |
| **1,30** | 0 519 | 0 534 | 0 548 | 0 562 | 0 576 | 0 590 | 0 604 | 0 618 | 0 632 | 0 646 |
| 32 | 0 527 | 0 542 | 0 556 | 0 570 | 0 584 | 0 599 | 0 613 | 0 627 | 0 642 | 0 656 |
| 34 | 0 535 | 0 550 | 0 564 | 0 579 | 0 593 | 0 608 | 0 622 | 0 637 | 0 651 | 0 666 |
| 36 | 0 543 | 0 558 | 0 573 | 0 588 | 0 602 | 0 617 | 0 632 | 0 646 | 0 661 | 0 676 |
| 38 | 0 551 | 0 566 | 0 581 | 0 596 | 0 611 | 0 626 | 0 641 | 0 656 | 0 671 | 0 686 |
| **1,40** | 0 559 | 0 575 | 0 590 | 0 605 | 0 620 | 0 635 | 0 650 | 0 665 | 0 680 | 0 696 |
| 42 | 0 567 | 0 583 | 0 598 | 0 613 | 0 629 | 0 644 | 0 659 | 0 675 | 0 690 | 0 705 |
| 44 | 0 575 | 0 591 | 0 607 | 0 622 | 0 638 | 0 653 | 0 669 | 0 684 | 0 700 | 0 715 |
| 46 | 0 583 | 0 599 | 0 615 | 0 631 | 0 646 | 0 662 | 0 678 | 0 694 | 0 710 | 0 725 |
| 48 | 0 591 | 0 607 | 0 623 | 0 639 | 0 655 | 0 671 | 0 687 | 0 703 | 0 719 | 0 735 |
| **1,50** | 0 599 | 0 616 | 0 632 | 0 648 | 0 664 | 0 680 | 0 697 | 0 713 | 0 729 | 0 745 |
| 52 | 0 607 | 0 624 | 0 640 | 0 657 | 0 673 | 0 689 | 0 706 | 0 722 | 0 739 | 0 755 |
| 54 | 0 615 | 0 632 | 0 649 | 0 665 | 0 682 | 0 699 | 0 715 | 0 732 | 0 748 | 0 765 |
| 56 | 0 623 | 0 640 | 0 657 | 0 674 | 0 691 | 0 708 | 0 724 | 0 741 | 0 758 | 0 775 |
| 58 | 0 631 | 0 648 | 0 665 | 0 683 | 0 700 | 0 717 | 0 734 | 0 751 | 0 768 | 0 785 |
| **1,60** | 0 639 | 0 657 | 0 674 | 0 691 | 0 708 | 0 726 | 0 743 | 0 760 | 0 778 | 0 795 |
| 62 | 0 647 | 0 665 | 0 682 | 0 700 | 0 717 | 0 735 | 0 752 | 0 770 | 0 787 | 0 805 |
| 64 | 0 655 | 0 673 | 0 691 | 0 708 | 0 726 | 0 744 | 0 762 | 0 779 | 0 797 | 0 815 |
| 66 | 0 663 | 0 681 | 0 699 | 0 717 | 0 735 | 0 753 | 0 771 | 0 789 | 0 807 | 0 825 |
| 68 | 0 671 | 0 689 | 0 708 | 0 726 | 0 744 | 0 762 | 0 780 | 0 798 | 0 816 | 0 835 |
| **1,70** | 0 679 | 0 698 | 0 716 | 0 734 | 0 753 | 0 771 | 0 789 | 0 808 | 0 826 | 0 845 |
| 72 | 0 687 | 0 706 | 0 724 | 0 743 | 0 762 | 0 780 | 0 799 | 0 817 | 0 836 | 0 854 |
| 74 | 0 695 | 0 714 | 0 733 | 0 752 | 0 770 | 0 789 | 0 808 | 0 827 | 0 846 | 0 864 |
| 76 | 0 703 | 0 722 | 0 741 | 0 760 | 0 779 | 0 798 | 0 817 | 0 836 | 0 855 | 0 874 |
| 78 | 0 711 | 0 731 | 0 750 | 0 769 | 0 788 | 0 807 | 0 827 | 0 846 | 0 865 | 0 884 |
| **1,80** | 0 719 | 0 739 | 0 758 | 0 778 | 0 797 | 0 816 | 0 836 | 0 855 | 0 875 | 0 894 |
| 82 | 0 727 | 0 747 | 0 767 | 0 786 | 0 806 | 0 826 | 0 845 | 0 865 | 0 885 | 0 904 |
| 84 | 0 735 | 0 755 | 0 775 | 0 795 | 0 815 | 0 835 | 0 854 | 0 874 | 0 894 | 0 914 |
| 86 | 0 743 | 0 763 | 0 783 | 0 804 | 0 824 | 0 844 | 0 864 | 0 884 | 0 904 | 0 924 |
| 88 | 0 751 | 0 772 | 0 792 | 0 812 | 0 832 | 0 853 | 0 873 | 0 893 | 0 914 | 0 934 |
| **1,90** | 0 759 | 0 780 | 0 800 | 0 821 | 0 841 | 0 862 | 0 882 | 0 903 | 0 923 | 0 944 |
| 92 | 0 767 | 0 788 | 0 809 | 0 829 | 0 850 | 0 871 | 0 892 | 0 912 | 0 933 | 0 954 |

Epaisseur : **50**m **4** centimètres          Epaisseur : **0**m **54** centimètres          **0,54**

## Epaisseur : 50m 4 centimètres — 80

| LONGUEUR | 0,94 | 0,96 | 0,98 | 1,00 | 1,02 | 1,04 | 1,06 | 1,08 | 1,10 | 1,12 |
|---|---|---|---|---|---|---|---|---|---|---|
| 0,94 | 0 477 | | | | | | | | | |
| 96 | 0 487 | 0 498 | | | | | | | | |
| 98 | 0 497 | 0 508 | 0 519 | | | | | | | |
| 1,— | 0 508 | 0 518 | 0 529 | 0 540 | | | | | | |
| 02 | 0 518 | 0 529 | 0 540 | 0 551 | 0 562 | | | | | |
| 04 | 0 528 | 0 539 | 0 550 | 0 562 | 0 573 | 0 584 | | | | |
| 06 | 0 538 | 0 550 | 0 561 | 0 572 | 0 584 | 0 595 | 0 607 | | | |
| 08 | 0 548 | 0 560 | 0 572 | 0 583 | 0 595 | 0 606 | 0 618 | 0 630 | | |
| 1,10 | 0 558 | 0 570 | 0 582 | 0 594 | 0 606 | 0 618 | 0 630 | 0 642 | 0 653 | |
| 12 | 0 569 | 0 581 | 0 593 | 0 605 | 0 617 | 0 629 | 0 641 | 0 653 | 0 665 | 0 677 |
| 14 | 0 579 | 0 591 | 0 603 | 0 616 | 0 628 | 0 640 | 0 653 | 0 665 | 0 677 | 0 689 |
| 16 | 0 589 | 0 601 | 0 614 | 0 626 | 0 639 | 0 651 | 0 664 | 0 677 | 0 689 | 0 702 |
| 18 | 0 599 | 0 612 | 0 624 | 0 637 | 0 650 | 0 663 | 0 675 | 0 688 | 0 701 | 0 714 |
| 1,20 | 0 609 | 0 622 | 0 635 | 0 648 | 0 661 | 0 674 | 0 687 | 0 700 | 0 713 | 0 726 |
| 22 | 0 619 | 0 632 | 0 646 | 0 659 | 0 672 | 0 685 | 0 698 | 0 712 | 0 725 | 0 738 |
| 24 | 0 629 | 0 643 | 0 656 | 0 670 | 0 683 | 0 696 | 0 710 | 0 723 | 0 737 | 0 750 |
| 26 | 0 640 | 0 653 | 0 667 | 0 680 | 0 694 | 0 708 | 0 721 | 0 735 | 0 748 | 0 762 |
| 28 | 0 650 | 0 664 | 0 677 | 0 691 | 0 705 | 0 719 | 0 733 | 0 746 | 0 760 | 0 771 |
| 1,30 | 0 660 | 0 674 | 0 688 | 0 702 | 0 716 | 0 730 | 0 744 | 0 758 | 0 772 | 0 786 |
| 32 | 0 670 | 0 684 | 0 699 | 0 713 | 0 727 | 0 741 | 0 756 | 0 770 | 0 784 | 0 798 |
| 34 | 0 680 | 0 695 | 0 709 | 0 724 | 0 738 | 0 753 | 0 767 | 0 781 | 0 796 | 0 810 |
| 36 | 0 690 | 0 705 | 0 720 | 0 734 | 0 749 | 0 764 | 0 778 | 0 793 | 0 808 | 0 823 |
| 38 | 0 700 | 0 715 | 0 730 | 0 745 | 0 760 | 0 775 | 0 790 | 0 805 | 0 820 | 0 835 |
| 1,40 | 0 711 | 0 726 | 0 741 | 0 756 | 0 771 | 0 786 | 0 801 | 0 816 | 0 832 | 0 847 |
| 42 | 0 721 | 0 736 | 0 751 | 0 767 | 0 782 | 0 797 | 0 813 | 0 828 | 0 843 | 0 859 |
| 44 | 0 731 | 0 746 | 0 762 | 0 778 | 0 793 | 0 809 | 0 824 | 0 840 | 0 855 | 0 871 |
| 46 | 0 741 | 0 757 | 0 773 | 0 788 | 0 804 | 0 820 | 0 836 | 0 851 | 0 867 | 0 883 |
| 48 | 0 751 | 0 767 | 0 783 | 0 799 | 0 815 | 0 831 | 0 847 | 0 863 | 0 879 | 0 895 |
| 1,50 | 0 761 | 0 778 | 0 794 | 0 810 | 0 826 | 0 842 | 0 858 | 0 875 | 0 891 | 0 907 |
| 52 | 0 772 | 0 788 | 0 804 | 0 821 | 0 837 | 0 854 | 0 870 | 0 886 | 0 903 | 0 919 |
| 54 | 0 782 | 0 798 | 0 815 | 0 832 | 0 848 | 0 865 | 0 881 | 0 898 | 0 915 | 0 931 |
| 56 | 0 792 | 0 809 | 0 826 | 0 843 | 0 859 | 0 876 | 0 893 | 0 910 | 0 927 | 0 943 |
| 58 | 0 802 | 0 819 | 0 836 | 0 853 | 0 870 | 0 887 | 0 904 | 0 921 | 0 939 | 0 956 |
| 1,60 | 0 812 | 0 829 | 0 847 | 0 864 | 0 881 | 0 899 | 0 916 | 0 933 | 0 950 | 0 968 |
| 62 | 0 822 | 0 840 | 0 857 | 0 875 | 0 892 | 0 910 | 0 927 | 0 945 | 0 962 | 0 980 |
| 64 | 0 832 | 0 850 | 0 868 | 0 886 | 0 903 | 0 921 | 0 939 | 0 956 | 0 974 | 0 992 |
| 66 | 0 843 | 0 861 | 0 878 | 0 896 | 0 914 | 0 932 | 0 950 | 0 968 | 0 986 | 1 004 |
| 68 | 0 853 | 0 871 | 0 889 | 0 907 | 0 925 | 0 943 | 0 962 | 0 980 | 0 998 | 1 016 |
| 1,70 | 0 863 | 0 881 | 0 900 | 0 918 | 0 936 | 0 955 | 0 973 | 0 991 | 1 010 | 1 028 |
| 72 | 0 873 | 0 893 | 0 910 | 0 929 | 0 947 | 0 966 | 0 985 | 1 003 | 1 022 | 1 040 |
| 74 | 0 883 | 0 902 | 0 921 | 0 940 | 0 958 | 0 977 | 0 996 | 1 015 | 1 034 | 1 052 |
| 76 | 0 893 | 0 912 | 0 931 | 0 950 | 0 969 | 0 988 | 1 007 | 1 026 | 1 045 | 1 064 |
| 78 | 0 904 | 0 923 | 0 942 | 0 961 | 0 980 | 1 000 | 1 019 | 1 038 | 1 057 | 1 077 |
| 1,80 | 0 914 | 0 933 | 0 953 | 0 972 | 0 991 | 1 011 | 1 030 | 1 050 | 1 069 | 1 089 |
| 82 | 0 924 | 0 943 | 0 963 | 0 983 | 1 002 | 1 022 | 1 042 | 1 061 | 1 081 | 1 101 |
| 84 | 0 934 | 0 954 | 0 974 | 0 994 | 1 013 | 1 033 | 1 053 | 1 073 | 1 093 | 1 113 |
| 86 | 0 944 | 0 964 | 0 984 | 1 004 | 1 024 | 1 045 | 1 065 | 1 085 | 1 105 | 1 125 |
| 88 | 0 954 | 0 975 | 0 995 | 1 015 | 1 036 | 1 056 | 1 076 | 1 096 | 1 117 | 1 137 |
| 1,90 | 0 964 | 0 985 | 1 005 | 1 026 | 1 047 | 1 067 | 1 088 | 1 108 | 1 129 | 1 149 |
| 92 | 0 975 | 0 995 | 1 016 | 1 037 | 1 058 | 1 079 | 1 099 | 1 120 | 1 140 | 1 161 |
| 94 | 0 985 | 1 006 | 1 027 | 1 048 | 1 069 | 1 090 | 1 111 | 1 131 | 1 152 | 1 173 |
| 96 | 0 995 | 1 016 | 1 037 | 1 058 | 1 080 | 1 101 | 1 122 | 1 143 | 1 164 | 1 185 |
| 98 | 1 005 | 1 026 | 1 048 | 1 069 | 1 091 | 1 112 | 1 133 | 1 155 | 1 176 | 1 198 |
| 2,— | 1 015 | 1 037 | 1 058 | 1 080 | 1 102 | 1 123 | 1 145 | 1 166 | 1 188 | 1 210 |
| 02 | 1 025 | 1 047 | 1 069 | 1 091 | 1 113 | 1 134 | 1 156 | 1 178 | 1 200 | 1 222 |
| 04 | 1 036 | 1 058 | 1 080 | 1 102 | 1 124 | 1 146 | 1 168 | 1 190 | 1 212 | 1 234 |
| 06 | 1 046 | 1 068 | 1 090 | 1 112 | 1 135 | 1 157 | 1 179 | 1 201 | 1 224 | 1 246 |
| 08 | 1 056 | 1 078 | 1 101 | 1 123 | 1 146 | 1 168 | 1 191 | 1 213 | 1 236 | 1 258 |
| 2,10 | 1 066 | 1 089 | 1 111 | 1 134 | 1 157 | 1 179 | 1 202 | 1 225 | 1 247 | 1 270 |
| 12 | 1 076 | 1 099 | 1 122 | 1 145 | 1 168 | 1 191 | 1 213 | 1 236 | 1 259 | 1 282 |
| 14 | 1 086 | 1 109 | 1 132 | 1 156 | 1 179 | 1 202 | 1 225 | 1 248 | 1 271 | 1 294 |
| 16 | 1 096 | 1 120 | 1 143 | 1 166 | 1 190 | 1 213 | 1 236 | 1 260 | 1 283 | 1 306 |
| 18 | 1 107 | 1 130 | 1 154 | 1 177 | 1 201 | 1 224 | 1 248 | 1 271 | 1 295 | 1 318 |
| 2,20 | 1 117 | 1 140 | 1 164 | 1 188 | 1 212 | 1 236 | 1 259 | 1 283 | 1 307 | 1 331 |
| 22 | 1 127 | 1 151 | 1 175 | 1 199 | 1 223 | 1 247 | 1 271 | 1 295 | 1 319 | 1 343 |
| 24 | 1 137 | 1 161 | 1 185 | 1 210 | 1 234 | 1 258 | 1 282 | 1 306 | 1 331 | 1 355 |
| 26 | 1 147 | 1 172 | 1 196 | 1 220 | 1 245 | 1 269 | 1 294 | 1 318 | 1 342 | 1 367 |
| 28 | 1 157 | 1 182 | 1 207 | 1 231 | 1 256 | 1 280 | 1 305 | 1 330 | 1 354 | 1 379 |
| 2,30 | 1 167 | 1 192 | 1 217 | 1 242 | 1 267 | 1 292 | 1 317 | 1 341 | 1 366 | 1 391 |
| 32 | 1 178 | 1 203 | 1 228 | 1 253 | 1 278 | 1 303 | 1 328 | 1 353 | 1 378 | 1 403 |

## Epaisseur : 0m 54 centimètres — 81

| LONGUEUR | 1,14 | 1,16 | 1,18 | 1,20 | 1,22 | 1,24 | 1,26 | 1,28 | 1,30 | 1,32 |
|---|---|---|---|---|---|---|---|---|---|---|
| 1,14 | 0 702 | | | | | | | | | |
| 16 | 0 714 | 0 727 | | | | | | | | |
| 18 | 0 726 | 0 739 | 0 752 | | | | | | | |
| 1,20 | 0 739 | 0 752 | 0 765 | 0 778 | | | | | | |
| 22 | 0 751 | 0 764 | 0 777 | 0 791 | 0 804 | | | | | |
| 24 | 0 763 | 0 777 | 0 790 | 0 803 | 0 817 | 0 830 | | | | |
| 26 | 0 776 | 0 789 | 0 803 | 0 816 | 0 830 | 0 844 | 0 857 | | | |
| 28 | 0 788 | 0 802 | 0 816 | 0 829 | 0 843 | 0 857 | 0 871 | 0 885 | | |
| 1,30 | 0 800 | 0 814 | 0 828 | 0 842 | 0 856 | 0 870 | 0 885 | 0 899 | 0 913 | |
| 32 | 0 813 | 0 827 | 0 841 | 0 855 | 0 870 | 0 884 | 0 898 | 0 912 | 0 927 | 0 941 |
| 34 | 0 825 | 0 839 | 0 854 | 0 868 | 0 883 | 0 897 | 0 912 | 0 926 | 0 941 | 0 955 |
| 36 | 0 837 | 0 852 | 0 867 | 0 881 | 0 896 | 0 911 | 0 925 | 0 940 | 0 955 | 0 969 |
| 38 | 0 850 | 0 864 | 0 879 | 0 894 | 0 909 | 0 924 | 0 939 | 0 954 | 0 969 | 0 984 |
| 1,40 | 0 862 | 0 877 | 0 892 | 0 907 | 0 922 | 0 937 | 0 953 | 0 968 | 0 983 | 0 998 |
| 42 | 0 874 | 0 889 | 0 905 | 0 920 | 0 935 | 0 951 | 0 966 | 0 982 | 0 997 | 1 012 |
| 44 | 0 886 | 0 902 | 0 918 | 0 933 | 0 949 | 0 964 | 0 980 | 0 995 | 1 011 | 1 026 |
| 46 | 0 899 | 0 915 | 0 930 | 0 946 | 0 962 | 0 978 | 0 993 | 1 009 | 1 025 | 1 041 |
| 48 | 0 911 | 0 927 | 0 943 | 0 959 | 0 975 | 0 991 | 1 007 | 1 023 | 1 039 | 1 055 |
| 1,50 | 0 923 | 0 940 | 0 956 | 0 972 | 0 988 | 1 004 | 1 021 | 1 037 | 1 053 | 1 069 |
| 52 | 0 936 | 0 952 | 0 969 | 0 985 | 1 001 | 1 018 | 1 034 | 1 051 | 1 067 | 1 083 |
| 54 | 0 948 | 0 965 | 0 981 | 0 998 | 1 015 | 1 031 | 1 048 | 1 064 | 1 081 | 1 093 |
| 56 | 0 960 | 0 977 | 0 994 | 1 011 | 1 028 | 1 045 | 1 061 | 1 078 | 1 095 | 1 112 |
| 58 | 0 973 | 0 990 | 1 007 | 1 024 | 1 041 | 1 058 | 1 075 | 1 092 | 1 109 | 1 126 |
| 1,60 | 0 985 | 1 002 | 1 020 | 1 037 | 1 054 | 1 071 | 1 089 | 1 106 | 1 123 | 1 140 |
| 62 | 0 997 | 1 015 | 1 032 | 1 050 | 1 067 | 1 085 | 1 102 | 1 120 | 1 137 | 1 155 |
| 64 | 1 010 | 1 027 | 1 045 | 1 063 | 1 080 | 1 098 | 1 116 | 1 134 | 1 151 | 1 169 |
| 66 | 1 022 | 1 040 | 1 058 | 1 076 | 1 094 | 1 112 | 1 129 | 1 147 | 1 165 | 1 183 |
| 68 | 1 034 | 1 052 | 1 070 | 1 089 | 1 107 | 1 125 | 1 143 | 1 161 | 1 179 | 1 198 |
| 1,70 | 1 047 | 1 065 | 1 083 | 1 102 | 1 120 | 1 138 | 1 157 | 1 175 | 1 193 | 1 212 |
| 72 | 1 059 | 1 077 | 1 096 | 1 115 | 1 133 | 1 152 | 1 170 | 1 189 | 1 207 | 1 226 |
| 74 | 1 071 | 1 090 | 1 109 | 1 128 | 1 146 | 1 165 | 1 184 | 1 203 | 1 221 | 1 240 |
| 76 | 1 083 | 1 102 | 1 121 | 1 140 | 1 159 | 1 178 | 1 197 | 1 217 | 1 236 | 1 255 |
| 78 | 1 096 | 1 115 | 1 134 | 1 153 | 1 173 | 1 192 | 1 211 | 1 230 | 1 250 | 1 269 |
| 1,80 | 1 108 | 1 128 | 1 147 | 1 166 | 1 186 | 1 205 | 1 225 | 1 244 | 1 264 | 1 283 |
| 82 | 1 120 | 1 140 | 1 160 | 1 179 | 1 199 | 1 219 | 1 238 | 1 258 | 1 278 | 1 297 |
| 84 | 1 133 | 1 153 | 1 172 | 1 192 | 1 212 | 1 232 | 1 252 | 1 272 | 1 292 | 1 312 |
| 86 | 1 145 | 1 165 | 1 185 | 1 205 | 1 225 | 1 245 | 1 265 | 1 286 | 1 306 | 1 326 |
| 88 | 1 157 | 1 178 | 1 198 | 1 218 | 1 239 | 1 259 | 1 279 | 1 299 | 1 320 | 1 340 |
| 1,90 | 1 170 | 1 190 | 1 211 | 1 231 | 1 252 | 1 272 | 1 293 | 1 313 | 1 334 | 1 354 |
| 92 | 1 182 | 1 203 | 1 223 | 1 244 | 1 265 | 1 286 | 1 306 | 1 327 | 1 348 | 1 369 |
| 94 | 1 194 | 1 215 | 1 236 | 1 257 | 1 278 | 1 299 | 1 320 | 1 341 | 1 362 | 1 383 |
| 96 | 1 207 | 1 228 | 1 249 | 1 270 | 1 291 | 1 312 | 1 334 | 1 355 | 1 376 | 1 397 |
| 98 | 1 219 | 1 240 | 1 262 | 1 283 | 1 304 | 1 326 | 1 347 | 1 369 | 1 390 | 1 411 |
| 2,— | 1 231 | 1 253 | 1 274 | 1 296 | 1 318 | 1 339 | 1 361 | 1 382 | 1 404 | 1 426 |
| 02 | 1 244 | 1 265 | 1 287 | 1 309 | 1 331 | 1 353 | 1 374 | 1 396 | 1 418 | 1 440 |
| 04 | 1 256 | 1 278 | 1 300 | 1 322 | 1 344 | 1 366 | 1 388 | 1 410 | 1 432 | 1 454 |
| 06 | 1 268 | 1 290 | 1 313 | 1 335 | 1 357 | 1 379 | 1 402 | 1 424 | 1 446 | 1 468 |
| 08 | 1 280 | 1 303 | 1 325 | 1 348 | 1 370 | 1 393 | 1 415 | 1 438 | 1 460 | 1 483 |
| 2,10 | 1 293 | 1 315 | 1 338 | 1 361 | 1 383 | 1 406 | 1 429 | 1 452 | 1 474 | 1 497 |
| 12 | 1 305 | 1 328 | 1 351 | 1 374 | 1 397 | 1 420 | 1 442 | 1 465 | 1 488 | 1 511 |
| 14 | 1 317 | 1 340 | 1 364 | 1 387 | 1 410 | 1 433 | 1 456 | 1 479 | 1 502 | 1 525 |
| 16 | 1 330 | 1 353 | 1 376 | 1 400 | 1 423 | 1 446 | 1 470 | 1 493 | 1 516 | 1 540 |
| 18 | 1 342 | 1 366 | 1 389 | 1 413 | 1 436 | 1 460 | 1 483 | 1 507 | 1 530 | 1 554 |
| 2,20 | 1 354 | 1 378 | 1 402 | 1 426 | 1 449 | 1 473 | 1 497 | 1 521 | 1 544 | 1 568 |
| 22 | 1 367 | 1 391 | 1 415 | 1 439 | 1 463 | 1 487 | 1 510 | 1 534 | 1 558 | 1 582 |
| 24 | 1 379 | 1 403 | 1 427 | 1 452 | 1 476 | 1 500 | 1 524 | 1 548 | 1 572 | 1 597 |
| 26 | 1 391 | 1 416 | 1 440 | 1 464 | 1 489 | 1 513 | 1 538 | 1 562 | 1 587 | 1 611 |
| 28 | 1 404 | 1 428 | 1 453 | 1 477 | 1 502 | 1 527 | 1 551 | 1 576 | 1 601 | 1 625 |
| 2,30 | 1 416 | 1 441 | 1 466 | 1 490 | 1 515 | 1 540 | 1 565 | 1 590 | 1 615 | 1 639 |
| 32 | 1 428 | 1 453 | 1 478 | 1 503 | 1 528 | 1 553 | 1 579 | 1 604 | 1 629 | 1 654 |

Epaisseur : **0ᵐ 56** centimètres

Epaisseur : **0ᵐ 56** centimètres

## Table (p. 82)

| LONG^r | FUTAILLES | 0,56 | 0,58 | 0,60 | 0,62 | 0,64 | 0,66 | 0,68 | 0,70 | 0,72 | 0,74 |
|---|---|---|---|---|---|---|---|---|---|---|---|
| 0,56 | 0 140 | 0 176 | | | | | | | | | |
| 58 | 0 146 | 0 182 | 0 188 | | | | | | | | |
| 0,60 | 0 151 | 0 188 | 0 195 | 0 202 | | | | | | | |
| 62 | 0 156 | 0 194 | 0 201 | 0 208 | 0 215 | | | | | | |
| 64 | 0 161 | 0 201 | 0 208 | 0 215 | 0 222 | 0 229 | | | | | |
| 66 | 0 166 | 0 207 | 0 214 | 0 222 | 0 229 | 0 237 | 0 244 | | | | |
| 68 | 0 171 | 0 213 | 0 221 | 0 228 | 0 236 | 0 244 | 0 251 | 0 259 | | | |
| 0,70 | 0 176 | 0 220 | 0 227 | 0 235 | 0 243 | 0 251 | 0 259 | 0 267 | 0 274 | | |
| 72 | 0 181 | 0 226 | 0 234 | 0 242 | 0 250 | 0 258 | 0 266 | 0 274 | 0 282 | 0 290 | |
| 74 | 0 186 | 0 232 | 0 240 | 0 249 | 0 257 | 0 265 | 0 274 | 0 282 | 0 290 | 0 298 | 0 307 |
| 76 | 0 191 | 0 238 | 0 247 | 0 255 | 0 264 | 0 272 | 0 281 | 0 289 | 0 298 | 0 306 | 0 315 |
| 78 | 0 196 | 0 245 | 0 253 | 0 262 | 0 271 | 0 280 | 0 288 | 0 297 | 0 306 | 0 314 | 0 323 |
| 0,80 | 0 201 | 0 251 | 0 260 | 0 269 | 0 278 | 0 287 | 0 296 | 0 305 | 0 314 | 0 323 | 0 332 |
| 82 | 0 206 | 0 257 | 0 266 | 0 276 | 0 285 | 0 294 | 0 303 | 0 312 | 0 321 | 0 331 | 0 340 |
| 84 | 0 211 | 0 263 | 0 273 | 0 282 | 0 292 | 0 301 | 0 310 | 0 320 | 0 329 | 0 339 | 0 348 |
| 86 | 0 216 | 0 270 | 0 279 | 0 289 | 0 299 | 0 308 | 0 318 | 0 327 | 0 337 | 0 347 | 0 356 |
| 88 | 0 221 | 0 276 | 0 286 | 0 296 | 0 306 | 0 315 | 0 325 | 0 335 | 0 345 | 0 355 | 0 365 |
| 0,90 | 0 226 | 0 282 | 0 292 | 0 302 | 0 312 | 0 323 | 0 333 | 0 343 | 0 353 | 0 363 | 0 373 |
| 92 | 0 231 | 0 289 | 0 299 | 0 309 | 0 319 | 0 330 | 0 340 | 0 350 | 0 361 | 0 371 | 0 381 |
| 94 | 0 236 | 0 295 | 0 305 | 0 316 | 0 326 | 0 337 | 0 347 | 0 358 | 0 368 | 0 379 | 0 390 |
| 96 | 0 241 | 0 301 | 0 312 | 0 323 | 0 333 | 0 344 | 0 355 | 0 366 | 0 376 | 0 387 | 0 398 |
| 98 | 0 246 | 0 307 | 0 318 | 0 329 | 0 340 | 0 351 | 0 362 | 0 373 | 0 384 | 0 395 | 0 406 |
| 1,— | 0 251 | 0 314 | 0 325 | 0 336 | 0 347 | 0 358 | 0 370 | 0 381 | 0 392 | 0 403 | 0 414 |
| 02 | 0 256 | 0 320 | 0 331 | 0 343 | 0 354 | 0 366 | 0 377 | 0 388 | 0 400 | 0 411 | 0 423 |
| 04 | 0 261 | 0 326 | 0 338 | 0 349 | 0 361 | 0 373 | 0 384 | 0 396 | 0 408 | 0 419 | 0 431 |
| 06 | 0 266 | 0 332 | 0 344 | 0 356 | 0 368 | 0 380 | 0 392 | 0 404 | 0 416 | 0 427 | 0 439 |
| 08 | 0 271 | 0 339 | 0 351 | 0 363 | 0 375 | 0 387 | 0 399 | 0 411 | 0 423 | 0 435 | 0 448 |
| 1,10 | 0 276 | 0 345 | 0 357 | 0 370 | 0 382 | 0 394 | 0 407 | 0 419 | 0 431 | 0 444 | 0 456 |
| 12 | 0 281 | 0 351 | 0 364 | 0 376 | 0 389 | 0 401 | 0 414 | 0 426 | 0 439 | 0 452 | 0 464 |
| 14 | 0 286 | 0 358 | 0 370 | 0 383 | 0 396 | 0 409 | 0 421 | 0 434 | 0 447 | 0 460 | 0 472 |
| 16 | 0 291 | 0 364 | 0 377 | 0 390 | 0 403 | 0 416 | 0 429 | 0 442 | 0 455 | 0 468 | 0 481 |
| 18 | 0 296 | 0 370 | 0 383 | 0 396 | 0 410 | 0 423 | 0 436 | 0 449 | 0 463 | 0 476 | 0 489 |
| 1,20 | 0 301 | 0 376 | 0 390 | 0 403 | 0 417 | 0 430 | 0 444 | 0 457 | 0 470 | 0 484 | 0 497 |
| 22 | 0 306 | 0 383 | 0 396 | 0 410 | 0 424 | 0 437 | 0 451 | 0 465 | 0 478 | 0 492 | 0 506 |
| 24 | 0 311 | 0 389 | 0 403 | 0 417 | 0 431 | 0 444 | 0 458 | 0 472 | 0 486 | 0 500 | 0 514 |
| 26 | 0 316 | 0 395 | 0 409 | 0 423 | 0 437 | 0 452 | 0 466 | 0 480 | 0 494 | 0 508 | 0 522 |
| 28 | 0 321 | 0 401 | 0 416 | 0 430 | 0 444 | 0 459 | 0 473 | 0 487 | 0 502 | 0 516 | 0 530 |
| 1,30 | 0 326 | 0 408 | 0 422 | 0 437 | 0 451 | 0 466 | 0 480 | 0 495 | 0 510 | 0 524 | 0 539 |
| 32 | 0 331 | 0 414 | 0 429 | 0 444 | 0 458 | 0 473 | 0 488 | 0 503 | 0 517 | 0 532 | 0 547 |
| 34 | 0 336 | 0 420 | 0 435 | 0 450 | 0 465 | 0 480 | 0 495 | 0 510 | 0 525 | 0 540 | 0 555 |
| 36 | 0 341 | 0 426 | 0 442 | 0 457 | 0 472 | 0 487 | 0 503 | 0 518 | 0 533 | 0 548 | 0 564 |
| 38 | 0 346 | 0 433 | 0 448 | 0 464 | 0 479 | 0 495 | 0 510 | 0 526 | 0 541 | 0 556 | 0 572 |
| 1,40 | 0 351 | 0 439 | 0 455 | 0 470 | 0 486 | 0 502 | 0 517 | 0 533 | 0 549 | 0 564 | 0 580 |
| 42 | 0 356 | 0 445 | 0 461 | 0 477 | 0 493 | 0 509 | 0 525 | 0 541 | 0 557 | 0 573 | 0 588 |
| 44 | 0 361 | 0 452 | 0 468 | 0 484 | 0 500 | 0 516 | 0 532 | 0 548 | 0 564 | 0 581 | 0 597 |
| 46 | 0 366 | 0 458 | 0 474 | 0 491 | 0 507 | 0 523 | 0 540 | 0 556 | 0 572 | 0 589 | 0 605 |
| 48 | 0 371 | 0 464 | 0 481 | 0 497 | 0 514 | 0 530 | 0 547 | 0 564 | 0 580 | 0 597 | 0 613 |
| 1,50 | 0 376 | 0 470 | 0 487 | 0 504 | 0 521 | 0 538 | 0 554 | 0 571 | 0 588 | 0 605 | 0 622 |
| 52 | 0 381 | 0 477 | 0 494 | 0 511 | 0 528 | 0 545 | 0 562 | 0 579 | 0 596 | 0 613 | 0 630 |
| 54 | 0 386 | 0 483 | 0 500 | 0 517 | 0 535 | 0 552 | 0 569 | 0 586 | 0 604 | 0 621 | 0 638 |
| 56 | 0 391 | 0 489 | 0 507 | 0 524 | 0 542 | 0 559 | 0 577 | 0 594 | 0 612 | 0 629 | 0 646 |
| 58 | 0 396 | 0 495 | 0 513 | 0 531 | 0 549 | 0 566 | 0 584 | 0 602 | 0 619 | 0 637 | 0 655 |
| 1,60 | 0 401 | 0 502 | 0 520 | 0 538 | 0 556 | 0 573 | 0 591 | 0 609 | 0 627 | 0 645 | 0 663 |
| 62 | 0 406 | 0 508 | 0 526 | 0 544 | 0 562 | 0 581 | 0 599 | 0 617 | 0 635 | 0 653 | 0 671 |
| 64 | 0 411 | 0 514 | 0 533 | 0 551 | 0 569 | 0 588 | 0 606 | 0 625 | 0 643 | 0 661 | 0 680 |
| 66 | 0 416 | 0 521 | 0 539 | 0 558 | 0 576 | 0 595 | 0 614 | 0 632 | 0 651 | 0 669 | 0 688 |
| 68 | 0 421 | 0 527 | 0 546 | 0 564 | 0 583 | 0 602 | 0 621 | 0 640 | 0 658 | 0 677 | 0 696 |
| 1,70 | 0 426 | 0 533 | 0 552 | 0 571 | 0 590 | 0 609 | 0 628 | 0 647 | 0 666 | 0 685 | 0 704 |
| 72 | 0 432 | 0 539 | 0 559 | 0 578 | 0 597 | 0 616 | 0 636 | 0 655 | 0 674 | 0 694 | 0 713 |
| 74 | 0 437 | 0 546 | 0 565 | 0 585 | 0 604 | 0 623 | 0 643 | 0 663 | 0 682 | 0 702 | 0 721 |
| 76 | 0 442 | 0 552 | 0 572 | 0 591 | 0 611 | 0 631 | 0 650 | 0 670 | 0 690 | 0 710 | 0 729 |
| 78 | 0 447 | 0 558 | 0 578 | 0 598 | 0 618 | 0 638 | 0 658 | 0 678 | 0 698 | 0 718 | 0 738 |
| 1,80 | 0 452 | 0 564 | 0 585 | 0 605 | 0 625 | 0 645 | 0 665 | 0 685 | 0 706 | 0 726 | 0 746 |
| 82 | 0 457 | 0 571 | 0 591 | 0 612 | 0 632 | 0 652 | 0 673 | 0 693 | 0 713 | 0 734 | 0 754 |
| 84 | 0 462 | 0 577 | 0 598 | 0 618 | 0 639 | 0 659 | 0 680 | 0 701 | 0 721 | 0 742 | 0 762 |
| 86 | 0 467 | 0 583 | 0 604 | 0 625 | 0 646 | 0 667 | 0 687 | 0 708 | 0 729 | 0 750 | 0 771 |
| 88 | 0 472 | 0 590 | 0 611 | 0 632 | 0 653 | 0 674 | 0 695 | 0 716 | 0 737 | 0 758 | 0 779 |
| 1,90 | 0 477 | 0 596 | 0 617 | 0 638 | 0 660 | 0 681 | 0 702 | 0 724 | 0 745 | 0 766 | 0 787 |
| 92 | 0 482 | 0 602 | 0 624 | 0 645 | 0 667 | 0 688 | 0 710 | 0 731 | 0 753 | 0 774 | 0 796 |
| 94 | 0 487 | 0 608 | 0 630 | 0 652 | 0 674 | 0 695 | 0 717 | 0 739 | 0 760 | 0 782 | 0 804 |



## Table (p. 83)

| LONGUEUR | 0,76 | 0,78 | 0,80 | 0,82 | 0,84 | 0,86 | 0,88 | 0,90 | 0,92 | 0,94 |
|---|---|---|---|---|---|---|---|---|---|---|
| 0,76 | 0 323 | | | | | | | | | |
| 78 | 0 332 | 0 341 | | | | | | | | |
| 0,80 | 0 340 | 0 349 | 0 358 | | | | | | | |
| 82 | 0 349 | 0 358 | 0 367 | 0 377 | | | | | | |
| 84 | 0 358 | 0 367 | 0 376 | 0 386 | 0 395 | | | | | |
| 86 | 0 366 | 0 376 | 0 385 | 0 395 | 0 405 | 0 414 | | | | |
| 88 | 0 375 | 0 384 | 0 394 | 0 404 | 0 414 | 0 424 | 0 434 | | | |
| 0,90 | 0 383 | 0 393 | 0 403 | 0 413 | 0 423 | 0 433 | 0 444 | 0 454 | | |
| 92 | 0 392 | 0 402 | 0 412 | 0 422 | 0 433 | 0 443 | 0 453 | 0 464 | 0 474 | |
| 94 | 0 400 | 0 411 | 0 421 | 0 432 | 0 442 | 0 453 | 0 463 | 0 474 | 0 484 | 0 495 |
| 96 | 0 409 | 0 419 | 0 430 | 0 441 | 0 452 | 0 462 | 0 473 | 0 484 | 0 495 | 0 505 |
| 98 | 0 417 | 0 428 | 0 439 | 0 450 | 0 461 | 0 472 | 0 483 | 0 494 | 0 505 | 0 516 |
| 1,— | 0 426 | 0 437 | 0 448 | 0 459 | 0 470 | 0 482 | 0 493 | 0 504 | 0 515 | 0 526 |
| 02 | 0 434 | 0 446 | 0 457 | 0 468 | 0 480 | 0 491 | 0 503 | 0 514 | 0 526 | 0 537 |
| 04 | 0 443 | 0 454 | 0 466 | 0 478 | 0 489 | 0 501 | 0 513 | 0 524 | 0 536 | 0 547 |
| 06 | 0 451 | 0 463 | 0 475 | 0 487 | 0 499 | 0 510 | 0 522 | 0 534 | 0 546 | 0 558 |
| 08 | 0 460 | 0 472 | 0 484 | 0 496 | 0 508 | 0 520 | 0 532 | 0 544 | 0 556 | 0 569 |
| 1,10 | 0 468 | 0 480 | 0 493 | 0 505 | 0 517 | 0 530 | 0 542 | 0 554 | 0 567 | 0 579 |
| 12 | 0 477 | 0 489 | 0 502 | 0 514 | 0 527 | 0 539 | 0 552 | 0 564 | 0 577 | 0 590 |
| 14 | 0 485 | 0 498 | 0 511 | 0 523 | 0 536 | 0 549 | 0 562 | 0 575 | 0 587 | 0 600 |
| 16 | 0 494 | 0 507 | 0 520 | 0 533 | 0 546 | 0 559 | 0 572 | 0 585 | 0 598 | 0 611 |
| 18 | 0 502 | 0 515 | 0 529 | 0 542 | 0 555 | 0 568 | 0 582 | 0 595 | 0 608 | 0 621 |
| 1,20 | 0 511 | 0 524 | 0 538 | 0 551 | 0 564 | 0 578 | 0 591 | 0 605 | 0 618 | 0 632 |
| 22 | 0 519 | 0 533 | 0 547 | 0 560 | 0 574 | 0 588 | 0 601 | 0 615 | 0 629 | 0 642 |
| 24 | 0 528 | 0 542 | 0 556 | 0 569 | 0 583 | 0 597 | 0 611 | 0 625 | 0 639 | 0 653 |
| 26 | 0 536 | 0 550 | 0 564 | 0 579 | 0 593 | 0 607 | 0 621 | 0 635 | 0 649 | 0 663 |
| 28 | 0 545 | 0 559 | 0 573 | 0 588 | 0 602 | 0 616 | 0 631 | 0 645 | 0 659 | 0 674 |
| 1,30 | 0 553 | 0 568 | 0 582 | 0 597 | 0 612 | 0 626 | 0 641 | 0 655 | 0 670 | 0 684 |
| 32 | 0 562 | 0 577 | 0 591 | 0 606 | 0 621 | 0 636 | 0 650 | 0 665 | 0 680 | 0 695 |
| 34 | 0 570 | 0 585 | 0 600 | 0 615 | 0 630 | 0 645 | 0 660 | 0 675 | 0 690 | 0 705 |
| 36 | 0 579 | 0 594 | 0 609 | 0 624 | 0 639 | 0 655 | 0 670 | 0 685 | 0 701 | 0 716 |
| 38 | 0 587 | 0 603 | 0 618 | 0 634 | 0 649 | 0 665 | 0 680 | 0 696 | 0 711 | 0 726 |
| 1,40 | 0 596 | 0 612 | 0 627 | 0 643 | 0 659 | 0 674 | 0 690 | 0 706 | 0 721 | 0 737 |
| 42 | 0 604 | 0 620 | 0 636 | 0 652 | 0 668 | 0 684 | 0 700 | 0 716 | 0 732 | 0 747 |
| 44 | 0 613 | 0 629 | 0 645 | 0 661 | 0 677 | 0 694 | 0 710 | 0 726 | 0 742 | 0 758 |
| 46 | 0 621 | 0 638 | 0 654 | 0 670 | 0 687 | 0 703 | 0 719 | 0 736 | 0 752 | 0 769 |
| 48 | 0 630 | 0 646 | 0 663 | 0 680 | 0 696 | 0 713 | 0 729 | 0 746 | 0 762 | 0 779 |
| 1,50 | 0 638 | 0 655 | 0 672 | 0 689 | 0 706 | 0 722 | 0 739 | 0 756 | 0 773 | 0 790 |
| 52 | 0 647 | 0 664 | 0 681 | 0 698 | 0 715 | 0 732 | 0 749 | 0 766 | 0 783 | 0 800 |
| 54 | 0 655 | 0 673 | 0 690 | 0 707 | 0 724 | 0 742 | 0 759 | 0 776 | 0 793 | 0 811 |
| 56 | 0 664 | 0 681 | 0 699 | 0 716 | 0 734 | 0 751 | 0 769 | 0 786 | 0 804 | 0 821 |
| 58 | 0 672 | 0 690 | 0 708 | 0 726 | 0 743 | 0 761 | 0 779 | 0 796 | 0 814 | 0 832 |
| 1,60 | 0 681 | 0 699 | 0 717 | 0 735 | 0 753 | 0 771 | 0 788 | 0 806 | 0 824 | 0 842 |
| 62 | 0 689 | 0 708 | 0 726 | 0 744 | 0 762 | 0 780 | 0 798 | 0 816 | 0 835 | 0 853 |
| 64 | 0 698 | 0 716 | 0 735 | 0 753 | 0 771 | 0 790 | 0 808 | 0 827 | 0 845 | 0 863 |
| 66 | 0 706 | 0 725 | 0 744 | 0 762 | 0 781 | 0 799 | 0 818 | 0 837 | 0 855 | 0 874 |
| 68 | 0 715 | 0 734 | 0 753 | 0 771 | 0 790 | 0 809 | 0 828 | 0 847 | 0 866 | 0 884 |
| 1,70 | 0 724 | 0 743 | 0 762 | 0 781 | 0 800 | 0 819 | 0 838 | 0 857 | 0 876 | 0 895 |
| 72 | 0 732 | 0 751 | 0 771 | 0 790 | 0 809 | 0 828 | 0 848 | 0 867 | 0 886 | 0 905 |
| 74 | 0 741 | 0 760 | 0 780 | 0 799 | 0 818 | 0 838 | 0 857 | 0 877 | 0 896 | 0 916 |
| 76 | 0 749 | 0 769 | 0 788 | 0 808 | 0 828 | 0 848 | 0 867 | 0 887 | 0 907 | 0 926 |
| 78 | 0 758 | 0 778 | 0 797 | 0 817 | 0 837 | 0 857 | 0 877 | 0 897 | 0 917 | 0 937 |
| 1,80 | 0 766 | 0 786 | 0 806 | 0 827 | 0 847 | 0 867 | 0 887 | 0 907 | 0 927 | 0 948 |
| 82 | 0 775 | 0 795 | 0 815 | 0 836 | 0 856 | 0 877 | 0 897 | 0 917 | 0 938 | 0 958 |
| 84 | 0 783 | 0 804 | 0 824 | 0 845 | 0 866 | 0 886 | 0 907 | 0 927 | 0 948 | 0 969 |
| 86 | 0 792 | 0 812 | 0 833 | 0 854 | 0 875 | 0 896 | 0 917 | 0 937 | 0 958 | 0 979 |
| 88 | 0 800 | 0 821 | 0 842 | 0 863 | 0 884 | 0 905 | 0 926 | 0 948 | 0 969 | 0 990 |
| 1,90 | 0 809 | 0 830 | 0 851 | 0 872 | 0 894 | 0 915 | 0 936 | 0 958 | 0 979 | 1 000 |
| 92 | 0 817 | 0 839 | 0 860 | 0 882 | 0 903 | 0 925 | 0 946 | 0 968 | 0 989 | 1 011 |
| 94 | 0 826 | 0 847 | 0 869 | 0 891 | 0 913 | 0 934 | 0 956 | 0 978 | 0 999 | 1 021 |

| LONGUEUR \ LARGEUR | 0,96 | 0,98 | 1,00 | 1,02 | 1,04 | 1,06 | 1,08 | 1,10 | 1,12 | 1,14 |
|---|---|---|---|---|---|---|---|---|---|---|
| 0,96 | 0 516 | | | | | | | | | |
| 98 | 0 527 | 0 538 | | | | | | | | |
| 1,— | 0 538 | 0 549 | 0 560 | | | | | | | |
| 02 | 0 548 | 0 560 | 0 571 | 0 583 | | | | | | |
| 04 | 0 559 | 0 571 | 0 582 | 0 594 | 0 606 | | | | | |
| 06 | 0 570 | 0 582 | 0 594 | 0 605 | 0 617 | 0 629 | | | | |
| 08 | 0 581 | 0 593 | 0 605 | 0 617 | 0 629 | 0 641 | 0 653 | | | |
| 1,10 | 0 591 | 0 604 | 0 616 | 0 628 | 0 641 | 0 653 | 0 665 | 0 678 | | |
| 12 | 0 602 | 0 615 | 0 627 | 0 640 | 0 652 | 0 665 | 0 677 | 0 690 | 0 702 | |
| 14 | 0 613 | 0 626 | 0 638 | 0 651 | 0 664 | 0 677 | 0 689 | 0 702 | 0 715 | 0 728 |
| 16 | 0 624 | 0 637 | 0 650 | 0 663 | 0 676 | 0 689 | 0 702 | 0 715 | 0 728 | 0 741 |
| 18 | 0 634 | 0 648 | 0 661 | 0 674 | 0 687 | 0 700 | 0 714 | 0 727 | 0 740 | 0 753 |
| 1,20 | 0 645 | 0 659 | 0 672 | 0 685 | 0 699 | 0 712 | 0 726 | 0 739 | 0 753 | 0 766 |
| 22 | 0 656 | 0 670 | 0 683 | 0 697 | 0 711 | 0 724 | 0 738 | 0 752 | 0 765 | 0 779 |
| 24 | 0 667 | 0 681 | 0 694 | 0 708 | 0 722 | 0 736 | 0 750 | 0 764 | 0 778 | 0 792 |
| 26 | 0 677 | 0 691 | 0 706 | 0 720 | 0 734 | 0 748 | 0 762 | 0 776 | 0 790 | 0 804 |
| 28 | 0 688 | 0 702 | 0 717 | 0 731 | 0 745 | 0 760 | 0 774 | 0 788 | 0 803 | 0 817 |
| 1,30 | 0 699 | 0 713 | 0 728 | 0 743 | 0 757 | 0 772 | 0 786 | 0 801 | 0 815 | 0 830 |
| 32 | 0 710 | 0 724 | 0 739 | 0 754 | 0 769 | 0 783 | 0 798 | 0 813 | 0 828 | 0 843 |
| 34 | 0 720 | 0 735 | 0 750 | 0 765 | 0 780 | 0 795 | 0 810 | 0 825 | 0 840 | 0 855 |
| 36 | 0 731 | 0 746 | 0 762 | 0 777 | 0 792 | 0 807 | 0 823 | 0 838 | 0 853 | 0 868 |
| 38 | 0 742 | 0 757 | 0 773 | 0 788 | 0 804 | 0 819 | 0 835 | 0 850 | 0 866 | 0 881 |
| 1,40 | 0 753 | 0 768 | 0 784 | 0 800 | 0 815 | 0 831 | 0 847 | 0 862 | 0 878 | 0 894 |
| 42 | 0 763 | 0 779 | 0 795 | 0 811 | 0 827 | 0 843 | 0 859 | 0 875 | 0 891 | 0 907 |
| 44 | 0 774 | 0 790 | 0 806 | 0 823 | 0 839 | 0 855 | 0 871 | 0 887 | 0 903 | 0 919 |
| 46 | 0 785 | 0 801 | 0 818 | 0 834 | 0 850 | 0 867 | 0 883 | 0 899 | 0 916 | 0 932 |
| 48 | 0 796 | 0 812 | 0 829 | 0 845 | 0 862 | 0 879 | 0 895 | 0 912 | 0 928 | 0 945 |
| 1,50 | 0 806 | 0 823 | 0 840 | 0 857 | 0 874 | 0 890 | 0 907 | 0 924 | 0 941 | 0 958 |
| 52 | 0 817 | 0 834 | 0 851 | 0 868 | 0 885 | 0 902 | 0 919 | 0 936 | 0 953 | 0 970 |
| 54 | 0 828 | 0 845 | 0 862 | 0 880 | 0 897 | 0 914 | 0 931 | 0 949 | 0 966 | 0 983 |
| 56 | 0 839 | 0 856 | 0 874 | 0 891 | 0 909 | 0 926 | 0 943 | 0 961 | 0 978 | 0 996 |
| 58 | 0 849 | 0 867 | 0 885 | 0 902 | 0 920 | 0 938 | 0 956 | 0 973 | 0 991 | 1 009 |
| 1,60 | 0 860 | 0 878 | 0 896 | 0 914 | 0 932 | 0 950 | 0 968 | 0 986 | 1 004 | 1 021 |
| 62 | 0 871 | 0 889 | 0 907 | 0 925 | 0 943 | 0 962 | 0 980 | 0 998 | 1 016 | 1 034 |
| 64 | 0 882 | 0 900 | 0 918 | 0 937 | 0 955 | 0 973 | 0 992 | 1 010 | 1 029 | 1 047 |
| 66 | 0 892 | 0 911 | 0 930 | 0 948 | 0 967 | 0 985 | 1 004 | 1 023 | 1 041 | 1 060 |
| 68 | 0 903 | 0 922 | 0 941 | 0 960 | 0 978 | 0 997 | 1 016 | 1 035 | 1 054 | 1 073 |
| 1,70 | 0 914 | 0 933 | 0 952 | 0 971 | 0 990 | 1 009 | 1 028 | 1 047 | 1 066 | 1 085 |
| 72 | 0 925 | 0 944 | 0 963 | 0 982 | 1 002 | 1 021 | 1 040 | 1 060 | 1 079 | 1 098 |
| 74 | 0 935 | 0 955 | 0 974 | 0 994 | 1 013 | 1 033 | 1 052 | 1 072 | 1 091 | 1 111 |
| 76 | 0 946 | 0 966 | 0 986 | 1 005 | 1 025 | 1 045 | 1 064 | 1 084 | 1 104 | 1 124 |
| 78 | 0 957 | 0 977 | 0 997 | 1 017 | 1 037 | 1 057 | 1 077 | 1 096 | 1 116 | 1 136 |
| 1,80 | 0 968 | 0 988 | 1 008 | 1 028 | 1 048 | 1 068 | 1 089 | 1 109 | 1 129 | 1 149 |
| 82 | 0 978 | 0 999 | 1 019 | 1 039 | 1 060 | 1 080 | 1 101 | 1 121 | 1 142 | 1 162 |
| 84 | 0 989 | 1 010 | 1 030 | 1 051 | 1 072 | 1 092 | 1 113 | 1 134 | 1 154 | 1 175 |
| 86 | 1 000 | 1 021 | 1 042 | 1 062 | 1 083 | 1 104 | 1 125 | 1 146 | 1 167 | 1 187 |
| 88 | 1 011 | 1 032 | 1 053 | 1 074 | 1 095 | 1 116 | 1 137 | 1 158 | 1 179 | 1 200 |
| 1,90 | 1 021 | 1 043 | 1 064 | 1 085 | 1 107 | 1 128 | 1 149 | 1 170 | 1 192 | 1 213 |
| 92 | 1 032 | 1 054 | 1 075 | 1 097 | 1 118 | 1 140 | 1 161 | 1 183 | 1 204 | 1 226 |
| 94 | 1 043 | 1 065 | 1 086 | 1 108 | 1 130 | 1 152 | 1 173 | 1 195 | 1 217 | 1 238 |
| 96 | 1 054 | 1 076 | 1 098 | 1 120 | 1 141 | 1 163 | 1 185 | 1 207 | 1 229 | 1 251 |
| 98 | 1 064 | 1 087 | 1 109 | 1 131 | 1 153 | 1 175 | 1 198 | 1 220 | 1 242 | 1 264 |
| 2,— | 1 075 | 1 098 | 1 120 | 1 142 | 1 165 | 1 187 | 1 210 | 1 232 | 1 254 | 1 277 |
| 02 | 1 086 | 1 109 | 1 131 | 1 154 | 1 176 | 1 199 | 1 222 | 1 244 | 1 267 | 1 290 |
| 04 | 1 097 | 1 120 | 1 142 | 1 165 | 1 188 | 1 211 | 1 234 | 1 257 | 1 279 | 1 302 |
| 06 | 1 107 | 1 131 | 1 154 | 1 177 | 1 200 | 1 223 | 1 246 | 1 269 | 1 292 | 1 315 |
| 08 | 1 118 | 1 142 | 1 165 | 1 188 | 1 211 | 1 235 | 1 258 | 1 281 | 1 305 | 1 328 |
| 2,10 | 1 129 | 1 152 | 1 176 | 1 200 | 1 223 | 1 247 | 1 270 | 1 294 | 1 317 | 1 341 |
| 12 | 1 140 | 1 163 | 1 187 | 1 211 | 1 235 | 1 258 | 1 282 | 1 306 | 1 330 | 1 353 |
| 14 | 1 150 | 1 174 | 1 198 | 1 222 | 1 246 | 1 270 | 1 294 | 1 318 | 1 342 | 1 366 |
| 16 | 1 161 | 1 185 | 1 210 | 1 234 | 1 258 | 1 282 | 1 306 | 1 331 | 1 355 | 1 379 |
| 18 | 1 172 | 1 196 | 1 221 | 1 245 | 1 270 | 1 294 | 1 318 | 1 343 | 1 367 | 1 392 |
| 2,20 | 1 183 | 1 207 | 1 232 | 1 257 | 1 281 | 1 306 | 1 331 | 1 355 | 1 380 | 1 404 |
| 22 | 1 193 | 1 218 | 1 243 | 1 268 | 1 293 | 1 318 | 1 343 | 1 368 | 1 392 | 1 417 |
| 24 | 1 204 | 1 229 | 1 254 | 1 279 | 1 305 | 1 330 | 1 355 | 1 380 | 1 405 | 1 430 |
| 26 | 1 215 | 1 240 | 1 266 | 1 291 | 1 316 | 1 342 | 1 367 | 1 392 | 1 417 | 1 443 |
| 28 | 1 226 | 1 251 | 1 277 | 1 302 | 1 328 | 1 353 | 1 379 | 1 404 | 1 430 | 1 456 |
| 2,30 | 1 236 | 1 262 | 1 288 | 1 314 | 1 340 | 1 365 | 1 391 | 1 417 | 1 443 | 1 468 |
| 32 | 1 247 | 1 273 | 1 299 | 1 325 | 1 351 | 1 377 | 1 403 | 1 429 | 1 455 | 1 481 |
| 34 | 1 258 | 1 284 | 1 310 | 1 337 | 1 363 | 1 389 | 1 415 | 1 441 | 1 468 | 1 494 |



| LONGUEUR \ LARGEUR | 1,16 | 1,18 | 1,20 | 1,22 | 1,24 | 1,26 | 1,28 | 1,30 | 1,32 | 1,34 |
|---|---|---|---|---|---|---|---|---|---|---|
| 1,16 | 0 754 | | | | | | | | | |
| 18 | 0 767 | 0 780 | | | | | | | | |
| 1,20 | 0 780 | 0 793 | 0 806 | | | | | | | |
| 22 | 0 793 | 0 806 | 0 820 | 0 834 | | | | | | |
| 24 | 0 806 | 0 819 | 0 833 | 0 847 | 0 861 | | | | | |
| 26 | 0 818 | 0 833 | 0 847 | 0 861 | 0 875 | 0 889 | | | | |
| 28 | 0 831 | 0 846 | 0 860 | 0 874 | 0 889 | 0 903 | 0 918 | | | |
| 1,30 | 0 844 | 0 859 | 0 874 | 0 888 | 0 903 | 0 917 | 0 932 | 0 946 | | |
| 32 | 0 857 | 0 872 | 0 887 | 0 902 | 0 917 | 0 931 | 0 946 | 0 961 | 0 976 | |
| 34 | 0 870 | 0 885 | 0 900 | 0 915 | 0 930 | 0 946 | 0 961 | 0 976 | 0 991 | 1 006 |
| 36 | 0 883 | 0 899 | 0 914 | 0 929 | 0 944 | 0 960 | 0 975 | 0 990 | 1 005 | 1 021 |
| 38 | 0 896 | 0 912 | 0 927 | 0 943 | 0 958 | 0 974 | 0 989 | 1 005 | 1 020 | 1 036 |
| 1,40 | 0 909 | 0 925 | 0 941 | 0 956 | 0 972 | 0 988 | 1 004 | 1 019 | 1 035 | 1 051 |
| 42 | 0 922 | 0 938 | 0 954 | 0 970 | 0 986 | 1 002 | 1 018 | 1 034 | 1 050 | 1 066 |
| 44 | 0 935 | 0 952 | 0 968 | 0 984 | 1 000 | 1 016 | 1 032 | 1 048 | 1 064 | 1 081 |
| 46 | 0 948 | 0 965 | 0 981 | 0 997 | 1 014 | 1 030 | 1 047 | 1 063 | 1 079 | 1 096 |
| 48 | 0 961 | 0 978 | 0 995 | 1 011 | 1 028 | 1 044 | 1 061 | 1 077 | 1 094 | 1 111 |
| 1,50 | 0 974 | 0 991 | 1 008 | 1 025 | 1 042 | 1 058 | 1 075 | 1 092 | 1 109 | 1 126 |
| 52 | 0 987 | 1 004 | 1 021 | 1 038 | 1 055 | 1 073 | 1 090 | 1 107 | 1 124 | 1 141 |
| 54 | 1 000 | 1 018 | 1 035 | 1 052 | 1 069 | 1 087 | 1 104 | 1 121 | 1 138 | 1 156 |
| 56 | 1 013 | 1 031 | 1 048 | 1 066 | 1 083 | 1 101 | 1 118 | 1 136 | 1 153 | 1 171 |
| 58 | 1 026 | 1 044 | 1 062 | 1 079 | 1 097 | 1 115 | 1 133 | 1 150 | 1 168 | 1 186 |
| 1,60 | 1 039 | 1 057 | 1 075 | 1 093 | 1 111 | 1 129 | 1 147 | 1 165 | 1 183 | 1 201 |
| 62 | 1 052 | 1 070 | 1 089 | 1 107 | 1 125 | 1 143 | 1 161 | 1 179 | 1 198 | 1 216 |
| 64 | 1 065 | 1 084 | 1 102 | 1 120 | 1 139 | 1 157 | 1 176 | 1 194 | 1 212 | 1 231 |
| 66 | 1 078 | 1 097 | 1 116 | 1 134 | 1 153 | 1 171 | 1 190 | 1 208 | 1 227 | 1 246 |
| 68 | 1 091 | 1 110 | 1 129 | 1 148 | 1 167 | 1 185 | 1 204 | 1 223 | 1 242 | 1 261 |
| 1,70 | 1 104 | 1 123 | 1 142 | 1 161 | 1 180 | 1 200 | 1 219 | 1 238 | 1 257 | 1 276 |
| 72 | 1 117 | 1 137 | 1 156 | 1 175 | 1 194 | 1 214 | 1 233 | 1 252 | 1 271 | 1 291 |
| 74 | 1 130 | 1 150 | 1 169 | 1 189 | 1 208 | 1 228 | 1 247 | 1 267 | 1 286 | 1 306 |
| 76 | 1 143 | 1 163 | 1 183 | 1 202 | 1 222 | 1 242 | 1 262 | 1 281 | 1 301 | 1 321 |
| 78 | 1 156 | 1 176 | 1 196 | 1 216 | 1 236 | 1 256 | 1 276 | 1 296 | 1 316 | 1 336 |
| 1,80 | 1 169 | 1 189 | 1 210 | 1 230 | 1 250 | 1 270 | 1 290 | 1 310 | 1 331 | 1 351 |
| 82 | 1 182 | 1 203 | 1 223 | 1 243 | 1 264 | 1 284 | 1 305 | 1 325 | 1 345 | 1 366 |
| 84 | 1 195 | 1 216 | 1 236 | 1 257 | 1 278 | 1 298 | 1 319 | 1 340 | 1 360 | 1 381 |
| 86 | 1 208 | 1 229 | 1 250 | 1 271 | 1 292 | 1 312 | 1 333 | 1 354 | 1 375 | 1 396 |
| 88 | 1 221 | 1 242 | 1 263 | 1 284 | 1 305 | 1 327 | 1 348 | 1 369 | 1 390 | 1 411 |
| 1,90 | 1 231 | 1 256 | 1 277 | 1 298 | 1 319 | 1 341 | 1 362 | 1 383 | 1 404 | 1 426 |
| 92 | 1 247 | 1 269 | 1 290 | 1 312 | 1 333 | 1 355 | 1 376 | 1 398 | 1 419 | 1 441 |
| 94 | 1 260 | 1 282 | 1 304 | 1 325 | 1 347 | 1 369 | 1 391 | 1 412 | 1 434 | 1 456 |
| 96 | 1 273 | 1 295 | 1 317 | 1 339 | 1 361 | 1 383 | 1 405 | 1 427 | 1 449 | 1 471 |
| 98 | 1 286 | 1 308 | 1 331 | 1 353 | 1 375 | 1 397 | 1 419 | 1 441 | 1 464 | 1 486 |
| 2,— | 1 299 | 1 322 | 1 344 | 1 366 | 1 389 | 1 411 | 1 434 | 1 456 | 1 478 | 1 501 |
| 02 | 1 312 | 1 335 | 1 357 | 1 380 | 1 403 | 1 425 | 1 448 | 1 471 | 1 493 | 1 516 |
| 04 | 1 325 | 1 348 | 1 371 | 1 394 | 1 417 | 1 439 | 1 462 | 1 485 | 1 508 | 1 531 |
| 06 | 1 338 | 1 361 | 1 384 | 1 407 | 1 430 | 1 454 | 1 477 | 1 500 | 1 523 | 1 546 |
| 08 | 1 351 | 1 374 | 1 398 | 1 421 | 1 444 | 1 468 | 1 491 | 1 514 | 1 538 | 1 561 |
| 2,10 | 1 364 | 1 388 | 1 411 | 1 435 | 1 458 | 1 482 | 1 505 | 1 529 | 1 552 | 1 576 |
| 12 | 1 377 | 1 401 | 1 425 | 1 448 | 1 472 | 1 496 | 1 520 | 1 543 | 1 567 | 1 591 |
| 14 | 1 390 | 1 414 | 1 438 | 1 462 | 1 486 | 1 510 | 1 534 | 1 558 | 1 582 | 1 606 |
| 16 | 1 403 | 1 427 | 1 452 | 1 476 | 1 500 | 1 524 | 1 548 | 1 572 | 1 597 | 1 621 |
| 18 | 1 416 | 1 441 | 1 465 | 1 489 | 1 514 | 1 538 | 1 563 | 1 587 | 1 611 | 1 636 |
| 2,20 | 1 429 | 1 454 | 1 478 | 1 503 | 1 528 | 1 552 | 1 577 | 1 602 | 1 626 | 1 651 |
| 22 | 1 442 | 1 467 | 1 492 | 1 517 | 1 542 | 1 566 | 1 591 | 1 616 | 1 641 | 1 666 |
| 24 | 1 455 | 1 480 | 1 505 | 1 530 | 1 555 | 1 581 | 1 606 | 1 631 | 1 656 | 1 681 |
| 26 | 1 468 | 1 493 | 1 519 | 1 544 | 1 569 | 1 595 | 1 620 | 1 645 | 1 671 | 1 696 |
| 28 | 1 481 | 1 507 | 1 532 | 1 558 | 1 583 | 1 609 | 1 634 | 1 660 | 1 685 | 1 711 |
| 2,30 | 1 494 | 1 520 | 1 546 | 1 571 | 1 597 | 1 623 | 1 649 | 1 674 | 1 700 | 1 726 |
| 32 | 1 507 | 1 533 | 1 559 | 1 585 | 1 611 | 1 637 | 1 663 | 1 689 | 1 715 | 1 741 |
| 34 | 1 520 | 1 546 | 1 572 | 1 599 | 1 625 | 1 651 | 1 677 | 1 704 | 1 730 | 1 756 |

85

| LONG.ʳ | FUTAILLES | 0,58 | 0,60 | 0,62 | 0,64 | 0,66 | 0,68 | 0,70 | 0,72 | 0,74 | 0,76 |
|---|---|---|---|---|---|---|---|---|---|---|---|
| | | | | | | | LARGEUR | | | | |
| 0,58 | 0 156 | 0 195 | | | | | | | | | |
| 0,60 | 0 161 | 0 202 | 0 209 | | | | | | | | |
| 62 | 0 167 | 0 209 | 0 216 | 0 223 | | | | | | | |
| 64 | 0 172 | 0 215 | 0 223 | 0 230 | 0 238 | | | | | | |
| 66 | 0 178 | 0 222 | 0 230 | 0 237 | 0 245 | 0 253 | | | | | |
| 68 | 0 183 | 0 229 | 0 237 | 0 245 | 0 252 | 0 260 | 0 268 | | | | |
| 0,70 | 0 188 | 0 235 | 0 244 | 0 252 | 0 260 | 0 268 | 0 276 | 0 284 | | | |
| 72 | 0 194 | 0 242 | 0 251 | 0 259 | 0 267 | 0 276 | 0 284 | 0 292 | 0 301 | | |
| 74 | 0 199 | 0 249 | 0 258 | 0 266 | 0 275 | 0 283 | 0 292 | 0 300 | 0 309 | 0 318 | |
| 76 | 0 205 | 0 256 | 0 264 | 0 273 | 0 282 | 0 291 | 0 300 | 0 309 | 0 317 | 0 326 | 0 335 |
| 78 | 0 210 | 0 262 | 0 271 | 0 280 | 0 290 | 0 299 | 0 308 | 0 317 | 0 326 | 0 335 | 0 344 |
| 0,80 | 0 215 | 0 269 | 0 278 | 0 288 | 0 297 | 0 306 | 0 316 | 0 325 | 0 334 | 0 343 | 0 353 |
| 82 | 0 221 | 0 276 | 0 285 | 0 295 | 0 304 | 0 314 | 0 323 | 0 333 | 0 342 | 0 352 | 0 361 |
| 84 | 0 226 | 0 283 | 0 292 | 0 302 | 0 312 | 0 322 | 0 331 | 0 341 | 0 351 | 0 361 | 0 370 |
| 86 | 0 231 | 0 289 | 0 299 | 0 309 | 0 319 | 0 329 | 0 339 | 0 349 | 0 359 | 0 369 | 0 379 |
| 88 | 0 237 | 0 296 | 0 306 | 0 316 | 0 327 | 0 337 | 0 347 | 0 357 | 0 367 | 0 378 | 0 388 |
| 0 90 | 0 242 | 0 303 | 0 313 | 0 324 | 0 334 | 0 345 | 0 355 | 0 365 | 0 376 | 0 386 | 0 397 |
| 92 | 0 248 | 0 309 | 0 320 | 0 331 | 0 342 | 0 352 | 0 363 | 0 374 | 0 384 | 0 395 | 0 406 |
| 94 | 0 253 | 0 316 | 0 327 | 0 338 | 0 349 | 0 360 | 0 371 | 0 382 | 0 393 | 0 403 | 0 414 |
| 96 | 0 258 | 0 323 | 0 334 | 0 345 | 0 356 | 0 367 | 0 379 | 0 390 | 0 401 | 0 412 | 0 423 |
| 98 | 0 264 | 0 330 | 0 341 | 0 352 | 0 364 | 0 375 | 0 387 | 0 398 | 0 409 | 0 421 | 0 432 |
| 1,— | 0 269 | 0 336 | 0 348 | 0 360 | 0 371 | 0 383 | 0 394 | 0 406 | 0 418 | 0 429 | 0 441 |
| 02 | 0 275 | 0 343 | 0 355 | 0 367 | 0 379 | 0 390 | 0 402 | 0 414 | 0 426 | 0 438 | 0 450 |
| 04 | 0 280 | 0 350 | 0 362 | 0 374 | 0 386 | 0 398 | 0 410 | 0 422 | 0 434 | 0 446 | 0 458 |
| 06 | 0 285 | 0 357 | 0 369 | 0 381 | 0 393 | 0 406 | 0 418 | 0 430 | 0 443 | 0 455 | 0 467 |
| 08 | 0 291 | 0 363 | 0 376 | 0 388 | 0 401 | 0 413 | 0 426 | 0 438 | 0 451 | 0 464 | 0 476 |
| 1,10 | 0 296 | 0 370 | 0 383 | 0 396 | 0 408 | 0 421 | 0 434 | 0 447 | 0 459 | 0 472 | 0 485 |
| 12 | 0 301 | 0 377 | 0 390 | 0 403 | 0 416 | 0 429 | 0 442 | 0 455 | 0 468 | 0 481 | 0 494 |
| 14 | 0 307 | 0 383 | 0 397 | 0 410 | 0 423 | 0 436 | 0 450 | 0 463 | 0 476 | 0 489 | 0 503 |
| 16 | 0 312 | 0 390 | 0 404 | 0 417 | 0 431 | 0 444 | 0 458 | 0 471 | 0 484 | 0 498 | 0 511 |
| 18 | 0 318 | 0 397 | 0 411 | 0 424 | 0 438 | 0 452 | 0 465 | 0 479 | 0 491 | 0 506 | 0 520 |
| 1,20 | 0 323 | 0 404 | 0 418 | 0 432 | 0 445 | 0 459 | 0 473 | 0 487 | 0 501 | 0 515 | 0 529 |
| 22 | 0 328 | 0 410 | 0 425 | 0 439 | 0 453 | 0 467 | 0 481 | 0 495 | 0 509 | 0 524 | 0 538 |
| 24 | 0 334 | 0 417 | 0 432 | 0 446 | 0 460 | 0 475 | 0 489 | 0 503 | 0 518 | 0 532 | 0 547 |
| 26 | 0 339 | 0 424 | 0 438 | 0 453 | 0 468 | 0 482 | 0 497 | 0 512 | 0 526 | 0 541 | 0 555 |
| 28 | 0 344 | 0 431 | 0 445 | 0 460 | 0 475 | 0 490 | 0 505 | 0 520 | 0 535 | 0 549 | 0 564 |
| 1,30 | 0 350 | 0 437 | 0 452 | 0 467 | 0 483 | 0 498 | 0 513 | 0 528 | 0 543 | 0 558 | 0 573 |
| 32 | 0 355 | 0 444 | 0 459 | 0 475 | 0 490 | 0 505 | 0 521 | 0 536 | 0 551 | 0 567 | 0 582 |
| 34 | 0 361 | 0 451 | 0 466 | 0 482 | 0 497 | 0 513 | 0 528 | 0 544 | 0 560 | 0 575 | 0 591 |
| 36 | 0 366 | 0 458 | 0 473 | 0 489 | 0 505 | 0 521 | 0 536 | 0 552 | 0 568 | 0 584 | 0 599 |
| 38 | 0 371 | 0 464 | 0 480 | 0 496 | 0 512 | 0 528 | 0 544 | 0 560 | 0 576 | 0 592 | 0 608 |
| 1,40 | 0 377 | 0 471 | 0 487 | 0 503 | 0 520 | 0 536 | 0 552 | 0 568 | 0 585 | 0 601 | 0 617 |
| 42 | 0 382 | 0 478 | 0 494 | 0 511 | 0 527 | 0 543 | 0 560 | 0 577 | 0 593 | 0 609 | 0 626 |
| 44 | 0 388 | 0 484 | 0 501 | 0 518 | 0 534 | 0 551 | 0 568 | 0 585 | 0 601 | 0 618 | 0 635 |
| 46 | 0 393 | 0 491 | 0 508 | 0 525 | 0 542 | 0 559 | 0 576 | 0 593 | 0 610 | 0 627 | 0 644 |
| 48 | 0 398 | 0 498 | 0 515 | 0 532 | 0 549 | 0 567 | 0 584 | 0 601 | 0 618 | 0 635 | 0 652 |
| 1,50 | 0 404 | 0 505 | 0 522 | 0 539 | 0 557 | 0 574 | 0 592 | 0 609 | 0 626 | 0 644 | 0 661 |
| 52 | 0 409 | 0 511 | 0 529 | 0 547 | 0 564 | 0 582 | 0 599 | 0 617 | 0 635 | 0 652 | 0 670 |
| 54 | 0 415 | 0 518 | 0 536 | 0 554 | 0 572 | 0 590 | 0 607 | 0 625 | 0 643 | 0 661 | 0 679 |
| 56 | 0 420 | 0 525 | 0 543 | 0 561 | 0 579 | 0 597 | 0 615 | 0 633 | 0 651 | 0 670 | 0 688 |
| 58 | 0 425 | 0 532 | 0 550 | 0 568 | 0 586 | 0 605 | 0 623 | 0 641 | 0 660 | 0 678 | 0 696 |
| 1,60 | 0 431 | 0 538 | 0 557 | 0 575 | 0 594 | 0 612 | 0 631 | 0 650 | 0 668 | 0 687 | 0 705 |
| 62 | 0 436 | 0 545 | 0 564 | 0 583 | 0 601 | 0 620 | 0 639 | 0 658 | 0 677 | 0 695 | 0 714 |
| 64 | 0 441 | 0 552 | 0 571 | 0 590 | 0 609 | 0 628 | 0 647 | 0 666 | 0 685 | 0 704 | 0 723 |
| 66 | 0 447 | 0 558 | 0 578 | 0 597 | 0 616 | 0 635 | 0 655 | 0 674 | 0 693 | 0 712 | 0 732 |
| 68 | 0 452 | 0 565 | 0 585 | 0 604 | 0 624 | 0 643 | 0 663 | 0 682 | 0 702 | 0 721 | 0 741 |
| 1,70 | 0 458 | 0 572 | 0 592 | 0 611 | 0 631 | 0 651 | 0 670 | 0 690 | 0 710 | 0 730 | 0 749 |
| 72 | 0 463 | 0 579 | 0 599 | 0 619 | 0 638 | 0 658 | 0 678 | 0 698 | 0 718 | 0 738 | 0 758 |
| 74 | 0 468 | 0 585 | 0 606 | 0 626 | 0 646 | 0 666 | 0 686 | 0 706 | 0 727 | 0 747 | 0 767 |
| 76 | 0 474 | 0 592 | 0 612 | 0 633 | 0 653 | 0 674 | 0 694 | 0 715 | 0 735 | 0 755 | 0 776 |
| 78 | 0 479 | 0 599 | 0 619 | 0 640 | 0 661 | 0 681 | 0 702 | 0 723 | 0 743 | 0 764 | 0 785 |
| 1,80 | 0 484 | 0 606 | 0 626 | 0 647 | 0 668 | 0 689 | 0 710 | 0 731 | 0 752 | 0 773 | 0 793 |
| 82 | 0 490 | 0 612 | 0 633 | 0 654 | 0 676 | 0 697 | 0 718 | 0 739 | 0 760 | 0 781 | 0 802 |
| 84 | 0 495 | 0 619 | 0 640 | 0 662 | 0 683 | 0 704 | 0 726 | 0 747 | 0 768 | 0 790 | 0 811 |
| 86 | 0 501 | 0 626 | 0 647 | 0 669 | 0 690 | 0 712 | 0 734 | 0 755 | 0 777 | 0 798 | 0 820 |
| 88 | 0 506 | 0 632 | 0 654 | 0 676 | 0 698 | 0 720 | 0 741 | 0 763 | 0 785 | 0 807 | 0 829 |
| 1,90 | 0 511 | 0 639 | 0 661 | 0 683 | 0 705 | 0 727 | 0 749 | 0 771 | 0 793 | 0 815 | 0 838 |
| 92 | 0 517 | 0 646 | 0 668 | 0 690 | 0 713 | 0 735 | 0 757 | 0 780 | 0 802 | 0 824 | 0 846 |
| 94 | 0 522 | 0 653 | 0 675 | 0 698 | 0 720 | 0 743 | 0 765 | 0 788 | 0 810 | 0 833 | 0 855 |
| 96 | 0 528 | 0 659 | 0 682 | 0 705 | 0 728 | 0 750 | 0 773 | 0 796 | 0 818 | 0 841 | 0 864 |



Epaisseur : **0ᵐ 58** centimètres



87

| LONGUEUR | 0,78 | 0,80 | 0,82 | 0,84 | 0,86 | 0,88 | 0,90 | 0,92 | 0,94 | 0,96 |
|---|---|---|---|---|---|---|---|---|---|---|
| | | | | | LARGEUR | | | | | |
| 0,78 | 0 353 | | | | | | | | | |
| 0,80 | 0 362 | 0 371 | | | | | | | | |
| 82 | 0 371 | 0 380 | 0 390 | | | | | | | |
| 84 | 0 380 | 0 390 | 0 400 | 0 409 | | | | | | |
| 86 | 0 389 | 0 399 | 0 409 | 0 419 | 0 429 | | | | | |
| 88 | 0 398 | 0 408 | 0 419 | 0 429 | 0 439 | 0 449 | | | | |
| 0,90 | 0 407 | 0 418 | 0 428 | 0 438 | 0 449 | 0 459 | 0 470 | | | |
| 92 | 0 416 | 0 427 | 0 438 | 0 448 | 0 459 | 0 470 | 0 480 | 0 491 | | |
| 94 | 0 425 | 0 436 | 0 447 | 0 458 | 0 469 | 0 480 | 0 491 | 0 502 | 0 512 | |
| 96 | 0 434 | 0 445 | 0 457 | 0 468 | 0 479 | 0 490 | 0 501 | 0 512 | 0 523 | 0 535 |
| 98 | 0 443 | 0 455 | 0 466 | 0 477 | 0 489 | 0 500 | 0 512 | 0 523 | 0 534 | 0 546 |
| 1,— | 0 452 | 0 464 | 0 476 | 0 487 | 0 499 | 0 510 | 0 522 | 0 534 | 0 545 | 0 557 |
| 02 | 0 461 | 0 473 | 0 485 | 0 497 | 0 509 | 0 521 | 0 532 | 0 544 | 0 556 | 0 568 |
| 04 | 0 470 | 0 483 | 0 495 | 0 507 | 0 519 | 0 531 | 0 543 | 0 555 | 0 567 | 0 579 |
| 06 | 0 480 | 0 492 | 0 504 | 0 516 | 0 529 | 0 541 | 0 553 | 0 566 | 0 578 | 0 590 |
| 08 | 0 489 | 0 501 | 0 514 | 0 526 | 0 539 | 0 551 | 0 564 | 0 576 | 0 589 | 0 601 |
| 1,10 | 0 498 | 0 510 | 0 523 | 0 536 | 0 549 | 0 561 | 0 574 | 0 587 | 0 600 | 0 612 |
| 12 | 0 507 | 0 520 | 0 533 | 0 546 | 0 559 | 0 572 | 0 585 | 0 598 | 0 611 | 0 624 |
| 14 | 0 516 | 0 529 | 0 542 | 0 555 | 0 569 | 0 582 | 0 595 | 0 608 | 0 622 | 0 635 |
| 16 | 0 525 | 0 538 | 0 552 | 0 565 | 0 579 | 0 592 | 0 606 | 0 619 | 0 632 | 0 646 |
| 18 | 0 534 | 0 548 | 0 561 | 0 575 | 0 589 | 0 602 | 0 616 | 0 630 | 0 643 | 0 657 |
| 1,20 | 0 543 | 0 557 | 0 571 | 0 585 | 0 599 | 0 612 | 0 626 | 0 640 | 0 654 | 0 668 |
| 22 | 0 552 | 0 566 | 0 580 | 0 594 | 0 609 | 0 623 | 0 637 | 0 651 | 0 665 | 0 679 |
| 24 | 0 561 | 0 575 | 0 590 | 0 604 | 0 619 | 0 633 | 0 647 | 0 662 | 0 676 | 0 690 |
| 26 | 0 570 | 0 585 | 0 599 | 0 614 | 0 628 | 0 643 | 0 658 | 0 672 | 0 687 | 0 702 |
| 28 | 0 579 | 0 594 | 0 609 | 0 624 | 0 638 | 0 653 | 0 668 | 0 683 | 0 698 | 0 713 |
| 1,30 | 0 588 | 0 603 | 0 618 | 0 633 | 0 648 | 0 664 | 0 679 | 0 694 | 0 709 | 0 724 |
| 32 | 0 597 | 0 612 | 0 628 | 0 643 | 0 658 | 0 674 | 0 689 | 0 704 | 0 720 | 0 735 |
| 34 | 0 606 | 0 622 | 0 637 | 0 653 | 0 668 | 0 684 | 0 699 | 0 715 | 0 731 | 0 746 |
| 36 | 0 615 | 0 631 | 0 647 | 0 663 | 0 678 | 0 694 | 0 710 | 0 726 | 0 741 | 0 757 |
| 38 | 0 624 | 0 640 | 0 656 | 0 672 | 0 688 | 0 704 | 0 720 | 0 736 | 0 752 | 0 768 |
| 1,40 | 0 633 | 0 650 | 0 666 | 0 682 | 0 698 | 0 715 | 0 731 | 0 747 | 0 763 | 0 780 |
| 42 | 0 642 | 0 659 | 0 675 | 0 692 | 0 708 | 0 725 | 0 741 | 0 758 | 0 774 | 0 791 |
| 44 | 0 651 | 0 668 | 0 685 | 0 702 | 0 718 | 0 735 | 0 752 | 0 768 | 0 785 | 0 802 |
| 46 | 0 661 | 0 677 | 0 694 | 0 711 | 0 728 | 0 745 | 0 762 | 0 779 | 0 796 | 0 813 |
| 48 | 0 670 | 0 687 | 0 704 | 0 721 | 0 738 | 0 755 | 0 773 | 0 790 | 0 807 | 0 824 |
| 1,50 | 0 679 | 0 696 | 0 713 | 0 731 | 0 748 | 0 766 | 0 783 | 0 800 | 0 818 | 0 835 |
| 52 | 0 688 | 0 705 | 0 723 | 0 741 | 0 758 | 0 776 | 0 793 | 0 811 | 0 829 | 0 846 |
| 54 | 0 697 | 0 715 | 0 732 | 0 750 | 0 768 | 0 786 | 0 804 | 0 822 | 0 840 | 0 857 |
| 56 | 0 706 | 0 724 | 0 742 | 0 760 | 0 778 | 0 796 | 0 814 | 0 832 | 0 851 | 0 869 |
| 58 | 0 715 | 0 733 | 0 751 | 0 770 | 0 788 | 0 806 | 0 825 | 0 843 | 0 861 | 0 880 |
| 1,60 | 0 724 | 0 742 | 0 761 | 0 780 | 0 798 | 0 817 | 0 835 | 0 854 | 0 872 | 0 891 |
| 62 | 0 733 | 0 752 | 0 770 | 0 789 | 0 808 | 0 827 | 0 846 | 0 864 | 0 883 | 0 902 |
| 64 | 0 742 | 0 761 | 0 780 | 0 799 | 0 818 | 0 837 | 0 856 | 0 875 | 0 894 | 0 913 |
| 66 | 0 751 | 0 770 | 0 789 | 0 809 | 0 828 | 0 847 | 0 867 | 0 886 | 0 905 | 0 924 |
| 68 | 0 760 | 0 780 | 0 799 | 0 818 | 0 838 | 0 857 | 0 877 | 0 896 | 0 916 | 0 935 |
| 1,70 | 0 769 | 0 789 | 0 809 | 0 828 | 0 848 | 0 868 | 0 887 | 0 907 | 0 927 | 0 947 |
| 72 | 0 778 | 0 798 | 0 818 | 0 838 | 0 858 | 0 878 | 0 898 | 0 918 | 0 938 | 0 958 |
| 74 | 0 787 | 0 807 | 0 828 | 0 848 | 0 868 | 0 888 | 0 908 | 0 928 | 0 949 | 0 969 |
| 76 | 0 796 | 0 817 | 0 837 | 0 857 | 0 878 | 0 898 | 0 919 | 0 939 | 0 960 | 0 980 |
| 78 | 0 805 | 0 826 | 0 847 | 0 867 | 0 888 | 0 909 | 0 929 | 0 950 | 0 970 | 0 991 |
| 1,80 | 0 814 | 0 835 | 0 856 | 0 877 | 0 898 | 0 919 | 0 940 | 0 960 | 0 981 | 1 002 |
| 82 | 0 823 | 0 844 | 0 866 | 0 887 | 0 908 | 0 929 | 0 950 | 0 971 | 0 992 | 1 013 |
| 84 | 0 832 | 0 854 | 0 875 | 0 896 | 0 918 | 0 939 | 0 960 | 0 982 | 1 003 | 1 025 |
| 86 | 0 841 | 0 863 | 0 885 | 0 906 | 0 928 | 0 949 | 0 971 | 0 992 | 1 014 | 1 036 |
| 88 | 0 851 | 0 872 | 0 894 | 0 916 | 0 938 | 0 960 | 0 981 | 1 003 | 1 025 | 1 047 |
| 1,90 | 0 860 | 0 882 | 0 904 | 0 926 | 0 948 | 0 970 | 0 992 | 1 014 | 1 036 | 1 058 |
| 92 | 0 869 | 0 891 | 0 913 | 0 935 | 0 958 | 0 980 | 1 002 | 1 025 | 1 047 | 1 069 |
| 94 | 0 878 | 0 900 | 0 923 | 0 945 | 0 968 | 0 990 | 1 013 | 1 035 | 1 058 | 1 080 |
| 96 | 0 887 | 0 909 | 0 932 | 0 955 | 0 978 | 1 000 | 1 023 | 1 046 | 1 069 | 1 091 |

**Epaisseur : 0ᵐ 58 centimètres**

| LONGUEUR | LARGEUR | | | | | | | | | |
|---|---|---|---|---|---|---|---|---|---|---|
|  | 0,98 | 1,00 | 1,02 | 1,04 | 1,06 | 1,08 | 1,10 | 1,12 | 1,14 | 1,16 |
| 0,98 | 0 557 | | | | | | | | | |
| 1,— | 0 568 | 0 580 | | | | | | | | |
| 02 | 0 580 | 0 592 | 0 603 | | | | | | | |
| 04 | 0 591 | 0 603 | 0 615 | 0 627 | | | | | | |
| 06 | 0 602 | 0 615 | 0 627 | 0 639 | 0 652 | | | | | |
| 08 | 0 614 | 0 626 | 0 639 | 0 651 | 0 664 | 0 677 | | | | |
| 1,10 | 0 625 | 0 638 | 0 651 | 0 664 | 0 676 | 0 689 | 0 702 | | | |
| 12 | 0 637 | 0 650 | 0 663 | 0 676 | 0 689 | 0 702 | 0 715 | 0 728 | | |
| 14 | 0 648 | 0 661 | 0 674 | 0 688 | 0 701 | 0 714 | 0 727 | 0 741 | 0 754 | |
| 16 | 0 659 | 0 673 | 0 686 | 0 700 | 0 713 | 0 727 | 0 740 | 0 754 | 0 767 | 0 780 |
| 18 | 0 671 | 0 684 | 0 698 | 0 712 | 0 725 | 0 739 | 0 753 | 0 767 | 0 780 | 0 794 |
| 1,20 | 0 682 | 0 696 | 0 710 | 0 724 | 0 738 | 0 752 | 0 766 | 0 780 | 0 793 | 0 807 |
| 22 | 0 693 | 0 708 | 0 722 | 0 736 | 0 750 | 0 764 | 0 778 | 0 793 | 0 807 | 0 821 |
| 24 | 0 705 | 0 719 | 0 734 | 0 748 | 0 762 | 0 777 | 0 791 | 0 806 | 0 820 | 0 834 |
| 26 | 0 716 | 0 731 | 0 745 | 0 760 | 0 775 | 0 789 | 0 804 | 0 818 | 0 833 | 0 848 |
| 28 | 0 728 | 0 742 | 0 757 | 0 772 | 0 787 | 0 802 | 0 817 | 0 831 | 0 846 | 0 861 |
| 1,30 | 0 739 | 0 754 | 0 769 | 0 784 | 0 799 | 0 814 | 0 829 | 0 844 | 0 860 | 0 875 |
| 32 | 0 750 | 0 766 | 0 781 | 0 796 | 0 812 | 0 827 | 0 842 | 0 857 | 0 873 | 0 888 |
| 34 | 0 762 | 0 777 | 0 793 | 0 808 | 0 824 | 0 839 | 0 855 | 0 870 | 0 886 | 0 902 |
| 36 | 0 773 | 0 789 | 0 805 | 0 820 | 0 836 | 0 852 | 0 868 | 0 883 | 0 899 | 0 915 |
| 38 | 0 784 | 0 800 | 0 816 | 0 832 | 0 848 | 0 864 | 0 880 | 0 896 | 0 912 | 0 928 |
| 1,40 | 0 796 | 0 812 | 0 828 | 0 844 | 0 861 | 0 877 | 0 893 | 0 909 | 0 926 | 0 942 |
| 42 | 0 807 | 0 824 | 0 840 | 0 857 | 0 873 | 0 889 | 0 906 | 0 922 | 0 939 | 0 955 |
| 44 | 0 818 | 0 835 | 0 852 | 0 869 | 0 885 | 0 902 | 0 919 | 0 935 | 0 952 | 0 969 |
| 46 | 0 830 | 0 847 | 0 864 | 0 881 | 0 898 | 0 915 | 0 931 | 0 948 | 0 965 | 0 982 |
| 48 | 0 841 | 0 858 | 0 876 | 0 893 | 0 910 | 0 927 | 0 944 | 0 961 | 0 979 | 0 996 |
| 1,50 | 0 853 | 0 870 | 0 887 | 0 905 | 0 922 | 0 940 | 0 957 | 0 974 | 0 992 | 1 009 |
| 52 | 0 864 | 0 882 | 0 899 | 0 917 | 0 934 | 0 952 | 0 970 | 0 987 | 1 005 | 1 023 |
| 54 | 0 875 | 0 893 | 0 911 | 0 929 | 0 947 | 0 965 | 0 983 | 1 000 | 1 018 | 1 036 |
| 56 | 0 887 | 0 905 | 0 923 | 0 941 | 0 959 | 0 977 | 0 995 | 1 013 | 1 031 | 1 050 |
| 58 | 0 898 | 0 916 | 0 935 | 0 953 | 0 971 | 0 990 | 1 008 | 1 026 | 1 045 | 1 063 |
| 1,60 | 0 909 | 0 928 | 0 947 | 0 965 | 0 984 | 1 002 | 1 021 | 1 039 | 1 058 | 1 076 |
| 62 | 0 921 | 0 940 | 0 958 | 0 977 | 0 996 | 1 015 | 1 034 | 1 052 | 1 071 | 1 090 |
| 64 | 0 932 | 0 951 | 0 970 | 0 989 | 1 008 | 1 027 | 1 046 | 1 065 | 1 084 | 1 103 |
| 66 | 0 944 | 0 963 | 0 982 | 1 001 | 1 021 | 1 040 | 1 059 | 1 078 | 1 098 | 1 117 |
| 68 | 0 955 | 0 974 | 0 994 | 1 013 | 1 033 | 1 052 | 1 072 | 1 091 | 1 111 | 1 130 |
| 1,70 | 0 966 | 0 986 | 1 006 | 1 025 | 1 045 | 1 065 | 1 085 | 1 104 | 1 124 | 1 144 |
| 72 | 0 978 | 0 998 | 1 018 | 1 038 | 1 057 | 1 077 | 1 097 | 1 117 | 1 137 | 1 157 |
| 74 | 0 989 | 1 010 | 1 029 | 1 050 | 1 070 | 1 090 | 1 110 | 1 130 | 1 150 | 1 170 |
| 76 | 1 000 | 1 021 | 1 041 | 1 062 | 1 082 | 1 102 | 1 123 | 1 143 | 1 164 | 1 184 |
| 78 | 1 012 | 1 032 | 1 053 | 1 074 | 1 094 | 1 115 | 1 136 | 1 156 | 1 177 | 1 198 |
| 1,80 | 1 023 | 1 044 | 1 065 | 1 086 | 1 107 | 1 128 | 1 148 | 1 169 | 1 190 | 1 211 |
| 82 | 1 034 | 1 056 | 1 077 | 1 098 | 1 119 | 1 140 | 1 161 | 1 182 | 1 203 | 1 224 |
| 84 | 1 046 | 1 067 | 1 089 | 1 110 | 1 131 | 1 153 | 1 174 | 1 195 | 1 217 | 1 238 |
| 86 | 1 057 | 1 079 | 1 100 | 1 122 | 1 144 | 1 165 | 1 187 | 1 208 | 1 230 | 1 251 |
| 88 | 1 069 | 1 090 | 1 112 | 1 134 | 1 156 | 1 178 | 1 199 | 1 221 | 1 243 | 1 265 |
| 1,90 | 1 080 | 1 102 | 1 124 | 1 146 | 1 168 | 1 190 | 1 212 | 1 234 | 1 256 | 1 278 |
| 92 | 1 091 | 1 114 | 1 136 | 1 158 | 1 180 | 1 203 | 1 225 | 1 247 | 1 270 | 1 292 |
| 94 | 1 103 | 1 125 | 1 148 | 1 170 | 1 193 | 1 215 | 1 238 | 1 260 | 1 283 | 1 305 |
| 96 | 1 114 | 1 137 | 1 160 | 1 182 | 1 205 | 1 228 | 1 250 | 1 273 | 1 296 | 1 319 |
| 98 | 1 125 | 1 148 | 1 171 | 1 194 | 1 217 | 1 240 | 1 263 | 1 286 | 1 309 | 1 332 |
| 2,— | 1 137 | 1 160 | 1 183 | 1 206 | 1 230 | 1 253 | 1 276 | 1 299 | 1 322 | 1 346 |
| 02 | 1 148 | 1 172 | 1 195 | 1 218 | 1 242 | 1 265 | 1 289 | 1 312 | 1 336 | 1 359 |
| 04 | 1 160 | 1 183 | 1 207 | 1 231 | 1 254 | 1 278 | 1 302 | 1 325 | 1 349 | 1 373 |
| 06 | 1 171 | 1 195 | 1 219 | 1 243 | 1 266 | 1 290 | 1 314 | 1 338 | 1 362 | 1 386 |
| 08 | 1 182 | 1 206 | 1 231 | 1 255 | 1 279 | 1 303 | 1 327 | 1 351 | 1 375 | 1 400 |
| 2,10 | 1 194 | 1 218 | 1 242 | 1 267 | 1 291 | 1 315 | 1 340 | 1 364 | 1 389 | 1 413 |
| 12 | 1 205 | 1 230 | 1 254 | 1 279 | 1 303 | 1 328 | 1 353 | 1 377 | 1 402 | 1 426 |
| 14 | 1 216 | 1 241 | 1 266 | 1 291 | 1 316 | 1 340 | 1 365 | 1 390 | 1 415 | 1 440 |
| 16 | 1 228 | 1 253 | 1 278 | 1 303 | 1 328 | 1 353 | 1 378 | 1 403 | 1 428 | 1 453 |
| 18 | 1 239 | 1 264 | 1 290 | 1 315 | 1 340 | 1 366 | 1 391 | 1 416 | 1 441 | 1 467 |
| 2,20 | 1 250 | 1 276 | 1 302 | 1 327 | 1 353 | 1 378 | 1 404 | 1 429 | 1 455 | 1 480 |
| 22 | 1 262 | 1 288 | 1 313 | 1 339 | 1 365 | 1 391 | 1 416 | 1 442 | 1 468 | 1 494 |
| 24 | 1 273 | 1 299 | 1 325 | 1 351 | 1 377 | 1 403 | 1 429 | 1 455 | 1 481 | 1 507 |
| 26 | 1 285 | 1 311 | 1 337 | 1 363 | 1 389 | 1 416 | 1 442 | 1 468 | 1 494 | 1 521 |
| 28 | 1 296 | 1 322 | 1 349 | 1 375 | 1 402 | 1 428 | 1 455 | 1 481 | 1 508 | 1 534 |
| 2,30 | 1 307 | 1 334 | 1 361 | 1 387 | 1 414 | 1 441 | 1 467 | 1 494 | 1 521 | 1 547 |
| 32 | 1 319 | 1 346 | 1 373 | 1 399 | 1 426 | 1 453 | 1 480 | 1 507 | 1 534 | 1 561 |
| 34 | 1 330 | 1 357 | 1 384 | 1 411 | 1 439 | 1 466 | 1 493 | 1 520 | 1 547 | 1 574 |
| 36 | 1 341 | 1 369 | 1 396 | 1 424 | 1 451 | 1 478 | 1 506 | 1 533 | 1 560 | 1 588 |



**Epaisseur : 0ᵐ 58 centimètres**

| LONGUEUR | LARGEUR | | | | | | | | | |
|---|---|---|---|---|---|---|---|---|---|---|
|  | 1,18 | 1,20 | 1,22 | 1,24 | 1,26 | 1,28 | 1,30 | 1,32 | 1,34 | 1,36 |
| 1,18 | 0 808 | | | | | | | | | |
| 1,20 | 0 821 | 0 835 | | | | | | | | |
| 22 | 0 835 | 0 849 | 0 863 | | | | | | | |
| 24 | 0 849 | 0 863 | 0 877 | 0 892 | | | | | | |
| 26 | 0 862 | 0 877 | 0 892 | 0 906 | 0 921 | | | | | |
| 28 | 0 876 | 0 891 | 0 906 | 0 921 | 0 935 | 0 950 | | | | |
| 1,30 | 0 890 | 0 905 | 0 920 | 0 935 | 0 950 | 0 965 | 0 980 | | | |
| 32 | 0 903 | 0 919 | 0 931 | 0 949 | 0 965 | 0 980 | 0 995 | 1 011 | | |
| 34 | 0 917 | 0 933 | 0 948 | 0 964 | 0 979 | 0 995 | 1 010 | 1 026 | 1 041 | |
| 36 | 0 931 | 0 947 | 0 962 | 0 978 | 0 994 | 1 010 | 1 025 | 1 041 | 1 057 | 1 073 |
| 38 | 0 944 | 0 960 | 0 976 | 0 992 | 1 009 | 1 025 | 1 041 | 1 057 | 1 073 | 1 089 |
| 1,40 | 0 958 | 0 974 | 0 991 | 1 007 | 1 023 | 1 039 | 1 056 | 1 072 | 1 088 | 1 104 |
| 42 | 0 972 | 0 988 | 1 005 | 1 021 | 1 038 | 1 054 | 1 071 | 1 087 | 1 104 | 1 120 |
| 44 | 0 986 | 1 002 | 1 019 | 1 036 | 1 052 | 1 069 | 1 086 | 1 102 | 1 119 | 1 136 |
| 46 | 0 999 | 1 016 | 1 033 | 1 050 | 1 067 | 1 084 | 1 101 | 1 118 | 1 135 | 1 152 |
| 48 | 1 013 | 1 030 | 1 047 | 1 064 | 1 082 | 1 099 | 1 116 | 1 133 | 1 150 | 1 167 |
| 1,50 | 1 027 | 1 044 | 1 061 | 1 079 | 1 096 | 1 114 | 1 131 | 1 148 | 1 166 | 1 183 |
| 52 | 1 040 | 1 058 | 1 076 | 1 093 | 1 111 | 1 128 | 1 146 | 1 164 | 1 181 | 1 199 |
| 54 | 1 054 | 1 072 | 1 090 | 1 108 | 1 125 | 1 143 | 1 161 | 1 179 | 1 197 | 1 215 |
| 56 | 1 068 | 1 086 | 1 104 | 1 122 | 1 140 | 1 158 | 1 176 | 1 194 | 1 212 | 1 231 |
| 58 | 1 081 | 1 100 | 1 118 | 1 136 | 1 155 | 1 173 | 1 191 | 1 210 | 1 228 | 1 246 |
| 1,60 | 1 095 | 1 114 | 1 132 | 1 151 | 1 169 | 1 188 | 1 206 | 1 225 | 1 244 | 1 262 |
| 62 | 1 109 | 1 128 | 1 146 | 1 165 | 1 184 | 1 203 | 1 221 | 1 240 | 1 259 | 1 278 |
| 64 | 1 122 | 1 141 | 1 160 | 1 179 | 1 199 | 1 218 | 1 237 | 1 256 | 1 275 | 1 294 |
| 66 | 1 136 | 1 155 | 1 175 | 1 194 | 1 213 | 1 232 | 1 252 | 1 271 | 1 290 | 1 309 |
| 68 | 1 150 | 1 169 | 1 189 | 1 208 | 1 228 | 1 247 | 1 267 | 1 286 | 1 306 | 1 325 |
| 1,70 | 1 163 | 1 183 | 1 203 | 1 223 | 1 242 | 1 262 | 1 282 | 1 302 | 1 321 | 1 341 |
| 72 | 1 177 | 1 197 | 1 217 | 1 237 | 1 257 | 1 277 | 1 297 | 1 317 | 1 337 | 1 357 |
| 74 | 1 191 | 1 211 | 1 231 | 1 251 | 1 272 | 1 292 | 1 312 | 1 332 | 1 352 | 1 373 |
| 76 | 1 205 | 1 225 | 1 245 | 1 266 | 1 286 | 1 307 | 1 327 | 1 347 | 1 368 | 1 388 |
| 78 | 1 218 | 1 239 | 1 260 | 1 280 | 1 301 | 1 321 | 1 342 | 1 363 | 1 383 | 1 404 |
| 1,80 | 1 232 | 1 253 | 1 274 | 1 295 | 1 315 | 1 336 | 1 357 | 1 378 | 1 399 | 1 420 |
| 82 | 1 246 | 1 267 | 1 288 | 1 309 | 1 330 | 1 351 | 1 372 | 1 393 | 1 415 | 1 436 |
| 84 | 1 259 | 1 281 | 1 302 | 1 323 | 1 345 | 1 366 | 1 387 | 1 409 | 1 430 | 1 451 |
| 86 | 1 273 | 1 295 | 1 316 | 1 338 | 1 359 | 1 381 | 1 402 | 1 424 | 1 446 | 1 467 |
| 88 | 1 287 | 1 308 | 1 330 | 1 352 | 1 374 | 1 396 | 1 418 | 1 439 | 1 461 | 1 483 |
| 1,90 | 1 300 | 1 322 | 1 344 | 1 366 | 1 389 | 1 411 | 1 433 | 1 455 | 1 477 | 1 499 |
| 92 | 1 314 | 1 336 | 1 359 | 1 381 | 1 403 | 1 425 | 1 448 | 1 470 | 1 492 | 1 514 |
| 94 | 1 328 | 1 350 | 1 373 | 1 395 | 1 418 | 1 440 | 1 463 | 1 485 | 1 508 | 1 530 |
| 96 | 1 341 | 1 364 | 1 387 | 1 410 | 1 432 | 1 455 | 1 478 | 1 501 | 1 523 | 1 546 |
| 98 | 1 355 | 1 378 | 1 401 | 1 424 | 1 447 | 1 470 | 1 493 | 1 516 | 1 539 | 1 562 |
| 2,— | 1 369 | 1 392 | 1 415 | 1 438 | 1 462 | 1 485 | 1 508 | 1 531 | 1 554 | 1 578 |
| 02 | 1 382 | 1 406 | 1 429 | 1 453 | 1 476 | 1 500 | 1 523 | 1 547 | 1 570 | 1 593 |
| 04 | 1 396 | 1 420 | 1 444 | 1 467 | 1 491 | 1 514 | 1 538 | 1 562 | 1 585 | 1 609 |
| 06 | 1 410 | 1 434 | 1 458 | 1 482 | 1 505 | 1 529 | 1 553 | 1 577 | 1 601 | 1 625 |
| 08 | 1 424 | 1 448 | 1 472 | 1 496 | 1 520 | 1 544 | 1 568 | 1 592 | 1 617 | 1 641 |
| 2,10 | 1 437 | 1 462 | 1 486 | 1 510 | 1 535 | 1 559 | 1 583 | 1 608 | 1 632 | 1 656 |
| 12 | 1 451 | 1 476 | 1 500 | 1 525 | 1 549 | 1 574 | 1 598 | 1 623 | 1 648 | 1 672 |
| 14 | 1 465 | 1 489 | 1 514 | 1 539 | 1 564 | 1 589 | 1 614 | 1 638 | 1 663 | 1 688 |
| 16 | 1 478 | 1 503 | 1 528 | 1 553 | 1 579 | 1 604 | 1 629 | 1 654 | 1 679 | 1 704 |
| 18 | 1 492 | 1 517 | 1 543 | 1 568 | 1 593 | 1 618 | 1 644 | 1 669 | 1 694 | 1 720 |
| 2,20 | 1 506 | 1 531 | 1 557 | 1 582 | 1 608 | 1 633 | 1 659 | 1 684 | 1 710 | 1 735 |
| 22 | 1 519 | 1 545 | 1 571 | 1 597 | 1 622 | 1 648 | 1 674 | 1 700 | 1 725 | 1 751 |
| 24 | 1 533 | 1 559 | 1 585 | 1 611 | 1 637 | 1 663 | 1 689 | 1 715 | 1 741 | 1 767 |
| 26 | 1 547 | 1 573 | 1 599 | 1 625 | 1 652 | 1 678 | 1 704 | 1 730 | 1 756 | 1 783 |
| 28 | 1 560 | 1 587 | 1 613 | 1 640 | 1 666 | 1 693 | 1 719 | 1 746 | 1 772 | 1 798 |
| 2,30 | 1 574 | 1 601 | 1 627 | 1 654 | 1 681 | 1 708 | 1 734 | 1 761 | 1 788 | 1 814 |
| 32 | 1 588 | 1 615 | 1 642 | 1 669 | 1 695 | 1 722 | 1 749 | 1 776 | 1 803 | 1 830 |
| 34 | 1 601 | 1 629 | 1 656 | 1 683 | 1 710 | 1 737 | 1 764 | 1 792 | 1 819 | 1 846 |
| 36 | 1 615 | 1 643 | 1 670 | 1 697 | 1 725 | 1 752 | 1 779 | 1 807 | 1 834 | 1 862 |

LARGEUR

| LONGr | FUTAILLES | 0,60 | 0,62 | 0,64 | 0,66 | 0,68 | 0,70 | 0,72 | 0,74 | 0,76 | 0,78 |
|---|---|---|---|---|---|---|---|---|---|---|---|
| 0,60 | 0 173 | 0 216 | | | | | | | | | |
| 62 | 0 179 | 0 223 | 0 231 | | | | | | | | |
| 64 | 0 184 | 0 230 | 0 238 | 0 246 | | | | | | | |
| 66 | 0 190 | 0 238 | 0 246 | 0 253 | 0 261 | | | | | | |
| 68 | 0 196 | 0 245 | 0 253 | 0 261 | 0 269 | 0 277 | | | | | |
| 0,70 | 0 202 | 0 252 | 0 260 | 0 269 | 0 277 | 0 286 | 0 294 | | | | |
| 72 | 0 207 | 0 259 | 0 268 | 0 276 | 0 285 | 0 294 | 0 302 | 0 311 | | | |
| 74 | 0 213 | 0 266 | 0 275 | 0 284 | 0 293 | 0 302 | 0 311 | 0 320 | 0 329 | | |
| 76 | 0 219 | 0 274 | 0 283 | 0 292 | 0 301 | 0 310 | 0 319 | 0 328 | 0 337 | 0 347 | |
| 78 | 0 225 | 0 281 | 0 290 | 0 300 | 0 309 | 0 318 | 0 328 | 0 337 | 0 346 | 0 356 | 0 365 |
| 0,80 | 0 230 | 0 288 | 0 298 | 0 307 | 0 317 | 0 326 | 0 336 | 0 346 | 0 355 | 0 365 | 0 374 |
| 82 | 0 236 | 0 295 | 0 305 | 0 315 | 0 325 | 0 335 | 0 344 | 0 354 | 0 364 | 0 374 | 0 384 |
| 84 | 0 242 | 0 302 | 0 312 | 0 323 | 0 333 | 0 343 | 0 353 | 0 363 | 0 373 | 0 383 | 0 393 |
| 86 | 0 248 | 0 310 | 0 320 | 0 330 | 0 341 | 0 351 | 0 361 | 0 372 | 0 382 | 0 392 | 0 402 |
| 88 | 0 253 | 0 317 | 0 327 | 0 338 | 0 348 | 0 359 | 0 370 | 0 380 | 0 391 | 0 401 | 0 412 |
| 0,90 | 0 259 | 0 324 | 0 335 | 0 346 | 0 356 | 0 367 | 0 378 | 0 389 | 0 400 | 0 410 | 0 421 |
| 92 | 0 265 | 0 331 | 0 342 | 0 353 | 0 364 | 0 375 | 0 386 | 0 397 | 0 408 | 0 420 | 0 431 |
| 94 | 0 271 | 0 338 | 0 350 | 0 361 | 0 372 | 0 384 | 0 395 | 0 406 | 0 417 | 0 429 | 0 440 |
| 96 | 0 276 | 0 346 | 0 357 | 0 369 | 0 380 | 0 392 | 0 403 | 0 415 | 0 426 | 0 438 | 0 449 |
| 98 | 0 282 | 0 353 | 0 365 | 0 376 | 0 388 | 0 400 | 0 412 | 0 423 | 0 435 | 0 447 | 0 459 |
| 1,— | 0 288 | 0 360 | 0 372 | 0 384 | 0 396 | 0 408 | 0 420 | 0 432 | 0 444 | 0 456 | 0 468 |
| 02 | 0 294 | 0 367 | 0 379 | 0 392 | 0 404 | 0 416 | 0 428 | 0 441 | 0 453 | 0 465 | 0 477 |
| 04 | 0 299 | 0 374 | 0 387 | 0 399 | 0 412 | 0 424 | 0 437 | 0 449 | 0 462 | 0 474 | 0 487 |
| 06 | 0 305 | 0 382 | 0 394 | 0 407 | 0 420 | 0 432 | 0 445 | 0 458 | 0 471 | 0 483 | 0 496 |
| 08 | 0 311 | 0 389 | 0 402 | 0 415 | 0 428 | 0 441 | 0 454 | 0 467 | 0 480 | 0 492 | 0 505 |
| 1,10 | 0 317 | 0 396 | 0 409 | 0 422 | 0 436 | 0 449 | 0 462 | 0 475 | 0 488 | 0 502 | 0 515 |
| 12 | 0 323 | 0 403 | 0 417 | 0 430 | 0 444 | 0 457 | 0 470 | 0 484 | 0 497 | 0 511 | 0 524 |
| 14 | 0 328 | 0 410 | 0 424 | 0 438 | 0 451 | 0 465 | 0 479 | 0 492 | 0 506 | 0 520 | 0 534 |
| 16 | 0 334 | 0 418 | 0 432 | 0 445 | 0 459 | 0 473 | 0 487 | 0 501 | 0 515 | 0 529 | 0 543 |
| 18 | 0 340 | 0 425 | 0 439 | 0 453 | 0 467 | 0 481 | 0 496 | 0 510 | 0 524 | 0 538 | 0 552 |
| 1,20 | 0 346 | 0 432 | 0 446 | 0 461 | 0 475 | 0 490 | 0 504 | 0 518 | 0 533 | 0 547 | 0 562 |
| 22 | 0 351 | 0 439 | 0 454 | 0 468 | 0 483 | 0 498 | 0 512 | 0 527 | 0 542 | 0 556 | 0 571 |
| 24 | 0 357 | 0 446 | 0 461 | 0 476 | 0 491 | 0 506 | 0 521 | 0 536 | 0 551 | 0 565 | 0 580 |
| 26 | 0 363 | 0 454 | 0 469 | 0 484 | 0 499 | 0 514 | 0 529 | 0 544 | 0 559 | 0 575 | 0 590 |
| 28 | 0 369 | 0 461 | 0 476 | 0 492 | 0 507 | 0 522 | 0 538 | 0 553 | 0 568 | 0 584 | 0 599 |
| 1,30 | 0 374 | 0 468 | 0 484 | 0 499 | 0 515 | 0 530 | 0 546 | 0 562 | 0 577 | 0 593 | 0 608 |
| 32 | 0 380 | 0 475 | 0 491 | 0 507 | 0 523 | 0 539 | 0 554 | 0 570 | 0 586 | 0 602 | 0 618 |
| 34 | 0 386 | 0 482 | 0 498 | 0 515 | 0 531 | 0 547 | 0 563 | 0 579 | 0 595 | 0 611 | 0 627 |
| 36 | 0 392 | 0 490 | 0 506 | 0 522 | 0 539 | 0 555 | 0 571 | 0 588 | 0 604 | 0 620 | 0 636 |
| 38 | 0 397 | 0 497 | 0 513 | 0 530 | 0 546 | 0 563 | 0 580 | 0 596 | 0 613 | 0 629 | 0 646 |
| 1,40 | 0 403 | 0 504 | 0 521 | 0 538 | 0 554 | 0 571 | 0 588 | 0 605 | 0 622 | 0 638 | 0 655 |
| 42 | 0 409 | 0 511 | 0 528 | 0 545 | 0 562 | 0 579 | 0 596 | 0 613 | 0 630 | 0 648 | 0 665 |
| 44 | 0 415 | 0 518 | 0 536 | 0 553 | 0 570 | 0 588 | 0 605 | 0 622 | 0 639 | 0 657 | 0 674 |
| 46 | 0 420 | 0 526 | 0 543 | 0 561 | 0 578 | 0 596 | 0 613 | 0 631 | 0 648 | 0 666 | 0 683 |
| 48 | 0 426 | 0 533 | 0 551 | 0 568 | 0 586 | 0 604 | 0 622 | 0 639 | 0 657 | 0 675 | 0 693 |
| 1,50 | 0 432 | 0 540 | 0 558 | 0 576 | 0 594 | 0 612 | 0 630 | 0 648 | 0 666 | 0 684 | 0 702 |
| 52 | 0 438 | 0 547 | 0 565 | 0 584 | 0 602 | 0 620 | 0 638 | 0 657 | 0 675 | 0 693 | 0 711 |
| 54 | 0 444 | 0 554 | 0 573 | 0 591 | 0 610 | 0 628 | 0 647 | 0 665 | 0 684 | 0 702 | 0 721 |
| 56 | 0 449 | 0 562 | 0 580 | 0 599 | 0 618 | 0 636 | 0 655 | 0 674 | 0 693 | 0 711 | 0 730 |
| 58 | 0 455 | 0 569 | 0 588 | 0 607 | 0 626 | 0 645 | 0 664 | 0 683 | 0 702 | 0 720 | 0 739 |
| 1,60 | 0 461 | 0 576 | 0 595 | 0 614 | 0 634 | 0 653 | 0 672 | 0 691 | 0 710 | 0 730 | 0 749 |
| 62 | 0 467 | 0 583 | 0 603 | 0 622 | 0 642 | 0 661 | 0 680 | 0 700 | 0 719 | 0 739 | 0 758 |
| 64 | 0 472 | 0 590 | 0 610 | 0 630 | 0 649 | 0 669 | 0 689 | 0 708 | 0 728 | 0 748 | 0 768 |
| 66 | 0 478 | 0 598 | 0 618 | 0 637 | 0 657 | 0 677 | 0 697 | 0 717 | 0 737 | 0 757 | 0 777 |
| 68 | 0 484 | 0 605 | 0 625 | 0 645 | 0 665 | 0 685 | 0 706 | 0 726 | 0 746 | 0 766 | 0 786 |
| 1,70 | 0 490 | 0 612 | 0 632 | 0 653 | 0 673 | 0 694 | 0 714 | 0 734 | 0 755 | 0 775 | 0 796 |
| 72 | 0 495 | 0 619 | 0 640 | 0 660 | 0 681 | 0 702 | 0 722 | 0 743 | 0 764 | 0 784 | 0 805 |
| 74 | 0 501 | 0 626 | 0 647 | 0 668 | 0 689 | 0 710 | 0 731 | 0 752 | 0 773 | 0 793 | 0 814 |
| 76 | 0 507 | 0 634 | 0 655 | 0 676 | 0 697 | 0 718 | 0 739 | 0 760 | 0 781 | 0 803 | 0 824 |
| 78 | 0 513 | 0 641 | 0 662 | 0 684 | 0 705 | 0 726 | 0 748 | 0 769 | 0 790 | 0 812 | 0 833 |
| 1,80 | 0 518 | 0 648 | 0 670 | 0 691 | 0 713 | 0 734 | 0 756 | 0 778 | 0 799 | 0 821 | 0 842 |
| 82 | 0 524 | 0 655 | 0 677 | 0 699 | 0 721 | 0 743 | 0 764 | 0 786 | 0 808 | 0 830 | 0 852 |
| 84 | 0 530 | 0 662 | 0 684 | 0 707 | 0 729 | 0 751 | 0 773 | 0 795 | 0 817 | 0 839 | 0 861 |
| 86 | 0 536 | 0 670 | 0 692 | 0 714 | 0 737 | 0 759 | 0 781 | 0 804 | 0 826 | 0 848 | 0 870 |
| 88 | 0 541 | 0 677 | 0 699 | 0 722 | 0 744 | 0 767 | 0 790 | 0 812 | 0 835 | 0 857 | 0 880 |
| 1,90 | 0 547 | 0 684 | 0 707 | 0 730 | 0 752 | 0 775 | 0 798 | 0 821 | 0 844 | 0 866 | 0 889 |
| 92 | 0 553 | 0 691 | 0 714 | 0 737 | 0 760 | 0 783 | 0 806 | 0 829 | 0 852 | 0 876 | 0 899 |
| 94 | 0 559 | 0 698 | 0 722 | 0 745 | 0 768 | 0 792 | 0 815 | 0 838 | 0 861 | 0 885 | 0 908 |
| 96 | 0 564 | 0 706 | 0 729 | 0 753 | 0 776 | 0 800 | 0 823 | 0 847 | 0 870 | 0 894 | 0 917 |
| 98 | 0 570 | 0 713 | 0 737 | 0 760 | 0 784 | 0 808 | 0 832 | 0 855 | 0 879 | 0 903 | 0 927 |





LARGEUR

| LONGUEUR | 0,80 | 0,82 | 0,84 | 0,86 | 0,88 | 0,90 | 0,92 | 0,94 | 0,96 | 0,98 |
|---|---|---|---|---|---|---|---|---|---|---|
| 0,80 | 0 384 | | | | | | | | | |
| 82 | 0 394 | 0 403 | | | | | | | | |
| 84 | 0 403 | 0 413 | 0 423 | | | | | | | |
| 86 | 0 413 | 0 423 | 0 433 | 0 444 | | | | | | |
| 88 | 0 422 | 0 433 | 0 444 | 0 454 | 0 465 | | | | | |
| 0,90 | 0 432 | 0 443 | 0 454 | 0 464 | 0 475 | 0 486 | | | | |
| 92 | 0 442 | 0 453 | 0 464 | 0 475 | 0 486 | 0 497 | 0 508 | | | |
| 94 | 0 451 | 0 462 | 0 474 | 0 485 | 0 496 | 0 508 | 0 519 | 0 530 | | |
| 96 | 0 461 | 0 472 | 0 484 | 0 495 | 0 507 | 0 518 | 0 530 | 0 541 | 0 553 | |
| 98 | 0 470 | 0 482 | 0 494 | 0 506 | 0 517 | 0 529 | 0 541 | 0 553 | 0 564 | 0 576 |
| 1,— | 0 480 | 0 492 | 0 504 | 0 516 | 0 528 | 0 540 | 0 552 | 0 564 | 0 576 | 0 588 |
| 02 | 0 490 | 0 502 | 0 514 | 0 526 | 0 539 | 0 551 | 0 563 | 0 575 | 0 588 | 0 600 |
| 04 | 0 499 | 0 512 | 0 524 | 0 537 | 0 549 | 0 562 | 0 574 | 0 587 | 0 599 | 0 612 |
| 06 | 0 509 | 0 522 | 0 534 | 0 547 | 0 560 | 0 572 | 0 585 | 0 598 | 0 611 | 0 623 |
| 08 | 0 518 | 0 531 | 0 544 | 0 557 | 0 570 | 0 583 | 0 596 | 0 609 | 0 622 | 0 635 |
| 1,10 | 0 528 | 0 541 | 0 554 | 0 568 | 0 581 | 0 594 | 0 607 | 0 620 | 0 634 | 0 647 |
| 12 | 0 538 | 0 551 | 0 564 | 0 578 | 0 591 | 0 605 | 0 618 | 0 632 | 0 645 | 0 659 |
| 14 | 0 547 | 0 561 | 0 575 | 0 588 | 0 602 | 0 616 | 0 629 | 0 643 | 0 657 | 0 670 |
| 16 | 0 557 | 0 571 | 0 585 | 0 599 | 0 612 | 0 626 | 0 640 | 0 654 | 0 668 | 0 682 |
| 18 | 0 566 | 0 581 | 0 595 | 0 609 | 0 623 | 0 637 | 0 651 | 0 666 | 0 680 | 0 694 |
| 1,20 | 0 576 | 0 590 | 0 605 | 0 619 | 0 634 | 0 648 | 0 662 | 0 677 | 0 691 | 0 706 |
| 22 | 0 586 | 0 600 | 0 615 | 0 630 | 0 644 | 0 659 | 0 673 | 0 688 | 0 703 | 0 717 |
| 24 | 0 595 | 0 610 | 0 625 | 0 640 | 0 655 | 0 670 | 0 684 | 0 699 | 0 714 | 0 729 |
| 26 | 0 605 | 0 620 | 0 635 | 0 650 | 0 665 | 0 680 | 0 696 | 0 711 | 0 726 | 0 741 |
| 28 | 0 614 | 0 630 | 0 645 | 0 660 | 0 676 | 0 691 | 0 707 | 0 722 | 0 737 | 0 753 |
| 1,30 | 0 624 | 0 640 | 0 655 | 0 671 | 0 686 | 0 702 | 0 718 | 0 733 | 0 749 | 0 764 |
| 32 | 0 634 | 0 649 | 0 665 | 0 681 | 0 697 | 0 713 | 0 729 | 0 744 | 0 760 | 0 776 |
| 34 | 0 643 | 0 659 | 0 675 | 0 691 | 0 708 | 0 724 | 0 740 | 0 756 | 0 772 | 0 788 |
| 36 | 0 653 | 0 669 | 0 685 | 0 702 | 0 718 | 0 734 | 0 751 | 0 767 | 0 783 | 0 800 |
| 38 | 0 662 | 0 679 | 0 696 | 0 712 | 0 729 | 0 745 | 0 762 | 0 778 | 0 795 | 0 811 |
| 1,40 | 0 672 | 0 689 | 0 706 | 0 722 | 0 739 | 0 756 | 0 773 | 0 790 | 0 806 | 0 823 |
| 42 | 0 682 | 0 699 | 0 716 | 0 733 | 0 750 | 0 767 | 0 784 | 0 801 | 0 818 | 0 835 |
| 44 | 0 691 | 0 708 | 0 726 | 0 743 | 0 760 | 0 778 | 0 795 | 0 812 | 0 829 | 0 847 |
| 46 | 0 701 | 0 718 | 0 736 | 0 753 | 0 771 | 0 788 | 0 806 | 0 823 | 0 841 | 0 858 |
| 48 | 0 710 | 0 728 | 0 746 | 0 764 | 0 781 | 0 799 | 0 817 | 0 835 | 0 852 | 0 870 |
| 1,50 | 0 720 | 0 738 | 0 756 | 0 774 | 0 792 | 0 810 | 0 828 | 0 846 | 0 864 | 0 882 |
| 52 | 0 730 | 0 748 | 0 766 | 0 784 | 0 803 | 0 821 | 0 839 | 0 857 | 0 876 | 0 894 |
| 54 | 0 739 | 0 758 | 0 776 | 0 795 | 0 813 | 0 832 | 0 850 | 0 869 | 0 887 | 0 906 |
| 56 | 0 749 | 0 768 | 0 786 | 0 805 | 0 824 | 0 842 | 0 861 | 0 880 | 0 899 | 0 917 |
| 58 | 0 758 | 0 777 | 0 796 | 0 815 | 0 834 | 0 853 | 0 872 | 0 891 | 0 910 | 0 929 |
| 1,60 | 0 768 | 0 787 | 0 806 | 0 826 | 0 845 | 0 864 | 0 883 | 0 902 | 0 922 | 0 941 |
| 62 | 0 778 | 0 797 | 0 816 | 0 836 | 0 855 | 0 875 | 0 894 | 0 914 | 0 933 | 0 953 |
| 64 | 0 787 | 0 807 | 0 827 | 0 846 | 0 866 | 0 886 | 0 905 | 0 925 | 0 945 | 0 964 |
| 66 | 0 797 | 0 817 | 0 837 | 0 857 | 0 876 | 0 896 | 0 916 | 0 936 | 0 956 | 0 976 |
| 68 | 0 806 | 0 827 | 0 847 | 0 867 | 0 887 | 0 907 | 0 927 | 0 948 | 0 968 | 0 988 |
| 1,70 | 0 816 | 0 836 | 0 857 | 0 877 | 0 898 | 0 918 | 0 938 | 0 959 | 0 979 | 1 000 |
| 72 | 0 826 | 0 846 | 0 867 | 0 888 | 0 908 | 0 929 | 0 949 | 0 970 | 0 991 | 1 011 |
| 74 | 0 835 | 0 856 | 0 877 | 0 898 | 0 919 | 0 940 | 0 960 | 0 981 | 1 002 | 1 023 |
| 76 | 0 845 | 0 866 | 0 887 | 0 908 | 0 929 | 0 950 | 0 972 | 0 993 | 1 014 | 1 035 |
| 78 | 0 854 | 0 876 | 0 897 | 0 918 | 0 940 | 0 961 | 0 983 | 1 004 | 1 025 | 1 047 |
| 1,80 | 0 864 | 0 886 | 0 907 | 0 929 | 0 950 | 0 972 | 0 994 | 1 015 | 1 037 | 1 058 |
| 82 | 0 874 | 0 895 | 0 917 | 0 939 | 0 961 | 0 983 | 1 005 | 1 026 | 1 048 | 1 070 |
| 84 | 0 883 | 0 905 | 0 927 | 0 949 | 0 972 | 0 994 | 1 016 | 1 038 | 1 060 | 1 082 |
| 86 | 0 893 | 0 915 | 0 937 | 0 960 | 0 982 | 1 004 | 1 027 | 1 049 | 1 071 | 1 094 |
| 88 | 0 902 | 0 925 | 0 948 | 0 970 | 0 993 | 1 015 | 1 038 | 1 060 | 1 083 | 1 105 |
| 1,90 | 0 912 | 0 935 | 0 958 | 0 980 | 1 003 | 1 026 | 1 049 | 1 072 | 1 094 | 1 117 |
| 92 | 0 922 | 0 945 | 0 968 | 0 991 | 1 014 | 1 037 | 1 060 | 1 083 | 1 106 | 1 129 |
| 94 | 0 931 | 0 954 | 0 978 | 1 001 | 1 024 | 1 048 | 1 071 | 1 094 | 1 117 | 1 141 |
| 96 | 0 941 | 0 964 | 0 988 | 1 011 | 1 035 | 1 058 | 1 082 | 1 105 | 1 129 | 1 152 |
| 98 | 0 950 | 0 974 | 0 998 | 1 022 | 1 045 | 1 069 | 1 093 | 1 117 | 1 140 | 1 164 |

**LONGUEUR — LARGEUR** (92)

| LONGUEUR | 1,00 | 1,02 | 1,04 | 1,06 | 1,08 | 1,10 | 1,12 | 1,14 | 1,16 | 1,18 |
|---|---|---|---|---|---|---|---|---|---|---|
| 1,— | 0 600 | | | | | | | | | |
| 02 | 0 612 | 0 624 | | | | | | | | |
| 04 | 0 624 | 0 636 | 0 649 | | | | | | | |
| 06 | 0 636 | 0 649 | 0 661 | 0 674 | | | | | | |
| 08 | 0 648 | 0 661 | 0 674 | 0 687 | 0 700 | | | | | |
| 1,10 | 0 660 | 0 673 | 0 686 | 0 700 | 0 713 | 0 726 | | | | |
| 12 | 0 672 | 0 685 | 0 699 | 0 712 | 0 726 | 0 739 | 0 753 | | | |
| 14 | 0 684 | 0 698 | 0 711 | 0 725 | 0 739 | 0 752 | 0 766 | 0 780 | | |
| 16 | 0 696 | 0 710 | 0 724 | 0 738 | 0 752 | 0 766 | 0 780 | 0 793 | 0 807 | |
| 18 | 0 708 | 0 722 | 0 736 | 0 750 | 0 765 | 0 779 | 0 793 | 0 807 | 0 821 | 0 835 |
| 1,20 | 0 720 | 0 734 | 0 749 | 0 763 | 0 778 | 0 792 | 0 806 | 0 821 | 0 835 | 0 850 |
| 22 | 0 732 | 0 747 | 0 761 | 0 776 | 0 791 | 0 805 | 0 820 | 0 834 | 0 849 | 0 864 |
| 24 | 0 744 | 0 759 | 0 774 | 0 789 | 0 804 | 0 818 | 0 833 | 0 848 | 0 863 | 0 878 |
| 26 | 0 756 | 0 771 | 0 786 | 0 801 | 0 816 | 0 832 | 0 847 | 0 862 | 0 877 | 0 892 |
| 28 | 0 768 | 0 783 | 0 799 | 0 814 | 0 829 | 0 845 | 0 860 | 0 876 | 0 891 | 0 906 |
| 1,30 | 0 780 | 0 796 | 0 811 | 0 827 | 0 842 | 0 858 | 0 874 | 0 889 | 0 905 | 0 920 |
| 32 | 0 792 | 0 808 | 0 824 | 0 840 | 0 855 | 0 871 | 0 887 | 0 903 | 0 919 | 0 935 |
| 34 | 0 804 | 0 820 | 0 836 | 0 852 | 0 868 | 0 884 | 0 900 | 0 917 | 0 933 | 0 949 |
| 36 | 0 816 | 0 832 | 0 849 | 0 865 | 0 881 | 0 898 | 0 914 | 0 930 | 0 947 | 0 963 |
| 38 | 0 828 | 0 845 | 0 861 | 0 878 | 0 894 | 0 911 | 0 927 | 0 944 | 0 960 | 0 977 |
| 1,40 | 0 840 | 0 857 | 0 874 | 0 890 | 0 907 | 0 924 | 0 941 | 0 958 | 0 974 | 0 991 |
| 42 | 0 852 | 0 869 | 0 886 | 0 903 | 0 920 | 0 937 | 0 954 | 0 971 | 0 988 | 1 005 |
| 44 | 0 864 | 0 881 | 0 899 | 0 916 | 0 933 | 0 950 | 0 968 | 0 985 | 1 002 | 1 020 |
| 46 | 0 876 | 0 894 | 0 911 | 0 929 | 0 946 | 0 964 | 0 981 | 0 999 | 1 016 | 1 034 |
| 48 | 0 888 | 0 906 | 0 924 | 0 941 | 0 959 | 0 977 | 0 995 | 1 012 | 1 030 | 1 048 |
| 1,50 | 0 900 | 0 918 | 0 936 | 0 954 | 0 972 | 0 990 | 1 008 | 1 026 | 1 041 | 1 062 |
| 52 | 0 912 | 0 930 | 0 948 | 0 967 | 0 985 | 1 003 | 1 021 | 1 040 | 1 058 | 1 076 |
| 54 | 0 924 | 0 942 | 0 961 | 0 979 | 0 998 | 1 016 | 1 035 | 1 053 | 1 072 | 1 090 |
| 56 | 0 936 | 0 955 | 0 973 | 0 992 | 1 011 | 1 030 | 1 048 | 1 067 | 1 086 | 1 104 |
| 58 | 0 948 | 0 967 | 0 986 | 1 005 | 1 024 | 1 043 | 1 062 | 1 081 | 1 100 | 1 119 |
| 1,60 | 0 960 | 0 979 | 0 998 | 1 018 | 1 037 | 1 056 | 1 075 | 1 094 | 1 114 | 1 133 |
| 62 | 0 972 | 0 991 | 1 011 | 1 030 | 1 050 | 1 069 | 1 089 | 1 108 | 1 128 | 1 147 |
| 64 | 0 984 | 1 004 | 1 023 | 1 043 | 1 063 | 1 082 | 1 102 | 1 122 | 1 141 | 1 161 |
| 66 | 0 996 | 1 016 | 1 036 | 1 056 | 1 076 | 1 096 | 1 116 | 1 135 | 1 155 | 1 175 |
| 68 | 1 008 | 1 028 | 1 048 | 1 068 | 1 089 | 1 109 | 1 129 | 1 149 | 1 169 | 1 189 |
| 1,70 | 1 020 | 1 040 | 1 061 | 1 081 | 1 102 | 1 122 | 1 142 | 1 163 | 1 183 | 1 204 |
| 72 | 1 032 | 1 053 | 1 073 | 1 094 | 1 115 | 1 135 | 1 156 | 1 176 | 1 197 | 1 218 |
| 74 | 1 044 | 1 065 | 1 086 | 1 107 | 1 128 | 1 148 | 1 169 | 1 190 | 1 211 | 1 232 |
| 76 | 1 056 | 1 077 | 1 098 | 1 119 | 1 141 | 1 162 | 1 183 | 1 204 | 1 225 | 1 246 |
| 78 | 1 068 | 1 089 | 1 111 | 1 132 | 1 153 | 1 175 | 1 196 | 1 218 | 1 239 | 1 260 |
| 1,80 | 1 080 | 1 102 | 1 123 | 1 145 | 1 166 | 1 188 | 1 210 | 1 231 | 1 253 | 1 274 |
| 82 | 1 092 | 1 114 | 1 136 | 1 158 | 1 179 | 1 201 | 1 223 | 1 245 | 1 267 | 1 289 |
| 84 | 1 104 | 1 126 | 1 148 | 1 170 | 1 192 | 1 214 | 1 236 | 1 259 | 1 281 | 1 303 |
| 86 | 1 116 | 1 138 | 1 161 | 1 183 | 1 205 | 1 228 | 1 250 | 1 272 | 1 295 | 1 317 |
| 88 | 1 128 | 1 151 | 1 173 | 1 196 | 1 218 | 1 241 | 1 263 | 1 286 | 1 308 | 1 331 |
| 1,90 | 1 140 | 1 163 | 1 186 | 1 208 | 1 231 | 1 254 | 1 277 | 1 300 | 1 322 | 1 345 |
| 92 | 1 152 | 1 175 | 1 198 | 1 221 | 1 244 | 1 267 | 1 290 | 1 313 | 1 336 | 1 359 |
| 94 | 1 164 | 1 187 | 1 211 | 1 234 | 1 257 | 1 280 | 1 304 | 1 327 | 1 350 | 1 374 |
| 96 | 1 176 | 1 200 | 1 223 | 1 247 | 1 270 | 1 294 | 1 317 | 1 341 | 1 364 | 1 388 |
| 98 | 1 188 | 1 212 | 1 236 | 1 259 | 1 283 | 1 307 | 1 331 | 1 354 | 1 378 | 1 402 |
| 2,— | 1 200 | 1 224 | 1 248 | 1 272 | 1 296 | 1 320 | 1 344 | 1 368 | 1 392 | 1 416 |
| 02 | 1 212 | 1 236 | 1 260 | 1 285 | 1 309 | 1 333 | 1 357 | 1 382 | 1 406 | 1 430 |
| 04 | 1 224 | 1 248 | 1 273 | 1 297 | 1 322 | 1 346 | 1 371 | 1 395 | 1 420 | 1 444 |
| 06 | 1 236 | 1 261 | 1 285 | 1 310 | 1 335 | 1 360 | 1 384 | 1 409 | 1 434 | 1 458 |
| 08 | 1 248 | 1 273 | 1 298 | 1 323 | 1 348 | 1 373 | 1 398 | 1 423 | 1 448 | 1 473 |
| 2,10 | 1 260 | 1 285 | 1 310 | 1 336 | 1 361 | 1 386 | 1 411 | 1 436 | 1 462 | 1 487 |
| 12 | 1 272 | 1 297 | 1 323 | 1 348 | 1 374 | 1 399 | 1 425 | 1 450 | 1 476 | 1 501 |
| 14 | 1 284 | 1 310 | 1 335 | 1 361 | 1 387 | 1 412 | 1 438 | 1 464 | 1 489 | 1 515 |
| 16 | 1 296 | 1 322 | 1 348 | 1 374 | 1 400 | 1 426 | 1 452 | 1 477 | 1 503 | 1 529 |
| 18 | 1 308 | 1 334 | 1 360 | 1 386 | 1 413 | 1 439 | 1 465 | 1 491 | 1 517 | 1 543 |
| 2,20 | 1 320 | 1 346 | 1 373 | 1 399 | 1 426 | 1 452 | 1 478 | 1 505 | 1 531 | 1 558 |
| 22 | 1 332 | 1 359 | 1 385 | 1 412 | 1 439 | 1 465 | 1 492 | 1 518 | 1 545 | 1 572 |
| 24 | 1 344 | 1 371 | 1 398 | 1 425 | 1 452 | 1 478 | 1 505 | 1 532 | 1 559 | 1 586 |
| 26 | 1 356 | 1 383 | 1 410 | 1 437 | 1 464 | 1 492 | 1 519 | 1 546 | 1 573 | 1 600 |
| 28 | 1 368 | 1 395 | 1 423 | 1 450 | 1 477 | 1 505 | 1 532 | 1 560 | 1 587 | 1 614 |
| 2,30 | 1 380 | 1 408 | 1 435 | 1 463 | 1 490 | 1 518 | 1 546 | 1 573 | 1 601 | 1 628 |
| 32 | 1 392 | 1 420 | 1 448 | 1 476 | 1 503 | 1 531 | 1 559 | 1 587 | 1 615 | 1 643 |
| 34 | 1 404 | 1 432 | 1 460 | 1 488 | 1 516 | 1 544 | 1 572 | 1 601 | 1 629 | 1 657 |
| 36 | 1 416 | 1 444 | 1 473 | 1 501 | 1 529 | 1 558 | 1 586 | 1 614 | 1 643 | 1 671 |
| 38 | 1 428 | 1 457 | 1 485 | 1 514 | 1 542 | 1 571 | 1 599 | 1 628 | 1 656 | 1 685 |

**LONGUEUR — LARGEUR** (93)

| LONGUEUR | 1,20 | 1,22 | 1,24 | 1,26 | 1,28 | 1,30 | 1,32 | 1,34 | 1,36 | 1,38 |
|---|---|---|---|---|---|---|---|---|---|---|
| 1,20 | 0 864 | | | | | | | | | |
| 22 | 0 878 | 0 893 | | | | | | | | |
| 24 | 0 893 | 0 908 | 0 923 | | | | | | | |
| 26 | 0 907 | 0 922 | 0 937 | 0 953 | | | | | | |
| 28 | 0 922 | 0 937 | 0 952 | 0 968 | 0 983 | | | | | |
| 1,30 | 0 936 | 0 952 | 0 967 | 0 983 | 0 998 | 1 014 | | | | |
| 32 | 0 950 | 0 966 | 0 982 | 0 998 | 1 014 | 1 030 | 1 045 | | | |
| 34 | 0 965 | 0 981 | 0 997 | 1 013 | 1 029 | 1 045 | 1 061 | 1 077 | | |
| 36 | 0 979 | 0 996 | 1 012 | 1 028 | 1 044 | 1 061 | 1 077 | 1 093 | 1 110 | |
| 38 | 0 994 | 1 010 | 1 027 | 1 043 | 1 060 | 1 076 | 1 093 | 1 110 | 1 126 | 1 142 |
| 1,40 | 1 008 | 1 025 | 1 042 | 1 058 | 1 075 | 1 092 | 1 109 | 1 126 | 1 142 | 1 159 |
| 42 | 1 022 | 1 039 | 1 056 | 1 074 | 1 091 | 1 108 | 1 125 | 1 142 | 1 159 | 1 176 |
| 44 | 1 037 | 1 054 | 1 071 | 1 089 | 1 106 | 1 123 | 1 140 | 1 158 | 1 175 | 1 192 |
| 46 | 1 051 | 1 069 | 1 086 | 1 104 | 1 121 | 1 139 | 1 156 | 1 174 | 1 191 | 1 209 |
| 48 | 1 066 | 1 083 | 1 101 | 1 119 | 1 137 | 1 154 | 1 172 | 1 190 | 1 208 | 1 225 |
| 1,50 | 1 080 | 1 098 | 1 116 | 1 134 | 1 152 | 1 170 | 1 188 | 1 206 | 1 224 | 1 242 |
| 52 | 1 094 | 1 113 | 1 131 | 1 149 | 1 167 | 1 186 | 1 204 | 1 222 | 1 240 | 1 259 |
| 54 | 1 109 | 1 127 | 1 146 | 1 164 | 1 183 | 1 201 | 1 220 | 1 238 | 1 257 | 1 275 |
| 56 | 1 123 | 1 142 | 1 161 | 1 179 | 1 198 | 1 217 | 1 236 | 1 254 | 1 273 | 1 292 |
| 58 | 1 138 | 1 157 | 1 176 | 1 194 | 1 213 | 1 232 | 1 251 | 1 270 | 1 289 | 1 308 |
| 1,60 | 1 152 | 1 171 | 1 190 | 1 210 | 1 229 | 1 248 | 1 267 | 1 286 | 1 306 | 1 325 |
| 62 | 1 166 | 1 186 | 1 205 | 1 225 | 1 244 | 1 264 | 1 283 | 1 302 | 1 322 | 1 341 |
| 64 | 1 181 | 1 200 | 1 220 | 1 240 | 1 260 | 1 279 | 1 299 | 1 319 | 1 338 | 1 358 |
| 66 | 1 195 | 1 215 | 1 235 | 1 255 | 1 275 | 1 295 | 1 315 | 1 335 | 1 355 | 1 374 |
| 68 | 1 210 | 1 230 | 1 250 | 1 270 | 1 290 | 1 310 | 1 331 | 1 351 | 1 371 | 1 391 |
| 1,70 | 1 224 | 1 244 | 1 265 | 1 285 | 1 306 | 1 326 | 1 346 | 1 367 | 1 387 | 1 408 |
| 72 | 1 238 | 1 259 | 1 280 | 1 300 | 1 321 | 1 342 | 1 362 | 1 383 | 1 404 | 1 424 |
| 74 | 1 253 | 1 274 | 1 295 | 1 315 | 1 336 | 1 357 | 1 378 | 1 399 | 1 420 | 1 441 |
| 76 | 1 267 | 1 288 | 1 309 | 1 331 | 1 352 | 1 373 | 1 394 | 1 415 | 1 436 | 1 457 |
| 78 | 1 282 | 1 303 | 1 324 | 1 346 | 1 367 | 1 388 | 1 410 | 1 431 | 1 452 | 1 474 |
| 1,80 | 1 296 | 1 318 | 1 339 | 1 361 | 1 382 | 1 404 | 1 426 | 1 447 | 1 469 | 1 490 |
| 82 | 1 310 | 1 332 | 1 354 | 1 376 | 1 398 | 1 420 | 1 441 | 1 463 | 1 485 | 1 507 |
| 84 | 1 325 | 1 347 | 1 369 | 1 391 | 1 413 | 1 435 | 1 457 | 1 479 | 1 501 | 1 524 |
| 86 | 1 339 | 1 362 | 1 384 | 1 406 | 1 428 | 1 451 | 1 473 | 1 495 | 1 518 | 1 540 |
| 88 | 1 354 | 1 376 | 1 399 | 1 421 | 1 444 | 1 466 | 1 489 | 1 512 | 1 534 | 1 557 |
| 1,90 | 1 368 | 1 391 | 1 414 | 1 436 | 1 459 | 1 482 | 1 505 | 1 528 | 1 550 | 1 573 |
| 92 | 1 382 | 1 405 | 1 428 | 1 451 | 1 475 | 1 498 | 1 521 | 1 544 | 1 567 | 1 590 |
| 94 | 1 397 | 1 420 | 1 443 | 1 467 | 1 490 | 1 513 | 1 536 | 1 560 | 1 583 | 1 606 |
| 96 | 1 411 | 1 435 | 1 458 | 1 482 | 1 505 | 1 529 | 1 552 | 1 576 | 1 599 | 1 623 |
| 98 | 1 426 | 1 449 | 1 473 | 1 497 | 1 521 | 1 544 | 1 568 | 1 592 | 1 616 | 1 639 |
| 2,— | 1 440 | 1 464 | 1 488 | 1 512 | 1 536 | 1 560 | 1 584 | 1 608 | 1 632 | 1 656 |
| 02 | 1 454 | 1 479 | 1 503 | 1 527 | 1 551 | 1 576 | 1 600 | 1 624 | 1 648 | 1 673 |
| 04 | 1 469 | 1 493 | 1 518 | 1 542 | 1 567 | 1 591 | 1 616 | 1 640 | 1 665 | 1 689 |
| 06 | 1 483 | 1 508 | 1 533 | 1 557 | 1 582 | 1 607 | 1 632 | 1 656 | 1 681 | 1 706 |
| 08 | 1 498 | 1 523 | 1 548 | 1 572 | 1 597 | 1 622 | 1 647 | 1 672 | 1 697 | 1 722 |
| 2,10 | 1 512 | 1 537 | 1 562 | 1 588 | 1 613 | 1 638 | 1 663 | 1 688 | 1 714 | 1 739 |
| 12 | 1 526 | 1 552 | 1 577 | 1 603 | 1 628 | 1 654 | 1 679 | 1 704 | 1 730 | 1 755 |
| 14 | 1 541 | 1 566 | 1 592 | 1 618 | 1 643 | 1 669 | 1 695 | 1 721 | 1 746 | 1 772 |
| 16 | 1 555 | 1 581 | 1 607 | 1 633 | 1 659 | 1 685 | 1 711 | 1 737 | 1 763 | 1 788 |
| 18 | 1 570 | 1 596 | 1 622 | 1 648 | 1 674 | 1 700 | 1 727 | 1 753 | 1 779 | 1 805 |
| 2,20 | 1 584 | 1 610 | 1 637 | 1 663 | 1 690 | 1 716 | 1 742 | 1 769 | 1 795 | 1 822 |
| 22 | 1 598 | 1 625 | 1 652 | 1 678 | 1 705 | 1 732 | 1 758 | 1 785 | 1 812 | 1 838 |
| 24 | 1 613 | 1 640 | 1 667 | 1 693 | 1 720 | 1 747 | 1 774 | 1 801 | 1 828 | 1 855 |
| 26 | 1 627 | 1 654 | 1 681 | 1 709 | 1 736 | 1 763 | 1 790 | 1 817 | 1 844 | 1 871 |
| 28 | 1 642 | 1 669 | 1 696 | 1 724 | 1 751 | 1 778 | 1 806 | 1 833 | 1 860 | 1 888 |
| 2,30 | 1 656 | 1 684 | 1 711 | 1 739 | 1 766 | 1 794 | 1 822 | 1 849 | 1 877 | 1 904 |
| 32 | 1 670 | 1 698 | 1 726 | 1 754 | 1 782 | 1 810 | 1 837 | 1 865 | 1 893 | 1 921 |
| 34 | 1 685 | 1 713 | 1 741 | 1 769 | 1 797 | 1 825 | 1 853 | 1 881 | 1 909 | 1 938 |
| 36 | 1 699 | 1 728 | 1 756 | 1 784 | 1 812 | 1 841 | 1 869 | 1 897 | 1 926 | 1 954 |
| 38 | 1 714 | 1 742 | 1 771 | 1 799 | 1 828 | 1 856 | 1 885 | 1 914 | 1 942 | 1 971 |

Epaisseur : $0^m$ **62** centimètres

Epaisseur : $0^m$ **62** centimètres    **0,62**

## LARGEUR

| LONGUEUR | FUTAILLES | 0,62 | 0,64 | 0,66 | 0,68 | 0,70 | 0,72 | 0,74 | 0,76 | 0,78 | 0,80 |
|---|---|---|---|---|---|---|---|---|---|---|---|
| 0,62 | 0 191 | 0 238 | | | | | | | | | |
| 64 | 0 197 | 0 246 | 0 254 | | | | | | | | |
| 66 | 0 203 | 0 254 | 0 262 | 0 270 | | | | | | | |
| 68 | 0 209 | 0 261 | 0 270 | 0 278 | 0 287 | | | | | | |
| 0,70 | 0 215 | 0 269 | 0 278 | 0 286 | 0 295 | 0 304 | | | | | |
| 72 | 0 221 | 0 277 | 0 286 | 0 295 | 0 304 | 0 312 | 0 321 | | | | |
| 74 | 0 228 | 0 284 | 0 294 | 0 303 | 0 312 | 0 321 | 0 330 | 0 340 | | | |
| 76 | 0 234 | 0 292 | 0 302 | 0 311 | 0 320 | 0 330 | 0 339 | 0 349 | 0 358 | | |
| 78 | 0 240 | 0 300 | 0 310 | 0 319 | 0 329 | 0 339 | 0 348 | 0 358 | 0 368 | 0 377 | |
| 0,80 | 0 246 | 0 308 | 0 317 | 0 327 | 0 337 | 0 347 | 0 357 | 0 367 | 0 377 | 0 387 | 0 397 |
| 82 | 0 252 | 0 315 | 0 325 | 0 336 | 0 346 | 0 356 | 0 366 | 0 376 | 0 386 | 0 397 | 0 407 |
| 84 | 0 258 | 0 323 | 0 333 | 0 344 | 0 354 | 0 365 | 0 375 | 0 385 | 0 396 | 0 406 | 0 417 |
| 86 | 0 264 | 0 331 | 0 341 | 0 352 | 0 363 | 0 373 | 0 384 | 0 395 | 0 405 | 0 416 | 0 427 |
| 88 | 0 271 | 0 338 | 0 349 | 0 360 | 0 371 | 0 382 | 0 393 | 0 404 | 0 415 | 0 426 | 0 436 |
| 0,90 | 0 277 | 0 346 | 0 357 | 0 368 | 0 379 | 0 391 | 0 402 | 0 413 | 0 424 | 0 435 | 0 446 |
| 92 | 0 283 | 0 354 | 0 365 | 0 376 | 0 388 | 0 399 | 0 411 | 0 422 | 0 434 | 0 445 | 0 456 |
| 94 | 0 289 | 0 361 | 0 373 | 0 385 | 0 396 | 0 408 | 0 420 | 0 431 | 0 443 | 0 455 | 0 466 |
| 96 | 0 295 | 0 369 | 0 381 | 0 393 | 0 405 | 0 417 | 0 429 | 0 440 | 0 452 | 0 464 | 0 476 |
| 98 | 0 301 | 0 377 | 0 389 | 0 401 | 0 413 | 0 425 | 0 437 | 0 450 | 0 462 | 0 474 | 0 486 |
| 1,— | 0 308 | 0 384 | 0 397 | 0 409 | 0 422 | 0 434 | 0 446 | 0 459 | 0 471 | 0 484 | 0 496 |
| 02 | 0 314 | 0 392 | 0 405 | 0 417 | 0 430 | 0 443 | 0 455 | 0 468 | 0 481 | 0 493 | 0 506 |
| 04 | 0 320 | 0 400 | 0 413 | 0 426 | 0 438 | 0 451 | 0 464 | 0 477 | 0 490 | 0 503 | 0 516 |
| 06 | 0 326 | 0 407 | 0 421 | 0 434 | 0 447 | 0 460 | 0 473 | 0 486 | 0 499 | 0 513 | 0 526 |
| 08 | 0 332 | 0 415 | 0 429 | 0 442 | 0 455 | 0 469 | 0 482 | 0 495 | 0 509 | 0 522 | 0 536 |
| 1,10 | 0 338 | 0 423 | 0 436 | 0 450 | 0 464 | 0 477 | 0 491 | 0 505 | 0 518 | 0 532 | 0 546 |
| 12 | 0 344 | 0 431 | 0 444 | 0 458 | 0 472 | 0 486 | 0 500 | 0 514 | 0 528 | 0 542 | 0 556 |
| 14 | 0 351 | 0 438 | 0 452 | 0 466 | 0 481 | 0 495 | 0 509 | 0 523 | 0 537 | 0 551 | 0 565 |
| 16 | 0 357 | 0 446 | 0 460 | 0 475 | 0 489 | 0 503 | 0 518 | 0 532 | 0 547 | 0 561 | 0 575 |
| 18 | 0 363 | 0 454 | 0 468 | 0 483 | 0 497 | 0 512 | 0 527 | 0 541 | 0 556 | 0 571 | 0 585 |
| 1,20 | 0 369 | 0 461 | 0 476 | 0 491 | 0 506 | 0 521 | 0 536 | 0 551 | 0 565 | 0 580 | 0 595 |
| 22 | 0 375 | 0 469 | 0 484 | 0 499 | 0 514 | 0 529 | 0 545 | 0 560 | 0 575 | 0 590 | 0 605 |
| 24 | 0 381 | 0 477 | 0 492 | 0 507 | 0 523 | 0 538 | 0 554 | 0 569 | 0 584 | 0 600 | 0 615 |
| 26 | 0 387 | 0 484 | 0 500 | 0 516 | 0 531 | 0 547 | 0 562 | 0 578 | 0 594 | 0 609 | 0 625 |
| 28 | 0 394 | 0 492 | 0 508 | 0 524 | 0 540 | 0 556 | 0 571 | 0 587 | 0 603 | 0 619 | 0 635 |
| 1,30 | 0 400 | 0 500 | 0 516 | 0 532 | 0 548 | 0 564 | 0 580 | 0 596 | 0 613 | 0 629 | 0 645 |
| 32 | 0 406 | 0 507 | 0 524 | 0 540 | 0 557 | 0 573 | 0 589 | 0 606 | 0 622 | 0 638 | 0 655 |
| 34 | 0 412 | 0 515 | 0 532 | 0 548 | 0 565 | 0 582 | 0 598 | 0 615 | 0 631 | 0 648 | 0 665 |
| 36 | 0 418 | 0 523 | 0 540 | 0 557 | 0 573 | 0 590 | 0 607 | 0 624 | 0 641 | 0 658 | 0 675 |
| 38 | 0 424 | 0 530 | 0 548 | 0 565 | 0 582 | 0 599 | 0 616 | 0 633 | 0 650 | 0 667 | 0 684 |
| 1,40 | 0 431 | 0 538 | 0 556 | 0 573 | 0 590 | 0 608 | 0 625 | 0 642 | 0 660 | 0 677 | 0 694 |
| 42 | 0 437 | 0 546 | 0 563 | 0 581 | 0 599 | 0 616 | 0 634 | 0 651 | 0 669 | 0 687 | 0 704 |
| 44 | 0 443 | 0 554 | 0 571 | 0 589 | 0 607 | 0 625 | 0 643 | 0 661 | 0 679 | 0 696 | 0 714 |
| 46 | 0 449 | 0 561 | 0 579 | 0 597 | 0 616 | 0 634 | 0 652 | 0 670 | 0 688 | 0 706 | 0 724 |
| 48 | 0 455 | 0 569 | 0 587 | 0 606 | 0 624 | 0 642 | 0 661 | 0 679 | 0 697 | 0 716 | 0 734 |
| 1,50 | 0 461 | 0 577 | 0 595 | 0 614 | 0 632 | 0 651 | 0 670 | 0 688 | 0 707 | 0 725 | 0 744 |
| 52 | 0 467 | 0 584 | 0 603 | 0 622 | 0 641 | 0 660 | 0 679 | 0 697 | 0 716 | 0 735 | 0 754 |
| 54 | 0 474 | 0 592 | 0 611 | 0 630 | 0 649 | 0 668 | 0 687 | 0 707 | 0 726 | 0 745 | 0 764 |
| 56 | 0 480 | 0 600 | 0 619 | 0 638 | 0 658 | 0 677 | 0 696 | 0 716 | 0 735 | 0 754 | 0 774 |
| 58 | 0 486 | 0 607 | 0 627 | 0 647 | 0 666 | 0 686 | 0 705 | 0 725 | 0 744 | 0 764 | 0 784 |
| 1,60 | 0 492 | 0 615 | 0 635 | 0 655 | 0 675 | 0 694 | 0 714 | 0 734 | 0 754 | 0 774 | 0 794 |
| 62 | 0 498 | 0 623 | 0 643 | 0 663 | 0 683 | 0 703 | 0 723 | 0 743 | 0 763 | 0 783 | 0 804 |
| 64 | 0 504 | 0 630 | 0 651 | 0 671 | 0 691 | 0 712 | 0 732 | 0 752 | 0 773 | 0 793 | 0 813 |
| 66 | 0 510 | 0 638 | 0 659 | 0 679 | 0 700 | 0 720 | 0 741 | 0 762 | 0 782 | 0 803 | 0 823 |
| 68 | 0 517 | 0 646 | 0 667 | 0 687 | 0 708 | 0 729 | 0 750 | 0 771 | 0 792 | 0 812 | 0 833 |
| 1,70 | 0 523 | 0 653 | 0 675 | 0 696 | 0 717 | 0 738 | 0 759 | 0 780 | 0 801 | 0 822 | 0 843 |
| 72 | 0 529 | 0 661 | 0 682 | 0 704 | 0 725 | 0 746 | 0 768 | 0 789 | 0 810 | 0 832 | 0 853 |
| 74 | 0 535 | 0 669 | 0 690 | 0 712 | 0 734 | 0 755 | 0 777 | 0 799 | 0 820 | 0 842 | 0 863 |
| 76 | 0 541 | 0 677 | 0 698 | 0 720 | 0 742 | 0 764 | 0 786 | 0 807 | 0 829 | 0 851 | 0 873 |
| 78 | 0 547 | 0 684 | 0 706 | 0 728 | 0 750 | 0 772 | 0 795 | 0 817 | 0 839 | 0 861 | 0 883 |
| 1,80 | 0 554 | 0 692 | 0 714 | 0 737 | 0 759 | 0 781 | 0 804 | 0 826 | 0 848 | 0 870 | 0 893 |
| 82 | 0 560 | 0 700 | 0 722 | 0 745 | 0 767 | 0 790 | 0 812 | 0 835 | 0 858 | 0 880 | 0 903 |
| 84 | 0 566 | 0 707 | 0 730 | 0 753 | 0 776 | 0 798 | 0 821 | 0 844 | 0 867 | 0 890 | 0 913 |
| 86 | 0 572 | 0 715 | 0 738 | 0 761 | 0 784 | 0 807 | 0 830 | 0 853 | 0 876 | 0 899 | 0 923 |
| 88 | 0 578 | 0 723 | 0 746 | 0 769 | 0 793 | 0 816 | 0 839 | 0 863 | 0 886 | 0 909 | 0 932 |
| 1,90 | 0 584 | 0 730 | 0 754 | 0 777 | 0 801 | 0 825 | 0 848 | 0 872 | 0 895 | 0 919 | 0 942 |
| 92 | 0 590 | 0 738 | 0 762 | 0 786 | 0 809 | 0 833 | 0 857 | 0 881 | 0 905 | 0 929 | 0 952 |
| 94 | 0 597 | 0 746 | 0 770 | 0 794 | 0 818 | 0 842 | 0 866 | 0 890 | 0 914 | 0 938 | 0 962 |
| 96 | 0 603 | 0 753 | 0 778 | 0 802 | 0 826 | 0 851 | 0 875 | 0 899 | 0 924 | 0 948 | 0 972 |
| 98 | 0 609 | 0 761 | 0 786 | 0 810 | 0 835 | 0 859 | 0 884 | 0 908 | 0 933 | 0 958 | 0 982 |
| 2,— | 0 615 | 0 769 | 0 794 | 0 818 | 0 843 | 0 868 | 0 893 | 0 918 | 0 942 | 0 967 | 0 992 |

## LARGEUR

| LONGUEUR | 0,82 | 0,84 | 0,86 | 0,88 | 0,90 | 0,92 | 0,94 | 0,96 | 0,98 | 1,00 |
|---|---|---|---|---|---|---|---|---|---|---|
| 0,82 | 0 417 | | | | | | | | | |
| 84 | 0 427 | 0 437 | | | | | | | | |
| 86 | 0 437 | 0 448 | 0 459 | | | | | | | |
| 88 | 0 447 | 0 458 | 0 469 | 0 480 | | | | | | |
| 0,90 | 0 458 | 0 469 | 0 480 | 0 491 | 0 502 | | | | | |
| 92 | 0 468 | 0 479 | 0 491 | 0 502 | 0 513 | 0 525 | | | | |
| 94 | 0 478 | 0 490 | 0 501 | 0 513 | 0 525 | 0 536 | 0 548 | | | |
| 96 | 0 488 | 0 500 | 0 512 | 0 524 | 0 536 | 0 548 | 0 559 | 0 571 | | |
| 98 | 0 498 | 0 510 | 0 523 | 0 535 | 0 547 | 0 559 | 0 571 | 0 583 | 0 595 | |
| 1,— | 0 508 | 0 521 | 0 533 | 0 546 | 0 558 | 0 570 | 0 583 | 0 595 | 0 608 | 0 620 |
| 02 | 0 519 | 0 531 | 0 544 | 0 557 | 0 569 | 0 582 | 0 594 | 0 607 | 0 620 | 0 632 |
| 04 | 0 529 | 0 542 | 0 555 | 0 567 | 0 580 | 0 593 | 0 606 | 0 619 | 0 632 | 0 645 |
| 06 | 0 539 | 0 552 | 0 565 | 0 578 | 0 591 | 0 605 | 0 618 | 0 631 | 0 644 | 0 657 |
| 08 | 0 549 | 0 562 | 0 576 | 0 589 | 0 603 | 0 616 | 0 629 | 0 643 | 0 656 | 0 670 |
| 1,10 | 0 559 | 0 573 | 0 587 | 0 600 | 0 614 | 0 627 | 0 641 | 0 655 | 0 668 | 0 682 |
| 12 | 0 569 | 0 583 | 0 597 | 0 611 | 0 625 | 0 639 | 0 653 | 0 667 | 0 681 | 0 694 |
| 14 | 0 580 | 0 594 | 0 608 | 0 622 | 0 636 | 0 650 | 0 664 | 0 679 | 0 693 | 0 707 |
| 16 | 0 590 | 0 604 | 0 619 | 0 633 | 0 647 | 0 662 | 0 676 | 0 690 | 0 705 | 0 719 |
| 18 | 0 600 | 0 615 | 0 629 | 0 644 | 0 658 | 0 673 | 0 688 | 0 702 | 0 717 | 0 732 |
| 1,20 | 0 610 | 0 625 | 0 640 | 0 655 | 0 670 | 0 684 | 0 699 | 0 714 | 0 729 | 0 744 |
| 22 | 0 620 | 0 635 | 0 651 | 0 666 | 0 681 | 0 696 | 0 711 | 0 726 | 0 741 | 0 756 |
| 24 | 0 630 | 0 646 | 0 661 | 0 677 | 0 692 | 0 707 | 0 723 | 0 738 | 0 753 | 0 769 |
| 26 | 0 641 | 0 656 | 0 672 | 0 687 | 0 703 | 0 719 | 0 734 | 0 750 | 0 766 | 0 781 |
| 28 | 0 651 | 0 667 | 0 683 | 0 698 | 0 714 | 0 730 | 0 746 | 0 762 | 0 778 | 0 794 |
| 1,30 | 0 661 | 0 677 | 0 693 | 0 709 | 0 725 | 0 742 | 0 758 | 0 774 | 0 790 | 0 806 |
| 32 | 0 671 | 0 687 | 0 704 | 0 720 | 0 737 | 0 753 | 0 769 | 0 786 | 0 802 | 0 818 |
| 34 | 0 681 | 0 698 | 0 714 | 0 731 | 0 748 | 0 764 | 0 781 | 0 798 | 0 814 | 0 831 |
| 36 | 0 691 | 0 708 | 0 725 | 0 742 | 0 759 | 0 776 | 0 793 | 0 809 | 0 826 | 0 843 |
| 38 | 0 702 | 0 719 | 0 736 | 0 753 | 0 770 | 0 787 | 0 804 | 0 821 | 0 838 | 0 856 |
| 1,40 | 0 712 | 0 729 | 0 746 | 0 764 | 0 781 | 0 799 | 0 816 | 0 833 | 0 851 | 0 868 |
| 42 | 0 722 | 0 740 | 0 757 | 0 775 | 0 792 | 0 810 | 0 828 | 0 845 | 0 863 | 0 880 |
| 44 | 0 732 | 0 750 | 0 768 | 0 786 | 0 804 | 0 821 | 0 839 | 0 857 | 0 875 | 0 893 |
| 46 | 0 742 | 0 760 | 0 778 | 0 797 | 0 815 | 0 833 | 0 851 | 0 869 | 0 887 | 0 905 |
| 48 | 0 752 | 0 771 | 0 789 | 0 807 | 0 826 | 0 844 | 0 863 | 0 881 | 0 899 | 0 918 |
| 1,50 | 0 763 | 0 781 | 0 800 | 0 818 | 0 837 | 0 856 | 0 874 | 0 893 | 0 911 | 0 930 |
| 52 | 0 773 | 0 792 | 0 810 | 0 829 | 0 848 | 0 867 | 0 886 | 0 905 | 0 924 | 0 942 |
| 54 | 0 783 | 0 802 | 0 821 | 0 840 | 0 859 | 0 878 | 0 898 | 0 917 | 0 936 | 0 955 |
| 56 | 0 793 | 0 812 | 0 832 | 0 851 | 0 870 | 0 890 | 0 909 | 0 929 | 0 948 | 0 967 |
| 58 | 0 803 | 0 823 | 0 842 | 0 862 | 0 882 | 0 901 | 0 921 | 0 940 | 0 960 | 0 980 |
| 1,60 | 0 813 | 0 833 | 0 853 | 0 873 | 0 893 | 0 913 | 0 932 | 0 952 | 0 972 | 0 992 |
| 62 | 0 824 | 0 844 | 0 864 | 0 884 | 0 904 | 0 924 | 0 944 | 0 964 | 0 984 | 1 004 |
| 64 | 0 834 | 0 854 | 0 874 | 0 895 | 0 915 | 0 935 | 0 956 | 0 976 | 0 996 | 1 017 |
| 66 | 0 844 | 0 865 | 0 885 | 0 906 | 0 926 | 0 947 | 0 967 | 0 988 | 1 009 | 1 029 |
| 68 | 0 854 | 0 875 | 0 896 | 0 917 | 0 937 | 0 958 | 0 979 | 1 000 | 1 021 | 1 042 |
| 1,70 | 0 864 | 0 885 | 0 906 | 0 928 | 0 949 | 0 970 | 0 991 | 1 012 | 1 033 | 1 054 |
| 72 | 0 874 | 0 896 | 0 917 | 0 938 | 0 960 | 0 981 | 1 002 | 1 024 | 1 045 | 1 066 |
| 74 | 0 885 | 0 906 | 0 928 | 0 949 | 0 971 | 0 992 | 1 014 | 1 036 | 1 057 | 1 079 |
| 76 | 0 895 | 0 917 | 0 938 | 0 960 | 0 982 | 1 004 | 1 026 | 1 048 | 1 069 | 1 091 |
| 78 | 0 905 | 0 927 | 0 949 | 0 971 | 0 993 | 1 015 | 1 037 | 1 059 | 1 082 | 1 104 |
| 1,80 | 0 915 | 0 937 | 0 960 | 0 982 | 1 004 | 1 027 | 1 049 | 1 071 | 1 094 | 1 116 |
| 82 | 0 925 | 0 948 | 0 970 | 0 993 | 1 016 | 1 038 | 1 061 | 1 083 | 1 106 | 1 128 |
| 84 | 0 935 | 0 958 | 0 981 | 1 004 | 1 027 | 1 050 | 1 072 | 1 095 | 1 118 | 1 141 |
| 86 | 0 946 | 0 969 | 0 992 | 1 015 | 1 038 | 1 061 | 1 084 | 1 107 | 1 130 | 1 153 |
| 88 | 0 956 | 0 979 | 1 002 | 1 026 | 1 049 | 1 072 | 1 096 | 1 119 | 1 142 | 1 166 |
| 1,90 | 0 966 | 0 990 | 1 013 | 1 037 | 1 060 | 1 084 | 1 107 | 1 131 | 1 154 | 1 178 |
| 92 | 0 976 | 1 000 | 1 024 | 1 048 | 1 071 | 1 095 | 1 119 | 1 143 | 1 167 | 1 190 |
| 94 | 0 986 | 1 010 | 1 034 | 1 058 | 1 083 | 1 107 | 1 131 | 1 155 | 1 179 | 1 203 |
| 96 | 0 996 | 1 021 | 1 045 | 1 069 | 1 094 | 1 118 | 1 142 | 1 167 | 1 191 | 1 215 |
| 98 | 1 007 | 1 031 | 1 056 | 1 080 | 1 105 | 1 129 | 1 154 | 1 178 | 1 203 | 1 228 |
| 2,— | 1 017 | 1 042 | 1 066 | 1 091 | 1 116 | 1 141 | 1 166 | 1 190 | 1 215 | 1 240 |

Épaisseur : **0$^m$ 62** centimètres — LARGEUR — 96

| LONGUEUR | 1,02 | 1,04 | 1,06 | 1,08 | 1,10 | 1,12 | 1,14 | 1,16 | 1,18 | 1,20 |
|---|---|---|---|---|---|---|---|---|---|---|
| 1,02 | 0 645 | | | | | | | | | |
| 04 | 0 658 | 0 671 | | | | | | | | |
| 06 | 0 670 | 0 683 | 0 697 | | | | | | | |
| 08 | 0 683 | 0 696 | 0 710 | 0 723 | | | | | | |
| 1,10 | 0 696 | 0 709 | 0 723 | 0 737 | 0 750 | | | | | |
| 12 | 0 708 | 0 722 | 0 736 | 0 750 | 0 761 | 0 778 | | | | |
| 14 | 0 721 | 0 735 | 0 749 | 0 763 | 0 777 | 0 792 | 0 806 | | | |
| 16 | 0 731 | 0 748 | 0 762 | 0 777 | 0 791 | 0 805 | 0 820 | 0 834 | | |
| 18 | 0 746 | 0 761 | 0 775 | 0 790 | 0 805 | 0 819 | 0 834 | 0 849 | 0 863 | |
| 1,20 | 0 759 | 0 774 | 0 789 | 0 804 | 0 818 | 0 833 | 0 848 | 0 863 | 0 878 | 0 893 |
| 22 | 0 772 | 0 787 | 0 802 | 0 817 | 0 832 | 0 847 | 0 862 | 0 877 | 0 893 | 0 908 |
| 24 | 0 784 | 0 800 | 0 815 | 0 830 | 0 846 | 0 861 | 0 876 | 0 892 | 0 907 | 0 923 |
| 26 | 0 797 | 0 812 | 0 828 | 0 844 | 0 859 | 0 875 | 0 891 | 0 906 | 0 922 | 0 937 |
| 28 | 0 809 | 0 825 | 0 841 | 0 857 | 0 873 | 0 889 | 0 905 | 0 921 | 0 936 | 0 952 |
| 1,30 | 0 822 | 0 838 | 0 854 | 0 870 | 0 887 | 0 903 | 0 919 | 0 935 | 0 951 | 0 967 |
| 32 | 0 835 | 0 851 | 0 868 | 0 884 | 0 900 | 0 917 | 0 933 | 0 949 | 0 966 | 0 982 |
| 34 | 0 847 | 0 864 | 0 881 | 0 897 | 0 911 | 0 930 | 0 947 | 0 964 | 0 980 | 0 997 |
| 36 | 0 860 | 0 877 | 0 894 | 0 911 | 0 928 | 0 944 | 0 961 | 0 978 | 0 995 | 1 012 |
| 38 | 0 873 | 0 890 | 0 907 | 0 924 | 0 941 | 0 958 | 0 975 | 0 992 | 1 010 | 1 027 |
| 1,40 | 0 885 | 0 903 | 0 920 | 0 937 | 0 955 | 0 972 | 0 990 | 1 007 | 1 024 | 1 042 |
| 42 | 0 898 | 0 916 | 0 933 | 0 951 | 0 968 | 0 986 | 1 004 | 1 021 | 1 039 | 1 056 |
| 44 | 0 911 | 0 929 | 0 946 | 0 964 | 0 982 | 1 000 | 1 018 | 1 036 | 1 054 | 1 071 |
| 46 | 0 923 | 0 941 | 0 960 | 0 978 | 0 996 | 1 014 | 1 032 | 1 050 | 1 068 | 1 086 |
| 48 | 0 936 | 0 954 | 0 973 | 0 991 | 1 009 | 1 028 | 1 046 | 1 064 | 1 083 | 1 101 |
| 1,50 | 0 949 | 0 967 | 0 986 | 1 004 | 1 023 | 1 042 | 1 060 | 1 079 | 1 097 | 1 116 |
| 52 | 0 961 | 0 980 | 0 999 | 1 018 | 1 037 | 1 055 | 1 074 | 1 093 | 1 112 | 1 131 |
| 54 | 0 974 | 0 993 | 1 012 | 1 031 | 1 050 | 1 069 | 1 088 | 1 108 | 1 127 | 1 146 |
| 56 | 0 987 | 1 006 | 1 025 | 1 045 | 1 064 | 1 083 | 1 103 | 1 122 | 1 141 | 1 161 |
| 58 | 0 999 | 1 019 | 1 038 | 1 058 | 1 078 | 1 097 | 1 117 | 1 136 | 1 156 | 1 176 |
| 1,60 | 1 012 | 1 032 | 1 052 | 1 071 | 1 091 | 1 111 | 1 131 | 1 151 | 1 171 | 1 190 |
| 62 | 1 024 | 1 045 | 1 065 | 1 085 | 1 105 | 1 125 | 1 145 | 1 165 | 1 185 | 1 205 |
| 64 | 1 037 | 1 057 | 1 078 | 1 098 | 1 118 | 1 139 | 1 159 | 1 179 | 1 200 | 1 220 |
| 66 | 1 050 | 1 070 | 1 091 | 1 112 | 1 132 | 1 153 | 1 173 | 1 194 | 1 214 | 1 235 |
| 68 | 1 062 | 1 083 | 1 104 | 1 125 | 1 146 | 1 167 | 1 187 | 1 208 | 1 229 | 1 250 |
| 1,70 | 1 075 | 1 096 | 1 117 | 1 138 | 1 159 | 1 180 | 1 202 | 1 223 | 1 244 | 1 265 |
| 72 | 1 088 | 1 109 | 1 130 | 1 152 | 1 173 | 1 194 | 1 216 | 1 237 | 1 258 | 1 280 |
| 74 | 1 100 | 1 122 | 1 144 | 1 165 | 1 187 | 1 208 | 1 230 | 1 251 | 1 273 | 1 295 |
| 76 | 1 113 | 1 135 | 1 157 | 1 178 | 1 200 | 1 222 | 1 244 | 1 266 | 1 288 | 1 309 |
| 78 | 1 126 | 1 148 | 1 170 | 1 192 | 1 214 | 1 236 | 1 258 | 1 280 | 1 302 | 1 324 |
| 1,80 | 1 138 | 1 161 | 1 183 | 1 205 | 1 228 | 1 250 | 1 272 | 1 295 | 1 317 | 1 339 |
| 82 | 1 151 | 1 174 | 1 196 | 1 219 | 1 241 | 1 264 | 1 286 | 1 309 | 1 332 | 1 354 |
| 84 | 1 164 | 1 186 | 1 209 | 1 232 | 1 255 | 1 278 | 1 301 | 1 323 | 1 346 | 1 369 |
| 86 | 1 176 | 1 199 | 1 222 | 1 245 | 1 269 | 1 292 | 1 315 | 1 338 | 1 361 | 1 384 |
| 88 | 1 189 | 1 212 | 1 236 | 1 259 | 1 282 | 1 305 | 1 329 | 1 352 | 1 375 | 1 399 |
| 1,90 | 1 202 | 1 225 | 1 249 | 1 272 | 1 296 | 1 319 | 1 343 | 1 366 | 1 390 | 1 414 |
| 92 | 1 214 | 1 238 | 1 262 | 1 286 | 1 309 | 1 333 | 1 357 | 1 381 | 1 405 | 1 428 |
| 94 | 1 227 | 1 251 | 1 275 | 1 299 | 1 323 | 1 347 | 1 371 | 1 395 | 1 419 | 1 443 |
| 96 | 1 240 | 1 264 | 1 288 | 1 312 | 1 337 | 1 361 | 1 385 | 1 410 | 1 434 | 1 458 |
| 98 | 1 252 | 1 277 | 1 301 | 1 326 | 1 350 | 1 375 | 1 399 | 1 424 | 1 449 | 1 473 |
| 2,— | 1 265 | 1 290 | 1 315 | 1 339 | 1 364 | 1 389 | 1 414 | 1 438 | 1 463 | 1 488 |
| 02 | 1 277 | 1 302 | 1 328 | 1 353 | 1 378 | 1 403 | 1 428 | 1 453 | 1 478 | 1 503 |
| 04 | 1 290 | 1 315 | 1 341 | 1 366 | 1 391 | 1 417 | 1 442 | 1 467 | 1 492 | 1 518 |
| 06 | 1 303 | 1 328 | 1 354 | 1 379 | 1 405 | 1 430 | 1 456 | 1 482 | 1 507 | 1 533 |
| 08 | 1 315 | 1 341 | 1 367 | 1 393 | 1 419 | 1 444 | 1 470 | 1 496 | 1 522 | 1 548 |
| 2,10 | 1 328 | 1 354 | 1 380 | 1 406 | 1 432 | 1 458 | 1 484 | 1 510 | 1 536 | 1 562 |
| 12 | 1 341 | 1 367 | 1 393 | 1 419 | 1 446 | 1 472 | 1 498 | 1 525 | 1 551 | 1 577 |
| 14 | 1 353 | 1 380 | 1 406 | 1 433 | 1 459 | 1 486 | 1 513 | 1 539 | 1 566 | 1 592 |
| 16 | 1 366 | 1 393 | 1 420 | 1 446 | 1 473 | 1 500 | 1 527 | 1 553 | 1 580 | 1 607 |
| 18 | 1 379 | 1 406 | 1 433 | 1 460 | 1 487 | 1 514 | 1 541 | 1 568 | 1 595 | 1 622 |
| 2,20 | 1 391 | 1 419 | 1 446 | 1 473 | 1 500 | 1 528 | 1 555 | 1 582 | 1 610 | 1 637 |
| 22 | 1 404 | 1 431 | 1 459 | 1 486 | 1 514 | 1 542 | 1 569 | 1 596 | 1 624 | 1 652 |
| 24 | 1 417 | 1 444 | 1 472 | 1 500 | 1 528 | 1 555 | 1 583 | 1 611 | 1 639 | 1 667 |
| 26 | 1 429 | 1 457 | 1 485 | 1 513 | 1 541 | 1 569 | 1 597 | 1 625 | 1 653 | 1 681 |
| 28 | 1 442 | 1 470 | 1 498 | 1 527 | 1 555 | 1 583 | 1 612 | 1 640 | 1 668 | 1 696 |
| 2,30 | 1 455 | 1 483 | 1 512 | 1 540 | 1 569 | 1 597 | 1 626 | 1 654 | 1 683 | 1 711 |
| 32 | 1 467 | 1 496 | 1 525 | 1 553 | 1 582 | 1 611 | 1 640 | 1 669 | 1 697 | 1 726 |
| 34 | 1 480 | 1 509 | 1 538 | 1 567 | 1 596 | 1 625 | 1 654 | 1 683 | 1 712 | 1 741 |
| 36 | 1 492 | 1 522 | 1 551 | 1 580 | 1 610 | 1 639 | 1 668 | 1 697 | 1 727 | 1 756 |
| 38 | 1 505 | 1 535 | 1 564 | 1 594 | 1 624 | 1 653 | 1 682 | 1 712 | 1 741 | 1 771 |
| 2,40 | 1 518 | 1 548 | 1 577 | 1 607 | 1 637 | 1 667 | 1 696 | 1 726 | 1 756 | 1 786 |

Épaisseur : **0$^m$ 62** centimètres — LARGEUR — 97

| LONGUEUR | 1,22 | 1,24 | 1,26 | 1,28 | 1,30 | 1,32 | 1,34 | 1,36 | 1,38 | 1,40 |
|---|---|---|---|---|---|---|---|---|---|---|
| 1,22 | 0 923 | | | | | | | | | |
| 24 | 0 938 | 0 953 | | | | | | | | |
| 26 | 0 953 | 0 969 | 0 984 | | | | | | | |
| 28 | 0 968 | 0 984 | 1 000 | 1 016 | | | | | | |
| 1,30 | 0 983 | 0 999 | 1 016 | 1 032 | 1 048 | | | | | |
| 32 | 0 998 | 1 015 | 1 031 | 1 048 | 1 064 | 1 080 | | | | |
| 34 | 1 014 | 1 030 | 1 047 | 1 063 | 1 080 | 1 097 | 1 113 | | | |
| 36 | 1 029 | 1 046 | 1 062 | 1 079 | 1 096 | 1 113 | 1 130 | 1 147 | | |
| 38 | 1 044 | 1 061 | 1 078 | 1 095 | 1 112 | 1 129 | 1 147 | 1 164 | 1 181 | |
| 1,40 | 1 059 | 1 076 | 1 094 | 1 111 | 1 128 | 1 146 | 1 163 | 1 180 | 1 198 | 1 215 |
| 42 | 1 074 | 1 092 | 1 109 | 1 127 | 1 145 | 1 162 | 1 180 | 1 197 | 1 215 | 1 233 |
| 44 | 1 089 | 1 107 | 1 125 | 1 143 | 1 161 | 1 178 | 1 196 | 1 214 | 1 232 | 1 250 |
| 46 | 1 104 | 1 122 | 1 141 | 1 159 | 1 177 | 1 195 | 1 213 | 1 231 | 1 249 | 1 267 |
| 48 | 1 119 | 1 138 | 1 156 | 1 175 | 1 193 | 1 211 | 1 230 | 1 248 | 1 266 | 1 285 |
| 1,50 | 1 135 | 1 153 | 1 172 | 1 190 | 1 209 | 1 228 | 1 246 | 1 265 | 1 283 | 1 302 |
| 52 | 1 150 | 1 169 | 1 187 | 1 206 | 1 225 | 1 244 | 1 263 | 1 282 | 1 301 | 1 319 |
| 54 | 1 165 | 1 184 | 1 203 | 1 222 | 1 241 | 1 260 | 1 279 | 1 299 | 1 318 | 1 337 |
| 56 | 1 180 | 1 199 | 1 219 | 1 238 | 1 257 | 1 277 | 1 296 | 1 315 | 1 335 | 1 354 |
| 58 | 1 195 | 1 215 | 1 234 | 1 254 | 1 273 | 1 293 | 1 313 | 1 332 | 1 352 | 1 371 |
| 1,60 | 1 210 | 1 230 | 1 250 | 1 270 | 1 290 | 1 309 | 1 329 | 1 349 | 1 369 | 1 389 |
| 62 | 1 225 | 1 245 | 1 266 | 1 286 | 1 306 | 1 326 | 1 346 | 1 366 | 1 386 | 1 406 |
| 64 | 1 240 | 1 261 | 1 281 | 1 302 | 1 322 | 1 342 | 1 363 | 1 383 | 1 403 | 1 424 |
| 66 | 1 256 | 1 276 | 1 297 | 1 317 | 1 338 | 1 359 | 1 379 | 1 400 | 1 420 | 1 441 |
| 68 | 1 271 | 1 292 | 1 312 | 1 333 | 1 354 | 1 375 | 1 396 | 1 417 | 1 437 | 1 458 |
| 1,70 | 1 286 | 1 307 | 1 328 | 1 349 | 1 370 | 1 391 | 1 412 | 1 433 | 1 455 | 1 476 |
| 72 | 1 301 | 1 322 | 1 344 | 1 365 | 1 386 | 1 408 | 1 429 | 1 450 | 1 472 | 1 493 |
| 74 | 1 316 | 1 338 | 1 359 | 1 381 | 1 402 | 1 424 | 1 446 | 1 467 | 1 489 | 1 510 |
| 76 | 1 331 | 1 353 | 1 375 | 1 397 | 1 419 | 1 440 | 1 462 | 1 484 | 1 506 | 1 528 |
| 78 | 1 346 | 1 368 | 1 391 | 1 413 | 1 435 | 1 457 | 1 479 | 1 501 | 1 523 | 1 545 |
| 1,80 | 1 362 | 1 384 | 1 406 | 1 428 | 1 451 | 1 473 | 1 495 | 1 518 | 1 540 | 1 562 |
| 82 | 1 377 | 1 399 | 1 422 | 1 444 | 1 467 | 1 489 | 1 512 | 1 535 | 1 557 | 1 580 |
| 84 | 1 392 | 1 415 | 1 437 | 1 460 | 1 483 | 1 506 | 1 529 | 1 551 | 1 574 | 1 597 |
| 86 | 1 407 | 1 430 | 1 453 | 1 476 | 1 499 | 1 522 | 1 545 | 1 568 | 1 591 | 1 614 |
| 88 | 1 422 | 1 445 | 1 469 | 1 492 | 1 515 | 1 539 | 1 562 | 1 585 | 1 609 | 1 632 |
| 1,90 | 1 437 | 1 461 | 1 484 | 1 508 | 1 531 | 1 555 | 1 579 | 1 602 | 1 626 | 1 649 |
| 92 | 1 452 | 1 476 | 1 500 | 1 524 | 1 548 | 1 571 | 1 595 | 1 619 | 1 643 | 1 667 |
| 94 | 1 467 | 1 491 | 1 516 | 1 540 | 1 564 | 1 588 | 1 612 | 1 636 | 1 660 | 1 684 |
| 96 | 1 483 | 1 507 | 1 531 | 1 555 | 1 580 | 1 604 | 1 628 | 1 653 | 1 677 | 1 701 |
| 98 | 1 498 | 1 522 | 1 547 | 1 571 | 1 596 | 1 620 | 1 645 | 1 670 | 1 694 | 1 719 |
| 2,— | 1 513 | 1 538 | 1 562 | 1 587 | 1 612 | 1 637 | 1 662 | 1 686 | 1 711 | 1 736 |
| 02 | 1 528 | 1 553 | 1 578 | 1 603 | 1 628 | 1 653 | 1 678 | 1 703 | 1 728 | 1 753 |
| 04 | 1 543 | 1 568 | 1 594 | 1 619 | 1 644 | 1 670 | 1 695 | 1 720 | 1 745 | 1 771 |
| 06 | 1 558 | 1 584 | 1 609 | 1 635 | 1 660 | 1 686 | 1 711 | 1 737 | 1 763 | 1 788 |
| 08 | 1 573 | 1 599 | 1 625 | 1 651 | 1 676 | 1 702 | 1 728 | 1 754 | 1 780 | 1 805 |
| 2,10 | 1 588 | 1 614 | 1 641 | 1 667 | 1 693 | 1 719 | 1 745 | 1 771 | 1 797 | 1 823 |
| 12 | 1 604 | 1 630 | 1 656 | 1 683 | 1 709 | 1 735 | 1 761 | 1 788 | 1 814 | 1 840 |
| 14 | 1 619 | 1 645 | 1 672 | 1 698 | 1 725 | 1 751 | 1 778 | 1 804 | 1 831 | 1 858 |
| 16 | 1 634 | 1 661 | 1 687 | 1 714 | 1 741 | 1 768 | 1 795 | 1 821 | 1 848 | 1 875 |
| 18 | 1 649 | 1 676 | 1 703 | 1 730 | 1 757 | 1 784 | 1 811 | 1 838 | 1 865 | 1 892 |
| 2,20 | 1 664 | 1 691 | 1 719 | 1 746 | 1 773 | 1 800 | 1 828 | 1 855 | 1 882 | 1 910 |
| 22 | 1 679 | 1 707 | 1 734 | 1 762 | 1 789 | 1 817 | 1 844 | 1 872 | 1 899 | 1 927 |
| 24 | 1 694 | 1 722 | 1 750 | 1 778 | 1 805 | 1 833 | 1 861 | 1 889 | 1 917 | 1 944 |
| 26 | 1 709 | 1 737 | 1 766 | 1 794 | 1 822 | 1 850 | 1 878 | 1 906 | 1 934 | 1 962 |
| 28 | 1 725 | 1 753 | 1 781 | 1 809 | 1 838 | 1 866 | 1 894 | 1 922 | 1 951 | 1 979 |
| 2,30 | 1 740 | 1 768 | 1 797 | 1 825 | 1 854 | 1 882 | 1 911 | 1 939 | 1 968 | 1 996 |
| 32 | 1 755 | 1 784 | 1 812 | 1 841 | 1 870 | 1 899 | 1 927 | 1 956 | 1 985 | 2 014 |
| 34 | 1 770 | 1 799 | 1 828 | 1 857 | 1 886 | 1 915 | 1 944 | 1 973 | 2 002 | 2 031 |
| 36 | 1 785 | 1 814 | 1 844 | 1 873 | 1 902 | 1 931 | 1 961 | 1 990 | 2 019 | 2 048 |
| 38 | 1 800 | 1 830 | 1 859 | 1 889 | 1 918 | 1 948 | 1 977 | 2 007 | 2 036 | 2 066 |
| 2,40 | 1 815 | 1 845 | 1 875 | 1 905 | 1 934 | 1 964 | 1 994 | 2 024 | 2 053 | 2 083 |

Epaisseur : **0**<sup>m</sup> **64** centimètres

_Left table:_

| Longueur | Futailles | 0,64 | 0,66 | 0,68 | 0,70 | 0,72 | 0,74 | 0,76 | 0,78 | 0,80 | 0,82 |
|---|---|---|---|---|---|---|---|---|---|---|---|
| 0,64 | 0 210 | 0 262 | | | | | | | | | |
| 0,66 | 0 216 | 0 270 | 0 279 | | | | | | | | |
| 0,68 | 0 223 | 0 279 | 0 287 | 0 296 | | | | | | | |
| 0,70 | 0 229 | 0 287 | 0 296 | 0 305 | 0 314 | | | | | | |
| 0,72 | 0 236 | 0 295 | 0 304 | 0 313 | 0 323 | 0 332 | | | | | |
| 0,74 | 0 242 | 0 303 | 0 313 | 0 322 | 0 332 | 0 341 | 0 350 | | | | |
| 0,76 | 0 249 | 0 311 | 0 321 | 0 331 | 0 340 | 0 350 | 0 360 | 0 370 | | | |
| 0,78 | 0 256 | 0 319 | 0 329 | 0 339 | 0 349 | 0 359 | 0 369 | 0 379 | 0 389 | | |
| 0,80 | 0 262 | 0 328 | 0 338 | 0 348 | 0 358 | 0 369 | 0 379 | 0 389 | 0 399 | 0 410 | |
| 0,82 | 0 269 | 0 336 | 0 346 | 0 357 | 0 367 | 0 378 | 0 388 | 0 399 | 0 409 | 0 420 | 0 430 |
| 0,84 | 0 275 | 0 344 | 0 355 | 0 366 | 0 376 | 0 387 | 0 398 | 0 409 | 0 419 | 0 430 | 0 441 |
| 0,86 | 0 282 | 0 352 | 0 363 | 0 374 | 0 385 | 0 396 | 0 407 | 0 418 | 0 429 | 0 440 | 0 451 |
| 0,88 | 0 288 | 0 360 | 0 372 | 0 383 | 0 394 | 0 406 | 0 417 | 0 428 | 0 439 | 0 451 | 0 462 |
| 0,90 | 0 295 | 0 369 | 0 380 | 0 392 | 0 403 | 0 415 | 0 426 | 0 438 | 0 449 | 0 461 | 0 472 |
| 0,92 | 0 301 | 0 377 | 0 389 | 0 400 | 0 412 | 0 424 | 0 436 | 0 447 | 0 459 | 0 471 | 0 483 |
| 0,94 | 0 308 | 0 385 | 0 397 | 0 409 | 0 421 | 0 433 | 0 445 | 0 457 | 0 469 | 0 481 | 0 493 |
| 0,96 | 0 315 | 0 393 | 0 406 | 0 418 | 0 430 | 0 442 | 0 455 | 0 467 | 0 479 | 0 492 | 0 504 |
| 0,98 | 0 321 | 0 401 | 0 414 | 0 426 | 0 439 | 0 452 | 0 464 | 0 477 | 0 489 | 0 502 | 0 514 |
| 1,— | 0 328 | 0 410 | 0 422 | 0 435 | 0 448 | 0 461 | 0 474 | 0 486 | 0 499 | 0 512 | 0 525 |
| 1,02 | 0 334 | 0 418 | 0 431 | 0 444 | 0 457 | 0 470 | 0 483 | 0 496 | 0 509 | 0 522 | 0 535 |
| 1,04 | 0 341 | 0 426 | 0 439 | 0 453 | 0 466 | 0 479 | 0 493 | 0 506 | 0 519 | 0 532 | 0 546 |
| 1,06 | 0 347 | 0 434 | 0 448 | 0 461 | 0 475 | 0 488 | 0 502 | 0 516 | 0 529 | 0 543 | 0 556 |
| 1,08 | 0 354 | 0 442 | 0 456 | 0 470 | 0 484 | 0 498 | 0 511 | 0 525 | 0 539 | 0 553 | 0 567 |
| 1,10 | 0 360 | 0 451 | 0 465 | 0 479 | 0 493 | 0 507 | 0 521 | 0 535 | 0 549 | 0 563 | 0 577 |
| 1,12 | 0 367 | 0 459 | 0 473 | 0 487 | 0 502 | 0 516 | 0 530 | 0 545 | 0 559 | 0 573 | 0 588 |
| 1,14 | 0 374 | 0 467 | 0 481 | 0 496 | 0 511 | 0 525 | 0 540 | 0 554 | 0 569 | 0 584 | 0 598 |
| 1,16 | 0 380 | 0 475 | 0 490 | 0 505 | 0 520 | 0 535 | 0 549 | 0 564 | 0 579 | 0 594 | 0 609 |
| 1,18 | 0 387 | 0 483 | 0 498 | 0 513 | 0 529 | 0 544 | 0 559 | 0 574 | 0 589 | 0 604 | 0 619 |
| 1,20 | 0 393 | 0 492 | 0 507 | 0 522 | 0 538 | 0 553 | 0 568 | 0 584 | 0 599 | 0 614 | 0 630 |
| 1,22 | 0 400 | 0 500 | 0 515 | 0 531 | 0 547 | 0 562 | 0 578 | 0 593 | 0 609 | 0 625 | 0 640 |
| 1,24 | 0 406 | 0 508 | 0 524 | 0 540 | 0 555 | 0 571 | 0 587 | 0 603 | 0 619 | 0 635 | 0 651 |
| 1,26 | 0 413 | 0 516 | 0 532 | 0 548 | 0 564 | 0 581 | 0 597 | 0 613 | 0 629 | 0 645 | 0 661 |
| 1,28 | 0 419 | 0 524 | 0 541 | 0 557 | 0 573 | 0 590 | 0 606 | 0 623 | 0 639 | 0 655 | 0 672 |
| 1,30 | 0 426 | 0 532 | 0 549 | 0 566 | 0 582 | 0 599 | 0 616 | 0 632 | 0 649 | 0 666 | 0 682 |
| 1,32 | 0 433 | 0 541 | 0 558 | 0 575 | 0 591 | 0 608 | 0 625 | 0 642 | 0 659 | 0 676 | 0 693 |
| 1,34 | 0 439 | 0 549 | 0 566 | 0 583 | 0 600 | 0 617 | 0 635 | 0 652 | 0 669 | 0 686 | 0 703 |
| 1,36 | 0 446 | 0 557 | 0 574 | 0 592 | 0 609 | 0 627 | 0 644 | 0 662 | 0 679 | 0 696 | 0 714 |
| 1,38 | 0 452 | 0 565 | 0 583 | 0 601 | 0 618 | 0 636 | 0 654 | 0 671 | 0 689 | 0 707 | 0 724 |
| 1,40 | 0 459 | 0 573 | 0 591 | 0 609 | 0 627 | 0 645 | 0 663 | 0 681 | 0 699 | 0 717 | 0 735 |
| 1,42 | 0 465 | 0 582 | 0 600 | 0 618 | 0 636 | 0 654 | 0 673 | 0 691 | 0 709 | 0 727 | 0 745 |
| 1,44 | 0 472 | 0 590 | 0 608 | 0 627 | 0 645 | 0 664 | 0 682 | 0 700 | 0 719 | 0 737 | 0 756 |
| 1,46 | 0 478 | 0 598 | 0 617 | 0 635 | 0 654 | 0 673 | 0 691 | 0 710 | 0 729 | 0 748 | 0 766 |
| 1,48 | 0 485 | 0 606 | 0 625 | 0 644 | 0 663 | 0 682 | 0 701 | 0 720 | 0 739 | 0 758 | 0 777 |
| 1,50 | 0 492 | 0 614 | 0 635 | 0 653 | 0 672 | 0 691 | 0 710 | 0 730 | 0 749 | 0 768 | 0 787 |
| 1,52 | 0 498 | 0 623 | 0 642 | 0 662 | 0 681 | 0 700 | 0 720 | 0 739 | 0 759 | 0 778 | 0 798 |
| 1,54 | 0 505 | 0 631 | 0 650 | 0 670 | 0 690 | 0 710 | 0 729 | 0 749 | 0 769 | 0 789 | 0 808 |
| 1,56 | 0 511 | 0 639 | 0 659 | 0 679 | 0 699 | 0 719 | 0 739 | 0 759 | 0 779 | 0 799 | 0 819 |
| 1,58 | 0 518 | 0 647 | 0 667 | 0 688 | 0 708 | 0 728 | 0 748 | 0 769 | 0 789 | 0 809 | 0 829 |
| 1,60 | 0 524 | 0 655 | 0 676 | 0 696 | 0 717 | 0 737 | 0 758 | 0 778 | 0 799 | 0 819 | 0 840 |
| 1,62 | 0 531 | 0 664 | 0 684 | 0 705 | 0 726 | 0 746 | 0 767 | 0 788 | 0 809 | 0 829 | 0 850 |
| 1,64 | 0 537 | 0 672 | 0 693 | 0 714 | 0 735 | 0 756 | 0 777 | 0 798 | 0 819 | 0 840 | 0 861 |
| 1,66 | 0 544 | 0 680 | 0 701 | 0 722 | 0 744 | 0 765 | 0 786 | 0 807 | 0 829 | 0 850 | 0 871 |
| 1,68 | 0 551 | 0 688 | 0 710 | 0 731 | 0 753 | 0 774 | 0 796 | 0 817 | 0 839 | 0 860 | 0 882 |
| 1,70 | 0 557 | 0 696 | 0 718 | 0 740 | 0 762 | 0 783 | 0 805 | 0 827 | 0 849 | 0 870 | 0 892 |
| 1,72 | 0 564 | 0 705 | 0 727 | 0 749 | 0 771 | 0 793 | 0 815 | 0 837 | 0 859 | 0 881 | 0 903 |
| 1,74 | 0 570 | 0 713 | 0 735 | 0 757 | 0 780 | 0 802 | 0 824 | 0 846 | 0 869 | 0 891 | 0 913 |
| 1,76 | 0 577 | 0 721 | 0 743 | 0 766 | 0 788 | 0 811 | 0 834 | 0 856 | 0 879 | 0 901 | 0 924 |
| 1,78 | 0 583 | 0 729 | 0 752 | 0 775 | 0 797 | 0 820 | 0 843 | 0 866 | 0 889 | 0 911 | 0 934 |
| 1,80 | 0 590 | 0 737 | 0 760 | 0 783 | 0 806 | 0 829 | 0 852 | 0 876 | 0 899 | 0 922 | 0 945 |
| 1,82 | 0 596 | 0 745 | 0 769 | 0 792 | 0 815 | 0 839 | 0 862 | 0 885 | 0 909 | 0 932 | 0 955 |
| 1,84 | 0 603 | 0 754 | 0 777 | 0 801 | 0 824 | 0 848 | 0 871 | 0 895 | 0 919 | 0 942 | 0 966 |
| 1,86 | 0 609 | 0 762 | 0 786 | 0 809 | 0 833 | 0 857 | 0 881 | 0 905 | 0 929 | 0 952 | 0 976 |
| 1,88 | 0 616 | 0 770 | 0 794 | 0 818 | 0 842 | 0 866 | 0 890 | 0 914 | 0 938 | 0 963 | 0 987 |
| 1,90 | 0 623 | 0 778 | 0 801 | 0 827 | 0 851 | 0 876 | 0 900 | 0 924 | 0 948 | 0 973 | 0 997 |
| 1,92 | 0 629 | 0 786 | 0 811 | 0 836 | 0 860 | 0 885 | 0 909 | 0 934 | 0 958 | 0 983 | 1 008 |
| 1,94 | 0 636 | 0 795 | 0 819 | 0 844 | 0 869 | 0 894 | 0 919 | 0 944 | 0 968 | 0 993 | 1 018 |
| 1,96 | 0 642 | 0 806 | 0 828 | 0 853 | 0 878 | 0 903 | 0 928 | 0 953 | 0 978 | 1 004 | 1 029 |
| 1,98 | 0 649 | 0 811 | 0 836 | 0 862 | 0 887 | 0 912 | 0 938 | 0 963 | 0 988 | 1 014 | 1 039 |
| 2,— | 0 655 | 0 819 | 0 845 | 0 870 | 0 896 | 0 922 | 0 947 | 0 973 | 0 998 | 1 024 | 1 050 |
| 2,02 | 0 662 | 0 827 | 0 853 | 0 879 | 0 905 | 0 931 | 0 957 | 0 983 | 1 008 | 1 034 | 1 060 |



Epaisseur : **0**<sup>m</sup> **64** centimètres

_Right table:_

| Longueur | 0,84 | 0,86 | 0,88 | 0,90 | 0,92 | 0,94 | 0,96 | 0,98 | 1,00 | 1,02 |
|---|---|---|---|---|---|---|---|---|---|---|
| 0,84 | 0 452 | | | | | | | | | |
| 0,86 | 0 462 | 0 473 | | | | | | | | |
| 0,88 | 0 473 | 0 484 | 0 496 | | | | | | | |
| 0,90 | 0 484 | 0 495 | 0 507 | 0 518 | | | | | | |
| 0,92 | 0 495 | 0 506 | 0 518 | 0 530 | 0 542 | | | | | |
| 0,94 | 0 505 | 0 517 | 0 529 | 0 541 | 0 553 | 0 566 | | | | |
| 0,96 | 0 516 | 0 528 | 0 541 | 0 553 | 0 565 | 0 578 | 0 590 | | | |
| 0,98 | 0 527 | 0 539 | 0 552 | 0 564 | 0 577 | 0 590 | 0 602 | 0 615 | | |
| 1,— | 0 538 | 0 550 | 0 563 | 0 576 | 0 589 | 0 602 | 0 614 | 0 627 | 0 640 | |
| 1,02 | 0 548 | 0 561 | 0 574 | 0 588 | 0 601 | 0 614 | 0 627 | 0 640 | 0 653 | 0 666 |
| 1,04 | 0 559 | 0 572 | 0 586 | 0 599 | 0 612 | 0 626 | 0 639 | 0 652 | 0 666 | 0 679 |
| 1,06 | 0 570 | 0 583 | 0 597 | 0 611 | 0 624 | 0 638 | 0 651 | 0 665 | 0 678 | 0 692 |
| 1,08 | 0 581 | 0 594 | 0 608 | 0 622 | 0 636 | 0 650 | 0 664 | 0 677 | 0 691 | 0 705 |
| 1,10 | 0 591 | 0 605 | 0 620 | 0 634 | 0 648 | 0 662 | 0 676 | 0 690 | 0 704 | 0 718 |
| 1,12 | 0 602 | 0 616 | 0 631 | 0 645 | 0 659 | 0 674 | 0 688 | 0 702 | 0 717 | 0 731 |
| 1,14 | 0 613 | 0 627 | 0 642 | 0 657 | 0 671 | 0 686 | 0 700 | 0 715 | 0 730 | 0 744 |
| 1,16 | 0 624 | 0 638 | 0 653 | 0 668 | 0 683 | 0 698 | 0 713 | 0 728 | 0 742 | 0 757 |
| 1,18 | 0 634 | 0 649 | 0 665 | 0 680 | 0 695 | 0 710 | 0 725 | 0 740 | 0 755 | 0 770 |
| 1,20 | 0 645 | 0 660 | 0 676 | 0 691 | 0 707 | 0 722 | 0 737 | 0 753 | 0 768 | 0 783 |
| 1,22 | 0 656 | 0 671 | 0 687 | 0 703 | 0 718 | 0 734 | 0 750 | 0 765 | 0 781 | 0 796 |
| 1,24 | 0 667 | 0 682 | 0 698 | 0 714 | 0 730 | 0 746 | 0 762 | 0 778 | 0 794 | 0 809 |
| 1,26 | 0 677 | 0 694 | 0 710 | 0 726 | 0 742 | 0 758 | 0 774 | 0 790 | 0 806 | 0 823 |
| 1,28 | 0 688 | 0 705 | 0 721 | 0 737 | 0 754 | 0 770 | 0 786 | 0 803 | 0 819 | 0 836 |
| 1,30 | 0 699 | 0 716 | 0 732 | 0 749 | 0 765 | 0 782 | 0 799 | 0 815 | 0 832 | 0 849 |
| 1,32 | 0 710 | 0 727 | 0 743 | 0 760 | 0 777 | 0 794 | 0 811 | 0 828 | 0 845 | 0 862 |
| 1,34 | 0 720 | 0 738 | 0 755 | 0 772 | 0 789 | 0 806 | 0 823 | 0 840 | 0 858 | 0 875 |
| 1,36 | 0 731 | 0 749 | 0 766 | 0 783 | 0 801 | 0 818 | 0 836 | 0 853 | 0 870 | 0 888 |
| 1,38 | 0 742 | 0 760 | 0 777 | 0 795 | 0 813 | 0 830 | 0 848 | 0 866 | 0 883 | 0 901 |
| 1,40 | 0 753 | 0 771 | 0 788 | 0 806 | 0 824 | 0 842 | 0 860 | 0 878 | 0 896 | 0 914 |
| 1,42 | 0 763 | 0 782 | 0 800 | 0 818 | 0 836 | 0 854 | 0 872 | 0 891 | 0 909 | 0 927 |
| 1,44 | 0 774 | 0 793 | 0 811 | 0 829 | 0 848 | 0 866 | 0 885 | 0 903 | 0 922 | 0 940 |
| 1,46 | 0 785 | 0 804 | 0 822 | 0 841 | 0 860 | 0 878 | 0 897 | 0 916 | 0 934 | 0 953 |
| 1,48 | 0 796 | 0 815 | 0 834 | 0 852 | 0 871 | 0 890 | 0 909 | 0 928 | 0 947 | 0 966 |
| 1,50 | 0 806 | 0 826 | 0 845 | 0 864 | 0 883 | 0 902 | 0 922 | 0 941 | 0 960 | 0 979 |
| 1,52 | 0 817 | 0 837 | 0 856 | 0 876 | 0 895 | 0 914 | 0 934 | 0 953 | 0 973 | 0 992 |
| 1,54 | 0 828 | 0 848 | 0 867 | 0 887 | 0 907 | 0 926 | 0 946 | 0 966 | 0 986 | 1 005 |
| 1,56 | 0 839 | 0 859 | 0 879 | 0 899 | 0 919 | 0 938 | 0 958 | 0 978 | 0 998 | 1 018 |
| 1,58 | 0 849 | 0 870 | 0 890 | 0 910 | 0 930 | 0 951 | 0 971 | 0 991 | 1 011 | 1 031 |
| 1,60 | 0 860 | 0 881 | 0 901 | 0 922 | 0 942 | 0 963 | 0 983 | 1 004 | 1 024 | 1 044 |
| 1,62 | 0 871 | 0 892 | 0 912 | 0 933 | 0 954 | 0 975 | 0 995 | 1 016 | 1 037 | 1 058 |
| 1,64 | 0 882 | 0 903 | 0 924 | 0 945 | 0 966 | 0 987 | 1 008 | 1 029 | 1 050 | 1 071 |
| 1,66 | 0 892 | 0 914 | 0 935 | 0 956 | 0 977 | 0 999 | 1 020 | 1 041 | 1 062 | 1 084 |
| 1,68 | 0 903 | 0 925 | 0 946 | 0 968 | 0 989 | 1 011 | 1 032 | 1 054 | 1 075 | 1 097 |
| 1,70 | 0 914 | 0 936 | 0 957 | 0 979 | 1 001 | 1 023 | 1 044 | 1 066 | 1 088 | 1 110 |
| 1,72 | 0 925 | 0 947 | 0 969 | 0 991 | 1 013 | 1 035 | 1 057 | 1 079 | 1 101 | 1 123 |
| 1,74 | 0 935 | 0 958 | 0 980 | 1 002 | 1 025 | 1 047 | 1 069 | 1 091 | 1 114 | 1 136 |
| 1,76 | 0 946 | 0 969 | 0 991 | 1 014 | 1 036 | 1 059 | 1 081 | 1 104 | 1 126 | 1 149 |
| 1,78 | 0 957 | 0 980 | 1 002 | 1 025 | 1 048 | 1 071 | 1 093 | 1 116 | 1 139 | 1 162 |
| 1,80 | 0 968 | 0 991 | 1 014 | 1 037 | 1 060 | 1 083 | 1 106 | 1 129 | 1 152 | 1 175 |
| 1,82 | 0 978 | 1 002 | 1 025 | 1 048 | 1 072 | 1 095 | 1 118 | 1 142 | 1 165 | 1 188 |
| 1,84 | 0 989 | 1 013 | 1 036 | 1 060 | 1 083 | 1 107 | 1 130 | 1 154 | 1 178 | 1 201 |
| 1,86 | 1 000 | 1 024 | 1 048 | 1 071 | 1 095 | 1 119 | 1 143 | 1 167 | 1 190 | 1 214 |
| 1,88 | 1 011 | 1 035 | 1 059 | 1 083 | 1 107 | 1 131 | 1 155 | 1 179 | 1 203 | 1 227 |
| 1,90 | 1 021 | 1 046 | 1 070 | 1 094 | 1 119 | 1 143 | 1 167 | 1 192 | 1 216 | 1 240 |
| 1,92 | 1 032 | 1 057 | 1 081 | 1 106 | 1 130 | 1 155 | 1 180 | 1 204 | 1 229 | 1 253 |
| 1,94 | 1 043 | 1 068 | 1 093 | 1 117 | 1 142 | 1 167 | 1 192 | 1 217 | 1 242 | 1 266 |
| 1,96 | 1 054 | 1 079 | 1 104 | 1 129 | 1 154 | 1 179 | 1 204 | 1 229 | 1 254 | 1 279 |
| 1,98 | 1 064 | 1 090 | 1 115 | 1 140 | 1 166 | 1 191 | 1 217 | 1 242 | 1 267 | 1 293 |
| 2,— | 1 075 | 1 101 | 1 126 | 1 152 | 1 178 | 1 203 | 1 229 | 1 254 | 1 280 | 1 306 |
| 2,02 | 1 086 | 1 112 | 1 138 | 1 164 | 1 189 | 1 215 | 1 241 | 1 267 | 1 293 | 1 319 |

0,64

**LARGEUR** — 100

| LONGUEUR | 1,04 | 1,06 | 1,08 | 1,10 | 1,12 | 1,14 | 1,16 | 1,18 | 1,20 | 1,22 |
|---|---|---|---|---|---|---|---|---|---|---|
| 1,04 | 0 692 | | | | | | | | | |
| 06 | 0 706 | 0 719 | | | | | | | | |
| 08 | 0 719 | 0 733 | 0 746 | | | | | | | |
| 1,10 | 0 732 | 0 746 | 0 760 | 0 774 | | | | | | |
| 12 | 0 745 | 0 760 | 0 774 | 0 788 | 0 803 | | | | | |
| 14 | 0 759 | 0 773 | 0 788 | 0 803 | 0 817 | 0 832 | | | | |
| 16 | 0 772 | 0 787 | 0 802 | 0 817 | 0 831 | 0 846 | 0 861 | | | |
| 18 | 0 785 | 0 801 | 0 816 | 0 831 | 0 846 | 0 861 | 0 876 | 0 891 | | |
| 1,20 | 0 799 | 0 814 | 0 829 | 0 845 | 0 860 | 0 876 | 0 891 | 0 906 | 0 922 | |
| 22 | 0 812 | 0 828 | 0 843 | 0 859 | 0 874 | 0 890 | 0 905 | 0 921 | 0 937 | 0 953 |
| 24 | 0 825 | 0 841 | 0 857 | 0 873 | 0 889 | 0 905 | 0 921 | 0 936 | 0 952 | 0 968 |
| 26 | 0 839 | 0 855 | 0 871 | 0 887 | 0 903 | 0 919 | 0 935 | 0 952 | 0 968 | 0 984 |
| 28 | 0 852 | 0 868 | 0 885 | 0 901 | 0 918 | 0 934 | 0 950 | 0 967 | 0 983 | 0 999 |
| 1,30 | 0 865 | 0 882 | 0 899 | 0 915 | 0 932 | 0 948 | 0 965 | 0 982 | 0 998 | 1 015 |
| 32 | 0 879 | 0 895 | 0 912 | 0 929 | 0 946 | 0 963 | 0 980 | 0 997 | 1 014 | 1 031 |
| 34 | 0 892 | 0 909 | 0 926 | 0 943 | 0 961 | 0 978 | 0 995 | 1 012 | 1 029 | 1 046 |
| 36 | 0 905 | 0 923 | 0 940 | 0 957 | 0 975 | 0 992 | 1 010 | 1 027 | 1 044 | 1 062 |
| 38 | 0 919 | 0 936 | 0 954 | 0 972 | 0 989 | 1 007 | 1 025 | 1 042 | 1 060 | 1 078 |
| 1,40 | 0 932 | 0 950 | 0 968 | 0 986 | 1 004 | 1 021 | 1 039 | 1 057 | 1 075 | 1 093 |
| 42 | 0 945 | 0 963 | 0 982 | 1 000 | 1 018 | 1 036 | 1 054 | 1 072 | 1 091 | 1 109 |
| 44 | 0 958 | 0 977 | 0 995 | 1 014 | 1 032 | 1 051 | 1 069 | 1 087 | 1 106 | 1 124 |
| 46 | 0 972 | 0 990 | 1 009 | 1 028 | 1 047 | 1 065 | 1 084 | 1 103 | 1 121 | 1 140 |
| 48 | 0 985 | 1 004 | 1 023 | 1 042 | 1 061 | 1 080 | 1 099 | 1 118 | 1 137 | 1 156 |
| 1,50 | 0 998 | 1 018 | 1 037 | 1 056 | 1 075 | 1 094 | 1 114 | 1 133 | 1 152 | 1 171 |
| 52 | 1 012 | 1 031 | 1 051 | 1 070 | 1 090 | 1 109 | 1 128 | 1 148 | 1 167 | 1 187 |
| 54 | 1 025 | 1 045 | 1 064 | 1 084 | 1 104 | 1 124 | 1 143 | 1 163 | 1 183 | 1 202 |
| 56 | 1 038 | 1 058 | 1 078 | 1 098 | 1 118 | 1 138 | 1 158 | 1 178 | 1 198 | 1 218 |
| 58 | 1 052 | 1 072 | 1 092 | 1 112 | 1 133 | 1 153 | 1 173 | 1 193 | 1 213 | 1 234 |
| 1,60 | 1 065 | 1 085 | 1 106 | 1 126 | 1 147 | 1 167 | 1 188 | 1 208 | 1 229 | 1 249 |
| 62 | 1 078 | 1 099 | 1 120 | 1 140 | 1 161 | 1 182 | 1 203 | 1 223 | 1 244 | 1 265 |
| 64 | 1 092 | 1 113 | 1 134 | 1 155 | 1 176 | 1 197 | 1 218 | 1 239 | 1 260 | 1 281 |
| 66 | 1 105 | 1 126 | 1 147 | 1 169 | 1 190 | 1 211 | 1 232 | 1 254 | 1 275 | 1 296 |
| 68 | 1 118 | 1 140 | 1 161 | 1 183 | 1 204 | 1 226 | 1 247 | 1 269 | 1 290 | 1 312 |
| 1,70 | 1 132 | 1 153 | 1 175 | 1 197 | 1 219 | 1 240 | 1 262 | 1 284 | 1 306 | 1 327 |
| 72 | 1 145 | 1 167 | 1 189 | 1 211 | 1 233 | 1 255 | 1 277 | 1 299 | 1 321 | 1 343 |
| 74 | 1 158 | 1 180 | 1 203 | 1 225 | 1 247 | 1 270 | 1 292 | 1 314 | 1 336 | 1 359 |
| 76 | 1 171 | 1 194 | 1 217 | 1 239 | 1 262 | 1 284 | 1 307 | 1 329 | 1 352 | 1 374 |
| 78 | 1 185 | 1 208 | 1 230 | 1 253 | 1 276 | 1 299 | 1 321 | 1 344 | 1 367 | 1 390 |
| 1,80 | 1 198 | 1 221 | 1 244 | 1 267 | 1 290 | 1 313 | 1 336 | 1 359 | 1 382 | 1 405 |
| 82 | 1 211 | 1 235 | 1 258 | 1 281 | 1 305 | 1 328 | 1 351 | 1 374 | 1 398 | 1 421 |
| 84 | 1 225 | 1 248 | 1 272 | 1 295 | 1 319 | 1 342 | 1 366 | 1 390 | 1 413 | 1 437 |
| 86 | 1 238 | 1 262 | 1 286 | 1 309 | 1 333 | 1 357 | 1 381 | 1 405 | 1 428 | 1 452 |
| 88 | 1 251 | 1 275 | 1 299 | 1 323 | 1 348 | 1 372 | 1 396 | 1 420 | 1 444 | 1 468 |
| 1,90 | 1 265 | 1 289 | 1 313 | 1 338 | 1 362 | 1 386 | 1 411 | 1 435 | 1 459 | 1 484 |
| 92 | 1 278 | 1 303 | 1 327 | 1 352 | 1 376 | 1 401 | 1 425 | 1 450 | 1 475 | 1 499 |
| 94 | 1 291 | 1 316 | 1 341 | 1 366 | 1 391 | 1 415 | 1 440 | 1 465 | 1 490 | 1 515 |
| 96 | 1 305 | 1 330 | 1 355 | 1 380 | 1 405 | 1 430 | 1 455 | 1 480 | 1 505 | 1 530 |
| 98 | 1 318 | 1 343 | 1 369 | 1 394 | 1 419 | 1 445 | 1 470 | 1 495 | 1 521 | 1 546 |
| 2,— | 1 331 | 1 357 | 1 382 | 1 408 | 1 434 | 1 459 | 1 485 | 1 510 | 1 536 | 1 562 |
| 02 | 1 345 | 1 370 | 1 396 | 1 422 | 1 448 | 1 474 | 1 500 | 1 526 | 1 551 | 1 577 |
| 04 | 1 358 | 1 384 | 1 410 | 1 436 | 1 462 | 1 488 | 1 514 | 1 541 | 1 567 | 1 593 |
| 06 | 1 371 | 1 398 | 1 424 | 1 450 | 1 477 | 1 503 | 1 529 | 1 556 | 1 582 | 1 608 |
| 08 | 1 384 | 1 411 | 1 438 | 1 464 | 1 491 | 1 518 | 1 544 | 1 571 | 1 597 | 1 624 |
| 2,10 | 1 398 | 1 425 | 1 452 | 1 478 | 1 505 | 1 532 | 1 559 | 1 586 | 1 613 | 1 640 |
| 12 | 1 411 | 1 438 | 1 465 | 1 492 | 1 520 | 1 547 | 1 574 | 1 601 | 1 628 | 1 655 |
| 14 | 1 424 | 1 452 | 1 479 | 1 507 | 1 534 | 1 561 | 1 589 | 1 616 | 1 644 | 1 671 |
| 16 | 1 438 | 1 465 | 1 493 | 1 521 | 1 548 | 1 576 | 1 604 | 1 631 | 1 659 | 1 687 |
| 18 | 1 451 | 1 479 | 1 507 | 1 535 | 1 563 | 1 591 | 1 618 | 1 646 | 1 674 | 1 702 |
| 2,20 | 1 464 | 1 492 | 1 521 | 1 549 | 1 577 | 1 605 | 1 633 | 1 661 | 1 690 | 1 718 |
| 22 | 1 478 | 1 506 | 1 534 | 1 563 | 1 591 | 1 620 | 1 648 | 1 677 | 1 705 | 1 733 |
| 24 | 1 491 | 1 520 | 1 548 | 1 577 | 1 606 | 1 634 | 1 663 | 1 692 | 1 720 | 1 749 |
| 26 | 1 504 | 1 533 | 1 562 | 1 591 | 1 620 | 1 649 | 1 678 | 1 707 | 1 736 | 1 765 |
| 28 | 1 518 | 1 547 | 1 576 | 1 605 | 1 634 | 1 663 | 1 693 | 1 722 | 1 751 | 1 780 |
| 2,30 | 1 531 | 1 560 | 1 590 | 1 619 | 1 649 | 1 678 | 1 708 | 1 737 | 1 766 | 1 796 |
| 32 | 1 544 | 1 574 | 1 604 | 1 633 | 1 663 | 1 693 | 1 722 | 1 752 | 1 782 | 1 811 |
| 34 | 1 558 | 1 587 | 1 617 | 1 647 | 1 677 | 1 707 | 1 737 | 1 767 | 1 797 | 1 827 |
| 36 | 1 571 | 1 601 | 1 631 | 1 661 | 1 692 | 1 722 | 1 752 | 1 782 | 1 812 | 1 843 |
| 38 | 1 584 | 1 615 | 1 645 | 1 676 | 1 706 | 1 736 | 1 767 | 1 797 | 1 828 | 1 858 |
| 2,40 | 1 597 | 1 628 | 1 659 | 1 690 | 1 720 | 1 751 | 1 782 | 1 812 | 1 843 | 1 874 |
| 42 | 1 611 | 1 642 | 1 673 | 1 704 | 1 735 | 1 766 | 1 797 | 1 828 | 1 859 | 1 890 |

**LARGEUR** — 101

| LONGUEUR | 1,24 | 1,26 | 1,28 | 1,30 | 1,32 | 1,34 | 1,36 | 1,38 | 1,40 | 1,42 |
|---|---|---|---|---|---|---|---|---|---|---|
| 1,24 | 0 984 | | | | | | | | | |
| 26 | 1 000 | 1 016 | | | | | | | | |
| 28 | 1 016 | 1 032 | 1 049 | | | | | | | |
| 1,30 | 1 032 | 1 048 | 1 065 | 1 082 | | | | | | |
| 32 | 1 048 | 1 064 | 1 081 | 1 098 | 1 115 | | | | | |
| 34 | 1 063 | 1 081 | 1 098 | 1 115 | 1 132 | 1 149 | | | | |
| 36 | 1 079 | 1 097 | 1 114 | 1 132 | 1 149 | 1 166 | 1 184 | | | |
| 38 | 1 095 | 1 113 | 1 130 | 1 148 | 1 166 | 1 183 | 1 201 | 1 219 | | |
| 1,40 | 1 111 | 1 129 | 1 147 | 1 165 | 1 183 | 1 201 | 1 219 | 1 236 | 1 254 | |
| 42 | 1 127 | 1 145 | 1 163 | 1 181 | 1 200 | 1 218 | 1 236 | 1 254 | 1 272 | 1 290 |
| 44 | 1 143 | 1 161 | 1 180 | 1 198 | 1 217 | 1 235 | 1 253 | 1 272 | 1 290 | 1 309 |
| 46 | 1 159 | 1 177 | 1 196 | 1 215 | 1 233 | 1 251 | 1 271 | 1 289 | 1 308 | 1 327 |
| 48 | 1 175 | 1 193 | 1 212 | 1 231 | 1 250 | 1 269 | 1 288 | 1 307 | 1 326 | 1 345 |
| 1,50 | 1 190 | 1 210 | 1 229 | 1 248 | 1 267 | 1 286 | 1 306 | 1 325 | 1 344 | 1 363 |
| 52 | 1 206 | 1 226 | 1 245 | 1 265 | 1 284 | 1 301 | 1 323 | 1 342 | 1 362 | 1 381 |
| 54 | 1 222 | 1 242 | 1 262 | 1 281 | 1 301 | 1 321 | 1 340 | 1 360 | 1 380 | 1 400 |
| 56 | 1 238 | 1 258 | 1 278 | 1 298 | 1 318 | 1 338 | 1 358 | 1 378 | 1 398 | 1 418 |
| 58 | 1 254 | 1 274 | 1 294 | 1 315 | 1 335 | 1 355 | 1 375 | 1 395 | 1 416 | 1 436 |
| 1,60 | 1 270 | 1 290 | 1 311 | 1 331 | 1 352 | 1 372 | 1 393 | 1 413 | 1 434 | 1 454 |
| 62 | 1 286 | 1 306 | 1 327 | 1 348 | 1 369 | 1 389 | 1 410 | 1 431 | 1 452 | 1 472 |
| 64 | 1 302 | 1 322 | 1 343 | 1 364 | 1 385 | 1 406 | 1 427 | 1 448 | 1 469 | 1 490 |
| 66 | 1 317 | 1 338 | 1 360 | 1 381 | 1 402 | 1 424 | 1 445 | 1 466 | 1 487 | 1 509 |
| 68 | 1 333 | 1 355 | 1 376 | 1 398 | 1 419 | 1 441 | 1 462 | 1 484 | 1 505 | 1 527 |
| 1,70 | 1 349 | 1 371 | 1 393 | 1 414 | 1 436 | 1 458 | 1 480 | 1 501 | 1 523 | 1 545 |
| 72 | 1 365 | 1 387 | 1 409 | 1 431 | 1 453 | 1 475 | 1 497 | 1 519 | 1 541 | 1 563 |
| 74 | 1 381 | 1 403 | 1 425 | 1 448 | 1 470 | 1 492 | 1 514 | 1 537 | 1 559 | 1 581 |
| 76 | 1 397 | 1 419 | 1 442 | 1 464 | 1 487 | 1 509 | 1 532 | 1 554 | 1 577 | 1 599 |
| 78 | 1 413 | 1 435 | 1 458 | 1 481 | 1 504 | 1 527 | 1 549 | 1 572 | 1 595 | 1 618 |
| 1,80 | 1 428 | 1 452 | 1 475 | 1 498 | 1 521 | 1 544 | 1 567 | 1 590 | 1 613 | 1 636 |
| 82 | 1 444 | 1 468 | 1 491 | 1 514 | 1 538 | 1 561 | 1 584 | 1 607 | 1 631 | 1 654 |
| 84 | 1 460 | 1 484 | 1 507 | 1 531 | 1 554 | 1 578 | 1 602 | 1 625 | 1 649 | 1 672 |
| 86 | 1 476 | 1 500 | 1 524 | 1 548 | 1 571 | 1 595 | 1 619 | 1 643 | 1 667 | 1 690 |
| 88 | 1 492 | 1 516 | 1 540 | 1 564 | 1 588 | 1 612 | 1 636 | 1 660 | 1 684 | 1 709 |
| 1,90 | 1 508 | 1 532 | 1 556 | 1 581 | 1 605 | 1 629 | 1 654 | 1 678 | 1 702 | 1 727 |
| 92 | 1 524 | 1 548 | 1 573 | 1 597 | 1 622 | 1 647 | 1 671 | 1 696 | 1 720 | 1 745 |
| 94 | 1 540 | 1 564 | 1 589 | 1 614 | 1 639 | 1 664 | 1 689 | 1 713 | 1 738 | 1 763 |
| 96 | 1 555 | 1 581 | 1 606 | 1 631 | 1 656 | 1 681 | 1 706 | 1 731 | 1 756 | 1 781 |
| 98 | 1 571 | 1 597 | 1 622 | 1 647 | 1 673 | 1 698 | 1 723 | 1 748 | 1 774 | 1 799 |
| 2,— | 1 587 | 1 613 | 1 638 | 1 664 | 1 690 | 1 715 | 1 741 | 1 766 | 1 792 | 1 818 |
| 02 | 1 603 | 1 629 | 1 655 | 1 681 | 1 706 | 1 732 | 1 758 | 1 784 | 1 810 | 1 836 |
| 04 | 1 619 | 1 645 | 1 671 | 1 697 | 1 723 | 1 750 | 1 776 | 1 802 | 1 828 | 1 854 |
| 06 | 1 635 | 1 661 | 1 688 | 1 714 | 1 740 | 1 767 | 1 793 | 1 819 | 1 846 | 1 872 |
| 08 | 1 651 | 1 677 | 1 704 | 1 731 | 1 757 | 1 784 | 1 810 | 1 837 | 1 863 | 1 890 |
| 2,10 | 1 667 | 1 693 | 1 720 | 1 747 | 1 774 | 1 801 | 1 828 | 1 855 | 1 882 | 1 908 |
| 12 | 1 682 | 1 710 | 1 737 | 1 764 | 1 791 | 1 818 | 1 845 | 1 872 | 1 900 | 1 927 |
| 14 | 1 698 | 1 726 | 1 753 | 1 780 | 1 808 | 1 835 | 1 863 | 1 890 | 1 917 | 1 945 |
| 16 | 1 714 | 1 742 | 1 769 | 1 797 | 1 825 | 1 852 | 1 880 | 1 908 | 1 935 | 1 963 |
| 18 | 1 730 | 1 758 | 1 786 | 1 814 | 1 842 | 1 870 | 1 897 | 1 925 | 1 953 | 1 981 |
| 2,20 | 1 746 | 1 774 | 1 802 | 1 830 | 1 859 | 1 887 | 1 915 | 1 943 | 1 971 | 1 999 |
| 22 | 1 762 | 1 790 | 1 819 | 1 847 | 1 875 | 1 904 | 1 932 | 1 961 | 1 989 | 2 017 |
| 24 | 1 778 | 1 806 | 1 835 | 1 864 | 1 892 | 1 921 | 1 950 | 1 978 | 2 007 | 2 036 |
| 26 | 1 794 | 1 822 | 1 851 | 1 880 | 1 909 | 1 938 | 1 967 | 1 996 | 2 025 | 2 054 |
| 28 | 1 809 | 1 839 | 1 868 | 1 897 | 1 926 | 1 955 | 1 985 | 2 014 | 2 043 | 2 072 |
| 2,30 | 1 825 | 1 855 | 1 884 | 1 914 | 1 943 | 1 972 | 2 002 | 2 031 | 2 061 | 2 090 |
| 32 | 1 841 | 1 871 | 1 901 | 1 930 | 1 960 | 1 990 | 2 019 | 2 049 | 2 079 | 2 108 |
| 34 | 1 857 | 1 887 | 1 917 | 1 947 | 1 977 | 2 007 | 2 037 | 2 067 | 2 097 | 2 127 |
| 36 | 1 873 | 1 903 | 1 933 | 1 964 | 1 994 | 2 024 | 2 054 | 2 084 | 2 115 | 2 145 |
| 38 | 1 889 | 1 919 | 1 950 | 1 980 | 2 011 | 2 041 | 2 072 | 2 102 | 2 132 | 2 163 |
| 2,40 | 1 905 | 1 935 | 1 966 | 1 997 | 2 028 | 2 058 | 2 089 | 2 120 | 2 150 | 2 181 |
| 42 | 1 921 | 1 951 | 1 982 | 2 013 | 2 044 | 2 075 | 2 106 | 2 137 | 2 168 | 2 199 |

Epaisseur : **0ᵐ 66** centimètres

| LONGʳ | FUTAILLES | LARGEUR 0,66 | 0,68 | 0,70 | 0,72 | 0,74 | 0,76 | 0,78 | 0,80 | 0,82 | 0,84 |
|---|---|---|---|---|---|---|---|---|---|---|---|
| **0,66** | 0 230 | 0 287 | | | | | | | | | |
| **68** | 0 237 | 0 296 | 0 305 | | | | | | | | |
| **0,70** | 0 244 | 0 305 | 0 314 | 0 323 | | | | | | | |
| **72** | 0 251 | 0 314 | 0 323 | 0 333 | 0 342 | | | | | | |
| **74** | 0 258 | 0 322 | 0 332 | 0 342 | 0 352 | 0 361 | | | | | |
| **76** | 0 265 | 0 331 | 0 341 | 0 351 | 0 361 | 0 371 | 0 381 | | | | |
| **78** | 0 272 | 0 340 | 0 350 | 0 360 | 0 371 | 0 381 | 0 391 | 0 402 | | | |
| **0,80** | 0 279 | 0 348 | 0 359 | 0 370 | 0 380 | 0 391 | 0 401 | 0 412 | 0 422 | | |
| **82** | 0 286 | 0 357 | 0 368 | 0 379 | 0 390 | 0 400 | 0 411 | 0 422 | 0 433 | 0 444 | |
| **84** | 0 293 | 0 366 | 0 377 | 0 388 | 0 399 | 0 410 | 0 421 | 0 432 | 0 444 | 0 455 | 0 466 |
| **86** | 0 300 | 0 375 | 0 386 | 0 397 | 0 409 | 0 420 | 0 431 | 0 443 | 0 454 | 0 465 | 0 477 |
| **88** | 0 307 | 0 383 | 0 395 | 0 407 | 0 418 | 0 430 | 0 441 | 0 453 | 0 465 | 0 476 | 0 488 |
| **0,90** | 0 314 | 0 392 | 0 404 | 0 416 | 0 428 | 0 440 | 0 451 | 0 463 | 0 475 | 0 487 | 0 499 |
| **92** | 0 321 | 0 401 | 0 413 | 0 425 | 0 437 | 0 449 | 0 461 | 0 474 | 0 486 | 0 498 | 0 510 |
| **94** | 0 328 | 0 409 | 0 422 | 0 434 | 0 447 | 0 459 | 0 472 | 0 484 | 0 496 | 0 509 | 0 521 |
| **96** | 0 335 | 0 418 | 0 431 | 0 444 | 0 456 | 0 469 | 0 482 | 0 494 | 0 507 | 0 520 | 0 532 |
| **98** | 0 342 | 0 427 | 0 440 | 0 453 | 0 466 | 0 479 | 0 492 | 0 505 | 0 517 | 0 530 | 0 543 |
| **1,—** | 0 348 | 0 436 | 0 449 | 0 462 | 0 475 | 0 488 | 0 502 | 0 515 | 0 528 | 0 541 | 0 554 |
| **02** | 0 355 | 0 444 | 0 458 | 0 471 | 0 485 | 0 498 | 0 512 | 0 525 | 0 539 | 0 552 | 0 565 |
| **04** | 0 362 | 0 453 | 0 467 | 0 480 | 0 494 | 0 508 | 0 522 | 0 535 | 0 549 | 0 563 | 0 577 |
| **06** | 0 369 | 0 462 | 0 476 | 0 490 | 0 504 | 0 518 | 0 532 | 0 546 | 0 560 | 0 574 | 0 588 |
| **08** | 0 376 | 0 470 | 0 485 | 0 499 | 0 513 | 0 527 | 0 542 | 0 556 | 0 570 | 0 584 | 0 599 |
| **1,10** | 0 383 | 0 479 | 0 494 | 0 508 | 0 523 | 0 537 | 0 552 | 0 566 | 0 581 | 0 595 | 0 610 |
| **12** | 0 390 | 0 488 | 0 503 | 0 517 | 0 532 | 0 547 | 0 562 | 0 577 | 0 591 | 0 606 | 0 621 |
| **14** | 0 397 | 0 497 | 0 512 | 0 527 | 0 542 | 0 557 | 0 572 | 0 587 | 0 602 | 0 617 | 0 632 |
| **16** | 0 404 | 0 505 | 0 521 | 0 536 | 0 551 | 0 567 | 0 582 | 0 597 | 0 612 | 0 628 | 0 643 |
| **18** | 0 411 | 0 514 | 0 530 | 0 545 | 0 561 | 0 576 | 0 592 | 0 607 | 0 623 | 0 639 | 0 654 |
| **1,20** | 0 418 | 0 523 | 0 539 | 0 554 | 0 570 | 0 586 | 0 602 | 0 618 | 0 634 | 0 649 | 0 665 |
| **22** | 0 425 | 0 531 | 0 548 | 0 564 | 0 580 | 0 596 | 0 612 | 0 628 | 0 644 | 0 660 | 0 676 |
| **24** | 0 432 | 0 540 | 0 557 | 0 573 | 0 589 | 0 606 | 0 622 | 0 638 | 0 655 | 0 671 | 0 687 |
| **26** | 0 439 | 0 549 | 0 565 | 0 582 | 0 599 | 0 615 | 0 632 | 0 649 | 0 665 | 0 682 | 0 699 |
| **28** | 0 446 | 0 558 | 0 574 | 0 591 | 0 608 | 0 625 | 0 642 | 0 659 | 0 676 | 0 693 | 0 710 |
| **1,30** | 0 453 | 0 566 | 0 583 | 0 601 | 0 618 | 0 635 | 0 652 | 0 669 | 0 686 | 0 704 | 0 721 |
| **32** | 0 460 | 0 575 | 0 592 | 0 610 | 0 627 | 0 645 | 0 662 | 0 680 | 0 697 | 0 714 | 0 732 |
| **34** | 0 467 | 0 584 | 0 601 | 0 619 | 0 637 | 0 654 | 0 672 | 0 690 | 0 708 | 0 725 | 0 743 |
| **36** | 0 474 | 0 592 | 0 610 | 0 628 | 0 646 | 0 664 | 0 682 | 0 700 | 0 718 | 0 736 | 0 754 |
| **38** | 0 481 | 0 601 | 0 619 | 0 638 | 0 656 | 0 674 | 0 692 | 0 710 | 0 729 | 0 747 | 0 765 |
| **1,40** | 0 488 | 0 610 | 0 628 | 0 647 | 0 665 | 0 684 | 0 702 | 0 721 | 0 739 | 0 758 | 0 776 |
| **42** | 0 495 | 0 619 | 0 637 | 0 656 | 0 675 | 0 694 | 0 712 | 0 731 | 0 750 | 0 769 | 0 787 |
| **44** | 0 502 | 0 627 | 0 646 | 0 665 | 0 684 | 0 703 | 0 722 | 0 741 | 0 760 | 0 779 | 0 798 |
| **46** | 0 509 | 0 636 | 0 655 | 0 675 | 0 694 | 0 713 | 0 732 | 0 752 | 0 771 | 0 790 | 0 809 |
| **48** | 0 516 | 0 645 | 0 664 | 0 684 | 0 703 | 0 723 | 0 742 | 0 762 | 0 781 | 0 801 | 0 821 |
| **1,50** | 0 523 | 0 653 | 0 673 | 0 693 | 0 713 | 0 733 | 0 752 | 0 772 | 0 792 | 0 812 | 0 832 |
| **52** | 0 530 | 0 662 | 0 682 | 0 702 | 0 722 | 0 742 | 0 762 | 0 782 | 0 803 | 0 823 | 0 843 |
| **54** | 0 537 | 0 671 | 0 691 | 0 711 | 0 732 | 0 752 | 0 772 | 0 793 | 0 813 | 0 833 | 0 854 |
| **56** | 0 544 | 0 680 | 0 700 | 0 721 | 0 741 | 0 762 | 0 782 | 0 803 | 0 824 | 0 844 | 0 865 |
| **58** | 0 551 | 0 688 | 0 709 | 0 730 | 0 751 | 0 772 | 0 793 | 0 813 | 0 834 | 0 855 | 0 876 |
| **1,60** | 0 558 | 0 697 | 0 718 | 0 739 | 0 760 | 0 781 | 0 803 | 0 824 | 0 845 | 0 866 | 0 887 |
| **62** | 0 565 | 0 706 | 0 727 | 0 748 | 0 770 | 0 791 | 0 813 | 0 834 | 0 855 | 0 877 | 0 898 |
| **64** | 0 572 | 0 714 | 0 736 | 0 758 | 0 779 | 0 801 | 0 823 | 0 844 | 0 866 | 0 888 | 0 909 |
| **66** | 0 578 | 0 723 | 0 745 | 0 767 | 0 789 | 0 811 | 0 833 | 0 855 | 0 876 | 0 898 | 0 920 |
| **68** | 0 585 | 0 732 | 0 754 | 0 776 | 0 798 | 0 821 | 0 843 | 0 865 | 0 887 | 0 909 | 0 931 |
| **1,70** | 0 592 | 0 741 | 0 763 | 0 785 | 0 808 | 0 830 | 0 853 | 0 875 | 0 898 | 0 920 | 0 942 |
| **72** | 0 599 | 0 749 | 0 772 | 0 795 | 0 817 | 0 840 | 0 863 | 0 885 | 0 908 | 0 931 | 0 954 |
| **74** | 0 606 | 0 758 | 0 781 | 0 804 | 0 827 | 0 850 | 0 873 | 0 896 | 0 919 | 0 942 | 0 965 |
| **76** | 0 613 | 0 767 | 0 790 | 0 813 | 0 836 | 0 860 | 0 883 | 0 906 | 0 929 | 0 953 | 0 976 |
| **78** | 0 620 | 0 775 | 0 799 | 0 822 | 0 846 | 0 869 | 0 893 | 0 916 | 0 940 | 0 963 | 0 987 |
| **1,80** | 0 627 | 0 784 | 0 808 | 0 832 | 0 855 | 0 879 | 0 903 | 0 927 | 0 950 | 0 974 | 0 998 |
| **82** | 0 634 | 0 793 | 0 817 | 0 841 | 0 865 | 0 889 | 0 913 | 0 937 | 0 961 | 0 985 | 1 009 |
| **84** | 0 641 | 0 802 | 0 826 | 0 850 | 0 874 | 0 899 | 0 923 | 0 947 | 0 972 | 0 996 | 1 020 |
| **86** | 0 648 | 0 810 | 0 835 | 0 859 | 0 884 | 0 908 | 0 933 | 0 958 | 0 982 | 1 007 | 1 031 |
| **88** | 0 655 | 0 819 | 0 844 | 0 869 | 0 893 | 0 918 | 0 943 | 0 968 | 0 993 | 1 017 | 1 042 |
| **1,90** | 0 662 | 0 828 | 0 853 | 0 878 | 0 903 | 0 928 | 0 953 | 0 978 | 1 003 | 1 028 | 1 053 |
| **92** | 0 669 | 0 836 | 0 862 | 0 887 | 0 912 | 0 938 | 0 963 | 0 988 | 1 014 | 1 039 | 1 064 |
| **94** | 0 676 | 0 845 | 0 871 | 0 896 | 0 922 | 0 947 | 0 973 | 0 999 | 1 024 | 1 050 | 1 076 |
| **96** | 0 683 | 0 854 | 0 880 | 0 906 | 0 931 | 0 957 | 0 983 | 1 009 | 1 035 | 1 061 | 1 087 |
| **98** | 0 690 | 0 862 | 0 889 | 0 915 | 0 941 | 0 967 | 0 993 | 1 019 | 1 045 | 1 072 | 1 098 |
| **2,—** | 0 697 | 0 871 | 0 898 | 0 924 | 0 950 | 0 977 | 1 003 | 1 030 | 1 056 | 1 082 | 1 109 |
| **02** | 0 704 | 0 880 | 0 907 | 0 933 | 0 960 | 0 987 | 1 013 | 1 040 | 1 067 | 1 093 | 1 120 |
| **04** | 0 711 | 0 889 | 0 916 | 0 942 | 0 969 | 0 996 | 1 023 | 1 050 | 1 077 | 1 104 | 1 131 |



Epaisseur : **0ᵐ 66** centimètres

| LONGUEUR | LARGEUR 0,86 | 0,88 | 0,90 | 0,92 | 0,94 | 0,96 | 0 98 | 1 00 | 1,02 | 1 04 |
|---|---|---|---|---|---|---|---|---|---|---|
| **0,86** | 0 488 | | | | | | | | | |
| **88** | 0 499 | 0 511 | | | | | | | | |
| **0,90** | 0 511 | 0 523 | 0 535 | | | | | | | |
| **92** | 0 522 | 0 534 | 0 546 | 0 559 | | | | | | |
| **94** | 0 534 | 0 546 | 0 558 | 0 571 | 0 583 | | | | | |
| **96** | 0 545 | 0 558 | 0 570 | 0 583 | 0 596 | 0 608 | | | | |
| **98** | 0 556 | 0 569 | 0 582 | 0 595 | 0 608 | 0 621 | 0 634 | | | |
| **1,—** | 0 568 | 0 581 | 0 594 | 0 607 | 0 620 | 0 634 | 0 647 | 0 660 | | |
| **02** | 0 579 | 0 592 | 0 606 | 0 619 | 0 633 | 0 646 | 0 660 | 0 673 | 0 687 | |
| **04** | 0 590 | 0 604 | 0 618 | 0 631 | 0 645 | 0 659 | 0 673 | 0 686 | 0 700 | 0 714 |
| **06** | 0 602 | 0 616 | 0 630 | 0 644 | 0 658 | 0 672 | 0 686 | 0 700 | 0 714 | 0 728 |
| **08** | 0 613 | 0 627 | 0 642 | 0 656 | 0 670 | 0 684 | 0 699 | 0 713 | 0 727 | 0 741 |
| **1,10** | 0 624 | 0 639 | 0 653 | 0 668 | 0 682 | 0 697 | 0 711 | 0 726 | 0 741 | 0 755 |
| **12** | 0 636 | 0 650 | 0 665 | 0 680 | 0 695 | 0 710 | 0 724 | 0 739 | 0 754 | 0 769 |
| **14** | 0 647 | 0 662 | 0 677 | 0 692 | 0 707 | 0 722 | 0 737 | 0 752 | 0 767 | 0 782 |
| **16** | 0 658 | 0 674 | 0 689 | 0 704 | 0 720 | 0 735 | 0 750 | 0 766 | 0 781 | 0 796 |
| **18** | 0 670 | 0 685 | 0 701 | 0 716 | 0 732 | 0 748 | 0 763 | 0 779 | 0 794 | 0 810 |
| **1,20** | 0 681 | 0 697 | 0 713 | 0 729 | 0 744 | 0 760 | 0 776 | 0 792 | 0 808 | 0 824 |
| **22** | 0 692 | 0 709 | 0 725 | 0 741 | 0 757 | 0 773 | 0 789 | 0 805 | 0 821 | 0 837 |
| **24** | 0 704 | 0 720 | 0 737 | 0 753 | 0 769 | 0 786 | 0 802 | 0 818 | 0 835 | 0 851 |
| **26** | 0 715 | 0 732 | 0 748 | 0 765 | 0 782 | 0 798 | 0 815 | 0 832 | 0 848 | 0 865 |
| **28** | 0 727 | 0 743 | 0 760 | 0 777 | 0 794 | 0 811 | 0 828 | 0 845 | 0 862 | 0 879 |
| **1,30** | 0 738 | 0 755 | 0 772 | 0 789 | 0 807 | 0 824 | 0 841 | 0 858 | 0 875 | 0 892 |
| **32** | 0 749 | 0 767 | 0 784 | 0 802 | 0 819 | 0 836 | 0 854 | 0 871 | 0 889 | 0 906 |
| **34** | 0 761 | 0 778 | 0 796 | 0 814 | 0 831 | 0 849 | 0 867 | 0 884 | 0 902 | 0 920 |
| **36** | 0 772 | 0 790 | 0 808 | 0 826 | 0 844 | 0 862 | 0 880 | 0 898 | 0 916 | 0 934 |
| **38** | 0 783 | 0 802 | 0 820 | 0 838 | 0 856 | 0 874 | 0 893 | 0 911 | 0 929 | 0 947 |
| **1,40** | 0 795 | 0 813 | 0 832 | 0 850 | 0 869 | 0 887 | 0 906 | 0 924 | 0 942 | 0 961 |
| **42** | 0 806 | 0 825 | 0 843 | 0 862 | 0 881 | 0 900 | 0 918 | 0 937 | 0 956 | 0 975 |
| **44** | 0 817 | 0 836 | 0 855 | 0 874 | 0 893 | 0 912 | 0 931 | 0 950 | 0 969 | 0 988 |
| **46** | 0 829 | 0 848 | 0 867 | 0 887 | 0 906 | 0 925 | 0 944 | 0 964 | 0 983 | 1 002 |
| **48** | 0 840 | 0 860 | 0 879 | 0 899 | 0 918 | 0 938 | 0 957 | 0 977 | 0 996 | 1 016 |
| **1,50** | 0 851 | 0 871 | 0 891 | 0 911 | 0 931 | 0 950 | 0 970 | 0 990 | 1 010 | 1 030 |
| **52** | 0 863 | 0 883 | 0 903 | 0 923 | 0 943 | 0 963 | 0 983 | 1 003 | 1 023 | 1 043 |
| **54** | 0 874 | 0 894 | 0 915 | 0 935 | 0 955 | 0 976 | 0 996 | 1 016 | 1 037 | 1 057 |
| **56** | 0 885 | 0 906 | 0 927 | 0 947 | 0 968 | 0 988 | 1 009 | 1 030 | 1 050 | 1 071 |
| **58** | 0 897 | 0 918 | 0 939 | 0 959 | 0 980 | 1 001 | 1 022 | 1 043 | 1 064 | 1 085 |
| **1,60** | 0 908 | 0 929 | 0 950 | 0 972 | 0 993 | 1 014 | 1 035 | 1 056 | 1 077 | 1 098 |
| **62** | 0 920 | 0 941 | 0 962 | 0 984 | 1 005 | 1 026 | 1 048 | 1 069 | 1 091 | 1 112 |
| **64** | 0 931 | 0 953 | 0 974 | 0 996 | 1 017 | 1 039 | 1 061 | 1 082 | 1 104 | 1 126 |
| **66** | 0 942 | 0 964 | 0 986 | 1 008 | 1 030 | 1 052 | 1 074 | 1 096 | 1 118 | 1 139 |
| **68** | 0 954 | 0 976 | 0 998 | 1 020 | 1 042 | 1 064 | 1 087 | 1 109 | 1 131 | 1 153 |
| **1,70** | 0 965 | 0 987 | 1 010 | 1 032 | 1 055 | 1 077 | 1 100 | 1 122 | 1 144 | 1 167 |
| **72** | 0 976 | 0 999 | 1 022 | 1 044 | 1 067 | 1 090 | 1 112 | 1 135 | 1 158 | 1 181 |
| **74** | 0 988 | 1 011 | 1 034 | 1 057 | 1 079 | 1 102 | 1 125 | 1 148 | 1 171 | 1 194 |
| **76** | 0 999 | 1 022 | 1 045 | 1 069 | 1 092 | 1 115 | 1 138 | 1 162 | 1 185 | 1 208 |
| **78** | 1 010 | 1 034 | 1 057 | 1 081 | 1 104 | 1 128 | 1 151 | 1 175 | 1 198 | 1 222 |
| **1,80** | 1 022 | 1 045 | 1 069 | 1 093 | 1 117 | 1 140 | 1 164 | 1 188 | 1 212 | 1 236 |
| **82** | 1 033 | 1 057 | 1 081 | 1 105 | 1 129 | 1 153 | 1 177 | 1 201 | 1 225 | 1 249 |
| **84** | 1 044 | 1 069 | 1 093 | 1 117 | 1 142 | 1 166 | 1 190 | 1 214 | 1 239 | 1 263 |
| **86** | 1 056 | 1 080 | 1 105 | 1 129 | 1 154 | 1 178 | 1 203 | 1 228 | 1 252 | 1 277 |
| **88** | 1 067 | 1 092 | 1 117 | 1 142 | 1 166 | 1 191 | 1 216 | 1 241 | 1 266 | 1 290 |
| **1,90** | 1 078 | 1 104 | 1 129 | 1 154 | 1 179 | 1 204 | 1 229 | 1 254 | 1 279 | 1 304 |
| **92** | 1 090 | 1 115 | 1 140 | 1 166 | 1 191 | 1 217 | 1 242 | 1 267 | 1 293 | 1 318 |
| **94** | 1 101 | 1 127 | 1 152 | 1 178 | 1 204 | 1 229 | 1 255 | 1 280 | 1 306 | 1 332 |
| **96** | 1 112 | 1 138 | 1 164 | 1 190 | 1 216 | 1 242 | 1 268 | 1 294 | 1 319 | 1 345 |
| **98** | 1 124 | 1 150 | 1 176 | 1 202 | 1 228 | 1 255 | 1 281 | 1 307 | 1 333 | 1 359 |
| **2,—** | 1 135 | 1 162 | 1 188 | 1 214 | 1 241 | 1 267 | 1 294 | 1 320 | 1 346 | 1 373 |
| **02** | 1 147 | 1 173 | 1 200 | 1 227 | 1 253 | 1 280 | 1 307 | 1 333 | 1 360 | 1 387 |
| **04** | 1 158 | 1 185 | 1 212 | 1 239 | 1 266 | 1 293 | 1 319 | 1 346 | 1 373 | 1 400 |

## Epaisseur : 0ᵐ 66 centimètres

| LONGUEUR | 1,06 | 1,08 | 1,10 | 1,12 | 1,14 | 1,16 | 1,18 | 1,20 | 1,22 | 1,24 |
|---|---|---|---|---|---|---|---|---|---|---|
| 1,06 | 0 742 | | | | | | | | | |
| 08 | 0 756 | 0 770 | | | | | | | | |
| 1,10 | 0 770 | 0 784 | 0 799 | | | | | | | |
| 12 | 0 784 | 0 798 | 0 813 | 0 828 | | | | | | |
| 14 | 0 798 | 0 813 | 0 828 | 0 843 | 0 858 | | | | | |
| 16 | 0 812 | 0 827 | 0 842 | 0 857 | 0 873 | 0 888 | | | | |
| 18 | 0 826 | 0 841 | 0 857 | 0 872 | 0 888 | 0 903 | 0 919 | | | |
| 1,20 | 0 840 | 0 855 | 0 871 | 0 887 | 0 903 | 0 919 | 0 935 | 0 950 | | |
| 22 | 0 853 | 0 870 | 0 886 | 0 902 | 0 918 | 0 934 | 0 950 | 0 966 | 0 982 | |
| 24 | 0 868 | 0 884 | 0 900 | 0 917 | 0 933 | 0 949 | 0 966 | 0 982 | 0 998 | 1 015 |
| 26 | 0 881 | 0 898 | 0 915 | 0 931 | 0 948 | 0 965 | 0 981 | 0 998 | 1 015 | 1 031 |
| 28 | 0 895 | 0 912 | 0 929 | 0 946 | 0 963 | 0 980 | 0 997 | 1 014 | 1 031 | 1 048 |
| 1,30 | 0 909 | 0 927 | 0 944 | 0 961 | 0 978 | 0 995 | 1 012 | 1 030 | 1 047 | 1 064 |
| 32 | 0 923 | 0 941 | 0 958 | 0 976 | 0 993 | 1 011 | 1 028 | 1 045 | 1 063 | 1 080 |
| 34 | 0 937 | 0 955 | 0 973 | 0 991 | 1 008 | 1 026 | 1 044 | 1 061 | 1 079 | 1 097 |
| 36 | 0 951 | 0 969 | 0 987 | 1 005 | 1 023 | 1 041 | 1 059 | 1 077 | 1 095 | 1 113 |
| 38 | 0 965 | 0 984 | 1 002 | 1 020 | 1 038 | 1 057 | 1 075 | 1 093 | 1 111 | 1 129 |
| 1,40 | 0 979 | 0 998 | 1 016 | 1 035 | 1 053 | 1 072 | 1 090 | 1 109 | 1 127 | 1 146 |
| 42 | 0 993 | 1 012 | 1 031 | 1 050 | 1 068 | 1 087 | 1 106 | 1 125 | 1 143 | 1 162 |
| 44 | 1 007 | 1 026 | 1 045 | 1 064 | 1 083 | 1 102 | 1 121 | 1 140 | 1 159 | 1 178 |
| 46 | 1 021 | 1 041 | 1 060 | 1 079 | 1 099 | 1 118 | 1 137 | 1 156 | 1 176 | 1 195 |
| 48 | 1 035 | 1 055 | 1 074 | 1 094 | 1 114 | 1 133 | 1 153 | 1 172 | 1 192 | 1 211 |
| 1,50 | 1 049 | 1 069 | 1 089 | 1 109 | 1 129 | 1 148 | 1 168 | 1 188 | 1 208 | 1 228 |
| 52 | 1 063 | 1 083 | 1 104 | 1 124 | 1 144 | 1 164 | 1 184 | 1 204 | 1 224 | 1 244 |
| 54 | 1 077 | 1 098 | 1 118 | 1 138 | 1 159 | 1 179 | 1 199 | 1 220 | 1 240 | 1 260 |
| 56 | 1 091 | 1 112 | 1 133 | 1 153 | 1 174 | 1 194 | 1 215 | 1 236 | 1 256 | 1 277 |
| 58 | 1 105 | 1 126 | 1 147 | 1 168 | 1 189 | 1 210 | 1 231 | 1 251 | 1 272 | 1 293 |
| 1,60 | 1 119 | 1 140 | 1 162 | 1 183 | 1 204 | 1 225 | 1 246 | 1 267 | 1 288 | 1 309 |
| 62 | 1 133 | 1 155 | 1 176 | 1 198 | 1 219 | 1 240 | 1 262 | 1 283 | 1 304 | 1 326 |
| 64 | 1 147 | 1 169 | 1 191 | 1 212 | 1 234 | 1 256 | 1 277 | 1 299 | 1 321 | 1 342 |
| 66 | 1 161 | 1 183 | 1 205 | 1 227 | 1 249 | 1 271 | 1 293 | 1 315 | 1 337 | 1 359 |
| 68 | 1 175 | 1 198 | 1 220 | 1 242 | 1 264 | 1 286 | 1 308 | 1 331 | 1 353 | 1 375 |
| 1,70 | 1 189 | 1 212 | 1 234 | 1 257 | 1 279 | 1 302 | 1 324 | 1 346 | 1 369 | 1 391 |
| 72 | 1 203 | 1 226 | 1 249 | 1 271 | 1 294 | 1 317 | 1 340 | 1 362 | 1 385 | 1 408 |
| 74 | 1 217 | 1 240 | 1 263 | 1 286 | 1 309 | 1 332 | 1 355 | 1 378 | 1 401 | 1 424 |
| 76 | 1 231 | 1 255 | 1 278 | 1 301 | 1 324 | 1 347 | 1 371 | 1 394 | 1 417 | 1 440 |
| 78 | 1 245 | 1 269 | 1 292 | 1 316 | 1 339 | 1 363 | 1 386 | 1 410 | 1 433 | 1 457 |
| 1,80 | 1 259 | 1 283 | 1 307 | 1 331 | 1 354 | 1 378 | 1 402 | 1 426 | 1 449 | 1 473 |
| 82 | 1 273 | 1 297 | 1 321 | 1 345 | 1 369 | 1 393 | 1 417 | 1 441 | 1 465 | 1 489 |
| 84 | 1 287 | 1 312 | 1 336 | 1 360 | 1 384 | 1 409 | 1 433 | 1 457 | 1 482 | 1 506 |
| 86 | 1 301 | 1 326 | 1 350 | 1 375 | 1 399 | 1 424 | 1 449 | 1 473 | 1 498 | 1 522 |
| 88 | 1 315 | 1 340 | 1 365 | 1 390 | 1 415 | 1 439 | 1 464 | 1 489 | 1 514 | 1 539 |
| 1,90 | 1 329 | 1 354 | 1 379 | 1 404 | 1 430 | 1 455 | 1 480 | 1 505 | 1 530 | 1 555 |
| 92 | 1 343 | 1 369 | 1 394 | 1 419 | 1 445 | 1 470 | 1 495 | 1 521 | 1 546 | 1 571 |
| 94 | 1 357 | 1 383 | 1 408 | 1 434 | 1 460 | 1 485 | 1 511 | 1 536 | 1 562 | 1 588 |
| 96 | 1 371 | 1 397 | 1 423 | 1 449 | 1 475 | 1 501 | 1 526 | 1 552 | 1 578 | 1 604 |
| 98 | 1 385 | 1 411 | 1 437 | 1 463 | 1 490 | 1 516 | 1 542 | 1 568 | 1 594 | 1 620 |
| 2,— | 1 399 | 1 426 | 1 452 | 1 478 | 1 505 | 1 531 | 1 558 | 1 584 | 1 610 | 1 637 |
| 02 | 1 413 | 1 440 | 1 467 | 1 493 | 1 520 | 1 547 | 1 573 | 1 600 | 1 627 | 1 653 |
| 04 | 1 427 | 1 454 | 1 481 | 1 508 | 1 535 | 1 562 | 1 589 | 1 616 | 1 643 | 1 670 |
| 06 | 1 441 | 1 468 | 1 496 | 1 523 | 1 550 | 1 577 | 1 604 | 1 632 | 1 659 | 1 686 |
| 08 | 1 455 | 1 483 | 1 510 | 1 538 | 1 565 | 1 592 | 1 620 | 1 647 | 1 675 | 1 702 |
| 2,10 | 1 469 | 1 497 | 1 525 | 1 552 | 1 580 | 1 608 | 1 635 | 1 663 | 1 691 | 1 719 |
| 12 | 1 483 | 1 511 | 1 539 | 1 567 | 1 595 | 1 623 | 1 651 | 1 679 | 1 707 | 1 735 |
| 14 | 1 497 | 1 525 | 1 554 | 1 582 | 1 610 | 1 638 | 1 667 | 1 695 | 1 723 | 1 751 |
| 16 | 1 511 | 1 540 | 1 568 | 1 597 | 1 625 | 1 654 | 1 682 | 1 711 | 1 739 | 1 768 |
| 18 | 1 525 | 1 554 | 1 583 | 1 611 | 1 640 | 1 669 | 1 698 | 1 727 | 1 755 | 1 781 |
| 2,20 | 1 539 | 1 568 | 1 597 | 1 626 | 1 655 | 1 684 | 1 713 | 1 742 | 1 771 | 1 800 |
| 22 | 1 553 | 1 582 | 1 612 | 1 641 | 1 670 | 1 700 | 1 729 | 1 758 | 1 788 | 1 817 |
| 24 | 1 567 | 1 597 | 1 626 | 1 656 | 1 685 | 1 715 | 1 745 | 1 774 | 1 804 | 1 833 |
| 26 | 1 581 | 1 611 | 1 641 | 1 671 | 1 700 | 1 730 | 1 760 | 1 790 | 1 820 | 1 850 |
| 28 | 1 595 | 1 625 | 1 655 | 1 685 | 1 715 | 1 746 | 1 776 | 1 806 | 1 836 | 1 866 |
| 2,30 | 1 609 | 1 639 | 1 670 | 1 700 | 1 731 | 1 761 | 1 791 | 1 822 | 1 852 | 1 882 |
| 32 | 1 623 | 1 654 | 1 684 | 1 715 | 1 746 | 1 776 | 1 807 | 1 837 | 1 868 | 1 899 |
| 34 | 1 637 | 1 668 | 1 699 | 1 730 | 1 761 | 1 792 | 1 822 | 1 853 | 1 884 | 1 915 |
| 36 | 1 651 | 1 682 | 1 713 | 1 745 | 1 776 | 1 807 | 1 838 | 1 869 | 1 900 | 1 931 |
| 38 | 1 665 | 1 696 | 1 728 | 1 759 | 1 791 | 1 822 | 1 854 | 1 885 | 1 916 | 1 948 |
| 2,40 | 1 679 | 1 711 | 1 742 | 1 774 | 1 806 | 1 837 | 1 869 | 1 901 | 1 932 | 1 964 |
| 42 | 1 693 | 1 725 | 1 757 | 1 789 | 1 821 | 1 853 | 1 885 | 1 917 | 1 949 | 1 981 |
| 44 | 1 707 | 1 739 | 1 771 | 1 804 | 1 836 | 1 868 | 1 900 | 1 932 | 1 965 | 1 997 |

## Epaisseur : 0ᵐ 66 centimètres

| LONGUEUR | 1,26 | 1,28 | 1,30 | 1,32 | 1,34 | 1,36 | 1,38 | 1,40 | 1,42 | 1,44 |
|---|---|---|---|---|---|---|---|---|---|---|
| 1,26 | 1 048 | | | | | | | | | |
| 28 | 1 064 | 1 081 | | | | | | | | |
| 1,30 | 1 081 | 1 098 | 1 115 | | | | | | | |
| 32 | 1 098 | 1 115 | 1 133 | 1 150 | | | | | | |
| 34 | 1 114 | 1 132 | 1 150 | 1 167 | 1 185 | | | | | |
| 36 | 1 131 | 1 149 | 1 167 | 1 185 | 1 203 | 1 221 | | | | |
| 38 | 1 148 | 1 166 | 1 184 | 1 202 | 1 220 | 1 239 | 1 257 | | | |
| 1,40 | 1 164 | 1 183 | 1 201 | 1 220 | 1 238 | 1 257 | 1 275 | 1 294 | | |
| 42 | 1 181 | 1 200 | 1 218 | 1 237 | 1 256 | 1 275 | 1 293 | 1 312 | 1 331 | |
| 44 | 1 198 | 1 217 | 1 236 | 1 255 | 1 274 | 1 293 | 1 312 | 1 331 | 1 350 | 1 369 |
| 46 | 1 214 | 1 233 | 1 253 | 1 272 | 1 291 | 1 310 | 1 330 | 1 349 | 1 368 | 1 388 |
| 48 | 1 231 | 1 250 | 1 270 | 1 289 | 1 309 | 1 328 | 1 348 | 1 368 | 1 387 | 1 407 |
| 1,50 | 1 247 | 1 267 | 1 287 | 1 307 | 1 327 | 1 346 | 1 366 | 1 386 | 1 406 | 1 426 |
| 52 | 1 264 | 1 284 | 1 304 | 1 324 | 1 344 | 1 364 | 1 384 | 1 404 | 1 425 | 1 445 |
| 54 | 1 281 | 1 301 | 1 321 | 1 342 | 1 362 | 1 382 | 1 403 | 1 423 | 1 443 | 1 464 |
| 56 | 1 297 | 1 318 | 1 338 | 1 359 | 1 380 | 1 400 | 1 421 | 1 441 | 1 462 | 1 483 |
| 58 | 1 314 | 1 335 | 1 356 | 1 376 | 1 397 | 1 418 | 1 439 | 1 460 | 1 481 | 1 502 |
| 1,60 | 1 331 | 1 352 | 1 373 | 1 394 | 1 415 | 1 436 | 1 457 | 1 478 | 1 500 | 1 521 |
| 62 | 1 347 | 1 369 | 1 390 | 1 411 | 1 433 | 1 454 | 1 475 | 1 497 | 1 518 | 1 540 |
| 64 | 1 364 | 1 385 | 1 407 | 1 429 | 1 450 | 1 472 | 1 494 | 1 515 | 1 537 | 1 559 |
| 66 | 1 380 | 1 402 | 1 424 | 1 446 | 1 468 | 1 490 | 1 512 | 1 534 | 1 556 | 1 578 |
| 68 | 1 397 | 1 419 | 1 441 | 1 464 | 1 486 | 1 508 | 1 530 | 1 552 | 1 574 | 1 597 |
| 1,70 | 1 414 | 1 436 | 1 459 | 1 481 | 1 503 | 1 526 | 1 548 | 1 571 | 1 593 | 1 616 |
| 72 | 1 430 | 1 453 | 1 476 | 1 498 | 1 521 | 1 544 | 1 567 | 1 589 | 1 612 | 1 635 |
| 74 | 1 447 | 1 470 | 1 493 | 1 516 | 1 539 | 1 562 | 1 585 | 1 608 | 1 631 | 1 654 |
| 76 | 1 464 | 1 487 | 1 510 | 1 533 | 1 557 | 1 580 | 1 603 | 1 626 | 1 649 | 1 673 |
| 78 | 1 480 | 1 504 | 1 527 | 1 551 | 1 574 | 1 598 | 1 621 | 1 645 | 1 668 | 1 692 |
| 1,80 | 1 497 | 1 521 | 1 544 | 1 568 | 1 592 | 1 616 | 1 639 | 1 663 | 1 687 | 1 711 |
| 82 | 1 514 | 1 538 | 1 562 | 1 586 | 1 610 | 1 634 | 1 658 | 1 682 | 1 706 | 1 730 |
| 84 | 1 530 | 1 554 | 1 579 | 1 603 | 1 627 | 1 652 | 1 676 | 1 700 | 1 724 | 1 749 |
| 86 | 1 547 | 1 571 | 1 596 | 1 620 | 1 645 | 1 670 | 1 694 | 1 719 | 1 743 | 1 768 |
| 88 | 1 563 | 1 588 | 1 613 | 1 638 | 1 663 | 1 687 | 1 712 | 1 737 | 1 762 | 1 787 |
| 1,90 | 1 580 | 1 605 | 1 630 | 1 655 | 1 680 | 1 705 | 1 731 | 1 756 | 1 781 | 1 806 |
| 92 | 1 597 | 1 622 | 1 647 | 1 673 | 1 698 | 1 723 | 1 749 | 1 774 | 1 799 | 1 825 |
| 94 | 1 613 | 1 639 | 1 665 | 1 690 | 1 716 | 1 741 | 1 767 | 1 793 | 1 818 | 1 844 |
| 96 | 1 630 | 1 656 | 1 682 | 1 708 | 1 733 | 1 759 | 1 785 | 1 811 | 1 837 | 1 863 |
| 98 | 1 647 | 1 673 | 1 699 | 1 725 | 1 751 | 1 777 | 1 803 | 1 830 | 1 856 | 1 882 |
| 2,— | 1 663 | 1 690 | 1 716 | 1 742 | 1 769 | 1 795 | 1 822 | 1 848 | 1 874 | 1 901 |
| 02 | 1 680 | 1 706 | 1 733 | 1 760 | 1 786 | 1 813 | 1 840 | 1 866 | 1 893 | 1 920 |
| 04 | 1 696 | 1 723 | 1 750 | 1 777 | 1 804 | 1 831 | 1 858 | 1 885 | 1 912 | 1 939 |
| 06 | 1 713 | 1 740 | 1 767 | 1 795 | 1 822 | 1 849 | 1 876 | 1 903 | 1 931 | 1 958 |
| 08 | 1 730 | 1 757 | 1 785 | 1 812 | 1 840 | 1 867 | 1 894 | 1 922 | 1 949 | 1 977 |
| 2,10 | 1 746 | 1 774 | 1 802 | 1 830 | 1 857 | 1 885 | 1 913 | 1 940 | 1 968 | 1 996 |
| 12 | 1 763 | 1 791 | 1 819 | 1 847 | 1 875 | 1 903 | 1 931 | 1 959 | 1 987 | 2 015 |
| 14 | 1 780 | 1 808 | 1 836 | 1 864 | 1 893 | 1 921 | 1 949 | 1 977 | 2 006 | 2 034 |
| 16 | 1 796 | 1 825 | 1 853 | 1 882 | 1 910 | 1 939 | 1 967 | 1 996 | 2 024 | 2 053 |
| 18 | 1 813 | 1 842 | 1 870 | 1 899 | 1 928 | 1 957 | 1 986 | 2 014 | 2 043 | 2 072 |
| 2,20 | 1 830 | 1 859 | 1 888 | 1 917 | 1 946 | 1 975 | 2 004 | 2 033 | 2 062 | 2 091 |
| 22 | 1 846 | 1 875 | 1 905 | 1 934 | 1 963 | 1 993 | 2 022 | 2 051 | 2 081 | 2 110 |
| 24 | 1 863 | 1 892 | 1 922 | 1 951 | 1 981 | 2 011 | 2 040 | 2 070 | 2 099 | 2 129 |
| 26 | 1 879 | 1 909 | 1 939 | 1 969 | 1 999 | 2 029 | 2 058 | 2 088 | 2 118 | 2 148 |
| 28 | 1 896 | 1 926 | 1 956 | 1 986 | 2 016 | 2 047 | 2 077 | 2 107 | 2 137 | 2 167 |
| 2,30 | 1 913 | 1 943 | 1 973 | 2 004 | 2 034 | 2 064 | 2 095 | 2 125 | 2 156 | 2 186 |
| 32 | 1 929 | 1 960 | 1 991 | 2 021 | 2 052 | 2 082 | 2 113 | 2 144 | 2 174 | 2 205 |
| 34 | 1 946 | 1 977 | 2 008 | 2 039 | 2 069 | 2 100 | 2 131 | 2 162 | 2 193 | 2 224 |
| 36 | 1 963 | 1 994 | 2 025 | 2 056 | 2 087 | 2 118 | 2 149 | 2 181 | 2 212 | 2 243 |
| 38 | 1 979 | 2 011 | 2 042 | 2 073 | 2 105 | 2 136 | 2 168 | 2 199 | 2 231 | 2 262 |
| 2,40 | 1 996 | 2 028 | 2 059 | 2 091 | 2 123 | 2 154 | 2 186 | 2 218 | 2 249 | 2 281 |
| 42 | 2 012 | 2 044 | 2 076 | 2 108 | 2 140 | 2 172 | 2 204 | 2 236 | 2 268 | 2 300 |
| 44 | 2 029 | 2 061 | 2 094 | 2 126 | 2 158 | 2 190 | 2 222 | 2 255 | 2 287 | 2 319 |

Epaisseur : **0<sup>m</sup> 68** centimètres



| LONG. | FUTAILLES | 0,68 | 0,70 | 0,72 | 0,74 | 0,76 | 0,78 | 0,80 | 0,82 | 0,84 | 0,86 |
|---|---|---|---|---|---|---|---|---|---|---|---|
| 0,68 | 0 252 | 0 314 | | | | | | | | | |
| 0 70 | 0 259 | 0 324 | 0 333 | | | | | | | | |
| 72 | 0 266 | 0 333 | 0 343 | 0 353 | | | | | | | |
| 74 | 0 274 | 0 342 | 0 352 | 0 362 | 0 372 | | | | | | |
| 76 | 0 281 | 0 351 | 0 362 | 0 372 | 0 382 | 0 393 | | | | | |
| 78 | 0 289 | 0 361 | 0 371 | 0 382 | 0 392 | 0 403 | 0 414 | | | | |
| 0,80 | 0 296 | 0 370 | 0 381 | 0 392 | 0 403 | 0 413 | 0 424 | 0 435 | | | |
| 82 | 0 303 | 0 379 | 0 390 | 0 401 | 0 413 | 0 424 | 0 435 | 0 446 | 0 457 | | |
| 84 | 0 311 | 0 388 | 0 400 | 0 411 | 0 423 | 0 434 | 0 446 | 0 457 | 0 468 | 0 480 | |
| 86 | 0 318 | 0 398 | 0 409 | 0 421 | 0 433 | 0 444 | 0 456 | 0 468 | 0 480 | 0 491 | 0 503 |
| 88 | 0 326 | 0 407 | 0 419 | 0 431 | 0 443 | 0 455 | 0 467 | 0 479 | 0 491 | 0 503 | 0 515 |
| 0,90 | 0 333 | 0 416 | 0 428 | 0 441 | 0 453 | 0 465 | 0 477 | 0 490 | 0 502 | 0 514 | 0 526 |
| 92 | 0 340 | 0 425 | 0 438 | 0 450 | 0 463 | 0 475 | 0 488 | 0 500 | 0 513 | 0 526 | 0 538 |
| 94 | 0 348 | 0 435 | 0 447 | 0 460 | 0 473 | 0 486 | 0 499 | 0 511 | 0 524 | 0 537 | 0 550 |
| 96 | 0 355 | 0 444 | 0 457 | 0 470 | 0 483 | 0 496 | 0 509 | 0 522 | 0 535 | 0 548 | 0 561 |
| 98 | 0 363 | 0 453 | 0 466 | 0 480 | 0 493 | 0 506 | 0 520 | 0 533 | 0 546 | 0 560 | 0 573 |
| 1,— | 0 370 | 0 462 | 0 476 | 0 490 | 0 503 | 0 517 | 0 530 | 0 544 | 0 558 | 0 571 | 0 585 |
| 02 | 0 377 | 0 472 | 0 486 | 0 499 | 0 513 | 0 527 | 0 541 | 0 555 | 0 569 | 0 583 | 0 596 |
| 04 | 0 385 | 0 481 | 0 495 | 0 509 | 0 523 | 0 537 | 0 552 | 0 566 | 0 580 | 0 594 | 0 608 |
| 06 | 0 392 | 0 490 | 0 505 | 0 519 | 0 533 | 0 548 | 0 562 | 0 577 | 0 591 | 0 605 | 0 620 |
| 08 | 0 400 | 0 499 | 0 514 | 0 529 | 0 543 | 0 558 | 0 573 | 0 588 | 0 602 | 0 617 | 0 632 |
| 1,10 | 0 407 | 0 509 | 0 524 | 0 539 | 0 554 | 0 568 | 0 583 | 0 598 | 0 613 | 0 628 | 0 643 |
| 12 | 0 414 | 0 518 | 0 533 | 0 548 | 0 564 | 0 579 | 0 594 | 0 609 | 0 625 | 0 640 | 0 655 |
| 14 | 0 422 | 0 527 | 0 543 | 0 558 | 0 574 | 0 589 | 0 605 | 0 620 | 0 636 | 0 651 | 0 667 |
| 16 | 0 429 | 0 536 | 0 552 | 0 568 | 0 584 | 0 599 | 0 615 | 0 631 | 0 647 | 0 663 | 0 678 |
| 18 | 0 437 | 0 546 | 0 562 | 0 578 | 0 594 | 0 610 | 0 626 | 0 642 | 0 658 | 0 674 | 0 690 |
| 1,20 | 0 444 | 0 555 | 0 571 | 0 588 | 0 604 | 0 620 | 0 636 | 0 653 | 0 669 | 0 685 | 0 702 |
| 22 | 0 451 | 0 564 | 0 581 | 0 597 | 0 614 | 0 630 | 0 647 | 0 664 | 0 680 | 0 697 | 0 713 |
| 24 | 0 459 | 0 573 | 0 590 | 0 607 | 0 624 | 0 641 | 0 658 | 0 675 | 0 691 | 0 708 | 0 725 |
| 26 | 0 466 | 0 583 | 0 600 | 0 617 | 0 634 | 0 651 | 0 668 | 0 685 | 0 703 | 0 720 | 0 737 |
| 28 | 0 474 | 0 592 | 0 609 | 0 627 | 0 644 | 0 662 | 0 679 | 0 696 | 0 714 | 0 731 | 0 749 |
| 1,30 | 0 481 | 0 601 | 0 619 | 0 636 | 0 654 | 0 672 | 0 690 | 0 707 | 0 725 | 0 743 | 0 760 |
| 32 | 0 488 | 0 610 | 0 628 | 0 646 | 0 664 | 0 682 | 0 700 | 0 718 | 0 736 | 0 754 | 0 772 |
| 34 | 0 496 | 0 620 | 0 638 | 0 656 | 0 674 | 0 693 | 0 711 | 0 729 | 0 747 | 0 765 | 0 784 |
| 36 | 0 503 | 0 629 | 0 647 | 0 666 | 0 684 | 0 703 | 0 721 | 0 740 | 0 758 | 0 777 | 0 795 |
| 38 | 0 511 | 0 638 | 0 657 | 0 676 | 0 694 | 0 713 | 0 732 | 0 751 | 0 769 | 0 788 | 0 807 |
| 1,40 | 0 518 | 0 647 | 0 666 | 0 685 | 0 704 | 0 724 | 0 743 | 0 762 | 0 781 | 0 800 | 0 819 |
| 42 | 0 525 | 0 657 | 0 676 | 0 695 | 0 715 | 0 734 | 0 753 | 0 772 | 0 792 | 0 811 | 0 830 |
| 44 | 0 533 | 0 666 | 0 685 | 0 705 | 0 725 | 0 744 | 0 764 | 0 783 | 0 803 | 0 823 | 0 842 |
| 46 | 0 540 | 0 675 | 0 695 | 0 715 | 0 735 | 0 755 | 0 774 | 0 794 | 0 814 | 0 834 | 0 854 |
| 48 | 0 548 | 0 684 | 0 704 | 0 725 | 0 745 | 0 765 | 0 785 | 0 805 | 0 825 | 0 845 | 0 866 |
| 1,50 | 0 555 | 0 694 | 0 714 | 0 734 | 0 755 | 0 775 | 0 796 | 0 816 | 0 836 | 0 857 | 0 877 |
| 52 | 0 562 | 0 703 | 0 724 | 0 744 | 0 765 | 0 786 | 0 806 | 0 827 | 0 848 | 0 868 | 0 889 |
| 54 | 0 570 | 0 712 | 0 733 | 0 755 | 0 775 | 0 796 | 0 817 | 0 838 | 0 859 | 0 880 | 0 901 |
| 56 | 0 577 | 0 721 | 0 743 | 0 764 | 0 785 | 0 806 | 0 827 | 0 849 | 0 870 | 0 891 | 0 912 |
| 58 | 0 584 | 0 731 | 0 752 | 0 774 | 0 795 | 0 817 | 0 838 | 0 860 | 0 881 | 0 902 | 0 924 |
| 1,60 | 0 592 | 0 740 | 0 762 | 0 783 | 0 805 | 0 827 | 0 849 | 0 870 | 0 892 | 0 914 | 0 936 |
| 62 | 0 599 | 0 749 | 0 771 | 0 793 | 0 815 | 0 837 | 0 859 | 0 881 | 0 903 | 0 925 | 0 947 |
| 64 | 0 607 | 0 758 | 0 781 | 0 803 | 0 825 | 0 848 | 0 870 | 0 892 | 0 914 | 0 937 | 0 959 |
| 66 | 0 614 | 0 768 | 0 790 | 0 813 | 0 835 | 0 858 | 0 880 | 0 903 | 0 926 | 0 948 | 0 971 |
| 68 | 0 622 | 0 777 | 0 800 | 0 823 | 0 845 | 0 868 | 0 891 | 0 914 | 0 937 | 0 960 | 0 982 |
| 1,70 | 0 629 | 0 786 | 0 809 | 0 832 | 0 855 | 0 879 | 0 902 | 0 925 | 0 948 | 0 971 | 0 994 |
| 72 | 0 636 | 0 795 | 0 819 | 0 842 | 0 866 | 0 889 | 0 912 | 0 936 | 0 959 | 0 982 | 1 006 |
| 74 | 0 644 | 0 805 | 0 828 | 0 852 | 0 876 | 0 899 | 0 923 | 0 947 | 0 970 | 0 994 | 1 018 |
| 76 | 0 651 | 0 814 | 0 838 | 0 862 | 0 886 | 0 910 | 0 934 | 0 957 | 0 981 | 1 005 | 1 029 |
| 78 | 0 658 | 0 823 | 0 847 | 0 871 | 0 896 | 0 920 | 0 944 | 0 968 | 0 993 | 1 017 | 1 041 |
| 1,80 | 0 666 | 0 832 | 0 857 | 0 881 | 0 906 | 0 930 | 0 955 | 0 979 | 1 004 | 1 028 | 1 053 |
| 82 | 0 673 | 0 842 | 0 866 | 0 891 | 0 916 | 0 941 | 0 965 | 0 990 | 1 015 | 1 040 | 1 064 |
| 84 | 0 681 | 0 851 | 0 876 | 0 901 | 0 926 | 0 951 | 0 976 | 1 001 | 1 026 | 1 051 | 1 076 |
| 86 | 0 688 | 0 860 | 0 885 | 0 911 | 0 936 | 0 961 | 0 987 | 1 012 | 1 037 | 1 062 | 1 088 |
| 88 | 0 696 | 0 869 | 0 895 | 0 920 | 0 946 | 0 972 | 0 997 | 1 023 | 1 048 | 1 074 | 1 099 |
| 1,90 | 0 703 | 0 879 | 0 904 | 0 930 | 0 956 | 0 982 | 1 008 | 1 034 | 1 059 | 1 085 | 1 111 |
| 92 | 0 710 | 0 888 | 0 914 | 0 940 | 0 966 | 0 992 | 1 018 | 1 044 | 1 071 | 1 097 | 1 123 |
| 94 | 0 718 | 0 897 | 0 923 | 0 950 | 0 976 | 1 003 | 1 029 | 1 055 | 1 082 | 1 108 | 1 135 |
| 96 | 0 725 | 0 906 | 0 933 | 0 960 | 0 986 | 1 013 | 1 040 | 1 066 | 1 093 | 1 120 | 1 146 |
| 98 | 0 732 | 0 916 | 0 943 | 0 969 | 0 996 | 1 023 | 1 050 | 1 077 | 1 104 | 1 131 | 1 158 |
| 2,— | 0 740 | 0 925 | 0 952 | 0 979 | 1 006 | 1 034 | 1 061 | 1 088 | 1 115 | 1 142 | 1 170 |
| 02 | 0 747 | 0 934 | 0 962 | 0 989 | 1 016 | 1 044 | 1 071 | 1 099 | 1 126 | 1 154 | 1 181 |
| 04 | 0 755 | 0 943 | 0 971 | 0 999 | 1 027 | 1 054 | 1 082 | 1 110 | 1 138 | 1 165 | 1 193 |
| 06 | 0 762 | 0 953 | 0 981 | 1 009 | 1 037 | 1 065 | 1 093 | 1 121 | 1 149 | 1 177 | 1 205 |

Epaisseur : **0<sup>m</sup> 68** centimètres



| LONGUEUR | 0,88 | 0,90 | 0,92 | 0,94 | 0,96 | 0,98 | 1,00 | 1,02 | 1,04 | 1,06 |
|---|---|---|---|---|---|---|---|---|---|---|
| 0,88 | 0 527 | | | | | | | | | |
| 0,90 | 0 539 | 0 551 | | | | | | | | |
| 92 | 0 551 | 0 563 | 0 576 | | | | | | | |
| 94 | 0 562 | 0 575 | 0 588 | 0 601 | | | | | | |
| 96 | 0 574 | 0 588 | 0 601 | 0 614 | 0 627 | | | | | |
| 98 | 0 586 | 0 600 | 0 613 | 0 626 | 0 640 | 0 653 | | | | |
| 1,— | 0 598 | 0 612 | 0 626 | 0 639 | 0 653 | 0 666 | 0 680 | | | |
| 02 | 0 610 | 0 624 | 0 638 | 0 652 | 0 666 | 0 680 | 0 694 | 0 707 | | |
| 04 | 0 622 | 0 636 | 0 651 | 0 665 | 0 679 | 0 693 | 0 707 | 0 721 | 0 735 | |
| 06 | 0 634 | 0 649 | 0 663 | 0 678 | 0 692 | 0 706 | 0 721 | 0 735 | 0 750 | 0 764 |
| 08 | 0 646 | 0 661 | 0 676 | 0 690 | 0 705 | 0 720 | 0 734 | 0 749 | 0 764 | 0 778 |
| 1,10 | 0 658 | 0 673 | 0 688 | 0 703 | 0 718 | 0 733 | 0 748 | 0 763 | 0 778 | 0 793 |
| 12 | 0 670 | 0 685 | 0 701 | 0 716 | 0 731 | 0 746 | 0 762 | 0 777 | 0 792 | 0 807 |
| 14 | 0 682 | 0 698 | 0 713 | 0 729 | 0 744 | 0 760 | 0 775 | 0 791 | 0 806 | 0 822 |
| 16 | 0 694 | 0 710 | 0 726 | 0 741 | 0 757 | 0 773 | 0 789 | 0 805 | 0 820 | 0 836 |
| 18 | 0 706 | 0 722 | 0 738 | 0 754 | 0 770 | 0 786 | 0 802 | 0 818 | 0 834 | 0 851 |
| 1,20 | 0 718 | 0 734 | 0 751 | 0 767 | 0 783 | 0 800 | 0 816 | 0 832 | 0 849 | 0 865 |
| 22 | 0 730 | 0 747 | 0 763 | 0 780 | 0 796 | 0 813 | 0 830 | 0 846 | 0 863 | 0 879 |
| 24 | 0 742 | 0 759 | 0 776 | 0 793 | 0 809 | 0 826 | 0 843 | 0 860 | 0 877 | 0 894 |
| 26 | 0 754 | 0 771 | 0 788 | 0 805 | 0 823 | 0 840 | 0 857 | 0 874 | 0 891 | 0 908 |
| 28 | 0 766 | 0 783 | 0 801 | 0 818 | 0 836 | 0 853 | 0 870 | 0 888 | 0 905 | 0 923 |
| 1,30 | 0 778 | 0 796 | 0 813 | 0 831 | 0 849 | 0 866 | 0 884 | 0 902 | 0 919 | 0 937 |
| 32 | 0 790 | 0 808 | 0 826 | 0 844 | 0 862 | 0 880 | 0 898 | 0 916 | 0 934 | 0 951 |
| 34 | 0 802 | 0 820 | 0 838 | 0 857 | 0 875 | 0 893 | 0 911 | 0 929 | 0 948 | 0 966 |
| 36 | 0 814 | 0 832 | 0 851 | 0 869 | 0 888 | 0 906 | 0 925 | 0 943 | 0 962 | 0 980 |
| 38 | 0 826 | 0 845 | 0 863 | 0 882 | 0 901 | 0 920 | 0 938 | 0 957 | 0 976 | 0 995 |
| 1,40 | 0 838 | 0 857 | 0 876 | 0 895 | 0 914 | 0 933 | 0 952 | 0 971 | 0 990 | 1 009 |
| 42 | 0 850 | 0 869 | 0 888 | 0 908 | 0 927 | 0 946 | 0 966 | 0 985 | 1 004 | 1 024 |
| 44 | 0 862 | 0 881 | 0 901 | 0 920 | 0 940 | 0 960 | 0 979 | 0 999 | 1 018 | 1 038 |
| 46 | 0 874 | 0 894 | 0 913 | 0 933 | 0 953 | 0 973 | 0 993 | 1 013 | 1 032 | 1 052 |
| 48 | 0 886 | 0 906 | 0 926 | 0 946 | 0 966 | 0 986 | 1 006 | 1 027 | 1 047 | 1 067 |
| 1,50 | 0 898 | 0 918 | 0 938 | 0 959 | 0 979 | 1 000 | 1 020 | 1 040 | 1 061 | 1 081 |
| 52 | 0 910 | 0 930 | 0 951 | 0 972 | 0 992 | 1 013 | 1 034 | 1 054 | 1 075 | 1 096 |
| 54 | 0 922 | 0 942 | 0 963 | 0 984 | 1 005 | 1 026 | 1 047 | 1 068 | 1 089 | 1 110 |
| 56 | 0 934 | 0 955 | 0 976 | 0 997 | 1 018 | 1 040 | 1 061 | 1 082 | 1 103 | 1 124 |
| 58 | 0 945 | 0 967 | 0 988 | 1 010 | 1 031 | 1 053 | 1 074 | 1 096 | 1 117 | 1 139 |
| 1,60 | 0 957 | 0 979 | 1 001 | 1 023 | 1 044 | 1 066 | 1 088 | 1 110 | 1 132 | 1 153 |
| 62 | 0 969 | 0 991 | 1 013 | 1 036 | 1 058 | 1 080 | 1 102 | 1 124 | 1 146 | 1 168 |
| 64 | 0 981 | 1 004 | 1 026 | 1 048 | 1 071 | 1 093 | 1 115 | 1 138 | 1 160 | 1 182 |
| 66 | 0 993 | 1 016 | 1 038 | 1 061 | 1 081 | 1 106 | 1 129 | 1 151 | 1 174 | 1 197 |
| 68 | 1 005 | 1 028 | 1 051 | 1 074 | 1 097 | 1 120 | 1 142 | 1 165 | 1 188 | 1 211 |
| 1,70 | 1 017 | 1 040 | 1 064 | 1 087 | 1 110 | 1 133 | 1 156 | 1 179 | 1 202 | 1 225 |
| 72 | 1 029 | 1 053 | 1 076 | 1 099 | 1 123 | 1 146 | 1 170 | 1 193 | 1 216 | 1 240 |
| 74 | 1 041 | 1 065 | 1 089 | 1 112 | 1 136 | 1 160 | 1 183 | 1 207 | 1 231 | 1 254 |
| 76 | 1 053 | 1 077 | 1 101 | 1 125 | 1 149 | 1 173 | 1 197 | 1 221 | 1 245 | 1 269 |
| 78 | 1 065 | 1 089 | 1 114 | 1 138 | 1 162 | 1 186 | 1 210 | 1 235 | 1 259 | 1 283 |
| 1,80 | 1 077 | 1 102 | 1 126 | 1 151 | 1 175 | 1 200 | 1 224 | 1 248 | 1 273 | 1 297 |
| 82 | 1 089 | 1 114 | 1 139 | 1 163 | 1 188 | 1 213 | 1 238 | 1 262 | 1 287 | 1 312 |
| 84 | 1 101 | 1 126 | 1 151 | 1 176 | 1 201 | 1 226 | 1 251 | 1 276 | 1 301 | 1 326 |
| 86 | 1 113 | 1 138 | 1 164 | 1 189 | 1 214 | 1 240 | 1 265 | 1 290 | 1 315 | 1 341 |
| 88 | 1 125 | 1 151 | 1 176 | 1 202 | 1 227 | 1 253 | 1 278 | 1 304 | 1 330 | 1 355 |
| 1,90 | 1 137 | 1 163 | 1 189 | 1 214 | 1 240 | 1 266 | 1 292 | 1 318 | 1 344 | 1 370 |
| 92 | 1 149 | 1 175 | 1 201 | 1 227 | 1 253 | 1 279 | 1 306 | 1 332 | 1 358 | 1 384 |
| 94 | 1 161 | 1 187 | 1 214 | 1 240 | 1 266 | 1 293 | 1 319 | 1 346 | 1 372 | 1 398 |
| 96 | 1 173 | 1 200 | 1 226 | 1 253 | 1 279 | 1 306 | 1 333 | 1 359 | 1 386 | 1 413 |
| 98 | 1 185 | 1 212 | 1 239 | 1 266 | 1 293 | 1 319 | 1 346 | 1 373 | 1 400 | 1 427 |
| 2,— | 1 197 | 1 224 | 1 251 | 1 278 | 1 306 | 1 333 | 1 360 | 1 387 | 1 414 | 1 442 |
| 02 | 1 209 | 1 236 | 1 264 | 1 291 | 1 319 | 1 346 | 1 374 | 1 401 | 1 429 | 1 456 |
| 04 | 1 221 | 1 248 | 1 276 | 1 304 | 1 332 | 1 359 | 1 387 | 1 415 | 1 443 | 1 470 |
| 06 | 1 233 | 1 261 | 1 289 | 1 317 | 1 345 | 1 373 | 1 401 | 1 429 | 1 457 | 1 485 |

Epaisseur : **0**<sup>m</sup> **68** centimètres   Epaisseur : **0**<sup>m</sup> **68** centimètres    **0,68**



| LONGUEUR | 1,08 | 1,10 | 1,12 | 1,14 | 1,16 | 1,18 | 1,20 | 1,22 | 1,24 | 1,26 |
|---|---|---|---|---|---|---|---|---|---|---|
| 1,08 | 0 793 | | | | | | | | | |
| 1,10 | 0 808 | 0 823 | | | | | | | | |
| 1,12 | 0 823 | 0 838 | 0 853 | | | | | | | |
| 1,14 | 0 837 | 0 853 | 0 868 | 0 884 | | | | | | |
| 1,16 | 0 852 | 0 868 | 0 883 | 0 899 | 0 915 | | | | | |
| 1,18 | 0 867 | 0 883 | 0 899 | 0 915 | 0 931 | 0 947 | | | | |
| 1,20 | 0 881 | 0 898 | 0 914 | 0 930 | 0 947 | 0 963 | 0 979 | | | |
| 1,22 | 0 896 | 0 913 | 0 929 | 0 946 | 0 962 | 0 979 | 0 996 | 1 012 | | |
| 1,24 | 0 911 | 0 928 | 0 944 | 0 961 | 0 978 | 0 995 | 1 012 | 1 029 | 1 046 | |
| 1,26 | 0 925 | 0 942 | 0 960 | 0 977 | 0 994 | 1 011 | 1 028 | 1 045 | 1 062 | 1 080 |
| 1,28 | 0 940 | 0 957 | 0 975 | 0 992 | 1 010 | 1 027 | 1 044 | 1 062 | 1 079 | 1 097 |
| 1,30 | 0 955 | 0 972 | 0 990 | 1 008 | 1 025 | 1 043 | 1 061 | 1 078 | 1 096 | 1 114 |
| 1,32 | 0 969 | 0 987 | 1 005 | 1 023 | 1 041 | 1 059 | 1 077 | 1 095 | 1 113 | 1 131 |
| 1,34 | 0 984 | 1 002 | 1 021 | 1 039 | 1 057 | 1 075 | 1 093 | 1 112 | 1 130 | 1 148 |
| 1,36 | 0 999 | 1 017 | 1 036 | 1 054 | 1 073 | 1 091 | 1 110 | 1 128 | 1 147 | 1 165 |
| 1,38 | 1 013 | 1 032 | 1 051 | 1 070 | 1 089 | 1 107 | 1 126 | 1 145 | 1 164 | 1 182 |
| 1,40 | 1 028 | 1 047 | 1 066 | 1 085 | 1 104 | 1 123 | 1 142 | 1 161 | 1 180 | 1 200 |
| 1,42 | 1 043 | 1 062 | 1 081 | 1 101 | 1 120 | 1 139 | 1 159 | 1 178 | 1 197 | 1 217 |
| 1,44 | 1 058 | 1 077 | 1 097 | 1 116 | 1 136 | 1 155 | 1 175 | 1 195 | 1 214 | 1 234 |
| 1,46 | 1 072 | 1 092 | 1 112 | 1 132 | 1 152 | 1 172 | 1 191 | 1 211 | 1 231 | 1 251 |
| 1,48 | 1 087 | 1 107 | 1 127 | 1 147 | 1 167 | 1 188 | 1 208 | 1 228 | 1 248 | 1 268 |
| 1,50 | 1 102 | 1 122 | 1 142 | 1 163 | 1 183 | 1 204 | 1 224 | 1 244 | 1 265 | 1 285 |
| 1,52 | 1 116 | 1 137 | 1 158 | 1 178 | 1 199 | 1 220 | 1 240 | 1 261 | 1 282 | 1 302 |
| 1,54 | 1 131 | 1 152 | 1 173 | 1 194 | 1 215 | 1 236 | 1 257 | 1 278 | 1 299 | 1 319 |
| 1,56 | 1 146 | 1 167 | 1 188 | 1 209 | 1 231 | 1 252 | 1 273 | 1 294 | 1 315 | 1 337 |
| 1,58 | 1 160 | 1 182 | 1 203 | 1 225 | 1 246 | 1 268 | 1 289 | 1 311 | 1 332 | 1 354 |
| 1,60 | 1 175 | 1 197 | 1 219 | 1 240 | 1 262 | 1 284 | 1 306 | 1 327 | 1 349 | 1 371 |
| 1,62 | 1 190 | 1 212 | 1 234 | 1 256 | 1 278 | 1 300 | 1 322 | 1 344 | 1 366 | 1 388 |
| 1,64 | 1 204 | 1 227 | 1 249 | 1 271 | 1 294 | 1 316 | 1 338 | 1 361 | 1 383 | 1 405 |
| 1,66 | 1 219 | 1 242 | 1 264 | 1 287 | 1 309 | 1 332 | 1 355 | 1 377 | 1 400 | 1 422 |
| 1,68 | 1 234 | 1 257 | 1 279 | 1 302 | 1 325 | 1 348 | 1 371 | 1 394 | 1 417 | 1 439 |
| 1,70 | 1 248 | 1 272 | 1 295 | 1 318 | 1 341 | 1 364 | 1 387 | 1 410 | 1 433 | 1 457 |
| 1,72 | 1 263 | 1 287 | 1 310 | 1 333 | 1 357 | 1 380 | 1 404 | 1 427 | 1 450 | 1 474 |
| 1,74 | 1 278 | 1 302 | 1 325 | 1 349 | 1 373 | 1 396 | 1 420 | 1 444 | 1 467 | 1 491 |
| 1,76 | 1 293 | 1 316 | 1 340 | 1 364 | 1 388 | 1 412 | 1 436 | 1 460 | 1 484 | 1 508 |
| 1,78 | 1 307 | 1 331 | 1 356 | 1 380 | 1 404 | 1 428 | 1 452 | 1 477 | 1 501 | 1 525 |
| 1,80 | 1 322 | 1 346 | 1 371 | 1 395 | 1 420 | 1 444 | 1 469 | 1 493 | 1 518 | 1 542 |
| 1,82 | 1 337 | 1 361 | 1 386 | 1 411 | 1 436 | 1 460 | 1 485 | 1 510 | 1 535 | 1 559 |
| 1,84 | 1 351 | 1 376 | 1 401 | 1 426 | 1 451 | 1 476 | 1 501 | 1 526 | 1 552 | 1 577 |
| 1,86 | 1 366 | 1 391 | 1 417 | 1 442 | 1 467 | 1 492 | 1 518 | 1 543 | 1 568 | 1 594 |
| 1,88 | 1 381 | 1 406 | 1 432 | 1 457 | 1 483 | 1 509 | 1 531 | 1 560 | 1 585 | 1 611 |
| 1,90 | 1 395 | 1 421 | 1 447 | 1 473 | 1 499 | 1 525 | 1 550 | 1 576 | 1 602 | 1 628 |
| 1,92 | 1 410 | 1 436 | 1 462 | 1 488 | 1 514 | 1 541 | 1 567 | 1 593 | 1 619 | 1 645 |
| 1,94 | 1 425 | 1 451 | 1 478 | 1 504 | 1 530 | 1 557 | 1 583 | 1 609 | 1 636 | 1 662 |
| 1,96 | 1 439 | 1 466 | 1 493 | 1 519 | 1 546 | 1 573 | 1 599 | 1 626 | 1 653 | 1 679 |
| 1,98 | 1 454 | 1 481 | 1 508 | 1 535 | 1 562 | 1 589 | 1 616 | 1 643 | 1 670 | 1 696 |
| 2,— | 1 469 | 1 496 | 1 523 | 1 550 | 1 578 | 1 605 | 1 632 | 1 659 | 1 686 | 1 714 |
| 2,02 | 1 483 | 1 511 | 1 538 | 1 566 | 1 593 | 1 621 | 1 648 | 1 676 | 1 703 | 1 731 |
| 2,04 | 1 498 | 1 526 | 1 554 | 1 581 | 1 609 | 1 637 | 1 665 | 1 692 | 1 720 | 1 748 |
| 2,06 | 1 513 | 1 541 | 1 569 | 1 597 | 1 625 | 1 653 | 1 681 | 1 709 | 1 737 | 1 765 |
| 2,08 | 1 528 | 1 556 | 1 584 | 1 612 | 1 641 | 1 669 | 1 697 | 1 726 | 1 754 | 1 782 |
| 2,10 | 1 542 | 1 571 | 1 599 | 1 628 | 1 656 | 1 685 | 1 714 | 1 742 | 1 771 | 1 799 |
| 2,12 | 1 557 | 1 586 | 1 615 | 1 643 | 1 672 | 1 701 | 1 730 | 1 759 | 1 788 | 1 816 |
| 2,14 | 1 572 | 1 601 | 1 630 | 1 659 | 1 688 | 1 717 | 1 746 | 1 775 | 1 804 | 1 834 |
| 2,16 | 1 586 | 1 616 | 1 645 | 1 674 | 1 704 | 1 733 | 1 763 | 1 792 | 1 821 | 1 851 |
| 2,18 | 1 601 | 1 631 | 1 660 | 1 690 | 1 720 | 1 749 | 1 779 | 1 809 | 1 838 | 1 868 |
| 2,20 | 1 616 | 1 646 | 1 676 | 1 705 | 1 735 | 1 765 | 1 795 | 1 825 | 1 855 | 1 885 |
| 2,22 | 1 630 | 1 661 | 1 691 | 1 721 | 1 751 | 1 781 | 1 812 | 1 842 | 1 872 | 1 902 |
| 2,24 | 1 645 | 1 676 | 1 706 | 1 736 | 1 767 | 1 797 | 1 828 | 1 858 | 1 889 | 1 919 |
| 2,26 | 1 660 | 1 690 | 1 721 | 1 752 | 1 783 | 1 813 | 1 844 | 1 875 | 1 906 | 1 936 |
| 2,28 | 1 674 | 1 705 | 1 736 | 1 767 | 1 798 | 1 829 | 1 860 | 1 891 | 1 922 | 1 954 |
| 2,30 | 1 689 | 1 720 | 1 752 | 1 783 | 1 814 | 1 846 | 1 877 | 1 908 | 1 939 | 1 971 |
| 2,32 | 1 704 | 1 735 | 1 767 | 1 798 | 1 830 | 1 862 | 1 893 | 1 925 | 1 956 | 1 988 |
| 2,34 | 1 718 | 1 750 | 1 782 | 1 814 | 1 846 | 1 878 | 1 909 | 1 941 | 1 973 | 2 005 |
| 2,36 | 1 733 | 1 765 | 1 797 | 1 829 | 1 862 | 1 894 | 1 926 | 1 958 | 1 990 | 2 022 |
| 2,38 | 1 748 | 1 780 | 1 813 | 1 845 | 1 877 | 1 910 | 1 942 | 1 974 | 2 007 | 2 039 |
| 2,40 | 1 763 | 1 795 | 1 828 | 1 860 | 1 893 | 1 926 | 1 958 | 1 991 | 2 024 | 2 056 |
| 2,42 | 1 777 | 1 810 | 1 843 | 1 876 | 1 909 | 1 942 | 1 975 | 2 008 | 2 041 | 2 073 |
| 2,44 | 1 792 | 1 825 | 1 858 | 1 891 | 1 925 | 1 958 | 1 991 | 2 024 | 2 057 | 2 091 |
| 2,46 | 1 807 | 1 840 | 1 874 | 1 907 | 1 940 | 1 974 | 2 007 | 2 041 | 2 074 | 2 108 |





| LONGUEUR | 1,28 | 1,30 | 1,32 | 1,34 | 1,36 | 1,38 | 1,40 | 1,42 | 1,44 | 1,46 |
|---|---|---|---|---|---|---|---|---|---|---|
| 1,28 | 1 114 | | | | | | | | | |
| 1,30 | 1 132 | 1 149 | | | | | | | | |
| 1,32 | 1 149 | 1 167 | 1 185 | | | | | | | |
| 1,34 | 1 166 | 1 185 | 1 203 | 1 221 | | | | | | |
| 1,36 | 1 184 | 1 202 | 1 221 | 1 239 | 1 258 | | | | | |
| 1,38 | 1 201 | 1 220 | 1 239 | 1 257 | 1 276 | 1 295 | | | | |
| 1,40 | 1 219 | 1 238 | 1 257 | 1 276 | 1 295 | 1 314 | 1 333 | | | |
| 1,42 | 1 236 | 1 255 | 1 275 | 1 294 | 1 313 | 1 333 | 1 352 | 1 371 | | |
| 1,44 | 1 253 | 1 273 | 1 293 | 1 312 | 1 332 | 1 351 | 1 371 | 1 390 | 1 410 | |
| 1,46 | 1 271 | 1 291 | 1 310 | 1 330 | 1 350 | 1 370 | 1 390 | 1 410 | 1 430 | 1 449 |
| 1,48 | 1 288 | 1 308 | 1 328 | 1 349 | 1 369 | 1 389 | 1 409 | 1 429 | 1 449 | 1 469 |
| 1,50 | 1 306 | 1 326 | 1 346 | 1 367 | 1 387 | 1 408 | 1 428 | 1 448 | 1 469 | 1 489 |
| 1,52 | 1 323 | 1 344 | 1 364 | 1 385 | 1 406 | 1 426 | 1 447 | 1 468 | 1 488 | 1 509 |
| 1,54 | 1 340 | 1 361 | 1 382 | 1 403 | 1 424 | 1 445 | 1 466 | 1 487 | 1 508 | 1 529 |
| 1,56 | 1 358 | 1 379 | 1 400 | 1 421 | 1 443 | 1 464 | 1 485 | 1 506 | 1 528 | 1 549 |
| 1,58 | 1 375 | 1 397 | 1 418 | 1 440 | 1 461 | 1 483 | 1 504 | 1 526 | 1 547 | 1 569 |
| 1,60 | 1 393 | 1 414 | 1 436 | 1 458 | 1 480 | 1 501 | 1 523 | 1 545 | 1 567 | 1 588 |
| 1,62 | 1 410 | 1 432 | 1 454 | 1 476 | 1 498 | 1 520 | 1 542 | 1 564 | 1 586 | 1 608 |
| 1,64 | 1 427 | 1 450 | 1 472 | 1 494 | 1 517 | 1 539 | 1 561 | 1 584 | 1 606 | 1 628 |
| 1,66 | 1 445 | 1 467 | 1 490 | 1 513 | 1 535 | 1 558 | 1 580 | 1 603 | 1 625 | 1 648 |
| 1,68 | 1 462 | 1 485 | 1 508 | 1 531 | 1 554 | 1 577 | 1 599 | 1 622 | 1 645 | 1 668 |
| 1,70 | 1 480 | 1 503 | 1 526 | 1 549 | 1 572 | 1 595 | 1 618 | 1 642 | 1 665 | 1 688 |
| 1,72 | 1 497 | 1 520 | 1 544 | 1 567 | 1 591 | 1 614 | 1 637 | 1 661 | 1 684 | 1 708 |
| 1,74 | 1 514 | 1 538 | 1 562 | 1 585 | 1 609 | 1 633 | 1 656 | 1 680 | 1 704 | 1 727 |
| 1,76 | 1 532 | 1 556 | 1 580 | 1 604 | 1 628 | 1 652 | 1 676 | 1 699 | 1 723 | 1 747 |
| 1,78 | 1 549 | 1 574 | 1 598 | 1 622 | 1 646 | 1 670 | 1 695 | 1 719 | 1 743 | 1 767 |
| 1,80 | 1 567 | 1 591 | 1 616 | 1 640 | 1 665 | 1 689 | 1 714 | 1 738 | 1 763 | 1 787 |
| 1,82 | 1 584 | 1 609 | 1 634 | 1 658 | 1 683 | 1 708 | 1 733 | 1 757 | 1 782 | 1 807 |
| 1,84 | 1 602 | 1 627 | 1 652 | 1 677 | 1 702 | 1 727 | 1 752 | 1 777 | 1 802 | 1 827 |
| 1,86 | 1 619 | 1 644 | 1 670 | 1 695 | 1 720 | 1 745 | 1 771 | 1 796 | 1 821 | 1 847 |
| 1,88 | 1 636 | 1 662 | 1 687 | 1 713 | 1 739 | 1 764 | 1 790 | 1 815 | 1 841 | 1 866 |
| 1,90 | 1 654 | 1 680 | 1 705 | 1 731 | 1 757 | 1 783 | 1 809 | 1 835 | 1 860 | 1 886 |
| 1,92 | 1 671 | 1 697 | 1 723 | 1 750 | 1 776 | 1 802 | 1 828 | 1 854 | 1 880 | 1 906 |
| 1,94 | 1 689 | 1 715 | 1 741 | 1 768 | 1 794 | 1 820 | 1 847 | 1 873 | 1 900 | 1 926 |
| 1,96 | 1 706 | 1 733 | 1 759 | 1 786 | 1 813 | 1 839 | 1 866 | 1 893 | 1 919 | 1 946 |
| 1,98 | 1 723 | 1 750 | 1 777 | 1 804 | 1 831 | 1 858 | 1 885 | 1 912 | 1 939 | 1 966 |
| 2,— | 1 741 | 1 768 | 1 795 | 1 822 | 1 850 | 1 877 | 1 904 | 1 931 | 1 958 | 1 986 |
| 2,02 | 1 758 | 1 786 | 1 813 | 1 841 | 1 868 | 1 896 | 1 923 | 1 951 | 1 978 | 2 005 |
| 2,04 | 1 776 | 1 803 | 1 831 | 1 859 | 1 887 | 1 914 | 1 942 | 1 970 | 1 998 | 2 025 |
| 2,06 | 1 793 | 1 821 | 1 849 | 1 877 | 1 905 | 1 933 | 1 961 | 1 989 | 2 017 | 2 045 |
| 2,08 | 1 810 | 1 839 | 1 867 | 1 895 | 1 924 | 1 952 | 1 980 | 2 008 | 2 037 | 2 065 |
| 2,10 | 1 828 | 1 856 | 1 885 | 1 914 | 1 942 | 1 971 | 1 999 | 2 028 | 2 056 | 2 085 |
| 2,12 | 1 845 | 1 874 | 1 903 | 1 932 | 1 961 | 1 989 | 2 018 | 2 047 | 2 076 | 2 105 |
| 2,14 | 1 863 | 1 892 | 1 921 | 1 950 | 1 979 | 2 008 | 2 037 | 2 066 | 2 095 | 2 125 |
| 2,16 | 1 880 | 1 909 | 1 939 | 1 968 | 1 998 | 2 027 | 2 056 | 2 086 | 2 115 | 2 144 |
| 2,18 | 1 897 | 1 927 | 1 957 | 1 986 | 2 016 | 2 046 | 2 075 | 2 105 | 2 135 | 2 164 |
| 2,20 | 1 915 | 1 945 | 1 975 | 2 005 | 2 035 | 2 064 | 2 094 | 2 124 | 2 154 | 2 184 |
| 2,22 | 1 932 | 1 962 | 1 993 | 2 023 | 2 053 | 2 083 | 2 113 | 2 143 | 2 174 | 2 204 |
| 2,24 | 1 950 | 1 980 | 2 011 | 2 041 | 2 072 | 2 102 | 2 132 | 2 163 | 2 193 | 2 224 |
| 2,26 | 1 967 | 1 998 | 2 029 | 2 059 | 2 090 | 2 121 | 2 152 | 2 182 | 2 213 | 2 244 |
| 2,28 | 1 985 | 2 016 | 2 047 | 2 078 | 2 109 | 2 140 | 2 171 | 2 202 | 2 233 | 2 264 |
| 2,30 | 2 002 | 2 033 | 2 064 | 2 096 | 2 127 | 2 158 | 2 190 | 2 221 | 2 252 | 2 283 |
| 2,32 | 2 019 | 2 051 | 2 082 | 2 114 | 2 146 | 2 177 | 2 209 | 2 240 | 2 272 | 2 303 |
| 2,34 | 2 037 | 2 069 | 2 100 | 2 132 | 2 164 | 2 196 | 2 228 | 2 260 | 2 291 | 2 323 |
| 2,36 | 2 054 | 2 086 | 2 118 | 2 150 | 2 183 | 2 215 | 2 247 | 2 279 | 2 311 | 2 343 |
| 2,38 | 2 072 | 2 104 | 2 136 | 2 169 | 2 201 | 2 233 | 2 266 | 2 298 | 2 330 | 2 363 |
| 2,40 | 2 089 | 2 122 | 2 154 | 2 187 | 2 220 | 2 252 | 2 285 | 2 317 | 2 350 | 2 383 |
| 2,42 | 2 106 | 2 139 | 2 172 | 2 205 | 2 238 | 2 271 | 2 304 | 2 337 | 2 370 | 2 403 |
| 2,44 | 2 124 | 2 157 | 2 190 | 2 223 | 2 257 | 2 290 | 2 323 | 2 356 | 2 389 | 2 422 |
| 2,46 | 2 141 | 2 175 | 2 208 | 2 242 | 2 275 | 2 308 | 2 342 | 2 375 | 2 409 | 2 442 |

### 110

| LONGr | FITAILLES | 0,70 | 0,72 | 0,74 | 0,76 | 0,78 | 0,80 | 0,82 | 0,84 | 0,86 | 0,88 |
|---|---|---|---|---|---|---|---|---|---|---|---|
| 0,70 | 0 274 | 0 343 | | | | | | | | | |
| 72 | 0 282 | 0 353 | 0 363 | | | | | | | | |
| 74 | 0 290 | 0 363 | 0 373 | 0 383 | | | | | | | |
| 76 | 0 298 | 0 372 | 0 383 | 0 394 | 0 404 | | | | | | |
| 78 | 0 306 | 0 382 | 0 393 | 0 404 | 0 415 | 0 426 | | | | | |
| 0,80 | 0 314 | 0 392 | 0 403 | 0 414 | 0 426 | 0 437 | 0 448 | | | | |
| 82 | 0 321 | 0 402 | 0 413 | 0 425 | 0 436 | 0 448 | 0 459 | 0 471 | | | |
| 84 | 0 329 | 0 412 | 0 423 | 0 435 | 0 447 | 0 459 | 0 470 | 0 482 | 0 494 | | |
| 86 | 0 337 | 0 421 | 0 433 | 0 445 | 0 458 | 0 470 | 0 482 | 0 494 | 0 506 | 0 518 | |
| 88 | 0 345 | 0 431 | 0 444 | 0 456 | 0 468 | 0 480 | 0 493 | 0 505 | 0 517 | 0 530 | 0 542 |
| 0,90 | 0 353 | 0 441 | 0 454 | 0 466 | 0 479 | 0 491 | 0 504 | 0 517 | 0 529 | 0 542 | 0 554 |
| 92 | 0 361 | 0 451 | 0 464 | 0 477 | 0 489 | 0 502 | 0 515 | 0 528 | 0 541 | 0 554 | 0 567 |
| 94 | 0 368 | 0 461 | 0 474 | 0 487 | 0 500 | 0 513 | 0 526 | 0 540 | 0 553 | 0 566 | 0 579 |
| 96 | 0 376 | 0 470 | 0 484 | 0 497 | 0 511 | 0 524 | 0 538 | 0 551 | 0 564 | 0 578 | 0 591 |
| 98 | 0 384 | 0 480 | 0 494 | 0 508 | 0 521 | 0 535 | 0 549 | 0 563 | 0 576 | 0 590 | 0 604 |
| 1,— | 0 392 | 0 490 | 0 504 | 0 518 | 0 532 | 0 546 | 0 560 | 0 574 | 0 588 | 0 602 | 0 616 |
| 02 | 0 400 | 0 500 | 0 514 | 0 528 | 0 543 | 0 557 | 0 571 | 0 585 | 0 600 | 0 614 | 0 628 |
| 04 | 0 408 | 0 510 | 0 524 | 0 539 | 0 553 | 0 568 | 0 582 | 0 597 | 0 612 | 0 626 | 0 641 |
| 06 | 0 416 | 0 519 | 0 534 | 0 549 | 0 564 | 0 579 | 0 594 | 0 608 | 0 623 | 0 638 | 0 653 |
| 08 | 0 423 | 0 529 | 0 544 | 0 559 | 0 575 | 0 590 | 0 605 | 0 620 | 0 635 | 0 650 | 0 665 |
| 1,10 | 0 431 | 0 539 | 0 554 | 0 570 | 0 585 | 0 601 | 0 616 | 0 631 | 0 647 | 0 662 | 0 678 |
| 12 | 0 439 | 0 549 | 0 564 | 0 580 | 0 596 | 0 612 | 0 627 | 0 643 | 0 659 | 0 674 | 0 690 |
| 14 | 0 447 | 0 559 | 0 575 | 0 591 | 0 606 | 0 622 | 0 638 | 0 654 | 0 670 | 0 686 | 0 702 |
| 16 | 0 455 | 0 568 | 0 585 | 0 601 | 0 617 | 0 633 | 0 650 | 0 666 | 0 682 | 0 698 | 0 715 |
| 18 | 0 463 | 0 578 | 0 595 | 0 611 | 0 628 | 0 644 | 0 661 | 0 677 | 0 694 | 0 710 | 0 727 |
| 1,20 | 0 470 | 0 588 | 0 605 | 0 622 | 0 638 | 0 655 | 0 672 | 0 689 | 0 706 | 0 722 | 0 739 |
| 22 | 0 478 | 0 598 | 0 615 | 0 632 | 0 649 | 0 666 | 0 683 | 0 700 | 0 717 | 0 734 | 0 752 |
| 24 | 0 486 | 0 608 | 0 625 | 0 642 | 0 660 | 0 677 | 0 694 | 0 712 | 0 729 | 0 746 | 0 764 |
| 26 | 0 494 | 0 617 | 0 635 | 0 653 | 0 670 | 0 688 | 0 706 | 0 723 | 0 741 | 0 759 | 0 776 |
| 28 | 0 502 | 0 627 | 0 645 | 0 663 | 0 681 | 0 699 | 0 717 | 0 735 | 0 753 | 0 771 | 0 788 |
| 1,30 | 0 510 | 0 637 | 0 655 | 0 673 | 0 692 | 0 710 | 0 728 | 0 746 | 0 764 | 0 783 | 0 801 |
| 32 | 0 517 | 0 647 | 0 665 | 0 684 | 0 702 | 0 721 | 0 739 | 0 758 | 0 776 | 0 795 | 0 813 |
| 34 | 0 525 | 0 657 | 0 675 | 0 694 | 0 713 | 0 732 | 0 750 | 0 769 | 0 788 | 0 807 | 0 825 |
| 36 | 0 533 | 0 666 | 0 685 | 0 704 | 0 724 | 0 743 | 0 762 | 0 781 | 0 800 | 0 819 | 0 838 |
| 38 | 0 541 | 0 676 | 0 696 | 0 715 | 0 734 | 0 753 | 0 773 | 0 792 | 0 811 | 0 831 | 0 850 |
| 1,40 | 0 549 | 0 686 | 0 706 | 0 725 | 0 745 | 0 764 | 0 784 | 0 804 | 0 823 | 0 843 | 0 862 |
| 42 | 0 557 | 0 696 | 0 716 | 0 736 | 0 755 | 0 775 | 0 795 | 0 815 | 0 835 | 0 855 | 0 875 |
| 44 | 0 564 | 0 706 | 0 726 | 0 746 | 0 766 | 0 786 | 0 806 | 0 827 | 0 847 | 0 867 | 0 887 |
| 46 | 0 572 | 0 715 | 0 736 | 0 756 | 0 777 | 0 797 | 0 818 | 0 838 | 0 858 | 0 879 | 0 899 |
| 48 | 0 580 | 0 725 | 0 746 | 0 767 | 0 787 | 0 808 | 0 829 | 0 850 | 0 870 | 0 891 | 0 912 |
| 1,50 | 0 588 | 0 735 | 0 756 | 0 777 | 0 798 | 0 819 | 0 840 | 0 861 | 0 882 | 0 903 | 0 924 |
| 52 | 0 596 | 0 745 | 0 766 | 0 787 | 0 809 | 0 830 | 0 851 | 0 872 | 0 894 | 0 915 | 0 936 |
| 54 | 0 604 | 0 755 | 0 776 | 0 798 | 0 819 | 0 841 | 0 862 | 0 884 | 0 905 | 0 927 | 0 949 |
| 56 | 0 612 | 0 764 | 0 786 | 0 808 | 0 830 | 0 852 | 0 874 | 0 895 | 0 917 | 0 939 | 0 961 |
| 58 | 0 619 | 0 774 | 0 796 | 0 818 | 0 841 | 0 863 | 0 885 | 0 907 | 0 929 | 0 951 | 0 973 |
| 1,60 | 0 627 | 0 784 | 0 806 | 0 829 | 0 851 | 0 874 | 0 896 | 0 918 | 0 941 | 0 963 | 0 986 |
| 62 | 0 635 | 0 794 | 0 816 | 0 839 | 0 862 | 0 885 | 0 907 | 0 930 | 0 953 | 0 975 | 0 998 |
| 64 | 0 643 | 0 804 | 0 827 | 0 850 | 0 872 | 0 895 | 0 918 | 0 941 | 0 964 | 0 987 | 1 010 |
| 66 | 0 651 | 0 813 | 0 837 | 0 860 | 0 883 | 0 906 | 0 930 | 0 953 | 0 976 | 0 999 | 1 023 |
| 68 | 0 659 | 0 823 | 0 847 | 0 870 | 0 894 | 0 917 | 0 941 | 0 964 | 0 988 | 1 011 | 1 035 |
| 1,70 | 0 666 | 0 833 | 0 857 | 0 881 | 0 904 | 0 928 | 0 952 | 0 976 | 1 000 | 1 023 | 1 047 |
| 72 | 0 674 | 0 843 | 0 867 | 0 891 | 0 915 | 0 939 | 0 963 | 0 987 | 1 011 | 1 035 | 1 060 |
| 74 | 0 682 | 0 853 | 0 877 | 0 901 | 0 926 | 0 950 | 0 974 | 0 999 | 1 023 | 1 047 | 1 072 |
| 76 | 0 690 | 0 862 | 0 887 | 0 912 | 0 936 | 0 961 | 0 986 | 1 010 | 1 035 | 1 060 | 1 084 |
| 78 | 0 698 | 0 872 | 0 897 | 0 922 | 0 947 | 0 972 | 0 997 | 1 022 | 1 047 | 1 072 | 1 096 |
| 1,80 | 0 706 | 0 882 | 0 907 | 0 932 | 0 958 | 0 983 | 1 008 | 1 033 | 1 058 | 1 084 | 1 109 |
| 82 | 0 713 | 0 892 | 0 917 | 0 943 | 0 968 | 0 994 | 1 019 | 1 045 | 1 070 | 1 096 | 1 121 |
| 84 | 0 721 | 0 902 | 0 927 | 0 953 | 0 979 | 1 005 | 1 030 | 1 056 | 1 082 | 1 108 | 1 133 |
| 86 | 0 729 | 0 911 | 0 937 | 0 963 | 0 990 | 1 016 | 1 042 | 1 068 | 1 094 | 1 120 | 1 146 |
| 88 | 0 737 | 0 921 | 0 948 | 0 974 | 1 000 | 1 026 | 1 053 | 1 079 | 1 105 | 1 132 | 1 158 |
| 1,90 | 0 745 | 0 931 | 0 958 | 0 984 | 1 011 | 1 037 | 1 064 | 1 091 | 1 117 | 1 144 | 1 170 |
| 92 | 0 753 | 0 941 | 0 968 | 0 995 | 1 021 | 1 048 | 1 075 | 1 102 | 1 129 | 1 156 | 1 183 |
| 94 | 0 760 | 0 951 | 0 978 | 1 005 | 1 032 | 1 059 | 1 086 | 1 114 | 1 141 | 1 168 | 1 195 |
| 96 | 0 768 | 0 960 | 0 988 | 1 015 | 1 043 | 1 070 | 1 098 | 1 125 | 1 152 | 1 180 | 1 207 |
| 98 | 0 776 | 0 970 | 0 998 | 1 026 | 1 053 | 1 081 | 1 109 | 1 137 | 1 164 | 1 192 | 1 220 |
| 2,— | 0 784 | 0 980 | 1 008 | 1 036 | 1 064 | 1 092 | 1 120 | 1 148 | 1 176 | 1 204 | 1 232 |
| 02 | 0 792 | 0 990 | 1 018 | 1 046 | 1 075 | 1 103 | 1 131 | 1 159 | 1 188 | 1 216 | 1 244 |
| 04 | 0 800 | 1 000 | 1 028 | 1 057 | 1 085 | 1 114 | 1 143 | 1 171 | 1 200 | 1 228 | 1 257 |
| 06 | 0 808 | 1 009 | 1 038 | 1 067 | 1 096 | 1 125 | 1 154 | 1 182 | 1 211 | 1 240 | 1 269 |
| 08 | 0 815 | 1 019 | 1 048 | 1 077 | 1 107 | 1 136 | 1 165 | 1 194 | 1 223 | 1 252 | 1 281 |



Epaisseur : 0ᵐ **70** centimètres

### 111

| LONGUEUR | 0,90 | 0,92 | 0,94 | 0,96 | 0,98 | 1,00 | 1,02 | 1,04 | 1,06 | 1,08 |
|---|---|---|---|---|---|---|---|---|---|---|
| 0,90 | 0 567 | | | | | | | | | |
| 92 | 0 580 | 0 592 | | | | | | | | |
| 94 | 0 592 | 0 605 | 0 619 | | | | | | | |
| 96 | 0 605 | 0 618 | 0 632 | 0 645 | | | | | | |
| 98 | 0 617 | 0 631 | 0 645 | 0 659 | 0 672 | | | | | |
| 1,— | 0 630 | 0 644 | 0 658 | 0 672 | 0 686 | 0 700 | | | | |
| 02 | 0 643 | 0 657 | 0 671 | 0 685 | 0 700 | 0 714 | 0 728 | | | |
| 04 | 0 655 | 0 670 | 0 684 | 0 699 | 0 713 | 0 728 | 0 743 | 0 757 | | |
| 06 | 0 668 | 0 683 | 0 697 | 0 712 | 0 727 | 0 742 | 0 757 | 0 772 | 0 787 | |
| 08 | 0 680 | 0 696 | 0 711 | 0 726 | 0 741 | 0 756 | 0 771 | 0 786 | 0 801 | 0 816 |
| 1,10 | 0 693 | 0 708 | 0 724 | 0 739 | 0 755 | 0 770 | 0 785 | 0 801 | 0 816 | 0 832 |
| 12 | 0 706 | 0 721 | 0 737 | 0 753 | 0 768 | 0 784 | 0 800 | 0 815 | 0 831 | 0 847 |
| 14 | 0 718 | 0 734 | 0 750 | 0 766 | 0 782 | 0 798 | 0 814 | 0 830 | 0 846 | 0 862 |
| 16 | 0 731 | 0 747 | 0 763 | 0 780 | 0 796 | 0 812 | 0 828 | 0 844 | 0 861 | 0 877 |
| 18 | 0 743 | 0 760 | 0 776 | 0 793 | 0 809 | 0 826 | 0 843 | 0 859 | 0 876 | 0 892 |
| 1,20 | 0 756 | 0 773 | 0 790 | 0 806 | 0 823 | 0 840 | 0 857 | 0 874 | 0 890 | 0 907 |
| 22 | 0 769 | 0 786 | 0 803 | 0 820 | 0 837 | 0 854 | 0 871 | 0 888 | 0 905 | 0 922 |
| 24 | 0 781 | 0 799 | 0 816 | 0 833 | 0 851 | 0 868 | 0 885 | 0 903 | 0 920 | 0 937 |
| 26 | 0 794 | 0 811 | 0 829 | 0 847 | 0 864 | 0 882 | 0 900 | 0 917 | 0 935 | 0 953 |
| 28 | 0 806 | 0 824 | 0 842 | 0 860 | 0 878 | 0 896 | 0 914 | 0 932 | 0 950 | 0 968 |
| 1,30 | 0 819 | 0 837 | 0 855 | 0 874 | 0 892 | 0 910 | 0 928 | 0 946 | 0 965 | 0 983 |
| 32 | 0 832 | 0 850 | 0 869 | 0 887 | 0 906 | 0 924 | 0 942 | 0 961 | 0 979 | 0 998 |
| 34 | 0 844 | 0 863 | 0 882 | 0 900 | 0 919 | 0 938 | 0 957 | 0 976 | 0 994 | 1 013 |
| 36 | 0 857 | 0 876 | 0 895 | 0 914 | 0 933 | 0 952 | 0 971 | 0 990 | 1 009 | 1 028 |
| 38 | 0 869 | 0 889 | 0 908 | 0 927 | 0 947 | 0 966 | 0 985 | 1 005 | 1 024 | 1 043 |
| 1,40 | 0 882 | 0 902 | 0 921 | 0 941 | 0 960 | 0 980 | 1 000 | 1 019 | 1 039 | 1 058 |
| 42 | 0 895 | 0 914 | 0 934 | 0 954 | 0 974 | 0 994 | 1 014 | 1 034 | 1 054 | 1 074 |
| 44 | 0 907 | 0 927 | 0 948 | 0 968 | 0 988 | 1 008 | 1 028 | 1 048 | 1 068 | 1 089 |
| 46 | 0 920 | 0 940 | 0 961 | 0 981 | 1 002 | 1 022 | 1 042 | 1 063 | 1 083 | 1 104 |
| 48 | 0 932 | 0 953 | 0 974 | 0 995 | 1 015 | 1 036 | 1 057 | 1 077 | 1 098 | 1 119 |
| 1,50 | 0 945 | 0 966 | 0 987 | 1 008 | 1 029 | 1 050 | 1 071 | 1 092 | 1 113 | 1 134 |
| 52 | 0 958 | 0 979 | 1 000 | 1 021 | 1 043 | 1 064 | 1 085 | 1 107 | 1 128 | 1 149 |
| 54 | 0 970 | 0 992 | 1 013 | 1 035 | 1 056 | 1 078 | 1 100 | 1 121 | 1 143 | 1 164 |
| 56 | 0 983 | 1 005 | 1 026 | 1 048 | 1 070 | 1 092 | 1 114 | 1 136 | 1 158 | 1 179 |
| 58 | 0 995 | 1 018 | 1 040 | 1 062 | 1 084 | 1 106 | 1 128 | 1 150 | 1 172 | 1 194 |
| 1,60 | 1 008 | 1 030 | 1 053 | 1 075 | 1 098 | 1 120 | 1 142 | 1 165 | 1 187 | 1 210 |
| 62 | 1 021 | 1 043 | 1 066 | 1 089 | 1 111 | 1 134 | 1 157 | 1 179 | 1 202 | 1 225 |
| 64 | 1 033 | 1 056 | 1 079 | 1 102 | 1 125 | 1 148 | 1 171 | 1 194 | 1 217 | 1 240 |
| 66 | 1 046 | 1 069 | 1 092 | 1 116 | 1 139 | 1 162 | 1 185 | 1 208 | 1 232 | 1 255 |
| 68 | 1 058 | 1 082 | 1 105 | 1 129 | 1 152 | 1 176 | 1 200 | 1 223 | 1 247 | 1 270 |
| 1,70 | 1 071 | 1 095 | 1 119 | 1 142 | 1 166 | 1 190 | 1 214 | 1 238 | 1 261 | 1 285 |
| 72 | 1 084 | 1 108 | 1 132 | 1 156 | 1 180 | 1 204 | 1 228 | 1 252 | 1 276 | 1 300 |
| 74 | 1 096 | 1 121 | 1 145 | 1 169 | 1 194 | 1 218 | 1 242 | 1 267 | 1 291 | 1 315 |
| 76 | 1 109 | 1 133 | 1 158 | 1 183 | 1 207 | 1 232 | 1 257 | 1 281 | 1 306 | 1 331 |
| 78 | 1 121 | 1 146 | 1 171 | 1 196 | 1 221 | 1 246 | 1 271 | 1 296 | 1 321 | 1 346 |
| 1,80 | 1 134 | 1 159 | 1 184 | 1 210 | 1 235 | 1 260 | 1 285 | 1 310 | 1 336 | 1 361 |
| 82 | 1 147 | 1 172 | 1 198 | 1 223 | 1 249 | 1 274 | 1 299 | 1 325 | 1 350 | 1 376 |
| 84 | 1 159 | 1 185 | 1 211 | 1 236 | 1 262 | 1 288 | 1 313 | 1 339 | 1 365 | 1 391 |
| 86 | 1 172 | 1 198 | 1 224 | 1 250 | 1 276 | 1 302 | 1 328 | 1 354 | 1 380 | 1 406 |
| 88 | 1 184 | 1 211 | 1 237 | 1 263 | 1 290 | 1 316 | 1 342 | 1 369 | 1 395 | 1 421 |
| 1,90 | 1 197 | 1 224 | 1 250 | 1 277 | 1 303 | 1 330 | 1 357 | 1 383 | 1 410 | 1 436 |
| 92 | 1 210 | 1 236 | 1 263 | 1 290 | 1 317 | 1 344 | 1 371 | 1 398 | 1 425 | 1 452 |
| 94 | 1 222 | 1 249 | 1 277 | 1 304 | 1 331 | 1 358 | 1 385 | 1 412 | 1 440 | 1 467 |
| 96 | 1 235 | 1 262 | 1 290 | 1 317 | 1 345 | 1 372 | 1 399 | 1 427 | 1 454 | 1 482 |
| 98 | 1 247 | 1 275 | 1 303 | 1 331 | 1 358 | 1 386 | 1 414 | 1 441 | 1 469 | 1 497 |
| 2,— | 1 260 | 1 288 | 1 316 | 1 344 | 1 372 | 1 400 | 1 428 | 1 456 | 1 484 | 1 512 |
| 02 | 1 273 | 1 301 | 1 329 | 1 357 | 1 386 | 1 414 | 1 442 | 1 471 | 1 499 | 1 527 |
| 04 | 1 285 | 1 314 | 1 342 | 1 371 | 1 399 | 1 428 | 1 457 | 1 485 | 1 514 | 1 542 |
| 06 | 1 298 | 1 327 | 1 355 | 1 384 | 1 413 | 1 442 | 1 471 | 1 500 | 1 529 | 1 557 |
| 08 | 1 310 | 1 340 | 1 369 | 1 398 | 1 427 | 1 456 | 1 485 | 1 514 | 1 543 | 1 572 |

| LONGUEUR | LARGEUR 1,10 | 1,12 | 1,14 | 1,16 | 1,18 | 1,20 | 1,22 | 1,24 | 1,26 | 1,28 |
|---|---|---|---|---|---|---|---|---|---|---|
| 1,10 | 0 847 | | | | | | | | | |
| 12 | 0 862 | 0 878 | | | | | | | | |
| 14 | 0 873 | 0 894 | 0 910 | | | | | | | |
| 16 | 0 893 | 0 909 | 0 926 | 0 942 | | | | | | |
| 18 | 0 909 | 0 925 | 0 942 | 0 958 | 0 975 | | | | | |
| 1,20 | 0 924 | 0 941 | 0 958 | 0 974 | 0 991 | 1 008 | | | | |
| 22 | 0 939 | 0 956 | 0 974 | 0 991 | 1 008 | 1 025 | 1 042 | | | |
| 24 | 0 955 | 0 972 | 0 990 | 1 007 | 1 024 | 1 042 | 1 059 | 1 076 | | |
| 26 | 0 970 | 0 988 | 1 005 | 1 023 | 1 041 | 1 058 | 1 076 | 1 094 | 1 111 | |
| 28 | 0 986 | 1 004 | 1 021 | 1 039 | 1 057 | 1 075 | 1 093 | 1 111 | 1 129 | 1 147 |
| 1,30 | 1 001 | 1 019 | 1 037 | 1 056 | 1 074 | 1 092 | 1 110 | 1 128 | 1 147 | 1 165 |
| 32 | 1 016 | 1 035 | 1 053 | 1 072 | 1 090 | 1 109 | 1 127 | 1 146 | 1 164 | 1 183 |
| 34 | 1 032 | 1 051 | 1 069 | 1 088 | 1 107 | 1 126 | 1 144 | 1 163 | 1 182 | 1 201 |
| 36 | 1 047 | 1 066 | 1 085 | 1 104 | 1 123 | 1 142 | 1 161 | 1 180 | 1 200 | 1 219 |
| 38 | 1 063 | 1 082 | 1 101 | 1 121 | 1 140 | 1 159 | 1 179 | 1 198 | 1 217 | 1 236 |
| 1,40 | 1 078 | 1 098 | 1 117 | 1 137 | 1 156 | 1 176 | 1 196 | 1 215 | 1 235 | 1 254 |
| 42 | 1 093 | 1 113 | 1 133 | 1 153 | 1 173 | 1 193 | 1 213 | 1 233 | 1 252 | 1 272 |
| 44 | 1 109 | 1 129 | 1 149 | 1 169 | 1 189 | 1 210 | 1 230 | 1 250 | 1 270 | 1 290 |
| 46 | 1 124 | 1 145 | 1 165 | 1 186 | 1 206 | 1 226 | 1 247 | 1 267 | 1 288 | 1 308 |
| 48 | 1 140 | 1 160 | 1 181 | 1 202 | 1 222 | 1 243 | 1 264 | 1 285 | 1 305 | 1 326 |
| 1,50 | 1 155 | 1 176 | 1 197 | 1 218 | 1 239 | 1 260 | 1 281 | 1 302 | 1 323 | 1 344 |
| 52 | 1 170 | 1 192 | 1 213 | 1 234 | 1 256 | 1 277 | 1 298 | 1 319 | 1 341 | 1 362 |
| 54 | 1 186 | 1 207 | 1 229 | 1 250 | 1 272 | 1 294 | 1 315 | 1 337 | 1 358 | 1 380 |
| 56 | 1 201 | 1 223 | 1 245 | 1 267 | 1 289 | 1 310 | 1 332 | 1 354 | 1 376 | 1 398 |
| 58 | 1 217 | 1 239 | 1 261 | 1 283 | 1 305 | 1 327 | 1 349 | 1 371 | 1 394 | 1 416 |
| 1,60 | 1 232 | 1 254 | 1 277 | 1 299 | 1 322 | 1 344 | 1 366 | 1 389 | 1 411 | 1 434 |
| 62 | 1 247 | 1 270 | 1 293 | 1 315 | 1 338 | 1 361 | 1 383 | 1 406 | 1 429 | 1 452 |
| 64 | 1 263 | 1 286 | 1 309 | 1 332 | 1 355 | 1 378 | 1 401 | 1 424 | 1 446 | 1 469 |
| 66 | 1 278 | 1 301 | 1 325 | 1 348 | 1 371 | 1 394 | 1 418 | 1 441 | 1 464 | 1 487 |
| 68 | 1 294 | 1 317 | 1 341 | 1 364 | 1 388 | 1 411 | 1 435 | 1 458 | 1 482 | 1 505 |
| 1,70 | 1 309 | 1 333 | 1 357 | 1 380 | 1 404 | 1 428 | 1 452 | 1 476 | 1 499 | 1 523 |
| 72 | 1 324 | 1 348 | 1 373 | 1 397 | 1 421 | 1 445 | 1 469 | 1 493 | 1 517 | 1 541 |
| 74 | 1 340 | 1 364 | 1 389 | 1 413 | 1 437 | 1 462 | 1 486 | 1 510 | 1 535 | 1 559 |
| 76 | 1 355 | 1 380 | 1 404 | 1 429 | 1 454 | 1 478 | 1 503 | 1 528 | 1 552 | 1 577 |
| 78 | 1 371 | 1 396 | 1 420 | 1 445 | 1 470 | 1 495 | 1 520 | 1 545 | 1 570 | 1 595 |
| 1,80 | 1 386 | 1 411 | 1 436 | 1 462 | 1 487 | 1 512 | 1 537 | 1 562 | 1 588 | 1 613 |
| 82 | 1 401 | 1 427 | 1 452 | 1 478 | 1 503 | 1 529 | 1 554 | 1 580 | 1 605 | 1 631 |
| 84 | 1 417 | 1 443 | 1 468 | 1 494 | 1 520 | 1 546 | 1 571 | 1 597 | 1 623 | 1 649 |
| 86 | 1 432 | 1 458 | 1 484 | 1 510 | 1 536 | 1 562 | 1 588 | 1 614 | 1 641 | 1 667 |
| 88 | 1 448 | 1 474 | 1 500 | 1 527 | 1 553 | 1 579 | 1 606 | 1 632 | 1 658 | 1 684 |
| 1,90 | 1 463 | 1 490 | 1 516 | 1 543 | 1 569 | 1 596 | 1 623 | 1 649 | 1 676 | 1 702 |
| 92 | 1 478 | 1 505 | 1 532 | 1 559 | 1 586 | 1 613 | 1 640 | 1 667 | 1 693 | 1 720 |
| 94 | 1 494 | 1 521 | 1 548 | 1 575 | 1 602 | 1 630 | 1 657 | 1 684 | 1 711 | 1 738 |
| 96 | 1 509 | 1 537 | 1 564 | 1 592 | 1 619 | 1 646 | 1 674 | 1 701 | 1 729 | 1 756 |
| 98 | 1 525 | 1 552 | 1 580 | 1 608 | 1 635 | 1 663 | 1 691 | 1 719 | 1 746 | 1 774 |
| 2,— | 1 540 | 1 568 | 1 596 | 1 624 | 1 652 | 1 680 | 1 708 | 1 736 | 1 764 | 1 792 |
| 02 | 1 555 | 1 584 | 1 612 | 1 640 | 1 669 | 1 697 | 1 725 | 1 753 | 1 782 | 1 810 |
| 04 | 1 571 | 1 599 | 1 628 | 1 656 | 1 685 | 1 714 | 1 742 | 1 771 | 1 799 | 1 828 |
| 06 | 1 586 | 1 615 | 1 644 | 1 673 | 1 702 | 1 730 | 1 759 | 1 788 | 1 817 | 1 846 |
| 08 | 1 602 | 1 631 | 1 660 | 1 689 | 1 718 | 1 747 | 1 776 | 1 805 | 1 835 | 1 864 |
| 2,10 | 1 617 | 1 646 | 1 676 | 1 705 | 1 735 | 1 764 | 1 793 | 1 823 | 1 852 | 1 882 |
| 12 | 1 632 | 1 662 | 1 692 | 1 721 | 1 751 | 1 781 | 1 810 | 1 840 | 1 870 | 1 900 |
| 14 | 1 648 | 1 678 | 1 708 | 1 738 | 1 768 | 1 798 | 1 828 | 1 858 | 1 887 | 1 917 |
| 16 | 1 663 | 1 693 | 1 724 | 1 754 | 1 784 | 1 814 | 1 845 | 1 875 | 1 905 | 1 935 |
| 18 | 1 679 | 1 709 | 1 740 | 1 770 | 1 801 | 1 831 | 1 862 | 1 892 | 1 923 | 1 953 |
| 2,20 | 1 694 | 1 725 | 1 756 | 1 786 | 1 817 | 1 848 | 1 879 | 1 910 | 1 940 | 1 971 |
| 22 | 1 709 | 1 740 | 1 772 | 1 803 | 1 834 | 1 865 | 1 896 | 1 927 | 1 958 | 1 989 |
| 24 | 1 725 | 1 756 | 1 788 | 1 819 | 1 850 | 1 882 | 1 913 | 1 944 | 1 976 | 2 007 |
| 26 | 1 740 | 1 772 | 1 803 | 1 835 | 1 867 | 1 898 | 1 930 | 1 962 | 1 993 | 2 025 |
| 28 | 1 756 | 1 788 | 1 819 | 1 851 | 1 883 | 1 915 | 1 947 | 1 979 | 2 011 | 2 043 |
| 2,30 | 1 771 | 1 803 | 1 835 | 1 868 | 1 900 | 1 932 | 1 964 | 1 996 | 2 029 | 2 061 |
| 32 | 1 786 | 1 819 | 1 851 | 1 884 | 1 916 | 1 949 | 1 981 | 2 014 | 2 046 | 2 079 |
| 34 | 1 802 | 1 835 | 1 867 | 1 900 | 1 933 | 1 966 | 1 998 | 2 031 | 2 064 | 2 097 |
| 36 | 1 817 | 1 850 | 1 883 | 1 916 | 1 949 | 1 982 | 2 015 | 2 048 | 2 081 | 2 115 |
| 38 | 1 833 | 1 866 | 1 899 | 1 933 | 1 966 | 1 999 | 2 033 | 2 066 | 2 099 | 2 132 |
| 2,40 | 1 848 | 1 882 | 1 915 | 1 949 | 1 982 | 2 016 | 2 050 | 2 083 | 2 117 | 2 150 |
| 42 | 1 863 | 1 897 | 1 931 | 1 965 | 1 999 | 2 033 | 2 067 | 2 101 | 2 134 | 2 168 |
| 44 | 1 879 | 1 913 | 1 947 | 1 981 | 2 015 | 2 050 | 2 084 | 2 118 | 2 152 | 2 186 |
| 46 | 1 894 | 1 929 | 1 963 | 1 998 | 2 032 | 2 066 | 2 101 | 2 135 | 2 170 | 2 204 |
| 48 | 1 910 | 1 944 | 1 979 | 2 014 | 2 048 | 2 083 | 2 118 | 2 153 | 2 187 | 2 222 |





| LONGUEUR | LARGEUR 1,30 | 1,32 | 1,34 | 1,36 | 1,38 | 1,40 | 1,42 | 1,44 | 1,46 | 1,48 |
|---|---|---|---|---|---|---|---|---|---|---|
| 1,30 | 1 183 | | | | | | | | | |
| 32 | 1 201 | 1 220 | | | | | | | | |
| 34 | 1 219 | 1 238 | 1 257 | | | | | | | |
| 36 | 1 238 | 1 257 | 1 276 | 1 295 | | | | | | |
| 38 | 1 256 | 1 275 | 1 294 | 1 314 | 1 333 | | | | | |
| 1,40 | 1 274 | 1 294 | 1 313 | 1 333 | 1 352 | 1 372 | | | | |
| 42 | 1 292 | 1 312 | 1 332 | 1 352 | 1 372 | 1 392 | 1 411 | | | |
| 44 | 1 310 | 1 331 | 1 351 | 1 371 | 1 391 | 1 411 | 1 431 | 1 452 | | |
| 46 | 1 329 | 1 349 | 1 369 | 1 390 | 1 410 | 1 431 | 1 451 | 1 472 | 1 492 | |
| 48 | 1 347 | 1 368 | 1 388 | 1 409 | 1 430 | 1 450 | 1 471 | 1 492 | 1 513 | 1 533 |
| 1,50 | 1 365 | 1 386 | 1 407 | 1 428 | 1 449 | 1 470 | 1 491 | 1 512 | 1 533 | 1 554 |
| 52 | 1 383 | 1 404 | 1 426 | 1 447 | 1 468 | 1 490 | 1 511 | 1 532 | 1 553 | 1 575 |
| 54 | 1 401 | 1 423 | 1 445 | 1 466 | 1 488 | 1 509 | 1 531 | 1 552 | 1 574 | 1 595 |
| 56 | 1 420 | 1 441 | 1 463 | 1 485 | 1 507 | 1 529 | 1 551 | 1 572 | 1 594 | 1 616 |
| 58 | 1 438 | 1 460 | 1 482 | 1 504 | 1 526 | 1 548 | 1 571 | 1 593 | 1 615 | 1 637 |
| 1,60 | 1 456 | 1 478 | 1 501 | 1 523 | 1 546 | 1 568 | 1 590 | 1 613 | 1 635 | 1 658 |
| 62 | 1 474 | 1 497 | 1 520 | 1 542 | 1 565 | 1 588 | 1 610 | 1 633 | 1 656 | 1 678 |
| 64 | 1 492 | 1 515 | 1 538 | 1 561 | 1 584 | 1 607 | 1 630 | 1 653 | 1 676 | 1 699 |
| 66 | 1 511 | 1 534 | 1 557 | 1 580 | 1 604 | 1 627 | 1 650 | 1 673 | 1 697 | 1 720 |
| 68 | 1 529 | 1 552 | 1 576 | 1 599 | 1 623 | 1 646 | 1 670 | 1 693 | 1 717 | 1 740 |
| 1,70 | 1 547 | 1 571 | 1 595 | 1 618 | 1 642 | 1 666 | 1 690 | 1 714 | 1 737 | 1 761 |
| 72 | 1 565 | 1 589 | 1 613 | 1 637 | 1 662 | 1 686 | 1 710 | 1 734 | 1 758 | 1 782 |
| 74 | 1 583 | 1 608 | 1 632 | 1 656 | 1 681 | 1 705 | 1 730 | 1 754 | 1 778 | 1 803 |
| 76 | 1 602 | 1 626 | 1 651 | 1 676 | 1 700 | 1 725 | 1 749 | 1 774 | 1 799 | 1 823 |
| 78 | 1 620 | 1 645 | 1 670 | 1 695 | 1 719 | 1 744 | 1 769 | 1 794 | 1 819 | 1 844 |
| 1,80 | 1 638 | 1 663 | 1 688 | 1 714 | 1 739 | 1 764 | 1 789 | 1 814 | 1 840 | 1 865 |
| 82 | 1 656 | 1 682 | 1 707 | 1 733 | 1 758 | 1 784 | 1 809 | 1 835 | 1 860 | 1 886 |
| 84 | 1 674 | 1 700 | 1 726 | 1 752 | 1 777 | 1 803 | 1 829 | 1 855 | 1 880 | 1 906 |
| 86 | 1 693 | 1 719 | 1 745 | 1 771 | 1 797 | 1 823 | 1 849 | 1 875 | 1 901 | 1 927 |
| 88 | 1 711 | 1 737 | 1 763 | 1 790 | 1 816 | 1 842 | 1 869 | 1 895 | 1 921 | 1 948 |
| 1,90 | 1 729 | 1 756 | 1 782 | 1 809 | 1 835 | 1 862 | 1 889 | 1 915 | 1 942 | 1 968 |
| 92 | 1 747 | 1 774 | 1 801 | 1 828 | 1 855 | 1 882 | 1 908 | 1 935 | 1 962 | 1 989 |
| 94 | 1 765 | 1 793 | 1 820 | 1 847 | 1 874 | 1 901 | 1 928 | 1 956 | 1 983 | 2 010 |
| 96 | 1 784 | 1 811 | 1 838 | 1 866 | 1 893 | 1 921 | 1 948 | 1 976 | 2 003 | 2 031 |
| 98 | 1 802 | 1 830 | 1 857 | 1 885 | 1 913 | 1 940 | 1 968 | 1 996 | 2 024 | 2 051 |
| 2,— | 1 820 | 1 848 | 1 876 | 1 904 | 1 932 | 1 960 | 1 988 | 2 016 | 2 044 | 2 072 |
| 02 | 1 838 | 1 866 | 1 895 | 1 923 | 1 951 | 1 980 | 2 008 | 2 036 | 2 064 | 2 093 |
| 04 | 1 856 | 1 885 | 1 913 | 1 942 | 1 971 | 1 999 | 2 028 | 2 056 | 2 085 | 2 113 |
| 06 | 1 875 | 1 903 | 1 932 | 1 961 | 1 990 | 2 019 | 2 048 | 2 076 | 2 105 | 2 134 |
| 08 | 1 893 | 1 922 | 1 951 | 1 980 | 2 009 | 2 038 | 2 068 | 2 097 | 2 126 | 2 155 |
| 2,10 | 1 911 | 1 940 | 1 970 | 1 999 | 2 029 | 2 058 | 2 087 | 2 117 | 2 146 | 2 176 |
| 12 | 1 929 | 1 959 | 1 989 | 2 018 | 2 048 | 2 078 | 2 107 | 2 137 | 2 167 | 2 196 |
| 14 | 1 947 | 1 977 | 2 007 | 2 037 | 2 067 | 2 097 | 2 127 | 2 157 | 2 187 | 2 217 |
| 16 | 1 966 | 1 996 | 2 026 | 2 056 | 2 087 | 2 117 | 2 147 | 2 177 | 2 208 | 2 238 |
| 18 | 1 984 | 2 014 | 2 045 | 2 075 | 2 106 | 2 136 | 2 167 | 2 197 | 2 228 | 2 258 |
| 2,20 | 2 002 | 2 033 | 2 064 | 2 094 | 2 125 | 2 156 | 2 187 | 2 218 | 2 248 | 2 279 |
| 22 | 2 020 | 2 051 | 2 082 | 2 113 | 2 145 | 2 176 | 2 207 | 2 238 | 2 269 | 2 300 |
| 24 | 2 038 | 2 070 | 2 101 | 2 132 | 2 164 | 2 195 | 2 227 | 2 258 | 2 289 | 2 321 |
| 26 | 2 057 | 2 088 | 2 120 | 2 152 | 2 183 | 2 215 | 2 246 | 2 278 | 2 310 | 2 341 |
| 28 | 2 075 | 2 107 | 2 139 | 2 171 | 2 202 | 2 234 | 2 266 | 2 298 | 2 330 | 2 362 |
| 2,30 | 2 093 | 2 125 | 2 157 | 2 190 | 2 222 | 2 254 | 2 286 | 2 318 | 2 351 | 2 383 |
| 32 | 2 111 | 2 144 | 2 176 | 2 209 | 2 241 | 2 274 | 2 306 | 2 339 | 2 371 | 2 404 |
| 34 | 2 129 | 2 162 | 2 195 | 2 228 | 2 260 | 2 293 | 2 326 | 2 359 | 2 391 | 2 424 |
| 36 | 2 148 | 2 181 | 2 214 | 2 247 | 2 280 | 2 313 | 2 346 | 2 379 | 2 412 | 3 445 |
| 38 | 2 166 | 2 199 | 2 232 | 2 266 | 2 299 | 2 332 | 2 366 | 2 399 | 2 432 | 2 466 |
| 2,40 | 2 184 | 2 218 | 2 251 | 2 285 | 2 318 | 2 352 | 2 386 | 2 419 | 2 453 | 2 486 |
| 42 | 2 202 | 2 236 | 2 270 | 2 304 | 2 338 | 2 372 | 2 405 | 2 439 | 2 473 | 2 507 |
| 44 | 2 220 | 2 255 | 2 289 | 2 323 | 2 357 | 2 391 | 2 425 | 2 460 | 2 494 | 2 528 |
| 46 | 2 239 | 2 273 | 2 307 | 2 342 | 2 376 | 2 411 | 2 445 | 2 480 | 2 514 | 2 549 |
| 48 | 2 257 | 2 292 | 2 326 | 2 361 | 2 396 | 2 430 | 2 465 | 2 500 | 2 535 | 2 569 |

Epaisseur : **0ᵐ 72** centimètres

| LONGr | FUTAILLES | \多LARGEUR | | | | | | | | | |
| --- | --- | --- | --- | --- | --- | --- | --- | --- | --- | --- | --- |
| | | 0,72 | 0,74 | 0,76 | 0,78 | 0,80 | 0,82 | 0,84 | 0,86 | 0,88 | 0,90 |
| 0,72 | 0 299 | 0 373 | | | | | | | | | |
| 74 | 0 307 | 0 384 | 0 394 | | | | | | | | |
| 76 | 0 315 | 0 394 | 0 405 | 0 416 | | | | | | | |
| 78 | 0 323 | 0 404 | 0 416 | 0 427 | 0 438 | | | | | | |
| 0,80 | 0 332 | 0 415 | 0 426 | 0 438 | 0 449 | 0 461 | | | | | |
| 82 | 0 340 | 0 425 | 0 437 | 0 449 | 0 461 | 0 472 | 0 484 | | | | |
| 84 | 0 348 | 0 435 | 0 448 | 0 460 | 0 472 | 0 484 | 0 496 | 0 508 | | | |
| 86 | 0 357 | 0 446 | 0 458 | 0 471 | 0 483 | 0 495 | 0 508 | 0 520 | 0 533 | | |
| 88 | 0 365 | 0 456 | 0 469 | 0 482 | 0 494 | 0 507 | 0 520 | 0 532 | 0 545 | 0 558 | |
| 0,90 | 0 373 | 0 467 | 0 480 | 0 492 | 0 505 | 0 518 | 0 531 | 0 544 | 0 557 | 0 570 | 0 583 |
| 92 | 0 382 | 0 477 | 0 490 | 0 503 | 0 517 | 0 530 | 0 543 | 0 556 | 0 570 | 0 583 | 0 596 |
| 94 | 0 390 | 0 487 | 0 501 | 0 514 | 0 528 | 0 541 | 0 555 | 0 569 | 0 582 | 0 596 | 0 609 |
| 96 | 0 398 | 0 498 | 0 511 | 0 525 | 0 539 | 0 553 | 0 567 | 0 581 | 0 594 | 0 608 | 0 622 |
| 98 | 0 406 | 0 508 | 0 522 | 0 536 | 0 550 | 0 564 | 0 579 | 0 593 | 0 607 | 0 621 | 0 635 |
| 1,— | 0 415 | 0 518 | 0 533 | 0 547 | 0 562 | 0 576 | 0 590 | 0 605 | 0 619 | 0 634 | 0 648 |
| 02 | 0 423 | 0 529 | 0 543 | 0 558 | 0 573 | 0 588 | 0 602 | 0 617 | 0 632 | 0 646 | 0 661 |
| 04 | 0 431 | 0 539 | 0 554 | 0 569 | 0 584 | 0 599 | 0 614 | 0 629 | 0 641 | 0 659 | 0 674 |
| 06 | 0 440 | 0 550 | 0 565 | 0 580 | 0 595 | 0 611 | 0 626 | 0 641 | 0 656 | 0 672 | 0 687 |
| 08 | 0 448 | 0 560 | 0 575 | 0 591 | 0 607 | 0 622 | 0 638 | 0 653 | 0 669 | 0 684 | 0 700 |
| 1,10 | 0 456 | 0 570 | 0 586 | 0 602 | 0 618 | 0 634 | 0 649 | 0 665 | 0 681 | 0 697 | 0 713 |
| 12 | 0 464 | 0 581 | 0 597 | 0 613 | 0 629 | 0 645 | 0 661 | 0 677 | 0 691 | 0 710 | 0 726 |
| 14 | 0 473 | 0 591 | 0 607 | 0 624 | 0 640 | 0 657 | 0 673 | 0 689 | 0 706 | 0 722 | 0 739 |
| 16 | 0 481 | 0 601 | 0 618 | 0 635 | 0 651 | 0 668 | 0 685 | 0 702 | 0 718 | 0 735 | 0 752 |
| 18 | 0 489 | 0 612 | 0 629 | 0 646 | 0 663 | 0 680 | 0 697 | 0 714 | 0 731 | 0 748 | 0 765 |
| 1,20 | 0 498 | 0 622 | 0 639 | 0 657 | 0 674 | 0 691 | 0 708 | 0 726 | 0 743 | 0 760 | 0 778 |
| 22 | 0 506 | 0 632 | 0 650 | 0 668 | 0 685 | 0 703 | 0 720 | 0 738 | 0 755 | 0 773 | 0 791 |
| 24 | 0 514 | 0 643 | 0 661 | 0 679 | 0 696 | 0 714 | 0 732 | 0 750 | 0 768 | 0 786 | 0 804 |
| 26 | 0 523 | 0 653 | 0 671 | 0 689 | 0 708 | 0 726 | 0 744 | 0 762 | 0 780 | 0 798 | 0 816 |
| 28 | 0 531 | 0 664 | 0 682 | 0 700 | 0 719 | 0 737 | 0 756 | 0 774 | 0 793 | 0 811 | 0 829 |
| 1,30 | 0 539 | 0 674 | 0 693 | 0 711 | 0 730 | 0 749 | 0 768 | 0 786 | 0 805 | 0 824 | 0 842 |
| 32 | 0 547 | 0 684 | 0 703 | 0 722 | 0 741 | 0 760 | 0 779 | 0 798 | 0 817 | 0 836 | 0 855 |
| 34 | 0 556 | 0 695 | 0 714 | 0 733 | 0 753 | 0 772 | 0 791 | 0 810 | 0 830 | 0 849 | 0 868 |
| 36 | 0 564 | 0 705 | 0 725 | 0 744 | 0 764 | 0 784 | 0 803 | 0 823 | 0 842 | 0 862 | 0 881 |
| 38 | 0 572 | 0 715 | 0 735 | 0 755 | 0 775 | 0 795 | 0 815 | 0 835 | 0 854 | 0 874 | 0 894 |
| 1,40 | 0 581 | 0 726 | 0 746 | 0 766 | 0 786 | 0 806 | 0 827 | 0 847 | 0 867 | 0 887 | 0 907 |
| 42 | 0 589 | 0 736 | 0 757 | 0 777 | 0 797 | 0 818 | 0 838 | 0 859 | 0 879 | 0 900 | 0 920 |
| 44 | 0 597 | 0 746 | 0 767 | 0 788 | 0 809 | 0 829 | 0 850 | 0 871 | 0 892 | 0 912 | 0 933 |
| 46 | 0 605 | 0 757 | 0 778 | 0 799 | 0 820 | 0 841 | 0 862 | 0 883 | 0 904 | 0 925 | 0 946 |
| 48 | 0 614 | 0 767 | 0 789 | 0 810 | 0 831 | 0 852 | 0 874 | 0 895 | 0 916 | 0 938 | 0 959 |
| 1,50 | 0 622 | 0 778 | 0 799 | 0 821 | 0 842 | 0 864 | 0 886 | 0 907 | 0 929 | 0 950 | 0 972 |
| 52 | 0 630 | 0 788 | 0 810 | 0 832 | 0 854 | 0 876 | 0 897 | 0 919 | 0 941 | 0 963 | 0 985 |
| 54 | 0 639 | 0 798 | 0 821 | 0 843 | 0 865 | 0 887 | 0 909 | 0 931 | 0 954 | 0 976 | 0 998 |
| 56 | 0 647 | 0 809 | 0 831 | 0 854 | 0 876 | 0 899 | 0 921 | 0 943 | 0 966 | 0 988 | 1 011 |
| 58 | 0 655 | 0 819 | 0 842 | 0 865 | 0 887 | 0 910 | 0 933 | 0 956 | 0 978 | 1 001 | 1 024 |
| 1,60 | 0 664 | 0 829 | 0 852 | 0 876 | 0 899 | 0 922 | 0 945 | 0 968 | 0 991 | 1 014 | 1 037 |
| 62 | 0 672 | 0 840 | 0 863 | 0 886 | 0 910 | 0 933 | 0 956 | 0 980 | 1 003 | 1 026 | 1 050 |
| 64 | 0 680 | 0 850 | 0 874 | 0 897 | 0 921 | 0 945 | 0 968 | 0 992 | 1 015 | 1 039 | 1 063 |
| 66 | 0 688 | 0 861 | 0 884 | 0 908 | 0 932 | 0 956 | 0 980 | 1 004 | 1 028 | 1 052 | 1 076 |
| 68 | 0 697 | 0 871 | 0 895 | 0 919 | 0 943 | 0 968 | 0 992 | 1 016 | 1 040 | 1 064 | 1 089 |
| 1,70 | 0 705 | 0 881 | 0 906 | 0 930 | 0 955 | 0 979 | 1 004 | 1 028 | 1 053 | 1 077 | 1 102 |
| 72 | 0 713 | 0 892 | 0 916 | 0 941 | 0 966 | 0 991 | 1 015 | 1 040 | 1 065 | 1 090 | 1 115 |
| 74 | 0 722 | 0 902 | 0 927 | 0 952 | 0 977 | 1 002 | 1 027 | 1 052 | 1 077 | 1 102 | 1 128 |
| 76 | 0 730 | 0 912 | 0 938 | 0 963 | 0 988 | 1 014 | 1 039 | 1 064 | 1 090 | 1 115 | 1 140 |
| 78 | 0 738 | 0 923 | 0 948 | 0 974 | 1 000 | 1 025 | 1 051 | 1 077 | 1 102 | 1 128 | 1 153 |
| 1,80 | 0 746 | 0 933 | 0 959 | 0 985 | 1 011 | 1 037 | 1 063 | 1 089 | 1 115 | 1 140 | 1 166 |
| 82 | 0 755 | 0 943 | 0 970 | 0 996 | 1 022 | 1 048 | 1 075 | 1 101 | 1 127 | 1 153 | 1 179 |
| 84 | 0 763 | 0 954 | 0 980 | 1 007 | 1 033 | 1 060 | 1 086 | 1 113 | 1 139 | 1 166 | 1 192 |
| 86 | 0 771 | 0 964 | 0 991 | 1 018 | 1 045 | 1 071 | 1 098 | 1 125 | 1 152 | 1 178 | 1 205 |
| 88 | 0 780 | 0 975 | 1 002 | 1 029 | 1 056 | 1 083 | 1 110 | 1 137 | 1 164 | 1 191 | 1 218 |
| 1,90 | 0 788 | 0 985 | 1 012 | 1 040 | 1 067 | 1 094 | 1 122 | 1 149 | 1 176 | 1 204 | 1 231 |
| 92 | 0 796 | 0 995 | 1 023 | 1 051 | 1 078 | 1 106 | 1 134 | 1 161 | 1 189 | 1 217 | 1 244 |
| 94 | 0 805 | 1 006 | 1 034 | 1 062 | 1 090 | 1 117 | 1 145 | 1 173 | 1 201 | 1 229 | 1 257 |
| 96 | 0 813 | 1 016 | 1 044 | 1 073 | 1 101 | 1 129 | 1 157 | 1 185 | 1 214 | 1 242 | 1 270 |
| 98 | 0 821 | 1 026 | 1 055 | 1 083 | 1 112 | 1 140 | 1 169 | 1 198 | 1 226 | 1 255 | 1 283 |
| 2,— | 0 829 | 1 037 | 1 066 | 1 094 | 1 123 | 1 152 | 1 181 | 1 210 | 1 238 | 1 267 | 1 296 |
| 02 | 0 838 | 1 047 | 1 076 | 1 105 | 1 134 | 1 164 | 1 193 | 1 222 | 1 251 | 1 280 | 1 309 |
| 04 | 0 846 | 1 058 | 1 087 | 1 116 | 1 146 | 1 175 | 1 204 | 1 234 | 1 263 | 1 293 | 1 322 |
| 06 | 0 854 | 1 068 | 1 098 | 1 127 | 1 157 | 1 187 | 1 216 | 1 246 | 1 276 | 1 305 | 1 335 |
| 08 | 0 863 | 1 078 | 1 108 | 1 138 | 1 168 | 1 198 | 1 228 | 1 258 | 1 288 | 1 318 | 1 348 |
| 2,10 | 0 871 | 1 089 | 1 119 | 1 149 | 1 179 | 1 210 | 1 240 | 1 270 | 1 300 | 1 331 | 1 361 |

Epaisseur : **0ᵐ 72** centimètres 0,72

| LONGUEUR | LARGEUR | | | | | | | | | |
| --- | --- | --- | --- | --- | --- | --- | --- | --- | --- | --- |
| | 0,92 | 0,94 | 0,96 | 0,98 | 1,00 | 1,02 | 1,04 | 1,06 | 1,08 | 1,10 |
| 0,92 | 0 609 | | | | | | | | | |
| 94 | 0 623 | 0 636 | | | | | | | | |
| 96 | 0 636 | 0 650 | 0 664 | | | | | | | |
| 98 | 0 649 | 0 663 | 0 677 | 0 691 | | | | | | |
| 1,— | 0 662 | 0 677 | 0 691 | 0 706 | 0 720 | | | | | |
| 02 | 0 676 | 0 690 | 0 705 | 0 720 | 0 734 | 0 749 | | | | |
| 04 | 0 689 | 0 704 | 0 719 | 0 734 | 0 749 | 0 764 | 0 779 | | | |
| 06 | 0 702 | 0 717 | 0 733 | 0 748 | 0 763 | 0 778 | 0 794 | 0 809 | | |
| 08 | 0 715 | 0 731 | 0 746 | 0 762 | 0 778 | 0 793 | 0 809 | 0 824 | 0 840 | |
| 1,10 | 0 729 | 0 744 | 0 760 | 0 776 | 0 792 | 0 808 | 0 824 | 0 840 | 0 855 | 0 871 |
| 12 | 0 742 | 0 758 | 0 774 | 0 790 | 0 806 | 0 823 | 0 839 | 0 855 | 0 871 | 0 887 |
| 14 | 0 755 | 0 772 | 0 788 | 0 804 | 0 821 | 0 837 | 0 854 | 0 870 | 0 886 | 0 903 |
| 16 | 0 768 | 0 785 | 0 802 | 0 818 | 0 835 | 0 852 | 0 869 | 0 885 | 0 902 | 0 919 |
| 18 | 0 782 | 0 799 | 0 816 | 0 833 | 0 850 | 0 867 | 0 884 | 0 901 | 0 918 | 0 935 |
| 1,20 | 0 795 | 0 812 | 0 829 | 0 847 | 0 864 | 0 881 | 0 899 | 0 916 | 0 933 | 0 950 |
| 22 | 0 808 | 0 826 | 0 843 | 0 861 | 0 878 | 0 896 | 0 914 | 0 931 | 0 949 | 0 966 |
| 24 | 0 821 | 0 839 | 0 857 | 0 875 | 0 893 | 0 911 | 0 929 | 0 946 | 0 964 | 0 982 |
| 26 | 0 835 | 0 853 | 0 871 | 0 889 | 0 907 | 0 925 | 0 943 | 0 962 | 0 980 | 0 998 |
| 28 | 0 848 | 0 866 | 0 885 | 0 903 | 0 922 | 0 940 | 0 958 | 0 977 | 0 995 | 1 014 |
| 1,30 | 0 861 | 0 880 | 0 899 | 0 917 | 0 936 | 0 955 | 0 973 | 0 992 | 1 011 | 1 030 |
| 32 | 0 874 | 0 893 | 0 912 | 0 931 | 0 950 | 0 969 | 0 988 | 1 007 | 1 026 | 1 045 |
| 34 | 0 888 | 0 907 | 0 926 | 0 946 | 0 965 | 0 984 | 1 003 | 1 023 | 1 042 | 1 061 |
| 36 | 0 901 | 0 920 | 0 940 | 0 960 | 0 979 | 0 999 | 1 018 | 1 038 | 1 058 | 1 077 |
| 38 | 0 914 | 0 934 | 0 954 | 0 974 | 0 994 | 1 013 | 1 033 | 1 053 | 1 073 | 1 093 |
| 1,40 | 0 927 | 0 948 | 0 968 | 0 988 | 1 008 | 1 028 | 1 048 | 1 068 | 1 089 | 1 109 |
| 42 | 0 941 | 0 961 | 0 982 | 1 002 | 1 022 | 1 043 | 1 063 | 1 084 | 1 104 | 1 125 |
| 44 | 0 954 | 0 975 | 0 995 | 1 016 | 1 037 | 1 058 | 1 078 | 1 099 | 1 120 | 1 140 |
| 46 | 0 967 | 0 988 | 1 009 | 1 030 | 1 051 | 1 072 | 1 093 | 1 114 | 1 135 | 1 156 |
| 48 | 0 980 | 1 002 | 1 023 | 1 044 | 1 066 | 1 087 | 1 108 | 1 130 | 1 151 | 1 172 |
| 1,50 | 0 994 | 1 015 | 1 037 | 1 058 | 1 080 | 1 102 | 1 123 | 1 145 | 1 166 | 1 188 |
| 52 | 1 007 | 1 029 | 1 051 | 1 073 | 1 094 | 1 116 | 1 138 | 1 160 | 1 182 | 1 204 |
| 54 | 1 020 | 1 042 | 1 064 | 1 087 | 1 109 | 1 131 | 1 153 | 1 175 | 1 198 | 1 220 |
| 56 | 1 033 | 1 056 | 1 078 | 1 101 | 1 123 | 1 146 | 1 168 | 1 191 | 1 213 | 1 236 |
| 58 | 1 047 | 1 069 | 1 092 | 1 115 | 1 138 | 1 160 | 1 183 | 1 206 | 1 229 | 1 251 |
| 1,60 | 1 060 | 1 083 | 1 106 | 1 129 | 1 152 | 1 175 | 1 198 | 1 221 | 1 244 | 1 267 |
| 62 | 1 073 | 1 096 | 1 120 | 1 143 | 1 166 | 1 190 | 1 213 | 1 236 | 1 260 | 1 283 |
| 64 | 1 086 | 1 110 | 1 134 | 1 157 | 1 181 | 1 204 | 1 228 | 1 252 | 1 275 | 1 299 |
| 66 | 1 100 | 1 123 | 1 147 | 1 171 | 1 195 | 1 219 | 1 243 | 1 267 | 1 291 | 1 315 |
| 68 | 1 113 | 1 137 | 1 161 | 1 185 | 1 210 | 1 234 | 1 258 | 1 282 | 1 306 | 1 331 |
| 1,70 | 1 126 | 1 151 | 1 175 | 1 200 | 1 224 | 1 248 | 1 273 | 1 297 | 1 322 | 1 346 |
| 72 | 1 139 | 1 164 | 1 189 | 1 214 | 1 238 | 1 263 | 1 288 | 1 313 | 1 337 | 1 362 |
| 74 | 1 153 | 1 178 | 1 203 | 1 228 | 1 253 | 1 278 | 1 303 | 1 328 | 1 353 | 1 378 |
| 76 | 1 166 | 1 191 | 1 217 | 1 242 | 1 267 | 1 293 | 1 318 | 1 343 | 1 369 | 1 394 |
| 78 | 1 179 | 1 205 | 1 230 | 1 256 | 1 282 | 1 307 | 1 333 | 1 358 | 1 384 | 1 410 |
| 1,80 | 1 192 | 1 218 | 1 244 | 1 270 | 1 296 | 1 322 | 1 348 | 1 374 | 1 400 | 1 426 |
| 82 | 1 206 | 1 232 | 1 258 | 1 284 | 1 310 | 1 337 | 1 363 | 1 389 | 1 415 | 1 441 |
| 84 | 1 219 | 1 245 | 1 272 | 1 298 | 1 325 | 1 351 | 1 378 | 1 404 | 1 431 | 1 457 |
| 86 | 1 232 | 1 259 | 1 286 | 1 312 | 1 339 | 1 366 | 1 393 | 1 420 | 1 446 | 1 473 |
| 88 | 1 245 | 1 272 | 1 299 | 1 327 | 1 354 | 1 381 | 1 408 | 1 435 | 1 462 | 1 489 |
| 1,90 | 1 259 | 1 286 | 1 313 | 1 341 | 1 368 | 1 395 | 1 423 | 1 450 | 1 477 | 1 505 |
| 92 | 1 272 | 1 299 | 1 327 | 1 355 | 1 382 | 1 410 | 1 438 | 1 465 | 1 493 | 1 521 |
| 94 | 1 285 | 1 313 | 1 341 | 1 369 | 1 397 | 1 425 | 1 453 | 1 481 | 1 509 | 1 536 |
| 96 | 1 298 | 1 327 | 1 355 | 1 383 | 1 411 | 1 439 | 1 468 | 1 496 | 1 524 | 1 552 |
| 98 | 1 312 | 1 340 | 1 369 | 1 397 | 1 426 | 1 454 | 1 483 | 1 511 | 1 540 | 1 568 |
| 2,— | 1 325 | 1 354 | 1 382 | 1 411 | 1 440 | 1 469 | 1 498 | 1 526 | 1 555 | 1 584 |
| 02 | 1 338 | 1 367 | 1 396 | 1 425 | 1 454 | 1 483 | 1 513 | 1 542 | 1 571 | 1 600 |
| 04 | 1 351 | 1 381 | 1 410 | 1 439 | 1 469 | 1 498 | 1 528 | 1 557 | 1 586 | 1 616 |
| 06 | 1 365 | 1 394 | 1 424 | 1 454 | 1 483 | 1 513 | 1 543 | 1 572 | 1 602 | 1 632 |
| 08 | 1 378 | 1 408 | 1 438 | 1 468 | 1 498 | 1 528 | 1 558 | 1 587 | 1 617 | 1 647 |
| 2,10 | 1 391 | 1 421 | 1 452 | 1 482 | 1 512 | 1 542 | 1 572 | 1 603 | 1 633 | 1 663 |

0,72 — 0,...

### 116 — LONGUEUR / LARGEUR

| LONGUEUR | 1,12 | 1,14 | 1,16 | 1,18 | 1,20 | 1,22 | 1,24 | 1,26 | 1,28 | 1 30 |
|---|---|---|---|---|---|---|---|---|---|---|
| 1,12 | 0 903 | | | | | | | | | |
| 14 | 0 919 | 0 936 | | | | | | | | |
| 16 | 0 935 | 0 952 | 0 969 | | | | | | | |
| 18 | 0 952 | 0 969 | 0 986 | 1 003 | | | | | | |
| 1,20 | 0 968 | 0 985 | 1 002 | 1 020 | 1 037 | | | | | |
| 22 | 0 984 | 1 001 | 1 019 | 1 037 | 1 054 | 1 072 | | | | |
| 24 | 1 000 | 1 018 | 1 036 | 1 054 | 1 071 | 1 089 | 1 107 | | | |
| 26 | 1 016 | 1 034 | 1 052 | 1 070 | 1 089 | 1 107 | 1 125 | 1 143 | | |
| 28 | 1 032 | 1 051 | 1 069 | 1 087 | 1 106 | 1 124 | 1 143 | 1 161 | 1 180 | |
| 1,30 | 1 048 | 1 067 | 1 086 | 1 104 | 1 123 | 1 142 | 1 161 | 1 179 | 1 198 | 1 217 |
| 32 | 1 064 | 1 083 | 1 102 | 1 121 | 1 140 | 1 159 | 1 178 | 1 198 | 1 217 | 1 236 |
| 34 | 1 081 | 1 100 | 1 119 | 1 138 | 1 158 | 1 177 | 1 196 | 1 216 | 1 235 | 1 254 |
| 36 | 1 097 | 1 116 | 1 136 | 1 155 | 1 175 | 1 195 | 1 214 | 1 234 | 1 253 | 1 273 |
| 38 | 1 113 | 1 133 | 1 153 | 1 172 | 1 192 | 1 212 | 1 232 | 1 252 | 1 272 | 1 292 |
| 1,40 | 1 120 | 1 149 | 1 169 | 1 189 | 1 210 | 1 230 | 1 250 | 1 270 | 1 290 | 1 310 |
| 42 | 1 145 | 1 166 | 1 186 | 1 206 | 1 227 | 1 247 | 1 268 | 1 288 | 1 309 | 1 329 |
| 44 | 1 161 | 1 182 | 1 203 | 1 223 | 1 244 | 1 265 | 1 286 | 1 306 | 1 327 | 1 348 |
| 46 | 1 177 | 1 198 | 1 219 | 1 240 | 1 261 | 1 282 | 1 303 | 1 325 | 1 346 | 1 367 |
| 48 | 1 193 | 1 215 | 1 236 | 1 257 | 1 279 | 1 300 | 1 321 | 1 343 | 1 364 | 1 385 |
| 1,50 | 1 210 | 1 231 | 1 253 | 1 274 | 1 296 | 1 318 | 1 339 | 1 361 | 1 382 | 1 404 |
| 52 | 1 226 | 1 248 | 1 270 | 1 291 | 1 313 | 1 335 | 1 357 | 1 379 | 1 401 | 1 423 |
| 54 | 1 242 | 1 264 | 1 286 | 1 308 | 1 331 | 1 353 | 1 375 | 1 397 | 1 419 | 1 441 |
| 56 | 1 258 | 1 280 | 1 303 | 1 325 | 1 348 | 1 370 | 1 393 | 1 415 | 1 438 | 1 460 |
| 58 | 1 274 | 1 297 | 1 320 | 1 342 | 1 365 | 1 388 | 1 411 | 1 433 | 1 456 | 1 479 |
| 1,60 | 1 290 | 1 313 | 1 336 | 1 359 | 1 382 | 1 405 | 1 428 | 1 452 | 1 475 | 1 498 |
| 62 | 1 306 | 1 330 | 1 353 | 1 376 | 1 400 | 1 423 | 1 446 | 1 470 | 1 493 | 1 516 |
| 64 | 1 322 | 1 346 | 1 370 | 1 393 | 1 417 | 1 441 | 1 464 | 1 488 | 1 511 | 1 535 |
| 66 | 1 339 | 1 363 | 1 386 | 1 410 | 1 434 | 1 458 | 1 482 | 1 506 | 1 530 | 1 554 |
| 68 | 1 355 | 1 379 | 1 403 | 1 427 | 1 452 | 1 476 | 1 500 | 1 524 | 1 548 | 1 572 |
| 1,70 | 1 371 | 1 395 | 1 420 | 1 444 | 1 469 | 1 493 | 1 518 | 1 542 | 1 567 | 1 591 |
| 72 | 1 387 | 1 412 | 1 436 | 1 461 | 1 486 | 1 511 | 1 536 | 1 560 | 1 585 | 1 610 |
| 74 | 1 403 | 1 428 | 1 453 | 1 478 | 1 503 | 1 528 | 1 553 | 1 579 | 1 604 | 1 629 |
| 76 | 1 419 | 1 445 | 1 470 | 1 495 | 1 521 | 1 546 | 1 571 | 1 597 | 1 622 | 1 647 |
| 78 | 1 435 | 1 461 | 1 487 | 1 512 | 1 538 | 1 564 | 1 589 | 1 615 | 1 640 | 1 666 |
| 1,80 | 1 452 | 1 477 | 1 504 | 1 529 | 1 555 | 1 581 | 1 607 | 1 633 | 1 659 | 1 685 |
| 82 | 1 468 | 1 494 | 1 520 | 1 546 | 1 572 | 1 599 | 1 625 | 1 651 | 1 677 | 1 704 |
| 84 | 1 484 | 1 510 | 1 537 | 1 563 | 1 590 | 1 616 | 1 643 | 1 669 | 1 696 | 1 722 |
| 86 | 1 500 | 1 527 | 1 553 | 1 580 | 1 607 | 1 634 | 1 661 | 1 687 | 1 714 | 1 741 |
| 88 | 1 516 | 1 543 | 1 570 | 1 597 | 1 624 | 1 651 | 1 678 | 1 706 | 1 733 | 1 760 |
| 1,90 | 1 532 | 1 560 | 1 587 | 1 614 | 1 642 | 1 669 | 1 696 | 1 724 | 1 751 | 1 778 |
| 92 | 1 548 | 1 576 | 1 604 | 1 631 | 1 659 | 1 687 | 1 714 | 1 742 | 1 769 | 1 797 |
| 94 | 1 564 | 1 592 | 1 620 | 1 648 | 1 676 | 1 704 | 1 732 | 1 760 | 1 788 | 1 816 |
| 96 | 1 581 | 1 609 | 1 637 | 1 665 | 1 693 | 1 722 | 1 750 | 1 778 | 1 806 | 1 835 |
| 98 | 1 597 | 1 625 | 1 654 | 1 682 | 1 711 | 1 739 | 1 768 | 1 796 | 1 825 | 1 853 |
| 2,— | 1 613 | 1 642 | 1 670 | 1 699 | 1 728 | 1 757 | 1 786 | 1 814 | 1 843 | 1 872 |
| 02 | 1 629 | 1 658 | 1 687 | 1 716 | 1 745 | 1 774 | 1 803 | 1 833 | 1 862 | 1 891 |
| 04 | 1 645 | 1 674 | 1 704 | 1 733 | 1 763 | 1 792 | 1 821 | 1 851 | 1 880 | 1 909 |
| 06 | 1 661 | 1 691 | 1 721 | 1 750 | 1 780 | 1 810 | 1 839 | 1 869 | 1 898 | 1 928 |
| 08 | 1 677 | 1 707 | 1 737 | 1 767 | 1 797 | 1 827 | 1 857 | 1 887 | 1 917 | 1 947 |
| 2,10 | 1 693 | 1 723 | 1 754 | 1 784 | 1 814 | 1 845 | 1 875 | 1 905 | 1 935 | 1 966 |
| 12 | 1 710 | 1 740 | 1 771 | 1 801 | 1 832 | 1 862 | 1 893 | 1 923 | 1 954 | 1 984 |
| 14 | 1 726 | 1 757 | 1 787 | 1 818 | 1 849 | 1 880 | 1 911 | 1 941 | 1 972 | 2 003 |
| 16 | 1 742 | 1 773 | 1 804 | 1 835 | 1 866 | 1 897 | 1 928 | 1 960 | 1 991 | 2 022 |
| 18 | 1 758 | 1 789 | 1 821 | 1 852 | 1 884 | 1 915 | 1 946 | 1 978 | 2 009 | 2 040 |
| 2,20 | 1 774 | 1 806 | 1 837 | 1 869 | 1 901 | 1 932 | 1 964 | 1 996 | 2 028 | 2 059 |
| 22 | 1 790 | 1 822 | 1 854 | 1 886 | 1 918 | 1 950 | 1 982 | 2 014 | 2 046 | 2 078 |
| 24 | 1 806 | 1 839 | 1 871 | 1 903 | 1 935 | 1 968 | 2 000 | 2 032 | 2 064 | 2 097 |
| 26 | 1 822 | 1 855 | 1 888 | 1 920 | 1 953 | 1 985 | 2 018 | 2 050 | 2 083 | 2 115 |
| 28 | 1 839 | 1 871 | 1 904 | 1 937 | 1 970 | 2 003 | 2 036 | 2 068 | 2 101 | 2 134 |
| 2,30 | 1 855 | 1 888 | 1 921 | 1 954 | 1 987 | 2 020 | 2 053 | 2 087 | 2 120 | 2 153 |
| 32 | 1 871 | 1 904 | 1 938 | 1 971 | 2 004 | 2 038 | 2 071 | 2 105 | 2 138 | 2 172 |
| 34 | 1 887 | 1 921 | 1 954 | 1 988 | 2 021 | 2 055 | 2 089 | 2 123 | 2 157 | 2 190 |
| 36 | 1 903 | 1 937 | 1 971 | 2 005 | 2 039 | 2 073 | 2 107 | 2 141 | 2 175 | 2 209 |
| 38 | 1 919 | 1 954 | 1 988 | 2 022 | 2 056 | 2 091 | 2 125 | 2 159 | 2 193 | 2 228 |
| 2,40 | 1 935 | 1 970 | 2 004 | 2 039 | 2 074 | 2 108 | 2 143 | 2 177 | 2 212 | 2 246 |
| 42 | 1 951 | 1 986 | 2 021 | 2 056 | 2 091 | 2 126 | 2 161 | 2 195 | 2 230 | 2 265 |
| 44 | 1 968 | 2 003 | 2 038 | 2 073 | 2 108 | 2 143 | 2 178 | 2 214 | 2 249 | 2 284 |
| 46 | 1 984 | 2 019 | 2 055 | 2 090 | 2 125 | 2 161 | 2 196 | 2 232 | 2 267 | 2 303 |
| 48 | 2 000 | 2 036 | 2 071 | 2 107 | 2 143 | 2 178 | 2 214 | 2 250 | 2 280 | 2 321 |
| 2,50 | 2 016 | 2 052 | 2 088 | 2 124 | 2 160 | 2 196 | 2 232 | 2 268 | 2 304 | 2 340 |

### 117 — LONGUEUR / LARGEUR

| LONGUEUR | 1,32 | 1,34 | 1,36 | 1,38 | 1,40 | 1,42 | 1,44 | 1,46 | 1,48 | 1,50 |
|---|---|---|---|---|---|---|---|---|---|---|
| 1,32 | 1 255 | | | | | | | | | |
| 34 | 1 274 | 1 293 | | | | | | | | |
| 36 | 1 293 | 1 312 | 1 332 | | | | | | | |
| 38 | 1 312 | 1 331 | 1 351 | 1 371 | | | | | | |
| 1,40 | 1 331 | 1 351 | 1 371 | 1 391 | 1 411 | | | | | |
| 42 | 1 350 | 1 370 | 1 390 | 1 411 | 1 431 | 1 452 | | | | |
| 44 | 1 369 | 1 389 | 1 410 | 1 431 | 1 452 | 1 472 | 1 493 | | | |
| 46 | 1 388 | 1 409 | 1 430 | 1 451 | 1 472 | 1 493 | 1 514 | 1 535 | | |
| 48 | 1 407 | 1 428 | 1 449 | 1 471 | 1 492 | 1 513 | 1 534 | 1 556 | 1 577 | |
| 1,50 | 1 426 | 1 447 | 1 469 | 1 490 | 1 512 | 1 531 | 1 555 | 1 577 | 1 598 | 1 620 |
| 52 | 1 445 | 1 466 | 1 488 | 1 510 | 1 532 | 1 554 | 1 576 | 1 598 | 1 620 | 1 642 |
| 54 | 1 464 | 1 486 | 1 508 | 1 530 | 1 552 | 1 574 | 1 597 | 1 619 | 1 641 | 1 663 |
| 56 | 1 483 | 1 505 | 1 528 | 1 550 | 1 572 | 1 595 | 1 617 | 1 640 | 1 662 | 1 685 |
| 58 | 1 502 | 1 524 | 1 547 | 1 570 | 1 593 | 1 615 | 1 638 | 1 661 | 1 684 | 1 706 |
| 1,60 | 1 521 | 1 544 | 1 567 | 1 590 | 1 613 | 1 636 | 1 659 | 1 682 | 1 705 | 1 728 |
| 62 | 1 540 | 1 563 | 1 586 | 1 610 | 1 633 | 1 656 | 1 680 | 1 703 | 1 726 | 1 750 |
| 64 | 1 559 | 1 582 | 1 606 | 1 630 | 1 653 | 1 677 | 1 700 | 1 724 | 1 748 | 1 771 |
| 66 | 1 578 | 1 602 | 1 625 | 1 649 | 1 673 | 1 697 | 1 721 | 1 745 | 1 769 | 1 793 |
| 68 | 1 597 | 1 621 | 1 645 | 1 669 | 1 693 | 1 718 | 1 742 | 1 766 | 1 790 | 1 814 |
| 1,70 | 1 616 | 1 640 | 1 665 | 1 689 | 1 714 | 1 738 | 1 763 | 1 787 | 1 812 | 1 836 |
| 72 | 1 635 | 1 659 | 1 684 | 1 709 | 1 734 | 1 759 | 1 783 | 1 808 | 1 833 | 1 858 |
| 74 | 1 654 | 1 679 | 1 704 | 1 729 | 1 754 | 1 779 | 1 804 | 1 829 | 1 854 | 1 879 |
| 76 | 1 673 | 1 698 | 1 723 | 1 749 | 1 774 | 1 799 | 1 825 | 1 850 | 1 875 | 1 901 |
| 78 | 1 692 | 1 717 | 1 743 | 1 769 | 1 794 | 1 820 | 1 846 | 1 871 | 1 897 | 1 922 |
| 1,80 | 1 711 | 1 737 | 1 763 | 1 788 | 1 814 | 1 840 | 1 866 | 1 892 | 1 918 | 1 944 |
| 82 | 1 730 | 1 756 | 1 782 | 1 808 | 1 835 | 1 861 | 1 887 | 1 913 | 1 939 | 1 966 |
| 84 | 1 749 | 1 775 | 1 802 | 1 828 | 1 855 | 1 881 | 1 908 | 1 934 | 1 961 | 1 987 |
| 86 | 1 768 | 1 795 | 1 821 | 1 848 | 1 875 | 1 902 | 1 928 | 1 955 | 1 982 | 2 009 |
| 88 | 1 787 | 1 814 | 1 841 | 1 868 | 1 895 | 1 922 | 1 949 | 1 976 | 2 003 | 2 030 |
| 1,90 | 1 806 | 1 833 | 1 860 | 1 888 | 1 915 | 1 943 | 1 970 | 1 997 | 2 025 | 2 052 |
| 92 | 1 825 | 1 852 | 1 880 | 1 908 | 1 935 | 1 963 | 1 991 | 2 018 | 2 046 | 2 074 |
| 94 | 1 844 | 1 872 | 1 900 | 1 928 | 1 956 | 1 983 | 2 011 | 2 039 | 2 067 | 2 095 |
| 96 | 1 863 | 1 891 | 1 919 | 1 947 | 1 976 | 2 004 | 2 032 | 2 060 | 2 089 | 2 117 |
| 98 | 1 882 | 1 910 | 1 939 | 1 967 | 1 996 | 2 024 | 2 053 | 2 081 | 2 110 | 2 138 |
| 2,— | 1 901 | 1 930 | 1 958 | 1 987 | 2 016 | 2 045 | 2 074 | 2 102 | 2 131 | 2 160 |
| 02 | 1 920 | 1 949 | 1 978 | 2 007 | 2 036 | 2 065 | 2 094 | 2 123 | 2 153 | 2 182 |
| 04 | 1 939 | 1 968 | 1 998 | 2 027 | 2 056 | 2 086 | 2 115 | 2 144 | 2 174 | 2 203 |
| 06 | 1 958 | 1 987 | 2 017 | 2 047 | 2 076 | 2 106 | 2 136 | 2 165 | 2 195 | 2 225 |
| 08 | 1 977 | 2 007 | 2 037 | 2 067 | 2 097 | 2 127 | 2 157 | 2 186 | 2 216 | 2 246 |
| 2,10 | 1 996 | 2 026 | 2 056 | 2 087 | 2 117 | 2 147 | 2 177 | 2 208 | 2 238 | 2 268 |
| 12 | 2 015 | 2 045 | 2 076 | 2 106 | 2 137 | 2 167 | 2 198 | 2 229 | 2 259 | 2 290 |
| 14 | 2 034 | 2 065 | 2 095 | 2 126 | 2 157 | 2 188 | 2 219 | 2 250 | 2 280 | 2 311 |
| 16 | 2 053 | 2 084 | 2 115 | 2 146 | 2 177 | 2 208 | 2 239 | 2 271 | 2 302 | 2 333 |
| 18 | 2 072 | 2 103 | 2 135 | 2 166 | 2 197 | 2 229 | 2 260 | 2 292 | 2 323 | 2 354 |
| 2,20 | 2 091 | 2 123 | 2 154 | 2 186 | 2 218 | 2 249 | 2 281 | 2 313 | 2 344 | 2 376 |
| 22 | 2 110 | 2 141 | 2 173 | 2 206 | 2 238 | 2 270 | 2 302 | 2 334 | 2 366 | 2 398 |
| 24 | 2 129 | 2 161 | 2 193 | 2 226 | 2 258 | 2 290 | 2 323 | 2 355 | 2 387 | 2 419 |
| 26 | 2 148 | 2 180 | 2 213 | 2 246 | 2 278 | 2 311 | 2 343 | 2 376 | 2 408 | 2 441 |
| 28 | 2 167 | 2 200 | 2 233 | 2 265 | 2 298 | 2 331 | 2 364 | 2 397 | 2 430 | 2 462 |
| 2,30 | 2 186 | 2 219 | 2 252 | 2 285 | 2 318 | 2 352 | 2 385 | 2 418 | 2 451 | 2 484 |
| 32 | 2 205 | 2 238 | 2 272 | 2 305 | 2 339 | 2 372 | 2 405 | 2 439 | 2 472 | 2 506 |
| 34 | 2 224 | 2 258 | 2 291 | 2 325 | 2 359 | 2 392 | 2 426 | 2 460 | 2 494 | 2 527 |
| 36 | 2 243 | 2 277 | 2 311 | 2 345 | 2 379 | 2 413 | 2 447 | 2 481 | 2 515 | 2 549 |
| 38 | 2 262 | 2 296 | 2 330 | 2 365 | 2 399 | 2 433 | 2 468 | 2 502 | 2 536 | 2 570 |
| 2,40 | 2 281 | 2 316 | 2 350 | 2 385 | 2 419 | 2 454 | 2 488 | 2 523 | 2 557 | 2 592 |
| 42 | 2 300 | 2 335 | 2 370 | 2 405 | 2 439 | 2 474 | 2 509 | 2 544 | 2 579 | 2 614 |
| 44 | 2 319 | 2 354 | 2 389 | 2 424 | 2 460 | 2 495 | 2 530 | 2 565 | 2 600 | 2 635 |
| 46 | 2 338 | 2 373 | 2 409 | 2 444 | 2 480 | 2 515 | 2 551 | 2 586 | 2 621 | 2 657 |
| 48 | 2 357 | 2 393 | 2 428 | 2 464 | 2 500 | 2 536 | 2 571 | 2 607 | 2 643 | 2 678 |
| 2,50 | 2 376 | 2 412 | 2 448 | 2 484 | 2 520 | 2 556 | 2 592 | 2 628 | 2 664 | 2 700 |

**118**

| LONGUEUR | FUTAILLES | 0,74 | 0,76 | 0,78 | 0,80 | 0,82 | 0,84 | 0,86 | 0,88 | 0,90 | 0,92 |
|---|---|---|---|---|---|---|---|---|---|---|---|
| 0,74 | 0 324 | 0 405 | | | | | | | | | |
| 76 | 0 333 | 0 416 | 0 427 | | | | | | | | |
| 78 | 0 342 | 0 427 | 0 439 | 0 450 | | | | | | | |
| 0,80 | 0 350 | 0 438 | 0 450 | 0 462 | 0 474 | | | | | | |
| 82 | 0 359 | 0 449 | 0 461 | 0 473 | 0 485 | 0 498 | | | | | |
| 84 | 0 368 | 0 460 | 0 472 | 0 485 | 0 497 | 0 510 | 0 522 | | | | |
| 86 | 0 377 | 0 471 | 0 484 | 0 496 | 0 509 | 0 522 | 0 535 | 0 547 | | | |
| 88 | 0 386 | 0 482 | 0 495 | 0 508 | 0 521 | 0 534 | 0 547 | 0 560 | 0 573 | | |
| 0,90 | 0 394 | 0 493 | 0 506 | 0 519 | 0 533 | 0 546 | 0 559 | 0 573 | 0 586 | 0 599 | |
| 92 | 0 403 | 0 504 | 0 517 | 0 531 | 0 545 | 0 558 | 0 572 | 0 585 | 0 599 | 0 613 | 0 626 |
| 94 | 0 412 | 0 515 | 0 529 | 0 543 | 0 556 | 0 570 | 0 584 | 0 598 | 0 612 | 0 626 | 0 640 |
| 96 | 0 421 | 0 526 | 0 540 | 0 554 | 0 568 | 0 583 | 0 597 | 0 611 | 0 625 | 0 639 | 0 654 |
| 98 | 0 429 | 0 537 | 0 551 | 0 566 | 0 580 | 0 595 | 0 609 | 0 624 | 0 638 | 0 653 | 0 667 |
| 1,— | 0 438 | 0 548 | 0 562 | 0 577 | 0 592 | 0 607 | 0 622 | 0 636 | 0 651 | 0 666 | 0 681 |
| 02 | 0 447 | 0 559 | 0 574 | 0 589 | 0 604 | 0 619 | 0 634 | 0 649 | 0 664 | 0 679 | 0 694 |
| 04 | 0 456 | 0 570 | 0 585 | 0 600 | 0 616 | 0 631 | 0 646 | 0 662 | 0 677 | 0 693 | 0 708 |
| 06 | 0 464 | 0 580 | 0 596 | 0 612 | 0 628 | 0 643 | 0 659 | 0 675 | 0 690 | 0 706 | 0 722 |
| 08 | 0 473 | 0 591 | 0 607 | 0 623 | 0 639 | 0 655 | 0 671 | 0 687 | 0 703 | 0 719 | 0 735 |
| 1,10 | 0 482 | 0 602 | 0 619 | 0 635 | 0 651 | 0 667 | 0 684 | 0 700 | 0 716 | 0 733 | 0 749 |
| 12 | 0 491 | 0 613 | 0 630 | 0 646 | 0 663 | 0 680 | 0 696 | 0 713 | 0 729 | 0 746 | 0 762 |
| 14 | 0 499 | 0 624 | 0 641 | 0 658 | 0 675 | 0 692 | 0 709 | 0 725 | 0 742 | 0 759 | 0 776 |
| 16 | 0 508 | 0 635 | 0 652 | 0 670 | 0 687 | 0 704 | 0 721 | 0 738 | 0 755 | 0 773 | 0 790 |
| 18 | 0 517 | 0 646 | 0 664 | 0 681 | 0 699 | 0 716 | 0 733 | 0 751 | 0 768 | 0 786 | 0 803 |
| 1,20 | 0 528 | 0 657 | 0 675 | 0 693 | 0 710 | 0 728 | 0 746 | 0 764 | 0 781 | 0 799 | 0 817 |
| 22 | 0 534 | 0 668 | 0 686 | 0 704 | 0 722 | 0 740 | 0 758 | 0 776 | 0 794 | 0 813 | 0 831 |
| 24 | 0 543 | 0 679 | 0 697 | 0 716 | 0 734 | 0 752 | 0 771 | 0 789 | 0 807 | 0 826 | 0 844 |
| 26 | 0 552 | 0 690 | 0 709 | 0 727 | 0 746 | 0 765 | 0 783 | 0 802 | 0 821 | 0 839 | 0 858 |
| 28 | 0 561 | 0 701 | 0 720 | 0 739 | 0 758 | 0 777 | 0 796 | 0 815 | 0 834 | 0 852 | 0 871 |
| 1,30 | 0 570 | 0 712 | 0 731 | 0 750 | 0 770 | 0 789 | 0 808 | 0 827 | 0 847 | 0 866 | 0 885 |
| 32 | 0 578 | 0 723 | 0 742 | 0 762 | 0 781 | 0 801 | 0 821 | 0 840 | 0 860 | 0 879 | 0 899 |
| 34 | 0 587 | 0 734 | 0 754 | 0 773 | 0 793 | 0 813 | 0 833 | 0 853 | 0 873 | 0 892 | 0 912 |
| 36 | 0 596 | 0 745 | 0 765 | 0 785 | 0 805 | 0 825 | 0 845 | 0 866 | 0 886 | 0 906 | 0 926 |
| 38 | 0 605 | 0 756 | 0 776 | 0 797 | 0 817 | 0 837 | 0 858 | 0 878 | 0 899 | 0 919 | 0 940 |
| 1,40 | 0 613 | 0 767 | 0 787 | 0 808 | 0 829 | 0 850 | 0 870 | 0 891 | 0 912 | 0 932 | 0 953 |
| 42 | 0 622 | 0 778 | 0 799 | 0 820 | 0 841 | 0 862 | 0 883 | 0 904 | 0 925 | 0 946 | 0 967 |
| 44 | 0 631 | 0 789 | 0 810 | 0 831 | 0 852 | 0 874 | 0 895 | 0 916 | 0 938 | 0 959 | 0 980 |
| 46 | 0 640 | 0 799 | 0 821 | 0 843 | 0 864 | 0 886 | 0 908 | 0 929 | 0 951 | 0 972 | 0 994 |
| 48 | 0 648 | 0 810 | 0 832 | 0 854 | 0 876 | 0 898 | 0 920 | 0 942 | 0 964 | 0 986 | 1 008 |
| 1,50 | 0 657 | 0 821 | 0 844 | 0 866 | 0 888 | 0 910 | 0 932 | 0 955 | 0 977 | 0 999 | 1 021 |
| 52 | 0 666 | 0 832 | 0 855 | 0 877 | 0 900 | 0 922 | 0 945 | 0 967 | 0 990 | 1 012 | 1 035 |
| 54 | 0 675 | 0 843 | 0 866 | 0 889 | 0 912 | 0 934 | 0 957 | 0 980 | 1 003 | 1 026 | 1 048 |
| 56 | 0 683 | 0 854 | 0 877 | 0 900 | 0 923 | 0 947 | 0 970 | 0 993 | 1 016 | 1 039 | 1 062 |
| 58 | 0 692 | 0 865 | 0 889 | 0 912 | 0 935 | 0 959 | 0 982 | 1 006 | 1 029 | 1 052 | 1 076 |
| 1,60 | 0 701 | 0 876 | 0 900 | 0 924 | 0 947 | 0 971 | 0 995 | 1 018 | 1 042 | 1 066 | 1 089 |
| 62 | 0 710 | 0 887 | 0 911 | 0 935 | 0 959 | 0 983 | 1 007 | 1 031 | 1 055 | 1 079 | 1 103 |
| 64 | 0 718 | 0 898 | 0 922 | 0 947 | 0 971 | 0 995 | 1 019 | 1 044 | 1 068 | 1 092 | 1 117 |
| 66 | 0 727 | 0 909 | 0 934 | 0 958 | 0 983 | 1 007 | 1 032 | 1 056 | 1 081 | 1 106 | 1 130 |
| 68 | 0 736 | 0 920 | 0 945 | 0 970 | 0 995 | 1 019 | 1 044 | 1 069 | 1 094 | 1 119 | 1 144 |
| 1,70 | 0 745 | 0 931 | 0 956 | 0 981 | 1 006 | 1 032 | 1 057 | 1 082 | 1 107 | 1 132 | 1 157 |
| 72 | 0 753 | 0 942 | 0 967 | 0 993 | 1 018 | 1 044 | 1 069 | 1 095 | 1 120 | 1 146 | 1 171 |
| 74 | 0 762 | 0 953 | 0 979 | 1 004 | 1 030 | 1 056 | 1 082 | 1 107 | 1 133 | 1 159 | 1 185 |
| 76 | 0 771 | 0 964 | 0 990 | 1 016 | 1 042 | 1 068 | 1 094 | 1 120 | 1 146 | 1 172 | 1 198 |
| 78 | 0 780 | 0 975 | 1 001 | 1 027 | 1 054 | 1 080 | 1 106 | 1 133 | 1 159 | 1 185 | 1 212 |
| 1,80 | 0 789 | 0 986 | 1 012 | 1 039 | 1 066 | 1 092 | 1 119 | 1 146 | 1 172 | 1 199 | 1 225 |
| 82 | 0 797 | 0 997 | 1 024 | 1 051 | 1 077 | 1 104 | 1 131 | 1 158 | 1 185 | 1 212 | 1 239 |
| 84 | 0 806 | 1 008 | 1 035 | 1 062 | 1 089 | 1 117 | 1 144 | 1 171 | 1 198 | 1 225 | 1 253 |
| 86 | 0 815 | 1 019 | 1 046 | 1 074 | 1 101 | 1 129 | 1 156 | 1 184 | 1 211 | 1 239 | 1 266 |
| 88 | 0 824 | 1 029 | 1 057 | 1 085 | 1 113 | 1 141 | 1 169 | 1 196 | 1 224 | 1 252 | 1 280 |
| 1,90 | 0 832 | 1 040 | 1 069 | 1 097 | 1 125 | 1 153 | 1 181 | 1 209 | 1 237 | 1 265 | 1 294 |
| 92 | 0 841 | 1 051 | 1 080 | 1 108 | 1 137 | 1 165 | 1 193 | 1 222 | 1 250 | 1 279 | 1 307 |
| 94 | 0 850 | 1 062 | 1 091 | 1 120 | 1 148 | 1 177 | 1 206 | 1 235 | 1 263 | 1 292 | 1 321 |
| 96 | 0 859 | 1 073 | 1 102 | 1 131 | 1 160 | 1 189 | 1 218 | 1 247 | 1 276 | 1 305 | 1 334 |
| 98 | 0 867 | 1 084 | 1 114 | 1 143 | 1 172 | 1 201 | 1 231 | 1 260 | 1 289 | 1 319 | 1 348 |
| 2,— | 0 876 | 1 095 | 1 125 | 1 154 | 1 184 | 1 214 | 1 243 | 1 273 | 1 302 | 1 332 | 1 362 |
| 02 | 0 885 | 1 106 | 1 136 | 1 166 | 1 196 | 1 226 | 1 256 | 1 286 | 1 315 | 1 345 | 1 375 |
| 04 | 0 894 | 1 117 | 1 147 | 1 177 | 1 208 | 1 238 | 1 268 | 1 298 | 1 328 | 1 359 | 1 389 |
| 06 | 0 902 | 1 129 | 1 159 | 1 189 | 1 220 | 1 250 | 1 280 | 1 311 | 1 341 | 1 372 | 1 402 |
| 08 | 0 911 | 1 139 | 1 170 | 1 201 | 1 231 | 1 262 | 1 293 | 1 324 | 1 354 | 1 385 | 1 416 |
| 2,10 | 0 920 | 1 150 | 1 181 | 1 212 | 1 243 | 1 274 | 1 305 | 1 336 | 1 368 | 1 399 | 1 430 |
| 12 | 0 929 | 1 161 | 1 192 | 1 224 | 1 255 | 1 286 | 1 318 | 1 349 | 1 381 | 1 412 | 1 443 |

**119**

| LONGUEUR | 0,94 | 0,96 | 0,98 | 1,00 | 1,02 | 1,04 | 1,06 | 1,08 | 1,10 | 1,12 |
|---|---|---|---|---|---|---|---|---|---|---|
| 0,94 | 0 654 | | | | | | | | | |
| 96 | 0 668 | 0 682 | | | | | | | | |
| 98 | 0 682 | 0 696 | 0 711 | | | | | | | |
| 1,— | 0 696 | 0 710 | 0 725 | 0 740 | | | | | | |
| 02 | 0 710 | 0 725 | 0 740 | 0 755 | 0 770 | | | | | |
| 04 | 0 723 | 0 739 | 0 754 | 0 770 | 0 785 | 0 800 | | | | |
| 06 | 0 737 | 0 753 | 0 769 | 0 784 | 0 800 | 0 816 | 0 831 | | | |
| 08 | 0 751 | 0 767 | 0 783 | 0 799 | 0 815 | 0 831 | 0 847 | 0 863 | | |
| 1,10 | 0 765 | 0 781 | 0 798 | 0 814 | 0 830 | 0 847 | 0 863 | 0 879 | 0 895 | |
| 12 | 0 779 | 0 796 | 0 812 | 0 829 | 0 845 | 0 862 | 0 879 | 0 895 | 0 912 | 0 928 |
| 14 | 0 793 | 0 810 | 0 827 | 0 844 | 0 860 | 0 877 | 0 894 | 0 911 | 0 928 | 0 945 |
| 16 | 0 807 | 0 824 | 0 841 | 0 858 | 0 876 | 0 893 | 0 910 | 0 927 | 0 944 | 0 961 |
| 18 | 0 821 | 0 838 | 0 856 | 0 873 | 0 891 | 0 908 | 0 926 | 0 943 | 0 961 | 0 978 |
| 1,20 | 0 835 | 0 852 | 0 870 | 0 888 | 0 906 | 0 924 | 0 941 | 0 959 | 0 977 | 0 995 |
| 22 | 0 849 | 0 867 | 0 885 | 0 903 | 0 921 | 0 939 | 0 957 | 0 975 | 0 993 | 1 011 |
| 24 | 0 863 | 0 881 | 0 899 | 0 918 | 0 936 | 0 954 | 0 973 | 0 991 | 1 009 | 1 028 |
| 26 | 0 876 | 0 895 | 0 914 | 0 932 | 0 951 | 0 970 | 0 988 | 1 007 | 1 026 | 1 044 |
| 28 | 0 890 | 0 909 | 0 928 | 0 947 | 0 966 | 0 985 | 1 004 | 1 023 | 1 042 | 1 061 |
| 1,30 | 0 904 | 0 924 | 0 943 | 0 962 | 0 981 | 1 000 | 1 020 | 1 039 | 1 058 | 1 077 |
| 32 | 0 918 | 0 938 | 0 957 | 0 977 | 0 996 | 1 016 | 1 035 | 1 053 | 1 074 | 1 094 |
| 34 | 0 932 | 0 952 | 0 972 | 0 992 | 1 011 | 1 031 | 1 051 | 1 071 | 1 091 | 1 111 |
| 36 | 0 946 | 0 966 | 0 986 | 1 006 | 1 027 | 1 047 | 1 067 | 1 087 | 1 107 | 1 127 |
| 38 | 0 960 | 0 980 | 1 001 | 1 021 | 1 042 | 1 062 | 1 082 | 1 103 | 1 123 | 1 144 |
| 1,40 | 0 974 | 0 995 | 1 015 | 1 036 | 1 057 | 1 077 | 1 098 | 1 119 | 1 140 | 1 160 |
| 42 | 0 988 | 1 009 | 1 030 | 1 051 | 1 072 | 1 093 | 1 114 | 1 135 | 1 156 | 1 177 |
| 44 | 1 002 | 1 023 | 1 044 | 1 066 | 1 087 | 1 108 | 1 130 | 1 151 | 1 172 | 1 193 |
| 46 | 1 016 | 1 037 | 1 059 | 1 080 | 1 102 | 1 123 | 1 145 | 1 167 | 1 188 | 1 210 |
| 48 | 1 029 | 1 051 | 1 073 | 1 095 | 1 117 | 1 139 | 1 161 | 1 183 | 1 205 | 1 227 |
| 1,50 | 1 043 | 1 066 | 1 088 | 1 110 | 1 132 | 1 154 | 1 177 | 1 199 | 1 221 | 1 243 |
| 52 | 1 057 | 1 080 | 1 102 | 1 125 | 1 147 | 1 170 | 1 192 | 1 215 | 1 237 | 1 260 |
| 54 | 1 071 | 1 094 | 1 117 | 1 140 | 1 162 | 1 185 | 1 208 | 1 231 | 1 254 | 1 276 |
| 56 | 1 085 | 1 108 | 1 131 | 1 154 | 1 177 | 1 201 | 1 224 | 1 247 | 1 270 | 1 293 |
| 58 | 1 099 | 1 122 | 1 146 | 1 169 | 1 193 | 1 216 | 1 239 | 1 263 | 1 286 | 1 310 |
| 1,60 | 1 113 | 1 137 | 1 160 | 1 184 | 1 208 | 1 231 | 1 255 | 1 279 | 1 302 | 1 326 |
| 62 | 1 127 | 1 151 | 1 175 | 1 199 | 1 223 | 1 247 | 1 271 | 1 295 | 1 319 | 1 343 |
| 64 | 1 141 | 1 165 | 1 189 | 1 214 | 1 238 | 1 262 | 1 286 | 1 311 | 1 335 | 1 359 |
| 66 | 1 155 | 1 179 | 1 204 | 1 228 | 1 253 | 1 278 | 1 302 | 1 327 | 1 351 | 1 376 |
| 68 | 1 169 | 1 193 | 1 218 | 1 243 | 1 268 | 1 293 | 1 318 | 1 343 | 1 368 | 1 392 |
| 1,70 | 1 183 | 1 208 | 1 233 | 1 258 | 1 283 | 1 308 | 1 333 | 1 359 | 1 384 | 1 409 |
| 72 | 1 196 | 1 222 | 1 247 | 1 273 | 1 298 | 1 324 | 1 349 | 1 375 | 1 400 | 1 426 |
| 74 | 1 210 | 1 236 | 1 262 | 1 288 | 1 313 | 1 339 | 1 365 | 1 391 | 1 416 | 1 442 |
| 76 | 1 224 | 1 250 | 1 276 | 1 302 | 1 328 | 1 354 | 1 381 | 1 407 | 1 433 | 1 459 |
| 78 | 1 238 | 1 265 | 1 291 | 1 317 | 1 344 | 1 370 | 1 396 | 1 423 | 1 449 | 1 475 |
| 1,80 | 1 252 | 1 279 | 1 305 | 1 332 | 1 359 | 1 385 | 1 412 | 1 439 | 1 465 | 1 492 |
| 82 | 1 266 | 1 293 | 1 320 | 1 347 | 1 374 | 1 401 | 1 428 | 1 455 | 1 481 | 1 508 |
| 84 | 1 280 | 1 307 | 1 334 | 1 362 | 1 389 | 1 416 | 1 443 | 1 471 | 1 498 | 1 525 |
| 86 | 1 294 | 1 321 | 1 349 | 1 376 | 1 404 | 1 431 | 1 459 | 1 487 | 1 514 | 1 542 |
| 88 | 1 308 | 1 336 | 1 363 | 1 391 | 1 419 | 1 447 | 1 475 | 1 502 | 1 530 | 1 558 |
| 1,90 | 1 322 | 1 350 | 1 378 | 1 406 | 1 434 | 1 462 | 1 490 | 1 518 | 1 547 | 1 575 |
| 92 | 1 336 | 1 364 | 1 392 | 1 421 | 1 449 | 1 478 | 1 506 | 1 534 | 1 563 | 1 591 |
| 94 | 1 349 | 1 378 | 1 407 | 1 436 | 1 464 | 1 493 | 1 522 | 1 550 | 1 579 | 1 608 |
| 96 | 1 363 | 1 392 | 1 421 | 1 450 | 1 479 | 1 508 | 1 537 | 1 566 | 1 595 | 1 624 |
| 98 | 1 377 | 1 407 | 1 436 | 1 465 | 1 495 | 1 524 | 1 553 | 1 582 | 1 612 | 1 641 |
| 2,— | 1 391 | 1 421 | 1 450 | 1 480 | 1 510 | 1 539 | 1 569 | 1 598 | 1 628 | 1 658 |
| 02 | 1 405 | 1 435 | 1 465 | 1 495 | 1 525 | 1 555 | 1 584 | 1 614 | 1 644 | 1 674 |
| 04 | 1 419 | 1 449 | 1 479 | 1 510 | 1 540 | 1 570 | 1 600 | 1 630 | 1 661 | 1 691 |
| 06 | 1 433 | 1 463 | 1 494 | 1 524 | 1 555 | 1 585 | 1 616 | 1 646 | 1 677 | 1 707 |
| 08 | 1 447 | 1 478 | 1 508 | 1 539 | 1 570 | 1 601 | 1 632 | 1 662 | 1 693 | 1 724 |
| 2,10 | 1 461 | 1 492 | 1 523 | 1 554 | 1 585 | 1 616 | 1 647 | 1 678 | 1 709 | 1 740 |
| 12 | 1 475 | 1 506 | 1 537 | 1 569 | 1 600 | 1 632 | 1 663 | 1 694 | 1 726 | 1 757 |

Épaisseur : 0m 74 centimètres — **120**

| LONGUEUR | 1,14 | 1,16 | 1,18 | 1,20 | 1,22 | 1,24 | 1,26 | 1,28 | 1,30 | 1,32 |
|---|---|---|---|---|---|---|---|---|---|---|
| 1,14 | 0 962 | | | | | | | | | |
| 16 | 0 979 | 0 996 | | | | | | | | |
| 18 | 0 995 | 1 013 | 1 030 | | | | | | | |
| 1,20 | 1 012 | 1 030 | 1 048 | 1 066 | | | | | | |
| 22 | 1 029 | 1 047 | 1 065 | 1 083 | 1 101 | | | | | |
| 24 | 1 046 | 1 064 | 1 083 | 1 101 | 1 119 | 1 138 | | | | |
| 26 | 1 063 | 1 082 | 1 100 | 1 119 | 1 138 | 1 156 | 1 175 | | | |
| 28 | 1 080 | 1 099 | 1 118 | 1 137 | 1 156 | 1 175 | 1 193 | 1 212 | | |
| 1,30 | 1 097 | 1 116 | 1 135 | 1 154 | 1 174 | 1 193 | 1 212 | 1 231 | 1 251 | |
| 32 | 1 114 | 1 133 | 1 153 | 1 172 | 1 192 | 1 211 | 1 231 | 1 250 | 1 270 | 1 289 |
| 34 | 1 130 | 1 150 | 1 170 | 1 190 | 1 210 | 1 230 | 1 249 | 1 269 | 1 289 | 1 309 |
| 36 | 1 147 | 1 167 | 1 188 | 1 208 | 1 228 | 1 248 | 1 268 | 1 288 | 1 308 | 1 328 |
| 38 | 1 164 | 1 185 | 1 205 | 1 225 | 1 246 | 1 266 | 1 287 | 1 307 | 1 328 | 1 348 |
| 1,40 | 1 181 | 1 202 | 1 222 | 1 243 | 1 264 | 1 285 | 1 305 | 1 326 | 1 347 | 1 368 |
| 42 | 1 198 | 1 219 | 1 240 | 1 261 | 1 282 | 1 303 | 1 324 | 1 345 | 1 366 | 1 387 |
| 44 | 1 215 | 1 236 | 1 257 | 1 279 | 1 300 | 1 321 | 1 343 | 1 364 | 1 385 | 1 407 |
| 46 | 1 232 | 1 253 | 1 275 | 1 296 | 1 318 | 1 340 | 1 361 | 1 383 | 1 405 | 1 426 |
| 48 | 1 249 | 1 270 | 1 292 | 1 314 | 1 336 | 1 358 | 1 380 | 1 402 | 1 424 | 1 446 |
| 1,50 | 1 265 | 1 288 | 1 310 | 1 332 | 1 354 | 1 376 | 1 399 | 1 421 | 1 443 | 1 465 |
| 52 | 1 282 | 1 305 | 1 327 | 1 350 | 1 372 | 1 395 | 1 417 | 1 440 | 1 462 | 1 485 |
| 54 | 1 299 | 1 322 | 1 345 | 1 368 | 1 390 | 1 413 | 1 436 | 1 459 | 1 481 | 1 504 |
| 56 | 1 316 | 1 339 | 1 362 | 1 385 | 1 408 | 1 431 | 1 455 | 1 478 | 1 501 | 1 524 |
| 58 | 1 333 | 1 356 | 1 380 | 1 403 | 1 426 | 1 450 | 1 473 | 1 497 | 1 520 | 1 543 |
| 1,60 | 1 350 | 1 373 | 1 397 | 1 421 | 1 444 | 1 468 | 1 492 | 1 516 | 1 539 | 1 563 |
| 62 | 1 367 | 1 391 | 1 415 | 1 439 | 1 463 | 1 487 | 1 510 | 1 534 | 1 558 | 1 582 |
| 64 | 1 384 | 1 408 | 1 432 | 1 456 | 1 481 | 1 505 | 1 529 | 1 553 | 1 578 | 1 602 |
| 66 | 1 400 | 1 425 | 1 450 | 1 474 | 1 499 | 1 523 | 1 548 | 1 572 | 1 597 | 1 621 |
| 68 | 1 417 | 1 442 | 1 467 | 1 492 | 1 517 | 1 542 | 1 566 | 1 591 | 1 616 | 1 641 |
| 1,70 | 1 434 | 1 459 | 1 484 | 1 510 | 1 535 | 1 560 | 1 585 | 1 610 | 1 635 | 1 661 |
| 72 | 1 451 | 1 476 | 1 502 | 1 527 | 1 553 | 1 578 | 1 604 | 1 629 | 1 655 | 1 680 |
| 74 | 1 468 | 1 494 | 1 519 | 1 545 | 1 571 | 1 597 | 1 622 | 1 648 | 1 674 | 1 700 |
| 76 | 1 485 | 1 511 | 1 537 | 1 563 | 1 589 | 1 615 | 1 641 | 1 667 | 1 693 | 1 719 |
| 78 | 1 502 | 1 528 | 1 554 | 1 581 | 1 607 | 1 633 | 1 660 | 1 686 | 1 712 | 1 739 |
| 1,80 | 1 518 | 1 545 | 1 572 | 1 598 | 1 625 | 1 652 | 1 678 | 1 705 | 1 732 | 1 758 |
| 82 | 1 535 | 1 562 | 1 589 | 1 616 | 1 643 | 1 670 | 1 697 | 1 724 | 1 751 | 1 778 |
| 84 | 1 552 | 1 579 | 1 607 | 1 634 | 1 661 | 1 688 | 1 716 | 1 743 | 1 770 | 1 797 |
| 86 | 1 569 | 1 597 | 1 624 | 1 652 | 1 679 | 1 707 | 1 734 | 1 762 | 1 789 | 1 817 |
| 88 | 1 586 | 1 614 | 1 642 | 1 669 | 1 697 | 1 725 | 1 753 | 1 781 | 1 809 | 1 836 |
| 1,90 | 1 603 | 1 631 | 1 659 | 1 687 | 1 715 | 1 743 | 1 772 | 1 800 | 1 828 | 1 856 |
| 92 | 1 620 | 1 648 | 1 677 | 1 705 | 1 733 | 1 762 | 1 790 | 1 819 | 1 847 | 1 875 |
| 94 | 1 637 | 1 665 | 1 694 | 1 723 | 1 751 | 1 780 | 1 809 | 1 838 | 1 866 | 1 895 |
| 96 | 1 653 | 1 682 | 1 711 | 1 740 | 1 769 | 1 798 | 1 828 | 1 857 | 1 886 | 1 915 |
| 98 | 1 670 | 1 700 | 1 729 | 1 758 | 1 788 | 1 817 | 1 846 | 1 875 | 1 905 | 1 934 |
| 2,— | 1 687 | 1 717 | 1 746 | 1 776 | 1 806 | 1 835 | 1 865 | 1 894 | 1 924 | 1 954 |
| 02 | 1 704 | 1 734 | 1 764 | 1 794 | 1 824 | 1 854 | 1 883 | 1 913 | 1 943 | 1 973 |
| 04 | 1 721 | 1 751 | 1 781 | 1 812 | 1 842 | 1 872 | 1 902 | 1 932 | 1 962 | 1 993 |
| 06 | 1 738 | 1 768 | 1 799 | 1 829 | 1 860 | 1 890 | 1 921 | 1 951 | 1 982 | 2 012 |
| 08 | 1 755 | 1 785 | 1 816 | 1 847 | 1 878 | 1 909 | 1 939 | 1 970 | 2 001 | 2 032 |
| 2,10 | 1 772 | 1 803 | 1 834 | 1 865 | 1 896 | 1 927 | 1 958 | 1 989 | 2 020 | 2 051 |
| 12 | 1 788 | 1 820 | 1 851 | 1 883 | 1 914 | 1 945 | 1 977 | 2 008 | 2 039 | 2 071 |
| 14 | 1 805 | 1 837 | 1 869 | 1 900 | 1 932 | 1 964 | 1 995 | 2 027 | 2 059 | 2 090 |
| 16 | 1 822 | 1 854 | 1 886 | 1 918 | 1 950 | 1 982 | 2 014 | 2 046 | 2 078 | 2 110 |
| 18 | 1 839 | 1 871 | 1 904 | 1 936 | 1 968 | 2 000 | 2 033 | 2 065 | 2 097 | 2 129 |
| 2,20 | 1 856 | 1 888 | 1 921 | 1 954 | 1 986 | 2 019 | 2 051 | 2 084 | 2 116 | 2 149 |
| 22 | 1 873 | 1 906 | 1 939 | 1 971 | 2 004 | 2 037 | 2 070 | 2 103 | 2 136 | 2 168 |
| 24 | 1 890 | 1 923 | 1 956 | 1 989 | 2 022 | 2 055 | 2 089 | 2 122 | 2 155 | 2 188 |
| 26 | 1 907 | 1 940 | 1 973 | 2 007 | 2 040 | 2 074 | 2 107 | 2 141 | 2 174 | 2 208 |
| 28 | 1 923 | 1 957 | 1 991 | 2 025 | 2 058 | 2 092 | 2 126 | 2 160 | 2 193 | 2 227 |
| 2,30 | 1 940 | 1 974 | 2 008 | 2 042 | 2 076 | 2 110 | 2 145 | 2 179 | 2 213 | 2 247 |
| 32 | 1 957 | 1 991 | 2 026 | 2 060 | 2 094 | 2 129 | 2 163 | 2 198 | 2 232 | 2 266 |
| 34 | 1 974 | 2 009 | 2 043 | 2 078 | 2 113 | 2 147 | 2 182 | 2 216 | 2 251 | 2 286 |
| 36 | 1 991 | 2 026 | 2 061 | 2 096 | 2 131 | 2 166 | 2 200 | 2 235 | 2 270 | 2 305 |
| 38 | 2 008 | 2 043 | 2 078 | 2 113 | 2 149 | 2 184 | 2 219 | 2 254 | 2 289 | 2 325 |
| 2,40 | 2 025 | 2 060 | 2 096 | 2 131 | 2 167 | 2 202 | 2 238 | 2 273 | 2 309 | 2 344 |
| 42 | 2 042 | 2 077 | 2 113 | 2 149 | 2 185 | 2 221 | 2 256 | 2 292 | 2 328 | 2 364 |
| 44 | 2 058 | 2 094 | 2 131 | 2 167 | 2 203 | 2 239 | 2 275 | 2 311 | 2 347 | 2 383 |
| 46 | 2 075 | 2 112 | 2 148 | 2 184 | 2 221 | 2 257 | 2 294 | 2 330 | 2 367 | 2 403 |
| 48 | 2 092 | 2 129 | 2 166 | 2 202 | 2 239 | 2 276 | 2 312 | 2 349 | 2 386 | 2 422 |
| 2,50 | 2 109 | 2 146 | 2 183 | 2 220 | 2 257 | 2 294 | 2 331 | 2 368 | 2 405 | 2 442 |
| 52 | 2 126 | 2 163 | 2 200 | 2 238 | 2 275 | 2 312 | 2 350 | 2 387 | 2 424 | 2 462 |

Épaisseur : 0m 74 centimètres — **121**

| LONGUEUR | 1,34 | 1,36 | 1,38 | 1,40 | 1,42 | 1,44 | 1,46 | 1,48 | 1,50 | 1,52 |
|---|---|---|---|---|---|---|---|---|---|---|
| 1,34 | 1 329 | | | | | | | | | |
| 36 | 1 349 | 1 369 | | | | | | | | |
| 38 | 1 368 | 1 389 | 1 409 | | | | | | | |
| 1,40 | 1 388 | 1 409 | 1 430 | 1 450 | | | | | | |
| 42 | 1 408 | 1 429 | 1 450 | 1 471 | 1 492 | | | | | |
| 44 | 1 428 | 1 449 | 1 471 | 1 492 | 1 513 | 1 534 | | | | |
| 46 | 1 448 | 1 469 | 1 491 | 1 513 | 1 534 | 1 556 | 1 577 | | | |
| 48 | 1 468 | 1 489 | 1 511 | 1 533 | 1 555 | 1 577 | 1 599 | 1 621 | | |
| 1,50 | 1 487 | 1 510 | 1 532 | 1 554 | 1 576 | 1 598 | 1 621 | 1 643 | 1 665 | |
| 52 | 1 507 | 1 530 | 1 552 | 1 575 | 1 597 | 1 620 | 1 642 | 1 665 | 1 687 | 1 710 |
| 54 | 1 527 | 1 550 | 1 573 | 1 595 | 1 618 | 1 641 | 1 664 | 1 687 | 1 709 | 1 732 |
| 56 | 1 547 | 1 570 | 1 593 | 1 616 | 1 639 | 1 662 | 1 685 | 1 709 | 1 732 | 1 755 |
| 58 | 1 567 | 1 590 | 1 613 | 1 637 | 1 660 | 1 681 | 1 707 | 1 730 | 1 754 | 1 777 |
| 1,60 | 1 587 | 1 610 | 1 634 | 1 658 | 1 681 | 1 705 | 1 729 | 1 752 | 1 776 | 1 800 |
| 62 | 1 606 | 1 630 | 1 654 | 1 678 | 1 702 | 1 726 | 1 750 | 1 774 | 1 798 | 1 822 |
| 64 | 1 626 | 1 650 | 1 675 | 1 699 | 1 723 | 1 748 | 1 772 | 1 796 | 1 820 | 1 845 |
| 66 | 1 646 | 1 671 | 1 695 | 1 720 | 1 744 | 1 769 | 1 793 | 1 818 | 1 843 | 1 867 |
| 68 | 1 666 | 1 691 | 1 716 | 1 740 | 1 765 | 1 790 | 1 815 | 1 840 | 1 865 | 1 890 |
| 1,70 | 1 686 | 1 711 | 1 736 | 1 761 | 1 786 | 1 812 | 1 837 | 1 862 | 1 887 | 1 912 |
| 72 | 1 706 | 1 731 | 1 756 | 1 782 | 1 807 | 1 833 | 1 858 | 1 884 | 1 909 | 1 935 |
| 74 | 1 725 | 1 751 | 1 777 | 1 803 | 1 828 | 1 854 | 1 880 | 1 906 | 1 931 | 1 957 |
| 76 | 1 745 | 1 771 | 1 797 | 1 823 | 1 849 | 1 875 | 1 902 | 1 928 | 1 954 | 1 980 |
| 78 | 1 765 | 1 791 | 1 818 | 1 844 | 1 870 | 1 897 | 1 923 | 1 949 | 1 976 | 2 002 |
| 1,80 | 1 785 | 1 812 | 1 838 | 1 865 | 1 891 | 1 918 | 1 945 | 1 971 | 1 998 | 2 025 |
| 82 | 1 805 | 1 832 | 1 859 | 1 886 | 1 912 | 1 939 | 1 966 | 1 993 | 2 020 | 2 047 |
| 84 | 1 825 | 1 852 | 1 879 | 1 906 | 1 933 | 1 961 | 1 988 | 2 015 | 2 042 | 2 070 |
| 86 | 1 845 | 1 872 | 1 899 | 1 927 | 1 954 | 1 982 | 2 010 | 2 037 | 2 065 | 2 092 |
| 88 | 1 864 | 1 892 | 1 920 | 1 948 | 1 976 | 2 003 | 2 031 | 2 059 | 2 087 | 2 115 |
| 1,90 | 1 881 | 1 912 | 1 940 | 1 968 | 1 997 | 2 025 | 2 053 | 2 081 | 2 109 | 2 137 |
| 92 | 1 904 | 1 932 | 1 961 | 1 989 | 2 018 | 2 046 | 2 074 | 2 103 | 2 131 | 2 160 |
| 94 | 1 924 | 1 952 | 1 981 | 2 010 | 2 039 | 2 067 | 2 096 | 2 125 | 2 153 | 2 182 |
| 96 | 1 944 | 1 973 | 2 002 | 2 031 | 2 060 | 2 089 | 2 118 | 2 147 | 2 176 | 2 205 |
| 98 | 1 963 | 1 993 | 2 022 | 2 051 | 2 081 | 2 110 | 2 139 | 2 168 | 2 198 | 2 227 |
| 2,— | 1 983 | 2 013 | 2 042 | 2 072 | 2 102 | 2 131 | 2 161 | 2 190 | 2 220 | 2 250 |
| 02 | 2 003 | 2 033 | 2 063 | 2 093 | 2 123 | 2 153 | 2 182 | 2 212 | 2 242 | 2 272 |
| 04 | 2 023 | 2 053 | 2 083 | 2 113 | 2 143 | 2 173 | 2 203 | 2 233 | 2 264 | 2 295 |
| 06 | 2 043 | 2 073 | 2 104 | 2 134 | 2 165 | 2 195 | 2 226 | 2 256 | 2 287 | 2 317 |
| 08 | 2 063 | 2 093 | 2 124 | 2 155 | 2 186 | 2 216 | 2 247 | 2 278 | 2 309 | 2 340 |
| 2,10 | 2 082 | 2 113 | 2 145 | 2 176 | 2 207 | 2 238 | 2 269 | 2 300 | 2 331 | 2 362 |
| 12 | 2 102 | 2 134 | 2 165 | 2 196 | 2 228 | 2 259 | 2 290 | 2 322 | 2 353 | 2 385 |
| 14 | 2 122 | 2 154 | 2 185 | 2 217 | 2 249 | 2 280 | 2 312 | 2 344 | 2 375 | 2 407 |
| 16 | 2 142 | 2 174 | 2 206 | 2 238 | 2 270 | 2 302 | 2 334 | 2 366 | 2 398 | 2 430 |
| 18 | 2 162 | 2 194 | 2 226 | 2 258 | 2 291 | 2 323 | 2 355 | 2 388 | 2 420 | 2 452 |
| 2,20 | 2 182 | 2 214 | 2 247 | 2 279 | 2 312 | 2 344 | 2 377 | 2 409 | 2 442 | 2 475 |
| 22 | 2 201 | 2 234 | 2 267 | 2 300 | 2 333 | 2 366 | 2 398 | 2 431 | 2 464 | 2 497 |
| 24 | 2 221 | 2 254 | 2 287 | 2 321 | 2 354 | 2 387 | 2 420 | 2 453 | 2 486 | 2 520 |
| 26 | 2 241 | 2 274 | 2 308 | 2 341 | 2 375 | 2 408 | 2 442 | 2 475 | 2 509 | 2 542 |
| 28 | 2 261 | 2 295 | 2 328 | 2 362 | 2 396 | 2 430 | 2 463 | 2 497 | 2 531 | 2 565 |
| 2,30 | 2 281 | 2 315 | 2 349 | 2 383 | 2 417 | 2 451 | 2 485 | 2 519 | 2 553 | 2 587 |
| 32 | 2 301 | 2 335 | 2 369 | 2 404 | 2 438 | 2 472 | 2 506 | 2 541 | 2 575 | 2 610 |
| 34 | 2 320 | 2 355 | 2 390 | 2 424 | 2 459 | 2 494 | 2 528 | 2 563 | 2 597 | 2 632 |
| 36 | 2 340 | 2 375 | 2 410 | 2 445 | 2 480 | 2 515 | 2 550 | 2 585 | 2 620 | 2 655 |
| 38 | 2 360 | 2 395 | 2 430 | 2 466 | 2 501 | 2 536 | 2 571 | 2 607 | 2 642 | 2 677 |
| 2,40 | 2 380 | 2 415 | 2 451 | 2 486 | 2 522 | 2 557 | 2 593 | 2 628 | 2 664 | 2 700 |
| 42 | 2 400 | 2 435 | 2 471 | 2 507 | 2 543 | 2 579 | 2 614 | 2 650 | 2 686 | 2 722 |
| 44 | 2 420 | 2 456 | 2 492 | 2 528 | 2 564 | 2 600 | 2 636 | 2 672 | 2 708 | 2 745 |
| 46 | 2 440 | 2 476 | 2 512 | 2 549 | 2 585 | 2 621 | 2 658 | 2 694 | 2 731 | 2 767 |
| 48 | 2 459 | 2 496 | 2 533 | 2 569 | 2 606 | 2 643 | 2 679 | 2 716 | 2 753 | 2 790 |
| 2,50 | 2 479 | 2 516 | 2 553 | 2 590 | 2 627 | 2 664 | 2 701 | 2 738 | 2 775 | 2 812 |
| 52 | 2 499 | 2 536 | 2 573 | 2 611 | 2 648 | 2 685 | 2 723 | 2 760 | 2 797 | 2 834 |

| LONGr | FUTAILLES | LARGEUR 0,76 | 0,78 | 0,80 | 0,82 | 0,84 | 0,86 | 0,88 | 0,90 | 0,92 | 0,94 |
|---|---|---|---|---|---|---|---|---|---|---|---|
| **0,76** | 0 351 | 0 439 | | | | | | | | | |
| **78** | 0 360 | 0 451 | 0 462 | | | | | | | | |
| **0,80** | 0 370 | 0 462 | 0 471 | 0 486 | | | | | | | |
| **82** | 0 379 | 0 474 | 0 486 | 0 499 | 0 511 | | | | | | |
| **84** | 0 388 | 0 485 | 0 498 | 0 511 | 0 523 | 0 536 | | | | | |
| **86** | 0 397 | 0 497 | 0 510 | 0 523 | 0 536 | 0 549 | 0 562 | | | | |
| **88** | 0 407 | 0 508 | 0 522 | 0 535 | 0 548 | 0 562 | 0 575 | 0 589 | | | |
| **0,90** | 0 416 | 0 520 | 0 534 | 0 547 | 0 561 | 0 575 | 0 588 | 0 602 | 0 616 | | |
| **92** | 0 425 | 0 531 | 0 545 | 0 559 | 0 573 | 0 587 | 0 601 | 0 615 | 0 629 | 0 643 | |
| **94** | 0 434 | 0 543 | 0 557 | 0 572 | 0 586 | 0 600 | 0 614 | 0 629 | 0 643 | 0 657 | 0 672 |
| **96** | 0 444 | 0 554 | 0 569 | 0 584 | 0 598 | 0 613 | 0 627 | 0 642 | 0 657 | 0 671 | 0 686 |
| **98** | 0 453 | 0 566 | 0 581 | 0 596 | 0 611 | 0 626 | 0 641 | 0 655 | 0 670 | 0 685 | 0 700 |
| **1,—** | 0 462 | 0 578 | 0 593 | 0 608 | 0 623 | 0 638 | 0 654 | 0 669 | 0 684 | 0 699 | 0 714 |
| **02** | 0 471 | 0 589 | 0 605 | 0 620 | 0 636 | 0 651 | 0 667 | 0 682 | 0 698 | 0 713 | 0 729 |
| **04** | 0 481 | 0 601 | 0 617 | 0 632 | 0 648 | 0 664 | 0 680 | 0 696 | 0 711 | 0 727 | 0 743 |
| **06** | 0 490 | 0 612 | 0 628 | 0 644 | 0 661 | 0 677 | 0 693 | 0 709 | 0 725 | 0 741 | 0 757 |
| **08** | 0 499 | 0 624 | 0 640 | 0 657 | 0 673 | 0 689 | 0 706 | 0 722 | 0 739 | 0 755 | 0 772 |
| **1,10** | 0 508 | 0 635 | 0 652 | 0 669 | 0 686 | 0 702 | 0 719 | 0 736 | 0 752 | 0 769 | 0 786 |
| **12** | 0 518 | 0 647 | 0 664 | 0 681 | 0 698 | 0 715 | 0 732 | 0 749 | 0 766 | 0 783 | 0 800 |
| **14** | 0 527 | 0 658 | 0 676 | 0 693 | 0 710 | 0 728 | 0 745 | 0 762 | 0 780 | 0 797 | 0 814 |
| **16** | 0 536 | 0 670 | 0 688 | 0 705 | 0 723 | 0 741 | 0 758 | 0 776 | 0 793 | 0 811 | 0 829 |
| **18** | 0 545 | 0 682 | 0 700 | 0 717 | 0 735 | 0 753 | 0 771 | 0 789 | 0 807 | 0 825 | 0 843 |
| **1,20** | 0 554 | 0 693 | 0 711 | 0 730 | 0 748 | 0 766 | 0 784 | 0 803 | 0 821 | 0 839 | 0 857 |
| **22** | 0 564 | 0 705 | 0 723 | 0 742 | 0 760 | 0 779 | 0 797 | 0 816 | 0 834 | 0 853 | 0 872 |
| **24** | 0 573 | 0 716 | 0 735 | 0 754 | 0 773 | 0 792 | 0 810 | 0 829 | 0 848 | 0 867 | 0 886 |
| **26** | 0 582 | 0 728 | 0 747 | 0 766 | 0 785 | 0 804 | 0 824 | 0 843 | 0 862 | 0 881 | 0 900 |
| **28** | 0 591 | 0 739 | 0 759 | 0 778 | 0 798 | 0 817 | 0 837 | 0 856 | 0 876 | 0 895 | 0 914 |
| **1,30** | 0 601 | 0 751 | 0 771 | 0 790 | 0 810 | 0 830 | 0 850 | 0 869 | 0 889 | 0 909 | 0 929 |
| **32** | 0 610 | 0 762 | 0 782 | 0 803 | 0 823 | 0 843 | 0 863 | 0 883 | 0 903 | 0 923 | 0 943 |
| **34** | 0 619 | 0 774 | 0 794 | 0 815 | 0 835 | 0 855 | 0 876 | 0 896 | 0 917 | 0 937 | 0 957 |
| **36** | 0 628 | 0 786 | 0 806 | 0 827 | 0 848 | 0 868 | 0 889 | 0 910 | 0 930 | 0 951 | 0 972 |
| **38** | 0 638 | 0 797 | 0 818 | 0 839 | 0 860 | 0 881 | 0 902 | 0 923 | 0 944 | 0 965 | 0 986 |
| **1,40** | 0 647 | 0 809 | 0 830 | 0 851 | 0 872 | 0 894 | 0 915 | 0 936 | 0 958 | 0 979 | 1 000 |
| **42** | 0 656 | 0 820 | 0 842 | 0 863 | 0 885 | 0 907 | 0 928 | 0 950 | 0 971 | 0 993 | 1 014 |
| **44** | 0 665 | 0 832 | 0 854 | 0 876 | 0 897 | 0 919 | 0 941 | 0 963 | 0 985 | 1 007 | 1 029 |
| **46** | 0 675 | 0 843 | 0 865 | 0 888 | 0 910 | 0 932 | 0 954 | 0 976 | 0 999 | 1 021 | 1 043 |
| **48** | 0 684 | 0 855 | 0 877 | 0 900 | 0 922 | 0 945 | 0 967 | 0 990 | 1 012 | 1 035 | 1 057 |
| **1,50** | 0 693 | 0 866 | 0 889 | 0 912 | 0 935 | 0 958 | 0 980 | 1 003 | 1 026 | 1 049 | 1 072 |
| **52** | 0 702 | 0 878 | 0 901 | 0 924 | 0 947 | 0 970 | 0 993 | 1 017 | 1 040 | 1 063 | 1 086 |
| **54** | 0 712 | 0 890 | 0 913 | 0 936 | 0 960 | 0 983 | 1 007 | 1 030 | 1 053 | 1 077 | 1 100 |
| **56** | 0 721 | 0 901 | 0 925 | 0 948 | 0 972 | 0 996 | 1 020 | 1 043 | 1 067 | 1 091 | 1 114 |
| **58** | 0 730 | 0 913 | 0 937 | 0 961 | 0 985 | 1 009 | 1 033 | 1 057 | 1 081 | 1 105 | 1 129 |
| **1,60** | 0 739 | 0 924 | 0 948 | 0 973 | 0 997 | 1 021 | 1 046 | 1 070 | 1 094 | 1 119 | 1 143 |
| **62** | 0 749 | 0 936 | 0 960 | 0 985 | 1 010 | 1 034 | 1 059 | 1 083 | 1 108 | 1 133 | 1 157 |
| **64** | 0 758 | 0 947 | 0 972 | 0 997 | 1 022 | 1 047 | 1 072 | 1 097 | 1 122 | 1 147 | 1 172 |
| **66** | 0 767 | 0 959 | 0 984 | 1 009 | 1 035 | 1 060 | 1 085 | 1 110 | 1 135 | 1 161 | 1 186 |
| **68** | 0 776 | 0 970 | 0 996 | 1 021 | 1 047 | 1 073 | 1 098 | 1 124 | 1 149 | 1 175 | 1 200 |
| **1,70** | 0 786 | 0 982 | 1 008 | 1 034 | 1 059 | 1 085 | 1 111 | 1 137 | 1 163 | 1 189 | 1 214 |
| **72** | 0 795 | 0 993 | 1 020 | 1 046 | 1 072 | 1 098 | 1 124 | 1 150 | 1 176 | 1 203 | 1 229 |
| **74** | 0 804 | 1 005 | 1 031 | 1 058 | 1 085 | 1 111 | 1 137 | 1 164 | 1 190 | 1 217 | 1 243 |
| **76** | 0 813 | 1 017 | 1 043 | 1 070 | 1 097 | 1 124 | 1 150 | 1 177 | 1 204 | 1 231 | 1 257 |
| **78** | 0 823 | 1 028 | 1 055 | 1 082 | 1 109 | 1 136 | 1 163 | 1 190 | 1 218 | 1 245 | 1 272 |
| **1,80** | 0 832 | 1 040 | 1 067 | 1 094 | 1 122 | 1 149 | 1 176 | 1 204 | 1 231 | 1 259 | 1 286 |
| **82** | 0 841 | 1 051 | 1 079 | 1 107 | 1 134 | 1 162 | 1 190 | 1 217 | 1 245 | 1 273 | 1 300 |
| **84** | 0 850 | 1 063 | 1 091 | 1 119 | 1 147 | 1 175 | 1 203 | 1 231 | 1 259 | 1 287 | 1 314 |
| **86** | 0 860 | 1 074 | 1 103 | 1 131 | 1 159 | 1 187 | 1 216 | 1 244 | 1 272 | 1 301 | 1 329 |
| **88** | 0 869 | 1 086 | 1 115 | 1 143 | 1 172 | 1 200 | 1 229 | 1 257 | 1 286 | 1 314 | 1 343 |
| **1,90** | 0 878 | 1 097 | 1 126 | 1 155 | 1 184 | 1 213 | 1 242 | 1 271 | 1 300 | 1 328 | 1 357 |
| **92** | 0 887 | 1 109 | 1 138 | 1 167 | 1 197 | 1 226 | 1 255 | 1 284 | 1 313 | 1 342 | 1 372 |
| **94** | 0 896 | 1 121 | 1 150 | 1 180 | 1 209 | 1 238 | 1 268 | 1 297 | 1 327 | 1 356 | 1 386 |
| **96** | 0 906 | 1 132 | 1 162 | 1 192 | 1 221 | 1 251 | 1 281 | 1 311 | 1 341 | 1 370 | 1 400 |
| **98** | 0 915 | 1 144 | 1 174 | 1 204 | 1 234 | 1 264 | 1 294 | 1 324 | 1 354 | 1 384 | 1 415 |
| **2,—** | 0 924 | 1 155 | 1 186 | 1 216 | 1 246 | 1 277 | 1 307 | 1 338 | 1 368 | 1 398 | 1 429 |
| **02** | 0 933 | 1 167 | 1 197 | 1 228 | 1 259 | 1 290 | 1 320 | 1 351 | 1 382 | 1 412 | 1 443 |
| **04** | 0 943 | 1 178 | 1 209 | 1 240 | 1 271 | 1 302 | 1 333 | 1 364 | 1 395 | 1 426 | 1 457 |
| **06** | 0 952 | 1 190 | 1 221 | 1 252 | 1 284 | 1 315 | 1 346 | 1 378 | 1 409 | 1 440 | 1 472 |
| **08** | 0 961 | 1 201 | 1 233 | 1 265 | 1 296 | 1 328 | 1 359 | 1 391 | 1 423 | 1 454 | 1 486 |
| **2,10** | 0 970 | 1 213 | 1 245 | 1 277 | 1 309 | 1 341 | 1 373 | 1 404 | 1 436 | 1 468 | 1 500 |
| **12** | 0 980 | 1 225 | 1 257 | 1 289 | 1 321 | 1 353 | 1 386 | 1 418 | 1 450 | 1 482 | 1 515 |
| **14** | 0 989 | 1 236 | 1 269 | 1 301 | 1 334 | 1 366 | 1 399 | 1 431 | 1 464 | 1 496 | 1 529 |





| LONGUEUR | LARGEUR 0.96 | 0,98 | 1,00 | 1,02 | 1,04 | 1.06 | 1.08 | 1.10 | 1,12 | 1,14 |
|---|---|---|---|---|---|---|---|---|---|---|
| **0,96** | 0 700 | | | | | | | | | |
| **98** | 0 715 | 0 730 | | | | | | | | |
| **1,—** | 0 730 | 0 745 | 0 760 | | | | | | | |
| **02** | 0 744 | 0 760 | 0 775 | 0 791 | | | | | | |
| **04** | 0 759 | 0 775 | 0 790 | 0 806 | 0 822 | | | | | |
| **06** | 0 773 | 0 789 | 0 806 | 0 822 | 0 838 | 0 854 | | | | |
| **08** | 0 788 | 0 804 | 0 821 | 0 837 | 0 854 | 0 870 | 0 886 | | | |
| **1,10** | 0 803 | 0 819 | 0 836 | 0 853 | 0 869 | 0 886 | 0 903 | 0 920 | | |
| **12** | 0 817 | 0 834 | 0 851 | 0 868 | 0 885 | 0 902 | 0 919 | 0 936 | 0 953 | |
| **14** | 0 832 | 0 849 | 0 866 | 0 884 | 0 901 | 0 918 | 0 936 | 0 953 | 0 970 | 0 988 |
| **16** | 0 846 | 0 864 | 0 882 | 0 899 | 0 917 | 0 934 | 0 952 | 0 970 | 0 987 | 1 005 |
| **18** | 0 861 | 0 879 | 0 897 | 0 915 | 0 933 | 0 951 | 0 969 | 0 986 | 1 004 | 1 022 |
| **1,20** | 0 876 | 0 894 | 0 912 | 0 930 | 0 948 | 0 967 | 0 985 | 1 003 | 1 021 | 1 040 |
| **22** | 0 890 | 0 909 | 0 927 | 0 946 | 0 964 | 0 983 | 1 001 | 1 020 | 1 038 | 1 057 |
| **24** | 0 905 | 0 924 | 0 942 | 0 961 | 0 980 | 0 999 | 1 018 | 1 037 | 1 055 | 1 074 |
| **26** | 0 919 | 0 938 | 0 958 | 0 977 | 0 996 | 1 015 | 1 034 | 1 053 | 1 073 | 1 092 |
| **28** | 0 934 | 0 953 | 0 973 | 0 992 | 1 012 | 1 031 | 1 051 | 1 070 | 1 090 | 1 109 |
| **1,30** | 0 948 | 0 968 | 0 988 | 1 008 | 1 028 | 1 047 | 1 067 | 1 087 | 1 107 | 1 126 |
| **32** | 0 963 | 0 983 | 1 003 | 1 023 | 1 043 | 1 063 | 1 083 | 1 104 | 1 124 | 1 144 |
| **34** | 0 978 | 0 998 | 1 018 | 1 039 | 1 059 | 1 080 | 1 100 | 1 120 | 1 141 | 1 161 |
| **36** | 0 992 | 1 013 | 1 034 | 1 054 | 1 075 | 1 096 | 1 116 | 1 137 | 1 158 | 1 178 |
| **38** | 1 007 | 1 028 | 1 049 | 1 070 | 1 091 | 1 112 | 1 133 | 1 154 | 1 175 | 1 196 |
| **1,40** | 1 021 | 1 043 | 1 064 | 1 085 | 1 107 | 1 128 | 1 149 | 1 170 | 1 192 | 1 213 |
| **42** | 1 036 | 1 058 | 1 079 | 1 101 | 1 122 | 1 144 | 1 166 | 1 187 | 1 209 | 1 230 |
| **44** | 1 051 | 1 073 | 1 094 | 1 116 | 1 138 | 1 160 | 1 182 | 1 204 | 1 226 | 1 248 |
| **46** | 1 065 | 1 087 | 1 110 | 1 132 | 1 154 | 1 176 | 1 198 | 1 221 | 1 243 | 1 265 |
| **48** | 1 080 | 1 102 | 1 125 | 1 147 | 1 170 | 1 192 | 1 215 | 1 237 | 1 260 | 1 282 |
| **1,50** | 1 094 | 1 117 | 1 140 | 1 163 | 1 186 | 1 208 | 1 231 | 1 254 | 1 277 | 1 300 |
| **52** | 1 109 | 1 132 | 1 155 | 1 178 | 1 201 | 1 225 | 1 248 | 1 271 | 1 294 | 1 317 |
| **54** | 1 124 | 1 147 | 1 170 | 1 194 | 1 217 | 1 241 | 1 264 | 1 287 | 1 311 | 1 334 |
| **56** | 1 138 | 1 162 | 1 186 | 1 209 | 1 233 | 1 257 | 1 280 | 1 304 | 1 328 | 1 352 |
| **58** | 1 153 | 1 177 | 1 201 | 1 225 | 1 249 | 1 273 | 1 297 | 1 321 | 1 345 | 1 369 |
| **1,60** | 1 167 | 1 192 | 1 216 | 1 240 | 1 265 | 1 289 | 1 313 | 1 338 | 1 362 | 1 386 |
| **62** | 1 182 | 1 207 | 1 231 | 1 256 | 1 280 | 1 305 | 1 330 | 1 354 | 1 379 | 1 404 |
| **64** | 1 197 | 1 221 | 1 246 | 1 271 | 1 296 | 1 321 | 1 346 | 1 371 | 1 396 | 1 421 |
| **66** | 1 211 | 1 236 | 1 262 | 1 287 | 1 312 | 1 337 | 1 363 | 1 388 | 1 413 | 1 438 |
| **68** | 1 226 | 1 251 | 1 277 | 1 302 | 1 328 | 1 353 | 1 379 | 1 404 | 1 430 | 1 456 |
| **1,70** | 1 240 | 1 266 | 1 292 | 1 318 | 1 344 | 1 370 | 1 395 | 1 421 | 1 447 | 1 473 |
| **72** | 1 255 | 1 281 | 1 307 | 1 333 | 1 359 | 1 386 | 1 412 | 1 438 | 1 464 | 1 490 |
| **74** | 1 270 | 1 296 | 1 322 | 1 349 | 1 375 | 1 402 | 1 428 | 1 455 | 1 481 | 1 508 |
| **76** | 1 284 | 1 311 | 1 338 | 1 364 | 1 391 | 1 418 | 1 445 | 1 471 | 1 498 | 1 525 |
| **78** | 1 299 | 1 326 | 1 353 | 1 380 | 1 407 | 1 434 | 1 461 | 1 488 | 1 515 | 1 542 |
| **1,80** | 1 313 | 1 341 | 1 368 | 1 395 | 1 423 | 1 450 | 1 477 | 1 505 | 1 532 | 1 560 |
| **82** | 1 328 | 1 356 | 1 383 | 1 411 | 1 439 | 1 466 | 1 494 | 1 522 | 1 549 | 1 577 |
| **84** | 1 342 | 1 370 | 1 398 | 1 426 | 1 454 | 1 482 | 1 510 | 1 538 | 1 566 | 1 594 |
| **86** | 1 357 | 1 385 | 1 414 | 1 442 | 1 470 | 1 498 | 1 527 | 1 555 | 1 583 | 1 612 |
| **88** | 1 372 | 1 400 | 1 429 | 1 457 | 1 486 | 1 515 | 1 543 | 1 572 | 1 600 | 1 629 |
| **1,90** | 1 386 | 1 415 | 1 444 | 1 473 | 1 502 | 1 531 | 1 560 | 1 588 | 1 617 | 1 646 |
| **92** | 1 401 | 1 430 | 1 459 | 1 488 | 1 518 | 1 547 | 1 576 | 1 605 | 1 634 | 1 663 |
| **94** | 1 415 | 1 445 | 1 474 | 1 504 | 1 533 | 1 563 | 1 592 | 1 622 | 1 651 | 1 681 |
| **96** | 1 430 | 1 460 | 1 490 | 1 519 | 1 549 | 1 579 | 1 609 | 1 639 | 1 668 | 1 698 |
| **98** | 1 445 | 1 475 | 1 505 | 1 535 | 1 565 | 1 595 | 1 625 | 1 655 | 1 685 | 1 715 |
| **2,—** | 1 459 | 1 490 | 1 520 | 1 550 | 1 581 | 1 611 | 1 642 | 1 672 | 1 702 | 1 733 |
| **02** | 1 474 | 1 504 | 1 535 | 1 566 | 1 597 | 1 627 | 1 658 | 1 689 | 1 719 | 1 750 |
| **04** | 1 488 | 1 519 | 1 550 | 1 581 | 1 612 | 1 643 | 1 674 | 1 705 | 1 736 | 1 767 |
| **06** | 1 503 | 1 534 | 1 566 | 1 597 | 1 628 | 1 660 | 1 691 | 1 722 | 1 753 | 1 785 |
| **08** | 1 518 | 1 549 | 1 581 | 1 612 | 1 644 | 1 676 | 1 707 | 1 739 | 1 770 | 1 802 |
| **2,10** | 1 532 | 1 564 | 1 596 | 1 628 | 1 660 | 1 692 | 1 724 | 1 756 | 1 788 | 1 819 |
| **12** | 1 547 | 1 579 | 1 611 | 1 643 | 1 676 | 1 708 | 1 740 | 1 772 | 1 805 | 1 837 |
| **14** | 1 561 | 1 594 | 1 626 | 1 659 | 1 691 | 1 724 | 1 757 | 1 789 | 1 822 | 1 854 |

## Epaisseur : 0ᵐ 76 centimètres — 124

| LONGUEUR | 1,16 | 1,18 | 1,20 | 1,22 | 1,24 | 1,26 | 1,28 | 1,30 | 1,32 | 1,34 |
|---|---|---|---|---|---|---|---|---|---|---|
| 1,16 | 1 023 | | | | | | | | | |
| 18 | 1 040 | 1 058 | | | | | | | | |
| 1,20 | 1 058 | 1 076 | 1 094 | | | | | | | |
| 22 | 1 076 | 1 094 | 1 113 | 1 131 | | | | | | |
| 24 | 1 093 | 1 112 | 1 131 | 1 150 | 1 169 | | | | | |
| 26 | 1 111 | 1 130 | 1 149 | 1 168 | 1 187 | 1 207 | | | | |
| 28 | 1 128 | 1 148 | 1 167 | 1 187 | 1 206 | 1 226 | 1 245 | | | |
| 1,30 | 1 146 | 1 166 | 1 186 | 1 205 | 1 225 | 1 245 | 1 265 | 1 281 | | |
| 32 | 1 164 | 1 184 | 1 204 | 1 224 | 1 244 | 1 264 | 1 281 | 1 304 | 1 324 | |
| 34 | 1 181 | 1 202 | 1 222 | 1 242 | 1 263 | 1 283 | 1 304 | 1 324 | 1 344 | 1 365 |
| 36 | 1 199 | 1 220 | 1 240 | 1 261 | 1 282 | 1 302 | 1 323 | 1 344 | 1 364 | 1 385 |
| 38 | 1 217 | 1 238 | 1 259 | 1 280 | 1 301 | 1 321 | 1 342 | 1 363 | 1 384 | 1 405 |
| 1,40 | 1 234 | 1 256 | 1 277 | 1 298 | 1 319 | 1 341 | 1 362 | 1 383 | 1 404 | 1 426 |
| 42 | 1 252 | 1 273 | 1 295 | 1 317 | 1 338 | 1 360 | 1 381 | 1 403 | 1 425 | 1 446 |
| 44 | 1 270 | 1 291 | 1 313 | 1 335 | 1 357 | 1 379 | 1 401 | 1 423 | 1 445 | 1 466 |
| 46 | 1 287 | 1 309 | 1 332 | 1 354 | 1 376 | 1 398 | 1 420 | 1 442 | 1 465 | 1 487 |
| 48 | 1 305 | 1 327 | 1 350 | 1 372 | 1 395 | 1 417 | 1 440 | 1 462 | 1 485 | 1 507 |
| 1,50 | 1 322 | 1 345 | 1 368 | 1 391 | 1 414 | 1 436 | 1 459 | 1 482 | 1 505 | 1 528 |
| 52 | 1 340 | 1 363 | 1 386 | 1 409 | 1 432 | 1 456 | 1 479 | 1 502 | 1 525 | 1 548 |
| 54 | 1 358 | 1 381 | 1 404 | 1 428 | 1 451 | 1 475 | 1 498 | 1 522 | 1 545 | 1 568 |
| 56 | 1 375 | 1 399 | 1 423 | 1 446 | 1 470 | 1 494 | 1 518 | 1 541 | 1 565 | 1 589 |
| 58 | 1 393 | 1 417 | 1 441 | 1 465 | 1 489 | 1 513 | 1 537 | 1 561 | 1 585 | 1 609 |
| 1,60 | 1 411 | 1 435 | 1 459 | 1 484 | 1 508 | 1 532 | 1 556 | 1 581 | 1 605 | 1 629 |
| 62 | 1 428 | 1 453 | 1 477 | 1 502 | 1 527 | 1 551 | 1 576 | 1 601 | 1 625 | 1 650 |
| 64 | 1 446 | 1 471 | 1 496 | 1 521 | 1 546 | 1 570 | 1 595 | 1 620 | 1 645 | 1 670 |
| 66 | 1 463 | 1 489 | 1 514 | 1 539 | 1 564 | 1 590 | 1 615 | 1 640 | 1 665 | 1 691 |
| 68 | 1 481 | 1 507 | 1 532 | 1 558 | 1 583 | 1 609 | 1 634 | 1 660 | 1 685 | 1 711 |
| 1,70 | 1 499 | 1 525 | 1 550 | 1 576 | 1 602 | 1 628 | 1 654 | 1 680 | 1 705 | 1 731 |
| 72 | 1 516 | 1 542 | 1 569 | 1 595 | 1 621 | 1 647 | 1 673 | 1 699 | 1 726 | 1 752 |
| 74 | 1 534 | 1 560 | 1 587 | 1 613 | 1 640 | 1 666 | 1 693 | 1 719 | 1 746 | 1 772 |
| 76 | 1 552 | 1 578 | 1 605 | 1 632 | 1 659 | 1 685 | 1 712 | 1 739 | 1 766 | 1 792 |
| 78 | 1 569 | 1 596 | 1 623 | 1 650 | 1 677 | 1 705 | 1 732 | 1 759 | 1 786 | 1 813 |
| 1,80 | 1 587 | 1 614 | 1 642 | 1 669 | 1 696 | 1 724 | 1 751 | 1 778 | 1 806 | 1 833 |
| 82 | 1 605 | 1 632 | 1 660 | 1 688 | 1 715 | 1 743 | 1 770 | 1 798 | 1 826 | 1 853 |
| 84 | 1 622 | 1 650 | 1 678 | 1 706 | 1 734 | 1 762 | 1 790 | 1 818 | 1 846 | 1 874 |
| 86 | 1 640 | 1 668 | 1 696 | 1 725 | 1 753 | 1 781 | 1 809 | 1 838 | 1 866 | 1 894 |
| 88 | 1 657 | 1 686 | 1 715 | 1 743 | 1 772 | 1 800 | 1 829 | 1 857 | 1 886 | 1 915 |
| 1,90 | 1 675 | 1 704 | 1 733 | 1 762 | 1 791 | 1 819 | 1 848 | 1 877 | 1 906 | 1 935 |
| 92 | 1 693 | 1 722 | 1 751 | 1 780 | 1 809 | 1 839 | 1 868 | 1 897 | 1 926 | 1 955 |
| 94 | 1 710 | 1 740 | 1 769 | 1 799 | 1 828 | 1 858 | 1 887 | 1 917 | 1 946 | 1 976 |
| 96 | 1 728 | 1 758 | 1 788 | 1 817 | 1 847 | 1 877 | 1 907 | 1 936 | 1 966 | 1 996 |
| 98 | 1 746 | 1 776 | 1 806 | 1 836 | 1 866 | 1 896 | 1 926 | 1 956 | 1 986 | 2 016 |
| 2,— | 1 763 | 1 794 | 1 824 | 1 854 | 1 885 | 1 915 | 1 946 | 1 976 | 2 006 | 2 037 |
| 02 | 1 781 | 1 812 | 1 842 | 1 873 | 1 904 | 1 934 | 1 965 | 1 996 | 2 026 | 2 057 |
| 04 | 1 798 | 1 829 | 1 860 | 1 891 | 1 922 | 1 954 | 1 985 | 2 016 | 2 047 | 2 078 |
| 06 | 1 816 | 1 847 | 1 879 | 1 910 | 1 941 | 1 973 | 2 004 | 2 035 | 2 067 | 2 098 |
| 08 | 1 834 | 1 865 | 1 897 | 1 929 | 1 960 | 1 992 | 2 023 | 2 055 | 2 087 | 2 118 |
| 2,10 | 1 851 | 1 883 | 1 915 | 1 947 | 1 979 | 2 011 | 2 043 | 2 075 | 2 107 | 2 139 |
| 12 | 1 869 | 1 901 | 1 933 | 1 966 | 1 998 | 2 030 | 2 062 | 2 095 | 2 127 | 2 159 |
| 14 | 1 887 | 1 919 | 1 952 | 1 984 | 2 017 | 2 049 | 2 082 | 2 114 | 2 147 | 2 179 |
| 16 | 1 904 | 1 937 | 1 970 | 2 003 | 2 036 | 2 068 | 2 101 | 2 134 | 2 167 | 2 200 |
| 18 | 1 922 | 1 955 | 1 988 | 2 021 | 2 054 | 2 088 | 2 121 | 2 154 | 2 187 | 2 220 |
| 2,20 | 1 940 | 1 973 | 2 006 | 2 040 | 2 073 | 2 107 | 2 140 | 2 174 | 2 207 | 2 240 |
| 22 | 1 957 | 1 991 | 2 025 | 2 058 | 2 092 | 2 126 | 2 160 | 2 193 | 2 227 | 2 261 |
| 24 | 1 975 | 2 009 | 2 043 | 2 077 | 2 111 | 2 145 | 2 179 | 2 213 | 2 247 | 2 281 |
| 26 | 1 992 | 2 027 | 2 061 | 2 095 | 2 130 | 2 164 | 2 199 | 2 233 | 2 267 | 2 302 |
| 28 | 2 010 | 2 045 | 2 079 | 2 114 | 2 149 | 2 183 | 2 218 | 2 253 | 2 287 | 2 322 |
| 2,30 | 2 028 | 2 063 | 2 098 | 2 133 | 2 168 | 2 202 | 2 237 | 2 272 | 2 307 | 2 342 |
| 32 | 2 045 | 2 081 | 2 116 | 2 151 | 2 186 | 2 222 | 2 257 | 2 292 | 2 327 | 2 363 |
| 34 | 2 063 | 2 099 | 2 134 | 2 170 | 2 205 | 2 241 | 2 276 | 2 312 | 2 347 | 2 383 |
| 36 | 2 081 | 2 116 | 2 152 | 2 188 | 2 224 | 2 260 | 2 296 | 2 332 | 2 368 | 2 403 |
| 38 | 2 098 | 2 134 | 2 171 | 2 207 | 2 243 | 2 279 | 2 315 | 2 351 | 2 388 | 2 424 |
| 2,40 | 2 116 | 2 152 | 2 189 | 2 225 | 2 262 | 2 298 | 2 335 | 2 371 | 2 408 | 2 444 |
| 42 | 2 133 | 2 170 | 2 207 | 2 243 | 2 281 | 2 317 | 2 354 | 2 391 | 2 428 | 2 465 |
| 44 | 2 151 | 2 188 | 2 225 | 2 262 | 2 299 | 2 337 | 2 374 | 2 411 | 2 448 | 2 485 |
| 46 | 2 169 | 2 207 | 2 244 | 2 281 | 2 318 | 2 356 | 2 393 | 2 430 | 2 468 | 2 505 |
| 48 | 2 186 | 2 224 | 2 262 | 2 299 | 2 337 | 2 375 | 2 413 | 2 450 | 2 488 | 2 526 |
| 2,50 | 2 204 | 2 242 | 2 280 | 2 318 | 2 356 | 2 394 | 2 432 | 2 470 | 2 508 | 2 546 |
| 52 | 2 222 | 2 260 | 2 298 | 2 337 | 2 375 | 2 413 | 2 451 | 2 490 | 2 528 | 2 566 |
| 54 | 2 239 | 2 278 | 2 316 | 2 355 | 2 394 | 2 432 | 2 471 | 2 510 | 2 548 | 2 587 |

Epaisseur : **0ᵐ 76** centimètres

**0,76**

## Epaisseur : 0ᵐ 76 centimètres — 125

| LONGUEUR | 1,36 | 1,38 | 1,40 | 1,42 | 1,44 | 1,46 | 1,48 | 1,50 | 1,52 | 1,54 |
|---|---|---|---|---|---|---|---|---|---|---|
| 1,36 | 1 406 | | | | | | | | | |
| 38 | 1 426 | 1 447 | | | | | | | | |
| 1,40 | 1 417 | 1 468 | 1 490 | | | | | | | |
| 42 | 1 468 | 1 489 | 1 511 | 1 532 | | | | | | |
| 44 | 1 488 | 1 510 | 1 532 | 1 554 | 1 576 | | | | | |
| 46 | 1 509 | 1 531 | 1 553 | 1 576 | 1 598 | 1 620 | | | | |
| 48 | 1 530 | 1 552 | 1 575 | 1 597 | 1 620 | 1 642 | 1 665 | | | |
| 1,50 | 1 550 | 1 573 | 1 596 | 1 619 | 1 642 | 1 664 | 1 687 | 1 710 | | |
| 52 | 1 571 | 1 594 | 1 617 | 1 640 | 1 663 | 1 687 | 1 710 | 1 733 | 1 756 | |
| 54 | 1 592 | 1 615 | 1 639 | 1 662 | 1 685 | 1 709 | 1 732 | 1 756 | 1 779 | 1 802 |
| 56 | 1 612 | 1 636 | 1 660 | 1 684 | 1 707 | 1 731 | 1 755 | 1 778 | 1 802 | 1 826 |
| 58 | 1 633 | 1 657 | 1 681 | 1 705 | 1 729 | 1 753 | 1 777 | 1 801 | 1 825 | 1 849 |
| 1,60 | 1 654 | 1 678 | 1 702 | 1 727 | 1 751 | 1 775 | 1 800 | 1 824 | 1 848 | 1 873 |
| 62 | 1 674 | 1 699 | 1 724 | 1 748 | 1 773 | 1 798 | 1 822 | 1 847 | 1 871 | 1 896 |
| 64 | 1 695 | 1 720 | 1 745 | 1 770 | 1 795 | 1 820 | 1 845 | 1 870 | 1 895 | 1 919 |
| 66 | 1 716 | 1 741 | 1 766 | 1 791 | 1 817 | 1 842 | 1 867 | 1 892 | 1 918 | 1 943 |
| 68 | 1 736 | 1 762 | 1 788 | 1 813 | 1 839 | 1 864 | 1 890 | 1 915 | 1 941 | 1 966 |
| 1,70 | 1 757 | 1 783 | 1 809 | 1 835 | 1 860 | 1 886 | 1 912 | 1 938 | 1 964 | 1 990 |
| 72 | 1 778 | 1 804 | 1 830 | 1 856 | 1 882 | 1 909 | 1 935 | 1 961 | 1 987 | 2 013 |
| 74 | 1 798 | 1 825 | 1 851 | 1 878 | 1 904 | 1 931 | 1 957 | 1 984 | 2 010 | 2 036 |
| 76 | 1 819 | 1 846 | 1 873 | 1 899 | 1 926 | 1 953 | 1 980 | 2 006 | 2 033 | 2 060 |
| 78 | 1 840 | 1 867 | 1 894 | 1 921 | 1 948 | 1 975 | 2 002 | 2 029 | 2 056 | 2 083 |
| 1,80 | 1 860 | 1 888 | 1 915 | 1 943 | 1 970 | 1 997 | 2 025 | 2 052 | 2 079 | 2 107 |
| 82 | 1 881 | 1 909 | 1 936 | 1 964 | 1 992 | 2 019 | 2 047 | 2 075 | 2 102 | 2 130 |
| 84 | 1 902 | 1 930 | 1 958 | 1 986 | 2 014 | 2 042 | 2 070 | 2 098 | 2 126 | 2 154 |
| 86 | 1 922 | 1 951 | 1 979 | 2 007 | 2 036 | 2 064 | 2 092 | 2 120 | 2 149 | 2 177 |
| 88 | 1 943 | 1 972 | 2 000 | 2 029 | 2 057 | 2 086 | 2 115 | 2 143 | 2 172 | 2 200 |
| 1,90 | 1 964 | 1 993 | 2 022 | 2 050 | 2 079 | 2 108 | 2 137 | 2 166 | 2 195 | 2 224 |
| 92 | 1 985 | 2 014 | 2 043 | 2 072 | 2 101 | 2 130 | 2 160 | 2 189 | 2 218 | 2 247 |
| 94 | 2 005 | 2 035 | 2 064 | 2 093 | 2 123 | 2 153 | 2 182 | 2 212 | 2 241 | 2 271 |
| 96 | 2 026 | 2 056 | 2 085 | 2 115 | 2 145 | 2 175 | 2 205 | 2 234 | 2 264 | 2 294 |
| 98 | 2 047 | 2 077 | 2 107 | 2 137 | 2 167 | 2 197 | 2 227 | 2 257 | 2 287 | 2 317 |
| 2,— | 2 067 | 2 098 | 2 128 | 2 158 | 2 189 | 2 219 | 2 250 | 2 280 | 2 310 | 2 341 |
| 02 | 2 088 | 2 119 | 2 149 | 2 180 | 2 211 | 2 241 | 2 272 | 2 303 | 2 334 | 2 364 |
| 04 | 2 109 | 2 140 | 2 171 | 2 202 | 2 233 | 2 264 | 2 295 | 2 326 | 2 357 | 2 388 |
| 06 | 2 129 | 2 161 | 2 192 | 2 223 | 2 254 | 2 286 | 2 317 | 2 348 | 2 380 | 2 411 |
| 08 | 2 150 | 2 181 | 2 213 | 2 245 | 2 276 | 2 308 | 2 340 | 2 371 | 2 403 | 2 434 |
| 2,10 | 2 171 | 2 202 | 2 234 | 2 266 | 2 298 | 2 330 | 2 362 | 2 394 | 2 426 | 2 458 |
| 12 | 2 191 | 2 223 | 2 256 | 2 288 | 2 320 | 2 352 | 2 385 | 2 417 | 2 449 | 2 481 |
| 14 | 2 212 | 2 244 | 2 277 | 2 309 | 2 342 | 2 375 | 2 407 | 2 440 | 2 472 | 2 505 |
| 16 | 2 233 | 2 265 | 2 298 | 2 331 | 2 364 | 2 397 | 2 430 | 2 462 | 2 495 | 2 528 |
| 18 | 2 253 | 2 286 | 2 320 | 2 353 | 2 386 | 2 419 | 2 452 | 2 485 | 2 518 | 2 551 |
| 2,20 | 2 271 | 2 307 | 2 341 | 2 374 | 2 408 | 2 441 | 2 475 | 2 508 | 2 541 | 2 575 |
| 22 | 2 295 | 2 328 | 2 362 | 2 396 | 2 430 | 2 463 | 2 497 | 2 531 | 2 565 | 2 598 |
| 24 | 2 315 | 2 349 | 2 383 | 2 417 | 2 451 | 2 486 | 2 520 | 2 554 | 2 588 | 2 622 |
| 26 | 2 336 | 2 370 | 2 405 | 2 439 | 2 473 | 2 508 | 2 542 | 2 576 | 2 611 | 2 645 |
| 28 | 2 357 | 2 391 | 2 426 | 2 461 | 2 495 | 2 530 | 2 565 | 2 599 | 2 634 | 2 669 |
| 2,30 | 2 377 | 2 412 | 2 447 | 2 482 | 2 517 | 2 552 | 2 587 | 2 622 | 2 657 | 2 692 |
| 32 | 2 398 | 2 433 | 2 468 | 2 504 | 2 539 | 2 574 | 2 610 | 2 645 | 2 680 | 2 715 |
| 34 | 2 419 | 2 454 | 2 490 | 2 525 | 2 561 | 2 596 | 2 632 | 2 668 | 2 703 | 2 739 |
| 36 | 2 439 | 2 475 | 2 511 | 2 547 | 2 583 | 2 619 | 2 655 | 2 690 | 2 726 | 2 762 |
| 38 | 2 460 | 2 496 | 2 532 | 2 568 | 2 605 | 2 641 | 2 677 | 2 713 | 2 749 | 2 786 |
| 2,40 | 2 481 | 2 517 | 2 554 | 2 590 | 2 627 | 2 663 | 2 700 | 2 736 | 2 772 | 2 809 |
| 42 | 2 501 | 2 538 | 2 575 | 2 612 | 2 648 | 2 685 | 2 722 | 2 759 | 2 796 | 2 832 |
| 44 | 2 522 | 2 559 | 2 596 | 2 633 | 2 670 | 2 707 | 2 745 | 2 782 | 2 819 | 2 856 |
| 46 | 2 543 | 2 580 | 2 617 | 2 655 | 2 692 | 2 730 | 2 767 | 2 804 | 2 842 | 2 879 |
| 48 | 2 563 | 2 601 | 2 639 | 2 676 | 2 714 | 2 752 | 2 790 | 2 827 | 2 865 | 2 903 |
| 2,50 | 2 584 | 2 622 | 2 660 | 2 698 | 2 736 | 2 774 | 2 812 | 2 850 | 2 888 | 2 926 |
| 52 | 2 605 | 2 643 | 2 681 | 2 720 | 2 758 | 2 796 | 2 834 | 2 873 | 2 911 | 2 949 |
| 54 | 2 625 | 2 664 | 2 703 | 2 741 | 2 780 | 2 818 | 2 857 | 2 896 | 2 934 | 2 973 |

| LONG^r | FEUILLES | LARGEUR 0,78 | 0,80 | 0,82 | 0,84 | 0,86 | 0,88 | 0,90 | 0,92 | 0,94 | 0,96 |
|---|---|---|---|---|---|---|---|---|---|---|---|
| **0,78** | 0 380 | 0 475 | | | | | | | | | |
| **0,80** | 0 389 | 0 487 | 0 499 | | | | | | | | |
| **82** | 0 399 | 0 499 | 0 512 | 0 524 | | | | | | | |
| **84** | 0 409 | 0 511 | 0 524 | 0 537 | 0 550 | | | | | | |
| **86** | 0 419 | 0 523 | 0 537 | 0 550 | 0 563 | 0 577 | | | | | |
| **88** | 0 428 | 0 535 | 0 549 | 0 563 | 0 577 | 0 590 | 0 604 | | | | |
| **0,90** | 0 438 | 0 548 | 0 562 | 0 576 | 0 590 | 0 604 | 0 618 | 0 632 | | | |
| **92** | 0 448 | 0 560 | 0 574 | 0 588 | 0 603 | 0 617 | 0 631 | 0 646 | 0 660 | | |
| **94** | 0 458 | 0 572 | 0 587 | 0 601 | 0 616 | 0 631 | 0 645 | 0 660 | 0 675 | 0 689 | |
| **96** | 0 467 | 0 584 | 0 599 | 0 614 | 0 629 | 0 644 | 0 659 | 0 674 | 0 689 | 0 704 | 0 719 |
| **98** | 0 477 | 0 596 | 0 612 | 0 627 | 0 642 | 0 657 | 0 673 | 0 688 | 0 703 | 0 719 | 0 734 |
| **1,—** | 0 487 | 0 608 | 0 624 | 0 640 | 0 655 | 0 671 | 0 686 | 0 702 | 0 718 | 0 733 | 0 749 |
| **02** | 0 496 | 0 621 | 0 636 | 0 652 | 0 668 | 0 684 | 0 700 | 0 716 | 0 732 | 0 748 | 0 764 |
| **04** | 0 506 | 0 633 | 0 649 | 0 665 | 0 681 | 0 698 | 0 714 | 0 730 | 0 746 | 0 763 | 0 779 |
| **06** | 0 516 | 0 645 | 0 661 | 0 678 | 0 695 | 0 711 | 0 728 | 0 744 | 0 761 | 0 777 | 0 794 |
| **08** | 0 526 | 0 657 | 0 674 | 0 691 | 0 708 | 0 724 | 0 741 | 0 758 | 0 775 | 0 792 | 0 809 |
| **1,10** | 0 535 | 0 669 | 0 686 | 0 704 | 0 721 | 0 738 | 0 755 | 0 772 | 0 789 | 0 807 | 0 824 |
| **12** | 0 545 | 0 681 | 0 699 | 0 716 | 0 734 | 0 751 | 0 769 | 0 786 | 0 803 | 0 821 | 0 839 |
| **14** | 0 555 | 0 694 | 0 711 | 0 729 | 0 747 | 0 765 | 0 782 | 0 800 | 0 818 | 0 836 | 0 854 |
| **16** | 0 565 | 0 706 | 0 724 | 0 742 | 0 760 | 0 778 | 0 796 | 0 814 | 0 832 | 0 851 | 0 869 |
| **18** | 0 574 | 0 718 | 0 736 | 0 755 | 0 773 | 0 792 | 0 810 | 0 828 | 0 847 | 0 865 | 0 884 |
| **1,20** | 0 584 | 0 730 | 0 749 | 0 768 | 0 786 | 0 805 | 0 824 | 0 842 | 0 861 | 0 880 | 0 899 |
| **22** | 0 594 | 0 742 | 0 761 | 0 780 | 0 799 | 0 818 | 0 837 | 0 856 | 0 875 | 0 895 | 0 914 |
| **24** | 0 604 | 0 754 | 0 774 | 0 793 | 0 812 | 0 832 | 0 851 | 0 870 | 0 890 | 0 909 | 0 929 |
| **26** | 0 613 | 0 767 | 0 786 | 0 806 | 0 826 | 0 845 | 0 865 | 0 885 | 0 904 | 0 924 | 0 943 |
| **28** | 0 623 | 0 779 | 0 799 | 0 819 | 0 839 | 0 859 | 0 879 | 0 899 | 0 919 | 0 938 | 0 958 |
| **1,30** | 0 633 | 0 791 | 0 811 | 0 831 | 0 852 | 0 872 | 0 892 | 0 913 | 0 933 | 0 953 | 0 973 |
| **32** | 0 642 | 0 803 | 0 824 | 0 844 | 0 865 | 0 885 | 0 906 | 0 927 | 0 947 | 0 968 | 0 988 |
| **34** | 0 652 | 0 815 | 0 836 | 0 857 | 0 878 | 0 899 | 0 920 | 0 941 | 0 962 | 0 982 | 1 003 |
| **36** | 0 662 | 0 827 | 0 849 | 0 870 | 0 891 | 0 912 | 0 934 | 0 955 | 0 976 | 0 997 | 1 018 |
| **38** | 0 672 | 0 840 | 0 861 | 0 883 | 0 904 | 0 926 | 0 947 | 0 969 | 0 990 | 1 012 | 1 033 |
| **1,40** | 0 681 | 0 852 | 0 874 | 0 895 | 0 917 | 0 939 | 0 961 | 0 983 | 1 005 | 1 026 | 1 048 |
| **42** | 0 691 | 0 864 | 0 886 | 0 908 | 0 930 | 0 953 | 0 975 | 0 997 | 1 019 | 1 041 | 1 063 |
| **44** | 0 701 | 0 876 | 0 899 | 0 921 | 0 943 | 0 966 | 0 988 | 1 011 | 1 033 | 1 056 | 1 078 |
| **46** | 0 711 | 0 888 | 0 911 | 0 934 | 0 957 | 0 979 | 1 002 | 1 025 | 1 048 | 1 070 | 1 093 |
| **48** | 0 720 | 0 900 | 0 924 | 0 947 | 0 970 | 0 993 | 1 016 | 1 039 | 1 062 | 1 085 | 1 108 |
| **1,50** | 0 730 | 0 913 | 0 936 | 0 959 | 0 983 | 1 006 | 1 030 | 1 053 | 1 076 | 1 100 | 1 123 |
| **52** | 0 740 | 0 925 | 0 948 | 0 972 | 0 996 | 1 020 | 1 043 | 1 067 | 1 091 | 1 114 | 1 138 |
| **54** | 0 750 | 0 937 | 0 961 | 0 985 | 1 009 | 1 033 | 1 057 | 1 081 | 1 105 | 1 129 | 1 153 |
| **56** | 0 759 | 0 949 | 0 973 | 0 998 | 1 022 | 1 046 | 1 071 | 1 095 | 1 119 | 1 144 | 1 168 |
| **58** | 0 769 | 0 961 | 0 986 | 1 011 | 1 035 | 1 060 | 1 085 | 1 109 | 1 134 | 1 158 | 1 183 |
| **1,60** | 0 779 | 0 973 | 0 998 | 1 023 | 1 048 | 1 073 | 1 098 | 1 123 | 1 148 | 1 173 | 1 198 |
| **62** | 0 788 | 0 986 | 1 011 | 1 036 | 1 061 | 1 087 | 1 112 | 1 137 | 1 163 | 1 188 | 1 213 |
| **64** | 0 798 | 0 998 | 1 023 | 1 049 | 1 075 | 1 100 | 1 126 | 1 151 | 1 177 | 1 202 | 1 228 |
| **66** | 0 808 | 1 010 | 1 036 | 1 062 | 1 088 | 1 114 | 1 139 | 1 165 | 1 191 | 1 217 | 1 243 |
| **68** | 0 818 | 1 022 | 1 048 | 1 075 | 1 101 | 1 127 | 1 153 | 1 179 | 1 206 | 1 232 | 1 258 |
| **1,70** | 0 827 | 1 034 | 1 061 | 1 087 | 1 114 | 1 140 | 1 167 | 1 193 | 1 220 | 1 246 | 1 273 |
| **72** | 0 837 | 1 046 | 1 073 | 1 100 | 1 127 | 1 154 | 1 181 | 1 207 | 1 234 | 1 261 | 1 288 |
| **74** | 0 847 | 1 059 | 1 086 | 1 113 | 1 140 | 1 167 | 1 194 | 1 221 | 1 249 | 1 276 | 1 303 |
| **76** | 0 857 | 1 071 | 1 098 | 1 126 | 1 153 | 1 181 | 1 208 | 1 236 | 1 263 | 1 290 | 1 318 |
| **78** | 0 866 | 1 083 | 1 111 | 1 139 | 1 166 | 1 194 | 1 222 | 1 250 | 1 277 | 1 305 | 1 333 |
| **1,80** | 0 876 | 1 095 | 1 123 | 1 151 | 1 179 | 1 207 | 1 236 | 1 264 | 1 292 | 1 320 | 1 348 |
| **82** | 0 886 | 1 107 | 1 136 | 1 164 | 1 192 | 1 221 | 1 249 | 1 278 | 1 306 | 1 334 | 1 363 |
| **84** | 0 896 | 1 119 | 1 148 | 1 177 | 1 206 | 1 234 | 1 263 | 1 292 | 1 320 | 1 349 | 1 378 |
| **86** | 0 905 | 1 132 | 1 161 | 1 190 | 1 219 | 1 248 | 1 277 | 1 306 | 1 335 | 1 364 | 1 393 |
| **88** | 0 915 | 1 144 | 1 173 | 1 202 | 1 232 | 1 261 | 1 290 | 1 320 | 1 349 | 1 378 | 1 408 |
| **1,90** | 0 925 | 1 156 | 1 186 | 1 215 | 1 245 | 1 275 | 1 304 | 1 334 | 1 363 | 1 393 | 1 423 |
| **92** | 0 935 | 1 168 | 1 198 | 1 228 | 1 258 | 1 288 | 1 318 | 1 348 | 1 378 | 1 408 | 1 438 |
| **94** | 0 944 | 1 180 | 1 211 | 1 241 | 1 271 | 1 301 | 1 332 | 1 362 | 1 392 | 1 422 | 1 453 |
| **96** | 0 954 | 1 192 | 1 223 | 1 254 | 1 284 | 1 315 | 1 345 | 1 376 | 1 406 | 1 437 | 1 468 |
| **98** | 0 964 | 1 205 | 1 236 | 1 266 | 1 297 | 1 328 | 1 359 | 1 390 | 1 421 | 1 452 | 1 483 |
| **2,—** | 0 973 | 1 217 | 1 248 | 1 279 | 1 310 | 1 342 | 1 373 | 1 404 | 1 435 | 1 466 | 1 498 |
| **02** | 0 983 | 1 229 | 1 260 | 1 292 | 1 324 | 1 355 | 1 387 | 1 418 | 1 450 | 1 481 | 1 513 |
| **04** | 0 993 | 1 241 | 1 273 | 1 305 | 1 337 | 1 368 | 1 400 | 1 432 | 1 464 | 1 496 | 1 528 |
| **06** | 1 003 | 1 253 | 1 285 | 1 318 | 1 350 | 1 382 | 1 414 | 1 446 | 1 478 | 1 510 | 1 543 |
| **08** | 1 012 | 1 265 | 1 298 | 1 330 | 1 363 | 1 395 | 1 428 | 1 460 | 1 493 | 1 525 | 1 558 |
| **2,10** | 1 022 | 1 278 | 1 310 | 1 343 | 1 376 | 1 409 | 1 441 | 1 474 | 1 507 | 1 540 | 1 572 |
| **12** | 1 032 | 1 290 | 1 323 | 1 356 | 1 389 | 1 422 | 1 455 | 1 488 | 1 521 | 1 554 | 1 587 |
| **14** | 1 042 | 1 302 | 1 335 | 1 369 | 1 402 | 1 436 | 1 469 | 1 502 | 1 536 | 1 569 | 1 602 |
| **16** | 1 051 | 1 314 | 1 348 | 1 382 | 1 415 | 1 449 | 1 483 | 1 516 | 1 550 | 1 584 | 1 617 |





| LONGUEUR | LARGEUR 0,98 | 1,00 | 1,02 | 1,04 | 1,06 | 1,08 | 1,10 | 1,12 | 1,14 | 1,16 |
|---|---|---|---|---|---|---|---|---|---|---|
| **0,98** | 0 749 | | | | | | | | | |
| **1,—** | 0 764 | 0 780 | | | | | | | | |
| **02** | 0 780 | 0 796 | 0 812 | | | | | | | |
| **04** | 0 795 | 0 811 | 0 827 | 0 844 | | | | | | |
| **06** | 0 810 | 0 827 | 0 843 | 0 860 | 0 876 | | | | | |
| **08** | 0 826 | 0 842 | 0 859 | 0 876 | 0 893 | 0 910 | | | | |
| **1,10** | 0 841 | 0 858 | 0 875 | 0 892 | 0 909 | 0 927 | 0 944 | | | |
| **12** | 0 856 | 0 874 | 0 891 | 0 908 | 0 926 | 0 943 | 0 961 | 0 978 | | |
| **14** | 0 871 | 0 889 | 0 907 | 0 925 | 0 943 | 0 960 | 0 978 | 0 996 | 1 014 | |
| **16** | 0 887 | 0 905 | 0 923 | 0 941 | 0 959 | 0 977 | 0 995 | 1 013 | 1 031 | 1 050 |
| **18** | 0 902 | 0 920 | 0 939 | 0 957 | 0 976 | 0 994 | 1 012 | 1 031 | 1 049 | 1 068 |
| **1,20** | 0 917 | 0 936 | 0 955 | 0 973 | 0 992 | 1 011 | 1 030 | 1 048 | 1 067 | 1 086 |
| **22** | 0 933 | 0 952 | 0 971 | 0 990 | 1 009 | 1 028 | 1 047 | 1 066 | 1 085 | 1 104 |
| **24** | 0 948 | 0 967 | 0 987 | 1 006 | 1 025 | 1 045 | 1 064 | 1 083 | 1 103 | 1 122 |
| **26** | 0 963 | 0 983 | 1 002 | 1 022 | 1 042 | 1 061 | 1 081 | 1 101 | 1 120 | 1 140 |
| **28** | 0 978 | 0 998 | 1 018 | 1 038 | 1 058 | 1 078 | 1 098 | 1 118 | 1 138 | 1 158 |
| **1,30** | 0 994 | 1 014 | 1 034 | 1 055 | 1 075 | 1 095 | 1 115 | 1 136 | 1 156 | 1 176 |
| **32** | 1 009 | 1 030 | 1 050 | 1 071 | 1 091 | 1 112 | 1 133 | 1 153 | 1 174 | 1 194 |
| **34** | 1 024 | 1 045 | 1 066 | 1 087 | 1 108 | 1 129 | 1 150 | 1 171 | 1 192 | 1 212 |
| **36** | 1 040 | 1 061 | 1 082 | 1 103 | 1 124 | 1 146 | 1 167 | 1 188 | 1 209 | 1 231 |
| **38** | 1 055 | 1 076 | 1 098 | 1 119 | 1 141 | 1 163 | 1 184 | 1 206 | 1 227 | 1 249 |
| **1,40** | 1 070 | 1 092 | 1 114 | 1 136 | 1 158 | 1 179 | 1 201 | 1 223 | 1 245 | 1 267 |
| **42** | 1 085 | 1 108 | 1 130 | 1 152 | 1 174 | 1 196 | 1 218 | 1 241 | 1 263 | 1 285 |
| **44** | 1 101 | 1 123 | 1 146 | 1 168 | 1 191 | 1 213 | 1 236 | 1 258 | 1 280 | 1 303 |
| **46** | 1 116 | 1 139 | 1 162 | 1 184 | 1 207 | 1 230 | 1 253 | 1 275 | 1 298 | 1 321 |
| **48** | 1 131 | 1 154 | 1 177 | 1 201 | 1 224 | 1 247 | 1 270 | 1 293 | 1 316 | 1 339 |
| **1,50** | 1 147 | 1 170 | 1 193 | 1 217 | 1 240 | 1 264 | 1 287 | 1 310 | 1 334 | 1 357 |
| **52** | 1 162 | 1 186 | 1 209 | 1 233 | 1 257 | 1 280 | 1 304 | 1 328 | 1 352 | 1 375 |
| **54** | 1 177 | 1 201 | 1 225 | 1 249 | 1 273 | 1 297 | 1 321 | 1 345 | 1 369 | 1 393 |
| **56** | 1 193 | 1 217 | 1 241 | 1 265 | 1 290 | 1 314 | 1 338 | 1 363 | 1 387 | 1 411 |
| **58** | 1 208 | 1 232 | 1 257 | 1 282 | 1 306 | 1 331 | 1 356 | 1 380 | 1 405 | 1 430 |
| **1,60** | 1 223 | 1 248 | 1 273 | 1 298 | 1 323 | 1 348 | 1 373 | 1 398 | 1 423 | 1 448 |
| **62** | 1 238 | 1 264 | 1 289 | 1 314 | 1 339 | 1 365 | 1 390 | 1 415 | 1 441 | 1 466 |
| **64** | 1 254 | 1 279 | 1 305 | 1 330 | 1 356 | 1 382 | 1 407 | 1 433 | 1 458 | 1 484 |
| **66** | 1 269 | 1 295 | 1 321 | 1 347 | 1 372 | 1 398 | 1 424 | 1 450 | 1 476 | 1 502 |
| **68** | 1 284 | 1 310 | 1 337 | 1 363 | 1 389 | 1 415 | 1 441 | 1 468 | 1 494 | 1 520 |
| **1,70** | 1 299 | 1 326 | 1 353 | 1 379 | 1 405 | 1 432 | 1 459 | 1 485 | 1 512 | 1 538 |
| **72** | 1 315 | 1 342 | 1 368 | 1 395 | 1 422 | 1 449 | 1 476 | 1 503 | 1 529 | 1 556 |
| **74** | 1 330 | 1 357 | 1 384 | 1 411 | 1 439 | 1 466 | 1 493 | 1 520 | 1 547 | 1 574 |
| **76** | 1 345 | 1 373 | 1 400 | 1 428 | 1 455 | 1 483 | 1 510 | 1 538 | 1 565 | 1 592 |
| **78** | 1 361 | 1 388 | 1 416 | 1 444 | 1 472 | 1 499 | 1 527 | 1 555 | 1 583 | 1 611 |
| **1,80** | 1 376 | 1 404 | 1 432 | 1 460 | 1 488 | 1 516 | 1 544 | 1 572 | 1 601 | 1 629 |
| **82** | 1 391 | 1 420 | 1 448 | 1 476 | 1 505 | 1 533 | 1 562 | 1 590 | 1 618 | 1 647 |
| **84** | 1 406 | 1 435 | 1 464 | 1 493 | 1 521 | 1 550 | 1 579 | 1 607 | 1 636 | 1 665 |
| **86** | 1 422 | 1 451 | 1 480 | 1 509 | 1 538 | 1 567 | 1 596 | 1 625 | 1 654 | 1 683 |
| **88** | 1 437 | 1 466 | 1 496 | 1 525 | 1 554 | 1 584 | 1 613 | 1 642 | 1 672 | 1 701 |
| **1,90** | 1 452 | 1 482 | 1 512 | 1 541 | 1 571 | 1 601 | 1 630 | 1 660 | 1 689 | 1 719 |
| **92** | 1 468 | 1 498 | 1 528 | 1 558 | 1 587 | 1 617 | 1 647 | 1 677 | 1 707 | 1 737 |
| **94** | 1 483 | 1 513 | 1 543 | 1 574 | 1 604 | 1 634 | 1 665 | 1 695 | 1 725 | 1 755 |
| **96** | 1 498 | 1 529 | 1 559 | 1 590 | 1 621 | 1 651 | 1 682 | 1 712 | 1 743 | 1 773 |
| **98** | 1 514 | 1 544 | 1 575 | 1 606 | 1 637 | 1 668 | 1 699 | 1 730 | 1 761 | 1 792 |
| **2,—** | 1 529 | 1 560 | 1 591 | 1 622 | 1 654 | 1 685 | 1 716 | 1 747 | 1 778 | 1 810 |
| **02** | 1 544 | 1 576 | 1 607 | 1 639 | 1 670 | 1 702 | 1 733 | 1 765 | 1 796 | 1 828 |
| **04** | 1 559 | 1 591 | 1 623 | 1 655 | 1 687 | 1 718 | 1 750 | 1 782 | 1 814 | 1 846 |
| **06** | 1 575 | 1 607 | 1 639 | 1 671 | 1 703 | 1 735 | 1 767 | 1 800 | 1 832 | 1 864 |
| **08** | 1 590 | 1 622 | 1 655 | 1 687 | 1 720 | 1 752 | 1 785 | 1 817 | 1 850 | 1 882 |
| **2,10** | 1 605 | 1 638 | 1 671 | 1 704 | 1 736 | 1 769 | 1 802 | 1 835 | 1 867 | 1 900 |
| **12** | 1 621 | 1 654 | 1 687 | 1 720 | 1 753 | 1 786 | 1 819 | 1 852 | 1 885 | 1 918 |
| **14** | 1 636 | 1 669 | 1 703 | 1 736 | 1 769 | 1 803 | 1 836 | 1 870 | 1 903 | 1 936 |
| **16** | 1 651 | 1 685 | 1 718 | 1 752 | 1 786 | 1 820 | 1 853 | 1 887 | 1 921 | 1 954 |

**LARGEUR** — 128

| LONGUEUR | 1,18 | 1,20 | 1,22 | 1,24 | 1,26 | 1,28 | 1,30 | 1,32 | 1,34 | 1,36 |
|---|---|---|---|---|---|---|---|---|---|---|
| 1,18 | 1 086 | | | | | | | | | |
| 1,20 | 1 104 | 1 123 | | | | | | | | |
| 22 | 1 123 | 1 142 | 1 161 | | | | | | | |
| 24 | 1 141 | 1 161 | 1 180 | 1 199 | | | | | | |
| 26 | 1 160 | 1 179 | 1 199 | 1 219 | 1 238 | | | | | |
| 28 | 1 178 | 1 198 | 1 218 | 1 238 | 1 258 | 1 278 | | | | |
| 1,30 | 1 197 | 1 217 | 1 237 | 1 257 | 1 278 | 1 298 | 1 318 | | | |
| 32 | 1 215 | 1 236 | 1 256 | 1 277 | 1 297 | 1 318 | 1 338 | 1 359 | | |
| 34 | 1 233 | 1 254 | 1 275 | 1 296 | 1 317 | 1 338 | 1 359 | 1 380 | 1 401 | |
| 36 | 1 252 | 1 273 | 1 294 | 1 315 | 1 337 | 1 358 | 1 379 | 1 400 | 1 421 | 1 443 |
| 38 | 1 270 | 1 292 | 1 313 | 1 335 | 1 356 | 1 378 | 1 399 | 1 421 | 1 442 | 1 464 |
| 1,40 | 1 289 | 1 310 | 1 332 | 1 354 | 1 376 | 1 398 | 1 420 | 1 441 | 1 463 | 1 485 |
| 42 | 1 307 | 1 329 | 1 351 | 1 373 | 1 396 | 1 418 | 1 440 | 1 462 | 1 484 | 1 506 |
| 44 | 1 325 | 1 348 | 1 370 | 1 393 | 1 415 | 1 438 | 1 460 | 1 483 | 1 505 | 1 528 |
| 46 | 1 344 | 1 367 | 1 389 | 1 412 | 1 435 | 1 458 | 1 480 | 1 503 | 1 526 | 1 549 |
| 48 | 1 362 | 1 385 | 1 408 | 1 431 | 1 455 | 1 478 | 1 501 | 1 524 | 1 547 | 1 570 |
| 1,50 | 1 381 | 1 404 | 1 427 | 1 451 | 1 474 | 1 498 | 1 521 | 1 544 | 1 568 | 1 591 |
| 52 | 1 399 | 1 423 | 1 446 | 1 470 | 1 494 | 1 518 | 1 541 | 1 565 | 1 589 | 1 612 |
| 54 | 1 417 | 1 441 | 1 465 | 1 489 | 1 514 | 1 538 | 1 562 | 1 586 | 1 610 | 1 634 |
| 56 | 1 436 | 1 460 | 1 484 | 1 509 | 1 533 | 1 558 | 1 582 | 1 606 | 1 631 | 1 655 |
| 58 | 1 454 | 1 479 | 1 504 | 1 528 | 1 553 | 1 577 | 1 602 | 1 627 | 1 651 | 1 676 |
| 1,60 | 1 473 | 1 498 | 1 523 | 1 548 | 1 572 | 1 597 | 1 622 | 1 647 | 1 672 | 1 697 |
| 62 | 1 491 | 1 516 | 1 542 | 1 567 | 1 592 | 1 617 | 1 643 | 1 668 | 1 693 | 1 718 |
| 64 | 1 509 | 1 535 | 1 561 | 1 586 | 1 612 | 1 637 | 1 663 | 1 689 | 1 714 | 1 740 |
| 66 | 1 528 | 1 554 | 1 580 | 1 606 | 1 631 | 1 657 | 1 683 | 1 709 | 1 735 | 1 761 |
| 68 | 1 546 | 1 572 | 1 599 | 1 625 | 1 651 | 1 677 | 1 704 | 1 730 | 1 756 | 1 782 |
| 1,70 | 1 565 | 1 591 | 1 618 | 1 644 | 1 671 | 1 697 | 1 724 | 1 750 | 1 777 | 1 803 |
| 72 | 1 583 | 1 610 | 1 637 | 1 664 | 1 690 | 1 717 | 1 744 | 1 771 | 1 798 | 1 825 |
| 74 | 1 601 | 1 629 | 1 656 | 1 683 | 1 710 | 1 737 | 1 764 | 1 792 | 1 819 | 1 846 |
| 76 | 1 620 | 1 647 | 1 675 | 1 702 | 1 730 | 1 757 | 1 785 | 1 812 | 1 840 | 1 867 |
| 78 | 1 638 | 1 666 | 1 694 | 1 722 | 1 749 | 1 777 | 1 805 | 1 833 | 1 860 | 1 888 |
| 1,80 | 1 657 | 1 685 | 1 713 | 1 741 | 1 769 | 1 797 | 1 825 | 1 853 | 1 881 | 1 909 |
| 82 | 1 675 | 1 704 | 1 732 | 1 760 | 1 789 | 1 817 | 1 845 | 1 874 | 1 902 | 1 931 |
| 84 | 1 694 | 1 722 | 1 751 | 1 780 | 1 808 | 1 837 | 1 866 | 1 894 | 1 923 | 1 952 |
| 86 | 1 712 | 1 741 | 1 770 | 1 799 | 1 828 | 1 857 | 1 886 | 1 915 | 1 944 | 1 973 |
| 88 | 1 730 | 1 760 | 1 789 | 1 818 | 1 848 | 1 877 | 1 906 | 1 936 | 1 965 | 1 994 |
| 1,90 | 1 749 | 1 778 | 1 808 | 1 838 | 1 867 | 1 897 | 1 927 | 1 956 | 1 986 | 2 016 |
| 92 | 1 767 | 1 797 | 1 827 | 1 857 | 1 887 | 1 917 | 1 947 | 1 977 | 2 007 | 2 037 |
| 94 | 1 786 | 1 816 | 1 846 | 1 876 | 1 907 | 1 937 | 1 967 | 1 997 | 2 028 | 2 058 |
| 96 | 1 804 | 1 835 | 1 865 | 1 896 | 1 926 | 1 957 | 1 987 | 2 018 | 2 049 | 2 079 |
| 98 | 1 822 | 1 853 | 1 884 | 1 915 | 1 946 | 1 977 | 2 008 | 2 039 | 2 069 | 2 100 |
| 2,— | 1 841 | 1 872 | 1 903 | 1 934 | 1 966 | 1 997 | 2 028 | 2 059 | 2 090 | 2 122 |
| 02 | 1 859 | 1 891 | 1 922 | 1 954 | 1 985 | 2 017 | 2 048 | 2 080 | 2 111 | 2 143 |
| 04 | 1 878 | 1 909 | 1 941 | 1 973 | 2 005 | 2 037 | 2 069 | 2 100 | 2 132 | 2 164 |
| 06 | 1 896 | 1 928 | 1 960 | 1 992 | 2 025 | 2 057 | 2 089 | 2 121 | 2 153 | 2 185 |
| 08 | 1 914 | 1 947 | 1 979 | 2 012 | 2 044 | 2 077 | 2 109 | 2 142 | 2 174 | 2 206 |
| 2,10 | 1 933 | 1 966 | 1 998 | 2 031 | 2 064 | 2 097 | 2 129 | 2 162 | 2 195 | 2 228 |
| 12 | 1 951 | 1 984 | 2 017 | 2 050 | 2 084 | 2 117 | 2 150 | 2 183 | 2 216 | 2 249 |
| 14 | 1 970 | 2 003 | 2 036 | 2 070 | 2 103 | 2 137 | 2 170 | 2 203 | 2 237 | 2 270 |
| 16 | 1 988 | 2 022 | 2 055 | 2 089 | 2 123 | 2 157 | 2 190 | 2 224 | 2 258 | 2 291 |
| 18 | 2 006 | 2 040 | 2 074 | 2 108 | 2 143 | 2 177 | 2 211 | 2 245 | 2 279 | 2 313 |
| 2,20 | 2 025 | 2 059 | 2 094 | 2 128 | 2 162 | 2 196 | 2 231 | 2 265 | 2 299 | 2 334 |
| 22 | 2 043 | 2 078 | 2 113 | 2 147 | 2 182 | 2 216 | 2 251 | 2 286 | 2 320 | 2 355 |
| 24 | 2 062 | 2 097 | 2 132 | 2 167 | 2 201 | 2 236 | 2 271 | 2 306 | 2 341 | 2 376 |
| 26 | 2 080 | 2 115 | 2 151 | 2 186 | 2 221 | 2 256 | 2 292 | 2 327 | 2 362 | 2 397 |
| 28 | 2 099 | 2 134 | 2 170 | 2 205 | 2 241 | 2 276 | 2 312 | 2 347 | 2 383 | 2 419 |
| 2,30 | 2 117 | 2 153 | 2 189 | 2 225 | 2 260 | 2 296 | 2 332 | 2 368 | 2 404 | 2 440 |
| 32 | 2 135 | 2 172 | 2 208 | 2 244 | 2 280 | 2 316 | 2 352 | 2 389 | 2 425 | 2 461 |
| 34 | 2 154 | 2 190 | 2 227 | 2 263 | 2 300 | 2 336 | 2 373 | 2 409 | 2 446 | 2 482 |
| 36 | 2 172 | 2 209 | 2 246 | 2 283 | 2 319 | 2 356 | 2 393 | 2 430 | 2 467 | 2 503 |
| 38 | 2 191 | 2 228 | 2 265 | 2 302 | 2 339 | 2 376 | 2 413 | 2 450 | 2 488 | 2 525 |
| 2,40 | 2 209 | 2 246 | 2 284 | 2 321 | 2 359 | 2 396 | 2 434 | 2 471 | 2 508 | 2 546 |
| 42 | 2 227 | 2 265 | 2 303 | 2 341 | 2 378 | 2 416 | 2 454 | 2 492 | 2 529 | 2 567 |
| 44 | 2 246 | 2 284 | 2 322 | 2 360 | 2 398 | 2 436 | 2 474 | 2 512 | 2 550 | 2 588 |
| 46 | 2 264 | 2 303 | 2 341 | 2 379 | 2 418 | 2 456 | 2 494 | 2 533 | 2 571 | 2 610 |
| 48 | 2 283 | 2 321 | 2 360 | 2 399 | 2 437 | 2 476 | 2 515 | 2 553 | 2 592 | 2 631 |
| 2,50 | 2 301 | 2 340 | 2 379 | 2 418 | 2 457 | 2 496 | 2 535 | 2 574 | 2 613 | 2 652 |
| 52 | 2 319 | 2 359 | 2 398 | 2 437 | 2 477 | 2 516 | 2 555 | 2 595 | 2 634 | 2 673 |
| 54 | 2 338 | 2 377 | 2 417 | 2 457 | 2 496 | 2 536 | 2 576 | 2 615 | 2 655 | 2 694 |
| 56 | 2 356 | 2 396 | 2 436 | 2 476 | 2 516 | 2 556 | 2 596 | 2 636 | 2 676 | 2 716 |

**LARGEUR** — 129

| LONGUEUR | 1,38 | 1,40 | 1,42 | 1,44 | 1,46 | 1,48 | 1,50 | 1,52 | 1,54 | 1,56 |
|---|---|---|---|---|---|---|---|---|---|---|
| 1,38 | 1 485 | | | | | | | | | |
| 1,40 | 1 507 | 1 529 | | | | | | | | |
| 42 | 1 528 | 1 551 | 1 573 | | | | | | | |
| 44 | 1 550 | 1 572 | 1 595 | 1 617 | | | | | | |
| 46 | 1 572 | 1 594 | 1 617 | 1 640 | 1 663 | | | | | |
| 48 | 1 593 | 1 616 | 1 639 | 1 662 | 1 685 | 1 709 | | | | |
| 1,50 | 1 615 | 1 638 | 1 661 | 1 685 | 1 708 | 1 732 | 1 755 | | | |
| 52 | 1 636 | 1 660 | 1 684 | 1 707 | 1 731 | 1 755 | 1 778 | 1 802 | | |
| 54 | 1 658 | 1 682 | 1 706 | 1 730 | 1 754 | 1 778 | 1 802 | 1 826 | 1 850 | |
| 56 | 1 679 | 1 704 | 1 728 | 1 752 | 1 777 | 1 801 | 1 825 | 1 850 | 1 874 | 1 898 |
| 58 | 1 701 | 1 725 | 1 750 | 1 775 | 1 799 | 1 824 | 1 849 | 1 873 | 1 898 | 1 923 |
| 1,60 | 1 722 | 1 747 | 1 772 | 1 797 | 1 822 | 1 847 | 1 872 | 1 897 | 1 922 | 1 947 |
| 62 | 1 744 | 1 769 | 1 794 | 1 820 | 1 845 | 1 870 | 1 895 | 1 921 | 1 946 | 1 971 |
| 64 | 1 765 | 1 791 | 1 816 | 1 842 | 1 868 | 1 893 | 1 919 | 1 944 | 1 970 | 1 996 |
| 66 | 1 787 | 1 813 | 1 839 | 1 865 | 1 890 | 1 916 | 1 942 | 1 968 | 1 994 | 2 020 |
| 68 | 1 808 | 1 835 | 1 861 | 1 887 | 1 913 | 1 939 | 1 966 | 1 992 | 2 018 | 2 044 |
| 1,70 | 1 830 | 1 856 | 1 883 | 1 909 | 1 936 | 1 962 | 1 989 | 2 016 | 2 042 | 2 069 |
| 72 | 1 851 | 1 878 | 1 905 | 1 932 | 1 959 | 1 986 | 2 012 | 2 039 | 2 066 | 2 093 |
| 74 | 1 873 | 1 900 | 1 927 | 1 954 | 1 982 | 2 009 | 2 036 | 2 063 | 2 090 | 2 117 |
| 76 | 1 894 | 1 922 | 1 949 | 1 977 | 2 004 | 2 032 | 2 059 | 2 087 | 2 114 | 2 142 |
| 78 | 1 916 | 1 944 | 1 972 | 1 999 | 2 027 | 2 055 | 2 083 | 2 110 | 2 138 | 2 166 |
| 1,80 | 1 938 | 1 966 | 1 994 | 2 022 | 2 050 | 2 078 | 2 106 | 2 134 | 2 162 | 2 190 |
| 82 | 1 959 | 1 987 | 2 016 | 2 044 | 2 073 | 2 101 | 2 129 | 2 158 | 2 186 | 2 215 |
| 84 | 1 981 | 2 009 | 2 038 | 2 067 | 2 095 | 2 124 | 2 153 | 2 182 | 2 210 | 2 239 |
| 86 | 2 002 | 2 031 | 2 060 | 2 089 | 2 118 | 2 147 | 2 176 | 2 205 | 2 234 | 2 263 |
| 88 | 2 024 | 2 053 | 2 082 | 2 112 | 2 141 | 2 170 | 2 200 | 2 229 | 2 258 | 2 288 |
| 1,90 | 2 045 | 2 075 | 2 104 | 2 134 | 2 164 | 2 193 | 2 223 | 2 253 | 2 282 | 2 312 |
| 92 | 2 067 | 2 097 | 2 127 | 2 157 | 2 186 | 2 216 | 2 246 | 2 276 | 2 306 | 2 336 |
| 94 | 2 088 | 2 118 | 2 149 | 2 179 | 2 209 | 2 240 | 2 270 | 2 300 | 2 330 | 2 361 |
| 96 | 2 110 | 2 140 | 2 171 | 2 201 | 2 232 | 2 263 | 2 293 | 2 324 | 2 354 | 2 385 |
| 98 | 2 131 | 2 162 | 2 193 | 2 224 | 2 255 | 2 286 | 2 317 | 2 347 | 2 378 | 2 409 |
| 2,— | 2 153 | 2 184 | 2 215 | 2 246 | 2 278 | 2 309 | 2 340 | 2 371 | 2 402 | 2 434 |
| 02 | 2 174 | 2 206 | 2 237 | 2 269 | 2 300 | 2 332 | 2 363 | 2 395 | 2 426 | 2 458 |
| 04 | 2 196 | 2 228 | 2 260 | 2 291 | 2 323 | 2 355 | 2 387 | 2 419 | 2 450 | 2 482 |
| 06 | 2 217 | 2 250 | 2 282 | 2 314 | 2 346 | 2 378 | 2 410 | 2 442 | 2 474 | 2 507 |
| 08 | 2 239 | 2 271 | 2 304 | 2 336 | 2 369 | 2 401 | 2 434 | 2 466 | 2 498 | 2 531 |
| 2,10 | 2 260 | 2 293 | 2 326 | 2 359 | 2 391 | 2 424 | 2 457 | 2 490 | 2 523 | 2 555 |
| 12 | 2 282 | 2 315 | 2 348 | 2 381 | 2 414 | 2 447 | 2 480 | 2 513 | 2 547 | 2 580 |
| 14 | 2 303 | 2 337 | 2 370 | 2 404 | 2 437 | 2 470 | 2 504 | 2 537 | 2 571 | 2 604 |
| 16 | 2 325 | 2 359 | 2 392 | 2 426 | 2 460 | 2 494 | 2 527 | 2 561 | 2 595 | 2 628 |
| 18 | 2 347 | 2 381 | 2 415 | 2 449 | 2 483 | 2 517 | 2 551 | 2 585 | 2 619 | 2 653 |
| 2,20 | 2 368 | 2 402 | 2 437 | 2 471 | 2 505 | 2 540 | 2 574 | 2 608 | 2 643 | 2 677 |
| 22 | 2 390 | 2 424 | 2 459 | 2 494 | 2 528 | 2 563 | 2 597 | 2 632 | 2 667 | 2 701 |
| 24 | 2 411 | 2 446 | 2 481 | 2 516 | 2 551 | 2 586 | 2 621 | 2 656 | 2 691 | 2 726 |
| 26 | 2 433 | 2 468 | 2 503 | 2 538 | 2 574 | 2 609 | 2 644 | 2 679 | 2 715 | 2 750 |
| 28 | 2 454 | 2 490 | 2 525 | 2 561 | 2 596 | 2 632 | 2 668 | 2 703 | 2 739 | 2 774 |
| 2,30 | 2 476 | 2 512 | 2 547 | 2 583 | 2 619 | 2 655 | 2 691 | 2 727 | 2 763 | 2 799 |
| 32 | 2 497 | 2 533 | 2 570 | 2 606 | 2 642 | 2 678 | 2 714 | 2 751 | 2 787 | 2 823 |
| 34 | 2 519 | 2 555 | 2 592 | 2 628 | 2 665 | 2 701 | 2 738 | 2 774 | 2 811 | 2 847 |
| 36 | 2 540 | 2 577 | 2 614 | 2 651 | 2 688 | 2 724 | 2 761 | 2 798 | 2 835 | 2 872 |
| 38 | 2 562 | 2 599 | 2 636 | 2 673 | 2 710 | 2 747 | 2 785 | 2 822 | 2 859 | 2 896 |
| 2,40 | 2 583 | 2 621 | 2 658 | 2 696 | 2 733 | 2 771 | 2 808 | 2 845 | 2 883 | 2 920 |
| 42 | 2 605 | 2 643 | 2 680 | 2 718 | 2 756 | 2 794 | 2 831 | 2 869 | 2 907 | 2 945 |
| 44 | 2 626 | 2 664 | 2 703 | 2 741 | 2 779 | 2 817 | 2 855 | 2 893 | 2 931 | 2 969 |
| 46 | 2 648 | 2 686 | 2 725 | 2 763 | 2 801 | 2 840 | 2 878 | 2 917 | 2 955 | 2 993 |
| 48 | 2 669 | 2 708 | 2 747 | 2 786 | 2 824 | 2 863 | 2 902 | 2 940 | 2 979 | 3 018 |
| 2,50 | 2 691 | 2 730 | 2 769 | 2 808 | 2 847 | 2 886 | 2 925 | 2 964 | 3 003 | 3 042 |
| 52 | 2 713 | 2 752 | 2 791 | 2 830 | 2 870 | 2 909 | 2 948 | 2 988 | 3 027 | 3 066 |
| 54 | 2 734 | 2 774 | 2 813 | 2 853 | 2 893 | 2 932 | 2 972 | 3 011 | 3 051 | 3 091 |
| 56 | 2 756 | 2 796 | 2 835 | 2 875 | 2 915 | 2 955 | 2 995 | 3 035 | 3 075 | 3 115 |

**LARGEUR** 3

| LONGUEUR | POTAILLES | 0,80 | 0,82 | 0,84 | 0,86 | 0,88 | 0,90 | 0,92 | 0,94 | 0,96 | 0,98 |
|---|---|---|---|---|---|---|---|---|---|---|---|
| 0,80 | 0 410 | 0 512 | | | | | | | | | |
| 82 | 0 420 | 0 525 | 0 538 | | | | | | | | |
| 84 | 0 430 | 0 538 | 0 551 | 0 564 | | | | | | | |
| 86 | 0 440 | 0 550 | 0 564 | 0 578 | 0 592 | | | | | | |
| 88 | 0 451 | 0 563 | 0 577 | 0 591 | 0 605 | 0 620 | | | | | |
| 0,90 | 0 461 | 0 576 | 0 590 | 0 605 | 0 619 | 0 634 | 0 648 | | | | |
| 92 | 0 471 | 0 589 | 0 604 | 0 618 | 0 633 | 0 648 | 0 662 | 0 677 | | | |
| 94 | 0 481 | 0 602 | 0 617 | 0 632 | 0 647 | 0 662 | 0 677 | 0 692 | 0 707 | | |
| 96 | 0 492 | 0 614 | 0 630 | 0 645 | 0 660 | 0 676 | 0 691 | 0 707 | 0 722 | 0 737 | |
| 98 | 0 502 | 0 627 | 0 643 | 0 659 | 0 674 | 0 690 | 0 706 | 0 721 | 0 737 | 0 753 | 0 768 |
| 1,— | 0 512 | 0 640 | 0 656 | 0 672 | 0 688 | 0 704 | 0 720 | 0 736 | 0 752 | 0 768 | 0 784 |
| 02 | 0 522 | 0 653 | 0 669 | 0 685 | 0 702 | 0 718 | 0 734 | 0 751 | 0 767 | 0 783 | 0 800 |
| 04 | 0 532 | 0 666 | 0 682 | 0 699 | 0 716 | 0 732 | 0 749 | 0 765 | 0 782 | 0 799 | 0 815 |
| 06 | 0 543 | 0 678 | 0 695 | 0 712 | 0 729 | 0 746 | 0 763 | 0 780 | 0 797 | 0 814 | 0 831 |
| 08 | 0 553 | 0 691 | 0 708 | 0 726 | 0 743 | 0 760 | 0 778 | 0 795 | 0 812 | 0 829 | 0 847 |
| 1,10 | 0 563 | 0 704 | 0 722 | 0 739 | 0 757 | 0 774 | 0 792 | 0 810 | 0 827 | 0 845 | 0 862 |
| 12 | 0 573 | 0 717 | 0 735 | 0 753 | 0 771 | 0 788 | 0 806 | 0 824 | 0 842 | 0 860 | 0 878 |
| 14 | 0 584 | 0 730 | 0 748 | 0 766 | 0 784 | 0 803 | 0 821 | 0 839 | 0 857 | 0 876 | 0 894 |
| 16 | 0 594 | 0 742 | 0 761 | 0 780 | 0 798 | 0 817 | 0 835 | 0 854 | 0 872 | 0 891 | 0 909 |
| 18 | 0 604 | 0 755 | 0 774 | 0 793 | 0 812 | 0 831 | 0 850 | 0 868 | 0 887 | 0 906 | 0 925 |
| 1,20 | 0 614 | 0 768 | 0 787 | 0 806 | 0 826 | 0 845 | 0 864 | 0 883 | 0 902 | 0 922 | 0 941 |
| 22 | 0 625 | 0 781 | 0 800 | 0 820 | 0 839 | 0 859 | 0 878 | 0 898 | 0 917 | 0 937 | 0 956 |
| 24 | 0 635 | 0 794 | 0 813 | 0 833 | 0 853 | 0 873 | 0 893 | 0 913 | 0 932 | 0 952 | 0 972 |
| 26 | 0 645 | 0 806 | 0 827 | 0 847 | 0 867 | 0 887 | 0 907 | 0 927 | 0 948 | 0 968 | 0 988 |
| 28 | 0 655 | 0 819 | 0 840 | 0 860 | 0 881 | 0 901 | 0 922 | 0 942 | 0 963 | 0 983 | 1 004 |
| 1,30 | 0 666 | 0 832 | 0 853 | 0 874 | 0 894 | 0 915 | 0 936 | 0 957 | 0 978 | 0 998 | 1 019 |
| 32 | 0 676 | 0 845 | 0 866 | 0 887 | 0 908 | 0 929 | 0 950 | 0 972 | 0 993 | 1 014 | 1 035 |
| 34 | 0 686 | 0 858 | 0 879 | 0 900 | 0 922 | 0 943 | 0 965 | 0 986 | 1 008 | 1 029 | 1 051 |
| 36 | 0 696 | 0 870 | 0 892 | 0 914 | 0 936 | 0 957 | 0 979 | 1 001 | 1 023 | 1 044 | 1 066 |
| 38 | 0 707 | 0 883 | 0 905 | 0 927 | 0 949 | 0 972 | 0 994 | 1 016 | 1 038 | 1 060 | 1 082 |
| 1,40 | 0 717 | 0 896 | 0 918 | 0 941 | 0 963 | 0 986 | 1 008 | 1 030 | 1 053 | 1 075 | 1 098 |
| 42 | 0 727 | 0 909 | 0 932 | 0 954 | 0 977 | 1 000 | 1 022 | 1 045 | 1 068 | 1 091 | 1 113 |
| 44 | 0 737 | 0 922 | 0 945 | 0 968 | 0 991 | 1 014 | 1 037 | 1 060 | 1 083 | 1 106 | 1 129 |
| 46 | 0 748 | 0 934 | 0 958 | 0 981 | 1 004 | 1 028 | 1 051 | 1 075 | 1 098 | 1 121 | 1 145 |
| 48 | 0 758 | 0 947 | 0 971 | 0 995 | 1 018 | 1 042 | 1 066 | 1 089 | 1 113 | 1 137 | 1 160 |
| 1,50 | 0 768 | 0 960 | 0 984 | 1 008 | 1 032 | 1 056 | 1 080 | 1 104 | 1 128 | 1 152 | 1 176 |
| 52 | 0 778 | 0 973 | 0 997 | 1 021 | 1 046 | 1 070 | 1 094 | 1 119 | 1 143 | 1 167 | 1 192 |
| 54 | 0 788 | 0 986 | 1 010 | 1 035 | 1 060 | 1 084 | 1 109 | 1 133 | 1 158 | 1 183 | 1 207 |
| 56 | 0 799 | 0 998 | 1 023 | 1 048 | 1 073 | 1 098 | 1 123 | 1 148 | 1 173 | 1 198 | 1 223 |
| 58 | 0 809 | 1 011 | 1 036 | 1 062 | 1 087 | 1 112 | 1 138 | 1 163 | 1 188 | 1 213 | 1 239 |
| 1,60 | 0 819 | 1 024 | 1 050 | 1 075 | 1 101 | 1 126 | 1 152 | 1 178 | 1 203 | 1 229 | 1 254 |
| 62 | 0 829 | 1 037 | 1 063 | 1 089 | 1 115 | 1 140 | 1 166 | 1 192 | 1 218 | 1 244 | 1 270 |
| 64 | 0 840 | 1 050 | 1 076 | 1 102 | 1 128 | 1 155 | 1 181 | 1 207 | 1 233 | 1 260 | 1 286 |
| 66 | 0 850 | 1 062 | 1 089 | 1 116 | 1 142 | 1 169 | 1 195 | 1 222 | 1 248 | 1 275 | 1 301 |
| 68 | 0 860 | 1 075 | 1 102 | 1 129 | 1 156 | 1 183 | 1 210 | 1 236 | 1 263 | 1 290 | 1 317 |
| 1,70 | 0 870 | 1 088 | 1 115 | 1 142 | 1 170 | 1 197 | 1 224 | 1 251 | 1 278 | 1 306 | 1 333 |
| 72 | 0 881 | 1 101 | 1 128 | 1 156 | 1 183 | 1 211 | 1 238 | 1 266 | 1 293 | 1 321 | 1 348 |
| 74 | 0 891 | 1 114 | 1 141 | 1 169 | 1 197 | 1 225 | 1 253 | 1 281 | 1 308 | 1 336 | 1 364 |
| 76 | 0 901 | 1 126 | 1 155 | 1 183 | 1 211 | 1 239 | 1 267 | 1 295 | 1 324 | 1 352 | 1 380 |
| 78 | 0 911 | 1 139 | 1 168 | 1 196 | 1 225 | 1 253 | 1 282 | 1 310 | 1 339 | 1 367 | 1 396 |
| 1,80 | 0 922 | 1 152 | 1 181 | 1 210 | 1 238 | 1 267 | 1 296 | 1 325 | 1 354 | 1 382 | 1 411 |
| 82 | 0 932 | 1 165 | 1 194 | 1 223 | 1 252 | 1 281 | 1 310 | 1 340 | 1 369 | 1 398 | 1 427 |
| 84 | 0 942 | 1 178 | 1 207 | 1 236 | 1 266 | 1 295 | 1 325 | 1 354 | 1 384 | 1 413 | 1 443 |
| 86 | 0 952 | 1 190 | 1 220 | 1 250 | 1 280 | 1 309 | 1 339 | 1 369 | 1 399 | 1 428 | 1 458 |
| 88 | 0 963 | 1 203 | 1 233 | 1 263 | 1 293 | 1 324 | 1 354 | 1 384 | 1 414 | 1 444 | 1 474 |
| 1,90 | 0 973 | 1 216 | 1 246 | 1 277 | 1 307 | 1 338 | 1 368 | 1 398 | 1 429 | 1 459 | 1 490 |
| 92 | 0 983 | 1 229 | 1 260 | 1 290 | 1 321 | 1 352 | 1 382 | 1 413 | 1 444 | 1 475 | 1 505 |
| 94 | 0 993 | 1 242 | 1 273 | 1 304 | 1 335 | 1 366 | 1 397 | 1 428 | 1 459 | 1 490 | 1 521 |
| 96 | 1 004 | 1 254 | 1 286 | 1 317 | 1 348 | 1 380 | 1 411 | 1 443 | 1 474 | 1 505 | 1 537 |
| 98 | 1 014 | 1 267 | 1 299 | 1 331 | 1 362 | 1 394 | 1 426 | 1 457 | 1 489 | 1 521 | 1 552 |
| 2,— | 1 024 | 1 280 | 1 312 | 1 344 | 1 376 | 1 408 | 1 440 | 1 472 | 1 504 | 1 536 | 1 568 |
| 02 | 1 034 | 1 293 | 1 325 | 1 357 | 1 390 | 1 422 | 1 454 | 1 487 | 1 519 | 1 551 | 1 584 |
| 04 | 1 044 | 1 306 | 1 338 | 1 371 | 1 404 | 1 436 | 1 469 | 1 501 | 1 534 | 1 567 | 1 599 |
| 06 | 1 055 | 1 318 | 1 351 | 1 384 | 1 417 | 1 450 | 1 483 | 1 516 | 1 549 | 1 582 | 1 615 |
| 08 | 1 065 | 1 331 | 1 364 | 1 398 | 1 431 | 1 464 | 1 498 | 1 531 | 1 564 | 1 597 | 1 631 |
| 2,10 | 1 075 | 1 344 | 1 378 | 1 411 | 1 445 | 1 478 | 1 512 | 1 546 | 1 579 | 1 613 | 1 646 |
| 12 | 1 085 | 1 357 | 1 391 | 1 425 | 1 459 | 1 492 | 1 526 | 1 560 | 1 594 | 1 628 | 1 662 |
| 14 | 1 096 | 1 370 | 1 404 | 1 438 | 1 472 | 1 507 | 1 541 | 1 575 | 1 609 | 1 644 | 1 678 |
| 16 | 1 106 | 1 382 | 1 417 | 1 452 | 1 486 | 1 521 | 1 555 | 1 590 | 1 624 | 1 659 | 1 693 |
| 18 | 1 116 | 1 395 | 1 430 | 1 465 | 1 500 | 1 535 | 1 570 | 1 604 | 1 639 | 1 674 | 1 709 |





Epaisseur : **0**m **80** centimètres

**LARGEUR** 131

| LONGUEUR | 1,00 | 1,02 | 1,04 | 1,06 | 1,08 | 1,10 | 1,12 | 1,14 | 1,16 | 1,18 |
|---|---|---|---|---|---|---|---|---|---|---|
| 1,— | 0 800 | | | | | | | | | |
| 02 | 0 816 | 0 832 | | | | | | | | |
| 04 | 0 832 | 0 849 | 0 865 | | | | | | | |
| 06 | 0 848 | 0 865 | 0 882 | 0 899 | | | | | | |
| 08 | 0 864 | 0 881 | 0 899 | 0 916 | 0 933 | | | | | |
| 1,10 | 0 880 | 0 898 | 0 915 | 0 933 | 0 950 | 0 968 | | | | |
| 12 | 0 896 | 0 914 | 0 932 | 0 950 | 0 968 | 0 986 | 1 004 | | | |
| 14 | 0 912 | 0 930 | 0 948 | 0 967 | 0 985 | 1 003 | 1 021 | 1 040 | | |
| 16 | 0 928 | 0 947 | 0 965 | 0 984 | 1 002 | 1 021 | 1 039 | 1 058 | 1 076 | |
| 18 | 0 944 | 0 963 | 0 982 | 1 001 | 1 020 | 1 038 | 1 057 | 1 076 | 1 095 | 1 114 |
| 1,20 | 0 960 | 0 979 | 0 998 | 1 018 | 1 037 | 1 056 | 1 075 | 1 094 | 1 114 | 1 133 |
| 22 | 0 976 | 0 996 | 1 015 | 1 035 | 1 054 | 1 074 | 1 093 | 1 113 | 1 132 | 1 152 |
| 24 | 0 992 | 1 012 | 1 032 | 1 052 | 1 071 | 1 091 | 1 111 | 1 131 | 1 151 | 1 171 |
| 26 | 1 008 | 1 028 | 1 048 | 1 068 | 1 089 | 1 109 | 1 129 | 1 149 | 1 169 | 1 189 |
| 28 | 1 024 | 1 044 | 1 065 | 1 085 | 1 106 | 1 126 | 1 147 | 1 167 | 1 188 | 1 208 |
| 1,30 | 1 040 | 1 061 | 1 082 | 1 102 | 1 123 | 1 144 | 1 165 | 1 186 | 1 206 | 1 227 |
| 32 | 1 056 | 1 077 | 1 098 | 1 119 | 1 140 | 1 162 | 1 183 | 1 204 | 1 225 | 1 246 |
| 34 | 1 072 | 1 093 | 1 115 | 1 136 | 1 158 | 1 179 | 1 201 | 1 222 | 1 244 | 1 265 |
| 36 | 1 088 | 1 110 | 1 132 | 1 153 | 1 175 | 1 197 | 1 219 | 1 240 | 1 262 | 1 284 |
| 38 | 1 104 | 1 126 | 1 148 | 1 170 | 1 192 | 1 214 | 1 236 | 1 259 | 1 281 | 1 303 |
| 1,40 | 1 120 | 1 142 | 1 165 | 1 187 | 1 210 | 1 232 | 1 254 | 1 277 | 1 299 | 1 322 |
| 42 | 1 136 | 1 159 | 1 181 | 1 204 | 1 227 | 1 250 | 1 272 | 1 295 | 1 318 | 1 340 |
| 44 | 1 152 | 1 175 | 1 198 | 1 221 | 1 244 | 1 267 | 1 290 | 1 313 | 1 336 | 1 359 |
| 46 | 1 168 | 1 191 | 1 215 | 1 238 | 1 261 | 1 285 | 1 308 | 1 332 | 1 355 | 1 378 |
| 48 | 1 184 | 1 208 | 1 231 | 1 255 | 1 279 | 1 302 | 1 326 | 1 350 | 1 373 | 1 397 |
| 1,50 | 1 200 | 1 224 | 1 248 | 1 272 | 1 296 | 1 320 | 1 344 | 1 368 | 1 392 | 1 416 |
| 52 | 1 216 | 1 240 | 1 265 | 1 289 | 1 313 | 1 338 | 1 362 | 1 386 | 1 411 | 1 435 |
| 54 | 1 232 | 1 257 | 1 281 | 1 306 | 1 331 | 1 355 | 1 380 | 1 404 | 1 429 | 1 454 |
| 56 | 1 248 | 1 273 | 1 298 | 1 323 | 1 348 | 1 373 | 1 398 | 1 423 | 1 448 | 1 473 |
| 58 | 1 264 | 1 289 | 1 315 | 1 340 | 1 365 | 1 390 | 1 416 | 1 441 | 1 466 | 1 492 |
| 1,60 | 1 280 | 1 306 | 1 331 | 1 357 | 1 382 | 1 408 | 1 434 | 1 459 | 1 485 | 1 510 |
| 62 | 1 296 | 1 322 | 1 348 | 1 374 | 1 400 | 1 426 | 1 452 | 1 477 | 1 503 | 1 529 |
| 64 | 1 312 | 1 338 | 1 364 | 1 391 | 1 417 | 1 443 | 1 469 | 1 496 | 1 522 | 1 548 |
| 66 | 1 328 | 1 355 | 1 381 | 1 408 | 1 434 | 1 461 | 1 487 | 1 514 | 1 540 | 1 567 |
| 68 | 1 344 | 1 371 | 1 398 | 1 425 | 1 452 | 1 478 | 1 505 | 1 532 | 1 559 | 1 586 |
| 1,70 | 1 360 | 1 387 | 1 414 | 1 442 | 1 469 | 1 496 | 1 523 | 1 550 | 1 578 | 1 605 |
| 72 | 1 376 | 1 404 | 1 431 | 1 459 | 1 486 | 1 514 | 1 541 | 1 569 | 1 596 | 1 624 |
| 74 | 1 392 | 1 420 | 1 448 | 1 476 | 1 503 | 1 531 | 1 559 | 1 587 | 1 615 | 1 643 |
| 76 | 1 408 | 1 436 | 1 464 | 1 492 | 1 521 | 1 549 | 1 577 | 1 605 | 1 633 | 1 661 |
| 78 | 1 424 | 1 452 | 1 481 | 1 509 | 1 538 | 1 566 | 1 595 | 1 623 | 1 652 | 1 680 |
| 1,80 | 1 440 | 1 469 | 1 498 | 1 526 | 1 555 | 1 584 | 1 613 | 1 642 | 1 670 | 1 699 |
| 82 | 1 456 | 1 485 | 1 514 | 1 543 | 1 572 | 1 602 | 1 631 | 1 660 | 1 689 | 1 718 |
| 84 | 1 472 | 1 501 | 1 531 | 1 560 | 1 590 | 1 619 | 1 649 | 1 678 | 1 708 | 1 737 |
| 86 | 1 488 | 1 518 | 1 548 | 1 577 | 1 607 | 1 637 | 1 667 | 1 696 | 1 726 | 1 756 |
| 88 | 1 504 | 1 534 | 1 564 | 1 594 | 1 624 | 1 654 | 1 684 | 1 715 | 1 745 | 1 775 |
| 1,90 | 1 520 | 1 550 | 1 581 | 1 611 | 1 642 | 1 672 | 1 702 | 1 733 | 1 763 | 1 794 |
| 92 | 1 536 | 1 567 | 1 597 | 1 628 | 1 659 | 1 690 | 1 720 | 1 751 | 1 782 | 1 812 |
| 94 | 1 552 | 1 583 | 1 614 | 1 645 | 1 676 | 1 707 | 1 738 | 1 769 | 1 800 | 1 831 |
| 96 | 1 568 | 1 599 | 1 631 | 1 662 | 1 693 | 1 725 | 1 756 | 1 788 | 1 819 | 1 850 |
| 98 | 1 584 | 1 616 | 1 647 | 1 679 | 1 711 | 1 742 | 1 774 | 1 806 | 1 837 | 1 869 |
| 2,— | 1 600 | 1 632 | 1 664 | 1 696 | 1 728 | 1 760 | 1 792 | 1 824 | 1 856 | 1 888 |
| 02 | 1 616 | 1 648 | 1 681 | 1 713 | 1 745 | 1 778 | 1 810 | 1 842 | 1 875 | 1 907 |
| 04 | 1 632 | 1 665 | 1 697 | 1 730 | 1 763 | 1 795 | 1 828 | 1 860 | 1 893 | 1 926 |
| 06 | 1 648 | 1 681 | 1 714 | 1 747 | 1 780 | 1 813 | 1 846 | 1 879 | 1 912 | 1 945 |
| 08 | 1 664 | 1 697 | 1 731 | 1 764 | 1 797 | 1 830 | 1 864 | 1 897 | 1 930 | 1 964 |
| 2,10 | 1 680 | 1 714 | 1 747 | 1 781 | 1 814 | 1 848 | 1 882 | 1 915 | 1 949 | 1 982 |
| 12 | 1 696 | 1 730 | 1 764 | 1 798 | 1 832 | 1 866 | 1 900 | 1 933 | 1 967 | 2 001 |
| 14 | 1 712 | 1 746 | 1 780 | 1 815 | 1 849 | 1 883 | 1 917 | 1 952 | 1 986 | 2 020 |
| 16 | 1 728 | 1 763 | 1 797 | 1 832 | 1 866 | 1 901 | 1 935 | 1 970 | 2 004 | 2 039 |
| 18 | 1 744 | 1 779 | 1 814 | 1 849 | 1 884 | 1 918 | 1 953 | 1 988 | 2 023 | 2 058 |

## Épaisseur : 0ᵐ 80 centimètres — LARGEUR 1,20 à 1,38

| LONGUEUR | 1,20 | 1,22 | 1,24 | 1,26 | 1,28 | 1,30 | 1,32 | 1,34 | 1,36 | 1,38 |
|---|---|---|---|---|---|---|---|---|---|---|
| 1,20 | 1 152 | | | | | | | | | |
| 22 | 1 171 | 1 191 | | | | | | | | |
| 24 | 1 190 | 1 210 | 1 230 | | | | | | | |
| 26 | 1 210 | 1 230 | 1 250 | 1 270 | | | | | | |
| 28 | 1 229 | 1 249 | 1 270 | 1 290 | 1 311 | | | | | |
| 1,30 | 1 248 | 1 269 | 1 290 | 1 310 | 1 331 | 1 352 | | | | |
| 32 | 1 267 | 1 288 | 1 309 | 1 331 | 1 352 | 1 373 | 1 394 | | | |
| 34 | 1 286 | 1 308 | 1 329 | 1 351 | 1 372 | 1 394 | 1 415 | 1 436 | | |
| 36 | 1 306 | 1 327 | 1 349 | 1 371 | 1 393 | 1 414 | 1 436 | 1 458 | 1 480 | |
| 38 | 1 325 | 1 347 | 1 369 | 1 391 | 1 413 | 1 435 | 1 457 | 1 479 | 1 501 | 1 524 |
| 1,40 | 1 344 | 1 366 | 1 389 | 1 411 | 1 434 | 1 456 | 1 478 | 1 501 | 1 523 | 1 546 |
| 42 | 1 363 | 1 386 | 1 409 | 1 431 | 1 454 | 1 477 | 1 500 | 1 522 | 1 545 | 1 568 |
| 44 | 1 382 | 1 405 | 1 428 | 1 452 | 1 475 | 1 498 | 1 521 | 1 544 | 1 567 | 1 590 |
| 46 | 1 402 | 1 425 | 1 448 | 1 472 | 1 495 | 1 518 | 1 542 | 1 565 | 1 588 | 1 612 |
| 48 | 1 421 | 1 444 | 1 468 | 1 492 | 1 516 | 1 539 | 1 563 | 1 587 | 1 610 | 1 634 |
| 1,50 | 1 440 | 1 464 | 1 488 | 1 512 | 1 536 | 1 560 | 1 584 | 1 608 | 1 632 | 1 656 |
| 52 | 1 459 | 1 484 | 1 508 | 1 532 | 1 556 | 1 581 | 1 605 | 1 629 | 1 654 | 1 678 |
| 54 | 1 478 | 1 503 | 1 528 | 1 552 | 1 577 | 1 602 | 1 626 | 1 651 | 1 676 | 1 700 |
| 56 | 1 498 | 1 523 | 1 548 | 1 572 | 1 597 | 1 622 | 1 647 | 1 672 | 1 697 | 1 722 |
| 58 | 1 517 | 1 542 | 1 567 | 1 593 | 1 618 | 1 643 | 1 668 | 1 694 | 1 719 | 1 744 |
| 1,60 | 1 536 | 1 562 | 1 587 | 1 613 | 1 638 | 1 664 | 1 690 | 1 715 | 1 741 | 1 766 |
| 62 | 1 555 | 1 581 | 1 607 | 1 633 | 1 659 | 1 685 | 1 711 | 1 737 | 1 763 | 1 788 |
| 64 | 1 574 | 1 601 | 1 627 | 1 653 | 1 679 | 1 706 | 1 732 | 1 758 | 1 784 | 1 811 |
| 66 | 1 594 | 1 620 | 1 647 | 1 673 | 1 700 | 1 726 | 1 753 | 1 780 | 1 806 | 1 833 |
| 68 | 1 613 | 1 640 | 1 667 | 1 693 | 1 720 | 1 747 | 1 774 | 1 801 | 1 828 | 1 855 |
| 1,70 | 1 632 | 1 659 | 1 686 | 1 714 | 1 741 | 1 768 | 1 795 | 1 822 | 1 850 | 1 877 |
| 72 | 1 651 | 1 679 | 1 706 | 1 734 | 1 761 | 1 789 | 1 816 | 1 844 | 1 871 | 1 899 |
| 74 | 1 670 | 1 698 | 1 726 | 1 754 | 1 782 | 1 810 | 1 837 | 1 865 | 1 893 | 1 921 |
| 76 | 1 690 | 1 718 | 1 746 | 1 774 | 1 802 | 1 830 | 1 859 | 1 887 | 1 915 | 1 943 |
| 78 | 1 709 | 1 737 | 1 766 | 1 794 | 1 823 | 1 851 | 1 880 | 1 908 | 1 937 | 1 965 |
| 1,80 | 1 728 | 1 757 | 1 786 | 1 814 | 1 843 | 1 872 | 1 901 | 1 930 | 1 958 | 1 987 |
| 82 | 1 747 | 1 776 | 1 805 | 1 835 | 1 864 | 1 893 | 1 922 | 1 951 | 1 980 | 2 009 |
| 84 | 1 766 | 1 796 | 1 825 | 1 855 | 1 884 | 1 914 | 1 943 | 1 972 | 2 002 | 2 031 |
| 86 | 1 786 | 1 815 | 1 845 | 1 875 | 1 905 | 1 934 | 1 964 | 1 993 | 2 023 | 2 053 |
| 88 | 1 805 | 1 835 | 1 865 | 1 895 | 1 925 | 1 955 | 1 985 | 2 015 | 2 045 | 2 076 |
| 1,90 | 1 824 | 1 854 | 1 885 | 1 915 | 1 946 | 1 976 | 2 006 | 2 037 | 2 067 | 2 098 |
| 92 | 1 843 | 1 874 | 1 905 | 1 935 | 1 966 | 1 997 | 2 028 | 2 058 | 2 089 | 2 120 |
| 94 | 1 862 | 1 893 | 1 924 | 1 956 | 1 987 | 2 018 | 2 049 | 2 080 | 2 111 | 2 142 |
| 96 | 1 882 | 1 913 | 1 944 | 1 976 | 2 007 | 2 038 | 2 070 | 2 101 | 2 132 | 2 164 |
| 98 | 1 901 | 1 932 | 1 964 | 1 996 | 2 028 | 2 059 | 2 091 | 2 123 | 2 154 | 2 186 |
| 2,— | 1 920 | 1 952 | 1 984 | 2 016 | 2 048 | 2 080 | 2 112 | 2 144 | 2 176 | 2 208 |
| 02 | 1 939 | 1 972 | 2 004 | 2 036 | 2 068 | 2 101 | 2 133 | 2 165 | 2 198 | 2 230 |
| 04 | 1 958 | 1 991 | 2 024 | 2 056 | 2 089 | 2 122 | 2 154 | 2 187 | 2 220 | 2 252 |
| 06 | 1 978 | 2 011 | 2 044 | 2 076 | 2 109 | 2 142 | 2 175 | 2 208 | 2 241 | 2 274 |
| 08 | 1 997 | 2 030 | 2 063 | 2 097 | 2 130 | 2 163 | 2 196 | 2 230 | 2 263 | 2 296 |
| 2,10 | 2 016 | 2 050 | 2 083 | 2 117 | 2 150 | 2 184 | 2 218 | 2 251 | 2 285 | 2 318 |
| 12 | 2 035 | 2 069 | 2 103 | 2 137 | 2 171 | 2 205 | 2 239 | 2 273 | 2 307 | 2 340 |
| 14 | 2 054 | 2 089 | 2 123 | 2 157 | 2 191 | 2 226 | 2 260 | 2 294 | 2 328 | 2 363 |
| 16 | 2 074 | 2 108 | 2 143 | 2 177 | 2 212 | 2 246 | 2 281 | 2 316 | 2 350 | 2 385 |
| 18 | 2 093 | 2 128 | 2 163 | 2 197 | 2 232 | 2 267 | 2 302 | 2 337 | 2 372 | 2 407 |
| 2,20 | 2 112 | 2 147 | 2 182 | 2 218 | 2 253 | 2 288 | 2 323 | 2 358 | 2 394 | 2 429 |
| 22 | 2 131 | 2 167 | 2 202 | 2 238 | 2 273 | 2 309 | 2 344 | 2 380 | 2 415 | 2 451 |
| 24 | 2 150 | 2 186 | 2 222 | 2 258 | 2 294 | 2 330 | 2 365 | 2 401 | 2 437 | 2 473 |
| 26 | 2 170 | 2 206 | 2 242 | 2 278 | 2 314 | 2 350 | 2 387 | 2 423 | 2 459 | 2 495 |
| 28 | 2 189 | 2 225 | 2 262 | 2 298 | 2 335 | 2 371 | 2 408 | 2 444 | 2 481 | 2 517 |
| 2,30 | 2 208 | 2 245 | 2 282 | 2 318 | 2 355 | 2 392 | 2 429 | 2 466 | 2 503 | 2 539 |
| 32 | 2 227 | 2 264 | 2 301 | 2 339 | 2 376 | 2 413 | 2 450 | 2 487 | 2 524 | 2 561 |
| 34 | 2 246 | 2 284 | 2 321 | 2 359 | 2 396 | 2 434 | 2 471 | 2 508 | 2 546 | 2 583 |
| 36 | 2 266 | 2 303 | 2 341 | 2 379 | 2 417 | 2 454 | 2 492 | 2 530 | 2 568 | 2 605 |
| 38 | 2 285 | 2 323 | 2 361 | 2 399 | 2 437 | 2 475 | 2 513 | 2 551 | 2 589 | 2 628 |
| 2,40 | 2 304 | 2 342 | 2 381 | 2 419 | 2 458 | 2 496 | 2 534 | 2 573 | 2 611 | 2 650 |
| 42 | 2 323 | 2 362 | 2 401 | 2 439 | 2 478 | 2 517 | 2 556 | 2 594 | 2 633 | 2 672 |
| 44 | 2 342 | 2 381 | 2 420 | 2 460 | 2 499 | 2 538 | 2 577 | 2 616 | 2 655 | 2 694 |
| 46 | 2 362 | 2 401 | 2 440 | 2 480 | 2 519 | 2 558 | 2 598 | 2 637 | 2 676 | 2 716 |
| 48 | 2 381 | 2 420 | 2 460 | 2 500 | 2 540 | 2 579 | 2 619 | 2 659 | 2 698 | 2 738 |
| 2,50 | 2 400 | 2 440 | 2 480 | 2 520 | 2 560 | 2 600 | 2 640 | 2 680 | 2 720 | 2 760 |
| 52 | 2 419 | 2 460 | 2 500 | 2 540 | 2 580 | 2 621 | 2 661 | 2 701 | 2 742 | 2 782 |
| 54 | 2 438 | 2 479 | 2 520 | 2 560 | 2 601 | 2 642 | 2 682 | 2 723 | 2 764 | 2 804 |
| 56 | 2 458 | 2 499 | 2 540 | 2 580 | 2 621 | 2 662 | 2 703 | 2 744 | 2 785 | 2 826 |
| 58 | 2 477 | 2 518 | 2 559 | 2 601 | 2 642 | 2 683 | 2 724 | 2 766 | 2 807 | 2 848 |

## Épaisseur : 0ᵐ 80 centimètres — LARGEUR 1,40 à 1,58

| LONGUEUR | 1,40 | 1,42 | 1,44 | 1,46 | 1,48 | 1,50 | 1,52 | 1,54 | 1,56 | 1,58 |
|---|---|---|---|---|---|---|---|---|---|---|
| 1,40 | 1 568 | | | | | | | | | |
| 42 | 1 590 | 1 613 | | | | | | | | |
| 44 | 1 613 | 1 636 | 1 659 | | | | | | | |
| 46 | 1 635 | 1 659 | 1 682 | 1 705 | | | | | | |
| 48 | 1 658 | 1 681 | 1 705 | 1 729 | 1 752 | | | | | |
| 1,50 | 1 680 | 1 704 | 1 728 | 1 752 | 1 776 | 1 800 | | | | |
| 52 | 1 702 | 1 727 | 1 751 | 1 775 | 1 800 | 1 824 | 1 848 | | | |
| 54 | 1 725 | 1 749 | 1 774 | 1 799 | 1 823 | 1 848 | 1 873 | 1 897 | | |
| 56 | 1 747 | 1 772 | 1 797 | 1 822 | 1 847 | 1 872 | 1 897 | 1 922 | 1 947 | |
| 58 | 1 770 | 1 795 | 1 820 | 1 845 | 1 871 | 1 896 | 1 921 | 1 947 | 1 972 | 1 997 |
| 1,60 | 1 792 | 1 818 | 1 843 | 1 869 | 1 894 | 1 920 | 1 946 | 1 971 | 1 997 | 2 022 |
| 62 | 1 814 | 1 840 | 1 866 | 1 892 | 1 918 | 1 944 | 1 970 | 1 996 | 2 022 | 2 048 |
| 64 | 1 837 | 1 863 | 1 889 | 1 916 | 1 942 | 1 968 | 1 994 | 2 020 | 2 047 | 2 073 |
| 66 | 1 859 | 1 886 | 1 912 | 1 939 | 1 965 | 1 992 | 2 019 | 2 045 | 2 072 | 2 098 |
| 68 | 1 882 | 1 908 | 1 935 | 1 962 | 1 989 | 2 016 | 2 043 | 2 070 | 2 097 | 2 124 |
| 1,70 | 1 904 | 1 931 | 1 958 | 1 986 | 2 013 | 2 040 | 2 067 | 2 094 | 2 122 | 2 149 |
| 72 | 1 926 | 1 954 | 1 981 | 2 009 | 2 036 | 2 064 | 2 092 | 2 119 | 2 147 | 2 174 |
| 74 | 1 949 | 1 977 | 2 004 | 2 032 | 2 060 | 2 088 | 2 116 | 2 144 | 2 172 | 2 199 |
| 76 | 1 971 | 1 999 | 2 028 | 2 056 | 2 084 | 2 112 | 2 140 | 2 168 | 2 196 | 2 225 |
| 78 | 1 994 | 2 022 | 2 051 | 2 079 | 2 108 | 2 136 | 2 164 | 2 193 | 2 221 | 2 250 |
| 1,80 | 2 016 | 2 045 | 2 074 | 2 102 | 2 131 | 2 160 | 2 189 | 2 218 | 2 246 | 2 275 |
| 82 | 2 038 | 2 068 | 2 097 | 2 126 | 2 155 | 2 184 | 2 213 | 2 242 | 2 271 | 2 300 |
| 84 | 2 061 | 2 090 | 2 120 | 2 149 | 2 179 | 2 208 | 2 237 | 2 267 | 2 296 | 2 326 |
| 86 | 2 083 | 2 113 | 2 143 | 2 172 | 2 202 | 2 232 | 2 262 | 2 292 | 2 321 | 2 351 |
| 88 | 2 106 | 2 136 | 2 166 | 2 196 | 2 226 | 2 256 | 2 286 | 2 316 | 2 346 | 2 376 |
| 1,90 | 2 128 | 2 158 | 2 189 | 2 219 | 2 250 | 2 280 | 2 310 | 2 341 | 2 371 | 2 402 |
| 92 | 2 150 | 2 181 | 2 212 | 2 243 | 2 273 | 2 304 | 2 335 | 2 365 | 2 396 | 2 427 |
| 94 | 2 173 | 2 204 | 2 235 | 2 266 | 2 297 | 2 328 | 2 359 | 2 390 | 2 421 | 2 452 |
| 96 | 2 195 | 2 227 | 2 258 | 2 289 | 2 321 | 2 352 | 2 383 | 2 415 | 2 446 | 2 477 |
| 98 | 2 218 | 2 249 | 2 281 | 2 313 | 2 344 | 2 376 | 2 408 | 2 439 | 2 471 | 2 503 |
| 2,— | 2 240 | 2 272 | 2 304 | 2 336 | 2 368 | 2 400 | 2 432 | 2 464 | 2 496 | 2 528 |
| 02 | 2 262 | 2 295 | 2 327 | 2 359 | 2 392 | 2 424 | 2 456 | 2 489 | 2 521 | 2 553 |
| 04 | 2 285 | 2 317 | 2 350 | 2 383 | 2 415 | 2 448 | 2 481 | 2 513 | 2 546 | 2 579 |
| 06 | 2 307 | 2 340 | 2 373 | 2 406 | 2 439 | 2 472 | 2 505 | 2 538 | 2 571 | 2 604 |
| 08 | 2 330 | 2 363 | 2 396 | 2 429 | 2 463 | 2 496 | 2 529 | 2 563 | 2 596 | 2 629 |
| 2,10 | 2 352 | 2 386 | 2 419 | 2 453 | 2 486 | 2 520 | 2 554 | 2 587 | 2 621 | 2 654 |
| 12 | 2 374 | 2 408 | 2 442 | 2 476 | 2 510 | 2 544 | 2 578 | 2 612 | 2 646 | 2 680 |
| 14 | 2 397 | 2 431 | 2 465 | 2 500 | 2 534 | 2 568 | 2 602 | 2 636 | 2 671 | 2 705 |
| 16 | 2 419 | 2 454 | 2 488 | 2 523 | 2 557 | 2 592 | 2 627 | 2 661 | 2 696 | 2 730 |
| 18 | 2 442 | 2 476 | 2 511 | 2 546 | 2 581 | 2 616 | 2 651 | 2 686 | 2 721 | 2 756 |
| 2,20 | 2 464 | 2 499 | 2 534 | 2 570 | 2 605 | 2 640 | 2 675 | 2 710 | 2 746 | 2 781 |
| 22 | 2 486 | 2 522 | 2 557 | 2 593 | 2 628 | 2 664 | 2 700 | 2 735 | 2 771 | 2 806 |
| 24 | 2 509 | 2 545 | 2 580 | 2 616 | 2 652 | 2 688 | 2 724 | 2 760 | 2 796 | 2 831 |
| 26 | 2 531 | 2 567 | 2 604 | 2 640 | 2 676 | 2 712 | 2 748 | 2 784 | 2 820 | 2 857 |
| 28 | 2 554 | 2 590 | 2 627 | 2 663 | 2 700 | 2 736 | 2 772 | 2 809 | 2 845 | 2 882 |
| 2,30 | 2 576 | 2 613 | 2 650 | 2 686 | 2 723 | 2 760 | 2 797 | 2 834 | 2 870 | 2 907 |
| 32 | 2 598 | 2 636 | 2 673 | 2 710 | 2 747 | 2 784 | 2 821 | 2 858 | 2 895 | 2 932 |
| 34 | 2 621 | 2 658 | 2 696 | 2 733 | 2 771 | 2 808 | 2 845 | 2 883 | 2 920 | 2 958 |
| 36 | 2 643 | 2 681 | 2 719 | 2 756 | 2 794 | 2 832 | 2 870 | 2 908 | 2 945 | 2 983 |
| 38 | 2 666 | 2 704 | 2 742 | 2 780 | 2 818 | 2 856 | 2 894 | 2 932 | 2 970 | 3 008 |
| 2,40 | 2 688 | 2 726 | 2 765 | 2 803 | 2 842 | 2 880 | 2 918 | 2 957 | 2 995 | 3 034 |
| 42 | 2 710 | 2 749 | 2 788 | 2 827 | 2 865 | 2 904 | 2 943 | 2 981 | 3 020 | 3 059 |
| 44 | 2 733 | 2 772 | 2 811 | 2 850 | 2 889 | 2 928 | 2 967 | 3 006 | 3 045 | 3 084 |
| 46 | 2 755 | 2 795 | 2 834 | 2 873 | 2 913 | 2 952 | 2 991 | 3 031 | 3 070 | 3 109 |
| 48 | 2 778 | 2 817 | 2 857 | 2 897 | 2 936 | 2 976 | 3 016 | 3 055 | 3 095 | 3 135 |
| 2,50 | 2 800 | 2 840 | 2 880 | 2 920 | 2 960 | 3 000 | 3 040 | 3 080 | 3 120 | 3 160 |
| 52 | 2 822 | 2 863 | 2 903 | 2 943 | 2 984 | 3 024 | 3 064 | 3 105 | 3 145 | 3 185 |
| 54 | 2 845 | 2 885 | 2 926 | 2 967 | 3 007 | 3 048 | 3 089 | 3 129 | 3 170 | 3 211 |
| 56 | 2 867 | 2 908 | 2 949 | 2 990 | 3 031 | 3 072 | 3 113 | 3 154 | 3 195 | 3 236 |
| 58 | 2 890 | 2 931 | 2 972 | 3 013 | 3 055 | 3 096 | 3 137 | 3 179 | 3 220 | 3 261 |

| LONG. | FEUILLES | \<br>0,82 | \<br>0,84 | \<br>0,86 | LARGEUR\<br>0,88 | \<br>0,90 | \<br>0,92 | \<br>0,94 | \<br>0,96 | \<br>0,98 | \<br>1,00 |
|---|---|---|---|---|---|---|---|---|---|---|---|
| 0,82 | 0 441 | 0 551 | | | | | | | | | |
| 84 | 0 452 | 0 565 | 0 579 | | | | | | | | |
| 86 | 0 463 | 0 578 | 0 592 | 0 606 | | | | | | | |
| 88 | 0 473 | 0 592 | 0 606 | 0 621 | 0 635 | | | | | | |
| 0,90 | 0 484 | 0 605 | 0 620 | 0 635 | 0 649 | 0 664 | | | | | |
| 92 | 0 495 | 0 619 | 0 634 | 0 649 | 0 664 | 0 679 | 0 694 | | | | |
| 94 | 0 506 | 0 632 | 0 647 | 0 663 | 0 678 | 0 694 | 0 709 | 0 725 | | | |
| 96 | 0 516 | 0 646 | 0 661 | 0 677 | 0 693 | 0 708 | 0 724 | 0 740 | 0 756 | | |
| 98 | 0 527 | 0 659 | 0 675 | 0 691 | 0 707 | 0 723 | 0 739 | 0 755 | 0 771 | 0 788 | |
| 1,— | 0 538 | 0 672 | 0 689 | 0 705 | 0 722 | 0 738 | 0 754 | 0 771 | 0 787 | 0 804 | 0 820 |
| 02 | 0 549 | 0 686 | 0 703 | 0 719 | 0 736 | 0 753 | 0 769 | 0 786 | 0 803 | 0 820 | 0 836 |
| 04 | 0 559 | 0 699 | 0 716 | 0 733 | 0 750 | 0 768 | 0 785 | 0 802 | 0 819 | 0 836 | 0 853 |
| 06 | 0 570 | 0 713 | 0 730 | 0 748 | 0 765 | 0 782 | 0 800 | 0 817 | 0 834 | 0 852 | 0 869 |
| 08 | 0 581 | 0 726 | 0 744 | 0 762 | 0 779 | 0 797 | 0 815 | 0 832 | 0 850 | 0 868 | 0 886 |
| 1,10 | 0 592 | 0 740 | 0 758 | 0 776 | 0 794 | 0 812 | 0 830 | 0 848 | 0 866 | 0 884 | 0 902 |
| 12 | 0 602 | 0 753 | 0 771 | 0 790 | 0 808 | 0 827 | 0 845 | 0 863 | 0 882 | 0 900 | 0 918 |
| 14 | 0 613 | 0 767 | 0 785 | 0 804 | 0 823 | 0 841 | 0 860 | 0 879 | 0 897 | 0 916 | 0 935 |
| 16 | 0 624 | 0 780 | 0 799 | 0 818 | 0 837 | 0 856 | 0 875 | 0 894 | 0 913 | 0 932 | 0 951 |
| 18 | 0 635 | 0 793 | 0 813 | 0 832 | 0 851 | 0 871 | 0 890 | 0 910 | 0 929 | 0 948 | 0 968 |
| 1,20 | 0 646 | 0 807 | 0 827 | 0 846 | 0 866 | 0 886 | 0 905 | 0 925 | 0 945 | 0 964 | 0 984 |
| 22 | 0 656 | 0 820 | 0 840 | 0 860 | 0 880 | 0 900 | 0 920 | 0 940 | 0 960 | 0 980 | 1 000 |
| 24 | 0 667 | 0 834 | 0 854 | 0 874 | 0 895 | 0 915 | 0 935 | 0 956 | 0 976 | 0 996 | 1 017 |
| 26 | 0 678 | 0 847 | 0 868 | 0 889 | 0 909 | 0 930 | 0 951 | 0 971 | 0 992 | 1 013 | 1 033 |
| 28 | 0 689 | 0 861 | 0 882 | 0 903 | 0 924 | 0 945 | 0 966 | 0 987 | 1 008 | 1 029 | 1 050 |
| 1,30 | 0 699 | 0 874 | 0 895 | 0 917 | 0 938 | 0 959 | 0 981 | 1 002 | 1 023 | 1 045 | 1 066 |
| 32 | 0 710 | 0 888 | 0 909 | 0 931 | 0 953 | 0 974 | 0 996 | 1 017 | 1 039 | 1 061 | 1 082 |
| 34 | 0 721 | 0 901 | 0 923 | 0 945 | 0 967 | 0 989 | 1 011 | 1 033 | 1 055 | 1 077 | 1 099 |
| 36 | 0 732 | 0 914 | 0 937 | 0 959 | 0 981 | 1 004 | 1 026 | 1 048 | 1 071 | 1 093 | 1 115 |
| 38 | 0 742 | 0 928 | 0 951 | 0 973 | 0 996 | 1 018 | 1 041 | 1 064 | 1 086 | 1 109 | 1 132 |
| 1,40 | 0 753 | 0 941 | 0 964 | 0 987 | 1 010 | 1 033 | 1 056 | 1 079 | 1 102 | 1 125 | 1 148 |
| 42 | 0 764 | 0 955 | 0 978 | 1 001 | 1 025 | 1 048 | 1 071 | 1 095 | 1 118 | 1 141 | 1 164 |
| 44 | 0 775 | 0 968 | 0 992 | 1 015 | 1 039 | 1 063 | 1 086 | 1 110 | 1 134 | 1 157 | 1 181 |
| 46 | 0 785 | 0 982 | 1 006 | 1 030 | 1 054 | 1 077 | 1 101 | 1 125 | 1 149 | 1 173 | 1 197 |
| 48 | 0 796 | 0 995 | 1 019 | 1 044 | 1 068 | 1 092 | 1 117 | 1 141 | 1 165 | 1 189 | 1 214 |
| 1,50 | 0 807 | 1 009 | 1 033 | 1 058 | 1 082 | 1 107 | 1 132 | 1 156 | 1 181 | 1 205 | 1 230 |
| 52 | 0 818 | 1 022 | 1 047 | 1 072 | 1 097 | 1 122 | 1 147 | 1 172 | 1 197 | 1 221 | 1 246 |
| 54 | 0 828 | 1 035 | 1 061 | 1 086 | 1 111 | 1 137 | 1 162 | 1 187 | 1 212 | 1 238 | 1 263 |
| 56 | 0 839 | 1 049 | 1 075 | 1 100 | 1 126 | 1 151 | 1 177 | 1 202 | 1 228 | 1 254 | 1 279 |
| 58 | 0 850 | 1 062 | 1 088 | 1 114 | 1 140 | 1 166 | 1 192 | 1 218 | 1 244 | 1 270 | 1 296 |
| 1,60 | 0 861 | 1 076 | 1 102 | 1 128 | 1 155 | 1 181 | 1 207 | 1 233 | 1 260 | 1 286 | 1 312 |
| 62 | 0 871 | 1 089 | 1 116 | 1 142 | 1 169 | 1 196 | 1 222 | 1 249 | 1 275 | 1 302 | 1 328 |
| 64 | 0 882 | 1 103 | 1 130 | 1 157 | 1 183 | 1 210 | 1 237 | 1 264 | 1 291 | 1 318 | 1 345 |
| 66 | 0 893 | 1 116 | 1 143 | 1 171 | 1 198 | 1 225 | 1 252 | 1 280 | 1 307 | 1 334 | 1 361 |
| 68 | 0 904 | 1 130 | 1 157 | 1 185 | 1 212 | 1 240 | 1 267 | 1 295 | 1 322 | 1 350 | 1 378 |
| 1,70 | 0 914 | 1 143 | 1 171 | 1 199 | 1 227 | 1 255 | 1 282 | 1 310 | 1 338 | 1 366 | 1 394 |
| 72 | 0 925 | 1 157 | 1 185 | 1 213 | 1 241 | 1 269 | 1 298 | 1 326 | 1 354 | 1 382 | 1 410 |
| 74 | 0 936 | 1 170 | 1 199 | 1 227 | 1 256 | 1 284 | 1 313 | 1 341 | 1 370 | 1 398 | 1 427 |
| 76 | 0 947 | 1 183 | 1 212 | 1 241 | 1 270 | 1 299 | 1 328 | 1 357 | 1 385 | 1 414 | 1 443 |
| 78 | 0 957 | 1 197 | 1 226 | 1 255 | 1 284 | 1 314 | 1 343 | 1 372 | 1 401 | 1 430 | 1 460 |
| 1,80 | 0 968 | 1 210 | 1 240 | 1 269 | 1 299 | 1 328 | 1 358 | 1 387 | 1 417 | 1 446 | 1 476 |
| 82 | 0 979 | 1 224 | 1 254 | 1 283 | 1 313 | 1 343 | 1 373 | 1 403 | 1 433 | 1 463 | 1 492 |
| 84 | 0 990 | 1 237 | 1 267 | 1 298 | 1 328 | 1 358 | 1 388 | 1 418 | 1 448 | 1 479 | 1 509 |
| 86 | 1 001 | 1 251 | 1 281 | 1 312 | 1 342 | 1 373 | 1 403 | 1 434 | 1 464 | 1 495 | 1 525 |
| 88 | 1 011 | 1 264 | 1 295 | 1 326 | 1 357 | 1 387 | 1 418 | 1 449 | 1 480 | 1 511 | 1 542 |
| 1,90 | 1 022 | 1 278 | 1 309 | 1 340 | 1 371 | 1 402 | 1 433 | 1 465 | 1 496 | 1 527 | 1 558 |
| 92 | 1 033 | 1 291 | 1 322 | 1 354 | 1 385 | 1 417 | 1 448 | 1 480 | 1 511 | 1 543 | 1 574 |
| 94 | 1 044 | 1 304 | 1 336 | 1 368 | 1 400 | 1 432 | 1 464 | 1 495 | 1 527 | 1 559 | 1 591 |
| 96 | 1 054 | 1 318 | 1 350 | 1 382 | 1 414 | 1 446 | 1 479 | 1 511 | 1 543 | 1 575 | 1 607 |
| 98 | 1 065 | 1 331 | 1 364 | 1 396 | 1 429 | 1 461 | 1 494 | 1 526 | 1 559 | 1 591 | 1 624 |
| 2,— | 1 076 | 1 345 | 1 378 | 1 410 | 1 443 | 1 476 | 1 509 | 1 542 | 1 574 | 1 607 | 1 640 |
| 02 | 1 087 | 1 358 | 1 391 | 1 425 | 1 458 | 1 491 | 1 524 | 1 557 | 1 590 | 1 623 | 1 656 |
| 04 | 1 097 | 1 372 | 1 405 | 1 439 | 1 472 | 1 506 | 1 539 | 1 572 | 1 606 | 1 639 | 1 673 |
| 06 | 1 108 | 1 385 | 1 419 | 1 453 | 1 486 | 1 520 | 1 554 | 1 588 | 1 622 | 1 655 | 1 689 |
| 08 | 1 119 | 1 399 | 1 433 | 1 467 | 1 501 | 1 535 | 1 569 | 1 603 | 1 637 | 1 671 | 1 706 |
| 2,10 | 1 130 | 1 412 | 1 446 | 1 481 | 1 515 | 1 550 | 1 584 | 1 619 | 1 653 | 1 688 | 1 722 |
| 12 | 1 140 | 1 425 | 1 460 | 1 495 | 1 530 | 1 565 | 1 599 | 1 634 | 1 669 | 1 704 | 1 738 |
| 14 | 1 151 | 1 439 | 1 474 | 1 509 | 1 544 | 1 579 | 1 614 | 1 650 | 1 685 | 1 720 | 1 755 |
| 16 | 1 162 | 1 452 | 1 488 | 1 523 | 1 559 | 1 594 | 1 630 | 1 665 | 1 700 | 1 736 | 1 771 |
| 18 | 1 173 | 1 466 | 1 502 | 1 537 | 1 573 | 1 609 | 1 645 | 1 680 | 1 716 | 1 752 | 1 788 |
| 2,20 | 1 183 | 1 479 | 1 515 | 1 551 | 1 588 | 1 624 | 1 660 | 1 696 | 1 732 | 1 768 | 1 804 |



| LONGUEUR | \<br>1,02 | \<br>1,04 | \<br>1,06 | LARGEUR\<br>1,08 | \<br>1,10 | \<br>1,12 | \<br>1,14 | \<br>1,16 | \<br>1,18 | \<br>1,20 |
|---|---|---|---|---|---|---|---|---|---|---|
| 1,02 | 0 853 | | | | | | | | | |
| 04 | 0 870 | 0 887 | | | | | | | | |
| 06 | 0 887 | 0 904 | 0 921 | | | | | | | |
| 08 | 0 903 | 0 921 | 0 939 | 0 956 | | | | | | |
| 1,10 | 0 920 | 0 938 | 0 956 | 0 974 | 0 992 | | | | | |
| 12 | 0 937 | 0 955 | 0 974 | 0 992 | 1 010 | 1 029 | | | | |
| 14 | 0 953 | 0 972 | 0 991 | 1 010 | 1 028 | 1 047 | 1 066 | | | |
| 16 | 0 970 | 0 989 | 1 008 | 1 027 | 1 046 | 1 065 | 1 084 | 1 103 | | |
| 18 | 0 987 | 1 006 | 1 026 | 1 045 | 1 064 | 1 084 | 1 103 | 1 122 | 1 142 | |
| 1,20 | 1 004 | 1 023 | 1 043 | 1 063 | 1 082 | 1 102 | 1 122 | 1 141 | 1 161 | 1 181 |
| 22 | 1 020 | 1 040 | 1 060 | 1 080 | 1 100 | 1 120 | 1 140 | 1 160 | 1 180 | 1 200 |
| 24 | 1 037 | 1 057 | 1 078 | 1 098 | 1 118 | 1 139 | 1 159 | 1 179 | 1 200 | 1 220 |
| 26 | 1 054 | 1 075 | 1 095 | 1 116 | 1 137 | 1 157 | 1 178 | 1 199 | 1 219 | 1 240 |
| 28 | 1 071 | 1 092 | 1 113 | 1 134 | 1 155 | 1 176 | 1 197 | 1 218 | 1 239 | 1 260 |
| 1,30 | 1 087 | 1 109 | 1 130 | 1 151 | 1 173 | 1 194 | 1 215 | 1 237 | 1 258 | 1 279 |
| 32 | 1 104 | 1 126 | 1 147 | 1 169 | 1 191 | 1 212 | 1 234 | 1 256 | 1 277 | 1 299 |
| 34 | 1 121 | 1 143 | 1 165 | 1 187 | 1 209 | 1 231 | 1 253 | 1 275 | 1 297 | 1 319 |
| 36 | 1 138 | 1 160 | 1 182 | 1 204 | 1 227 | 1 249 | 1 271 | 1 294 | 1 316 | 1 338 |
| 38 | 1 154 | 1 177 | 1 199 | 1 222 | 1 245 | 1 267 | 1 290 | 1 313 | 1 335 | 1 358 |
| 1,40 | 1 171 | 1 194 | 1 217 | 1 240 | 1 263 | 1 286 | 1 309 | 1 332 | 1 355 | 1 378 |
| 42 | 1 188 | 1 211 | 1 234 | 1 258 | 1 281 | 1 304 | 1 327 | 1 351 | 1 374 | 1 397 |
| 44 | 1 204 | 1 228 | 1 252 | 1 275 | 1 299 | 1 322 | 1 346 | 1 370 | 1 393 | 1 417 |
| 46 | 1 221 | 1 245 | 1 269 | 1 293 | 1 317 | 1 341 | 1 365 | 1 389 | 1 413 | 1 437 |
| 48 | 1 238 | 1 262 | 1 286 | 1 311 | 1 335 | 1 359 | 1 384 | 1 408 | 1 432 | 1 456 |
| 1,50 | 1 255 | 1 279 | 1 304 | 1 328 | 1 353 | 1 378 | 1 402 | 1 427 | 1 451 | 1 476 |
| 52 | 1 271 | 1 296 | 1 321 | 1 346 | 1 371 | 1 396 | 1 421 | 1 446 | 1 471 | 1 496 |
| 54 | 1 288 | 1 313 | 1 339 | 1 364 | 1 389 | 1 414 | 1 440 | 1 465 | 1 490 | 1 515 |
| 56 | 1 305 | 1 330 | 1 356 | 1 382 | 1 407 | 1 433 | 1 458 | 1 484 | 1 509 | 1 535 |
| 58 | 1 322 | 1 347 | 1 373 | 1 399 | 1 425 | 1 451 | 1 477 | 1 503 | 1 529 | 1 555 |
| 1,60 | 1 338 | 1 364 | 1 391 | 1 417 | 1 443 | 1 469 | 1 496 | 1 522 | 1 548 | 1 574 |
| 62 | 1 355 | 1 382 | 1 408 | 1 435 | 1 461 | 1 488 | 1 514 | 1 541 | 1 568 | 1 594 |
| 64 | 1 372 | 1 399 | 1 425 | 1 452 | 1 479 | 1 506 | 1 533 | 1 560 | 1 587 | 1 614 |
| 66 | 1 388 | 1 416 | 1 443 | 1 470 | 1 497 | 1 525 | 1 552 | 1 579 | 1 606 | 1 633 |
| 68 | 1 405 | 1 433 | 1 460 | 1 488 | 1 515 | 1 543 | 1 570 | 1 598 | 1 626 | 1 653 |
| 1,70 | 1 422 | 1 450 | 1 478 | 1 506 | 1 533 | 1 561 | 1 589 | 1 617 | 1 645 | 1 673 |
| 72 | 1 439 | 1 467 | 1 495 | 1 523 | 1 551 | 1 580 | 1 608 | 1 636 | 1 664 | 1 692 |
| 74 | 1 455 | 1 484 | 1 512 | 1 541 | 1 569 | 1 598 | 1 627 | 1 655 | 1 684 | 1 712 |
| 76 | 1 472 | 1 501 | 1 530 | 1 559 | 1 588 | 1 616 | 1 645 | 1 674 | 1 703 | 1 732 |
| 78 | 1 489 | 1 518 | 1 547 | 1 576 | 1 606 | 1 635 | 1 664 | 1 693 | 1 722 | 1 752 |
| 1,80 | 1 506 | 1 535 | 1 565 | 1 594 | 1 624 | 1 653 | 1 683 | 1 712 | 1 742 | 1 771 |
| 82 | 1 522 | 1 552 | 1 582 | 1 612 | 1 642 | 1 671 | 1 701 | 1 731 | 1 761 | 1 791 |
| 84 | 1 539 | 1 569 | 1 599 | 1 630 | 1 660 | 1 690 | 1 720 | 1 750 | 1 780 | 1 811 |
| 86 | 1 556 | 1 586 | 1 617 | 1 647 | 1 678 | 1 708 | 1 739 | 1 769 | 1 800 | 1 830 |
| 88 | 1 572 | 1 603 | 1 634 | 1 665 | 1 696 | 1 727 | 1 757 | 1 788 | 1 819 | 1 850 |
| 1,90 | 1 589 | 1 620 | 1 651 | 1 683 | 1 714 | 1 745 | 1 776 | 1 807 | 1 838 | 1 870 |
| 92 | 1 606 | 1 637 | 1 669 | 1 700 | 1 732 | 1 763 | 1 795 | 1 826 | 1 858 | 1 889 |
| 94 | 1 623 | 1 654 | 1 686 | 1 718 | 1 750 | 1 782 | 1 814 | 1 845 | 1 877 | 1 909 |
| 96 | 1 639 | 1 671 | 1 704 | 1 736 | 1 768 | 1 800 | 1 832 | 1 864 | 1 896 | 1 929 |
| 98 | 1 656 | 1 689 | 1 721 | 1 753 | 1 786 | 1 818 | 1 851 | 1 883 | 1 916 | 1 948 |
| 2,— | 1 673 | 1 706 | 1 738 | 1 771 | 1 804 | 1 837 | 1 870 | 1 902 | 1 935 | 1 968 |
| 02 | 1 690 | 1 723 | 1 756 | 1 789 | 1 822 | 1 855 | 1 888 | 1 921 | 1 955 | 1 988 |
| 04 | 1 706 | 1 740 | 1 773 | 1 807 | 1 840 | 1 874 | 1 907 | 1 940 | 1 974 | 2 007 |
| 06 | 1 723 | 1 757 | 1 791 | 1 824 | 1 858 | 1 892 | 1 926 | 1 959 | 1 993 | 2 027 |
| 08 | 1 740 | 1 774 | 1 808 | 1 842 | 1 876 | 1 910 | 1 944 | 1 978 | 2 013 | 2 047 |
| 2,10 | 1 756 | 1 791 | 1 825 | 1 860 | 1 894 | 1 929 | 1 963 | 1 998 | 2 032 | 2 066 |
| 12 | 1 773 | 1 808 | 1 843 | 1 877 | 1 912 | 1 947 | 1 982 | 2 017 | 2 051 | 2 086 |
| 14 | 1 790 | 1 825 | 1 860 | 1 895 | 1 930 | 1 965 | 2 000 | 2 036 | 2 071 | 2 106 |
| 16 | 1 807 | 1 842 | 1 877 | 1 913 | 1 948 | 1 984 | 2 019 | 2 055 | 2 090 | 2 125 |
| 18 | 1 823 | 1 859 | 1 895 | 1 931 | 1 966 | 2 002 | 2 038 | 2 074 | 2 109 | 2 145 |
| 2,20 | 1 840 | 1 876 | 1 912 | 1 948 | 1 984 | 2 020 | 2 057 | 2 093 | 2 129 | 2 165 |

**136**

| LONGUEUR | \\ LARGEUR 1,22 | 1,24 | 1,26 | 1,28 | 1,30 | 1,32 | 1,34 | 1,36 | 1,38 | 1,40 |
|---|---|---|---|---|---|---|---|---|---|---|
| 1,22 | 1 220 | | | | | | | | | |
| 1,24 | 1 240 | 1 261 | | | | | | | | |
| 1,26 | 1 261 | 1 281 | 1 302 | | | | | | | |
| 1,28 | 1 281 | 1 302 | 1 322 | 1 343 | | | | | | |
| 1,30 | 1 301 | 1 322 | 1 343 | 1 364 | 1 386 | | | | | |
| 1,32 | 1 321 | 1 342 | 1 364 | 1 385 | 1 407 | 1 429 | | | | |
| 1,34 | 1 341 | 1 363 | 1 384 | 1 406 | 1 428 | 1 450 | 1 472 | | | |
| 1,36 | 1 361 | 1 383 | 1 405 | 1 427 | 1 450 | 1 472 | 1 494 | 1 517 | | |
| 1,38 | 1 381 | 1 403 | 1 426 | 1 448 | 1 471 | 1 494 | 1 516 | 1 539 | 1 562 | |
| 1,40 | 1 401 | 1 424 | 1 446 | 1 469 | 1 492 | 1 515 | 1 538 | 1 561 | 1 584 | 1 607 |
| 1,42 | 1 421 | 1 444 | 1 467 | 1 490 | 1 514 | 1 537 | 1 560 | 1 584 | 1 607 | 1 630 |
| 1,44 | 1 441 | 1 464 | 1 488 | 1 511 | 1 535 | 1 559 | 1 582 | 1 606 | 1 630 | 1 653 |
| 1,46 | 1 461 | 1 485 | 1 508 | 1 532 | 1 556 | 1 580 | 1 604 | 1 628 | 1 652 | 1 676 |
| 1,48 | 1 481 | 1 505 | 1 529 | 1 553 | 1 578 | 1 602 | 1 626 | 1 650 | 1 675 | 1 699 |
| 1,50 | 1 501 | 1 525 | 1 550 | 1 574 | 1 599 | 1 624 | 1 648 | 1 673 | 1 697 | 1 722 |
| 1,52 | 1 521 | 1 546 | 1 570 | 1 595 | 1 620 | 1 645 | 1 670 | 1 695 | 1 720 | 1 745 |
| 1,54 | 1 541 | 1 566 | 1 591 | 1 616 | 1 642 | 1 667 | 1 692 | 1 717 | 1 743 | 1 768 |
| 1,56 | 1 561 | 1 586 | 1 612 | 1 637 | 1 663 | 1 689 | 1 714 | 1 740 | 1 765 | 1 791 |
| 1,58 | 1 581 | 1 607 | 1 632 | 1 658 | 1 684 | 1 710 | 1 736 | 1 762 | 1 788 | 1 814 |
| 1,60 | 1 601 | 1 627 | 1 653 | 1 679 | 1 706 | 1 732 | 1 758 | 1 784 | 1 811 | 1 837 |
| 1,62 | 1 621 | 1 647 | 1 674 | 1 700 | 1 727 | 1 753 | 1 780 | 1 807 | 1 833 | 1 860 |
| 1,64 | 1 641 | 1 668 | 1 691 | 1 721 | 1 748 | 1 775 | 1 802 | 1 829 | 1 856 | 1 883 |
| 1,66 | 1 661 | 1 688 | 1 715 | 1 742 | 1 770 | 1 797 | 1 824 | 1 851 | 1 878 | 1 906 |
| 1,68 | 1 681 | 1 708 | 1 736 | 1 763 | 1 791 | 1 818 | 1 846 | 1 874 | 1 901 | 1 929 |
| 1,70 | 1 701 | 1 729 | 1 756 | 1 784 | 1 812 | 1 840 | 1 868 | 1 896 | 1 924 | 1 952 |
| 1,72 | 1 721 | 1 749 | 1 777 | 1 805 | 1 834 | 1 862 | 1 890 | 1 918 | 1 946 | 1 975 |
| 1,74 | 1 741 | 1 769 | 1 798 | 1 826 | 1 855 | 1 883 | 1 912 | 1 940 | 1 969 | 1 998 |
| 1,76 | 1 761 | 1 790 | 1 818 | 1 847 | 1 876 | 1 905 | 1 934 | 1 963 | 1 992 | 2 020 |
| 1,78 | 1 781 | 1 810 | 1 839 | 1 868 | 1 897 | 1 927 | 1 956 | 1 985 | 2 014 | 2 043 |
| 1,80 | 1 801 | 1 830 | 1 860 | 1 889 | 1 919 | 1 948 | 1 978 | 2 007 | 2 037 | 2 066 |
| 1,82 | 1 821 | 1 851 | 1 880 | 1 910 | 1 940 | 1 970 | 2 000 | 2 030 | 2 060 | 2 089 |
| 1,84 | 1 841 | 1 871 | 1 901 | 1 931 | 1 961 | 1 992 | 2 022 | 2 052 | 2 082 | 2 112 |
| 1,86 | 1 861 | 1 891 | 1 922 | 1 952 | 1 983 | 2 013 | 2 044 | 2 074 | 2 105 | 2 135 |
| 1,88 | 1 881 | 1 912 | 1 942 | 1 973 | 2 001 | 2 035 | 2 066 | 2 097 | 2 127 | 2 158 |
| 1,90 | 1 901 | 1 932 | 1 963 | 1 994 | 2 025 | 2 057 | 2 088 | 2 119 | 2 150 | 2 181 |
| 1,92 | 1 921 | 1 952 | 1 983 | 2 015 | 2 047 | 2 078 | 2 110 | 2 141 | 2 173 | 2 204 |
| 1,94 | 1 941 | 1 973 | 2 004 | 2 036 | 2 068 | 2 100 | 2 132 | 2 163 | 2 195 | 2 227 |
| 1,96 | 1 961 | 1 993 | 2 025 | 2 057 | 2 089 | 2 122 | 2 154 | 2 186 | 2 218 | 2 250 |
| 1,98 | 1 981 | 2 013 | 2 046 | 2 078 | 2 111 | 2 143 | 2 176 | 2 208 | 2 241 | 2 273 |
| 2,— | 2 001 | 2 034 | 2 066 | 2 099 | 2 132 | 2 165 | 2 198 | 2 230 | 2 263 | 2 296 |
| 2,02 | 2 021 | 2 054 | 2 087 | 2 120 | 2 153 | 2 186 | 2 220 | 2 253 | 2 286 | 2 319 |
| 2,04 | 2 041 | 2 074 | 2 108 | 2 141 | 2 175 | 2 208 | 2 242 | 2 275 | 2 308 | 2 342 |
| 2,06 | 2 061 | 2 095 | 2 128 | 2 162 | 2 196 | 2 230 | 2 264 | 2 297 | 2 331 | 2 365 |
| 2,08 | 2 081 | 2 115 | 2 149 | 2 183 | 2 217 | 2 251 | 2 286 | 2 320 | 2 354 | 2 388 |
| 2,10 | 2 101 | 2 135 | 2 170 | 2 204 | 2 239 | 2 273 | 2 307 | 2 342 | 2 376 | 2 411 |
| 2,12 | 2 121 | 2 156 | 2 190 | 2 225 | 2 260 | 2 295 | 2 329 | 2 364 | 2 399 | 2 434 |
| 2,14 | 2 141 | 2 176 | 2 211 | 2 246 | 2 281 | 2 316 | 2 351 | 2 387 | 2 422 | 2 457 |
| 2,16 | 2 161 | 2 196 | 2 232 | 2 267 | 2 303 | 2 338 | 2 373 | 2 409 | 2 444 | 2 480 |
| 2,18 | 2 181 | 2 217 | 2 253 | 2 288 | 2 324 | 2 360 | 2 395 | 2 431 | 2 467 | 2 503 |
| 2,20 | 2 201 | 2 237 | 2 273 | 2 309 | 2 345 | 2 381 | 2 417 | 2 453 | 2 490 | 2 526 |
| 2,22 | 2 221 | 2 257 | 2 294 | 2 330 | 2 367 | 2 403 | 2 439 | 2 476 | 2 512 | 2 549 |
| 2,24 | 2 241 | 2 278 | 2 314 | 2 351 | 2 388 | 2 425 | 2 461 | 2 498 | 2 535 | 2 572 |
| 2,26 | 2 261 | 2 298 | 2 335 | 2 372 | 2 409 | 2 446 | 2 483 | 2 520 | 2 557 | 2 594 |
| 2,28 | 2 281 | 2 318 | 2 356 | 2 393 | 2 430 | 2 468 | 2 505 | 2 543 | 2 580 | 2 617 |
| 2,30 | 2 301 | 2 339 | 2 376 | 2 414 | 2 452 | 2 490 | 2 527 | 2 565 | 2 603 | 2 640 |
| 2,32 | 2 321 | 2 359 | 2 397 | 2 435 | 2 473 | 2 511 | 2 549 | 2 587 | 2 625 | 2 663 |
| 2,34 | 2 341 | 2 379 | 2 418 | 2 456 | 2 494 | 2 533 | 2 571 | 2 610 | 2 648 | 2 686 |
| 2,36 | 2 361 | 2 400 | 2 438 | 2 477 | 2 516 | 2 554 | 2 593 | 2 632 | 2 671 | 2 709 |
| 2,38 | 2 381 | 2 420 | 2 459 | 2 498 | 2 537 | 2 576 | 2 615 | 2 654 | 2 693 | 2 732 |
| 2,40 | 2 401 | 2 440 | 2 480 | 2 519 | 2 558 | 2 598 | 2 637 | 2 676 | 2 716 | 2 755 |
| 2,42 | 2 421 | 2 461 | 2 500 | 2 540 | 2 580 | 2 619 | 2 659 | 2 699 | 2 738 | 2 778 |
| 2,44 | 2 441 | 2 481 | 2 521 | 2 561 | 2 601 | 2 641 | 2 681 | 2 721 | 2 761 | 2 801 |
| 2,46 | 2 461 | 2 501 | 2 542 | 2 582 | 2 622 | 2 663 | 2 703 | 2 743 | 2 784 | 2 824 |
| 2,48 | 2 481 | 2 522 | 2 562 | 2 603 | 2 644 | 2 684 | 2 725 | 2 766 | 2 806 | 2 847 |
| 2,50 | 2 501 | 2 542 | 2 583 | 2 624 | 2 665 | 2 706 | 2 747 | 2 788 | 2 829 | 2 870 |
| 2,52 | 2 521 | 2 562 | 2 604 | 2 645 | 2 686 | 2 728 | 2 769 | 2 810 | 2 852 | 2 893 |
| 2,54 | 2 541 | 2 583 | 2 624 | 2 666 | 2 708 | 2 749 | 2 791 | 2 833 | 2 874 | 2 916 |
| 2,56 | 2 561 | 2 603 | 2 645 | 2 687 | 2 729 | 2 771 | 2 813 | 2 855 | 2 897 | 2 939 |
| 2,58 | 2 581 | 2 623 | 2 666 | 2 708 | 2 750 | 2 793 | 2 835 | 2 877 | 2 920 | 2 962 |
| 2,60 | 2 601 | 2 644 | 2 686 | 2 729 | 2 772 | 2 814 | 2 857 | 2 900 | 2 942 | 2 985 |



**137**

| LONGUEUR | \\ LARGEUR 1,42 | 1,44 | 1,46 | 1,48 | 1,50 | 1,52 | 1,54 | 1,56 | 1,58 | 1,60 |
|---|---|---|---|---|---|---|---|---|---|---|
| 1,42 | 1 653 | | | | | | | | | |
| 1,44 | 1 677 | 1 700 | | | | | | | | |
| 1,46 | 1 700 | 1 724 | 1 748 | | | | | | | |
| 1,48 | 1 723 | 1 748 | 1 772 | 1 796 | | | | | | |
| 1,50 | 1 747 | 1 771 | 1 796 | 1 820 | 1 845 | | | | | |
| 1,52 | 1 770 | 1 795 | 1 820 | 1 845 | 1 870 | 1 895 | | | | |
| 1,54 | 1 793 | 1 818 | 1 844 | 1 869 | 1 894 | 1 919 | 1 945 | | | |
| 1,56 | 1 816 | 1 842 | 1 868 | 1 893 | 1 919 | 1 944 | 1 970 | 1 996 | | |
| 1,58 | 1 840 | 1 866 | 1 892 | 1 917 | 1 943 | 1 969 | 1 995 | 2 021 | 2 047 | |
| 1,60 | 1 863 | 1 889 | 1 916 | 1 942 | 1 968 | 1 994 | 2 020 | 2 047 | 2 073 | 2 099 |
| 1,62 | 1 886 | 1 913 | 1 939 | 1 966 | 1 993 | 2 019 | 2 046 | 2 072 | 2 099 | 2 125 |
| 1,64 | 1 910 | 1 937 | 1 963 | 1 990 | 2 017 | 2 044 | 2 071 | 2 098 | 2 125 | 2 152 |
| 1,66 | 1 933 | 1 960 | 1 987 | 2 015 | 2 042 | 2 069 | 2 096 | 2 123 | 2 151 | 2 178 |
| 1,68 | 1 956 | 1 984 | 2 011 | 2 039 | 2 066 | 2 094 | 2 122 | 2 149 | 2 177 | 2 204 |
| 1,70 | 1 979 | 2 007 | 2 035 | 2 063 | 2 091 | 2 119 | 2 147 | 2 175 | 2 203 | 2 230 |
| 1,72 | 2 003 | 2 031 | 2 059 | 2 087 | 2 116 | 2 144 | 2 172 | 2 200 | 2 228 | 2 257 |
| 1,74 | 2 026 | 2 055 | 2 083 | 2 112 | 2 140 | 2 169 | 2 197 | 2 226 | 2 254 | 2 283 |
| 1,76 | 2 049 | 2 078 | 2 107 | 2 136 | 2 165 | 2 194 | 2 223 | 2 251 | 2 280 | 2 309 |
| 1,78 | 2 073 | 2 102 | 2 131 | 2 160 | 2 189 | 2 218 | 2 248 | 2 277 | 2 306 | 2 335 |
| 1,80 | 2 096 | 2 125 | 2 155 | 2 184 | 2 214 | 2 244 | 2 273 | 2 303 | 2 332 | 2 362 |
| 1,82 | 2 119 | 2 149 | 2 179 | 2 209 | 2 239 | 2 268 | 2 298 | 2 328 | 2 358 | 2 388 |
| 1,84 | 2 142 | 2 173 | 2 203 | 2 233 | 2 263 | 2 293 | 2 324 | 2 354 | 2 384 | 2 414 |
| 1,86 | 2 166 | 2 196 | 2 227 | 2 257 | 2 288 | 2 318 | 2 349 | 2 379 | 2 410 | 2 440 |
| 1,88 | 2 189 | 2 220 | 2 251 | 2 282 | 2 312 | 2 343 | 2 374 | 2 405 | 2 436 | 2 467 |
| 1,90 | 2 212 | 2 241 | 2 275 | 2 306 | 2 337 | 2 368 | 2 399 | 2 430 | 2 462 | 2 493 |
| 1,92 | 2 236 | 2 267 | 2 299 | 2 330 | 2 362 | 2 393 | 2 425 | 2 456 | 2 488 | 2 519 |
| 1,94 | 2 259 | 2 291 | 2 323 | 2 354 | 2 386 | 2 418 | 2 450 | 2 482 | 2 513 | 2 545 |
| 1,96 | 2 282 | 2 314 | 2 347 | 2 378 | 2 411 | 2 443 | 2 475 | 2 507 | 2 539 | 2 572 |
| 1,98 | 2 305 | 2 338 | 2 370 | 2 403 | 2 435 | 2 468 | 2 500 | 2 533 | 2 565 | 2 598 |
| 2,— | 2 329 | 2 362 | 2 394 | 2 427 | 2 460 | 2 493 | 2 526 | 2 558 | 2 591 | 2 624 |
| 2,02 | 2 352 | 2 385 | 2 418 | 2 451 | 2 485 | 2 518 | 2 551 | 2 584 | 2 617 | 2 650 |
| 2,04 | 2 375 | 2 409 | 2 442 | 2 476 | 2 509 | 2 543 | 2 576 | 2 610 | 2 643 | 2 676 |
| 2,06 | 2 399 | 2 432 | 2 466 | 2 500 | 2 534 | 2 568 | 2 601 | 2 635 | 2 669 | 2 703 |
| 2,08 | 2 422 | 2 456 | 2 490 | 2 524 | 2 558 | 2 593 | 2 627 | 2 661 | 2 695 | 2 729 |
| 2,10 | 2 445 | 2 480 | 2 514 | 2 549 | 2 583 | 2 617 | 2 652 | 2 686 | 2 721 | 2 755 |
| 2,12 | 2 469 | 2 503 | 2 538 | 2 573 | 2 608 | 2 642 | 2 677 | 2 712 | 2 747 | 2 781 |
| 2,14 | 2 492 | 2 527 | 2 562 | 2 597 | 2 632 | 2 667 | 2 702 | 2 737 | 2 773 | 2 808 |
| 2,16 | 2 515 | 2 551 | 2 586 | 2 621 | 2 657 | 2 692 | 2 728 | 2 763 | 2 798 | 2 834 |
| 2,18 | 2 538 | 2 574 | 2 610 | 2 646 | 2 681 | 2 717 | 2 753 | 2 789 | 2 824 | 2 860 |
| 2,20 | 2 562 | 2 598 | 2 634 | 2 670 | 2 706 | 2 742 | 2 778 | 2 814 | 2 850 | 2 886 |
| 2,22 | 2 585 | 2 621 | 2 658 | 2 694 | 2 731 | 2 767 | 2 803 | 2 840 | 2 876 | 2 913 |
| 2,24 | 2 608 | 2 645 | 2 682 | 2 718 | 2 755 | 2 792 | 2 829 | 2 865 | 2 902 | 2 939 |
| 2,26 | 2 632 | 2 669 | 2 706 | 2 743 | 2 780 | 2 817 | 2 854 | 2 891 | 2 928 | 2 965 |
| 2,28 | 2 655 | 2 692 | 2 730 | 2 767 | 2 804 | 2 842 | 2 879 | 2 917 | 2 954 | 2 991 |
| 2,30 | 2 678 | 2 716 | 2 754 | 2 791 | 2 829 | 2 867 | 2 904 | 2 942 | 2 980 | 3 018 |
| 2,32 | 2 701 | 2 739 | 2 778 | 2 816 | 2 854 | 2 892 | 2 930 | 2 968 | 3 006 | 3 044 |
| 2,34 | 2 725 | 2 763 | 2 801 | 2 840 | 2 878 | 2 917 | 2 955 | 2 993 | 3 032 | 3 070 |
| 2,36 | 2 748 | 2 787 | 2 825 | 2 864 | 2 903 | 2 942 | 2 980 | 3 019 | 3 058 | 3 096 |
| 2,38 | 2 771 | 2 810 | 2 849 | 2 888 | 2 927 | 2 966 | 3 005 | 3 044 | 3 084 | 3 123 |
| 2,40 | 2 795 | 2 834 | 2 873 | 2 913 | 2 952 | 2 991 | 3 031 | 3 070 | 3 109 | 3 149 |
| 2,42 | 2 818 | 2 858 | 2 897 | 2 937 | 2 977 | 3 016 | 3 056 | 3 096 | 3 135 | 3 175 |
| 2,44 | 2 841 | 2 881 | 2 921 | 2 961 | 3 001 | 3 041 | 3 081 | 3 121 | 3 161 | 3 201 |
| 2,46 | 2 864 | 2 905 | 2 945 | 2 985 | 3 026 | 3 066 | 3 106 | 3 147 | 3 187 | 3 228 |
| 2,48 | 2 888 | 2 928 | 2 969 | 3 010 | 3 050 | 3 091 | 3 132 | 3 172 | 3 213 | 3 254 |
| 2,50 | 2 911 | 2 952 | 2 993 | 3 034 | 3 075 | 3 116 | 3 157 | 3 198 | 3 239 | 3 280 |
| 2,52 | 2 934 | 2 976 | 3 017 | 3 058 | 3 100 | 3 141 | 3 182 | 3 224 | 3 265 | 3 306 |
| 2,54 | 2 958 | 2 999 | 3 041 | 3 083 | 3 124 | 3 166 | 3 208 | 3 249 | 3 291 | 3 332 |
| 2,56 | 2 981 | 3 023 | 3 065 | 3 107 | 3 149 | 3 191 | 3 233 | 3 275 | 3 317 | 3 359 |
| 2,58 | 3 004 | 3 046 | 3 089 | 3 131 | 3 173 | 3 216 | 3 258 | 3 300 | 3 343 | 3 385 |
| 2,60 | 3 027 | 3 070 | 3 113 | 3 155 | 3 198 | 3 241 | 3 283 | 3 326 | 3 369 | 3 411 |

| Long. | Fut. | 0,84 | 0,86 | 0,88 | 0,90 | 0,92 | 0,94 | 0,96 | 0,98 | 1,00 | 1,02 |
|---|---|---|---|---|---|---|---|---|---|---|---|
| **0,84** | 0 474 | 0 503 | | | | | | | | | |
| **86** | 0 485 | 0 607 | 0 621 | | | | | | | | |
| **88** | 0 497 | 0 621 | 0 636 | 0 650 | | | | | | | |
| **0,90** | 0 508 | 0 635 | 0 650 | 0 663 | 0 680 | | | | | | |
| **92** | 0 519 | 0 649 | 0 665 | 0 680 | 0 696 | 0 711 | | | | | |
| **94** | 0 531 | 0 663 | 0 679 | 0 695 | 0 711 | 0 726 | 0 742 | | | | |
| **96** | 0 542 | 0 677 | 0 694 | 0 710 | 0 726 | 0 742 | 0 758 | 0 774 | | | |
| **98** | 0 553 | 0 691 | 0 708 | 0 724 | 0 741 | 0 757 | 0 774 | 0 790 | 0 807 | | |
| **1,—** | 0 564 | 0 706 | 0 722 | 0 739 | 0 756 | 0 773 | 0 790 | 0 806 | 0 823 | 0 840 | |
| **02** | 0 570 | 0 720 | 0 737 | 0 754 | 0 771 | 0 788 | 0 805 | 0 823 | 0 840 | 0 857 | 0 874 |
| **04** | 0 587 | 0 734 | 0 751 | 0 769 | 0 786 | 0 804 | 0 821 | 0 839 | 0 856 | 0 874 | 0 891 |
| **06** | 0 598 | 0 748 | 0 766 | 0 784 | 0 801 | 0 819 | 0 837 | 0 855 | 0 873 | 0 890 | 0 908 |
| **08** | 0 610 | 0 762 | 0 780 | 0 798 | 0 816 | 0 835 | 0 853 | 0 871 | 0 889 | 0 907 | 0 925 |
| **1,10** | 0 621 | 0 776 | 0 795 | 0 813 | 0 832 | 0 850 | 0 869 | 0 887 | 0 906 | 0 924 | 0 942 |
| **12** | 0 632 | 0 790 | 0 809 | 0 828 | 0 847 | 0 866 | 0 884 | 0 903 | 0 922 | 0 941 | 0 960 |
| **14** | 0 644 | 0 804 | 0 824 | 0 843 | 0 862 | 0 881 | 0 900 | 0 919 | 0 938 | 0 958 | 0 977 |
| **16** | 0 655 | 0 818 | 0 838 | 0 857 | 0 877 | 0 896 | 0 916 | 0 935 | 0 955 | 0 974 | 0 994 |
| **18** | 0 666 | 0 833 | 0 852 | 0 872 | 0 892 | 0 912 | 0 932 | 0 952 | 0 971 | 0 991 | 1 011 |
| **1,20** | 0 677 | 0 847 | 0 867 | 0 887 | 0 907 | 0 927 | 0 948 | 0 968 | 0 988 | 1 008 | 1 028 |
| **22** | 0 689 | 0 861 | 0 881 | 0 902 | 0 922 | 0 943 | 0 963 | 0 984 | 1 004 | 1 025 | 1 045 |
| **24** | 0 700 | 0 875 | 0 896 | 0 917 | 0 937 | 0 958 | 0 979 | 1 000 | 1 021 | 1 042 | 1 062 |
| **26** | 0 711 | 0 889 | 0 910 | 0 931 | 0 953 | 0 974 | 0 995 | 1 016 | 1 037 | 1 058 | 1 080 |
| **28** | 0 723 | 0 903 | 0 925 | 0 946 | 0 968 | 0 989 | 1 011 | 1 032 | 1 054 | 1 075 | 1 097 |
| **1,30** | 0 734 | 0 917 | 0 939 | 0 961 | 0 983 | 1 005 | 1 026 | 1 048 | 1 070 | 1 092 | 1 114 |
| **32** | 0 745 | 0 931 | 0 954 | 0 976 | 0 998 | 1 020 | 1 042 | 1 064 | 1 087 | 1 109 | 1 131 |
| **34** | 0 756 | 0 946 | 0 968 | 0 991 | 1 013 | 1 036 | 1 058 | 1 081 | 1 103 | 1 126 | 1 148 |
| **36** | 0 768 | 0 960 | 0 982 | 1 005 | 1 028 | 1 051 | 1 074 | 1 097 | 1 120 | 1 142 | 1 165 |
| **38** | 0 770 | 0 974 | 0 997 | 1 020 | 1 043 | 1 066 | 1 090 | 1 113 | 1 136 | 1 159 | 1 182 |
| **1,40** | 0 790 | 0 988 | 1 011 | 1 035 | 1 058 | 1 082 | 1 105 | 1 129 | 1 152 | 1 176 | 1 200 |
| **42** | 0 802 | 1 002 | 1 026 | 1 050 | 1 074 | 1 097 | 1 121 | 1 145 | 1 169 | 1 193 | 1 217 |
| **44** | 0 813 | 1 016 | 1 040 | 1 064 | 1 089 | 1 113 | 1 137 | 1 161 | 1 185 | 1 210 | 1 234 |
| **46** | 0 824 | 1 030 | 1 055 | 1 079 | 1 104 | 1 128 | 1 153 | 1 177 | 1 202 | 1 226 | 1 251 |
| **48** | 0 835 | 1 044 | 1 069 | 1 094 | 1 119 | 1 144 | 1 169 | 1 193 | 1 218 | 1 243 | 1 268 |
| **1,50** | 0 847 | 1 058 | 1 081 | 1 109 | 1 131 | 1 159 | 1 184 | 1 210 | 1 235 | 1 260 | 1 285 |
| **52** | 0 858 | 1 073 | 1 098 | 1 124 | 1 149 | 1 175 | 1 200 | 1 226 | 1 251 | 1 277 | 1 302 |
| **54** | 0 869 | 1 087 | 1 112 | 1 138 | 1 164 | 1 190 | 1 216 | 1 242 | 1 268 | 1 294 | 1 319 |
| **56** | 0 881 | 1 101 | 1 127 | 1 153 | 1 179 | 1 206 | 1 232 | 1 258 | 1 284 | 1 310 | 1 337 |
| **58** | 0 892 | 1 115 | 1 141 | 1 168 | 1 194 | 1 221 | 1 248 | 1 274 | 1 301 | 1 327 | 1 354 |
| **1,60** | 0 903 | 1 129 | 1 156 | 1 183 | 1 210 | 1 236 | 1 263 | 1 290 | 1 317 | 1 344 | 1 371 |
| **62** | 0 914 | 1 143 | 1 170 | 1 198 | 1 225 | 1 252 | 1 279 | 1 306 | 1 331 | 1 361 | 1 388 |
| **64** | 0 926 | 1 157 | 1 185 | 1 212 | 1 240 | 1 267 | 1 295 | 1 322 | 1 350 | 1 378 | 1 405 |
| **66** | 0 937 | 1 171 | 1 199 | 1 227 | 1 255 | 1 283 | 1 311 | 1 339 | 1 367 | 1 394 | 1 422 |
| **68** | 0 948 | 1 185 | 1 214 | 1 242 | 1 270 | 1 298 | 1 327 | 1 355 | 1 383 | 1 411 | 1 439 |
| **1,70** | 0 960 | 1 200 | 1 228 | 1 257 | 1 285 | 1 314 | 1 342 | 1 371 | 1 399 | 1 428 | 1 457 |
| **72** | 0 971 | 1 214 | 1 243 | 1 271 | 1 300 | 1 329 | 1 358 | 1 387 | 1 416 | 1 445 | 1 474 |
| **74** | 0 982 | 1 228 | 1 257 | 1 286 | 1 315 | 1 345 | 1 374 | 1 403 | 1 432 | 1 462 | 1 491 |
| **76** | 0 994 | 1 242 | 1 271 | 1 301 | 1 331 | 1 360 | 1 390 | 1 419 | 1 449 | 1 478 | 1 508 |
| **78** | 1 005 | 1 256 | 1 286 | 1 316 | 1 346 | 1 376 | 1 405 | 1 435 | 1 465 | 1 495 | 1 525 |
| **1,80** | 1 016 | 1 270 | 1 300 | 1 331 | 1 361 | 1 391 | 1 421 | 1 452 | 1 482 | 1 512 | 1 542 |
| **82** | 1 027 | 1 284 | 1 315 | 1 345 | 1 376 | 1 406 | 1 437 | 1 468 | 1 498 | 1 529 | 1 559 |
| **84** | 1 039 | 1 298 | 1 329 | 1 360 | 1 391 | 1 422 | 1 453 | 1 484 | 1 515 | 1 546 | 1 577 |
| **86** | 1 050 | 1 312 | 1 344 | 1 375 | 1 406 | 1 437 | 1 469 | 1 500 | 1 531 | 1 562 | 1 594 |
| **88** | 1 061 | 1 327 | 1 358 | 1 390 | 1 421 | 1 453 | 1 484 | 1 516 | 1 548 | 1 579 | 1 611 |
| **1,90** | 1 073 | 1 341 | 1 373 | 1 404 | 1 436 | 1 468 | 1 500 | 1 532 | 1 564 | 1 596 | 1 628 |
| **92** | 1 084 | 1 355 | 1 387 | 1 419 | 1 452 | 1 484 | 1 516 | 1 548 | 1 581 | 1 613 | 1 645 |
| **94** | 1 095 | 1 369 | 1 401 | 1 434 | 1 467 | 1 499 | 1 532 | 1 564 | 1 597 | 1 630 | 1 662 |
| **96** | 1 106 | 1 383 | 1 416 | 1 449 | 1 482 | 1 515 | 1 548 | 1 581 | 1 613 | 1 646 | 1 679 |
| **98** | 1 118 | 1 397 | 1 430 | 1 464 | 1 497 | 1 530 | 1 563 | 1 596 | 1 630 | 1 663 | 1 697 |
| **2,—** | 1 129 | 1 411 | 1 445 | 1 478 | 1 512 | 1 546 | 1 579 | 1 613 | 1 646 | 1 680 | 1 714 |
| **02** | 1 140 | 1 425 | 1 459 | 1 493 | 1 527 | 1 561 | 1 595 | 1 629 | 1 663 | 1 697 | 1 731 |
| **04** | 1 152 | 1 439 | 1 474 | 1 508 | 1 542 | 1 577 | 1 611 | 1 645 | 1 679 | 1 714 | 1 748 |
| **06** | 1 163 | 1 454 | 1 488 | 1 523 | 1 557 | 1 592 | 1 627 | 1 661 | 1 696 | 1 730 | 1 765 |
| **08** | 1 174 | 1 468 | 1 503 | 1 538 | 1 572 | 1 607 | 1 642 | 1 677 | 1 712 | 1 747 | 1 782 |
| **2,10** | 1 185 | 1 482 | 1 517 | 1 552 | 1 588 | 1 623 | 1 658 | 1 693 | 1 729 | 1 764 | 1 799 |
| **12** | 1 197 | 1 496 | 1 531 | 1 567 | 1 603 | 1 638 | 1 674 | 1 710 | 1 745 | 1 781 | 1 816 |
| **14** | 1 208 | 1 510 | 1 546 | 1 582 | 1 618 | 1 654 | 1 690 | 1 726 | 1 762 | 1 798 | 1 834 |
| **16** | 1 219 | 1 524 | 1 560 | 1 597 | 1 633 | 1 669 | 1 706 | 1 742 | 1 778 | 1 814 | 1 851 |
| **18** | 1 231 | 1 538 | 1 575 | 1 611 | 1 648 | 1 685 | 1 721 | 1 758 | 1 795 | 1 831 | 1 868 |
| **2,20** | 1 242 | 1 552 | 1 589 | 1 626 | 1 663 | 1 700 | 1 737 | 1 774 | 1 811 | 1 848 | 1 885 |
| **22** | 1 253 | 1 566 | 1 604 | 1 641 | 1 678 | 1 716 | 1 753 | 1 790 | 1 828 | 1 865 | 1 902 |

| Longueur | 1,04 | 1,06 | 1,08 | 1,10 | 1,12 | 1,14 | 1,16 | 1,18 | 1,20 | 1,22 |
|---|---|---|---|---|---|---|---|---|---|---|
| **1,04** | 0 909 | | | | | | | | | |
| **06** | 0 926 | 0 944 | | | | | | | | |
| **08** | 0 943 | 0 962 | 0 980 | | | | | | | |
| **1,10** | 0 961 | 0 979 | 0 998 | 1 016 | | | | | | |
| **12** | 0 978 | 0 997 | 1 016 | 1 035 | 1 054 | | | | | |
| **14** | 0 996 | 1 015 | 1 034 | 1 053 | 1 073 | 1 092 | | | | |
| **16** | 1 013 | 1 033 | 1 052 | 1 072 | 1 091 | 1 111 | 1 130 | | | |
| **18** | 1 031 | 1 051 | 1 070 | 1 090 | 1 110 | 1 130 | 1 150 | 1 170 | | |
| **1,20** | 1 048 | 1 068 | 1 089 | 1 109 | 1 129 | 1 149 | 1 169 | 1 189 | 1 210 | |
| **22** | 1 066 | 1 086 | 1 107 | 1 127 | 1 148 | 1 168 | 1 189 | 1 209 | 1 230 | 1 250 |
| **24** | 1 083 | 1 104 | 1 125 | 1 146 | 1 167 | 1 187 | 1 208 | 1 229 | 1 250 | 1 271 |
| **26** | 1 101 | 1 122 | 1 143 | 1 164 | 1 185 | 1 207 | 1 228 | 1 249 | 1 270 | 1 291 |
| **28** | 1 118 | 1 140 | 1 161 | 1 183 | 1 204 | 1 226 | 1 247 | 1 269 | 1 290 | 1 312 |
| **1,30** | 1 136 | 1 158 | 1 179 | 1 201 | 1 223 | 1 245 | 1 267 | 1 289 | 1 310 | 1 332 |
| **32** | 1 153 | 1 175 | 1 198 | 1 220 | 1 242 | 1 264 | 1 286 | 1 308 | 1 331 | 1 353 |
| **34** | 1 171 | 1 193 | 1 216 | 1 238 | 1 261 | 1 283 | 1 306 | 1 328 | 1 351 | 1 373 |
| **36** | 1 188 | 1 211 | 1 234 | 1 257 | 1 279 | 1 302 | 1 325 | 1 348 | 1 371 | 1 394 |
| **38** | 1 206 | 1 229 | 1 252 | 1 275 | 1 298 | 1 321 | 1 345 | 1 368 | 1 391 | 1 414 |
| **1,40** | 1 223 | 1 247 | 1 270 | 1 294 | 1 317 | 1 341 | 1 364 | 1 388 | 1 411 | 1 435 |
| **42** | 1 241 | 1 264 | 1 288 | 1 312 | 1 336 | 1 360 | 1 384 | 1 408 | 1 431 | 1 455 |
| **44** | 1 258 | 1 282 | 1 306 | 1 331 | 1 355 | 1 379 | 1 403 | 1 427 | 1 452 | 1 476 |
| **46** | 1 275 | 1 300 | 1 325 | 1 349 | 1 374 | 1 398 | 1 423 | 1 447 | 1 472 | 1 496 |
| **48** | 1 293 | 1 318 | 1 343 | 1 368 | 1 392 | 1 417 | 1 442 | 1 467 | 1 492 | 1 517 |
| **1,50** | 1 310 | 1 336 | 1 361 | 1 386 | 1 411 | 1 436 | 1 462 | 1 487 | 1 512 | 1 537 |
| **52** | 1 328 | 1 353 | 1 379 | 1 404 | 1 430 | 1 456 | 1 481 | 1 507 | 1 532 | 1 558 |
| **54** | 1 345 | 1 371 | 1 397 | 1 423 | 1 449 | 1 475 | 1 501 | 1 526 | 1 552 | 1 578 |
| **56** | 1 363 | 1 389 | 1 415 | 1 441 | 1 468 | 1 494 | 1 520 | 1 546 | 1 572 | 1 599 |
| **58** | 1 380 | 1 407 | 1 433 | 1 460 | 1 486 | 1 513 | 1 540 | 1 566 | 1 593 | 1 619 |
| **1,60** | 1 398 | 1 425 | 1 452 | 1 478 | 1 505 | 1 532 | 1 559 | 1 586 | 1 613 | 1 640 |
| **62** | 1 415 | 1 442 | 1 470 | 1 497 | 1 524 | 1 551 | 1 579 | 1 606 | 1 633 | 1 660 |
| **64** | 1 433 | 1 460 | 1 488 | 1 515 | 1 543 | 1 570 | 1 598 | 1 626 | 1 653 | 1 681 |
| **66** | 1 450 | 1 478 | 1 506 | 1 534 | 1 562 | 1 590 | 1 618 | 1 645 | 1 673 | 1 701 |
| **68** | 1 468 | 1 496 | 1 524 | 1 552 | 1 581 | 1 609 | 1 637 | 1 665 | 1 693 | 1 722 |
| **1,70** | 1 485 | 1 514 | 1 542 | 1 571 | 1 599 | 1 628 | 1 656 | 1 685 | 1 714 | 1 742 |
| **72** | 1 503 | 1 531 | 1 560 | 1 589 | 1 618 | 1 647 | 1 676 | 1 705 | 1 734 | 1 763 |
| **74** | 1 520 | 1 549 | 1 579 | 1 608 | 1 637 | 1 666 | 1 695 | 1 725 | 1 754 | 1 783 |
| **76** | 1 538 | 1 567 | 1 597 | 1 626 | 1 656 | 1 685 | 1 715 | 1 745 | 1 774 | 1 804 |
| **78** | 1 555 | 1 585 | 1 615 | 1 645 | 1 675 | 1 705 | 1 735 | 1 764 | 1 794 | 1 824 |
| **1,80** | 1 572 | 1 603 | 1 633 | 1 663 | 1 693 | 1 724 | 1 754 | 1 784 | 1 814 | 1 845 |
| **82** | 1 590 | 1 621 | 1 651 | 1 682 | 1 712 | 1 743 | 1 773 | 1 804 | 1 835 | 1 865 |
| **84** | 1 607 | 1 638 | 1 669 | 1 700 | 1 731 | 1 762 | 1 793 | 1 824 | 1 855 | 1 886 |
| **86** | 1 625 | 1 656 | 1 687 | 1 719 | 1 750 | 1 781 | 1 812 | 1 844 | 1 875 | 1 906 |
| **88** | 1 642 | 1 674 | 1 706 | 1 737 | 1 769 | 1 800 | 1 832 | 1 863 | 1 895 | 1 927 |
| **1,90** | 1 660 | 1 692 | 1 724 | 1 756 | 1 788 | 1 819 | 1 851 | 1 883 | 1 915 | 1 947 |
| **92** | 1 677 | 1 710 | 1 742 | 1 774 | 1 806 | 1 839 | 1 871 | 1 903 | 1 935 | 1 968 |
| **94** | 1 695 | 1 727 | 1 760 | 1 793 | 1 825 | 1 858 | 1 890 | 1 923 | 1 955 | 1 988 |
| **96** | 1 712 | 1 745 | 1 778 | 1 811 | 1 844 | 1 877 | 1 910 | 1 943 | 1 976 | 2 009 |
| **98** | 1 730 | 1 763 | 1 796 | 1 830 | 1 863 | 1 896 | 1 929 | 1 963 | 1 996 | 2 029 |
| **2,—** | 1 747 | 1 781 | 1 814 | 1 848 | 1 882 | 1 915 | 1 949 | 1 983 | 2 016 | 2 050 |
| **02** | 1 765 | 1 799 | 1 833 | 1 866 | 1 900 | 1 934 | 1 968 | 2 002 | 2 036 | 2 070 |
| **04** | 1 782 | 1 816 | 1 851 | 1 885 | 1 919 | 1 954 | 1 988 | 2 022 | 2 056 | 2 091 |
| **06** | 1 800 | 1 834 | 1 869 | 1 903 | 1 938 | 1 973 | 2 007 | 2 042 | 2 076 | 2 111 |
| **08** | 1 817 | 1 852 | 1 887 | 1 922 | 1 957 | 1 992 | 2 027 | 2 062 | 2 097 | 2 132 |
| **2,10** | 1 835 | 1 870 | 1 905 | 1 940 | 1 976 | 2 011 | 2 046 | 2 082 | 2 117 | 2 152 |
| **12** | 1 852 | 1 888 | 1 923 | 1 959 | 1 994 | 2 030 | 2 066 | 2 101 | 2 137 | 2 173 |
| **14** | 1 870 | 1 905 | 1 941 | 1 977 | 2 013 | 2 049 | 2 085 | 2 121 | 2 157 | 2 193 |
| **16** | 1 887 | 1 923 | 1 960 | 1 996 | 2 032 | 2 068 | 2 105 | 2 141 | 2 177 | 2 214 |
| **18** | 1 904 | 1 941 | 1 978 | 2 014 | 2 051 | 2 088 | 2 124 | 2 161 | 2 197 | 2 234 |
| **2,20** | 1 922 | 1 959 | 1 996 | 2 033 | 2 070 | 2 107 | 2 144 | 2 181 | 2 218 | 2 255 |
| **22** | 1 939 | 1 977 | 2 014 | 2 051 | 2 089 | 2 126 | 2 163 | 2 200 | 2 238 | 2 275 |

## LARGEUR — 140

| LONGUEUR | 1,24 | 1,26 | 1,28 | 1,30 | 1,32 | 1,34 | 1,36 | 1,38 | 1,40 | 1,42 |
|---|---|---|---|---|---|---|---|---|---|---|
| 1,24 | 1 292 | | | | | | | | | |
| 1,26 | 1 312 | 1 334 | | | | | | | | |
| 1,28 | 1 333 | 1 355 | 1 376 | | | | | | | |
| 1,30 | 1 354 | 1 376 | 1 398 | 1 420 | | | | | | |
| 1,32 | 1 375 | 1 397 | 1 419 | 1 441 | 1 464 | | | | | |
| 1,34 | 1 396 | 1 418 | 1 441 | 1 463 | 1 486 | 1 508 | | | | |
| 1,36 | 1 417 | 1 439 | 1 462 | 1 485 | 1 508 | 1 531 | 1 554 | | | |
| 1,38 | 1 437 | 1 461 | 1 484 | 1 507 | 1 530 | 1 553 | 1 577 | 1 600 | | |
| 1,40 | 1 458 | 1 482 | 1 505 | 1 529 | 1 552 | 1 576 | 1 599 | 1 623 | 1 646 | |
| 1,42 | 1 479 | 1 503 | 1 527 | 1 551 | 1 574 | 1 598 | 1 622 | 1 646 | 1 670 | 1 694 |
| 1,44 | 1 500 | 1 524 | 1 548 | 1 572 | 1 597 | 1 621 | 1 645 | 1 669 | 1 693 | 1 718 |
| 1,46 | 1 521 | 1 545 | 1 570 | 1 594 | 1 619 | 1 643 | 1 668 | 1 692 | 1 717 | 1 741 |
| 1,48 | 1 542 | 1 566 | 1 591 | 1 616 | 1 641 | 1 666 | 1 691 | 1 716 | 1 740 | 1 765 |
| 1,50 | 1 562 | 1 588 | 1 613 | 1 638 | 1 663 | 1 688 | 1 714 | 1 739 | 1 764 | 1 789 |
| 1,52 | 1 583 | 1 609 | 1 634 | 1 660 | 1 685 | 1 711 | 1 736 | 1 762 | 1 788 | 1 813 |
| 1,54 | 1 604 | 1 630 | 1 656 | 1 682 | 1 708 | 1 733 | 1 759 | 1 785 | 1 811 | 1 837 |
| 1,56 | 1 625 | 1 652 | 1 679 | 1 704 | 1 730 | 1 756 | 1 782 | 1 808 | 1 835 | 1 861 |
| 1,58 | 1 646 | 1 672 | 1 699 | 1 725 | 1 752 | 1 778 | 1 805 | 1 832 | 1 858 | 1 885 |
| 1,60 | 1 667 | 1 693 | 1 720 | 1 747 | 1 774 | 1 801 | 1 828 | 1 855 | 1 882 | 1 908 |
| 1,62 | 1 687 | 1 715 | 1 742 | 1 769 | 1 796 | 1 823 | 1 851 | 1 878 | 1 905 | 1 932 |
| 1,64 | 1 708 | 1 736 | 1 763 | 1 791 | 1 818 | 1 846 | 1 874 | 1 901 | 1 929 | 1 956 |
| 1,66 | 1 729 | 1 757 | 1 785 | 1 813 | 1 841 | 1 868 | 1 896 | 1 924 | 1 952 | 1 980 |
| 1,68 | 1 750 | 1 778 | 1 806 | 1 835 | 1 863 | 1 891 | 1 919 | 1 947 | 1 976 | 2 004 |
| 1,70 | 1 771 | 1 799 | 1 828 | 1 856 | 1 885 | 1 914 | 1 942 | 1 971 | 1 999 | 2 028 |
| 1,72 | 1 792 | 1 820 | 1 849 | 1 878 | 1 907 | 1 936 | 1 965 | 1 994 | 2 023 | 2 052 |
| 1,74 | 1 812 | 1 842 | 1 871 | 1 900 | 1 929 | 1 959 | 1 988 | 2 017 | 2 046 | 2 075 |
| 1,76 | 1 833 | 1 863 | 1 892 | 1 922 | 1 951 | 1 981 | 2 011 | 2 040 | 2 070 | 2 099 |
| 1,78 | 1 854 | 1 884 | 1 914 | 1 944 | 1 974 | 2 004 | 2 033 | 2 063 | 2 093 | 2 123 |
| 1,80 | 1 875 | 1 905 | 1 935 | 1 966 | 1 996 | 2 026 | 2 056 | 2 087 | 2 117 | 2 147 |
| 1,82 | 1 896 | 1 926 | 1 957 | 1 987 | 2 018 | 2 049 | 2 079 | 2 110 | 2 140 | 2 171 |
| 1,84 | 1 917 | 1 947 | 1 978 | 2 009 | 2 040 | 2 071 | 2 102 | 2 133 | 2 164 | 2 195 |
| 1,86 | 1 937 | 1 969 | 2 000 | 2 031 | 2 062 | 2 094 | 2 125 | 2 156 | 2 187 | 2 219 |
| 1,88 | 1 958 | 1 990 | 2 021 | 2 053 | 2 085 | 2 116 | 2 148 | 2 179 | 2 211 | 2 242 |
| 1,90 | 1 979 | 2 011 | 2 043 | 2 075 | 2 107 | 2 139 | 2 171 | 2 202 | 2 234 | 2 266 |
| 1,92 | 2 000 | 2 032 | 2 064 | 2 097 | 2 129 | 2 161 | 2 193 | 2 226 | 2 258 | 2 290 |
| 1,94 | 2 021 | 2 053 | 2 086 | 2 118 | 2 151 | 2 184 | 2 216 | 2 249 | 2 281 | 2 314 |
| 1,96 | 2 042 | 2 074 | 2 107 | 2 140 | 2 173 | 2 206 | 2 239 | 2 272 | 2 305 | 2 338 |
| 1,98 | 2 062 | 2 096 | 2 129 | 2 162 | 2 195 | 2 229 | 2 262 | 2 295 | 2 328 | 2 362 |
| 2,— | 2 083 | 2 117 | 2 150 | 2 184 | 2 218 | 2 251 | 2 285 | 2 318 | 2 352 | 2 386 |
| 2,02 | 2 104 | 2 138 | 2 172 | 2 206 | 2 240 | 2 274 | 2 308 | 2 342 | 2 376 | 2 409 |
| 2,04 | 2 125 | 2 159 | 2 193 | 2 228 | 2 262 | 2 296 | 2 330 | 2 365 | 2 399 | 2 433 |
| 2,06 | 2 146 | 2 180 | 2 215 | 2 250 | 2 284 | 2 319 | 2 353 | 2 388 | 2 423 | 2 457 |
| 2,08 | 2 167 | 2 201 | 2 236 | 2 271 | 2 306 | 2 341 | 2 376 | 2 411 | 2 446 | 2 481 |
| 2,10 | 2 187 | 2 223 | 2 258 | 2 293 | 2 328 | 2 364 | 2 399 | 2 434 | 2 470 | 2 505 |
| 2,12 | 2 208 | 2 244 | 2 279 | 2 315 | 2 351 | 2 386 | 2 422 | 2 458 | 2 493 | 2 529 |
| 2,14 | 2 229 | 2 265 | 2 301 | 2 337 | 2 373 | 2 409 | 2 445 | 2 481 | 2 517 | 2 553 |
| 2,16 | 2 250 | 2 286 | 2 322 | 2 359 | 2 395 | 2 431 | 2 468 | 2 504 | 2 540 | 2 576 |
| 2,18 | 2 271 | 2 307 | 2 344 | 2 381 | 2 417 | 2 454 | 2 490 | 2 527 | 2 564 | 2 600 |
| 2,20 | 2 292 | 2 328 | 2 365 | 2 402 | 2 439 | 2 476 | 2 513 | 2 550 | 2 587 | 2 624 |
| 2,22 | 2 312 | 2 350 | 2 387 | 2 424 | 2 462 | 2 499 | 2 536 | 2 573 | 2 611 | 2 648 |
| 2,24 | 2 333 | 2 371 | 2 408 | 2 446 | 2 484 | 2 521 | 2 559 | 2 597 | 2 634 | 2 672 |
| 2,26 | 2 354 | 2 392 | 2 430 | 2 468 | 2 506 | 2 544 | 2 582 | 2 620 | 2 658 | 2 696 |
| 2,28 | 2 375 | 2 413 | 2 451 | 2 490 | 2 528 | 2 566 | 2 605 | 2 643 | 2 681 | 2 720 |
| 2,30 | 2 396 | 2 434 | 2 473 | 2 512 | 2 550 | 2 589 | 2 628 | 2 666 | 2 705 | 2 743 |
| 2,32 | 2 417 | 2 455 | 2 494 | 2 533 | 2 572 | 2 611 | 2 650 | 2 689 | 2 728 | 2 767 |
| 2,34 | 2 437 | 2 477 | 2 516 | 2 555 | 2 595 | 2 634 | 2 673 | 2 713 | 2 752 | 2 791 |
| 2,36 | 2 458 | 2 498 | 2 537 | 2 577 | 2 617 | 2 656 | 2 696 | 2 736 | 2 775 | 2 815 |
| 2,38 | 2 479 | 2 519 | 2 559 | 2 599 | 2 639 | 2 679 | 2 719 | 2 759 | 2 799 | 2 839 |
| 2,40 | 2 500 | 2 540 | 2 580 | 2 621 | 2 661 | 2 701 | 2 742 | 2 782 | 2 822 | 2 863 |
| 2,42 | 2 521 | 2 561 | 2 602 | 2 643 | 2 683 | 2 724 | 2 765 | 2 805 | 2 846 | 2 887 |
| 2,44 | 2 542 | 2 582 | 2 623 | 2 664 | 2 705 | 2 746 | 2 787 | 2 828 | 2 869 | 2 910 |
| 2,46 | 2 562 | 2 604 | 2 645 | 2 686 | 2 728 | 2 769 | 2 810 | 2 852 | 2 893 | 2 934 |
| 2,48 | 2 583 | 2 625 | 2 666 | 2 708 | 2 750 | 2 791 | 2 833 | 2 875 | 2 916 | 2 958 |
| 2,50 | 2 604 | 2 646 | 2 688 | 2 730 | 2 772 | 2 814 | 2 856 | 2 898 | 2 940 | 2 982 |
| 2,52 | 2 625 | 2 667 | 2 710 | 2 752 | 2 794 | 2 837 | 2 879 | 2 921 | 2 964 | 3 006 |
| 2,54 | 2 646 | 2 688 | 2 731 | 2 774 | 2 816 | 2 859 | 2 902 | 2 944 | 2 987 | 3 030 |
| 2,56 | 2 666 | 2 710 | 2 753 | 2 796 | 2 839 | 2 882 | 2 925 | 2 968 | 3 011 | 3 054 |
| 2,58 | 2 687 | 2 731 | 2 774 | 2 817 | 2 861 | 2 904 | 2 947 | 2 991 | 3 034 | 3 077 |
| 2,60 | 2 708 | 2 752 | 2 796 | 2 839 | 2 883 | 2 927 | 2 970 | 3 014 | 3 058 | 3 101 |
| 2,62 | 2 729 | 2 773 | 2 817 | 2 861 | 2 905 | 2 949 | 2 993 | 3 037 | 3 081 | 3 125 |





## LARGEUR — 141

| LONGUEUR | 1,44 | 1,46 | 1,48 | 1,50 | 1,52 | 1,54 | 1,56 | 1,58 | 1,60 | 1,62 |
|---|---|---|---|---|---|---|---|---|---|---|
| 1,44 | 1 742 | | | | | | | | | |
| 1,46 | 1 766 | 1 791 | | | | | | | | |
| 1,48 | 1 790 | 1 815 | 1 840 | | | | | | | |
| 1,50 | 1 814 | 1 840 | 1 865 | 1 890 | | | | | | |
| 1,52 | 1 839 | 1 864 | 1 890 | 1 915 | 1 941 | | | | | |
| 1,54 | 1 863 | 1 889 | 1 915 | 1 940 | 1 966 | 1 992 | | | | |
| 1,56 | 1 887 | 1 913 | 1 939 | 1 966 | 1 992 | 2 018 | 2 044 | | | |
| 1,58 | 1 911 | 1 938 | 1 964 | 1 991 | 2 017 | 2 044 | 2 070 | 2 097 | | |
| 1,60 | 1 935 | 1 962 | 1 989 | 2 016 | 2 043 | 2 070 | 2 097 | 2 124 | 2 150 | 2 177 |
| 1,62 | 1 960 | 1 987 | 2 014 | 2 041 | 2 068 | 2 096 | 2 123 | 2 150 | 2 177 | 2 204 |
| 1,64 | 1 984 | 2 011 | 2 039 | 2 066 | 2 094 | 2 122 | 2 149 | 2 177 | 2 204 | 2 232 |
| 1,66 | 2 008 | 2 036 | 2 064 | 2 092 | 2 119 | 2 147 | 2 175 | 2 203 | 2 231 | 2 259 |
| 1,68 | 2 032 | 2 060 | 2 089 | 2 117 | 2 145 | 2 173 | 2 201 | 2 230 | 2 258 | 2 286 |
| 1,70 | 2 056 | 2 085 | 2 113 | 2 142 | 2 171 | 2 199 | 2 228 | 2 256 | 2 285 | 2 313 |
| 1,72 | 2 081 | 2 109 | 2 138 | 2 167 | 2 196 | 2 225 | 2 254 | 2 283 | 2 312 | 2 341 |
| 1,74 | 2 105 | 2 134 | 2 163 | 2 192 | 2 222 | 2 251 | 2 280 | 2 309 | 2 339 | 2 368 |
| 1,76 | 2 129 | 2 158 | 2 188 | 2 218 | 2 247 | 2 277 | 2 306 | 2 336 | 2 365 | 2 395 |
| 1,78 | 2 153 | 2 183 | 2 213 | 2 243 | 2 273 | 2 303 | 2 333 | 2 362 | 2 392 | 2 422 |
| 1,80 | 2 177 | 2 208 | 2 238 | 2 268 | 2 298 | 2 328 | 2 359 | 2 389 | 2 419 | 2 449 |
| 1,82 | 2 201 | 2 232 | 2 263 | 2 293 | 2 324 | 2 354 | 2 385 | 2 416 | 2 446 | 2 477 |
| 1,84 | 2 226 | 2 257 | 2 287 | 2 318 | 2 349 | 2 380 | 2 411 | 2 442 | 2 473 | 2 504 |
| 1,86 | 2 250 | 2 281 | 2 312 | 2 344 | 2 375 | 2 406 | 2 437 | 2 469 | 2 500 | 2 531 |
| 1,88 | 2 274 | 2 306 | 2 337 | 2 369 | 2 400 | 2 432 | 2 464 | 2 495 | 2 527 | 2 558 |
| 1,90 | 2 298 | 2 330 | 2 362 | 2 394 | 2 426 | 2 458 | 2 490 | 2 522 | 2 554 | 2 586 |
| 1,92 | 2 322 | 2 355 | 2 387 | 2 419 | 2 451 | 2 484 | 2 516 | 2 548 | 2 580 | 2 613 |
| 1,94 | 2 347 | 2 379 | 2 412 | 2 444 | 2 477 | 2 510 | 2 542 | 2 575 | 2 607 | 2 640 |
| 1,96 | 2 371 | 2 404 | 2 437 | 2 470 | 2 503 | 2 535 | 2 568 | 2 601 | 2 634 | 2 667 |
| 1,98 | 2 395 | 2 428 | 2 462 | 2 495 | 2 528 | 2 561 | 2 595 | 2 628 | 2 661 | 2 694 |
| 2,— | 2 419 | 2 453 | 2 486 | 2 520 | 2 554 | 2 587 | 2 621 | 2 654 | 2 688 | 2 722 |
| 2,02 | 2 443 | 2 477 | 2 511 | 2 545 | 2 579 | 2 613 | 2 647 | 2 681 | 2 715 | 2 749 |
| 2,04 | 2 468 | 2 502 | 2 536 | 2 570 | 2 605 | 2 639 | 2 673 | 2 707 | 2 742 | 2 776 |
| 2,06 | 2 492 | 2 526 | 2 561 | 2 596 | 2 630 | 2 665 | 2 699 | 2 734 | 2 769 | 2 803 |
| 2,08 | 2 516 | 2 551 | 2 586 | 2 621 | 2 656 | 2 691 | 2 726 | 2 761 | 2 796 | 2 830 |
| 2,10 | 2 540 | 2 575 | 2 611 | 2 646 | 2 681 | 2 717 | 2 752 | 2 787 | 2 822 | 2 858 |
| 2,12 | 2 564 | 2 600 | 2 636 | 2 671 | 2 707 | 2 742 | 2 778 | 2 814 | 2 849 | 2 885 |
| 2,14 | 2 589 | 2 624 | 2 660 | 2 696 | 2 732 | 2 768 | 2 804 | 2 840 | 2 876 | 2 912 |
| 2,16 | 2 613 | 2 649 | 2 685 | 2 722 | 2 758 | 2 794 | 2 830 | 2 867 | 2 903 | 2 939 |
| 2,18 | 2 637 | 2 674 | 2 710 | 2 747 | 2 783 | 2 820 | 2 857 | 2 893 | 2 930 | 2 967 |
| 2,20 | 2 661 | 2 698 | 2 735 | 2 772 | 2 809 | 2 846 | 2 883 | 2 920 | 2 957 | 2 994 |
| 2,22 | 2 685 | 2 723 | 2 760 | 2 797 | 2 834 | 2 872 | 2 909 | 2 946 | 2 984 | 3 021 |
| 2,24 | 2 710 | 2 747 | 2 785 | 2 822 | 2 860 | 2 898 | 2 935 | 2 973 | 3 011 | 3 048 |
| 2,26 | 2 734 | 2 772 | 2 810 | 2 848 | 2 886 | 2 924 | 2 962 | 2 999 | 3 037 | 3 075 |
| 2,28 | 2 758 | 2 796 | 2 834 | 2 873 | 2 911 | 2 949 | 2 988 | 3 026 | 3 064 | 3 103 |
| 2,30 | 2 782 | 2 821 | 2 859 | 2 898 | 2 937 | 2 975 | 3 014 | 3 053 | 3 091 | 3 130 |
| 2,32 | 2 806 | 2 845 | 2 884 | 2 923 | 2 962 | 3 001 | 3 040 | 3 079 | 3 118 | 3 157 |
| 2,34 | 2 830 | 2 870 | 2 909 | 2 948 | 2 988 | 3 027 | 3 066 | 3 106 | 3 145 | 3 184 |
| 2,36 | 2 855 | 2 894 | 2 934 | 2 974 | 3 013 | 3 053 | 3 093 | 3 132 | 3 172 | 3 211 |
| 2,38 | 2 879 | 2 919 | 2 959 | 2 999 | 3 039 | 3 079 | 3 119 | 3 159 | 3 199 | 3 239 |
| 2,40 | 2 903 | 2 943 | 2 984 | 3 024 | 3 064 | 3 105 | 3 145 | 3 185 | 3 226 | 3 266 |
| 2,42 | 2 927 | 2 968 | 3 009 | 3 049 | 3 090 | 3 131 | 3 171 | 3 212 | 3 252 | 3 293 |
| 2,44 | 2 951 | 2 992 | 3 033 | 3 074 | 3 115 | 3 156 | 3 197 | 3 238 | 3 279 | 3 320 |
| 2,46 | 2 976 | 3 017 | 3 058 | 3 100 | 3 141 | 3 182 | 3 224 | 3 265 | 3 306 | 3 348 |
| 2,48 | 3 000 | 3 041 | 3 083 | 3 125 | 3 166 | 3 208 | 3 250 | 3 291 | 3 333 | 3 375 |
| 2,50 | 3 024 | 3 066 | 3 108 | 3 150 | 3 192 | 3 234 | 3 276 | 3 318 | 3 360 | 3 402 |
| 2,52 | 3 048 | 3 091 | 3 133 | 3 175 | 3 218 | 3 260 | 3 302 | 3 345 | 3 387 | 3 429 |
| 2,54 | 3 072 | 3 115 | 3 158 | 3 200 | 3 243 | 3 286 | 3 328 | 3 371 | 3 414 | 3 456 |
| 2,56 | 3 097 | 3 140 | 3 183 | 3 226 | 3 269 | 3 312 | 3 355 | 3 398 | 3 441 | 3 484 |
| 2,58 | 3 121 | 3 164 | 3 207 | 3 251 | 3 294 | 3 337 | 3 381 | 3 424 | 3 468 | 3 511 |
| 2,60 | 3 145 | 3 189 | 3 232 | 3 276 | 3 320 | 3 363 | 3 407 | 3 451 | 3 494 | 3 538 |
| 2,62 | 3 169 | 3 213 | 3 257 | 3 301 | 3 345 | 3 389 | 3 433 | 3 477 | 3 521 | 3 565 |

## Epaisseur : 0ᵐ 86 centimètres — 142

| LONG^r | FEUILLES | LARGEUR | | | | | | | | | |
|---|---|---|---|---|---|---|---|---|---|---|---|
| | | 0,86 | 0,88 | 0,90 | 0,92 | 0,94 | 0,96 | 0,98 | 1,00 | 1,02 | 1,04 |
| 0,86 | 0 500 | 0 636 | | | | | | | | | |
| 88 | 0 521 | 0 651 | 0 666 | | | | | | | | |
| 0,90 | 0 533 | 0 666 | 0 681 | 0 697 | | | | | | | |
| 92 | 0 544 | 0 680 | 0 696 | 0 712 | 0 728 | | | | | | |
| 94 | 0 556 | 0 695 | 0 711 | 0 728 | 0 741 | 0 760 | | | | | |
| 96 | 0 568 | 0 710 | 0 727 | 0 743 | 0 760 | 0 776 | 0 793 | | | | |
| 98 | 0 580 | 0 725 | 0 742 | 0 759 | 0 775 | 0 792 | 0 809 | 0 826 | | | |
| 1,— | 0 592 | 0 740 | 0 757 | 0 774 | 0 791 | 0 808 | 0 826 | 0 843 | 0 860 | | |
| 02 | 0 604 | 0 754 | 0 772 | 0 789 | 0 807 | 0 825 | 0 842 | 0 860 | 0 877 | 0 895 | |
| 04 | 0 615 | 0 769 | 0 787 | 0 805 | 0 823 | 0 841 | 0 859 | 0 877 | 0 894 | 0 912 | 0 930 |
| 06 | 0 627 | 0 784 | 0 802 | 0 820 | 0 839 | 0 857 | 0 875 | 0 893 | 0 912 | 0 930 | 0 948 |
| 08 | 0 639 | 0 799 | 0 817 | 0 836 | 0 854 | 0 873 | 0 892 | 0 910 | 0 929 | 0 947 | 0 966 |
| 1,10 | 0 651 | 0 814 | 0 832 | 0 851 | 0 870 | 0 889 | 0 908 | 0 927 | 0 946 | 0 965 | 0 984 |
| 12 | 0 663 | 0 828 | 0 848 | 0 867 | 0 886 | 0 905 | 0 925 | 0 944 | 0 963 | 0 982 | 1 002 |
| 14 | 0 675 | 0 843 | 0 863 | 0 882 | 0 902 | 0 922 | 0 941 | 0 961 | 0 980 | 1 000 | 1 020 |
| 16 | 0 686 | 0 858 | 0 878 | 0 898 | 0 918 | 0 938 | 0 958 | 0 978 | 0 998 | 1 018 | 1 038 |
| 18 | 0 698 | 0 873 | 0 893 | 0 913 | 0 934 | 0 954 | 0 974 | 0 995 | 1 015 | 1 035 | 1 055 |
| 1,20 | 0 710 | 0 888 | 0 908 | 0 929 | 0 949 | 0 970 | 0 991 | 1 011 | 1 032 | 1 053 | 1 073 |
| 22 | 0 722 | 0 902 | 0 923 | 0 944 | 0 965 | 0 986 | 1 007 | 1 028 | 1 049 | 1 070 | 1 091 |
| 24 | 0 731 | 0 917 | 0 938 | 0 960 | 0 981 | 1 002 | 1 024 | 1 045 | 1 066 | 1 088 | 1 109 |
| 26 | 0 746 | 0 932 | 0 954 | 0 975 | 0 997 | 1 019 | 1 040 | 1 062 | 1 084 | 1 105 | 1 127 |
| 28 | 0 757 | 0 947 | 0 969 | 0 991 | 1 013 | 1 035 | 1 057 | 1 079 | 1 101 | 1 123 | 1 145 |
| 1,30 | 0 769 | 0 961 | 0 984 | 1 006 | 1 029 | 1 051 | 1 073 | 1 096 | 1 118 | 1 140 | 1 163 |
| 32 | 0 781 | 0 976 | 0 999 | 1 022 | 1 044 | 1 067 | 1 090 | 1 112 | 1 135 | 1 158 | 1 181 |
| 34 | 0 793 | 0 991 | 1 014 | 1 037 | 1 060 | 1 083 | 1 106 | 1 129 | 1 152 | 1 175 | 1 198 |
| 36 | 0 805 | 1 006 | 1 029 | 1 053 | 1 076 | 1 099 | 1 123 | 1 146 | 1 170 | 1 193 | 1 216 |
| 38 | 0 817 | 1 021 | 1 044 | 1 068 | 1 092 | 1 116 | 1 139 | 1 163 | 1 187 | 1 211 | 1 234 |
| 1,40 | 0 828 | 1 035 | 1 060 | 1 084 | 1 108 | 1 132 | 1 156 | 1 180 | 1 204 | 1 228 | 1 252 |
| 42 | 0 840 | 1 050 | 1 075 | 1 099 | 1 124 | 1 148 | 1 172 | 1 197 | 1 221 | 1 246 | 1 270 |
| 44 | 0 852 | 1 065 | 1 090 | 1 115 | 1 139 | 1 164 | 1 189 | 1 214 | 1 238 | 1 263 | 1 288 |
| 46 | 0 864 | 1 080 | 1 105 | 1 130 | 1 155 | 1 180 | 1 205 | 1 230 | 1 256 | 1 281 | 1 306 |
| 48 | 0 876 | 1 095 | 1 120 | 1 146 | 1 171 | 1 196 | 1 222 | 1 247 | 1 273 | 1 298 | 1 324 |
| 1,50 | 0 888 | 1 109 | 1 135 | 1 161 | 1 187 | 1 213 | 1 238 | 1 264 | 1 290 | 1 316 | 1 342 |
| 52 | 0 899 | 1 124 | 1 150 | 1 176 | 1 203 | 1 229 | 1 255 | 1 281 | 1 307 | 1 333 | 1 359 |
| 54 | 0 911 | 1 139 | 1 165 | 1 192 | 1 218 | 1 245 | 1 271 | 1 298 | 1 324 | 1 351 | 1 377 |
| 56 | 0 923 | 1 154 | 1 181 | 1 207 | 1 234 | 1 261 | 1 288 | 1 315 | 1 342 | 1 368 | 1 395 |
| 58 | 0 935 | 1 169 | 1 196 | 1 223 | 1 250 | 1 277 | 1 304 | 1 332 | 1 359 | 1 386 | 1 413 |
| 1,60 | 0 947 | 1 183 | 1 211 | 1 238 | 1 266 | 1 293 | 1 321 | 1 348 | 1 376 | 1 404 | 1 431 |
| 62 | 0 959 | 1 198 | 1 226 | 1 254 | 1 282 | 1 310 | 1 337 | 1 365 | 1 393 | 1 421 | 1 449 |
| 64 | 0 970 | 1 213 | 1 241 | 1 269 | 1 298 | 1 326 | 1 354 | 1 382 | 1 410 | 1 439 | 1 467 |
| 66 | 0 982 | 1 228 | 1 256 | 1 285 | 1 313 | 1 342 | 1 370 | 1 399 | 1 428 | 1 456 | 1 485 |
| 68 | 0 994 | 1 243 | 1 272 | 1 300 | 1 329 | 1 358 | 1 387 | 1 416 | 1 445 | 1 474 | 1 503 |
| 1,70 | 1 006 | 1 257 | 1 287 | 1 316 | 1 345 | 1 374 | 1 404 | 1 433 | 1 462 | 1 491 | 1 520 |
| 72 | 1 018 | 1 272 | 1 302 | 1 331 | 1 361 | 1 390 | 1 420 | 1 450 | 1 479 | 1 509 | 1 538 |
| 74 | 1 030 | 1 287 | 1 317 | 1 347 | 1 377 | 1 407 | 1 437 | 1 466 | 1 496 | 1 526 | 1 556 |
| 76 | 1 041 | 1 302 | 1 332 | 1 362 | 1 393 | 1 423 | 1 453 | 1 483 | 1 514 | 1 544 | 1 574 |
| 78 | 1 053 | 1 316 | 1 347 | 1 378 | 1 408 | 1 439 | 1 470 | 1 500 | 1 531 | 1 561 | 1 592 |
| 1,80 | 1 065 | 1 331 | 1 362 | 1 393 | 1 424 | 1 455 | 1 486 | 1 517 | 1 548 | 1 579 | 1 610 |
| 82 | 1 077 | 1 346 | 1 377 | 1 409 | 1 440 | 1 471 | 1 503 | 1 534 | 1 565 | 1 597 | 1 628 |
| 84 | 1 089 | 1 361 | 1 393 | 1 424 | 1 456 | 1 487 | 1 519 | 1 551 | 1 582 | 1 614 | 1 646 |
| 86 | 1 100 | 1 376 | 1 408 | 1 440 | 1 472 | 1 504 | 1 536 | 1 568 | 1 600 | 1 632 | 1 664 |
| 88 | 1 112 | 1 390 | 1 423 | 1 455 | 1 487 | 1 520 | 1 552 | 1 584 | 1 617 | 1 649 | 1 681 |
| 1,90 | 1 124 | 1 405 | 1 438 | 1 471 | 1 503 | 1 536 | 1 569 | 1 601 | 1 634 | 1 667 | 1 699 |
| 92 | 1 136 | 1 420 | 1 453 | 1 486 | 1 519 | 1 552 | 1 585 | 1 618 | 1 651 | 1 684 | 1 717 |
| 94 | 1 148 | 1 435 | 1 468 | 1 502 | 1 535 | 1 568 | 1 602 | 1 635 | 1 668 | 1 702 | 1 735 |
| 96 | 1 160 | 1 450 | 1 483 | 1 517 | 1 551 | 1 584 | 1 618 | 1 652 | 1 686 | 1 719 | 1 753 |
| 98 | 1 172 | 1 464 | 1 498 | 1 533 | 1 567 | 1 601 | 1 635 | 1 669 | 1 703 | 1 737 | 1 771 |
| 2,— | 1 183 | 1 479 | 1 514 | 1 548 | 1 582 | 1 617 | 1 651 | 1 686 | 1 720 | 1 754 | 1 789 |
| 02 | 1 195 | 1 494 | 1 529 | 1 563 | 1 598 | 1 633 | 1 668 | 1 702 | 1 737 | 1 772 | 1 807 |
| 04 | 1 207 | 1 509 | 1 544 | 1 579 | 1 614 | 1 649 | 1 684 | 1 719 | 1 754 | 1 789 | 1 825 |
| 06 | 1 219 | 1 524 | 1 559 | 1 594 | 1 630 | 1 665 | 1 701 | 1 736 | 1 772 | 1 807 | 1 842 |
| 08 | 1 231 | 1 538 | 1 574 | 1 610 | 1 646 | 1 681 | 1 717 | 1 753 | 1 789 | 1 825 | 1 860 |
| 2,10 | 1 243 | 1 553 | 1 589 | 1 625 | 1 662 | 1 698 | 1 734 | 1 770 | 1 806 | 1 842 | 1 878 |
| 12 | 1 254 | 1 568 | 1 604 | 1 641 | 1 677 | 1 714 | 1 750 | 1 787 | 1 823 | 1 860 | 1 896 |
| 14 | 1 266 | 1 583 | 1 620 | 1 656 | 1 693 | 1 730 | 1 767 | 1 804 | 1 840 | 1 877 | 1 914 |
| 16 | 1 278 | 1 598 | 1 635 | 1 672 | 1 709 | 1 746 | 1 783 | 1 820 | 1 858 | 1 895 | 1 932 |
| 18 | 1 290 | 1 612 | 1 650 | 1 687 | 1 725 | 1 762 | 1 800 | 1 837 | 1 875 | 1 912 | 1 950 |
| 2,20 | 1 302 | 1 627 | 1 665 | 1 703 | 1 741 | 1 778 | 1 816 | 1 854 | 1 892 | 1 930 | 1 968 |
| 22 | 1 314 | 1 642 | 1 680 | 1 718 | 1 756 | 1 795 | 1 833 | 1 871 | 1 909 | 1 947 | 1 986 |
| 24 | 1 325 | 1 657 | 1 695 | 1 734 | 1 772 | 1 811 | 1 849 | 1 888 | 1 926 | 1 965 | 2 003 |

## Epaisseur : 0ᵐ 86 centimètres — 143

| LONGUEUR | LARGEUR | | | | | | | | | |
|---|---|---|---|---|---|---|---|---|---|---|
| | 1,06 | 1,08 | 1,10 | 1,12 | 1,14 | 1,16 | 1,18 | 1,20 | 1,22 | 1,24 |
| 1,06 | 0 966 | | | | | | | | | |
| 08 | 0 985 | 1 003 | | | | | | | | |
| 1,10 | 1 003 | 1 022 | 1 041 | | | | | | | |
| 12 | 1 021 | 1 040 | 1 060 | 1 079 | | | | | | |
| 14 | 1 039 | 1 059 | 1 078 | 1 098 | 1 118 | | | | | |
| 16 | 1 057 | 1 077 | 1 097 | 1 117 | 1 137 | 1 157 | | | | |
| 18 | 1 076 | 1 096 | 1 116 | 1 137 | 1 157 | 1 177 | 1 197 | | | |
| 1,20 | 1 094 | 1 115 | 1 135 | 1 156 | 1 176 | 1 197 | 1 218 | 1 238 | | |
| 22 | 1 112 | 1 133 | 1 154 | 1 175 | 1 196 | 1 217 | 1 238 | 1 259 | 1 280 | |
| 24 | 1 130 | 1 152 | 1 173 | 1 194 | 1 216 | 1 237 | 1 258 | 1 280 | 1 301 | 1 322 |
| 26 | 1 149 | 1 170 | 1 192 | 1 214 | 1 235 | 1 257 | 1 279 | 1 300 | 1 322 | 1 344 |
| 28 | 1 167 | 1 189 | 1 211 | 1 233 | 1 255 | 1 277 | 1 299 | 1 321 | 1 343 | 1 365 |
| 1,30 | 1 185 | 1 207 | 1 230 | 1 252 | 1 275 | 1 297 | 1 319 | 1 342 | 1 364 | 1 386 |
| 32 | 1 203 | 1 226 | 1 249 | 1 271 | 1 294 | 1 317 | 1 340 | 1 362 | 1 385 | 1 408 |
| 34 | 1 222 | 1 245 | 1 268 | 1 291 | 1 314 | 1 337 | 1 360 | 1 383 | 1 406 | 1 429 |
| 36 | 1 240 | 1 263 | 1 287 | 1 310 | 1 333 | 1 357 | 1 380 | 1 404 | 1 427 | 1 450 |
| 38 | 1 258 | 1 282 | 1 305 | 1 329 | 1 353 | 1 377 | 1 400 | 1 424 | 1 448 | 1 472 |
| 1,40 | 1 276 | 1 300 | 1 324 | 1 348 | 1 373 | 1 397 | 1 421 | 1 445 | 1 469 | 1 493 |
| 42 | 1 294 | 1 319 | 1 343 | 1 368 | 1 392 | 1 417 | 1 441 | 1 465 | 1 490 | 1 514 |
| 44 | 1 313 | 1 337 | 1 362 | 1 387 | 1 412 | 1 437 | 1 461 | 1 486 | 1 511 | 1 536 |
| 46 | 1 331 | 1 356 | 1 381 | 1 406 | 1 431 | 1 456 | 1 482 | 1 507 | 1 532 | 1 557 |
| 48 | 1 349 | 1 375 | 1 400 | 1 426 | 1 451 | 1 476 | 1 502 | 1 527 | 1 553 | 1 578 |
| 1,50 | 1 367 | 1 393 | 1 419 | 1 445 | 1 471 | 1 496 | 1 522 | 1 548 | 1 574 | 1 600 |
| 52 | 1 386 | 1 412 | 1 438 | 1 464 | 1 490 | 1 516 | 1 542 | 1 569 | 1 595 | 1 621 |
| 54 | 1 404 | 1 430 | 1 457 | 1 483 | 1 510 | 1 536 | 1 563 | 1 589 | 1 616 | 1 642 |
| 56 | 1 422 | 1 449 | 1 476 | 1 503 | 1 529 | 1 556 | 1 583 | 1 610 | 1 637 | 1 664 |
| 58 | 1 440 | 1 468 | 1 495 | 1 522 | 1 549 | 1 576 | 1 603 | 1 631 | 1 658 | 1 685 |
| 1,60 | 1 459 | 1 486 | 1 514 | 1 541 | 1 569 | 1 596 | 1 624 | 1 651 | 1 679 | 1 706 |
| 62 | 1 477 | 1 505 | 1 533 | 1 560 | 1 588 | 1 616 | 1 644 | 1 672 | 1 700 | 1 728 |
| 64 | 1 495 | 1 523 | 1 551 | 1 580 | 1 608 | 1 636 | 1 664 | 1 692 | 1 721 | 1 749 |
| 66 | 1 513 | 1 542 | 1 570 | 1 599 | 1 627 | 1 656 | 1 685 | 1 713 | 1 742 | 1 770 |
| 68 | 1 531 | 1 560 | 1 589 | 1 618 | 1 647 | 1 676 | 1 705 | 1 734 | 1 763 | 1 792 |
| 1,70 | 1 550 | 1 579 | 1 608 | 1 637 | 1 667 | 1 696 | 1 725 | 1 754 | 1 784 | 1 813 |
| 72 | 1 568 | 1 598 | 1 627 | 1 657 | 1 686 | 1 716 | 1 745 | 1 775 | 1 805 | 1 834 |
| 74 | 1 586 | 1 616 | 1 646 | 1 676 | 1 706 | 1 736 | 1 766 | 1 796 | 1 826 | 1 856 |
| 76 | 1 604 | 1 635 | 1 665 | 1 695 | 1 726 | 1 756 | 1 786 | 1 816 | 1 847 | 1 877 |
| 78 | 1 623 | 1 653 | 1 684 | 1 714 | 1 745 | 1 776 | 1 806 | 1 837 | 1 868 | 1 898 |
| 1,80 | 1 641 | 1 672 | 1 703 | 1 734 | 1 765 | 1 796 | 1 827 | 1 858 | 1 889 | 1 920 |
| 82 | 1 659 | 1 690 | 1 722 | 1 753 | 1 784 | 1 816 | 1 847 | 1 878 | 1 910 | 1 941 |
| 84 | 1 677 | 1 709 | 1 741 | 1 772 | 1 804 | 1 836 | 1 867 | 1 899 | 1 931 | 1 962 |
| 86 | 1 696 | 1 728 | 1 760 | 1 792 | 1 824 | 1 856 | 1 888 | 1 920 | 1 952 | 1 984 |
| 88 | 1 714 | 1 746 | 1 778 | 1 811 | 1 843 | 1 875 | 1 908 | 1 940 | 1 972 | 2 005 |
| 1,90 | 1 732 | 1 765 | 1 797 | 1 830 | 1 863 | 1 895 | 1 928 | 1 961 | 1 993 | 2 026 |
| 92 | 1 750 | 1 783 | 1 816 | 1 849 | 1 882 | 1 915 | 1 948 | 1 981 | 2 014 | 2 047 |
| 94 | 1 769 | 1 802 | 1 835 | 1 869 | 1 902 | 1 935 | 1 969 | 2 002 | 2 035 | 2 069 |
| 96 | 1 787 | 1 820 | 1 854 | 1 888 | 1 922 | 1 955 | 1 989 | 2 023 | 2 056 | 2 090 |
| 98 | 1 805 | 1 839 | 1 873 | 1 907 | 1 941 | 1 975 | 2 009 | 2 043 | 2 077 | 2 111 |
| 2,— | 1 823 | 1 858 | 1 892 | 1 926 | 1 961 | 1 995 | 2 030 | 2 064 | 2 098 | 2 133 |
| 02 | 1 841 | 1 876 | 1 911 | 1 946 | 1 980 | 2 015 | 2 050 | 2 085 | 2 119 | 2 154 |
| 04 | 1 860 | 1 895 | 1 930 | 1 965 | 2 000 | 2 035 | 2 070 | 2 105 | 2 140 | 2 175 |
| 06 | 1 878 | 1 913 | 1 949 | 1 984 | 2 020 | 2 055 | 2 090 | 2 126 | 2 161 | 2 197 |
| 08 | 1 896 | 1 932 | 1 968 | 2 003 | 2 039 | 2 075 | 2 111 | 2 147 | 2 182 | 2 218 |
| 2,10 | 1 914 | 1 950 | 1 987 | 2 023 | 2 059 | 2 095 | 2 131 | 2 167 | 2 203 | 2 239 |
| 12 | 1 933 | 1 969 | 2 006 | 2 042 | 2 078 | 2 115 | 2 151 | 2 188 | 2 224 | 2 261 |
| 14 | 1 951 | 1 988 | 2 024 | 2 061 | 2 098 | 2 135 | 2 172 | 2 208 | 2 245 | 2 282 |
| 16 | 1 969 | 2 006 | 2 043 | 2 081 | 2 118 | 2 155 | 2 192 | 2 229 | 2 266 | 2 303 |
| 18 | 1 987 | 2 025 | 2 062 | 2 100 | 2 137 | 2 175 | 2 212 | 2 250 | 2 287 | 2 325 |
| 2,20 | 2 006 | 2 043 | 2 081 | 2 119 | 2 157 | 2 195 | 2 233 | 2 270 | 2 308 | 2 346 |
| 22 | 2 024 | 2 062 | 2 100 | 2 138 | 2 176 | 2 215 | 2 253 | 2 291 | 2 329 | 2 367 |
| 24 | 2 042 | 2 081 | 2 119 | 2 158 | 2 196 | 2 235 | 2 273 | 2 312 | 2 350 | 2 389 |

### LARGEUR — 144

| LONGUEUR | 1,26 | 1,28 | 1,30 | 1,32 | 1,34 | 1,36 | 1,38 | 1,40 | 1,42 | 1,44 |
|---|---|---|---|---|---|---|---|---|---|---|
| 1,26 | 1 365 | | | | | | | | | |
| 1,28 | 1 357 | 1 409 | | | | | | | | |
| 1,30 | 1 409 | 1 431 | 1 453 | | | | | | | |
| 1,32 | 1 439 | 1 453 | 1 476 | 1 498 | | | | | | |
| 1,34 | 1 452 | 1 475 | 1 498 | 1 521 | 1 544 | | | | | |
| 1,36 | 1 474 | 1 497 | 1 520 | 1 544 | 1 567 | 1 591 | | | | |
| 1,38 | 1 495 | 1 519 | 1 543 | 1 567 | 1 590 | 1 611 | 1 638 | | | |
| 1,40 | 1 517 | 1 541 | 1 565 | 1 589 | 1 613 | 1 637 | 1 662 | 1 686 | | |
| 1,42 | 1 539 | 1 563 | 1 588 | 1 612 | 1 636 | 1 661 | 1 685 | 1 710 | 1 734 | |
| 1,44 | 1 560 | 1 585 | 1 610 | 1 635 | 1 659 | 1 684 | 1 709 | 1 734 | 1 759 | 1 783 |
| 1,46 | 1 582 | 1 607 | 1 632 | 1 657 | 1 683 | 1 708 | 1 733 | 1 758 | 1 783 | 1 808 |
| 1,48 | 1 604 | 1 629 | 1 655 | 1 680 | 1 706 | 1 731 | 1 756 | 1 782 | 1 807 | 1 833 |
| 1,50 | 1 625 | 1 651 | 1 677 | 1 703 | 1 729 | 1 754 | 1 780 | 1 806 | 1 832 | 1 858 |
| 1,52 | 1 647 | 1 673 | 1 699 | 1 726 | 1 752 | 1 778 | 1 804 | 1 830 | 1 856 | 1 882 |
| 1,54 | 1 669 | 1 695 | 1 722 | 1 748 | 1 775 | 1 801 | 1 828 | 1 854 | 1 881 | 1 907 |
| 1,56 | 1 690 | 1 717 | 1 744 | 1 771 | 1 798 | 1 825 | 1 851 | 1 878 | 1 905 | 1 932 |
| 1,58 | 1 712 | 1 739 | 1 766 | 1 794 | 1 821 | 1 848 | 1 875 | 1 902 | 1 929 | 1 957 |
| 1,60 | 1 734 | 1 761 | 1 789 | 1 816 | 1 844 | 1 871 | 1 899 | 1 926 | 1 954 | 1 981 |
| 1,62 | 1 755 | 1 783 | 1 811 | 1 839 | 1 867 | 1 895 | 1 923 | 1 950 | 1 978 | 2 006 |
| 1,64 | 1 777 | 1 805 | 1 834 | 1 862 | 1 890 | 1 918 | 1 946 | 1 975 | 2 003 | 2 031 |
| 1,66 | 1 799 | 1 827 | 1 856 | 1 884 | 1 913 | 1 942 | 1 970 | 1 999 | 2 027 | 2 056 |
| 1,68 | 1 820 | 1 849 | 1 878 | 1 907 | 1 936 | 1 965 | 1 994 | 2 023 | 2 052 | 2 081 |
| 1,70 | 1 842 | 1 871 | 1 901 | 1 930 | 1 959 | 1 988 | 2 018 | 2 047 | 2 076 | 2 105 |
| 1,72 | 1 864 | 1 893 | 1 923 | 1 953 | 1 982 | 2 012 | 2 041 | 2 071 | 2 100 | 2 130 |
| 1,74 | 1 885 | 1 915 | 1 945 | 1 975 | 2 005 | 2 035 | 2 065 | 2 095 | 2 125 | 2 155 |
| 1,76 | 1 907 | 1 937 | 1 968 | 1 998 | 2 028 | 2 058 | 2 089 | 2 119 | 2 149 | 2 180 |
| 1,78 | 1 929 | 1 959 | 1 990 | 2 021 | 2 051 | 2 082 | 2 113 | 2 143 | 2 171 | 2 201 |
| 1,80 | 1 950 | 1 981 | 2 012 | 2 043 | 2 074 | 2 105 | 2 136 | 2 167 | 2 198 | 2 229 |
| 1,82 | 1 972 | 2 003 | 2 035 | 2 066 | 2 097 | 2 129 | 2 160 | 2 191 | 2 223 | 2 254 |
| 1,84 | 1 994 | 2 025 | 2 057 | 2 089 | 2 120 | 2 152 | 2 184 | 2 215 | 2 247 | 2 279 |
| 1,86 | 2 015 | 2 047 | 2 079 | 2 111 | 2 143 | 2 175 | 2 207 | 2 239 | 2 271 | 2 303 |
| 1,88 | 2 037 | 2 070 | 2 102 | 2 134 | 2 167 | 2 199 | 2 231 | 2 264 | 2 296 | 2 328 |
| 1,90 | 2 059 | 2 092 | 2 124 | 2 157 | 2 190 | 2 222 | 2 255 | 2 288 | 2 320 | 2 353 |
| 1,92 | 2 081 | 2 113 | 2 147 | 2 180 | 2 213 | 2 246 | 2 279 | 2 312 | 2 345 | 2 378 |
| 1,94 | 2 102 | 2 136 | 2 169 | 2 202 | 2 236 | 2 269 | 2 302 | 2 336 | 2 369 | 2 402 |
| 1,96 | 2 124 | 2 158 | 2 191 | 2 225 | 2 259 | 2 292 | 2 326 | 2 360 | 2 394 | 2 427 |
| 1,98 | 2 146 | 2 180 | 2 214 | 2 248 | 2 282 | 2 316 | 2 350 | 2 384 | 2 418 | 2 452 |
| 2,— | 2 167 | 2 202 | 2 236 | 2 270 | 2 305 | 2 339 | 2 374 | 2 408 | 2 442 | 2 477 |
| 2,02 | 2 189 | 2 224 | 2 258 | 2 293 | 2 328 | 2 363 | 2 397 | 2 432 | 2 467 | 2 502 |
| 2,04 | 2 211 | 2 246 | 2 281 | 2 316 | 2 351 | 2 386 | 2 421 | 2 456 | 2 491 | 2 526 |
| 2,06 | 2 232 | 2 268 | 2 303 | 2 339 | 2 374 | 2 409 | 2 445 | 2 480 | 2 516 | 2 551 |
| 2,08 | 2 254 | 2 290 | 2 325 | 2 361 | 2 397 | 2 433 | 2 469 | 2 504 | 2 540 | 2 576 |
| 2,10 | 2 276 | 2 312 | 2 348 | 2 384 | 2 420 | 2 456 | 2 492 | 2 528 | 2 565 | 2 601 |
| 2,12 | 2 297 | 2 334 | 2 370 | 2 407 | 2 443 | 2 480 | 2 516 | 2 552 | 2 589 | 2 625 |
| 2,14 | 2 319 | 2 356 | 2 393 | 2 429 | 2 466 | 2 503 | 2 540 | 2 577 | 2 613 | 2 650 |
| 2,16 | 2 341 | 2 378 | 2 415 | 2 452 | 2 489 | 2 526 | 2 563 | 2 601 | 2 638 | 2 675 |
| 2,18 | 2 362 | 2 400 | 2 437 | 2 475 | 2 512 | 2 550 | 2 587 | 2 625 | 2 662 | 2 700 |
| 2,20 | 2 384 | 2 422 | 2 460 | 2 497 | 2 535 | 2 573 | 2 611 | 2 649 | 2 687 | 2 724 |
| 2,22 | 2 406 | 2 444 | 2 482 | 2 520 | 2 558 | 2 597 | 2 635 | 2 673 | 2 711 | 2 749 |
| 2,24 | 2 427 | 2 466 | 2 504 | 2 543 | 2 581 | 2 620 | 2 658 | 2 697 | 2 735 | 2 774 |
| 2,26 | 2 449 | 2 488 | 2 527 | 2 566 | 2 604 | 2 643 | 2 682 | 2 721 | 2 760 | 2 799 |
| 2,28 | 2 471 | 2 510 | 2 549 | 2 588 | 2 627 | 2 667 | 2 706 | 2 745 | 2 784 | 2 823 |
| 2,30 | 2 492 | 2 532 | 2 571 | 2 611 | 2 651 | 2 690 | 2 730 | 2 769 | 2 809 | 2 848 |
| 2,32 | 2 514 | 2 554 | 2 594 | 2 634 | 2 674 | 2 713 | 2 753 | 2 793 | 2 833 | 2 873 |
| 2,34 | 2 536 | 2 576 | 2 616 | 2 656 | 2 697 | 2 737 | 2 777 | 2 817 | 2 858 | 2 898 |
| 2,36 | 2 557 | 2 598 | 2 638 | 2 679 | 2 720 | 2 760 | 2 801 | 2 841 | 2 882 | 2 923 |
| 2,38 | 2 579 | 2 620 | 2 661 | 2 702 | 2 743 | 2 783 | 2 824 | 2 865 | 2 906 | 2 947 |
| 2,40 | 2 601 | 2 642 | 2 683 | 2 724 | 2 766 | 2 807 | 2 848 | 2 890 | 2 931 | 2 972 |
| 2,42 | 2 622 | 2 664 | 2 706 | 2 747 | 2 789 | 2 830 | 2 872 | 2 914 | 2 955 | 2 997 |
| 2,44 | 2 644 | 2 686 | 2 728 | 2 770 | 2 812 | 2 854 | 2 896 | 2 938 | 2 980 | 3 022 |
| 2,46 | 2 666 | 2 708 | 2 750 | 2 793 | 2 835 | 2 877 | 2 920 | 2 962 | 3 004 | 3 046 |
| 2,48 | 2 687 | 2 730 | 2 772 | 2 815 | 2 858 | 2 901 | 2 943 | 2 986 | 3 029 | 3 071 |
| 2,50 | 2 709 | 2 752 | 2 795 | 2 838 | 2 881 | 2 924 | 2 967 | 3 010 | 3 053 | 3 096 |
| 2,52 | 2 731 | 2 774 | 2 817 | 2 861 | 2 904 | 2 947 | 2 991 | 3 034 | 3 077 | 3 121 |
| 2,54 | 2 752 | 2 796 | 2 840 | 2 883 | 2 927 | 2 971 | 3 014 | 3 058 | 3 102 | 3 146 |
| 2,56 | 2 774 | 2 818 | 2 862 | 2 906 | 2 950 | 2 994 | 3 038 | 3 082 | 3 126 | 3 170 |
| 2,58 | 2 796 | 2 840 | 2 884 | 2 929 | 2 973 | 3 018 | 3 062 | 3 106 | 3 151 | 3 195 |
| 2,60 | 2 817 | 2 862 | 2 907 | 2 952 | 2 996 | 3 041 | 3 086 | 3 130 | 3 175 | 3 220 |
| 2,62 | 2 839 | 2 884 | 2 929 | 2 974 | 3 019 | 3 064 | 3 109 | 3 154 | 3 200 | 3 245 |
| 2,64 | 2 861 | 2 906 | 2 952 | 2 997 | 3 042 | 3 088 | 3 133 | 3 179 | 3 224 | 3 269 |

### LARGEUR — 145

| LONGUEUR | 1,46 | 1,48 | 1,50 | 1,52 | 1,54 | 1,56 | 1,58 | 1,60 | 1,62 | 1,64 |
|---|---|---|---|---|---|---|---|---|---|---|
| 1,46 | 1 833 | | | | | | | | | |
| 1,48 | 1 855 | 1 884 | | | | | | | | |
| 1,50 | 1 883 | 1 909 | 1 935 | | | | | | | |
| 1,52 | 1 909 | 1 935 | 1 961 | 1 987 | | | | | | |
| 1,54 | 1 934 | 1 960 | 1 987 | 2 013 | 2 040 | | | | | |
| 1,56 | 1 959 | 1 986 | 2 012 | 2 039 | 2 066 | 2 093 | | | | |
| 1,58 | 1 984 | 2 011 | 2 038 | 2 065 | 2 093 | 2 120 | 2 147 | | | |
| 1,60 | 2 009 | 2 036 | 2 063 | 2 092 | 2 119 | 2 147 | 2 174 | 2 202 | | |
| 1,62 | 2 034 | 2 062 | 2 090 | 2 118 | 2 146 | 2 173 | 2 201 | 2 229 | 2 257 | |
| 1,64 | 2 059 | 2 087 | 2 116 | 2 144 | 2 172 | 2 200 | 2 228 | 2 257 | 2 285 | 2 313 |
| 1,66 | 2 084 | 2 113 | 2 141 | 2 170 | 2 199 | 2 227 | 2 256 | 2 284 | 2 313 | 2 341 |
| 1,68 | 2 109 | 2 138 | 2 167 | 2 196 | 2 225 | 2 254 | 2 284 | 2 312 | 2 341 | 2 369 |
| 1,70 | 2 135 | 2 164 | 2 193 | 2 222 | 2 251 | 2 281 | 2 310 | 2 339 | 2 368 | 2 398 |
| 1,72 | 2 160 | 2 189 | 2 219 | 2 248 | 2 278 | 2 308 | 2 337 | 2 367 | 2 396 | 2 426 |
| 1,74 | 2 185 | 2 215 | 2 245 | 2 275 | 2 304 | 2 334 | 2 364 | 2 394 | 2 424 | 2 454 |
| 1,76 | 2 210 | 2 240 | 2 270 | 2 301 | 2 331 | 2 361 | 2 391 | 2 422 | 2 452 | 2 482 |
| 1,78 | 2 235 | 2 266 | 2 296 | 2 327 | 2 357 | 2 388 | 2 419 | 2 449 | 2 480 | 2 511 |
| 1,80 | 2 260 | 2 291 | 2 322 | 2 353 | 2 384 | 2 415 | 2 446 | 2 477 | 2 508 | 2 539 |
| 1,82 | 2 285 | 2 316 | 2 348 | 2 379 | 2 410 | 2 442 | 2 473 | 2 504 | 2 536 | 2 567 |
| 1,84 | 2 310 | 2 342 | 2 374 | 2 405 | 2 437 | 2 469 | 2 500 | 2 532 | 2 563 | 2 595 |
| 1,86 | 2 335 | 2 367 | 2 399 | 2 431 | 2 463 | 2 495 | 2 527 | 2 559 | 2 591 | 2 623 |
| 1,88 | 2 361 | 2 393 | 2 425 | 2 458 | 2 490 | 2 522 | 2 555 | 2 587 | 2 619 | 2 652 |
| 1,90 | 2 386 | 2 418 | 2 451 | 2 483 | 2 516 | 2 549 | 2 582 | 2 614 | 2 647 | 2 680 |
| 1,92 | 2 411 | 2 444 | 2 477 | 2 510 | 2 543 | 2 576 | 2 609 | 2 642 | 2 675 | 2 708 |
| 1,94 | 2 436 | 2 469 | 2 503 | 2 536 | 2 569 | 2 603 | 2 636 | 2 669 | 2 703 | 2 736 |
| 1,96 | 2 461 | 2 495 | 2 528 | 2 562 | 2 596 | 2 630 | 2 663 | 2 697 | 2 731 | 2 764 |
| 1,98 | 2 486 | 2 520 | 2 554 | 2 588 | 2 622 | 2 656 | 2 690 | 2 724 | 2 759 | 2 793 |
| 2,— | 2 511 | 2 546 | 2 580 | 2 614 | 2 649 | 2 683 | 2 718 | 2 752 | 2 786 | 2 821 |
| 2,02 | 2 536 | 2 571 | 2 606 | 2 641 | 2 675 | 2 710 | 2 745 | 2 780 | 2 814 | 2 849 |
| 2,04 | 2 561 | 2 597 | 2 632 | 2 667 | 2 702 | 2 737 | 2 772 | 2 807 | 2 842 | 2 877 |
| 2,06 | 2 587 | 2 622 | 2 657 | 2 693 | 2 728 | 2 764 | 2 799 | 2 835 | 2 870 | 2 905 |
| 2,08 | 2 612 | 2 647 | 2 683 | 2 719 | 2 755 | 2 791 | 2 826 | 2 862 | 2 898 | 2 934 |
| 2,10 | 2 637 | 2 673 | 2 709 | 2 745 | 2 781 | 2 817 | 2 853 | 2 890 | 2 926 | 2 962 |
| 2,12 | 2 662 | 2 698 | 2 735 | 2 771 | 2 808 | 2 844 | 2 881 | 2 917 | 2 954 | 2 990 |
| 2,14 | 2 687 | 2 724 | 2 761 | 2 797 | 2 834 | 2 871 | 2 908 | 2 945 | 2 981 | 3 018 |
| 2,16 | 2 712 | 2 749 | 2 786 | 2 824 | 2 861 | 2 898 | 2 935 | 2 972 | 3 009 | 3 046 |
| 2,18 | 2 737 | 2 775 | 2 812 | 2 850 | 2 887 | 2 925 | 2 962 | 3 000 | 3 037 | 3 075 |
| 2,20 | 2 762 | 2 800 | 2 838 | 2 876 | 2 914 | 2 952 | 2 989 | 3 027 | 3 065 | 3 103 |
| 2,22 | 2 787 | 2 826 | 2 864 | 2 902 | 2 940 | 2 978 | 3 017 | 3 055 | 3 093 | 3 131 |
| 2,24 | 2 813 | 2 851 | 2 890 | 2 928 | 2 967 | 3 005 | 3 044 | 3 082 | 3 121 | 3 159 |
| 2,26 | 2 838 | 2 877 | 2 915 | 2 954 | 2 993 | 3 032 | 3 071 | 3 110 | 3 149 | 3 188 |
| 2,28 | 2 863 | 2 902 | 2 941 | 2 980 | 3 020 | 3 059 | 3 098 | 3 137 | 3 176 | 3 216 |
| 2,30 | 2 888 | 2 927 | 2 967 | 3 007 | 3 046 | 3 086 | 3 125 | 3 165 | 3 204 | 3 244 |
| 2,32 | 2 913 | 2 953 | 2 993 | 3 033 | 3 073 | 3 113 | 3 152 | 3 192 | 3 232 | 3 272 |
| 2,34 | 2 938 | 2 978 | 3 019 | 3 059 | 3 099 | 3 139 | 3 180 | 3 220 | 3 260 | 3 300 |
| 2,36 | 2 964 | 3 004 | 3 044 | 3 085 | 3 126 | 3 166 | 3 207 | 3 247 | 3 288 | 3 329 |
| 2,38 | 2 988 | 3 029 | 3 070 | 3 111 | 3 152 | 3 193 | 3 234 | 3 275 | 3 316 | 3 357 |
| 2,40 | 3 013 | 3 055 | 3 096 | 3 137 | 3 179 | 3 220 | 3 261 | 3 302 | 3 344 | 3 385 |
| 2,42 | 3 039 | 3 080 | 3 122 | 3 163 | 3 205 | 3 247 | 3 288 | 3 330 | 3 372 | 3 413 |
| 2,44 | 3 064 | 3 106 | 3 148 | 3 190 | 3 232 | 3 274 | 3 315 | 3 357 | 3 399 | 3 441 |
| 2,46 | 3 089 | 3 131 | 3 173 | 3 216 | 3 258 | 3 300 | 3 343 | 3 385 | 3 427 | 3 470 |
| 2,48 | 3 114 | 3 157 | 3 199 | 3 242 | 3 285 | 3 327 | 3 370 | 3 412 | 3 455 | 3 498 |
| 2,50 | 3 139 | 3 182 | 3 225 | 3 268 | 3 311 | 3 354 | 3 397 | 3 440 | 3 483 | 3 526 |
| 2,52 | 3 164 | 3 207 | 3 251 | 3 294 | 3 337 | 3 381 | 3 424 | 3 467 | 3 511 | 3 554 |
| 2,54 | 3 189 | 3 233 | 3 277 | 3 320 | 3 364 | 3 408 | 3 451 | 3 495 | 3 539 | 3 582 |
| 2,56 | 3 214 | 3 258 | 3 302 | 3 346 | 3 390 | 3 434 | 3 478 | 3 523 | 3 567 | 3 611 |
| 2,58 | 3 239 | 3 284 | 3 328 | 3 373 | 3 417 | 3 461 | 3 506 | 3 550 | 3 594 | 3 639 |
| 2,60 | 3 265 | 3 309 | 3 354 | 3 399 | 3 443 | 3 488 | 3 533 | 3 578 | 3 622 | 3 667 |
| 2,62 | 3 290 | 3 335 | 3 380 | 3 425 | 3 470 | 3 515 | 3 560 | 3 605 | 3 650 | 3 695 |
| 2,64 | 3 315 | 3 360 | 3 406 | 3 451 | 3 496 | 3 542 | 3 587 | 3 633 | 3 678 | 3 723 |

LARGEUR — 146

| LONGUEUR | FUTAILLES | 0,88 | 0,90 | 0,92 | 0,94 | 0,96 | 0,98 | 1,00 | 1,02 | 1,04 | 1,06 |
|---|---|---|---|---|---|---|---|---|---|---|---|
| 0,88 | 0 545 | 0 681 | | | | | | | | | |
| 0,90 | 0 558 | 0 697 | 0 713 | | | | | | | | |
| 92 | 0 570 | 0 712 | 0 729 | 0 715 | | | | | | | |
| 94 | 0 582 | 0 728 | 0 741 | 0 761 | 0 778 | | | | | | |
| 96 | 0 595 | 0 743 | 0 760 | 0 777 | 0 794 | 0 811 | | | | | |
| 98 | 0 607 | 0 750 | 0 776 | 0 793 | 0 811 | 0 828 | 0 845 | | | | |
| 1,— | 0 620 | 0 774 | 0 792 | 0 810 | 0 827 | 0 845 | 0 862 | 0 880 | | | |
| 02 | 0 632 | 0 790 | 0 808 | 0 826 | 0 844 | 0 862 | 0 880 | 0 898 | 0 916 | | |
| 04 | 0 644 | 0 805 | 0 824 | 0 842 | 0 860 | 0 879 | 0 897 | 0 915 | 0 934 | 0 952 | |
| 06 | 0 657 | 0 821 | 0 840 | 0 858 | 0 877 | 0 895 | 0 914 | 0 933 | 0 951 | 0 970 | 0 989 |
| 08 | 0 669 | 0 836 | 0 855 | 0 874 | 0 893 | 0 912 | 0 931 | 0 950 | 0 969 | 0 988 | 1 007 |
| 1,10 | 0 681 | 0 852 | 0 871 | 0 891 | 0 910 | 0 929 | 0 949 | 0 968 | 0 987 | 1 007 | 1 026 |
| 12 | 0 694 | 0 867 | 0 887 | 0 907 | 0 926 | 0 946 | 0 966 | 0 986 | 1 005 | 1 025 | 1 045 |
| 14 | 0 706 | 0 883 | 0 903 | 0 923 | 0 943 | 0 963 | 0 983 | 1 003 | 1 023 | 1 043 | 1 063 |
| 16 | 0 719 | 0 898 | 0 919 | 0 939 | 0 960 | 0 980 | 1 000 | 1 021 | 1 041 | 1 062 | 1 082 |
| 18 | 0 731 | 0 914 | 0 935 | 0 955 | 0 976 | 0 997 | 1 018 | 1 038 | 1 059 | 1 080 | 1 101 |
| 1,20 | 0 743 | 0 929 | 0 950 | 0 972 | 0 993 | 1 014 | 1 035 | 1 056 | 1 077 | 1 098 | 1 119 |
| 22 | 0 756 | 0 945 | 0 966 | 0 988 | 1 009 | 1 031 | 1 052 | 1 074 | 1 095 | 1 117 | 1 138 |
| 24 | 0 768 | 0 960 | 0 982 | 1 004 | 1 026 | 1 048 | 1 069 | 1 091 | 1 113 | 1 135 | 1 157 |
| 26 | 0 781 | 0 976 | 0 998 | 1 020 | 1 042 | 1 064 | 1 087 | 1 109 | 1 131 | 1 153 | 1 175 |
| 28 | 0 793 | 0 991 | 1 014 | 1 036 | 1 059 | 1 081 | 1 104 | 1 126 | 1 149 | 1 171 | 1 194 |
| 1,30 | 0 805 | 1 007 | 1 030 | 1 052 | 1 075 | 1 098 | 1 121 | 1 144 | 1 167 | 1 190 | 1 213 |
| 32 | 0 818 | 1 022 | 1 045 | 1 069 | 1 092 | 1 115 | 1 138 | 1 162 | 1 185 | 1 208 | 1 231 |
| 34 | 0 830 | 1 038 | 1 061 | 1 085 | 1 108 | 1 132 | 1 156 | 1 179 | 1 203 | 1 226 | 1 250 |
| 36 | 0 843 | 1 053 | 1 077 | 1 101 | 1 125 | 1 149 | 1 173 | 1 197 | 1 221 | 1 245 | 1 269 |
| 38 | 0 855 | 1 069 | 1 093 | 1 117 | 1 142 | 1 166 | 1 190 | 1 214 | 1 239 | 1 263 | 1 287 |
| 1,40 | 0 867 | 1 084 | 1 109 | 1 133 | 1 158 | 1 183 | 1 207 | 1 232 | 1 257 | 1 281 | 1 306 |
| 42 | 0 880 | 1 100 | 1 125 | 1 150 | 1 175 | 1 200 | 1 225 | 1 250 | 1 275 | 1 300 | 1 325 |
| 44 | 0 892 | 1 115 | 1 140 | 1 166 | 1 191 | 1 217 | 1 242 | 1 267 | 1 293 | 1 318 | 1 343 |
| 46 | 0 904 | 1 131 | 1 156 | 1 182 | 1 208 | 1 233 | 1 259 | 1 285 | 1 310 | 1 336 | 1 362 |
| 48 | 0 917 | 1 146 | 1 172 | 1 198 | 1 224 | 1 250 | 1 276 | 1 302 | 1 328 | 1 354 | 1 381 |
| 1,50 | 0 929 | 1 162 | 1 188 | 1 214 | 1 241 | 1 267 | 1 291 | 1 320 | 1 346 | 1 373 | 1 399 |
| 52 | 0 942 | 1 177 | 1 204 | 1 231 | 1 257 | 1 284 | 1 311 | 1 338 | 1 364 | 1 391 | 1 418 |
| 54 | 0 954 | 1 193 | 1 220 | 1 247 | 1 274 | 1 301 | 1 328 | 1 355 | 1 382 | 1 409 | 1 437 |
| 56 | 0 966 | 1 208 | 1 236 | 1 263 | 1 290 | 1 318 | 1 345 | 1 373 | 1 400 | 1 428 | 1 455 |
| 58 | 0 979 | 1 224 | 1 251 | 1 279 | 1 307 | 1 335 | 1 363 | 1 390 | 1 418 | 1 446 | 1 474 |
| 1,60 | 0 991 | 1 239 | 1 267 | 1 295 | 1 324 | 1 352 | 1 380 | 1 408 | 1 436 | 1 464 | 1 492 |
| 62 | 1 004 | 1 255 | 1 283 | 1 312 | 1 340 | 1 369 | 1 397 | 1 426 | 1 454 | 1 483 | 1 511 |
| 64 | 1 016 | 1 270 | 1 299 | 1 328 | 1 357 | 1 385 | 1 414 | 1 443 | 1 472 | 1 501 | 1 530 |
| 66 | 1 028 | 1 286 | 1 315 | 1 344 | 1 373 | 1 402 | 1 432 | 1 461 | 1 490 | 1 519 | 1 548 |
| 68 | 1 041 | 1 301 | 1 331 | 1 360 | 1 390 | 1 419 | 1 449 | 1 478 | 1 508 | 1 538 | 1 567 |
| 1,70 | 1 053 | 1 316 | 1 346 | 1 376 | 1 406 | 1 436 | 1 466 | 1 496 | 1 526 | 1 556 | 1 586 |
| 72 | 1 066 | 1 332 | 1 362 | 1 393 | 1 423 | 1 453 | 1 483 | 1 514 | 1 544 | 1 574 | 1 604 |
| 74 | 1 078 | 1 347 | 1 378 | 1 409 | 1 439 | 1 470 | 1 501 | 1 531 | 1 562 | 1 592 | 1 623 |
| 76 | 1 090 | 1 363 | 1 394 | 1 425 | 1 456 | 1 487 | 1 518 | 1 549 | 1 580 | 1 611 | 1 642 |
| 78 | 1 103 | 1 378 | 1 410 | 1 441 | 1 472 | 1 504 | 1 535 | 1 566 | 1 598 | 1 629 | 1 660 |
| 1,80 | 1 115 | 1 394 | 1 426 | 1 457 | 1 489 | 1 521 | 1 554 | 1 584 | 1 616 | 1 647 | 1 679 |
| 82 | 1 128 | 1 409 | 1 441 | 1 473 | 1 506 | 1 538 | 1 570 | 1 602 | 1 634 | 1 666 | 1 698 |
| 84 | 1 140 | 1 425 | 1 457 | 1 490 | 1 522 | 1 554 | 1 587 | 1 619 | 1 652 | 1 684 | 1 716 |
| 86 | 1 152 | 1 440 | 1 473 | 1 506 | 1 539 | 1 571 | 1 604 | 1 637 | 1 670 | 1 702 | 1 735 |
| 88 | 1 165 | 1 456 | 1 489 | 1 522 | 1 555 | 1 588 | 1 621 | 1 654 | 1 687 | 1 721 | 1 754 |
| 1,90 | 1 177 | 1 471 | 1 505 | 1 538 | 1 572 | 1 605 | 1 639 | 1 672 | 1 705 | 1 739 | 1 772 |
| 92 | 1 189 | 1 487 | 1 521 | 1 554 | 1 588 | 1 622 | 1 656 | 1 690 | 1 723 | 1 757 | 1 791 |
| 94 | 1 202 | 1 502 | 1 536 | 1 571 | 1 605 | 1 639 | 1 673 | 1 707 | 1 741 | 1 775 | 1 810 |
| 96 | 1 214 | 1 518 | 1 552 | 1 587 | 1 621 | 1 656 | 1 690 | 1 725 | 1 759 | 1 794 | 1 828 |
| 98 | 1 227 | 1 533 | 1 568 | 1 603 | 1 638 | 1 673 | 1 708 | 1 742 | 1 777 | 1 812 | 1 847 |
| 2,— | 1 239 | 1 549 | 1 584 | 1 619 | 1 654 | 1 690 | 1 725 | 1 760 | 1 795 | 1 830 | 1 866 |
| 02 | 1 251 | 1 564 | 1 600 | 1 635 | 1 671 | 1 706 | 1 742 | 1 778 | 1 813 | 1 849 | 1 884 |
| 04 | 1 264 | 1 580 | 1 616 | 1 652 | 1 687 | 1 723 | 1 759 | 1 795 | 1 831 | 1 867 | 1 903 |
| 06 | 1 276 | 1 595 | 1 632 | 1 668 | 1 704 | 1 740 | 1 777 | 1 813 | 1 849 | 1 885 | 1 922 |
| 08 | 1 289 | 1 611 | 1 647 | 1 684 | 1 721 | 1 757 | 1 794 | 1 830 | 1 867 | 1 904 | 1 940 |
| 2,10 | 1 301 | 1 626 | 1 663 | 1 700 | 1 737 | 1 774 | 1 811 | 1 848 | 1 885 | 1 922 | 1 959 |
| 12 | 1 313 | 1 642 | 1 679 | 1 716 | 1 754 | 1 791 | 1 828 | 1 866 | 1 903 | 1 940 | 1 978 |
| 14 | 1 326 | 1 657 | 1 695 | 1 733 | 1 770 | 1 808 | 1 846 | 1 883 | 1 921 | 1 959 | 1 996 |
| 16 | 1 338 | 1 673 | 1 711 | 1 749 | 1 787 | 1 825 | 1 863 | 1 901 | 1 939 | 1 977 | 2 015 |
| 18 | 1 351 | 1 688 | 1 727 | 1 765 | 1 803 | 1 842 | 1 880 | 1 918 | 1 957 | 1 995 | 2 034 |
| 2,20 | 1 363 | 1 704 | 1 742 | 1 781 | 1 820 | 1 859 | 1 897 | 1 936 | 1 975 | 2 013 | 2 052 |
| 22 | 1 375 | 1 719 | 1 758 | 1 797 | 1 836 | 1 875 | 1 915 | 1 954 | 1 993 | 2 032 | 2 071 |
| 24 | 1 388 | 1 735 | 1 774 | 1 814 | 1 853 | 1 892 | 1 932 | 1 971 | 2 011 | 2 050 | 2 089 |
| 26 | 1 400 | 1 750 | 1 790 | 1 830 | 1 869 | 1 909 | 1 949 | 1 989 | 2 029 | 2 068 | 2 108 |



LARGEUR — 147

| LONGUEUR | 1 08 | 1,10 | 1,12 | 1,14 | 1,16 | 1,18 | 1,20 | 1,22 | 1,24 | 1,26 |
|---|---|---|---|---|---|---|---|---|---|---|
| 1,08 | 1 026 | | | | | | | | | |
| 1,10 | 1 045 | 1 065 | | | | | | | | |
| 12 | 1 064 | 1 084 | 1 104 | | | | | | | |
| 14 | 1 083 | 1 104 | 1 124 | 1 144 | | | | | | |
| 16 | 1 102 | 1 123 | 1 143 | 1 164 | 1 184 | | | | | |
| 18 | 1 121 | 1 142 | 1 163 | 1 184 | 1 205 | 1 225 | | | | |
| 1,20 | 1 140 | 1 162 | 1 183 | 1 204 | 1 225 | 1 246 | 1 267 | | | |
| 22 | 1 159 | 1 181 | 1 202 | 1 224 | 1 245 | 1 267 | 1 288 | 1 310 | | |
| 24 | 1 178 | 1 200 | 1 222 | 1 244 | 1 266 | 1 288 | 1 309 | 1 331 | 1 353 | |
| 26 | 1 198 | 1 220 | 1 242 | 1 264 | 1 286 | 1 308 | 1 331 | 1 353 | 1 375 | 1 397 |
| 28 | 1 217 | 1 239 | 1 262 | 1 284 | 1 307 | 1 329 | 1 352 | 1 374 | 1 397 | 1 419 |
| 1,30 | 1 236 | 1 258 | 1 281 | 1 304 | 1 327 | 1 350 | 1 373 | 1 396 | 1 419 | 1 441 |
| 32 | 1 255 | 1 278 | 1 301 | 1 324 | 1 347 | 1 371 | 1 394 | 1 417 | 1 440 | 1 464 |
| 34 | 1 274 | 1 297 | 1 321 | 1 344 | 1 368 | 1 391 | 1 415 | 1 439 | 1 462 | 1 486 |
| 36 | 1 293 | 1 316 | 1 340 | 1 364 | 1 388 | 1 412 | 1 436 | 1 460 | 1 484 | 1 508 |
| 38 | 1 312 | 1 336 | 1 360 | 1 384 | 1 409 | 1 433 | 1 457 | 1 482 | 1 506 | 1 530 |
| 1,40 | 1 331 | 1 355 | 1 380 | 1 404 | 1 429 | 1 454 | 1 478 | 1 503 | 1 528 | 1 552 |
| 42 | 1 350 | 1 375 | 1 400 | 1 425 | 1 450 | 1 475 | 1 500 | 1 525 | 1 550 | 1 574 |
| 44 | 1 369 | 1 394 | 1 419 | 1 445 | 1 470 | 1 495 | 1 521 | 1 546 | 1 571 | 1 597 |
| 46 | 1 388 | 1 413 | 1 439 | 1 465 | 1 490 | 1 516 | 1 542 | 1 567 | 1 593 | 1 619 |
| 48 | 1 407 | 1 433 | 1 459 | 1 485 | 1 511 | 1 537 | 1 563 | 1 589 | 1 615 | 1 641 |
| 1,50 | 1 426 | 1 452 | 1 478 | 1 505 | 1 531 | 1 558 | 1 584 | 1 610 | 1 637 | 1 663 |
| 52 | 1 445 | 1 471 | 1 498 | 1 525 | 1 552 | 1 578 | 1 605 | 1 632 | 1 659 | 1 685 |
| 54 | 1 464 | 1 491 | 1 518 | 1 545 | 1 572 | 1 599 | 1 626 | 1 653 | 1 680 | 1 708 |
| 56 | 1 483 | 1 510 | 1 538 | 1 565 | 1 592 | 1 620 | 1 647 | 1 675 | 1 702 | 1 730 |
| 58 | 1 502 | 1 530 | 1 557 | 1 585 | 1 613 | 1 641 | 1 668 | 1 696 | 1 724 | 1 752 |
| 1,60 | 1 521 | 1 549 | 1 577 | 1 605 | 1 633 | 1 661 | 1 690 | 1 718 | 1 746 | 1 774 |
| 62 | 1 540 | 1 568 | 1 597 | 1 625 | 1 654 | 1 682 | 1 711 | 1 739 | 1 768 | 1 796 |
| 64 | 1 559 | 1 588 | 1 616 | 1 645 | 1 674 | 1 703 | 1 732 | 1 761 | 1 790 | 1 818 |
| 66 | 1 578 | 1 607 | 1 636 | 1 665 | 1 695 | 1 724 | 1 753 | 1 782 | 1 812 | 1 841 |
| 68 | 1 597 | 1 626 | 1 656 | 1 685 | 1 715 | 1 745 | 1 774 | 1 804 | 1 833 | 1 863 |
| 1,70 | 1 616 | 1 646 | 1 676 | 1 705 | 1 735 | 1 765 | 1 795 | 1 825 | 1 855 | 1 885 |
| 72 | 1 635 | 1 665 | 1 695 | 1 726 | 1 756 | 1 786 | 1 816 | 1 847 | 1 877 | 1 907 |
| 74 | 1 654 | 1 684 | 1 715 | 1 746 | 1 776 | 1 807 | 1 837 | 1 868 | 1 899 | 1 929 |
| 76 | 1 673 | 1 704 | 1 735 | 1 766 | 1 797 | 1 828 | 1 859 | 1 890 | 1 921 | 1 951 |
| 78 | 1 692 | 1 723 | 1 754 | 1 786 | 1 817 | 1 848 | 1 880 | 1 911 | 1 942 | 1 974 |
| 1,80 | 1 711 | 1 742 | 1 774 | 1 806 | 1 837 | 1 869 | 1 901 | 1 932 | 1 964 | 1 996 |
| 82 | 1 730 | 1 762 | 1 794 | 1 826 | 1 858 | 1 890 | 1 922 | 1 954 | 1 986 | 2 018 |
| 84 | 1 749 | 1 781 | 1 814 | 1 846 | 1 878 | 1 911 | 1 943 | 1 975 | 2 008 | 2 040 |
| 86 | 1 768 | 1 800 | 1 833 | 1 866 | 1 899 | 1 931 | 1 964 | 1 997 | 2 030 | 2 062 |
| 88 | 1 787 | 1 820 | 1 853 | 1 886 | 1 919 | 1 952 | 1 985 | 2 018 | 2 051 | 2 085 |
| 1,90 | 1 806 | 1 839 | 1 873 | 1 906 | 1 940 | 1 973 | 2 006 | 2 040 | 2 073 | 2 107 |
| 92 | 1 825 | 1 859 | 1 892 | 1 926 | 1 960 | 1 994 | 2 028 | 2 061 | 2 095 | 2 129 |
| 94 | 1 844 | 1 878 | 1 912 | 1 946 | 1 980 | 2 014 | 2 049 | 2 083 | 2 117 | 2 151 |
| 96 | 1 863 | 1 897 | 1 932 | 1 966 | 2 001 | 2 035 | 2 070 | 2 104 | 2 139 | 2 173 |
| 98 | 1 882 | 1 917 | 1 951 | 1 986 | 2 021 | 2 056 | 2 091 | 2 126 | 2 161 | 2 195 |
| 2,— | 1 901 | 1 936 | 1 971 | 2 006 | 2 042 | 2 077 | 2 112 | 2 147 | 2 182 | 2 218 |
| 02 | 1 920 | 1 955 | 1 991 | 2 026 | 2 062 | 2 098 | 2 133 | 2 169 | 2 204 | 2 240 |
| 04 | 1 939 | 1 975 | 2 011 | 2 047 | 2 082 | 2 118 | 2 154 | 2 190 | 2 226 | 2 262 |
| 06 | 1 958 | 1 994 | 2 030 | 2 067 | 2 103 | 2 139 | 2 175 | 2 212 | 2 248 | 2 284 |
| 08 | 1 977 | 2 013 | 2 050 | 2 087 | 2 123 | 2 160 | 2 196 | 2 233 | 2 270 | 2 306 |
| 2,10 | 1 996 | 2 033 | 2 070 | 2 107 | 2 144 | 2 181 | 2 218 | 2 255 | 2 292 | 2 328 |
| 12 | 2 015 | 2 052 | 2 089 | 2 127 | 2 164 | 2 201 | 2 239 | 2 276 | 2 313 | 2 351 |
| 14 | 2 034 | 2 072 | 2 109 | 2 147 | 2 185 | 2 222 | 2 260 | 2 298 | 2 335 | 2 373 |
| 16 | 2 053 | 2 091 | 2 129 | 2 167 | 2 205 | 2 243 | 2 281 | 2 319 | 2 357 | 2 395 |
| 18 | 2 072 | 2 110 | 2 149 | 2 187 | 2 225 | 2 264 | 2 302 | 2 340 | 2 379 | 2 417 |
| 2,20 | 2 091 | 2 130 | 2 168 | 2 207 | 2 246 | 2 284 | 2 323 | 2 362 | 2 401 | 2 439 |
| 22 | 2 110 | 2 149 | 2 188 | 2 227 | 2 266 | 2 305 | 2 344 | 2 383 | 2 422 | 2 462 |
| 24 | 2 129 | 2 168 | 2 208 | 2 247 | 2 287 | 2 326 | 2 365 | 2 405 | 2 444 | 2 484 |
| 26 | 2 148 | 2 188 | 2 227 | 2 267 | 2 307 | 2 347 | 2 387 | 2 426 | 2 466 | 2 506 |

## LARGEUR — Epaisseur : 0m 88 centimètres

| LONGUEUR | 1,28 | 1,30 | 1,32 | 1,34 | 1,36 | 1,38 | 1,40 | 1,42 | 1,44 | 1,46 |
|---|---|---|---|---|---|---|---|---|---|---|
| 1,28 | 1 442 | | | | | | | | | |
| 1,30 | 1 464 | 1 487 | | | | | | | | |
| 1,32 | 1 487 | 1 510 | 1 533 | | | | | | | |
| 1,34 | 1 509 | 1 533 | 1 557 | 1 580 | | | | | | |
| 1,36 | 1 532 | 1 556 | 1 580 | 1 604 | 1 628 | | | | | |
| 1,38 | 1 554 | 1 579 | 1 603 | 1 627 | 1 652 | 1 676 | | | | |
| 1,40 | 1 577 | 1 602 | 1 626 | 1 651 | 1 676 | 1 700 | 1 725 | | | |
| 1,42 | 1 599 | 1 624 | 1 649 | 1 674 | 1 699 | 1 724 | 1 749 | 1 774 | | |
| 1,44 | 1 622 | 1 647 | 1 673 | 1 698 | 1 723 | 1 749 | 1 774 | 1 799 | 1 825 | |
| 1,46 | 1 645 | 1 670 | 1 696 | 1 722 | 1 747 | 1 773 | 1 799 | 1 824 | 1 850 | 1 876 |
| 1,48 | 1 667 | 1 693 | 1 719 | 1 745 | 1 771 | 1 797 | 1 823 | 1 849 | 1 875 | 1 902 |
| 1,50 | 1 690 | 1 716 | 1 742 | 1 769 | 1 795 | 1 822 | 1 848 | 1 874 | 1 901 | 1 927 |
| 1,52 | 1 712 | 1 739 | 1 766 | 1 792 | 1 819 | 1 846 | 1 873 | 1 899 | 1 926 | 1 953 |
| 1,54 | 1 735 | 1 762 | 1 789 | 1 816 | 1 843 | 1 870 | 1 897 | 1 924 | 1 951 | 1 979 |
| 1,56 | 1 757 | 1 785 | 1 812 | 1 840 | 1 867 | 1 894 | 1 922 | 1 949 | 1 977 | 2 004 |
| 1,58 | 1 780 | 1 808 | 1 835 | 1 863 | 1 891 | 1 919 | 1 947 | 1 974 | 2 002 | 2 030 |
| 1,60 | 1 802 | 1 830 | 1 859 | 1 887 | 1 915 | 1 943 | 1 971 | 1 999 | 2 028 | 2 056 |
| 1,62 | 1 825 | 1 853 | 1 882 | 1 910 | 1 939 | 1 967 | 1 996 | 2 024 | 2 053 | 2 081 |
| 1,64 | 1 847 | 1 876 | 1 905 | 1 934 | 1 963 | 1 992 | 2 020 | 2 049 | 2 078 | 2 107 |
| 1,66 | 1 870 | 1 899 | 1 928 | 1 957 | 1 987 | 2 016 | 2 045 | 2 074 | 2 104 | 2 133 |
| 1,68 | 1 892 | 1 922 | 1 951 | 1 981 | 2 011 | 2 040 | 2 070 | 2 099 | 2 129 | 2 158 |
| 1,70 | 1 915 | 1 945 | 1 975 | 2 005 | 2 035 | 2 064 | 2 094 | 2 124 | 2 154 | 2 184 |
| 1,72 | 1 937 | 1 968 | 1 998 | 2 028 | 2 058 | 2 089 | 2 119 | 2 149 | 2 180 | 2 210 |
| 1,74 | 1 960 | 1 991 | 2 021 | 2 052 | 2 082 | 2 113 | 2 144 | 2 174 | 2 205 | 2 236 |
| 1,76 | 1 982 | 2 013 | 2 044 | 2 075 | 2 106 | 2 137 | 2 168 | 2 199 | 2 230 | 2 261 |
| 1,78 | 2 005 | 2 036 | 2 068 | 2 099 | 2 130 | 2 162 | 2 193 | 2 224 | 2 256 | 2 287 |
| 1,80 | 2 028 | 2 059 | 2 091 | 2 123 | 2 154 | 2 186 | 2 218 | 2 249 | 2 281 | 2 313 |
| 1,82 | 2 050 | 2 082 | 2 114 | 2 146 | 2 178 | 2 210 | 2 242 | 2 274 | 2 306 | 2 338 |
| 1,84 | 2 073 | 2 105 | 2 137 | 2 170 | 2 202 | 2 234 | 2 267 | 2 299 | 2 332 | 2 364 |
| 1,86 | 2 095 | 2 128 | 2 161 | 2 193 | 2 226 | 2 259 | 2 292 | 2 324 | 2 357 | 2 390 |
| 1,88 | 2 118 | 2 151 | 2 184 | 2 217 | 2 250 | 2 283 | 2 316 | 2 349 | 2 382 | 2 415 |
| 1,90 | 2 140 | 2 174 | 2 207 | 2 240 | 2 274 | 2 307 | 2 341 | 2 374 | 2 408 | 2 441 |
| 1,92 | 2 163 | 2 196 | 2 230 | 2 264 | 2 298 | 2 332 | 2 365 | 2 399 | 2 433 | 2 467 |
| 1,94 | 2 185 | 2 219 | 2 254 | 2 288 | 2 322 | 2 356 | 2 390 | 2 424 | 2 458 | 2 493 |
| 1,96 | 2 208 | 2 242 | 2 277 | 2 311 | 2 346 | 2 380 | 2 415 | 2 449 | 2 484 | 2 518 |
| 1,98 | 2 230 | 2 265 | 2 300 | 2 335 | 2 370 | 2 405 | 2 439 | 2 474 | 2 509 | 2 544 |
| 2,— | 2 253 | 2 288 | 2 323 | 2 358 | 2 394 | 2 429 | 2 464 | 2 499 | 2 534 | 2 570 |
| 2,02 | 2 275 | 2 311 | 2 346 | 2 382 | 2 418 | 2 453 | 2 489 | 2 524 | 2 560 | 2 595 |
| 2,04 | 2 298 | 2 334 | 2 370 | 2 406 | 2 441 | 2 477 | 2 513 | 2 549 | 2 585 | 2 621 |
| 2,06 | 2 320 | 2 357 | 2 393 | 2 429 | 2 465 | 2 502 | 2 538 | 2 574 | 2 610 | 2 647 |
| 2,08 | 2 343 | 2 380 | 2 416 | 2 453 | 2 489 | 2 526 | 2 563 | 2 599 | 2 636 | 2 672 |
| 2,10 | 2 365 | 2 402 | 2 439 | 2 476 | 2 513 | 2 550 | 2 587 | 2 624 | 2 661 | 2 698 |
| 2,12 | 2 388 | 2 425 | 2 463 | 2 500 | 2 537 | 2 575 | 2 612 | 2 649 | 2 686 | 2 724 |
| 2,14 | 2 410 | 2 448 | 2 486 | 2 523 | 2 561 | 2 599 | 2 636 | 2 674 | 2 712 | 2 749 |
| 2,16 | 2 433 | 2 471 | 2 509 | 2 547 | 2 585 | 2 623 | 2 661 | 2 699 | 2 737 | 2 775 |
| 2,18 | 2 456 | 2 494 | 2 532 | 2 571 | 2 609 | 2 647 | 2 686 | 2 724 | 2 762 | 2 801 |
| 2,20 | 2 478 | 2 517 | 2 556 | 2 594 | 2 633 | 2 672 | 2 710 | 2 749 | 2 788 | 2 827 |
| 2,22 | 2 501 | 2 540 | 2 579 | 2 618 | 2 657 | 2 696 | 2 735 | 2 774 | 2 813 | 2 852 |
| 2,24 | 2 523 | 2 563 | 2 602 | 2 641 | 2 681 | 2 720 | 2 760 | 2 799 | 2 839 | 2 878 |
| 2,26 | 2 546 | 2 585 | 2 625 | 2 665 | 2 705 | 2 745 | 2 784 | 2 824 | 2 864 | 2 904 |
| 2,28 | 2 568 | 2 608 | 2 648 | 2 689 | 2 729 | 2 769 | 2 809 | 2 849 | 2 889 | 2 929 |
| 2,30 | 2 591 | 2 631 | 2 672 | 2 712 | 2 753 | 2 793 | 2 834 | 2 874 | 2 915 | 2 955 |
| 2,32 | 2 613 | 2 654 | 2 695 | 2 736 | 2 777 | 2 817 | 2 858 | 2 899 | 2 940 | 2 981 |
| 2,34 | 2 636 | 2 677 | 2 718 | 2 759 | 2 801 | 2 842 | 2 883 | 2 924 | 2 965 | 3 006 |
| 2,36 | 2 658 | 2 700 | 2 741 | 2 783 | 2 824 | 2 866 | 2 908 | 2 949 | 2 991 | 3 032 |
| 2,38 | 2 681 | 2 723 | 2 765 | 2 806 | 2 848 | 2 890 | 2 932 | 2 974 | 3 016 | 3 058 |
| 2,40 | 2 703 | 2 746 | 2 788 | 2 830 | 2 872 | 2 915 | 2 957 | 2 999 | 3 041 | 3 084 |
| 2,42 | 2 726 | 2 768 | 2 811 | 2 854 | 2 896 | 2 939 | 2 981 | 3 024 | 3 067 | 3 109 |
| 2,44 | 2 748 | 2 791 | 2 834 | 2 877 | 2 920 | 2 963 | 3 006 | 3 049 | 3 092 | 3 135 |
| 2,46 | 2 771 | 2 814 | 2 858 | 2 901 | 2 944 | 2 987 | 3 031 | 3 074 | 3 117 | 3 161 |
| 2,48 | 2 793 | 2 837 | 2 881 | 2 924 | 2 968 | 3 012 | 3 055 | 3 099 | 3 143 | 3 186 |
| 2,50 | 2 816 | 2 860 | 2 904 | 2 948 | 2 992 | 3 036 | 3 080 | 3 124 | 3 168 | 3 212 |
| 2,52 | 2 839 | 2 883 | 2 927 | 2 972 | 3 016 | 3 060 | 3 105 | 3 149 | 3 193 | 3 238 |
| 2,54 | 2 861 | 2 906 | 2 950 | 2 995 | 3 040 | 3 085 | 3 129 | 3 174 | 3 219 | 3 263 |
| 2,56 | 2 884 | 2 929 | 2 974 | 3 019 | 3 064 | 3 109 | 3 154 | 3 199 | 3 244 | 3 289 |
| 2,58 | 2 906 | 2 952 | 2 997 | 3 042 | 3 088 | 3 133 | 3 179 | 3 224 | 3 269 | 3 315 |
| 2,60 | 2 929 | 2 974 | 3 020 | 3 066 | 3 112 | 3 157 | 3 203 | 3 249 | 3 295 | 3 340 |
| 2,62 | 2 951 | 2 997 | 3 043 | 3 090 | 3 136 | 3 182 | 3 228 | 3 274 | 3 320 | 3 366 |
| 2,64 | 2 974 | 3 020 | 3 067 | 3 113 | 3 160 | 3 206 | 3 252 | 3 299 | 3 345 | 3 392 |
| 2,66 | 2 996 | 3 043 | 3 090 | 3 137 | 3 183 | 3 230 | 3 277 | 3 324 | 3 371 | 3 418 |



Epaisseur : **0m 88** centimètres — **0,88**

## LARGEUR — Epaisseur : 0m 88 centimètres

| LONGUEUR | 1,48 | 1,50 | 1,52 | 1,54 | 1,56 | 1,58 | 1,60 | 1,62 | 1,64 | 1,66 |
|---|---|---|---|---|---|---|---|---|---|---|
| 1,48 | 1 928 | | | | | | | | | |
| 1,50 | 1 954 | 1 980 | | | | | | | | |
| 1,52 | 1 980 | 2 006 | 2 033 | | | | | | | |
| 1,54 | 2 006 | 2 033 | 2 060 | 2 087 | | | | | | |
| 1,56 | 2 032 | 2 059 | 2 087 | 2 114 | 2 142 | | | | | |
| 1,58 | 2 058 | 2 086 | 2 113 | 2 141 | 2 169 | 2 197 | | | | |
| 1,60 | 2 084 | 2 112 | 2 140 | 2 168 | 2 196 | 2 225 | 2 253 | | | |
| 1,62 | 2 110 | 2 138 | 2 167 | 2 195 | 2 224 | 2 252 | 2 281 | 2 309 | | |
| 1,64 | 2 136 | 2 165 | 2 194 | 2 223 | 2 251 | 2 280 | 2 309 | 2 338 | 2 367 | |
| 1,66 | 2 162 | 2 191 | 2 220 | 2 250 | 2 279 | 2 308 | 2 337 | 2 366 | 2 396 | 2 425 |
| 1,68 | 2 188 | 2 218 | 2 247 | 2 277 | 2 306 | 2 336 | 2 365 | 2 395 | 2 425 | 2 454 |
| 1,70 | 2 214 | 2 244 | 2 274 | 2 304 | 2 334 | 2 364 | 2 394 | 2 424 | 2 453 | 2 483 |
| 1,72 | 2 240 | 2 270 | 2 301 | 2 331 | 2 361 | 2 391 | 2 422 | 2 452 | 2 482 | 2 513 |
| 1,74 | 2 266 | 2 297 | 2 327 | 2 358 | 2 389 | 2 419 | 2 450 | 2 481 | 2 511 | 2 542 |
| 1,76 | 2 292 | 2 323 | 2 354 | 2 385 | 2 416 | 2 447 | 2 478 | 2 509 | 2 540 | 2 571 |
| 1,78 | 2 318 | 2 350 | 2 381 | 2 412 | 2 444 | 2 475 | 2 506 | 2 538 | 2 569 | 2 600 |
| 1,80 | 2 344 | 2 376 | 2 408 | 2 439 | 2 471 | 2 503 | 2 534 | 2 566 | 2 598 | 2 629 |
| 1,82 | 2 370 | 2 402 | 2 434 | 2 466 | 2 498 | 2 531 | 2 563 | 2 595 | 2 627 | 2 659 |
| 1,84 | 2 396 | 2 429 | 2 461 | 2 494 | 2 526 | 2 558 | 2 591 | 2 623 | 2 655 | 2 688 |
| 1,86 | 2 422 | 2 455 | 2 488 | 2 521 | 2 553 | 2 586 | 2 619 | 2 652 | 2 684 | 2 717 |
| 1,88 | 2 449 | 2 482 | 2 515 | 2 548 | 2 581 | 2 614 | 2 647 | 2 680 | 2 713 | 2 746 |
| 1,90 | 2 475 | 2 508 | 2 541 | 2 575 | 2 608 | 2 642 | 2 675 | 2 709 | 2 742 | 2 776 |
| 1,92 | 2 501 | 2 534 | 2 568 | 2 602 | 2 636 | 2 670 | 2 703 | 2 737 | 2 771 | 2 805 |
| 1,94 | 2 527 | 2 561 | 2 595 | 2 629 | 2 663 | 2 697 | 2 732 | 2 766 | 2 800 | 2 834 |
| 1,96 | 2 553 | 2 587 | 2 622 | 2 656 | 2 691 | 2 725 | 2 760 | 2 794 | 2 829 | 2 863 |
| 1,98 | 2 579 | 2 614 | 2 648 | 2 683 | 2 718 | 2 753 | 2 788 | 2 823 | 2 858 | 2 892 |
| 2,— | 2 605 | 2 640 | 2 675 | 2 710 | 2 746 | 2 781 | 2 816 | 2 851 | 2 886 | 2 922 |
| 2,02 | 2 631 | 2 666 | 2 702 | 2 738 | 2 773 | 2 809 | 2 844 | 2 880 | 2 915 | 2 951 |
| 2,04 | 2 657 | 2 693 | 2 729 | 2 765 | 2 801 | 2 836 | 2 872 | 2 908 | 2 944 | 2 980 |
| 2,06 | 2 683 | 2 719 | 2 755 | 2 792 | 2 828 | 2 864 | 2 900 | 2 937 | 2 973 | 3 009 |
| 2,08 | 2 709 | 2 746 | 2 782 | 2 819 | 2 855 | 2 892 | 2 929 | 2 965 | 3 002 | 3 038 |
| 2,10 | 2 735 | 2 772 | 2 809 | 2 846 | 2 883 | 2 920 | 2 957 | 2 994 | 3 031 | 3 068 |
| 2,12 | 2 761 | 2 798 | 2 836 | 2 873 | 2 910 | 2 948 | 2 985 | 3 022 | 3 060 | 3 097 |
| 2,14 | 2 787 | 2 825 | 2 862 | 2 900 | 2 938 | 2 975 | 3 013 | 3 051 | 3 088 | 3 126 |
| 2,16 | 2 813 | 2 851 | 2 889 | 2 927 | 2 965 | 3 003 | 3 041 | 3 079 | 3 117 | 3 155 |
| 2,18 | 2 839 | 2 878 | 2 916 | 2 954 | 2 993 | 3 031 | 3 069 | 3 108 | 3 146 | 3 185 |
| 2,20 | 2 865 | 2 904 | 2 943 | 2 981 | 3 020 | 3 059 | 3 098 | 3 136 | 3 175 | 3 214 |
| 2,22 | 2 891 | 2 930 | 2 969 | 3 009 | 3 048 | 3 087 | 3 126 | 3 165 | 3 204 | 3 243 |
| 2,24 | 2 917 | 2 957 | 2 996 | 3 036 | 3 075 | 3 114 | 3 154 | 3 193 | 3 233 | 3 272 |
| 2,26 | 2 943 | 2 983 | 3 023 | 3 063 | 3 103 | 3 142 | 3 182 | 3 222 | 3 262 | 3 301 |
| 2,28 | 2 969 | 3 010 | 3 050 | 3 090 | 3 130 | 3 170 | 3 210 | 3 250 | 3 290 | 3 331 |
| 2,30 | 2 996 | 3 036 | 3 076 | 3 117 | 3 157 | 3 198 | 3 238 | 3 279 | 3 319 | 3 360 |
| 2,32 | 3 022 | 3 062 | 3 103 | 3 144 | 3 185 | 3 226 | 3 267 | 3 307 | 3 348 | 3 389 |
| 2,34 | 3 048 | 3 089 | 3 130 | 3 171 | 3 212 | 3 254 | 3 295 | 3 336 | 3 377 | 3 418 |
| 2,36 | 3 074 | 3 115 | 3 157 | 3 198 | 3 240 | 3 281 | 3 323 | 3 364 | 3 406 | 3 447 |
| 2,38 | 3 100 | 3 142 | 3 183 | 3 225 | 3 267 | 3 309 | 3 351 | 3 393 | 3 435 | 3 477 |
| 2,40 | 3 126 | 3 168 | 3 210 | 3 252 | 3 295 | 3 337 | 3 379 | 3 421 | 3 464 | 3 506 |
| 2,42 | 3 152 | 3 194 | 3 237 | 3 280 | 3 322 | 3 365 | 3 407 | 3 450 | 3 493 | 3 535 |
| 2,44 | 3 178 | 3 221 | 3 264 | 3 307 | 3 350 | 3 393 | 3 436 | 3 478 | 3 521 | 3 564 |
| 2,46 | 3 204 | 3 247 | 3 290 | 3 334 | 3 377 | 3 420 | 3 464 | 3 507 | 3 550 | 3 594 |
| 2,48 | 3 230 | 3 274 | 3 317 | 3 361 | 3 405 | 3 448 | 3 492 | 3 535 | 3 579 | 3 623 |
| 2,50 | 3 256 | 3 300 | 3 344 | 3 388 | 3 432 | 3 476 | 3 520 | 3 564 | 3 608 | 3 652 |
| 2,52 | 3 282 | 3 326 | 3 371 | 3 415 | 3 459 | 3 504 | 3 548 | 3 593 | 3 637 | 3 681 |
| 2,54 | 3 308 | 3 353 | 3 398 | 3 442 | 3 487 | 3 532 | 3 576 | 3 621 | 3 666 | 3 710 |
| 2,56 | 3 334 | 3 379 | 3 424 | 3 469 | 3 514 | 3 559 | 3 604 | 3 650 | 3 695 | 3 740 |
| 2,58 | 3 360 | 3 406 | 3 451 | 3 496 | 3 542 | 3 587 | 3 633 | 3 678 | 3 723 | 3 769 |
| 2,60 | 3 386 | 3 432 | 3 478 | 3 524 | 3 569 | 3 615 | 3 661 | 3 707 | 3 752 | 3 798 |
| 2,62 | 3 412 | 3 458 | 3 505 | 3 551 | 3 597 | 3 643 | 3 689 | 3 735 | 3 781 | 3 827 |
| 2,64 | 3 438 | 3 485 | 3 531 | 3 578 | 3 624 | 3 671 | 3 717 | 3 764 | 3 810 | 3 857 |
| 2,66 | 3 464 | 3 511 | 3 558 | 3 605 | 3 652 | 3 698 | 3 745 | 3 792 | 3 839 | 3 886 |

## Épaisseur : 0m 90 centimètres — page 150

| LONGr | PETAILLES | 0,90 | 0,92 | 0,94 | 0,96 | 0,98 | 1,00 | 1,02 | 1,04 | 1,06 | 1,08 |
|---|---|---|---|---|---|---|---|---|---|---|---|
| 0,90 | 0 583 | 0 729 | | | | | | | | | |
| 92 | 0 596 | 0 745 | 0 762 | | | | | | | | |
| 94 | 0 609 | 0 761 | 0 778 | 0 795 | | | | | | | |
| 96 | 0 622 | 0 778 | 0 795 | 0 812 | 0 829 | | | | | | |
| 98 | 0 635 | 0 794 | 0 811 | 0 829 | 0 847 | 0 864 | | | | | |
| 1,— | 0 648 | 0 810 | 0 828 | 0 846 | 0 864 | 0 882 | 0 900 | | | | |
| 02 | 0 661 | 0 826 | 0 845 | 0 863 | 0 881 | 0 900 | 0 918 | 0 936 | | | |
| 04 | 0 674 | 0 842 | 0 861 | 0 880 | 0 899 | 0 917 | 0 936 | 0 955 | 0 973 | | |
| 06 | 0 687 | 0 859 | 0 878 | 0 897 | 0 916 | 0 935 | 0 954 | 0 973 | 0 992 | 1 011 | |
| 08 | 0 700 | 0 875 | 0 894 | 0 914 | 0 933 | 0 953 | 0 972 | 0 991 | 1 011 | 1 030 | 1 050 |
| 1,10 | 0 713 | 0 891 | 0 911 | 0 931 | 0 950 | 0 970 | 0 990 | 1 010 | 1 030 | 1 049 | 1 069 |
| 12 | 0 726 | 0 907 | 0 927 | 0 948 | 0 968 | 0 988 | 1 008 | 1 028 | 1 048 | 1 068 | 1 089 |
| 14 | 0 739 | 0 923 | 0 944 | 0 964 | 0 985 | 1 005 | 1 026 | 1 047 | 1 067 | 1 088 | 1 108 |
| 16 | 0 752 | 0 940 | 0 960 | 0 981 | 1 002 | 1 023 | 1 044 | 1 065 | 1 086 | 1 107 | 1 128 |
| 18 | 0 765 | 0 956 | 0 977 | 0 998 | 1 020 | 1 041 | 1 062 | 1 083 | 1 104 | 1 126 | 1 147 |
| 1,20 | 0 778 | 0 972 | 0 994 | 1 015 | 1 037 | 1 058 | 1 080 | 1 102 | 1 123 | 1 145 | 1 166 |
| 22 | 0 791 | 0 988 | 1 010 | 1 032 | 1 054 | 1 076 | 1 098 | 1 120 | 1 142 | 1 164 | 1 186 |
| 24 | 0 804 | 1 004 | 1 027 | 1 049 | 1 071 | 1 094 | 1 116 | 1 138 | 1 161 | 1 183 | 1 205 |
| 26 | 0 816 | 1 021 | 1 043 | 1 066 | 1 089 | 1 111 | 1 134 | 1 157 | 1 179 | 1 202 | 1 225 |
| 28 | 0 829 | 1 037 | 1 060 | 1 083 | 1 106 | 1 129 | 1 152 | 1 175 | 1 198 | 1 221 | 1 244 |
| 1,30 | 0 842 | 1 053 | 1 076 | 1 100 | 1 123 | 1 147 | 1 170 | 1 193 | 1 217 | 1 240 | 1 264 |
| 32 | 0 855 | 1 069 | 1 093 | 1 117 | 1 140 | 1 164 | 1 188 | 1 212 | 1 236 | 1 259 | 1 283 |
| 34 | 0 868 | 1 085 | 1 110 | 1 134 | 1 158 | 1 182 | 1 206 | 1 230 | 1 254 | 1 278 | 1 302 |
| 36 | 0 881 | 1 102 | 1 126 | 1 151 | 1 175 | 1 200 | 1 224 | 1 248 | 1 273 | 1 297 | 1 322 |
| 38 | 0 894 | 1 118 | 1 143 | 1 167 | 1 192 | 1 217 | 1 242 | 1 267 | 1 292 | 1 317 | 1 341 |
| 1,40 | 0 907 | 1 134 | 1 159 | 1 184 | 1 210 | 1 235 | 1 260 | 1 285 | 1 310 | 1 336 | 1 361 |
| 42 | 0 920 | 1 150 | 1 176 | 1 201 | 1 227 | 1 252 | 1 278 | 1 304 | 1 329 | 1 355 | 1 380 |
| 44 | 0 933 | 1 166 | 1 192 | 1 218 | 1 244 | 1 270 | 1 296 | 1 322 | 1 348 | 1 374 | 1 400 |
| 46 | 0 946 | 1 183 | 1 209 | 1 235 | 1 261 | 1 288 | 1 314 | 1 340 | 1 367 | 1 393 | 1 419 |
| 48 | 0 959 | 1 199 | 1 225 | 1 252 | 1 279 | 1 305 | 1 332 | 1 359 | 1 385 | 1 412 | 1 439 |
| 1,50 | 0 972 | 1 215 | 1 242 | 1 269 | 1 296 | 1 323 | 1 350 | 1 377 | 1 404 | 1 431 | 1 458 |
| 52 | 0 985 | 1 231 | 1 259 | 1 286 | 1 313 | 1 341 | 1 368 | 1 395 | 1 423 | 1 450 | 1 477 |
| 54 | 0 998 | 1 247 | 1 275 | 1 303 | 1 331 | 1 358 | 1 386 | 1 414 | 1 441 | 1 469 | 1 497 |
| 56 | 1 011 | 1 264 | 1 292 | 1 320 | 1 348 | 1 376 | 1 404 | 1 432 | 1 460 | 1 488 | 1 516 |
| 58 | 1 024 | 1 280 | 1 308 | 1 337 | 1 365 | 1 394 | 1 422 | 1 450 | 1 479 | 1 507 | 1 536 |
| 1,60 | 1 037 | 1 296 | 1 325 | 1 354 | 1 382 | 1 411 | 1 440 | 1 469 | 1 498 | 1 526 | 1 555 |
| 62 | 1 050 | 1 312 | 1 341 | 1 371 | 1 400 | 1 429 | 1 458 | 1 487 | 1 516 | 1 545 | 1 575 |
| 64 | 1 063 | 1 328 | 1 358 | 1 387 | 1 417 | 1 446 | 1 476 | 1 506 | 1 535 | 1 565 | 1 594 |
| 66 | 1 076 | 1 345 | 1 374 | 1 404 | 1 434 | 1 464 | 1 494 | 1 524 | 1 554 | 1 584 | 1 614 |
| 68 | 1 089 | 1 361 | 1 391 | 1 421 | 1 452 | 1 482 | 1 512 | 1 542 | 1 572 | 1 603 | 1 633 |
| 1,70 | 1 102 | 1 377 | 1 408 | 1 438 | 1 469 | 1 499 | 1 530 | 1 561 | 1 591 | 1 622 | 1 652 |
| 72 | 1 115 | 1 393 | 1 424 | 1 455 | 1 486 | 1 517 | 1 548 | 1 579 | 1 610 | 1 641 | 1 672 |
| 74 | 1 128 | 1 409 | 1 441 | 1 472 | 1 503 | 1 535 | 1 566 | 1 597 | 1 629 | 1 660 | 1 691 |
| 76 | 1 140 | 1 426 | 1 457 | 1 489 | 1 521 | 1 552 | 1 584 | 1 616 | 1 647 | 1 679 | 1 711 |
| 78 | 1 153 | 1 442 | 1 474 | 1 506 | 1 538 | 1 570 | 1 602 | 1 634 | 1 666 | 1 698 | 1 730 |
| 1,80 | 1 166 | 1 458 | 1 490 | 1 523 | 1 555 | 1 588 | 1 620 | 1 652 | 1 685 | 1 717 | 1 750 |
| 82 | 1 179 | 1 474 | 1 507 | 1 540 | 1 572 | 1 605 | 1 638 | 1 671 | 1 704 | 1 736 | 1 769 |
| 84 | 1 192 | 1 490 | 1 524 | 1 557 | 1 590 | 1 623 | 1 656 | 1 689 | 1 722 | 1 755 | 1 788 |
| 86 | 1 205 | 1 507 | 1 540 | 1 574 | 1 607 | 1 641 | 1 674 | 1 707 | 1 741 | 1 774 | 1 808 |
| 88 | 1 218 | 1 523 | 1 557 | 1 590 | 1 624 | 1 658 | 1 692 | 1 726 | 1 760 | 1 794 | 1 827 |
| 1,90 | 1 231 | 1 539 | 1 573 | 1 607 | 1 642 | 1 676 | 1 710 | 1 744 | 1 778 | 1 813 | 1 847 |
| 92 | 1 244 | 1 555 | 1 590 | 1 624 | 1 659 | 1 693 | 1 728 | 1 763 | 1 797 | 1 832 | 1 866 |
| 94 | 1 257 | 1 571 | 1 606 | 1 641 | 1 676 | 1 711 | 1 746 | 1 781 | 1 816 | 1 851 | 1 886 |
| 96 | 1 270 | 1 588 | 1 623 | 1 658 | 1 693 | 1 729 | 1 764 | 1 799 | 1 835 | 1 870 | 1 905 |
| 98 | 1 283 | 1 604 | 1 639 | 1 675 | 1 711 | 1 746 | 1 782 | 1 818 | 1 853 | 1 889 | 1 925 |
| 2,— | 1 296 | 1 620 | 1 656 | 1 692 | 1 728 | 1 764 | 1 800 | 1 836 | 1 872 | 1 908 | 1 944 |
| 02 | 1 309 | 1 636 | 1 673 | 1 709 | 1 745 | 1 782 | 1 818 | 1 854 | 1 891 | 1 927 | 1 963 |
| 04 | 1 322 | 1 652 | 1 689 | 1 726 | 1 763 | 1 799 | 1 836 | 1 873 | 1 909 | 1 946 | 1 983 |
| 06 | 1 335 | 1 669 | 1 706 | 1 743 | 1 780 | 1 817 | 1 854 | 1 891 | 1 928 | 1 965 | 2 002 |
| 08 | 1 348 | 1 685 | 1 722 | 1 760 | 1 797 | 1 835 | 1 872 | 1 909 | 1 947 | 1 984 | 2 022 |
| 2,10 | 1 361 | 1 701 | 1 739 | 1 777 | 1 814 | 1 852 | 1 890 | 1 928 | 1 966 | 2 003 | 2 041 |
| 12 | 1 374 | 1 717 | 1 755 | 1 794 | 1 832 | 1 870 | 1 908 | 1 946 | 1 984 | 2 022 | 2 061 |
| 14 | 1 387 | 1 733 | 1 772 | 1 810 | 1 849 | 1 887 | 1 926 | 1 965 | 2 003 | 2 042 | 2 080 |
| 16 | 1 400 | 1 750 | 1 788 | 1 827 | 1 866 | 1 905 | 1 944 | 1 983 | 2 022 | 2 061 | 2 100 |
| 18 | 1 413 | 1 766 | 1 805 | 1 844 | 1 884 | 1 923 | 1 962 | 2 001 | 2 040 | 2 080 | 2 119 |
| 2,20 | 1 426 | 1 782 | 1 822 | 1 861 | 1 901 | 1 940 | 1 980 | 2 020 | 2 059 | 2 099 | 2 138 |
| 22 | 1 439 | 1 798 | 1 838 | 1 878 | 1 918 | 1 958 | 1 998 | 2 038 | 2 078 | 2 118 | 2 158 |
| 24 | 1 452 | 1 814 | 1 855 | 1 895 | 1 935 | 1 976 | 2 016 | 2 057 | 2 097 | 2 137 | 2 177 |
| 26 | 1 464 | 1 831 | 1 871 | 1 912 | 1 953 | 1 993 | 2 034 | 2 075 | 2 115 | 2 156 | 2 197 |
| 28 | 1 478 | 1 847 | 1 888 | 1 929 | 1 970 | 2 011 | 2 052 | 2 093 | 2 134 | 2 175 | 2 216 |

## Épaisseur : 0m 90 centimètres — page 151

| LONGUEUR | 1,10 | 1,12 | 1,14 | 1,16 | 1,18 | 1,20 | 1,22 | 1,24 | 1,26 | 1,28 |
|---|---|---|---|---|---|---|---|---|---|---|
| 1,10 | 1 089 | | | | | | | | | |
| 12 | 1 109 | 1 129 | | | | | | | | |
| 14 | 1 129 | 1 149 | 1 170 | | | | | | | |
| 16 | 1 148 | 1 169 | 1 190 | 1 211 | | | | | | |
| 18 | 1 168 | 1 189 | 1 211 | 1 232 | 1 253 | | | | | |
| 1,20 | 1 188 | 1 210 | 1 231 | 1 253 | 1 274 | 1 296 | | | | |
| 22 | 1 208 | 1 230 | 1 252 | 1 274 | 1 296 | 1 318 | 1 340 | | | |
| 24 | 1 228 | 1 250 | 1 272 | 1 295 | 1 317 | 1 339 | 1 362 | 1 384 | | |
| 26 | 1 247 | 1 270 | 1 293 | 1 315 | 1 338 | 1 361 | 1 383 | 1 406 | 1 429 | |
| 28 | 1 267 | 1 290 | 1 313 | 1 336 | 1 359 | 1 382 | 1 405 | 1 428 | 1 452 | 1 475 |
| 1,30 | 1 287 | 1 310 | 1 334 | 1 357 | 1 381 | 1 404 | 1 427 | 1 451 | 1 474 | 1 498 |
| 32 | 1 307 | 1 331 | 1 354 | 1 378 | 1 402 | 1 426 | 1 449 | 1 473 | 1 497 | 1 521 |
| 34 | 1 327 | 1 351 | 1 375 | 1 399 | 1 423 | 1 447 | 1 471 | 1 495 | 1 520 | 1 544 |
| 36 | 1 346 | 1 371 | 1 395 | 1 420 | 1 444 | 1 469 | 1 493 | 1 518 | 1 542 | 1 567 |
| 38 | 1 366 | 1 391 | 1 416 | 1 441 | 1 466 | 1 490 | 1 515 | 1 540 | 1 565 | 1 590 |
| 1,40 | 1 386 | 1 411 | 1 436 | 1 462 | 1 487 | 1 512 | 1 537 | 1 562 | 1 588 | 1 613 |
| 42 | 1 406 | 1 431 | 1 457 | 1 482 | 1 508 | 1 534 | 1 559 | 1 585 | 1 610 | 1 636 |
| 44 | 1 426 | 1 452 | 1 477 | 1 503 | 1 529 | 1 555 | 1 581 | 1 607 | 1 633 | 1 659 |
| 46 | 1 445 | 1 472 | 1 498 | 1 524 | 1 551 | 1 577 | 1 603 | 1 629 | 1 656 | 1 682 |
| 48 | 1 465 | 1 492 | 1 518 | 1 545 | 1 572 | 1 598 | 1 625 | 1 652 | 1 678 | 1 705 |
| 1,50 | 1 485 | 1 512 | 1 539 | 1 566 | 1 593 | 1 620 | 1 647 | 1 674 | 1 701 | 1 728 |
| 52 | 1 505 | 1 532 | 1 560 | 1 587 | 1 614 | 1 642 | 1 669 | 1 696 | 1 724 | 1 751 |
| 54 | 1 525 | 1 552 | 1 580 | 1 608 | 1 635 | 1 663 | 1 691 | 1 719 | 1 746 | 1 774 |
| 56 | 1 544 | 1 572 | 1 601 | 1 629 | 1 657 | 1 685 | 1 713 | 1 741 | 1 769 | 1 797 |
| 58 | 1 564 | 1 593 | 1 621 | 1 650 | 1 678 | 1 706 | 1 735 | 1 763 | 1 792 | 1 820 |
| 1,60 | 1 584 | 1 613 | 1 642 | 1 670 | 1 699 | 1 728 | 1 757 | 1 786 | 1 814 | 1 843 |
| 62 | 1 604 | 1 633 | 1 662 | 1 691 | 1 720 | 1 750 | 1 779 | 1 808 | 1 837 | 1 866 |
| 64 | 1 624 | 1 653 | 1 683 | 1 712 | 1 742 | 1 771 | 1 801 | 1 830 | 1 860 | 1 889 |
| 66 | 1 643 | 1 673 | 1 703 | 1 733 | 1 763 | 1 793 | 1 823 | 1 853 | 1 882 | 1 912 |
| 68 | 1 663 | 1 693 | 1 724 | 1 754 | 1 784 | 1 814 | 1 845 | 1 875 | 1 905 | 1 935 |
| 1,70 | 1 683 | 1 714 | 1 744 | 1 775 | 1 805 | 1 836 | 1 867 | 1 897 | 1 928 | 1 958 |
| 72 | 1 703 | 1 734 | 1 765 | 1 796 | 1 827 | 1 858 | 1 889 | 1 920 | 1 950 | 1 981 |
| 74 | 1 723 | 1 754 | 1 785 | 1 817 | 1 848 | 1 879 | 1 911 | 1 942 | 1 973 | 2 004 |
| 76 | 1 742 | 1 774 | 1 806 | 1 837 | 1 869 | 1 901 | 1 932 | 1 964 | 1 996 | 2 028 |
| 78 | 1 762 | 1 794 | 1 826 | 1 858 | 1 890 | 1 922 | 1 954 | 1 986 | 2 019 | 2 051 |
| 1,80 | 1 782 | 1 814 | 1 847 | 1 879 | 1 912 | 1 944 | 1 976 | 2 009 | 2 041 | 2 074 |
| 82 | 1 802 | 1 835 | 1 867 | 1 900 | 1 933 | 1 966 | 1 998 | 2 031 | 2 064 | 2 097 |
| 84 | 1 822 | 1 855 | 1 888 | 1 921 | 1 954 | 1 987 | 2 020 | 2 053 | 2 087 | 2 120 |
| 86 | 1 841 | 1 875 | 1 908 | 1 942 | 1 975 | 2 009 | 2 042 | 2 076 | 2 109 | 2 143 |
| 88 | 1 861 | 1 895 | 1 929 | 1 963 | 1 997 | 2 030 | 2 064 | 2 098 | 2 132 | 2 166 |
| 1,90 | 1 881 | 1 915 | 1 949 | 1 984 | 2 018 | 2 052 | 2 086 | 2 120 | 2 155 | 2 189 |
| 92 | 1 901 | 1 935 | 1 970 | 2 004 | 2 039 | 2 074 | 2 108 | 2 143 | 2 177 | 2 212 |
| 94 | 1 921 | 1 956 | 1 990 | 2 025 | 2 060 | 2 095 | 2 130 | 2 165 | 2 200 | 2 235 |
| 96 | 1 940 | 1 976 | 2 011 | 2 046 | 2 082 | 2 117 | 2 152 | 2 187 | 2 223 | 2 258 |
| 98 | 1 960 | 1 996 | 2 031 | 2 067 | 2 103 | 2 138 | 2 174 | 2 210 | 2 245 | 2 281 |
| 2,— | 1 980 | 2 016 | 2 052 | 2 088 | 2 124 | 2 160 | 2 196 | 2 232 | 2 268 | 2 304 |
| 02 | 2 000 | 2 036 | 2 073 | 2 109 | 2 145 | 2 182 | 2 218 | 2 254 | 2 291 | 2 327 |
| 04 | 2 020 | 2 056 | 2 093 | 2 130 | 2 166 | 2 203 | 2 240 | 2 277 | 2 313 | 2 350 |
| 06 | 2 039 | 2 076 | 2 114 | 2 151 | 2 188 | 2 225 | 2 262 | 2 299 | 2 336 | 2 373 |
| 08 | 2 059 | 2 097 | 2 134 | 2 172 | 2 209 | 2 246 | 2 284 | 2 321 | 2 359 | 2 396 |
| 2,10 | 2 079 | 2 117 | 2 155 | 2 192 | 2 230 | 2 268 | 2 306 | 2 344 | 2 381 | 2 419 |
| 12 | 2 099 | 2 137 | 2 175 | 2 213 | 2 251 | 2 290 | 2 328 | 2 366 | 2 404 | 2 442 |
| 14 | 2 119 | 2 157 | 2 196 | 2 234 | 2 273 | 2 311 | 2 350 | 2 388 | 2 427 | 2 465 |
| 16 | 2 138 | 2 177 | 2 216 | 2 255 | 2 294 | 2 333 | 2 372 | 2 411 | 2 449 | 2 488 |
| 18 | 2 158 | 2 197 | 2 237 | 2 276 | 2 315 | 2 354 | 2 394 | 2 433 | 2 472 | 2 511 |
| 2,20 | 2 178 | 2 218 | 2 257 | 2 297 | 2 336 | 2 376 | 2 416 | 2 455 | 2 495 | 2 534 |
| 22 | 2 198 | 2 238 | 2 278 | 2 318 | 2 358 | 2 398 | 2 438 | 2 478 | 2 517 | 2 557 |
| 24 | 2 218 | 2 258 | 2 298 | 2 339 | 2 379 | 2 419 | 2 460 | 2 500 | 2 540 | 2 580 |
| 26 | 2 237 | 2 278 | 2 319 | 2 359 | 2 400 | 2 441 | 2 481 | 2 522 | 2 563 | 2 604 |
| 28 | 2 257 | 2 298 | 2 339 | 2 380 | 2 421 | 2 462 | 2 503 | 2 544 | 2 586 | 2 627 |

LONGUEUR — LARGEUR (152)

| LONGUEUR | 1,30 | 1,32 | 1,34 | 1,36 | 1,38 | 1,40 | 1,42 | 1,44 | 1,46 | 1,48 |
|---|---|---|---|---|---|---|---|---|---|---|
| **1,30** | 1 521 | | | | | | | | | |
| **32** | 1 544 | 1 568 | | | | | | | | |
| **34** | 1 568 | 1 592 | 1 616 | | | | | | | |
| **36** | 1 591 | 1 616 | 1 640 | 1 665 | | | | | | |
| **38** | 1 615 | 1 639 | 1 664 | 1 689 | 1 714 | | | | | |
| **1,40** | 1 638 | 1 663 | 1 688 | 1 714 | 1 739 | 1 764 | | | | |
| **42** | 1 661 | 1 687 | 1 713 | 1 738 | 1 764 | 1 789 | 1 815 | | | |
| **44** | 1 685 | 1 711 | 1 737 | 1 763 | 1 788 | 1 814 | 1 840 | 1 866 | | |
| **46** | 1 708 | 1 734 | 1 761 | 1 787 | 1 813 | 1 840 | 1 866 | 1 892 | 1 918 | |
| **48** | 1 732 | 1 758 | 1 785 | 1 812 | 1 838 | 1 865 | 1 891 | 1 918 | 1 945 | 1 971 |
| **1,50** | 1 755 | 1 782 | 1 809 | 1 836 | 1 863 | 1 890 | 1 917 | 1 944 | 1 971 | 1 998 |
| **52** | 1 778 | 1 806 | 1 833 | 1 860 | 1 888 | 1 915 | 1 943 | 1 970 | 1 997 | 2 025 |
| **54** | 1 802 | 1 830 | 1 857 | 1 885 | 1 913 | 1 940 | 1 968 | 1 996 | 2 024 | 2 051 |
| **56** | 1 825 | 1 853 | 1 881 | 1 909 | 1 938 | 1 966 | 1 994 | 2 022 | 2 050 | 2 078 |
| **58** | 1 849 | 1 877 | 1 905 | 1 934 | 1 962 | 1 991 | 2 019 | 2 048 | 2 076 | 2 105 |
| **1,60** | 1 872 | 1 901 | 1 930 | 1 958 | 1 987 | 2 016 | 2 045 | 2 074 | 2 102 | 2 131 |
| **62** | 1 895 | 1 925 | 1 954 | 1 983 | 2 012 | 2 041 | 2 070 | 2 100 | 2 129 | 2 158 |
| **64** | 1 919 | 1 948 | 1 978 | 2 007 | 2 037 | 2 066 | 2 096 | 2 125 | 2 155 | 2 184 |
| **66** | 1 942 | 1 972 | 2 002 | 2 032 | 2 062 | 2 092 | 2 121 | 2 151 | 2 181 | 2 211 |
| **68** | 1 966 | 1 996 | 2 026 | 2 056 | 2 087 | 2 117 | 2 147 | 2 177 | 2 208 | 2 238 |
| **1,70** | 1 989 | 2 020 | 2 050 | 2 081 | 2 111 | 2 142 | 2 173 | 2 203 | 2 234 | 2 264 |
| **72** | 2 012 | 2 043 | 2 074 | 2 105 | 2 136 | 2 167 | 2 198 | 2 229 | 2 260 | 2 291 |
| **74** | 2 036 | 2 067 | 2 098 | 2 130 | 2 161 | 2 192 | 2 224 | 2 255 | 2 286 | 2 318 |
| **76** | 2 059 | 2 091 | 2 123 | 2 154 | 2 186 | 2 218 | 2 249 | 2 281 | 2 313 | 2 344 |
| **78** | 2 083 | 2 115 | 2 147 | 2 179 | 2 211 | 2 243 | 2 275 | 2 307 | 2 339 | 2 371 |
| **1,80** | 2 106 | 2 138 | 2 171 | 2 203 | 2 236 | 2 268 | 2 300 | 2 333 | 2 365 | 2 398 |
| **82** | 2 129 | 2 162 | 2 195 | 2 228 | 2 260 | 2 293 | 2 326 | 2 359 | 2 391 | 2 424 |
| **84** | 2 153 | 2 186 | 2 219 | 2 252 | 2 285 | 2 318 | 2 352 | 2 385 | 2 418 | 2 451 |
| **86** | 2 176 | 2 210 | 2 243 | 2 277 | 2 310 | 2 344 | 2 377 | 2 411 | 2 444 | 2 478 |
| **88** | 2 200 | 2 233 | 2 267 | 2 301 | 2 335 | 2 369 | 2 403 | 2 436 | 2 470 | 2 504 |
| **1,90** | 2 223 | 2 257 | 2 291 | 2 326 | 2 360 | 2 394 | 2 428 | 2 462 | 2 497 | 2 531 |
| **92** | 2 246 | 2 281 | 2 316 | 2 350 | 2 385 | 2 419 | 2 454 | 2 488 | 2 523 | 2 557 |
| **94** | 2 270 | 2 305 | 2 340 | 2 375 | 2 409 | 2 444 | 2 479 | 2 514 | 2 549 | 2 584 |
| **96** | 2 293 | 2 328 | 2 364 | 2 399 | 2 434 | 2 470 | 2 505 | 2 540 | 2 575 | 2 611 |
| **98** | 2 317 | 2 352 | 2 388 | 2 424 | 2 459 | 2 495 | 2 530 | 2 566 | 2 602 | 2 637 |
| **2,—** | 2 340 | 2 376 | 2 412 | 2 448 | 2 484 | 2 520 | 2 556 | 2 592 | 2 628 | 2 664 |
| **02** | 2 363 | 2 400 | 2 436 | 2 472 | 2 509 | 2 545 | 2 582 | 2 618 | 2 654 | 2 691 |
| **04** | 2 387 | 2 423 | 2 460 | 2 497 | 2 534 | 2 570 | 2 607 | 2 644 | 2 681 | 2 717 |
| **06** | 2 410 | 2 447 | 2 484 | 2 521 | 2 559 | 2 596 | 2 633 | 2 670 | 2 707 | 2 744 |
| **08** | 2 434 | 2 471 | 2 508 | 2 546 | 2 583 | 2 621 | 2 658 | 2 696 | 2 733 | 2 771 |
| **2,10** | 2 457 | 2 495 | 2 533 | 2 570 | 2 608 | 2 646 | 2 684 | 2 722 | 2 759 | 2 797 |
| **12** | 2 480 | 2 519 | 2 557 | 2 595 | 2 633 | 2 671 | 2 709 | 2 748 | 2 786 | 2 824 |
| **14** | 2 504 | 2 542 | 2 581 | 2 619 | 2 658 | 2 696 | 2 735 | 2 773 | 2 812 | 2 850 |
| **16** | 2 527 | 2 566 | 2 605 | 2 644 | 2 683 | 2 722 | 2 760 | 2 799 | 2 838 | 2 877 |
| **18** | 2 551 | 2 590 | 2 629 | 2 668 | 2 708 | 2 747 | 2 786 | 2 825 | 2 865 | 2 904 |
| **2,20** | 2 574 | 2 614 | 2 653 | 2 693 | 2 732 | 2 772 | 2 812 | 2 851 | 2 891 | 2 930 |
| **22** | 2 597 | 2 637 | 2 677 | 2 717 | 2 757 | 2 797 | 2 837 | 2 877 | 2 917 | 2 957 |
| **24** | 2 621 | 2 661 | 2 701 | 2 742 | 2 782 | 2 822 | 2 863 | 2 903 | 2 943 | 2 984 |
| **26** | 2 644 | 2 685 | 2 726 | 2 766 | 2 807 | 2 848 | 2 888 | 2 929 | 2 970 | 3 010 |
| **28** | 2 668 | 2 709 | 2 750 | 2 791 | 2 832 | 2 873 | 2 914 | 2 955 | 2 996 | 3 037 |
| **2,30** | 2 691 | 2 732 | 2 774 | 2 815 | 2 857 | 2 898 | 2 939 | 2 981 | 3 022 | 3 064 |
| **32** | 2 714 | 2 756 | 2 798 | 2 840 | 2 881 | 2 923 | 2 965 | 3 007 | 3 048 | 3 090 |
| **34** | 2 738 | 2 780 | 2 822 | 2 864 | 2 906 | 2 948 | 2 991 | 3 033 | 3 075 | 3 117 |
| **36** | 2 761 | 2 804 | 2 846 | 2 889 | 2 931 | 2 974 | 3 016 | 3 059 | 3 101 | 3 144 |
| **38** | 2 785 | 2 827 | 2 870 | 2 913 | 2 956 | 2 999 | 3 042 | 3 084 | 3 127 | 3 170 |
| **2,40** | 2 808 | 2 851 | 2 894 | 2 938 | 2 981 | 3 024 | 3 067 | 3 110 | 3 154 | 3 197 |
| **42** | 2 831 | 2 875 | 2 919 | 2 962 | 3 006 | 3 049 | 3 093 | 3 136 | 3 180 | 3 223 |
| **44** | 2 855 | 2 899 | 2 943 | 2 987 | 3 030 | 3 074 | 3 118 | 3 162 | 3 206 | 3 250 |
| **46** | 2 878 | 2 922 | 2 967 | 3 011 | 3 055 | 3 100 | 3 144 | 3 188 | 3 232 | 3 277 |
| **48** | 2 902 | 2 946 | 2 991 | 3 036 | 3 080 | 3 125 | 3 169 | 3 214 | 3 259 | 3 303 |
| **2,50** | 2 925 | 2 970 | 3 015 | 3 060 | 3 105 | 3 150 | 3 195 | 3 240 | 3 285 | 3 330 |
| **52** | 2 948 | 2 994 | 3 039 | 3 084 | 3 130 | 3 175 | 3 221 | 3 266 | 3 311 | 3 357 |
| **54** | 2 972 | 3 018 | 3 063 | 3 109 | 3 155 | 3 200 | 3 246 | 3 292 | 3 338 | 3 383 |
| **56** | 2 995 | 3 041 | 3 087 | 3 133 | 3 180 | 3 226 | 3 272 | 3 318 | 3 364 | 3 410 |
| **58** | 3 019 | 3 065 | 3 111 | 3 158 | 3 204 | 3 251 | 3 297 | 3 344 | 3 390 | 3 437 |
| **2,60** | 3 042 | 3 089 | 3 136 | 3 182 | 3 229 | 3 276 | 3 323 | 3 370 | 3 416 | 3 463 |
| **62** | 3 065 | 3 113 | 3 160 | 3 207 | 3 254 | 3 301 | 3 348 | 3 396 | 3 443 | 3 490 |
| **64** | 3 089 | 3 136 | 3 184 | 3 231 | 3 279 | 3 326 | 3 374 | 3 421 | 3 469 | 3 516 |
| **66** | 3 112 | 3 160 | 3 208 | 3 256 | 3 304 | 3 352 | 3 399 | 3 447 | 3 495 | 3 543 |
| **68** | 3 136 | 3 184 | 3 232 | 3 280 | 3 329 | 3 377 | 3 425 | 3 473 | 3 522 | 3 570 |

Epaisseur : 0m 90 centimètres  0,90

LONGUEUR — LARGEUR (153)

| LONGUEUR | 1,50 | 1,52 | 1,54 | 1,56 | 1,58 | 1,60 | 1,62 | 1,64 | 1,66 | 1,68 |
|---|---|---|---|---|---|---|---|---|---|---|
| **1,50** | 2 025 | | | | | | | | | |
| **52** | 2 052 | 2 079 | | | | | | | | |
| **54** | 2 079 | 2 107 | 2 134 | | | | | | | |
| **56** | 2 106 | 2 134 | 2 162 | 2 190 | | | | | | |
| **58** | 2 133 | 2 161 | 2 190 | 2 218 | 2 247 | | | | | |
| **1,60** | 2 160 | 2 189 | 2 218 | 2 246 | 2 275 | 2 304 | | | | |
| **62** | 2 187 | 2 216 | 2 245 | 2 274 | 2 304 | 2 333 | 2 362 | | | |
| **64** | 2 214 | 2 244 | 2 273 | 2 303 | 2 332 | 2 362 | 2 391 | 2 421 | | |
| **66** | 2 241 | 2 271 | 2 301 | 2 331 | 2 361 | 2 390 | 2 420 | 2 450 | 2 480 | |
| **68** | 2 268 | 2 298 | 2 328 | 2 359 | 2 389 | 2 419 | 2 449 | 2 480 | 2 510 | 2 540 |
| **1,70** | 2 295 | 2 326 | 2 356 | 2 387 | 2 417 | 2 448 | 2 479 | 2 509 | 2 540 | 2 570 |
| **72** | 2 322 | 2 353 | 2 384 | 2 415 | 2 446 | 2 477 | 2 508 | 2 539 | 2 570 | 2 601 |
| **74** | 2 349 | 2 380 | 2 412 | 2 443 | 2 474 | 2 506 | 2 537 | 2 568 | 2 600 | 2 631 |
| **76** | 2 376 | 2 408 | 2 439 | 2 471 | 2 503 | 2 534 | 2 566 | 2 598 | 2 629 | 2 661 |
| **78** | 2 403 | 2 435 | 2 467 | 2 499 | 2 531 | 2 563 | 2 595 | 2 627 | 2 659 | 2 691 |
| **1,80** | 2 430 | 2 462 | 2 495 | 2 527 | 2 560 | 2 592 | 2 624 | 2 657 | 2 689 | 2 722 |
| **82** | 2 457 | 2 490 | 2 523 | 2 555 | 2 588 | 2 621 | 2 654 | 2 686 | 2 719 | 2 752 |
| **84** | 2 484 | 2 517 | 2 550 | 2 583 | 2 616 | 2 650 | 2 683 | 2 716 | 2 749 | 2 782 |
| **86** | 2 511 | 2 544 | 2 578 | 2 611 | 2 645 | 2 678 | 2 712 | 2 745 | 2 779 | 2 812 |
| **88** | 2 538 | 2 572 | 2 606 | 2 640 | 2 673 | 2 707 | 2 741 | 2 775 | 2 809 | 2 843 |
| **1,90** | 2 565 | 2 599 | 2 633 | 2 668 | 2 702 | 2 736 | 2 770 | 2 804 | 2 839 | 2 873 |
| **92** | 2 592 | 2 627 | 2 661 | 2 696 | 2 730 | 2 765 | 2 799 | 2 834 | 2 868 | 2 903 |
| **94** | 2 619 | 2 654 | 2 689 | 2 724 | 2 759 | 2 794 | 2 829 | 2 863 | 2 898 | 2 933 |
| **96** | 2 646 | 2 681 | 2 717 | 2 752 | 2 787 | 2 822 | 2 858 | 2 893 | 2 928 | 2 964 |
| **98** | 2 673 | 2 709 | 2 744 | 2 780 | 2 816 | 2 851 | 2 887 | 2 922 | 2 958 | 2 994 |
| **2,—** | 2 700 | 2 736 | 2 772 | 2 808 | 2 844 | 2 880 | 2 916 | 2 952 | 2 988 | 3 024 |
| **02** | 2 727 | 2 763 | 2 800 | 2 836 | 2 872 | 2 909 | 2 945 | 2 982 | 3 018 | 3 054 |
| **04** | 2 754 | 2 791 | 2 827 | 2 864 | 2 901 | 2 938 | 2 974 | 3 011 | 3 048 | 3 084 |
| **06** | 2 781 | 2 818 | 2 855 | 2 892 | 2 929 | 2 966 | 3 003 | 3 041 | 3 078 | 3 115 |
| **08** | 2 808 | 2 845 | 2 883 | 2 920 | 2 958 | 2 995 | 3 033 | 3 070 | 3 108 | 3 145 |
| **2,10** | 2 835 | 2 873 | 2 911 | 2 948 | 2 986 | 3 024 | 3 062 | 3 100 | 3 137 | 3 175 |
| **12** | 2 862 | 2 900 | 2 938 | 2 976 | 3 015 | 3 053 | 3 091 | 3 129 | 3 167 | 3 205 |
| **14** | 2 889 | 2 928 | 2 966 | 3 005 | 3 043 | 3 082 | 3 120 | 3 159 | 3 197 | 3 236 |
| **16** | 2 916 | 2 955 | 2 994 | 3 033 | 3 072 | 3 110 | 3 149 | 3 188 | 3 227 | 3 266 |
| **18** | 2 943 | 2 982 | 3 021 | 3 061 | 3 100 | 3 139 | 3 178 | 3 218 | 3 257 | 3 296 |
| **2,20** | 2 970 | 3 010 | 3 049 | 3 089 | 3 128 | 3 168 | 3 208 | 3 247 | 3 287 | 3 326 |
| **22** | 2 997 | 3 037 | 3 077 | 3 117 | 3 157 | 3 197 | 3 237 | 3 277 | 3 317 | 3 357 |
| **24** | 3 024 | 3 064 | 3 105 | 3 145 | 3 185 | 3 226 | 3 266 | 3 306 | 3 347 | 3 387 |
| **26** | 3 051 | 3 092 | 3 132 | 3 173 | 3 214 | 3 254 | 3 295 | 3 336 | 3 376 | 3 417 |
| **28** | 3 078 | 3 119 | 3 160 | 3 201 | 3 242 | 3 283 | 3 324 | 3 365 | 3 406 | 3 447 |
| **2,30** | 3 105 | 3 146 | 3 188 | 3 229 | 3 271 | 3 312 | 3 353 | 3 395 | 3 436 | 3 478 |
| **32** | 3 132 | 3 174 | 3 216 | 3 257 | 3 299 | 3 341 | 3 383 | 3 424 | 3 466 | 3 508 |
| **34** | 3 159 | 3 201 | 3 243 | 3 285 | 3 327 | 3 370 | 3 412 | 3 454 | 3 496 | 3 538 |
| **36** | 3 186 | 3 228 | 3 271 | 3 313 | 3 356 | 3 398 | 3 441 | 3 483 | 3 526 | 3 568 |
| **38** | 3 213 | 3 256 | 3 299 | 3 342 | 3 384 | 3 427 | 3 470 | 3 513 | 3 556 | 3 599 |
| **2,40** | 3 240 | 3 283 | 3 326 | 3 370 | 3 413 | 3 456 | 3 499 | 3 542 | 3 586 | 3 629 |
| **42** | 3 267 | 3 311 | 3 354 | 3 398 | 3 441 | 3 485 | 3 528 | 3 572 | 3 615 | 3 659 |
| **44** | 3 294 | 3 338 | 3 382 | 3 426 | 3 470 | 3 514 | 3 558 | 3 601 | 3 645 | 3 689 |
| **46** | 3 321 | 3 365 | 3 410 | 3 454 | 3 498 | 3 542 | 3 587 | 3 631 | 3 675 | 3 720 |
| **48** | 3 348 | 3 393 | 3 437 | 3 482 | 3 527 | 3 571 | 3 616 | 3 660 | 3 705 | 3 750 |
| **2,50** | 3 375 | 3 420 | 3 465 | 3 510 | 3 555 | 3 600 | 3 645 | 3 690 | 3 735 | 3 780 |
| **52** | 3 402 | 3 447 | 3 493 | 3 538 | 3 583 | 3 629 | 3 674 | 3 720 | 3 765 | 3 810 |
| **54** | 3 429 | 3 475 | 3 520 | 3 566 | 3 612 | 3 658 | 3 703 | 3 749 | 3 795 | 3 840 |
| **56** | 3 456 | 3 502 | 3 548 | 3 594 | 3 640 | 3 686 | 3 732 | 3 779 | 3 825 | 3 871 |
| **58** | 3 483 | 3 529 | 3 576 | 3 622 | 3 669 | 3 715 | 3 762 | 3 808 | 3 855 | 3 901 |
| **2,60** | 3 510 | 3 557 | 3 604 | 3 650 | 3 697 | 3 744 | 3 791 | 3 838 | 3 884 | 3 931 |
| **62** | 3 537 | 3 584 | 3 631 | 3 678 | 3 726 | 3 773 | 3 820 | 3 867 | 3 914 | 3 961 |
| **64** | 3 564 | 3 612 | 3 659 | 3 707 | 3 754 | 3 802 | 3 849 | 3 897 | 3 944 | 3 992 |
| **66** | 3 591 | 3 639 | 3 687 | 3 735 | 3 783 | 3 830 | 3 878 | 3 926 | 3 974 | 4 022 |
| **68** | 3 618 | 3 666 | 3 714 | 3 763 | 3 811 | 3 859 | 3 907 | 3 956 | 4 004 | 4 052 |

Épaisseur : **0m 92** centimètres

| Long. | PÉTAILLES | 0,92 | 0,94 | 0,96 | 0,98 | 1,00 | 1,02 | 1,04 | 1,06 | 1,08 | 1,10 |
|---|---|---|---|---|---|---|---|---|---|---|---|
| 0,92 | 0 623 | 0 779 | | | | | | | | | |
| 94 | 0 636 | 0 796 | 0 813 | | | | | | | | |
| 96 | 0 650 | 0 813 | 0 830 | 0 848 | | | | | | | |
| 98 | 0 664 | 0 829 | 0 848 | 0 866 | 0 884 | | | | | | |
| 1,— | 0 677 | 0 846 | 0 865 | 0 883 | 0 902 | 0 920 | | | | | |
| 02 | 0 691 | 0 863 | 0 882 | 0 901 | 0 920 | 0 938 | 0 957 | | | | |
| 04 | 0 704 | 0 880 | 0 899 | 0 919 | 0 938 | 0 957 | 0 976 | 0 995 | | | |
| 06 | 0 718 | 0 897 | 0 917 | 0 936 | 0 956 | 0 975 | 0 995 | 1 014 | 1 034 | | |
| 08 | 0 731 | 0 914 | 0 934 | 0 954 | 0 974 | 0 994 | 1 013 | 1 033 | 1 053 | 1 073 | |
| 1,10 | 0 745 | 0 931 | 0 951 | 0 972 | 0 992 | 1 012 | 1 032 | 1 052 | 1 073 | 1 093 | 1 113 |
| 12 | 0 758 | 0 948 | 0 969 | 0 989 | 1 010 | 1 030 | 1 051 | 1 072 | 1 092 | 1 113 | 1 133 |
| 14 | 0 772 | 0 965 | 0 986 | 1 007 | 1 028 | 1 049 | 1 070 | 1 091 | 1 112 | 1 133 | 1 154 |
| 16 | 0 786 | 0 982 | 1 003 | 1 025 | 1 046 | 1 067 | 1 089 | 1 110 | 1 131 | 1 153 | 1 174 |
| 18 | 0 799 | 0 999 | 1 020 | 1 042 | 1 064 | 1 086 | 1 107 | 1 129 | 1 151 | 1 172 | 1 194 |
| 1,20 | 0 813 | 1 016 | 1 038 | 1 060 | 1 082 | 1 104 | 1 126 | 1 148 | 1 170 | 1 192 | 1 214 |
| 22 | 0 826 | 1 033 | 1 055 | 1 078 | 1 100 | 1 122 | 1 145 | 1 167 | 1 190 | 1 212 | 1 235 |
| 24 | 0 840 | 1 050 | 1 072 | 1 095 | 1 118 | 1 141 | 1 164 | 1 186 | 1 209 | 1 232 | 1 255 |
| 26 | 0 853 | 1 066 | 1 090 | 1 113 | 1 136 | 1 159 | 1 182 | 1 206 | 1 229 | 1 252 | 1 275 |
| 28 | 0 867 | 1 083 | 1 107 | 1 130 | 1 154 | 1 178 | 1 201 | 1 225 | 1 248 | 1 272 | 1 295 |
| 1,30 | 0 880 | 1 100 | 1 124 | 1 148 | 1 172 | 1 196 | 1 220 | 1 244 | 1 268 | 1 292 | 1 316 |
| 32 | 0 894 | 1 117 | 1 142 | 1 166 | 1 190 | 1 214 | 1 239 | 1 263 | 1 287 | 1 312 | 1 336 |
| 34 | 0 907 | 1 134 | 1 159 | 1 183 | 1 208 | 1 233 | 1 257 | 1 282 | 1 307 | 1 331 | 1 356 |
| 36 | 0 921 | 1 151 | 1 176 | 1 201 | 1 226 | 1 251 | 1 276 | 1 301 | 1 326 | 1 351 | 1 376 |
| 38 | 0 934 | 1 168 | 1 193 | 1 219 | 1 244 | 1 270 | 1 295 | 1 320 | 1 346 | 1 371 | 1 397 |
| 1,40 | 0 948 | 1 185 | 1 211 | 1 236 | 1 262 | 1 288 | 1 314 | 1 340 | 1 365 | 1 391 | 1 417 |
| 42 | 0 962 | 1 202 | 1 228 | 1 254 | 1 280 | 1 306 | 1 333 | 1 359 | 1 385 | 1 411 | 1 437 |
| 44 | 0 975 | 1 219 | 1 245 | 1 272 | 1 298 | 1 325 | 1 351 | 1 378 | 1 404 | 1 431 | 1 457 |
| 46 | 0 989 | 1 236 | 1 263 | 1 289 | 1 316 | 1 343 | 1 370 | 1 397 | 1 424 | 1 451 | 1 478 |
| 48 | 1 002 | 1 253 | 1 280 | 1 307 | 1 334 | 1 362 | 1 389 | 1 416 | 1 443 | 1 471 | 1 498 |
| 1,50 | 1 016 | 1 270 | 1 297 | 1 325 | 1 352 | 1 380 | 1 408 | 1 435 | 1 463 | 1 490 | 1 518 |
| 52 | 1 029 | 1 287 | 1 314 | 1 342 | 1 370 | 1 398 | 1 426 | 1 454 | 1 482 | 1 510 | 1 538 |
| 54 | 1 043 | 1 303 | 1 332 | 1 360 | 1 388 | 1 417 | 1 445 | 1 473 | 1 502 | 1 530 | 1 558 |
| 56 | 1 056 | 1 320 | 1 348 | 1 378 | 1 406 | 1 435 | 1 464 | 1 493 | 1 521 | 1 550 | 1 579 |
| 58 | 1 070 | 1 337 | 1 366 | 1 395 | 1 425 | 1 454 | 1 483 | 1 512 | 1 541 | 1 570 | 1 599 |
| 1,60 | 1 083 | 1 354 | 1 384 | 1 413 | 1 443 | 1 472 | 1 501 | 1 531 | 1 560 | 1 590 | 1 619 |
| 62 | 1 097 | 1 371 | 1 401 | 1 431 | 1 461 | 1 490 | 1 520 | 1 550 | 1 580 | 1 610 | 1 639 |
| 64 | 1 110 | 1 388 | 1 418 | 1 448 | 1 479 | 1 509 | 1 539 | 1 569 | 1 599 | 1 630 | 1 660 |
| 66 | 1 124 | 1 405 | 1 436 | 1 466 | 1 497 | 1 527 | 1 558 | 1 588 | 1 619 | 1 649 | 1 680 |
| 68 | 1 138 | 1 422 | 1 453 | 1 484 | 1 515 | 1 546 | 1 577 | 1 607 | 1 638 | 1 669 | 1 700 |
| 1,70 | 1 151 | 1 439 | 1 470 | 1 501 | 1 533 | 1 564 | 1 595 | 1 627 | 1 658 | 1 689 | 1 720 |
| 72 | 1 165 | 1 456 | 1 487 | 1 519 | 1 551 | 1 582 | 1 614 | 1 646 | 1 677 | 1 709 | 1 741 |
| 74 | 1 178 | 1 473 | 1 505 | 1 537 | 1 569 | 1 601 | 1 633 | 1 665 | 1 697 | 1 729 | 1 761 |
| 76 | 1 192 | 1 490 | 1 522 | 1 554 | 1 587 | 1 619 | 1 652 | 1 684 | 1 716 | 1 749 | 1 781 |
| 78 | 1 205 | 1 507 | 1 539 | 1 572 | 1 605 | 1 638 | 1 670 | 1 703 | 1 736 | 1 769 | 1 801 |
| 1,80 | 1 219 | 1 524 | 1 557 | 1 590 | 1 623 | 1 656 | 1 689 | 1 722 | 1 755 | 1 788 | 1 822 |
| 82 | 1 232 | 1 540 | 1 574 | 1 607 | 1 641 | 1 674 | 1 708 | 1 741 | 1 775 | 1 808 | 1 842 |
| 84 | 1 246 | 1 557 | 1 591 | 1 625 | 1 659 | 1 693 | 1 727 | 1 761 | 1 794 | 1 828 | 1 862 |
| 86 | 1 259 | 1 574 | 1 609 | 1 643 | 1 677 | 1 711 | 1 745 | 1 780 | 1 814 | 1 848 | 1 882 |
| 88 | 1 273 | 1 591 | 1 626 | 1 660 | 1 695 | 1 730 | 1 764 | 1 799 | 1 833 | 1 868 | 1 903 |
| 1,90 | 1 287 | 1 608 | 1 643 | 1 678 | 1 713 | 1 748 | 1 783 | 1 818 | 1 853 | 1 888 | 1 923 |
| 92 | 1 300 | 1 625 | 1 660 | 1 696 | 1 731 | 1 766 | 1 802 | 1 837 | 1 872 | 1 908 | 1 943 |
| 94 | 1 314 | 1 642 | 1 678 | 1 713 | 1 749 | 1 785 | 1 820 | 1 856 | 1 892 | 1 928 | 1 963 |
| 96 | 1 327 | 1 659 | 1 695 | 1 731 | 1 767 | 1 803 | 1 839 | 1 875 | 1 911 | 1 947 | 1 984 |
| 98 | 1 341 | 1 676 | 1 712 | 1 749 | 1 785 | 1 822 | 1 858 | 1 894 | 1 931 | 1 967 | 2 004 |
| 2,— | 1 354 | 1 693 | 1 730 | 1 766 | 1 803 | 1 840 | 1 877 | 1 914 | 1 950 | 1 987 | 2 024 |
| 02 | 1 368 | 1 710 | 1 747 | 1 784 | 1 821 | 1 858 | 1 896 | 1 933 | 1 970 | 2 007 | 2 044 |
| 04 | 1 381 | 1 727 | 1 764 | 1 802 | 1 839 | 1 877 | 1 914 | 1 952 | 1 989 | 2 027 | 2 064 |
| 06 | 1 395 | 1 744 | 1 781 | 1 819 | 1 857 | 1 895 | 1 933 | 1 971 | 2 009 | 2 047 | 2 085 |
| 08 | 1 408 | 1 761 | 1 799 | 1 837 | 1 875 | 1 914 | 1 952 | 1 990 | 2 028 | 2 067 | 2 105 |
| 2,10 | 1 422 | 1 777 | 1 816 | 1 855 | 1 893 | 1 932 | 1 971 | 2 009 | 2 048 | 2 087 | 2 125 |
| 12 | 1 435 | 1 794 | 1 833 | 1 872 | 1 911 | 1 950 | 1 989 | 2 028 | 2 067 | 2 106 | 2 145 |
| 14 | 1 449 | 1 811 | 1 851 | 1 890 | 1 929 | 1 969 | 2 008 | 2 048 | 2 087 | 2 126 | 2 166 |
| 16 | 1 463 | 1 828 | 1 868 | 1 908 | 1 947 | 1 987 | 2 027 | 2 067 | 2 106 | 2 146 | 2 186 |
| 18 | 1 476 | 1 845 | 1 885 | 1 925 | 1 965 | 2 006 | 2 046 | 2 086 | 2 126 | 2 166 | 2 206 |
| 2,20 | 1 490 | 1 862 | 1 903 | 1 943 | 1 984 | 2 024 | 2 064 | 2 105 | 2 145 | 2 186 | 2 226 |
| 22 | 1 503 | 1 879 | 1 920 | 1 961 | 2 002 | 2 042 | 2 083 | 2 124 | 2 165 | 2 206 | 2 247 |
| 24 | 1 517 | 1 896 | 1 937 | 1 978 | 2 020 | 2 061 | 2 102 | 2 143 | 2 184 | 2 226 | 2 267 |
| 26 | 1 530 | 1 913 | 1 954 | 1 996 | 2 038 | 2 079 | 2 121 | 2 162 | 2 204 | 2 246 | 2 287 |
| 28 | 1 544 | 1 930 | 1 972 | 2 014 | 2 056 | 2 098 | 2 140 | 2 182 | 2 223 | 2 265 | 2 307 |
| 2,30 | 1 557 | 1 947 | 1 989 | 2 031 | 2 074 | 2 116 | 2 158 | 2 201 | 2 243 | 2 285 | 2 328 |

Épaisseur : **0m 92** centimètres    **0,92**

| Longueur | 1,12 | 1,14 | 1,16 | 1,18 | 1,20 | 1,22 | 1,24 | 1,26 | 1,28 | 1,30 |
|---|---|---|---|---|---|---|---|---|---|---|
| 1,12 | 1 154 | | | | | | | | | |
| 14 | 1 175 | 1 196 | | | | | | | | |
| 16 | 1 195 | 1 217 | 1 238 | | | | | | | |
| 18 | 1 216 | 1 238 | 1 259 | 1 281 | | | | | | |
| 1,20 | 1 236 | 1 259 | 1 281 | 1 303 | 1 325 | | | | | |
| 22 | 1 257 | 1 280 | 1 302 | 1 324 | 1 347 | 1 369 | | | | |
| 24 | 1 278 | 1 301 | 1 323 | 1 346 | 1 369 | 1 392 | 1 415 | | | |
| 26 | 1 298 | 1 321 | 1 345 | 1 368 | 1 391 | 1 414 | 1 437 | 1 461 | | |
| 28 | 1 319 | 1 342 | 1 366 | 1 390 | 1 413 | 1 437 | 1 460 | 1 484 | 1 507 | |
| 1,30 | 1 340 | 1 363 | 1 387 | 1 411 | 1 435 | 1 459 | 1 483 | 1 507 | 1 531 | 1 555 |
| 32 | 1 360 | 1 384 | 1 409 | 1 433 | 1 457 | 1 482 | 1 506 | 1 530 | 1 554 | 1 579 |
| 34 | 1 381 | 1 405 | 1 430 | 1 455 | 1 479 | 1 504 | 1 529 | 1 553 | 1 578 | 1 603 |
| 36 | 1 401 | 1 426 | 1 451 | 1 476 | 1 501 | 1 526 | 1 551 | 1 577 | 1 602 | 1 627 |
| 38 | 1 422 | 1 447 | 1 473 | 1 498 | 1 524 | 1 549 | 1 574 | 1 600 | 1 625 | 1 650 |
| 1,40 | 1 443 | 1 468 | 1 494 | 1 520 | 1 546 | 1 571 | 1 597 | 1 623 | 1 649 | 1 674 |
| 42 | 1 463 | 1 489 | 1 515 | 1 542 | 1 568 | 1 594 | 1 620 | 1 646 | 1 672 | 1 698 |
| 44 | 1 484 | 1 510 | 1 537 | 1 563 | 1 590 | 1 616 | 1 643 | 1 669 | 1 696 | 1 722 |
| 46 | 1 504 | 1 531 | 1 558 | 1 585 | 1 612 | 1 639 | 1 666 | 1 692 | 1 719 | 1 746 |
| 48 | 1 525 | 1 552 | 1 579 | 1 607 | 1 634 | 1 661 | 1 688 | 1 716 | 1 743 | 1 770 |
| 1,50 | 1 546 | 1 573 | 1 601 | 1 628 | 1 656 | 1 684 | 1 711 | 1 739 | 1 766 | 1 794 |
| 52 | 1 566 | 1 594 | 1 622 | 1 650 | 1 678 | 1 706 | 1 734 | 1 762 | 1 790 | 1 818 |
| 54 | 1 587 | 1 615 | 1 643 | 1 672 | 1 700 | 1 728 | 1 757 | 1 785 | 1 814 | 1 842 |
| 56 | 1 607 | 1 636 | 1 665 | 1 694 | 1 722 | 1 751 | 1 780 | 1 808 | 1 837 | 1 866 |
| 58 | 1 628 | 1 657 | 1 686 | 1 715 | 1 744 | 1 773 | 1 802 | 1 832 | 1 861 | 1 890 |
| 1,60 | 1 649 | 1 678 | 1 708 | 1 737 | 1 766 | 1 796 | 1 825 | 1 855 | 1 884 | 1 914 |
| 62 | 1 669 | 1 699 | 1 729 | 1 759 | 1 788 | 1 818 | 1 848 | 1 878 | 1 908 | 1 938 |
| 64 | 1 690 | 1 720 | 1 750 | 1 780 | 1 811 | 1 841 | 1 871 | 1 901 | 1 931 | 1 961 |
| 66 | 1 710 | 1 741 | 1 772 | 1 802 | 1 833 | 1 863 | 1 894 | 1 924 | 1 955 | 1 985 |
| 68 | 1 731 | 1 762 | 1 793 | 1 824 | 1 855 | 1 886 | 1 917 | 1 947 | 1 978 | 2 009 |
| 1,70 | 1 752 | 1 783 | 1 814 | 1 846 | 1 877 | 1 908 | 1 939 | 1 971 | 2 002 | 2 033 |
| 72 | 1 772 | 1 804 | 1 836 | 1 867 | 1 899 | 1 931 | 1 962 | 1 994 | 2 025 | 2 057 |
| 74 | 1 793 | 1 825 | 1 857 | 1 889 | 1 921 | 1 953 | 1 985 | 2 017 | 2 049 | 2 081 |
| 76 | 1 814 | 1 846 | 1 878 | 1 911 | 1 943 | 1 975 | 2 008 | 2 040 | 2 073 | 2 105 |
| 78 | 1 834 | 1 867 | 1 900 | 1 932 | 1 965 | 1 998 | 2 031 | 2 063 | 2 096 | 2 129 |
| 1,80 | 1 855 | 1 888 | 1 921 | 1 954 | 1 987 | 2 020 | 2 053 | 2 087 | 2 120 | 2 153 |
| 82 | 1 875 | 1 909 | 1 942 | 1 976 | 2 009 | 2 043 | 2 076 | 2 110 | 2 143 | 2 177 |
| 84 | 1 896 | 1 930 | 1 964 | 1 998 | 2 031 | 2 065 | 2 099 | 2 133 | 2 167 | 2 201 |
| 86 | 1 917 | 1 951 | 1 985 | 2 019 | 2 053 | 2 088 | 2 122 | 2 156 | 2 190 | 2 225 |
| 88 | 1 937 | 1 972 | 2 006 | 2 041 | 2 076 | 2 110 | 2 145 | 2 179 | 2 214 | 2 248 |
| 1,90 | 1 958 | 1 993 | 2 028 | 2 063 | 2 098 | 2 133 | 2 168 | 2 202 | 2 237 | 2 272 |
| 92 | 1 978 | 2 014 | 2 049 | 2 084 | 2 120 | 2 155 | 2 190 | 2 226 | 2 261 | 2 296 |
| 94 | 1 999 | 2 035 | 2 070 | 2 106 | 2 142 | 2 177 | 2 213 | 2 249 | 2 285 | 2 320 |
| 96 | 2 020 | 2 056 | 2 092 | 2 128 | 2 164 | 2 200 | 2 236 | 2 272 | 2 308 | 2 344 |
| 98 | 2 040 | 2 077 | 2 113 | 2 149 | 2 186 | 2 222 | 2 259 | 2 295 | 2 332 | 2 368 |
| 2,— | 2 061 | 2 098 | 2 134 | 2 171 | 2 208 | 2 245 | 2 282 | 2 318 | 2 355 | 2 392 |
| 02 | 2 081 | 2 119 | 2 156 | 2 193 | 2 230 | 2 267 | 2 304 | 2 342 | 2 379 | 2 416 |
| 04 | 2 102 | 2 140 | 2 177 | 2 215 | 2 252 | 2 290 | 2 327 | 2 365 | 2 402 | 2 440 |
| 06 | 2 123 | 2 161 | 2 198 | 2 236 | 2 274 | 2 312 | 2 350 | 2 388 | 2 426 | 2 464 |
| 08 | 2 143 | 2 182 | 2 220 | 2 258 | 2 296 | 2 335 | 2 373 | 2 411 | 2 449 | 2 488 |
| 2,10 | 2 164 | 2 202 | 2 241 | 2 280 | 2 318 | 2 357 | 2 396 | 2 434 | 2 473 | 2 512 |
| 12 | 2 184 | 2 223 | 2 262 | 2 301 | 2 340 | 2 379 | 2 418 | 2 458 | 2 497 | 2 536 |
| 14 | 2 205 | 2 244 | 2 284 | 2 323 | 2 363 | 2 402 | 2 441 | 2 481 | 2 520 | 2 559 |
| 16 | 2 226 | 2 265 | 2 305 | 2 345 | 2 385 | 2 424 | 2 464 | 2 504 | 2 544 | 2 583 |
| 18 | 2 246 | 2 286 | 2 326 | 2 367 | 2 407 | 2 447 | 2 487 | 2 527 | 2 567 | 2 607 |
| 2,20 | 2 267 | 2 307 | 2 348 | 2 388 | 2 429 | 2 469 | 2 510 | 2 550 | 2 591 | 2 631 |
| 22 | 2 287 | 2 328 | 2 369 | 2 410 | 2 451 | 2 492 | 2 533 | 2 573 | 2 614 | 2 655 |
| 24 | 2 308 | 2 349 | 2 391 | 2 432 | 2 473 | 2 514 | 2 555 | 2 597 | 2 638 | 2 679 |
| 26 | 2 329 | 2 370 | 2 412 | 2 453 | 2 495 | 2 537 | 2 578 | 2 620 | 2 661 | 2 703 |
| 28 | 2 349 | 2 391 | 2 433 | 2 475 | 2 517 | 2 559 | 2 601 | 2 643 | 2 685 | 2 727 |
| 2,30 | 2 370 | 2 412 | 2 455 | 2 497 | 2 539 | 2 582 | 2 624 | 2 666 | 2 708 | 2 751 |

LARGEUR — 156

| LONGUEUR | 1,32 | 1,34 | 1,36 | 1,38 | 1,40 | 1,42 | 1,44 | 1,46 | 1,48 | 1,50 |
|---|---|---|---|---|---|---|---|---|---|---|
| 1,32 | 1 603 | | | | | | | | | |
| 34 | 1 627 | 1 652 | | | | | | | | |
| 36 | 1 652 | 1 677 | 1 702 | | | | | | | |
| 38 | 1 676 | 1 701 | 1 727 | 1 752 | | | | | | |
| 1,40 | 1 700 | 1 726 | 1 752 | 1 777 | 1 803 | | | | | |
| 42 | 1 724 | 1 751 | 1 777 | 1 803 | 1 829 | 1 855 | | | | |
| 44 | 1 749 | 1 775 | 1 802 | 1 828 | 1 855 | 1 881 | 1 908 | | | |
| 46 | 1 773 | 1 800 | 1 827 | 1 854 | 1 880 | 1 907 | 1 934 | 1 961 | | |
| 48 | 1 797 | 1 825 | 1 852 | 1 879 | 1 906 | 1 933 | 1 961 | 1 988 | 2 015 | |
| 1,50 | 1 822 | 1 849 | 1 877 | 1 904 | 1 932 | 1 960 | 1 987 | 2 015 | 2 042 | 2 070 |
| 52 | 1 846 | 1 874 | 1 902 | 1 930 | 1 958 | 1 986 | 2 014 | 2 042 | 2 070 | 2 098 |
| 54 | 1 870 | 1 899 | 1 927 | 1 955 | 1 984 | 2 012 | 2 040 | 2 069 | 2 097 | 2 125 |
| 56 | 1 894 | 1 923 | 1 952 | 1 981 | 2 009 | 2 038 | 2 067 | 2 095 | 2 124 | 2 153 |
| 58 | 1 910 | 1 948 | 1 977 | 2 006 | 2 035 | 2 064 | 2 093 | 2 122 | 2 151 | 2 180 |
| 1,60 | 1 943 | 1 972 | 2 002 | 2 031 | 2 061 | 2 090 | 2 120 | 2 149 | 2 179 | 2 208 |
| 62 | 1 967 | 1 997 | 2 027 | 2 057 | 2 087 | 2 116 | 2 146 | 2 176 | 2 206 | 2 236 |
| 64 | 1 992 | 2 022 | 2 052 | 2 082 | 2 112 | 2 142 | 2 173 | 2 203 | 2 233 | 2 263 |
| 66 | 2 016 | 2 046 | 2 077 | 2 108 | 2 138 | 2 169 | 2 199 | 2 230 | 2 260 | 2 291 |
| 68 | 2 040 | 2 071 | 2 102 | 2 133 | 2 164 | 2 195 | 2 226 | 2 257 | 2 287 | 2 318 |
| 1,70 | 2 064 | 2 096 | 2 127 | 2 158 | 2 190 | 2 221 | 2 252 | 2 283 | 2 315 | 2 346 |
| 72 | 2 089 | 2 120 | 2 152 | 2 184 | 2 215 | 2 247 | 2 279 | 2 310 | 2 342 | 2 374 |
| 74 | 2 113 | 2 145 | 2 177 | 2 209 | 2 241 | 2 273 | 2 305 | 2 337 | 2 369 | 2 401 |
| 76 | 2 137 | 2 170 | 2 202 | 2 234 | 2 267 | 2 299 | 2 332 | 2 364 | 2 396 | 2 429 |
| 78 | 2 162 | 2 194 | 2 227 | 2 260 | 2 293 | 2 325 | 2 358 | 2 391 | 2 424 | 2 456 |
| 1,80 | 2 186 | 2 219 | 2 252 | 2 285 | 2 318 | 2 352 | 2 385 | 2 418 | 2 451 | 2 484 |
| 82 | 2 210 | 2 244 | 2 277 | 2 311 | 2 344 | 2 378 | 2 411 | 2 445 | 2 478 | 2 512 |
| 84 | 2 234 | 2 268 | 2 302 | 2 336 | 2 370 | 2 404 | 2 438 | 2 471 | 2 505 | 2 539 |
| 86 | 2 259 | 2 293 | 2 327 | 2 361 | 2 396 | 2 430 | 2 464 | 2 498 | 2 532 | 2 567 |
| 88 | 2 283 | 2 318 | 2 352 | 2 387 | 2 421 | 2 456 | 2 490 | 2 525 | 2 560 | 2 594 |
| 1,90 | 2 307 | 2 342 | 2 377 | 2 412 | 2 447 | 2 482 | 2 517 | 2 552 | 2 587 | 2 622 |
| 92 | 2 332 | 2 367 | 2 402 | 2 438 | 2 473 | 2 508 | 2 544 | 2 579 | 2 614 | 2 650 |
| 94 | 2 356 | 2 392 | 2 427 | 2 463 | 2 499 | 2 534 | 2 570 | 2 606 | 2 641 | 2 677 |
| 96 | 2 380 | 2 416 | 2 452 | 2 488 | 2 524 | 2 561 | 2 597 | 2 633 | 2 669 | 2 705 |
| 98 | 2 405 | 2 441 | 2 477 | 2 514 | 2 550 | 2 587 | 2 623 | 2 660 | 2 696 | 2 732 |
| 2,— | 2 429 | 2 466 | 2 502 | 2 539 | 2 576 | 2 613 | 2 650 | 2 686 | 2 723 | 2 760 |
| 02 | 2 453 | 2 490 | 2 527 | 2 565 | 2 602 | 2 639 | 2 676 | 2 713 | 2 750 | 2 788 |
| 04 | 2 477 | 2 515 | 2 552 | 2 590 | 2 628 | 2 665 | 2 703 | 2 740 | 2 778 | 2 815 |
| 06 | 2 502 | 2 540 | 2 577 | 2 615 | 2 653 | 2 691 | 2 729 | 2 767 | 2 805 | 2 843 |
| 08 | 2 526 | 2 564 | 2 602 | 2 651 | 2 679 | 2 717 | 2 756 | 2 794 | 2 832 | 2 870 |
| 2,10 | 2 550 | 2 589 | 2 628 | 2 666 | 2 705 | 2 743 | 2 782 | 2 821 | 2 859 | 2 898 |
| 12 | 2 575 | 2 614 | 2 653 | 2 692 | 2 731 | 2 770 | 2 809 | 2 848 | 2 887 | 2 926 |
| 14 | 2 599 | 2 638 | 2 678 | 2 717 | 2 756 | 2 796 | 2 835 | 2 874 | 2 914 | 2 953 |
| 16 | 2 623 | 2 663 | 2 703 | 2 742 | 2 782 | 2 822 | 2 862 | 2 901 | 2 941 | 2 981 |
| 18 | 2 647 | 2 688 | 2 728 | 2 768 | 2 808 | 2 848 | 2 888 | 2 928 | 2 968 | 3 008 |
| 2,20 | 2 672 | 2 712 | 2 753 | 2 794 | 2 834 | 2 874 | 2 915 | 2 955 | 2 996 | 3 036 |
| 22 | 2 696 | 2 737 | 2 778 | 2 819 | 2 859 | 2 900 | 2 941 | 2 982 | 3 023 | 3 064 |
| 24 | 2 720 | 2 761 | 2 803 | 2 844 | 2 885 | 2 926 | 2 968 | 3 009 | 3 050 | 3 091 |
| 26 | 2 745 | 2 786 | 2 828 | 2 869 | 2 911 | 2 952 | 2 994 | 3 036 | 3 077 | 3 119 |
| 28 | 2 769 | 2 811 | 2 853 | 2 895 | 2 937 | 2 979 | 3 021 | 3 062 | 3 104 | 3 146 |
| 2,30 | 2 793 | 2 835 | 2 878 | 2 920 | 2 962 | 3 005 | 3 047 | 3 089 | 3 132 | 3 174 |
| 32 | 2 817 | 2 860 | 2 903 | 2 945 | 2 988 | 3 031 | 3 074 | 3 116 | 3 159 | 3 202 |
| 34 | 2 842 | 2 885 | 2 928 | 2 971 | 3 014 | 3 057 | 3 100 | 3 143 | 3 186 | 3 229 |
| 36 | 2 866 | 2 909 | 2 953 | 2 996 | 3 039 | 3 083 | 3 127 | 3 170 | 3 213 | 3 257 |
| 38 | 2 890 | 2 934 | 2 978 | 3 022 | 3 065 | 3 109 | 3 153 | 3 197 | 3 241 | 3 284 |
| 2,40 | 2 915 | 2 959 | 3 003 | 3 047 | 3 091 | 3 135 | 3 180 | 3 224 | 3 268 | 3 312 |
| 42 | 2 939 | 2 983 | 3 028 | 3 072 | 3 117 | 3 161 | 3 206 | 3 251 | 3 295 | 3 340 |
| 44 | 2 963 | 3 008 | 3 053 | 3 098 | 3 143 | 3 188 | 3 233 | 3 277 | 3 322 | 3 367 |
| 46 | 2 987 | 3 033 | 3 078 | 3 123 | 3 168 | 3 214 | 3 259 | 3 304 | 3 350 | 3 395 |
| 48 | 3 012 | 3 057 | 3 103 | 3 149 | 3 194 | 3 240 | 3 286 | 3 331 | 3 377 | 3 422 |
| 2,50 | 3 036 | 3 082 | 3 128 | 3 174 | 3 220 | 3 266 | 3 312 | 3 358 | 3 404 | 3 450 |
| 52 | 3 060 | 3 107 | 3 153 | 3 199 | 3 246 | 3 292 | 3 338 | 3 385 | 3 431 | 3 478 |
| 54 | 3 085 | 3 131 | 3 178 | 3 225 | 3 272 | 3 318 | 3 365 | 3 412 | 3 458 | 3 505 |
| 56 | 3 109 | 3 156 | 3 203 | 3 250 | 3 297 | 3 344 | 3 391 | 3 439 | 3 486 | 3 533 |
| 58 | 3 133 | 3 181 | 3 228 | 3 276 | 3 323 | 3 371 | 3 418 | 3 465 | 3 513 | 3 560 |
| 2,60 | 3 157 | 3 205 | 3 253 | 3 301 | 3 349 | 3 397 | 3 444 | 3 492 | 3 540 | 3 588 |
| 62 | 3 182 | 3 230 | 3 278 | 3 326 | 3 375 | 3 423 | 3 471 | 3 519 | 3 567 | 3 616 |
| 64 | 3 206 | 3 255 | 3 303 | 3 352 | 3 400 | 3 449 | 3 497 | 3 546 | 3 595 | 3 643 |
| 66 | 3 230 | 3 279 | 3 328 | 3 377 | 3 426 | 3 475 | 3 524 | 3 573 | 3 622 | 3 671 |
| 68 | 3 255 | 3 304 | 3 353 | 3 403 | 3 452 | 3 501 | 3 550 | 3 600 | 3 649 | 3 698 |
| 2,70 | 3 279 | 3 329 | 3 378 | 3 428 | 3 478 | 3 527 | 3 577 | 3 627 | 3 676 | 3 726 |

Epaisseur : **0m 92** centimètres  0,92

LARGEUR — 157

| LONGUEUR | 1,52 | 1,54 | 1,56 | 1,58 | 1,60 | 1,62 | 1,64 | 1,66 | 1,68 | 1,70 |
|---|---|---|---|---|---|---|---|---|---|---|
| 1,52 | 2 126 | | | | | | | | | |
| 54 | 2 154 | 2 182 | | | | | | | | |
| 56 | 2 182 | 2 210 | 2 239 | | | | | | | |
| 58 | 2 209 | 2 239 | 2 268 | 2 297 | | | | | | |
| 1,60 | 2 237 | 2 267 | 2 296 | 2 326 | 2 355 | | | | | |
| 62 | 2 265 | 2 295 | 2 325 | 2 355 | 2 385 | 2 414 | | | | |
| 64 | 2 293 | 2 324 | 2 354 | 2 384 | 2 414 | 2 444 | 2 474 | | | |
| 66 | 2 321 | 2 352 | 2 382 | 2 413 | 2 444 | 2 474 | 2 505 | 2 535 | | |
| 68 | 2 349 | 2 380 | 2 411 | 2 442 | 2 473 | 2 504 | 2 535 | 2 566 | 2 597 | |
| 1,70 | 2 377 | 2 409 | 2 440 | 2 471 | 2 502 | 2 534 | 2 565 | 2 596 | 2 628 | 2 659 |
| 72 | 2 405 | 2 437 | 2 469 | 2 500 | 2 532 | 2 563 | 2 595 | 2 627 | 2 658 | 2 690 |
| 74 | 2 433 | 2 465 | 2 497 | 2 529 | 2 561 | 2 593 | 2 625 | 2 657 | 2 689 | 2 721 |
| 76 | 2 461 | 2 494 | 2 526 | 2 558 | 2 591 | 2 623 | 2 655 | 2 688 | 2 720 | 2 753 |
| 78 | 2 489 | 2 522 | 2 555 | 2 587 | 2 620 | 2 653 | 2 685 | 2 718 | 2 751 | 2 784 |
| 1,80 | 2 517 | 2 550 | 2 583 | 2 616 | 2 650 | 2 683 | 2 716 | 2 749 | 2 782 | 2 815 |
| 82 | 2 545 | 2 579 | 2 612 | 2 646 | 2 679 | 2 713 | 2 746 | 2 780 | 2 813 | 2 846 |
| 84 | 2 573 | 2 607 | 2 641 | 2 675 | 2 708 | 2 742 | 2 776 | 2 810 | 2 844 | 2 878 |
| 86 | 2 601 | 2 635 | 2 669 | 2 704 | 2 738 | 2 772 | 2 806 | 2 841 | 2 875 | 2 909 |
| 88 | 2 629 | 2 664 | 2 698 | 2 733 | 2 767 | 2 802 | 2 837 | 2 871 | 2 906 | 2 940 |
| 1,90 | 2 657 | 2 692 | 2 727 | 2 762 | 2 797 | 2 832 | 2 867 | 2 902 | 2 937 | 2 972 |
| 92 | 2 685 | 2 720 | 2 756 | 2 791 | 2 826 | 2 862 | 2 897 | 2 932 | 2 968 | 3 003 |
| 94 | 2 713 | 2 749 | 2 784 | 2 820 | 2 856 | 2 891 | 2 927 | 2 963 | 2 998 | 3 034 |
| 96 | 2 741 | 2 777 | 2 813 | 2 849 | 2 885 | 2 921 | 2 957 | 2 993 | 3 029 | 3 065 |
| 98 | 2 769 | 2 805 | 2 842 | 2 878 | 2 915 | 2 951 | 2 987 | 3 024 | 3 060 | 3 097 |
| 2,— | 2 797 | 2 834 | 2 870 | 2 907 | 2 944 | 2 981 | 3 018 | 3 054 | 3 091 | 3 128 |
| 02 | 2 825 | 2 862 | 2 899 | 2 936 | 2 973 | 3 011 | 3 048 | 3 085 | 3 122 | 3 159 |
| 04 | 2 853 | 2 890 | 2 928 | 2 965 | 3 003 | 3 040 | 3 078 | 3 115 | 3 153 | 3 191 |
| 06 | 2 881 | 2 919 | 2 957 | 2 994 | 3 032 | 3 070 | 3 108 | 3 146 | 3 184 | 3 222 |
| 08 | 2 909 | 2 947 | 2 985 | 3 023 | 3 062 | 3 100 | 3 138 | 3 177 | 3 215 | 3 253 |
| 2,10 | 2 937 | 2 975 | 3 014 | 3 053 | 3 091 | 3 130 | 3 168 | 3 207 | 3 246 | 3 284 |
| 12 | 2 965 | 3 004 | 3 043 | 3 082 | 3 121 | 3 160 | 3 199 | 3 238 | 3 277 | 3 316 |
| 14 | 2 993 | 3 032 | 3 071 | 3 111 | 3 150 | 3 189 | 3 229 | 3 268 | 3 308 | 3 347 |
| 16 | 3 021 | 3 060 | 3 100 | 3 140 | 3 180 | 3 219 | 3 259 | 3 299 | 3 338 | 3 378 |
| 18 | 3 049 | 3 089 | 3 129 | 3 169 | 3 209 | 3 249 | 3 289 | 3 329 | 3 369 | 3 410 |
| 2,20 | 3 076 | 3 117 | 3 157 | 3 198 | 3 238 | 3 279 | 3 319 | 3 360 | 3 400 | 3 441 |
| 22 | 3 104 | 3 145 | 3 186 | 3 227 | 3 268 | 3 309 | 3 350 | 3 390 | 3 431 | 3 472 |
| 24 | 3 132 | 3 174 | 3 215 | 3 256 | 3 297 | 3 338 | 3 380 | 3 421 | 3 462 | 3 503 |
| 26 | 3 160 | 3 202 | 3 244 | 3 285 | 3 327 | 3 368 | 3 410 | 3 451 | 3 493 | 3 535 |
| 28 | 3 188 | 3 230 | 3 272 | 3 314 | 3 356 | 3 398 | 3 440 | 3 482 | 3 524 | 3 566 |
| 2,30 | 3 216 | 3 259 | 3 301 | 3 343 | 3 386 | 3 428 | 3 470 | 3 513 | 3 555 | 3 597 |
| 32 | 3 244 | 3 287 | 3 330 | 3 372 | 3 415 | 3 458 | 3 500 | 3 543 | 3 586 | 3 628 |
| 34 | 3 272 | 3 315 | 3 358 | 3 401 | 3 444 | 3 488 | 3 531 | 3 574 | 3 617 | 3 660 |
| 36 | 3 300 | 3 344 | 3 387 | 3 430 | 3 474 | 3 517 | 3 561 | 3 604 | 3 648 | 3 691 |
| 38 | 3 328 | 3 372 | 3 416 | 3 459 | 3 503 | 3 547 | 3 591 | 3 635 | 3 679 | 3 722 |
| 2,40 | 3 356 | 3 400 | 3 444 | 3 488 | 3 533 | 3 577 | 3 621 | 3 665 | 3 709 | 3 754 |
| 42 | 3 384 | 3 429 | 3 473 | 3 518 | 3 562 | 3 607 | 3 651 | 3 696 | 3 740 | 3 785 |
| 44 | 3 412 | 3 457 | 3 502 | 3 547 | 3 592 | 3 637 | 3 681 | 3 726 | 3 771 | 3 816 |
| 46 | 3 440 | 3 485 | 3 531 | 3 576 | 3 621 | 3 666 | 3 712 | 3 757 | 3 802 | 3 847 |
| 48 | 3 468 | 3 514 | 3 559 | 3 605 | 3 651 | 3 696 | 3 742 | 3 787 | 3 833 | 3 879 |
| 2,50 | 3 496 | 3 542 | 3 588 | 3 634 | 3 680 | 3 726 | 3 772 | 3 818 | 3 864 | 3 910 |
| 52 | 3 524 | 3 570 | 3 617 | 3 663 | 3 709 | 3 756 | 3 802 | 3 849 | 3 895 | 3 941 |
| 54 | 3 552 | 3 599 | 3 645 | 3 692 | 3 739 | 3 786 | 3 832 | 3 879 | 3 926 | 3 973 |
| 56 | 3 580 | 3 627 | 3 674 | 3 721 | 3 768 | 3 815 | 3 863 | 3 910 | 3 957 | 4 004 |
| 58 | 3 608 | 3 655 | 3 703 | 3 750 | 3 798 | 3 845 | 3 893 | 3 940 | 3 988 | 4 035 |
| 2,60 | 3 636 | 3 684 | 3 732 | 3 779 | 3 827 | 3 875 | 3 923 | 3 971 | 4 019 | 4 060 |
| 62 | 3 664 | 3 712 | 3 760 | 3 808 | 3 857 | 3 905 | 3 953 | 4 001 | 4 049 | 4 098 |
| 64 | 3 692 | 3 740 | 3 789 | 3 837 | 3 886 | 3 935 | 3 983 | 4 032 | 4 080 | 4 129 |
| 66 | 3 720 | 3 769 | 3 818 | 3 866 | 3 915 | 3 964 | 4 013 | 4 062 | 4 111 | 4 160 |
| 68 | 3 748 | 3 797 | 3 846 | 3 895 | 3 945 | 3 994 | 4 044 | 4 093 | 4 142 | 4 192 |
| 2,70 | 3 776 | 3 825 | 3 875 | 3 924 | 3 974 | 4 024 | 4 074 | 4 123 | 4 173 | 4 223 |

| LONG^r | FUTAILLES | LARGEUR 0,94 | 0,96 | 0,98 | 1,00 | 1,02 | 1,04 | 1,06 | 1,08 | 1,10 | 1,12 |
|---|---|---|---|---|---|---|---|---|---|---|---|
| 0,94 | 0 664 | 0 831 | | | | | | | | | |
| 96 | 0 679 | 0 848 | 0 866 | | | | | | | | |
| 98 | 0 693 | 0 866 | 0 884 | 0 903 | | | | | | | |
| 1,— | 0 707 | 0 884 | 0 902 | 0 921 | 0 940 | | | | | | |
| 02 | 0 721 | 0 901 | 0 920 | 0 940 | 0 959 | 0 978 | | | | | |
| 04 | 0 735 | 0 919 | 0 938 | 0 958 | 0 978 | 0 997 | 1 017 | | | | |
| 06 | 0 749 | 0 937 | 0 957 | 0 976 | 0 996 | 1 016 | 1 036 | 1 056 | | | |
| 08 | 0 763 | 0 954 | 0 975 | 0 995 | 1 015 | 1 036 | 1 056 | 1 076 | 1 096 | | |
| 1,10 | 0 778 | 0 972 | 0 993 | 1 013 | 1 034 | 1 055 | 1 075 | 1 096 | 1 117 | 1 137 | |
| 12 | 0 792 | 0 990 | 1 011 | 1 032 | 1 053 | 1 074 | 1 095 | 1 116 | 1 137 | 1 158 | 1 179 |
| 14 | 0 806 | 1 007 | 1 029 | 1 050 | 1 072 | 1 093 | 1 114 | 1 136 | 1 157 | 1 179 | 1 200 |
| 16 | 0 820 | 1 025 | 1 047 | 1 069 | 1 090 | 1 112 | 1 134 | 1 156 | 1 178 | 1 199 | 1 221 |
| 18 | 0 834 | 1 043 | 1 065 | 1 087 | 1 109 | 1 131 | 1 154 | 1 176 | 1 198 | 1 220 | 1 242 |
| 1,20 | 0 848 | 1 060 | 1 083 | 1 105 | 1 128 | 1 151 | 1 173 | 1 196 | 1 218 | 1 241 | 1 263 |
| 22 | 0 862 | 1 078 | 1 101 | 1 124 | 1 147 | 1 170 | 1 193 | 1 216 | 1 239 | 1 261 | 1 284 |
| 24 | 0 877 | 1 096 | 1 119 | 1 142 | 1 166 | 1 189 | 1 212 | 1 236 | 1 259 | 1 282 | 1 305 |
| 26 | 0 891 | 1 113 | 1 137 | 1 161 | 1 184 | 1 208 | 1 232 | 1 255 | 1 279 | 1 303 | 1 327 |
| 28 | 0 905 | 1 131 | 1 155 | 1 179 | 1 203 | 1 227 | 1 251 | 1 275 | 1 299 | 1 324 | 1 348 |
| 1,30 | 0 919 | 1 149 | 1 173 | 1 198 | 1 222 | 1 246 | 1 271 | 1 295 | 1 320 | 1 344 | 1 369 |
| 32 | 0 933 | 1 166 | 1 191 | 1 216 | 1 241 | 1 266 | 1 290 | 1 315 | 1 340 | 1 365 | 1 390 |
| 34 | 0 947 | 1 184 | 1 209 | 1 234 | 1 260 | 1 285 | 1 310 | 1 335 | 1 360 | 1 386 | 1 411 |
| 36 | 0 961 | 1 202 | 1 227 | 1 253 | 1 278 | 1 304 | 1 330 | 1 355 | 1 381 | 1 406 | 1 432 |
| 38 | 0 975 | 1 219 | 1 245 | 1 271 | 1 297 | 1 323 | 1 349 | 1 375 | 1 401 | 1 427 | 1 453 |
| 1,40 | 0 990 | 1 237 | 1 263 | 1 290 | 1 316 | 1 342 | 1 369 | 1 395 | 1 421 | 1 448 | 1 474 |
| 42 | 1 004 | 1 255 | 1 281 | 1 308 | 1 335 | 1 361 | 1 388 | 1 415 | 1 442 | 1 468 | 1 495 |
| 44 | 1 018 | 1 272 | 1 299 | 1 327 | 1 354 | 1 381 | 1 408 | 1 435 | 1 462 | 1 489 | 1 516 |
| 46 | 1 032 | 1 290 | 1 318 | 1 345 | 1 372 | 1 400 | 1 427 | 1 455 | 1 482 | 1 510 | 1 537 |
| 48 | 1 046 | 1 308 | 1 336 | 1 363 | 1 391 | 1 419 | 1 447 | 1 475 | 1 502 | 1 530 | 1 558 |
| 1,50 | 1 060 | 1 325 | 1 354 | 1 382 | 1 410 | 1 438 | 1 466 | 1 495 | 1 523 | 1 551 | 1 579 |
| 52 | 1 074 | 1 343 | 1 372 | 1 400 | 1 429 | 1 457 | 1 486 | 1 515 | 1 543 | 1 572 | 1 600 |
| 54 | 1 089 | 1 361 | 1 390 | 1 419 | 1 448 | 1 477 | 1 506 | 1 534 | 1 563 | 1 592 | 1 621 |
| 56 | 1 103 | 1 378 | 1 408 | 1 437 | 1 466 | 1 496 | 1 525 | 1 554 | 1 584 | 1 613 | 1 642 |
| 58 | 1 117 | 1 396 | 1 426 | 1 455 | 1 485 | 1 515 | 1 545 | 1 574 | 1 604 | 1 634 | 1 663 |
| 1,60 | 1 131 | 1 414 | 1 444 | 1 474 | 1 504 | 1 534 | 1 564 | 1 594 | 1 624 | 1 654 | 1 684 |
| 62 | 1 145 | 1 431 | 1 462 | 1 492 | 1 523 | 1 553 | 1 584 | 1 614 | 1 645 | 1 675 | 1 706 |
| 64 | 1 159 | 1 449 | 1 480 | 1 511 | 1 542 | 1 572 | 1 603 | 1 634 | 1 665 | 1 696 | 1 727 |
| 66 | 1 173 | 1 467 | 1 498 | 1 529 | 1 560 | 1 592 | 1 623 | 1 654 | 1 685 | 1 716 | 1 748 |
| 68 | 1 188 | 1 484 | 1 516 | 1 548 | 1 579 | 1 611 | 1 642 | 1 674 | 1 706 | 1 737 | 1 769 |
| 1,70 | 1 202 | 1 502 | 1 534 | 1 566 | 1 598 | 1 630 | 1 662 | 1 694 | 1 726 | 1 758 | 1 790 |
| 72 | 1 216 | 1 520 | 1 552 | 1 584 | 1 617 | 1 649 | 1 681 | 1 714 | 1 746 | 1 778 | 1 811 |
| 74 | 1 230 | 1 537 | 1 570 | 1 603 | 1 636 | 1 668 | 1 701 | 1 734 | 1 766 | 1 799 | 1 832 |
| 76 | 1 244 | 1 555 | 1 588 | 1 621 | 1 654 | 1 687 | 1 721 | 1 754 | 1 787 | 1 820 | 1 853 |
| 78 | 1 258 | 1 573 | 1 606 | 1 640 | 1 673 | 1 707 | 1 740 | 1 774 | 1 807 | 1 841 | 1 874 |
| 1,80 | 1 272 | 1 590 | 1 624 | 1 658 | 1 692 | 1 726 | 1 760 | 1 794 | 1 827 | 1 861 | 1 895 |
| 82 | 1 287 | 1 608 | 1 642 | 1 677 | 1 711 | 1 745 | 1 779 | 1 813 | 1 848 | 1 882 | 1 916 |
| 84 | 1 301 | 1 626 | 1 660 | 1 695 | 1 730 | 1 764 | 1 799 | 1 833 | 1 868 | 1 903 | 1 937 |
| 86 | 1 315 | 1 643 | 1 678 | 1 713 | 1 748 | 1 783 | 1 818 | 1 853 | 1 888 | 1 923 | 1 958 |
| 88 | 1 329 | 1 661 | 1 697 | 1 732 | 1 767 | 1 803 | 1 838 | 1 873 | 1 909 | 1 944 | 1 979 |
| 1,90 | 1 343 | 1 679 | 1 715 | 1 750 | 1 786 | 1 822 | 1 857 | 1 893 | 1 929 | 1 965 | 2 000 |
| 92 | 1 357 | 1 697 | 1 733 | 1 769 | 1 805 | 1 841 | 1 877 | 1 913 | 1 949 | 1 985 | 2 021 |
| 94 | 1 371 | 1 714 | 1 751 | 1 787 | 1 824 | 1 860 | 1 897 | 1 933 | 1 969 | 2 006 | 2 042 |
| 96 | 1 385 | 1 732 | 1 769 | 1 806 | 1 842 | 1 879 | 1 916 | 1 953 | 1 990 | 2 027 | 2 063 |
| 98 | 1 400 | 1 750 | 1 787 | 1 824 | 1 861 | 1 898 | 1 936 | 1 973 | 2 010 | 2 047 | 2 085 |
| 2,— | 1 414 | 1 767 | 1 805 | 1 842 | 1 880 | 1 918 | 1 955 | 1 993 | 2 030 | 2 068 | 2 106 |
| 02 | 1 428 | 1 785 | 1 823 | 1 861 | 1 899 | 1 937 | 1 975 | 2 013 | 2 051 | 2 089 | 2 127 |
| 04 | 1 442 | 1 803 | 1 841 | 1 879 | 1 918 | 1 956 | 1 994 | 2 032 | 2 071 | 2 109 | 2 148 |
| 06 | 1 456 | 1 820 | 1 859 | 1 898 | 1 936 | 1 975 | 2 014 | 2 052 | 2 091 | 2 130 | 2 169 |
| 08 | 1 470 | 1 838 | 1 877 | 1 916 | 1 955 | 1 994 | 2 033 | 2 072 | 2 112 | 2 151 | 2 190 |
| 2,10 | 1 484 | 1 856 | 1 895 | 1 935 | 1 974 | 2 013 | 2 053 | 2 092 | 2 132 | 2 171 | 2 211 |
| 12 | 1 499 | 1 873 | 1 913 | 1 953 | 1 993 | 2 033 | 2 073 | 2 112 | 2 152 | 2 192 | 2 232 |
| 14 | 1 513 | 1 891 | 1 931 | 1 971 | 2 012 | 2 052 | 2 092 | 2 132 | 2 173 | 2 213 | 2 253 |
| 16 | 1 527 | 1 909 | 1 949 | 1 990 | 2 030 | 2 071 | 2 112 | 2 152 | 2 193 | 2 233 | 2 274 |
| 18 | 1 541 | 1 926 | 1 967 | 2 008 | 2 049 | 2 090 | 2 131 | 2 172 | 2 213 | 2 254 | 2 295 |
| 2,20 | 1 555 | 1 944 | 1 985 | 2 027 | 2 068 | 2 109 | 2 151 | 2 192 | 2 233 | 2 275 | 2 316 |
| 22 | 1 569 | 1 962 | 2 003 | 2 045 | 2 087 | 2 129 | 2 170 | 2 212 | 2 254 | 2 295 | 2 337 |
| 24 | 1 583 | 1 979 | 2 021 | 2 063 | 2 106 | 2 148 | 2 190 | 2 232 | 2 274 | 2 316 | 2 358 |
| 26 | 1 598 | 1 997 | 2 039 | 2 082 | 2 124 | 2 167 | 2 209 | 2 252 | 2 294 | 2 337 | 2 379 |
| 28 | 1 612 | 2 015 | 2 057 | 2 100 | 2 143 | 2 186 | 2 229 | 2 272 | 2 315 | 2 358 | 2 400 |
| 2,30 | 1 626 | 2 032 | 2 076 | 2 119 | 2 162 | 2 205 | 2 248 | 2 292 | 2 335 | 2 378 | 2 421 |
| 32 | 1 640 | 2 050 | 2 094 | 2 137 | 2 181 | 2 224 | 2 268 | 2 312 | 2 355 | 2 399 | 2 442 |





| LONGUEUR | LARGEUR 1,14 | 1,16 | 1,18 | 1,20 | 1,22 | 1,24 | 1,26 | 1,28 | 1,30 | 1,32 |
|---|---|---|---|---|---|---|---|---|---|---|
| 1,14 | 1 222 | | | | | | | | | |
| 16 | 1 243 | 1 265 | | | | | | | | |
| 18 | 1 264 | 1 287 | 1 309 | | | | | | | |
| 1,20 | 1 286 | 1 308 | 1 331 | 1 354 | | | | | | |
| 22 | 1 307 | 1 330 | 1 353 | 1 376 | 1 399 | | | | | |
| 24 | 1 329 | 1 352 | 1 375 | 1 399 | 1 422 | 1 445 | | | | |
| 26 | 1 350 | 1 374 | 1 398 | 1 421 | 1 445 | 1 469 | 1 492 | | | |
| 28 | 1 372 | 1 396 | 1 420 | 1 444 | 1 468 | 1 492 | 1 516 | 1 540 | | |
| 1,30 | 1 393 | 1 418 | 1 442 | 1 466 | 1 491 | 1 515 | 1 540 | 1 564 | 1 589 | |
| 32 | 1 415 | 1 439 | 1 464 | 1 489 | 1 514 | 1 539 | 1 563 | 1 588 | 1 613 | 1 638 |
| 34 | 1 436 | 1 461 | 1 486 | 1 512 | 1 537 | 1 562 | 1 587 | 1 612 | 1 637 | 1 663 |
| 36 | 1 457 | 1 483 | 1 509 | 1 534 | 1 560 | 1 585 | 1 611 | 1 636 | 1 662 | 1 687 |
| 38 | 1 479 | 1 505 | 1 531 | 1 557 | 1 583 | 1 609 | 1 634 | 1 660 | 1 686 | 1 712 |
| 1,40 | 1 500 | 1 527 | 1 553 | 1 579 | 1 606 | 1 632 | 1 658 | 1 684 | 1 711 | 1 737 |
| 42 | 1 522 | 1 548 | 1 575 | 1 602 | 1 628 | 1 655 | 1 682 | 1 709 | 1 735 | 1 762 |
| 44 | 1 543 | 1 570 | 1 597 | 1 624 | 1 651 | 1 678 | 1 706 | 1 733 | 1 760 | 1 787 |
| 46 | 1 565 | 1 592 | 1 619 | 1 647 | 1 674 | 1 702 | 1 729 | 1 757 | 1 784 | 1 812 |
| 48 | 1 586 | 1 614 | 1 642 | 1 669 | 1 697 | 1 725 | 1 753 | 1 781 | 1 809 | 1 836 |
| 1,50 | 1 607 | 1 636 | 1 664 | 1 692 | 1 720 | 1 748 | 1 777 | 1 805 | 1 833 | 1 861 |
| 52 | 1 629 | 1 657 | 1 686 | 1 715 | 1 743 | 1 772 | 1 800 | 1 829 | 1 857 | 1 886 |
| 54 | 1 650 | 1 679 | 1 708 | 1 737 | 1 766 | 1 795 | 1 824 | 1 853 | 1 882 | 1 911 |
| 56 | 1 672 | 1 701 | 1 730 | 1 760 | 1 789 | 1 818 | 1 848 | 1 877 | 1 906 | 1 936 |
| 58 | 1 693 | 1 723 | 1 753 | 1 782 | 1 812 | 1 842 | 1 871 | 1 901 | 1 931 | 1 960 |
| 1,60 | 1 715 | 1 745 | 1 775 | 1 805 | 1 835 | 1 865 | 1 895 | 1 925 | 1 955 | 1 985 |
| 62 | 1 736 | 1 766 | 1 797 | 1 827 | 1 858 | 1 888 | 1 919 | 1 949 | 1 980 | 2 010 |
| 64 | 1 757 | 1 788 | 1 819 | 1 850 | 1 881 | 1 912 | 1 942 | 1 973 | 2 004 | 2 035 |
| 66 | 1 779 | 1 810 | 1 841 | 1 872 | 1 904 | 1 935 | 1 966 | 1 997 | 2 029 | 2 060 |
| 68 | 1 800 | 1 832 | 1 863 | 1 895 | 1 927 | 1 958 | 1 990 | 2 021 | 2 053 | 2 085 |
| 1,70 | 1 822 | 1 854 | 1 886 | 1 918 | 1 950 | 1 982 | 2 013 | 2 045 | 2 077 | 2 109 |
| 72 | 1 843 | 1 875 | 1 908 | 1 940 | 1 972 | 2 005 | 2 037 | 2 070 | 2 102 | 2 134 |
| 74 | 1 865 | 1 897 | 1 930 | 1 963 | 1 995 | 2 028 | 2 061 | 2 094 | 2 126 | 2 159 |
| 76 | 1 886 | 1 919 | 1 952 | 1 985 | 2 018 | 2 051 | 2 085 | 2 118 | 2 151 | 2 184 |
| 78 | 1 907 | 1 941 | 1 974 | 2 008 | 2 041 | 2 075 | 2 108 | 2 142 | 2 175 | 2 209 |
| 1,80 | 1 929 | 1 963 | 1 997 | 2 030 | 2 064 | 2 098 | 2 132 | 2 166 | 2 200 | 2 233 |
| 82 | 1 950 | 1 985 | 2 019 | 2 053 | 2 087 | 2 121 | 2 156 | 2 190 | 2 224 | 2 258 |
| 84 | 1 972 | 2 006 | 2 041 | 2 076 | 2 110 | 2 145 | 2 179 | 2 214 | 2 248 | 2 283 |
| 86 | 1 993 | 2 028 | 2 063 | 2 098 | 2 133 | 2 168 | 2 203 | 2 238 | 2 273 | 2 308 |
| 88 | 2 015 | 2 050 | 2 085 | 2 121 | 2 156 | 2 191 | 2 227 | 2 262 | 2 297 | 2 333 |
| 1,90 | 2 036 | 2 072 | 2 107 | 2 143 | 2 179 | 2 215 | 2 250 | 2 286 | 2 322 | 2 358 |
| 92 | 2 057 | 2 094 | 2 130 | 2 166 | 2 202 | 2 238 | 2 274 | 2 310 | 2 346 | 2 382 |
| 94 | 2 079 | 2 115 | 2 152 | 2 188 | 2 225 | 2 261 | 2 298 | 2 334 | 2 371 | 2 407 |
| 96 | 2 100 | 2 137 | 2 174 | 2 211 | 2 248 | 2 285 | 2 321 | 2 358 | 2 395 | 2 432 |
| 98 | 2 122 | 2 159 | 2 196 | 2 233 | 2 271 | 2 308 | 2 345 | 2 382 | 2 420 | 2 457 |
| 2,— | 2 143 | 2 181 | 2 218 | 2 256 | 2 294 | 2 331 | 2 369 | 2 406 | 2 444 | 2 482 |
| 02 | 2 165 | 2 203 | 2 241 | 2 279 | 2 317 | 2 355 | 2 392 | 2 430 | 2 468 | 2 506 |
| 04 | 2 186 | 2 224 | 2 263 | 2 301 | 2 339 | 2 378 | 2 416 | 2 455 | 2 493 | 2 531 |
| 06 | 2 207 | 2 246 | 2 285 | 2 324 | 2 362 | 2 401 | 2 440 | 2 479 | 2 517 | 2 556 |
| 08 | 2 229 | 2 268 | 2 307 | 2 346 | 2 385 | 2 424 | 2 464 | 2 503 | 2 542 | 2 581 |
| 2,10 | 2 250 | 2 290 | 2 329 | 2 369 | 2 408 | 2 448 | 2 487 | 2 527 | 2 566 | 2 606 |
| 12 | 2 272 | 2 312 | 2 352 | 2 391 | 2 431 | 2 471 | 2 511 | 2 551 | 2 591 | 2 630 |
| 14 | 2 293 | 2 333 | 2 374 | 2 414 | 2 454 | 2 494 | 2 535 | 2 575 | 2 615 | 2 655 |
| 16 | 2 315 | 2 355 | 2 396 | 2 436 | 2 477 | 2 518 | 2 558 | 2 599 | 2 640 | 2 680 |
| 18 | 2 336 | 2 377 | 2 418 | 2 459 | 2 500 | 2 541 | 2 582 | 2 623 | 2 664 | 2 705 |
| 2,20 | 2 358 | 2 399 | 2 440 | 2 482 | 2 523 | 2 564 | 2 606 | 2 647 | 2 688 | 2 730 |
| 22 | 2 379 | 2 421 | 2 462 | 2 504 | 2 546 | 2 588 | 2 629 | 2 671 | 2 713 | 2 755 |
| 24 | 2 400 | 2 442 | 2 485 | 2 527 | 2 569 | 2 611 | 2 653 | 2 695 | 2 737 | 2 779 |
| 26 | 2 422 | 2 464 | 2 507 | 2 549 | 2 592 | 2 634 | 2 677 | 2 719 | 2 762 | 2 804 |
| 28 | 2 443 | 2 486 | 2 529 | 2 572 | 2 615 | 2 658 | 2 700 | 2 743 | 2 786 | 2 829 |
| 2,30 | 2 465 | 2 508 | 2 551 | 2 594 | 2 638 | 2 681 | 2 724 | 2 767 | 2 811 | 2 854 |
| 32 | 2 486 | 2 530 | 2 573 | 2 617 | 2 661 | 2 704 | 2 748 | 2 791 | 2 835 | 2 879 |

| LONGUEUR | LARGEUR 1,34 | 1,36 | 1,38 | 1,40 | 1,42 | 1,44 | 1,46 | 1,48 | 1,50 | 1,52 |
|---|---|---|---|---|---|---|---|---|---|---|
| 1,34 | 1 688 | | | | | | | | | |
| 36 | 1 713 | 1 739 | | | | | | | | |
| 38 | 1 738 | 1 764 | 1 790 | | | | | | | |
| 1,40 | 1 763 | 1 790 | 1 816 | 1 842 | | | | | | |
| 42 | 1 789 | 1 815 | 1 842 | 1 869 | 1 895 | | | | | |
| 44 | 1 814 | 1 841 | 1 868 | 1 895 | 1 922 | 1 949 | | | | |
| 46 | 1 839 | 1 866 | 1 894 | 1 921 | 1 949 | 1 976 | 2 004 | | | |
| 48 | 1 864 | 1 892 | 1 920 | 1 948 | 1 976 | 2 003 | 2 031 | 2 059 | | |
| 1,50 | 1 889 | 1 918 | 1 946 | 1 974 | 2 002 | 2 030 | 2 059 | 2 087 | 2 115 | |
| 52 | 1 915 | 1 943 | 1 972 | 2 000 | 2 029 | 2 057 | 2 086 | 2 115 | 2 143 | 2 172 |
| 54 | 1 940 | 1 969 | 1 998 | 2 027 | 2 056 | 2 085 | 2 113 | 2 142 | 2 171 | 2 200 |
| 56 | 1 965 | 1 994 | 2 024 | 2 053 | 2 082 | 2 112 | 2 141 | 2 170 | 2 200 | 2 229 |
| 58 | 1 990 | 2 020 | 2 050 | 2 079 | 2 109 | 2 139 | 2 168 | 2 198 | 2 228 | 2 258 |
| 1,60 | 2 015 | 2 045 | 2 076 | 2 106 | 2 136 | 2 166 | 2 196 | 2 226 | 2 256 | 2 286 |
| 62 | 2 041 | 2 071 | 2 101 | 2 132 | 2 162 | 2 193 | 2 223 | 2 254 | 2 284 | 2 315 |
| 64 | 2 066 | 2 097 | 2 127 | 2 158 | 2 189 | 2 220 | 2 251 | 2 282 | 2 312 | 2 343 |
| 66 | 2 091 | 2 122 | 2 153 | 2 185 | 2 216 | 2 247 | 2 278 | 2 309 | 2 341 | 2 372 |
| 68 | 2 116 | 2 148 | 2 179 | 2 211 | 2 242 | 2 274 | 2 306 | 2 337 | 2 369 | 2 400 |
| 1,70 | 2 141 | 2 173 | 2 205 | 2 237 | 2 269 | 2 301 | 2 333 | 2 365 | 2 397 | 2 429 |
| 72 | 2 167 | 2 199 | 2 231 | 2 264 | 2 296 | 2 328 | 2 361 | 2 393 | 2 425 | 2 458 |
| 74 | 2 192 | 2 224 | 2 257 | 2 290 | 2 323 | 2 355 | 2 388 | 2 421 | 2 453 | 2 486 |
| 76 | 2 217 | 2 250 | 2 283 | 2 316 | 2 349 | 2 382 | 2 415 | 2 449 | 2 482 | 2 515 |
| 78 | 2 242 | 2 276 | 2 309 | 2 342 | 2 376 | 2 409 | 2 443 | 2 476 | 2 510 | 2 543 |
| 1,80 | 2 267 | 2 301 | 2 335 | 2 369 | 2 403 | 2 436 | 2 470 | 2 504 | 2 538 | 2 572 |
| 82 | 2 292 | 2 327 | 2 361 | 2 395 | 2 429 | 2 464 | 2 498 | 2 532 | 2 566 | 2 600 |
| 84 | 2 318 | 2 352 | 2 387 | 2 421 | 2 456 | 2 491 | 2 525 | 2 560 | 2 594 | 2 629 |
| 86 | 2 343 | 2 378 | 2 413 | 2 448 | 2 483 | 2 518 | 2 553 | 2 588 | 2 623 | 2 658 |
| 88 | 2 368 | 2 403 | 2 439 | 2 474 | 2 509 | 2 545 | 2 580 | 2 615 | 2 651 | 2 686 |
| 1,90 | 2 393 | 2 429 | 2 465 | 2 500 | 2 536 | 2 572 | 2 608 | 2 643 | 2 679 | 2 715 |
| 92 | 2 418 | 2 455 | 2 491 | 2 527 | 2 563 | 2 599 | 2 635 | 2 671 | 2 707 | 2 743 |
| 94 | 2 444 | 2 480 | 2 517 | 2 553 | 2 590 | 2 626 | 2 662 | 2 699 | 2 735 | 2 772 |
| 96 | 2 469 | 2 506 | 2 543 | 2 579 | 2 616 | 2 653 | 2 690 | 2 727 | 2 764 | 2 800 |
| 98 | 2 494 | 2 531 | 2 568 | 2 606 | 2 643 | 2 680 | 2 717 | 2 755 | 2 792 | 2 829 |
| 2,— | 2 519 | 2 557 | 2 594 | 2 632 | 2 670 | 2 707 | 2 745 | 2 782 | 2 820 | 2 858 |
| 02 | 2 544 | 2 582 | 2 620 | 2 658 | 2 696 | 2 734 | 2 772 | 2 810 | 2 848 | 2 886 |
| 04 | 2 570 | 2 608 | 2 646 | 2 685 | 2 723 | 2 761 | 2 800 | 2 838 | 2 876 | 2 915 |
| 06 | 2 595 | 2 634 | 2 672 | 2 711 | 2 750 | 2 788 | 2 827 | 2 866 | 2 905 | 2 943 |
| 08 | 2 620 | 2 659 | 2 698 | 2 737 | 2 776 | 2 815 | 2 855 | 2 894 | 2 933 | 2 972 |
| 2,10 | 2 645 | 2 685 | 2 724 | 2 764 | 2 803 | 2 843 | 2 882 | 2 922 | 2 961 | 3 000 |
| 12 | 2 670 | 2 710 | 2 750 | 2 790 | 2 830 | 2 870 | 2 909 | 2 949 | 2 989 | 3 029 |
| 14 | 2 696 | 2 736 | 2 776 | 2 816 | 2 856 | 2 897 | 2 937 | 2 977 | 3 017 | 3 058 |
| 16 | 2 721 | 2 761 | 2 802 | 2 843 | 2 883 | 2 924 | 2 964 | 3 005 | 3 046 | 3 086 |
| 18 | 2 746 | 2 787 | 2 828 | 2 869 | 2 910 | 2 951 | 2 992 | 3 033 | 3 074 | 3 115 |
| 2,20 | 2 771 | 2 812 | 2 854 | 2 895 | 2 937 | 2 978 | 3 019 | 3 061 | 3 102 | 3 143 |
| 22 | 2 796 | 2 838 | 2 880 | 2 922 | 2 963 | 3 005 | 3 047 | 3 088 | 3 130 | 3 172 |
| 24 | 2 822 | 2 864 | 2 906 | 2 948 | 2 990 | 3 032 | 3 074 | 3 116 | 3 158 | 3 201 |
| 26 | 2 847 | 2 889 | 2 932 | 2 974 | 3 017 | 3 059 | 3 102 | 3 144 | 3 187 | 3 229 |
| 28 | 2 872 | 2 915 | 2 958 | 3 000 | 3 043 | 3 086 | 3 129 | 3 172 | 3 215 | 3 258 |
| 2,30 | 2 897 | 2 940 | 2 984 | 3 027 | 3 070 | 3 113 | 3 157 | 3 200 | 3 243 | 3 286 |
| 32 | 2 922 | 2 966 | 3 010 | 3 053 | 3 097 | 3 140 | 3 184 | 3 228 | 3 271 | 3 315 |
| 34 | 2 947 | 2 991 | 3 035 | 3 079 | 3 123 | 3 167 | 3 211 | 3 255 | 3 299 | 3 343 |
| 36 | 2 973 | 3 017 | 3 061 | 3 106 | 3 150 | 3 194 | 3 239 | 3 283 | 3 328 | 3 372 |
| 38 | 2 998 | 3 043 | 3 087 | 3 132 | 3 177 | 3 222 | 3 266 | 3 311 | 3 356 | 3 401 |
| 2,40 | 3 023 | 3 068 | 3 113 | 3 158 | 3 204 | 3 249 | 3 294 | 3 339 | 3 384 | 3 429 |
| 42 | 3 048 | 3 094 | 3 139 | 3 185 | 3 230 | 3 276 | 3 321 | 3 367 | 3 412 | 3 458 |
| 44 | 3 073 | 3 119 | 3 165 | 3 211 | 3 257 | 3 303 | 3 349 | 3 395 | 3 440 | 3 486 |
| 46 | 3 099 | 3 145 | 3 191 | 3 237 | 3 284 | 3 330 | 3 376 | 3 422 | 3 469 | 3 515 |
| 48 | 3 124 | 3 170 | 3 217 | 3 264 | 3 310 | 3 357 | 3 404 | 3 450 | 3 497 | 3 543 |
| 2,50 | 3 149 | 3 196 | 3 243 | 3 290 | 3 337 | 3 384 | 3 431 | 3 478 | 3 525 | 3 572 |
| 52 | 3 174 | 3 222 | 3 269 | 3 316 | 3 364 | 3 411 | 3 458 | 3 506 | 3 553 | 3 601 |
| 54 | 3 199 | 3 247 | 3 295 | 3 343 | 3 390 | 3 438 | 3 486 | 3 534 | 3 581 | 3 629 |
| 56 | 3 225 | 3 273 | 3 321 | 3 369 | 3 417 | 3 465 | 3 513 | 3 561 | 3 610 | 3 658 |
| 58 | 3 250 | 3 298 | 3 347 | 3 395 | 3 444 | 3 492 | 3 541 | 3 589 | 3 638 | 3 686 |
| 2,60 | 3 275 | 3 324 | 3 373 | 3 422 | 3 470 | 3 519 | 3 568 | 3 617 | 3 666 | 3 715 |
| 62 | 3 300 | 3 349 | 3 399 | 3 448 | 3 497 | 3 546 | 3 596 | 3 645 | 3 694 | 3 743 |
| 64 | 3 325 | 3 375 | 3 425 | 3 474 | 3 524 | 3 574 | 3 623 | 3 673 | 3 722 | 3 772 |
| 66 | 3 351 | 3 401 | 3 451 | 3 501 | 3 551 | 3 601 | 3 651 | 3 701 | 3 751 | 3 801 |
| 68 | 3 376 | 3 426 | 3 476 | 3 527 | 3 577 | 3 628 | 3 678 | 3 728 | 3 779 | 3 829 |
| 2,70 | 3 401 | 3 452 | 3 502 | 3 553 | 3 604 | 3 655 | 3 705 | 3 756 | 3 807 | 3 858 |
| 72 | 3 426 | 3 477 | 3 528 | 3 580 | 3 631 | 3 682 | 3 733 | 3 784 | 3 835 | 3 886 |





| LONGUEUR | LARGEUR 1,54 | 1,56 | 1,58 | 1,60 | 1,62 | 1,64 | 1,66 | 1,68 | 1,70 | 1,72 |
|---|---|---|---|---|---|---|---|---|---|---|
| 1,54 | 2 229 | | | | | | | | | |
| 56 | 2 258 | 2 288 | | | | | | | | |
| 58 | 2 287 | 2 317 | 2 347 | | | | | | | |
| 1,60 | 2 316 | 2 346 | 2 376 | 2 406 | | | | | | |
| 62 | 2 345 | 2 376 | 2 406 | 2 436 | 2 467 | | | | | |
| 64 | 2 374 | 2 405 | 2 436 | 2 467 | 2 497 | 2 528 | | | | |
| 66 | 2 403 | 2 434 | 2 465 | 2 497 | 2 528 | 2 559 | 2 590 | | | |
| 68 | 2 432 | 2 464 | 2 495 | 2 527 | 2 558 | 2 590 | 2 621 | 2 653 | | |
| 1,70 | 2 461 | 2 493 | 2 525 | 2 557 | 2 589 | 2 621 | 2 653 | 2 685 | 2 717 | |
| 72 | 2 490 | 2 523 | 2 555 | 2 587 | 2 619 | 2 652 | 2 684 | 2 716 | 2 749 | 2 781 |
| 74 | 2 519 | 2 552 | 2 584 | 2 617 | 2 650 | 2 682 | 2 715 | 2 748 | 2 781 | 2 813 |
| 76 | 2 548 | 2 581 | 2 614 | 2 647 | 2 680 | 2 713 | 2 746 | 2 779 | 2 812 | 2 846 |
| 78 | 2 577 | 2 610 | 2 644 | 2 677 | 2 711 | 2 744 | 2 778 | 2 811 | 2 844 | 2 878 |
| 1,80 | 2 606 | 2 640 | 2 673 | 2 707 | 2 741 | 2 775 | 2 809 | 2 843 | 2 876 | 2 910 |
| 82 | 2 635 | 2 669 | 2 703 | 2 737 | 2 771 | 2 806 | 2 840 | 2 874 | 2 908 | 2 943 |
| 84 | 2 664 | 2 698 | 2 733 | 2 767 | 2 802 | 2 837 | 2 871 | 2 906 | 2 940 | 2 975 |
| 86 | 2 693 | 2 728 | 2 762 | 2 797 | 2 832 | 2 867 | 2 902 | 2 937 | 2 972 | 3 007 |
| 88 | 2 721 | 2 757 | 2 792 | 2 828 | 2 863 | 2 898 | 2 934 | 2 969 | 3 004 | 3 040 |
| 1,90 | 2 750 | 2 786 | 2 822 | 2 858 | 2 893 | 2 929 | 2 965 | 3 000 | 3 036 | 3 072 |
| 92 | 2 779 | 2 815 | 2 852 | 2 888 | 2 924 | 2 960 | 2 996 | 3 032 | 3 068 | 3 104 |
| 94 | 2 808 | 2 845 | 2 881 | 2 918 | 2 954 | 2 991 | 3 027 | 3 064 | 3 100 | 3 137 |
| 96 | 2 837 | 2 874 | 2 911 | 2 948 | 2 985 | 3 022 | 3 058 | 3 095 | 3 132 | 3 169 |
| 98 | 2 866 | 2 903 | 2 941 | 2 978 | 3 015 | 3 052 | 3 090 | 3 127 | 3 164 | 3 201 |
| 2,— | 2 895 | 2 933 | 2 970 | 3 008 | 3 046 | 3 083 | 3 121 | 3 158 | 3 196 | 3 234 |
| 02 | 2 924 | 2 962 | 3 000 | 3 038 | 3 076 | 3 114 | 3 152 | 3 190 | 3 228 | 3 266 |
| 04 | 2 953 | 2 991 | 3 030 | 3 068 | 3 107 | 3 145 | 3 183 | 3 222 | 3 260 | 3 298 |
| 06 | 2 982 | 3 021 | 3 060 | 3 098 | 3 137 | 3 176 | 3 214 | 3 253 | 3 292 | 3 331 |
| 08 | 3 011 | 3 050 | 3 089 | 3 128 | 3 167 | 3 207 | 3 246 | 3 285 | 3 324 | 3 363 |
| 2,10 | 3 040 | 3 079 | 3 119 | 3 158 | 3 198 | 3 237 | 3 277 | 3 316 | 3 356 | 3 395 |
| 12 | 3 069 | 3 109 | 3 149 | 3 188 | 3 228 | 3 268 | 3 308 | 3 348 | 3 388 | 3 428 |
| 14 | 3 098 | 3 138 | 3 178 | 3 219 | 3 259 | 3 299 | 3 339 | 3 379 | 3 420 | 3 460 |
| 16 | 3 127 | 3 167 | 3 208 | 3 249 | 3 289 | 3 330 | 3 370 | 3 411 | 3 452 | 3 492 |
| 18 | 3 156 | 3 197 | 3 238 | 3 279 | 3 320 | 3 361 | 3 402 | 3 443 | 3 484 | 3 525 |
| 2,20 | 3 185 | 3 226 | 3 267 | 3 309 | 3 350 | 3 392 | 3 433 | 3 474 | 3 516 | 3 557 |
| 22 | 3 214 | 3 255 | 3 297 | 3 339 | 3 381 | 3 422 | 3 464 | 3 506 | 3 548 | 3 589 |
| 24 | 3 243 | 3 285 | 3 327 | 3 369 | 3 411 | 3 453 | 3 495 | 3 537 | 3 580 | 3 622 |
| 26 | 3 272 | 3 314 | 3 357 | 3 399 | 3 442 | 3 484 | 3 527 | 3 569 | 3 611 | 3 654 |
| 28 | 3 301 | 3 343 | 3 386 | 3 429 | 3 472 | 3 515 | 3 558 | 3 601 | 3 643 | 3 686 |
| 2,30 | 3 329 | 3 373 | 3 416 | 3 459 | 3 502 | 3 546 | 3 589 | 3 632 | 3 675 | 3 719 |
| 32 | 3 358 | 3 402 | 3 446 | 3 489 | 3 533 | 3 577 | 3 620 | 3 664 | 3 707 | 3 751 |
| 34 | 3 387 | 3 431 | 3 475 | 3 519 | 3 563 | 3 607 | 3 651 | 3 695 | 3 739 | 3 783 |
| 36 | 3 416 | 3 461 | 3 505 | 3 549 | 3 594 | 3 638 | 3 683 | 3 727 | 3 771 | 3 816 |
| 38 | 3 445 | 3 490 | 3 535 | 3 580 | 3 624 | 3 669 | 3 714 | 3 758 | 3 803 | 3 848 |
| 2,40 | 3 474 | 3 519 | 3 564 | 3 610 | 3 655 | 3 700 | 3 745 | 3 790 | 3 835 | 3 880 |
| 42 | 3 503 | 3 549 | 3 594 | 3 640 | 3 685 | 3 731 | 3 776 | 3 822 | 3 867 | 3 913 |
| 44 | 3 532 | 3 578 | 3 624 | 3 670 | 3 716 | 3 762 | 3 807 | 3 853 | 3 899 | 3 945 |
| 46 | 3 561 | 3 607 | 3 654 | 3 700 | 3 746 | 3 792 | 3 839 | 3 885 | 3 931 | 3 977 |
| 48 | 3 590 | 3 637 | 3 683 | 3 730 | 3 777 | 3 823 | 3 870 | 3 916 | 3 963 | 4 010 |
| 2,50 | 3 619 | 3 666 | 3 713 | 3 760 | 3 807 | 3 854 | 3 901 | 3 948 | 3 995 | 4 042 |
| 52 | 3 648 | 3 695 | 3 743 | 3 790 | 3 837 | 3 885 | 3 932 | 3 980 | 4 027 | 4 074 |
| 54 | 3 677 | 3 725 | 3 772 | 3 820 | 3 868 | 3 916 | 3 963 | 4 011 | 4 059 | 4 107 |
| 56 | 3 706 | 3 754 | 3 802 | 3 850 | 3 898 | 3 946 | 3 995 | 4 043 | 4 091 | 4 139 |
| 58 | 3 735 | 3 783 | 3 832 | 3 880 | 3 929 | 3 977 | 4 026 | 4 074 | 4 123 | 4 171 |
| 2,60 | 3 764 | 3 813 | 3 862 | 3 910 | 3 959 | 4 008 | 4 057 | 4 106 | 4 155 | 4 204 |
| 62 | 3 793 | 3 842 | 3 891 | 3 940 | 3 990 | 4 039 | 4 088 | 4 138 | 4 187 | 4 236 |
| 64 | 3 822 | 3 871 | 3 921 | 3 971 | 4 020 | 4 070 | 4 120 | 4 169 | 4 219 | 4 268 |
| 66 | 3 851 | 3 901 | 3 951 | 4 001 | 4 051 | 4 101 | 4 151 | 4 201 | 4 251 | 4 301 |
| 68 | 3 880 | 3 930 | 3 980 | 4 031 | 4 081 | 4 131 | 4 182 | 4 232 | 4 283 | 4 333 |
| 2,70 | 3 909 | 3 959 | 4 010 | 4 061 | 4 112 | 4 162 | 4 213 | 4 264 | 4 315 | 4 365 |
| 72 | 3 937 | 3 989 | 4 040 | 4 091 | 4 142 | 4 193 | 4 244 | 4 295 | 4 347 | 4 398 |

163

| LONGUEUR | PÉTAILLES | LARGEUR | | | | | | | | | |
|---|---|---|---|---|---|---|---|---|---|---|---|
| | | 0,96 | 0,98 | 1,00 | 1,02 | 1,04 | 1,06 | 1,08 | 1,10 | 1,12 | 1,14 |
| 0,96 | 0 708 | 0 885 | | | | | | | | | |
| 98 | 0 723 | 0 903 | 0 922 | | | | | | | | |
| 1,— | 0 737 | 0 922 | 0 941 | 0 960 | | | | | | | |
| 02 | 0 752 | 0 940 | 0 960 | 0 979 | 0 999 | | | | | | |
| 04 | 0 767 | 0 958 | 0 978 | 0 998 | 1 018 | 1 038 | | | | | |
| 06 | 0 782 | 0 977 | 0 997 | 1 018 | 1 038 | 1 058 | 1 079 | | | | |
| 08 | 0 796 | 0 995 | 1 016 | 1 037 | 1 058 | 1 078 | 1 099 | 1 120 | | | |
| 1,10 | 0 811 | 1 014 | 1 035 | 1 056 | 1 077 | 1 098 | 1 119 | 1 140 | 1 162 | | |
| 12 | 0 826 | 1 032 | 1 054 | 1 075 | 1 097 | 1 118 | 1 140 | 1 161 | 1 183 | 1 204 | |
| 14 | 0 840 | 1 051 | 1 073 | 1 094 | 1 116 | 1 138 | 1 160 | 1 182 | 1 204 | 1 226 | 1 248 |
| 16 | 0 855 | 1 069 | 1 091 | 1 113 | 1 136 | 1 158 | 1 180 | 1 203 | 1 225 | 1 247 | 1 270 |
| 18 | 0 870 | 1 087 | 1 110 | 1 133 | 1 155 | 1 178 | 1 201 | 1 223 | 1 246 | 1 269 | 1 291 |
| 1,20 | 0 885 | 1 106 | 1 129 | 1 152 | 1 175 | 1 198 | 1 221 | 1 244 | 1 267 | 1 290 | 1 313 |
| 22 | 0 899 | 1 124 | 1 148 | 1 171 | 1 195 | 1 218 | 1 241 | 1 265 | 1 288 | 1 312 | 1 335 |
| 24 | 0 914 | 1 143 | 1 167 | 1 190 | 1 214 | 1 238 | 1 262 | 1 286 | 1 309 | 1 333 | 1 357 |
| 26 | 0 929 | 1 161 | 1 185 | 1 210 | 1 234 | 1 258 | 1 282 | 1 306 | 1 331 | 1 355 | 1 379 |
| 28 | 0 944 | 1 180 | 1 204 | 1 229 | 1 253 | 1 278 | 1 303 | 1 327 | 1 352 | 1 376 | 1 401 |
| 1,30 | 0 958 | 1 198 | 1 223 | 1 248 | 1 273 | 1 298 | 1 323 | 1 348 | 1 373 | 1 398 | 1 423 |
| 32 | 0 973 | 1 217 | 1 242 | 1 267 | 1 293 | 1 318 | 1 343 | 1 369 | 1 394 | 1 419 | 1 445 |
| 34 | 0 988 | 1 235 | 1 261 | 1 286 | 1 312 | 1 338 | 1 364 | 1 389 | 1 415 | 1 441 | 1 466 |
| 36 | 1 003 | 1 253 | 1 279 | 1 306 | 1 332 | 1 358 | 1 384 | 1 410 | 1 436 | 1 462 | 1 488 |
| 38 | 1 017 | 1 272 | 1 298 | 1 325 | 1 351 | 1 378 | 1 404 | 1 431 | 1 457 | 1 484 | 1 510 |
| 1,40 | 1 032 | 1 290 | 1 317 | 1 344 | 1 371 | 1 398 | 1 425 | 1 452 | 1 478 | 1 505 | 1 532 |
| 42 | 1 047 | 1 309 | 1 336 | 1 363 | 1 390 | 1 418 | 1 445 | 1 472 | 1 500 | 1 527 | 1 554 |
| 44 | 1 062 | 1 327 | 1 355 | 1 382 | 1 410 | 1 438 | 1 465 | 1 493 | 1 521 | 1 548 | 1 576 |
| 46 | 1 076 | 1 346 | 1 374 | 1 402 | 1 430 | 1 458 | 1 486 | 1 514 | 1 542 | 1 570 | 1 598 |
| 48 | 1 091 | 1 364 | 1 392 | 1 421 | 1 449 | 1 478 | 1 506 | 1 534 | 1 563 | 1 591 | 1 620 |
| 1,50 | 1 106 | 1 382 | 1 411 | 1 440 | 1 469 | 1 498 | 1 526 | 1 555 | 1 584 | 1 613 | 1 642 |
| 52 | 1 121 | 1 401 | 1 430 | 1 459 | 1 488 | 1 518 | 1 547 | 1 576 | 1 605 | 1 634 | 1 663 |
| 54 | 1 135 | 1 419 | 1 449 | 1 478 | 1 508 | 1 538 | 1 567 | 1 597 | 1 626 | 1 656 | 1 685 |
| 56 | 1 150 | 1 438 | 1 468 | 1 498 | 1 528 | 1 558 | 1 587 | 1 617 | 1 647 | 1 677 | 1 707 |
| 58 | 1 165 | 1 456 | 1 486 | 1 517 | 1 547 | 1 577 | 1 608 | 1 638 | 1 668 | 1 699 | 1 729 |
| 1,60 | 1 180 | 1 475 | 1 505 | 1 536 | 1 567 | 1 597 | 1 628 | 1 659 | 1 690 | 1 720 | 1 751 |
| 62 | 1 194 | 1 493 | 1 525 | 1 555 | 1 586 | 1 617 | 1 649 | 1 680 | 1 711 | 1 742 | 1 773 |
| 64 | 1 209 | 1 511 | 1 543 | 1 574 | 1 606 | 1 637 | 1 669 | 1 700 | 1 732 | 1 763 | 1 795 |
| 66 | 1 224 | 1 530 | 1 562 | 1 594 | 1 625 | 1 657 | 1 689 | 1 721 | 1 753 | 1 785 | 1 817 |
| 68 | 1 239 | 1 548 | 1 581 | 1 613 | 1 645 | 1 677 | 1 710 | 1 742 | 1 774 | 1 806 | 1 839 |
| 1,70 | 1 253 | 1 567 | 1 599 | 1 632 | 1 665 | 1 697 | 1 730 | 1 763 | 1 795 | 1 828 | 1 860 |
| 72 | 1 268 | 1 585 | 1 618 | 1 651 | 1 684 | 1 717 | 1 750 | 1 783 | 1 816 | 1 849 | 1 882 |
| 74 | 1 283 | 1 604 | 1 637 | 1 670 | 1 704 | 1 737 | 1 771 | 1 804 | 1 837 | 1 871 | 1 904 |
| 76 | 1 298 | 1 622 | 1 656 | 1 690 | 1 723 | 1 757 | 1 791 | 1 825 | 1 859 | 1 892 | 1 926 |
| 78 | 1 312 | 1 640 | 1 675 | 1 709 | 1 743 | 1 777 | 1 811 | 1 846 | 1 880 | 1 914 | 1 948 |
| 1,80 | 1 327 | 1 659 | 1 693 | 1 728 | 1 763 | 1 797 | 1 832 | 1 866 | 1 901 | 1 935 | 1 970 |
| 82 | 1 342 | 1 677 | 1 712 | 1 747 | 1 782 | 1 817 | 1 852 | 1 887 | 1 922 | 1 957 | 1 992 |
| 84 | 1 357 | 1 696 | 1 731 | 1 766 | 1 802 | 1 837 | 1 872 | 1 908 | 1 943 | 1 978 | 2 014 |
| 86 | 1 371 | 1 714 | 1 750 | 1 786 | 1 821 | 1 857 | 1 893 | 1 928 | 1 964 | 2 000 | 2 036 |
| 88 | 1 386 | 1 733 | 1 769 | 1 805 | 1 841 | 1 877 | 1 913 | 1 949 | 1 985 | 2 021 | 2 057 |
| 1,90 | 1 401 | 1 751 | 1 788 | 1 824 | 1 860 | 1 897 | 1 933 | 1 970 | 2 006 | 2 043 | 2 079 |
| 92 | 1 416 | 1 769 | 1 806 | 1 843 | 1 880 | 1 917 | 1 954 | 1 991 | 2 028 | 2 064 | 2 101 |
| 94 | 1 430 | 1 788 | 1 825 | 1 862 | 1 900 | 1 937 | 1 974 | 2 011 | 2 049 | 2 086 | 2 123 |
| 96 | 1 445 | 1 806 | 1 844 | 1 882 | 1 919 | 1 957 | 1 994 | 2 032 | 2 070 | 2 107 | 2 145 |
| 98 | 1 460 | 1 825 | 1 863 | 1 901 | 1 939 | 1 977 | 2 015 | 2 053 | 2 091 | 2 129 | 2 167 |
| 2,— | 1 475 | 1 843 | 1 882 | 1 920 | 1 958 | 1 997 | 2 035 | 2 074 | 2 112 | 2 150 | 2 189 |
| 02 | 1 489 | 1 862 | 1 900 | 1 939 | 1 978 | 2 017 | 2 056 | 2 094 | 2 133 | 2 172 | 2 211 |
| 04 | 1 504 | 1 880 | 1 919 | 1 958 | 1 998 | 2 037 | 2 076 | 2 115 | 2 154 | 2 193 | 2 233 |
| 06 | 1 519 | 1 898 | 1 938 | 1 978 | 2 017 | 2 057 | 2 096 | 2 136 | 2 175 | 2 215 | 2 254 |
| 08 | 1 534 | 1 917 | 1 957 | 1 997 | 2 037 | 2 077 | 2 117 | 2 157 | 2 196 | 2 236 | 2 276 |
| 2,10 | 1 548 | 1 935 | 1 976 | 2 016 | 2 056 | 2 097 | 2 137 | 2 177 | 2 218 | 2 258 | 2 298 |
| 12 | 1 563 | 1 954 | 1 994 | 2 035 | 2 076 | 2 117 | 2 157 | 2 198 | 2 239 | 2 279 | 2 320 |
| 14 | 1 578 | 1 972 | 2 013 | 2 054 | 2 095 | 2 137 | 2 178 | 2 219 | 2 260 | 2 301 | 2 342 |
| 16 | 1 593 | 1 991 | 2 032 | 2 074 | 2 115 | 2 157 | 2 198 | 2 239 | 2 281 | 2 322 | 2 364 |
| 18 | 1 607 | 2 009 | 2 051 | 2 093 | 2 135 | 2 177 | 2 218 | 2 260 | 2 302 | 2 344 | 2 386 |
| 2,20 | 1 622 | 2 028 | 2 070 | 2 112 | 2 154 | 2 196 | 2 239 | 2 281 | 2 323 | 2 365 | 2 408 |
| 22 | 1 637 | 2 046 | 2 089 | 2 131 | 2 174 | 2 216 | 2 259 | 2 302 | 2 344 | 2 387 | 2 430 |
| 24 | 1 652 | 2 064 | 2 107 | 2 150 | 2 193 | 2 236 | 2 279 | 2 322 | 2 365 | 2 408 | 2 451 |
| 26 | 1 666 | 2 083 | 2 126 | 2 170 | 2 213 | 2 256 | 2 300 | 2 343 | 2 387 | 2 430 | 2 473 |
| 28 | 1 681 | 2 101 | 2 145 | 2 189 | 2 233 | 2 276 | 2 320 | 2 364 | 2 408 | 2 451 | 2 495 |
| 2,50 | 1 696 | 2 120 | 2 164 | 2 208 | 2 252 | 2 296 | 2 341 | 2 385 | 2 429 | 2 473 | 2 517 |
| 52 | 1 710 | 2 138 | 2 183 | 2 227 | 2 272 | 2 316 | 2 361 | 2 405 | 2 450 | 2 494 | 2 539 |
| 54 | 1 725 | 2 157 | 2 201 | 2 246 | 2 291 | 2 336 | 2 381 | 2 426 | 2 471 | 2 516 | 2 561 |



Epaisseur : 0ᵐ **96** centimètres

0,96

163

| LONGUEUR | LARGEUR | | | | | | | | | |
|---|---|---|---|---|---|---|---|---|---|---|
| | 1,16 | 1,18 | 1,20 | 1,22 | 1,24 | 1,26 | 1,28 | 1,30 | 1,32 | 1,34 |
| 1,16 | 1 292 | | | | | | | | | |
| 18 | 1 314 | 1 337 | | | | | | | | |
| 1,20 | 1 336 | 1 359 | 1 382 | | | | | | | |
| 22 | 1 359 | 1 382 | 1 405 | 1 429 | | | | | | |
| 24 | 1 381 | 1 405 | 1 428 | 1 452 | 1 476 | | | | | |
| 26 | 1 403 | 1 427 | 1 452 | 1 476 | 1 500 | 1 524 | | | | |
| 28 | 1 425 | 1 450 | 1 475 | 1 499 | 1 524 | 1 548 | 1 573 | | | |
| 1,30 | 1 448 | 1 473 | 1 498 | 1 523 | 1 548 | 1 572 | 1 597 | 1 622 | | |
| 32 | 1 470 | 1 495 | 1 521 | 1 546 | 1 571 | 1 597 | 1 622 | 1 647 | 1 673 | |
| 34 | 1 492 | 1 518 | 1 544 | 1 569 | 1 595 | 1 621 | 1 647 | 1 672 | 1 698 | 1 724 |
| 36 | 1 514 | 1 541 | 1 567 | 1 593 | 1 619 | 1 645 | 1 671 | 1 697 | 1 723 | 1 750 |
| 38 | 1 537 | 1 563 | 1 590 | 1 616 | 1 643 | 1 669 | 1 696 | 1 722 | 1 749 | 1 775 |
| 1,40 | 1 559 | 1 586 | 1 613 | 1 640 | 1 667 | 1 693 | 1 720 | 1 747 | 1 774 | 1 801 |
| 42 | 1 581 | 1 609 | 1 636 | 1 663 | 1 690 | 1 718 | 1 745 | 1 772 | 1 799 | 1 827 |
| 44 | 1 604 | 1 631 | 1 659 | 1 687 | 1 714 | 1 742 | 1 769 | 1 797 | 1 825 | 1 852 |
| 46 | 1 626 | 1 654 | 1 682 | 1 710 | 1 738 | 1 766 | 1 794 | 1 822 | 1 850 | 1 878 |
| 48 | 1 648 | 1 677 | 1 705 | 1 733 | 1 762 | 1 790 | 1 819 | 1 847 | 1 875 | 1 904 |
| 1,50 | 1 670 | 1 699 | 1 728 | 1 757 | 1 786 | 1 814 | 1 843 | 1 872 | 1 901 | 1 930 |
| 52 | 1 693 | 1 722 | 1 751 | 1 780 | 1 809 | 1 839 | 1 868 | 1 897 | 1 926 | 1 955 |
| 54 | 1 715 | 1 745 | 1 774 | 1 804 | 1 833 | 1 863 | 1 892 | 1 922 | 1 951 | 1 981 |
| 56 | 1 737 | 1 767 | 1 797 | 1 827 | 1 857 | 1 887 | 1 917 | 1 947 | 1 977 | 2 007 |
| 58 | 1 759 | 1 790 | 1 820 | 1 850 | 1 881 | 1 911 | 1 941 | 1 972 | 2 002 | 2 033 |
| 1,60 | 1 782 | 1 812 | 1 843 | 1 874 | 1 905 | 1 935 | 1 966 | 1 997 | 2 028 | 2 058 |
| 62 | 1 804 | 1 835 | 1 866 | 1 897 | 1 928 | 1 960 | 1 991 | 2 022 | 2 053 | 2 084 |
| 64 | 1 826 | 1 858 | 1 889 | 1 921 | 1 952 | 1 984 | 2 015 | 2 047 | 2 078 | 2 110 |
| 66 | 1 848 | 1 880 | 1 912 | 1 944 | 1 976 | 2 008 | 2 040 | 2 072 | 2 104 | 2 135 |
| 68 | 1 871 | 1 903 | 1 935 | 1 968 | 2 000 | 2 032 | 2 064 | 2 097 | 2 129 | 2 161 |
| 1,70 | 1 893 | 1 926 | 1 958 | 1 991 | 2 024 | 2 056 | 2 089 | 2 122 | 2 154 | 2 187 |
| 72 | 1 915 | 1 948 | 1 981 | 2 014 | 2 047 | 2 081 | 2 114 | 2 147 | 2 180 | 2 213 |
| 74 | 1 938 | 1 971 | 2 004 | 2 038 | 2 071 | 2 105 | 2 138 | 2 172 | 2 205 | 2 238 |
| 76 | 1 960 | 1 994 | 2 028 | 2 061 | 2 095 | 2 129 | 2 163 | 2 196 | 2 230 | 2 264 |
| 78 | 1 982 | 2 016 | 2 051 | 2 085 | 2 119 | 2 153 | 2 187 | 2 221 | 2 256 | 2 290 |
| 1,80 | 2 004 | 2 039 | 2 074 | 2 108 | 2 143 | 2 177 | 2 212 | 2 246 | 2 281 | 2 316 |
| 82 | 2 027 | 2 062 | 2 097 | 2 132 | 2 167 | 2 201 | 2 236 | 2 271 | 2 306 | 2 341 |
| 84 | 2 049 | 2 084 | 2 120 | 2 155 | 2 190 | 2 226 | 2 261 | 2 296 | 2 332 | 2 367 |
| 86 | 2 071 | 2 107 | 2 143 | 2 178 | 2 214 | 2 250 | 2 286 | 2 321 | 2 357 | 2 393 |
| 88 | 2 094 | 2 130 | 2 166 | 2 202 | 2 238 | 2 274 | 2 310 | 2 346 | 2 382 | 2 418 |
| 1,90 | 2 116 | 2 152 | 2 189 | 2 225 | 2 262 | 2 298 | 2 335 | 2 371 | 2 408 | 2 444 |
| 92 | 2 138 | 2 175 | 2 212 | 2 249 | 2 286 | 2 322 | 2 359 | 2 396 | 2 433 | 2 470 |
| 94 | 2 160 | 2 198 | 2 235 | 2 272 | 2 309 | 2 347 | 2 384 | 2 421 | 2 458 | 2 496 |
| 96 | 2 183 | 2 220 | 2 258 | 2 296 | 2 333 | 2 371 | 2 408 | 2 446 | 2 484 | 2 521 |
| 98 | 2 205 | 2 243 | 2 281 | 2 319 | 2 357 | 2 395 | 2 433 | 2 471 | 2 509 | 2 547 |
| 2,— | 2 227 | 2 266 | 2 304 | 2 342 | 2 381 | 2 419 | 2 458 | 2 496 | 2 534 | 2 573 |
| 02 | 2 249 | 2 288 | 2 327 | 2 366 | 2 405 | 2 443 | 2 482 | 2 521 | 2 560 | 2 599 |
| 04 | 2 272 | 2 311 | 2 350 | 2 389 | 2 428 | 2 468 | 2 507 | 2 546 | 2 585 | 2 624 |
| 06 | 2 294 | 2 334 | 2 373 | 2 413 | 2 452 | 2 492 | 2 531 | 2 571 | 2 610 | 2 650 |
| 08 | 2 316 | 2 356 | 2 396 | 2 436 | 2 476 | 2 516 | 2 556 | 2 596 | 2 636 | 2 676 |
| 2,10 | 2 339 | 2 379 | 2 419 | 2 460 | 2 500 | 2 540 | 2 580 | 2 621 | 2 661 | 2 701 |
| 12 | 2 361 | 2 402 | 2 442 | 2 483 | 2 524 | 2 564 | 2 605 | 2 646 | 2 686 | 2 727 |
| 14 | 2 383 | 2 424 | 2 465 | 2 506 | 2 547 | 2 589 | 2 630 | 2 671 | 2 712 | 2 753 |
| 16 | 2 405 | 2 447 | 2 488 | 2 530 | 2 571 | 2 613 | 2 654 | 2 696 | 2 737 | 2 779 |
| 18 | 2 428 | 2 470 | 2 511 | 2 553 | 2 595 | 2 637 | 2 679 | 2 721 | 2 762 | 2 804 |
| 2,20 | 2 450 | 2 492 | 2 534 | 2 577 | 2 619 | 2 661 | 2 703 | 2 746 | 2 788 | 2 830 |
| 22 | 2 472 | 2 515 | 2 557 | 2 600 | 2 643 | 2 685 | 2 728 | 2 771 | 2 813 | 2 856 |
| 24 | 2 494 | 2 537 | 2 580 | 2 623 | 2 666 | 2 710 | 2 753 | 2 796 | 2 839 | 2 882 |
| 26 | 2 517 | 2 560 | 2 604 | 2 647 | 2 690 | 2 734 | 2 777 | 2 820 | 2 864 | 2 907 |
| 28 | 2 539 | 2 583 | 2 627 | 2 670 | 2 714 | 2 758 | 2 802 | 2 845 | 2 889 | 2 933 |
| 2,50 | 2 561 | 2 605 | 2 650 | 2 694 | 2 738 | 2 782 | 2 826 | 2 870 | 2 915 | 2 959 |
| 52 | 2 584 | 2 628 | 2 673 | 2 717 | 2 762 | 2 806 | 2 851 | 2 895 | 2 940 | 2 984 |
| 54 | 2 606 | 2 651 | 2 696 | 2 741 | 2 786 | 2 830 | 2 875 | 2 920 | 2 965 | 3 010 |

0,96—0,

| LONGUEUR | LARGEUR 1,36 | 1,38 | 1,40 | 1,42 | 1,44 | 1,46 | 1,48 | 1,50 | 1,52 | 1,54 |
|---|---|---|---|---|---|---|---|---|---|---|
| 1,36 | 1 776 | | | | | | | | | |
| 38 | 1 802 | 1 828 | | | | | | | | |
| 1,40 | 1 828 | 1 855 | 1 882 | | | | | | | |
| 42 | 1 854 | 1 881 | 1 908 | 1 936 | | | | | | |
| 44 | 1 880 | 1 908 | 1 935 | 1 963 | 1 991 | | | | | |
| 46 | 1 906 | 1 934 | 1 962 | 1 990 | 2 018 | 2 046 | | | | |
| 48 | 1 932 | 1 961 | 1 989 | 2 018 | 2 046 | 2 074 | 2 103 | | | |
| 1,50 | 1 958 | 1 987 | 2 016 | 2 045 | 2 074 | 2 102 | 2 131 | 2 160 | | |
| 52 | 1 985 | 2 014 | 2 043 | 2 072 | 2 101 | 2 130 | 2 160 | 2 189 | 2 218 | |
| 54 | 2 011 | 2 040 | 2 070 | 2 099 | 2 129 | 2 158 | 2 188 | 2 218 | 2 247 | 2 277 |
| 56 | 2 037 | 2 067 | 2 097 | 2 127 | 2 157 | 2 186 | 2 216 | 2 246 | 2 276 | 2 306 |
| 58 | 2 063 | 2 093 | 2 124 | 2 154 | 2 184 | 2 215 | 2 245 | 2 275 | 2 306 | 2 336 |
| 1,60 | 2 089 | 2 120 | 2 150 | 2 181 | 2 212 | 2 243 | 2 273 | 2 304 | 2 335 | 2 365 |
| 62 | 2 115 | 2 146 | 2 177 | 2 208 | 2 239 | 2 271 | 2 302 | 2 333 | 2 364 | 2 395 |
| 64 | 2 141 | 2 173 | 2 204 | 2 236 | 2 267 | 2 299 | 2 330 | 2 362 | 2 393 | 2 425 |
| 66 | 2 167 | 2 199 | 2 231 | 2 263 | 2 295 | 2 327 | 2 359 | 2 390 | 2 422 | 2 454 |
| 68 | 2 193 | 2 226 | 2 258 | 2 290 | 2 322 | 2 355 | 2 387 | 2 419 | 2 451 | 2 484 |
| 1,70 | 2 220 | 2 252 | 2 285 | 2 317 | 2 350 | 2 383 | 2 415 | 2 448 | 2 481 | 2 513 |
| 72 | 2 246 | 2 279 | 2 312 | 2 345 | 2 378 | 2 411 | 2 444 | 2 477 | 2 510 | 2 543 |
| 74 | 2 272 | 2 305 | 2 339 | 2 372 | 2 405 | 2 439 | 2 472 | 2 506 | 2 539 | 2 572 |
| 76 | 2 298 | 2 332 | 2 365 | 2 399 | 2 433 | 2 467 | 2 501 | 2 534 | 2 568 | 2 602 |
| 78 | 2 324 | 2 358 | 2 392 | 2 426 | 2 461 | 2 495 | 2 529 | 2 563 | 2 597 | 2 632 |
| 1,80 | 2 350 | 2 385 | 2 419 | 2 454 | 2 488 | 2 523 | 2 557 | 2 592 | 2 627 | 2 661 |
| 82 | 2 376 | 2 411 | 2 446 | 2 481 | 2 516 | 2 551 | 2 586 | 2 621 | 2 656 | 2 691 |
| 84 | 2 402 | 2 438 | 2 473 | 2 508 | 2 544 | 2 579 | 2 614 | 2 650 | 2 685 | 2 720 |
| 86 | 2 428 | 2 464 | 2 500 | 2 536 | 2 571 | 2 607 | 2 643 | 2 678 | 2 714 | 2 750 |
| 88 | 2 455 | 2 491 | 2 527 | 2 563 | 2 599 | 2 635 | 2 671 | 2 707 | 2 743 | 2 779 |
| 1,90 | 2 481 | 2 517 | 2 554 | 2 590 | 2 627 | 2 663 | 2 700 | 2 736 | 2 772 | 2 809 |
| 92 | 2 507 | 2 544 | 2 580 | 2 617 | 2 654 | 2 691 | 2 728 | 2 765 | 2 802 | 2 839 |
| 94 | 2 533 | 2 570 | 2 607 | 2 645 | 2 682 | 2 719 | 2 756 | 2 794 | 2 831 | 2 868 |
| 96 | 2 559 | 2 597 | 2 634 | 2 672 | 2 710 | 2 747 | 2 785 | 2 822 | 2 860 | 2 898 |
| 98 | 2 585 | 2 623 | 2 661 | 2 699 | 2 737 | 2 775 | 2 813 | 2 851 | 2 889 | 2 927 |
| 2,— | 2 611 | 2 650 | 2 688 | 2 726 | 2 765 | 2 803 | 2 842 | 2 880 | 2 918 | 2 957 |
| 02 | 2 637 | 2 676 | 2 715 | 2 754 | 2 792 | 2 831 | 2 870 | 2 909 | 2 948 | 2 986 |
| 04 | 2 663 | 2 703 | 2 742 | 2 781 | 2 820 | 2 859 | 2 898 | 2 938 | 2 977 | 3 016 |
| 06 | 2 690 | 2 729 | 2 769 | 2 808 | 2 848 | 2 887 | 2 927 | 2 966 | 3 006 | 3 046 |
| 08 | 2 716 | 2 756 | 2 796 | 2 835 | 2 875 | 2 915 | 2 955 | 2 995 | 3 035 | 3 075 |
| 2,10 | 2 742 | 2 782 | 2 822 | 2 863 | 2 903 | 2 943 | 2 984 | 3 024 | 3 064 | 3 105 |
| 12 | 2 768 | 2 809 | 2 849 | 2 890 | 2 931 | 2 971 | 3 012 | 3 053 | 3 094 | 3 134 |
| 14 | 2 794 | 2 835 | 2 876 | 2 917 | 2 958 | 2 999 | 3 041 | 3 082 | 3 123 | 3 164 |
| 16 | 2 820 | 2 862 | 2 903 | 2 945 | 2 986 | 3 027 | 3 069 | 3 110 | 3 152 | 3 193 |
| 18 | 2 846 | 2 888 | 2 930 | 2 972 | 3 014 | 3 055 | 3 097 | 3 139 | 3 181 | 3 223 |
| 2,20 | 2 872 | 2 915 | 2 957 | 2 999 | 3 041 | 3 084 | 3 126 | 3 168 | 3 210 | 3 252 |
| 22 | 2 898 | 2 941 | 2 984 | 3 026 | 3 069 | 3 112 | 3 154 | 3 197 | 3 239 | 3 282 |
| 24 | 2 925 | 2 968 | 3 011 | 3 054 | 3 097 | 3 140 | 3 183 | 3 226 | 3 269 | 3 312 |
| 26 | 2 951 | 2 994 | 3 037 | 3 081 | 3 124 | 3 168 | 3 211 | 3 254 | 3 298 | 3 341 |
| 28 | 2 977 | 3 021 | 3 064 | 3 108 | 3 152 | 3 196 | 3 239 | 3 283 | 3 327 | 3 371 |
| 2,30 | 3 003 | 3 047 | 3 091 | 3 135 | 3 180 | 3 224 | 3 268 | 3 312 | 3 356 | 3 400 |
| 32 | 3 029 | 3 074 | 3 118 | 3 163 | 3 207 | 3 252 | 3 296 | 3 341 | 3 385 | 3 430 |
| 34 | 3 055 | 3 100 | 3 145 | 3 190 | 3 235 | 3 280 | 3 325 | 3 370 | 3 415 | 3 459 |
| 36 | 3 081 | 3 127 | 3 172 | 3 217 | 3 262 | 3 308 | 3 353 | 3 398 | 3 444 | 3 489 |
| 38 | 3 107 | 3 153 | 3 199 | 3 244 | 3 290 | 3 336 | 3 382 | 3 427 | 3 473 | 3 519 |
| 2,40 | 3 133 | 3 180 | 3 226 | 3 272 | 3 318 | 3 364 | 3 410 | 3 456 | 3 502 | 3 548 |
| 42 | 3 160 | 3 206 | 3 252 | 3 299 | 3 345 | 3 392 | 3 438 | 3 485 | 3 531 | 3 578 |
| 44 | 3 186 | 3 233 | 3 279 | 3 326 | 3 373 | 3 420 | 3 467 | 3 514 | 3 560 | 3 607 |
| 46 | 3 212 | 3 259 | 3 306 | 3 353 | 3 401 | 3 448 | 3 495 | 3 542 | 3 590 | 3 637 |
| 48 | 3 238 | 3 286 | 3 333 | 3 381 | 3 428 | 3 476 | 3 524 | 3 571 | 3 619 | 3 666 |
| 2,50 | 3 264 | 3 312 | 3 360 | 3 408 | 3 456 | 3 504 | 3 552 | 3 600 | 3 648 | 3 696 |
| 52 | 3 290 | 3 338 | 3 387 | 3 435 | 3 484 | 3 532 | 3 580 | 3 629 | 3 677 | 3 726 |
| 54 | 3 316 | 3 365 | 3 414 | 3 463 | 3 511 | 3 560 | 3 609 | 3 658 | 3 706 | 3 755 |
| 56 | 3 342 | 3 391 | 3 441 | 3 490 | 3 539 | 3 588 | 3 637 | 3 686 | 3 736 | 3 785 |
| 58 | 3 368 | 3 418 | 3 468 | 3 517 | 3 567 | 3 616 | 3 666 | 3 715 | 3 765 | 3 814 |
| 2,60 | 3 395 | 3 444 | 3 494 | 3 544 | 3 594 | 3 644 | 3 694 | 3 744 | 3 794 | 3 844 |
| 62 | 3 421 | 3 471 | 3 521 | 3 572 | 3 622 | 3 672 | 3 722 | 3 773 | 3 823 | 3 873 |
| 64 | 3 447 | 3 497 | 3 548 | 3 599 | 3 650 | 3 700 | 3 751 | 3 802 | 3 852 | 3 903 |
| 66 | 3 473 | 3 524 | 3 575 | 3 626 | 3 677 | 3 728 | 3 779 | 3 830 | 3 881 | 3 933 |
| 68 | 3 499 | 3 550 | 3 602 | 3 653 | 3 705 | 3 756 | 3 808 | 3 859 | 3 911 | 3 962 |
| 2,70 | 3 525 | 3 577 | 3 629 | 3 681 | 3 732 | 3 784 | 3 836 | 3 888 | 3 940 | 3 992 |
| 72 | 3 551 | 3 603 | 3 656 | 3 708 | 3 760 | 3 812 | 3 865 | 3 917 | 3 969 | 4 021 |
| 74 | 3 577 | 3 630 | 3 683 | 3 735 | 3 788 | 3 840 | 3 893 | 3 946 | 3 998 | 4 051 |





| LONGUEUR | LARGEUR 1,56 | 1,58 | 1,60 | 1,62 | 1,64 | 1,66 | 1,68 | 1,70 | 1,72 | 1,74 |
|---|---|---|---|---|---|---|---|---|---|---|
| 1,56 | 2 336 | | | | | | | | | |
| 58 | 2 366 | 2 397 | | | | | | | | |
| 1,60 | 2 396 | 2 427 | 2 458 | | | | | | | |
| 62 | 2 426 | 2 457 | 2 488 | 2 519 | | | | | | |
| 64 | 2 456 | 2 488 | 2 519 | 2 551 | 2 582 | | | | | |
| 66 | 2 486 | 2 518 | 2 550 | 2 582 | 2 614 | 2 645 | | | | |
| 68 | 2 516 | 2 548 | 2 580 | 2 613 | 2 645 | 2 677 | 2 71 | | | |
| 1,70 | 2 546 | 2 579 | 2 611 | 2 644 | 2 676 | 2 709 | 2 742 | 2 774 | | |
| 72 | 2 576 | 2 609 | 2 642 | 2 675 | 2 708 | 2 741 | 2 774 | 2 807 | 2 840 | |
| 74 | 2 606 | 2 639 | 2 673 | 2 706 | 2 739 | 2 773 | 2 806 | 2 840 | 2 873 | 2 906 |
| 76 | 2 636 | 2 670 | 2 703 | 2 737 | 2 771 | 2 805 | 2 839 | 2 872 | 2 906 | 2 940 |
| 78 | 2 666 | 2 700 | 2 734 | 2 768 | 2 802 | 2 837 | 2 871 | 2 905 | 2 939 | 2 973 |
| 1,80 | 2 696 | 2 730 | 2 765 | 2 799 | 2 834 | 2 868 | 2 903 | 2 938 | 2 972 | 3 007 |
| 82 | 2 726 | 2 761 | 2 796 | 2 830 | 2 865 | 2 900 | 2 935 | 2 970 | 3 005 | 3 040 |
| 84 | 2 756 | 2 791 | 2 826 | 2 862 | 2 897 | 2 932 | 2 968 | 3 003 | 3 038 | 3 074 |
| 86 | 2 786 | 2 821 | 2 857 | 2 893 | 2 928 | 2 964 | 3 000 | 3 036 | 3 071 | 3 107 |
| 88 | 2 815 | 2 852 | 2 888 | 2 924 | 2 960 | 2 996 | 3 032 | 3 068 | 3 104 | 3 140 |
| 1,90 | 2 845 | 2 882 | 2 918 | 2 955 | 2 991 | 3 028 | 3 064 | 3 101 | 3 137 | 3 174 |
| 92 | 2 875 | 2 912 | 2 949 | 2 986 | 3 023 | 3 060 | 3 097 | 3 133 | 3 170 | 3 207 |
| 94 | 2 905 | 2 943 | 2 980 | 3 017 | 3 054 | 3 092 | 3 129 | 3 166 | 3 203 | 3 241 |
| 96 | 2 935 | 2 973 | 3 011 | 3 048 | 3 086 | 3 123 | 3 161 | 3 199 | 3 236 | 3 274 |
| 98 | 2 965 | 3 003 | 3 041 | 3 079 | 3 117 | 3 155 | 3 193 | 3 231 | 3 269 | 3 307 |
| 2,— | 2 995 | 3 034 | 3 072 | 3 110 | 3 149 | 3 187 | 3 226 | 3 264 | 3 302 | 3 341 |
| 02 | 3 025 | 3 064 | 3 103 | 3 142 | 3 180 | 3 219 | 3 258 | 3 297 | 3 335 | 3 374 |
| 04 | 3 055 | 3 094 | 3 133 | 3 173 | 3 212 | 3 251 | 3 290 | 3 329 | 3 368 | 3 408 |
| 06 | 3 085 | 3 125 | 3 164 | 3 204 | 3 243 | 3 283 | 3 322 | 3 362 | 3 401 | 3 441 |
| 08 | 3 115 | 3 155 | 3 195 | 3 235 | 3 275 | 3 315 | 3 355 | 3 395 | 3 434 | 3 474 |
| 2,10 | 3 145 | 3 185 | 3 226 | 3 266 | 3 306 | 3 347 | 3 387 | 3 427 | 3 468 | 3 508 |
| 12 | 3 175 | 3 216 | 3 256 | 3 297 | 3 338 | 3 378 | 3 419 | 3 460 | 3 501 | 3 541 |
| 14 | 3 205 | 3 246 | 3 287 | 3 328 | 3 369 | 3 410 | 3 451 | 3 492 | 3 534 | 3 575 |
| 16 | 3 235 | 3 276 | 3 318 | 3 359 | 3 401 | 3 442 | 3 484 | 3 525 | 3 567 | 3 608 |
| 18 | 3 265 | 3 307 | 3 348 | 3 390 | 3 432 | 3 474 | 3 516 | 3 558 | 3 600 | 3 641 |
| 2,20 | 3 295 | 3 337 | 3 379 | 3 421 | 3 464 | 3 506 | 3 548 | 3 590 | 3 633 | 3 675 |
| 22 | 3 325 | 3 367 | 3 410 | 3 453 | 3 495 | 3 538 | 3 580 | 3 623 | 3 666 | 3 708 |
| 24 | 3 355 | 3 398 | 3 441 | 3 484 | 3 527 | 3 570 | 3 613 | 3 656 | 3 699 | 3 742 |
| 26 | 3 385 | 3 428 | 3 471 | 3 515 | 3 558 | 3 602 | 3 645 | 3 688 | 3 732 | 3 775 |
| 28 | 3 415 | 3 458 | 3 502 | 3 546 | 3 590 | 3 633 | 3 677 | 3 721 | 3 765 | 3 809 |
| 2,30 | 3 444 | 3 489 | 3 533 | 3 577 | 3 621 | 3 665 | 3 709 | 3 754 | 3 798 | 3 842 |
| 32 | 3 474 | 3 519 | 3 564 | 3 608 | 3 653 | 3 697 | 3 742 | 3 786 | 3 831 | 3 875 |
| 34 | 3 504 | 3 549 | 3 594 | 3 639 | 3 684 | 3 729 | 3 774 | 3 819 | 3 864 | 3 909 |
| 36 | 3 534 | 3 580 | 3 625 | 3 670 | 3 716 | 3 761 | 3 806 | 3 852 | 3 897 | 3 942 |
| 38 | 3 564 | 3 610 | 3 656 | 3 701 | 3 747 | 3 793 | 3 838 | 3 884 | 3 930 | 3 976 |
| 2,40 | 3 594 | 3 640 | 3 686 | 3 732 | 3 779 | 3 825 | 3 871 | 3 917 | 3 963 | 4 009 |
| 42 | 3 624 | 3 671 | 3 717 | 3 764 | 3 810 | 3 857 | 3 903 | 3 949 | 3 996 | 4 042 |
| 44 | 3 654 | 3 701 | 3 748 | 3 795 | 3 842 | 3 888 | 3 935 | 3 982 | 4 020 | 4 070 |
| 46 | 3 684 | 3 731 | 3 779 | 3 826 | 3 873 | 3 920 | 3 967 | 4 015 | 4 062 | 4 109 |
| 48 | 3 714 | 3 762 | 3 809 | 3 857 | 3 905 | 3 952 | 4 000 | 4 047 | 4 095 | 4 143 |
| 2,50 | 3 744 | 3 792 | 3 840 | 3 888 | 3 936 | 3 984 | 4 032 | 4 080 | 4 128 | 4 176 |
| 52 | 3 774 | 3 822 | 3 871 | 3 919 | 3 967 | 4 016 | 4 064 | 4 113 | 4 161 | 4 209 |
| 54 | 3 804 | 3 853 | 3 901 | 3 950 | 3 999 | 4 048 | 4 097 | 4 145 | 4 194 | 4 243 |
| 56 | 3 834 | 3 883 | 3 932 | 3 981 | 4 030 | 4 080 | 4 129 | 4 178 | 4 227 | 4 276 |
| 58 | 3 864 | 3 913 | 3 963 | 4 012 | 4 062 | 4 111 | 4 161 | 4 211 | 4 260 | 4 310 |
| 2,60 | 3 894 | 3 944 | 3 994 | 4 044 | 4 093 | 4 143 | 4 193 | 4 243 | 4 293 | 4 343 |
| 62 | 3 924 | 3 974 | 4 024 | 4 075 | 4 125 | 4 175 | 4 226 | 4 276 | 4 326 | 4 376 |
| 64 | 3 954 | 4 004 | 4 055 | 4 106 | 4 156 | 4 207 | 4 258 | 4 308 | 4 359 | 4 410 |
| 66 | 3 984 | 4 035 | 4 086 | 4 137 | 4 188 | 4 239 | 4 290 | 4 341 | 4 392 | 4 443 |
| 68 | 4 014 | 4 065 | 4 116 | 4 168 | 4 219 | 4 271 | 4 322 | 4 374 | 4 425 | 4 477 |
| 2,70 | 4 044 | 4 095 | 4 147 | 4 199 | 4 251 | 4 303 | 4 355 | 4 406 | 4 458 | 4 510 |
| 72 | 4 073 | 4 126 | 4 178 | 4 230 | 4 282 | 4 335 | 4 387 | 4 439 | 4 491 | 4 543 |
| 74 | 4 103 | 4 156 | 4 209 | 4 261 | 4 314 | 4 366 | 4 419 | 4 472 | 4 524 | 4 577 |

| LONG. | FUTAILLES | 0,98 | 1,00 | 1,02 | 1,04 | 1,06 | 1,08 | 1,10 | 1,12 | 1,14 | 1,16 |
|---|---|---|---|---|---|---|---|---|---|---|---|
| 0,98 | 0 753 | 0 911 | | | | | | | | | |
| 1,— | 0 708 | 0 960 | 0 980 | | | | | | | | |
| 02 | 0 784 | 0 980 | 1 000 | 1 020 | | | | | | | |
| 04 | 0 799 | 0 999 | 1 019 | 1 040 | 1 060 | | | | | | |
| 06 | 0 815 | 1 018 | 1 039 | 1 060 | 1 080 | 1 101 | | | | | |
| 08 | 0 830 | 1 037 | 1 058 | 1 080 | 1 101 | 1 122 | 1 143 | | | | |
| 1,10 | 0 845 | 1 056 | 1 078 | 1 100 | 1 121 | 1 143 | 1 164 | 1 186 | | | |
| 12 | 0 861 | 1 076 | 1 098 | 1 120 | 1 142 | 1 163 | 1 185 | 1 207 | 1 229 | | |
| 14 | 0 876 | 1 095 | 1 117 | 1 140 | 1 162 | 1 184 | 1 207 | 1 229 | 1 251 | 1 274 | |
| 16 | 0 891 | 1 114 | 1 137 | 1 160 | 1 182 | 1 205 | 1 228 | 1 250 | 1 273 | 1 296 | 1 319 |
| 18 | 0 907 | 1 133 | 1 156 | 1 180 | 1 203 | 1 226 | 1 249 | 1 272 | 1 295 | 1 318 | 1 341 |
| 1,20 | 0 922 | 1 152 | 1 176 | 1 200 | 1 223 | 1 247 | 1 270 | 1 294 | 1 317 | 1 341 | 1 364 |
| 22 | 0 938 | 1 172 | 1 196 | 1 220 | 1 243 | 1 267 | 1 291 | 1 315 | 1 339 | 1 363 | 1 387 |
| 24 | 0 953 | 1 191 | 1 215 | 1 240 | 1 264 | 1 288 | 1 312 | 1 337 | 1 361 | 1 385 | 1 410 |
| 26 | 0 968 | 1 210 | 1 235 | 1 259 | 1 284 | 1 309 | 1 334 | 1 358 | 1 383 | 1 408 | 1 432 |
| 28 | 0 984 | 1 229 | 1 254 | 1 279 | 1 305 | 1 330 | 1 355 | 1 380 | 1 405 | 1 430 | 1 455 |
| 1,30 | 0 999 | 1 249 | 1 274 | 1 299 | 1 325 | 1 350 | 1 376 | 1 401 | 1 427 | 1 452 | 1 478 |
| 32 | 1 014 | 1 268 | 1 293 | 1 319 | 1 345 | 1 371 | 1 397 | 1 423 | 1 449 | 1 475 | 1 501 |
| 34 | 1 030 | 1 287 | 1 313 | 1 339 | 1 366 | 1 392 | 1 418 | 1 445 | 1 471 | 1 497 | 1 523 |
| 36 | 1 045 | 1 306 | 1 333 | 1 359 | 1 386 | 1 413 | 1 439 | 1 466 | 1 493 | 1 519 | 1 546 |
| 38 | 1 061 | 1 325 | 1 352 | 1 379 | 1 407 | 1 434 | 1 461 | 1 488 | 1 515 | 1 542 | 1 569 |
| 1,40 | 1 076 | 1 345 | 1 372 | 1 399 | 1 427 | 1 454 | 1 482 | 1 509 | 1 537 | 1 564 | 1 592 |
| 42 | 1 091 | 1 364 | 1 392 | 1 419 | 1 447 | 1 475 | 1 503 | 1 531 | 1 559 | 1 586 | 1 614 |
| 44 | 1 106 | 1 383 | 1 411 | 1 439 | 1 468 | 1 496 | 1 524 | 1 552 | 1 581 | 1 609 | 1 637 |
| 46 | 1 122 | 1 402 | 1 431 | 1 459 | 1 488 | 1 517 | 1 545 | 1 574 | 1 602 | 1 631 | 1 660 |
| 48 | 1 137 | 1 421 | 1 450 | 1 479 | 1 508 | 1 537 | 1 566 | 1 595 | 1 624 | 1 653 | 1 682 |
| 1,50 | 1 153 | 1 441 | 1 470 | 1 499 | 1 529 | 1 558 | 1 588 | 1 617 | 1 646 | 1 676 | 1 705 |
| 52 | 1 168 | 1 460 | 1 490 | 1 519 | 1 549 | 1 579 | 1 609 | 1 639 | 1 668 | 1 698 | 1 728 |
| 54 | 1 183 | 1 479 | 1 509 | 1 539 | 1 570 | 1 600 | 1 630 | 1 660 | 1 690 | 1 720 | 1 751 |
| 56 | 1 199 | 1 498 | 1 529 | 1 559 | 1 590 | 1 621 | 1 651 | 1 682 | 1 712 | 1 743 | 1 773 |
| 58 | 1 214 | 1 517 | 1 548 | 1 579 | 1 610 | 1 641 | 1 672 | 1 703 | 1 734 | 1 765 | 1 796 |
| 1,60 | 1 230 | 1 537 | 1 568 | 1 599 | 1 631 | 1 662 | 1 693 | 1 725 | 1 756 | 1 788 | 1 819 |
| 62 | 1 245 | 1 556 | 1 588 | 1 619 | 1 651 | 1 683 | 1 715 | 1 746 | 1 778 | 1 810 | 1 842 |
| 64 | 1 260 | 1 575 | 1 607 | 1 639 | 1 671 | 1 704 | 1 736 | 1 768 | 1 800 | 1 832 | 1 864 |
| 66 | 1 276 | 1 594 | 1 627 | 1 659 | 1 692 | 1 724 | 1 757 | 1 789 | 1 822 | 1 855 | 1 887 |
| 68 | 1 291 | 1 613 | 1 646 | 1 679 | 1 712 | 1 745 | 1 778 | 1 811 | 1 844 | 1 877 | 1 910 |
| 1,70 | 1 306 | 1 633 | 1 666 | 1 699 | 1 733 | 1 766 | 1 799 | 1 833 | 1 866 | 1 899 | 1 933 |
| 72 | 1 322 | 1 652 | 1 686 | 1 719 | 1 753 | 1 787 | 1 820 | 1 854 | 1 888 | 1 922 | 1 955 |
| 74 | 1 337 | 1 671 | 1 705 | 1 739 | 1 773 | 1 808 | 1 842 | 1 876 | 1 910 | 1 944 | 1 978 |
| 76 | 1 353 | 1 690 | 1 725 | 1 759 | 1 794 | 1 828 | 1 863 | 1 897 | 1 932 | 1 966 | 2 001 |
| 78 | 1 368 | 1 710 | 1 744 | 1 779 | 1 814 | 1 849 | 1 884 | 1 919 | 1 954 | 1 989 | 2 024 |
| 1,80 | 1 383 | 1 729 | 1 764 | 1 799 | 1 835 | 1 870 | 1 905 | 1 940 | 1 976 | 2 011 | 2 046 |
| 82 | 1 399 | 1 748 | 1 784 | 1 819 | 1 855 | 1 891 | 1 926 | 1 962 | 1 998 | 2 033 | 2 069 |
| 84 | 1 414 | 1 767 | 1 803 | 1 839 | 1 875 | 1 911 | 1 947 | 1 983 | 2 020 | 2 056 | 2 092 |
| 86 | 1 429 | 1 786 | 1 823 | 1 859 | 1 896 | 1 932 | 1 969 | 2 005 | 2 042 | 2 078 | 2 114 |
| 88 | 1 445 | 1 806 | 1 842 | 1 879 | 1 916 | 1 953 | 1 990 | 2 027 | 2 063 | 2 100 | 2 137 |
| 1,90 | 1 460 | 1 825 | 1 862 | 1 899 | 1 936 | 1 974 | 2 011 | 2 048 | 2 085 | 2 123 | 2 160 |
| 92 | 1 475 | 1 844 | 1 882 | 1 919 | 1 957 | 1 994 | 2 032 | 2 070 | 2 107 | 2 145 | 2 183 |
| 94 | 1 491 | 1 863 | 1 901 | 1 939 | 1 977 | 2 015 | 2 053 | 2 091 | 2 129 | 2 167 | 2 205 |
| 96 | 1 506 | 1 882 | 1 921 | 1 959 | 1 998 | 2 036 | 2 074 | 2 113 | 2 151 | 2 190 | 2 228 |
| 98 | 1 522 | 1 902 | 1 940 | 1 979 | 2 018 | 2 057 | 2 096 | 2 134 | 2 173 | 2 212 | 2 251 |
| 2,— | 1 537 | 1 921 | 1 960 | 1 999 | 2 038 | 2 078 | 2 117 | 2 156 | 2 195 | 2 234 | 2 274 |
| 02 | 1 552 | 1 940 | 1 980 | 2 019 | 2 059 | 2 098 | 2 138 | 2 178 | 2 217 | 2 257 | 2 296 |
| 04 | 1 568 | 1 959 | 1 999 | 2 039 | 2 079 | 2 119 | 2 159 | 2 199 | 2 239 | 2 279 | 2 319 |
| 06 | 1 583 | 1 978 | 2 019 | 2 059 | 2 100 | 2 140 | 2 180 | 2 221 | 2 261 | 2 301 | 2 342 |
| 08 | 1 598 | 1 998 | 2 038 | 2 079 | 2 120 | 2 161 | 2 201 | 2 242 | 2 283 | 2 324 | 2 365 |
| 2,10 | 1 614 | 2 017 | 2 058 | 2 099 | 2 140 | 2 181 | 2 223 | 2 264 | 2 305 | 2 346 | 2 387 |
| 12 | 1 629 | 2 036 | 2 078 | 2 119 | 2 161 | 2 202 | 2 244 | 2 285 | 2 327 | 2 368 | 2 410 |
| 14 | 1 645 | 2 055 | 2 097 | 2 139 | 2 181 | 2 223 | 2 265 | 2 307 | 2 349 | 2 391 | 2 433 |
| 16 | 1 660 | 2 074 | 2 117 | 2 159 | 2 201 | 2 244 | 2 286 | 2 328 | 2 371 | 2 413 | 2 455 |
| 18 | 1 675 | 2 094 | 2 136 | 2 179 | 2 222 | 2 265 | 2 307 | 2 350 | 2 393 | 2 435 | 2 478 |
| 2,20 | 1 691 | 2 113 | 2 156 | 2 199 | 2 242 | 2 285 | 2 328 | 2 372 | 2 415 | 2 458 | 2 501 |
| 22 | 1 706 | 2 132 | 2 176 | 2 219 | 2 263 | 2 306 | 2 350 | 2 393 | 2 437 | 2 480 | 2 524 |
| 24 | 1 721 | 2 151 | 2 195 | 2 239 | 2 283 | 2 327 | 2 371 | 2 415 | 2 459 | 2 503 | 2 546 |
| 26 | 1 737 | 2 171 | 2 215 | 2 259 | 2 303 | 2 348 | 2 392 | 2 436 | 2 481 | 2 525 | 2 569 |
| 28 | 1 752 | 2 190 | 2 234 | 2 279 | 2 324 | 2 368 | 2 413 | 2 458 | 2 503 | 2 547 | 2 592 |
| 2,30 | 1 767 | 2 209 | 2 254 | 2 299 | 2 344 | 2 389 | 2 434 | 2 479 | 2 524 | 2 570 | 2 615 |
| 32 | 1 783 | 2 228 | 2 274 | 2 319 | 2 365 | 2 410 | 2 455 | 2 501 | 2 546 | 2 592 | 2 637 |
| 34 | 1 798 | 2 247 | 2 293 | 2 339 | 2 385 | 2 431 | 2 477 | 2 523 | 2 568 | 2 614 | 2 660 |
| 36 | 1 814 | 2 267 | 2 313 | 2 359 | 2 405 | 2 452 | 2 498 | 2 544 | 2 590 | 2 636 | 2 683 |





| LONGUEUR | 1,18 | 1,20 | 1,22 | 1,24 | 1,26 | 1,28 | 1,30 | 1,32 | 1,34 | 1,36 |
|---|---|---|---|---|---|---|---|---|---|---|
| 1,18 | 1 365 | | | | | | | | | |
| 1,20 | 1 388 | 1 411 | | | | | | | | |
| 22 | 1 411 | 1 435 | 1 459 | | | | | | | |
| 24 | 1 434 | 1 458 | 1 483 | 1 507 | | | | | | |
| 26 | 1 457 | 1 482 | 1 506 | 1 531 | 1 556 | | | | | |
| 28 | 1 480 | 1 505 | 1 530 | 1 555 | 1 581 | 1 606 | | | | |
| 1,30 | 1 503 | 1 529 | 1 554 | 1 580 | 1 605 | 1 631 | 1 656 | | | |
| 32 | 1 526 | 1 552 | 1 578 | 1 604 | 1 630 | 1 656 | 1 682 | 1 708 | | |
| 34 | 1 550 | 1 576 | 1 602 | 1 628 | 1 655 | 1 681 | 1 707 | 1 733 | 1 760 | |
| 36 | 1 573 | 1 599 | 1 626 | 1 653 | 1 679 | 1 706 | 1 733 | 1 759 | 1 786 | 1 813 |
| 38 | 1 596 | 1 623 | 1 650 | 1 677 | 1 704 | 1 731 | 1 758 | 1 785 | 1 812 | 1 839 |
| 1,40 | 1 619 | 1 646 | 1 674 | 1 701 | 1 729 | 1 756 | 1 784 | 1 811 | 1 838 | 1 866 |
| 42 | 1 642 | 1 670 | 1 698 | 1 726 | 1 753 | 1 781 | 1 809 | 1 837 | 1 865 | 1 893 |
| 44 | 1 665 | 1 693 | 1 722 | 1 750 | 1 778 | 1 806 | 1 835 | 1 863 | 1 891 | 1 919 |
| 46 | 1 688 | 1 717 | 1 746 | 1 774 | 1 803 | 1 831 | 1 860 | 1 889 | 1 917 | 1 946 |
| 48 | 1 711 | 1 740 | 1 769 | 1 798 | 1 828 | 1 857 | 1 886 | 1 915 | 1 944 | 1 973 |
| 1,50 | 1 735 | 1 764 | 1 793 | 1 823 | 1 852 | 1 882 | 1 911 | 1 940 | 1 970 | 1 999 |
| 52 | 1 758 | 1 788 | 1 817 | 1 847 | 1 877 | 1 907 | 1 936 | 1 966 | 1 996 | 2 026 |
| 54 | 1 781 | 1 811 | 1 841 | 1 871 | 1 902 | 1 932 | 1 962 | 1 992 | 2 022 | 2 053 |
| 56 | 1 804 | 1 835 | 1 865 | 1 896 | 1 926 | 1 957 | 1 987 | 2 018 | 2 049 | 2 079 |
| 58 | 1 827 | 1 858 | 1 889 | 1 920 | 1 951 | 1 982 | 2 013 | 2 044 | 2 075 | 2 106 |
| 1,60 | 1 850 | 1 882 | 1 913 | 1 944 | 1 976 | 2 007 | 2 038 | 2 070 | 2 101 | 2 132 |
| 62 | 1 873 | 1 905 | 1 937 | 1 969 | 2 000 | 2 032 | 2 064 | 2 096 | 2 127 | 2 159 |
| 64 | 1 896 | 1 929 | 1 961 | 1 993 | 2 025 | 2 057 | 2 089 | 2 122 | 2 154 | 2 186 |
| 66 | 1 920 | 1 952 | 1 985 | 2 017 | 2 050 | 2 082 | 2 115 | 2 147 | 2 180 | 2 212 |
| 68 | 1 943 | 1 976 | 2 009 | 2 042 | 2 074 | 2 107 | 2 140 | 2 173 | 2 206 | 2 230 |
| 1,70 | 1 966 | 1 999 | 2 033 | 2 066 | 2 099 | 2 132 | 2 166 | 2 199 | 2 232 | 2 266 |
| 72 | 1 989 | 2 023 | 2 056 | 2 090 | 2 124 | 2 158 | 2 191 | 2 225 | 2 259 | 2 292 |
| 74 | 2 012 | 2 046 | 2 080 | 2 114 | 2 149 | 2 183 | 2 217 | 2 251 | 2 285 | 2 319 |
| 76 | 2 035 | 2 070 | 2 104 | 2 139 | 2 173 | 2 208 | 2 242 | 2 277 | 2 311 | 2 346 |
| 78 | 2 058 | 2 093 | 2 128 | 2 163 | 2 198 | 2 233 | 2 268 | 2 303 | 2 337 | 2 372 |
| 1,80 | 2 082 | 2 117 | 2 152 | 2 187 | 2 223 | 2 258 | 2 293 | 2 328 | 2 364 | 2 399 |
| 82 | 2 105 | 2 140 | 2 176 | 2 212 | 2 247 | 2 283 | 2 319 | 2 354 | 2 390 | 2 426 |
| 84 | 2 128 | 2 164 | 2 200 | 2 236 | 2 272 | 2 308 | 2 344 | 2 380 | 2 416 | 2 452 |
| 86 | 2 151 | 2 187 | 2 224 | 2 260 | 2 297 | 2 333 | 2 370 | 2 406 | 2 443 | 2 479 |
| 88 | 2 174 | 2 211 | 2 248 | 2 285 | 2 321 | 2 358 | 2 395 | 2 432 | 2 469 | 2 506 |
| 1,90 | 2 197 | 2 234 | 2 272 | 2 309 | 2 346 | 2 383 | 2 421 | 2 458 | 2 495 | 2 532 |
| 92 | 2 220 | 2 258 | 2 296 | 2 333 | 2 371 | 2 408 | 2 446 | 2 484 | 2 521 | 2 559 |
| 94 | 2 243 | 2 281 | 2 319 | 2 357 | 2 396 | 2 434 | 2 472 | 2 510 | 2 548 | 2 586 |
| 96 | 2 267 | 2 305 | 2 343 | 2 382 | 2 420 | 2 459 | 2 497 | 2 535 | 2 574 | 2 612 |
| 98 | 2 290 | 2 328 | 2 367 | 2 406 | 2 445 | 2 481 | 2 523 | 2 561 | 2 600 | 2 639 |
| 2,— | 2 313 | 2 352 | 2 391 | 2 430 | 2 470 | 2 509 | 2 548 | 2 587 | 2 626 | 2 666 |
| 02 | 2 336 | 2 376 | 2 415 | 2 455 | 2 491 | 2 534 | 2 573 | 2 613 | 2 653 | 2 692 |
| 04 | 2 359 | 2 399 | 2 439 | 2 479 | 2 519 | 2 559 | 2 599 | 2 639 | 2 679 | 2 719 |
| 06 | 2 382 | 2 423 | 2 463 | 2 503 | 2 544 | 2 584 | 2 624 | 2 665 | 2 705 | 2 746 |
| 08 | 2 405 | 2 446 | 2 487 | 2 528 | 2 568 | 2 609 | 2 650 | 2 691 | 2 731 | 2 772 |
| 2,10 | 2 428 | 2 470 | 2 511 | 2 552 | 2 593 | 2 634 | 2 675 | 2 717 | 2 758 | 2 799 |
| 12 | 2 452 | 2 493 | 2 535 | 2 576 | 2 618 | 2 659 | 2 701 | 2 742 | 2 784 | 2 826 |
| 14 | 2 475 | 2 517 | 2 559 | 2 601 | 2 642 | 2 684 | 2 726 | 2 768 | 2 810 | 2 852 |
| 16 | 2 498 | 2 540 | 2 582 | 2 625 | 2 667 | 2 710 | 2 752 | 2 794 | 2 837 | 2 879 |
| 18 | 2 521 | 2 564 | 2 606 | 2 649 | 2 692 | 2 735 | 2 777 | 2 820 | 2 863 | 2 906 |
| 2,20 | 2 544 | 2 587 | 2 630 | 2 673 | 2 717 | 2 760 | 2 803 | 2 846 | 2 889 | 2 932 |
| 22 | 2 567 | 2 611 | 2 654 | 2 698 | 2 741 | 2 785 | 2 828 | 2 872 | 2 915 | 2 958 |
| 24 | 2 590 | 2 634 | 2 678 | 2 722 | 2 766 | 2 810 | 2 854 | 2 898 | 2 942 | 2 985 |
| 26 | 2 613 | 2 658 | 2 702 | 2 746 | 2 791 | 2 835 | 2 879 | 2 924 | 2 968 | 3 012 |
| 28 | 2 637 | 2 681 | 2 726 | 2 771 | 2 815 | 2 860 | 2 905 | 2 949 | 2 994 | 3 039 |
| 2,30 | 2 660 | 2 705 | 2 750 | 2 795 | 2 840 | 2 885 | 2 930 | 2 975 | 3 020 | 3 065 |
| 32 | 2 683 | 2 728 | 2 774 | 2 819 | 2 865 | 2 910 | 2 956 | 3 001 | 3 047 | 3 092 |
| 34 | 2 706 | 2 752 | 2 798 | 2 844 | 2 889 | 2 935 | 2 981 | 3 027 | 3 073 | 3 119 |
| 36 | 2 729 | 2 775 | 2 822 | 2 868 | 2 914 | 2 960 | 3 007 | 3 053 | 3 099 | 3 145 |

| LONGUEUR | 1,38 | 1,40 | 1,42 | 1,44 | 1,46 | 1,48 | 1,50 | 1,52 | 1,54 | 1,56 |
|---|---|---|---|---|---|---|---|---|---|---|
| 1,38 | 1 866 | | | | | | | | | |
| 1,40 | 1 893 | 1 921 | | | | | | | | |
| 42 | 1 920 | 1 948 | 1 976 | | | | | | | |
| 44 | 1 947 | 1 976 | 2 004 | 2 032 | | | | | | |
| 46 | 1 975 | 2 003 | 2 032 | 2 060 | 2 089 | | | | | |
| 48 | 2 002 | 2 031 | 2 060 | 2 089 | 2 118 | 2 147 | | | | |
| 1,50 | 2 029 | 2 058 | 2 087 | 2 117 | 2 146 | 2 176 | 2 205 | | | |
| 52 | 2 056 | 2 085 | 2 115 | 2 145 | 2 175 | 2 205 | 2 234 | 2 264 | | |
| 54 | 2 083 | 2 113 | 2 143 | 2 173 | 2 203 | 2 234 | 2 261 | 2 294 | 2 324 | |
| 56 | 2 110 | 2 140 | 2 171 | 2 201 | 2 232 | 2 263 | 2 293 | 2 324 | 2 354 | 2 385 |
| 58 | 2 137 | 2 168 | 2 199 | 2 230 | 2 261 | 2 292 | 2 323 | 2 354 | 2 385 | 2 416 |
| 1,60 | 2 164 | 2 195 | 2 227 | 2 258 | 2 289 | 2 321 | 2 352 | 2 383 | 2 415 | 2 446 |
| 62 | 2 191 | 2 223 | 2 254 | 2 286 | 2 318 | 2 350 | 2 381 | 2 413 | 2 445 | 2 477 |
| 64 | 2 218 | 2 250 | 2 282 | 2 314 | 2 347 | 2 379 | 2 411 | 2 443 | 2 475 | 2 507 |
| 66 | 2 245 | 2 278 | 2 310 | 2 343 | 2 375 | 2 408 | 2 440 | 2 473 | 2 505 | 2 538 |
| 68 | 2 272 | 2 305 | 2 338 | 2 371 | 2 404 | 2 437 | 2 470 | 2 503 | 2 535 | 2 568 |
| 1,70 | 2 299 | 2 332 | 2 366 | 2 399 | 2 432 | 2 466 | 2 499 | 2 532 | 2 566 | 2 599 |
| 72 | 2 326 | 2 360 | 2 394 | 2 427 | 2 461 | 2 495 | 2 528 | 2 562 | 2 596 | 2 630 |
| 74 | 2 353 | 2 387 | 2 421 | 2 455 | 2 490 | 2 524 | 2 558 | 2 592 | 2 626 | 2 660 |
| 76 | 2 380 | 2 415 | 2 449 | 2 484 | 2 518 | 2 553 | 2 587 | 2 622 | 2 656 | 2 691 |
| 78 | 2 407 | 2 442 | 2 477 | 2 512 | 2 547 | 2 582 | 2 617 | 2 651 | 2 686 | 2 721 |
| 1,80 | 2 434 | 2 470 | 2 505 | 2 540 | 2 575 | 2 611 | 2 646 | 2 681 | 2 717 | 2 752 |
| 82 | 2 461 | 2 497 | 2 533 | 2 568 | 2 604 | 2 640 | 2 675 | 2 711 | 2 747 | 2 782 |
| 84 | 2 488 | 2 524 | 2 561 | 2 597 | 2 633 | 2 669 | 2 705 | 2 741 | 2 777 | 2 813 |
| 86 | 2 515 | 2 552 | 2 588 | 2 625 | 2 661 | 2 698 | 2 734 | 2 771 | 2 807 | 2 844 |
| 88 | 2 543 | 2 579 | 2 616 | 2 653 | 2 690 | 2 727 | 2 764 | 2 800 | 2 837 | 2 874 |
| 1,90 | 2 570 | 2 607 | 2 644 | 2 681 | 2 719 | 2 756 | 2 793 | 2 830 | 2 867 | 2 905 |
| 92 | 2 597 | 2 634 | 2 672 | 2 710 | 2 747 | 2 785 | 2 822 | 2 860 | 2 898 | 2 935 |
| 94 | 2 624 | 2 662 | 2 700 | 2 738 | 2 776 | 2 814 | 2 852 | 2 890 | 2 928 | 2 966 |
| 96 | 2 651 | 2 689 | 2 728 | 2 766 | 2 804 | 2 843 | 2 881 | 2 920 | 2 958 | 2 996 |
| 98 | 2 678 | 2 717 | 2 755 | 2 794 | 2 833 | 2 872 | 2 911 | 2 949 | 2 988 | 3 027 |
| 2,— | 2 705 | 2 744 | 2 783 | 2 822 | 2 862 | 2 901 | 2 940 | 2 979 | 3 018 | 3 058 |
| 02 | 2 732 | 2 771 | 2 811 | 2 851 | 2 890 | 2 930 | 2 969 | 3 009 | 3 049 | 3 088 |
| 04 | 2 759 | 2 799 | 2 839 | 2 879 | 2 919 | 2 959 | 2 999 | 3 039 | 3 079 | 3 119 |
| 06 | 2 786 | 2 826 | 2 867 | 2 907 | 2 947 | 2 988 | 3 028 | 3 069 | 3 109 | 3 149 |
| 08 | 2 813 | 2 854 | 2 895 | 2 935 | 2 976 | 3 017 | 3 058 | 3 098 | 3 139 | 3 180 |
| 2,10 | 2 840 | 2 881 | 2 922 | 2 964 | 3 005 | 3 046 | 3 087 | 3 128 | 3 169 | 3 210 |
| 12 | 2 867 | 2 909 | 2 950 | 2 992 | 3 033 | 3 075 | 3 116 | 3 158 | 3 200 | 3 241 |
| 14 | 2 894 | 2 936 | 2 978 | 3 020 | 3 062 | 3 104 | 3 146 | 3 188 | 3 230 | 3 272 |
| 16 | 2 921 | 2 964 | 3 006 | 3 048 | 3 091 | 3 133 | 3 175 | 3 218 | 3 260 | 3 302 |
| 18 | 2 948 | 2 991 | 3 034 | 3 076 | 3 119 | 3 162 | 3 205 | 3 247 | 3 290 | 3 333 |
| 2,20 | 2 975 | 3 018 | 3 062 | 3 105 | 3 148 | 3 191 | 3 234 | 3 277 | 3 320 | 3 363 |
| 22 | 3 002 | 3 046 | 3 089 | 3 133 | 3 176 | 3 220 | 3 263 | 3 307 | 3 350 | 3 394 |
| 24 | 3 029 | 3 073 | 3 117 | 3 161 | 3 205 | 3 249 | 3 293 | 3 337 | 3 381 | 3 425 |
| 26 | 3 056 | 3 101 | 3 145 | 3 189 | 3 234 | 3 278 | 3 322 | 3 367 | 3 411 | 3 455 |
| 28 | 3 083 | 3 128 | 3 173 | 3 218 | 3 262 | 3 307 | 3 352 | 3 396 | 3 441 | 3 486 |
| 2,30 | 3 111 | 3 156 | 3 201 | 3 246 | 3 291 | 3 336 | 3 381 | 3 426 | 3 471 | 3 516 |
| 32 | 3 138 | 3 183 | 3 229 | 3 274 | 3 319 | 3 365 | 3 410 | 3 456 | 3 501 | 3 547 |
| 34 | 3 165 | 3 210 | 3 256 | 3 302 | 3 348 | 3 394 | 3 440 | 3 486 | 3 532 | 3 577 |
| 36 | 3 192 | 3 238 | 3 284 | 3 330 | 3 377 | 3 423 | 3 469 | 3 515 | 3 562 | 3 608 |
| 38 | 3 219 | 3 265 | 3 312 | 3 359 | 3 405 | 3 452 | 3 499 | 3 545 | 3 592 | 3 639 |
| 2,40 | 3 246 | 3 293 | 3 340 | 3 387 | 3 434 | 3 481 | 3 528 | 3 575 | 3 622 | 3 669 |
| 42 | 3 273 | 3 320 | 3 368 | 3 415 | 3 463 | 3 510 | 3 557 | 3 605 | 3 652 | 3 700 |
| 44 | 3 300 | 3 348 | 3 396 | 3 443 | 3 491 | 3 539 | 3 587 | 3 635 | 3 682 | 3 730 |
| 46 | 3 327 | 3 375 | 3 423 | 3 472 | 3 520 | 3 568 | 3 616 | 3 664 | 3 713 | 3 761 |
| 48 | 3 354 | 3 403 | 3 451 | 3 500 | 3 548 | 3 597 | 3 646 | 3 694 | 3 743 | 3 791 |
| 2,50 | 3 381 | 3 430 | 3 479 | 3 528 | 3 577 | 3 626 | 3 675 | 3 724 | 3 773 | 3 822 |
| 52 | 3 408 | 3 457 | 3 507 | 3 556 | 3 606 | 3 655 | 3 704 | 3 754 | 3 803 | 3 853 |
| 54 | 3 435 | 3 485 | 3 535 | 3 584 | 3 634 | 3 684 | 3 734 | 3 784 | 3 833 | 3 883 |
| 56 | 3 462 | 3 512 | 3 562 | 3 613 | 3 663 | 3 713 | 3 763 | 3 813 | 3 864 | 3 914 |
| 58 | 3 489 | 3 540 | 3 590 | 3 641 | 3 691 | 3 742 | 3 793 | 3 843 | 3 894 | 3 944 |
| 2,60 | 3 516 | 3 567 | 3 618 | 3 669 | 3 720 | 3 771 | 3 822 | 3 873 | 3 924 | 3 975 |
| 62 | 3 543 | 3 595 | 3 646 | 3 697 | 3 749 | 3 800 | 3 851 | 3 903 | 3 954 | 4 005 |
| 64 | 3 570 | 3 622 | 3 674 | 3 726 | 3 777 | 3 829 | 3 881 | 3 933 | 3 984 | 4 036 |
| 66 | 3 597 | 3 650 | 3 702 | 3 754 | 3 806 | 3 858 | 3 910 | 3 962 | 4 014 | 4 066 |
| 68 | 3 624 | 3 677 | 3 729 | 3 782 | 3 835 | 3 887 | 3 940 | 3 992 | 4 045 | 4 097 |
| 2,70 | 3 651 | 3 704 | 3 757 | 3 810 | 3 863 | 3 916 | 3 969 | 4 022 | 4 075 | 4 128 |
| 72 | 3 679 | 3 732 | 3 785 | 3 838 | 3 892 | 3 945 | 3 998 | 4 052 | 4 105 | 4 158 |
| 74 | 3 706 | 3 759 | 3 813 | 3 867 | 3 920 | 3 974 | 4 028 | 4 082 | 4 135 | 4 189 |
| 76 | 3 733 | 3 787 | 3 841 | 3 895 | 3 949 | 4 003 | 4 057 | 4 111 | 4 165 | 4 210 |



| LONGUEUR | 1,58 | 1,60 | 1,62 | 1,64 | 1,66 | 1,68 | 1,70 | 1,72 | 1,74 | 1,76 |
|---|---|---|---|---|---|---|---|---|---|---|
| 1,58 | 2 446 | | | | | | | | | |
| 1,60 | 2 477 | 2 509 | | | | | | | | |
| 62 | 2 508 | 2 540 | 2 572 | | | | | | | |
| 64 | 2 539 | 2 572 | 2 604 | 2 636 | | | | | | |
| 66 | 2 570 | 2 603 | 2 635 | 2 668 | 2 700 | | | | | |
| 68 | 2 601 | 2 634 | 2 667 | 2 700 | 2 733 | 2 766 | | | | |
| 1,70 | 2 632 | 2 666 | 2 699 | 2 732 | 2 766 | 2 799 | 2 832 | | | |
| 72 | 2 663 | 2 697 | 2 731 | 2 764 | 2 798 | 2 832 | 2 866 | 2 890 | | |
| 74 | 2 694 | 2 728 | 2 762 | 2 797 | 2 831 | 2 865 | 2 899 | 2 933 | 2 967 | |
| 76 | 2 725 | 2 760 | 2 794 | 2 829 | 2 863 | 2 898 | 2 932 | 2 967 | 3 001 | 3 036 |
| 78 | 2 756 | 2 791 | 2 826 | 2 861 | 2 896 | 2 931 | 2 965 | 3 000 | 3 035 | 3 070 |
| 1,80 | 2 787 | 2 822 | 2 858 | 2 893 | 2 928 | 2 964 | 2 999 | 3 034 | 3 069 | 3 105 |
| 82 | 2 818 | 2 854 | 2 889 | 2 925 | 2 961 | 2 996 | 3 032 | 3 068 | 3 103 | 3 139 |
| 84 | 2 849 | 2 885 | 2 921 | 2 957 | 2 993 | 3 029 | 3 065 | 3 102 | 3 138 | 3 174 |
| 86 | 2 880 | 2 916 | 2 953 | 2 989 | 3 026 | 3 062 | 3 099 | 3 135 | 3 172 | 3 208 |
| 88 | 2 911 | 2 948 | 2 985 | 3 022 | 3 058 | 3 095 | 3 132 | 3 169 | 3 206 | 3 243 |
| 1,90 | 2 942 | 2 979 | 3 016 | 3 054 | 3 091 | 3 128 | 3 165 | 3 203 | 3 240 | 3 277 |
| 92 | 2 973 | 3 011 | 3 048 | 3 086 | 3 123 | 3 161 | 3 199 | 3 236 | 3 274 | 3 312 |
| 94 | 3 004 | 3 042 | 3 080 | 3 118 | 3 156 | 3 194 | 3 232 | 3 270 | 3 308 | 3 346 |
| 96 | 3 035 | 3 073 | 3 112 | 3 150 | 3 189 | 3 227 | 3 265 | 3 304 | 3 342 | 3 381 |
| 98 | 3 066 | 3 105 | 3 143 | 3 182 | 3 221 | 3 260 | 3 299 | 3 337 | 3 376 | 3 415 |
| 2,— | 3 097 | 3 136 | 3 175 | 3 214 | 3 254 | 3 293 | 3 332 | 3 371 | 3 410 | 3 450 |
| 02 | 3 128 | 3 167 | 3 207 | 3 247 | 3 286 | 3 326 | 3 365 | 3 405 | 3 445 | 3 484 |
| 04 | 3 159 | 3 199 | 3 239 | 3 279 | 3 319 | 3 359 | 3 399 | 3 439 | 3 479 | 3 519 |
| 06 | 3 190 | 3 230 | 3 270 | 3 311 | 3 351 | 3 392 | 3 432 | 3 472 | 3 513 | 3 553 |
| 08 | 3 221 | 3 261 | 3 302 | 3 343 | 3 384 | 3 425 | 3 465 | 3 506 | 3 547 | 3 588 |
| 2,10 | 3 252 | 3 293 | 3 334 | 3 375 | 3 416 | 3 457 | 3 499 | 3 540 | 3 581 | 3 622 |
| 12 | 3 283 | 3 324 | 3 366 | 3 407 | 3 449 | 3 490 | 3 532 | 3 573 | 3 615 | 3 657 |
| 14 | 3 314 | 3 356 | 3 397 | 3 439 | 3 481 | 3 523 | 3 565 | 3 607 | 3 649 | 3 691 |
| 16 | 3 345 | 3 387 | 3 429 | 3 472 | 3 514 | 3 556 | 3 599 | 3 641 | 3 683 | 3 726 |
| 18 | 3 376 | 3 418 | 3 461 | 3 504 | 3 546 | 3 589 | 3 632 | 3 675 | 3 717 | 3 760 |
| 2,20 | 3 406 | 3 450 | 3 493 | 3 536 | 3 579 | 3 622 | 3 665 | 3 708 | 3 751 | 3 795 |
| 22 | 3 437 | 3 481 | 3 524 | 3 568 | 3 611 | 3 655 | 3 699 | 3 742 | 3 786 | 3 829 |
| 24 | 3 468 | 3 512 | 3 556 | 3 600 | 3 644 | 3 688 | 3 732 | 3 776 | 3 820 | 3 864 |
| 26 | 3 499 | 3 544 | 3 588 | 3 632 | 3 677 | 3 721 | 3 765 | 3 809 | 3 854 | 3 898 |
| 28 | 3 530 | 3 575 | 3 620 | 3 664 | 3 709 | 3 754 | 3 798 | 3 843 | 3 888 | 3 933 |
| 2,30 | 3 561 | 3 606 | 3 651 | 3 697 | 3 742 | 3 787 | 3 832 | 3 877 | 3 922 | 3 967 |
| 32 | 3 592 | 3 638 | 3 683 | 3 729 | 3 774 | 3 820 | 3 865 | 3 911 | 3 956 | 4 002 |
| 34 | 3 623 | 3 669 | 3 715 | 3 761 | 3 807 | 3 853 | 3 898 | 3 944 | 3 990 | 4 036 |
| 36 | 3 654 | 3 700 | 3 747 | 3 793 | 3 839 | 3 886 | 3 932 | 3 978 | 4 024 | 4 071 |
| 38 | 3 685 | 3 732 | 3 778 | 3 825 | 3 872 | 3 918 | 3 965 | 4 012 | 4 058 | 4 105 |
| 2,40 | 3 716 | 3 763 | 3 810 | 3 857 | 3 904 | 3 951 | 3 998 | 4 045 | 4 092 | 4 140 |
| 42 | 3 747 | 3 795 | 3 842 | 3 889 | 3 937 | 3 984 | 4 032 | 4 079 | 4 127 | 4 174 |
| 44 | 3 778 | 3 826 | 3 874 | 3 922 | 3 969 | 4 017 | 4 065 | 4 113 | 4 161 | 4 209 |
| 46 | 3 809 | 3 857 | 3 905 | 3 954 | 4 002 | 4 050 | 4 098 | 4 147 | 4 195 | 4 243 |
| 48 | 3 840 | 3 889 | 3 937 | 3 986 | 4 034 | 4 083 | 4 132 | 4 180 | 4 229 | 4 278 |
| 2,50 | 3 871 | 3 920 | 3 969 | 4 018 | 4 067 | 4 116 | 4 165 | 4 214 | 4 263 | 4 312 |
| 52 | 3 902 | 3 951 | 4 001 | 4 050 | 4 100 | 4 149 | 4 198 | 4 248 | 4 297 | 4 346 |
| 54 | 3 933 | 3 983 | 4 033 | 4 082 | 4 132 | 4 182 | 4 232 | 4 281 | 4 331 | 4 381 |
| 56 | 3 964 | 4 014 | 4 064 | 4 114 | 4 165 | 4 215 | 4 265 | 4 315 | 4 365 | 4 415 |
| 58 | 3 995 | 4 045 | 4 096 | 4 147 | 4 197 | 4 248 | 4 298 | 4 349 | 4 399 | 4 450 |
| 2,60 | 4 026 | 4 077 | 4 128 | 4 179 | 4 230 | 4 281 | 4 332 | 4 383 | 4 434 | 4 484 |
| 62 | 4 057 | 4 108 | 4 160 | 4 211 | 4 262 | 4 314 | 4 365 | 4 416 | 4 468 | 4 519 |
| 64 | 4 088 | 4 140 | 4 191 | 4 243 | 4 295 | 4 346 | 4 398 | 4 450 | 4 502 | 4 553 |
| 66 | 4 119 | 4 171 | 4 223 | 4 275 | 4 327 | 4 379 | 4 432 | 4 484 | 4 536 | 4 588 |
| 68 | 4 150 | 4 202 | 4 255 | 4 307 | 4 360 | 4 412 | 4 465 | 4 517 | 4 570 | 4 622 |
| 2,70 | 4 181 | 4 234 | 4 287 | 4 339 | 4 392 | 4 445 | 4 498 | 4 551 | 4 604 | 4 657 |
| 72 | 4 212 | 4 265 | 4 318 | 4 372 | 4 425 | 4 478 | 4 532 | 4 585 | 4 638 | 4 691 |
| 74 | 4 243 | 4 296 | 4 350 | 4 404 | 4 457 | 4 511 | 4 565 | 4 619 | 4 672 | 4 726 |
| 76 | 4 274 | 4 328 | 4 382 | 4 436 | 4 490 | 4 544 | 4 598 | 4 652 | 4 706 | 4 760 |

| LONGr | FUTAILLES | LARGEUR 170 | | | | | | | | | |
|---|---|---|---|---|---|---|---|---|---|---|---|
| | | 1,00 | 1,02 | 1,04 | 1,06 | 1,08 | 1,10 | 1,12 | 1,14 | 1 16 | 1,18 |
| 1,— | 0 800 | 1 000 | | | | | | | | | |
| 02 | 0 816 | 1 020 | 1 040 | | | | | | | | |
| 04 | 0 832 | 1 040 | 1 061 | 1 082 | | | | | | | |
| 06 | 0 848 | 1 060 | 1 081 | 1 102 | 1 124 | | | | | | |
| 08 | 0 864 | 1 080 | 1 102 | 1 123 | 1 145 | 1 166 | | | | | |
| 1,10 | 0 880 | 1 100 | 1 122 | 1 144 | 1 166 | 1 188 | 1 210 | | | | |
| 12 | 0 896 | 1 120 | 1 142 | 1 165 | 1 187 | 1 210 | 1 232 | 1 254 | | | |
| 14 | 0 912 | 1 140 | 1 163 | 1 186 | 1 208 | 1 231 | 1 254 | 1 277 | 1 300 | | |
| 16 | 0 928 | 1 160 | 1 183 | 1 206 | 1 230 | 1 253 | 1 276 | 1 299 | 1 322 | 1 346 | |
| 18 | 0 944 | 1 180 | 1 204 | 1 227 | 1 251 | 1 274 | 1 298 | 1 322 | 1 345 | 1 369 | 1 392 |
| 1,20 | 0 960 | 1 200 | 1 224 | 1 248 | 1 272 | 1 296 | 1 320 | 1 344 | 1 368 | 1 392 | 1 416 |
| 22 | 0 976 | 1 220 | 1 244 | 1 269 | 1 293 | 1 318 | 1 342 | 1 366 | 1 391 | 1 415 | 1 440 |
| 24 | 0 992 | 1 240 | 1 265 | 1 290 | 1 314 | 1 339 | 1 364 | 1 389 | 1 414 | 1 438 | 1 463 |
| 26 | 1 008 | 1 260 | 1 285 | 1 310 | 1 336 | 1 361 | 1 386 | 1 411 | 1 436 | 1 462 | 1 487 |
| 28 | 1 024 | 1 280 | 1 306 | 1 331 | 1 357 | 1 382 | 1 408 | 1 434 | 1 459 | 1 485 | 1 510 |
| 1,30 | 1 040 | 1 300 | 1 326 | 1 352 | 1 378 | 1 404 | 1 430 | 1 456 | 1 482 | 1 508 | 1 534 |
| 32 | 1 056 | 1 320 | 1 346 | 1 373 | 1 399 | 1 426 | 1 452 | 1 478 | 1 505 | 1 531 | 1 558 |
| 34 | 1 072 | 1 340 | 1 367 | 1 394 | 1 420 | 1 447 | 1 474 | 1 501 | 1 528 | 1 554 | 1 581 |
| 36 | 1 088 | 1 360 | 1 387 | 1 414 | 1 442 | 1 469 | 1 496 | 1 523 | 1 550 | 1 578 | 1 605 |
| 38 | 1 104 | 1 380 | 1 408 | 1 435 | 1 463 | 1 490 | 1 518 | 1 546 | 1 573 | 1 601 | 1 628 |
| 1,40 | 1 120 | 1 400 | 1 428 | 1 456 | 1 484 | 1 512 | 1 540 | 1 568 | 1 596 | 1 624 | 1 652 |
| 42 | 1 136 | 1 420 | 1 448 | 1 477 | 1 505 | 1 534 | 1 562 | 1 590 | 1 619 | 1 647 | 1 676 |
| 44 | 1 152 | 1 440 | 1 469 | 1 498 | 1 526 | 1 555 | 1 584 | 1 613 | 1 642 | 1 670 | 1 699 |
| 46 | 1 168 | 1 460 | 1 489 | 1 518 | 1 548 | 1 577 | 1 606 | 1 635 | 1 664 | 1 694 | 1 723 |
| 48 | 1 184 | 1 480 | 1 510 | 1 539 | 1 569 | 1 598 | 1 628 | 1 658 | 1 687 | 1 717 | 1 746 |
| 1,50 | 1 200 | 1 500 | 1 530 | 1 560 | 1 590 | 1 620 | 1 650 | 1 680 | 1 710 | 1 740 | 1 770 |
| 52 | 1 216 | 1 520 | 1 550 | 1 581 | 1 611 | 1 642 | 1 672 | 1 702 | 1 733 | 1 763 | 1 794 |
| 54 | 1 232 | 1 540 | 1 571 | 1 602 | 1 632 | 1 663 | 1 694 | 1 725 | 1 756 | 1 786 | 1 817 |
| 56 | 1 248 | 1 560 | 1 591 | 1 622 | 1 654 | 1 685 | 1 716 | 1 747 | 1 778 | 1 810 | 1 841 |
| 58 | 1 264 | 1 580 | 1 612 | 1 643 | 1 675 | 1 706 | 1 738 | 1 770 | 1 801 | 1 833 | 1 864 |
| 1,60 | 1 280 | 1 600 | 1 632 | 1 664 | 1 696 | 1 728 | 1 760 | 1 792 | 1 824 | 1 856 | 1 888 |
| 62 | 1 296 | 1 620 | 1 652 | 1 685 | 1 717 | 1 750 | 1 782 | 1 814 | 1 847 | 1 879 | 1 912 |
| 64 | 1 312 | 1 640 | 1 673 | 1 706 | 1 738 | 1 771 | 1 804 | 1 837 | 1 870 | 1 902 | 1 935 |
| 66 | 1 328 | 1 660 | 1 693 | 1 726 | 1 760 | 1 793 | 1 826 | 1 859 | 1 892 | 1 926 | 1 959 |
| 68 | 1 344 | 1 680 | 1 714 | 1 747 | 1 781 | 1 814 | 1 848 | 1 882 | 1 915 | 1 949 | 1 982 |
| 1,70 | 1 360 | 1 700 | 1 734 | 1 768 | 1 802 | 1 836 | 1 870 | 1 904 | 1 938 | 1 972 | 2 006 |
| 72 | 1 376 | 1 720 | 1 754 | 1 789 | 1 823 | 1 858 | 1 892 | 1 926 | 1 961 | 1 995 | 2 030 |
| 74 | 1 392 | 1 740 | 1 775 | 1 810 | 1 844 | 1 879 | 1 914 | 1 949 | 1 984 | 2 018 | 2 053 |
| 76 | 1 408 | 1 760 | 1 795 | 1 830 | 1 866 | 1 901 | 1 936 | 1 971 | 2 006 | 2 042 | 2 077 |
| 78 | 1 424 | 1 780 | 1 816 | 1 851 | 1 887 | 1 922 | 1 958 | 1 994 | 2 029 | 2 065 | 2 100 |
| 1,80 | 1 440 | 1 800 | 1 836 | 1 872 | 1 908 | 1 944 | 1 980 | 2 016 | 2 052 | 2 088 | 2 124 |
| 82 | 1 456 | 1 820 | 1 856 | 1 893 | 1 929 | 1 966 | 2 002 | 2 038 | 2 075 | 2 111 | 2 148 |
| 84 | 1 472 | 1 840 | 1 877 | 1 914 | 1 950 | 1 987 | 2 024 | 2 061 | 2 098 | 2 134 | 2 171 |
| 86 | 1 488 | 1 860 | 1 897 | 1 934 | 1 972 | 2 009 | 2 046 | 2 083 | 2 120 | 2 158 | 2 195 |
| 88 | 1 504 | 1 880 | 1 918 | 1 955 | 1 993 | 2 030 | 2 068 | 2 106 | 2 143 | 2 181 | 2 218 |
| 1,90 | 1 520 | 1 900 | 1 938 | 1 976 | 2 014 | 2 052 | 2 090 | 2 128 | 2 166 | 2 204 | 2 242 |
| 92 | 1 536 | 1 920 | 1 958 | 1 997 | 2 035 | 2 074 | 2 112 | 2 150 | 2 189 | 2 227 | 2 266 |
| 94 | 1 552 | 1 940 | 1 979 | 2 018 | 2 056 | 2 095 | 2 134 | 2 173 | 2 212 | 2 250 | 2 289 |
| 96 | 1 568 | 1 960 | 1 999 | 2 038 | 2 078 | 2 117 | 2 156 | 2 195 | 2 234 | 2 274 | 2 313 |
| 98 | 1 584 | 1 980 | 2 020 | 2 059 | 2 099 | 2 138 | 2 178 | 2 218 | 2 257 | 2 297 | 2 336 |
| 2,— | 1 600 | 2 000 | 2 040 | 2 080 | 2 120 | 2 160 | 2 200 | 2 240 | 2 280 | 2 320 | 2 360 |
| 02 | 1 616 | 2 020 | 2 060 | 2 101 | 2 141 | 2 182 | 2 222 | 2 262 | 2 303 | 2 343 | 2 384 |
| 04 | 1 632 | 2 040 | 2 081 | 2 122 | 2 162 | 2 203 | 2 244 | 2 285 | 2 326 | 2 366 | 2 407 |
| 06 | 1 648 | 2 060 | 2 101 | 2 142 | 2 184 | 2 225 | 2 266 | 2 307 | 2 348 | 2 390 | 2 431 |
| 08 | 1 664 | 2 080 | 2 122 | 2 163 | 2 205 | 2 246 | 2 288 | 2 330 | 2 371 | 2 413 | 2 454 |
| 2,10 | 1 680 | 2 100 | 2 142 | 2 184 | 2 226 | 2 268 | 2 310 | 2 352 | 2 394 | 2 436 | 2 478 |
| 12 | 1 696 | 2 120 | 2 162 | 2 205 | 2 247 | 2 290 | 2 332 | 2 374 | 2 417 | 2 459 | 2 502 |
| 14 | 1 712 | 2 140 | 2 183 | 2 226 | 2 268 | 2 311 | 2 354 | 2 397 | 2 440 | 2 482 | 2 525 |
| 16 | 1 728 | 2 160 | 2 203 | 2 246 | 2 290 | 2 333 | 2 376 | 2 419 | 2 462 | 2 506 | 2 549 |
| 18 | 1 744 | 2 180 | 2 224 | 2 267 | 2 311 | 2 354 | 2 398 | 2 442 | 2 485 | 2 529 | 2 572 |
| 2,20 | 1 760 | 2 200 | 2 244 | 2 288 | 2 332 | 2 376 | 2 420 | 2 464 | 2 508 | 2 552 | 2 596 |
| 22 | 1 776 | 2 220 | 2 264 | 2 309 | 2 353 | 2 398 | 2 442 | 2 486 | 2 531 | 2 575 | 2 620 |
| 24 | 1 792 | 2 240 | 2 285 | 2 330 | 2 374 | 2 419 | 2 464 | 2 509 | 2 554 | 2 598 | 2 643 |
| 26 | 1 808 | 2 260 | 2 305 | 2 350 | 2 396 | 2 441 | 2 486 | 2 531 | 2 576 | 2 622 | 2 667 |
| 28 | 1 824 | 2 280 | 2 326 | 2 371 | 2 417 | 2 462 | 2 508 | 2 554 | 2 599 | 2 645 | 2 690 |
| 2,30 | 1 840 | 2 300 | 2 346 | 2 392 | 2 438 | 2 484 | 2 530 | 2 576 | 2 622 | 2 668 | 2 714 |
| 32 | 1 856 | 2 320 | 2 366 | 2 413 | 2 459 | 2 506 | 2 552 | 2 598 | 2 645 | 2 691 | 2 738 |
| 34 | 1 872 | 2 340 | 2 387 | 2 434 | 2 480 | 2 527 | 2 574 | 2 621 | 2 668 | 2 714 | 2 761 |
| 36 | 1 888 | 2 360 | 2 407 | 2 454 | 2 502 | 2 549 | 2 596 | 2 643 | 2 690 | 2 738 | 2 785 |
| 38 | 1 904 | 2 380 | 2 428 | 2 475 | 2 523 | 2 571 | 2 618 | 2 666 | 2 713 | 2 761 | 2 808 |



| LONGUEUR | LARGEUR 171 | | | | | | | | | |
|---|---|---|---|---|---|---|---|---|---|---|
| | 1,20 | 1,22 | 1,24 | 1,26 | 1,28 | 1 30 | 1,32 | 1,34 | 1,36 | 1,38 |
| 1,20 | 1 440 | | | | | | | | | |
| 22 | 1 464 | 1 488 | | | | | | | | |
| 24 | 1 488 | 1 513 | 1 538 | | | | | | | |
| 26 | 1 512 | 1 537 | 1 562 | 1 588 | | | | | | |
| 28 | 1 536 | 1 562 | 1 587 | 1 613 | 1 638 | | | | | |
| 1,30 | 1 560 | 1 586 | 1 612 | 1 638 | 1 664 | 1 690 | | | | |
| 32 | 1 584 | 1 610 | 1 637 | 1 663 | 1 690 | 1 716 | 1 742 | | | |
| 34 | 1 608 | 1 635 | 1 662 | 1 688 | 1 715 | 1 742 | 1 769 | 1 796 | | |
| 36 | 1 632 | 1 659 | 1 686 | 1 714 | 1 741 | 1 768 | 1 795 | 1 822 | 1 850 | |
| 38 | 1 656 | 1 684 | 1 711 | 1 739 | 1 766 | 1 794 | 1 822 | 1 849 | 1 877 | 1 904 |
| 1,40 | 1 680 | 1 708 | 1 736 | 1 764 | 1 792 | 1 820 | 1 848 | 1 876 | 1 904 | 1 932 |
| 42 | 1 704 | 1 732 | 1 761 | 1 789 | 1 818 | 1 846 | 1 874 | 1 903 | 1 931 | 1 960 |
| 44 | 1 728 | 1 757 | 1 786 | 1 814 | 1 843 | 1 872 | 1 901 | 1 930 | 1 958 | 1 987 |
| 46 | 1 752 | 1 781 | 1 810 | 1 840 | 1 869 | 1 898 | 1 927 | 1 956 | 1 986 | 2 015 |
| 48 | 1 776 | 1 806 | 1 835 | 1 865 | 1 894 | 1 924 | 1 954 | 1 983 | 2 013 | 2 042 |
| 1,50 | 1 800 | 1 830 | 1 860 | 1 890 | 1 920 | 1 950 | 1 980 | 2 010 | 2 040 | 2 070 |
| 52 | 1 824 | 1 854 | 1 885 | 1 915 | 1 946 | 1 976 | 2 006 | 2 037 | 2 067 | 2 098 |
| 54 | 1 848 | 1 879 | 1 910 | 1 940 | 1 971 | 2 002 | 2 033 | 2 064 | 2 094 | 2 125 |
| 56 | 1 872 | 1 903 | 1 934 | 1 966 | 1 997 | 2 028 | 2 059 | 2 090 | 2 122 | 2 153 |
| 58 | 1 896 | 1 928 | 1 959 | 1 991 | 2 022 | 2 054 | 2 086 | 2 117 | 2 149 | 2 180 |
| 1,60 | 1 920 | 1 952 | 1 984 | 2 016 | 2 048 | 2 080 | 2 112 | 2 144 | 2 176 | 2 208 |
| 62 | 1 944 | 1 976 | 2 009 | 2 041 | 2 074 | 2 106 | 2 138 | 2 171 | 2 203 | 2 236 |
| 64 | 1 968 | 2 001 | 2 034 | 2 066 | 2 099 | 2 132 | 2 165 | 2 198 | 2 230 | 2 263 |
| 66 | 1 992 | 2 025 | 2 058 | 2 092 | 2 125 | 2 158 | 2 191 | 2 224 | 2 258 | 2 291 |
| 68 | 2 016 | 2 050 | 2 083 | 2 117 | 2 150 | 2 184 | 2 218 | 2 251 | 2 285 | 2 318 |
| 1,70 | 2 040 | 2 074 | 2 108 | 2 142 | 2 176 | 2 210 | 2 244 | 2 278 | 2 312 | 2 346 |
| 72 | 2 064 | 2 098 | 2 133 | 2 167 | 2 202 | 2 236 | 2 270 | 2 305 | 2 339 | 2 374 |
| 74 | 2 088 | 2 123 | 2 158 | 2 192 | 2 227 | 2 262 | 2 297 | 2 332 | 2 366 | 2 401 |
| 76 | 2 112 | 2 147 | 2 182 | 2 218 | 2 253 | 2 288 | 2 323 | 2 358 | 2 394 | 2 429 |
| 78 | 2 136 | 2 172 | 2 207 | 2 243 | 2 278 | 2 314 | 2 350 | 2 385 | 2 421 | 2 456 |
| 1,80 | 2 160 | 2 196 | 2 232 | 2 268 | 2 304 | 2 340 | 2 376 | 2 412 | 2 448 | 2 484 |
| 82 | 2 184 | 2 220 | 2 257 | 2 293 | 2 330 | 2 366 | 2 402 | 2 439 | 2 475 | 2 512 |
| 84 | 2 208 | 2 245 | 2 282 | 2 318 | 2 355 | 2 392 | 2 429 | 2 466 | 2 502 | 2 539 |
| 86 | 2 232 | 2 269 | 2 306 | 2 344 | 2 381 | 2 418 | 2 455 | 2 492 | 2 530 | 2 567 |
| 88 | 2 256 | 2 294 | 2 331 | 2 369 | 2 406 | 2 444 | 2 482 | 2 519 | 2 557 | 2 594 |
| 1,90 | 2 280 | 2 318 | 2 356 | 2 394 | 2 432 | 2 470 | 2 508 | 2 546 | 2 584 | 2 622 |
| 92 | 2 304 | 2 342 | 2 381 | 2 419 | 2 458 | 2 496 | 2 534 | 2 573 | 2 611 | 2 650 |
| 94 | 2 328 | 2 367 | 2 406 | 2 444 | 2 483 | 2 522 | 2 561 | 2 600 | 2 638 | 2 677 |
| 96 | 2 352 | 2 391 | 2 430 | 2 470 | 2 509 | 2 548 | 2 587 | 2 626 | 2 666 | 2 705 |
| 98 | 2 376 | 2 416 | 2 455 | 2 495 | 2 534 | 2 574 | 2 614 | 2 653 | 2 693 | 2 732 |
| 2,— | 2 400 | 2 440 | 2 480 | 2 520 | 2 560 | 2 600 | 2 640 | 2 680 | 2 720 | 2 760 |
| 02 | 2 424 | 2 464 | 2 505 | 2 545 | 2 586 | 2 626 | 2 666 | 2 707 | 2 747 | 2 788 |
| 04 | 2 448 | 2 489 | 2 530 | 2 570 | 2 611 | 2 652 | 2 693 | 2 734 | 2 774 | 2 815 |
| 06 | 2 472 | 2 513 | 2 554 | 2 596 | 2 637 | 2 678 | 2 719 | 2 760 | 2 802 | 2 843 |
| 08 | 2 496 | 2 538 | 2 579 | 2 621 | 2 662 | 2 704 | 2 746 | 2 787 | 2 829 | 2 870 |
| 2,10 | 2 520 | 2 562 | 2 604 | 2 646 | 2 688 | 2 730 | 2 772 | 2 814 | 2 856 | 2 898 |
| 12 | 2 544 | 2 586 | 2 629 | 2 671 | 2 714 | 2 756 | 2 798 | 2 841 | 2 883 | 2 926 |
| 14 | 2 568 | 2 611 | 2 654 | 2 696 | 2 739 | 2 782 | 2 825 | 2 868 | 2 910 | 2 953 |
| 16 | 2 592 | 2 635 | 2 678 | 2 722 | 2 765 | 2 808 | 2 851 | 2 894 | 2 938 | 2 981 |
| 18 | 2 616 | 2 660 | 2 703 | 2 747 | 2 790 | 2 834 | 2 878 | 2 921 | 2 965 | 3 008 |
| 2,20 | 2 640 | 2 684 | 2 728 | 2 772 | 2 816 | 2 860 | 2 904 | 2 948 | 2 992 | 3 036 |
| 22 | 2 664 | 2 709 | 2 753 | 2 797 | 2 842 | 2 886 | 2 930 | 2 975 | 3 019 | 3 064 |
| 24 | 2 688 | 2 733 | 2 778 | 2 822 | 2 867 | 2 912 | 2 957 | 3 002 | 3 046 | 3 091 |
| 26 | 2 712 | 2 757 | 2 802 | 2 848 | 2 893 | 2 938 | 2 983 | 3 028 | 3 074 | 3 119 |
| 28 | 2 736 | 2 782 | 2 827 | 2 873 | 2 918 | 2 964 | 3 010 | 3 055 | 3 101 | 3 146 |
| 2,30 | 2 760 | 2 806 | 2 852 | 2 898 | 2 944 | 2 990 | 3 036 | 3 082 | 3 128 | 3 174 |
| 32 | 2 784 | 2 830 | 2 877 | 2 923 | 2 970 | 3 016 | 3 062 | 3 109 | 3 155 | 3 202 |
| 34 | 2 808 | 2 855 | 2 902 | 2 948 | 2 995 | 3 042 | 3 089 | 3 136 | 3 182 | 3 229 |
| 36 | 2 832 | 2 879 | 2 926 | 2 974 | 3 021 | 3 068 | 3 115 | 3 162 | 3 210 | 3 257 |
| 38 | 2 856 | 2 904 | 2 951 | 2 999 | 3 046 | 3 094 | 3 142 | 3 189 | 3 237 | 3 284 |

| LONGUEUR | LARGEUR | | | | | | | | | |
|---|---|---|---|---|---|---|---|---|---|---|
| | 1,40 | 1,42 | 1,44 | 1,46 | 1,48 | 1,50 | 1,52 | 1,54 | 1,56 | 1,58 |
| **1,40** | 1 960 | | | | | | | | | |
| 42 | 1 988 | 2 016 | | | | | | | | |
| 44 | 2 016 | 2 045 | 2 074 | | | | | | | |
| 46 | 2 044 | 2 073 | 2 102 | 2 132 | | | | | | |
| 48 | 2 072 | 2 102 | 2 131 | 2 161 | 2 190 | | | | | |
| **1,50** | 2 100 | 2 130 | 2 160 | 2 199 | 2 220 | 2 250 | | | | |
| 52 | 2 128 | 2 158 | 2 189 | 2 219 | 2 250 | 2 280 | 2 310 | | | |
| 54 | 2 156 | 2 187 | 2 218 | 2 248 | 2 279 | 2 310 | 2 341 | 2 372 | | |
| 56 | 2 184 | 2 215 | 2 246 | 2 278 | 2 309 | 2 340 | 2 371 | 2 402 | 2 434 | |
| 58 | 2 212 | 2 244 | 2 275 | 2 307 | 2 338 | 2 370 | 2 402 | 2 433 | 2 465 | 2 496 |
| **1,60** | 2 240 | 2 272 | 2 304 | 2 336 | 2 368 | 2 400 | 2 432 | 2 464 | 2 496 | 2 528 |
| 62 | 2 268 | 2 300 | 2 333 | 2 365 | 2 398 | 2 430 | 2 462 | 2 495 | 2 527 | 2 560 |
| 64 | 2 296 | 2 329 | 2 362 | 2 394 | 2 427 | 2 460 | 2 493 | 2 526 | 2 558 | 2 591 |
| 66 | 2 324 | 2 357 | 2 390 | 2 424 | 2 457 | 2 490 | 2 523 | 2 556 | 2 590 | 2 623 |
| 68 | 2 352 | 2 386 | 2 419 | 2 453 | 2 486 | 2 520 | 2 554 | 2 587 | 2 621 | 2 654 |
| **1,70** | 2 380 | 2 411 | 2 448 | 2 482 | 2 516 | 2 550 | 2 584 | 2 618 | 2 652 | 2 686 |
| 72 | 2 408 | 2 442 | 2 477 | 2 511 | 2 546 | 2 580 | 2 614 | 2 649 | 2 683 | 2 718 |
| 74 | 2 436 | 2 471 | 2 506 | 2 540 | 2 575 | 2 610 | 2 645 | 2 680 | 2 714 | 2 749 |
| 76 | 2 464 | 2 499 | 2 534 | 2 570 | 2 605 | 2 640 | 2 675 | 2 710 | 2 746 | 2 781 |
| 78 | 2 492 | 2 528 | 2 563 | 2 599 | 2 634 | 2 670 | 2 706 | 2 741 | 2 777 | 2 812 |
| **1,80** | 2 520 | 2 556 | 2 592 | 2 628 | 2 664 | 2 700 | 2 736 | 2 772 | 2 808 | 2 844 |
| 82 | 2 548 | 2 584 | 2 621 | 2 657 | 2 694 | 2 730 | 2 766 | 2 803 | 2 839 | 2 876 |
| 84 | 2 576 | 2 613 | 2 650 | 2 686 | 2 723 | 2 760 | 2 797 | 2 834 | 2 871 | 2 907 |
| 86 | 2 604 | 2 641 | 2 678 | 2 716 | 2 753 | 2 790 | 2 827 | 2 864 | 2 902 | 2 939 |
| 88 | 2 632 | 2 676 | 2 707 | 2 745 | 2 782 | 2 820 | 2 858 | 2 895 | 2 933 | 2 970 |
| **1,90** | 2 660 | 2 698 | 2 736 | 2 774 | 2 812 | 2 850 | 2 888 | 2 926 | 2 964 | 3 002 |
| 92 | 2 688 | 2 726 | 2 765 | 2 803 | 2 842 | 2 880 | 2 918 | 2 957 | 2 995 | 3 034 |
| 94 | 2 716 | 2 755 | 2 794 | 2 832 | 2 871 | 2 910 | 2 949 | 2 988 | 3 026 | 3 065 |
| 96 | 2 744 | 2 783 | 2 822 | 2 862 | 2 901 | 2 940 | 2 979 | 3 018 | 3 058 | 3 097 |
| 98 | 2 772 | 2 812 | 2 851 | 2 891 | 2 930 | 2 970 | 3 010 | 3 049 | 3 089 | 3 128 |
| **2,—** | 2 800 | 2 840 | 2 880 | 2 920 | 2 960 | 3 000 | 3 040 | 3 080 | 3 120 | 3 160 |
| 02 | 2 828 | 2 868 | 2 909 | 2 949 | 2 990 | 3 030 | 3 070 | 3 111 | 3 151 | 3 192 |
| 04 | 2 856 | 2 897 | 2 938 | 2 978 | 3 019 | 3 060 | 3 101 | 3 142 | 3 182 | 3 223 |
| 06 | 2 884 | 2 925 | 2 966 | 3 008 | 3 049 | 3 090 | 3 131 | 3 172 | 3 214 | 3 255 |
| 08 | 2 912 | 2 954 | 2 995 | 3 037 | 3 078 | 3 120 | 3 162 | 3 203 | 3 245 | 3 286 |
| **2,10** | 2 940 | 2 982 | 3 024 | 3 066 | 3 108 | 3 150 | 3 192 | 3 234 | 3 276 | 3 318 |
| 12 | 2 968 | 3 010 | 3 053 | 3 095 | 3 138 | 3 180 | 3 222 | 3 265 | 3 307 | 3 350 |
| 14 | 2 996 | 3 039 | 3 082 | 3 124 | 3 167 | 3 210 | 3 253 | 3 296 | 3 338 | 3 381 |
| 16 | 3 024 | 3 067 | 3 110 | 3 154 | 3 197 | 3 240 | 3 283 | 3 326 | 3 370 | 3 413 |
| 18 | 3 052 | 3 096 | 3 139 | 3 183 | 3 226 | 3 270 | 3 314 | 3 357 | 3 401 | 3 444 |
| **2,20** | 3 080 | 3 124 | 3 168 | 3 212 | 3 256 | 3 300 | 3 344 | 3 388 | 3 432 | 3 476 |
| 22 | 3 108 | 3 152 | 3 197 | 3 241 | 3 286 | 3 330 | 3 374 | 3 419 | 3 463 | 3 508 |
| 24 | 3 136 | 3 181 | 3 226 | 3 270 | 3 315 | 3 360 | 3 405 | 3 450 | 3 494 | 3 539 |
| 26 | 3 164 | 3 209 | 3 254 | 3 300 | 3 345 | 3 390 | 3 435 | 3 480 | 3 526 | 3 571 |
| 28 | 3 192 | 3 238 | 3 283 | 3 329 | 3 374 | 3 420 | 3 466 | 3 511 | 3 557 | 3 602 |
| **2,30** | 3 220 | 3 266 | 3 312 | 3 358 | 3 404 | 3 450 | 3 496 | 3 542 | 3 588 | 3 634 |
| 32 | 3 248 | 3 294 | 3 341 | 3 387 | 3 434 | 3 480 | 3 526 | 3 573 | 3 619 | 3 666 |
| 34 | 3 276 | 3 323 | 3 370 | 3 416 | 3 463 | 3 510 | 3 557 | 3 604 | 3 650 | 3 697 |
| 36 | 3 304 | 3 351 | 3 398 | 3 446 | 3 493 | 3 540 | 3 587 | 3 634 | 3 682 | 3 729 |
| 38 | 3 332 | 3 380 | 3 427 | 3 475 | 3 522 | 3 570 | 3 618 | 3 665 | 3 713 | 3 760 |
| **2,40** | 3 360 | 3 408 | 3 456 | 3 504 | 3 552 | 3 600 | 3 648 | 3 696 | 3 744 | 3 792 |
| 42 | 3 388 | 3 436 | 3 485 | 3 533 | 3 582 | 3 630 | 3 678 | 3 727 | 3 775 | 3 824 |
| 44 | 3 416 | 3 465 | 3 514 | 3 562 | 3 611 | 3 660 | 3 709 | 3 758 | 3 806 | 3 855 |
| 46 | 3 444 | 3 493 | 3 542 | 3 591 | 3 641 | 3 690 | 3 739 | 3 788 | 3 838 | 3 887 |
| 48 | 3 472 | 3 522 | 3 571 | 3 621 | 3 670 | 3 720 | 3 770 | 3 819 | 3 869 | 3 918 |
| **2,50** | 3 500 | 3 550 | 3 600 | 3 650 | 3 700 | 3 750 | 3 800 | 3 850 | 3 900 | 3 950 |
| 52 | 3 528 | 3 578 | 3 629 | 3 679 | 3 730 | 3 780 | 3 830 | 3 881 | 3 931 | 3 982 |
| 54 | 3 556 | 3 607 | 3 658 | 3 708 | 3 759 | 3 810 | 3 861 | 3 912 | 3 962 | 4 013 |
| 56 | 3 584 | 3 635 | 3 686 | 3 738 | 3 789 | 3 840 | 3 891 | 3 942 | 3 994 | 4 045 |
| 58 | 3 612 | 3 664 | 3 715 | 3 767 | 3 818 | 3 870 | 3 922 | 3 973 | 4 025 | 4 076 |
| **2,60** | 3 640 | 3 692 | 3 744 | 3 796 | 3 848 | 3 900 | 3 952 | 4 004 | 4 056 | 4 108 |
| 62 | 3 668 | 3 720 | 3 773 | 3 825 | 3 878 | 3 930 | 3 982 | 4 035 | 4 087 | 4 140 |
| 64 | 3 696 | 3 749 | 3 802 | 3 854 | 3 907 | 3 960 | 4 013 | 4 066 | 4 118 | 4 171 |
| 66 | 3 724 | 3 777 | 3 830 | 3 883 | 3 937 | 3 990 | 4 043 | 4 096 | 4 150 | 4 203 |
| 68 | 3 752 | 3 806 | 3 859 | 3 913 | 3 966 | 4 020 | 4 074 | 4 127 | 4 181 | 4 234 |
| **2,70** | 3 780 | 3 834 | 3 888 | 3 942 | 3 996 | 4 050 | 4 104 | 4 158 | 4 212 | 4 266 |
| 72 | 3 808 | 3 862 | 3 917 | 3 971 | 4 026 | 4 080 | 4 134 | 4 189 | 4 243 | 4 298 |
| 74 | 3 836 | 3 891 | 3 946 | 4 000 | 4 055 | 4 110 | 4 165 | 4 220 | 4 274 | 4 329 |
| 76 | 3 864 | 3 919 | 3 974 | 4 030 | 4 085 | 4 140 | 4 195 | 4 250 | 4 306 | 4 361 |
| 78 | 3 892 | 3 948 | 4 003 | 4 059 | 4 114 | 4 170 | 4 226 | 4 281 | 4 337 | 4 392 |



---



| LONGUEUR | LARGEUR | | | | | | | | | |
|---|---|---|---|---|---|---|---|---|---|---|
| | 1,60 | 1,62 | 1,64 | 1,66 | 1,68 | 1,70 | 1,72 | 1,74 | 1,76 | 1,78 |
| **1,60** | 2 560 | | | | | | | | | |
| 62 | 2 592 | 2 624 | | | | | | | | |
| 64 | 2 624 | 2 657 | 2 690 | | | | | | | |
| 66 | 2 656 | 2 689 | 2 722 | 2 756 | | | | | | |
| 68 | 2 688 | 2 722 | 2 755 | 2 789 | 2 822 | | | | | |
| **1,70** | 2 720 | 2 754 | 2 788 | 2 822 | 2 856 | 2 890 | | | | |
| 72 | 2 752 | 2 786 | 2 821 | 2 855 | 2 890 | 2 924 | 2 958 | | | |
| 74 | 2 784 | 2 819 | 2 854 | 2 888 | 2 923 | 2 958 | 2 993 | 3 028 | | |
| 76 | 2 816 | 2 851 | 2 886 | 2 922 | 2 957 | 2 992 | 3 027 | 3 062 | 3 098 | |
| 78 | 2 848 | 2 884 | 2 919 | 2 955 | 2 990 | 3 026 | 3 062 | 3 097 | 3 133 | 3 169 |
| **1,80** | 2 880 | 2 916 | 2 952 | 2 988 | 3 024 | 3 060 | 3 096 | 3 132 | 3 168 | 3 204 |
| 82 | 2 912 | 2 948 | 2 985 | 3 021 | 3 058 | 3 094 | 3 131 | 3 167 | 3 203 | 3 240 |
| 84 | 2 944 | 2 981 | 3 018 | 3 054 | 3 091 | 3 128 | 3 165 | 3 202 | 3 238 | 3 275 |
| 86 | 2 976 | 3 013 | 3 050 | 3 088 | 3 125 | 3 162 | 3 199 | 3 236 | 3 274 | 3 311 |
| 88 | 3 008 | 3 046 | 3 083 | 3 121 | 3 158 | 3 196 | 3 234 | 3 271 | 3 309 | 3 346 |
| **1,90** | 3 040 | 3 078 | 3 116 | 3 154 | 3 192 | 3 230 | 3 268 | 3 306 | 3 344 | 3 382 |
| 92 | 3 072 | 3 110 | 3 149 | 3 187 | 3 226 | 3 264 | 3 302 | 3 341 | 3 379 | 3 418 |
| 94 | 3 104 | 3 143 | 3 182 | 3 220 | 3 259 | 3 298 | 3 337 | 3 376 | 3 414 | 3 453 |
| 96 | 3 136 | 3 175 | 3 214 | 3 254 | 3 293 | 3 332 | 3 371 | 3 410 | 3 450 | 3 489 |
| 98 | 3 168 | 3 208 | 3 247 | 3 287 | 3 326 | 3 366 | 3 406 | 3 445 | 3 485 | 3 524 |
| **2,—** | 3 200 | 3 240 | 3 280 | 3 320 | 3 360 | 3 400 | 3 440 | 3 480 | 3 520 | 3 560 |
| 02 | 3 232 | 3 272 | 3 313 | 3 353 | 3 394 | 3 434 | 3 474 | 3 515 | 3 555 | 3 596 |
| 04 | 3 264 | 3 305 | 3 346 | 3 386 | 3 427 | 3 468 | 3 509 | 3 550 | 3 590 | 3 631 |
| 06 | 3 296 | 3 337 | 3 378 | 3 420 | 3 461 | 3 502 | 3 543 | 3 584 | 3 626 | 3 667 |
| 08 | 3 328 | 3 370 | 3 411 | 3 453 | 3 494 | 3 536 | 3 578 | 3 619 | 3 661 | 3 702 |
| **2,10** | 3 360 | 3 402 | 3 444 | 3 486 | 3 528 | 3 570 | 3 612 | 3 654 | 3 696 | 3 738 |
| 12 | 3 392 | 3 434 | 3 477 | 3 519 | 3 562 | 3 604 | 3 646 | 3 689 | 3 731 | 3 774 |
| 14 | 3 424 | 3 467 | 3 510 | 3 552 | 3 595 | 3 638 | 3 681 | 3 724 | 3 766 | 3 809 |
| 16 | 3 456 | 3 499 | 3 542 | 3 586 | 3 629 | 3 672 | 3 715 | 3 758 | 3 802 | 3 845 |
| 18 | 3 488 | 3 532 | 3 575 | 3 619 | 3 662 | 3 706 | 3 750 | 3 793 | 3 837 | 3 880 |
| **2,20** | 3 520 | 3 564 | 3 608 | 3 652 | 3 696 | 3 740 | 3 784 | 3 828 | 3 872 | 3 916 |
| 22 | 3 552 | 3 596 | 3 641 | 3 685 | 3 730 | 3 774 | 3 818 | 3 863 | 3 907 | 3 952 |
| 24 | 3 584 | 3 629 | 3 674 | 3 718 | 3 763 | 3 808 | 3 853 | 3 898 | 3 942 | 3 987 |
| 26 | 3 616 | 3 661 | 3 706 | 3 752 | 3 797 | 3 842 | 3 887 | 3 932 | 3 978 | 4 023 |
| 28 | 3 648 | 3 694 | 3 739 | 3 785 | 3 830 | 3 876 | 3 922 | 3 967 | 4 013 | 4 058 |
| **2,30** | 3 680 | 3 726 | 3 772 | 3 818 | 3 864 | 3 910 | 3 956 | 4 002 | 4 048 | 4 094 |
| 32 | 3 712 | 3 758 | 3 805 | 3 851 | 3 898 | 3 944 | 3 990 | 4 037 | 4 083 | 4 130 |
| 34 | 3 744 | 3 791 | 3 838 | 3 884 | 3 931 | 3 978 | 4 025 | 4 072 | 4 118 | 4 165 |
| 36 | 3 776 | 3 823 | 3 870 | 3 918 | 3 965 | 4 012 | 4 059 | 4 106 | 4 154 | 4 201 |
| 38 | 3 808 | 3 856 | 3 903 | 3 951 | 3 998 | 4 046 | 4 094 | 4 141 | 4 189 | 4 236 |
| **2,40** | 3 840 | 3 888 | 3 936 | 3 984 | 4 032 | 4 080 | 4 128 | 4 176 | 4 224 | 4 272 |
| 42 | 3 872 | 3 920 | 3 969 | 4 017 | 4 066 | 4 114 | 4 162 | 4 211 | 4 259 | 4 308 |
| 44 | 3 904 | 3 953 | 4 002 | 4 050 | 4 099 | 4 148 | 4 197 | 4 246 | 4 294 | 4 343 |
| 46 | 3 936 | 3 985 | 4 034 | 4 084 | 4 133 | 4 182 | 4 231 | 4 280 | 4 330 | 4 379 |
| 48 | 3 968 | 4 018 | 4 067 | 4 117 | 4 166 | 4 216 | 4 266 | 4 315 | 4 365 | 4 414 |
| **2,50** | 4 000 | 4 050 | 4 100 | 4 150 | 4 200 | 4 250 | 4 300 | 4 350 | 4 400 | 4 450 |
| 52 | 4 032 | 4 082 | 4 133 | 4 183 | 4 234 | 4 284 | 4 334 | 4 385 | 4 435 | 4 486 |
| 54 | 4 064 | 4 115 | 4 166 | 4 216 | 4 267 | 4 318 | 4 369 | 4 420 | 4 470 | 4 521 |
| 56 | 4 096 | 4 147 | 4 198 | 4 250 | 4 301 | 4 352 | 4 403 | 4 454 | 4 506 | 4 557 |
| 58 | 4 128 | 4 180 | 4 231 | 4 283 | 4 334 | 4 386 | 4 438 | 4 489 | 4 541 | 4 592 |
| **2,60** | 4 160 | 4 212 | 4 264 | 4 316 | 4 368 | 4 420 | 4 472 | 4 524 | 4 576 | 4 628 |
| 62 | 4 192 | 4 244 | 4 297 | 4 349 | 4 402 | 4 454 | 4 506 | 4 559 | 4 611 | 4 664 |
| 64 | 4 224 | 4 277 | 4 330 | 4 382 | 4 435 | 4 488 | 4 541 | 4 594 | 4 646 | 4 699 |
| 66 | 4 256 | 4 309 | 4 362 | 4 416 | 4 469 | 4 522 | 4 575 | 4 628 | 4 682 | 4 735 |
| 68 | 4 288 | 4 342 | 4 395 | 4 449 | 4 502 | 4 556 | 4 610 | 4 663 | 4 717 | 4 770 |
| **2,70** | 4 320 | 4 374 | 4 428 | 4 482 | 4 536 | 4 590 | 4 644 | 4 698 | 4 752 | 4 806 |
| 72 | 4 352 | 4 406 | 4 461 | 4 515 | 4 570 | 4 624 | 4 678 | 4 733 | 4 787 | 4 842 |
| 74 | 4 384 | 4 439 | 4 494 | 4 548 | 4 603 | 4 658 | 4 713 | 4 768 | 4 822 | 4 877 |
| 76 | 4 416 | 4 471 | 4 526 | 4 582 | 4 637 | 4 692 | 4 747 | 4 802 | 4 858 | 4 913 |
| 78 | 4 448 | 4 504 | 4 559 | 4 615 | 4 670 | 4 726 | 4 782 | 4 837 | 4 893 | 4 948 |

LARGEUR — 171

| LONG. | PÉTILLES | 1,02 | 1,04 | 1,06 | 1,08 | 1,10 | 1,12 | 1,14 | 1,16 | 1,18 | 1,20 |
|---|---|---|---|---|---|---|---|---|---|---|---|
| 1,02 | 0 849 | 1 061 | | | | | | | | | |
| 04 | 0 866 | 1 082 | 1 103 | | | | | | | | |
| 06 | 0 882 | 1 103 | 1 124 | 1 146 | | | | | | | |
| 08 | 0 899 | 1 124 | 1 146 | 1 168 | 1 190 | | | | | | |
| 1,10 | 0 916 | 1 144 | 1 167 | 1 189 | 1 212 | 1 234 | | | | | |
| 12 | 0 932 | 1 165 | 1 188 | 1 211 | 1 234 | 1 257 | 1 279 | | | | |
| 14 | 0 949 | 1 186 | 1 209 | 1 233 | 1 256 | 1 279 | 1 302 | 1 326 | | | |
| 16 | 0 965 | 1 207 | 1 231 | 1 254 | 1 278 | 1 302 | 1 325 | 1 349 | 1 373 | | |
| 18 | 0 982 | 1 228 | 1 252 | 1 276 | 1 300 | 1 324 | 1 348 | 1 372 | 1 396 | 1 420 | |
| 1,20 | 0 990 | 1 248 | 1 273 | 1 297 | 1 322 | 1 346 | 1 371 | 1 395 | 1 420 | 1 444 | 1 469 |
| 22 | 1 015 | 1 269 | 1 294 | 1 319 | 1 344 | 1 369 | 1 394 | 1 419 | 1 444 | 1 468 | 1 493 |
| 24 | 1 032 | 1 290 | 1 315 | 1 341 | 1 366 | 1 391 | 1 417 | 1 442 | 1 467 | 1 492 | 1 518 |
| 26 | 1 049 | 1 311 | 1 337 | 1 362 | 1 388 | 1 414 | 1 439 | 1 465 | 1 491 | 1 517 | 1 542 |
| 28 | 1 065 | 1 332 | 1 358 | 1 384 | 1 410 | 1 436 | 1 462 | 1 488 | 1 514 | 1 541 | 1 567 |
| 1,30 | 1 082 | 1 353 | 1 379 | 1 406 | 1 432 | 1 459 | 1 485 | 1 512 | 1 538 | 1 565 | 1 591 |
| 32 | 1 099 | 1 373 | 1 400 | 1 427 | 1 454 | 1 481 | 1 508 | 1 535 | 1 562 | 1 589 | 1 616 |
| 34 | 1 115 | 1 394 | 1 421 | 1 449 | 1 476 | 1 503 | 1 531 | 1 558 | 1 585 | 1 613 | 1 640 |
| 36 | 1 132 | 1 415 | 1 443 | 1 470 | 1 498 | 1 526 | 1 554 | 1 581 | 1 609 | 1 637 | 1 665 |
| 38 | 1 149 | 1 436 | 1 464 | 1 492 | 1 520 | 1 548 | 1 577 | 1 605 | 1 633 | 1 661 | 1 689 |
| 1,40 | 1 165 | 1 457 | 1 485 | 1 514 | 1 542 | 1 571 | 1 599 | 1 628 | 1 656 | 1 685 | 1 714 |
| 42 | 1 182 | 1 477 | 1 506 | 1 535 | 1 564 | 1 593 | 1 622 | 1 651 | 1 680 | 1 709 | 1 738 |
| 44 | 1 199 | 1 498 | 1 528 | 1 557 | 1 586 | 1 616 | 1 645 | 1 674 | 1 704 | 1 733 | 1 763 |
| 46 | 1 215 | 1 519 | 1 549 | 1 579 | 1 608 | 1 638 | 1 668 | 1 698 | 1 727 | 1 757 | 1 787 |
| 48 | 1 232 | 1 540 | 1 570 | 1 600 | 1 630 | 1 661 | 1 691 | 1 721 | 1 751 | 1 781 | 1 812 |
| 1,50 | 1 248 | 1 561 | 1 591 | 1 622 | 1 652 | 1 683 | 1 714 | 1 744 | 1 775 | 1 805 | 1 836 |
| 52 | 1 265 | 1 581 | 1 612 | 1 643 | 1 674 | 1 705 | 1 736 | 1 767 | 1 798 | 1 829 | 1 860 |
| 54 | 1 282 | 1 602 | 1 634 | 1 665 | 1 696 | 1 728 | 1 759 | 1 791 | 1 822 | 1 854 | 1 885 |
| 56 | 1 298 | 1 623 | 1 655 | 1 687 | 1 718 | 1 750 | 1 782 | 1 814 | 1 846 | 1 878 | 1 909 |
| 58 | 1 315 | 1 641 | 1 676 | 1 708 | 1 741 | 1 773 | 1 805 | 1 837 | 1 869 | 1 902 | 1 934 |
| 1,60 | 1 332 | 1 665 | 1 697 | 1 730 | 1 763 | 1 795 | 1 828 | 1 860 | 1 893 | 1 926 | 1 958 |
| 62 | 1 348 | 1 685 | 1 718 | 1 752 | 1 785 | 1 818 | 1 851 | 1 884 | 1 917 | 1 950 | 1 983 |
| 64 | 1 365 | 1 706 | 1 740 | 1 773 | 1 807 | 1 840 | 1 874 | 1 907 | 1 940 | 1 974 | 2 007 |
| 66 | 1 382 | 1 727 | 1 761 | 1 795 | 1 829 | 1 863 | 1 896 | 1 930 | 1 964 | 1 998 | 2 032 |
| 68 | 1 398 | 1 748 | 1 782 | 1 816 | 1 851 | 1 885 | 1 919 | 1 954 | 1 988 | 2 022 | 2 056 |
| 1,70 | 1 415 | 1 769 | 1 803 | 1 838 | 1 873 | 1 907 | 1 942 | 1 977 | 2 011 | 2 046 | 2 081 |
| 72 | 1 432 | 1 789 | 1 825 | 1 860 | 1 895 | 1 930 | 1 965 | 2 000 | 2 035 | 2 070 | 2 105 |
| 74 | 1 448 | 1 810 | 1 846 | 1 881 | 1 917 | 1 952 | 1 988 | 2 023 | 2 059 | 2 094 | 2 130 |
| 76 | 1 465 | 1 831 | 1 867 | 1 903 | 1 939 | 1 975 | 2 011 | 2 047 | 2 082 | 2 118 | 2 154 |
| 78 | 1 482 | 1 852 | 1 888 | 1 925 | 1 961 | 1 997 | 2 033 | 2 070 | 2 106 | 2 142 | 2 179 |
| 1,80 | 1 498 | 1 873 | 1 909 | 1 946 | 1 983 | 2 020 | 2 056 | 2 093 | 2 130 | 2 166 | 2 203 |
| 82 | 1 515 | 1 894 | 1 931 | 1 968 | 2 005 | 2 042 | 2 079 | 2 116 | 2 153 | 2 191 | 2 228 |
| 84 | 1 531 | 1 914 | 1 952 | 1 989 | 2 027 | 2 064 | 2 102 | 2 140 | 2 177 | 2 215 | 2 252 |
| 86 | 1 548 | 1 935 | 1 973 | 2 011 | 2 049 | 2 087 | 2 125 | 2 163 | 2 201 | 2 239 | 2 277 |
| 88 | 1 565 | 1 956 | 1 994 | 2 033 | 2 071 | 2 109 | 2 148 | 2 186 | 2 224 | 2 263 | 2 301 |
| 1,90 | 1 581 | 1 977 | 2 016 | 2 054 | 2 093 | 2 132 | 2 171 | 2 209 | 2 248 | 2 287 | 2 326 |
| 92 | 1 598 | 1 998 | 2 037 | 2 076 | 2 115 | 2 154 | 2 193 | 2 233 | 2 272 | 2 311 | 2 350 |
| 94 | 1 615 | 2 018 | 2 058 | 2 098 | 2 137 | 2 177 | 2 216 | 2 256 | 2 295 | 2 335 | 2 375 |
| 96 | 1 631 | 2 039 | 2 079 | 2 119 | 2 159 | 2 199 | 2 239 | 2 279 | 2 319 | 2 359 | 2 399 |
| 98 | 1 648 | 2 060 | 2 100 | 2 141 | 2 181 | 2 222 | 2 262 | 2 302 | 2 343 | 2 383 | 2 424 |
| 2,— | 1 665 | 2 081 | 2 122 | 2 162 | 2 203 | 2 244 | 2 285 | 2 326 | 2 366 | 2 407 | 2 448 |
| 02 | 1 681 | 2 102 | 2 143 | 2 184 | 2 225 | 2 266 | 2 308 | 2 349 | 2 390 | 2 431 | 2 472 |
| 04 | 1 698 | 2 122 | 2 164 | 2 206 | 2 247 | 2 289 | 2 330 | 2 372 | 2 414 | 2 455 | 2 497 |
| 06 | 1 715 | 2 143 | 2 185 | 2 227 | 2 269 | 2 311 | 2 353 | 2 395 | 2 437 | 2 479 | 2 521 |
| 08 | 1 731 | 2 164 | 2 206 | 2 249 | 2 291 | 2 334 | 2 376 | 2 419 | 2 461 | 2 503 | 2 546 |
| 2,10 | 1 748 | 2 185 | 2 228 | 2 271 | 2 313 | 2 356 | 2 399 | 2 442 | 2 485 | 2 528 | 2 570 |
| 12 | 1 765 | 2 206 | 2 249 | 2 292 | 2 335 | 2 379 | 2 422 | 2 465 | 2 508 | 2 552 | 2 595 |
| 14 | 1 781 | 2 226 | 2 270 | 2 314 | 2 357 | 2 401 | 2 445 | 2 488 | 2 532 | 2 576 | 2 619 |
| 16 | 1 798 | 2 247 | 2 291 | 2 335 | 2 379 | 2 424 | 2 468 | 2 512 | 2 556 | 2 600 | 2 644 |
| 18 | 1 815 | 2 268 | 2 313 | 2 357 | 2 401 | 2 446 | 2 490 | 2 535 | 2 579 | 2 624 | 2 668 |
| 2,20 | 1 831 | 2 289 | 2 334 | 2 379 | 2 424 | 2 468 | 2 513 | 2 558 | 2 603 | 2 648 | 2 693 |
| 22 | 1 848 | 2 310 | 2 355 | 2 400 | 2 446 | 2 491 | 2 536 | 2 581 | 2 627 | 2 672 | 2 717 |
| 24 | 1 864 | 2 330 | 2 376 | 2 422 | 2 468 | 2 513 | 2 559 | 2 605 | 2 650 | 2 696 | 2 742 |
| 26 | 1 881 | 2 351 | 2 397 | 2 444 | 2 490 | 2 536 | 2 582 | 2 628 | 2 674 | 2 720 | 2 766 |
| 28 | 1 898 | 2 372 | 2 419 | 2 465 | 2 512 | 2 558 | 2 605 | 2 651 | 2 698 | 2 744 | 2 791 |
| 2,30 | 1 914 | 2 393 | 2 440 | 2 487 | 2 534 | 2 581 | 2 628 | 2 674 | 2 721 | 2 768 | 2 815 |
| 32 | 1 931 | 2 414 | 2 461 | 2 508 | 2 556 | 2 603 | 2 650 | 2 698 | 2 745 | 2 792 | 2 840 |
| 34 | 1 948 | 2 435 | 2 482 | 2 530 | 2 578 | 2 625 | 2 673 | 2 721 | 2 769 | 2 816 | 2 864 |
| 36 | 1 964 | 2 455 | 2 503 | 2 552 | 2 600 | 2 648 | 2 696 | 2 744 | 2 792 | 2 840 | 2 889 |
| 38 | 1 981 | 2 476 | 2 525 | 2 573 | 2 622 | 2 670 | 2 719 | 2 767 | 2 816 | 2 864 | 2 913 |
| 2,40 | 1 998 | 2 497 | 2 546 | 2 595 | 2 644 | 2 693 | 2 742 | 2 791 | 2 840 | 2 889 | 2 938 |





LARGEUR — 175

| LONGUEUR | 1,22 | 1,24 | 1,26 | 1,28 | 1,30 | 1,32 | 1,34 | 1,36 | 1,38 | 1,40 |
|---|---|---|---|---|---|---|---|---|---|---|
| 1,22 | 1 518 | | | | | | | | | |
| 24 | 1 543 | 1 568 | | | | | | | | |
| 26 | 1 568 | 1 594 | 1 619 | | | | | | | |
| 28 | 1 593 | 1 619 | 1 645 | 1 671 | | | | | | |
| 1,30 | 1 618 | 1 644 | 1 671 | 1 697 | 1 724 | | | | | |
| 32 | 1 643 | 1 670 | 1 696 | 1 723 | 1 750 | 1 777 | | | | |
| 34 | 1 667 | 1 695 | 1 722 | 1 750 | 1 777 | 1 804 | 1 832 | | | |
| 36 | 1 692 | 1 720 | 1 748 | 1 776 | 1 803 | 1 831 | 1 859 | 1 887 | | |
| 38 | 1 717 | 1 745 | 1 774 | 1 802 | 1 830 | 1 858 | 1 886 | 1 914 | 1 942 | |
| 1,40 | 1 742 | 1 771 | 1 799 | 1 828 | 1 856 | 1 885 | 1 914 | 1 942 | 1 971 | 1 999 |
| 42 | 1 767 | 1 796 | 1 825 | 1 854 | 1 883 | 1 912 | 1 940 | 1 970 | 1 999 | 2 028 |
| 44 | 1 792 | 1 821 | 1 851 | 1 880 | 1 909 | 1 939 | 1 968 | 1 998 | 2 027 | 2 056 |
| 46 | 1 817 | 1 847 | 1 876 | 1 906 | 1 936 | 1 966 | 1 996 | 2 025 | 2 055 | 2 085 |
| 48 | 1 842 | 1 872 | 1 902 | 1 932 | 1 962 | 1 993 | 2 023 | 2 053 | 2 083 | 2 113 |
| 1,50 | 1 867 | 1 897 | 1 928 | 1 958 | 1 989 | 2 020 | 2 050 | 2 081 | 2 111 | 2 142 |
| 52 | 1 891 | 1 922 | 1 954 | 1 985 | 2 016 | 2 047 | 2 078 | 2 109 | 2 140 | 2 171 |
| 54 | 1 916 | 1 948 | 1 979 | 2 011 | 2 042 | 2 073 | 2 105 | 2 136 | 2 168 | 2 199 |
| 56 | 1 941 | 1 973 | 2 005 | 2 037 | 2 069 | 2 100 | 2 132 | 2 164 | 2 196 | 2 228 |
| 58 | 1 966 | 1 998 | 2 031 | 2 063 | 2 095 | 2 127 | 2 160 | 2 192 | 2 224 | 2 256 |
| 1,60 | 1 991 | 2 024 | 2 056 | 2 089 | 2 122 | 2 154 | 2 187 | 2 220 | 2 252 | 2 285 |
| 62 | 2 016 | 2 049 | 2 082 | 2 115 | 2 148 | 2 181 | 2 214 | 2 247 | 2 280 | 2 313 |
| 64 | 2 041 | 2 074 | 2 108 | 2 141 | 2 175 | 2 208 | 2 242 | 2 275 | 2 308 | 2 342 |
| 66 | 2 066 | 2 100 | 2 133 | 2 167 | 2 201 | 2 235 | 2 269 | 2 303 | 2 337 | 2 370 |
| 68 | 2 091 | 2 125 | 2 159 | 2 193 | 2 228 | 2 262 | 2 296 | 2 330 | 2 365 | 2 399 |
| 1,70 | 2 115 | 2 150 | 2 185 | 2 220 | 2 254 | 2 289 | 2 324 | 2 358 | 2 393 | 2 428 |
| 72 | 2 140 | 2 175 | 2 211 | 2 246 | 2 281 | 2 316 | 2 351 | 2 386 | 2 421 | 2 456 |
| 74 | 2 165 | 2 201 | 2 236 | 2 272 | 2 307 | 2 343 | 2 378 | 2 414 | 2 449 | 2 485 |
| 76 | 2 190 | 2 226 | 2 262 | 2 298 | 2 334 | 2 370 | 2 406 | 2 441 | 2 477 | 2 513 |
| 78 | 2 215 | 2 251 | 2 288 | 2 324 | 2 360 | 2 397 | 2 433 | 2 469 | 2 506 | 2 542 |
| 1,80 | 2 240 | 2 277 | 2 313 | 2 350 | 2 387 | 2 424 | 2 460 | 2 497 | 2 534 | 2 570 |
| 82 | 2 265 | 2 302 | 2 339 | 2 376 | 2 413 | 2 450 | 2 488 | 2 525 | 2 562 | 2 599 |
| 84 | 2 290 | 2 327 | 2 365 | 2 402 | 2 440 | 2 477 | 2 515 | 2 552 | 2 590 | 2 628 |
| 86 | 2 315 | 2 353 | 2 390 | 2 428 | 2 466 | 2 504 | 2 542 | 2 580 | 2 618 | 2 656 |
| 88 | 2 339 | 2 378 | 2 416 | 2 455 | 2 493 | 2 531 | 2 570 | 2 608 | 2 646 | 2 685 |
| 1,90 | 2 364 | 2 403 | 2 442 | 2 481 | 2 519 | 2 558 | 2 597 | 2 636 | 2 674 | 2 713 |
| 92 | 2 389 | 2 428 | 2 468 | 2 507 | 2 546 | 2 585 | 2 624 | 2 663 | 2 703 | 2 742 |
| 94 | 2 414 | 2 454 | 2 493 | 2 533 | 2 572 | 2 612 | 2 652 | 2 691 | 2 731 | 2 770 |
| 96 | 2 439 | 2 479 | 2 519 | 2 559 | 2 599 | 2 639 | 2 679 | 2 719 | 2 759 | 2 799 |
| 98 | 2 464 | 2 504 | 2 545 | 2 585 | 2 625 | 2 666 | 2 706 | 2 747 | 2 787 | 2 827 |
| 2,— | 2 489 | 2 530 | 2 570 | 2 611 | 2 652 | 2 693 | 2 734 | 2 774 | 2 815 | 2 856 |
| 02 | 2 513 | 2 555 | 2 596 | 2 637 | 2 679 | 2 720 | 2 761 | 2 802 | 2 843 | 2 885 |
| 04 | 2 539 | 2 580 | 2 622 | 2 663 | 2 705 | 2 747 | 2 788 | 2 830 | 2 872 | 2 913 |
| 06 | 2 563 | 2 605 | 2 648 | 2 690 | 2 732 | 2 774 | 2 816 | 2 858 | 2 900 | 2 942 |
| 08 | 2 588 | 2 631 | 2 673 | 2 716 | 2 758 | 2 801 | 2 843 | 2 885 | 2 928 | 2 970 |
| 2,10 | 2 613 | 2 656 | 2 699 | 2 742 | 2 785 | 2 827 | 2 870 | 2 913 | 2 956 | 2 999 |
| 12 | 2 638 | 2 681 | 2 725 | 2 768 | 2 811 | 2 854 | 2 898 | 2 941 | 2 984 | 3 027 |
| 14 | 2 663 | 2 707 | 2 750 | 2 794 | 2 838 | 2 881 | 2 925 | 2 969 | 3 012 | 3 056 |
| 16 | 2 688 | 2 732 | 2 776 | 2 820 | 2 864 | 2 908 | 2 952 | 2 996 | 3 040 | 3 084 |
| 18 | 2 713 | 2 757 | 2 802 | 2 846 | 2 891 | 2 935 | 2 980 | 3 024 | 3 069 | 3 113 |
| 2,20 | 2 738 | 2 783 | 2 827 | 2 872 | 2 917 | 2 962 | 3 007 | 3 052 | 3 097 | 3 142 |
| 22 | 2 763 | 2 808 | 2 853 | 2 898 | 2 944 | 2 989 | 3 034 | 3 080 | 3 125 | 3 170 |
| 24 | 2 787 | 2 833 | 2 879 | 2 925 | 2 970 | 3 016 | 3 062 | 3 107 | 3 153 | 3 199 |
| 26 | 2 812 | 2 858 | 2 905 | 2 951 | 2 997 | 3 043 | 3 089 | 3 135 | 3 181 | 3 227 |
| 28 | 2 837 | 2 884 | 2 930 | 2 977 | 3 023 | 3 070 | 3 116 | 3 163 | 3 209 | 3 256 |
| 2,30 | 2 862 | 2 909 | 2 956 | 3 003 | 3 050 | 3 097 | 3 144 | 3 191 | 3 237 | 3 284 |
| 32 | 2 887 | 2 934 | 2 982 | 3 029 | 3 076 | 3 124 | 3 171 | 3 218 | 3 266 | 3 313 |
| 34 | 2 912 | 2 960 | 3 007 | 3 055 | 3 103 | 3 151 | 3 198 | 3 246 | 3 294 | 3 342 |
| 36 | 2 937 | 2 985 | 3 033 | 3 081 | 3 129 | 3 178 | 3 225 | 3 274 | 3 322 | 3 370 |
| 38 | 2 962 | 3 010 | 3 059 | 3 107 | 3 156 | 3 204 | 3 253 | 3 302 | 3 350 | 3 399 |
| 2,40 | 2 987 | 3 036 | 3 084 | 3 133 | 3 182 | 3 231 | 3 280 | 3 329 | 3 378 | 3 427 |

LARGEUR — 176

| LONGUEUR | 1,42 | 1,44 | 1,46 | 1,48 | 1,50 | 1,52 | 4,54 | 1,56 | 1,58 | 1,60 |
|---|---|---|---|---|---|---|---|---|---|---|
| 1,42 | 2 057 | | | | | | | | | |
| 44 | 2 086 | 2 115 | | | | | | | | |
| 46 | 2 115 | 2 144 | 2 174 | | | | | | | |
| 48 | 2 144 | 2 174 | 2 204 | 2 234 | | | | | | |
| 1,50 | 2 173 | 2 203 | 2 234 | 2 264 | 2 295 | | | | | |
| 52 | 2 202 | 2 233 | 2 264 | 2 295 | 2 326 | 2 357 | | | | |
| 54 | 2 231 | 2 262 | 2 293 | 2 325 | 2 356 | 2 388 | 2 419 | | | |
| 56 | 2 260 | 2 291 | 2 323 | 2 355 | 2 387 | 2 419 | 2 450 | 2 482 | | |
| 58 | 2 288 | 2 321 | 2 353 | 2 385 | 2 417 | 2 450 | 2 482 | 2 514 | 2 546 | |
| 1,60 | 2 317 | 2 350 | 2 383 | 2 415 | 2 448 | 2 481 | 2 513 | 2 546 | 2 579 | 2 611 |
| 62 | 2 346 | 2 379 | 2 413 | 2 446 | 2 479 | 2 512 | 2 545 | 2 578 | 2 611 | 2 644 |
| 64 | 2 375 | 2 409 | 2 442 | 2 476 | 2 509 | 2 543 | 2 576 | 2 610 | 2 643 | 2 676 |
| 66 | 2 404 | 2 438 | 2 472 | 2 506 | 2 540 | 2 574 | 2 608 | 2 641 | 2 675 | 2 709 |
| 68 | 2 433 | 2 468 | 2 502 | 2 536 | 2 570 | 2 605 | 2 639 | 2 673 | 2 707 | 2 742 |
| 1,70 | 2 462 | 2 497 | 2 532 | 2 566 | 2 601 | 2 636 | 2 670 | 2 705 | 2 740 | 2 774 |
| 72 | 2 491 | 2 526 | 2 561 | 2 597 | 2 632 | 2 667 | 2 702 | 2 737 | 2 772 | 2 807 |
| 74 | 2 520 | 2 556 | 2 591 | 2 627 | 2 662 | 2 698 | 2 733 | 2 769 | 2 804 | 2 840 |
| 76 | 2 549 | 2 585 | 2 621 | 2 657 | 2 693 | 2 729 | 2 765 | 2 801 | 2 836 | 2 872 |
| 78 | 2 578 | 2 614 | 2 651 | 2 687 | 2 723 | 2 760 | 2 796 | 2 832 | 2 869 | 2 905 |
| 1,80 | 2 607 | 2 644 | 2 681 | 2 717 | 2 754 | 2 791 | 2 827 | 2 864 | 2 901 | 2 938 |
| 82 | 2 636 | 2 673 | 2 710 | 2 747 | 2 785 | 2 822 | 2 859 | 2 896 | 2 933 | 2 970 |
| 84 | 2 665 | 2 703 | 2 740 | 2 778 | 2 815 | 2 853 | 2 890 | 2 928 | 2 965 | 3 003 |
| 86 | 2 694 | 2 732 | 2 770 | 2 808 | 2 846 | 2 884 | 2 922 | 2 960 | 2 998 | 3 036 |
| 88 | 2 723 | 2 761 | 2 800 | 2 838 | 2 876 | 2 915 | 2 953 | 2 991 | 3 030 | 3 068 |
| 1,90 | 2 752 | 2 791 | 2 829 | 2 868 | 2 907 | 2 946 | 2 985 | 3 023 | 3 062 | 3 101 |
| 92 | 2 781 | 2 820 | 2 859 | 2 898 | 2 938 | 2 977 | 3 016 | 3 055 | 3 094 | 3 133 |
| 94 | 2 810 | 2 849 | 2 889 | 2 929 | 2 968 | 3 008 | 3 047 | 3 087 | 3 127 | 3 166 |
| 96 | 2 839 | 2 879 | 2 919 | 2 959 | 2 999 | 3 039 | 3 079 | 3 119 | 3 159 | 3 199 |
| 98 | 2 868 | 2 908 | 2 949 | 2 989 | 3 029 | 3 070 | 3 110 | 3 151 | 3 191 | 3 231 |
| 2,— | 2 897 | 2 938 | 2 978 | 3 019 | 3 060 | 3 101 | 3 142 | 3 182 | 3 223 | 3 264 |
| 02 | 2 926 | 2 967 | 3 008 | 3 049 | 3 091 | 3 132 | 3 173 | 3 214 | 3 255 | 3 297 |
| 04 | 2 955 | 2 996 | 3 038 | 3 080 | 3 121 | 3 163 | 3 204 | 3 246 | 3 288 | 3 329 |
| 06 | 2 984 | 3 026 | 3 068 | 3 110 | 3 152 | 3 194 | 3 236 | 3 278 | 3 320 | 3 362 |
| 08 | 3 013 | 3 055 | 3 098 | 3 140 | 3 182 | 3 225 | 3 267 | 3 310 | 3 352 | 3 395 |
| 2,10 | 3 042 | 3 084 | 3 127 | 3 170 | 3 213 | 3 256 | 3 299 | 3 342 | 3 384 | 3 427 |
| 12 | 3 071 | 3 114 | 3 157 | 3 200 | 3 244 | 3 287 | 3 330 | 3 373 | 3 417 | 3 460 |
| 14 | 3 100 | 3 143 | 3 187 | 3 231 | 3 274 | 3 318 | 3 362 | 3 405 | 3 449 | 3 492 |
| 16 | 3 129 | 3 173 | 3 217 | 3 261 | 3 305 | 3 349 | 3 393 | 3 437 | 3 481 | 3 525 |
| 18 | 3 158 | 3 202 | 3 246 | 3 291 | 3 335 | 3 380 | 3 424 | 3 469 | 3 513 | 3 558 |
| 2,20 | 3 186 | 3 231 | 3 276 | 3 321 | 3 366 | 3 411 | 3 456 | 3 501 | 3 546 | 3 590 |
| 22 | 3 215 | 3 261 | 3 306 | 3 351 | 3 397 | 3 442 | 3 487 | 3 532 | 3 578 | 3 623 |
| 24 | 3 244 | 3 290 | 3 336 | 3 382 | 3 427 | 3 473 | 3 519 | 3 564 | 3 610 | 3 656 |
| 26 | 3 273 | 3 319 | 3 366 | 3 412 | 3 458 | 3 504 | 3 550 | 3 596 | 3 642 | 3 688 |
| 28 | 3 302 | 3 349 | 3 395 | 3 442 | 3 488 | 3 535 | 3 581 | 3 628 | 3 674 | 3 721 |
| 2,30 | 3 331 | 3 378 | 3 425 | 3 472 | 3 519 | 3 566 | 3 613 | 3 660 | 3 707 | 3 754 |
| 32 | 3 360 | 3 408 | 3 455 | 3 502 | 3 550 | 3 597 | 3 644 | 3 692 | 3 739 | 3 786 |
| 34 | 3 389 | 3 437 | 3 485 | 3 532 | 3 580 | 3 628 | 3 676 | 3 723 | 3 771 | 3 819 |
| 36 | 3 418 | 3 466 | 3 515 | 3 563 | 3 611 | 3 659 | 3 707 | 3 755 | 3 803 | 3 852 |
| 38 | 3 447 | 3 496 | 3 544 | 3 593 | 3 641 | 3 690 | 3 739 | 3 787 | 3 836 | 3 884 |
| 2,40 | 3 476 | 3 525 | 3 574 | 3 623 | 3 672 | 3 721 | 3 770 | 3 819 | 3 868 | 3 917 |
| 42 | 3 505 | 3 554 | 3 604 | 3 653 | 3 703 | 3 752 | 3 801 | 3 851 | 3 900 | 3 949 |
| 44 | 3 534 | 3 584 | 3 634 | 3 683 | 3 733 | 3 783 | 3 833 | 3 883 | 3 932 | 3 982 |
| 46 | 3 563 | 3 613 | 3 663 | 3 714 | 3 764 | 3 814 | 3 864 | 3 914 | 3 965 | 4 015 |
| 48 | 3 592 | 3 643 | 3 693 | 3 744 | 3 794 | 3 845 | 3 896 | 3 946 | 3 997 | 4 047 |
| 2,50 | 3 621 | 3 672 | 3 723 | 3 774 | 3 825 | 3 876 | 3 927 | 3 978 | 4 029 | 4 080 |
| 52 | 3 650 | 3 701 | 3 753 | 3 804 | 3 856 | 3 907 | 3 958 | 4 010 | 4 061 | 4 113 |
| 54 | 3 679 | 3 731 | 3 783 | 3 834 | 3 886 | 3 938 | 3 990 | 4 042 | 4 093 | 4 145 |
| 56 | 3 708 | 3 760 | 3 812 | 3 865 | 3 917 | 3 969 | 4 021 | 4 073 | 4 125 | 4 178 |
| 58 | 3 737 | 3 790 | 3 842 | 3 895 | 3 947 | 4 000 | 4 053 | 4 105 | 4 158 | 4 211 |
| 2,60 | 3 766 | 3 819 | 3 872 | 3 925 | 3 978 | 4 031 | 4 084 | 4 137 | 4 190 | 4 243 |
| 62 | 3 795 | 3 848 | 3 902 | 3 955 | 4 009 | 4 062 | 4 115 | 4 169 | 4 222 | 4 276 |
| 64 | 3 824 | 3 878 | 3 931 | 3 985 | 4 039 | 4 093 | 4 147 | 4 201 | 4 255 | 4 308 |
| 66 | 3 853 | 3 907 | 3 961 | 4 016 | 4 070 | 4 124 | 4 178 | 4 233 | 4 287 | 4 341 |
| 68 | 3 882 | 3 936 | 3 991 | 4 046 | 4 100 | 4 155 | 4 210 | 4 264 | 4 319 | 4 374 |
| 2,70 | 3 911 | 3 966 | 4 021 | 4 076 | 4 131 | 4 186 | 4 241 | 4 296 | 4 351 | 4 406 |
| 72 | 3 940 | 3 995 | 4 051 | 4 106 | 4 162 | 4 217 | 4 273 | 4 328 | 4 384 | 4 439 |
| 74 | 3 969 | 4 025 | 4 080 | 4 136 | 4 192 | 4 248 | 4 304 | 4 360 | 4 416 | 4 472 |
| 76 | 3 998 | 4 054 | 4 110 | 4 166 | 4 223 | 4 279 | 4 335 | 4 392 | 4 448 | 4 504 |
| 78 | 4 027 | 4 083 | 4 140 | 4 197 | 4 253 | 4 310 | 4 367 | 4 424 | 4 480 | 4 537 |
| 2,80 | 4 056 | 4 113 | 4 170 | 4 227 | 4 284 | 4 341 | 4 398 | 4 455 | 4 512 | 4 570 |

Epaisseur : **1ᵐ 02** centimètres — 1,02

LARGEUR — 177

| LONGUEUR | 1,62 | 1,64 | 1,66 | 1,68 | 1,70 | 1,72 | 1,74 | 1,76 | 1,78 | 1,80 |
|---|---|---|---|---|---|---|---|---|---|---|
| 1,62 | 2 677 | | | | | | | | | |
| 64 | 2 710 | 2 743 | | | | | | | | |
| 66 | 2 743 | 2 777 | 2 811 | | | | | | | |
| 68 | 2 776 | 2 810 | 2 845 | 2 879 | | | | | | |
| 1,70 | 2 809 | 2 844 | 2 878 | 2 913 | 2 948 | | | | | |
| 72 | 2 842 | 2 877 | 2 912 | 2 947 | 2 982 | 3 018 | | | | |
| 74 | 2 875 | 2 911 | 2 946 | 2 982 | 3 017 | 3 053 | 3 088 | | | |
| 76 | 2 908 | 2 944 | 2 980 | 3 016 | 3 052 | 3 088 | 3 124 | 3 160 | | |
| 78 | 2 941 | 2 978 | 3 014 | 3 050 | 3 087 | 3 123 | 3 159 | 3 195 | 3 232 | |
| 1,80 | 2 974 | 3 011 | 3 048 | 3 084 | 3 121 | 3 158 | 3 195 | 3 231 | 3 268 | 3 305 |
| 82 | 3 007 | 3 044 | 3 082 | 3 119 | 3 156 | 3 193 | 3 230 | 3 267 | 3 304 | 3 342 |
| 84 | 3 040 | 3 078 | 3 115 | 3 153 | 3 191 | 3 228 | 3 266 | 3 303 | 3 341 | 3 378 |
| 86 | 3 073 | 3 111 | 3 149 | 3 187 | 3 225 | 3 263 | 3 301 | 3 339 | 3 377 | 3 415 |
| 88 | 3 107 | 3 145 | 3 183 | 3 222 | 3 260 | 3 298 | 3 337 | 3 375 | 3 413 | 3 452 |
| 1,90 | 3 140 | 3 178 | 3 217 | 3 256 | 3 295 | 3 333 | 3 372 | 3 411 | 3 450 | 3 488 |
| 92 | 3 173 | 3 212 | 3 251 | 3 290 | 3 329 | 3 368 | 3 408 | 3 447 | 3 486 | 3 525 |
| 94 | 3 206 | 3 245 | 3 285 | 3 324 | 3 364 | 3 404 | 3 443 | 3 483 | 3 522 | 3 562 |
| 96 | 3 239 | 3 279 | 3 319 | 3 359 | 3 399 | 3 439 | 3 479 | 3 519 | 3 559 | 3 599 |
| 98 | 3 272 | 3 312 | 3 353 | 3 393 | 3 433 | 3 474 | 3 514 | 3 554 | 3 595 | 3 635 |
| 2,— | 3 305 | 3 346 | 3 386 | 3 427 | 3 468 | 3 509 | 3 550 | 3 590 | 3 631 | 3 672 |
| 02 | 3 338 | 3 379 | 3 420 | 3 461 | 3 503 | 3 544 | 3 585 | 3 626 | 3 668 | 3 709 |
| 04 | 3 371 | 3 413 | 3 454 | 3 496 | 3 537 | 3 579 | 3 621 | 3 662 | 3 704 | 3 745 |
| 06 | 3 404 | 3 446 | 3 488 | 3 530 | 3 572 | 3 614 | 3 656 | 3 698 | 3 740 | 3 782 |
| 08 | 3 437 | 3 479 | 3 522 | 3 564 | 3 607 | 3 649 | 3 692 | 3 734 | 3 776 | 3 819 |
| 2,10 | 3 470 | 3 513 | 3 556 | 3 599 | 3 641 | 3 684 | 3 727 | 3 770 | 3 813 | 3 856 |
| 12 | 3 503 | 3 546 | 3 590 | 3 633 | 3 676 | 3 719 | 3 763 | 3 806 | 3 849 | 3 892 |
| 14 | 3 536 | 3 580 | 3 623 | 3 667 | 3 711 | 3 754 | 3 798 | 3 842 | 3 885 | 3 929 |
| 16 | 3 569 | 3 613 | 3 657 | 3 701 | 3 745 | 3 790 | 3 834 | 3 878 | 3 922 | 3 966 |
| 18 | 3 602 | 3 647 | 3 691 | 3 736 | 3 780 | 3 825 | 3 869 | 3 914 | 3 958 | 4 002 |
| 2,20 | 3 635 | 3 680 | 3 725 | 3 770 | 3 815 | 3 860 | 3 905 | 3 949 | 3 994 | 4 039 |
| 22 | 3 668 | 3 714 | 3 759 | 3 804 | 3 849 | 3 895 | 3 940 | 3 985 | 4 031 | 4 076 |
| 24 | 3 701 | 3 747 | 3 793 | 3 838 | 3 884 | 3 930 | 3 976 | 4 021 | 4 067 | 4 113 |
| 26 | 3 734 | 3 781 | 3 827 | 3 873 | 3 919 | 3 965 | 4 011 | 4 057 | 4 103 | 4 149 |
| 28 | 3 767 | 3 814 | 3 860 | 3 907 | 3 954 | 4 000 | 4 047 | 4 093 | 4 140 | 4 186 |
| 2,30 | 3 801 | 3 847 | 3 894 | 3 941 | 3 988 | 4 035 | 4 082 | 4 129 | 4 176 | 4 223 |
| 32 | 3 834 | 3 881 | 3 928 | 3 976 | 4 023 | 4 070 | 4 118 | 4 165 | 4 212 | 4 260 |
| 34 | 3 867 | 3 914 | 3 962 | 4 010 | 4 058 | 4 105 | 4 153 | 4 201 | 4 249 | 4 296 |
| 36 | 3 900 | 3 948 | 3 996 | 4 044 | 4 092 | 4 140 | 4 189 | 4 237 | 4 285 | 4 333 |
| 38 | 3 933 | 3 981 | 4 030 | 4 078 | 4 127 | 4 175 | 4 224 | 4 273 | 4 321 | 4 370 |
| 2,40 | 3 966 | 4 015 | 4 064 | 4 113 | 4 162 | 4 211 | 4 260 | 4 308 | 4 357 | 4 406 |
| 42 | 3 999 | 4 048 | 4 098 | 4 147 | 4 196 | 4 246 | 4 295 | 4 344 | 4 394 | 4 443 |
| 44 | 4 032 | 4 082 | 4 131 | 4 181 | 4 231 | 4 281 | 4 331 | 4 380 | 4 430 | 4 480 |
| 46 | 4 065 | 4 115 | 4 165 | 4 215 | 4 266 | 4 316 | 4 366 | 4 416 | 4 466 | 4 517 |
| 48 | 4 098 | 4 149 | 4 199 | 4 250 | 4 300 | 4 351 | 4 402 | 4 452 | 4 503 | 4 553 |
| 2,50 | 4 131 | 4 181 | 4 233 | 4 284 | 4 335 | 4 386 | 4 437 | 4 488 | 4 539 | 4 590 |
| 52 | 4 164 | 4 215 | 4 267 | 4 318 | 4 370 | 4 421 | 4 472 | 4 524 | 4 575 | 4 627 |
| 54 | 4 197 | 4 249 | 4 301 | 4 353 | 4 404 | 4 456 | 4 508 | 4 560 | 4 612 | 4 663 |
| 56 | 4 230 | 4 282 | 4 335 | 4 387 | 4 439 | 4 491 | 4 543 | 4 596 | 4 648 | 4 700 |
| 58 | 4 263 | 4 316 | 4 368 | 4 421 | 4 474 | 4 526 | 4 579 | 4 632 | 4 684 | 4 737 |
| 2,60 | 4 296 | 4 349 | 4 402 | 4 455 | 4 508 | 4 561 | 4 614 | 4 668 | 4 721 | 4 774 |
| 62 | 4 329 | 4 383 | 4 436 | 4 490 | 4 543 | 4 597 | 4 650 | 4 703 | 4 757 | 4 810 |
| 64 | 4 362 | 4 416 | 4 470 | 4 524 | 4 578 | 4 632 | 4 685 | 4 739 | 4 793 | 4 847 |
| 66 | 4 395 | 4 450 | 4 504 | 4 558 | 4 612 | 4 667 | 4 721 | 4 775 | 4 829 | 4 884 |
| 68 | 4 428 | 4 483 | 4 538 | 4 592 | 4 647 | 4 702 | 4 756 | 4 811 | 4 866 | 4 920 |
| 2,70 | 4 461 | 4 517 | 4 572 | 4 627 | 4 682 | 4 737 | 4 792 | 4 847 | 4 902 | 4 957 |
| 72 | 4 495 | 4 550 | 4 606 | 4 661 | 4 716 | 4 772 | 4 827 | 4 883 | 4 938 | 4 994 |
| 74 | 4 528 | 4 583 | 4 639 | 4 695 | 4 751 | 4 807 | 4 863 | 4 919 | 4 975 | 5 031 |
| 76 | 4 561 | 4 617 | 4 673 | 4 730 | 4 786 | 4 842 | 4 898 | 4 955 | 5 011 | 5 067 |
| 78 | 4 594 | 4 650 | 4 707 | 4 764 | 4 821 | 4 877 | 4 934 | 4 991 | 5 047 | 5 104 |
| 2,80 | 4 627 | 4 684 | 4 741 | 4 798 | 4 855 | 4 912 | 4 969 | 5 027 | 5 084 | 5 141 |

## Epaisseur : 1ᵐ 04 centimètres



| LONGʳ | FUTAILLES | LARGEUR 1,04 | 1,06 | 1,08 | 1,10 | 1,12 | 1,14 | 1,16 | 1,18 | 1,20 | 1,22 |
|---|---|---|---|---|---|---|---|---|---|---|---|
| 1,04 | 0 900 | 1 125 | | | | | | | | | |
| 06 | 0 917 | 1 146 | 1 169 | | | | | | | | |
| 08 | 0 935 | 1 168 | 1 191 | 1 213 | | | | | | | |
| 1,10 | 0 952 | 1 190 | 1 213 | 1 236 | 1 258 | | | | | | |
| 12 | 0 969 | 1 211 | 1 235 | 1 258 | 1 281 | 1 305 | | | | | |
| 14 | 0 986 | 1 233 | 1 257 | 1 280 | 1 304 | 1 328 | 1 352 | | | | |
| 16 | 1 004 | 1 255 | 1 279 | 1 303 | 1 327 | 1 351 | 1 375 | 1 399 | | | |
| 18 | 1 021 | 1 276 | 1 301 | 1 325 | 1 350 | 1 374 | 1 399 | 1 424 | 1 448 | | |
| 1,20 | 1 038 | 1 298 | 1 323 | 1 348 | 1 373 | 1 398 | 1 423 | 1 448 | 1 473 | 1 498 | |
| 22 | 1 056 | 1 320 | 1 345 | 1 370 | 1 396 | 1 421 | 1 446 | 1 472 | 1 497 | 1 523 | 1 548 |
| 24 | 1 073 | 1 341 | 1 367 | 1 393 | 1 419 | 1 444 | 1 470 | 1 496 | 1 522 | 1 548 | 1 573 |
| 26 | 1 090 | 1 363 | 1 389 | 1 415 | 1 441 | 1 468 | 1 494 | 1 520 | 1 546 | 1 572 | 1 599 |
| 28 | 1 108 | 1 384 | 1 411 | 1 438 | 1 464 | 1 491 | 1 518 | 1 544 | 1 571 | 1 597 | 1 624 |
| 1,30 | 1 125 | 1 406 | 1 433 | 1 460 | 1 487 | 1 514 | 1 541 | 1 568 | 1 595 | 1 622 | 1 649 |
| 32 | 1 142 | 1 428 | 1 455 | 1 483 | 1 510 | 1 538 | 1 565 | 1 592 | 1 620 | 1 647 | 1 675 |
| 34 | 1 159 | 1 449 | 1 477 | 1 505 | 1 533 | 1 561 | 1 589 | 1 617 | 1 644 | 1 672 | 1 700 |
| 36 | 1 177 | 1 471 | 1 499 | 1 528 | 1 556 | 1 584 | 1 612 | 1 641 | 1 669 | 1 697 | 1 726 |
| 38 | 1 194 | 1 493 | 1 521 | 1 550 | 1 579 | 1 607 | 1 636 | 1 665 | 1 694 | 1 722 | 1 751 |
| 1,40 | 1 211 | 1 514 | 1 543 | 1 572 | 1 602 | 1 631 | 1 660 | 1 689 | 1 718 | 1 747 | 1 776 |
| 42 | 1 229 | 1 536 | 1 565 | 1 595 | 1 624 | 1 654 | 1 684 | 1 713 | 1 743 | 1 772 | 1 802 |
| 44 | 1 246 | 1 558 | 1 587 | 1 617 | 1 647 | 1 677 | 1 707 | 1 737 | 1 767 | 1 797 | 1 827 |
| 46 | 1 263 | 1 579 | 1 610 | 1 640 | 1 670 | 1 701 | 1 731 | 1 761 | 1 792 | 1 822 | 1 852 |
| 48 | 1 281 | 1 601 | 1 632 | 1 662 | 1 693 | 1 723 | 1 755 | 1 785 | 1 816 | 1 847 | 1 878 |
| 1,50 | 1 298 | 1 622 | 1 654 | 1 685 | 1 716 | 1 747 | 1 778 | 1 810 | 1 841 | 1 872 | 1 903 |
| 52 | 1 315 | 1 644 | 1 676 | 1 707 | 1 739 | 1 770 | 1 802 | 1 834 | 1 865 | 1 897 | 1 929 |
| 54 | 1 333 | 1 666 | 1 698 | 1 730 | 1 762 | 1 794 | 1 826 | 1 858 | 1 890 | 1 922 | 1 954 |
| 56 | 1 350 | 1 687 | 1 720 | 1 752 | 1 785 | 1 817 | 1 850 | 1 882 | 1 914 | 1 947 | 1 979 |
| 58 | 1 367 | 1 709 | 1 742 | 1 775 | 1 808 | 1 840 | 1 873 | 1 906 | 1 939 | 1 972 | 2 005 |
| 1,60 | 1 384 | 1 731 | 1 764 | 1 797 | 1 830 | 1 864 | 1 897 | 1 930 | 1 964 | 1 997 | 2 030 |
| 62 | 1 402 | 1 752 | 1 786 | 1 820 | 1 853 | 1 887 | 1 921 | 1 954 | 1 988 | 2 022 | 2 055 |
| 64 | 1 419 | 1 774 | 1 808 | 1 842 | 1 876 | 1 910 | 1 944 | 1 978 | 2 013 | 2 047 | 2 081 |
| 66 | 1 436 | 1 795 | 1 830 | 1 865 | 1 899 | 1 934 | 1 968 | 2 003 | 2 037 | 2 072 | 2 106 |
| 68 | 1 454 | 1 817 | 1 852 | 1 887 | 1 922 | 1 957 | 1 992 | 2 027 | 2 062 | 2 097 | 2 132 |
| 1,70 | 1 471 | 1 839 | 1 874 | 1 909 | 1 945 | 1 980 | 2 016 | 2 051 | 2 086 | 2 122 | 2 157 |
| 72 | 1 488 | 1 860 | 1 896 | 1 932 | 1 968 | 2 003 | 2 039 | 2 075 | 2 111 | 2 147 | 2 182 |
| 74 | 1 506 | 1 882 | 1 918 | 1 954 | 1 991 | 2 027 | 2 063 | 2 099 | 2 135 | 2 172 | 2 208 |
| 76 | 1 523 | 1 904 | 1 940 | 1 977 | 2 013 | 2 050 | 2 087 | 2 123 | 2 160 | 2 196 | 2 233 |
| 78 | 1 540 | 1 925 | 1 962 | 1 999 | 2 036 | 2 073 | 2 110 | 2 147 | 2 184 | 2 221 | 2 258 |
| 1,80 | 1 558 | 1 947 | 1 984 | 2 022 | 2 059 | 2 097 | 2 134 | 2 172 | 2 209 | 2 246 | 2 284 |
| 82 | 1 575 | 1 969 | 2 006 | 2 044 | 2 082 | 2 120 | 2 158 | 2 196 | 2 234 | 2 271 | 2 309 |
| 84 | 1 592 | 1 990 | 2 028 | 2 067 | 2 105 | 2 143 | 2 182 | 2 220 | 2 258 | 2 296 | 2 335 |
| 86 | 1 609 | 2 012 | 2 050 | 2 089 | 2 128 | 2 167 | 2 205 | 2 244 | 2 283 | 2 321 | 2 360 |
| 88 | 1 627 | 2 033 | 2 073 | 2 112 | 2 151 | 2 190 | 2 229 | 2 268 | 2 307 | 2 346 | 2 385 |
| 1,90 | 1 644 | 2 055 | 2 095 | 2 134 | 2 174 | 2 213 | 2 253 | 2 292 | 2 332 | 2 371 | 2 411 |
| 92 | 1 661 | 2 077 | 2 117 | 2 157 | 2 196 | 2 236 | 2 276 | 2 316 | 2 356 | 2 396 | 2 436 |
| 94 | 1 679 | 2 098 | 2 139 | 2 179 | 2 219 | 2 260 | 2 300 | 2 340 | 2 381 | 2 421 | 2 461 |
| 96 | 1 696 | 2 120 | 2 161 | 2 201 | 2 242 | 2 283 | 2 324 | 2 365 | 2 405 | 2 446 | 2 487 |
| 98 | 1 713 | 2 142 | 2 183 | 2 224 | 2 265 | 2 306 | 2 347 | 2 389 | 2 430 | 2 471 | 2 512 |
| 2,— | 1 731 | 2 163 | 2 205 | 2 246 | 2 288 | 2 330 | 2 371 | 2 413 | 2 454 | 2 496 | 2 538 |
| 02 | 1 748 | 2 185 | 2 227 | 2 269 | 2 311 | 2 353 | 2 395 | 2 437 | 2 479 | 2 521 | 2 563 |
| 04 | 1 765 | 2 206 | 2 249 | 2 291 | 2 334 | 2 376 | 2 419 | 2 461 | 2 503 | 2 546 | 2 588 |
| 06 | 1 782 | 2 228 | 2 271 | 2 314 | 2 357 | 2 399 | 2 442 | 2 485 | 2 528 | 2 571 | 2 614 |
| 08 | 1 800 | 2 250 | 2 293 | 2 336 | 2 380 | 2 423 | 2 466 | 2 509 | 2 553 | 2 596 | 2 639 |
| 2,10 | 1 817 | 2 271 | 2 315 | 2 359 | 2 402 | 2 446 | 2 490 | 2 533 | 2 577 | 2 621 | 2 664 |
| 12 | 1 834 | 2 293 | 2 337 | 2 381 | 2 425 | 2 469 | 2 513 | 2 558 | 2 602 | 2 646 | 2 690 |
| 14 | 1 852 | 2 315 | 2 359 | 2 404 | 2 448 | 2 493 | 2 537 | 2 582 | 2 626 | 2 671 | 2 715 |
| 16 | 1 869 | 2 336 | 2 381 | 2 426 | 2 471 | 2 516 | 2 561 | 2 606 | 2 651 | 2 696 | 2 741 |
| 18 | 1 886 | 2 358 | 2 403 | 2 449 | 2 494 | 2 539 | 2 585 | 2 630 | 2 675 | 2 721 | 2 766 |
| 2,20 | 1 904 | 2 380 | 2 425 | 2 471 | 2 517 | 2 563 | 2 608 | 2 654 | 2 700 | 2 746 | 2 791 |
| 22 | 1 921 | 2 401 | 2 447 | 2 494 | 2 540 | 2 586 | 2 632 | 2 678 | 2 724 | 2 771 | 2 817 |
| 24 | 1 938 | 2 423 | 2 469 | 2 516 | 2 563 | 2 609 | 2 656 | 2 702 | 2 749 | 2 796 | 2 842 |
| 26 | 1 956 | 2 444 | 2 491 | 2 538 | 2 585 | 2 632 | 2 679 | 2 726 | 2 773 | 2 820 | 2 867 |
| 28 | 1 973 | 2 466 | 2 513 | 2 561 | 2 608 | 2 656 | 2 703 | 2 751 | 2 798 | 2 845 | 2 893 |
| 2,30 | 1 990 | 2 488 | 2 536 | 2 583 | 2 631 | 2 679 | 2 727 | 2 775 | 2 823 | 2 870 | 2 918 |
| 32 | 2 007 | 2 509 | 2 558 | 2 606 | 2 654 | 2 702 | 2 751 | 2 799 | 2 847 | 2 895 | 2 944 |
| 34 | 2 025 | 2 531 | 2 580 | 2 628 | 2 677 | 2 726 | 2 774 | 2 823 | 2 872 | 2 920 | 2 969 |
| 36 | 2 042 | 2 553 | 2 602 | 2 651 | 2 700 | 2 749 | 2 798 | 2 847 | 2 896 | 2 945 | 2 994 |
| 38 | 2 059 | 2 574 | 2 624 | 2 673 | 2 723 | 2 772 | 2 822 | 2 871 | 2 921 | 2 970 | 3 020 |
| 2,40 | 2 077 | 2 596 | 2 646 | 2 696 | 2 746 | 2 796 | 2 845 | 2 895 | 2 945 | 2 995 | 3 045 |
| 42 | 2 094 | 2 617 | 2 668 | 2 718 | 2 768 | 2 819 | 2 869 | 2 919 | 2 970 | 3 020 | 3 070 |



## Epaisseur : 1ᵐ 04 centimètres

Epaisseur : 1ᵐ 04 centimètres

1,04



| LONGUEUR | LARGEUR 1,24 | 1,26 | 1,28 | 1,30 | 1,32 | 1,34 | 1,36 | 1,38 | 1,40 | 1,42 |
|---|---|---|---|---|---|---|---|---|---|---|
| 1,24 | 1 599 | | | | | | | | | |
| 26 | 1 625 | 1 651 | | | | | | | | |
| 28 | 1 651 | 1 677 | 1 704 | | | | | | | |
| 1,30 | 1 676 | 1 704 | 1 731 | 1 758 | | | | | | |
| 32 | 1 702 | 1 730 | 1 757 | 1 785 | 1 812 | | | | | |
| 34 | 1 728 | 1 756 | 1 784 | 1 812 | 1 840 | 1 867 | | | | |
| 36 | 1 754 | 1 782 | 1 810 | 1 839 | 1 867 | 1 895 | 1 924 | | | |
| 38 | 1 780 | 1 808 | 1 837 | 1 866 | 1 894 | 1 923 | 1 952 | 1 981 | | |
| 1,40 | 1 805 | 1 835 | 1 864 | 1 893 | 1 922 | 1 951 | 1 980 | 2 009 | 2 038 | |
| 42 | 1 831 | 1 861 | 1 890 | 1 920 | 1 949 | 1 979 | 2 008 | 2 038 | 2 068 | 2 097 |
| 44 | 1 857 | 1 887 | 1 917 | 1 947 | 1 977 | 2 007 | 2 037 | 2 067 | 2 097 | 2 127 |
| 46 | 1 883 | 1 913 | 1 944 | 1 974 | 2 004 | 2 035 | 2 065 | 2 095 | 2 126 | 2 156 |
| 48 | 1 909 | 1 939 | 1 970 | 2 001 | 2 032 | 2 063 | 2 093 | 2 124 | 2 155 | 2 186 |
| 1,50 | 1 934 | 1 966 | 1 997 | 2 028 | 2 059 | 2 090 | 2 122 | 2 153 | 2 184 | 2 215 |
| 52 | 1 960 | 1 992 | 2 023 | 2 055 | 2 087 | 2 118 | 2 150 | 2 182 | 2 213 | 2 245 |
| 54 | 1 986 | 2 018 | 2 050 | 2 082 | 2 114 | 2 146 | 2 178 | 2 210 | 2 242 | 2 274 |
| 56 | 2 012 | 2 044 | 2 077 | 2 109 | 2 142 | 2 174 | 2 206 | 2 239 | 2 271 | 2 304 |
| 58 | 2 038 | 2 070 | 2 103 | 2 136 | 2 169 | 2 202 | 2 235 | 2 268 | 2 300 | 2 333 |
| 1,60 | 2 063 | 2 097 | 2 130 | 2 163 | 2 196 | 2 230 | 2 263 | 2 296 | 2 330 | 2 363 |
| 62 | 2 089 | 2 123 | 2 157 | 2 190 | 2 224 | 2 258 | 2 291 | 2 325 | 2 359 | 2 392 |
| 64 | 2 115 | 2 149 | 2 183 | 2 217 | 2 251 | 2 286 | 2 320 | 2 354 | 2 388 | 2 422 |
| 66 | 2 141 | 2 175 | 2 210 | 2 244 | 2 279 | 2 313 | 2 348 | 2 382 | 2 417 | 2 451 |
| 68 | 2 167 | 2 201 | 2 236 | 2 271 | 2 306 | 2 341 | 2 376 | 2 411 | 2 446 | 2 481 |
| 1,70 | 2 192 | 2 228 | 2 263 | 2 298 | 2 334 | 2 369 | 2 404 | 2 440 | 2 475 | 2 511 |
| 72 | 2 218 | 2 254 | 2 290 | 2 325 | 2 361 | 2 397 | 2 433 | 2 469 | 2 504 | 2 540 |
| 74 | 2 244 | 2 280 | 2 316 | 2 352 | 2 389 | 2 425 | 2 461 | 2 497 | 2 533 | 2 570 |
| 76 | 2 270 | 2 306 | 2 343 | 2 380 | 2 416 | 2 453 | 2 489 | 2 526 | 2 563 | 2 599 |
| 78 | 2 295 | 2 333 | 2 370 | 2 407 | 2 444 | 2 481 | 2 518 | 2 555 | 2 592 | 2 629 |
| 1,80 | 2 321 | 2 359 | 2 396 | 2 434 | 2 471 | 2 508 | 2 546 | 2 583 | 2 621 | 2 658 |
| 82 | 2 347 | 2 385 | 2 423 | 2 461 | 2 498 | 2 536 | 2 574 | 2 612 | 2 650 | 2 688 |
| 84 | 2 373 | 2 411 | 2 449 | 2 488 | 2 526 | 2 564 | 2 602 | 2 641 | 2 679 | 2 717 |
| 86 | 2 399 | 2 437 | 2 476 | 2 515 | 2 553 | 2 592 | 2 631 | 2 669 | 2 708 | 2 747 |
| 88 | 2 424 | 2 464 | 2 503 | 2 542 | 2 581 | 2 620 | 2 659 | 2 698 | 2 737 | 2 776 |
| 1,90 | 2 450 | 2 490 | 2 529 | 2 569 | 2 608 | 2 648 | 2 687 | 2 727 | 2 766 | 2 806 |
| 92 | 2 476 | 2 516 | 2 556 | 2 596 | 2 636 | 2 676 | 2 716 | 2 756 | 2 796 | 2 835 |
| 94 | 2 502 | 2 542 | 2 583 | 2 623 | 2 663 | 2 704 | 2 744 | 2 784 | 2 825 | 2 865 |
| 96 | 2 528 | 2 568 | 2 609 | 2 650 | 2 691 | 2 731 | 2 772 | 2 813 | 2 854 | 2 895 |
| 98 | 2 553 | 2 595 | 2 636 | 2 677 | 2 718 | 2 759 | 2 801 | 2 842 | 2 883 | 2 924 |
| 2,— | 2 579 | 2 621 | 2 662 | 2 704 | 2 746 | 2 787 | 2 829 | 2 870 | 2 912 | 2 954 |
| 02 | 2 605 | 2 647 | 2 689 | 2 731 | 2 773 | 2 815 | 2 857 | 2 899 | 2 941 | 2 983 |
| 04 | 2 631 | 2 673 | 2 716 | 2 758 | 2 801 | 2 843 | 2 885 | 2 928 | 2 970 | 3 013 |
| 06 | 2 657 | 2 699 | 2 742 | 2 785 | 2 828 | 2 871 | 2 914 | 2 957 | 2 999 | 3 042 |
| 08 | 2 682 | 2 726 | 2 769 | 2 812 | 2 855 | 2 899 | 2 942 | 2 985 | 3 028 | 3 072 |
| 2,10 | 2 708 | 2 752 | 2 796 | 2 839 | 2 883 | 2 927 | 2 970 | 3 014 | 3 058 | 3 101 |
| 12 | 2 734 | 2 778 | 2 822 | 2 866 | 2 910 | 2 954 | 2 999 | 3 043 | 3 087 | 3 131 |
| 14 | 2 760 | 2 804 | 2 849 | 2 893 | 2 938 | 2 982 | 3 027 | 3 071 | 3 116 | 3 160 |
| 16 | 2 786 | 2 830 | 2 875 | 2 920 | 2 965 | 3 010 | 3 055 | 3 100 | 3 145 | 3 190 |
| 18 | 2 811 | 2 857 | 2 902 | 2 947 | 2 993 | 3 038 | 3 083 | 3 129 | 3 174 | 3 219 |
| 2,20 | 2 837 | 2 883 | 2 929 | 2 974 | 3 020 | 3 066 | 3 112 | 3 157 | 3 203 | 3 249 |
| 22 | 2 863 | 2 909 | 2 955 | 3 001 | 3 048 | 3 094 | 3 140 | 3 186 | 3 232 | 3 278 |
| 24 | 2 889 | 2 935 | 2 982 | 3 028 | 3 075 | 3 122 | 3 168 | 3 215 | 3 261 | 3 308 |
| 26 | 2 914 | 2 962 | 3 009 | 3 056 | 3 103 | 3 150 | 3 197 | 3 244 | 3 291 | 3 338 |
| 28 | 2 940 | 2 988 | 3 035 | 3 083 | 3 130 | 3 177 | 3 225 | 3 272 | 3 320 | 3 367 |
| 2,30 | 2 966 | 3 014 | 3 062 | 3 110 | 3 157 | 3 205 | 3 253 | 3 301 | 3 349 | 3 397 |
| 32 | 2 992 | 3 040 | 3 088 | 3 137 | 3 185 | 3 233 | 3 281 | 3 330 | 3 378 | 3 426 |
| 34 | 3 018 | 3 066 | 3 115 | 3 164 | 3 212 | 3 261 | 3 310 | 3 358 | 3 407 | 3 456 |
| 36 | 3 043 | 3 093 | 3 142 | 3 191 | 3 240 | 3 289 | 3 338 | 3 387 | 3 436 | 3 485 |
| 38 | 3 069 | 3 119 | 3 168 | 3 218 | 3 267 | 3 317 | 3 366 | 3 416 | 3 465 | 3 515 |
| 2,40 | 3 095 | 3 145 | 3 195 | 3 245 | 3 295 | 3 345 | 3 395 | 3 444 | 3 494 | 3 544 |
| 42 | 3 121 | 3 171 | 3 222 | 3 272 | 3 322 | 3 373 | 3 423 | 3 473 | 3 524 | 3 574 |

1,04-1,0



X

**180**

| LONGUEUR | 1,44 | 1,46 | 1,48 | 1,50 | 1,52 | 1,54 | 1,56 | 1,58 | 1,60 | 1,62 |
|---|---|---|---|---|---|---|---|---|---|---|
| 1,44 | 2 157 | | | | | | | | | |
| 46 | 2 186 | 2 217 | | | | | | | | |
| 48 | 2 216 | 2 247 | 2 278 | | | | | | | |
| 1,50 | 2 246 | 2 278 | 2 309 | 2 340 | | | | | | |
| 52 | 2 276 | 2 308 | 2 340 | 2 371 | 2 403 | | | | | |
| 54 | 2 306 | 2 338 | 2 370 | 2 402 | 2 434 | 2 466 | | | | |
| 56 | 2 336 | 2 369 | 2 401 | 2 434 | 2 466 | 2 498 | 2 531 | | | |
| 58 | 2 366 | 2 399 | 2 432 | 2 465 | 2 498 | 2 531 | 2 563 | 2 596 | | |
| 1,60 | 2 396 | 2 429 | 2 463 | 2 496 | 2 529 | 2 563 | 2 596 | 2 629 | 2 662 | |
| 62 | 2 426 | 2 460 | 2 494 | 2 527 | 2 561 | 2 595 | 2 628 | 2 662 | 2 696 | 2 729 |
| 64 | 2 456 | 2 490 | 2 524 | 2 558 | 2 593 | 2 627 | 2 661 | 2 695 | 2 729 | 2 763 |
| 66 | 2 486 | 2 521 | 2 555 | 2 590 | 2 624 | 2 659 | 2 693 | 2 728 | 2 762 | 2 797 |
| 68 | 2 516 | 2 551 | 2 586 | 2 621 | 2 656 | 2 691 | 2 726 | 2 761 | 2 796 | 2 830 |
| 1,70 | 2 546 | 2 581 | 2 617 | 2 652 | 2 687 | 2 723 | 2 758 | 2 793 | 2 829 | 2 864 |
| 72 | 2 576 | 2 612 | 2 647 | 2 683 | 2 719 | 2 755 | 2 791 | 2 826 | 2 862 | 2 898 |
| 74 | 2 606 | 2 642 | 2 678 | 2 714 | 2 751 | 2 787 | 2 823 | 2 859 | 2 895 | 2 932 |
| 76 | 2 636 | 2 672 | 2 709 | 2 746 | 2 782 | 2 819 | 2 855 | 2 892 | 2 929 | 2 965 |
| 78 | 2 666 | 2 703 | 2 740 | 2 777 | 2 814 | 2 851 | 2 888 | 2 925 | 2 962 | 2 999 |
| 1,80 | 2 696 | 2 733 | 2 771 | 2 808 | 2 845 | 2 883 | 2 920 | 2 958 | 2 995 | 3 033 |
| 82 | 2 726 | 2 763 | 2 801 | 2 839 | 2 877 | 2 915 | 2 953 | 2 991 | 3 028 | 3 066 |
| 84 | 2 756 | 2 794 | 2 832 | 2 870 | 2 909 | 2 947 | 2 985 | 3 023 | 3 062 | 3 100 |
| 86 | 2 786 | 2 824 | 2 863 | 2 902 | 2 940 | 2 979 | 3 018 | 3 056 | 3 095 | 3 134 |
| 88 | 2 815 | 2 855 | 2 894 | 2 933 | 2 972 | 3 011 | 3 050 | 3 089 | 3 128 | 3 167 |
| 1,90 | 2 845 | 2 885 | 2 924 | 2 964 | 3 004 | 3 043 | 3 083 | 3 122 | 3 162 | 3 201 |
| 92 | 2 875 | 2 915 | 2 955 | 2 995 | 3 035 | 3 075 | 3 115 | 3 155 | 3 195 | 3 235 |
| 94 | 2 905 | 2 946 | 2 986 | 3 026 | 3 067 | 3 107 | 3 147 | 3 188 | 3 228 | 3 269 |
| 96 | 2 935 | 2 976 | 3 017 | 3 058 | 3 098 | 3 139 | 3 180 | 3 221 | 3 261 | 3 302 |
| 98 | 2 965 | 3 006 | 3 048 | 3 089 | 3 130 | 3 171 | 3 212 | 3 254 | 3 295 | 3 336 |
| 2,— | 2 995 | 3 037 | 3 078 | 3 120 | 3 162 | 3 203 | 3 245 | 3 286 | 3 328 | 3 370 |
| 02 | 3 025 | 3 067 | 3 109 | 3 151 | 3 193 | 3 235 | 3 277 | 3 319 | 3 361 | 3 403 |
| 04 | 3 055 | 3 098 | 3 140 | 3 182 | 3 225 | 3 267 | 3 310 | 3 352 | 3 395 | 3 437 |
| 06 | 3 085 | 3 128 | 3 171 | 3 214 | 3 256 | 3 299 | 3 342 | 3 385 | 3 428 | 3 471 |
| 08 | 3 115 | 3 158 | 3 202 | 3 245 | 3 288 | 3 331 | 3 375 | 3 418 | 3 461 | 3 504 |
| 2,10 | 3 145 | 3 189 | 3 232 | 3 276 | 3 320 | 3 363 | 3 407 | 3 451 | 3 494 | 3 538 |
| 12 | 3 175 | 3 219 | 3 263 | 3 307 | 3 351 | 3 395 | 3 439 | 3 484 | 3 528 | 3 572 |
| 14 | 3 205 | 3 249 | 3 294 | 3 338 | 3 383 | 3 427 | 3 472 | 3 516 | 3 561 | 3 605 |
| 16 | 3 235 | 3 280 | 3 325 | 3 370 | 3 415 | 3 459 | 3 504 | 3 549 | 3 594 | 3 639 |
| 18 | 3 265 | 3 310 | 3 355 | 3 401 | 3 446 | 3 491 | 3 537 | 3 582 | 3 627 | 3 673 |
| 2,20 | 3 295 | 3 340 | 3 386 | 3 432 | 3 478 | 3 524 | 3 569 | 3 615 | 3 661 | 3 707 |
| 22 | 3 325 | 3 371 | 3 417 | 3 463 | 3 509 | 3 556 | 3 602 | 3 648 | 3 694 | 3 740 |
| 24 | 3 355 | 3 401 | 3 448 | 3 494 | 3 541 | 3 588 | 3 634 | 3 681 | 3 727 | 3 774 |
| 26 | 3 385 | 3 432 | 3 479 | 3 526 | 3 573 | 3 620 | 3 667 | 3 714 | 3 761 | 3 808 |
| 28 | 3 415 | 3 462 | 3 509 | 3 557 | 3 604 | 3 652 | 3 699 | 3 746 | 3 794 | 3 841 |
| 2,30 | 3 444 | 3 492 | 3 540 | 3 588 | 3 636 | 3 684 | 3 732 | 3 779 | 3 827 | 3 875 |
| 32 | 3 474 | 3 523 | 3 571 | 3 619 | 3 667 | 3 716 | 3 764 | 3 812 | 3 860 | 3 909 |
| 34 | 3 504 | 3 553 | 3 602 | 3 650 | 3 699 | 3 748 | 3 796 | 3 845 | 3 894 | 3 942 |
| 36 | 3 534 | 3 583 | 3 633 | 3 682 | 3 731 | 3 780 | 3 829 | 3 878 | 3 927 | 3 976 |
| 38 | 3 564 | 3 614 | 3 663 | 3 713 | 3 762 | 3 812 | 3 861 | 3 911 | 3 960 | 4 010 |
| 2,40 | 3 594 | 3 644 | 3 694 | 3 744 | 3 794 | 3 844 | 3 894 | 3 944 | 3 994 | 4 044 |
| 42 | 3 624 | 3 675 | 3 725 | 3 775 | 3 826 | 3 876 | 3 926 | 3 977 | 4 027 | 4 077 |
| 44 | 3 654 | 3 705 | 3 756 | 3 806 | 3 857 | 3 908 | 3 959 | 4 009 | 4 060 | 4 111 |
| 46 | 3 684 | 3 735 | 3 786 | 3 838 | 3 889 | 3 940 | 3 991 | 4 042 | 4 093 | 4 145 |
| 48 | 3 714 | 3 766 | 3 817 | 3 869 | 3 920 | 3 972 | 4 023 | 4 075 | 4 127 | 4 178 |
| 2,50 | 3 744 | 3 796 | 3 848 | 3 900 | 3 952 | 4 004 | 4 056 | 4 108 | 4 160 | 4 212 |
| 52 | 3 774 | 3 826 | 3 879 | 3 931 | 3 984 | 4 036 | 4 088 | 4 141 | 4 193 | 4 246 |
| 54 | 3 804 | 3 857 | 3 910 | 3 962 | 4 015 | 4 068 | 4 121 | 4 174 | 4 227 | 4 279 |
| 56 | 3 834 | 3 887 | 3 940 | 3 994 | 4 047 | 4 099 | 4 153 | 4 207 | 4 260 | 4 313 |
| 58 | 3 864 | 3 917 | 3 971 | 4 025 | 4 078 | 4 132 | 4 186 | 4 239 | 4 293 | 4 347 |
| 2,60 | 3 894 | 3 948 | 4 002 | 4 056 | 4 110 | 4 164 | 4 218 | 4 272 | 4 326 | 4 380 |
| 62 | 3 924 | 3 978 | 4 033 | 4 087 | 4 142 | 4 196 | 4 251 | 4 305 | 4 360 | 4 414 |
| 64 | 3 954 | 4 009 | 4 063 | 4 118 | 4 173 | 4 228 | 4 283 | 4 338 | 4 393 | 4 448 |
| 66 | 3 984 | 4 039 | 4 094 | 4 150 | 4 205 | 4 260 | 4 316 | 4 371 | 4 426 | 4 482 |
| 68 | 4 014 | 4 069 | 4 125 | 4 181 | 4 237 | 4 292 | 4 348 | 4 404 | 4 460 | 4 515 |
| 2,70 | 4 044 | 4 100 | 4 156 | 4 212 | 4 268 | 4 324 | 4 380 | 4 437 | 4 493 | 4 549 |
| 72 | 4 073 | 4 130 | 4 187 | 4 243 | 4 300 | 4 356 | 4 413 | 4 470 | 4 526 | 4 583 |
| 74 | 4 103 | 4 160 | 4 217 | 4 274 | 4 331 | 4 388 | 4 445 | 4 502 | 4 559 | 4 616 |
| 76 | 4 133 | 4 191 | 4 248 | 4 306 | 4 363 | 4 420 | 4 478 | 4 535 | 4 593 | 4 650 |
| 78 | 4 163 | 4 221 | 4 279 | 4 337 | 4 395 | 4 452 | 4 510 | 4 568 | 4 626 | 4 684 |
| 2,80 | 4 193 | 4 252 | 4 310 | 4 368 | 4 426 | 4 484 | 4 543 | 4 601 | 4 659 | 4 717 |
| 82 | 4 223 | 4 282 | 4 341 | 4 399 | 4 458 | 4 517 | 4 575 | 4 634 | 4 692 | 4 751 |

**181**

| LONGUEUR | 1,64 | 1,66 | 1,68 | 1,70 | 1,72 | 1,74 | 1,76 | 1,78 | 1,80 | 1,82 |
|---|---|---|---|---|---|---|---|---|---|---|
| 1,64 | 2 797 | | | | | | | | | |
| 66 | 2 831 | 2 866 | | | | | | | | |
| 68 | 2 865 | 2 900 | 2 935 | | | | | | | |
| 1,70 | 2 900 | 2 935 | 2 970 | 3 006 | | | | | | |
| 72 | 2 934 | 2 969 | 3 005 | 3 041 | 3 077 | | | | | |
| 74 | 2 968 | 3 004 | 3 040 | 3 076 | 3 113 | 3 149 | | | | |
| 76 | 3 002 | 3 038 | 3 075 | 3 112 | 3 148 | 3 185 | 3 222 | | | |
| 78 | 3 036 | 3 073 | 3 110 | 3 147 | 3 184 | 3 221 | 3 258 | 3 295 | | |
| 1,80 | 3 070 | 3 108 | 3 145 | 3 182 | 3 220 | 3 257 | 3 295 | 3 332 | 3 370 | |
| 82 | 3 104 | 3 142 | 3 180 | 3 218 | 3 256 | 3 293 | 3 331 | 3 369 | 3 407 | 3 445 |
| 84 | 3 138 | 3 177 | 3 215 | 3 253 | 3 291 | 3 330 | 3 368 | 3 406 | 3 444 | 3 483 |
| 86 | 3 172 | 3 211 | 3 250 | 3 288 | 3 327 | 3 366 | 3 405 | 3 443 | 3 482 | 3 521 |
| 88 | 3 207 | 3 246 | 3 285 | 3 324 | 3 363 | 3 402 | 3 441 | 3 480 | 3 519 | 3 558 |
| 1,90 | 3 241 | 3 280 | 3 320 | 3 359 | 3 399 | 3 438 | 3 478 | 3 517 | 3 557 | 3 596 |
| 92 | 3 275 | 3 315 | 3 355 | 3 395 | 3 434 | 3 474 | 3 514 | 3 554 | 3 594 | 3 634 |
| 94 | 3 309 | 3 349 | 3 390 | 3 430 | 3 470 | 3 511 | 3 551 | 3 591 | 3 632 | 3 672 |
| 96 | 3 343 | 3 384 | 3 425 | 3 465 | 3 506 | 3 547 | 3 588 | 3 628 | 3 669 | 3 710 |
| 98 | 3 377 | 3 418 | 3 459 | 3 501 | 3 542 | 3 583 | 3 624 | 3 665 | 3 707 | 3 748 |
| 2,— | 3 411 | 3 453 | 3 494 | 3 536 | 3 578 | 3 619 | 3 661 | 3 702 | 3 744 | 3 786 |
| 02 | 3 445 | 3 487 | 3 529 | 3 571 | 3 613 | 3 655 | 3 697 | 3 739 | 3 781 | 3 823 |
| 04 | 3 479 | 3 522 | 3 564 | 3 607 | 3 649 | 3 692 | 3 734 | 3 776 | 3 819 | 3 861 |
| 06 | 3 514 | 3 556 | 3 599 | 3 642 | 3 685 | 3 728 | 3 771 | 3 813 | 3 856 | 3 899 |
| 08 | 3 548 | 3 591 | 3 634 | 3 677 | 3 721 | 3 764 | 3 807 | 3 850 | 3 894 | 3 937 |
| 2,10 | 3 582 | 3 625 | 3 669 | 3 713 | 3 756 | 3 800 | 3 844 | 3 888 | 3 931 | 3 975 |
| 12 | 3 616 | 3 660 | 3 704 | 3 748 | 3 792 | 3 836 | 3 880 | 3 925 | 3 969 | 4 013 |
| 14 | 3 650 | 3 694 | 3 739 | 3 784 | 3 828 | 3 873 | 3 917 | 3 962 | 4 006 | 4 051 |
| 16 | 3 684 | 3 729 | 3 774 | 3 819 | 3 864 | 3 909 | 3 954 | 3 999 | 4 044 | 4 088 |
| 18 | 3 718 | 3 764 | 3 809 | 3 854 | 3 900 | 3 945 | 3 990 | 4 036 | 4 081 | 4 126 |
| 2,20 | 3 752 | 3 798 | 3 844 | 3 890 | 3 935 | 3 981 | 4 027 | 4 073 | 4 118 | 4 164 |
| 22 | 3 786 | 3 831 | 3 876 | 3 925 | 3 971 | 4 017 | 4 063 | 4 110 | 4 156 | 4 202 |
| 24 | 3 821 | 3 867 | 3 914 | 3 960 | 4 007 | 4 054 | 4 100 | 4 147 | 4 193 | 4 240 |
| 26 | 3 855 | 3 902 | 3 949 | 3 996 | 4 043 | 4 090 | 4 137 | 4 184 | 4 231 | 4 278 |
| 28 | 3 889 | 3 936 | 3 984 | 4 031 | 4 078 | 4 126 | 4 173 | 4 221 | 4 268 | 4 316 |
| 2,30 | 3 923 | 3 971 | 4 019 | 4 066 | 4 114 | 4 162 | 4 210 | 4 258 | 4 306 | 4 353 |
| 32 | 3 957 | 4 005 | 4 054 | 4 102 | 4 150 | 4 198 | 4 247 | 4 295 | 4 343 | 4 391 |
| 34 | 3 991 | 4 040 | 4 088 | 4 137 | 4 186 | 4 234 | 4 283 | 4 332 | 4 380 | 4 429 |
| 36 | 4 025 | 4 074 | 4 123 | 4 172 | 4 222 | 4 271 | 4 320 | 4 369 | 4 418 | 4 467 |
| 38 | 4 059 | 4 109 | 4 158 | 4 208 | 4 257 | 4 307 | 4 356 | 4 406 | 4 455 | 4 505 |
| 2,40 | 4 093 | 4 143 | 4 193 | 4 243 | 4 293 | 4 343 | 4 393 | 4 443 | 4 493 | 4 543 |
| 42 | 4 128 | 4 178 | 4 228 | 4 279 | 4 329 | 4 379 | 4 430 | 4 480 | 4 530 | 4 581 |
| 44 | 4 162 | 4 212 | 4 263 | 4 314 | 4 365 | 4 415 | 4 466 | 4 517 | 4 568 | 4 618 |
| 46 | 4 196 | 4 247 | 4 298 | 4 349 | 4 400 | 4 452 | 4 503 | 4 554 | 4 605 | 4 656 |
| 48 | 4 230 | 4 281 | 4 333 | 4 385 | 4 436 | 4 488 | 4 539 | 4 591 | 4 643 | 4 694 |
| 2,50 | 4 264 | 4 316 | 4 368 | 4 420 | 4 472 | 4 524 | 4 576 | 4 628 | 4 680 | 4 732 |
| 52 | 4 298 | 4 351 | 4 403 | 4 455 | 4 508 | 4 560 | 4 613 | 4 665 | 4 717 | 4 770 |
| 54 | 4 332 | 4 385 | 4 438 | 4 491 | 4 544 | 4 596 | 4 649 | 4 702 | 4 755 | 4 808 |
| 56 | 4 366 | 4 420 | 4 473 | 4 526 | 4 579 | 4 633 | 4 686 | 4 739 | 4 792 | 4 846 |
| 58 | 4 400 | 4 454 | 4 508 | 4 561 | 4 615 | 4 669 | 4 722 | 4 776 | 4 830 | 4 883 |
| 2,60 | 4 435 | 4 489 | 4 543 | 4 597 | 4 651 | 4 705 | 4 759 | 4 813 | 4 867 | 4 921 |
| 62 | 4 469 | 4 523 | 4 578 | 4 632 | 4 687 | 4 741 | 4 796 | 4 850 | 4 905 | 4 959 |
| 64 | 4 503 | 4 558 | 4 613 | 4 668 | 4 722 | 4 777 | 4 832 | 4 887 | 4 942 | 4 997 |
| 66 | 4 537 | 4 592 | 4 648 | 4 703 | 4 758 | 4 814 | 4 869 | 4 924 | 4 980 | 5 035 |
| 68 | 4 571 | 4 627 | 4 682 | 4 738 | 4 794 | 4 850 | 4 905 | 4 961 | 5 017 | 5 073 |
| 2,70 | 4 605 | 4 661 | 4 717 | 4 774 | 4 830 | 4 886 | 4 942 | 4 998 | 5 054 | 5 111 |
| 72 | 4 639 | 4 696 | 4 752 | 4 809 | 4 866 | 4 922 | 4 979 | 5 035 | 5 092 | 5 148 |
| 74 | 4 673 | 4 730 | 4 787 | 4 844 | 4 901 | 4 958 | 5 015 | 5 072 | 5 129 | 5 186 |
| 76 | 4 707 | 4 765 | 4 822 | 4 880 | 4 937 | 4 994 | 5 052 | 5 109 | 5 167 | 5 224 |
| 78 | 4 742 | 4 799 | 4 857 | 4 915 | 4 973 | 5 031 | 5 089 | 5 146 | 5 204 | 5 262 |
| 2,80 | 4 776 | 4 834 | 4 892 | 4 950 | 5 009 | 5 067 | 5 125 | 5 183 | 5 242 | 5 300 |
| 82 | 4 810 | 4 868 | 4 927 | 4 986 | 5 044 | 5 103 | 5 162 | 5 220 | 5 279 | 5 338 |

| Long.r | Feuilles | \ LARGEUR \ 1,06 | 1,08 | 1,10 | 1,12 | 1,14 | 1,16 | 1,18 | 1,20 | 1,22 | 1,24 |
|---|---|---|---|---|---|---|---|---|---|---|---|
| 1,06 | 0 953 | 1 191 | | | | | | | | | |
| 08 | 0 971 | 1 213 | 1 236 | | | | | | | | |
| 1,10 | 0 989 | 1 236 | 1 259 | 1 283 | | | | | | | |
| 12 | 1 007 | 1 258 | 1 282 | 1 306 | 1 330 | | | | | | |
| 14 | 1 025 | 1 281 | 1 305 | 1 329 | 1 353 | 1 378 | | | | | |
| 16 | 1 043 | 1 303 | 1 328 | 1 353 | 1 377 | 1 402 | 1 426 | | | | |
| 18 | 1 061 | 1 326 | 1 351 | 1 376 | 1 401 | 1 426 | 1 451 | 1 476 | | | |
| 1,20 | 1 079 | 1 348 | 1 374 | 1 399 | 1 425 | 1 450 | 1 476 | 1 501 | 1 520 | | |
| 22 | 1 097 | 1 371 | 1 397 | 1 423 | 1 448 | 1 474 | 1 500 | 1 526 | 1 552 | 1 578 | |
| 24 | 1 115 | 1 393 | 1 420 | 1 446 | 1 472 | 1 498 | 1 525 | 1 551 | 1 577 | 1 604 | 1 630 |
| 26 | 1 133 | 1 416 | 1 442 | 1 469 | 1 496 | 1 523 | 1 549 | 1 576 | 1 603 | 1 629 | 1 656 |
| 28 | 1 151 | 1 438 | 1 465 | 1 492 | 1 520 | 1 547 | 1 574 | 1 601 | 1 628 | 1 655 | 1 682 |
| 1,30 | 1 169 | 1 461 | 1 488 | 1 516 | 1 543 | 1 571 | 1 598 | 1 626 | 1 654 | 1 681 | 1 709 |
| 32 | 1 187 | 1 483 | 1 511 | 1 539 | 1 567 | 1 595 | 1 623 | 1 651 | 1 679 | 1 707 | 1 735 |
| 34 | 1 204 | 1 506 | 1 534 | 1 562 | 1 591 | 1 619 | 1 648 | 1 676 | 1 704 | 1 733 | 1 761 |
| 36 | 1 222 | 1 528 | 1 557 | 1 586 | 1 615 | 1 643 | 1 672 | 1 701 | 1 730 | 1 759 | 1 788 |
| 38 | 1 240 | 1 551 | 1 580 | 1 609 | 1 638 | 1 668 | 1 697 | 1 726 | 1 755 | 1 785 | 1 814 |
| 1,40 | 1 258 | 1 573 | 1 603 | 1 632 | 1 662 | 1 692 | 1 721 | 1 751 | 1 781 | 1 810 | 1 840 |
| 42 | 1 276 | 1 596 | 1 626 | 1 656 | 1 686 | 1 716 | 1 746 | 1 776 | 1 806 | 1 836 | 1 866 |
| 44 | 1 294 | 1 618 | 1 649 | 1 679 | 1 710 | 1 740 | 1 771 | 1 801 | 1 832 | 1 862 | 1 893 |
| 46 | 1 312 | 1 640 | 1 671 | 1 702 | 1 733 | 1 764 | 1 795 | 1 826 | 1 857 | 1 888 | 1 919 |
| 48 | 1 330 | 1 663 | 1 694 | 1 726 | 1 757 | 1 788 | 1 820 | 1 851 | 1 883 | 1 914 | 1 945 |
| 1,50 | 1 348 | 1 685 | 1 717 | 1 749 | 1 781 | 1 813 | 1 844 | 1 876 | 1 908 | 1 940 | 1 972 |
| 52 | 1 366 | 1 708 | 1 740 | 1 772 | 1 805 | 1 837 | 1 869 | 1 901 | 1 933 | 1 966 | 1 998 |
| 54 | 1 384 | 1 730 | 1 763 | 1 796 | 1 828 | 1 861 | 1 894 | 1 926 | 1 959 | 1 992 | 2 024 |
| 56 | 1 402 | 1 753 | 1 786 | 1 819 | 1 852 | 1 885 | 1 918 | 1 951 | 1 984 | 2 017 | 2 050 |
| 58 | 1 420 | 1 775 | 1 809 | 1 842 | 1 876 | 1 909 | 1 943 | 1 976 | 2 010 | 2 043 | 2 077 |
| 1,60 | 1 438 | 1 798 | 1 832 | 1 866 | 1 900 | 1 933 | 1 967 | 2 001 | 2 035 | 2 069 | 2 103 |
| 62 | 1 456 | 1 820 | 1 855 | 1 889 | 1 923 | 1 958 | 1 992 | 2 026 | 2 061 | 2 095 | 2 129 |
| 64 | 1 474 | 1 843 | 1 877 | 1 912 | 1 947 | 1 982 | 2 017 | 2 051 | 2 086 | 2 121 | 2 156 |
| 66 | 1 492 | 1 865 | 1 900 | 1 936 | 1 971 | 2 006 | 2 041 | 2 076 | 2 112 | 2 147 | 2 182 |
| 68 | 1 510 | 1 888 | 1 923 | 1 959 | 1 994 | 2 030 | 2 066 | 2 101 | 2 137 | 2 173 | 2 208 |
| 1,70 | 1 528 | 1 910 | 1 946 | 1 982 | 2 018 | 2 054 | 2 090 | 2 126 | 2 162 | 2 198 | 2 234 |
| 72 | 1 546 | 1 933 | 1 969 | 2 006 | 2 042 | 2 078 | 2 115 | 2 151 | 2 188 | 2 224 | 2 261 |
| 74 | 1 564 | 1 955 | 1 992 | 2 029 | 2 066 | 2 103 | 2 140 | 2 176 | 2 213 | 2 250 | 2 287 |
| 76 | 1 582 | 1 978 | 2 015 | 2 052 | 2 089 | 2 127 | 2 164 | 2 201 | 2 239 | 2 276 | 2 313 |
| 78 | 1 600 | 2 000 | 2 038 | 2 075 | 2 113 | 2 151 | 2 189 | 2 226 | 2 264 | 2 302 | 2 340 |
| 1,80 | 1 618 | 2 022 | 2 061 | 2 099 | 2 137 | 2 175 | 2 213 | 2 251 | 2 290 | 2 328 | 2 366 |
| 82 | 1 636 | 2 045 | 2 084 | 2 122 | 2 161 | 2 199 | 2 238 | 2 276 | 2 315 | 2 354 | 2 392 |
| 84 | 1 654 | 2 067 | 2 106 | 2 145 | 2 184 | 2 223 | 2 262 | 2 301 | 2 340 | 2 379 | 2 418 |
| 86 | 1 672 | 2 090 | 2 129 | 2 169 | 2 208 | 2 248 | 2 287 | 2 326 | 2 366 | 2 405 | 2 445 |
| 88 | 1 690 | 2 112 | 2 152 | 2 192 | 2 232 | 2 272 | 2 312 | 2 352 | 2 391 | 2 431 | 2 471 |
| 1,90 | 1 708 | 2 135 | 2 175 | 2 215 | 2 256 | 2 296 | 2 336 | 2 377 | 2 417 | 2 457 | 2 497 |
| 92 | 1 726 | 2 157 | 2 198 | 2 239 | 2 279 | 2 320 | 2 361 | 2 402 | 2 442 | 2 483 | 2 524 |
| 94 | 1 744 | 2 180 | 2 221 | 2 262 | 2 303 | 2 344 | 2 385 | 2 427 | 2 468 | 2 509 | 2 550 |
| 96 | 1 762 | 2 202 | 2 244 | 2 285 | 2 327 | 2 368 | 2 410 | 2 452 | 2 493 | 2 535 | 2 576 |
| 98 | 1 780 | 2 225 | 2 267 | 2 309 | 2 351 | 2 393 | 2 435 | 2 477 | 2 519 | 2 561 | 2 603 |
| 2,— | 1 798 | 2 247 | 2 290 | 2 332 | 2 371 | 2 417 | 2 459 | 2 502 | 2 544 | 2 586 | 2 629 |
| 02 | 1 816 | 2 270 | 2 312 | 2 355 | 2 398 | 2 441 | 2 484 | 2 527 | 2 569 | 2 612 | 2 655 |
| 04 | 1 834 | 2 292 | 2 335 | 2 379 | 2 422 | 2 465 | 2 508 | 2 552 | 2 595 | 2 638 | 2 681 |
| 06 | 1 852 | 2 315 | 2 358 | 2 402 | 2 446 | 2 489 | 2 533 | 2 577 | 2 620 | 2 664 | 2 708 |
| 08 | 1 870 | 2 337 | 2 381 | 2 425 | 2 469 | 2 513 | 2 558 | 2 602 | 2 646 | 2 690 | 2 734 |
| 2,10 | 1 888 | 2 360 | 2 404 | 2 449 | 2 493 | 2 538 | 2 582 | 2 627 | 2 671 | 2 716 | 2 760 |
| 12 | 1 906 | 2 382 | 2 427 | 2 472 | 2 517 | 2 562 | 2 607 | 2 652 | 2 697 | 2 742 | 2 787 |
| 14 | 1 924 | 2 405 | 2 450 | 2 495 | 2 541 | 2 586 | 2 631 | 2 677 | 2 722 | 2 767 | 2 813 |
| 16 | 1 942 | 2 427 | 2 473 | 2 519 | 2 564 | 2 610 | 2 656 | 2 702 | 2 748 | 2 793 | 2 839 |
| 18 | 1 960 | 2 449 | 2 496 | 2 542 | 2 588 | 2 634 | 2 681 | 2 727 | 2 773 | 2 819 | 2 865 |
| 2,20 | 1 978 | 2 472 | 2 519 | 2 565 | 2 612 | 2 658 | 2 705 | 2 752 | 2 798 | 2 845 | 2 892 |
| 22 | 1 996 | 2 494 | 2 541 | 2 589 | 2 636 | 2 683 | 2 730 | 2 777 | 2 824 | 2 871 | 2 918 |
| 24 | 2 013 | 2 517 | 2 564 | 2 612 | 2 659 | 2 707 | 2 754 | 2 802 | 2 849 | 2 897 | 2 944 |
| 26 | 2 031 | 2 539 | 2 587 | 2 635 | 2 683 | 2 731 | 2 779 | 2 827 | 2 875 | 2 923 | 2 971 |
| 28 | 2 049 | 2 562 | 2 610 | 2 658 | 2 707 | 2 755 | 2 803 | 2 852 | 2 900 | 2 948 | 2 997 |
| 2,30 | 2 067 | 2 584 | 2 633 | 2 682 | 2 731 | 2 779 | 2 828 | 2 877 | 2 926 | 2 974 | 3 023 |
| 52 | 2 085 | 2 607 | 2 656 | 2 705 | 2 754 | 2 803 | 2 853 | 2 902 | 2 951 | 3 000 | 3 049 |
| 54 | 2 103 | 2 629 | 2 679 | 2 728 | 2 778 | 2 828 | 2 877 | 2 927 | 2 976 | 3 026 | 3 076 |
| 56 | 2 121 | 2 652 | 2 702 | 2 752 | 2 802 | 2 852 | 2 902 | 2 952 | 3 002 | 3 052 | 3 102 |
| 58 | 2 139 | 2 674 | 2 725 | 2 775 | 2 826 | 2 877 | 2 926 | 2 977 | 3 027 | 3 078 | 3 128 |
| 2,40 | 2 157 | 2 697 | 2 748 | 2 798 | 2 849 | 2 900 | 2 951 | 3 002 | 3 053 | 3 104 | 3 155 |
| 42 | 2 175 | 2 719 | 2 770 | 2 822 | 2 873 | 2 924 | 2 976 | 3 027 | 3 078 | 3 130 | 3 181 |
| 44 | 2 193 | 2 742 | 2 793 | 2 845 | 2 897 | 2 948 | 3 000 | 3 052 | 3 104 | 3 155 | 3 207 |





| Longueur | \ LARGEUR \ 1,26 | 1,28 | 1,30 | 1,32 | 1,34 | 1,36 | 1,38 | 1,40 | 1,42 | 1,44 |
|---|---|---|---|---|---|---|---|---|---|---|
| 1,26 | 1 683 | | | | | | | | | |
| 28 | 1 710 | 1 737 | | | | | | | | |
| 1,30 | 1 736 | 1 764 | 1 791 | | | | | | | |
| 32 | 1 763 | 1 791 | 1 819 | 1 847 | | | | | | |
| 34 | 1 790 | 1 818 | 1 847 | 1 875 | 1 903 | | | | | |
| 36 | 1 816 | 1 845 | 1 874 | 1 903 | 1 932 | 1 961 | | | | |
| 38 | 1 843 | 1 872 | 1 902 | 1 931 | 1 960 | 1 989 | 2 019 | | | |
| 1,40 | 1 870 | 1 900 | 1 929 | 1 959 | 1 989 | 2 018 | 2 048 | 2 078 | | |
| 42 | 1 897 | 1 927 | 1 957 | 1 987 | 2 017 | 2 047 | 2 077 | 2 107 | 2 137 | |
| 44 | 1 923 | 1 954 | 1 984 | 2 015 | 2 045 | 2 076 | 2 106 | 2 137 | 2 167 | 2 198 |
| 46 | 1 950 | 1 981 | 2 012 | 2 043 | 2 074 | 2 105 | 2 136 | 2 167 | 2 198 | 2 229 |
| 48 | 1 977 | 2 008 | 2 039 | 2 071 | 2 102 | 2 134 | 2 165 | 2 196 | 2 228 | 2 260 |
| 1,50 | 2 003 | 2 035 | 2 067 | 2 099 | 2 131 | 2 162 | 2 194 | 2 226 | 2 258 | 2 290 |
| 52 | 2 030 | 2 062 | 2 095 | 2 127 | 2 159 | 2 191 | 2 223 | 2 256 | 2 288 | 2 320 |
| 54 | 2 057 | 2 089 | 2 122 | 2 155 | 2 187 | 2 220 | 2 253 | 2 285 | 2 318 | 2 351 |
| 56 | 2 084 | 2 117 | 2 150 | 2 183 | 2 216 | 2 249 | 2 282 | 2 315 | 2 348 | 2 381 |
| 58 | 2 110 | 2 144 | 2 177 | 2 211 | 2 244 | 2 278 | 2 311 | 2 345 | 2 378 | 2 412 |
| 1,60 | 2 137 | 2 171 | 2 205 | 2 239 | 2 273 | 2 307 | 2 340 | 2 374 | 2 408 | 2 442 |
| 62 | 2 164 | 2 198 | 2 232 | 2 267 | 2 301 | 2 335 | 2 370 | 2 404 | 2 438 | 2 473 |
| 64 | 2 190 | 2 225 | 2 260 | 2 295 | 2 329 | 2 364 | 2 399 | 2 434 | 2 469 | 2 503 |
| 66 | 2 217 | 2 252 | 2 287 | 2 323 | 2 358 | 2 393 | 2 428 | 2 463 | 2 499 | 2 534 |
| 68 | 2 244 | 2 279 | 2 315 | 2 351 | 2 386 | 2 422 | 2 458 | 2 493 | 2 529 | 2 564 |
| 1,70 | 2 271 | 2 307 | 2 343 | 2 379 | 2 415 | 2 451 | 2 487 | 2 523 | 2 559 | 2 595 |
| 72 | 2 297 | 2 334 | 2 370 | 2 407 | 2 443 | 2 480 | 2 516 | 2 552 | 2 589 | 2 625 |
| 74 | 2 324 | 2 361 | 2 398 | 2 435 | 2 471 | 2 508 | 2 545 | 2 582 | 2 619 | 2 656 |
| 76 | 2 351 | 2 388 | 2 425 | 2 463 | 2 500 | 2 537 | 2 575 | 2 612 | 2 649 | 2 686 |
| 78 | 2 377 | 2 415 | 2 453 | 2 491 | 2 528 | 2 566 | 2 604 | 2 642 | 2 679 | 2 717 |
| 1,80 | 2 404 | 2 442 | 2 480 | 2 519 | 2 557 | 2 595 | 2 633 | 2 671 | 2 709 | 2 748 |
| 82 | 2 431 | 2 469 | 2 508 | 2 547 | 2 585 | 2 624 | 2 662 | 2 701 | 2 739 | 2 778 |
| 84 | 2 458 | 2 497 | 2 536 | 2 575 | 2 614 | 2 653 | 2 692 | 2 731 | 2 770 | 2 809 |
| 86 | 2 484 | 2 524 | 2 563 | 2 603 | 2 642 | 2 681 | 2 721 | 2 760 | 2 800 | 2 839 |
| 88 | 2 511 | 2 551 | 2 591 | 2 630 | 2 670 | 2 710 | 2 750 | 2 790 | 2 830 | 2 870 |
| 1,90 | 2 538 | 2 578 | 2 618 | 2 658 | 2 699 | 2 739 | 2 779 | 2 820 | 2 860 | 2 900 |
| 92 | 2 564 | 2 605 | 2 646 | 2 686 | 2 727 | 2 768 | 2 809 | 2 849 | 2 890 | 2 931 |
| 94 | 2 591 | 2 632 | 2 673 | 2 714 | 2 756 | 2 797 | 2 838 | 2 879 | 2 920 | 2 961 |
| 96 | 2 618 | 2 659 | 2 701 | 2 742 | 2 784 | 2 826 | 2 867 | 2 909 | 2 950 | 2 992 |
| 98 | 2 644 | 2 686 | 2 728 | 2 770 | 2 812 | 2 854 | 2 896 | 2 938 | 2 980 | 3 022 |
| 2,— | 2 671 | 2 714 | 2 756 | 2 798 | 2 841 | 2 883 | 2 926 | 2 968 | 3 010 | 3 053 |
| 02 | 2 698 | 2 741 | 2 784 | 2 826 | 2 869 | 2 912 | 2 955 | 2 998 | 3 041 | 3 083 |
| 04 | 2 725 | 2 768 | 2 811 | 2 854 | 2 898 | 2 941 | 2 984 | 3 027 | 3 071 | 3 114 |
| 06 | 2 751 | 2 795 | 2 839 | 2 882 | 2 926 | 2 970 | 3 013 | 3 057 | 3 101 | 3 144 |
| 08 | 2 778 | 2 822 | 2 866 | 2 910 | 2 954 | 2 999 | 3 043 | 3 087 | 3 131 | 3 175 |
| 2,10 | 2 805 | 2 849 | 2 894 | 2 938 | 2 983 | 3 027 | 3 072 | 3 116 | 3 161 | 3 205 |
| 12 | 2 831 | 2 876 | 2 921 | 2 966 | 3 011 | 3 056 | 3 101 | 3 146 | 3 191 | 3 236 |
| 14 | 2 858 | 2 904 | 2 949 | 2 994 | 3 040 | 3 085 | 3 130 | 3 176 | 3 221 | 3 266 |
| 16 | 2 885 | 2 931 | 2 976 | 3 022 | 3 068 | 3 114 | 3 160 | 3 205 | 3 251 | 3 297 |
| 18 | 2 912 | 2 958 | 3 004 | 3 050 | 3 096 | 3 143 | 3 189 | 3 235 | 3 281 | 3 328 |
| 2,20 | 2 938 | 2 985 | 3 032 | 3 078 | 3 125 | 3 172 | 3 218 | 3 265 | 3 311 | 3 358 |
| 22 | 2 965 | 3 012 | 3 059 | 3 106 | 3 153 | 3 200 | 3 247 | 3 294 | 3 342 | 3 389 |
| 24 | 2 992 | 3 039 | 3 087 | 3 134 | 3 182 | 3 229 | 3 277 | 3 324 | 3 372 | 3 419 |
| 26 | 3 018 | 3 066 | 3 114 | 3 162 | 3 210 | 3 258 | 3 306 | 3 354 | 3 402 | 3 450 |
| 28 | 3 045 | 3 094 | 3 142 | 3 190 | 3 239 | 3 287 | 3 335 | 3 384 | 3 432 | 3 480 |
| 2,50 | 3 072 | 3 121 | 3 169 | 3 218 | 3 267 | 3 316 | 3 364 | 3 413 | 3 462 | 3 511 |
| 52 | 3 099 | 3 148 | 3 197 | 3 246 | 3 295 | 3 345 | 3 394 | 3 443 | 3 492 | 3 541 |
| 54 | 3 125 | 3 175 | 3 225 | 3 274 | 3 324 | 3 373 | 3 423 | 3 473 | 3 522 | 3 572 |
| 56 | 3 152 | 3 202 | 3 252 | 3 302 | 3 352 | 3 402 | 3 452 | 3 502 | 3 552 | 3 602 |
| 58 | 3 179 | 3 229 | 3 280 | 3 330 | 3 381 | 3 431 | 3 481 | 3 532 | 3 582 | 3 633 |
| 2,40 | 3 205 | 3 256 | 3 307 | 3 358 | 3 409 | 3 460 | 3 511 | 3 562 | 3 612 | 3 663 |
| 42 | 3 232 | 3 283 | 3 335 | 3 386 | 3 437 | 3 489 | 3 540 | 3 591 | 3 643 | 3 694 |
| 44 | 3 259 | 3 311 | 3 362 | 3 414 | 3 466 | 3 518 | 3 569 | 3 621 | 3 673 | 3 724 |

**184**

| LONGUEUR | 1,46 | 1,48 | 1,50 | 1,52 | 1,54 | 1,56 | 1,58 | 1,60 | 1,62 | 1,64 |
|---|---|---|---|---|---|---|---|---|---|---|
| 1,46 | 2 259 | | | | | | | | | |
| 48 | 2 290 | 2 322 | | | | | | | | |
| 1,50 | 2 321 | 2 353 | 2 385 | | | | | | | |
| 52 | 2 352 | 2 385 | 2 417 | 2 449 | | | | | | |
| 54 | 2 383 | 2 416 | 2 449 | 2 481 | 2 514 | | | | | |
| 56 | 2 414 | 2 447 | 2 480 | 2 513 | 2 547 | 2 580 | | | | |
| 58 | 2 445 | 2 479 | 2 512 | 2 546 | 2 579 | 2 613 | 2 646 | | | |
| 1,60 | 2 476 | 2 510 | 2 544 | 2 578 | 2 612 | 2 646 | 2 680 | 2 714 | | |
| 62 | 2 507 | 2 541 | 2 576 | 2 610 | 2 644 | 2 679 | 2 713 | 2 748 | 2 782 | |
| 64 | 2 538 | 2 573 | 2 608 | 2 642 | 2 677 | 2 712 | 2 747 | 2 781 | 2 816 | 2 851 |
| 66 | 2 569 | 2 604 | 2 640 | 2 675 | 2 710 | 2 745 | 2 780 | 2 815 | 2 851 | 2 886 |
| 68 | 2 600 | 2 636 | 2 671 | 2 707 | 2 742 | 2 778 | 2 814 | 2 849 | 2 885 | 2 921 |
| 1,70 | 2 631 | 2 667 | 2 703 | 2 739 | 2 775 | 2 811 | 2 847 | 2 883 | 2 919 | 2 955 |
| 72 | 2 662 | 2 698 | 2 735 | 2 771 | 2 808 | 2 844 | 2 881 | 2 917 | 2 954 | 2 990 |
| 74 | 2 693 | 2 730 | 2 767 | 2 803 | 2 840 | 2 877 | 2 914 | 2 951 | 2 988 | 3 025 |
| 76 | 2 724 | 2 761 | 2 798 | 2 836 | 2 873 | 2 910 | 2 948 | 2 985 | 3 022 | 3 060 |
| 78 | 2 755 | 2 792 | 2 830 | 2 868 | 2 906 | 2 943 | 2 981 | 3 019 | 3 057 | 3 094 |
| 1,80 | 2 786 | 2 821 | 2 862 | 2 900 | 2 938 | 2 976 | 3 015 | 3 053 | 3 091 | 3 129 |
| 82 | 2 817 | 2 855 | 2 894 | 2 932 | 2 971 | 3 010 | 3 048 | 3 087 | 3 125 | 3 164 |
| 84 | 2 848 | 2 887 | 2 926 | 2 965 | 3 004 | 3 043 | 3 082 | 3 121 | 3 160 | 3 199 |
| 86 | 2 870 | 2 918 | 2 957 | 2 997 | 3 036 | 3 076 | 3 115 | 3 155 | 3 194 | 3 233 |
| 88 | 2 900 | 2 949 | 2 989 | 3 029 | 3 069 | 3 109 | 3 149 | 3 188 | 3 228 | 3 268 |
| 1,90 | 2 940 | 2 981 | 3 021 | 3 061 | 3 102 | 3 142 | 3 182 | 3 222 | 3 263 | 3 303 |
| 92 | 2 971 | 3 012 | 3 053 | 3 094 | 3 134 | 3 175 | 3 216 | 3 256 | 3 297 | 3 338 |
| 94 | 3 002 | 3 043 | 3 085 | 3 126 | 3 167 | 3 208 | 3 249 | 3 290 | 3 331 | 3 372 |
| 96 | 3 033 | 3 075 | 3 116 | 3 158 | 3 200 | 3 241 | 3 283 | 3 324 | 3 366 | 3 407 |
| 98 | 3 064 | 3 106 | 3 148 | 3 190 | 3 232 | 3 274 | 3 316 | 3 358 | 3 400 | 3 442 |
| 2,— | 3 095 | 3 138 | 3 180 | 3 222 | 3 265 | 3 307 | 3 350 | 3 392 | 3 434 | 3 477 |
| 02 | 3 126 | 3 169 | 3 212 | 3 255 | 3 297 | 3 340 | 3 383 | 3 426 | 3 469 | 3 512 |
| 04 | 3 157 | 3 200 | 3 244 | 3 287 | 3 330 | 3 373 | 3 417 | 3 460 | 3 503 | 3 546 |
| 06 | 3 188 | 3 232 | 3 275 | 3 319 | 3 363 | 3 406 | 3 450 | 3 494 | 3 537 | 3 581 |
| 08 | 3 219 | 3 263 | 3 307 | 3 351 | 3 395 | 3 439 | 3 484 | 3 528 | 3 572 | 3 616 |
| 2,10 | 3 250 | 3 294 | 3 339 | 3 384 | 3 428 | 3 473 | 3 517 | 3 562 | 3 606 | 3 651 |
| 12 | 3 281 | 3 326 | 3 371 | 3 416 | 3 461 | 3 506 | 3 551 | 3 596 | 3 640 | 3 685 |
| 14 | 3 312 | 3 357 | 3 403 | 3 448 | 3 493 | 3 539 | 3 584 | 3 629 | 3 675 | 3 720 |
| 16 | 3 343 | 3 389 | 3 434 | 3 480 | 3 526 | 3 572 | 3 618 | 3 663 | 3 709 | 3 755 |
| 18 | 3 374 | 3 420 | 3 466 | 3 512 | 3 559 | 3 605 | 3 651 | 3 697 | 3 743 | 3 790 |
| 2,20 | 3 405 | 3 451 | 3 498 | 3 545 | 3 591 | 3 638 | 3 685 | 3 731 | 3 778 | 3 824 |
| 22 | 3 436 | 3 483 | 3 530 | 3 577 | 3 624 | 3 671 | 3 718 | 3 765 | 3 812 | 3 859 |
| 24 | 3 467 | 3 514 | 3 562 | 3 609 | 3 657 | 3 704 | 3 752 | 3 799 | 3 847 | 3 894 |
| 26 | 3 498 | 3 545 | 3 593 | 3 641 | 3 689 | 3 737 | 3 785 | 3 833 | 3 881 | 3 929 |
| 28 | 3 529 | 3 577 | 3 625 | 3 673 | 3 722 | 3 770 | 3 819 | 3 867 | 3 915 | 3 964 |
| 2,30 | 3 559 | 3 608 | 3 657 | 3 706 | 3 755 | 3 803 | 3 852 | 3 901 | 3 950 | 3 998 |
| 32 | 3 590 | 3 640 | 3 689 | 3 738 | 3 787 | 3 836 | 3 886 | 3 935 | 3 984 | 4 033 |
| 34 | 3 621 | 3 671 | 3 721 | 3 770 | 3 820 | 3 869 | 3 919 | 3 969 | 4 018 | 4 068 |
| 36 | 3 652 | 3 702 | 3 752 | 3 802 | 3 852 | 3 902 | 3 953 | 4 003 | 4 053 | 4 103 |
| 38 | 3 683 | 3 734 | 3 784 | 3 835 | 3 885 | 3 936 | 3 986 | 4 036 | 4 087 | 4 137 |
| 2,40 | 3 714 | 3 765 | 3 816 | 3 867 | 3 918 | 3 969 | 4 020 | 4 070 | 4 121 | 4 172 |
| 42 | 3 745 | 3 796 | 3 848 | 3 899 | 3 950 | 4 002 | 4 053 | 4 104 | 4 156 | 4 207 |
| 44 | 3 776 | 3 828 | 3 880 | 3 931 | 3 983 | 4 035 | 4 087 | 4 138 | 4 190 | 4 242 |
| 46 | 3 807 | 3 859 | 3 911 | 3 964 | 4 016 | 4 068 | 4 120 | 4 172 | 4 224 | 4 276 |
| 48 | 3 838 | 3 891 | 3 943 | 3 996 | 4 048 | 4 101 | 4 154 | 4 206 | 4 259 | 4 311 |
| 2,50 | 3 869 | 3 922 | 3 975 | 4 028 | 4 081 | 4 134 | 4 187 | 4 240 | 4 293 | 4 346 |
| 52 | 3 900 | 3 953 | 4 007 | 4 060 | 4 114 | 4 167 | 4 220 | 4 274 | 4 327 | 4 381 |
| 54 | 3 931 | 3 985 | 4 039 | 4 092 | 4 146 | 4 200 | 4 254 | 4 308 | 4 362 | 4 416 |
| 56 | 3 962 | 4 016 | 4 070 | 4 125 | 4 179 | 4 233 | 4 287 | 4 342 | 4 396 | 4 450 |
| 58 | 3 993 | 4 048 | 4 102 | 4 157 | 4 212 | 4 266 | 4 321 | 4 376 | 4 430 | 4 485 |
| 2,60 | 4 024 | 4 079 | 4 134 | 4 189 | 4 244 | 4 299 | 4 354 | 4 410 | 4 465 | 4 520 |
| 62 | 4 055 | 4 110 | 4 166 | 4 221 | 4 277 | 4 332 | 4 388 | 4 443 | 4 499 | 4 555 |
| 64 | 4 086 | 4 142 | 4 198 | 4 254 | 4 310 | 4 366 | 4 421 | 4 477 | 4 533 | 4 589 |
| 66 | 4 117 | 4 173 | 4 229 | 4 286 | 4 342 | 4 399 | 4 455 | 4 511 | 4 568 | 4 624 |
| 68 | 4 148 | 4 204 | 4 261 | 4 318 | 4 375 | 4 432 | 4 488 | 4 545 | 4 602 | 4 659 |
| 2,70 | 4 179 | 4 236 | 4 293 | 4 350 | 4 407 | 4 465 | 4 522 | 4 579 | 4 636 | 4 694 |
| 72 | 4 209 | 4 267 | 4 325 | 4 382 | 4 440 | 4 498 | 4 555 | 4 613 | 4 671 | 4 728 |
| 74 | 4 240 | 4 299 | 4 357 | 4 415 | 4 473 | 4 531 | 4 589 | 4 647 | 4 705 | 4 763 |
| 76 | 4 271 | 4 330 | 4 388 | 4 447 | 4 505 | 4 564 | 4 622 | 4 681 | 4 739 | 4 798 |
| 78 | 4 302 | 4 361 | 4 420 | 4 479 | 4 538 | 4 597 | 4 656 | 4 715 | 4 774 | 4 833 |
| 2,80 | 4 333 | 4 393 | 4 452 | 4 511 | 4 571 | 4 630 | 4 689 | 4 749 | 4 808 | 4 868 |
| 82 | 4 364 | 4 424 | 4 484 | 4 544 | 4 603 | 4 663 | 4 723 | 4 783 | 4 843 | 4 902 |
| 84 | 4 395 | 4 455 | 4 516 | 4 576 | 4 636 | 4 696 | 4 756 | 4 817 | 4 877 | 4 937 |





**1,06**

**185**

| LONGUEUR | 1,66 | 1,68 | 1,70 | 1,72 | 1,74 | 1,76 | 1,78 | 1,80 | 1,82 | 1,84 |
|---|---|---|---|---|---|---|---|---|---|---|
| 1,66 | 2 921 | | | | | | | | | |
| 68 | 2 956 | 2 992 | | | | | | | | |
| 1,70 | 2 991 | 3 027 | 3 063 | | | | | | | |
| 72 | 3 027 | 3 063 | 3 099 | 3 136 | | | | | | |
| 74 | 3 062 | 3 099 | 3 135 | 3 172 | 3 209 | | | | | |
| 76 | 3 097 | 3 134 | 3 172 | 3 209 | 3 246 | 3 283 | | | | |
| 78 | 3 132 | 3 170 | 3 208 | 3 245 | 3 283 | 3 321 | 3 359 | | | |
| 1,80 | 3 167 | 3 205 | 3 241 | 3 282 | 3 320 | 3 358 | 3 396 | 3 434 | | |
| 82 | 3 202 | 3 241 | 3 280 | 3 318 | 3 357 | 3 395 | 3 434 | 3 473 | 3 511 | |
| 84 | 3 238 | 3 277 | 3 316 | 3 355 | 3 394 | 3 433 | 3 472 | 3 511 | 3 550 | 3 589 |
| 86 | 3 273 | 3 312 | 3 352 | 3 391 | 3 431 | 3 470 | 3 509 | 3 549 | 3 588 | 3 628 |
| 88 | 3 308 | 3 348 | 3 388 | 3 428 | 3 467 | 3 507 | 3 547 | 3 587 | 3 627 | 3 667 |
| 1,90 | 3 343 | 3 384 | 3 424 | 3 464 | 3 504 | 3 545 | 3 585 | 3 625 | 3 665 | 3 706 |
| 92 | 3 378 | 3 419 | 3 460 | 3 501 | 3 541 | 3 582 | 3 623 | 3 663 | 3 704 | 3 745 |
| 94 | 3 414 | 3 455 | 3 496 | 3 537 | 3 578 | 3 619 | 3 660 | 3 702 | 3 743 | 3 784 |
| 96 | 3 449 | 3 490 | 3 532 | 3 573 | 3 615 | 3 657 | 3 698 | 3 740 | 3 781 | 3 823 |
| 98 | 3 484 | 3 526 | 3 568 | 3 610 | 3 652 | 3 694 | 3 736 | 3 778 | 3 820 | 3 862 |
| 2,— | 3 519 | 3 562 | 3 604 | 3 646 | 3 689 | 3 731 | 3 774 | 3 816 | 3 858 | 3 901 |
| 02 | 3 554 | 3 597 | 3 640 | 3 683 | 3 726 | 3 769 | 3 811 | 3 854 | 3 897 | 3 940 |
| 04 | 3 590 | 3 633 | 3 676 | 3 719 | 3 763 | 3 806 | 3 849 | 3 892 | 3 936 | 3 979 |
| 06 | 3 625 | 3 668 | 3 712 | 3 756 | 3 799 | 3 843 | 3 887 | 3 930 | 3 974 | 4 018 |
| 08 | 3 660 | 3 704 | 3 748 | 3 792 | 3 836 | 3 880 | 3 925 | 3 969 | 4 013 | 4 057 |
| 2,10 | 3 695 | 3 740 | 3 781 | 3 829 | 3 873 | 3 918 | 3 962 | 4 007 | 4 051 | 4 096 |
| 12 | 3 730 | 3 775 | 3 820 | 3 865 | 3 910 | 3 955 | 4 000 | 4 045 | 4 090 | 4 135 |
| 14 | 3 766 | 3 811 | 3 856 | 3 902 | 3 947 | 3 992 | 4 038 | 4 083 | 4 128 | 4 174 |
| 16 | 3 801 | 3 847 | 3 892 | 3 938 | 3 984 | 4 030 | 4 075 | 4 121 | 4 167 | 4 213 |
| 18 | 3 836 | 3 882 | 3 928 | 3 975 | 4 021 | 4 067 | 4 113 | 4 159 | 4 206 | 4 252 |
| 2,20 | 3 871 | 3 918 | 3 964 | 4 011 | 4 058 | 4 104 | 4 151 | 4 198 | 4 244 | 4 291 |
| 22 | 3 906 | 3 953 | 4 000 | 4 048 | 4 095 | 4 142 | 4 189 | 4 236 | 4 283 | 4 330 |
| 24 | 3 942 | 3 989 | 4 036 | 4 084 | 4 131 | 4 179 | 4 226 | 4 274 | 4 321 | 4 369 |
| 26 | 3 977 | 4 025 | 4 073 | 4 120 | 4 168 | 4 216 | 4 264 | 4 312 | 4 360 | 4 408 |
| 28 | 4 012 | 4 060 | 4 109 | 4 157 | 4 205 | 4 254 | 4 302 | 4 350 | 4 399 | 4 447 |
| 2,30 | 4 047 | 4 096 | 4 145 | 4 193 | 4 242 | 4 291 | 4 340 | 4 388 | 4 437 | 4 486 |
| 32 | 4 082 | 4 131 | 4 181 | 4 230 | 4 279 | 4 328 | 4 377 | 4 427 | 4 476 | 4 525 |
| 34 | 4 117 | 4 167 | 4 217 | 4 266 | 4 316 | 4 366 | 4 415 | 4 465 | 4 514 | 4 564 |
| 36 | 4 153 | 4 203 | 4 253 | 4 303 | 4 353 | 4 403 | 4 453 | 4 503 | 4 553 | 4 603 |
| 38 | 4 188 | 4 238 | 4 289 | 4 339 | 4 390 | 4 440 | 4 491 | 4 541 | 4 591 | 4 642 |
| 2,40 | 4 223 | 4 274 | 4 325 | 4 376 | 4 427 | 4 477 | 4 528 | 4 579 | 4 630 | 4 681 |
| 42 | 4 258 | 4 310 | 4 361 | 4 412 | 4 463 | 4 515 | 4 566 | 4 617 | 4 669 | 4 720 |
| 44 | 4 293 | 4 345 | 4 397 | 4 449 | 4 500 | 4 552 | 4 604 | 4 656 | 4 707 | 4 759 |
| 46 | 4 329 | 4 381 | 4 433 | 4 485 | 4 537 | 4 589 | 4 642 | 4 694 | 4 746 | 4 798 |
| 48 | 4 364 | 4 416 | 4 469 | 4 522 | 4 574 | 4 627 | 4 679 | 4 732 | 4 784 | 4 837 |
| 2,50 | 4 399 | 4 452 | 4 505 | 4 558 | 4 611 | 4 664 | 4 717 | 4 770 | 4 823 | 4 876 |
| 52 | 4 434 | 4 488 | 4 541 | 4 594 | 4 648 | 4 701 | 4 755 | 4 808 | 4 862 | 4 915 |
| 54 | 4 469 | 4 523 | 4 577 | 4 631 | 4 685 | 4 739 | 4 792 | 4 846 | 4 900 | 4 954 |
| 56 | 4 505 | 4 559 | 4 613 | 4 667 | 4 722 | 4 776 | 4 830 | 4 884 | 4 939 | 4 993 |
| 58 | 4 540 | 4 594 | 4 649 | 4 704 | 4 759 | 4 813 | 4 868 | 4 923 | 4 977 | 5 032 |
| 2,60 | 4 575 | 4 630 | 4 685 | 4 740 | 4 795 | 4 851 | 4 906 | 4 961 | 5 016 | 5 071 |
| 62 | 4 610 | 4 666 | 4 721 | 4 777 | 4 832 | 4 888 | 4 943 | 4 999 | 5 055 | 5 110 |
| 64 | 4 645 | 4 701 | 4 757 | 4 813 | 4 869 | 4 925 | 4 981 | 5 037 | 5 093 | 5 149 |
| 66 | 4 681 | 4 737 | 4 793 | 4 850 | 4 906 | 4 962 | 5 019 | 5 075 | 5 132 | 5 188 |
| 68 | 4 716 | 4 773 | 4 829 | 4 886 | 4 943 | 5 000 | 5 057 | 5 113 | 5 170 | 5 227 |
| 2,70 | 4 751 | 4 808 | 4 865 | 4 923 | 4 980 | 5 037 | 5 094 | 5 152 | 5 209 | 5 266 |
| 72 | 4 786 | 4 844 | 4 901 | 4 959 | 5 017 | 5 074 | 5 132 | 5 190 | 5 247 | 5 305 |
| 74 | 4 821 | 4 870 | 4 937 | 4 996 | 5 054 | 5 112 | 5 170 | 5 228 | 5 280 | 5 344 |
| 76 | 4 856 | 4 915 | 4 974 | 5 032 | 5 091 | 5 149 | 5 208 | 5 266 | 5 325 | 5 383 |
| 78 | 4 892 | 4 951 | 5 010 | 5 068 | 5 127 | 5 186 | 5 245 | 5 304 | 5 363 | 5 422 |
| 2,80 | 4 927 | 4 986 | 5 046 | 5 105 | 5 164 | 5 224 | 5 283 | 5 342 | 5 402 | 5 461 |
| 82 | 4 962 | 5 022 | 5 082 | 5 141 | 5 201 | 5 261 | 5 321 | 5 381 | 5 440 | 5 500 |
| 84 | 4 997 | 5 057 | 5 118 | 5 178 | 5 238 | 5 298 | 5 359 | 5 419 | 5 479 | 5 539 |

Epaisseur : **1**ᵐ **08** centimètres

1,08

### LARGEUR

| LONG.ᵣ | FEUILLES | 1,08 | 1,10 | 1,12 | 1,14 | 1,16 | 1,18 | 1,20 | 1,22 | 1,24 | 1,26 |
|---|---|---|---|---|---|---|---|---|---|---|---|
| 1,08 | 1 008 | 1 260 | | | | | | | | | |
| 1,10 | 1 026 | 1 283 | 1 307 | | | | | | | | |
| 12 | 1 045 | 1 306 | 1 331 | 1 355 | | | | | | | |
| 14 | 1 064 | 1 330 | 1 354 | 1 379 | 1 404 | | | | | | |
| 16 | 1 082 | 1 353 | 1 378 | 1 403 | 1 428 | 1 453 | | | | | |
| 18 | 1 101 | 1 376 | 1 402 | 1 427 | 1 453 | 1 478 | 1 504 | | | | |
| 1,20 | 1 120 | 1 400 | 1 426 | 1 452 | 1 477 | 1 503 | 1 529 | 1 555 | | | |
| 22 | 1 138 | 1 423 | 1 449 | 1 476 | 1 502 | 1 528 | 1 555 | 1 581 | 1 607 | | |
| 24 | 1 157 | 1 446 | 1 473 | 1 500 | 1 527 | 1 553 | 1 580 | 1 607 | 1 634 | 1 661 | |
| 26 | 1 176 | 1 470 | 1 497 | 1 524 | 1 551 | 1 579 | 1 606 | 1 633 | 1 660 | 1 687 | 1 715 |
| 28 | 1 194 | 1 493 | 1 521 | 1 548 | 1 576 | 1 604 | 1 631 | 1 659 | 1 687 | 1 714 | 1 742 |
| 1,30 | 1 213 | 1 516 | 1 544 | 1 572 | 1 601 | 1 629 | 1 657 | 1 685 | 1 713 | 1 741 | 1 769 |
| 32 | 1 232 | 1 540 | 1 568 | 1 597 | 1 625 | 1 654 | 1 682 | 1 711 | 1 739 | 1 768 | 1 796 |
| 34 | 1 250 | 1 563 | 1 592 | 1 621 | 1 650 | 1 679 | 1 708 | 1 737 | 1 766 | 1 795 | 1 823 |
| 36 | 1 269 | 1 586 | 1 616 | 1 645 | 1 674 | 1 704 | 1 733 | 1 763 | 1 792 | 1 821 | 1 851 |
| 38 | 1 288 | 1 610 | 1 639 | 1 669 | 1 699 | 1 729 | 1 759 | 1 788 | 1 818 | 1 848 | 1 878 |
| 1,40 | 1 306 | 1 633 | 1 663 | 1 693 | 1 724 | 1 754 | 1 784 | 1 814 | 1 845 | 1 875 | 1 905 |
| 42 | 1 325 | 1 656 | 1 687 | 1 718 | 1 748 | 1 779 | 1 810 | 1 840 | 1 871 | 1 902 | 1 932 |
| 44 | 1 344 | 1 680 | 1 711 | 1 742 | 1 773 | 1 804 | 1 835 | 1 866 | 1 897 | 1 928 | 1 960 |
| 46 | 1 362 | 1 703 | 1 734 | 1 766 | 1 798 | 1 829 | 1 861 | 1 892 | 1 924 | 1 955 | 1 987 |
| 48 | 1 381 | 1 726 | 1 758 | 1 790 | 1 822 | 1 854 | 1 886 | 1 918 | 1 950 | 1 982 | 2 014 |
| 1,50 | 1 400 | 1 750 | 1 782 | 1 814 | 1 847 | 1 879 | 1 912 | 1 944 | 1 976 | 2 009 | 2 041 |
| 52 | 1 418 | 1 773 | 1 806 | 1 839 | 1 871 | 1 904 | 1 937 | 1 970 | 2 003 | 2 036 | 2 068 |
| 54 | 1 437 | 1 796 | 1 830 | 1 863 | 1 896 | 1 929 | 1 963 | 1 996 | 2 029 | 2 062 | 2 096 |
| 56 | 1 456 | 1 820 | 1 853 | 1 887 | 1 921 | 1 954 | 1 988 | 2 022 | 2 055 | 2 089 | 2 123 |
| 58 | 1 474 | 1 843 | 1 877 | 1 911 | 1 945 | 1 979 | 2 014 | 2 048 | 2 082 | 2 116 | 2 150 |
| 1,60 | 1 493 | 1 866 | 1 901 | 1 935 | 1 970 | 2 004 | 2 039 | 2 071 | 2 108 | 2 143 | 2 177 |
| 62 | 1 512 | 1 890 | 1 925 | 1 960 | 1 995 | 2 030 | 2 065 | 2 100 | 2 135 | 2 170 | 2 204 |
| 64 | 1 530 | 1 913 | 1 948 | 1 984 | 2 019 | 2 055 | 2 090 | 2 125 | 2 161 | 2 196 | 2 232 |
| 66 | 1 549 | 1 936 | 1 972 | 2 008 | 2 044 | 2 080 | 2 115 | 2 151 | 2 187 | 2 223 | 2 259 |
| 68 | 1 568 | 1 960 | 1 996 | 2 032 | 2 068 | 2 105 | 2 141 | 2 177 | 2 214 | 2 250 | 2 286 |
| 1,70 | 1 586 | 1 983 | 2 020 | 2 056 | 2 093 | 2 130 | 2 166 | 2 203 | 2 240 | 2 277 | 2 313 |
| 72 | 1 605 | 2 006 | 2 043 | 2 081 | 2 118 | 2 155 | 2 192 | 2 229 | 2 266 | 2 303 | 2 341 |
| 74 | 1 624 | 2 030 | 2 067 | 2 105 | 2 142 | 2 180 | 2 217 | 2 255 | 2 293 | 2 330 | 2 368 |
| 76 | 1 642 | 2 053 | 2 091 | 2 129 | 2 167 | 2 205 | 2 243 | 2 281 | 2 319 | 2 357 | 2 395 |
| 78 | 1 661 | 2 076 | 2 115 | 2 153 | 2 192 | 2 230 | 2 268 | 2 307 | 2 345 | 2 384 | 2 422 |
| 1,80 | 1 680 | 2 100 | 2 138 | 2 177 | 2 216 | 2 255 | 2 294 | 2 333 | 2 372 | 2 411 | 2 449 |
| 82 | 1 698 | 2 123 | 2 162 | 2 201 | 2 241 | 2 280 | 2 319 | 2 359 | 2 398 | 2 437 | 2 477 |
| 84 | 1 717 | 2 146 | 2 186 | 2 226 | 2 265 | 2 305 | 2 345 | 2 385 | 2 424 | 2 464 | 2 504 |
| 86 | 1 736 | 2 170 | 2 210 | 2 250 | 2 290 | 2 330 | 2 370 | 2 411 | 2 451 | 2 491 | 2 531 |
| 88 | 1 754 | 2 193 | 2 233 | 2 274 | 2 315 | 2 355 | 2 396 | 2 436 | 2 477 | 2 518 | 2 558 |
| 1,90 | 1 773 | 2 216 | 2 257 | 2 298 | 2 339 | 2 380 | 2 421 | 2 462 | 2 503 | 2 544 | 2 586 |
| 92 | 1 792 | 2 239 | 2 281 | 2 322 | 2 364 | 2 405 | 2 447 | 2 488 | 2 530 | 2 571 | 2 613 |
| 94 | 1 810 | 2 263 | 2 305 | 2 347 | 2 389 | 2 430 | 2 472 | 2 514 | 2 556 | 2 598 | 2 640 |
| 96 | 1 829 | 2 286 | 2 328 | 2 371 | 2 413 | 2 455 | 2 498 | 2 540 | 2 582 | 2 625 | 2 667 |
| 98 | 1 848 | 2 309 | 2 352 | 2 395 | 2 438 | 2 481 | 2 523 | 2 566 | 2 609 | 2 652 | 2 694 |
| 2,— | 1 866 | 2 333 | 2 376 | 2 419 | 2 462 | 2 506 | 2 549 | 2 592 | 2 635 | 2 678 | 2 722 |
| 02 | 1 885 | 2 356 | 2 400 | 2 443 | 2 487 | 2 531 | 2 574 | 2 618 | 2 662 | 2 705 | 2 749 |
| 04 | 1 904 | 2 379 | 2 424 | 2 468 | 2 512 | 2 556 | 2 600 | 2 644 | 2 688 | 2 732 | 2 776 |
| 06 | 1 922 | 2 403 | 2 447 | 2 492 | 2 536 | 2 581 | 2 625 | 2 670 | 2 714 | 2 759 | 2 803 |
| 08 | 1 941 | 2 426 | 2 471 | 2 516 | 2 561 | 2 606 | 2 651 | 2 696 | 2 741 | 2 786 | 2 830 |
| 2,10 | 1 960 | 2 449 | 2 495 | 2 540 | 2 586 | 2 631 | 2 676 | 2 722 | 2 767 | 2 812 | 2 858 |
| 12 | 1 978 | 2 473 | 2 519 | 2 564 | 2 610 | 2 656 | 2 702 | 2 748 | 2 793 | 2 839 | 2 885 |
| 14 | 1 997 | 2 496 | 2 542 | 2 589 | 2 635 | 2 681 | 2 727 | 2 773 | 2 820 | 2 866 | 2 912 |
| 16 | 2 016 | 2 519 | 2 565 | 2 613 | 2 659 | 2 706 | 2 753 | 2 799 | 2 846 | 2 893 | 2 939 |
| 18 | 2 034 | 2 543 | 2 590 | 2 637 | 2 684 | 2 731 | 2 778 | 2 825 | 2 872 | 2 919 | 2 967 |
| 2,20 | 2 053 | 2 566 | 2 614 | 2 661 | 2 709 | 2 756 | 2 804 | 2 851 | 2 899 | 2 946 | 2 994 |
| 22 | 2 072 | 2 589 | 2 637 | 2 685 | 2 733 | 2 781 | 2 829 | 2 877 | 2 925 | 2 973 | 3 021 |
| 24 | 2 090 | 2 613 | 2 661 | 2 710 | 2 758 | 2 806 | 2 855 | 2 903 | 2 951 | 3 000 | 3 048 |
| 26 | 2 109 | 2 636 | 2 685 | 2 734 | 2 783 | 2 831 | 2 880 | 2 929 | 2 978 | 3 027 | 3 075 |
| 28 | 2 128 | 2 659 | 2 709 | 2 758 | 2 807 | 2 856 | 2 906 | 2 955 | 3 004 | 3 053 | 3 103 |
| 2,30 | 2 146 | 2 683 | 2 732 | 2 782 | 2 832 | 2 881 | 2 931 | 2 981 | 3 030 | 3 080 | 3 130 |
| 32 | 2 165 | 2 706 | 2 756 | 2 806 | 2 856 | 2 906 | 2 957 | 3 007 | 3 057 | 3 107 | 3 157 |
| 34 | 2 184 | 2 729 | 2 780 | 2 830 | 2 881 | 2 932 | 2 982 | 3 033 | 3 083 | 3 134 | 3 184 |
| 36 | 2 202 | 2 753 | 2 804 | 2 855 | 2 906 | 2 957 | 3 008 | 3 059 | 3 110 | 3 161 | 3 211 |
| 38 | 2 221 | 2 776 | 2 827 | 2 879 | 2 930 | 2 982 | 3 033 | 3 084 | 3 136 | 3 187 | 3 239 |
| 2,40 | 2 240 | 2 799 | 2 851 | 2 903 | 2 955 | 3 007 | 3 059 | 3 110 | 3 162 | 3 214 | 3 266 |
| 42 | 2 259 | 2 823 | 2 875 | 2 927 | 2 980 | 3 032 | 3 084 | 3 136 | 3 189 | 3 241 | 3 293 |
| 44 | 2 278 | 2 846 | 2 899 | 2 951 | 3 004 | 3 057 | 3 109 | 3 162 | 3 215 | 3 268 | 3 320 |
| 46 | 2 296 | 2 869 | 2 922 | 2 976 | 3 029 | 3 082 | 3 135 | 3 188 | 3 241 | 3 294 | 3 348 |

### LARGEUR

| LONGUEUR | 1,28 | 1,30 | 1,32 | 1,34 | 1,36 | 1,38 | 1,40 | 1,42 | 1,44 | 1,46 |
|---|---|---|---|---|---|---|---|---|---|---|
| 1,28 | 1 769 | | | | | | | | | |
| 1,30 | 1 797 | 1 825 | | | | | | | | |
| 32 | 1 825 | 1 853 | 1 882 | | | | | | | |
| 34 | 1 852 | 1 881 | 1 910 | 1 939 | | | | | | |
| 36 | 1 880 | 1 909 | 1 939 | 1 968 | 1 998 | | | | | |
| 38 | 1 908 | 1 938 | 1 967 | 1 997 | 2 027 | 2 057 | | | | |
| 1,40 | 1 935 | 1 966 | 1 996 | 2 026 | 2 056 | 2 087 | 2 117 | | | |
| 42 | 1 963 | 1 994 | 2 024 | 2 055 | 2 086 | 2 116 | 2 147 | 2 178 | | |
| 44 | 1 991 | 2 022 | 2 053 | 2 084 | 2 115 | 2 146 | 2 177 | 2 208 | 2 239 | |
| 46 | 2 018 | 2 050 | 2 081 | 2 113 | 2 144 | 2 176 | 2 208 | 2 239 | 2 271 | 2 302 |
| 48 | 2 046 | 2 078 | 2 110 | 2 142 | 2 174 | 2 206 | 2 238 | 2 270 | 2 302 | 2 334 |
| 1,50 | 2 074 | 2 106 | 2 138 | 2 171 | 2 203 | 2 236 | 2 268 | 2 300 | 2 333 | 2 365 |
| 52 | 2 101 | 2 134 | 2 167 | 2 200 | 2 233 | 2 265 | 2 298 | 2 331 | 2 364 | 2 397 |
| 54 | 2 129 | 2 162 | 2 195 | 2 229 | 2 262 | 2 295 | 2 328 | 2 362 | 2 395 | 2 428 |
| 56 | 2 157 | 2 190 | 2 224 | 2 258 | 2 291 | 2 325 | 2 359 | 2 392 | 2 426 | 2 460 |
| 58 | 2 184 | 2 218 | 2 252 | 2 287 | 2 321 | 2 355 | 2 389 | 2 423 | 2 457 | 2 491 |
| 1,60 | 2 212 | 2 246 | 2 281 | 2 316 | 2 350 | 2 385 | 2 419 | 2 454 | 2 488 | 2 523 |
| 62 | 2 239 | 2 274 | 2 309 | 2 344 | 2 379 | 2 414 | 2 449 | 2 484 | 2 519 | 2 554 |
| 64 | 2 267 | 2 303 | 2 338 | 2 373 | 2 409 | 2 444 | 2 480 | 2 515 | 2 551 | 2 586 |
| 66 | 2 295 | 2 331 | 2 366 | 2 402 | 2 438 | 2 474 | 2 510 | 2 546 | 2 582 | 2 617 |
| 68 | 2 322 | 2 359 | 2 395 | 2 431 | 2 468 | 2 504 | 2 540 | 2 576 | 2 613 | 2 649 |
| 1,70 | 2 350 | 2 387 | 2 424 | 2 460 | 2 497 | 2 534 | 2 570 | 2 607 | 2 644 | 2 681 |
| 72 | 2 378 | 2 415 | 2 452 | 2 489 | 2 526 | 2 563 | 2 601 | 2 638 | 2 675 | 2 712 |
| 74 | 2 405 | 2 443 | 2 481 | 2 518 | 2 556 | 2 593 | 2 631 | 2 668 | 2 706 | 2 744 |
| 76 | 2 433 | 2 471 | 2 509 | 2 547 | 2 585 | 2 623 | 2 661 | 2 699 | 2 737 | 2 775 |
| 78 | 2 461 | 2 499 | 2 538 | 2 576 | 2 614 | 2 653 | 2 691 | 2 730 | 2 768 | 2 807 |
| 1,80 | 2 488 | 2 527 | 2 566 | 2 605 | 2 644 | 2 683 | 2 722 | 2 760 | 2 799 | 2 838 |
| 82 | 2 516 | 2 555 | 2 595 | 2 634 | 2 673 | 2 713 | 2 752 | 2 791 | 2 830 | 2 870 |
| 84 | 2 544 | 2 583 | 2 623 | 2 663 | 2 703 | 2 742 | 2 782 | 2 822 | 2 862 | 2 901 |
| 86 | 2 571 | 2 611 | 2 652 | 2 692 | 2 732 | 2 772 | 2 812 | 2 852 | 2 893 | 2 933 |
| 88 | 2 599 | 2 640 | 2 680 | 2 721 | 2 761 | 2 802 | 2 843 | 2 883 | 2 924 | 2 964 |
| 1,90 | 2 627 | 2 668 | 2 709 | 2 750 | 2 791 | 2 832 | 2 873 | 2 914 | 2 955 | 2 996 |
| 92 | 2 654 | 2 696 | 2 737 | 2 779 | 2 820 | 2 862 | 2 903 | 2 945 | 2 986 | 3 027 |
| 94 | 2 682 | 2 724 | 2 766 | 2 808 | 2 849 | 2 891 | 2 933 | 2 975 | 3 017 | 3 059 |
| 96 | 2 710 | 2 752 | 2 794 | 2 837 | 2 879 | 2 921 | 2 964 | 3 006 | 3 048 | 3 091 |
| 98 | 2 737 | 2 780 | 2 823 | 2 865 | 2 908 | 2 951 | 2 994 | 3 037 | 3 079 | 3 122 |
| 2,— | 2 765 | 2 808 | 2 851 | 2 894 | 2 938 | 2 981 | 3 024 | 3 067 | 3 110 | 3 154 |
| 02 | 2 792 | 2 836 | 2 880 | 2 923 | 2 967 | 3 011 | 3 054 | 3 098 | 3 142 | 3 185 |
| 04 | 2 820 | 2 864 | 2 908 | 2 952 | 2 996 | 3 040 | 3 084 | 3 129 | 3 173 | 3 217 |
| 06 | 2 848 | 2 892 | 2 937 | 2 981 | 3 026 | 3 070 | 3 115 | 3 159 | 3 201 | 3 248 |
| 08 | 2 875 | 2 920 | 2 965 | 3 010 | 3 055 | 3 100 | 3 145 | 3 190 | 3 235 | 3 280 |
| 2,10 | 2 903 | 2 948 | 2 994 | 3 030 | 3 081 | 3 130 | 3 175 | 3 221 | 3 266 | 3 311 |
| 12 | 2 931 | 2 976 | 3 022 | 3 068 | 3 114 | 3 160 | 3 205 | 3 251 | 3 297 | 3 343 |
| 14 | 2 958 | 3 005 | 3 051 | 3 097 | 3 143 | 3 189 | 3 236 | 3 282 | 3 328 | 3 374 |
| 16 | 2 986 | 3 033 | 3 079 | 3 126 | 3 173 | 3 219 | 3 266 | 3 313 | 3 359 | 3 406 |
| 18 | 3 014 | 3 061 | 3 108 | 3 155 | 3 202 | 3 249 | 3 296 | 3 343 | 3 390 | 3 437 |
| 2,20 | 3 041 | 3 089 | 3 136 | 3 184 | 3 231 | 3 279 | 3 326 | 3 374 | 3 421 | 3 469 |
| 22 | 3 069 | 3 117 | 3 165 | 3 213 | 3 261 | 3 309 | 3 357 | 3 405 | 3 453 | 3 500 |
| 24 | 3 097 | 3 145 | 3 193 | 3 242 | 3 290 | 3 338 | 3 387 | 3 435 | 3 484 | 3 532 |
| 26 | 3 124 | 3 173 | 3 222 | 3 271 | 3 319 | 3 368 | 3 417 | 3 466 | 3 515 | 3 564 |
| 28 | 3 152 | 3 201 | 3 250 | 3 300 | 3 349 | 3 398 | 3 447 | 3 497 | 3 546 | 3 595 |
| 2,30 | 3 180 | 3 229 | 3 279 | 3 329 | 3 378 | 3 428 | 3 478 | 3 527 | 3 577 | 3 627 |
| 32 | 3 207 | 3 257 | 3 307 | 3 358 | 3 408 | 3 458 | 3 508 | 3 558 | 3 608 | 3 658 |
| 34 | 3 235 | 3 285 | 3 336 | 3 386 | 3 437 | 3 488 | 3 538 | 3 589 | 3 639 | 3 690 |
| 36 | 3 262 | 3 313 | 3 364 | 3 415 | 3 466 | 3 517 | 3 568 | 3 619 | 3 670 | 3 721 |
| 38 | 3 290 | 3 342 | 3 393 | 3 444 | 3 496 | 3 547 | 3 599 | 3 650 | 3 701 | 3 753 |
| 2,40 | 3 318 | 3 370 | 3 421 | 3 473 | 3 525 | 3 577 | 3 629 | 3 681 | 3 732 | 3 784 |
| 42 | 3 345 | 3 398 | 3 450 | 3 502 | 3 554 | 3 607 | 3 659 | 3 711 | 3 763 | 3 816 |
| 44 | 3 373 | 3 426 | 3 478 | 3 531 | 3 584 | 3 637 | 3 689 | 3 742 | 3 795 | 3 847 |
| 46 | 3 401 | 3 454 | 3 507 | 3 560 | 3 613 | 3 666 | 3 720 | 3 773 | 3 826 | 3 879 |

1,08—1,1

Épaisseur : **1ᵐ 08** centimètres   |   Épaisseur : **1ᵐ 08** centimètres   **1,08**

## LARGEUR (page 188)

| Longueur | 1,48 | 1,50 | 1,52 | 1,54 | 1,56 | 1,58 | 1,60 | 1,62 | 1,64 | 1,66 |
|---|---|---|---|---|---|---|---|---|---|---|
| 1,48 | 2 366 | | | | | | | | | |
| 1,50 | 2 398 | 2 430 | | | | | | | | |
| 1,52 | 2 430 | 2 462 | 2 495 | | | | | | | |
| 1,54 | 2 462 | 2 495 | 2 528 | 2 561 | | | | | | |
| 1,56 | 2 494 | 2 527 | 2 561 | 2 595 | 2 628 | | | | | |
| 1,58 | 2 525 | 2 560 | 2 594 | 2 628 | 2 662 | 2 696 | | | | |
| 1,60 | 2 557 | 2 592 | 2 627 | 2 661 | 2 696 | 2 730 | 2 765 | | | |
| 1,62 | 2 589 | 2 624 | 2 659 | 2 694 | 2 729 | 2 764 | 2 799 | 2 834 | | |
| 1,64 | 2 621 | 2 657 | 2 692 | 2 728 | 2 763 | 2 798 | 2 834 | 2 869 | 2 905 | |
| 1,66 | 2 653 | 2 689 | 2 725 | 2 761 | 2 797 | 2 833 | 2 868 | 2 904 | 2 940 | 2 976 |
| 1,68 | 2 685 | 2 722 | 2 758 | 2 794 | 2 830 | 2 867 | 2 903 | 2 939 | 2 976 | 3 012 |
| 1,70 | 2 717 | 2 754 | 2 791 | 2 827 | 2 864 | 2 901 | 2 938 | 2 974 | 3 011 | 3 048 |
| 1,72 | 2 749 | 2 786 | 2 824 | 2 861 | 2 898 | 2 935 | 2 972 | 3 009 | 3 046 | 3 084 |
| 1,74 | 2 781 | 2 819 | 2 856 | 2 894 | 2 932 | 2 969 | 3 007 | 3 044 | 3 082 | 3 119 |
| 1,76 | 2 813 | 2 851 | 2 889 | 2 927 | 2 965 | 3 003 | 3 041 | 3 079 | 3 117 | 3 155 |
| 1,78 | 2 845 | 2 884 | 2 922 | 2 960 | 2 999 | 3 037 | 3 076 | 3 114 | 3 153 | 3 191 |
| 1,80 | 2 877 | 2 916 | 2 955 | 2 994 | 3 033 | 3 072 | 3 110 | 3 149 | 3 188 | 3 227 |
| 1,82 | 2 909 | 2 948 | 2 988 | 3 027 | 3 066 | 3 106 | 3 145 | 3 184 | 3 224 | 3 263 |
| 1,84 | 2 941 | 2 981 | 3 021 | 3 060 | 3 100 | 3 140 | 3 180 | 3 219 | 3 259 | 3 299 |
| 1,86 | 2 973 | 3 013 | 3 053 | 3 094 | 3 134 | 3 174 | 3 214 | 3 254 | 3 294 | 3 335 |
| 1,88 | 3 005 | 3 046 | 3 086 | 3 127 | 3 167 | 3 208 | 3 249 | 3 289 | 3 330 | 3 370 |
| 1,90 | 3 037 | 3 078 | 3 119 | 3 160 | 3 201 | 3 242 | 3 283 | 3 324 | 3 365 | 3 406 |
| 1,92 | 3 069 | 3 110 | 3 152 | 3 193 | 3 235 | 3 276 | 3 318 | 3 359 | 3 401 | 3 442 |
| 1,94 | 3 101 | 3 143 | 3 185 | 3 227 | 3 269 | 3 310 | 3 352 | 3 394 | 3 436 | 3 478 |
| 1,96 | 3 133 | 3 175 | 3 218 | 3 260 | 3 302 | 3 345 | 3 387 | 3 429 | 3 472 | 3 514 |
| 1,98 | 3 165 | 3 208 | 3 250 | 3 293 | 3 336 | 3 379 | 3 421 | 3 464 | 3 507 | 3 550 |
| 2,00 | 3 197 | 3 240 | 3 283 | 3 326 | 3 370 | 3 413 | 3 456 | 3 499 | 3 542 | 3 586 |
| 2,02 | 3 229 | 3 272 | 3 316 | 3 360 | 3 403 | 3 447 | 3 491 | 3 534 | 3 578 | 3 621 |
| 2,04 | 3 261 | 3 305 | 3 349 | 3 393 | 3 437 | 3 481 | 3 525 | 3 569 | 3 613 | 3 657 |
| 2,06 | 3 293 | 3 337 | 3 382 | 3 426 | 3 471 | 3 515 | 3 560 | 3 604 | 3 649 | 3 693 |
| 2,08 | 3 325 | 3 370 | 3 415 | 3 459 | 3 504 | 3 549 | 3 594 | 3 639 | 3 684 | 3 729 |
| 2,10 | 3 357 | 3 402 | 3 447 | 3 493 | 3 538 | 3 583 | 3 629 | 3 674 | 3 720 | 3 765 |
| 2,12 | 3 389 | 3 434 | 3 480 | 3 526 | 3 572 | 3 618 | 3 663 | 3 709 | 3 755 | 3 801 |
| 2,14 | 3 421 | 3 467 | 3 513 | 3 559 | 3 605 | 3 652 | 3 698 | 3 744 | 3 790 | 3 837 |
| 2,16 | 3 453 | 3 499 | 3 546 | 3 593 | 3 639 | 3 686 | 3 732 | 3 779 | 3 826 | 3 872 |
| 2,18 | 3 485 | 3 532 | 3 579 | 3 626 | 3 673 | 3 720 | 3 767 | 3 814 | 3 861 | 3 908 |
| 2,20 | 3 516 | 3 564 | 3 612 | 3 659 | 3 707 | 3 754 | 3 802 | 3 849 | 3 897 | 3 944 |
| 2,22 | 3 548 | 3 596 | 3 644 | 3 692 | 3 740 | 3 788 | 3 836 | 3 884 | 3 932 | 3 980 |
| 2,24 | 3 580 | 3 629 | 3 677 | 3 726 | 3 774 | 3 822 | 3 871 | 3 919 | 3 967 | 4 016 |
| 2,26 | 3 612 | 3 661 | 3 710 | 3 759 | 3 808 | 3 856 | 3 905 | 3 954 | 4 003 | 4 052 |
| 2,28 | 3 644 | 3 694 | 3 743 | 3 792 | 3 841 | 3 891 | 3 940 | 3 989 | 4 038 | 4 088 |
| 2,30 | 3 676 | 3 726 | 3 776 | 3 825 | 3 875 | 3 925 | 3 974 | 4 024 | 4 074 | 4 123 |
| 2,32 | 3 708 | 3 758 | 3 809 | 3 859 | 3 909 | 3 959 | 4 009 | 4 059 | 4 109 | 4 159 |
| 2,34 | 3 740 | 3 791 | 3 841 | 3 892 | 3 942 | 3 993 | 4 044 | 4 094 | 4 145 | 4 195 |
| 2,36 | 3 772 | 3 823 | 3 874 | 3 925 | 3 976 | 4 027 | 4 078 | 4 129 | 4 180 | 4 231 |
| 2,38 | 3 804 | 3 856 | 3 907 | 3 958 | 4 010 | 4 061 | 4 113 | 4 164 | 4 215 | 4 267 |
| 2,40 | 3 836 | 3 888 | 3 940 | 3 992 | 4 044 | 4 095 | 4 147 | 4 199 | 4 251 | 4 303 |
| 2,42 | 3 868 | 3 920 | 3 973 | 4 025 | 4 077 | 4 129 | 4 182 | 4 234 | 4 286 | 4 339 |
| 2,44 | 3 900 | 3 953 | 4 006 | 4 058 | 4 111 | 4 164 | 4 216 | 4 269 | 4 322 | 4 374 |
| 2,46 | 3 932 | 3 985 | 4 038 | 4 091 | 4 145 | 4 198 | 4 251 | 4 304 | 4 357 | 4 410 |
| 2,48 | 3 964 | 4 018 | 4 071 | 4 125 | 4 178 | 4 232 | 4 285 | 4 339 | 4 393 | 4 446 |
| 2,50 | 3 996 | 4 050 | 4 104 | 4 158 | 4 212 | 4 266 | 4 320 | 4 374 | 4 428 | 4 482 |
| 2,52 | 4 028 | 4 082 | 4 137 | 4 191 | 4 246 | 4 300 | 4 355 | 4 409 | 4 463 | 4 518 |
| 2,54 | 4 060 | 4 115 | 4 170 | 4 225 | 4 279 | 4 334 | 4 389 | 4 444 | 4 499 | 4 554 |
| 2,56 | 4 092 | 4 147 | 4 202 | 4 258 | 4 313 | 4 368 | 4 424 | 4 479 | 4 534 | 4 590 |
| 2,58 | 4 124 | 4 180 | 4 235 | 4 291 | 4 347 | 4 403 | 4 458 | 4 514 | 4 570 | 4 625 |
| 2,60 | 4 156 | 4 212 | 4 268 | 4 324 | 4 380 | 4 437 | 4 493 | 4 549 | 4 605 | 4 661 |
| 2,62 | 4 188 | 4 244 | 4 301 | 4 358 | 4 414 | 4 471 | 4 527 | 4 584 | 4 641 | 4 697 |
| 2,64 | 4 220 | 4 277 | 4 334 | 4 391 | 4 448 | 4 505 | 4 562 | 4 619 | 4 676 | 4 733 |
| 2,66 | 4 252 | 4 309 | 4 367 | 4 424 | 4 482 | 4 539 | 4 596 | 4 654 | 4 711 | 4 769 |
| 2,68 | 4 284 | 4 342 | 4 399 | 4 457 | 4 515 | 4 573 | 4 631 | 4 689 | 4 747 | 4 805 |
| 2,70 | 4 316 | 4 374 | 4 432 | 4 491 | 4 549 | 4 607 | 4 666 | 4 724 | 4 782 | 4 841 |
| 2,72 | 4 348 | 4 406 | 4 465 | 4 524 | 4 583 | 4 641 | 4 700 | 4 759 | 4 818 | 4 876 |
| 2,74 | 4 380 | 4 439 | 4 498 | 4 557 | 4 616 | 4 676 | 4 735 | 4 794 | 4 853 | 4 912 |
| 2,76 | 4 412 | 4 471 | 4 531 | 4 590 | 4 650 | 4 710 | 4 769 | 4 829 | 4 889 | 4 948 |
| 2,78 | 4 444 | 4 504 | 4 564 | 4 624 | 4 684 | 4 744 | 4 804 | 4 864 | 4 924 | 4 984 |
| 2,80 | 4 476 | 4 536 | 4 596 | 4 657 | 4 717 | 4 778 | 4 838 | 4 899 | 4 959 | 5 020 |
| 2,82 | 4 507 | 4 568 | 4 629 | 4 690 | 4 751 | 4 812 | 4 873 | 4 934 | 4 995 | 5 056 |
| 2,84 | 4 539 | 4 601 | 4 662 | 4 723 | 4 785 | 4 846 | 4 908 | 4 969 | 5 030 | 5 092 |
| 2,86 | 4 571 | 4 633 | 4 695 | 4 757 | 4 819 | 4 880 | 4 942 | 5 004 | 5 066 | 5 127 |

## LARGEUR (page 189)

| Longueur | 1,68 | 1,70 | 1,72 | 1,74 | 1,76 | 1,78 | 1,80 | 1,82 | 1,84 | 1,86 |
|---|---|---|---|---|---|---|---|---|---|---|
| 1,68 | 3 048 | | | | | | | | | |
| 1,70 | 3 084 | 3 121 | | | | | | | | |
| 1,72 | 3 121 | 3 158 | 3 195 | | | | | | | |
| 1,74 | 3 157 | 3 195 | 3 232 | 3 270 | | | | | | |
| 1,76 | 3 193 | 3 231 | 3 269 | 3 307 | 3 345 | | | | | |
| 1,78 | 3 230 | 3 268 | 3 307 | 3 345 | 3 383 | 3 422 | | | | |
| 1,80 | 3 266 | 3 305 | 3 344 | 3 383 | 3 421 | 3 460 | 3 499 | | | |
| 1,82 | 3 302 | 3 342 | 3 381 | 3 420 | 3 459 | 3 499 | 3 538 | 3 577 | | |
| 1,84 | 3 338 | 3 378 | 3 418 | 3 458 | 3 497 | 3 537 | 3 577 | 3 617 | 3 656 | |
| 1,86 | 3 375 | 3 415 | 3 455 | 3 495 | 3 535 | 3 576 | 3 616 | 3 656 | 3 696 | 3 736 |
| 1,88 | 3 411 | 3 452 | 3 492 | 3 533 | 3 574 | 3 614 | 3 655 | 3 695 | 3 736 | 3 777 |
| 1,90 | 3 447 | 3 488 | 3 529 | 3 570 | 3 612 | 3 653 | 3 694 | 3 735 | 3 776 | 3 817 |
| 1,92 | 3 484 | 3 525 | 3 567 | 3 608 | 3 650 | 3 691 | 3 732 | 3 774 | 3 815 | 3 857 |
| 1,94 | 3 520 | 3 562 | 3 604 | 3 646 | 3 688 | 3 729 | 3 771 | 3 813 | 3 855 | 3 897 |
| 1,96 | 3 556 | 3 599 | 3 641 | 3 683 | 3 726 | 3 768 | 3 810 | 3 853 | 3 895 | 3 937 |
| 1,98 | 3 593 | 3 635 | 3 678 | 3 721 | 3 764 | 3 806 | 3 849 | 3 892 | 3 935 | 3 977 |
| 2,00 | 3 629 | 3 672 | 3 715 | 3 758 | 3 802 | 3 845 | 3 888 | 3 931 | 3 974 | 4 018 |
| 2,02 | 3 665 | 3 709 | 3 752 | 3 796 | 3 840 | 3 883 | 3 927 | 3 971 | 4 014 | 4 058 |
| 2,04 | 3 701 | 3 745 | 3 790 | 3 834 | 3 878 | 3 922 | 3 966 | 4 010 | 4 054 | 4 098 |
| 2,06 | 3 738 | 3 782 | 3 827 | 3 871 | 3 916 | 3 960 | 4 005 | 4 049 | 4 094 | 4 138 |
| 2,08 | 3 774 | 3 819 | 3 864 | 3 909 | 3 954 | 3 999 | 4 044 | 4 088 | 4 133 | 4 178 |
| 2,10 | 3 810 | 3 856 | 3 901 | 3 946 | 3 992 | 4 037 | 4 082 | 4 128 | 4 173 | 4 218 |
| 2,12 | 3 847 | 3 892 | 3 938 | 3 984 | 4 030 | 4 075 | 4 121 | 4 167 | 4 213 | 4 259 |
| 2,14 | 3 883 | 3 929 | 3 975 | 4 021 | 4 068 | 4 114 | 4 160 | 4 206 | 4 253 | 4 299 |
| 2,16 | 3 919 | 3 966 | 4 012 | 4 059 | 4 106 | 4 152 | 4 199 | 4 246 | 4 292 | 4 339 |
| 2,18 | 3 955 | 4 002 | 4 050 | 4 097 | 4 144 | 4 191 | 4 238 | 4 285 | 4 332 | 4 379 |
| 2,20 | 3 992 | 4 039 | 4 087 | 4 134 | 4 182 | 4 229 | 4 277 | 4 324 | 4 372 | 4 419 |
| 2,22 | 4 028 | 4 076 | 4 124 | 4 172 | 4 220 | 4 268 | 4 316 | 4 364 | 4 412 | 4 460 |
| 2,24 | 4 064 | 4 113 | 4 161 | 4 209 | 4 258 | 4 306 | 4 355 | 4 403 | 4 451 | 4 500 |
| 2,26 | 4 101 | 4 149 | 4 198 | 4 247 | 4 296 | 4 345 | 4 393 | 4 442 | 4 491 | 4 540 |
| 2,28 | 4 137 | 4 186 | 4 235 | 4 285 | 4 334 | 4 383 | 4 432 | 4 482 | 4 531 | 4 580 |
| 2,30 | 4 173 | 4 223 | 4 272 | 4 322 | 4 372 | 4 422 | 4 471 | 4 521 | 4 571 | 4 620 |
| 2,32 | 4 209 | 4 260 | 4 310 | 4 360 | 4 410 | 4 460 | 4 510 | 4 560 | 4 610 | 4 660 |
| 2,34 | 4 246 | 4 296 | 4 347 | 4 397 | 4 448 | 4 498 | 4 549 | 4 600 | 4 650 | 4 701 |
| 2,36 | 4 282 | 4 333 | 4 384 | 4 435 | 4 486 | 4 537 | 4 588 | 4 639 | 4 690 | 4 741 |
| 2,38 | 4 318 | 4 370 | 4 421 | 4 472 | 4 524 | 4 575 | 4 627 | 4 678 | 4 730 | 4 781 |
| 2,40 | 4 355 | 4 406 | 4 458 | 4 510 | 4 562 | 4 614 | 4 666 | 4 717 | 4 769 | 4 821 |
| 2,42 | 4 391 | 4 443 | 4 495 | 4 548 | 4 600 | 4 652 | 4 704 | 4 757 | 4 809 | 4 861 |
| 2,44 | 4 427 | 4 480 | 4 533 | 4 585 | 4 638 | 4 691 | 4 743 | 4 796 | 4 849 | 4 901 |
| 2,46 | 4 463 | 4 517 | 4 570 | 4 623 | 4 676 | 4 729 | 4 782 | 4 835 | 4 889 | 4 942 |
| 2,48 | 4 500 | 4 553 | 4 607 | 4 660 | 4 714 | 4 768 | 4 821 | 4 875 | 4 928 | 4 982 |
| 2,50 | 4 536 | 4 590 | 4 644 | 4 698 | 4 752 | 4 806 | 4 860 | 4 914 | 4 968 | 5 022 |
| 2,52 | 4 572 | 4 627 | 4 681 | 4 736 | 4 790 | 4 844 | 4 899 | 4 953 | 5 008 | 5 062 |
| 2,54 | 4 609 | 4 663 | 4 718 | 4 773 | 4 828 | 4 883 | 4 938 | 4 993 | 5 047 | 5 102 |
| 2,56 | 4 645 | 4 700 | 4 755 | 4 811 | 4 866 | 4 921 | 4 977 | 5 032 | 5 087 | 5 143 |
| 2,58 | 4 681 | 4 737 | 4 793 | 4 848 | 4 904 | 4 960 | 5 016 | 5 071 | 5 127 | 5 183 |
| 2,60 | 4 717 | 4 774 | 4 830 | 4 886 | 4 942 | 4 998 | 5 054 | 5 111 | 5 167 | 5 223 |
| 2,62 | 4 754 | 4 810 | 4 867 | 4 924 | 4 980 | 5 037 | 5 093 | 5 150 | 5 206 | 5 263 |
| 2,64 | 4 790 | 4 847 | 4 904 | 4 961 | 5 018 | 5 075 | 5 132 | 5 189 | 5 246 | 5 303 |
| 2,66 | 4 826 | 4 884 | 4 941 | 4 999 | 5 056 | 5 114 | 5 171 | 5 228 | 5 286 | 5 343 |
| 2,68 | 4 863 | 4 920 | 4 978 | 5 036 | 5 094 | 5 152 | 5 210 | 5 268 | 5 326 | 5 384 |
| 2,70 | 4 899 | 4 957 | 5 016 | 5 074 | 5 132 | 5 190 | 5 249 | 5 307 | 5 365 | 5 424 |
| 2,72 | 4 935 | 4 994 | 5 053 | 5 111 | 5 170 | 5 229 | 5 288 | 5 346 | 5 405 | 5 464 |
| 2,74 | 4 971 | 5 031 | 5 090 | 5 149 | 5 208 | 5 267 | 5 327 | 5 386 | 5 445 | 5 504 |
| 2,76 | 5 008 | 5 067 | 5 127 | 5 187 | 5 246 | 5 306 | 5 365 | 5 425 | 5 485 | 5 544 |
| 2,78 | 5 044 | 5 104 | 5 164 | 5 224 | 5 284 | 5 344 | 5 404 | 5 464 | 5 524 | 5 584 |
| 2,80 | 5 080 | 5 141 | 5 201 | 5 262 | 5 322 | 5 383 | 5 443 | 5 504 | 5 564 | 5 625 |
| 2,82 | 5 117 | 5 178 | 5 238 | 5 299 | 5 360 | 5 421 | 5 482 | 5 543 | 5 604 | 5 665 |
| 2,84 | 5 153 | 5 214 | 5 276 | 5 337 | 5 398 | 5 460 | 5 521 | 5 582 | 5 644 | 5 705 |
| 2,86 | 5 189 | 5 251 | 5 313 | 5 375 | 5 436 | 5 498 | 5 560 | 5 622 | 5 683 | 5 745 |

### Epaisseur : 1m 10 centimètres — 190

| Longr | Futailles | 1,10 | 1,12 | 1,14 | 1,16 | 1,18 | 1,20 | 1,22 | 1,24 | 1,26 | 1,28 |
|---|---|---|---|---|---|---|---|---|---|---|---|
| 1,10 | 1 065 | 1 331 | | | | | | | | | |
| 12 | 1 084 | 1 355 | 1 380 | | | | | | | | |
| 14 | 1 104 | 1 379 | 1 404 | 1 430 | | | | | | | |
| 16 | 1 123 | 1 404 | 1 429 | 1 455 | 1 480 | | | | | | |
| 18 | 1 142 | 1 428 | 1 454 | 1 480 | 1 506 | 1 532 | | | | | |
| 1,20 | 1 162 | 1 452 | 1 478 | 1 505 | 1 531 | 1 558 | 1 584 | | | | |
| 22 | 1 181 | 1 476 | 1 503 | 1 530 | 1 557 | 1 584 | 1 610 | 1 637 | | | |
| 24 | 1 200 | 1 500 | 1 528 | 1 555 | 1 582 | 1 610 | 1 637 | 1 664 | 1 691 | | |
| 26 | 1 220 | 1 525 | 1 552 | 1 580 | 1 608 | 1 635 | 1 663 | 1 691 | 1 719 | 1 746 | |
| 28 | 1 239 | 1 549 | 1 577 | 1 605 | 1 633 | 1 661 | 1 690 | 1 718 | 1 746 | 1 774 | 1 802 |
| 1,30 | 1 258 | 1 573 | 1 602 | 1 630 | 1 659 | 1 687 | 1 716 | 1 745 | 1 773 | 1 802 | 1 830 |
| 32 | 1 278 | 1 597 | 1 626 | 1 655 | 1 684 | 1 713 | 1 742 | 1 771 | 1 800 | 1 830 | 1 859 |
| 34 | 1 297 | 1 621 | 1 651 | 1 680 | 1 710 | 1 739 | 1 769 | 1 798 | 1 828 | 1 857 | 1 887 |
| 36 | 1 316 | 1 646 | 1 676 | 1 705 | 1 735 | 1 765 | 1 795 | 1 825 | 1 855 | 1 885 | 1 915 |
| 38 | 1 336 | 1 670 | 1 700 | 1 731 | 1 761 | 1 791 | 1 822 | 1 852 | 1 882 | 1 913 | 1 943 |
| 1,40 | 1 355 | 1 694 | 1 725 | 1 756 | 1 786 | 1 817 | 1 848 | 1 879 | 1 910 | 1 940 | 1 971 |
| 42 | 1 375 | 1 718 | 1 749 | 1 781 | 1 812 | 1 843 | 1 874 | 1 906 | 1 937 | 1 968 | 1 999 |
| 44 | 1 394 | 1 742 | 1 774 | 1 806 | 1 837 | 1 869 | 1 901 | 1 932 | 1 964 | 1 996 | 2 028 |
| 46 | 1 413 | 1 767 | 1 799 | 1 831 | 1 863 | 1 895 | 1 927 | 1 959 | 1 991 | 2 024 | 2 056 |
| 48 | 1 433 | 1 791 | 1 823 | 1 856 | 1 888 | 1 921 | 1 954 | 1 986 | 2 019 | 2 051 | 2 084 |
| 1,50 | 1 452 | 1 815 | 1 848 | 1 881 | 1 914 | 1 947 | 1 980 | 2 013 | 2 046 | 2 079 | 2 112 |
| 52 | 1 471 | 1 839 | 1 873 | 1 906 | 1 940 | 1 973 | 2 006 | 2 040 | 2 073 | 2 107 | 2 140 |
| 54 | 1 491 | 1 863 | 1 897 | 1 931 | 1 965 | 1 999 | 2 033 | 2 067 | 2 101 | 2 134 | 2 168 |
| 56 | 1 510 | 1 888 | 1 922 | 1 956 | 1 991 | 2 025 | 2 059 | 2 094 | 2 128 | 2 162 | 2 196 |
| 58 | 1 529 | 1 912 | 1 947 | 1 981 | 2 016 | 2 051 | 2 086 | 2 120 | 2 155 | 2 190 | 2 225 |
| 1,60 | 1 549 | 1 936 | 1 971 | 2 006 | 2 042 | 2 077 | 2 112 | 2 147 | 2 182 | 2 218 | 2 253 |
| 62 | 1 568 | 1 960 | 1 996 | 2 031 | 2 067 | 2 103 | 2 138 | 2 174 | 2 210 | 2 245 | 2 281 |
| 64 | 1 588 | 1 984 | 2 020 | 2 057 | 2 093 | 2 129 | 2 165 | 2 201 | 2 237 | 2 273 | 2 309 |
| 66 | 1 607 | 2 009 | 2 045 | 2 082 | 2 118 | 2 155 | 2 191 | 2 228 | 2 264 | 2 301 | 2 337 |
| 68 | 1 626 | 2 033 | 2 070 | 2 107 | 2 144 | 2 181 | 2 218 | 2 255 | 2 292 | 2 328 | 2 365 |
| 1,70 | 1 646 | 2 057 | 2 094 | 2 132 | 2 169 | 2 207 | 2 244 | 2 281 | 2 319 | 2 356 | 2 394 |
| 72 | 1 665 | 2 081 | 2 119 | 2 157 | 2 195 | 2 233 | 2 270 | 2 308 | 2 346 | 2 384 | 2 422 |
| 74 | 1 684 | 2 105 | 2 144 | 2 182 | 2 220 | 2 259 | 2 297 | 2 335 | 2 373 | 2 412 | 2 450 |
| 76 | 1 704 | 2 130 | 2 168 | 2 207 | 2 246 | 2 284 | 2 323 | 2 362 | 2 401 | 2 439 | 2 478 |
| 78 | 1 723 | 2 154 | 2 193 | 2 232 | 2 271 | 2 310 | 2 350 | 2 389 | 2 428 | 2 467 | 2 506 |
| 1,80 | 1 742 | 2 178 | 2 218 | 2 257 | 2 297 | 2 336 | 2 376 | 2 416 | 2 455 | 2 495 | 2 534 |
| 82 | 1 762 | 2 202 | 2 242 | 2 282 | 2 322 | 2 362 | 2 402 | 2 442 | 2 482 | 2 523 | 2 563 |
| 84 | 1 781 | 2 226 | 2 267 | 2 307 | 2 348 | 2 388 | 2 429 | 2 469 | 2 510 | 2 550 | 2 591 |
| 86 | 1 800 | 2 251 | 2 292 | 2 332 | 2 373 | 2 414 | 2 455 | 2 496 | 2 537 | 2 578 | 2 619 |
| 88 | 1 820 | 2 275 | 2 316 | 2 358 | 2 399 | 2 440 | 2 482 | 2 523 | 2 564 | 2 606 | 2 647 |
| 1,90 | 1 839 | 2 299 | 2 341 | 2 383 | 2 424 | 2 466 | 2 508 | 2 550 | 2 592 | 2 633 | 2 675 |
| 92 | 1 859 | 2 323 | 2 365 | 2 408 | 2 450 | 2 492 | 2 534 | 2 577 | 2 619 | 2 661 | 2 703 |
| 94 | 1 878 | 2 347 | 2 390 | 2 433 | 2 475 | 2 518 | 2 561 | 2 603 | 2 646 | 2 689 | 2 732 |
| 96 | 1 897 | 2 372 | 2 415 | 2 458 | 2 501 | 2 544 | 2 587 | 2 630 | 2 673 | 2 717 | 2 760 |
| 98 | 1 917 | 2 396 | 2 439 | 2 483 | 2 526 | 2 570 | 2 614 | 2 657 | 2 701 | 2 744 | 2 788 |
| 2.— | 1 936 | 2 420 | 2 464 | 2 508 | 2 552 | 2 596 | 2 640 | 2 684 | 2 728 | 2 772 | 2 816 |
| 02 | 1 955 | 2 444 | 2 489 | 2 533 | 2 578 | 2 622 | 2 666 | 2 711 | 2 755 | 2 800 | 2 844 |
| 04 | 1 975 | 2 468 | 2 513 | 2 558 | 2 603 | 2 648 | 2 693 | 2 738 | 2 783 | 2 827 | 2 872 |
| 06 | 1 994 | 2 493 | 2 538 | 2 583 | 2 629 | 2 674 | 2 719 | 2 765 | 2 810 | 2 855 | 2 900 |
| 08 | 2 013 | 2 517 | 2 563 | 2 608 | 2 654 | 2 700 | 2 746 | 2 791 | 2 837 | 2 883 | 2 929 |
| 2,10 | 2 033 | 2 541 | 2 587 | 2 633 | 2 680 | 2 726 | 2 772 | 2 818 | 2 864 | 2 911 | 2 957 |
| 12 | 2 052 | 2 565 | 2 612 | 2 658 | 2 705 | 2 752 | 2 798 | 2 845 | 2 892 | 2 938 | 2 985 |
| 14 | 2 072 | 2 589 | 2 636 | 2 684 | 2 731 | 2 778 | 2 825 | 2 872 | 2 919 | 2 966 | 3 013 |
| 16 | 2 091 | 2 614 | 2 661 | 2 709 | 2 756 | 2 804 | 2 851 | 2 899 | 2 946 | 2 994 | 3 041 |
| 18 | 2 110 | 2 638 | 2 686 | 2 734 | 2 782 | 2 830 | 2 878 | 2 926 | 2 974 | 3 021 | 3 069 |
| 2,20 | 2 130 | 2 662 | 2 710 | 2 759 | 2 807 | 2 856 | 2 904 | 2 952 | 3 001 | 3 049 | 3 098 |
| 22 | 2 149 | 2 686 | 2 735 | 2 784 | 2 833 | 2 882 | 2 930 | 2 979 | 3 028 | 3 077 | 3 126 |
| 24 | 2 168 | 2 710 | 2 760 | 2 809 | 2 858 | 2 908 | 2 957 | 3 006 | 3 055 | 3 105 | 3 154 |
| 26 | 2 188 | 2 735 | 2 784 | 2 834 | 2 884 | 2 933 | 2 983 | 3 033 | 3 083 | 3 132 | 3 182 |
| 28 | 2 207 | 2 759 | 2 809 | 2 859 | 2 909 | 2 959 | 3 010 | 3 060 | 3 110 | 3 160 | 3 210 |
| 2,30 | 2 226 | 2 783 | 2 834 | 2 884 | 2 935 | 2 985 | 3 036 | 3 087 | 3 137 | 3 188 | 3 238 |
| 32 | 2 246 | 2 807 | 2 858 | 2 909 | 2 960 | 3 011 | 3 062 | 3 113 | 3 164 | 3 216 | 3 267 |
| 34 | 2 265 | 2 831 | 2 883 | 2 934 | 2 986 | 3 037 | 3 089 | 3 140 | 3 192 | 3 243 | 3 295 |
| 36 | 2 284 | 2 856 | 2 908 | 2 959 | 3 011 | 3 063 | 3 115 | 3 167 | 3 219 | 3 271 | 3 323 |
| 38 | 2 304 | 2 880 | 2 932 | 2 985 | 3 037 | 3 089 | 3 142 | 3 194 | 3 246 | 3 299 | 3 351 |
| 2,40 | 2 323 | 2 904 | 2 957 | 3 010 | 3 062 | 3 115 | 3 168 | 3 221 | 3 274 | 3 326 | 3 379 |
| 42 | 2 343 | 2 928 | 2 981 | 3 035 | 3 088 | 3 141 | 3 194 | 3 248 | 3 301 | 3 354 | 3 407 |
| 44 | 2 362 | 2 952 | 3 006 | 3 060 | 3 113 | 3 167 | 3 221 | 3 274 | 3 328 | 3 382 | 3 436 |
| 46 | 2 381 | 2 977 | 3 031 | 3 085 | 3 139 | 3 193 | 3 247 | 3 301 | 3 355 | 3 410 | 3 464 |
| 48 | 2 401 | 3 001 | 3 055 | 3 110 | 3 164 | 3 219 | 3 274 | 3 328 | 3 383 | 3 437 | 3 492 |

### Epaisseur : 1m 10 centimètres — 191

| Longueur | 1,30 | 1,32 | 1,34 | 1,36 | 1,38 | 1,40 | 1,42 | 1,44 | 1,46 | 1,48 |
|---|---|---|---|---|---|---|---|---|---|---|
| 1,30 | 1 859 | | | | | | | | | |
| 32 | 1 888 | 1 917 | | | | | | | | |
| 34 | 1 916 | 1 946 | 1 975 | | | | | | | |
| 36 | 1 945 | 1 975 | 2 005 | 2 035 | | | | | | |
| 38 | 1 973 | 2 004 | 2 034 | 2 064 | 2 095 | | | | | |
| 1,40 | 2 002 | 2 033 | 2 064 | 2 094 | 2 125 | 2 156 | | | | |
| 42 | 2 031 | 2 062 | 2 093 | 2 124 | 2 156 | 2 187 | 2 218 | | | |
| 44 | 2 059 | 2 091 | 2 123 | 2 154 | 2 186 | 2 218 | 2 249 | 2 281 | | |
| 46 | 2 088 | 2 120 | 2 152 | 2 184 | 2 216 | 2 248 | 2 281 | 2 313 | 2 345 | |
| 48 | 2 116 | 2 149 | 2 182 | 2 214 | 2 247 | 2 279 | 2 312 | 2 344 | 2 377 | 2 409 |
| 1,50 | 2 145 | 2 178 | 2 211 | 2 244 | 2 277 | 2 310 | 2 343 | 2 376 | 2 409 | 2 442 |
| 52 | 2 174 | 2 207 | 2 240 | 2 274 | 2 307 | 2 341 | 2 374 | 2 408 | 2 441 | 2 475 |
| 54 | 2 202 | 2 236 | 2 270 | 2 304 | 2 338 | 2 372 | 2 405 | 2 439 | 2 473 | 2 507 |
| 56 | 2 231 | 2 265 | 2 299 | 2 334 | 2 368 | 2 402 | 2 437 | 2 471 | 2 505 | 2 540 |
| 58 | 2 259 | 2 294 | 2 329 | 2 364 | 2 398 | 2 433 | 2 468 | 2 503 | 2 537 | 2 572 |
| 1,60 | 2 288 | 2 323 | 2 358 | 2 394 | 2 429 | 2 464 | 2 499 | 2 534 | 2 570 | 2 605 |
| 62 | 2 317 | 2 352 | 2 388 | 2 424 | 2 459 | 2 495 | 2 530 | 2 566 | 2 602 | 2 637 |
| 64 | 2 345 | 2 381 | 2 417 | 2 453 | 2 490 | 2 526 | 2 562 | 2 598 | 2 634 | 2 670 |
| 66 | 2 374 | 2 410 | 2 447 | 2 483 | 2 520 | 2 556 | 2 593 | 2 629 | 2 666 | 2 702 |
| 68 | 2 402 | 2 439 | 2 476 | 2 513 | 2 550 | 2 587 | 2 624 | 2 661 | 2 698 | 2 735 |
| 1,70 | 2 431 | 2 468 | 2 506 | 2 543 | 2 581 | 2 618 | 2 655 | 2 693 | 2 730 | 2 768 |
| 72 | 2 460 | 2 497 | 2 535 | 2 573 | 2 611 | 2 649 | 2 687 | 2 724 | 2 762 | 2 800 |
| 74 | 2 488 | 2 526 | 2 565 | 2 603 | 2 641 | 2 680 | 2 718 | 2 756 | 2 794 | 2 833 |
| 76 | 2 517 | 2 556 | 2 594 | 2 633 | 2 672 | 2 710 | 2 749 | 2 788 | 2 827 | 2 865 |
| 78 | 2 545 | 2 585 | 2 624 | 2 663 | 2 702 | 2 741 | 2 780 | 2 820 | 2 859 | 2 898 |
| 1,80 | 2 574 | 2 614 | 2 653 | 2 693 | 2 732 | 2 772 | 2 812 | 2 851 | 2 891 | 2 930 |
| 82 | 2 603 | 2 643 | 2 683 | 2 723 | 2 763 | 2 803 | 2 843 | 2 883 | 2 923 | 2 963 |
| 84 | 2 631 | 2 672 | 2 712 | 2 753 | 2 793 | 2 834 | 2 874 | 2 915 | 2 955 | 2 996 |
| 86 | 2 660 | 2 701 | 2 742 | 2 783 | 2 823 | 2 864 | 2 905 | 2 946 | 2 987 | 3 028 |
| 88 | 2 688 | 2 730 | 2 771 | 2 812 | 2 854 | 2 895 | 2 937 | 2 978 | 3 019 | 3 061 |
| 1,90 | 2 717 | 2 759 | 2 801 | 2 842 | 2 884 | 2 926 | 2 968 | 3 010 | 3 051 | 3 093 |
| 92 | 2 746 | 2 788 | 2 830 | 2 872 | 2 915 | 2 957 | 2 999 | 3 041 | 3 084 | 3 126 |
| 94 | 2 774 | 2 817 | 2 860 | 2 902 | 2 945 | 2 988 | 3 030 | 3 073 | 3 116 | 3 158 |
| 96 | 2 803 | 2 846 | 2 889 | 2 931 | 2 975 | 3 018 | 3 062 | 3 105 | 3 148 | 3 191 |
| 98 | 2 831 | 2 875 | 2 919 | 2 962 | 3 006 | 3 049 | 3 093 | 3 136 | 3 180 | 3 223 |
| 2.— | 2 860 | 2 904 | 2 948 | 2 992 | 3 036 | 3 080 | 3 124 | 3 168 | 3 212 | 3 256 |
| 02 | 2 889 | 2 933 | 2 977 | 3 022 | 3 066 | 3 111 | 3 155 | 3 200 | 3 244 | 3 289 |
| 04 | 2 917 | 2 962 | 3 007 | 3 052 | 3 097 | 3 142 | 3 186 | 3 231 | 3 276 | 3 321 |
| 06 | 2 946 | 2 991 | 3 036 | 3 082 | 3 127 | 3 172 | 3 218 | 3 263 | 3 308 | 3 354 |
| 08 | 2 974 | 3 020 | 3 066 | 3 112 | 3 157 | 3 203 | 3 249 | 3 295 | 3 340 | 3 386 |
| 2,10 | 3 003 | 3 049 | 3 095 | 3 142 | 3 188 | 3 234 | 3 280 | 3 326 | 3 373 | 3 419 |
| 12 | 3 032 | 3 078 | 3 125 | 3 172 | 3 218 | 3 265 | 3 311 | 3 358 | 3 405 | 3 451 |
| 14 | 3 060 | 3 107 | 3 154 | 3 201 | 3 249 | 3 296 | 3 343 | 3 390 | 3 437 | 3 484 |
| 16 | 3 089 | 3 136 | 3 184 | 3 231 | 3 279 | 3 326 | 3 374 | 3 421 | 3 469 | 3 516 |
| 18 | 3 117 | 3 165 | 3 213 | 3 261 | 3 309 | 3 357 | 3 405 | 3 453 | 3 501 | 3 549 |
| 2,20 | 3 146 | 3 194 | 3 243 | 3 291 | 3 340 | 3 388 | 3 436 | 3 485 | 3 533 | 3 582 |
| 22 | 3 175 | 3 223 | 3 272 | 3 321 | 3 370 | 3 419 | 3 468 | 3 516 | 3 565 | 3 614 |
| 24 | 3 203 | 3 252 | 3 302 | 3 351 | 3 400 | 3 450 | 3 499 | 3 548 | 3 597 | 3 647 |
| 26 | 3 232 | 3 282 | 3 331 | 3 381 | 3 431 | 3 480 | 3 530 | 3 580 | 3 630 | 3 679 |
| 28 | 3 260 | 3 311 | 3 361 | 3 411 | 3 461 | 3 511 | 3 561 | 3 612 | 3 662 | 3 712 |
| 2,30 | 3 289 | 3 340 | 3 390 | 3 441 | 3 491 | 3 542 | 3 593 | 3 643 | 3 694 | 3 744 |
| 32 | 3 318 | 3 369 | 3 420 | 3 471 | 3 522 | 3 573 | 3 624 | 3 675 | 3 726 | 3 777 |
| 34 | 3 346 | 3 398 | 3 449 | 3 501 | 3 552 | 3 604 | 3 655 | 3 707 | 3 758 | 3 810 |
| 36 | 3 375 | 3 427 | 3 479 | 3 531 | 3 582 | 3 634 | 3 686 | 3 738 | 3 790 | 3 842 |
| 38 | 3 403 | 3 456 | 3 508 | 3 560 | 3 613 | 3 665 | 3 718 | 3 770 | 3 822 | 3 875 |
| 2,40 | 3 432 | 3 485 | 3 538 | 3 590 | 3 643 | 3 696 | 3 749 | 3 802 | 3 854 | 3 907 |
| 42 | 3 461 | 3 514 | 3 567 | 3 620 | 3 674 | 3 727 | 3 780 | 3 833 | 3 887 | 3 940 |
| 44 | 3 489 | 3 543 | 3 597 | 3 650 | 3 701 | 3 758 | 3 811 | 3 865 | 3 919 | 3 972 |
| 46 | 3 518 | 3 572 | 3 626 | 3 680 | 3 734 | 3 788 | 3 843 | 3 897 | 3 951 | 4 005 |
| 48 | 3 546 | 3 601 | 3 656 | 3 710 | 3 765 | 3 819 | 3 874 | 3 928 | 3 983 | 4 037 |

| LONGUEUR | 1,50 | 1,52 | 1,54 | 1,56 | 1,58 | 1,60 | 1,62 | 1,64 | 1,66 | 1,68 |
|---|---|---|---|---|---|---|---|---|---|---|
| **1,50** | 2 475 | | | | | | | | | |
| 52 | 2 508 | 2 541 | | | | | | | | |
| 54 | 2 541 | 2 575 | 2 609 | | | | | | | |
| 56 | 2 574 | 2 608 | 2 643 | 2 677 | | | | | | |
| 58 | 2 607 | 2 642 | 2 677 | 2 711 | 2 746 | | | | | |
| **1,60** | 2 640 | 2 675 | 2 710 | 2 746 | 2 781 | 2 816 | | | | |
| 62 | 2 673 | 2 709 | 2 744 | 2 780 | 2 816 | 2 851 | 2 887 | | | |
| 64 | 2 706 | 2 742 | 2 778 | 2 814 | 2 850 | 2 886 | 2 922 | 2 959 | | |
| 66 | 2 739 | 2 776 | 2 812 | 2 849 | 2 885 | 2 922 | 2 958 | 2 995 | 3 031 | |
| 68 | 2 772 | 2 809 | 2 846 | 2 883 | 2 920 | 2 957 | 2 994 | 3 031 | 3 068 | 3 105 |
| **1,70** | 2 805 | 2 842 | 2 880 | 2 917 | 2 955 | 2 992 | 3 029 | 3 067 | 3 104 | 3 142 |
| 72 | 2 838 | 2 876 | 2 914 | 2 952 | 2 989 | 3 027 | 3 065 | 3 103 | 3 141 | 3 179 |
| 74 | 2 871 | 2 909 | 2 948 | 2 986 | 3 024 | 3 062 | 3 101 | 3 139 | 3 177 | 3 216 |
| 76 | 2 904 | 2 943 | 2 981 | 3 020 | 3 059 | 3 098 | 3 136 | 3 175 | 3 214 | 3 252 |
| 78 | 2 937 | 2 976 | 3 015 | 3 054 | 3 094 | 3 133 | 3 172 | 3 211 | 3 250 | 3 289 |
| **1,80** | 2 970 | 3 010 | 3 049 | 3 089 | 3 128 | 3 168 | 3 208 | 3 247 | 3 287 | 3 326 |
| 82 | 3 003 | 3 043 | 3 083 | 3 123 | 3 163 | 3 203 | 3 243 | 3 283 | 3 323 | 3 363 |
| 84 | 3 036 | 3 076 | 3 117 | 3 157 | 3 198 | 3 238 | 3 279 | 3 319 | 3 360 | 3 400 |
| 86 | 3 069 | 3 110 | 3 151 | 3 192 | 3 233 | 3 273 | 3 315 | 3 355 | 3 396 | 3 437 |
| 88 | 3 102 | 3 143 | 3 185 | 3 226 | 3 267 | 3 309 | 3 350 | 3 392 | 3 433 | 3 474 |
| **1,90** | 3 135 | 3 177 | 3 219 | 3 260 | 3 302 | 3 344 | 3 386 | 3 428 | 3 469 | 3 511 |
| 92 | 3 168 | 3 210 | 3 252 | 3 295 | 3 337 | 3 379 | 3 421 | 3 464 | 3 506 | 3 548 |
| 94 | 3 201 | 3 244 | 3 286 | 3 329 | 3 372 | 3 414 | 3 457 | 3 500 | 3 542 | 3 585 |
| 96 | 3 234 | 3 277 | 3 320 | 3 363 | 3 406 | 3 450 | 3 493 | 3 536 | 3 579 | 3 622 |
| 98 | 3 267 | 3 311 | 3 354 | 3 398 | 3 441 | 3 485 | 3 528 | 3 572 | 3 615 | 3 659 |
| **2,—** | 3 300 | 3 344 | 3 388 | 3 432 | 3 476 | 3 520 | 3 564 | 3 608 | 3 652 | 3 696 |
| 02 | 3 333 | 3 377 | 3 422 | 3 466 | 3 511 | 3 555 | 3 600 | 3 644 | 3 689 | 3 733 |
| 04 | 3 366 | 3 411 | 3 456 | 3 501 | 3 546 | 3 590 | 3 635 | 3 680 | 3 725 | 3 770 |
| 06 | 3 399 | 3 444 | 3 490 | 3 535 | 3 580 | 3 626 | 3 671 | 3 716 | 3 762 | 3 807 |
| 08 | 3 432 | 3 478 | 3 524 | 3 569 | 3 615 | 3 661 | 3 707 | 3 752 | 3 798 | 3 844 |
| **2,10** | 3 465 | 3 511 | 3 557 | 3 604 | 3 650 | 3 696 | 3 742 | 3 788 | 3 835 | 3 881 |
| 12 | 3 498 | 3 545 | 3 591 | 3 638 | 3 685 | 3 731 | 3 778 | 3 824 | 3 871 | 3 918 |
| 14 | 3 531 | 3 578 | 3 625 | 3 672 | 3 719 | 3 766 | 3 813 | 3 861 | 3 908 | 3 955 |
| 16 | 3 564 | 3 612 | 3 659 | 3 707 | 3 754 | 3 802 | 3 849 | 3 897 | 3 944 | 3 992 |
| 18 | 3 597 | 3 645 | 3 693 | 3 741 | 3 789 | 3 837 | 3 885 | 3 933 | 3 981 | 4 029 |
| **2,20** | 3 630 | 3 678 | 3 727 | 3 775 | 3 824 | 3 872 | 3 920 | 3 969 | 4 017 | 4 066 |
| 22 | 3 663 | 3 712 | 3 761 | 3 810 | 3 858 | 3 907 | 3 956 | 4 005 | 4 054 | 4 103 |
| 24 | 3 696 | 3 745 | 3 795 | 3 844 | 3 893 | 3 942 | 3 992 | 4 041 | 4 090 | 4 140 |
| 26 | 3 729 | 3 779 | 3 828 | 3 878 | 3 928 | 3 978 | 4 027 | 4 077 | 4 127 | 4 176 |
| 28 | 3 762 | 3 812 | 3 862 | 3 912 | 3 963 | 4 013 | 4 063 | 4 113 | 4 163 | 4 213 |
| **2,30** | 3 795 | 3 846 | 3 896 | 3 947 | 3 997 | 4 048 | 4 099 | 4 149 | 4 200 | 4 250 |
| 32 | 3 828 | 3 879 | 3 930 | 3 981 | 4 032 | 4 083 | 4 134 | 4 185 | 4 236 | 4 287 |
| 34 | 3 861 | 3 912 | 3 964 | 4 015 | 4 067 | 4 118 | 4 170 | 4 221 | 4 273 | 4 324 |
| 36 | 3 894 | 3 946 | 3 998 | 4 050 | 4 102 | 4 154 | 4 206 | 4 257 | 4 309 | 4 361 |
| 38 | 3 927 | 3 979 | 4 032 | 4 084 | 4 136 | 4 189 | 4 241 | 4 294 | 4 346 | 4 398 |
| **2,40** | 3 960 | 4 013 | 4 066 | 4 118 | 4 171 | 4 224 | 4 277 | 4 330 | 4 382 | 4 435 |
| 42 | 3 993 | 4 046 | 4 099 | 4 153 | 4 206 | 4 259 | 4 312 | 4 366 | 4 419 | 4 472 |
| 44 | 4 026 | 4 080 | 4 133 | 4 187 | 4 241 | 4 294 | 4 348 | 4 402 | 4 455 | 4 509 |
| 46 | 4 059 | 4 113 | 4 167 | 4 221 | 4 275 | 4 330 | 4 384 | 4 438 | 4 492 | 4 546 |
| 48 | 4 092 | 4 147 | 4 201 | 4 256 | 4 310 | 4 365 | 4 419 | 4 474 | 4 528 | 4 583 |
| **2,50** | 4 125 | 4 180 | 4 235 | 4 290 | 4 345 | 4 400 | 4 455 | 4 510 | 4 565 | 4 620 |
| 52 | 4 158 | 4 213 | 4 269 | 4 324 | 4 380 | 4 435 | 4 491 | 4 546 | 4 602 | 4 657 |
| 54 | 4 191 | 4 247 | 4 303 | 4 359 | 4 415 | 4 470 | 4 526 | 4 582 | 4 638 | 4 694 |
| 56 | 4 224 | 4 280 | 4 337 | 4 393 | 4 449 | 4 506 | 4 562 | 4 618 | 4 675 | 4 731 |
| 58 | 4 257 | 4 314 | 4 371 | 4 427 | 4 484 | 4 541 | 4 598 | 4 655 | 4 711 | 4 768 |
| **2,60** | 4 290 | 4 347 | 4 404 | 4 462 | 4 519 | 4 576 | 4 633 | 4 690 | 4 748 | 4 805 |
| 62 | 4 323 | 4 381 | 4 438 | 4 496 | 4 554 | 4 611 | 4 669 | 4 726 | 4 784 | 4 842 |
| 64 | 4 356 | 4 414 | 4 472 | 4 530 | 4 588 | 4 646 | 4 704 | 4 763 | 4 821 | 4 879 |
| 66 | 4 389 | 4 448 | 4 506 | 4 565 | 4 623 | 4 682 | 4 740 | 4 799 | 4 857 | 4 916 |
| 68 | 4 422 | 4 481 | 4 540 | 4 599 | 4 658 | 4 717 | 4 776 | 4 835 | 4 894 | 4 953 |
| **2,70** | 4 455 | 4 514 | 4 574 | 4 633 | 4 693 | 4 752 | 4 811 | 4 871 | 4 930 | 4 990 |
| 72 | 4 488 | 4 548 | 4 608 | 4 668 | 4 727 | 4 787 | 4 847 | 4 907 | 4 967 | 5 027 |
| 74 | 4 521 | 4 581 | 4 642 | 4 702 | 4 762 | 4 822 | 4 883 | 4 943 | 5 003 | 5 064 |
| 76 | 4 554 | 4 615 | 4 675 | 4 736 | 4 797 | 4 858 | 4 918 | 4 979 | 5 040 | 5 100 |
| 78 | 4 587 | 4 648 | 4 709 | 4 770 | 4 832 | 4 893 | 4 954 | 5 015 | 5 076 | 5 137 |
| **2,80** | 4 620 | 4 682 | 4 743 | 4 805 | 4 866 | 4 928 | 4 990 | 5 051 | 5 113 | 5 174 |
| 82 | 4 653 | 4 715 | 4 777 | 4 839 | 4 901 | 4 963 | 5 025 | 5 087 | 5 149 | 5 211 |
| 84 | 4 686 | 4 748 | 4 811 | 4 873 | 4 936 | 4 998 | 5 061 | 5 123 | 5 186 | 5 248 |
| 86 | 4 719 | 4 782 | 4 845 | 4 908 | 4 971 | 5 034 | 5 097 | 5 159 | 5 222 | 5 285 |
| 88 | 4 752 | 4 815 | 4 879 | 4 942 | 5 005 | 5 069 | 5 132 | 5 196 | 5 259 | 5 322 |





| LONGUEUR | 1,70 | 1,72 | 1,74 | 1,76 | 1,78 | 1,80 | 1,82 | 1,84 | 1,86 | 1,88 |
|---|---|---|---|---|---|---|---|---|---|---|
| **1,70** | 3 179 | | | | | | | | | |
| 72 | 3 216 | 3 254 | | | | | | | | |
| 74 | 3 254 | 3 292 | 3 330 | | | | | | | |
| 76 | 3 291 | 3 330 | 3 369 | 3 407 | | | | | | |
| 78 | 3 329 | 3 368 | 3 407 | 3 446 | 3 485 | | | | | |
| **1,80** | 3 366 | 3 406 | 3 445 | 3 485 | 3 524 | 3 564 | | | | |
| 82 | 3 403 | 3 443 | 3 483 | 3 524 | 3 564 | 3 604 | 3 644 | | | |
| 84 | 3 441 | 3 481 | 3 522 | 3 562 | 3 603 | 3 643 | 3 684 | 3 724 | | |
| 86 | 3 478 | 3 519 | 3 560 | 3 601 | 3 642 | 3 683 | 3 724 | 3 765 | 3 806 | |
| 88 | 3 516 | 3 557 | 3 598 | 3 640 | 3 681 | 3 722 | 3 764 | 3 805 | 3 846 | 3 888 |
| **1,90** | 3 553 | 3 595 | 3 637 | 3 678 | 3 720 | 3 762 | 3 804 | 3 846 | 3 887 | 3 929 |
| 92 | 3 590 | 3 633 | 3 675 | 3 717 | 3 759 | 3 802 | 3 844 | 3 886 | 3 928 | 3 971 |
| 94 | 3 628 | 3 670 | 3 713 | 3 756 | 3 799 | 3 841 | 3 884 | 3 927 | 3 969 | 4 012 |
| 96 | 3 665 | 3 708 | 3 751 | 3 795 | 3 838 | 3 881 | 3 924 | 3 967 | 4 010 | 4 053 |
| 98 | 3 703 | 3 746 | 3 790 | 3 833 | 3 877 | 3 920 | 3 964 | 4 008 | 4 051 | 4 095 |
| **2,—** | 3 740 | 3 784 | 3 828 | 3 872 | 3 916 | 3 960 | 4 004 | 4 048 | 4 092 | 4 136 |
| 02 | 3 777 | 3 822 | 3 866 | 3 911 | 3 955 | 4 000 | 4 044 | 4 088 | 4 133 | 4 177 |
| 04 | 3 815 | 3 860 | 3 905 | 3 949 | 3 994 | 4 039 | 4 084 | 4 129 | 4 174 | 4 219 |
| 06 | 3 852 | 3 898 | 3 943 | 3 988 | 4 033 | 4 079 | 4 124 | 4 169 | 4 215 | 4 260 |
| 08 | 3 890 | 3 935 | 3 981 | 4 027 | 4 073 | 4 118 | 4 164 | 4 210 | 4 256 | 4 301 |
| **2,10** | 3 927 | 3 973 | 4 019 | 4 066 | 4 112 | 4 158 | 4 204 | 4 250 | 4 297 | 4 343 |
| 12 | 3 964 | 4 011 | 4 058 | 4 104 | 4 151 | 4 198 | 4 244 | 4 291 | 4 338 | 4 384 |
| 14 | 4 002 | 4 049 | 4 096 | 4 143 | 4 190 | 4 237 | 4 284 | 4 331 | 4 378 | 4 426 |
| 16 | 4 039 | 4 087 | 4 134 | 4 182 | 4 229 | 4 277 | 4 324 | 4 372 | 4 419 | 4 467 |
| 18 | 4 077 | 4 125 | 4 173 | 4 220 | 4 268 | 4 316 | 4 364 | 4 412 | 4 460 | 4 508 |
| **2,20** | 4 114 | 4 162 | 4 211 | 4 259 | 4 308 | 4 356 | 4 404 | 4 453 | 4 501 | 4 550 |
| 22 | 4 151 | 4 200 | 4 249 | 4 298 | 4 347 | 4 396 | 4 444 | 4 493 | 4 542 | 4 591 |
| 24 | 4 189 | 4 238 | 4 287 | 4 337 | 4 386 | 4 435 | 4 484 | 4 534 | 4 583 | 4 632 |
| 26 | 4 226 | 4 276 | 4 326 | 4 375 | 4 425 | 4 475 | 4 525 | 4 574 | 4 624 | 4 674 |
| 28 | 4 264 | 4 314 | 4 364 | 4 414 | 4 464 | 4 514 | 4 565 | 4 615 | 4 665 | 4 715 |
| **2,30** | 4 301 | 4 352 | 4 402 | 4 453 | 4 503 | 4 554 | 4 605 | 4 655 | 4 706 | 4 756 |
| 32 | 4 338 | 4 389 | 4 440 | 4 492 | 4 543 | 4 594 | 4 645 | 4 696 | 4 747 | 4 798 |
| 34 | 4 376 | 4 427 | 4 479 | 4 530 | 4 582 | 4 633 | 4 685 | 4 736 | 4 788 | 4 839 |
| 36 | 4 413 | 4 465 | 4 517 | 4 569 | 4 621 | 4 673 | 4 725 | 4 777 | 4 829 | 4 880 |
| 38 | 4 451 | 4 503 | 4 555 | 4 608 | 4 660 | 4 712 | 4 765 | 4 817 | 4 869 | 4 922 |
| **2,40** | 4 488 | 4 541 | 4 594 | 4 646 | 4 699 | 4 752 | 4 805 | 4 858 | 4 910 | 4 963 |
| 42 | 4 525 | 4 579 | 4 632 | 4 685 | 4 738 | 4 792 | 4 845 | 4 898 | 4 951 | 5 005 |
| 44 | 4 563 | 4 616 | 4 670 | 4 724 | 4 778 | 4 831 | 4 885 | 4 939 | 4 992 | 5 046 |
| 46 | 4 600 | 4 654 | 4 708 | 4 763 | 4 817 | 4 871 | 4 925 | 4 979 | 5 033 | 5 087 |
| 48 | 4 638 | 4 692 | 4 747 | 4 801 | 4 856 | 4 910 | 4 965 | 5 020 | 5 074 | 5 129 |
| **2,50** | 4 675 | 4 730 | 4 785 | 4 840 | 4 895 | 4 950 | 5 005 | 5 060 | 5 115 | 5 170 |
| 52 | 4 712 | 4 768 | 4 823 | 4 879 | 4 934 | 4 990 | 5 045 | 5 100 | 5 156 | 5 211 |
| 54 | 4 750 | 4 806 | 4 862 | 4 917 | 4 973 | 5 029 | 5 085 | 5 141 | 5 197 | 5 253 |
| 56 | 4 787 | 4 844 | 4 900 | 4 956 | 5 012 | 5 069 | 5 125 | 5 181 | 5 238 | 5 294 |
| 58 | 4 825 | 4 882 | 4 938 | 4 995 | 5 051 | 5 108 | 5 165 | 5 221 | 5 278 | 5 335 |
| **2,60** | 4 862 | 4 919 | 4 976 | 5 034 | 5 091 | 5 148 | 5 205 | 5 262 | 5 320 | 5 377 |
| 62 | 4 899 | 4 957 | 5 015 | 5 072 | 5 130 | 5 188 | 5 245 | 5 303 | 5 361 | 5 418 |
| 64 | 4 937 | 4 995 | 5 053 | 5 111 | 5 169 | 5 227 | 5 285 | 5 343 | 5 401 | 5 460 |
| 66 | 4 974 | 5 033 | 5 091 | 5 150 | 5 208 | 5 267 | 5 325 | 5 384 | 5 442 | 5 501 |
| 68 | 5 012 | 5 071 | 5 130 | 5 188 | 5 247 | 5 306 | 5 365 | 5 424 | 5 483 | 5 542 |
| **2,70** | 5 049 | 5 108 | 5 168 | 5 227 | 5 287 | 5 346 | 5 405 | 5 465 | 5 524 | 5 584 |
| 72 | 5 086 | 5 146 | 5 206 | 5 266 | 5 326 | 5 386 | 5 445 | 5 505 | 5 565 | 5 625 |
| 74 | 5 124 | 5 184 | 5 244 | 5 305 | 5 365 | 5 425 | 5 485 | 5 546 | 5 606 | 5 666 |
| 76 | 5 161 | 5 222 | 5 283 | 5 343 | 5 404 | 5 465 | 5 526 | 5 586 | 5 647 | 5 708 |
| 78 | 5 199 | 5 260 | 5 321 | 5 382 | 5 443 | 5 504 | 5 566 | 5 627 | 5 688 | 5 749 |
| **2,80** | 5 236 | 5 298 | 5 359 | 5 421 | 5 482 | 5 544 | 5 606 | 5 667 | 5 729 | 5 790 |
| 82 | 5 273 | 5 335 | 5 397 | 5 460 | 5 522 | 5 584 | 5 646 | 5 708 | 5 770 | 5 832 |
| 84 | 5 311 | 5 373 | 5 436 | 5 498 | 5 561 | 5 623 | 5 686 | 5 748 | 5 811 | 5 873 |
| 86 | 5 348 | 5 411 | 5 474 | 5 537 | 5 600 | 5 663 | 5 726 | 5 789 | 5 852 | 5 914 |
| 88 | 5 386 | 5 449 | 5 512 | 5 576 | 5 639 | 5 702 | 5 766 | 5 829 | 5 892 | 5 956 |

Epaisseur : **1m 12** centimètres

| LONGr | FEUILLES | \+ LARGEUR 1,12 | 1,14 | 1,16 | 1,18 | 1,20 | 1,22 | 1,24 | 1,26 | 1,28 | 1,30 |
|---|---|---|---|---|---|---|---|---|---|---|---|
| 1,12 | 1 124 | 1 405 | | | | | | | | | |
| 14 | 1 144 | 1 430 | 1 456 | | | | | | | | |
| 16 | 1 164 | 1 435 | 1 481 | 1 507 | | | | | | | |
| 18 | 1 184 | 1 480 | 1 507 | 1 533 | 1 559 | | | | | | |
| 1,20 | 1 204 | 1 505 | 1 532 | 1 559 | 1 586 | 1 613 | | | | | |
| 22 | 1 224 | 1 530 | 1 558 | 1 585 | 1 612 | 1 640 | 1 667 | | | | |
| 24 | 1 244 | 1 555 | 1 583 | 1 611 | 1 639 | 1 667 | 1 694 | 1 722 | | | |
| 26 | 1 264 | 1 581 | 1 609 | 1 637 | 1 665 | 1 693 | 1 722 | 1 750 | 1 778 | | |
| 28 | 1 285 | 1 606 | 1 634 | 1 663 | 1 692 | 1 720 | 1 749 | 1 778 | 1 806 | 1 835 | |
| 1,30 | 1 305 | 1 631 | 1 660 | 1 689 | 1 718 | 1 747 | 1 776 | 1 805 | 1 835 | 1 864 | 1 893 |
| 32 | 1 325 | 1 656 | 1 685 | 1 715 | 1 745 | 1 774 | 1 804 | 1 833 | 1 863 | 1 892 | 1 922 |
| 34 | 1 345 | 1 681 | 1 711 | 1 741 | 1 771 | 1 801 | 1 831 | 1 861 | 1 891 | 1 921 | 1 951 |
| 36 | 1 365 | 1 706 | 1 736 | 1 767 | 1 797 | 1 828 | 1 858 | 1 889 | 1 919 | 1 950 | 1 980 |
| 38 | 1 385 | 1 731 | 1 762 | 1 793 | 1 824 | 1 855 | 1 886 | 1 917 | 1 947 | 1 978 | 2 009 |
| 1,40 | 1 405 | 1 756 | 1 788 | 1 819 | 1 850 | 1 882 | 1 913 | 1 944 | 1 976 | 2 007 | 2 038 |
| 42 | 1 425 | 1 781 | 1 813 | 1 845 | 1 877 | 1 908 | 1 940 | 1 972 | 2 004 | 2 036 | 2 068 |
| 44 | 1 445 | 1 806 | 1 839 | 1 871 | 1 903 | 1 935 | 1 968 | 2 000 | 2 032 | 2 064 | 2 097 |
| 46 | 1 465 | 1 831 | 1 864 | 1 897 | 1 930 | 1 962 | 1 995 | 2 028 | 2 060 | 2 093 | 2 126 |
| 48 | 1 485 | 1 857 | 1 890 | 1 923 | 1 956 | 1 989 | 2 022 | 2 055 | 2 089 | 2 122 | 2 155 |
| 1,50 | 1 505 | 1 882 | 1 915 | 1 949 | 1 982 | 2 016 | 2 050 | 2 083 | 2 117 | 2 150 | 2 184 |
| 52 | 1 525 | 1 907 | 1 941 | 1 975 | 2 009 | 2 043 | 2 077 | 2 111 | 2 145 | 2 179 | 2 213 |
| 54 | 1 545 | 1 932 | 1 966 | 2 001 | 2 035 | 2 070 | 2 104 | 2 139 | 2 173 | 2 208 | 2 242 |
| 56 | 1 565 | 1 957 | 1 992 | 2 027 | 2 062 | 2 097 | 2 132 | 2 167 | 2 201 | 2 236 | 2 271 |
| 58 | 1 586 | 1 982 | 2 017 | 2 053 | 2 088 | 2 124 | 2 159 | 2 194 | 2 230 | 2 265 | 2 300 |
| 1,60 | 1 606 | 2 007 | 2 043 | 2 079 | 2 115 | 2 150 | 2 186 | 2 222 | 2 258 | 2 294 | 2 330 |
| 62 | 1 626 | 2 032 | 2 068 | 2 105 | 2 141 | 2 177 | 2 214 | 2 250 | 2 286 | 2 322 | 2 359 |
| 64 | 1 646 | 2 057 | 2 094 | 2 131 | 2 167 | 2 204 | 2 241 | 2 278 | 2 314 | 2 351 | 2 388 |
| 66 | 1 666 | 2 082 | 2 119 | 2 157 | 2 194 | 2 231 | 2 268 | 2 305 | 2 343 | 2 380 | 2 417 |
| 68 | 1 686 | 2 107 | 2 145 | 2 183 | 2 220 | 2 258 | 2 296 | 2 333 | 2 371 | 2 408 | 2 446 |
| 1,70 | 1 706 | 2 132 | 2 171 | 2 209 | 2 247 | 2 285 | 2 323 | 2 361 | 2 399 | 2 437 | 2 475 |
| 72 | 1 726 | 2 158 | 2 196 | 2 235 | 2 273 | 2 312 | 2 350 | 2 389 | 2 427 | 2 466 | 2 504 |
| 74 | 1 746 | 2 183 | 2 222 | 2 261 | 2 300 | 2 339 | 2 378 | 2 417 | 2 455 | 2 494 | 2 533 |
| 76 | 1 766 | 2 208 | 2 247 | 2 287 | 2 326 | 2 365 | 2 405 | 2 444 | 2 484 | 2 523 | 2 563 |
| 78 | 1 786 | 2 233 | 2 273 | 2 313 | 2 352 | 2 392 | 2 432 | 2 472 | 2 512 | 2 552 | 2 592 |
| 1,80 | 1 806 | 2 258 | 2 298 | 2 339 | 2 379 | 2 419 | 2 460 | 2 500 | 2 540 | 2 580 | 2 621 |
| 82 | 1 826 | 2 283 | 2 324 | 2 365 | 2 405 | 2 446 | 2 487 | 2 528 | 2 568 | 2 609 | 2 650 |
| 84 | 1 846 | 2 308 | 2 349 | 2 391 | 2 432 | 2 473 | 2 514 | 2 555 | 2 597 | 2 638 | 2 679 |
| 86 | 1 867 | 2 333 | 2 375 | 2 417 | 2 458 | 2 500 | 2 542 | 2 583 | 2 625 | 2 666 | 2 708 |
| 88 | 1 887 | 2 358 | 2 400 | 2 442 | 2 485 | 2 527 | 2 569 | 2 611 | 2 653 | 2 695 | 2 737 |
| 1,90 | 1 907 | 2 383 | 2 426 | 2 468 | 2 511 | 2 554 | 2 596 | 2 639 | 2 681 | 2 724 | 2 766 |
| 92 | 1 927 | 2 408 | 2 451 | 2 494 | 2 537 | 2 580 | 2 623 | 2 666 | 2 710 | 2 753 | 2 796 |
| 94 | 1 947 | 2 434 | 2 477 | 2 520 | 2 564 | 2 607 | 2 651 | 2 694 | 2 738 | 2 781 | 2 825 |
| 96 | 1 967 | 2 459 | 2 503 | 2 546 | 2 590 | 2 634 | 2 678 | 2 722 | 2 766 | 2 810 | 2 854 |
| 98 | 1 987 | 2 484 | 2 528 | 2 572 | 2 617 | 2 661 | 2 705 | 2 750 | 2 794 | 2 839 | 2 883 |
| 2,— | 2 007 | 2 509 | 2 554 | 2 598 | 2 643 | 2 688 | 2 733 | 2 778 | 2 822 | 2 867 | 2 912 |
| 02 | 2 027 | 2 531 | 2 579 | 2 624 | 2 670 | 2 715 | 2 760 | 2 805 | 2 851 | 2 896 | 2 941 |
| 04 | 2 047 | 2 559 | 2 605 | 2 650 | 2 696 | 2 742 | 2 787 | 2 833 | 2 879 | 2 925 | 2 970 |
| 06 | 2 067 | 2 584 | 2 630 | 2 676 | 2 722 | 2 769 | 2 815 | 2 861 | 2 907 | 2 953 | 2 999 |
| 08 | 2 087 | 2 609 | 2 656 | 2 702 | 2 749 | 2 796 | 2 842 | 2 889 | 2 935 | 2 982 | 3 029 |
| 2,10 | 2 107 | 2 634 | 2 681 | 2 728 | 2 775 | 2 822 | 2 869 | 2 916 | 2 964 | 3 011 | 3 058 |
| 12 | 2 128 | 2 659 | 2 707 | 2 754 | 2 802 | 2 849 | 2 897 | 2 944 | 2 992 | 3 039 | 3 087 |
| 14 | 2 148 | 2 684 | 2 732 | 2 780 | 2 828 | 2 876 | 2 924 | 2 972 | 3 020 | 3 068 | 3 116 |
| 16 | 2 168 | 2 710 | 2 758 | 2 806 | 2 855 | 2 903 | 2 951 | 3 000 | 3 048 | 3 097 | 3 145 |
| 18 | 2 188 | 2 735 | 2 783 | 2 832 | 2 881 | 2 930 | 2 979 | 3 028 | 3 076 | 3 125 | 3 174 |
| 2,20 | 2 208 | 2 760 | 2 809 | 2 858 | 2 908 | 2 957 | 3 006 | 3 055 | 3 105 | 3 154 | 3 203 |
| 22 | 2 228 | 2 785 | 2 834 | 2 884 | 2 934 | 2 983 | 3 033 | 3 083 | 3 133 | 3 183 | 3 232 |
| 24 | 2 248 | 2 810 | 2 860 | 2 910 | 2 960 | 3 011 | 3 061 | 3 111 | 3 161 | 3 211 | 3 261 |
| 26 | 2 268 | 2 835 | 2 886 | 2 936 | 2 987 | 3 037 | 3 088 | 3 139 | 3 189 | 3 240 | 3 291 |
| 28 | 2 288 | 2 860 | 2 911 | 2 962 | 3 013 | 3 064 | 3 115 | 3 166 | 3 218 | 3 269 | 3 320 |
| 2,30 | 2 308 | 2 885 | 2 937 | 2 988 | 3 040 | 3 091 | 3 143 | 3 194 | 3 246 | 3 297 | 3 349 |
| 32 | 2 328 | 2 910 | 2 962 | 3 014 | 3 066 | 3 118 | 3 170 | 3 222 | 3 274 | 3 326 | 3 378 |
| 34 | 2 348 | 2 935 | 2 988 | 3 040 | 3 093 | 3 145 | 3 197 | 3 250 | 3 302 | 3 355 | 3 407 |
| 36 | 2 368 | 2 960 | 3 013 | 3 066 | 3 119 | 3 172 | 3 225 | 3 278 | 3 330 | 3 383 | 3 436 |
| 38 | 2 388 | 2 985 | 3 039 | 3 092 | 3 145 | 3 199 | 3 252 | 3 305 | 3 359 | 3 412 | 3 465 |
| 2,40 | 2 408 | 3 011 | 3 064 | 3 118 | 3 172 | 3 226 | 3 279 | 3 333 | 3 387 | 3 441 | 3 494 |
| 42 | 2 429 | 3 036 | 3 090 | 3 144 | 3 198 | 3 252 | 3 307 | 3 361 | 3 415 | 3 469 | 3 524 |
| 44 | 2 449 | 3 061 | 3 115 | 3 170 | 3 225 | 3 279 | 3 334 | 3 389 | 3 443 | 3 498 | 3 553 |
| 46 | 2 469 | 3 086 | 3 141 | 3 196 | 3 251 | 3 306 | 3 361 | 3 416 | 3 472 | 3 527 | 3 582 |
| 48 | 2 489 | 3 111 | 3 166 | 3 222 | 3 278 | 3 333 | 3 389 | 3 444 | 3 500 | 3 555 | 3 611 |
| 2,50 | 2 509 | 3 136 | 3 192 | 3 248 | 3 304 | 3 360 | 3 416 | 3 472 | 3 528 | 3 584 | 3 640 |

Epaisseur : **1m 12** centimètres

| LONGUEUR | \+ LARGEUR 1,32 | 1,34 | 1,36 | 1,38 | 1,40 | 1,42 | 1,44 | 1,46 | 1,48 | 1,50 |
|---|---|---|---|---|---|---|---|---|---|---|
| 1,32 | 1 951 | | | | | | | | | |
| 34 | 1 981 | 2 011 | | | | | | | | |
| 36 | 2 011 | 2 041 | 2 072 | | | | | | | |
| 38 | 2 040 | 2 071 | 2 102 | 2 133 | | | | | | |
| 1,40 | 2 070 | 2 101 | 2 132 | 2 164 | 2 195 | | | | | |
| 42 | 2 099 | 2 131 | 2 163 | 2 195 | 2 227 | 2 258 | | | | |
| 44 | 2 129 | 2 161 | 2 193 | 2 226 | 2 258 | 2 290 | 2 322 | | | |
| 46 | 2 158 | 2 191 | 2 224 | 2 257 | 2 289 | 2 322 | 2 355 | 2 387 | | |
| 48 | 2 188 | 2 221 | 2 254 | 2 287 | 2 321 | 2 354 | 2 387 | 2 420 | 2 453 | |
| 1,50 | 2 218 | 2 251 | 2 285 | 2 318 | 2 352 | 2 386 | 2 419 | 2 453 | 2 486 | 2 520 |
| 52 | 2 247 | 2 281 | 2 315 | 2 349 | 2 383 | 2 417 | 2 451 | 2 486 | 2 520 | 2 554 |
| 54 | 2 277 | 2 311 | 2 346 | 2 380 | 2 415 | 2 449 | 2 481 | 2 518 | 2 553 | 2 587 |
| 56 | 2 306 | 2 341 | 2 376 | 2 411 | 2 446 | 2 481 | 2 516 | 2 551 | 2 586 | 2 621 |
| 58 | 2 336 | 2 371 | 2 407 | 2 442 | 2 477 | 2 513 | 2 548 | 2 581 | 2 619 | 2 654 |
| 1,60 | 2 365 | 2 401 | 2 437 | 2 473 | 2 509 | 2 545 | 2 580 | 2 616 | 2 652 | 2 688 |
| 62 | 2 395 | 2 431 | 2 468 | 2 504 | 2 540 | 2 576 | 2 613 | 2 649 | 2 685 | 2 722 |
| 64 | 2 425 | 2 461 | 2 498 | 2 535 | 2 572 | 2 608 | 2 645 | 2 682 | 2 718 | 2 755 |
| 66 | 2 454 | 2 491 | 2 529 | 2 566 | 2 603 | 2 640 | 2 677 | 2 714 | 2 752 | 2 789 |
| 68 | 2 484 | 2 521 | 2 559 | 2 597 | 2 634 | 2 672 | 2 710 | 2 747 | 2 785 | 2 822 |
| 1,70 | 2 513 | 2 551 | 2 589 | 2 628 | 2 666 | 2 704 | 2 742 | 2 780 | 2 818 | 2 856 |
| 72 | 2 543 | 2 581 | 2 620 | 2 658 | 2 697 | 2 735 | 2 774 | 2 813 | 2 851 | 2 890 |
| 74 | 2 572 | 2 611 | 2 650 | 2 689 | 2 728 | 2 767 | 2 806 | 2 845 | 2 884 | 2 923 |
| 76 | 2 602 | 2 641 | 2 681 | 2 720 | 2 760 | 2 799 | 2 839 | 2 878 | 2 917 | 2 957 |
| 78 | 2 632 | 2 671 | 2 711 | 2 751 | 2 791 | 2 831 | 2 871 | 2 911 | 2 951 | 2 990 |
| 1,80 | 2 661 | 2 701 | 2 742 | 2 782 | 2 822 | 2 863 | 2 903 | 2 943 | 2 984 | 3 024 |
| 82 | 2 691 | 2 731 | 2 772 | 2 813 | 2 854 | 2 895 | 2 935 | 2 976 | 3 017 | 3 058 |
| 84 | 2 720 | 2 761 | 2 803 | 2 844 | 2 885 | 2 926 | 2 968 | 3 009 | 3 050 | 3 091 |
| 86 | 2 750 | 2 791 | 2 833 | 2 875 | 2 916 | 2 958 | 3 000 | 3 041 | 3 083 | 3 125 |
| 88 | 2 779 | 2 821 | 2 863 | 2 906 | 2 948 | 2 990 | 3 032 | 3 074 | 3 116 | 3 158 |
| 1,90 | 2 809 | 2 852 | 2 894 | 2 937 | 2 979 | 3 022 | 3 064 | 3 107 | 3 149 | 3 192 |
| 92 | 2 839 | 2 882 | 2 925 | 2 968 | 3 011 | 3 054 | 3 097 | 3 140 | 3 183 | 3 226 |
| 94 | 2 868 | 2 912 | 2 955 | 2 998 | 3 042 | 3 085 | 3 129 | 3 172 | 3 216 | 3 259 |
| 96 | 2 898 | 2 942 | 2 985 | 3 029 | 3 073 | 3 117 | 3 161 | 3 205 | 3 249 | 3 293 |
| 98 | 2 927 | 2 972 | 3 016 | 3 060 | 3 105 | 3 149 | 3 193 | 3 238 | 3 282 | 3 326 |
| 2,— | 2 957 | 3 002 | 3 046 | 3 091 | 3 136 | 3 181 | 3 226 | 3 270 | 3 315 | 3 360 |
| 02 | 2 986 | 3 032 | 3 077 | 3 122 | 3 167 | 3 213 | 3 258 | 3 303 | 3 348 | 3 394 |
| 04 | 3 016 | 3 062 | 3 107 | 3 153 | 3 199 | 3 244 | 3 290 | 3 336 | 3 382 | 3 427 |
| 06 | 3 046 | 3 092 | 3 138 | 3 184 | 3 230 | 3 276 | 3 322 | 3 369 | 3 415 | 3 461 |
| 08 | 3 075 | 3 122 | 3 168 | 3 215 | 3 261 | 3 308 | 3 355 | 3 401 | 3 448 | 3 494 |
| 2,10 | 3 105 | 3 152 | 3 199 | 3 246 | 3 293 | 3 340 | 3 387 | 3 434 | 3 481 | 3 528 |
| 12 | 3 135 | 3 182 | 3 229 | 3 277 | 3 324 | 3 372 | 3 419 | 3 467 | 3 514 | 3 562 |
| 14 | 3 164 | 3 212 | 3 260 | 3 308 | 3 356 | 3 403 | 3 451 | 3 499 | 3 547 | 3 595 |
| 16 | 3 193 | 3 242 | 3 290 | 3 338 | 3 387 | 3 435 | 3 483 | 3 532 | 3 580 | 3 629 |
| 18 | 3 223 | 3 272 | 3 321 | 3 369 | 3 418 | 3 467 | 3 516 | 3 565 | 3 614 | 3 662 |
| 2,20 | 3 252 | 3 302 | 3 351 | 3 400 | 3 450 | 3 499 | 3 548 | 3 597 | 3 647 | 3 696 |
| 22 | 3 282 | 3 332 | 3 382 | 3 431 | 3 481 | 3 531 | 3 580 | 3 630 | 3 680 | 3 730 |
| 24 | 3 312 | 3 362 | 3 412 | 3 462 | 3 512 | 3 562 | 3 613 | 3 663 | 3 713 | 3 763 |
| 26 | 3 341 | 3 392 | 3 442 | 3 493 | 3 543 | 3 594 | 3 645 | 3 696 | 3 746 | 3 797 |
| 28 | 3 371 | 3 422 | 3 473 | 3 524 | 3 575 | 3 626 | 3 677 | 3 728 | 3 779 | 3 830 |
| 2,30 | 3 400 | 3 452 | 3 503 | 3 555 | 3 606 | 3 658 | 3 709 | 3 761 | 3 812 | 3 864 |
| 32 | 3 430 | 3 482 | 3 534 | 3 586 | 3 638 | 3 690 | 3 742 | 3 794 | 3 846 | 3 898 |
| 34 | 3 459 | 3 512 | 3 564 | 3 617 | 3 669 | 3 722 | 3 774 | 3 826 | 3 879 | 3 931 |
| 36 | 3 489 | 3 542 | 3 595 | 3 648 | 3 700 | 3 753 | 3 806 | 3 859 | 3 912 | 3 965 |
| 38 | 3 519 | 3 572 | 3 625 | 3 679 | 3 732 | 3 785 | 3 838 | 3 892 | 3 945 | 3 998 |
| 2,40 | 3 548 | 3 602 | 3 656 | 3 709 | 3 763 | 3 817 | 3 871 | 3 924 | 3 978 | 4 032 |
| 42 | 3 578 | 3 632 | 3 686 | 3 740 | 3 795 | 3 849 | 3 903 | 3 957 | 4 011 | 4 066 |
| 44 | 3 607 | 3 662 | 3 717 | 3 771 | 3 826 | 3 881 | 3 935 | 3 990 | 4 045 | 4 099 |
| 46 | 3 637 | 3 692 | 3 747 | 3 802 | 3 857 | 3 912 | 3 967 | 4 023 | 4 078 | 4 133 |
| 48 | 3 666 | 3 722 | 3 778 | 3 833 | 3 889 | 3 944 | 4 000 | 4 055 | 4 111 | 4 166 |
| 2,50 | 3 696 | 3 752 | 3 808 | 3 864 | 3 920 | 3 976 | 4 032 | 4 088 | 4 144 | 4 200 |



1,12—

## 196

Epaisseur : **1**ᵐ **12** centimètres

| LONGUEUR | LARGEUR | | | | | | | | | |
|---|---|---|---|---|---|---|---|---|---|---|
| | 1,52 | 1,54 | 1,56 | 1,58 | 1,60 | 1,62 | 1,64 | 1,66 | 1,68 | 1,70 |
| 1,52 | 2 588 | | | | | | | | | |
| 54 | 2 622 | 2 656 | | | | | | | | |
| 56 | 2 656 | 2 691 | 2 726 | | | | | | | |
| 58 | 2 690 | 2 725 | 2 761 | 2 796 | | | | | | |
| 1,60 | 2 724 | 2 760 | 2 796 | 2 831 | 2 867 | | | | | |
| 62 | 2 758 | 2 794 | 2 830 | 2 867 | 2 903 | 2 939 | | | | |
| 64 | 2 792 | 2 829 | 2 865 | 2 902 | 2 939 | 2 976 | 3 012 | | | |
| 66 | 2 826 | 2 863 | 2 900 | 2 938 | 2 975 | 3 012 | 3 049 | 3 086 | | |
| 68 | 2 860 | 2 898 | 2 935 | 2 973 | 3 011 | 3 048 | 3 086 | 3 123 | 3 161 | |
| 1,70 | 2 894 | 2 932 | 2 970 | 3 008 | 3 046 | 3 084 | 3 123 | 3 161 | 3 199 | 3 237 |
| 72 | 2 928 | 2 967 | 3 005 | 3 044 | 3 082 | 3 121 | 3 159 | 3 198 | 3 236 | 3 275 |
| 74 | 2 962 | 3 001 | 3 040 | 3 079 | 3 118 | 3 157 | 3 196 | 3 235 | 3 274 | 3 313 |
| 76 | 2 996 | 3 036 | 3 075 | 3 114 | 3 154 | 3 193 | 3 233 | 3 272 | 3 312 | 3 351 |
| 78 | 3 030 | 3 070 | 3 110 | 3 150 | 3 190 | 3 230 | 3 270 | 3 310 | 3 349 | 3 389 |
| 1,80 | 3 064 | 3 105 | 3 145 | 3 185 | 3 226 | 3 266 | 3 306 | 3 347 | 3 387 | 3 427 |
| 82 | 3 098 | 3 139 | 3 180 | 3 221 | 3 261 | 3 302 | 3 343 | 3 384 | 3 425 | 3 465 |
| 84 | 3 132 | 3 174 | 3 215 | 3 256 | 3 297 | 3 338 | 3 380 | 3 421 | 3 462 | 3 503 |
| 86 | 3 166 | 3 208 | 3 250 | 3 291 | 3 333 | 3 375 | 3 416 | 3 458 | 3 500 | 3 541 |
| 88 | 3 201 | 3 243 | 3 285 | 3 327 | 3 369 | 3 411 | 3 453 | 3 495 | 3 537 | 3 580 |
| 1,90 | 3 235 | 3 277 | 3 320 | 3 362 | 3 405 | 3 447 | 3 490 | 3 532 | 3 575 | 3 618 |
| 92 | 3 269 | 3 312 | 3 355 | 3 398 | 3 441 | 3 484 | 3 527 | 3 570 | 3 613 | 3 656 |
| 94 | 3 303 | 3 346 | 3 390 | 3 433 | 3 476 | 3 520 | 3 563 | 3 607 | 3 650 | 3 694 |
| 96 | 3 337 | 3 381 | 3 425 | 3 468 | 3 512 | 3 556 | 3 600 | 3 644 | 3 688 | 3 732 |
| 98 | 3 371 | 3 415 | 3 459 | 3 504 | 3 548 | 3 593 | 3 637 | 3 681 | 3 726 | 3 770 |
| 2,— | 3 405 | 3 450 | 3 494 | 3 539 | 3 584 | 3 629 | 3 674 | 3 718 | 3 763 | 3 808 |
| 02 | 3 439 | 3 484 | 3 529 | 3 575 | 3 620 | 3 665 | 3 710 | 3 756 | 3 801 | 3 846 |
| 04 | 3 473 | 3 519 | 3 564 | 3 610 | 3 656 | 3 701 | 3 747 | 3 793 | 3 838 | 3 884 |
| 06 | 3 507 | 3 553 | 3 599 | 3 645 | 3 692 | 3 738 | 3 784 | 3 830 | 3 876 | 3 922 |
| 08 | 3 541 | 3 588 | 3 634 | 3 681 | 3 727 | 3 774 | 3 821 | 3 867 | 3 914 | 3 960 |
| 2,10 | 3 575 | 3 622 | 3 669 | 3 716 | 3 763 | 3 810 | 3 857 | 3 904 | 3 951 | 3 998 |
| 12 | 3 609 | 3 657 | 3 704 | 3 752 | 3 799 | 3 847 | 3 894 | 3 942 | 3 989 | 4 036 |
| 14 | 3 643 | 3 691 | 3 739 | 3 787 | 3 835 | 3 883 | 3 931 | 3 979 | 4 027 | 4 075 |
| 16 | 3 677 | 3 726 | 3 774 | 3 822 | 3 871 | 3 919 | 3 967 | 4 016 | 4 064 | 4 113 |
| 18 | 3 711 | 3 760 | 3 809 | 3 858 | 3 907 | 3 955 | 4 004 | 4 053 | 4 102 | 4 151 |
| 2,20 | 3 745 | 3 795 | 3 841 | 3 893 | 3 942 | 3 992 | 4 041 | 4 090 | 4 140 | 4 189 |
| 22 | 3 779 | 3 829 | 3 879 | 3 929 | 3 978 | 4 028 | 4 078 | 4 127 | 4 177 | 4 227 |
| 24 | 3 813 | 3 864 | 3 914 | 3 964 | 4 014 | 4 064 | 4 114 | 4 165 | 4 215 | 4 265 |
| 26 | 3 847 | 3 898 | 3 949 | 3 999 | 4 050 | 4 101 | 4 151 | 4 202 | 4 252 | 4 303 |
| 28 | 3 881 | 3 933 | 3 984 | 4 035 | 4 086 | 4 137 | 4 188 | 4 239 | 4 290 | 4 341 |
| 2,30 | 3 916 | 3 967 | 4 019 | 4 070 | 4 122 | 4 173 | 4 225 | 4 276 | 4 328 | 4 379 |
| 32 | 3 950 | 4 002 | 4 054 | 4 105 | 4 157 | 4 209 | 4 261 | 4 313 | 4 365 | 4 417 |
| 34 | 3 984 | 4 036 | 4 088 | 4 141 | 4 193 | 4 246 | 4 298 | 4 351 | 4 403 | 4 455 |
| 36 | 4 018 | 4 071 | 4 123 | 4 176 | 4 229 | 4 282 | 4 335 | 4 388 | 4 441 | 4 493 |
| 38 | 4 052 | 4 105 | 4 158 | 4 212 | 4 265 | 4 318 | 4 372 | 4 425 | 4 478 | 4 532 |
| 2,40 | 4 086 | 4 140 | 4 193 | 4 247 | 4 301 | 4 355 | 4 408 | 4 462 | 4 516 | 4 570 |
| 42 | 4 120 | 4 174 | 4 228 | 4 282 | 4 337 | 4 391 | 4 445 | 4 499 | 4 553 | 4 608 |
| 44 | 4 154 | 4 209 | 4 263 | 4 318 | 4 372 | 4 427 | 4 482 | 4 536 | 4 591 | 4 646 |
| 46 | 4 188 | 4 243 | 4 298 | 4 353 | 4 408 | 4 463 | 4 519 | 4 574 | 4 629 | 4 684 |
| 48 | 4 222 | 4 278 | 4 333 | 4 389 | 4 444 | 4 500 | 4 555 | 4 611 | 4 666 | 4 722 |
| 2,50 | 4 256 | 4 312 | 4 368 | 4 424 | 4 480 | 4 536 | 4 592 | 4 648 | 4 704 | 4 760 |
| 52 | 4 290 | 4 346 | 4 403 | 4 459 | 4 516 | 4 572 | 4 629 | 4 685 | 4 742 | 4 798 |
| 54 | 4 324 | 4 381 | 4 438 | 4 495 | 4 552 | 4 609 | 4 665 | 4 722 | 4 779 | 4 836 |
| 56 | 4 358 | 4 415 | 4 473 | 4 530 | 4 588 | 4 645 | 4 703 | 4 760 | 4 817 | 4 874 |
| 58 | 4 392 | 4 450 | 4 508 | 4 566 | 4 623 | 4 681 | 4 739 | 4 797 | 4 855 | 4 912 |
| 2,60 | 4 426 | 4 484 | 4 543 | 4 601 | 4 659 | 4 717 | 4 776 | 4 834 | 4 892 | 4 950 |
| 62 | 4 460 | 4 519 | 4 578 | 4 636 | 4 695 | 4 754 | 4 812 | 4 871 | 4 930 | 4 988 |
| 64 | 4 494 | 4 553 | 4 613 | 4 672 | 4 731 | 4 790 | 4 849 | 4 908 | 4 967 | 5 027 |
| 66 | 4 528 | 4 588 | 4 648 | 4 707 | 4 767 | 4 826 | 4 886 | 4 945 | 5 005 | 5 065 |
| 68 | 4 562 | 4 622 | 4 682 | 4 743 | 4 803 | 4 863 | 4 923 | 4 983 | 5 043 | 5 103 |
| 2,70 | 4 596 | 4 657 | 4 717 | 4 778 | 4 838 | 4 899 | 4 959 | 5 020 | 5 080 | 5 141 |
| 72 | 4 631 | 4 691 | 4 752 | 4 813 | 4 874 | 4 935 | 4 996 | 5 057 | 5 118 | 5 179 |
| 74 | 4 665 | 4 726 | 4 787 | 4 849 | 4 910 | 4 971 | 5 033 | 5 094 | 5 156 | 5 217 |
| 76 | 4 699 | 4 760 | 4 822 | 4 884 | 4 946 | 5 008 | 5 070 | 5 131 | 5 193 | 5 255 |
| 78 | 4 733 | 4 795 | 4 857 | 4 919 | 4 982 | 5 044 | 5 106 | 5 169 | 5 231 | 5 293 |
| 2,80 | 4 767 | 4 829 | 4 893 | 4 955 | 5 018 | 5 080 | 5 143 | 5 206 | 5 268 | 5 331 |
| 82 | 4 801 | 4 864 | 4 927 | 4 990 | 5 053 | 5 117 | 5 180 | 5 243 | 5 306 | 5 369 |
| 84 | 4 835 | 4 898 | 4 962 | 5 026 | 5 089 | 5 153 | 5 217 | 5 280 | 5 344 | 5 407 |
| 86 | 4 869 | 4 933 | 4 997 | 5 061 | 5 125 | 5 189 | 5 253 | 5 317 | 5 381 | 5 445 |
| 88 | 4 903 | 4 967 | 5 032 | 5 096 | 5 161 | 5 225 | 5 290 | 5 354 | 5 419 | 5 484 |
| 2,90 | 4 937 | 5 002 | 5 067 | 5 132 | 5 197 | 5 262 | 5 327 | 5 392 | 5 457 | 5 522 |

## 197

Epaisseur : **1**ᵐ **12** centimètres

| LONGUEUR | LARGEUR | | | | | | | | | |
|---|---|---|---|---|---|---|---|---|---|---|
| | 1,72 | 1,74 | 1,76 | 1,78 | 1,80 | 1,82 | 1,84 | 1,86 | 1,88 | 1,90 |
| 1,72 | 3 313 | | | | | | | | | |
| 74 | 3 352 | 3 391 | | | | | | | | |
| 76 | 3 390 | 3 430 | 3 469 | | | | | | | |
| 78 | 3 429 | 3 469 | 3 509 | 3 549 | | | | | | |
| 1,80 | 3 468 | 3 508 | 3 548 | 3 588 | 3 629 | | | | | |
| 82 | 3 506 | 3 547 | 3 588 | 3 628 | 3 669 | 3 710 | | | | |
| 84 | 3 545 | 3 586 | 3 627 | 3 668 | 3 709 | 3 751 | 3 792 | | | |
| 86 | 3 583 | 3 625 | 3 666 | 3 708 | 3 750 | 3 791 | 3 833 | 3 875 | | |
| 88 | 3 622 | 3 664 | 3 706 | 3 748 | 3 790 | 3 832 | 3 874 | 3 916 | 3 959 | |
| 1,90 | 3 660 | 3 703 | 3 745 | 3 788 | 3 830 | 3 873 | 3 916 | 3 958 | 4 001 | 4 043 |
| 92 | 3 699 | 3 742 | 3 785 | 3 828 | 3 871 | 3 914 | 3 957 | 4 000 | 4 043 | 4 086 |
| 94 | 3 737 | 3 781 | 3 824 | 3 868 | 3 911 | 3 954 | 3 998 | 4 041 | 4 085 | 4 128 |
| 96 | 3 776 | 3 820 | 3 864 | 3 907 | 3 951 | 3 995 | 4 039 | 4 083 | 4 127 | 4 171 |
| 98 | 3 814 | 3 859 | 3 903 | 3 947 | 3 992 | 4 036 | 4 080 | 4 125 | 4 169 | 4 213 |
| 2,— | 3 853 | 3 898 | 3 942 | 3 987 | 4 032 | 4 077 | 4 122 | 4 166 | 4 211 | 4 256 |
| 02 | 3 891 | 3 937 | 3 982 | 4 027 | 4 072 | 4 118 | 4 163 | 4 208 | 4 253 | 4 299 |
| 04 | 3 930 | 3 976 | 4 021 | 4 067 | 4 113 | 4 158 | 4 204 | 4 250 | 4 295 | 4 341 |
| 06 | 3 968 | 4 015 | 4 061 | 4 107 | 4 153 | 4 199 | 4 245 | 4 291 | 4 338 | 4 384 |
| 08 | 4 007 | 4 054 | 4 100 | 4 147 | 4 193 | 4 240 | 4 286 | 4 333 | 4 380 | 4 426 |
| 2,10 | 4 045 | 4 092 | 4 140 | 4 187 | 4 234 | 4 281 | 4 328 | 4 375 | 4 422 | 4 469 |
| 12 | 4 084 | 4 131 | 4 179 | 4 226 | 4 274 | 4 321 | 4 369 | 4 416 | 4 464 | 4 511 |
| 14 | 4 122 | 4 170 | 4 218 | 4 266 | 4 314 | 4 362 | 4 410 | 4 458 | 4 506 | 4 554 |
| 16 | 4 161 | 4 209 | 4 258 | 4 306 | 4 355 | 4 403 | 4 451 | 4 500 | 4 548 | 4 596 |
| 18 | 4 200 | 4 248 | 4 297 | 4 346 | 4 395 | 4 444 | 4 493 | 4 541 | 4 590 | 4 639 |
| 2,20 | 4 238 | 4 287 | 4 337 | 4 386 | 4 435 | 4 484 | 4 534 | 4 583 | 4 632 | 4 682 |
| 22 | 4 277 | 4 326 | 4 376 | 4 426 | 4 476 | 4 525 | 4 575 | 4 625 | 4 674 | 4 724 |
| 24 | 4 315 | 4 365 | 4 415 | 4 466 | 4 516 | 4 566 | 4 616 | 4 666 | 4 717 | 4 767 |
| 26 | 4 354 | 4 404 | 4 455 | 4 506 | 4 556 | 4 607 | 4 657 | 4 708 | 4 759 | 4 809 |
| 28 | 4 392 | 4 443 | 4 494 | 4 545 | 4 596 | 4 648 | 4 699 | 4 750 | 4 801 | 4 852 |
| 2,30 | 4 431 | 4 482 | 4 534 | 4 585 | 4 637 | 4 688 | 4 740 | 4 791 | 4 843 | 4 894 |
| 32 | 4 469 | 4 521 | 4 573 | 4 625 | 4 677 | 4 729 | 4 781 | 4 833 | 4 885 | 4 937 |
| 34 | 4 508 | 4 560 | 4 613 | 4 665 | 4 717 | 4 770 | 4 822 | 4 875 | 4 927 | 4 980 |
| 36 | 4 546 | 4 599 | 4 652 | 4 705 | 4 758 | 4 811 | 4 863 | 4 916 | 4 969 | 5 022 |
| 38 | 4 585 | 4 638 | 4 691 | 4 745 | 4 798 | 4 851 | 4 905 | 4 958 | 5 011 | 5 065 |
| 2,40 | 4 623 | 4 677 | 4 731 | 4 785 | 4 838 | 4 892 | 4 946 | 5 000 | 5 053 | 5 107 |
| 42 | 4 662 | 4 716 | 4 770 | 4 825 | 4 879 | 4 933 | 4 987 | 5 041 | 5 096 | 5 150 |
| 44 | 4 700 | 4 755 | 4 810 | 4 864 | 4 919 | 4 974 | 5 028 | 5 083 | 5 138 | 5 192 |
| 46 | 4 739 | 4 794 | 4 849 | 4 904 | 4 959 | 5 014 | 5 070 | 5 125 | 5 180 | 5 235 |
| 48 | 4 777 | 4 833 | 4 889 | 4 944 | 5 000 | 5 055 | 5 111 | 5 166 | 5 222 | 5 277 |
| 2,50 | 4 816 | 4 872 | 4 928 | 4 984 | 5 040 | 5 096 | 5 152 | 5 208 | 5 264 | 5 320 |
| 52 | 4 855 | 4 911 | 4 967 | 5 024 | 5 080 | 5 137 | 5 193 | 5 250 | 5 306 | 5 363 |
| 54 | 4 893 | 4 950 | 5 007 | 5 064 | 5 121 | 5 178 | 5 234 | 5 291 | 5 348 | 5 405 |
| 56 | 4 932 | 4 989 | 5 046 | 5 104 | 5 161 | 5 218 | 5 276 | 5 333 | 5 390 | 5 448 |
| 58 | 4 970 | 5 028 | 5 086 | 5 143 | 5 201 | 5 259 | 5 317 | 5 375 | 5 432 | 5 490 |
| 2,60 | 5 009 | 5 067 | 5 125 | 5 183 | 5 242 | 5 300 | 5 358 | 5 416 | 5 475 | 5 533 |
| 62 | 5 047 | 5 106 | 5 165 | 5 223 | 5 282 | 5 341 | 5 399 | 5 458 | 5 517 | 5 575 |
| 64 | 5 086 | 5 145 | 5 204 | 5 263 | 5 322 | 5 381 | 5 441 | 5 500 | 5 559 | 5 618 |
| 66 | 5 124 | 5 184 | 5 243 | 5 303 | 5 363 | 5 422 | 5 482 | 5 541 | 5 601 | 5 660 |
| 68 | 5 163 | 5 223 | 5 283 | 5 343 | 5 403 | 5 463 | 5 523 | 5 583 | 5 643 | 5 703 |
| 2,70 | 5 201 | 5 262 | 5 322 | 5 383 | 5 443 | 5 504 | 5 564 | 5 625 | 5 685 | 5 746 |
| 72 | 5 240 | 5 301 | 5 362 | 5 423 | 5 484 | 5 544 | 5 605 | 5 666 | 5 727 | 5 788 |
| 74 | 5 278 | 5 340 | 5 401 | 5 462 | 5 524 | 5 585 | 5 647 | 5 708 | 5 769 | 5 831 |
| 76 | 5 317 | 5 379 | 5 441 | 5 502 | 5 564 | 5 626 | 5 688 | 5 750 | 5 811 | 5 873 |
| 78 | 5 355 | 5 418 | 5 480 | 5 542 | 5 604 | 5 667 | 5 729 | 5 791 | 5 854 | 5 916 |
| 2,80 | 5 394 | 5 457 | 5 519 | 5 582 | 5 645 | 5 708 | 5 770 | 5 833 | 5 896 | 5 958 |
| 82 | 5 432 | 5 496 | 5 559 | 5 622 | 5 685 | 5 748 | 5 811 | 5 875 | 5 938 | 6 001 |
| 84 | 5 471 | 5 535 | 5 598 | 5 662 | 5 725 | 5 789 | 5 853 | 5 916 | 5 980 | 6 044 |
| 86 | 5 510 | 5 574 | 5 638 | 5 702 | 5 766 | 5 830 | 5 894 | 5 958 | 6 022 | 6 086 |
| 88 | 5 548 | 5 613 | 5 677 | 5 742 | 5 806 | 5 871 | 5 935 | 6 000 | 6 064 | 6 129 |
| 2,90 | 5 587 | 5 652 | 5 716 | 5 781 | 5 846 | 5 911 | 5 976 | 6 041 | 6 106 | 6 171 |

Epaisseur : 1m 14 centimètres



| LONG. | FEUILLES | LARGEUR | | | | | | | | | |
|---|---|---|---|---|---|---|---|---|---|---|---|
| | | 1,14 | 1,16 | 1,18 | 1,20 | 1,22 | 1,24 | 1,26 | 1,28 | 1,30 | 1,32 |
| 1,14 | 1 185 | 1 482 | | | | | | | | | |
| 16 | 1 206 | 1 508 | 1 534 | | | | | | | | |
| 18 | 1 227 | 1 534 | 1 560 | 1 587 | | | | | | | |
| 1,20 | 1 248 | 1 560 | 1 587 | 1 614 | 1 642 | | | | | | |
| 22 | 1 268 | 1 586 | 1 613 | 1 641 | 1 669 | 1 697 | | | | | |
| 24 | 1 289 | 1 612 | 1 640 | 1 668 | 1 696 | 1 725 | 1 753 | | | | |
| 26 | 1 310 | 1 637 | 1 666 | 1 695 | 1 724 | 1 752 | 1 781 | 1 810 | | | |
| 28 | 1 331 | 1 663 | 1 693 | 1 722 | 1 751 | 1 780 | 1 809 | 1 839 | 1 868 | | |
| 1,30 | 1 352 | 1 689 | 1 719 | 1 749 | 1 778 | 1 808 | 1 838 | 1 867 | 1 897 | 1 927 | |
| 32 | 1 372 | 1 715 | 1 746 | 1 776 | 1 806 | 1 836 | 1 866 | 1 896 | 1 926 | 1 956 | 1 986 |
| 34 | 1 393 | 1 741 | 1 772 | 1 803 | 1 834 | 1 864 | 1 894 | 1 925 | 1 955 | 1 986 | 2 016 |
| 36 | 1 414 | 1 767 | 1 798 | 1 829 | 1 860 | 1 891 | 1 922 | 1 954 | 1 985 | 2 016 | 2 047 |
| 38 | 1 435 | 1 793 | 1 825 | 1 856 | 1 888 | 1 919 | 1 951 | 1 982 | 2 014 | 2 045 | 2 077 |
| 1,40 | 1 456 | 1 819 | 1 851 | 1 883 | 1 915 | 1 947 | 1 979 | 2 011 | 2 043 | 2 075 | 2 107 |
| 42 | 1 476 | 1 845 | 1 878 | 1 910 | 1 943 | 1 975 | 2 007 | 2 040 | 2 072 | 2 104 | 2 137 |
| 44 | 1 497 | 1 871 | 1 904 | 1 937 | 1 970 | 2 003 | 2 036 | 2 068 | 2 101 | 2 134 | 2 167 |
| 46 | 1 518 | 1 897 | 1 931 | 1 964 | 1 997 | 2 031 | 2 064 | 2 097 | 2 130 | 2 164 | 2 197 |
| 48 | 1 539 | 1 923 | 1 957 | 1 991 | 2 025 | 2 058 | 2 092 | 2 126 | 2 160 | 2 193 | 2 227 |
| 1,50 | 1 560 | 1 949 | 1 984 | 2 018 | 2 052 | 2 086 | 2 120 | 2 155 | 2 189 | 2 223 | 2 257 |
| 52 | 1 580 | 1 975 | 2 010 | 2 045 | 2 079 | 2 114 | 2 149 | 2 183 | 2 218 | 2 253 | 2 287 |
| 54 | 1 601 | 2 001 | 2 036 | 2 072 | 2 107 | 2 142 | 2 177 | 2 212 | 2 247 | 2 282 | 2 317 |
| 56 | 1 622 | 2 027 | 2 063 | 2 099 | 2 134 | 2 170 | 2 205 | 2 241 | 2 276 | 2 312 | 2 347 |
| 58 | 1 643 | 2 053 | 2 089 | 2 125 | 2 161 | 2 197 | 2 234 | 2 270 | 2 306 | 2 342 | 2 378 |
| 1,60 | 1 663 | 2 079 | 2 116 | 2 152 | 2 189 | 2 225 | 2 262 | 2 298 | 2 335 | 2 371 | 2 408 |
| 62 | 1 684 | 2 105 | 2 142 | 2 179 | 2 216 | 2 253 | 2 290 | 2 327 | 2 364 | 2 401 | 2 438 |
| 64 | 1 705 | 2 131 | 2 169 | 2 206 | 2 244 | 2 281 | 2 318 | 2 356 | 2 393 | 2 430 | 2 468 |
| 66 | 1 726 | 2 157 | 2 195 | 2 233 | 2 271 | 2 309 | 2 347 | 2 384 | 2 422 | 2 460 | 2 498 |
| 68 | 1 747 | 2 183 | 2 222 | 2 260 | 2 298 | 2 337 | 2 375 | 2 413 | 2 451 | 2 490 | 2 528 |
| 1,70 | 1 767 | 2 209 | 2 248 | 2 287 | 2 326 | 2 364 | 2 403 | 2 442 | 2 481 | 2 519 | 2 558 |
| 72 | 1 788 | 2 235 | 2 275 | 2 314 | 2 353 | 2 392 | 2 431 | 2 471 | 2 510 | 2 549 | 2 588 |
| 74 | 1 809 | 2 261 | 2 301 | 2 341 | 2 380 | 2 420 | 2 460 | 2 499 | 2 539 | 2 579 | 2 618 |
| 76 | 1 830 | 2 287 | 2 327 | 2 368 | 2 408 | 2 448 | 2 488 | 2 528 | 2 568 | 2 608 | 2 648 |
| 78 | 1 851 | 2 313 | 2 354 | 2 394 | 2 435 | 2 476 | 2 516 | 2 557 | 2 597 | 2 638 | 2 679 |
| 1,80 | 1 871 | 2 339 | 2 380 | 2 421 | 2 462 | 2 503 | 2 544 | 2 586 | 2 627 | 2 668 | 2 709 |
| 82 | 1 892 | 2 365 | 2 407 | 2 448 | 2 490 | 2 531 | 2 573 | 2 614 | 2 656 | 2 697 | 2 739 |
| 84 | 1 913 | 2 391 | 2 433 | 2 475 | 2 517 | 2 559 | 2 601 | 2 643 | 2 685 | 2 727 | 2 769 |
| 86 | 1 934 | 2 417 | 2 460 | 2 502 | 2 544 | 2 587 | 2 629 | 2 672 | 2 714 | 2 757 | 2 799 |
| 88 | 1 955 | 2 443 | 2 486 | 2 529 | 2 572 | 2 615 | 2 658 | 2 701 | 2 744 | 2 786 | 2 829 |
| 1,90 | 1 975 | 2 469 | 2 513 | 2 556 | 2 599 | 2 643 | 2 686 | 2 729 | 2 772 | 2 816 | 2 859 |
| 92 | 1 996 | 2 495 | 2 539 | 2 583 | 2 627 | 2 670 | 2 714 | 2 758 | 2 802 | 2 845 | 2 889 |
| 94 | 2 017 | 2 521 | 2 565 | 2 610 | 2 654 | 2 698 | 2 742 | 2 787 | 2 831 | 2 875 | 2 919 |
| 96 | 2 038 | 2 547 | 2 592 | 2 637 | 2 681 | 2 726 | 2 771 | 2 815 | 2 860 | 2 905 | 2 949 |
| 98 | 2 059 | 2 573 | 2 618 | 2 663 | 2 709 | 2 754 | 2 799 | 2 844 | 2 889 | 2 934 | 2 980 |
| 2,— | 2 079 | 2 599 | 2 645 | 2 690 | 2 736 | 2 782 | 2 827 | 2 873 | 2 918 | 2 964 | 3 010 |
| 02 | 2 100 | 2 625 | 2 671 | 2 717 | 2 763 | 2 809 | 2 855 | 2 902 | 2 948 | 2 994 | 3 040 |
| 04 | 2 121 | 2 651 | 2 698 | 2 744 | 2 790 | 2 837 | 2 884 | 2 930 | 2 977 | 3 023 | 3 070 |
| 06 | 2 142 | 2 677 | 2 724 | 2 771 | 2 818 | 2 865 | 2 912 | 2 959 | 3 006 | 3 053 | 3 100 |
| 08 | 2 163 | 2 703 | 2 750 | 2 798 | 2 845 | 2 893 | 2 940 | 2 988 | 3 035 | 3 083 | 3 130 |
| 2,10 | 2 183 | 2 729 | 2 777 | 2 825 | 2 873 | 2 921 | 2 969 | 3 016 | 3 064 | 3 112 | 3 160 |
| 12 | 2 204 | 2 755 | 2 803 | 2 852 | 2 900 | 2 948 | 2 997 | 3 045 | 3 094 | 3 142 | 3 190 |
| 14 | 2 225 | 2 781 | 2 830 | 2 879 | 2 928 | 2 976 | 3 025 | 3 074 | 3 123 | 3 171 | 3 220 |
| 16 | 2 246 | 2 807 | 2 856 | 2 906 | 2 955 | 3 004 | 3 053 | 3 103 | 3 152 | 3 201 | 3 250 |
| 18 | 2 267 | 2 833 | 2 883 | 2 933 | 2 982 | 3 032 | 3 082 | 3 131 | 3 181 | 3 231 | 3 280 |
| 2,20 | 2 287 | 2 859 | 2 909 | 2 959 | 3 010 | 3 060 | 3 110 | 3 160 | 3 210 | 3 260 | 3 311 |
| 22 | 2 308 | 2 885 | 2 936 | 2 986 | 3 037 | 3 088 | 3 138 | 3 189 | 3 239 | 3 290 | 3 341 |
| 24 | 2 329 | 2 911 | 2 962 | 3 013 | 3 064 | 3 115 | 3 166 | 3 218 | 3 269 | 3 320 | 3 371 |
| 26 | 2 350 | 2 937 | 2 989 | 3 040 | 3 092 | 3 143 | 3 195 | 3 246 | 3 298 | 3 349 | 3 401 |
| 28 | 2 370 | 2 963 | 3 015 | 3 067 | 3 119 | 3 171 | 3 223 | 3 275 | 3 327 | 3 379 | 3 431 |
| 2,30 | 2 391 | 2 989 | 3 042 | 3 094 | 3 146 | 3 199 | 3 251 | 3 304 | 3 356 | 3 409 | 3 461 |
| 32 | 2 412 | 3 015 | 3 068 | 3 121 | 3 174 | 3 227 | 3 280 | 3 332 | 3 385 | 3 438 | 3 491 |
| 34 | 2 433 | 3 041 | 3 094 | 3 148 | 3 201 | 3 254 | 3 308 | 3 361 | 3 415 | 3 468 | 3 521 |
| 36 | 2 454 | 3 067 | 3 121 | 3 175 | 3 228 | 3 282 | 3 336 | 3 390 | 3 444 | 3 498 | 3 551 |
| 38 | 2 474 | 3 093 | 3 147 | 3 202 | 3 256 | 3 310 | 3 364 | 3 419 | 3 473 | 3 527 | 3 581 |
| 2,40 | 2 495 | 3 119 | 3 174 | 3 228 | 3 283 | 3 338 | 3 393 | 3 447 | 3 502 | 3 557 | 3 611 |
| 42 | 2 515 | 3 145 | 3 200 | 3 255 | 3 311 | 3 366 | 3 421 | 3 476 | 3 531 | 3 586 | 3 642 |
| 44 | 2 536 | 3 171 | 3 227 | 3 282 | 3 338 | 3 394 | 3 449 | 3 505 | 3 560 | 3 616 | 3 672 |
| 46 | 2 557 | 3 197 | 3 253 | 3 309 | 3 365 | 3 421 | 3 477 | 3 534 | 3 590 | 3 646 | 3 702 |
| 48 | 2 578 | 3 223 | 3 280 | 3 336 | 3 393 | 3 449 | 3 506 | 3 562 | 3 619 | 3 675 | 3 732 |
| 2,50 | 2 599 | 3 249 | 3 306 | 3 363 | 3 420 | 3 477 | 3 534 | 3 591 | 3 648 | 3 705 | 3 762 |
| 52 | 2 620 | 3 275 | 3 332 | 3 390 | 3 447 | 3 505 | 3 562 | 3 620 | 3 677 | 3 735 | 3 792 |

Epaisseur : 1m 14 centimètres

1,



| LONGUEUR | LARGEUR | | | | | | | | | |
|---|---|---|---|---|---|---|---|---|---|---|
| | 1,34 | 1,36 | 1,38 | 1,40 | 1,42 | 1,44 | 1,46 | 1,48 | 1,50 | 1,52 |
| 1,34 | 2 047 | | | | | | | | | |
| 36 | 2 078 | 2 109 | | | | | | | | |
| 38 | 2 108 | 2 140 | 2 171 | | | | | | | |
| 1,40 | 2 139 | 2 171 | 2 202 | 2 234 | | | | | | |
| 42 | 2 169 | 2 202 | 2 234 | 2 266 | 2 299 | | | | | |
| 44 | 2 200 | 2 233 | 2 265 | 2 298 | 2 331 | 2 364 | | | | |
| 46 | 2 230 | 2 264 | 2 297 | 2 330 | 2 363 | 2 397 | 2 430 | | | |
| 48 | 2 261 | 2 295 | 2 328 | 2 362 | 2 396 | 2 430 | 2 463 | 2 497 | | |
| 1,50 | 2 291 | 2 326 | 2 360 | 2 394 | 2 428 | 2 462 | 2 497 | 2 531 | 2 565 | |
| 52 | 2 322 | 2 357 | 2 391 | 2 426 | 2 461 | 2 495 | 2 530 | 2 565 | 2 599 | 2 634 |
| 54 | 2 353 | 2 388 | 2 423 | 2 458 | 2 493 | 2 528 | 2 563 | 2 598 | 2 633 | 2 669 |
| 56 | 2 383 | 2 419 | 2 454 | 2 490 | 2 525 | 2 561 | 2 596 | 2 632 | 2 668 | 2 703 |
| 58 | 2 414 | 2 450 | 2 486 | 2 522 | 2 558 | 2 594 | 2 630 | 2 666 | 2 702 | 2 738 |
| 1,60 | 2 444 | 2 481 | 2 517 | 2 554 | 2 590 | 2 627 | 2 663 | 2 700 | 2 736 | 2 772 |
| 62 | 2 475 | 2 512 | 2 549 | 2 586 | 2 622 | 2 659 | 2 696 | 2 733 | 2 770 | 2 807 |
| 64 | 2 505 | 2 543 | 2 580 | 2 617 | 2 655 | 2 692 | 2 730 | 2 767 | 2 804 | 2 842 |
| 66 | 2 536 | 2 574 | 2 612 | 2 649 | 2 687 | 2 725 | 2 763 | 2 801 | 2 839 | 2 876 |
| 68 | 2 566 | 2 605 | 2 643 | 2 681 | 2 720 | 2 758 | 2 796 | 2 834 | 2 873 | 2 911 |
| 1,70 | 2 597 | 2 636 | 2 674 | 2 713 | 2 752 | 2 791 | 2 829 | 2 868 | 2 907 | 2 946 |
| 72 | 2 627 | 2 667 | 2 706 | 2 745 | 2 784 | 2 824 | 2 863 | 2 902 | 2 941 | 2 980 |
| 74 | 2 658 | 2 698 | 2 737 | 2 777 | 2 817 | 2 856 | 2 896 | 2 936 | 2 975 | 3 015 |
| 76 | 2 688 | 2 729 | 2 769 | 2 809 | 2 849 | 2 889 | 2 929 | 2 969 | 3 010 | 3 050 |
| 78 | 2 719 | 2 760 | 2 800 | 2 841 | 2 882 | 2 922 | 2 963 | 3 003 | 3 044 | 3 084 |
| 1,80 | 2 750 | 2 791 | 2 832 | 2 873 | 2 914 | 2 955 | 2 996 | 3 037 | 3 078 | 3 119 |
| 82 | 2 780 | 2 822 | 2 863 | 2 905 | 2 946 | 2 988 | 3 029 | 3 071 | 3 112 | 3 154 |
| 84 | 2 811 | 2 853 | 2 895 | 2 937 | 2 979 | 3 021 | 3 062 | 3 104 | 3 146 | 3 188 |
| 86 | 2 841 | 2 884 | 2 926 | 2 969 | 3 011 | 3 053 | 3 096 | 3 138 | 3 181 | 3 223 |
| 88 | 2 872 | 2 915 | 2 958 | 3 000 | 3 043 | 3 086 | 3 129 | 3 172 | 3 215 | 3 258 |
| 1,90 | 2 902 | 2 946 | 2 989 | 3 032 | 3 076 | 3 119 | 3 162 | 3 206 | 3 249 | 3 292 |
| 92 | 2 933 | 2 977 | 3 021 | 3 064 | 3 108 | 3 152 | 3 196 | 3 239 | 3 283 | 3 327 |
| 94 | 2 963 | 3 008 | 3 052 | 3 096 | 3 140 | 3 185 | 3 229 | 3 273 | 3 317 | 3 362 |
| 96 | 2 994 | 3 039 | 3 083 | 3 128 | 3 173 | 3 218 | 3 262 | 3 307 | 3 352 | 3 396 |
| 98 | 3 025 | 3 070 | 3 115 | 3 160 | 3 205 | 3 250 | 3 296 | 3 341 | 3 386 | 3 431 |
| 2,— | 3 055 | 3 101 | 3 146 | 3 192 | 3 238 | 3 283 | 3 329 | 3 371 | 3 420 | 3 466 |
| 02 | 3 086 | 3 132 | 3 178 | 3 224 | 3 270 | 3 316 | 3 362 | 3 408 | 3 454 | 3 500 |
| 04 | 3 116 | 3 163 | 3 209 | 3 256 | 3 302 | 3 349 | 3 395 | 3 442 | 3 488 | 3 535 |
| 06 | 3 147 | 3 194 | 3 241 | 3 288 | 3 335 | 3 382 | 3 429 | 3 476 | 3 523 | 3 570 |
| 08 | 3 177 | 3 225 | 3 272 | 3 320 | 3 367 | 3 415 | 3 462 | 3 509 | 3 557 | 3 601 |
| 2,10 | 3 208 | 3 256 | 3 304 | 3 352 | 3 399 | 3 447 | 3 495 | 3 543 | 3 591 | 3 639 |
| 12 | 3 239 | 3 287 | 3 335 | 3 384 | 3 432 | 3 480 | 3 529 | 3 577 | 3 625 | 3 674 |
| 14 | 3 269 | 3 318 | 3 367 | 3 415 | 3 464 | 3 513 | 3 562 | 3 611 | 3 659 | 3 708 |
| 16 | 3 300 | 3 349 | 3 398 | 3 447 | 3 497 | 3 546 | 3 595 | 3 644 | 3 694 | 3 743 |
| 18 | 3 330 | 3 380 | 3 430 | 3 479 | 3 529 | 3 579 | 3 628 | 3 678 | 3 728 | 3 778 |
| 2,20 | 3 361 | 3 411 | 3 461 | 3 511 | 3 561 | 3 612 | 3 662 | 3 712 | 3 762 | 3 812 |
| 22 | 3 391 | 3 442 | 3 493 | 3 543 | 3 594 | 3 644 | 3 695 | 3 746 | 3 796 | 3 847 |
| 24 | 3 422 | 3 473 | 3 524 | 3 575 | 3 626 | 3 677 | 3 728 | 3 779 | 3 830 | 3 881 |
| 26 | 3 452 | 3 504 | 3 555 | 3 607 | 3 658 | 3 710 | 3 762 | 3 813 | 3 865 | 3 916 |
| 28 | 3 483 | 3 535 | 3 587 | 3 639 | 3 691 | 3 743 | 3 795 | 3 847 | 3 899 | 3 951 |
| 2,30 | 3 513 | 3 566 | 3 618 | 3 671 | 3 723 | 3 776 | 3 828 | 3 881 | 3 933 | 3 985 |
| 32 | 3 544 | 3 597 | 3 650 | 3 703 | 3 756 | 3 809 | 3 861 | 3 914 | 3 967 | 4 020 |
| 34 | 3 575 | 3 628 | 3 681 | 3 735 | 3 788 | 3 841 | 3 895 | 3 948 | 4 001 | 4 055 |
| 36 | 3 605 | 3 659 | 3 713 | 3 767 | 3 820 | 3 874 | 3 928 | 3 982 | 4 036 | 4 089 |
| 38 | 3 636 | 3 690 | 3 744 | 3 798 | 3 853 | 3 907 | 3 961 | 4 016 | 4 070 | 4 124 |
| 2,40 | 3 666 | 3 721 | 3 776 | 3 830 | 3 885 | 3 940 | 3 995 | 4 049 | 4 104 | 4 159 |
| 42 | 3 697 | 3 752 | 3 807 | 3 862 | 3 917 | 3 973 | 4 028 | 4 083 | 4 138 | 4 193 |
| 44 | 3 727 | 3 783 | 3 839 | 3 894 | 3 950 | 4 006 | 4 061 | 4 117 | 4 172 | 4 228 |
| 46 | 3 758 | 3 814 | 3 870 | 3 926 | 3 982 | 4 038 | 4 094 | 4 151 | 4 207 | 4 263 |
| 48 | 3 788 | 3 845 | 3 902 | 3 958 | 4 015 | 4 071 | 4 128 | 4 184 | 4 241 | 4 297 |
| 2,50 | 3 819 | 3 876 | 3 933 | 3 990 | 4 047 | 4 104 | 4 161 | 4 218 | 4 275 | 4 332 |
| 52 | 3 850 | 3 907 | 3 964 | 4 022 | 4 079 | 4 137 | 4 194 | 4 252 | 4 309 | 4 367 |

Epaisseur : **1ᵐ 14** centimètres

| LONGUEUR | LARGEUR | | | | | | | | | | 900 |
|---|---|---|---|---|---|---|---|---|---|---|---|
| | 1,54 | 1,56 | 1,58 | 1,60 | 1,62 | 1,64 | 1,66 | 1,68 | 1,70 | 1,72 | |
| 1,54 | 2 701 | | | | | | | | | | |
| 56 | 2 739 | 2 774 | | | | | | | | | |
| 58 | 2 774 | 2 810 | 2 840 | | | | | | | | |
| 1,60 | 2 809 | 2 845 | 2 882 | 2 918 | | | | | | | |
| 62 | 2 844 | 2 881 | 2 918 | 2 955 | 2 992 | | | | | | |
| 64 | 2 879 | 2 917 | 2 954 | 2 991 | 3 029 | 3 066 | | | | | |
| 66 | 2 914 | 2 952 | 2 990 | 3 028 | 3 066 | 3 104 | 3 141 | | | | |
| 68 | 2 949 | 2 988 | 3 026 | 3 064 | 3 103 | 3 141 | 3 179 | 3 218 | | | |
| 1,70 | 2 985 | 3 023 | 3 062 | 3 101 | 3 140 | 3 178 | 3 217 | 3 256 | 3 295 | | |
| 72 | 3 020 | 3 059 | 3 098 | 3 137 | 3 176 | 3 216 | 3 255 | 3 294 | 3 333 | 3 373 | |
| 74 | 3 055 | 3 094 | 3 134 | 3 174 | 3 213 | 3 253 | 3 293 | 3 332 | 3 372 | 3 412 | |
| 76 | 3 090 | 3 130 | 3 170 | 3 210 | 3 250 | 3 290 | 3 331 | 3 371 | 3 411 | 3 451 | |
| 78 | 3 125 | 3 166 | 3 206 | 3 247 | 3 287 | 3 328 | 3 368 | 3 409 | 3 450 | 3 490 | |
| 1,80 | 3 160 | 3 201 | 3 242 | 3 283 | 3 324 | 3 365 | 3 406 | 3 447 | 3 488 | 3 529 | |
| 82 | 3 195 | 3 237 | 3 278 | 3 320 | 3 361 | 3 403 | 3 444 | 3 486 | 3 527 | 3 569 | |
| 84 | 3 230 | 3 272 | 3 314 | 3 356 | 3 398 | 3 440 | 3 482 | 3 524 | 3 566 | 3 608 | |
| 86 | 3 265 | 3 308 | 3 350 | 3 393 | 3 435 | 3 477 | 3 520 | 3 562 | 3 605 | 3 647 | |
| 88 | 3 301 | 3 343 | 3 386 | 3 429 | 3 472 | 3 515 | 3 558 | 3 601 | 3 643 | 3 686 | |
| 1,90 | 3 336 | 3 379 | 3 422 | 3 466 | 3 509 | 3 552 | 3 596 | 3 639 | 3 682 | 3 726 | |
| 92 | 3 371 | 3 415 | 3 458 | 3 502 | 3 546 | 3 590 | 3 633 | 3 677 | 3 721 | 3 765 | |
| 94 | 3 406 | 3 450 | 3 494 | 3 539 | 3 583 | 3 627 | 3 671 | 3 715 | 3 760 | 3 804 | |
| 96 | 3 441 | 3 486 | 3 530 | 3 575 | 3 620 | 3 664 | 3 709 | 3 754 | 3 798 | 3 843 | |
| 98 | 3 476 | 3 521 | 3 566 | 3 612 | 3 657 | 3 702 | 3 747 | 3 792 | 3 837 | 3 882 | |
| 2,— | 3 511 | 3 557 | 3 602 | 3 648 | 3 694 | 3 739 | 3 785 | 3 830 | 3 876 | 3 922 | |
| 02 | 3 546 | 3 592 | 3 638 | 3 684 | 3 731 | 3 777 | 3 823 | 3 869 | 3 915 | 3 961 | |
| 04 | 3 581 | 3 628 | 3 674 | 3 721 | 3 767 | 3 814 | 3 860 | 3 907 | 3 954 | 4 000 | |
| 06 | 3 617 | 3 664 | 3 710 | 3 757 | 3 804 | 3 851 | 3 898 | 3 945 | 3 992 | 4 039 | |
| 08 | 3 652 | 3 699 | 3 746 | 3 794 | 3 841 | 3 889 | 3 936 | 3 984 | 4 031 | 4 078 | |
| 2,10 | 3 687 | 3 735 | 3 783 | 3 830 | 3 878 | 3 926 | 3 974 | 4 022 | 4 070 | 4 118 | |
| 12 | 3 722 | 3 770 | 3 819 | 3 867 | 3 915 | 3 964 | 4 012 | 4 060 | 4 109 | 4 157 | |
| 14 | 3 757 | 3 806 | 3 855 | 3 903 | 3 952 | 4 001 | 4 050 | 4 099 | 4 147 | 4 196 | |
| 16 | 3 792 | 3 841 | 3 891 | 3 940 | 3 989 | 4 038 | 4 088 | 4 137 | 4 186 | 4 235 | |
| 18 | 3 827 | 3 877 | 3 927 | 3 976 | 4 026 | 4 076 | 4 125 | 4 175 | 4 225 | 4 275 | |
| 2,20 | 3 862 | 3 912 | 3 963 | 4 013 | 4 063 | 4 113 | 4 163 | 4 213 | 4 264 | 4 314 | |
| 22 | 3 897 | 3 948 | 3 999 | 4 049 | 4 100 | 4 151 | 4 201 | 4 252 | 4 302 | 4 353 | |
| 24 | 3 933 | 3 984 | 4 035 | 4 086 | 4 137 | 4 188 | 4 239 | 4 290 | 4 341 | 4 392 | |
| 26 | 3 968 | 4 019 | 4 071 | 4 122 | 4 174 | 4 225 | 4 277 | 4 328 | 4 380 | 4 431 | |
| 28 | 4 003 | 4 055 | 4 107 | 4 159 | 4 211 | 4 263 | 4 315 | 4 367 | 4 419 | 4 471 | |
| 2,30 | 4 038 | 4 090 | 4 143 | 4 195 | 4 248 | 4 300 | 4 353 | 4 405 | 4 457 | 4 510 | |
| 32 | 4 073 | 4 126 | 4 179 | 4 232 | 4 285 | 4 337 | 4 390 | 4 443 | 4 496 | 4 549 | |
| 34 | 4 108 | 4 161 | 4 215 | 4 268 | 4 322 | 4 375 | 4 428 | 4 482 | 4 535 | 4 588 | |
| 36 | 4 143 | 4 197 | 4 251 | 4 305 | 4 358 | 4 412 | 4 466 | 4 520 | 4 573 | 4 627 | |
| 38 | 4 178 | 4 233 | 4 287 | 4 341 | 4 395 | 4 450 | 4 504 | 4 558 | 4 612 | 4 667 | |
| 2,40 | 4 213 | 4 268 | 4 323 | 4 378 | 4 432 | 4 487 | 4 542 | 4 596 | 4 651 | 4 706 | |
| 42 | 4 249 | 4 304 | 4 359 | 4 414 | 4 469 | 4 524 | 4 580 | 4 635 | 4 690 | 4 745 | |
| 44 | 4 284 | 4 339 | 4 395 | 4 451 | 4 506 | 4 562 | 4 617 | 4 673 | 4 729 | 4 784 | |
| 46 | 4 319 | 4 375 | 4 431 | 4 487 | 4 543 | 4 599 | 4 655 | 4 711 | 4 767 | 4 824 | |
| 48 | 4 354 | 4 410 | 4 467 | 4 524 | 4 580 | 4 637 | 4 693 | 4 750 | 4 806 | 4 863 | |
| 2,50 | 4 389 | 4 446 | 4 503 | 4 560 | 4 617 | 4 674 | 4 731 | 4 788 | 4 845 | 4 902 | |
| 52 | 4 424 | 4 482 | 4 539 | 4 596 | 4 654 | 4 711 | 4 769 | 4 826 | 4 884 | 4 941 | |
| 54 | 4 459 | 4 517 | 4 575 | 4 633 | 4 691 | 4 749 | 4 807 | 4 865 | 4 923 | 4 980 | |
| 56 | 4 494 | 4 553 | 4 611 | 4 669 | 4 728 | 4 786 | 4 845 | 4 903 | 4 961 | 5 020 | |
| 58 | 4 529 | 4 588 | 4 647 | 4 706 | 4 765 | 4 824 | 4 882 | 4 941 | 5 000 | 5 059 | |
| 2,60 | 4 565 | 4 624 | 4 683 | 4 742 | 4 802 | 4 861 | 4 920 | 4 980 | 5 039 | 5 098 | |
| 62 | 4 600 | 4 659 | 4 719 | 4 779 | 4 839 | 4 898 | 4 958 | 5 018 | 5 078 | 5 137 | |
| 64 | 4 635 | 4 695 | 4 755 | 4 815 | 4 876 | 4 936 | 4 996 | 5 056 | 5 116 | 5 177 | |
| 66 | 4 670 | 4 731 | 4 791 | 4 852 | 4 912 | 4 973 | 5 034 | 5 094 | 5 155 | 5 216 | |
| 68 | 4 705 | 4 766 | 4 827 | 4 888 | 4 949 | 5 011 | 5 072 | 5 133 | 5 194 | 5 255 | |
| 2,70 | 4 740 | 4 802 | 4 863 | 4 925 | 4 986 | 5 048 | 5 109 | 5 171 | 5 233 | 5 294 | |
| 72 | 4 775 | 4 837 | 4 899 | 4 961 | 5 023 | 5 085 | 5 147 | 5 209 | 5 271 | 5 333 | |
| 74 | 4 810 | 4 873 | 4 935 | 4 998 | 5 060 | 5 123 | 5 185 | 5 248 | 5 310 | 5 373 | |
| 76 | 4 845 | 4 908 | 4 971 | 5 034 | 5 097 | 5 160 | 5 223 | 5 286 | 5 349 | 5 412 | |
| 78 | 4 881 | 4 944 | 5 007 | 5 071 | 5 134 | 5 197 | 5 261 | 5 324 | 5 388 | 5 451 | |
| 2,80 | 4 916 | 4 980 | 5 043 | 5 107 | 5 171 | 5 235 | 5 299 | 5 363 | 5 426 | 5 490 | |
| 82 | 4 951 | 5 015 | 5 079 | 5 144 | 5 208 | 5 273 | 5 337 | 5 401 | 5 465 | 5 529 | |
| 84 | 4 986 | 5 051 | 5 115 | 5 180 | 5 245 | 5 310 | 5 374 | 5 439 | 5 504 | 5 569 | |
| 86 | 5 021 | 5 086 | 5 151 | 5 217 | 5 282 | 5 347 | 5 412 | 5 477 | 5 543 | 5 608 | |
| 88 | 5 056 | 5 122 | 5 187 | 5 253 | 5 319 | 5 384 | 5 450 | 5 516 | 5 581 | 5 647 | |
| 2,90 | 5 091 | 5 157 | 5 223 | 5 290 | 5 356 | 5 422 | 5 488 | 5 554 | 5 620 | 5 686 | |
| 92 | 5 126 | 5 193 | 5 260 | 5 326 | 5 393 | 5 459 | 5 526 | 5 592 | 5 659 | 5 726 | |



Epaisseur : **1ᵐ 14** centimètres

| LONGUEUR | LARGEUR | | | | | | | | | | 901 |
|---|---|---|---|---|---|---|---|---|---|---|---|
| | 1,74 | 1,76 | 1,78 | 1,80 | 1,82 | 1,84 | 1,86 | 1,88 | 1,90 | 1,92 | |
| 1,74 | 3 451 | | | | | | | | | | |
| 76 | 3 491 | 3 531 | | | | | | | | | |
| 78 | 3 531 | 3 571 | 3 612 | | | | | | | | |
| 1,80 | 3 570 | 3 612 | 3 653 | 3 694 | | | | | | | |
| 82 | 3 610 | 3 652 | 3 693 | 3 735 | 3 776 | | | | | | |
| 84 | 3 650 | 3 692 | 3 734 | 3 776 | 3 818 | 3 860 | | | | | |
| 86 | 3 689 | 3 732 | 3 774 | 3 817 | 3 859 | 3 902 | 3 944 | | | | |
| 88 | 3 729 | 3 772 | 3 815 | 3 858 | 3 901 | 3 943 | 3 986 | 4 029 | | | |
| 1,90 | 3 769 | 3 812 | 3 855 | 3 899 | 3 942 | 3 985 | 4 029 | 4 072 | 4 115 | | |
| 92 | 3 809 | 3 852 | 3 896 | 3 940 | 3 984 | 4 027 | 4 071 | 4 115 | 4 159 | 4 202 | |
| 94 | 3 848 | 3 892 | 3 937 | 3 981 | 4 025 | 4 069 | 4 114 | 4 158 | 4 202 | 4 246 | |
| 96 | 3 888 | 3 933 | 3 977 | 4 022 | 4 067 | 4 111 | 4 156 | 4 201 | 4 245 | 4 290 | |
| 98 | 3 928 | 3 973 | 4 018 | 4 063 | 4 108 | 4 153 | 4 198 | 4 244 | 4 289 | 4 334 | |
| 2,— | 3 967 | 4 013 | 4 058 | 4 104 | 4 150 | 4 195 | 4 241 | 4 286 | 4 332 | 4 378 | |
| 02 | 4 007 | 4 053 | 4 099 | 4 145 | 4 191 | 4 237 | 4 283 | 4 329 | 4 375 | 4 421 | |
| 04 | 4 047 | 4 093 | 4 140 | 4 186 | 4 233 | 4 279 | 4 326 | 4 372 | 4 419 | 4 465 | |
| 06 | 4 086 | 4 133 | 4 180 | 4 227 | 4 274 | 4 321 | 4 368 | 4 415 | 4 462 | 4 509 | |
| 08 | 4 126 | 4 173 | 4 221 | 4 268 | 4 316 | 4 363 | 4 410 | 4 458 | 4 505 | 4 553 | |
| 2,10 | 4 166 | 4 213 | 4 261 | 4 309 | 4 357 | 4 405 | 4 453 | 4 501 | 4 549 | 4 596 | |
| 12 | 4 205 | 4 254 | 4 302 | 4 350 | 4 399 | 4 447 | 4 495 | 4 544 | 4 592 | 4 640 | |
| 14 | 4 245 | 4 294 | 4 342 | 4 391 | 4 440 | 4 489 | 4 538 | 4 586 | 4 635 | 4 684 | |
| 16 | 4 285 | 4 334 | 4 383 | 4 432 | 4 482 | 4 531 | 4 580 | 4 629 | 4 679 | 4 728 | |
| 18 | 4 324 | 4 374 | 4 424 | 4 473 | 4 523 | 4 573 | 4 622 | 4 672 | 4 722 | 4 772 | |
| 2,20 | 4 364 | 4 414 | 4 464 | 4 514 | 4 565 | 4 615 | 4 665 | 4 715 | 4 765 | 4 815 | |
| 22 | 4 404 | 4 454 | 4 505 | 4 555 | 4 606 | 4 657 | 4 707 | 4 758 | 4 809 | 4 859 | |
| 24 | 4 443 | 4 494 | 4 545 | 4 596 | 4 648 | 4 699 | 4 750 | 4 801 | 4 852 | 4 903 | |
| 26 | 4 483 | 4 534 | 4 586 | 4 638 | 4 689 | 4 741 | 4 792 | 4 844 | 4 895 | 4 947 | |
| 28 | 4 523 | 4 575 | 4 627 | 4 679 | 4 731 | 4 783 | 4 835 | 4 886 | 4 938 | 4 990 | |
| 2,30 | 4 562 | 4 615 | 4 667 | 4 720 | 4 772 | 4 824 | 4 877 | 4 929 | 4 982 | 5 034 | |
| 32 | 4 602 | 4 655 | 4 708 | 4 761 | 4 814 | 4 866 | 4 919 | 4 972 | 5 025 | 5 078 | |
| 34 | 4 642 | 4 695 | 4 748 | 4 802 | 4 855 | 4 908 | 4 962 | 5 015 | 5 068 | 5 122 | |
| 36 | 4 681 | 4 735 | 4 789 | 4 843 | 4 897 | 4 950 | 5 004 | 5 058 | 5 112 | 5 166 | |
| 38 | 4 721 | 4 775 | 4 829 | 4 884 | 4 938 | 4 992 | 5 047 | 5 101 | 5 155 | 5 209 | |
| 2,40 | 4 761 | 4 815 | 4 870 | 4 925 | 4 980 | 5 034 | 5 089 | 5 144 | 5 198 | 5 253 | |
| 42 | 4 800 | 4 855 | 4 911 | 4 966 | 5 021 | 5 076 | 5 131 | 5 187 | 5 242 | 5 297 | |
| 44 | 4 840 | 4 896 | 4 951 | 5 007 | 5 063 | 5 118 | 5 174 | 5 229 | 5 285 | 5 341 | |
| 46 | 4 880 | 4 936 | 4 992 | 5 048 | 5 104 | 5 160 | 5 216 | 5 272 | 5 328 | 5 384 | |
| 48 | 4 919 | 4 976 | 5 032 | 5 089 | 5 146 | 5 202 | 5 259 | 5 315 | 5 372 | 5 428 | |
| 2,50 | 4 959 | 5 016 | 5 073 | 5 130 | 5 187 | 5 244 | 5 301 | 5 358 | 5 415 | 5 472 | |
| 52 | 4 999 | 5 056 | 5 114 | 5 171 | 5 228 | 5 286 | 5 343 | 5 401 | 5 458 | 5 516 | |
| 54 | 5 038 | 5 096 | 5 154 | 5 212 | 5 270 | 5 328 | 5 386 | 5 444 | 5 502 | 5 560 | |
| 56 | 5 078 | 5 136 | 5 195 | 5 253 | 5 311 | 5 370 | 5 428 | 5 487 | 5 545 | 5 603 | |
| 58 | 5 118 | 5 177 | 5 235 | 5 294 | 5 353 | 5 412 | 5 471 | 5 529 | 5 588 | 5 647 | |
| 2,60 | 5 157 | 5 217 | 5 276 | 5 335 | 5 394 | 5 454 | 5 513 | 5 572 | 5 632 | 5 691 | |
| 62 | 5 197 | 5 257 | 5 317 | 5 376 | 5 436 | 5 496 | 5 555 | 5 615 | 5 675 | 5 735 | |
| 64 | 5 237 | 5 297 | 5 357 | 5 417 | 5 477 | 5 538 | 5 598 | 5 658 | 5 718 | 5 778 | |
| 66 | 5 276 | 5 337 | 5 398 | 5 458 | 5 519 | 5 580 | 5 640 | 5 701 | 5 762 | 5 822 | |
| 68 | 5 316 | 5 377 | 5 438 | 5 499 | 5 560 | 5 622 | 5 683 | 5 744 | 5 805 | 5 866 | |
| 2,70 | 5 356 | 5 417 | 5 478 | 5 540 | 5 602 | 5 664 | 5 725 | 5 787 | 5 848 | 5 910 | |
| 72 | 5 395 | 5 457 | 5 519 | 5 581 | 5 643 | 5 705 | 5 767 | 5 830 | 5 892 | 5 954 | |
| 74 | 5 435 | 5 498 | 5 560 | 5 622 | 5 685 | 5 747 | 5 810 | 5 872 | 5 935 | 5 997 | |
| 76 | 5 475 | 5 538 | 5 601 | 5 664 | 5 726 | 5 789 | 5 852 | 5 915 | 5 978 | 6 041 | |
| 78 | 5 514 | 5 578 | 5 641 | 5 705 | 5 768 | 5 831 | 5 895 | 5 958 | 6 021 | 6 085 | |
| 2,80 | 5 554 | 5 618 | 5 682 | 5 746 | 5 809 | 5 873 | 5 937 | 6 001 | 6 065 | 6 129 | |
| 82 | 5 594 | 5 658 | 5 722 | 5 787 | 5 851 | 5 915 | 5 980 | 6 044 | 6 108 | 6 172 | |
| 84 | 5 633 | 5 698 | 5 763 | 5 828 | 5 892 | 5 957 | 6 022 | 6 087 | 6 151 | 6 216 | |
| 86 | 5 673 | 5 738 | 5 804 | 5 869 | 5 934 | 5 999 | 6 064 | 6 130 | 6 195 | 6 260 | |
| 88 | 5 713 | 5 778 | 5 844 | 5 910 | 5 975 | 6 041 | 6 107 | 6 172 | 6 238 | 6 304 | |
| 2,90 | 5 752 | 5 819 | 5 885 | 5 951 | 6 017 | 6 083 | 6 149 | 6 215 | 6 281 | 6 348 | |
| 92 | 5 792 | 5 859 | 5 925 | 5 992 | 6 058 | 6 125 | 6 192 | 6 258 | 6 325 | 6 391 | |

| LONGr | FEUILLES | 1,16 | 1,18 | 1,20 | 1,22 | 1,24 | 1,26 | 1,28 | 1,30 | 1,32 | 1,34 |
|---|---|---|---|---|---|---|---|---|---|---|---|
| **1,16** | 1 249 | 1 561 | | | | | | | | | |
| 18 | 1 270 | 1 588 | 1 615 | | | | | | | | |
| **1,20** | 1 292 | 1 615 | 1 643 | 1 670 | | | | | | | |
| 22 | 1 313 | 1 642 | 1 670 | 1 698 | 1 727 | | | | | | |
| 24 | 1 335 | 1 669 | 1 697 | 1 726 | 1 755 | 1 784 | | | | | |
| 26 | 1 356 | 1 695 | 1 725 | 1 754 | 1 783 | 1 812 | 1 842 | | | | |
| 28 | 1 378 | 1 722 | 1 752 | 1 782 | 1 811 | 1 841 | 1 871 | 1 901 | | | |
| **1,30** | 1 399 | 1 749 | 1 779 | 1 810 | 1 840 | 1 870 | 1 900 | 1 930 | 1 960 | | |
| 32 | 1 421 | 1 776 | 1 807 | 1 837 | 1 868 | 1 899 | 1 929 | 1 960 | 1 991 | 2 021 | |
| 34 | 1 443 | 1 803 | 1 834 | 1 865 | 1 896 | 1 927 | 1 959 | 1 990 | 2 021 | 2 052 | 2 083 |
| 36 | 1 464 | 1 830 | 1 862 | 1 893 | 1 925 | 1 956 | 1 988 | 2 019 | 2 051 | 2 082 | 2 114 |
| 38 | 1 486 | 1 857 | 1 889 | 1 921 | 1 953 | 1 985 | 2 017 | 2 049 | 2 081 | 2 113 | 2 145 |
| **1,40** | 1 507 | 1 884 | 1 916 | 1 949 | 1 981 | 2 014 | 2 046 | 2 079 | 2 111 | 2 144 | 2 176 |
| 42 | 1 529 | 1 911 | 1 944 | 1 977 | 2 010 | 2 043 | 2 075 | 2 108 | 2 141 | 2 174 | 2 207 |
| 44 | 1 550 | 1 938 | 1 971 | 2 004 | 2 038 | 2 071 | 2 105 | 2 138 | 2 172 | 2 205 | 2 238 |
| 46 | 1 572 | 1 965 | 1 998 | 2 032 | 2 066 | 2 100 | 2 134 | 2 168 | 2 202 | 2 236 | 2 269 |
| 48 | 1 593 | 1 991 | 2 026 | 2 060 | 2 094 | 2 129 | 2 163 | 2 198 | 2 232 | 2 266 | 2 301 |
| **1,50** | 1 615 | 2 018 | 2 053 | 2 088 | 2 123 | 2 158 | 2 192 | 2 227 | 2 262 | 2 297 | 2 331 |
| 52 | 1 636 | 2 045 | 2 081 | 2 116 | 2 151 | 2 186 | 2 222 | 2 257 | 2 292 | 2 327 | 2 363 |
| 54 | 1 658 | 2 072 | 2 108 | 2 144 | 2 179 | 2 215 | 2 251 | 2 287 | 2 322 | 2 358 | 2 394 |
| 56 | 1 679 | 2 099 | 2 135 | 2 172 | 2 208 | 2 245 | 2 280 | 2 316 | 2 352 | 2 389 | 2 425 |
| 58 | 1 701 | 2 126 | 2 163 | 2 199 | 2 236 | 2 273 | 2 309 | 2 346 | 2 383 | 2 419 | 2 456 |
| **1,60** | 1 722 | 2 153 | 2 190 | 2 227 | 2 264 | 2 301 | 2 339 | 2 376 | 2 413 | 2 450 | 2 487 |
| 62 | 1 744 | 2 180 | 2 217 | 2 255 | 2 293 | 2 330 | 2 368 | 2 405 | 2 443 | 2 481 | 2 518 |
| 64 | 1 765 | 2 207 | 2 245 | 2 283 | 2 321 | 2 359 | 2 397 | 2 435 | 2 473 | 2 511 | 2 549 |
| 66 | 1 787 | 2 234 | 2 272 | 2 311 | 2 349 | 2 388 | 2 426 | 2 465 | 2 503 | 2 542 | 2 580 |
| 68 | 1 808 | 2 261 | 2 300 | 2 339 | 2 378 | 2 417 | 2 455 | 2 494 | 2 533 | 2 572 | 2 611 |
| **1,70** | 1 830 | 2 288 | 2 327 | 2 366 | 2 406 | 2 445 | 2 485 | 2 524 | 2 564 | 2 603 | 2 642 |
| 72 | 1 852 | 2 314 | 2 354 | 2 394 | 2 434 | 2 474 | 2 514 | 2 554 | 2 594 | 2 634 | 2 674 |
| 74 | 1 873 | 2 341 | 2 382 | 2 422 | 2 462 | 2 503 | 2 543 | 2 584 | 2 624 | 2 664 | 2 705 |
| 76 | 1 895 | 2 368 | 2 409 | 2 450 | 2 491 | 2 532 | 2 572 | 2 613 | 2 654 | 2 695 | 2 736 |
| 78 | 1 916 | 2 395 | 2 436 | 2 478 | 2 519 | 2 560 | 2 602 | 2 643 | 2 684 | 2 726 | 2 767 |
| **1,80** | 1 938 | 2 422 | 2 464 | 2 506 | 2 547 | 2 589 | 2 631 | 2 673 | 2 714 | 2 756 | 2 798 |
| 82 | 1 959 | 2 449 | 2 491 | 2 533 | 2 576 | 2 618 | 2 660 | 2 702 | 2 745 | 2 787 | 2 829 |
| 84 | 1 981 | 2 476 | 2 519 | 2 561 | 2 604 | 2 647 | 2 689 | 2 732 | 2 775 | 2 817 | 2 860 |
| 86 | 2 002 | 2 503 | 2 546 | 2 589 | 2 632 | 2 675 | 2 718 | 2 762 | 2 805 | 2 848 | 2 891 |
| 88 | 2 024 | 2 530 | 2 573 | 2 617 | 2 660 | 2 704 | 2 748 | 2 791 | 2 835 | 2 879 | 2 922 |
| **1,90** | 2 045 | 2 557 | 2 601 | 2 645 | 2 689 | 2 733 | 2 777 | 2 821 | 2 865 | 2 909 | 2 953 |
| 92 | 2 067 | 2 584 | 2 628 | 2 673 | 2 717 | 2 762 | 2 806 | 2 851 | 2 895 | 2 940 | 2 984 |
| 94 | 2 088 | 2 610 | 2 655 | 2 700 | 2 745 | 2 790 | 2 835 | 2 881 | 2 926 | 2 971 | 3 016 |
| 96 | 2 110 | 2 637 | 2 683 | 2 728 | 2 773 | 2 819 | 2 865 | 2 910 | 2 956 | 3 001 | 3 047 |
| 98 | 2 131 | 2 664 | 2 710 | 2 756 | 2 802 | 2 848 | 2 894 | 2 940 | 2 986 | 3 032 | 3 078 |
| **2,—** | 2 153 | 2 691 | 2 738 | 2 784 | 2 830 | 2 877 | 2 923 | 2 970 | 3 016 | 3 062 | 3 109 |
| 02 | 2 174 | 2 718 | 2 765 | 2 812 | 2 859 | 2 906 | 2 952 | 2 999 | 3 046 | 3 093 | 3 140 |
| 04 | 2 196 | 2 745 | 2 792 | 2 840 | 2 887 | 2 934 | 2 982 | 3 029 | 3 076 | 3 124 | 3 171 |
| 06 | 2 218 | 2 772 | 2 820 | 2 868 | 2 915 | 2 963 | 3 011 | 3 059 | 3 106 | 3 154 | 3 202 |
| 08 | 2 239 | 2 799 | 2 847 | 2 895 | 2 943 | 2 992 | 3 040 | 3 088 | 3 137 | 3 185 | 3 233 |
| **2,10** | 2 261 | 2 826 | 2 874 | 2 923 | 2 972 | 3 021 | 3 069 | 3 118 | 3 167 | 3 216 | 3 264 |
| 12 | 2 282 | 2 853 | 2 902 | 2 951 | 3 000 | 3 049 | 3 099 | 3 148 | 3 197 | 3 246 | 3 295 |
| 14 | 2 304 | 2 880 | 2 929 | 2 979 | 3 029 | 3 078 | 3 128 | 3 177 | 3 227 | 3 277 | 3 326 |
| 16 | 2 325 | 2 906 | 2 957 | 3 007 | 3 057 | 3 107 | 3 157 | 3 207 | 3 257 | 3 307 | 3 358 |
| 18 | 2 347 | 2 933 | 2 984 | 3 035 | 3 085 | 3 136 | 3 186 | 3 237 | 3 287 | 3 338 | 3 389 |
| **2,20** | 2 368 | 2 960 | 3 011 | 3 062 | 3 113 | 3 164 | 3 216 | 3 267 | 3 318 | 3 369 | 3 420 |
| 22 | 2 390 | 2 987 | 3 039 | 3 090 | 3 142 | 3 193 | 3 245 | 3 296 | 3 348 | 3 399 | 3 451 |
| 24 | 2 411 | 3 014 | 3 066 | 3 118 | 3 170 | 3 222 | 3 274 | 3 326 | 3 378 | 3 430 | 3 482 |
| 26 | 2 433 | 3 041 | 3 094 | 3 146 | 3 198 | 3 251 | 3 303 | 3 356 | 3 408 | 3 461 | 3 513 |
| 28 | 2 454 | 3 068 | 3 121 | 3 174 | 3 227 | 3 280 | 3 332 | 3 385 | 3 438 | 3 491 | 3 544 |
| **2,30** | 2 476 | 3 095 | 3 148 | 3 202 | 3 255 | 3 308 | 3 362 | 3 415 | 3 468 | 3 522 | 3 575 |
| 32 | 2 497 | 3 122 | 3 176 | 3 229 | 3 283 | 3 337 | 3 391 | 3 445 | 3 499 | 3 552 | 3 606 |
| 34 | 2 519 | 3 149 | 3 203 | 3 257 | 3 312 | 3 366 | 3 420 | 3 474 | 3 529 | 3 583 | 3 637 |
| 36 | 2 540 | 3 176 | 3 230 | 3 285 | 3 340 | 3 395 | 3 449 | 3 504 | 3 559 | 3 614 | 3 668 |
| 38 | 2 562 | 3 203 | 3 258 | 3 313 | 3 368 | 3 423 | 3 479 | 3 534 | 3 589 | 3 644 | 3 699 |
| **2,40** | 2 584 | 3 229 | 3 285 | 3 341 | 3 396 | 3 452 | 3 508 | 3 564 | 3 619 | 3 675 | 3 731 |
| 42 | 2 605 | 3 256 | 3 312 | 3 369 | 3 425 | 3 481 | 3 537 | 3 593 | 3 649 | 3 706 | 3 762 |
| 44 | 2 627 | 3 283 | 3 340 | 3 396 | 3 453 | 3 510 | 3 566 | 3 623 | 3 680 | 3 736 | 3 793 |
| 46 | 2 648 | 3 310 | 3 367 | 3 424 | 3 481 | 3 538 | 3 596 | 3 653 | 3 710 | 3 767 | 3 824 |
| 48 | 2 670 | 3 337 | 3 395 | 3 452 | 3 510 | 3 567 | 3 625 | 3 682 | 3 740 | 3 797 | 3 855 |
| **2,50** | 2 691 | 3 364 | 3 422 | 3 480 | 3 538 | 3 596 | 3 654 | 3 712 | 3 770 | 3 828 | 3 886 |
| 52 | 2 713 | 3 391 | 3 449 | 3 508 | 3 566 | 3 625 | 3 683 | 3 742 | 3 800 | 3 859 | 3 917 |
| 54 | 2 734 | 3 418 | 3 477 | 3 535 | 3 595 | 3 654 | 3 712 | 3 771 | 3 830 | 3 889 | 3 948 |

| LONGUEUR | 1,36 | 1,38 | 1,40 | 1,42 | 1,44 | 1,46 | 1,48 | 1,50 | 1,52 | 1,54 |
|---|---|---|---|---|---|---|---|---|---|---|
| **1,36** | 2 146 | | | | | | | | | |
| 38 | 2 177 | 2 209 | | | | | | | | |
| **1,40** | 2 209 | 2 241 | 2 274 | | | | | | | |
| 42 | 2 240 | 2 273 | 2 306 | 2 339 | | | | | | |
| 44 | 2 272 | 2 305 | 2 339 | 2 372 | 2 405 | | | | | |
| 46 | 2 303 | 2 337 | 2 371 | 2 405 | 2 439 | 2 473 | | | | |
| 48 | 2 335 | 2 369 | 2 404 | 2 438 | 2 472 | 2 507 | 2 541 | | | |
| **1,50** | 2 366 | 2 401 | 2 436 | 2 471 | 2 506 | 2 540 | 2 575 | 2 610 | | |
| 52 | 2 398 | 2 433 | 2 468 | 2 504 | 2 539 | 2 574 | 2 610 | 2 645 | 2 680 | |
| 54 | 2 430 | 2 465 | 2 501 | 2 537 | 2 572 | 2 608 | 2 644 | 2 680 | 2 715 | 2 751 |
| 56 | 2 461 | 2 497 | 2 533 | 2 570 | 2 606 | 2 642 | 2 678 | 2 714 | 2 751 | 2 787 |
| 58 | 2 493 | 2 529 | 2 566 | 2 603 | 2 639 | 2 676 | 2 713 | 2 749 | 2 786 | 2 823 |
| **1,60** | 2 524 | 2 561 | 2 598 | 2 636 | 2 673 | 2 710 | 2 747 | 2 784 | 2 821 | 2 858 |
| 62 | 2 556 | 2 593 | 2 631 | 2 668 | 2 706 | 2 744 | 2 781 | 2 819 | 2 856 | 2 894 |
| 64 | 2 587 | 2 625 | 2 663 | 2 701 | 2 739 | 2 778 | 2 816 | 2 854 | 2 892 | 2 930 |
| 66 | 2 619 | 2 657 | 2 696 | 2 734 | 2 773 | 2 811 | 2 850 | 2 888 | 2 927 | 2 965 |
| 68 | 2 650 | 2 680 | 2 728 | 2 767 | 2 806 | 2 845 | 2 884 | 2 923 | 2 962 | 3 001 |
| **1,70** | 2 682 | 2 721 | 2 761 | 2 800 | 2 840 | 2 879 | 2 919 | 2 958 | 2 997 | 3 037 |
| 72 | 2 713 | 2 753 | 2 793 | 2 833 | 2 873 | 2 913 | 2 953 | 2 993 | 3 033 | 3 073 |
| 74 | 2 745 | 2 785 | 2 826 | 2 866 | 2 906 | 2 947 | 2 987 | 3 028 | 3 068 | 3 108 |
| 76 | 2 777 | 2 817 | 2 858 | 2 899 | 2 940 | 2 981 | 3 022 | 3 062 | 3 103 | 3 144 |
| 78 | 2 808 | 2 849 | 2 891 | 2 932 | 2 973 | 3 015 | 3 056 | 3 097 | 3 138 | 3 180 |
| **1,80** | 2 840 | 2 881 | 2 923 | 2 965 | 3 007 | 3 048 | 3 090 | 3 132 | 3 174 | 3 216 |
| 82 | 2 871 | 2 913 | 2 956 | 2 998 | 3 040 | 3 082 | 3 125 | 3 167 | 3 209 | 3 251 |
| 84 | 2 903 | 2 945 | 2 988 | 3 031 | 3 074 | 3 116 | 3 159 | 3 202 | 3 244 | 3 287 |
| 86 | 2 934 | 2 977 | 3 021 | 3 064 | 3 107 | 3 150 | 3 193 | 3 236 | 3 280 | 3 323 |
| 88 | 2 966 | 3 010 | 3 053 | 3 097 | 3 140 | 3 184 | 3 228 | 3 271 | 3 315 | 3 358 |
| **1,90** | 2 997 | 3 042 | 3 086 | 3 130 | 3 174 | 3 218 | 3 262 | 3 306 | 3 350 | 3 394 |
| 92 | 3 029 | 3 074 | 3 118 | 3 163 | 3 207 | 3 252 | 3 296 | 3 341 | 3 385 | 3 430 |
| 94 | 3 061 | 3 106 | 3 151 | 3 196 | 3 241 | 3 286 | 3 331 | 3 376 | 3 421 | 3 466 |
| 96 | 3 092 | 3 138 | 3 183 | 3 229 | 3 274 | 3 319 | 3 365 | 3 410 | 3 456 | 3 501 |
| 98 | 3 124 | 3 170 | 3 216 | 3 261 | 3 307 | 3 353 | 3 399 | 3 445 | 3 491 | 3 537 |
| **2,—** | 3 155 | 3 202 | 3 248 | 3 294 | 3 341 | 3 387 | 3 434 | 3 480 | 3 526 | 3 573 |
| 02 | 3 187 | 3 234 | 3 280 | 3 327 | 3 374 | 3 421 | 3 468 | 3 515 | 3 562 | 3 609 |
| 04 | 3 218 | 3 266 | 3 313 | 3 360 | 3 408 | 3 455 | 3 502 | 3 550 | 3 597 | 3 644 |
| 06 | 3 250 | 3 298 | 3 345 | 3 393 | 3 441 | 3 489 | 3 537 | 3 584 | 3 632 | 3 680 |
| 08 | 3 281 | 3 330 | 3 378 | 3 426 | 3 474 | 3 523 | 3 571 | 3 619 | 3 667 | 3 716 |
| **2,10** | 3 313 | 3 362 | 3 410 | 3 459 | 3 508 | 3 557 | 3 605 | 3 654 | 3 703 | 3 751 |
| 12 | 3 345 | 3 394 | 3 443 | 3 492 | 3 541 | 3 590 | 3 640 | 3 689 | 3 738 | 3 787 |
| 14 | 3 376 | 3 426 | 3 475 | 3 525 | 3 575 | 3 624 | 3 674 | 3 724 | 3 773 | 3 823 |
| 16 | 3 408 | 3 458 | 3 508 | 3 558 | 3 608 | 3 658 | 3 708 | 3 758 | 3 809 | 3 859 |
| 18 | 3 439 | 3 490 | 3 540 | 3 591 | 3 641 | 3 692 | 3 743 | 3 793 | 3 844 | 3 894 |
| **2,20** | 3 471 | 3 522 | 3 573 | 3 624 | 3 675 | 3 726 | 3 777 | 3 828 | 3 879 | 3 930 |
| 22 | 3 502 | 3 554 | 3 605 | 3 657 | 3 708 | 3 760 | 3 811 | 3 863 | 3 914 | 3 966 |
| 24 | 3 534 | 3 586 | 3 638 | 3 690 | 3 742 | 3 794 | 3 846 | 3 898 | 3 950 | 4 002 |
| 26 | 3 565 | 3 618 | 3 670 | 3 723 | 3 775 | 3 828 | 3 880 | 3 932 | 3 985 | 4 037 |
| 28 | 3 597 | 3 650 | 3 703 | 3 756 | 3 809 | 3 861 | 3 914 | 3 967 | 4 020 | 4 073 |
| **2,30** | 3 628 | 3 682 | 3 735 | 3 789 | 3 842 | 3 895 | 3 949 | 4 002 | 4 055 | 4 109 |
| 32 | 3 660 | 3 714 | 3 768 | 3 822 | 3 875 | 3 929 | 3 983 | 4 037 | 4 091 | 4 144 |
| 34 | 3 692 | 3 746 | 3 800 | 3 854 | 3 909 | 3 963 | 4 017 | 4 072 | 4 126 | 4 180 |
| 36 | 3 723 | 3 778 | 3 833 | 3 887 | 3 942 | 3 997 | 4 052 | 4 106 | 4 161 | 4 216 |
| 38 | 3 755 | 3 810 | 3 865 | 3 920 | 3 976 | 4 031 | 4 086 | 4 141 | 4 196 | 4 252 |
| **2,40** | 3 786 | 3 842 | 3 898 | 3 953 | 4 009 | 4 065 | 4 120 | 4 176 | 4 232 | 4 287 |
| 42 | 3 818 | 3 874 | 3 930 | 3 986 | 4 042 | 4 099 | 4 155 | 4 211 | 4 267 | 4 323 |
| 44 | 3 849 | 3 906 | 3 963 | 4 019 | 4 076 | 4 132 | 4 189 | 4 246 | 4 302 | 4 359 |
| 46 | 3 881 | 3 938 | 3 995 | 4 052 | 4 109 | 4 166 | 4 223 | 4 280 | 4 337 | 4 395 |
| 48 | 3 912 | 3 970 | 4 028 | 4 085 | 4 143 | 4 200 | 4 258 | 4 315 | 4 373 | 4 430 |
| **2,50** | 3 944 | 4 002 | 4 060 | 4 118 | 4 176 | 4 234 | 4 292 | 4 350 | 4 408 | 4 466 |
| 52 | 3 976 | 4 034 | 4 092 | 4 151 | 4 209 | 4 268 | 4 326 | 4 385 | 4 443 | 4 502 |
| 54 | 4 007 | 4 066 | 4 125 | 4 184 | 4 243 | 4 302 | 4 361 | 4 420 | 4 479 | 4 537 |

Epaisseur : **1ᵐ 16** centimètres

LARGEUR — 904

| LONGUEUR | 1,56 | 1,58 | 1,60 | 1,62 | 1,64 | 1,66 | 1,68 | 1,70 | 1,72 | 1,74 |
|---|---|---|---|---|---|---|---|---|---|---|
| 1,56 | 2 823 | | | | | | | | | |
| 58 | 2 859 | 2 896 | | | | | | | | |
| 1,60 | 2 895 | 2 932 | 2 970 | | | | | | | |
| 62 | 2 932 | 2 969 | 3 007 | 3 044 | | | | | | |
| 64 | 2 968 | 3 006 | 3 044 | 3 082 | 3 120 | | | | | |
| 66 | 3 004 | 3 042 | 3 081 | 3 119 | 3 158 | 3 196 | | | | |
| 68 | 3 040 | 3 079 | 3 118 | 3 157 | 3 196 | 3 235 | 3 274 | | | |
| 1,70 | 3 076 | 3 116 | 3 155 | 3 195 | 3 234 | 3 274 | 3 313 | 3 352 | | |
| 72 | 3 113 | 3 152 | 3 192 | 3 232 | 3 272 | 3 312 | 3 352 | 3 392 | 3 432 | |
| 74 | 3 149 | 3 189 | 3 229 | 3 270 | 3 310 | 3 351 | 3 391 | 3 431 | 3 472 | 3 512 |
| 76 | 3 185 | 3 226 | 3 267 | 3 307 | 3 348 | 3 389 | 3 430 | 3 471 | 3 512 | 3 552 |
| 78 | 3 221 | 3 262 | 3 301 | 3 345 | 3 386 | 3 428 | 3 469 | 3 510 | 3 551 | 3 593 |
| 1,80 | 3 257 | 3 299 | 3 341 | 3 383 | 3 424 | 3 466 | 3 508 | 3 550 | 3 591 | 3 633 |
| 82 | 3 293 | 3 336 | 3 378 | 3 420 | 3 462 | 3 505 | 3 547 | 3 589 | 3 631 | 3 673 |
| 84 | 3 330 | 3 372 | 3 415 | 3 458 | 3 500 | 3 543 | 3 586 | 3 628 | 3 671 | 3 714 |
| 86 | 3 366 | 3 409 | 3 452 | 3 495 | 3 538 | 3 582 | 3 625 | 3 668 | 3 711 | 3 754 |
| 88 | 3 402 | 3 446 | 3 489 | 3 533 | 3 577 | 3 620 | 3 664 | 3 707 | 3 751 | 3 795 |
| 1,90 | 3 438 | 3 482 | 3 526 | 3 570 | 3 615 | 3 659 | 3 703 | 3 747 | 3 791 | 3 835 |
| 92 | 3 471 | 3 519 | 3 561 | 3 608 | 3 653 | 3 697 | 3 742 | 3 786 | 3 831 | 3 875 |
| 94 | 3 511 | 3 556 | 3 601 | 3 646 | 3 691 | 3 736 | 3 781 | 3 826 | 3 871 | 3 916 |
| 96 | 3 547 | 3 592 | 3 648 | 3 683 | 3 729 | 3 774 | 3 820 | 3 865 | 3 911 | 3 956 |
| 98 | 3 583 | 3 629 | 3 675 | 3 721 | 3 767 | 3 813 | 3 859 | 3 905 | 3 950 | 3 996 |
| 2,— | 3 610 | 3 660 | 3 712 | 3 758 | 3 805 | 3 851 | 3 898 | 3 944 | 3 990 | 4 037 |
| 02 | 3 655 | 3 702 | 3 749 | 3 796 | 3 843 | 3 890 | 3 937 | 3 983 | 4 030 | 4 077 |
| 04 | 3 692 | 3 739 | 3 786 | 3 834 | 3 881 | 3 928 | 3 976 | 4 023 | 4 070 | 4 118 |
| 06 | 3 728 | 3 776 | 3 823 | 3 871 | 3 919 | 3 967 | 4 015 | 4 062 | 4 110 | 4 158 |
| 08 | 3 764 | 3 812 | 3 860 | 3 909 | 3 957 | 4 005 | 4 054 | 4 102 | 4 150 | 4 198 |
| 2,10 | 3 800 | 3 849 | 3 898 | 3 946 | 3 995 | 4 044 | 4 092 | 4 141 | 4 190 | 4 239 |
| 12 | 3 836 | 3 886 | 3 935 | 3 984 | 4 033 | 4 082 | 4 131 | 4 181 | 4 230 | 4 279 |
| 14 | 3 873 | 3 922 | 3 972 | 4 021 | 4 071 | 4 121 | 4 170 | 4 220 | 4 270 | 4 319 |
| 16 | 3 909 | 3 959 | 4 009 | 4 059 | 4 109 | 4 159 | 4 209 | 4 260 | 4 310 | 4 360 |
| 18 | 3 945 | 3 996 | 4 046 | 4 097 | 4 147 | 4 198 | 4 248 | 4 299 | 4 350 | 4 400 |
| 2,20 | 3 981 | 4 032 | 4 083 | 4 131 | 4 185 | 4 236 | 4 287 | 4 338 | 4 389 | 4 440 |
| 22 | 4 017 | 4 069 | 4 120 | 4 172 | 4 223 | 4 275 | 4 326 | 4 378 | 4 429 | 4 481 |
| 24 | 4 054 | 4 105 | 4 157 | 4 209 | 4 261 | 4 313 | 4 365 | 4 417 | 4 469 | 4 521 |
| 26 | 4 090 | 4 142 | 4 195 | 4 247 | 4 299 | 4 352 | 4 404 | 4 457 | 4 509 | 4 562 |
| 28 | 4 126 | 4 179 | 4 232 | 4 285 | 4 337 | 4 390 | 4 443 | 4 496 | 4 549 | 4 602 |
| 2,30 | 4 162 | 4 215 | 4 269 | 4 322 | 4 376 | 4 429 | 4 482 | 4 536 | 4 589 | 4 642 |
| 32 | 4 198 | 4 252 | 4 306 | 4 360 | 4 414 | 4 467 | 4 521 | 4 575 | 4 629 | 4 683 |
| 34 | 4 234 | 4 289 | 4 343 | 4 397 | 4 452 | 4 506 | 4 560 | 4 614 | 4 669 | 4 723 |
| 36 | 4 271 | 4 325 | 4 380 | 4 435 | 4 490 | 4 544 | 4 599 | 4 654 | 4 709 | 4 763 |
| 38 | 4 307 | 4 362 | 4 417 | 4 472 | 4 528 | 4 583 | 4 638 | 4 693 | 4 749 | 4 804 |
| 2,40 | 4 343 | 4 399 | 4 454 | 4 510 | 4 566 | 4 621 | 4 677 | 4 733 | 4 788 | 4 844 |
| 42 | 4 379 | 4 435 | 4 492 | 4 548 | 4 604 | 4 660 | 4 716 | 4 772 | 4 828 | 4 885 |
| 44 | 4 415 | 4 472 | 4 529 | 4 585 | 4 642 | 4 698 | 4 755 | 4 812 | 4 868 | 4 925 |
| 46 | 4 452 | 4 509 | 4 566 | 4 623 | 4 680 | 4 737 | 4 794 | 4 851 | 4 908 | 4 965 |
| 48 | 4 488 | 4 545 | 4 603 | 4 660 | 4 718 | 4 775 | 4 833 | 4 891 | 4 948 | 5 006 |
| 2,50 | 4 524 | 4 582 | 4 640 | 4 698 | 4 756 | 4 814 | 4 872 | 4 930 | 4 988 | 5 046 |
| 52 | 4 560 | 4 619 | 4 677 | 4 736 | 4 794 | 4 853 | 4 911 | 4 969 | 5 028 | 5 086 |
| 54 | 4 596 | 4 655 | 4 714 | 4 773 | 4 832 | 4 891 | 4 950 | 5 009 | 5 068 | 5 127 |
| 56 | 4 633 | 4 692 | 4 751 | 4 811 | 4 870 | 4 930 | 4 989 | 5 048 | 5 108 | 5 167 |
| 58 | 4 669 | 4 729 | 4 788 | 4 848 | 4 908 | 4 968 | 5 028 | 5 088 | 5 148 | 5 207 |
| 2,60 | 4 705 | 4 765 | 4 826 | 4 886 | 4 946 | 5 007 | 5 067 | 5 127 | 5 188 | 5 248 |
| 62 | 4 741 | 4 802 | 4 863 | 4 924 | 4 984 | 5 045 | 5 106 | 5 167 | 5 227 | 5 288 |
| 64 | 4 777 | 4 839 | 4 900 | 4 961 | 5 022 | 5 084 | 5 145 | 5 206 | 5 267 | 5 329 |
| 66 | 4 814 | 4 876 | 4 937 | 4 999 | 5 060 | 5 122 | 5 184 | 5 246 | 5 307 | 5 369 |
| 68 | 4 850 | 4 912 | 4 974 | 5 036 | 5 098 | 5 161 | 5 223 | 5 285 | 5 347 | 5 409 |
| 2,70 | 4 886 | 4 949 | 5 011 | 5 074 | 5 136 | 5 199 | 5 262 | 5 324 | 5 387 | 5 450 |
| 72 | 4 922 | 4 985 | 5 048 | 5 111 | 5 175 | 5 238 | 5 301 | 5 364 | 5 427 | 5 490 |
| 74 | 4 958 | 5 022 | 5 085 | 5 149 | 5 213 | 5 276 | 5 340 | 5 403 | 5 467 | 5 530 |
| 76 | 4 994 | 5 059 | 5 123 | 5 187 | 5 251 | 5 315 | 5 379 | 5 443 | 5 507 | 5 571 |
| 78 | 5 031 | 5 095 | 5 160 | 5 224 | 5 289 | 5 353 | 5 418 | 5 482 | 5 547 | 5 611 |
| 2,80 | 5 067 | 5 132 | 5 197 | 5 262 | 5 327 | 5 392 | 5 457 | 5 522 | 5 587 | 5 652 |
| 82 | 5 103 | 5 168 | 5 234 | 5 299 | 5 365 | 5 430 | 5 496 | 5 561 | 5 626 | 5 692 |
| 84 | 5 139 | 5 205 | 5 271 | 5 337 | 5 403 | 5 469 | 5 535 | 5 600 | 5 666 | 5 732 |
| 86 | 5 175 | 5 242 | 5 308 | 5 375 | 5 441 | 5 507 | 5 574 | 5 640 | 5 706 | 5 773 |
| 88 | 5 212 | 5 278 | 5 345 | 5 412 | 5 479 | 5 546 | 5 613 | 5 679 | 5 746 | 5 813 |
| 2,90 | 5 248 | 5 315 | 5 382 | 5 450 | 5 517 | 5 584 | 5 652 | 5 719 | 5 786 | 5 853 |
| 92 | 5 284 | 5 352 | 5 420 | 5 487 | 5 555 | 5 623 | 5 690 | 5 758 | 5 826 | 5 894 |
| 94 | 5 320 | 5 388 | 5 457 | 5 525 | 5 593 | 5 661 | 5 729 | 5 793 | 5 866 | 5 934 |



Epaisseur : **1ᵐ 16** centimètres     **1,16**

LARGEUR — 905

| LONGUEUR | 1,76 | 1,78 | 1,80 | 1,82 | 1,84 | 1,86 | 1,88 | 1,90 | 1,92 | 1,94 |
|---|---|---|---|---|---|---|---|---|---|---|
| 1,76 | 3 593 | | | | | | | | | |
| 78 | 3 634 | 3 675 | | | | | | | | |
| 1,80 | 3 675 | 3 717 | 3 758 | | | | | | | |
| 82 | 3 716 | 3 758 | 3 800 | 3 842 | | | | | | |
| 84 | 3 757 | 3 799 | 3 842 | 3 885 | 3 927 | | | | | |
| 86 | 3 797 | 3 841 | 3 884 | 3 927 | 3 970 | 4 013 | | | | |
| 88 | 3 838 | 3 882 | 3 925 | 3 969 | 4 013 | 4 056 | 4 100 | | | |
| 1,90 | 3 879 | 3 923 | 3 967 | 4 011 | 4 055 | 4 099 | 4 144 | 4 188 | | |
| 92 | 3 920 | 3 964 | 4 009 | 4 054 | 4 098 | 4 143 | 4 187 | 4 232 | 4 276 | |
| 94 | 3 961 | 4 006 | 4 051 | 4 096 | 4 141 | 4 180 | 4 231 | 4 276 | 4 321 | 4 366 |
| 96 | 4 002 | 4 047 | 4 092 | 4 138 | 4 183 | 4 229 | 4 274 | 4 320 | 4 365 | 4 411 |
| 98 | 4 042 | 4 088 | 4 134 | 4 180 | 4 226 | 4 272 | 4 318 | 4 364 | 4 410 | 4 456 |
| 2,— | 4 083 | 4 130 | 4 176 | 4 222 | 4 269 | 4 315 | 4 362 | 4 408 | 4 454 | 4 501 |
| 02 | 4 124 | 4 171 | 4 218 | 4 265 | 4 311 | 4 358 | 4 405 | 4 452 | 4 499 | 4 546 |
| 04 | 4 165 | 4 212 | 4 260 | 4 307 | 4 354 | 4 402 | 4 449 | 4 496 | 4 543 | 4 591 |
| 06 | 4 206 | 4 253 | 4 301 | 4 349 | 4 397 | 4 445 | 4 492 | 4 540 | 4 588 | 4 636 |
| 08 | 4 247 | 4 295 | 4 343 | 4 391 | 4 440 | 4 488 | 4 536 | 4 584 | 4 633 | 4 681 |
| 2,10 | 4 287 | 4 336 | 4 385 | 4 434 | 4 482 | 4 531 | 4 580 | 4 628 | 4 677 | 4 726 |
| 12 | 4 328 | 4 377 | 4 427 | 4 476 | 4 525 | 4 574 | 4 623 | 4 672 | 4 722 | 4 771 |
| 14 | 4 369 | 4 419 | 4 468 | 4 518 | 4 568 | 4 617 | 4 667 | 4 717 | 4 766 | 4 816 |
| 16 | 4 410 | 4 460 | 4 510 | 4 560 | 4 610 | 4 660 | 4 711 | 4 761 | 4 811 | 4 861 |
| 18 | 4 451 | 4 501 | 4 552 | 4 602 | 4 653 | 4 704 | 4 754 | 4 805 | 4 855 | 4 906 |
| 2,20 | 4 492 | 4 543 | 4 594 | 4 645 | 4 696 | 4 747 | 4 798 | 4 849 | 4 900 | 4 951 |
| 22 | 4 533 | 4 584 | 4 635 | 4 687 | 4 738 | 4 790 | 4 841 | 4 893 | 4 944 | 4 996 |
| 24 | 4 573 | 4 625 | 4 677 | 4 729 | 4 781 | 4 833 | 4 885 | 4 937 | 4 989 | 5 041 |
| 26 | 4 614 | 4 666 | 4 719 | 4 771 | 4 824 | 4 876 | 4 929 | 4 981 | 5 034 | 5 086 |
| 28 | 4 655 | 4 708 | 4 761 | 4 814 | 4 866 | 4 919 | 4 972 | 5 025 | 5 078 | 5 131 |
| 2,30 | 4 696 | 4 749 | 4 802 | 4 856 | 4 909 | 4 962 | 5 016 | 5 069 | 5 123 | 5 176 |
| 32 | 4 737 | 4 790 | 4 844 | 4 898 | 4 952 | 5 006 | 5 059 | 5 113 | 5 167 | 5 221 |
| 34 | 4 777 | 4 832 | 4 886 | 4 940 | 4 994 | 5 049 | 5 103 | 5 157 | 5 212 | 5 266 |
| 36 | 4 818 | 4 873 | 4 928 | 4 982 | 5 037 | 5 092 | 5 147 | 5 201 | 5 256 | 5 311 |
| 38 | 4 859 | 4 914 | 4 969 | 5 025 | 5 080 | 5 135 | 5 190 | 5 246 | 5 301 | 5 356 |
| 2,40 | 4 900 | 4 956 | 5 011 | 5 067 | 5 123 | 5 178 | 5 234 | 5 290 | 5 345 | 5 401 |
| 42 | 4 941 | 4 997 | 5 053 | 5 109 | 5 165 | 5 221 | 5 278 | 5 334 | 5 390 | 5 446 |
| 44 | 4 982 | 5 038 | 5 095 | 5 151 | 5 208 | 5 265 | 5 321 | 5 378 | 5 434 | 5 491 |
| 46 | 5 022 | 5 079 | 5 136 | 5 194 | 5 251 | 5 308 | 5 365 | 5 422 | 5 479 | 5 536 |
| 48 | 5 063 | 5 121 | 5 178 | 5 236 | 5 293 | 5 351 | 5 408 | 5 466 | 5 523 | 5 581 |
| 2,50 | 5 104 | 5 162 | 5 220 | 5 278 | 5 336 | 5 394 | 5 452 | 5 510 | 5 568 | 5 626 |
| 52 | 5 145 | 5 203 | 5 262 | 5 320 | 5 379 | 5 437 | 5 496 | 5 554 | 5 613 | 5 671 |
| 54 | 5 186 | 5 245 | 5 304 | 5 362 | 5 421 | 5 480 | 5 539 | 5 598 | 5 657 | 5 716 |
| 56 | 5 226 | 5 286 | 5 345 | 5 405 | 5 464 | 5 523 | 5 583 | 5 642 | 5 702 | 5 761 |
| 58 | 5 267 | 5 327 | 5 387 | 5 447 | 5 507 | 5 567 | 5 626 | 5 686 | 5 746 | 5 806 |
| 2,60 | 5 308 | 5 368 | 5 429 | 5 489 | 5 549 | 5 610 | 5 670 | 5 730 | 5 791 | 5 851 |
| 62 | 5 349 | 5 410 | 5 471 | 5 531 | 5 592 | 5 653 | 5 714 | 5 774 | 5 835 | 5 896 |
| 64 | 5 390 | 5 451 | 5 512 | 5 574 | 5 635 | 5 696 | 5 757 | 5 819 | 5 880 | 5 941 |
| 66 | 5 431 | 5 492 | 5 554 | 5 616 | 5 678 | 5 739 | 5 801 | 5 863 | 5 924 | 5 986 |
| 68 | 5 471 | 5 534 | 5 596 | 5 658 | 5 720 | 5 782 | 5 845 | 5 907 | 5 969 | 6 031 |
| 2,70 | 5 512 | 5 575 | 5 638 | 5 700 | 5 763 | 5 826 | 5 888 | 5 951 | 6 013 | 6 076 |
| 72 | 5 553 | 5 616 | 5 679 | 5 742 | 5 806 | 5 869 | 5 932 | 5 995 | 6 058 | 6 121 |
| 74 | 5 594 | 5 658 | 5 721 | 5 785 | 5 848 | 5 912 | 5 975 | 6 039 | 6 103 | 6 166 |
| 76 | 5 635 | 5 699 | 5 763 | 5 827 | 5 891 | 5 955 | 6 019 | 6 083 | 6 147 | 6 211 |
| 78 | 5 676 | 5 740 | 5 805 | 5 869 | 5 934 | 5 998 | 6 063 | 6 127 | 6 192 | 6 256 |
| 2,80 | 5 716 | 5 781 | 5 846 | 5 911 | 5 976 | 6 041 | 6 106 | 6 171 | 6 236 | 6 301 |
| 82 | 5 757 | 5 823 | 5 888 | 5 954 | 6 019 | 6 084 | 6 150 | 6 215 | 6 281 | 6 346 |
| 84 | 5 798 | 5 864 | 5 930 | 5 996 | 6 062 | 6 128 | 6 193 | 6 259 | 6 325 | 6 391 |
| 86 | 5 839 | 5 905 | 5 972 | 6 038 | 6 104 | 6 171 | 6 237 | 6 303 | 6 370 | 6 436 |
| 88 | 5 880 | 5 947 | 6 013 | 6 080 | 6 147 | 6 214 | 6 281 | 6 348 | 6 414 | 6 481 |
| 2,90 | 5 921 | 5 988 | 6 055 | 6 122 | 6 190 | 6 257 | 6 324 | 6 392 | 6 459 | 6 526 |
| 92 | 5 961 | 6 029 | 6 097 | 6 165 | 6 232 | 6 300 | 6 368 | 6 436 | 6 503 | 6 571 |
| 94 | 6 002 | 6 071 | 6 139 | 6 207 | 6 275 | 6 343 | 6 412 | 6 480 | 6 548 | 6 616 |

## 206

| LONGr | DÉTAILLÉS | LARGEUR | | | | | | | | | |
|---|---|---|---|---|---|---|---|---|---|---|---|
| | | 1,18 | 1,20 | 1,22 | 1,24 | 1,26 | 1,28 | 1,30 | 1,32 | 1,34 | 1,36 |
| 1,18 | 1 314 | 1 043 | | | | | | | | | |
| 1,20 | 1 337 | 1 671 | 1 699 | | | | | | | | |
| 22 | 1 359 | 1 699 | 1 728 | 1 756 | | | | | | | |
| 24 | 1 381 | 1 727 | 1 756 | 1 785 | 1 814 | | | | | | |
| 26 | 1 404 | 1 754 | 1 784 | 1 814 | 1 844 | 1 873 | | | | | |
| 28 | 1 426 | 1 782 | 1 812 | 1 843 | 1 873 | 1 903 | 1 933 | | | | |
| 1,30 | 1 448 | 1 810 | 1 841 | 1 871 | 1 902 | 1 933 | 1 964 | 1 994 | | | |
| 32 | 1 470 | 1 838 | 1 869 | 1 900 | 1 931 | 1 963 | 1 994 | 2 025 | 2 056 | | |
| 34 | 1 493 | 1 866 | 1 897 | 1 929 | 1 961 | 1 992 | 2 024 | 2 056 | 2 087 | 2 119 | |
| 36 | 1 515 | 1 894 | 1 926 | 1 958 | 1 990 | 2 022 | 2 054 | 2 086 | 2 118 | 2 150 | 2 183 |
| 38 | 1 537 | 1 922 | 1 954 | 1 987 | 2 019 | 2 052 | 2 084 | 2 117 | 2 149 | 2 182 | 2 215 |
| 1,40 | 1 559 | 1 949 | 1 982 | 2 015 | 2 048 | 2 082 | 2 115 | 2 148 | 2 181 | 2 214 | 2 247 |
| 42 | 1 582 | 1 977 | 2 011 | 2 044 | 2 078 | 2 111 | 2 145 | 2 178 | 2 212 | 2 245 | 2 279 |
| 44 | 1 604 | 2 005 | 2 039 | 2 073 | 2 107 | 2 141 | 2 175 | 2 209 | 2 243 | 2 277 | 2 311 |
| 46 | 1 626 | 2 033 | 2 067 | 2 102 | 2 136 | 2 171 | 2 205 | 2 240 | 2 274 | 2 309 | 2 343 |
| 48 | 1 649 | 2 061 | 2 096 | 2 131 | 2 166 | 2 200 | 2 235 | 2 270 | 2 305 | 2 340 | 2 375 |
| 1,50 | 1 671 | 2 089 | 2 124 | 2 159 | 2 195 | 2 230 | 2 266 | 2 301 | 2 336 | 2 372 | 2 407 |
| 52 | 1 693 | 2 116 | 2 152 | 2 188 | 2 224 | 2 260 | 2 296 | 2 332 | 2 368 | 2 403 | 2 439 |
| 54 | 1 715 | 2 144 | 2 181 | 2 217 | 2 253 | 2 290 | 2 326 | 2 362 | 2 399 | 2 435 | 2 471 |
| 56 | 1 738 | 2 172 | 2 209 | 2 246 | 2 283 | 2 319 | 2 356 | 2 393 | 2 430 | 2 467 | 2 503 |
| 58 | 1 760 | 2 200 | 2 237 | 2 274 | 2 312 | 2 349 | 2 386 | 2 424 | 2 461 | 2 498 | 2 536 |
| 1,60 | 1 782 | 2 228 | 2 266 | 2 303 | 2 341 | 2 379 | 2 417 | 2 454 | 2 492 | 2 530 | 2 568 |
| 62 | 1 805 | 2 256 | 2 294 | 2 332 | 2 370 | 2 409 | 2 447 | 2 485 | 2 523 | 2 562 | 2 600 |
| 64 | 1 827 | 2 284 | 2 322 | 2 361 | 2 400 | 2 438 | 2 477 | 2 516 | 2 554 | 2 593 | 2 632 |
| 66 | 1 849 | 2 311 | 2 351 | 2 390 | 2 429 | 2 468 | 2 507 | 2 546 | 2 586 | 2 625 | 2 664 |
| 68 | 1 871 | 2 339 | 2 379 | 2 418 | 2 458 | 2 498 | 2 537 | 2 577 | 2 617 | 2 656 | 2 696 |
| 1,70 | 1 894 | 2 367 | 2 407 | 2 447 | 2 487 | 2 528 | 2 568 | 2 608 | 2 648 | 2 688 | 2 728 |
| 72 | 1 916 | 2 395 | 2 436 | 2 476 | 2 517 | 2 557 | 2 598 | 2 638 | 2 679 | 2 720 | 2 760 |
| 74 | 1 938 | 2 423 | 2 464 | 2 505 | 2 546 | 2 587 | 2 628 | 2 669 | 2 710 | 2 751 | 2 792 |
| 76 | 1 960 | 2 451 | 2 492 | 2 534 | 2 575 | 2 617 | 2 658 | 2 700 | 2 741 | 2 783 | 2 824 |
| 78 | 1 983 | 2 478 | 2 520 | 2 562 | 2 604 | 2 647 | 2 689 | 2 731 | 2 773 | 2 815 | 2 857 |
| 1,80 | 2 005 | 2 506 | 2 549 | 2 591 | 2 634 | 2 676 | 2 719 | 2 761 | 2 804 | 2 846 | 2 889 |
| 82 | 2 027 | 2 534 | 2 577 | 2 620 | 2 663 | 2 706 | 2 749 | 2 792 | 2 835 | 2 878 | 2 921 |
| 84 | 2 050 | 2 562 | 2 605 | 2 649 | 2 692 | 2 736 | 2 779 | 2 823 | 2 866 | 2 909 | 2 953 |
| 86 | 2 072 | 2 590 | 2 634 | 2 678 | 2 722 | 2 765 | 2 809 | 2 853 | 2 897 | 2 941 | 2 985 |
| 88 | 2 094 | 2 618 | 2 662 | 2 706 | 2 751 | 2 795 | 2 840 | 2 884 | 2 928 | 2 973 | 3 017 |
| 1,90 | 2 116 | 2 646 | 2 690 | 2 735 | 2 780 | 2 825 | 2 870 | 2 915 | 2 959 | 3 004 | 3 049 |
| 92 | 2 139 | 2 673 | 2 719 | 2 764 | 2 809 | 2 855 | 2 900 | 2 945 | 2 991 | 3 036 | 3 081 |
| 94 | 2 161 | 2 701 | 2 747 | 2 793 | 2 839 | 2 884 | 2 930 | 2 976 | 3 022 | 3 068 | 3 113 |
| 96 | 2 183 | 2 729 | 2 775 | 2 822 | 2 868 | 2 914 | 2 960 | 3 007 | 3 053 | 3 099 | 3 145 |
| 98 | 2 206 | 2 757 | 2 804 | 2 850 | 2 897 | 2 944 | 2 991 | 3 037 | 3 084 | 3 131 | 3 178 |
| 2,— | 2 228 | 2 785 | 2 832 | 2 879 | 2 926 | 2 974 | 3 021 | 3 068 | 3 115 | 3 162 | 3 210 |
| 02 | 2 250 | 2 813 | 2 860 | 2 908 | 2 956 | 3 003 | 3 051 | 3 099 | 3 146 | 3 194 | 3 242 |
| 04 | 2 272 | 2 840 | 2 889 | 2 937 | 2 985 | 3 033 | 3 081 | 3 129 | 3 178 | 3 226 | 3 274 |
| 06 | 2 295 | 2 868 | 2 917 | 2 966 | 3 014 | 3 063 | 3 111 | 3 160 | 3 209 | 3 257 | 3 306 |
| 08 | 2 317 | 2 896 | 2 945 | 2 994 | 3 043 | 3 093 | 3 142 | 3 191 | 3 240 | 3 289 | 3 338 |
| 2,10 | 2 339 | 2 924 | 2 974 | 3 023 | 3 073 | 3 122 | 3 172 | 3 221 | 3 271 | 3 321 | 3 370 |
| 12 | 2 361 | 2 952 | 3 002 | 3 052 | 3 102 | 3 152 | 3 202 | 3 252 | 3 302 | 3 352 | 3 402 |
| 14 | 2 384 | 2 980 | 3 031 | 3 081 | 3 131 | 3 182 | 3 232 | 3 283 | 3 333 | 3 384 | 3 434 |
| 16 | 2 406 | 3 008 | 3 059 | 3 110 | 3 161 | 3 211 | 3 262 | 3 313 | 3 364 | 3 415 | 3 466 |
| 18 | 2 428 | 3 035 | 3 087 | 3 138 | 3 190 | 3 241 | 3 293 | 3 344 | 3 396 | 3 447 | 3 498 |
| 2,20 | 2 451 | 3 063 | 3 115 | 3 167 | 3 219 | 3 271 | 3 323 | 3 375 | 3 427 | 3 479 | 3 531 |
| 22 | 2 473 | 3 091 | 3 143 | 3 196 | 3 248 | 3 301 | 3 353 | 3 405 | 3 458 | 3 510 | 3 563 |
| 24 | 2 495 | 3 119 | 3 172 | 3 225 | 3 278 | 3 330 | 3 383 | 3 436 | 3 489 | 3 542 | 3 595 |
| 26 | 2 517 | 3 147 | 3 200 | 3 253 | 3 307 | 3 360 | 3 413 | 3 467 | 3 520 | 3 574 | 3 627 |
| 28 | 2 540 | 3 175 | 3 228 | 3 282 | 3 336 | 3 390 | 3 444 | 3 498 | 3 551 | 3 605 | 3 659 |
| 2,30 | 2 562 | 3 203 | 3 257 | 3 311 | 3 365 | 3 420 | 3 474 | 3 528 | 3 582 | 3 637 | 3 691 |
| 32 | 2 584 | 3 230 | 3 285 | 3 339 | 3 395 | 3 449 | 3 504 | 3 559 | 3 614 | 3 668 | 3 723 |
| 34 | 2 607 | 3 258 | 3 313 | 3 369 | 3 424 | 3 479 | 3 534 | 3 590 | 3 645 | 3 700 | 3 755 |
| 36 | 2 629 | 3 286 | 3 342 | 3 397 | 3 453 | 3 509 | 3 564 | 3 620 | 3 676 | 3 732 | 3 787 |
| 38 | 2 651 | 3 314 | 3 370 | 3 426 | 3 482 | 3 539 | 3 595 | 3 651 | 3 707 | 3 763 | 3 819 |
| 2,40 | 2 673 | 3 342 | 3 398 | 3 455 | 3 512 | 3 568 | 3 625 | 3 682 | 3 738 | 3 795 | 3 852 |
| 42 | 2 696 | 3 370 | 3 427 | 3 484 | 3 541 | 3 598 | 3 655 | 3 712 | 3 769 | 3 827 | 3 884 |
| 44 | 2 718 | 3 397 | 3 455 | 3 513 | 3 570 | 3 628 | 3 685 | 3 743 | 3 801 | 3 858 | 3 916 |
| 46 | 2 740 | 3 425 | 3 483 | 3 541 | 3 599 | 3 658 | 3 716 | 3 774 | 3 832 | 3 890 | 3 948 |
| 48 | 2 763 | 3 453 | 3 512 | 3 570 | 3 629 | 3 687 | 3 746 | 3 804 | 3 863 | 3 921 | 3 980 |
| 2,50 | 2 785 | 3 481 | 3 540 | 3 599 | 3 658 | 3 717 | 3 776 | 3 835 | 3 894 | 3 953 | 4 012 |
| 52 | 2 807 | 3 509 | 3 568 | 3 628 | 3 687 | 3 747 | 3 806 | 3 866 | 3 925 | 3 985 | 4 044 |
| 54 | 2 829 | 3 537 | 3 597 | 3 657 | 3 717 | 3 776 | 3 836 | 3 896 | 3 956 | 4 016 | 4 076 |
| 56 | 2 852 | 3 565 | 3 625 | 3 685 | 3 746 | 3 806 | 3 867 | 3 927 | 3 987 | 4 048 | 4 108 |

## 207

| LONGUEUR | LARGEUR | | | | | | | | | |
|---|---|---|---|---|---|---|---|---|---|---|
| | 1,38 | 1,40 | 1,42 | 1,44 | 1,46 | 1,48 | 1,50 | 1,52 | 1,54 | 1,56 |
| 1,38 | 2 247 | | | | | | | | | |
| 1,40 | 2 280 | 2 313 | | | | | | | | |
| 42 | 2 312 | 2 346 | 2 379 | | | | | | | |
| 44 | 2 345 | 2 379 | 2 413 | 2 447 | | | | | | |
| 46 | 2 377 | 2 412 | 2 446 | 2 481 | 2 515 | | | | | |
| 48 | 2 410 | 2 445 | 2 480 | 2 515 | 2 550 | 2 585 | | | | |
| 1,50 | 2 443 | 2 478 | 2 513 | 2 549 | 2 584 | 2 620 | 2 655 | | | |
| 52 | 2 475 | 2 511 | 2 547 | 2 583 | 2 619 | 2 655 | 2 690 | 2 726 | | |
| 54 | 2 508 | 2 544 | 2 580 | 2 617 | 2 653 | 2 689 | 2 726 | 2 762 | 2 798 | |
| 56 | 2 540 | 2 577 | 2 614 | 2 651 | 2 688 | 2 724 | 2 761 | 2 798 | 2 845 | 2 872 |
| 58 | 2 573 | 2 610 | 2 647 | 2 685 | 2 722 | 2 759 | 2 797 | 2 834 | 2 871 | 2 908 |
| 1,60 | 2 605 | 2 643 | 2 681 | 2 719 | 2 756 | 2 794 | 2 832 | 2 870 | 2 908 | 2 945 |
| 62 | 2 638 | 2 676 | 2 714 | 2 753 | 2 791 | 2 829 | 2 867 | 2 906 | 2 944 | 2 982 |
| 64 | 2 671 | 2 709 | 2 748 | 2 787 | 2 825 | 2 864 | 2 903 | 2 942 | 2 980 | 3 019 |
| 66 | 2 703 | 2 742 | 2 781 | 2 821 | 2 860 | 2 899 | 2 938 | 2 977 | 3 017 | 3 056 |
| 68 | 2 736 | 2 775 | 2 815 | 2 855 | 2 894 | 2 934 | 2 974 | 3 013 | 3 053 | 3 093 |
| 1,70 | 2 768 | 2 808 | 2 849 | 2 889 | 2 929 | 2 969 | 3 009 | 3 049 | 3 089 | 3 129 |
| 72 | 2 801 | 2 841 | 2 882 | 2 923 | 2 963 | 3 004 | 3 044 | 3 085 | 3 126 | 3 166 |
| 74 | 2 833 | 2 874 | 2 916 | 2 957 | 2 998 | 3 039 | 3 080 | 3 121 | 3 162 | 3 203 |
| 76 | 2 866 | 2 908 | 2 949 | 2 991 | 3 032 | 3 074 | 3 115 | 3 157 | 3 198 | 3 240 |
| 78 | 2 899 | 2 941 | 2 983 | 3 025 | 3 067 | 3 109 | 3 151 | 3 193 | 3 235 | 3 277 |
| 1,80 | 2 931 | 2 974 | 3 016 | 3 059 | 3 101 | 3 144 | 3 186 | 3 228 | 3 271 | 3 313 |
| 82 | 2 964 | 3 007 | 3 050 | 3 093 | 3 135 | 3 178 | 3 221 | 3 264 | 3 307 | 3 350 |
| 84 | 2 996 | 3 040 | 3 083 | 3 127 | 3 170 | 3 213 | 3 257 | 3 300 | 3 344 | 3 387 |
| 86 | 3 029 | 3 073 | 3 117 | 3 161 | 3 204 | 3 248 | 3 292 | 3 336 | 3 380 | 3 424 |
| 88 | 3 061 | 3 106 | 3 150 | 3 194 | 3 239 | 3 283 | 3 328 | 3 372 | 3 416 | 3 461 |
| 1,90 | 3 094 | 3 139 | 3 184 | 3 228 | 3 273 | 3 318 | 3 363 | 3 408 | 3 453 | 3 498 |
| 92 | 3 127 | 3 172 | 3 217 | 3 262 | 3 308 | 3 353 | 3 398 | 3 443 | 3 489 | 3 534 |
| 94 | 3 159 | 3 205 | 3 251 | 3 296 | 3 342 | 3 388 | 3 433 | 3 479 | 3 525 | 3 571 |
| 96 | 3 192 | 3 238 | 3 284 | 3 330 | 3 377 | 3 423 | 3 469 | 3 515 | 3 562 | 3 608 |
| 98 | 3 224 | 3 271 | 3 318 | 3 364 | 3 411 | 3 458 | 3 505 | 3 551 | 3 598 | 3 645 |
| 2,— | 3 257 | 3 304 | 3 351 | 3 398 | 3 446 | 3 493 | 3 540 | 3 587 | 3 634 | 3 682 |
| 02 | 3 289 | 3 337 | 3 385 | 3 432 | 3 480 | 3 528 | 3 575 | 3 623 | 3 671 | 3 718 |
| 04 | 3 322 | 3 370 | 3 418 | 3 466 | 3 515 | 3 563 | 3 611 | 3 659 | 3 707 | 3 755 |
| 06 | 3 355 | 3 403 | 3 452 | 3 500 | 3 549 | 3 598 | 3 646 | 3 695 | 3 743 | 3 792 |
| 08 | 3 387 | 3 436 | 3 485 | 3 534 | 3 583 | 3 633 | 3 682 | 3 731 | 3 780 | 3 829 |
| 2,10 | 3 420 | 3 469 | 3 519 | 3 568 | 3 618 | 3 667 | 3 717 | 3 767 | 3 816 | 3 866 |
| 12 | 3 452 | 3 502 | 3 552 | 3 602 | 3 652 | 3 702 | 3 752 | 3 802 | 3 852 | 3 902 |
| 14 | 3 485 | 3 535 | 3 586 | 3 636 | 3 687 | 3 737 | 3 788 | 3 838 | 3 889 | 3 939 |
| 16 | 3 517 | 3 568 | 3 619 | 3 670 | 3 721 | 3 772 | 3 823 | 3 874 | 3 925 | 3 976 |
| 18 | 3 550 | 3 601 | 3 653 | 3 704 | 3 756 | 3 807 | 3 859 | 3 910 | 3 961 | 4 013 |
| 2,20 | 3 582 | 3 634 | 3 686 | 3 738 | 3 790 | 3 842 | 3 894 | 3 946 | 3 998 | 4 050 |
| 22 | 3 615 | 3 667 | 3 719 | 3 772 | 3 825 | 3 877 | 3 929 | 3 982 | 4 034 | 4 087 |
| 24 | 3 648 | 3 700 | 3 753 | 3 806 | 3 859 | 3 912 | 3 965 | 4 018 | 4 071 | 4 123 |
| 26 | 3 680 | 3 734 | 3 787 | 3 840 | 3 894 | 3 947 | 4 000 | 4 054 | 4 107 | 4 160 |
| 28 | 3 713 | 3 767 | 3 820 | 3 874 | 3 928 | 3 982 | 4 036 | 4 089 | 4 143 | 4 197 |
| 2,30 | 3 745 | 3 800 | 3 854 | 3 908 | 3 962 | 4 017 | 4 071 | 4 125 | 4 180 | 4 234 |
| 32 | 3 778 | 3 833 | 3 887 | 3 942 | 3 997 | 4 052 | 4 106 | 4 161 | 4 216 | 4 271 |
| 34 | 3 810 | 3 866 | 3 921 | 3 976 | 4 031 | 4 087 | 4 142 | 4 197 | 4 252 | 4 307 |
| 36 | 3 843 | 3 899 | 3 954 | 4 010 | 4 066 | 4 122 | 4 177 | 4 233 | 4 289 | 4 344 |
| 38 | 3 876 | 3 932 | 3 988 | 4 044 | 4 100 | 4 156 | 4 213 | 4 269 | 4 325 | 4 381 |
| 2,40 | 3 908 | 3 965 | 4 021 | 4 078 | 4 135 | 4 191 | 4 248 | 4 305 | 4 361 | 4 418 |
| 42 | 3 941 | 3 998 | 4 055 | 4 112 | 4 169 | 4 226 | 4 283 | 4 341 | 4 398 | 4 455 |
| 44 | 3 973 | 4 031 | 4 088 | 4 146 | 4 204 | 4 261 | 4 319 | 4 376 | 4 434 | 4 492 |
| 46 | 4 006 | 4 064 | 4 122 | 4 180 | 4 238 | 4 296 | 4 354 | 4 412 | 4 470 | 4 528 |
| 48 | 4 038 | 4 097 | 4 155 | 4 214 | 4 273 | 4 331 | 4 390 | 4 448 | 4 507 | 4 565 |
| 2,50 | 4 071 | 4 130 | 4 189 | 4 248 | 4 307 | 4 366 | 4 425 | 4 484 | 4 543 | 4 602 |
| 52 | 4 104 | 4 163 | 4 223 | 4 282 | 4 341 | 4 401 | 4 460 | 4 520 | 4 579 | 4 639 |
| 54 | 4 136 | 4 196 | 4 256 | 4 316 | 4 376 | 4 436 | 4 496 | 4 556 | 4 616 | 4 676 |
| 56 | 4 169 | 4 229 | 4 290 | 4 350 | 4 410 | 4 471 | 4 531 | 4 592 | 4 652 | 4 712 |

| LONGUEUR | LARGEUR 1,58 | 1,60 | 1,62 | 1,64 | 1,66 | 1,68 | 1,70 | 1,72 | 1,74 | 1,76 |
|---|---|---|---|---|---|---|---|---|---|---|
| 1,58 | 2 946 | | | | | | | | | |
| 1,60 | 2 983 | 3 021 | | | | | | | | |
| 62 | 3 020 | 3 059 | 3 097 | | | | | | | |
| 64 | 3 058 | 3 096 | 3 135 | 3 174 | | | | | | |
| 66 | 3 095 | 3 134 | 3 173 | 3 212 | 3 252 | | | | | |
| 68 | 3 132 | 3 172 | 3 211 | 3 251 | 3 291 | 3 330 | | | | |
| 1,70 | 3 169 | 3 210 | 3 250 | 3 290 | 3 330 | 3 370 | 3 410 | | | |
| 72 | 3 207 | 3 247 | 3 288 | 3 329 | 3 369 | 3 410 | 3 450 | 3 491 | | |
| 74 | 3 244 | 3 285 | 3 326 | 3 367 | 3 408 | 3 449 | 3 490 | 3 532 | 3 573 | |
| 76 | 3 281 | 3 323 | 3 364 | 3 406 | 3 447 | 3 489 | 3 531 | 3 572 | 3 614 | 3 655 |
| 78 | 3 319 | 3 361 | 3 403 | 3 445 | 3 487 | 3 529 | 3 571 | 3 613 | 3 655 | 3 697 |
| 1,80 | 3 356 | 3 398 | 3 441 | 3 483 | 3 526 | 3 568 | 3 611 | 3 653 | 3 696 | 3 738 |
| 82 | 3 393 | 3 436 | 3 479 | 3 522 | 3 565 | 3 608 | 3 651 | 3 694 | 3 737 | 3 780 |
| 84 | 3 430 | 3 474 | 3 517 | 3 561 | 3 604 | 3 648 | 3 691 | 3 734 | 3 778 | 3 821 |
| 86 | 3 468 | 3 512 | 3 556 | 3 599 | 3 643 | 3 687 | 3 731 | 3 775 | 3 819 | 3 863 |
| 88 | 3 505 | 3 549 | 3 594 | 3 638 | 3 683 | 3 727 | 3 771 | 3 816 | 3 860 | 3 904 |
| 1,90 | 3 542 | 3 587 | 3 632 | 3 677 | 3 722 | 3 767 | 3 811 | 3 856 | 3 901 | 3 946 |
| 92 | 3 580 | 3 625 | 3 670 | 3 716 | 3 761 | 3 806 | 3 852 | 3 897 | 3 942 | 3 987 |
| 94 | 3 617 | 3 663 | 3 709 | 3 754 | 3 800 | 3 846 | 3 892 | 3 937 | 3 983 | 4 029 |
| 96 | 3 654 | 3 700 | 3 747 | 3 793 | 3 839 | 3 886 | 3 932 | 3 978 | 4 024 | 4 071 |
| 98 | 3 692 | 3 738 | 3 785 | 3 832 | 3 878 | 3 925 | 3 972 | 4 019 | 4 065 | 4 112 |
| 2,— | 3 729 | 3 776 | 3 823 | 3 870 | 3 918 | 3 965 | 4 012 | 4 059 | 4 106 | 4 154 |
| 02 | 3 766 | 3 814 | 3 861 | 3 909 | 3 957 | 4 004 | 4 052 | 4 100 | 4 147 | 4 195 |
| 04 | 3 803 | 3 852 | 3 900 | 3 948 | 3 996 | 4 044 | 4 092 | 4 140 | 4 189 | 4 237 |
| 06 | 3 841 | 3 889 | 3 938 | 3 987 | 4 035 | 4 084 | 4 132 | 4 181 | 4 230 | 4 278 |
| 08 | 3 878 | 3 927 | 3 976 | 4 025 | 4 074 | 4 123 | 4 172 | 4 222 | 4 271 | 4 320 |
| 2,10 | 3 915 | 3 965 | 4 014 | 4 064 | 4 113 | 4 163 | 4 213 | 4 262 | 4 312 | 4 361 |
| 12 | 3 953 | 4 003 | 4 053 | 4 103 | 4 153 | 4 203 | 4 253 | 4 303 | 4 353 | 4 403 |
| 14 | 3 990 | 4 040 | 4 091 | 4 141 | 4 192 | 4 242 | 4 293 | 4 343 | 4 394 | 4 444 |
| 16 | 4 027 | 4 078 | 4 129 | 4 180 | 4 231 | 4 282 | 4 333 | 4 384 | 4 435 | 4 486 |
| 18 | 4 064 | 4 116 | 4 167 | 4 219 | 4 270 | 4 322 | 4 373 | 4 425 | 4 476 | 4 527 |
| 2,20 | 4 102 | 4 154 | 4 206 | 4 257 | 4 309 | 4 361 | 4 413 | 4 465 | 4 517 | 4 569 |
| 22 | 4 139 | 4 191 | 4 244 | 4 296 | 4 349 | 4 401 | 4 453 | 4 506 | 4 558 | 4 610 |
| 24 | 4 176 | 4 229 | 4 282 | 4 335 | 4 388 | 4 441 | 4 493 | 4 546 | 4 599 | 4 652 |
| 26 | 4 214 | 4 267 | 4 320 | 4 374 | 4 427 | 4 480 | 4 534 | 4 587 | 4 640 | 4 694 |
| 28 | 4 251 | 4 305 | 4 358 | 4 412 | 4 466 | 4 520 | 4 574 | 4 627 | 4 681 | 4 735 |
| 2,30 | 4 288 | 4 342 | 4 397 | 4 451 | 4 505 | 4 560 | 4 614 | 4 668 | 4 722 | 4 777 |
| 32 | 4 325 | 4 380 | 4 435 | 4 490 | 4 544 | 4 599 | 4 654 | 4 709 | 4 763 | 4 818 |
| 34 | 4 363 | 4 418 | 4 473 | 4 528 | 4 584 | 4 639 | 4 694 | 4 749 | 4 804 | 4 860 |
| 36 | 4 400 | 4 456 | 4 511 | 4 567 | 4 623 | 4 678 | 4 734 | 4 790 | 4 846 | 4 901 |
| 38 | 4 437 | 4 493 | 4 550 | 4 606 | 4 662 | 4 718 | 4 774 | 4 830 | 4 887 | 4 943 |
| 2,40 | 4 475 | 4 531 | 4 588 | 4 644 | 4 701 | 4 758 | 4 814 | 4 871 | 4 928 | 4 984 |
| 42 | 4 512 | 4 569 | 4 626 | 4 683 | 4 740 | 4 797 | 4 855 | 4 912 | 4 969 | 5 026 |
| 44 | 4 549 | 4 607 | 4 664 | 4 722 | 4 779 | 4 837 | 4 895 | 4 952 | 5 010 | 5 067 |
| 46 | 4 586 | 4 644 | 4 703 | 4 761 | 4 819 | 4 877 | 4 935 | 4 993 | 5 051 | 5 109 |
| 48 | 4 624 | 4 682 | 4 741 | 4 799 | 4 858 | 4 916 | 4 975 | 5 033 | 5 092 | 5 150 |
| 2,50 | 4 661 | 4 720 | 4 779 | 4 838 | 4 897 | 4 956 | 5 015 | 5 074 | 5 133 | 5 192 |
| 52 | 4 698 | 4 758 | 4 817 | 4 877 | 4 936 | 4 996 | 5 055 | 5 115 | 5 174 | 5 234 |
| 54 | 4 736 | 4 796 | 4 855 | 4 915 | 4 975 | 5 035 | 5 095 | 5 155 | 5 215 | 5 275 |
| 56 | 4 773 | 4 833 | 4 894 | 4 954 | 5 015 | 5 075 | 5 135 | 5 196 | 5 256 | 5 317 |
| 58 | 4 810 | 4 871 | 4 932 | 4 993 | 5 054 | 5 115 | 5 175 | 5 236 | 5 297 | 5 358 |
| 2,60 | 4 847 | 4 909 | 4 970 | 5 032 | 5 093 | 5 154 | 5 216 | 5 277 | 5 338 | 5 400 |
| 62 | 4 885 | 4 947 | 5 008 | 5 070 | 5 132 | 5 194 | 5 256 | 5 318 | 5 379 | 5 441 |
| 64 | 4 922 | 4 984 | 5 047 | 5 109 | 5 171 | 5 234 | 5 296 | 5 358 | 5 420 | 5 483 |
| 66 | 4 959 | 5 022 | 5 085 | 5 148 | 5 210 | 5 273 | 5 336 | 5 399 | 5 462 | 5 524 |
| 68 | 4 997 | 5 060 | 5 123 | 5 186 | 5 250 | 5 313 | 5 376 | 5 439 | 5 503 | 5 566 |
| 2,70 | 5 034 | 5 098 | 5 161 | 5 225 | 5 289 | 5 352 | 5 416 | 5 480 | 5 544 | 5 607 |
| 72 | 5 071 | 5 135 | 5 200 | 5 264 | 5 328 | 5 392 | 5 456 | 5 521 | 5 585 | 5 649 |
| 74 | 5 108 | 5 173 | 5 238 | 5 302 | 5 367 | 5 432 | 5 496 | 5 561 | 5 626 | 5 690 |
| 76 | 5 146 | 5 211 | 5 276 | 5 341 | 5 406 | 5 471 | 5 537 | 5 602 | 5 667 | 5 732 |
| 78 | 5 183 | 5 249 | 5 314 | 5 380 | 5 445 | 5 511 | 5 577 | 5 642 | 5 708 | 5 774 |
| 2,80 | 5 220 | 5 286 | 5 352 | 5 419 | 5 485 | 5 551 | 5 617 | 5 683 | 5 749 | 5 815 |
| 82 | 5 258 | 5 324 | 5 391 | 5 457 | 5 524 | 5 590 | 5 657 | 5 723 | 5 790 | 5 857 |
| 84 | 5 295 | 5 362 | 5 429 | 5 496 | 5 563 | 5 630 | 5 697 | 5 764 | 5 831 | 5 898 |
| 86 | 5 332 | 5 400 | 5 467 | 5 535 | 5 602 | 5 670 | 5 737 | 5 805 | 5 872 | 5 940 |
| 88 | 5 369 | 5 437 | 5 505 | 5 573 | 5 641 | 5 709 | 5 777 | 5 845 | 5 913 | 5 981 |
| 2,90 | 5 407 | 5 475 | 5 544 | 5 612 | 5 680 | 5 749 | 5 817 | 5 886 | 5 954 | 6 023 |
| 92 | 5 444 | 5 513 | 5 582 | 5 651 | 5 720 | 5 789 | 5 858 | 5 926 | 5 995 | 6 064 |
| 94 | 5 481 | 5 551 | 5 620 | 5 689 | 5 759 | 5 828 | 5 898 | 5 967 | 6 036 | 6 106 |
| 96 | 5 519 | 5 588 | 5 658 | 5 728 | 5 798 | 5 868 | 5 938 | 6 008 | 6 077 | 6 147 |





| LONGUEUR | LARGEUR 1,78 | 1,80 | 1,82 | 1,84 | 1,86 | 1,88 | 1,90 | 1,92 | 1,94 | 1,96 |
|---|---|---|---|---|---|---|---|---|---|---|
| 1,78 | 3 739 | | | | | | | | | |
| 1,80 | 3 781 | 3 823 | | | | | | | | |
| 82 | 3 823 | 3 866 | 3 909 | | | | | | | |
| 84 | 3 865 | 3 908 | 3 952 | 3 995 | | | | | | |
| 86 | 3 907 | 3 951 | 3 995 | 4 038 | 4 082 | | | | | |
| 88 | 3 949 | 3 993 | 4 037 | 4 082 | 4 126 | 4 171 | | | | |
| 1,90 | 3 991 | 4 036 | 4 080 | 4 125 | 4 170 | 4 215 | 4 260 | | | |
| 92 | 4 033 | 4 078 | 4 123 | 4 169 | 4 214 | 4 259 | 4 305 | 4 350 | | |
| 94 | 4 075 | 4 121 | 4 166 | 4 212 | 4 258 | 4 304 | 4 349 | 4 395 | 4 441 | |
| 96 | 4 117 | 4 163 | 4 209 | 4 256 | 4 302 | 4 348 | 4 394 | 4 441 | 4 487 | 4 533 |
| 98 | 4 159 | 4 206 | 4 252 | 4 299 | 4 346 | 4 392 | 4 439 | 4 486 | 4 533 | 4 579 |
| 2,— | 4 201 | 4 248 | 4 295 | 4 342 | 4 390 | 4 437 | 4 484 | 4 531 | 4 578 | 4 626 |
| 02 | 4 243 | 4 290 | 4 338 | 4 386 | 4 433 | 4 481 | 4 529 | 4 577 | 4 624 | 4 672 |
| 04 | 4 285 | 4 333 | 4 381 | 4 429 | 4 477 | 4 526 | 4 574 | 4 622 | 4 670 | 4 718 |
| 06 | 4 327 | 4 375 | 4 424 | 4 473 | 4 521 | 4 570 | 4 619 | 4 667 | 4 716 | 4 764 |
| 08 | 4 369 | 4 418 | 4 467 | 4 516 | 4 565 | 4 614 | 4 663 | 4 712 | 4 762 | 4 811 |
| 2,10 | 4 411 | 4 460 | 4 510 | 4 560 | 4 609 | 4 659 | 4 708 | 4 758 | 4 807 | 4 857 |
| 12 | 4 453 | 4 503 | 4 553 | 4 603 | 4 653 | 4 703 | 4 753 | 4 803 | 4 853 | 4 903 |
| 14 | 4 495 | 4 545 | 4 596 | 4 646 | 4 697 | 4 747 | 4 798 | 4 848 | 4 899 | 4 949 |
| 16 | 4 537 | 4 588 | 4 639 | 4 690 | 4 741 | 4 792 | 4 843 | 4 894 | 4 945 | 4 996 |
| 18 | 4 579 | 4 630 | 4 682 | 4 733 | 4 785 | 4 836 | 4 888 | 4 939 | 4 990 | 5 042 |
| 2,20 | 4 621 | 4 673 | 4 725 | 4 777 | 4 829 | 4 880 | 4 932 | 4 984 | 5 036 | 5 088 |
| 22 | 4 663 | 4 715 | 4 768 | 4 820 | 4 872 | 4 925 | 4 977 | 5 030 | 5 082 | 5 134 |
| 24 | 4 705 | 4 758 | 4 811 | 4 863 | 4 916 | 4 969 | 5 022 | 5 075 | 5 128 | 5 181 |
| 26 | 4 747 | 4 800 | 4 854 | 4 907 | 4 960 | 5 014 | 5 067 | 5 120 | 5 174 | 5 227 |
| 28 | 4 789 | 4 843 | 4 897 | 4 950 | 5 004 | 5 058 | 5 112 | 5 166 | 5 219 | 5 273 |
| 2,30 | 4 831 | 4 885 | 4 939 | 4 994 | 5 048 | 5 102 | 5 157 | 5 211 | 5 265 | 5 319 |
| 32 | 4 873 | 4 928 | 4 982 | 5 037 | 5 092 | 5 147 | 5 201 | 5 256 | 5 311 | 5 366 |
| 34 | 4 915 | 4 970 | 5 025 | 5 081 | 5 136 | 5 191 | 5 246 | 5 302 | 5 357 | 5 412 |
| 36 | 4 957 | 5 013 | 5 068 | 5 124 | 5 180 | 5 235 | 5 291 | 5 347 | 5 403 | 5 458 |
| 38 | 4 999 | 5 055 | 5 111 | 5 167 | 5 224 | 5 280 | 5 336 | 5 392 | 5 448 | 5 504 |
| 2,40 | 5 041 | 5 098 | 5 154 | 5 211 | 5 268 | 5 324 | 5 381 | 5 437 | 5 494 | 5 551 |
| 42 | 5 083 | 5 140 | 5 197 | 5 254 | 5 311 | 5 369 | 5 426 | 5 483 | 5 540 | 5 597 |
| 44 | 5 125 | 5 183 | 5 240 | 5 298 | 5 355 | 5 413 | 5 470 | 5 528 | 5 586 | 5 643 |
| 46 | 5 167 | 5 225 | 5 283 | 5 341 | 5 399 | 5 457 | 5 515 | 5 573 | 5 631 | 5 689 |
| 48 | 5 209 | 5 268 | 5 326 | 5 385 | 5 443 | 5 502 | 5 560 | 5 619 | 5 677 | 5 736 |
| 2,50 | 5 251 | 5 310 | 5 369 | 5 428 | 5 487 | 5 546 | 5 605 | 5 664 | 5 723 | 5 782 |
| 52 | 5 293 | 5 352 | 5 412 | 5 471 | 5 531 | 5 590 | 5 650 | 5 709 | 5 769 | 5 828 |
| 54 | 5 335 | 5 395 | 5 455 | 5 515 | 5 575 | 5 635 | 5 695 | 5 755 | 5 815 | 5 875 |
| 56 | 5 377 | 5 437 | 5 498 | 5 558 | 5 619 | 5 679 | 5 740 | 5 800 | 5 860 | 5 921 |
| 58 | 5 419 | 5 480 | 5 541 | 5 602 | 5 663 | 5 723 | 5 784 | 5 845 | 5 906 | 5 967 |
| 2,60 | 5 461 | 5 522 | 5 584 | 5 645 | 5 706 | 5 768 | 5 829 | 5 891 | 5 952 | 6 013 |
| 62 | 5 503 | 5 565 | 5 627 | 5 689 | 5 750 | 5 812 | 5 874 | 5 936 | 5 998 | 6 060 |
| 64 | 5 545 | 5 607 | 5 670 | 5 732 | 5 794 | 5 857 | 5 919 | 5 981 | 6 043 | 6 106 |
| 66 | 5 587 | 5 650 | 5 713 | 5 775 | 5 838 | 5 901 | 5 964 | 6 026 | 6 089 | 6 152 |
| 68 | 5 629 | 5 692 | 5 756 | 5 819 | 5 882 | 5 945 | 6 009 | 6 072 | 6 135 | 6 198 |
| 2,70 | 5 671 | 5 735 | 5 799 | 5 862 | 5 926 | 5 990 | 6 053 | 6 117 | 6 181 | 6 245 |
| 72 | 5 713 | 5 777 | 5 841 | 5 906 | 5 970 | 6 034 | 6 098 | 6 162 | 6 227 | 6 291 |
| 74 | 5 755 | 5 820 | 5 884 | 5 949 | 6 014 | 6 078 | 6 143 | 6 208 | 6 272 | 6 337 |
| 76 | 5 797 | 5 862 | 5 927 | 5 993 | 6 058 | 6 123 | 6 188 | 6 253 | 6 318 | 6 383 |
| 78 | 5 839 | 5 905 | 5 970 | 6 036 | 6 102 | 6 167 | 6 233 | 6 298 | 6 364 | 6 430 |
| 2,80 | 5 881 | 5 947 | 6 013 | 6 079 | 6 145 | 6 212 | 6 278 | 6 344 | 6 410 | 6 476 |
| 82 | 5 923 | 5 990 | 6 056 | 6 123 | 6 189 | 6 256 | 6 322 | 6 389 | 6 456 | 6 522 |
| 84 | 5 965 | 6 032 | 6 099 | 6 166 | 6 233 | 6 300 | 6 367 | 6 434 | 6 501 | 6 568 |
| 86 | 6 007 | 6 075 | 6 142 | 6 210 | 6 277 | 6 345 | 6 412 | 6 480 | 6 547 | 6 615 |
| 88 | 6 049 | 6 117 | 6 185 | 6 253 | 6 321 | 6 389 | 6 457 | 6 525 | 6 593 | 6 661 |
| 2,90 | 6 091 | 6 160 | 6 228 | 6 296 | 6 365 | 6 433 | 6 502 | 6 570 | 6 639 | 6 707 |
| 92 | 6 133 | 6 202 | 6 271 | 6 340 | 6 409 | 6 478 | 6 547 | 6 616 | 6 684 | 6 753 |
| 94 | 6 175 | 6 245 | 6 314 | 6 383 | 6 453 | 6 522 | 6 591 | 6 661 | 6 730 | 6 800 |
| 96 | 6 217 | 6 287 | 6 357 | 6 427 | 6 497 | 6 566 | 6 636 | 6 706 | 6 776 | 6 846 |

| LONG. | FUTAILLES | 1,20 | 1,22 | 1,24 | 1,26 | 1,28 | 1,30 | 1,32 | 1,34 | 1,36 | 1,38 |
|---|---|---|---|---|---|---|---|---|---|---|---|
| 1,20 | 1 382 | 1 728 | | | | | | | | | |
| 22 | 1 405 | 1 757 | 1 780 | | | | | | | | |
| 24 | 1 428 | 1 786 | 1 815 | 1 845 | | | | | | | |
| 26 | 1 432 | 1 814 | 1 845 | 1 875 | 1 905 | | | | | | |
| 28 | 1 475 | 1 843 | 1 874 | 1 905 | 1 935 | 1 966 | | | | | |
| 1,30 | 1 498 | 1 872 | 1 903 | 1 934 | 1 966 | 1 997 | 2 028 | | | | |
| 32 | 1 521 | 1 901 | 1 932 | 1 964 | 1 996 | 2 028 | 2 059 | 2 091 | | | |
| 34 | 1 544 | 1 930 | 1 962 | 1 994 | 2 026 | 2 058 | 2 090 | 2 123 | 2 155 | | |
| 36 | 1 567 | 1 958 | 1 991 | 2 024 | 2 056 | 2 089 | 2 122 | 2 154 | 2 187 | 2 220 | |
| 38 | 1 590 | 1 987 | 2 020 | 2 053 | 2 087 | 2 120 | 2 153 | 2 186 | 2 219 | 2 252 | 2 285 |
| 1,40 | 1 613 | 2 016 | 2 050 | 2 083 | 2 117 | 2 150 | 2 184 | 2 218 | 2 251 | 2 285 | 2 318 |
| 42 | 1 636 | 2 045 | 2 079 | 2 113 | 2 147 | 2 181 | 2 215 | 2 249 | 2 283 | 2 317 | 2 352 |
| 44 | 1 659 | 2 074 | 2 108 | 2 143 | 2 177 | 2 212 | 2 246 | 2 281 | 2 316 | 2 350 | 2 385 |
| 46 | 1 682 | 2 102 | 2 137 | 2 172 | 2 208 | 2 243 | 2 278 | 2 313 | 2 348 | 2 383 | 2 418 |
| 48 | 1 705 | 2 131 | 2 167 | 2 202 | 2 238 | 2 273 | 2 309 | 2 344 | 2 380 | 2 415 | 2 451 |
| 1,50 | 1 728 | 2 160 | 2 196 | 2 232 | 2 268 | 2 301 | 2 340 | 2 376 | 2 412 | 2 448 | 2 484 |
| 52 | 1 751 | 2 189 | 2 225 | 2 262 | 2 298 | 2 335 | 2 371 | 2 408 | 2 444 | 2 481 | 2 517 |
| 54 | 1 774 | 2 218 | 2 255 | 2 292 | 2 328 | 2 365 | 2 402 | 2 439 | 2 476 | 2 513 | 2 550 |
| 56 | 1 797 | 2 246 | 2 284 | 2 321 | 2 358 | 2 396 | 2 434 | 2 471 | 2 508 | 2 546 | 2 583 |
| 58 | 1 820 | 2 275 | 2 313 | 2 351 | 2 389 | 2 427 | 2 465 | 2 503 | 2 541 | 2 579 | 2 616 |
| 1,60 | 1 843 | 2 304 | 2 342 | 2 381 | 2 419 | 2 458 | 2 496 | 2 534 | 2 573 | 2 611 | 2 650 |
| 62 | 1 866 | 2 333 | 2 372 | 2 411 | 2 449 | 2 488 | 2 527 | 2 566 | 2 605 | 2 644 | 2 683 |
| 64 | 1 889 | 2 362 | 2 401 | 2 440 | 2 480 | 2 519 | 2 558 | 2 598 | 2 637 | 2 676 | 2 716 |
| 66 | 1 912 | 2 390 | 2 430 | 2 470 | 2 510 | 2 550 | 2 590 | 2 629 | 2 669 | 2 709 | 2 749 |
| 68 | 1 935 | 2 419 | 2 460 | 2 500 | 2 540 | 2 580 | 2 621 | 2 661 | 2 701 | 2 742 | 2 782 |
| 1,70 | 1 958 | 2 448 | 2 489 | 2 530 | 2 570 | 2 611 | 2 652 | 2 693 | 2 734 | 2 774 | 2 815 |
| 72 | 1 981 | 2 477 | 2 518 | 2 559 | 2 601 | 2 642 | 2 683 | 2 724 | 2 766 | 2 807 | 2 848 |
| 74 | 2 004 | 2 506 | 2 547 | 2 589 | 2 631 | 2 673 | 2 714 | 2 756 | 2 798 | 2 840 | 2 881 |
| 76 | 2 028 | 2 534 | 2 577 | 2 619 | 2 661 | 2 703 | 2 746 | 2 788 | 2 830 | 2 872 | 2 915 |
| 78 | 2 051 | 2 563 | 2 606 | 2 649 | 2 691 | 2 734 | 2 777 | 2 820 | 2 862 | 2 905 | 2 948 |
| 1,80 | 2 074 | 2 592 | 2 635 | 2 678 | 2 722 | 2 765 | 2 808 | 2 851 | 2 894 | 2 938 | 2 981 |
| 82 | 2 097 | 2 621 | 2 664 | 2 708 | 2 752 | 2 796 | 2 839 | 2 883 | 2 927 | 2 970 | 3 014 |
| 84 | 2 120 | 2 650 | 2 694 | 2 738 | 2 782 | 2 826 | 2 870 | 2 915 | 2 959 | 3 003 | 3 047 |
| 86 | 2 143 | 2 678 | 2 723 | 2 768 | 2 812 | 2 857 | 2 902 | 2 946 | 2 991 | 3 036 | 3 080 |
| 88 | 2 166 | 2 707 | 2 752 | 2 797 | 2 843 | 2 888 | 2 933 | 2 978 | 3 023 | 3 068 | 3 113 |
| 1,90 | 2 189 | 2 730 | 2 782 | 2 827 | 2 873 | 2 918 | 2 964 | 3 010 | 3 055 | 3 101 | 3 146 |
| 92 | 2 212 | 2 765 | 2 811 | 2 857 | 2 903 | 2 949 | 2 995 | 3 041 | 3 087 | 3 133 | 3 180 |
| 94 | 2 235 | 2 794 | 2 840 | 2 887 | 2 933 | 2 980 | 3 026 | 3 073 | 3 120 | 3 166 | 3 213 |
| 96 | 2 258 | 2 822 | 2 869 | 2 916 | 2 964 | 3 011 | 3 058 | 3 105 | 3 152 | 3 199 | 3 246 |
| 98 | 2 281 | 2 851 | 2 899 | 2 946 | 2 994 | 3 041 | 3 089 | 3 136 | 3 184 | 3 231 | 3 279 |
| 2,— | 2 304 | 2 880 | 2 928 | 2 976 | 3 024 | 3 072 | 3 120 | 3 168 | 3 216 | 3 264 | 3 312 |
| 02 | 2 327 | 2 909 | 2 957 | 3 006 | 3 054 | 3 103 | 3 151 | 3 200 | 3 248 | 3 297 | 3 345 |
| 04 | 2 350 | 2 938 | 2 987 | 3 036 | 3 084 | 3 133 | 3 182 | 3 231 | 3 280 | 3 329 | 3 378 |
| 06 | 2 373 | 2 966 | 3 016 | 3 065 | 3 115 | 3 164 | 3 214 | 3 263 | 3 312 | 3 362 | 3 411 |
| 08 | 2 396 | 2 995 | 3 045 | 3 095 | 3 145 | 3 195 | 3 245 | 3 295 | 3 345 | 3 395 | 3 444 |
| 2,10 | 2 419 | 3 024 | 3 074 | 3 125 | 3 175 | 3 226 | 3 276 | 3 326 | 3 377 | 3 427 | 3 478 |
| 12 | 2 442 | 3 053 | 3 104 | 3 155 | 3 205 | 3 256 | 3 307 | 3 358 | 3 409 | 3 460 | 3 511 |
| 14 | 2 465 | 3 082 | 3 133 | 3 184 | 3 236 | 3 287 | 3 338 | 3 390 | 3 441 | 3 492 | 3 544 |
| 16 | 2 488 | 3 110 | 3 162 | 3 214 | 3 266 | 3 318 | 3 370 | 3 421 | 3 473 | 3 525 | 3 577 |
| 18 | 2 511 | 3 139 | 3 192 | 3 244 | 3 296 | 3 348 | 3 401 | 3 453 | 3 505 | 3 558 | 3 610 |
| 2,20 | 2 534 | 3 168 | 3 221 | 3 274 | 3 326 | 3 379 | 3 432 | 3 485 | 3 538 | 3 590 | 3 643 |
| 22 | 2 557 | 3 197 | 3 250 | 3 303 | 3 357 | 3 410 | 3 463 | 3 516 | 3 570 | 3 623 | 3 676 |
| 24 | 2 580 | 3 226 | 3 279 | 3 333 | 3 387 | 3 441 | 3 494 | 3 548 | 3 602 | 3 656 | 3 700 |
| 26 | 2 604 | 3 254 | 3 309 | 3 363 | 3 417 | 3 471 | 3 526 | 3 580 | 3 634 | 3 688 | 3 743 |
| 28 | 2 627 | 3 283 | 3 338 | 3 393 | 3 447 | 3 502 | 3 557 | 3 612 | 3 666 | 3 721 | 3 776 |
| 2,30 | 2 650 | 3 312 | 3 367 | 3 422 | 3 478 | 3 533 | 3 588 | 3 643 | 3 698 | 3 754 | 3 809 |
| 32 | 2 673 | 3 341 | 3 396 | 3 452 | 3 508 | 3 564 | 3 619 | 3 675 | 3 731 | 3 786 | 3 842 |
| 34 | 2 696 | 3 370 | 3 426 | 3 482 | 3 538 | 3 594 | 3 650 | 3 707 | 3 763 | 3 819 | 3 875 |
| 36 | 2 719 | 3 398 | 3 455 | 3 512 | 3 568 | 3 625 | 3 682 | 3 738 | 3 795 | 3 852 | 3 908 |
| 38 | 2 742 | 3 427 | 3 484 | 3 541 | 3 599 | 3 656 | 3 713 | 3 770 | 3 827 | 3 884 | 3 941 |
| 2,40 | 2 765 | 3 456 | 3 514 | 3 571 | 3 629 | 3 686 | 3 744 | 3 802 | 3 859 | 3 917 | 3 974 |
| 42 | 2 788 | 3 485 | 3 543 | 3 601 | 3 659 | 3 717 | 3 775 | 3 833 | 3 891 | 3 949 | 4 008 |
| 44 | 2 811 | 3 514 | 3 572 | 3 631 | 3 689 | 3 748 | 3 806 | 3 865 | 3 924 | 3 982 | 4 041 |
| 46 | 2 834 | 3 542 | 3 601 | 3 660 | 3 720 | 3 779 | 3 838 | 3 897 | 3 956 | 4 015 | 4 074 |
| 48 | 2 857 | 3 571 | 3 631 | 3 690 | 3 750 | 3 809 | 3 869 | 3 928 | 3 988 | 4 047 | 4 107 |
| 2,50 | 2 880 | 3 600 | 3 660 | 3 720 | 3 780 | 3 840 | 3 900 | 3 960 | 4 020 | 4 080 | 4 140 |
| 52 | 2 903 | 3 629 | 3 689 | 3 750 | 3 810 | 3 871 | 3 931 | 3 992 | 4 052 | 4 113 | 4 173 |
| 54 | 2 926 | 3 658 | 3 719 | 3 780 | 3 840 | 3 901 | 3 962 | 4 023 | 4 084 | 4 145 | 4 206 |
| 56 | 2 949 | 3 686 | 3 748 | 3 809 | 3 871 | 3 932 | 3 994 | 4 055 | 4 116 | 4 178 | 4 239 |
| 58 | 2 972 | 3 715 | 3 777 | 3 839 | 3 901 | 3 963 | 4 025 | 4 087 | 4 149 | 4 211 | 4 272 |





| LONGUEUR | 1,40 | 1,42 | 1,44 | 1,46 | 1,48 | 1,50 | 1,52 | 1,54 | 1,56 | 1,58 |
|---|---|---|---|---|---|---|---|---|---|---|
| 1,40 | 2 352 | | | | | | | | | |
| 42 | 2 386 | 2 420 | | | | | | | | |
| 44 | 2 419 | 2 454 | 2 488 | | | | | | | |
| 46 | 2 453 | 2 488 | 2 523 | 2 558 | | | | | | |
| 48 | 2 486 | 2 522 | 2 557 | 2 593 | 2 628 | | | | | |
| 1,50 | 2 520 | 2 556 | 2 592 | 2 628 | 2 664 | 2 700 | | | | |
| 52 | 2 554 | 2 590 | 2 627 | 2 663 | 2 700 | 2 736 | 2 772 | | | |
| 54 | 2 587 | 2 624 | 2 661 | 2 698 | 2 735 | 2 772 | 2 809 | 2 846 | | |
| 56 | 2 621 | 2 658 | 2 696 | 2 733 | 2 771 | 2 808 | 2 845 | 2 883 | 2 920 | |
| 58 | 2 651 | 2 692 | 2 730 | 2 768 | 2 806 | 2 844 | 2 882 | 2 920 | 2 958 | 2 996 |
| 1,60 | 2 688 | 2 726 | 2 765 | 2 803 | 2 842 | 2 880 | 2 918 | 2 957 | 2 995 | 3 034 |
| 62 | 2 722 | 2 760 | 2 799 | 2 838 | 2 877 | 2 916 | 2 955 | 2 994 | 3 033 | 3 072 |
| 64 | 2 755 | 2 795 | 2 834 | 2 873 | 2 913 | 2 952 | 2 991 | 3 031 | 3 070 | 3 109 |
| 66 | 2 789 | 2 829 | 2 868 | 2 908 | 2 948 | 2 988 | 3 028 | 3 068 | 3 108 | 3 147 |
| 68 | 2 822 | 2 863 | 2 903 | 2 943 | 2 984 | 3 024 | 3 064 | 3 105 | 3 145 | 3 185 |
| 1,70 | 2 856 | 2 897 | 2 938 | 2 978 | 3 019 | 3 060 | 3 101 | 3 142 | 3 182 | 3 223 |
| 72 | 2 890 | 2 931 | 2 972 | 3 013 | 3 055 | 3 096 | 3 137 | 3 179 | 3 220 | 3 261 |
| 74 | 2 923 | 2 965 | 3 007 | 3 048 | 3 090 | 3 132 | 3 174 | 3 216 | 3 257 | 3 299 |
| 76 | 2 957 | 2 999 | 3 041 | 3 084 | 3 126 | 3 168 | 3 210 | 3 252 | 3 295 | 3 337 |
| 78 | 2 990 | 3 033 | 3 076 | 3 119 | 3 161 | 3 204 | 3 247 | 3 289 | 3 332 | 3 375 |
| 1,80 | 3 024 | 3 067 | 3 110 | 3 154 | 3 197 | 3 240 | 3 283 | 3 326 | 3 370 | 3 413 |
| 82 | 3 058 | 3 101 | 3 145 | 3 189 | 3 232 | 3 276 | 3 320 | 3 363 | 3 407 | 3 451 |
| 84 | 3 091 | 3 135 | 3 180 | 3 224 | 3 268 | 3 312 | 3 356 | 3 400 | 3 444 | 3 489 |
| 86 | 3 125 | 3 169 | 3 214 | 3 259 | 3 304 | 3 348 | 3 393 | 3 437 | 3 482 | 3 527 |
| 88 | 3 158 | 3 203 | 3 249 | 3 294 | 3 339 | 3 384 | 3 429 | 3 474 | 3 519 | 3 564 |
| 1,90 | 3 192 | 3 238 | 3 283 | 3 329 | 3 374 | 3 420 | 3 466 | 3 511 | 3 557 | 3 602 |
| 92 | 3 226 | 3 272 | 3 318 | 3 364 | 3 410 | 3 456 | 3 502 | 3 548 | 3 594 | 3 640 |
| 94 | 3 259 | 3 306 | 3 352 | 3 399 | 3 445 | 3 492 | 3 539 | 3 585 | 3 632 | 3 678 |
| 96 | 3 293 | 3 340 | 3 387 | 3 434 | 3 481 | 3 528 | 3 575 | 3 622 | 3 669 | 3 716 |
| 98 | 3 326 | 3 373 | 3 421 | 3 469 | 3 516 | 3 564 | 3 612 | 3 659 | 3 707 | 3 754 |
| 2,— | 3 360 | 3 408 | 3 456 | 3 504 | 3 552 | 3 600 | 3 648 | 3 696 | 3 744 | 3 792 |
| 02 | 3 394 | 3 442 | 3 491 | 3 539 | 3 588 | 3 636 | 3 684 | 3 733 | 3 781 | 3 830 |
| 04 | 3 427 | 3 476 | 3 525 | 3 574 | 3 623 | 3 672 | 3 721 | 3 770 | 3 819 | 3 868 |
| 06 | 3 461 | 3 510 | 3 560 | 3 609 | 3 659 | 3 708 | 3 757 | 3 807 | 3 856 | 3 906 |
| 08 | 3 494 | 3 544 | 3 594 | 3 644 | 3 694 | 3 744 | 3 794 | 3 844 | 3 894 | 3 944 |
| 2,10 | 3 528 | 3 578 | 3 629 | 3 679 | 3 730 | 3 780 | 3 830 | 3 881 | 3 931 | 3 982 |
| 12 | 3 562 | 3 612 | 3 664 | 3 714 | 3 765 | 3 816 | 3 867 | 3 918 | 3 969 | 4 010 |
| 14 | 3 595 | 3 647 | 3 698 | 3 749 | 3 801 | 3 852 | 3 903 | 3 955 | 4 006 | 4 057 |
| 16 | 3 629 | 3 681 | 3 732 | 3 784 | 3 836 | 3 888 | 3 940 | 3 992 | 4 044 | 4 095 |
| 18 | 3 662 | 3 715 | 3 767 | 3 819 | 3 872 | 3 924 | 3 976 | 4 029 | 4 081 | 4 133 |
| 2,20 | 3 696 | 3 749 | 3 802 | 3 854 | 3 907 | 3 960 | 4 013 | 4 066 | 4 118 | 4 171 |
| 22 | 3 730 | 3 783 | 3 836 | 3 889 | 3 943 | 3 996 | 4 049 | 4 103 | 4 156 | 4 209 |
| 24 | 3 763 | 3 817 | 3 871 | 3 924 | 3 978 | 4 032 | 4 086 | 4 140 | 4 193 | 4 247 |
| 26 | 3 797 | 3 851 | 3 905 | 3 960 | 4 014 | 4 068 | 4 122 | 4 176 | 4 231 | 4 285 |
| 28 | 3 830 | 3 885 | 3 940 | 3 995 | 4 049 | 4 104 | 4 159 | 4 213 | 4 268 | 4 323 |
| 2,30 | 3 864 | 3 919 | 3 974 | 4 030 | 4 085 | 4 140 | 4 195 | 4 250 | 4 306 | 4 361 |
| 32 | 3 898 | 3 953 | 4 009 | 4 065 | 4 120 | 4 176 | 4 232 | 4 287 | 4 343 | 4 399 |
| 34 | 3 931 | 3 987 | 4 043 | 4 100 | 4 156 | 4 212 | 4 268 | 4 324 | 4 380 | 4 437 |
| 36 | 3 965 | 4 021 | 4 078 | 4 135 | 4 191 | 4 248 | 4 305 | 4 361 | 4 418 | 4 475 |
| 38 | 3 998 | 4 056 | 4 113 | 4 170 | 4 227 | 4 284 | 4 341 | 4 398 | 4 455 | 4 512 |
| 2,40 | 4 032 | 4 090 | 4 147 | 4 205 | 4 262 | 4 320 | 4 378 | 4 435 | 4 493 | 4 550 |
| 42 | 4 066 | 4 124 | 4 182 | 4 240 | 4 298 | 4 356 | 4 414 | 4 472 | 4 530 | 4 588 |
| 44 | 4 099 | 4 158 | 4 216 | 4 275 | 4 333 | 4 392 | 4 451 | 4 509 | 4 568 | 4 626 |
| 46 | 4 133 | 4 192 | 4 251 | 4 310 | 4 369 | 4 428 | 4 487 | 4 546 | 4 605 | 4 664 |
| 48 | 4 166 | 4 226 | 4 285 | 4 345 | 4 404 | 4 464 | 4 524 | 4 583 | 4 643 | 4 702 |
| 2,50 | 4 200 | 4 260 | 4 320 | 4 380 | 4 440 | 4 500 | 4 560 | 4 620 | 4 680 | 4 740 |
| 52 | 4 234 | 4 294 | 4 355 | 4 415 | 4 476 | 4 536 | 4 596 | 4 657 | 4 717 | 4 778 |
| 54 | 4 267 | 4 328 | 4 389 | 4 450 | 4 511 | 4 572 | 4 633 | 4 694 | 4 755 | 4 816 |
| 56 | 4 301 | 4 362 | 4 424 | 4 485 | 4 547 | 4 608 | 4 669 | 4 731 | 4 792 | 4 854 |
| 58 | 4 334 | 4 396 | 4 458 | 4 520 | 4 582 | 4 644 | 4 706 | 4 768 | 4 830 | 4 892 |

**Epaisseur : 1ᵐ 20 centimètres** — table 1 (page 212)

| LONGUEUR | 1,60 | 1,62 | 1,64 | 1,66 | 1,68 | 1,70 | 1,72 | 1,74 | 1,76 | 1,78 |
|---|---|---|---|---|---|---|---|---|---|---|
| 1,60 | 3 072 | | | | | | | | | |
| 62 | 3 110 | 3 149 | | | | | | | | |
| 64 | 3 149 | 3 188 | 3 228 | | | | | | | |
| 66 | 3 187 | 3 227 | 3 267 | 3 307 | | | | | | |
| 68 | 3 226 | 3 266 | 3 306 | 3 347 | 3 387 | | | | | |
| 1,70 | 3 264 | 3 305 | 3 346 | 3 386 | 3 427 | 3 468 | | | | |
| 72 | 3 302 | 3 344 | 3 385 | 3 426 | 3 468 | 3 509 | 3 550 | | | |
| 74 | 3 341 | 3 383 | 3 424 | 3 466 | 3 508 | 3 550 | 3 591 | 3 633 | | |
| 76 | 3 379 | 3 421 | 3 464 | 3 506 | 3 548 | 3 590 | 3 633 | 3 675 | 3 717 | |
| 78 | 3 418 | 3 460 | 3 503 | 3 546 | 3 588 | 3 631 | 3 674 | 3 717 | 3 759 | 3 802 |
| 1,80 | 3 456 | 3 499 | 3 542 | 3 586 | 3 629 | 3 672 | 3 715 | 3 758 | 3 802 | 3 845 |
| 82 | 3 494 | 3 538 | 3 582 | 3 625 | 3 669 | 3 713 | 3 756 | 3 800 | 3 844 | 3 888 |
| 84 | 3 533 | 3 577 | 3 621 | 3 665 | 3 709 | 3 754 | 3 798 | 3 842 | 3 886 | 3 930 |
| 86 | 3 571 | 3 616 | 3 660 | 3 705 | 3 750 | 3 794 | 3 839 | 3 884 | 3 928 | 3 973 |
| 88 | 3 610 | 3 655 | 3 700 | 3 745 | 3 790 | 3 835 | 3 880 | 3 925 | 3 971 | 4 016 |
| 1,90 | 3 648 | 3 694 | 3 739 | 3 785 | 3 830 | 3 876 | 3 922 | 3 967 | 4 013 | 4 058 |
| 92 | 3 686 | 3 732 | 3 779 | 3 825 | 3 871 | 3 917 | 3 963 | 4 009 | 4 055 | 4 101 |
| 94 | 3 725 | 3 771 | 3 818 | 3 864 | 3 911 | 3 958 | 4 004 | 4 051 | 4 097 | 4 144 |
| 96 | 3 763 | 3 810 | 3 857 | 3 904 | 3 951 | 3 998 | 4 045 | 4 092 | 4 140 | 4 187 |
| 98 | 3 802 | 3 849 | 3 897 | 3 944 | 3 992 | 4 039 | 4 087 | 4 134 | 4 182 | 4 229 |
| 2,— | 3 840 | 3 888 | 3 936 | 3 984 | 4 032 | 4 080 | 4 128 | 4 176 | 4 224 | 4 272 |
| 02 | 3 878 | 3 927 | 3 975 | 4 024 | 4 072 | 4 121 | 4 169 | 4 218 | 4 266 | 4 315 |
| 04 | 3 917 | 3 966 | 4 015 | 4 064 | 4 113 | 4 162 | 4 211 | 4 260 | 4 308 | 4 357 |
| 06 | 3 955 | 4 005 | 4 054 | 4 104 | 4 153 | 4 202 | 4 252 | 4 301 | 4 351 | 4 400 |
| 08 | 3 994 | 4 044 | 4 093 | 4 143 | 4 193 | 4 243 | 4 293 | 4 343 | 4 393 | 4 443 |
| 2,10 | 4 032 | 4 082 | 4 133 | 4 183 | 4 234 | 4 284 | 4 334 | 4 385 | 4 435 | 4 486 |
| 12 | 4 070 | 4 121 | 4 172 | 4 223 | 4 274 | 4 325 | 4 376 | 4 427 | 4 477 | 4 528 |
| 14 | 4 109 | 4 160 | 4 212 | 4 263 | 4 314 | 4 366 | 4 417 | 4 468 | 4 520 | 4 571 |
| 16 | 4 147 | 4 199 | 4 251 | 4 303 | 4 355 | 4 406 | 4 458 | 4 510 | 4 562 | 4 614 |
| 18 | 4 186 | 4 238 | 4 290 | 4 343 | 4 395 | 4 447 | 4 500 | 4 552 | 4 604 | 4 656 |
| 2,20 | 4 224 | 4 277 | 4 330 | 4 382 | 4 435 | 4 488 | 4 541 | 4 594 | 4 646 | 4 699 |
| 22 | 4 262 | 4 316 | 4 369 | 4 422 | 4 476 | 4 529 | 4 582 | 4 635 | 4 689 | 4 742 |
| 24 | 4 301 | 4 355 | 4 408 | 4 462 | 4 516 | 4 570 | 4 623 | 4 677 | 4 731 | 4 785 |
| 26 | 4 339 | 4 393 | 4 448 | 4 502 | 4 556 | 4 610 | 4 665 | 4 719 | 4 773 | 4 827 |
| 28 | 4 378 | 4 432 | 4 487 | 4 542 | 4 596 | 4 651 | 4 706 | 4 761 | 4 815 | 4 870 |
| 2,30 | 4 416 | 4 471 | 4 526 | 4 582 | 4 637 | 4 692 | 4 747 | 4 802 | 4 858 | 4 913 |
| 32 | 4 454 | 4 510 | 4 566 | 4 621 | 4 677 | 4 733 | 4 788 | 4 844 | 4 900 | 4 956 |
| 34 | 4 493 | 4 549 | 4 605 | 4 661 | 4 717 | 4 774 | 4 830 | 4 886 | 4 942 | 4 998 |
| 36 | 4 531 | 4 588 | 4 644 | 4 701 | 4 758 | 4 814 | 4 871 | 4 928 | 4 984 | 5 041 |
| 38 | 4 570 | 4 627 | 4 684 | 4 741 | 4 798 | 4 855 | 4 912 | 4 969 | 5 027 | 5 084 |
| 2,40 | 4 608 | 4 666 | 4 723 | 4 781 | 4 838 | 4 896 | 4 954 | 5 011 | 5 069 | 5 126 |
| 42 | 4 646 | 4 704 | 4 763 | 4 821 | 4 879 | 4 937 | 4 995 | 5 053 | 5 111 | 5 169 |
| 44 | 4 685 | 4 743 | 4 802 | 4 860 | 4 919 | 4 978 | 5 036 | 5 095 | 5 153 | 5 212 |
| 46 | 4 723 | 4 782 | 4 841 | 4 900 | 4 959 | 5 018 | 5 077 | 5 136 | 5 196 | 5 255 |
| 48 | 4 762 | 4 821 | 4 881 | 4 940 | 5 000 | 5 059 | 5 119 | 5 178 | 5 238 | 5 297 |
| 2,50 | 4 800 | 4 860 | 4 920 | 4 980 | 5 040 | 5 100 | 5 160 | 5 220 | 5 280 | 5 340 |
| 52 | 4 838 | 4 899 | 4 959 | 5 020 | 5 080 | 5 141 | 5 201 | 5 262 | 5 322 | 5 383 |
| 54 | 4 877 | 4 938 | 4 999 | 5 060 | 5 121 | 5 182 | 5 243 | 5 304 | 5 364 | 5 425 |
| 56 | 4 915 | 4 977 | 5 038 | 5 100 | 5 161 | 5 222 | 5 284 | 5 345 | 5 407 | 5 468 |
| 58 | 4 954 | 5 016 | 5 077 | 5 139 | 5 201 | 5 263 | 5 325 | 5 387 | 5 449 | 5 511 |
| 2,60 | 4 992 | 5 054 | 5 117 | 5 179 | 5 242 | 5 304 | 5 366 | 5 429 | 5 491 | 5 554 |
| 62 | 5 030 | 5 093 | 5 156 | 5 219 | 5 282 | 5 345 | 5 408 | 5 471 | 5 533 | 5 596 |
| 64 | 5 069 | 5 132 | 5 196 | 5 259 | 5 322 | 5 386 | 5 449 | 5 512 | 5 576 | 5 639 |
| 66 | 5 107 | 5 171 | 5 235 | 5 299 | 5 363 | 5 426 | 5 490 | 5 554 | 5 618 | 5 682 |
| 68 | 5 146 | 5 210 | 5 274 | 5 339 | 5 403 | 5 467 | 5 532 | 5 596 | 5 660 | 5 724 |
| 2,70 | 5 184 | 5 249 | 5 314 | 5 378 | 5 443 | 5 508 | 5 573 | 5 638 | 5 702 | 5 767 |
| 72 | 5 222 | 5 288 | 5 353 | 5 418 | 5 484 | 5 549 | 5 614 | 5 679 | 5 745 | 5 810 |
| 74 | 5 261 | 5 327 | 5 392 | 5 458 | 5 524 | 5 590 | 5 655 | 5 721 | 5 787 | 5 853 |
| 76 | 5 299 | 5 365 | 5 432 | 5 498 | 5 564 | 5 630 | 5 697 | 5 763 | 5 829 | 5 895 |
| 78 | 5 338 | 5 404 | 5 471 | 5 538 | 5 604 | 5 671 | 5 738 | 5 805 | 5 871 | 5 938 |
| 2,80 | 5 376 | 5 443 | 5 510 | 5 578 | 5 645 | 5 712 | 5 779 | 5 846 | 5 914 | 5 981 |
| 82 | 5 414 | 5 482 | 5 550 | 5 617 | 5 685 | 5 753 | 5 820 | 5 888 | 5 956 | 6 024 |
| 84 | 5 453 | 5 521 | 5 589 | 5 657 | 5 725 | 5 794 | 5 862 | 5 930 | 5 998 | 6 066 |
| 86 | 5 491 | 5 560 | 5 628 | 5 697 | 5 766 | 5 834 | 5 903 | 5 972 | 6 040 | 6 109 |
| 88 | 5 530 | 5 599 | 5 668 | 5 737 | 5 806 | 5 875 | 5 944 | 6 013 | 6 083 | 6 152 |
| 2,90 | 5 568 | 5 638 | 5 707 | 5 777 | 5 846 | 5 916 | 5 986 | 6 055 | 6 125 | 6 194 |
| 92 | 5 606 | 5 676 | 5 747 | 5 817 | 5 887 | 5 957 | 6 027 | 6 097 | 6 167 | 6 237 |
| 94 | 5 645 | 5 715 | 5 786 | 5 856 | 5 927 | 5 998 | 6 068 | 6 139 | 6 209 | 6 280 |
| 96 | 5 683 | 5 754 | 5 825 | 5 896 | 5 967 | 6 038 | 6 109 | 6 180 | 6 252 | 6 323 |
| 98 | 5 722 | 5 793 | 5 865 | 5 936 | 6 008 | 6 079 | 6 151 | 6 222 | 6 294 | 6 365 |





**Epaisseur : 1ᵐ 20 centimètres** — table 2 (page 213)

| LONGUEUR | 1,80 | 1,82 | 1,84 | 1,86 | 1,88 | 1,90 | 1,92 | 1,94 | 1,96 | 1,98 |
|---|---|---|---|---|---|---|---|---|---|---|
| 1,80 | 3 888 | | | | | | | | | |
| 82 | 3 931 | 3 975 | | | | | | | | |
| 84 | 3 974 | 4 019 | 4 063 | | | | | | | |
| 86 | 4 018 | 4 062 | 4 107 | 4 152 | | | | | | |
| 88 | 4 061 | 4 106 | 4 151 | 4 196 | 4 241 | | | | | |
| 1,90 | 4 104 | 4 150 | 4 195 | 4 241 | 4 286 | 4 332 | | | | |
| 92 | 4 147 | 4 193 | 4 239 | 4 285 | 4 332 | 4 378 | 4 424 | | | |
| 94 | 4 190 | 4 237 | 4 284 | 4 330 | 4 377 | 4 423 | 4 470 | 4 516 | | |
| 96 | 4 234 | 4 281 | 4 328 | 4 375 | 4 422 | 4 469 | 4 516 | 4 563 | 4 610 | |
| 98 | 4 277 | 4 324 | 4 372 | 4 419 | 4 467 | 4 514 | 4 562 | 4 609 | 4 657 | 4 704 |
| 2,— | 4 320 | 4 368 | 4 416 | 4 464 | 4 512 | 4 560 | 4 608 | 4 656 | 4 704 | 4 752 |
| 02 | 4 363 | 4 412 | 4 460 | 4 509 | 4 557 | 4 606 | 4 654 | 4 703 | 4 751 | 4 800 |
| 04 | 4 406 | 4 455 | 4 504 | 4 553 | 4 602 | 4 651 | 4 700 | 4 749 | 4 798 | 4 847 |
| 06 | 4 450 | 4 499 | 4 548 | 4 598 | 4 647 | 4 697 | 4 746 | 4 796 | 4 845 | 4 895 |
| 08 | 4 493 | 4 543 | 4 593 | 4 643 | 4 692 | 4 742 | 4 792 | 4 842 | 4 892 | 4 942 |
| 2,10 | 4 536 | 4 586 | 4 637 | 4 687 | 4 738 | 4 788 | 4 838 | 4 889 | 4 939 | 4 990 |
| 12 | 4 579 | 4 630 | 4 681 | 4 732 | 4 783 | 4 834 | 4 884 | 4 935 | 4 986 | 5 037 |
| 14 | 4 622 | 4 674 | 4 725 | 4 776 | 4 828 | 4 879 | 4 931 | 4 982 | 5 033 | 5 085 |
| 16 | 4 666 | 4 717 | 4 769 | 4 821 | 4 873 | 4 925 | 4 977 | 5 028 | 5 080 | 5 132 |
| 18 | 4 709 | 4 761 | 4 813 | 4 866 | 4 918 | 4 970 | 5 023 | 5 075 | 5 127 | 5 180 |
| 2,20 | 4 752 | 4 805 | 4 858 | 4 910 | 4 963 | 5 016 | 5 069 | 5 122 | 5 174 | 5 227 |
| 22 | 4 795 | 4 848 | 4 902 | 4 955 | 5 008 | 5 062 | 5 115 | 5 168 | 5 221 | 5 275 |
| 24 | 4 838 | 4 892 | 4 946 | 5 000 | 5 053 | 5 107 | 5 161 | 5 215 | 5 268 | 5 322 |
| 26 | 4 882 | 4 936 | 4 990 | 5 044 | 5 099 | 5 153 | 5 207 | 5 261 | 5 316 | 5 370 |
| 28 | 4 925 | 4 980 | 5 034 | 5 089 | 5 144 | 5 198 | 5 253 | 5 308 | 5 363 | 5 417 |
| 2,30 | 4 968 | 5 023 | 5 078 | 5 134 | 5 189 | 5 244 | 5 299 | 5 354 | 5 410 | 5 465 |
| 32 | 5 011 | 5 067 | 5 123 | 5 178 | 5 234 | 5 290 | 5 345 | 5 401 | 5 457 | 5 512 |
| 34 | 5 054 | 5 111 | 5 167 | 5 223 | 5 279 | 5 335 | 5 391 | 5 448 | 5 504 | 5 560 |
| 36 | 5 098 | 5 154 | 5 211 | 5 268 | 5 324 | 5 381 | 5 437 | 5 494 | 5 551 | 5 607 |
| 38 | 5 141 | 5 198 | 5 255 | 5 312 | 5 369 | 5 426 | 5 484 | 5 541 | 5 598 | 5 655 |
| 2,40 | 5 184 | 5 242 | 5 299 | 5 357 | 5 414 | 5 472 | 5 530 | 5 587 | 5 645 | 5 702 |
| 42 | 5 227 | 5 285 | 5 343 | 5 401 | 5 460 | 5 518 | 5 576 | 5 634 | 5 692 | 5 750 |
| 44 | 5 270 | 5 329 | 5 388 | 5 446 | 5 505 | 5 563 | 5 622 | 5 680 | 5 739 | 5 797 |
| 46 | 5 314 | 5 373 | 5 432 | 5 491 | 5 550 | 5 609 | 5 668 | 5 727 | 5 786 | 5 845 |
| 48 | 5 357 | 5 416 | 5 476 | 5 535 | 5 595 | 5 654 | 5 714 | 5 773 | 5 833 | 5 892 |
| 2,50 | 5 400 | 5 460 | 5 520 | 5 580 | 5 640 | 5 700 | 5 760 | 5 820 | 5 880 | 5 940 |
| 52 | 5 443 | 5 504 | 5 564 | 5 625 | 5 685 | 5 746 | 5 806 | 5 867 | 5 927 | 5 988 |
| 54 | 5 486 | 5 547 | 5 608 | 5 669 | 5 730 | 5 791 | 5 852 | 5 913 | 5 974 | 6 035 |
| 56 | 5 530 | 5 591 | 5 652 | 5 714 | 5 775 | 5 837 | 5 898 | 5 960 | 6 021 | 6 083 |
| 58 | 5 573 | 5 635 | 5 697 | 5 759 | 5 820 | 5 882 | 5 944 | 6 006 | 6 068 | 6 130 |
| 2,60 | 5 616 | 5 678 | 5 741 | 5 803 | 5 866 | 5 928 | 5 990 | 6 053 | 6 115 | 6 178 |
| 62 | 5 659 | 5 722 | 5 785 | 5 848 | 5 911 | 5 974 | 6 036 | 6 099 | 6 162 | 6 225 |
| 64 | 5 702 | 5 766 | 5 829 | 5 892 | 5 956 | 6 019 | 6 083 | 6 146 | 6 209 | 6 273 |
| 66 | 5 746 | 5 809 | 5 873 | 5 937 | 6 001 | 6 065 | 6 129 | 6 192 | 6 256 | 6 320 |
| 68 | 5 789 | 5 853 | 5 917 | 5 982 | 6 046 | 6 110 | 6 175 | 6 239 | 6 303 | 6 368 |
| 2,70 | 5 832 | 5 897 | 5 962 | 6 026 | 6 091 | 6 156 | 6 221 | 6 286 | 6 350 | 6 415 |
| 72 | 5 875 | 5 940 | 6 006 | 6 071 | 6 136 | 6 202 | 6 267 | 6 332 | 6 397 | 6 463 |
| 74 | 5 918 | 5 984 | 6 050 | 6 116 | 6 181 | 6 247 | 6 313 | 6 379 | 6 444 | 6 510 |
| 76 | 5 962 | 6 028 | 6 094 | 6 161 | 6 227 | 6 293 | 6 360 | 6 426 | 6 492 | 6 558 |
| 78 | 6 005 | 6 072 | 6 138 | 6 205 | 6 272 | 6 338 | 6 405 | 6 472 | 6 539 | 6 605 |
| 2,80 | 6 048 | 6 115 | 6 182 | 6 250 | 6 317 | 6 384 | 6 451 | 6 518 | 6 586 | 6 653 |
| 82 | 6 091 | 6 159 | 6 227 | 6 294 | 6 362 | 6 430 | 6 497 | 6 565 | 6 633 | 6 700 |
| 84 | 6 134 | 6 203 | 6 271 | 6 339 | 6 407 | 6 475 | 6 543 | 6 612 | 6 680 | 6 748 |
| 86 | 6 178 | 6 246 | 6 315 | 6 384 | 6 452 | 6 521 | 6 589 | 6 658 | 6 727 | 6 795 |
| 88 | 6 221 | 6 290 | 6 359 | 6 428 | 6 497 | 6 566 | 6 636 | 6 705 | 6 774 | 6 843 |
| 2,90 | 6 264 | 6 334 | 6 403 | 6 473 | 6 542 | 6 612 | 6 682 | 6 751 | 6 821 | 6 890 |
| 92 | 6 307 | 6 377 | 6 447 | 6 517 | 6 588 | 6 658 | 6 728 | 6 798 | 6 868 | 6 938 |
| 94 | 6 350 | 6 421 | 6 492 | 6 562 | 6 633 | 6 703 | 6 774 | 6 844 | 6 915 | 6 985 |
| 96 | 6 394 | 6 465 | 6 536 | 6 607 | 6 678 | 6 749 | 6 820 | 6 891 | 6 962 | 7 033 |
| 98 | 6 437 | 6 508 | 6 580 | 6 651 | 6 723 | 6 794 | 6 866 | 6 937 | 7 009 | 7 080 |

| LONG.r | FEUILLES | 1,22 | 1,24 | 1,26 | 1,28 | 1,30 | 1,32 | 1,34 | 1,36 | 1,38 | 1,40 |
|---|---|---|---|---|---|---|---|---|---|---|---|
| | | | | | | LARGEUR | | | | | |
| 1,22 | 1 453 | 1 816 | | | | | | | | | |
| 24 | 1 476 | 1 846 | 1 876 | | | | | | | | |
| 26 | 1 501 | 1 875 | 1 906 | 1 937 | | | | | | | |
| 28 | 1 524 | 1 905 | 1 936 | 1 968 | 1 999 | | | | | | |
| 1,30 | 1 548 | 1 935 | 1 967 | 1 998 | 2 030 | 2 062 | | | | | |
| 32 | 1 572 | 1 965 | 1 997 | 2 029 | 2 061 | 2 093 | 2 126 | | | | |
| 34 | 1 596 | 1 994 | 2 027 | 2 060 | 2 093 | 2 125 | 2 158 | 2 191 | | | |
| 36 | 1 619 | 2 024 | 2 057 | 2 091 | 2 124 | 2 157 | 2 190 | 2 223 | 2 257 | | |
| 38 | 1 643 | 2 054 | 2 088 | 2 121 | 2 155 | 2 189 | 2 222 | 2 256 | 2 290 | 2 323 | |
| 1,40 | 1 667 | 2 084 | 2 118 | 2 152 | 2 186 | 2 220 | 2 255 | 2 289 | 2 323 | 2 357 | 2 391 |
| 42 | 1 691 | 2 114 | 2 148 | 2 183 | 2 217 | 2 252 | 2 287 | 2 321 | 2 356 | 2 391 | 2 425 |
| 44 | 1 715 | 2 143 | 2 178 | 2 214 | 2 249 | 2 284 | 2 319 | 2 354 | 2 389 | 2 424 | 2 460 |
| 46 | 1 738 | 2 173 | 2 209 | 2 244 | 2 280 | 2 316 | 2 351 | 2 387 | 2 422 | 2 458 | 2 494 |
| 48 | 1 762 | 2 203 | 2 239 | 2 275 | 2 311 | 2 347 | 2 383 | 2 420 | 2 456 | 2 492 | 2 528 |
| 1,50 | 1 786 | 2 233 | 2 269 | 2 306 | 2 342 | 2 379 | 2 416 | 2 452 | 2 489 | 2 525 | 2 562 |
| 52 | 1 810 | 2 262 | 2 299 | 2 337 | 2 374 | 2 411 | 2 448 | 2 485 | 2 522 | 2 559 | 2 596 |
| 54 | 1 834 | 2 292 | 2 330 | 2 367 | 2 405 | 2 442 | 2 480 | 2 518 | 2 555 | 2 593 | 2 630 |
| 56 | 1 858 | 2 322 | 2 360 | 2 398 | 2 436 | 2 474 | 2 512 | 2 550 | 2 588 | 2 626 | 2 664 |
| 58 | 1 881 | 2 352 | 2 390 | 2 429 | 2 467 | 2 506 | 2 544 | 2 583 | 2 622 | 2 660 | 2 699 |
| 1,60 | 1 905 | 2 381 | 2 420 | 2 460 | 2 499 | 2 538 | 2 577 | 2 616 | 2 655 | 2 694 | 2 733 |
| 62 | 1 929 | 2 411 | 2 451 | 2 490 | 2 530 | 2 569 | 2 609 | 2 648 | 2 688 | 2 727 | 2 767 |
| 64 | 1 953 | 2 441 | 2 481 | 2 521 | 2 561 | 2 601 | 2 641 | 2 681 | 2 721 | 2 761 | 2 801 |
| 66 | 1 977 | 2 471 | 2 511 | 2 552 | 2 592 | 2 633 | 2 673 | 2 714 | 2 754 | 2 795 | 2 835 |
| 68 | 2 000 | 2 501 | 2 542 | 2 583 | 2 623 | 2 664 | 2 705 | 2 746 | 2 787 | 2 828 | 2 869 |
| 1,70 | 2 024 | 2 530 | 2 572 | 2 613 | 2 655 | 2 696 | 2 738 | 2 779 | 2 821 | 2 862 | 2 904 |
| 72 | 2 048 | 2 560 | 2 602 | 2 644 | 2 686 | 2 728 | 2 770 | 2 812 | 2 854 | 2 896 | 2 938 |
| 74 | 2 072 | 2 590 | 2 632 | 2 675 | 2 717 | 2 760 | 2 802 | 2 845 | 2 887 | 2 929 | 2 972 |
| 76 | 2 096 | 2 620 | 2 663 | 2 705 | 2 748 | 2 791 | 2 834 | 2 877 | 2 920 | 2 963 | 3 006 |
| 78 | 2 120 | 2 649 | 2 693 | 2 736 | 2 780 | 2 823 | 2 867 | 2 910 | 2 953 | 2 997 | 3 040 |
| 1,80 | 2 143 | 2 679 | 2 723 | 2 767 | 2 811 | 2 855 | 2 899 | 2 943 | 2 987 | 3 030 | 3 074 |
| 82 | 2 167 | 2 709 | 2 753 | 2 798 | 2 842 | 2 887 | 2 931 | 2 975 | 3 020 | 3 064 | 3 109 |
| 84 | 2 191 | 2 739 | 2 784 | 2 828 | 2 873 | 2 918 | 2 963 | 3 008 | 3 053 | 3 098 | 3 143 |
| 86 | 2 215 | 2 768 | 2 813 | 2 859 | 2 905 | 2 950 | 2 995 | 3 041 | 3 086 | 3 131 | 3 177 |
| 88 | 2 239 | 2 798 | 2 844 | 2 890 | 2 936 | 2 982 | 3 028 | 3 073 | 3 119 | 3 165 | 3 211 |
| 1,90 | 2 262 | 2 828 | 2 874 | 2 921 | 2 967 | 3 013 | 3 060 | 3 106 | 3 152 | 3 199 | 3 245 |
| 92 | 2 286 | 2 858 | 2 905 | 2 951 | 2 998 | 3 045 | 3 092 | 3 139 | 3 186 | 3 233 | 3 279 |
| 94 | 2 310 | 2 887 | 2 935 | 2 982 | 3 030 | 3 077 | 3 124 | 3 172 | 3 219 | 3 266 | 3 314 |
| 96 | 2 334 | 2 917 | 2 965 | 3 013 | 3 061 | 3 109 | 3 156 | 3 204 | 3 252 | 3 300 | 3 348 |
| 98 | 2 358 | 2 947 | 2 995 | 3 044 | 3 092 | 3 140 | 3 189 | 3 237 | 3 285 | 3 334 | 3 382 |
| 2,— | 2 382 | 2 977 | 3 026 | 3 074 | 3 123 | 3 172 | 3 221 | 3 270 | 3 318 | 3 367 | 3 416 |
| 02 | 2 405 | 3 007 | 3 056 | 3 105 | 3 154 | 3 204 | 3 253 | 3 302 | 3 352 | 3 401 | 3 450 |
| 04 | 2 429 | 3 036 | 3 086 | 3 136 | 3 186 | 3 235 | 3 285 | 3 335 | 3 385 | 3 435 | 3 484 |
| 06 | 2 453 | 3 066 | 3 116 | 3 167 | 3 217 | 3 267 | 3 317 | 3 368 | 3 418 | 3 468 | 3 518 |
| 08 | 2 477 | 3 096 | 3 147 | 3 197 | 3 248 | 3 299 | 3 350 | 3 400 | 3 451 | 3 502 | 3 553 |
| 2,10 | 2 501 | 3 126 | 3 177 | 3 228 | 3 279 | 3 331 | 3 382 | 3 433 | 3 484 | 3 536 | 3 587 |
| 12 | 2 524 | 3 155 | 3 207 | 3 259 | 3 311 | 3 362 | 3 414 | 3 466 | 3 518 | 3 569 | 3 621 |
| 14 | 2 548 | 3 185 | 3 237 | 3 290 | 3 342 | 3 394 | 3 446 | 3 498 | 3 551 | 3 603 | 3 655 |
| 16 | 2 572 | 3 215 | 3 268 | 3 320 | 3 373 | 3 426 | 3 478 | 3 531 | 3 584 | 3 637 | 3 689 |
| 18 | 2 596 | 3 245 | 3 298 | 3 351 | 3 404 | 3 457 | 3 511 | 3 564 | 3 617 | 3 670 | 3 723 |
| 2,20 | 2 620 | 3 274 | 3 328 | 3 382 | 3 436 | 3 489 | 3 543 | 3 597 | 3 650 | 3 704 | 3 758 |
| 22 | 2 643 | 3 304 | 3 358 | 3 413 | 3 467 | 3 521 | 3 575 | 3 629 | 3 683 | 3 738 | 3 792 |
| 24 | 2 667 | 3 334 | 3 389 | 3 443 | 3 498 | 3 553 | 3 607 | 3 662 | 3 717 | 3 771 | 3 826 |
| 26 | 2 691 | 3 364 | 3 419 | 3 474 | 3 529 | 3 584 | 3 640 | 3 695 | 3 750 | 3 805 | 3 860 |
| 28 | 2 715 | 3 394 | 3 449 | 3 505 | 3 560 | 3 616 | 3 672 | 3 726 | 3 785 | 3 839 | 3 894 |
| 2,30 | 2 739 | 3 423 | 3 479 | 3 536 | 3 592 | 3 648 | 3 704 | 3 760 | 3 816 | 3 872 | 3 928 |
| 32 | 2 762 | 3 453 | 3 510 | 3 566 | 3 623 | 3 680 | 3 736 | 3 793 | 3 849 | 3 906 | 3 963 |
| 34 | 2 786 | 3 483 | 3 540 | 3 597 | 3 654 | 3 711 | 3 768 | 3 825 | 3 883 | 3 940 | 3 997 |
| 36 | 2 810 | 3 513 | 3 570 | 3 628 | 3 685 | 3 743 | 3 801 | 3 858 | 3 916 | 3 973 | 4 031 |
| 38 | 2 834 | 3 542 | 3 600 | 3 659 | 3 717 | 3 775 | 3 833 | 3 891 | 3 949 | 4 007 | 4 065 |
| 2,40 | 2 858 | 3 572 | 3 631 | 3 689 | 3 748 | 3 806 | 3 865 | 3 924 | 3 982 | 4 041 | 4 099 |
| 42 | 2 882 | 3 602 | 3 661 | 3 720 | 3 779 | 3 838 | 3 897 | 3 956 | 4 015 | 4 074 | 4 133 |
| 44 | 2 905 | 3 632 | 3 691 | 3 751 | 3 810 | 3 870 | 3 929 | 3 989 | 4 048 | 4 108 | 4 168 |
| 46 | 2 929 | 3 661 | 3 721 | 3 782 | 3 842 | 3 902 | 3 962 | 4 022 | 4 082 | 4 142 | 4 202 |
| 48 | 2 953 | 3 691 | 3 752 | 3 812 | 3 873 | 3 933 | 3 994 | 4 054 | 4 115 | 4 175 | 4 236 |
| 2,50 | 2 977 | 3 721 | 3 782 | 3 843 | 3 904 | 3 965 | 4 026 | 4 087 | 4 148 | 4 209 | 4 270 |
| 52 | 3 001 | 3 751 | 3 812 | 3 874 | 3 935 | 3 997 | 4 058 | 4 120 | 4 181 | 4 243 | 4 304 |
| 54 | 3 024 | 3 781 | 3 843 | 3 904 | 3 966 | 4 028 | 4 090 | 4 152 | 4 214 | 4 276 | 4 338 |
| 56 | 3 048 | 3 810 | 3 873 | 3 935 | 3 998 | 4 060 | 4 123 | 4 185 | 4 248 | 4 310 | 4 372 |
| 58 | 3 072 | 3 840 | 3 903 | 3 966 | 4 029 | 4 092 | 4 155 | 4 218 | 4 281 | 4 344 | 4 407 |
| 2,60 | 3 096 | 3 870 | 3 933 | 3 997 | 4 060 | 4 124 | 4 187 | 4 250 | 4 314 | 4 377 | 4 441 |





| LONGUEUR | 1,42 | 1,44 | 1,46 | 1,48 | 1,50 | 1,52 | 1,54 | 1,56 | 1,58 | 1,60 |
|---|---|---|---|---|---|---|---|---|---|---|
| | | | | LARGEUR | | | | | | |
| 1,42 | 2 400 | | | | | | | | | |
| 44 | 2 495 | 2 530 | | | | | | | | |
| 46 | 2 529 | 2 565 | 2 601 | | | | | | | |
| 48 | 2 564 | 2 600 | 2 636 | 2 672 | | | | | | |
| 1,50 | 2 599 | 2 635 | 2 672 | 2 708 | 2 745 | | | | | |
| 52 | 2 633 | 2 670 | 2 707 | 2 745 | 2 782 | 2 819 | | | | |
| 54 | 2 668 | 2 705 | 2 743 | 2 781 | 2 818 | 2 856 | 2 893 | | | |
| 56 | 2 703 | 2 741 | 2 779 | 2 817 | 2 855 | 2 893 | 2 931 | 2 969 | | |
| 58 | 2 737 | 2 776 | 2 814 | 2 853 | 2 891 | 2 930 | 2 969 | 3 007 | 3 046 | |
| 1,60 | 2 772 | 2 811 | 2 850 | 2 889 | 2 928 | 2 967 | 3 006 | 3 045 | 3 081 | 3 123 |
| 62 | 2 806 | 2 846 | 2 886 | 2 925 | 2 965 | 3 004 | 3 044 | 3 083 | 3 123 | 3 162 |
| 64 | 2 841 | 2 881 | 2 921 | 2 961 | 3 001 | 3 041 | 3 081 | 3 121 | 3 161 | 3 201 |
| 66 | 2 876 | 2 916 | 2 957 | 2 997 | 3 038 | 3 078 | 3 119 | 3 159 | 3 200 | 3 240 |
| 68 | 2 910 | 2 951 | 2 992 | 3 033 | 3 074 | 3 115 | 3 156 | 3 197 | 3 238 | 3 279 |
| 1,70 | 2 945 | 2 987 | 3 028 | 3 070 | 3 111 | 3 152 | 3 194 | 3 235 | 3 277 | 3 318 |
| 72 | 2 980 | 3 022 | 3 064 | 3 106 | 3 148 | 3 190 | 3 232 | 3 274 | 3 315 | 3 357 |
| 74 | 3 014 | 3 057 | 3 099 | 3 142 | 3 184 | 3 227 | 3 269 | 3 312 | 3 354 | 3 396 |
| 76 | 3 049 | 3 092 | 3 135 | 3 178 | 3 221 | 3 264 | 3 307 | 3 350 | 3 393 | 3 436 |
| 78 | 3 084 | 3 127 | 3 171 | 3 214 | 3 257 | 3 301 | 3 344 | 3 388 | 3 431 | 3 475 |
| 1,80 | 3 118 | 3 162 | 3 206 | 3 250 | 3 294 | 3 338 | 3 382 | 3 426 | 3 470 | 3 514 |
| 82 | 3 153 | 3 197 | 3 242 | 3 286 | 3 331 | 3 375 | 3 419 | 3 464 | 3 508 | 3 553 |
| 84 | 3 188 | 3 233 | 3 277 | 3 322 | 3 367 | 3 412 | 3 457 | 3 502 | 3 547 | 3 591 |
| 86 | 3 222 | 3 268 | 3 313 | 3 358 | 3 404 | 3 449 | 3 495 | 3 540 | 3 585 | 3 631 |
| 88 | 3 257 | 3 303 | 3 349 | 3 395 | 3 440 | 3 486 | 3 532 | 3 578 | 3 624 | 3 670 |
| 1,90 | 3 292 | 3 338 | 3 384 | 3 431 | 3 477 | 3 523 | 3 570 | 3 616 | 3 662 | 3 709 |
| 92 | 3 326 | 3 373 | 3 420 | 3 467 | 3 514 | 3 560 | 3 607 | 3 654 | 3 701 | 3 748 |
| 94 | 3 361 | 3 408 | 3 456 | 3 503 | 3 550 | 3 598 | 3 645 | 3 692 | 3 740 | 3 787 |
| 96 | 3 395 | 3 443 | 3 491 | 3 539 | 3 587 | 3 635 | 3 682 | 3 730 | 3 778 | 3 826 |
| 98 | 3 430 | 3 478 | 3 527 | 3 575 | 3 623 | 3 672 | 3 720 | 3 768 | 3 817 | 3 865 |
| 2,— | 3 465 | 3 514 | 3 562 | 3 611 | 3 660 | 3 709 | 3 758 | 3 806 | 3 855 | 3 904 |
| 02 | 3 499 | 3 549 | 3 598 | 3 647 | 3 697 | 3 746 | 3 795 | 3 844 | 3 894 | 3 943 |
| 04 | 3 534 | 3 584 | 3 634 | 3 684 | 3 734 | 3 783 | 3 833 | 3 883 | 3 932 | 3 982 |
| 06 | 3 569 | 3 619 | 3 669 | 3 720 | 3 770 | 3 820 | 3 870 | 3 921 | 3 971 | 4 021 |
| 08 | 3 603 | 3 654 | 3 705 | 3 756 | 3 806 | 3 857 | 3 908 | 3 959 | 4 009 | 4 060 |
| 2,10 | 3 638 | 3 689 | 3 741 | 3 792 | 3 843 | 3 894 | 3 945 | 3 997 | 4 048 | 4 099 |
| 12 | 3 673 | 3 724 | 3 776 | 3 828 | 3 880 | 3 931 | 3 983 | 4 035 | 4 087 | 4 138 |
| 14 | 3 707 | 3 760 | 3 812 | 3 864 | 3 916 | 3 968 | 4 021 | 4 073 | 4 125 | 4 177 |
| 16 | 3 742 | 3 795 | 3 847 | 3 900 | 3 953 | 4 006 | 4 058 | 4 111 | 4 164 | 4 216 |
| 18 | 3 777 | 3 830 | 3 883 | 3 936 | 3 989 | 4 043 | 4 096 | 4 149 | 4 202 | 4 255 |
| 2,20 | 3 811 | 3 865 | 3 919 | 3 972 | 4 026 | 4 080 | 4 133 | 4 187 | 4 241 | 4 294 |
| 22 | 3 846 | 3 900 | 3 954 | 4 008 | 4 063 | 4 117 | 4 171 | 4 225 | 4 279 | 4 333 |
| 24 | 3 881 | 3 935 | 3 990 | 4 045 | 4 099 | 4 154 | 4 209 | 4 263 | 4 318 | 4 372 |
| 26 | 3 915 | 3 970 | 4 026 | 4 081 | 4 136 | 4 191 | 4 246 | 4 301 | 4 356 | 4 412 |
| 28 | 3 950 | 4 006 | 4 061 | 4 117 | 4 172 | 4 228 | 4 283 | 4 339 | 4 395 | 4 451 |
| 2,30 | 3 985 | 4 041 | 4 097 | 4 153 | 4 209 | 4 265 | 4 321 | 4 377 | 4 433 | 4 490 |
| 32 | 4 019 | 4 076 | 4 132 | 4 189 | 4 246 | 4 302 | 4 359 | 4 415 | 4 472 | 4 529 |
| 34 | 4 054 | 4 111 | 4 168 | 4 225 | 4 282 | 4 339 | 4 396 | 4 453 | 4 511 | 4 568 |
| 36 | 4 088 | 4 146 | 4 204 | 4 261 | 4 319 | 4 376 | 4 434 | 4 492 | 4 549 | 4 607 |
| 38 | 4 123 | 4 181 | 4 239 | 4 297 | 4 355 | 4 413 | 4 472 | 4 530 | 4 588 | 4 646 |
| 2,40 | 4 158 | 4 216 | 4 275 | 4 333 | 4 392 | 4 451 | 4 509 | 4 568 | 4 626 | 4 685 |
| 42 | 4 192 | 4 251 | 4 311 | 4 370 | 4 429 | 4 488 | 4 547 | 4 606 | 4 665 | 4 724 |
| 44 | 4 227 | 4 287 | 4 346 | 4 406 | 4 465 | 4 525 | 4 584 | 4 644 | 4 703 | 4 763 |
| 46 | 4 262 | 4 322 | 4 382 | 4 442 | 4 502 | 4 562 | 4 622 | 4 682 | 4 742 | 4 802 |
| 48 | 4 296 | 4 357 | 4 417 | 4 478 | 4 538 | 4 599 | 4 659 | 4 720 | 4 780 | 4 841 |
| 2,50 | 4 331 | 4 392 | 4 453 | 4 514 | 4 575 | 4 636 | 4 697 | 4 758 | 4 819 | 4 880 |
| 52 | 4 366 | 4 427 | 4 489 | 4 550 | 4 612 | 4 673 | 4 735 | 4 796 | 4 858 | 4 919 |
| 54 | 4 400 | 4 462 | 4 524 | 4 586 | 4 648 | 4 710 | 4 772 | 4 834 | 4 896 | 4 958 |
| 56 | 4 435 | 4 497 | 4 560 | 4 622 | 4 685 | 4 747 | 4 810 | 4 872 | 4 935 | 4 997 |
| 58 | 4 470 | 4 533 | 4 595 | 4 658 | 4 721 | 4 784 | 4 847 | 4 910 | 4 973 | 5 036 |
| 2,60 | 4 504 | 4 568 | 4 631 | 4 695 | 4 758 | 4 821 | 4 885 | 4 948 | 5 012 | 5 075 |

**216**

| LONGUEUR | LARGEUR | | | | | | | | | |
|---|---|---|---|---|---|---|---|---|---|---|
| | 1,62 | 1,64 | 1,66 | 1,68 | 1,70 | 1,72 | 1,74 | 1,76 | 1,78 | 1,80 |
| 1,62 | 3 202 | | | | | | | | | |
| 64 | 3 241 | 3 281 | | | | | | | | |
| 66 | 3 281 | 3 321 | 3 362 | | | | | | | |
| 68 | 3 320 | 3 361 | 3 402 | 3 443 | | | | | | |
| 1,70 | 3 360 | 3 401 | 3 443 | 3 484 | 3 526 | | | | | |
| 72 | 3 399 | 3 441 | 3 483 | 3 525 | 3 567 | 3 609 | | | | |
| 74 | 3 439 | 3 481 | 3 524 | 3 566 | 3 609 | 3 651 | 3 694 | | | |
| 76 | 3 478 | 3 521 | 3 564 | 3 607 | 3 650 | 3 693 | 3 736 | 3 779 | | |
| 78 | 3 518 | 3 561 | 3 605 | 3 648 | 3 692 | 3 735 | 3 779 | 3 822 | 3 865 | |
| 1,80 | 3 558 | 3 601 | 3 645 | 3 689 | 3 733 | 3 777 | 3 821 | 3 865 | 3 909 | 3 953 |
| 82 | 3 597 | 3 641 | 3 686 | 3 730 | 3 775 | 3 819 | 3 863 | 3 908 | 3 952 | 3 997 |
| 84 | 3 637 | 3 681 | 3 726 | 3 771 | 3 816 | 3 861 | 3 906 | 3 951 | 3 996 | 4 041 |
| 86 | 3 676 | 3 721 | 3 767 | 3 812 | 3 858 | 3 903 | 3 948 | 3 994 | 4 039 | 4 085 |
| 88 | 3 716 | 3 762 | 3 807 | 3 853 | 3 899 | 3 945 | 3 991 | 4 037 | 4 083 | 4 128 |
| 1,90 | 3 755 | 3 802 | 3 848 | 3 894 | 3 941 | 3 987 | 4 033 | 4 080 | 4 126 | 4 172 |
| 92 | 3 795 | 3 842 | 3 888 | 3 935 | 3 982 | 4 029 | 4 076 | 4 123 | 4 169 | 4 216 |
| 94 | 3 834 | 3 882 | 3 929 | 3 976 | 4 024 | 4 071 | 4 118 | 4 166 | 4 213 | 4 260 |
| 96 | 3 874 | 3 922 | 3 969 | 4 017 | 4 065 | 4 113 | 4 161 | 4 209 | 4 256 | 4 304 |
| 98 | 3 913 | 3 962 | 4 010 | 4 058 | 4 107 | 4 155 | 4 203 | 4 251 | 4 300 | 4 348 |
| 2,— | 3 953 | 4 002 | 4 050 | 4 099 | 4 148 | 4 197 | 4 246 | 4 294 | 4 343 | 4 392 |
| 02 | 3 992 | 4 042 | 4 091 | 4 140 | 4 189 | 4 239 | 4 288 | 4 347 | 4 387 | 4 436 |
| 04 | 4 032 | 4 082 | 4 131 | 4 181 | 4 231 | 4 281 | 4 331 | 4 380 | 4 430 | 4 480 |
| 06 | 4 071 | 4 122 | 4 172 | 4 222 | 4 272 | 4 323 | 4 373 | 4 423 | 4 473 | 4 524 |
| 08 | 4 111 | 4 162 | 4 212 | 4 263 | 4 314 | 4 365 | 4 415 | 4 466 | 4 517 | 4 568 |
| 2,10 | 4 150 | 4 202 | 4 253 | 4 304 | 4 355 | 4 407 | 4 458 | 4 509 | 4 560 | 4 612 |
| 12 | 4 190 | 4 242 | 4 293 | 4 345 | 4 397 | 4 449 | 4 500 | 4 552 | 4 604 | 4 656 |
| 14 | 4 229 | 4 282 | 4 334 | 4 386 | 4 438 | 4 491 | 4 543 | 4 595 | 4 647 | 4 699 |
| 16 | 4 269 | 4 322 | 4 374 | 4 427 | 4 480 | 4 533 | 4 585 | 4 638 | 4 691 | 4 743 |
| 18 | 4 309 | 4 362 | 4 415 | 4 468 | 4 521 | 4 575 | 4 628 | 4 681 | 4 734 | 4 787 |
| 2,20 | 4 348 | 4 402 | 4 455 | 4 509 | 4 563 | 4 616 | 4 670 | 4 724 | 4 778 | 4 831 |
| 22 | 4 388 | 4 442 | 4 496 | 4 550 | 4 604 | 4 658 | 4 713 | 4 767 | 4 821 | 4 875 |
| 24 | 4 427 | 4 482 | 4 536 | 4 591 | 4 646 | 4 700 | 4 755 | 4 810 | 4 864 | 4 919 |
| 26 | 4 467 | 4 522 | 4 577 | 4 632 | 4 687 | 4 742 | 4 798 | 4 853 | 4 908 | 4 963 |
| 28 | 4 506 | 4 562 | 4 617 | 4 673 | 4 729 | 4 784 | 4 840 | 4 896 | 4 951 | 5 007 |
| 2,30 | 4 546 | 4 602 | 4 658 | 4 714 | 4 770 | 4 826 | 4 882 | 4 939 | 4 995 | 5 051 |
| 32 | 4 585 | 4 642 | 4 698 | 4 755 | 4 812 | 4 868 | 4 925 | 4 982 | 5 038 | 5 095 |
| 34 | 4 625 | 4 682 | 4 739 | 4 796 | 4 853 | 4 910 | 4 967 | 5 024 | 5 082 | 5 139 |
| 36 | 4 664 | 4 722 | 4 779 | 4 837 | 4 895 | 4 952 | 5 010 | 5 067 | 5 125 | 5 183 |
| 38 | 4 704 | 4 762 | 4 820 | 4 878 | 4 936 | 4 994 | 5 052 | 5 110 | 5 168 | 5 226 |
| 2,40 | 4 743 | 4 802 | 4 860 | 4 919 | 4 978 | 5 036 | 5 095 | 5 153 | 5 212 | 5 270 |
| 42 | 4 783 | 4 842 | 4 901 | 4 960 | 5 019 | 5 078 | 5 137 | 5 196 | 5 255 | 5 314 |
| 44 | 4 822 | 4 882 | 4 941 | 5 001 | 5 061 | 5 120 | 5 180 | 5 239 | 5 299 | 5 358 |
| 46 | 4 862 | 4 922 | 4 982 | 5 042 | 5 102 | 5 162 | 5 222 | 5 282 | 5 342 | 5 402 |
| 48 | 4 901 | 4 962 | 5 022 | 5 083 | 5 144 | 5 204 | 5 265 | 5 325 | 5 386 | 5 446 |
| 2,50 | 4 941 | 5 002 | 5 063 | 5 124 | 5 185 | 5 246 | 5 307 | 5 368 | 5 429 | 5 490 |
| 52 | 4 981 | 5 042 | 5 104 | 5 165 | 5 226 | 5 288 | 5 349 | 5 411 | 5 472 | 5 534 |
| 54 | 5 020 | 5 082 | 5 144 | 5 206 | 5 268 | 5 330 | 5 392 | 5 454 | 5 516 | 5 578 |
| 56 | 5 060 | 5 122 | 5 185 | 5 247 | 5 309 | 5 372 | 5 434 | 5 497 | 5 559 | 5 622 |
| 58 | 5 099 | 5 162 | 5 225 | 5 288 | 5 351 | 5 414 | 5 477 | 5 540 | 5 603 | 5 666 |
| 2,60 | 5 139 | 5 202 | 5 266 | 5 329 | 5 392 | 5 456 | 5 519 | 5 583 | 5 646 | 5 710 |
| 62 | 5 178 | 5 242 | 5 306 | 5 370 | 5 434 | 5 498 | 5 562 | 5 626 | 5 690 | 5 754 |
| 64 | 5 218 | 5 282 | 5 347 | 5 411 | 5 475 | 5 540 | 5 604 | 5 669 | 5 733 | 5 797 |
| 66 | 5 257 | 5 322 | 5 387 | 5 452 | 5 517 | 5 582 | 5 647 | 5 712 | 5 776 | 5 841 |
| 68 | 5 297 | 5 362 | 5 428 | 5 493 | 5 558 | 5 624 | 5 689 | 5 754 | 5 820 | 5 885 |
| 2,70 | 5 336 | 5 402 | 5 468 | 5 534 | 5 600 | 5 666 | 5 732 | 5 797 | 5 863 | 5 929 |
| 72 | 5 376 | 5 442 | 5 509 | 5 575 | 5 641 | 5 708 | 5 774 | 5 840 | 5 907 | 5 973 |
| 74 | 5 415 | 5 482 | 5 549 | 5 616 | 5 683 | 5 750 | 5 816 | 5 883 | 5 950 | 6 017 |
| 76 | 5 455 | 5 522 | 5 590 | 5 657 | 5 724 | 5 792 | 5 859 | 5 926 | 5 994 | 6 061 |
| 78 | 5 494 | 5 562 | 5 630 | 5 698 | 5 766 | 5 834 | 5 901 | 5 969 | 6 037 | 6 105 |
| 2,80 | 5 534 | 5 602 | 5 671 | 5 739 | 5 807 | 5 876 | 5 944 | 6 012 | 6 080 | 6 149 |
| 82 | 5 573 | 5 642 | 5 711 | 5 780 | 5 849 | 5 917 | 5 986 | 6 055 | 6 124 | 6 193 |
| 84 | 5 613 | 5 682 | 5 752 | 5 821 | 5 890 | 5 959 | 6 029 | 6 098 | 6 167 | 6 237 |
| 86 | 5 653 | 5 722 | 5 792 | 5 862 | 5 932 | 6 001 | 6 071 | 6 141 | 6 211 | 6 281 |
| 88 | 5 692 | 5 762 | 5 833 | 5 903 | 5 973 | 6 044 | 6 114 | 6 184 | 6 254 | 6 324 |
| 2,90 | 5 732 | 5 802 | 5 873 | 5 944 | 6 015 | 6 085 | 6 156 | 6 227 | 6 298 | 6 368 |
| 92 | 5 771 | 5 842 | 5 914 | 5 985 | 6 056 | 6 127 | 6 199 | 6 270 | 6 341 | 6 412 |
| 94 | 5 811 | 5 882 | 5 954 | 6 026 | 6 098 | 6 169 | 6 241 | 6 313 | 6 385 | 6 456 |
| 96 | 5 850 | 5 922 | 5 995 | 6 067 | 6 139 | 6 211 | 6 283 | 6 356 | 6 428 | 6 500 |
| 98 | 5 890 | 5 962 | 6 035 | 6 108 | 6 181 | 6 253 | 6 326 | 6 399 | 6 471 | 6 544 |
| 3,00 | 5 929 | 6 002 | 6 076 | 6 149 | 6 222 | 6 295 | 6 368 | 6 442 | 6 515 | 6 588 |

**217**

| LONGUEUR | LARGEUR | | | | | | | | | |
|---|---|---|---|---|---|---|---|---|---|---|
| | 1,82 | 1,84 | 1,86 | 1,88 | 1,90 | 1,92 | 1,94 | 1,96 | 1,98 | 2,00 |
| 1,82 | 4 041 | | | | | | | | | |
| 84 | 4 086 | 4 130 | | | | | | | | |
| 86 | 4 130 | 4 175 | 4 221 | | | | | | | |
| 88 | 4 174 | 4 220 | 4 266 | 4 312 | | | | | | |
| 1,90 | 4 219 | 4 265 | 4 311 | 4 358 | 4 404 | | | | | |
| 92 | 4 263 | 4 310 | 4 357 | 4 404 | 4 451 | 4 497 | | | | |
| 94 | 4 308 | 4 355 | 4 402 | 4 450 | 4 497 | 4 544 | 4 592 | | | |
| 96 | 4 352 | 4 400 | 4 448 | 4 495 | 4 543 | 4 591 | 4 639 | 4 687 | | |
| 98 | 4 396 | 4 445 | 4 493 | 4 541 | 4 590 | 4 638 | 4 686 | 4 735 | 4 783 | |
| 2,— | 4 441 | 4 490 | 4 538 | 4 587 | 4 636 | 4 685 | 4 734 | 4 782 | 4 831 | 4 880 |
| 02 | 4 485 | 4 534 | 4 584 | 4 633 | 4 682 | 4 732 | 4 781 | 4 830 | 4 880 | 4 929 |
| 04 | 4 530 | 4 579 | 4 629 | 4 679 | 4 729 | 4 778 | 4 828 | 4 878 | 4 928 | 4 978 |
| 06 | 4 574 | 4 624 | 4 675 | 4 725 | 4 775 | 4 825 | 4 876 | 4 926 | 4 976 | 5 026 |
| 08 | 4 618 | 4 669 | 4 720 | 4 771 | 4 821 | 4 872 | 4 923 | 4 974 | 5 024 | 5 075 |
| 2,10 | 4 663 | 4 714 | 4 765 | 4 817 | 4 868 | 4 919 | 4 970 | 5 022 | 5 073 | 5 124 |
| 12 | 4 707 | 4 759 | 4 811 | 4 862 | 4 914 | 4 966 | 5 018 | 5 069 | 5 121 | 5 173 |
| 14 | 4 752 | 4 804 | 4 856 | 4 908 | 4 961 | 5 013 | 5 065 | 5 117 | 5 169 | 5 222 |
| 16 | 4 796 | 4 849 | 4 901 | 4 954 | 5 007 | 5 060 | 5 112 | 5 165 | 5 218 | 5 270 |
| 18 | 4 840 | 4 894 | 4 947 | 5 000 | 5 053 | 5 106 | 5 160 | 5 213 | 5 266 | 5 319 |
| 2,20 | 4 885 | 4 939 | 4 992 | 5 046 | 5 100 | 5 153 | 5 207 | 5 261 | 5 314 | 5 368 |
| 22 | 4 929 | 4 983 | 5 038 | 5 092 | 5 146 | 5 200 | 5 254 | 5 308 | 5 363 | 5 417 |
| 24 | 4 971 | 5 028 | 5 083 | 5 138 | 5 192 | 5 247 | 5 302 | 5 356 | 5 411 | 5 466 |
| 26 | 5 018 | 5 073 | 5 128 | 5 184 | 5 239 | 5 294 | 5 349 | 5 404 | 5 459 | 5 514 |
| 28 | 5 063 | 5 118 | 5 174 | 5 229 | 5 285 | 5 341 | 5 396 | 5 452 | 5 508 | 5 563 |
| 2,30 | 5 107 | 5 163 | 5 219 | 5 275 | 5 331 | 5 388 | 5 444 | 5 500 | 5 556 | 5 612 |
| 32 | 5 151 | 5 208 | 5 265 | 5 321 | 5 378 | 5 434 | 5 491 | 5 548 | 5 604 | 5 661 |
| 34 | 5 196 | 5 253 | 5 310 | 5 367 | 5 424 | 5 481 | 5 538 | 5 595 | 5 653 | 5 710 |
| 36 | 5 240 | 5 298 | 5 355 | 5 413 | 5 470 | 5 528 | 5 586 | 5 643 | 5 701 | 5 758 |
| 38 | 5 285 | 5 343 | 5 401 | 5 459 | 5 517 | 5 575 | 5 633 | 5 691 | 5 749 | 5 807 |
| 2,40 | 5 329 | 5 388 | 5 446 | 5 505 | 5 563 | 5 622 | 5 680 | 5 739 | 5 797 | 5 856 |
| 42 | 5 373 | 5 432 | 5 491 | 5 551 | 5 610 | 5 669 | 5 728 | 5 787 | 5 846 | 5 905 |
| 44 | 5 418 | 5 477 | 5 537 | 5 596 | 5 656 | 5 715 | 5 775 | 5 835 | 5 894 | 5 954 |
| 46 | 5 462 | 5 522 | 5 582 | 5 642 | 5 702 | 5 762 | 5 822 | 5 882 | 5 942 | 6 002 |
| 48 | 5 507 | 5 567 | 5 628 | 5 688 | 5 749 | 5 809 | 5 870 | 5 930 | 5 991 | 6 051 |
| 2,50 | 5 551 | 5 612 | 5 673 | 5 734 | 5 795 | 5 856 | 5 917 | 5 978 | 6 039 | 6 100 |
| 52 | 5 595 | 5 657 | 5 718 | 5 780 | 5 841 | 5 903 | 5 964 | 6 026 | 6 087 | 6 149 |
| 54 | 5 640 | 5 702 | 5 764 | 5 826 | 5 888 | 5 950 | 6 012 | 6 074 | 6 136 | 6 198 |
| 56 | 5 684 | 5 747 | 5 809 | 5 872 | 5 934 | 5 997 | 6 059 | 6 121 | 6 184 | 6 246 |
| 58 | 5 729 | 5 792 | 5 855 | 5 917 | 5 980 | 6 043 | 6 106 | 6 169 | 6 232 | 6 295 |
| 2,60 | 5 773 | 5 836 | 5 900 | 5 963 | 6 027 | 6 090 | 6 154 | 6 217 | 6 281 | 6 344 |
| 62 | 5 817 | 5 881 | 5 945 | 6 009 | 6 073 | 6 137 | 6 201 | 6 265 | 6 329 | 6 393 |
| 64 | 5 862 | 5 926 | 5 991 | 6 055 | 6 120 | 6 184 | 6 248 | 6 313 | 6 377 | 6 442 |
| 66 | 5 906 | 5 971 | 6 036 | 6 101 | 6 166 | 6 231 | 6 296 | 6 361 | 6 425 | 6 490 |
| 68 | 5 951 | 6 016 | 6 081 | 6 147 | 6 212 | 6 278 | 6 343 | 6 408 | 6 474 | 6 539 |
| 2,70 | 5 995 | 6 061 | 6 127 | 6 193 | 6 259 | 6 324 | 6 390 | 6 456 | 6 522 | 6 588 |
| 72 | 6 039 | 6 106 | 6 172 | 6 239 | 6 305 | 6 371 | 6 438 | 6 504 | 6 570 | 6 637 |
| 74 | 6 084 | 6 151 | 6 218 | 6 284 | 6 351 | 6 418 | 6 485 | 6 552 | 6 619 | 6 686 |
| 76 | 6 128 | 6 196 | 6 263 | 6 330 | 6 398 | 6 465 | 6 532 | 6 600 | 6 667 | 6 734 |
| 78 | 6 173 | 6 241 | 6 308 | 6 376 | 6 444 | 6 512 | 6 580 | 6 648 | 6 715 | 6 783 |
| 2,80 | 6 217 | 6 285 | 6 354 | 6 422 | 6 490 | 6 559 | 6 627 | 6 695 | 6 764 | 6 832 |
| 82 | 6 262 | 6 330 | 6 399 | 6 468 | 6 537 | 6 606 | 6 674 | 6 743 | 6 812 | 6 881 |
| 84 | 6 306 | 6 375 | 6 445 | 6 514 | 6 583 | 6 652 | 6 722 | 6 791 | 6 860 | 6 930 |
| 86 | 6 350 | 6 420 | 6 490 | 6 559 | 6 629 | 6 699 | 6 769 | 6 839 | 6 909 | 6 978 |
| 88 | 6 395 | 6 465 | 6 535 | 6 605 | 6 676 | 6 746 | 6 816 | 6 887 | 6 957 | 7 027 |
| 2,90 | 6 439 | 6 510 | 6 581 | 6 651 | 6 722 | 6 793 | 6 864 | 6 934 | 7 005 | 7 076 |
| 92 | 6 484 | 6 555 | 6 626 | 6 697 | 6 769 | 6 840 | 6 911 | 6 982 | 7 054 | 7 125 |
| 94 | 6 528 | 6 600 | 6 671 | 6 743 | 6 815 | 6 887 | 6 958 | 7 030 | 7 102 | 7 174 |
| 96 | 6 572 | 6 645 | 6 717 | 6 789 | 6 861 | 6 934 | 7 006 | 7 078 | 7 150 | 7 222 |
| 98 | 6 617 | 6 690 | 6 762 | 6 835 | 6 908 | 6 980 | 7 053 | 7 126 | 7 198 | 7 271 |
| 3,— | 6 661 | 6 734 | 6 808 | 6 881 | 6 954 | 7 027 | 7 100 | 7 174 | 7 247 | 7 320 |

LARGEUR

| LONG' | FEUILLES | 1,24 | 1,26 | 1,28 | 1,30 | 1,32 | 1,34 | 1,36 | 1,38 | 1,40 | 1,42 |
|---|---|---|---|---|---|---|---|---|---|---|---|
| 1,24 | 1 525 | 1 907 | | | | | | | | | |
| 26 | 1 550 | 1 937 | 1 969 | | | | | | | | |
| 28 | 1 575 | 1 968 | 2 000 | 2 032 | | | | | | | |
| 1,30 | 1 599 | 1 999 | 2 031 | 2 063 | 2 096 | | | | | | |
| 32 | 1 624 | 2 030 | 2 062 | 2 095 | 2 128 | 2 161 | | | | | |
| 34 | 1 648 | 2 060 | 2 094 | 2 127 | 2 160 | 2 193 | 2 227 | | | | |
| 36 | 1 673 | 2 091 | 2 125 | 2 159 | 2 192 | 2 226 | 2 260 | 2 294 | | | |
| 38 | 1 698 | 2 122 | 2 156 | 2 190 | 2 225 | 2 259 | 2 293 | 2 327 | 2 361 | | |
| 1,40 | 1 722 | 2 153 | 2 187 | 2 222 | 2 257 | 2 291 | 2 326 | 2 361 | 2 396 | 2 430 | |
| 42 | 1 747 | 2 183 | 2 219 | 2 254 | 2 289 | 2 324 | 2 359 | 2 395 | 2 430 | 2 465 | 2 500 |
| 44 | 1 771 | 2 214 | 2 250 | 2 286 | 2 321 | 2 357 | 2 393 | 2 428 | 2 464 | 2 500 | 2 536 |
| 46 | 1 796 | 2 245 | 2 281 | 2 317 | 2 354 | 2 390 | 2 426 | 2 462 | 2 498 | 2 535 | 2 571 |
| 48 | 1 821 | 2 276 | 2 312 | 2 349 | 2 386 | 2 422 | 2 459 | 2 496 | 2 533 | 2 569 | 2 606 |
| 1,50 | 1 845 | 2 306 | 2 344 | 2 381 | 2 418 | 2 455 | 2 492 | 2 530 | 2 567 | 2 604 | 2 641 |
| 52 | 1 870 | 2 337 | 2 375 | 2 413 | 2 450 | 2 488 | 2 526 | 2 563 | 2 601 | 2 639 | 2 676 |
| 54 | 1 894 | 2 368 | 2 406 | 2 444 | 2 482 | 2 521 | 2 559 | 2 597 | 2 635 | 2 673 | 2 712 |
| 56 | 1 919 | 2 399 | 2 437 | 2 476 | 2 515 | 2 553 | 2 592 | 2 631 | 2 669 | 2 708 | 2 747 |
| 58 | 1 944 | 2 429 | 2 469 | 2 508 | 2 547 | 2 586 | 2 625 | 2 665 | 2 704 | 2 743 | 2 782 |
| 1,60 | 1 968 | 2 460 | 2 500 | 2 540 | 2 579 | 2 619 | 2 659 | 2 698 | 2 738 | 2 778 | 2 817 |
| 62 | 1 993 | 2 491 | 2 531 | 2 571 | 2 611 | 2 652 | 2 692 | 2 732 | 2 772 | 2 812 | 2 852 |
| 64 | 2 017 | 2 522 | 2 562 | 2 603 | 2 644 | 2 684 | 2 725 | 2 766 | 2 806 | 2 847 | 2 888 |
| 66 | 2 042 | 2 552 | 2 594 | 2 635 | 2 676 | 2 717 | 2 758 | 2 799 | 2 841 | 2 882 | 2 923 |
| 68 | 2 067 | 2 583 | 2 625 | 2 666 | 2 708 | 2 750 | 2 791 | 2 833 | 2 875 | 2 916 | 2 958 |
| 1,70 | 2 091 | 2 614 | 2 656 | 2 698 | 2 740 | 2 783 | 2 825 | 2 867 | 2 909 | 2 951 | 2 993 |
| 72 | 2 116 | 2 645 | 2 687 | 2 730 | 2 773 | 2 815 | 2 858 | 2 901 | 2 943 | 2 986 | 3 029 |
| 74 | 2 140 | 2 675 | 2 719 | 2 762 | 2 805 | 2 848 | 2 891 | 2 934 | 2 977 | 3 021 | 3 064 |
| 76 | 2 165 | 2 706 | 2 750 | 2 793 | 2 837 | 2 881 | 2 924 | 2 968 | 3 012 | 3 055 | 3 099 |
| 78 | 2 190 | 2 737 | 2 781 | 2 825 | 2 869 | 2 914 | 2 958 | 3 002 | 3 046 | 3 090 | 3 134 |
| 1,80 | 2 214 | 2 768 | 2 812 | 2 857 | 2 902 | 2 946 | 2 991 | 3 036 | 3 080 | 3 125 | 3 169 |
| 82 | 2 239 | 2 798 | 2 843 | 2 889 | 2 934 | 2 979 | 3 024 | 3 069 | 3 114 | 3 160 | 3 205 |
| 84 | 2 263 | 2 829 | 2 875 | 2 920 | 2 966 | 3 012 | 3 057 | 3 103 | 3 149 | 3 194 | 3 240 |
| 86 | 2 288 | 2 860 | 2 906 | 2 952 | 2 998 | 3 044 | 3 091 | 3 137 | 3 183 | 3 229 | 3 275 |
| 88 | 2 313 | 2 891 | 2 937 | 2 984 | 3 031 | 3 077 | 3 124 | 3 170 | 3 217 | 3 264 | 3 310 |
| 1,90 | 2 337 | 2 921 | 2 969 | 3 016 | 3 063 | 3 110 | 3 157 | 3 204 | 3 251 | 3 298 | 3 346 |
| 92 | 2 362 | 2 952 | 3 000 | 3 047 | 3 095 | 3 143 | 3 190 | 3 238 | 3 286 | 3 333 | 3 381 |
| 94 | 2 386 | 2 983 | 3 031 | 3 079 | 3 127 | 3 175 | 3 224 | 3 272 | 3 320 | 3 368 | 3 416 |
| 96 | 2 411 | 3 014 | 3 062 | 3 111 | 3 160 | 3 208 | 3 257 | 3 306 | 3 354 | 3 403 | 3 451 |
| 98 | 2 436 | 3 044 | 3 094 | 3 143 | 3 192 | 3 241 | 3 290 | 3 339 | 3 388 | 3 437 | 3 486 |
| 2,— | 2 460 | 3 075 | 3 125 | 3 174 | 3 224 | 3 274 | 3 323 | 3 373 | 3 422 | 3 472 | 3 522 |
| 02 | 2 485 | 3 106 | 3 156 | 3 206 | 3 256 | 3 306 | 3 356 | 3 407 | 3 457 | 3 507 | 3 557 |
| 04 | 2 509 | 3 137 | 3 187 | 3 238 | 3 288 | 3 339 | 3 390 | 3 440 | 3 491 | 3 541 | 3 592 |
| 06 | 2 534 | 3 167 | 3 219 | 3 270 | 3 321 | 3 372 | 3 423 | 3 474 | 3 525 | 3 576 | 3 627 |
| 08 | 2 559 | 3 198 | 3 250 | 3 301 | 3 353 | 3 405 | 3 456 | 3 508 | 3 559 | 3 611 | 3 662 |
| 2,10 | 2 583 | 3 229 | 3 281 | 3 333 | 3 385 | 3 437 | 3 489 | 3 541 | 3 594 | 3 646 | 3 698 |
| 12 | 2 608 | 3 260 | 3 312 | 3 365 | 3 417 | 3 470 | 3 523 | 3 575 | 3 628 | 3 680 | 3 733 |
| 14 | 2 632 | 3 290 | 3 344 | 3 397 | 3 450 | 3 503 | 3 556 | 3 609 | 3 662 | 3 715 | 3 768 |
| 16 | 2 657 | 3 321 | 3 375 | 3 428 | 3 482 | 3 535 | 3 589 | 3 643 | 3 696 | 3 750 | 3 803 |
| 18 | 2 682 | 3 352 | 3 406 | 3 460 | 3 514 | 3 568 | 3 622 | 3 676 | 3 730 | 3 784 | 3 839 |
| 2,20 | 2 706 | 3 383 | 3 437 | 3 492 | 3 546 | 3 601 | 3 656 | 3 710 | 3 765 | 3 819 | 3 874 |
| 22 | 2 731 | 3 413 | 3 469 | 3 524 | 3 579 | 3 634 | 3 689 | 3 744 | 3 799 | 3 854 | 3 909 |
| 24 | 2 755 | 3 444 | 3 500 | 3 555 | 3 611 | 3 666 | 3 722 | 3 778 | 3 833 | 3 889 | 3 944 |
| 26 | 2 780 | 3 475 | 3 531 | 3 587 | 3 643 | 3 699 | 3 755 | 3 811 | 3 867 | 3 923 | 3 979 |
| 28 | 2 805 | 3 506 | 3 562 | 3 619 | 3 675 | 3 732 | 3 788 | 3 845 | 3 902 | 3 958 | 4 015 |
| 2,30 | 2 829 | 3 536 | 3 594 | 3 651 | 3 708 | 3 765 | 3 822 | 3 879 | 3 936 | 3 993 | 4 050 |
| 32 | 2 854 | 3 567 | 3 625 | 3 682 | 3 740 | 3 797 | 3 855 | 3 912 | 3 970 | 4 028 | 4 085 |
| 34 | 2 878 | 3 598 | 3 656 | 3 714 | 3 772 | 3 830 | 3 888 | 3 946 | 4 004 | 4 062 | 4 120 |
| 36 | 2 903 | 3 629 | 3 687 | 3 746 | 3 804 | 3 863 | 3 921 | 3 980 | 4 038 | 4 097 | 4 155 |
| 38 | 2 928 | 3 659 | 3 719 | 3 778 | 3 837 | 3 896 | 3 955 | 4 014 | 4 073 | 4 132 | 4 191 |
| 2,40 | 2 952 | 3 690 | 3 750 | 3 809 | 3 869 | 3 928 | 3 988 | 4 047 | 4 107 | 4 166 | 4 226 |
| 42 | 2 977 | 3 721 | 3 781 | 3 841 | 3 901 | 3 961 | 4 021 | 4 081 | 4 141 | 4 201 | 4 261 |
| 44 | 3 001 | 3 752 | 3 812 | 3 873 | 3 934 | 3 994 | 4 054 | 4 115 | 4 175 | 4 236 | 4 296 |
| 46 | 3 026 | 3 782 | 3 844 | 3 905 | 3 966 | 4 027 | 4 088 | 4 149 | 4 210 | 4 271 | 4 332 |
| 48 | 3 051 | 3 813 | 3 875 | 3 936 | 3 998 | 4 060 | 4 121 | 4 182 | 4 244 | 4 305 | 4 367 |
| 2,50 | 3 075 | 3 844 | 3 906 | 3 968 | 4 030 | 4 092 | 4 154 | 4 216 | 4 278 | 4 340 | 4 402 |
| 52 | 3 100 | 3 875 | 3 937 | 4 000 | 4 062 | 4 125 | 4 187 | 4 250 | 4 312 | 4 375 | 4 437 |
| 54 | 3 124 | 3 906 | 3 968 | 4 031 | 4 094 | 4 157 | 4 220 | 4 283 | 4 346 | 4 409 | 4 472 |
| 56 | 3 149 | 3 936 | 4 000 | 4 063 | 4 127 | 4 190 | 4 254 | 4 317 | 4 381 | 4 444 | 4 508 |
| 58 | 3 174 | 3 967 | 4 031 | 4 095 | 4 159 | 4 223 | 4 287 | 4 351 | 4 415 | 4 479 | 4 543 |
| 2,60 | 3 198 | 3 998 | 4 062 | 4 127 | 4 191 | 4 256 | 4 320 | 4 385 | 4 449 | 4 514 | 4 578 |
| 62 | 3 223 | 4 029 | 4 093 | 4 158 | 4 223 | 4 288 | 4 353 | 4 418 | 4 483 | 4 548 | 4 613 |





LARGEUR

| LONGUEUR | 1,44 | 1,46 | 1,48 | 1,50 | 1,52 | 1,54 | 1,56 | 1,58 | 1,60 | 1,62 |
|---|---|---|---|---|---|---|---|---|---|---|
| 1,44 | 2 571 | | | | | | | | | |
| 46 | 2 607 | 2 643 | | | | | | | | |
| 48 | 2 643 | 2 679 | 2 716 | | | | | | | |
| 1,50 | 2 678 | 2 716 | 2 753 | 2 790 | | | | | | |
| 52 | 2 714 | 2 752 | 2 790 | 2 827 | 2 865 | | | | | |
| 54 | 2 750 | 2 788 | 2 826 | 2 864 | 2 903 | 2 941 | | | | |
| 56 | 2 786 | 2 824 | 2 863 | 2 902 | 2 940 | 2 979 | 3 018 | | | |
| 58 | 2 821 | 2 860 | 2 900 | 2 939 | 2 978 | 3 017 | 3 056 | 3 096 | | |
| 1,60 | 2 857 | 2 897 | 2 936 | 2 976 | 3 016 | 3 055 | 3 095 | 3 135 | 3 174 | |
| 62 | 2 893 | 2 933 | 2 973 | 3 013 | 3 053 | 3 094 | 3 134 | 3 174 | 3 214 | 3 254 |
| 64 | 2 928 | 2 969 | 3 010 | 3 050 | 3 091 | 3 132 | 3 172 | 3 213 | 3 254 | 3 294 |
| 66 | 2 964 | 3 005 | 3 046 | 3 088 | 3 129 | 3 170 | 3 211 | 3 252 | 3 293 | 3 335 |
| 68 | 3 000 | 3 041 | 3 083 | 3 125 | 3 166 | 3 208 | 3 250 | 3 291 | 3 333 | 3 375 |
| 1,70 | 3 036 | 3 078 | 3 120 | 3 162 | 3 204 | 3 246 | 3 288 | 3 331 | 3 373 | 3 415 |
| 72 | 3 071 | 3 114 | 3 157 | 3 199 | 3 242 | 3 285 | 3 327 | 3 370 | 3 412 | 3 455 |
| 74 | 3 107 | 3 150 | 3 193 | 3 236 | 3 280 | 3 323 | 3 366 | 3 409 | 3 452 | 3 495 |
| 76 | 3 143 | 3 186 | 3 230 | 3 274 | 3 317 | 3 361 | 3 405 | 3 448 | 3 492 | 3 535 |
| 78 | 3 178 | 3 223 | 3 267 | 3 311 | 3 355 | 3 399 | 3 443 | 3 487 | 3 532 | 3 576 |
| 1,80 | 3 214 | 3 259 | 3 303 | 3 348 | 3 393 | 3 437 | 3 482 | 3 527 | 3 571 | 3 616 |
| 82 | 3 250 | 3 295 | 3 340 | 3 385 | 3 430 | 3 475 | 3 521 | 3 566 | 3 611 | 3 656 |
| 84 | 3 286 | 3 331 | 3 377 | 3 422 | 3 468 | 3 514 | 3 559 | 3 605 | 3 651 | 3 696 |
| 86 | 3 321 | 3 367 | 3 413 | 3 460 | 3 506 | 3 552 | 3 598 | 3 644 | 3 690 | 3 736 |
| 88 | 3 357 | 3 404 | 3 450 | 3 497 | 3 543 | 3 590 | 3 637 | 3 683 | 3 730 | 3 777 |
| 1,90 | 3 393 | 3 440 | 3 487 | 3 534 | 3 581 | 3 628 | 3 675 | 3 722 | 3 770 | 3 817 |
| 92 | 3 428 | 3 476 | 3 524 | 3 571 | 3 619 | 3 666 | 3 714 | 3 762 | 3 809 | 3 857 |
| 94 | 3 464 | 3 512 | 3 560 | 3 608 | 3 657 | 3 705 | 3 753 | 3 801 | 3 849 | 3 897 |
| 96 | 3 500 | 3 548 | 3 597 | 3 646 | 3 694 | 3 743 | 3 791 | 3 840 | 3 889 | 3 937 |
| 98 | 3 535 | 3 585 | 3 634 | 3 683 | 3 732 | 3 781 | 3 830 | 3 879 | 3 928 | 3 977 |
| 2,— | 3 571 | 3 621 | 3 670 | 3 720 | 3 770 | 3 819 | 3 869 | 3 918 | 3 968 | 4 018 |
| 02 | 3 607 | 3 657 | 3 707 | 3 757 | 3 807 | 3 857 | 3 907 | 3 958 | 4 008 | 4 058 |
| 04 | 3 643 | 3 693 | 3 744 | 3 794 | 3 845 | 3 896 | 3 946 | 3 997 | 4 047 | 4 098 |
| 06 | 3 678 | 3 729 | 3 781 | 3 832 | 3 883 | 3 934 | 3 985 | 4 036 | 4 087 | 4 138 |
| 08 | 3 714 | 3 766 | 3 817 | 3 869 | 3 920 | 3 972 | 4 024 | 4 075 | 4 127 | 4 178 |
| 2,10 | 3 750 | 3 802 | 3 854 | 3 906 | 3 958 | 4 010 | 4 062 | 4 114 | 4 166 | 4 218 |
| 12 | 3 785 | 3 838 | 3 891 | 3 943 | 3 996 | 4 048 | 4 101 | 4 154 | 4 206 | 4 259 |
| 14 | 3 821 | 3 874 | 3 927 | 3 980 | 4 033 | 4 087 | 4 140 | 4 193 | 4 246 | 4 299 |
| 16 | 3 857 | 3 910 | 3 964 | 4 018 | 4 071 | 4 125 | 4 178 | 4 232 | 4 285 | 4 339 |
| 18 | 3 893 | 3 947 | 4 001 | 4 055 | 4 109 | 4 163 | 4 217 | 4 271 | 4 325 | 4 379 |
| 2,20 | 3 928 | 3 983 | 4 037 | 4 092 | 4 147 | 4 201 | 4 256 | 4 310 | 4 365 | 4 419 |
| 22 | 3 964 | 4 019 | 4 074 | 4 129 | 4 184 | 4 239 | 4 294 | 4 349 | 4 404 | 4 460 |
| 24 | 4 000 | 4 055 | 4 111 | 4 166 | 4 222 | 4 278 | 4 333 | 4 389 | 4 444 | 4 500 |
| 26 | 4 035 | 4 092 | 4 148 | 4 204 | 4 260 | 4 316 | 4 372 | 4 428 | 4 484 | 4 540 |
| 28 | 4 071 | 4 128 | 4 184 | 4 241 | 4 297 | 4 354 | 4 410 | 4 467 | 4 524 | 4 580 |
| 2,30 | 4 107 | 4 164 | 4 221 | 4 278 | 4 335 | 4 392 | 4 449 | 4 506 | 4 563 | 4 620 |
| 32 | 4 143 | 4 200 | 4 258 | 4 315 | 4 373 | 4 430 | 4 488 | 4 545 | 4 603 | 4 660 |
| 34 | 4 178 | 4 236 | 4 294 | 4 352 | 4 410 | 4 468 | 4 526 | 4 585 | 4 643 | 4 701 |
| 36 | 4 214 | 4 273 | 4 331 | 4 390 | 4 448 | 4 507 | 4 565 | 4 624 | 4 682 | 4 741 |
| 38 | 4 250 | 4 309 | 4 368 | 4 427 | 4 486 | 4 545 | 4 604 | 4 663 | 4 722 | 4 781 |
| 2,40 | 4 285 | 4 345 | 4 404 | 4 461 | 4 524 | 4 583 | 4 643 | 4 702 | 4 762 | 4 821 |
| 42 | 4 321 | 4 381 | 4 441 | 4 501 | 4 561 | 4 621 | 4 681 | 4 741 | 4 801 | 4 861 |
| 44 | 4 357 | 4 417 | 4 478 | 4 538 | 4 599 | 4 659 | 4 720 | 4 780 | 4 841 | 4 901 |
| 46 | 4 393 | 4 454 | 4 515 | 4 576 | 4 637 | 4 698 | 4 759 | 4 820 | 4 881 | 4 942 |
| 48 | 4 428 | 4 490 | 4 551 | 4 613 | 4 674 | 4 736 | 4 797 | 4 859 | 4 920 | 4 982 |
| 2,50 | 4 464 | 4 526 | 4 588 | 4 650 | 4 712 | 4 774 | 4 836 | 4 898 | 4 960 | 5 022 |
| 52 | 4 500 | 4 562 | 4 625 | 4 687 | 4 750 | 4 812 | 4 875 | 4 937 | 5 000 | 5 062 |
| 54 | 4 535 | 4 598 | 4 661 | 4 724 | 4 787 | 4 850 | 4 913 | 4 976 | 5 039 | 5 102 |
| 56 | 4 571 | 4 645 | 4 698 | 4 762 | 4 825 | 4 889 | 4 952 | 5 016 | 5 079 | 5 143 |
| 58 | 4 607 | 4 671 | 4 735 | 4 799 | 4 863 | 4 927 | 4 991 | 5 055 | 5 119 | 5 183 |
| 2,60 | 4 643 | 4 707 | 4 772 | 4 836 | 4 900 | 4 965 | 5 029 | 5 094 | 5 158 | 5 223 |
| 62 | 4 678 | 4 743 | 4 808 | 4 873 | 4 938 | 5 003 | 5 068 | 5 133 | 5 198 | 5 263 |



1,24

## Épaisseur : 1ᵐ 24 centimètres — 220

| LONGUEUR | 1,64 | 1,66 | 1,68 | 1,70 | 1,72 | 1,74 | 1,76 | 1,78 | 1,80 | 1,82 |
|---|---|---|---|---|---|---|---|---|---|---|
| 1,64 | 3 335 | | | | | | | | | |
| 66 | 3 379 | 3 417 | | | | | | | | |
| 68 | 3 416 | 3 458 | 3 500 | | | | | | | |
| 1,70 | 3 457 | 3 499 | 3 542 | 3 584 | | | | | | |
| 72 | 3 498 | 3 540 | 3 583 | 3 626 | 3 668 | | | | | |
| 74 | 3 538 | 3 582 | 3 625 | 3 668 | 3 711 | 3 754 | | | | |
| 76 | 3 579 | 3 623 | 3 666 | 3 710 | 3 754 | 3 797 | 3 841 | | | |
| 78 | 3 620 | 3 664 | 3 708 | 3 752 | 3 796 | 3 840 | 3 885 | 3 929 | | |
| 1,80 | 3 660 | 3 705 | 3 750 | 3 794 | 3 839 | 3 884 | 3 928 | 3 973 | 4 018 | |
| 82 | 3 701 | 3 746 | 3 791 | 3 837 | 3 882 | 3 927 | 3 972 | 4 017 | 4 062 | 4 107 |
| 84 | 3 742 | 3 787 | 3 833 | 3 879 | 3 924 | 3 970 | 4 016 | 4 061 | 4 107 | 4 153 |
| 86 | 3 782 | 3 829 | 3 875 | 3 921 | 3 967 | 4 013 | 4 059 | 4 105 | 4 152 | 4 198 |
| 88 | 3 823 | 3 870 | 3 916 | 3 963 | 4 010 | 4 056 | 4 103 | 4 150 | 4 196 | 4 243 |
| 1,90 | 3 864 | 3 911 | 3 958 | 4 005 | 4 052 | 4 099 | 4 147 | 4 194 | 4 241 | 4 288 |
| 92 | 3 905 | 3 952 | 4 000 | 4 047 | 4 095 | 4 143 | 4 190 | 4 238 | 4 285 | 4 333 |
| 94 | 3 945 | 3 993 | 4 041 | 4 090 | 4 138 | 4 186 | 4 234 | 4 282 | 4 330 | 4 378 |
| 96 | 3 986 | 4 034 | 4 083 | 4 132 | 4 180 | 4 229 | 4 278 | 4 326 | 4 375 | 4 423 |
| 98 | 4 027 | 4 076 | 4 125 | 4 175 | 4 223 | 4 272 | 4 321 | 4 370 | 4 419 | 4 468 |
| 2,— | 4 067 | 4 117 | 4 166 | 4 216 | 4 266 | 4 315 | 4 365 | 4 414 | 4 464 | 4 514 |
| 02 | 4 108 | 4 158 | 4 208 | 4 258 | 4 308 | 4 358 | 4 408 | 4 459 | 4 509 | 4 559 |
| 04 | 4 149 | 4 199 | 4 250 | 4 300 | 4 351 | 4 402 | 4 452 | 4 503 | 4 553 | 4 604 |
| 06 | 4 189 | 4 240 | 4 291 | 4 342 | 4 394 | 4 445 | 4 496 | 4 547 | 4 598 | 4 649 |
| 08 | 4 230 | 4 281 | 4 333 | 4 385 | 4 436 | 4 488 | 4 539 | 4 591 | 4 643 | 4 694 |
| 2,10 | 4 271 | 4 323 | 4 375 | 4 427 | 4 479 | 4 531 | 4 583 | 4 635 | 4 687 | 4 739 |
| 12 | 4 311 | 4 364 | 4 416 | 4 469 | 4 522 | 4 574 | 4 627 | 4 679 | 4 732 | 4 784 |
| 14 | 4 352 | 4 405 | 4 458 | 4 511 | 4 564 | 4 617 | 4 670 | 4 723 | 4 776 | 4 830 |
| 16 | 4 393 | 4 446 | 4 500 | 4 553 | 4 607 | 4 660 | 4 714 | 4 768 | 4 821 | 4 875 |
| 18 | 4 433 | 4 487 | 4 541 | 4 595 | 4 650 | 4 704 | 4 758 | 4 812 | 4 866 | 4 920 |
| 2,20 | 4 474 | 4 528 | 4 583 | 4 638 | 4 692 | 4 747 | 4 801 | 4 856 | 4 910 | 4 965 |
| 22 | 4 515 | 4 570 | 4 625 | 4 680 | 4 735 | 4 790 | 4 845 | 4 900 | 4 955 | 5 010 |
| 24 | 4 555 | 4 611 | 4 666 | 4 722 | 4 777 | 4 833 | 4 889 | 4 944 | 5 000 | 5 055 |
| 26 | 4 596 | 4 652 | 4 708 | 4 764 | 4 820 | 4 876 | 4 932 | 4 988 | 5 044 | 5 100 |
| 28 | 4 637 | 4 693 | 4 750 | 4 806 | 4 863 | 4 919 | 4 976 | 5 032 | 5 089 | 5 146 |
| 2,30 | 4 677 | 4 734 | 4 791 | 4 848 | 4 905 | 4 962 | 5 020 | 5 077 | 5 134 | 5 191 |
| 32 | 4 718 | 4 775 | 4 833 | 4 891 | 4 948 | 5 006 | 5 063 | 5 121 | 5 178 | 5 236 |
| 34 | 4 759 | 4 817 | 4 875 | 4 933 | 4 991 | 5 049 | 5 107 | 5 165 | 5 223 | 5 281 |
| 36 | 4 799 | 4 858 | 4 916 | 4 975 | 5 033 | 5 092 | 5 150 | 5 209 | 5 268 | 5 326 |
| 38 | 4 840 | 4 899 | 4 958 | 5 017 | 5 076 | 5 135 | 5 194 | 5 253 | 5 312 | 5 371 |
| 2,40 | 4 881 | 4 940 | 5 000 | 5 059 | 5 119 | 5 178 | 5 238 | 5 297 | 5 357 | 5 416 |
| 42 | 4 921 | 4 981 | 5 041 | 5 101 | 5 161 | 5 221 | 5 281 | 5 341 | 5 401 | 5 461 |
| 44 | 4 962 | 5 022 | 5 083 | 5 144 | 5 204 | 5 265 | 5 325 | 5 386 | 5 446 | 5 507 |
| 46 | 5 003 | 5 064 | 5 125 | 5 186 | 5 247 | 5 308 | 5 369 | 5 430 | 5 491 | 5 552 |
| 48 | 5 043 | 5 105 | 5 166 | 5 228 | 5 289 | 5 351 | 5 412 | 5 474 | 5 535 | 5 597 |
| 2,50 | 5 084 | 5 146 | 5 208 | 5 270 | 5 332 | 5 394 | 5 456 | 5 518 | 5 580 | 5 642 |
| 52 | 5 125 | 5 187 | 5 250 | 5 312 | 5 375 | 5 437 | 5 500 | 5 562 | 5 625 | 5 687 |
| 54 | 5 165 | 5 228 | 5 291 | 5 354 | 5 417 | 5 480 | 5 543 | 5 606 | 5 669 | 5 732 |
| 56 | 5 206 | 5 270 | 5 333 | 5 396 | 5 460 | 5 523 | 5 587 | 5 650 | 5 714 | 5 777 |
| 58 | 5 247 | 5 311 | 5 375 | 5 439 | 5 503 | 5 567 | 5 631 | 5 695 | 5 759 | 5 823 |
| 2,60 | 5 287 | 5 352 | 5 416 | 5 481 | 5 545 | 5 610 | 5 674 | 5 739 | 5 803 | 5 868 |
| 62 | 5 328 | 5 393 | 5 458 | 5 523 | 5 588 | 5 653 | 5 718 | 5 783 | 5 848 | 5 913 |
| 64 | 5 369 | 5 434 | 5 500 | 5 565 | 5 631 | 5 696 | 5 762 | 5 827 | 5 892 | 5 958 |
| 66 | 5 409 | 5 475 | 5 541 | 5 607 | 5 673 | 5 739 | 5 805 | 5 871 | 5 937 | 6 003 |
| 68 | 5 450 | 5 517 | 5 583 | 5 649 | 5 716 | 5 782 | 5 849 | 5 915 | 5 982 | 6 048 |
| 2,70 | 5 491 | 5 558 | 5 625 | 5 692 | 5 759 | 5 826 | 5 892 | 5 959 | 6 026 | 6 093 |
| 72 | 5 531 | 5 599 | 5 666 | 5 734 | 5 801 | 5 869 | 5 936 | 6 004 | 6 071 | 6 138 |
| 74 | 5 572 | 5 640 | 5 708 | 5 776 | 5 844 | 5 912 | 5 980 | 6 048 | 6 116 | 6 184 |
| 76 | 5 613 | 5 681 | 5 750 | 5 818 | 5 887 | 5 955 | 6 023 | 6 092 | 6 160 | 6 229 |
| 78 | 5 653 | 5 722 | 5 791 | 5 860 | 5 929 | 5 998 | 6 067 | 6 136 | 6 205 | 6 274 |
| 2,80 | 5 694 | 5 764 | 5 833 | 5 902 | 5 972 | 6 041 | 6 111 | 6 180 | 6 250 | 6 319 |
| 82 | 5 735 | 5 805 | 5 875 | 5 945 | 6 014 | 6 084 | 6 154 | 6 224 | 6 294 | 6 364 |
| 84 | 5 775 | 5 846 | 5 916 | 5 987 | 6 057 | 6 128 | 6 198 | 6 268 | 6 339 | 6 409 |
| 86 | 5 816 | 5 887 | 5 958 | 6 029 | 6 100 | 6 171 | 6 242 | 6 313 | 6 384 | 6 454 |
| 88 | 5 857 | 5 928 | 6 000 | 6 071 | 6 142 | 6 214 | 6 285 | 6 357 | 6 428 | 6 500 |
| 2,90 | 5 897 | 5 969 | 6 041 | 6 113 | 6 185 | 6 257 | 6 329 | 6 401 | 6 473 | 6 545 |
| 92 | 5 938 | 6 011 | 6 083 | 6 155 | 6 228 | 6 300 | 6 373 | 6 445 | 6 517 | 6 590 |
| 94 | 5 979 | 6 052 | 6 125 | 6 198 | 6 270 | 6 343 | 6 416 | 6 489 | 6 562 | 6 635 |
| 96 | 6 019 | 6 093 | 6 166 | 6 240 | 6 313 | 6 386 | 6 460 | 6 533 | 6 607 | 6 680 |
| 98 | 6 060 | 6 134 | 6 208 | 6 282 | 6 356 | 6 430 | 6 504 | 6 577 | 6 651 | 6 725 |
| 3,— | 6 101 | 6 175 | 6 250 | 6 324 | 6 398 | 6 473 | 6 547 | 6 622 | 6 696 | 6 770 |
| 02 | 6 141 | 6 216 | 6 291 | 6 366 | 6 441 | 6 516 | 6 591 | 6 666 | 6 741 | 6 816 |

## Épaisseur : 1ᵐ 24 centimètres — 221

| LONGUEUR | 1,84 | 1,86 | 1,88 | 1,90 | 1,92 | 1,94 | 1,96 | 1,98 | 2,00 | 2,02 |
|---|---|---|---|---|---|---|---|---|---|---|
| 1,84 | 4 198 | | | | | | | | | |
| 86 | 4 241 | 4 290 | | | | | | | | |
| 88 | 4 289 | 4 336 | 4 383 | | | | | | | |
| 1,90 | 4 335 | 4 382 | 4 429 | 4 476 | | | | | | |
| 92 | 4 381 | 4 428 | 4 476 | 4 524 | 4 571 | | | | | |
| 94 | 4 426 | 4 474 | 4 523 | 4 571 | 4 619 | 4 667 | | | | |
| 96 | 4 472 | 4 521 | 4 569 | 4 618 | 4 666 | 4 715 | 4 764 | | | |
| 98 | 4 518 | 4 567 | 4 616 | 4 665 | 4 714 | 4 763 | 4 812 | 4 861 | | |
| 2,— | 4 563 | 4 613 | 4 662 | 4 712 | 4 762 | 4 811 | 4 861 | 4 910 | 4 960 | |
| 02 | 4 609 | 4 659 | 4 709 | 4 759 | 4 809 | 4 859 | 4 909 | 4 960 | 5 010 | 5 060 |
| 04 | 4 654 | 4 705 | 4 756 | 4 806 | 4 857 | 4 907 | 4 958 | 5 009 | 5 059 | 5 110 |
| 06 | 4 700 | 4 751 | 4 802 | 4 853 | 4 904 | 4 956 | 5 007 | 5 058 | 5 109 | 5 160 |
| 08 | 4 746 | 4 797 | 4 849 | 4 900 | 4 952 | 5 004 | 5 055 | 5 107 | 5 158 | 5 210 |
| 2,10 | 4 791 | 4 843 | 4 896 | 4 948 | 5 000 | 5 052 | 5 104 | 5 156 | 5 208 | 5 261 |
| 12 | 4 837 | 4 890 | 4 942 | 4 995 | 5 047 | 5 100 | 5 152 | 5 205 | 5 258 | 5 310 |
| 14 | 4 883 | 4 936 | 4 989 | 5 042 | 5 095 | 5 148 | 5 201 | 5 254 | 5 307 | 5 360 |
| 16 | 4 928 | 4 982 | 5 035 | 5 089 | 5 143 | 5 196 | 5 250 | 5 303 | 5 357 | 5 410 |
| 18 | 4 974 | 5 028 | 5 082 | 5 136 | 5 190 | 5 244 | 5 298 | 5 352 | 5 406 | 5 460 |
| 2,20 | 5 020 | 5 074 | 5 129 | 5 183 | 5 238 | 5 292 | 5 347 | 5 401 | 5 456 | 5 511 |
| 22 | 5 065 | 5 120 | 5 175 | 5 230 | 5 285 | 5 340 | 5 395 | 5 451 | 5 506 | 5 561 |
| 24 | 5 111 | 5 166 | 5 222 | 5 277 | 5 333 | 5 389 | 5 444 | 5 500 | 5 555 | 5 611 |
| 26 | 5 156 | 5 212 | 5 269 | 5 325 | 5 381 | 5 437 | 5 493 | 5 549 | 5 605 | 5 661 |
| 28 | 5 202 | 5 259 | 5 315 | 5 372 | 5 428 | 5 485 | 5 541 | 5 598 | 5 654 | 5 711 |
| 2,30 | 5 248 | 5 305 | 5 362 | 5 419 | 5 476 | 5 533 | 5 590 | 5 647 | 5 704 | 5 761 |
| 32 | 5 293 | 5 351 | 5 408 | 5 466 | 5 523 | 5 581 | 5 639 | 5 696 | 5 751 | 5 811 |
| 34 | 5 339 | 5 397 | 5 455 | 5 513 | 5 571 | 5 629 | 5 687 | 5 745 | 5 803 | 5 861 |
| 36 | 5 385 | 5 443 | 5 502 | 5 560 | 5 619 | 5 677 | 5 736 | 5 794 | 5 853 | 5 911 |
| 38 | 5 430 | 5 489 | 5 548 | 5 607 | 5 666 | 5 725 | 5 784 | 5 843 | 5 902 | 5 961 |
| 2,40 | 5 476 | 5 535 | 5 595 | 5 654 | 5 714 | 5 773 | 5 833 | 5 892 | 5 952 | 6 012 |
| 42 | 5 521 | 5 581 | 5 642 | 5 702 | 5 762 | 5 822 | 5 882 | 5 942 | 6 002 | 6 062 |
| 44 | 5 567 | 5 628 | 5 688 | 5 749 | 5 809 | 5 870 | 5 930 | 5 991 | 6 051 | 6 112 |
| 46 | 5 613 | 5 674 | 5 735 | 5 796 | 5 857 | 5 918 | 5 979 | 6 040 | 6 101 | 6 162 |
| 48 | 5 658 | 5 720 | 5 781 | 5 843 | 5 904 | 5 966 | 6 027 | 6 089 | 6 150 | 6 212 |
| 2,50 | 5 704 | 5 766 | 5 828 | 5 890 | 5 952 | 6 014 | 6 076 | 6 138 | 6 200 | 6 262 |
| 52 | 5 750 | 5 812 | 5 875 | 5 937 | 6 000 | 6 062 | 6 125 | 6 187 | 6 250 | 6 312 |
| 54 | 5 795 | 5 858 | 5 921 | 5 984 | 6 047 | 6 110 | 6 173 | 6 236 | 6 299 | 6 362 |
| 56 | 5 841 | 5 904 | 5 968 | 6 031 | 6 095 | 6 158 | 6 222 | 6 285 | 6 349 | 6 412 |
| 58 | 5 887 | 5 951 | 6 014 | 6 078 | 6 142 | 6 206 | 6 270 | 6 331 | 6 393 | 6 462 |
| 2,60 | 5 932 | 5 997 | 6 061 | 6 126 | 6 190 | 6 255 | 6 319 | 6 384 | 6 448 | 6 512 |
| 62 | 5 978 | 6 043 | 6 108 | 6 173 | 6 238 | 6 303 | 6 368 | 6 433 | 6 498 | 6 563 |
| 64 | 6 023 | 6 089 | 6 154 | 6 220 | 6 285 | 6 351 | 6 416 | 6 482 | 6 547 | 6 613 |
| 66 | 6 069 | 6 135 | 6 201 | 6 267 | 6 333 | 6 399 | 6 465 | 6 531 | 6 597 | 6 663 |
| 68 | 6 115 | 6 181 | 6 248 | 6 314 | 6 381 | 6 447 | 6 513 | 6 580 | 6 646 | 6 713 |
| 2,70 | 6 160 | 6 227 | 6 294 | 6 361 | 6 428 | 6 495 | 6 562 | 6 629 | 6 696 | 6 763 |
| 72 | 6 206 | 6 273 | 6 341 | 6 408 | 6 476 | 6 543 | 6 611 | 6 678 | 6 746 | 6 813 |
| 74 | 6 251 | 6 320 | 6 387 | 6 455 | 6 523 | 6 591 | 6 659 | 6 727 | 6 795 | 6 863 |
| 76 | 6 297 | 6 366 | 6 434 | 6 503 | 6 571 | 6 639 | 6 708 | 6 776 | 6 845 | 6 913 |
| 78 | 6 343 | 6 412 | 6 481 | 6 550 | 6 619 | 6 688 | 6 757 | 6 825 | 6 894 | 6 963 |
| 2,80 | 6 388 | 6 458 | 6 527 | 6 597 | 6 666 | 6 736 | 6 805 | 6 875 | 6 944 | 7 013 |
| 82 | 6 434 | 6 504 | 6 574 | 6 644 | 6 714 | 6 784 | 6 854 | 6 924 | 6 994 | 7 064 |
| 84 | 6 480 | 6 550 | 6 621 | 6 691 | 6 761 | 6 832 | 6 902 | 6 973 | 7 043 | 7 114 |
| 86 | 6 525 | 6 596 | 6 667 | 6 738 | 6 809 | 6 880 | 6 951 | 7 022 | 7 093 | 7 164 |
| 88 | 6 571 | 6 642 | 6 714 | 6 785 | 6 857 | 6 928 | 7 000 | 7 071 | 7 142 | 7 214 |
| 2,90 | 6 617 | 6 689 | 6 760 | 6 832 | 6 904 | 6 976 | 7 048 | 7 120 | 7 192 | 7 264 |
| 92 | 6 662 | 6 735 | 6 807 | 6 880 | 6 952 | 7 024 | 7 097 | 7 169 | 7 242 | 7 314 |
| 94 | 6 708 | 6 781 | 6 854 | 6 927 | 7 000 | 7 072 | 7 145 | 7 218 | 7 291 | 7 364 |
| 96 | 6 754 | 6 827 | 6 900 | 6 974 | 7 047 | 7 121 | 7 194 | 7 267 | 7 341 | 7 414 |
| 98 | 6 799 | 6 873 | 6 947 | 7 021 | 7 095 | 7 169 | 7 243 | 7 316 | 7 390 | 7 464 |
| 3,— | 6 845 | 6 919 | 6 994 | 7 068 | 7 142 | 7 217 | 7 291 | 7 366 | 7 440 | 7 514 |
| 02 | 6 890 | 6 965 | 7 040 | 7 115 | 7 190 | 7 265 | 7 340 | 7 415 | 7 490 | 7 564 |

| LONG' | FEUILLES | 1,26 | 1,28 | 1,30 | 1,32 | 1,34 | 1,36 | 1,38 | 1,40 | 1,42 | 1,44 |
|---|---|---|---|---|---|---|---|---|---|---|---|
| 1,26 | 1 600 | 2 000 | | | | | | | | | |
| 28 | 1 626 | 2 032 | 2 064 | | | | | | | | |
| 1,30 | 1 651 | 2 064 | 2 097 | 2 129 | | | | | | | |
| 32 | 1 677 | 2 096 | 2 129 | 2 162 | 2 195 | | | | | | |
| 34 | 1 702 | 2 127 | 2 161 | 2 195 | 2 229 | 2 262 | | | | | |
| 36 | 1 727 | 2 159 | 2 193 | 2 228 | 2 262 | 2 296 | 2 330 | | | | |
| 38 | 1 753 | 2 191 | 2 226 | 2 260 | 2 295 | 2 330 | 2 365 | 2 400 | | | |
| 1,40 | 1 778 | 2 223 | 2 258 | 2 293 | 2 328 | 2 364 | 2 399 | 2 434 | 2 470 | | |
| 42 | 1 804 | 2 254 | 2 290 | 2 326 | 2 362 | 2 398 | 2 433 | 2 469 | 2 505 | 2 541 | |
| 44 | 1 829 | 2 286 | 2 322 | 2 359 | 2 395 | 2 431 | 2 468 | 2 504 | 2 540 | 2 576 | 2 612 |
| 46 | 1 854 | 2 318 | 2 355 | 2 392 | 2 428 | 2 465 | 2 502 | 2 539 | 2 575 | 2 612 | 2 649 |
| 48 | 1 880 | 2 350 | 2 387 | 2 424 | 2 462 | 2 499 | 2 536 | 2 573 | 2 611 | 2 648 | 2 685 |
| 1,50 | 1 905 | 2 381 | 2 419 | 2 457 | 2 495 | 2 533 | 2 570 | 2 608 | 2 646 | 2 684 | 2 723 |
| 52 | 1 931 | 2 413 | 2 451 | 2 490 | 2 528 | 2 566 | 2 605 | 2 643 | 2 681 | 2 720 | 2 758 |
| 54 | 1 956 | 2 445 | 2 484 | 2 523 | 2 561 | 2 600 | 2 639 | 2 678 | 2 717 | 2 755 | 2 794 |
| 56 | 1 981 | 2 477 | 2 516 | 2 555 | 2 595 | 2 634 | 2 673 | 2 713 | 2 752 | 2 791 | 2 830 |
| 58 | 2 007 | 2 508 | 2 548 | 2 588 | 2 628 | 2 668 | 2 707 | 2 747 | 2 787 | 2 827 | 2 867 |
| 1,60 | 2 032 | 2 540 | 2 580 | 2 621 | 2 661 | 2 701 | 2 742 | 2 782 | 2 822 | 2 863 | 2 903 |
| 62 | 2 058 | 2 572 | 2 613 | 2 654 | 2 694 | 2 735 | 2 776 | 2 817 | 2 858 | 2 899 | 2 939 |
| 64 | 2 083 | 2 604 | 2 645 | 2 686 | 2 728 | 2 769 | 2 810 | 2 852 | 2 893 | 2 934 | 2 976 |
| 66 | 2 108 | 2 635 | 2 677 | 2 719 | 2 761 | 2 803 | 2 845 | 2 886 | 2 928 | 2 970 | 3 012 |
| 68 | 2 134 | 2 667 | 2 710 | 2 752 | 2 794 | 2 837 | 2 879 | 2 921 | 2 964 | 3 006 | 3 048 |
| 1,70 | 2 159 | 2 699 | 2 742 | 2 785 | 2 827 | 2 870 | 2 913 | 2 956 | 2 999 | 3 042 | 3 084 |
| 72 | 2 185 | 2 731 | 2 774 | 2 817 | 2 861 | 2 904 | 2 947 | 2 991 | 3 034 | 3 077 | 3 121 |
| 74 | 2 210 | 2 762 | 2 806 | 2 850 | 2 894 | 2 938 | 2 982 | 3 026 | 3 069 | 3 113 | 3 157 |
| 76 | 2 235 | 2 794 | 2 839 | 2 883 | 2 927 | 2 972 | 3 016 | 3 060 | 3 105 | 3 149 | 3 193 |
| 78 | 2 261 | 2 826 | 2 871 | 2 916 | 2 960 | 3 005 | 3 050 | 3 095 | 3 140 | 3 185 | 3 230 |
| 1,80 | 2 286 | 2 858 | 2 903 | 2 948 | 2 994 | 3 039 | 3 084 | 3 130 | 3 175 | 3 221 | 3 266 |
| 82 | 2 312 | 2 889 | 2 935 | 2 981 | 3 027 | 3 073 | 3 119 | 3 165 | 3 210 | 3 256 | 3 302 |
| 84 | 2 337 | 2 921 | 2 968 | 3 014 | 3 060 | 3 107 | 3 153 | 3 199 | 3 246 | 3 292 | 3 338 |
| 86 | 2 362 | 2 953 | 3 000 | 3 047 | 3 094 | 3 140 | 3 187 | 3 234 | 3 281 | 3 328 | 3 375 |
| 88 | 2 388 | 2 985 | 3 032 | 3 079 | 3 127 | 3 174 | 3 222 | 3 269 | 3 316 | 3 364 | 3 411 |
| 1,90 | 2 413 | 3 016 | 3 064 | 3 112 | 3 160 | 3 208 | 3 256 | 3 304 | 3 352 | 3 399 | 3 447 |
| 92 | 2 439 | 3 048 | 3 097 | 3 145 | 3 193 | 3 242 | 3 290 | 3 338 | 3 387 | 3 435 | 3 484 |
| 94 | 2 464 | 3 080 | 3 129 | 3 178 | 3 227 | 3 275 | 3 324 | 3 373 | 3 422 | 3 471 | 3 520 |
| 96 | 2 489 | 3 112 | 3 161 | 3 210 | 3 260 | 3 309 | 3 359 | 3 408 | 3 457 | 3 507 | 3 556 |
| 98 | 2 515 | 3 143 | 3 193 | 3 243 | 3 293 | 3 343 | 3 393 | 3 443 | 3 493 | 3 543 | 3 593 |
| 2,— | 2 540 | 3 175 | 3 226 | 3 276 | 3 326 | 3 377 | 3 427 | 3 478 | 3 528 | 3 578 | 3 629 |
| 02 | 2 566 | 3 207 | 3 258 | 3 309 | 3 360 | 3 411 | 3 461 | 3 512 | 3 563 | 3 614 | 3 665 |
| 04 | 2 591 | 3 239 | 3 290 | 3 342 | 3 393 | 3 444 | 3 496 | 3 547 | 3 599 | 3 650 | 3 701 |
| 06 | 2 616 | 3 270 | 3 322 | 3 374 | 3 426 | 3 478 | 3 530 | 3 582 | 3 634 | 3 686 | 3 738 |
| 08 | 2 642 | 3 302 | 3 355 | 3 407 | 3 459 | 3 512 | 3 564 | 3 617 | 3 669 | 3 722 | 3 774 |
| 2,10 | 2 667 | 3 334 | 3 387 | 3 440 | 3 493 | 3 546 | 3 599 | 3 651 | 3 704 | 3 757 | 3 810 |
| 12 | 2 693 | 3 366 | 3 419 | 3 473 | 3 526 | 3 579 | 3 633 | 3 686 | 3 740 | 3 793 | 3 847 |
| 14 | 2 718 | 3 397 | 3 451 | 3 505 | 3 559 | 3 613 | 3 667 | 3 721 | 3 775 | 3 829 | 3 883 |
| 16 | 2 743 | 3 429 | 3 484 | 3 538 | 3 593 | 3 647 | 3 701 | 3 756 | 3 810 | 3 865 | 3 919 |
| 18 | 2 769 | 3 461 | 3 516 | 3 571 | 3 626 | 3 681 | 3 736 | 3 791 | 3 846 | 3 900 | 3 955 |
| 2,20 | 2 794 | 3 493 | 3 548 | 3 604 | 3 659 | 3 714 | 3 770 | 3 825 | 3 881 | 3 936 | 3 992 |
| 22 | 2 820 | 3 524 | 3 580 | 3 636 | 3 692 | 3 748 | 3 804 | 3 860 | 3 916 | 3 972 | 4 028 |
| 24 | 2 845 | 3 556 | 3 613 | 3 669 | 3 726 | 3 782 | 3 838 | 3 895 | 3 951 | 4 008 | 4 064 |
| 26 | 2 870 | 3 588 | 3 645 | 3 702 | 3 759 | 3 816 | 3 873 | 3 930 | 3 987 | 4 044 | 4 101 |
| 28 | 2 896 | 3 620 | 3 677 | 3 735 | 3 792 | 3 850 | 3 907 | 3 964 | 4 022 | 4 079 | 4 137 |
| 2,30 | 2 921 | 3 651 | 3 709 | 3 767 | 3 825 | 3 883 | 3 941 | 3 999 | 4 057 | 4 115 | 4 173 |
| 32 | 2 947 | 3 683 | 3 742 | 3 800 | 3 859 | 3 917 | 3 976 | 4 034 | 4 092 | 4 151 | 4 209 |
| 34 | 2 972 | 3 715 | 3 774 | 3 833 | 3 892 | 3 951 | 4 010 | 4 069 | 4 128 | 4 187 | 4 246 |
| 36 | 2 997 | 3 747 | 3 806 | 3 866 | 3 925 | 3 985 | 4 044 | 4 104 | 4 163 | 4 223 | 4 282 |
| 38 | 3 023 | 3 778 | 3 838 | 3 898 | 3 958 | 4 018 | 4 078 | 4 138 | 4 198 | 4 258 | 4 318 |
| 2,40 | 3 048 | 3 810 | 3 871 | 3 931 | 3 992 | 4 052 | 4 113 | 4 173 | 4 234 | 4 294 | 4 355 |
| 42 | 3 074 | 3 842 | 3 903 | 3 964 | 4 023 | 4 086 | 4 147 | 4 208 | 4 269 | 4 330 | 4 391 |
| 44 | 3 099 | 3 874 | 3 935 | 3 997 | 4 058 | 4 120 | 4 181 | 4 243 | 4 304 | 4 366 | 4 427 |
| 46 | 3 124 | 3 905 | 3 967 | 4 029 | 4 091 | 4 153 | 4 215 | 4 277 | 4 339 | 4 401 | 4 463 |
| 48 | 3 150 | 3 937 | 4 000 | 4 062 | 4 125 | 4 187 | 4 250 | 4 312 | 4 375 | 4 437 | 4 500 |
| 2,50 | 3 175 | 3 969 | 4 032 | 4 095 | 4 158 | 4 221 | 4 284 | 4 347 | 4 410 | 4 473 | 4 536 |
| 52 | 3 201 | 4 001 | 4 064 | 4 128 | 4 191 | 4 255 | 4 318 | 4 382 | 4 445 | 4 509 | 4 572 |
| 54 | 3 226 | 4 033 | 4 097 | 4 161 | 4 225 | 4 289 | 4 353 | 4 417 | 4 481 | 4 545 | 4 609 |
| 56 | 3 251 | 4 064 | 4 129 | 4 193 | 4 258 | 4 322 | 4 387 | 4 451 | 4 516 | 4 580 | 4 645 |
| 58 | 3 277 | 4 096 | 4 161 | 4 226 | 4 291 | 4 356 | 4 421 | 4 486 | 4 551 | 4 616 | 4 681 |
| 2,60 | 3 302 | 4 128 | 4 193 | 4 259 | 4 324 | 4 390 | 4 455 | 4 521 | 4 586 | 4 652 | 4 717 |
| 62 | 3 328 | 4 160 | 4 226 | 4 292 | 4 358 | 4 424 | 4 490 | 4 556 | 4 622 | 4 688 | 4 754 |
| 64 | 3 353 | 4 191 | 4 258 | 4 324 | 4 391 | 4 457 | 4 524 | 4 590 | 4 657 | 4 723 | 4 790 |



| LONGUEUR | 1,46 | 1,48 | 1,50 | 1,52 | 1,54 | 1,56 | 1,58 | 1,60 | 1,62 | 1,64 |
|---|---|---|---|---|---|---|---|---|---|---|
| 1,46 | 2 686 | | | | | | | | | |
| 48 | 2 723 | 2 760 | | | | | | | | |
| 1,50 | 2 750 | 2 797 | 2 835 | | | | | | | |
| 52 | 2 796 | 2 834 | 2 873 | 2 911 | | | | | | |
| 54 | 2 833 | 2 872 | 2 911 | 2 949 | 2 988 | | | | | |
| 56 | 2 870 | 2 909 | 2 948 | 2 988 | 3 027 | 3 066 | | | | |
| 58 | 2 907 | 2 946 | 2 986 | 3 026 | 3 066 | 3 106 | 3 145 | | | |
| 1,60 | 2 943 | 2 984 | 3 024 | 3 064 | 3 105 | 3 145 | 3 185 | 3 226 | | |
| 62 | 2 980 | 3 021 | 3 062 | 3 103 | 3 143 | 3 184 | 3 225 | 3 266 | 3 307 | |
| 64 | 3 017 | 3 058 | 3 100 | 3 141 | 3 182 | 3 224 | 3 265 | 3 306 | 3 348 | 3 389 |
| 66 | 3 054 | 3 096 | 3 137 | 3 179 | 3 221 | 3 263 | 3 305 | 3 347 | 3 388 | 3 430 |
| 68 | 3 091 | 3 133 | 3 175 | 3 218 | 3 260 | 3 302 | 3 345 | 3 387 | 3 429 | 3 472 |
| 1,70 | 3 127 | 3 170 | 3 213 | 3 256 | 3 299 | 3 342 | 3 384 | 3 427 | 3 470 | 3 513 |
| 72 | 3 164 | 3 207 | 3 251 | 3 294 | 3 337 | 3 381 | 3 424 | 3 468 | 3 511 | 3 554 |
| 74 | 3 201 | 3 245 | 3 289 | 3 332 | 3 376 | 3 420 | 3 464 | 3 508 | 3 552 | 3 596 |
| 76 | 3 238 | 3 282 | 3 326 | 3 371 | 3 415 | 3 459 | 3 504 | 3 548 | 3 593 | 3 637 |
| 78 | 3 274 | 3 319 | 3 364 | 3 409 | 3 454 | 3 499 | 3 541 | 3 588 | 3 633 | 3 678 |
| 1,80 | 3 311 | 3 357 | 3 402 | 3 447 | 3 493 | 3 538 | 3 583 | 3 629 | 3 674 | 3 720 |
| 82 | 3 348 | 3 394 | 3 440 | 3 486 | 3 532 | 3 577 | 3 623 | 3 669 | 3 715 | 3 761 |
| 84 | 3 385 | 3 431 | 3 478 | 3 524 | 3 570 | 3 617 | 3 663 | 3 709 | 3 756 | 3 802 |
| 86 | 3 422 | 3 469 | 3 515 | 3 562 | 3 609 | 3 656 | 3 703 | 3 750 | 3 797 | 3 844 |
| 88 | 3 458 | 3 506 | 3 553 | 3 601 | 3 648 | 3 695 | 3 743 | 3 790 | 3 837 | 3 885 |
| 1,90 | 3 495 | 3 543 | 3 591 | 3 639 | 3 687 | 3 735 | 3 783 | 3 830 | 3 878 | 3 926 |
| 92 | 3 532 | 3 580 | 3 629 | 3 677 | 3 726 | 3 774 | 3 822 | 3 871 | 3 919 | 3 967 |
| 94 | 3 569 | 3 618 | 3 667 | 3 715 | 3 764 | 3 813 | 3 862 | 3 911 | 3 960 | 4 009 |
| 96 | 3 606 | 3 655 | 3 704 | 3 754 | 3 803 | 3 853 | 3 902 | 3 951 | 4 000 | 4 050 |
| 98 | 3 642 | 3 692 | 3 742 | 3 792 | 3 842 | 3 892 | 3 942 | 3 992 | 4 041 | 4 091 |
| 2,— | 3 679 | 3 730 | 3 780 | 3 830 | 3 881 | 3 931 | 3 982 | 4 032 | 4 082 | 4 133 |
| 02 | 3 716 | 3 767 | 3 818 | 3 869 | 3 920 | 3 971 | 4 021 | 4 072 | 4 123 | 4 174 |
| 04 | 3 753 | 3 804 | 3 856 | 3 907 | 3 958 | 4 010 | 4 061 | 4 113 | 4 164 | 4 215 |
| 06 | 3 790 | 3 841 | 3 893 | 3 945 | 3 997 | 4 049 | 4 101 | 4 153 | 4 205 | 4 257 |
| 08 | 3 826 | 3 879 | 3 931 | 3 984 | 4 036 | 4 088 | 4 141 | 4 193 | 4 246 | 4 298 |
| 2,10 | 3 863 | 3 916 | 3 969 | 4 022 | 4 075 | 4 128 | 4 181 | 4 234 | 4 287 | 4 339 |
| 12 | 3 900 | 3 953 | 4 007 | 4 060 | 4 114 | 4 167 | 4 220 | 4 274 | 4 327 | 4 381 |
| 14 | 3 937 | 3 991 | 4 045 | 4 099 | 4 152 | 4 206 | 4 260 | 4 314 | 4 368 | 4 422 |
| 16 | 3 974 | 4 028 | 4 082 | 4 137 | 4 191 | 4 246 | 4 300 | 4 355 | 4 409 | 4 463 |
| 18 | 4 010 | 4 065 | 4 120 | 4 175 | 4 230 | 4 285 | 4 340 | 4 395 | 4 450 | 4 505 |
| 2,20 | 4 047 | 4 103 | 4 158 | 4 213 | 4 269 | 4 324 | 4 380 | 4 435 | 4 491 | 4 546 |
| 22 | 4 084 | 4 140 | 4 196 | 4 252 | 4 308 | 4 364 | 4 420 | 4 476 | 4 531 | 4 587 |
| 24 | 4 121 | 4 177 | 4 234 | 4 290 | 4 346 | 4 403 | 4 459 | 4 516 | 4 572 | 4 629 |
| 26 | 4 157 | 4 214 | 4 271 | 4 328 | 4 385 | 4 442 | 4 499 | 4 556 | 4 613 | 4 670 |
| 28 | 4 194 | 4 252 | 4 309 | 4 367 | 4 424 | 4 482 | 4 539 | 4 596 | 4 654 | 4 711 |
| 2,30 | 4 231 | 4 289 | 4 347 | 4 405 | 4 463 | 4 521 | 4 579 | 4 637 | 4 695 | 4 753 |
| 32 | 4 268 | 4 326 | 4 385 | 4 443 | 4 502 | 4 560 | 4 619 | 4 677 | 4 736 | 4 794 |
| 34 | 4 305 | 4 364 | 4 423 | 4 482 | 4 541 | 4 600 | 4 658 | 4 717 | 4 776 | 4 835 |
| 36 | 4 341 | 4 401 | 4 460 | 4 520 | 4 579 | 4 639 | 4 698 | 4 758 | 4 817 | 4 877 |
| 38 | 4 378 | 4 438 | 4 498 | 4 558 | 4 618 | 4 678 | 4 738 | 4 798 | 4 858 | 4 918 |
| 2,40 | 4 415 | 4 476 | 4 536 | 4 596 | 4 657 | 4 717 | 4 778 | 4 838 | 4 899 | 4 959 |
| 42 | 4 452 | 4 513 | 4 574 | 4 635 | 4 696 | 4 757 | 4 818 | 4 879 | 4 940 | 5 001 |
| 44 | 4 489 | 4 550 | 4 612 | 4 673 | 4 735 | 4 796 | 4 858 | 4 919 | 4 981 | 5 042 |
| 46 | 4 525 | 4 587 | 4 649 | 4 711 | 4 773 | 4 835 | 4 897 | 4 959 | 5 021 | 5 083 |
| 48 | 4 562 | 4 625 | 4 687 | 4 750 | 4 812 | 4 875 | 4 937 | 5 000 | 5 062 | 5 125 |
| 2,50 | 4 599 | 4 662 | 4 725 | 4 788 | 4 851 | 4 914 | 4 977 | 5 040 | 5 103 | 5 166 |
| 52 | 4 636 | 4 699 | 4 763 | 4 826 | 4 890 | 4 953 | 5 017 | 5 080 | 5 144 | 5 207 |
| 54 | 4 673 | 4 737 | 4 801 | 4 865 | 4 929 | 4 993 | 5 057 | 5 121 | 5 185 | 5 249 |
| 56 | 4 709 | 4 774 | 4 838 | 4 903 | 4 967 | 5 032 | 5 096 | 5 161 | 5 225 | 5 290 |
| 58 | 4 746 | 4 811 | 4 876 | 4 941 | 5 006 | 5 071 | 5 136 | 5 201 | 5 266 | 5 331 |
| 2,60 | 4 783 | 4 848 | 4 914 | 4 980 | 5 045 | 5 111 | 5 176 | 5 242 | 5 307 | 5 373 |
| 62 | 4 820 | 4 886 | 4 952 | 5 018 | 5 084 | 5 150 | 5 216 | 5 282 | 5 348 | 5 414 |
| 64 | 4 857 | 4 923 | 4 990 | 5 056 | 5 123 | 5 189 | 5 256 | 5 322 | 5 389 | 5 455 |

## LARGEUR — 924

| LONGUEUR | 1,66 | 1,68 | 1,70 | 1,72 | 1,74 | 1,76 | 1,78 | 1,80 | 1,82 | 1,84 |
|---|---|---|---|---|---|---|---|---|---|---|
| 1,66 | 3 472 | | | | | | | | | |
| 68 | 3 514 | 3 556 | | | | | | | | |
| 1,70 | 3 556 | 3 599 | 3 641 | | | | | | | |
| 72 | 3 598 | 3 641 | 3 684 | 3 728 | | | | | | |
| 74 | 3 639 | 3 683 | 3 727 | 3 771 | 3 815 | | | | | |
| 76 | 3 681 | 3 726 | 3 770 | 3 814 | 3 859 | 3 903 | | | | |
| 78 | 3 723 | 3 768 | 3 813 | 3 858 | 3 902 | 3 947 | 3 992 | | | |
| 1,80 | 3 765 | 3 810 | 3 856 | 3 901 | 3 946 | 3 992 | 4 037 | 4 082 | | |
| 82 | 3 807 | 3 853 | 3 898 | 3 944 | 3 990 | 4 036 | 4 082 | 4 128 | 4 174 | |
| 84 | 3 849 | 3 895 | 3 941 | 3 988 | 4 034 | 4 080 | 4 127 | 4 173 | 4 219 | 4 266 |
| 86 | 3 890 | 3 937 | 3 984 | 4 031 | 4 078 | 4 125 | 4 172 | 4 218 | 4 265 | 4 312 |
| 88 | 3 932 | 3 980 | 4 027 | 4 074 | 4 122 | 4 169 | 4 216 | 4 264 | 4 311 | 4 359 |
| 1,90 | 3 974 | 4 022 | 4 070 | 4 118 | 4 166 | 4 213 | 4 261 | 4 309 | 4 357 | 4 405 |
| 92 | 4 016 | 4 064 | 4 113 | 4 161 | 4 209 | 4 258 | 4 306 | 4 355 | 4 403 | 4 451 |
| 94 | 4 058 | 4 107 | 4 155 | 4 204 | 4 253 | 4 302 | 4 351 | 4 400 | 4 449 | 4 498 |
| 96 | 4 100 | 4 149 | 4 198 | 4 248 | 4 297 | 4 346 | 4 396 | 4 445 | 4 495 | 4 544 |
| 98 | 4 141 | 4 191 | 4 241 | 4 291 | 4 341 | 4 391 | 4 441 | 4 491 | 4 541 | 4 590 |
| 2,— | 4 183 | 4 234 | 4 284 | 4 334 | 4 385 | 4 435 | 4 486 | 4 536 | 4 586 | 4 637 |
| 02 | 4 225 | 4 276 | 4 327 | 4 378 | 4 429 | 4 480 | 4 530 | 4 581 | 4 632 | 4 683 |
| 04 | 4 267 | 4 318 | 4 370 | 4 421 | 4 472 | 4 524 | 4 575 | 4 627 | 4 678 | 4 730 |
| 06 | 4 309 | 4 361 | 4 413 | 4 464 | 4 516 | 4 568 | 4 620 | 4 672 | 4 721 | 4 776 |
| 08 | 4 351 | 4 403 | 4 455 | 4 508 | 4 560 | 4 613 | 4 665 | 4 717 | 4 770 | 4 822 |
| 2,10 | 4 392 | 4 445 | 4 498 | 4 551 | 4 604 | 4 657 | 4 710 | 4 763 | 4 816 | 4 869 |
| 12 | 4 434 | 4 488 | 4 541 | 4 594 | 4 648 | 4 701 | 4 755 | 4 808 | 4 862 | 4 915 |
| 14 | 4 476 | 4 530 | 4 584 | 4 638 | 4 692 | 4 746 | 4 800 | 4 851 | 4 907 | 4 961 |
| 16 | 4 518 | 4 572 | 4 627 | 4 681 | 4 736 | 4 790 | 4 844 | 4 899 | 4 953 | 5 008 |
| 18 | 4 560 | 4 615 | 4 670 | 4 724 | 4 779 | 4 834 | 4 889 | 4 944 | 4 999 | 5 054 |
| 2,20 | 4 602 | 4 657 | 4 712 | 4 768 | 4 823 | 4 879 | 4 934 | 4 990 | 5 045 | 5 100 |
| 22 | 4 643 | 4 699 | 4 755 | 4 811 | 4 867 | 4 923 | 4 979 | 5 035 | 5 091 | 5 147 |
| 24 | 4 685 | 4 742 | 4 798 | 4 855 | 4 911 | 4 967 | 5 024 | 5 080 | 5 137 | 5 193 |
| 26 | 4 727 | 4 784 | 4 841 | 4 898 | 4 955 | 5 012 | 5 069 | 5 126 | 5 183 | 5 240 |
| 28 | 4 769 | 4 826 | 4 884 | 4 941 | 4 999 | 5 056 | 5 114 | 5 171 | 5 228 | 5 286 |
| 2,30 | 4 811 | 4 869 | 4 927 | 4 985 | 5 043 | 5 100 | 5 158 | 5 216 | 5 274 | 5 332 |
| 32 | 4 853 | 4 911 | 4 969 | 5 028 | 5 086 | 5 145 | 5 203 | 5 262 | 5 320 | 5 379 |
| 34 | 4 894 | 4 953 | 5 012 | 5 071 | 5 130 | 5 189 | 5 248 | 5 307 | 5 366 | 5 425 |
| 36 | 4 936 | 4 996 | 5 055 | 5 115 | 5 174 | 5 234 | 5 293 | 5 352 | 5 412 | 5 471 |
| 38 | 4 978 | 5 038 | 5 098 | 5 158 | 5 218 | 5 278 | 5 338 | 5 398 | 5 458 | 5 518 |
| 2,40 | 5 020 | 5 080 | 5 141 | 5 201 | 5 262 | 5 322 | 5 383 | 5 443 | 5 504 | 5 564 |
| 42 | 5 062 | 5 123 | 5 184 | 5 245 | 5 306 | 5 367 | 5 428 | 5 489 | 5 550 | 5 611 |
| 44 | 5 104 | 5 165 | 5 226 | 5 288 | 5 349 | 5 411 | 5 472 | 5 534 | 5 595 | 5 657 |
| 46 | 5 145 | 5 207 | 5 269 | 5 331 | 5 393 | 5 455 | 5 517 | 5 579 | 5 641 | 5 703 |
| 48 | 5 187 | 5 250 | 5 312 | 5 375 | 5 437 | 5 500 | 5 562 | 5 625 | 5 687 | 5 750 |
| 2,50 | 5 229 | 5 292 | 5 355 | 5 418 | 5 481 | 5 544 | 5 607 | 5 670 | 5 733 | 5 796 |
| 52 | 5 271 | 5 334 | 5 398 | 5 461 | 5 525 | 5 588 | 5 652 | 5 715 | 5 779 | 5 842 |
| 54 | 5 313 | 5 377 | 5 441 | 5 505 | 5 569 | 5 633 | 5 697 | 5 761 | 5 825 | 5 889 |
| 56 | 5 354 | 5 419 | 5 484 | 5 548 | 5 613 | 5 677 | 5 742 | 5 806 | 5 871 | 5 935 |
| 58 | 5 396 | 5 461 | 5 526 | 5 591 | 5 656 | 5 721 | 5 786 | 5 851 | 5 916 | 5 981 |
| 2,60 | 5 438 | 5 504 | 5 569 | 5 635 | 5 700 | 5 766 | 5 831 | 5 897 | 5 962 | 6 028 |
| 62 | 5 480 | 5 546 | 5 612 | 5 678 | 5 744 | 5 810 | 5 876 | 5 942 | 6 008 | 6 074 |
| 64 | 5 522 | 5 588 | 5 655 | 5 721 | 5 788 | 5 854 | 5 921 | 5 988 | 6 054 | 6 121 |
| 66 | 5 564 | 5 631 | 5 698 | 5 765 | 5 832 | 5 899 | 5 966 | 6 033 | 6 100 | 6 167 |
| 68 | 5 605 | 5 673 | 5 741 | 5 808 | 5 876 | 5 943 | 6 011 | 6 078 | 6 146 | 6 213 |
| 2,70 | 5 647 | 5 715 | 5 783 | 5 851 | 5 919 | 5 988 | 6 056 | 6 124 | 6 192 | 6 260 |
| 72 | 5 689 | 5 758 | 5 826 | 5 895 | 5 963 | 6 032 | 6 100 | 6 169 | 6 238 | 6 306 |
| 74 | 5 731 | 5 800 | 5 869 | 5 938 | 6 007 | 6 076 | 6 145 | 6 214 | 6 283 | 6 352 |
| 76 | 5 773 | 5 842 | 5 912 | 5 981 | 6 051 | 6 120 | 6 190 | 6 260 | 6 329 | 6 399 |
| 78 | 5 815 | 5 885 | 5 955 | 6 025 | 6 095 | 6 165 | 6 235 | 6 305 | 6 375 | 6 445 |
| 2,80 | 5 856 | 5 927 | 5 998 | 6 068 | 6 139 | 6 209 | 6 280 | 6 350 | 6 421 | 6 492 |
| 82 | 5 898 | 5 969 | 6 040 | 6 112 | 6 183 | 6 254 | 6 325 | 6 396 | 6 467 | 6 538 |
| 84 | 5 940 | 6 012 | 6 083 | 6 155 | 6 226 | 6 298 | 6 370 | 6 441 | 6 513 | 6 584 |
| 86 | 5 982 | 6 054 | 6 126 | 6 198 | 6 270 | 6 342 | 6 414 | 6 486 | 6 559 | 6 631 |
| 88 | 6 024 | 6 096 | 6 169 | 6 242 | 6 314 | 6 387 | 6 459 | 6 532 | 6 604 | 6 677 |
| 2,90 | 6 066 | 6 139 | 6 212 | 6 285 | 6 358 | 6 431 | 6 504 | 6 577 | 6 650 | 6 723 |
| 92 | 6 107 | 6 181 | 6 255 | 6 328 | 6 402 | 6 475 | 6 549 | 6 623 | 6 696 | 6 770 |
| 94 | 6 149 | 6 223 | 6 297 | 6 372 | 6 446 | 6 520 | 6 594 | 6 668 | 6 742 | 6 816 |
| 96 | 6 191 | 6 266 | 6 340 | 6 415 | 6 490 | 6 564 | 6 639 | 6 713 | 6 788 | 6 862 |
| 98 | 6 233 | 6 308 | 6 383 | 6 458 | 6 533 | 6 608 | 6 684 | 6 759 | 6 834 | 6 909 |
| 3,— | 6 275 | 6 350 | 6 426 | 6 502 | 6 577 | 6 653 | 6 728 | 6 804 | 6 880 | 6 955 |
| 02 | 6 317 | 6 393 | 6 469 | 6 545 | 6 621 | 6 697 | 6 773 | 6 849 | 6 925 | 7 002 |
| 04 | 6 358 | 6 435 | 6 512 | 6 588 | 6 665 | 6 742 | 6 818 | 6 895 | 6 971 | 7 048 |

## LARGEUR — 925

| LONGUEUR | 1,86 | 1,88 | 1,90 | 1,92 | 1,94 | 1,96 | 1,98 | 2,00 | 2,02 | 2,04 |
|---|---|---|---|---|---|---|---|---|---|---|
| 1,86 | 4 359 | | | | | | | | | |
| 88 | 4 406 | 4 453 | | | | | | | | |
| 1,90 | 4 453 | 4 501 | 4 549 | | | | | | | |
| 92 | 4 500 | 4 548 | 4 596 | 4 645 | | | | | | |
| 94 | 4 547 | 4 595 | 4 644 | 4 693 | 4 742 | | | | | |
| 96 | 4 593 | 4 643 | 4 692 | 4 742 | 4 791 | 4 840 | | | | |
| 98 | 4 640 | 4 690 | 4 740 | 4 790 | 4 840 | 4 890 | 4 940 | | | |
| 2,— | 4 687 | 4 738 | 4 788 | 4 838 | 4 889 | 4 939 | 4 990 | 5 010 | | |
| 02 | 4 734 | 4 785 | 4 836 | 4 887 | 4 938 | 4 989 | 5 039 | 5 090 | 5 141 | |
| 04 | 4 781 | 4 832 | 4 884 | 4 935 | 4 987 | 5 038 | 5 089 | 5 141 | 5 192 | 5 244 |
| 06 | 4 828 | 4 880 | 4 932 | 4 984 | 5 035 | 5 087 | 5 139 | 5 191 | 5 243 | 5 295 |
| 08 | 4 875 | 4 927 | 4 980 | 5 032 | 5 084 | 5 137 | 5 189 | 5 242 | 5 294 | 5 346 |
| 2,10 | 4 922 | 4 974 | 5 027 | 5 080 | 5 133 | 5 186 | 5 239 | 5 292 | 5 345 | 5 398 |
| 12 | 4 968 | 5 022 | 5 075 | 5 129 | 5 182 | 5 236 | 5 289 | 5 342 | 5 396 | 5 449 |
| 14 | 5 015 | 5 069 | 5 123 | 5 177 | 5 231 | 5 285 | 5 339 | 5 393 | 5 447 | 5 501 |
| 16 | 5 062 | 5 117 | 5 171 | 5 225 | 5 280 | 5 334 | 5 389 | 5 443 | 5 498 | 5 552 |
| 18 | 5 109 | 5 164 | 5 219 | 5 274 | 5 329 | 5 384 | 5 439 | 5 494 | 5 549 | 5 603 |
| 2,20 | 5 156 | 5 211 | 5 267 | 5 322 | 5 378 | 5 433 | 5 489 | 5 544 | 5 590 | 5 655 |
| 22 | 5 203 | 5 259 | 5 315 | 5 371 | 5 427 | 5 483 | 5 538 | 5 594 | 5 650 | 5 706 |
| 24 | 5 250 | 5 306 | 5 363 | 5 419 | 5 475 | 5 532 | 5 588 | 5 645 | 5 701 | 5 758 |
| 26 | 5 297 | 5 353 | 5 410 | 5 467 | 5 524 | 5 581 | 5 638 | 5 695 | 5 752 | 5 809 |
| 28 | 5 343 | 5 401 | 5 458 | 5 516 | 5 573 | 5 631 | 5 688 | 5 746 | 5 803 | 5 861 |
| 2,30 | 5 390 | 5 448 | 5 506 | 5 564 | 5 622 | 5 680 | 5 738 | 5 796 | 5 854 | 5 912 |
| 32 | 5 437 | 5 496 | 5 554 | 5 613 | 5 671 | 5 729 | 5 788 | 5 846 | 5 905 | 5 963 |
| 34 | 5 484 | 5 543 | 5 602 | 5 661 | 5 720 | 5 779 | 5 838 | 5 897 | 5 956 | 6 015 |
| 36 | 5 531 | 5 590 | 5 650 | 5 709 | 5 769 | 5 828 | 5 888 | 5 947 | 6 007 | 6 066 |
| 38 | 5 578 | 5 638 | 5 698 | 5 758 | 5 818 | 5 878 | 5 938 | 5 998 | 6 058 | 6 118 |
| 2,40 | 5 625 | 5 685 | 5 746 | 5 806 | 5 867 | 5 927 | 5 988 | 6 048 | 6 108 | 6 169 |
| 42 | 5 672 | 5 732 | 5 793 | 5 854 | 5 915 | 5 976 | 6 037 | 6 098 | 6 159 | 6 220 |
| 44 | 5 718 | 5 780 | 5 841 | 5 903 | 5 964 | 6 026 | 6 087 | 6 149 | 6 210 | 6 272 |
| 46 | 5 765 | 5 827 | 5 889 | 5 951 | 6 013 | 6 075 | 6 137 | 6 199 | 6 261 | 6 323 |
| 48 | 5 812 | 5 875 | 5 937 | 6 000 | 6 062 | 6 125 | 6 187 | 6 250 | 6 312 | 6 375 |
| 2,50 | 5 859 | 5 922 | 5 985 | 6 048 | 6 111 | 6 174 | 6 237 | 6 300 | 6 363 | 6 426 |
| 52 | 5 906 | 5 969 | 6 033 | 6 096 | 6 160 | 6 223 | 6 287 | 6 350 | 6 414 | 6 477 |
| 54 | 5 953 | 6 017 | 6 081 | 6 145 | 6 209 | 6 273 | 6 337 | 6 401 | 6 465 | 6 529 |
| 56 | 6 000 | 6 064 | 6 128 | 6 193 | 6 258 | 6 322 | 6 387 | 6 451 | 6 516 | 6 580 |
| 58 | 6 046 | 6 111 | 6 176 | 6 242 | 6 307 | 6 372 | 6 437 | 6 502 | 6 567 | 6 632 |
| 2,60 | 6 093 | 6 159 | 6 224 | 6 290 | 6 355 | 6 421 | 6 486 | 6 552 | 6 618 | 6 683 |
| 62 | 6 140 | 6 206 | 6 272 | 6 338 | 6 404 | 6 470 | 6 536 | 6 602 | 6 668 | 6 734 |
| 64 | 6 187 | 6 254 | 6 320 | 6 387 | 6 453 | 6 520 | 6 586 | 6 653 | 6 719 | 6 786 |
| 66 | 6 234 | 6 301 | 6 368 | 6 435 | 6 502 | 6 569 | 6 636 | 6 703 | 6 770 | 6 837 |
| 68 | 6 281 | 6 348 | 6 416 | 6 483 | 6 551 | 6 619 | 6 686 | 6 754 | 6 821 | 6 889 |
| 2,70 | 6 328 | 6 396 | 6 464 | 6 532 | 6 600 | 6 668 | 6 736 | 6 804 | 6 872 | 6 940 |
| 72 | 6 375 | 6 443 | 6 512 | 6 580 | 6 649 | 6 717 | 6 786 | 6 854 | 6 923 | 6 991 |
| 74 | 6 421 | 6 491 | 6 560 | 6 629 | 6 698 | 6 767 | 6 836 | 6 905 | 6 974 | 7 043 |
| 76 | 6 468 | 6 538 | 6 607 | 6 677 | 6 747 | 6 816 | 6 886 | 6 955 | 7 025 | 7 094 |
| 78 | 6 515 | 6 585 | 6 655 | 6 725 | 6 795 | 6 865 | 6 936 | 7 006 | 7 076 | 7 146 |
| 2,80 | 6 562 | 6 633 | 6 703 | 6 774 | 6 844 | 6 915 | 6 985 | 7 056 | 7 127 | 7 197 |
| 82 | 6 609 | 6 680 | 6 751 | 6 822 | 6 893 | 6 964 | 7 035 | 7 106 | 7 177 | 7 249 |
| 84 | 6 656 | 6 727 | 6 799 | 6 871 | 6 942 | 7 014 | 7 085 | 7 157 | 7 228 | 7 300 |
| 86 | 6 703 | 6 775 | 6 847 | 6 919 | 6 991 | 7 063 | 7 135 | 7 207 | 7 279 | 7 351 |
| 88 | 6 750 | 6 822 | 6 895 | 6 967 | 7 040 | 7 112 | 7 185 | 7 258 | 7 330 | 7 403 |
| 2,90 | 6 796 | 6 870 | 6 943 | 7 016 | 7 089 | 7 162 | 7 235 | 7 308 | 7 381 | 7 454 |
| 92 | 6 843 | 6 917 | 6 990 | 7 064 | 7 138 | 7 211 | 7 285 | 7 358 | 7 432 | 7 506 |
| 94 | 6 890 | 6 964 | 7 038 | 7 112 | 7 187 | 7 261 | 7 335 | 7 409 | 7 483 | 7 557 |
| 96 | 6 937 | 7 012 | 7 086 | 7 161 | 7 235 | 7 310 | 7 385 | 7 459 | 7 534 | 7 608 |
| 98 | 6 984 | 7 059 | 7 134 | 7 209 | 7 284 | 7 359 | 7 435 | 7 510 | 7 585 | 7 660 |
| 3,— | 7 031 | 7 106 | 7 182 | 7 258 | 7 333 | 7 409 | 7 484 | 7 560 | 7 636 | 7 711 |
| 02 | 7 078 | 7 154 | 7 230 | 7 306 | 7 382 | 7 458 | 7 534 | 7 610 | 7 687 | 7 763 |
| 04 | 7 125 | 7 201 | 7 278 | 7 354 | 7 431 | 7 508 | 7 584 | 7 661 | 7 737 | 7 814 |

Largeur table (page 226) — Épaisseur 1ᵐ 28 centimètres

| Longr | Futailles | 1,28 | 1,30 | 1,32 | 1,34 | 1,36 | 1,38 | 1,40 | 1,42 | 1,44 | 1,46 |
|---|---|---|---|---|---|---|---|---|---|---|---|
| 1,28 | 1 678 | 2 097 | | | | | | | | | |
| 1,30 | 1 704 | 2 130 | 2 163 | | | | | | | | |
| 32 | 1 730 | 2 163 | 2 196 | 2 230 | | | | | | | |
| 34 | 1 756 | 2 195 | 2 230 | 2 264 | 2 298 | | | | | | |
| 36 | 1 783 | 2 228 | 2 263 | 2 298 | 2 333 | 2 367 | | | | | |
| 38 | 1 809 | 2 261 | 2 296 | 2 332 | 2 367 | 2 402 | 2 438 | | | | |
| 1,40 | 1 835 | 2 294 | 2 330 | 2 365 | 2 401 | 2 437 | 2 473 | 2 509 | | | |
| 42 | 1 861 | 2 327 | 2 363 | 2 399 | 2 436 | 2 472 | 2 508 | 2 545 | 2 581 | | |
| 44 | 1 887 | 2 359 | 2 396 | 2 433 | 2 470 | 2 507 | 2 544 | 2 580 | 2 617 | 2 654 | |
| 46 | 1 914 | 2 392 | 2 429 | 2 467 | 2 504 | 2 542 | 2 579 | 2 616 | 2 654 | 2 691 | 2 728 |
| 48 | 1 940 | 2 425 | 2 463 | 2 501 | 2 538 | 2 576 | 2 614 | 2 652 | 2 690 | 2 728 | 2 766 |
| 1,50 | 1 966 | 2 458 | 2 496 | 2 534 | 2 573 | 2 611 | 2 650 | 2 688 | 2 726 | 2 765 | 2 803 |
| 52 | 1 992 | 2 490 | 2 529 | 2 568 | 2 607 | 2 646 | 2 685 | 2 724 | 2 763 | 2 802 | 2 841 |
| 54 | 2 019 | 2 523 | 2 563 | 2 602 | 2 641 | 2 681 | 2 720 | 2 760 | 2 799 | 2 839 | 2 878 |
| 56 | 2 045 | 2 556 | 2 596 | 2 636 | 2 676 | 2 716 | 2 756 | 2 796 | 2 835 | 2 875 | 2 915 |
| 58 | 2 071 | 2 589 | 2 629 | 2 670 | 2 710 | 2 750 | 2 791 | 2 831 | 2 872 | 2 912 | 2 953 |
| 1,60 | 2 097 | 2 621 | 2 662 | 2 703 | 2 744 | 2 785 | 2 826 | 2 867 | 2 908 | 2 949 | 2 990 |
| 62 | 2 123 | 2 654 | 2 696 | 2 737 | 2 779 | 2 820 | 2 862 | 2 903 | 2 945 | 2 986 | 3 027 |
| 64 | 2 150 | 2 687 | 2 729 | 2 771 | 2 813 | 2 855 | 2 897 | 2 939 | 2 981 | 3 023 | 3 065 |
| 66 | 2 176 | 2 720 | 2 762 | 2 805 | 2 847 | 2 890 | 2 932 | 2 975 | 3 017 | 3 060 | 3 102 |
| 68 | 2 202 | 2 753 | 2 796 | 2 839 | 2 882 | 2 925 | 2 968 | 3 011 | 3 054 | 3 097 | 3 139 |
| 1,70 | 2 228 | 2 785 | 2 829 | 2 872 | 2 916 | 2 959 | 3 003 | 3 046 | 3 090 | 3 133 | 3 177 |
| 72 | 2 254 | 2 818 | 2 862 | 2 906 | 2 950 | 2 994 | 3 038 | 3 082 | 3 126 | 3 170 | 3 214 |
| 74 | 2 281 | 2 851 | 2 895 | 2 940 | 2 984 | 3 029 | 3 074 | 3 118 | 3 163 | 3 207 | 3 252 |
| 76 | 2 307 | 2 884 | 2 929 | 2 974 | 3 019 | 3 064 | 3 109 | 3 154 | 3 199 | 3 244 | 3 289 |
| 78 | 2 333 | 2 916 | 2 962 | 3 007 | 3 053 | 3 099 | 3 144 | 3 190 | 3 235 | 3 281 | 3 326 |
| 1,80 | 2 359 | 2 949 | 2 995 | 3 041 | 3 087 | 3 133 | 3 180 | 3 226 | 3 272 | 3 318 | 3 364 |
| 82 | 2 386 | 2 982 | 3 028 | 3 075 | 3 122 | 3 168 | 3 215 | 3 261 | 3 308 | 3 355 | 3 401 |
| 84 | 2 412 | 3 015 | 3 062 | 3 109 | 3 156 | 3 203 | 3 250 | 3 297 | 3 344 | 3 391 | 3 438 |
| 86 | 2 438 | 3 047 | 3 095 | 3 143 | 3 190 | 3 238 | 3 286 | 3 333 | 3 381 | 3 428 | 3 476 |
| 88 | 2 464 | 3 080 | 3 128 | 3 176 | 3 225 | 3 273 | 3 321 | 3 369 | 3 417 | 3 465 | 3 513 |
| 1,90 | 2 490 | 3 113 | 3 162 | 3 210 | 3 259 | 3 308 | 3 356 | 3 405 | 3 453 | 3 502 | 3 551 |
| 92 | 2 517 | 3 146 | 3 195 | 3 244 | 3 293 | 3 342 | 3 391 | 3 441 | 3 490 | 3 539 | 3 588 |
| 94 | 2 543 | 3 178 | 3 228 | 3 278 | 3 327 | 3 377 | 3 427 | 3 476 | 3 526 | 3 576 | 3 625 |
| 96 | 2 569 | 3 211 | 3 261 | 3 312 | 3 362 | 3 412 | 3 462 | 3 512 | 3 562 | 3 613 | 3 663 |
| 98 | 2 595 | 3 244 | 3 295 | 3 345 | 3 396 | 3 447 | 3 497 | 3 548 | 3 599 | 3 650 | 3 700 |
| 2,— | 2 621 | 3 277 | 3 328 | 3 379 | 3 430 | 3 482 | 3 533 | 3 584 | 3 635 | 3 686 | 3 738 |
| 02 | 2 648 | 3 310 | 3 361 | 3 413 | 3 465 | 3 517 | 3 568 | 3 620 | 3 672 | 3 723 | 3 775 |
| 04 | 2 674 | 3 342 | 3 395 | 3 447 | 3 499 | 3 551 | 3 603 | 3 656 | 3 708 | 3 760 | 3 812 |
| 06 | 2 700 | 3 375 | 3 428 | 3 481 | 3 533 | 3 586 | 3 639 | 3 692 | 3 744 | 3 797 | 3 850 |
| 08 | 2 726 | 3 408 | 3 461 | 3 514 | 3 568 | 3 621 | 3 674 | 3 727 | 3 781 | 3 834 | 3 887 |
| 2,10 | 2 753 | 3 441 | 3 494 | 3 548 | 3 602 | 3 656 | 3 709 | 3 763 | 3 817 | 3 871 | 3 924 |
| 12 | 2 779 | 3 473 | 3 528 | 3 582 | 3 636 | 3 690 | 3 745 | 3 799 | 3 853 | 3 908 | 3 962 |
| 14 | 2 805 | 3 506 | 3 561 | 3 616 | 3 671 | 3 725 | 3 780 | 3 835 | 3 890 | 3 944 | 3 999 |
| 16 | 2 831 | 3 539 | 3 594 | 3 649 | 3 705 | 3 760 | 3 815 | 3 871 | 3 926 | 3 981 | 4 037 |
| 18 | 2 857 | 3 572 | 3 628 | 3 683 | 3 739 | 3 795 | 3 851 | 3 907 | 3 962 | 4 018 | 4 074 |
| 2,20 | 2 884 | 3 604 | 3 661 | 3 717 | 3 773 | 3 830 | 3 886 | 3 942 | 3 999 | 4 055 | 4 111 |
| 22 | 2 910 | 3 637 | 3 694 | 3 751 | 3 808 | 3 865 | 3 921 | 3 978 | 4 035 | 4 092 | 4 149 |
| 24 | 2 936 | 3 670 | 3 727 | 3 785 | 3 842 | 3 899 | 3 957 | 4 014 | 4 071 | 4 129 | 4 186 |
| 26 | 2 962 | 3 703 | 3 761 | 3 818 | 3 876 | 3 934 | 3 992 | 4 050 | 4 108 | 4 166 | 4 223 |
| 28 | 2 988 | 3 736 | 3 794 | 3 852 | 3 911 | 3 969 | 4 027 | 4 086 | 4 144 | 4 202 | 4 261 |
| 2,30 | 3 015 | 3 768 | 3 827 | 3 886 | 3 945 | 4 004 | 4 063 | 4 122 | 4 180 | 4 239 | 4 298 |
| 32 | 3 041 | 3 801 | 3 860 | 3 920 | 3 979 | 4 039 | 4 098 | 4 158 | 4 217 | 4 276 | 4 336 |
| 34 | 3 067 | 3 834 | 3 894 | 3 954 | 4 014 | 4 073 | 4 133 | 4 193 | 4 253 | 4 313 | 4 373 |
| 36 | 3 093 | 3 867 | 3 927 | 3 987 | 4 048 | 4 108 | 4 169 | 4 229 | 4 290 | 4 350 | 4 410 |
| 38 | 3 120 | 3 899 | 3 960 | 4 021 | 4 082 | 4 143 | 4 204 | 4 265 | 4 326 | 4 387 | 4 448 |
| 2,40 | 3 146 | 3 932 | 3 994 | 4 055 | 4 116 | 4 178 | 4 239 | 4 301 | 4 362 | 4 424 | 4 485 |
| 42 | 3 172 | 3 965 | 4 027 | 4 089 | 4 151 | 4 213 | 4 275 | 4 337 | 4 399 | 4 461 | 4 522 |
| 44 | 3 198 | 3 998 | 4 060 | 4 123 | 4 185 | 4 248 | 4 310 | 4 373 | 4 435 | 4 497 | 4 560 |
| 46 | 3 224 | 4 030 | 4 093 | 4 156 | 4 219 | 4 282 | 4 345 | 4 408 | 4 471 | 4 534 | 4 597 |
| 48 | 3 251 | 4 063 | 4 127 | 4 190 | 4 254 | 4 317 | 4 381 | 4 444 | 4 508 | 4 571 | 4 635 |
| 2,50 | 3 277 | 4 096 | 4 160 | 4 224 | 4 288 | 4 352 | 4 416 | 4 480 | 4 544 | 4 608 | 4 672 |
| 52 | 3 303 | 4 129 | 4 193 | 4 258 | 4 322 | 4 387 | 4 451 | 4 516 | 4 580 | 4 645 | 4 709 |
| 54 | 3 329 | 4 162 | 4 227 | 4 292 | 4 357 | 4 422 | 4 487 | 4 552 | 4 617 | 4 682 | 4 747 |
| 56 | 3 355 | 4 194 | 4 260 | 4 325 | 4 391 | 4 456 | 4 522 | 4 588 | 4 653 | 4 719 | 4 784 |
| 58 | 3 382 | 4 227 | 4 293 | 4 359 | 4 425 | 4 491 | 4 557 | 4 623 | 4 689 | 4 755 | 4 822 |
| 2,60 | 3 408 | 4 260 | 4 326 | 4 393 | 4 460 | 4 526 | 4 593 | 4 659 | 4 726 | 4 792 | 4 859 |
| 62 | 3 434 | 4 293 | 4 360 | 4 427 | 4 494 | 4 561 | 4 628 | 4 695 | 4 762 | 4 829 | 4 896 |
| 64 | 3 460 | 4 325 | 4 393 | 4 461 | 4 528 | 4 596 | 4 663 | 4 731 | 4 798 | 4 866 | 4 934 |
| 66 | 3 487 | 4 358 | 4 426 | 4 494 | 4 562 | 4 631 | 4 699 | 4 767 | 4 835 | 4 903 | 4 971 |



Largeur table (page 227) — Épaisseur 1ᵐ 28 centimètres

| Longueur | 1,48 | 1,50 | 1,52 | 1,54 | 1,56 | 1,58 | 1,60 | 1,62 | 1,64 | 1,66 |
|---|---|---|---|---|---|---|---|---|---|---|
| 1,48 | 2 804 | | | | | | | | | |
| 1,50 | 2 842 | 2 880 | | | | | | | | |
| 52 | 2 879 | 2 918 | 2 957 | | | | | | | |
| 54 | 2 917 | 2 957 | 2 990 | 3 030 | | | | | | |
| 56 | 2 955 | 2 995 | 3 035 | 3 075 | 3 115 | | | | | |
| 58 | 2 993 | 3 034 | 3 074 | 3 114 | 3 155 | 3 195 | | | | |
| 1,60 | 3 031 | 3 072 | 3 113 | 3 154 | 3 195 | 3 236 | 3 277 | | | |
| 62 | 3 069 | 3 110 | 3 152 | 3 193 | 3 235 | 3 276 | 3 318 | 3 359 | | |
| 64 | 3 107 | 3 149 | 3 191 | 3 233 | 3 275 | 3 317 | 3 359 | 3 401 | 3 443 | |
| 66 | 3 145 | 3 187 | 3 230 | 3 272 | 3 315 | 3 357 | 3 400 | 3 442 | 3 485 | 3 527 |
| 68 | 3 183 | 3 226 | 3 269 | 3 312 | 3 355 | 3 398 | 3 441 | 3 484 | 3 527 | 3 570 |
| 1,70 | 3 220 | 3 264 | 3 308 | 3 351 | 3 395 | 3 438 | 3 482 | 3 525 | 3 569 | 3 612 |
| 72 | 3 258 | 3 302 | 3 346 | 3 390 | 3 434 | 3 479 | 3 523 | 3 567 | 3 611 | 3 655 |
| 74 | 3 296 | 3 341 | 3 385 | 3 430 | 3 474 | 3 519 | 3 564 | 3 608 | 3 653 | 3 697 |
| 76 | 3 334 | 3 379 | 3 424 | 3 469 | 3 514 | 3 559 | 3 604 | 3 650 | 3 695 | 3 740 |
| 78 | 3 372 | 3 418 | 3 463 | 3 509 | 3 554 | 3 600 | 3 645 | 3 691 | 3 737 | 3 782 |
| 1,80 | 3 410 | 3 456 | 3 502 | 3 548 | 3 594 | 3 640 | 3 686 | 3 732 | 3 779 | 3 825 |
| 82 | 3 448 | 3 494 | 3 541 | 3 588 | 3 634 | 3 681 | 3 727 | 3 774 | 3 821 | 3 867 |
| 84 | 3 486 | 3 533 | 3 580 | 3 627 | 3 674 | 3 721 | 3 768 | 3 815 | 3 863 | 3 910 |
| 86 | 3 524 | 3 571 | 3 619 | 3 666 | 3 714 | 3 762 | 3 809 | 3 857 | 3 905 | 3 952 |
| 88 | 3 561 | 3 610 | 3 658 | 3 706 | 3 754 | 3 802 | 3 850 | 3 898 | 3 946 | 3 994 |
| 1,90 | 3 599 | 3 648 | 3 697 | 3 745 | 3 791 | 3 843 | 3 891 | 3 940 | 3 988 | 4 037 |
| 92 | 3 637 | 3 686 | 3 736 | 3 785 | 3 834 | 3 883 | 3 932 | 3 981 | 4 030 | 4 080 |
| 94 | 3 675 | 3 725 | 3 774 | 3 824 | 3 874 | 3 923 | 3 973 | 4 023 | 4 072 | 4 122 |
| 96 | 3 713 | 3 763 | 3 813 | 3 864 | 3 914 | 3 964 | 4 014 | 4 064 | 4 114 | 4 165 |
| 98 | 3 751 | 3 802 | 3 852 | 3 903 | 3 954 | 4 004 | 4 055 | 4 106 | 4 156 | 4 207 |
| 2,— | 3 789 | 3 840 | 3 891 | 3 942 | 3 994 | 4 045 | 4 096 | 4 147 | 4 198 | 4 250 |
| 02 | 3 827 | 3 878 | 3 930 | 3 982 | 4 034 | 4 085 | 4 137 | 4 189 | 4 240 | 4 292 |
| 04 | 3 865 | 3 917 | 3 969 | 4 021 | 4 073 | 4 126 | 4 178 | 4 230 | 4 282 | 4 335 |
| 06 | 3 902 | 3 955 | 4 008 | 4 061 | 4 113 | 4 166 | 4 219 | 4 272 | 4 324 | 4 377 |
| 08 | 3 940 | 3 991 | 4 047 | 4 100 | 4 153 | 4 207 | 4 260 | 4 313 | 4 366 | 4 420 |
| 2,10 | 3 978 | 4 032 | 4 086 | 4 140 | 4 193 | 4 247 | 4 301 | 4 355 | 4 408 | 4 462 |
| 12 | 4 016 | 4 070 | 4 125 | 4 179 | 4 233 | 4 287 | 4 342 | 4 396 | 4 450 | 4 505 |
| 14 | 4 054 | 4 109 | 4 164 | 4 218 | 4 273 | 4 328 | 4 383 | 4 438 | 4 492 | 4 547 |
| 16 | 4 092 | 4 147 | 4 202 | 4 258 | 4 313 | 4 368 | 4 424 | 4 479 | 4 534 | 4 590 |
| 18 | 4 130 | 4 186 | 4 241 | 4 297 | 4 353 | 4 409 | 4 465 | 4 520 | 4 576 | 4 632 |
| 2,20 | 4 168 | 4 224 | 4 280 | 4 337 | 4 393 | 4 449 | 4 506 | 4 562 | 4 618 | 4 675 |
| 22 | 4 206 | 4 262 | 4 319 | 4 376 | 4 433 | 4 490 | 4 547 | 4 603 | 4 660 | 4 717 |
| 24 | 4 243 | 4 301 | 4 358 | 4 415 | 4 473 | 4 530 | 4 588 | 4 645 | 4 702 | 4 760 |
| 26 | 4 281 | 4 339 | 4 397 | 4 455 | 4 513 | 4 571 | 4 628 | 4 686 | 4 744 | 4 802 |
| 28 | 4 319 | 4 378 | 4 436 | 4 494 | 4 553 | 4 611 | 4 669 | 4 728 | 4 786 | 4 845 |
| 2,30 | 4 357 | 4 416 | 4 475 | 4 534 | 4 593 | 4 652 | 4 710 | 4 769 | 4 828 | 4 887 |
| 32 | 4 395 | 4 454 | 4 514 | 4 573 | 4 633 | 4 692 | 4 751 | 4 811 | 4 870 | 4 930 |
| 34 | 4 433 | 4 493 | 4 553 | 4 613 | 4 673 | 4 732 | 4 792 | 4 852 | 4 912 | 4 972 |
| 36 | 4 471 | 4 531 | 4 592 | 4 652 | 4 712 | 4 773 | 4 833 | 4 894 | 4 954 | 5 015 |
| 38 | 4 509 | 4 570 | 4 631 | 4 691 | 4 752 | 4 813 | 4 874 | 4 935 | 4 996 | 5 057 |
| 2,40 | 4 547 | 4 608 | 4 669 | 4 731 | 4 792 | 4 853 | 4 915 | 4 977 | 5 038 | 5 100 |
| 42 | 4 584 | 4 646 | 4 708 | 4 770 | 4 832 | 4 894 | 4 956 | 5 018 | 5 080 | 5 142 |
| 44 | 4 622 | 4 685 | 4 747 | 4 810 | 4 872 | 4 935 | 4 997 | 5 060 | 5 122 | 5 185 |
| 46 | 4 660 | 4 723 | 4 786 | 4 849 | 4 912 | 4 975 | 5 038 | 5 101 | 5 164 | 5 227 |
| 48 | 4 698 | 4 762 | 4 825 | 4 889 | 4 952 | 5 016 | 5 079 | 5 143 | 5 206 | 5 270 |
| 2,50 | 4 736 | 4 800 | 4 864 | 4 928 | 4 992 | 5 056 | 5 120 | 5 184 | 5 248 | 5 312 |
| 52 | 4 774 | 4 838 | 4 903 | 4 967 | 5 032 | 5 096 | 5 161 | 5 225 | 5 290 | 5 354 |
| 54 | 4 812 | 4 877 | 4 942 | 5 007 | 5 072 | 5 137 | 5 202 | 5 267 | 5 332 | 5 397 |
| 56 | 4 850 | 4 915 | 4 981 | 5 046 | 5 112 | 5 177 | 5 243 | 5 308 | 5 374 | 5 439 |
| 58 | 4 888 | 4 954 | 5 020 | 5 086 | 5 152 | 5 218 | 5 284 | 5 350 | 5 416 | 5 482 |
| 2,60 | 4 925 | 4 992 | 5 059 | 5 125 | 5 192 | 5 258 | 5 325 | 5 391 | 5 458 | 5 524 |
| 62 | 4 963 | 5 030 | 5 097 | 5 165 | 5 232 | 5 299 | 5 366 | 5 433 | 5 500 | 5 567 |
| 64 | 5 001 | 5 069 | 5 136 | 5 204 | 5 272 | 5 339 | 5 407 | 5 474 | 5 542 | 5 609 |
| 66 | 5 039 | 5 107 | 5 175 | 5 243 | 5 311 | 5 380 | 5 448 | 5 516 | 5 584 | 5 652 |

## LONGUEUR — LARGEUR (228)

| LONGUEUR | 1,68 | 1,70 | 1,72 | 1,74 | 1,76 | 1,78 | 1,80 | 1,82 | 1,84 | 1,86 |
|---|---|---|---|---|---|---|---|---|---|---|
| 1,68 | 3 613 | | | | | | | | | |
| 1,70 | 3 656 | 3 699 | | | | | | | | |
| 72 | 3 699 | 3 713 | 3 787 | | | | | | | |
| 74 | 3 742 | 3 756 | 3 831 | 3 875 | | | | | | |
| 76 | 3 785 | 3 830 | 3 875 | 3 920 | 3 965 | | | | | |
| 78 | 3 828 | 3 873 | 3 919 | 3 961 | 4 010 | 4 056 | | | | |
| 1,80 | 3 871 | 3 917 | 3 963 | 4 009 | 4 055 | 4 101 | 4 147 | | | |
| 82 | 3 914 | 3 960 | 4 007 | 4 054 | 4 100 | 4 147 | 4 193 | 4 210 | | |
| 84 | 3 957 | 4 004 | 4 051 | 4 098 | 4 145 | 4 192 | 4 239 | 4 286 | 4 334 | |
| 86 | 4 000 | 4 047 | 4 095 | 4 143 | 4 190 | 4 238 | 4 285 | 4 333 | 4 381 | 4 428 |
| 88 | 4 043 | 4 091 | 4 139 | 4 187 | 4 235 | 4 283 | 4 332 | 4 380 | 4 428 | 4 476 |
| 1,90 | 4 086 | 4 134 | 4 183 | 4 232 | 4 280 | 4 329 | 4 378 | 4 426 | 4 475 | 4 524 |
| 92 | 4 129 | 4 178 | 4 227 | 4 276 | 4 325 | 4 375 | 4 424 | 4 473 | 4 522 | 4 571 |
| 94 | 4 172 | 4 221 | 4 271 | 4 321 | 4 370 | 4 420 | 4 470 | 4 519 | 4 569 | 4 619 |
| 96 | 4 215 | 4 265 | 4 315 | 4 365 | 4 415 | 4 466 | 4 516 | 4 566 | 4 616 | 4 666 |
| 98 | 4 258 | 4 308 | 4 359 | 4 410 | 4 461 | 4 511 | 4 562 | 4 613 | 4 663 | 4 714 |
| 2,— | 4 301 | 4 352 | 4 403 | 4 454 | 4 506 | 4 557 | 4 608 | 4 659 | 4 710 | 4 762 |
| 02 | 4 344 | 4 396 | 4 447 | 4 499 | 4 551 | 4 602 | 4 654 | 4 706 | 4 758 | 4 809 |
| 04 | 4 387 | 4 439 | 4 491 | 4 543 | 4 596 | 4 648 | 4 700 | 4 752 | 4 805 | 4 857 |
| 06 | 4 430 | 4 483 | 4 535 | 4 588 | 4 641 | 4 694 | 4 746 | 4 799 | 4 852 | 4 901 |
| 08 | 4 473 | 4 526 | 4 579 | 4 633 | 4 686 | 4 739 | 4 792 | 4 845 | 4 899 | 4 952 |
| 2,10 | 4 516 | 4 570 | 4 623 | 4 677 | 4 731 | 4 785 | 4 838 | 4 892 | 4 946 | 5 000 |
| 12 | 4 559 | 4 613 | 4 667 | 4 722 | 4 776 | 4 830 | 4 884 | 4 939 | 4 993 | 5 047 |
| 14 | 4 602 | 4 657 | 4 711 | 4 766 | 4 821 | 4 876 | 4 931 | 4 985 | 5 040 | 5 095 |
| 16 | 4 645 | 4 700 | 4 755 | 4 811 | 4 866 | 4 921 | 4 977 | 5 032 | 5 087 | 5 143 |
| 18 | 4 688 | 4 744 | 4 799 | 4 855 | 4 911 | 4 967 | 5 023 | 5 078 | 5 134 | 5 190 |
| 2,20 | 4 731 | 4 787 | 4 844 | 4 900 | 4 956 | 5 012 | 5 069 | 5 125 | 5 181 | 5 238 |
| 22 | 4 774 | 4 831 | 4 888 | 4 944 | 5 001 | 5 058 | 5 115 | 5 172 | 5 229 | 5 285 |
| 24 | 4 817 | 4 874 | 4 932 | 4 989 | 5 046 | 5 104 | 5 161 | 5 218 | 5 276 | 5 333 |
| 26 | 4 860 | 4 918 | 4 976 | 5 033 | 5 091 | 5 149 | 5 207 | 5 265 | 5 323 | 5 381 |
| 28 | 4 903 | 4 961 | 5 020 | 5 078 | 5 136 | 5 195 | 5 253 | 5 311 | 5 370 | 5 428 |
| 2,30 | 4 946 | 5 005 | 5 064 | 5 123 | 5 181 | 5 240 | 5 299 | 5 358 | 5 417 | 5 476 |
| 32 | 4 989 | 5 048 | 5 108 | 5 167 | 5 226 | 5 286 | 5 345 | 5 405 | 5 464 | 5 523 |
| 34 | 5 032 | 5 092 | 5 152 | 5 212 | 5 272 | 5 331 | 5 391 | 5 451 | 5 511 | 5 571 |
| 36 | 5 075 | 5 135 | 5 196 | 5 256 | 5 317 | 5 377 | 5 437 | 5 498 | 5 558 | 5 619 |
| 38 | 5 118 | 5 179 | 5 240 | 5 301 | 5 362 | 5 423 | 5 484 | 5 544 | 5 605 | 5 666 |
| 2,40 | 5 161 | 5 222 | 5 284 | 5 345 | 5 407 | 5 468 | 5 530 | 5 591 | 5 652 | 5 714 |
| 42 | 5 204 | 5 266 | 5 328 | 5 390 | 5 452 | 5 514 | 5 576 | 5 638 | 5 700 | 5 762 |
| 44 | 5 247 | 5 309 | 5 372 | 5 434 | 5 497 | 5 559 | 5 622 | 5 684 | 5 747 | 5 809 |
| 46 | 5 290 | 5 353 | 5 416 | 5 479 | 5 542 | 5 605 | 5 668 | 5 731 | 5 794 | 5 857 |
| 48 | 5 333 | 5 396 | 5 460 | 5 523 | 5 587 | 5 650 | 5 714 | 5 777 | 5 841 | 5 904 |
| 2,50 | 5 376 | 5 440 | 5 504 | 5 568 | 5 632 | 5 696 | 5 760 | 5 824 | 5 888 | 5 952 |
| 52 | 5 419 | 5 484 | 5 548 | 5 613 | 5 677 | 5 742 | 5 806 | 5 871 | 5 935 | 6 000 |
| 54 | 5 462 | 5 527 | 5 592 | 5 657 | 5 722 | 5 787 | 5 852 | 5 917 | 5 982 | 6 047 |
| 56 | 5 505 | 5 571 | 5 636 | 5 702 | 5 767 | 5 833 | 5 898 | 5 964 | 6 029 | 6 095 |
| 58 | 5 548 | 5 614 | 5 680 | 5 746 | 5 812 | 5 878 | 5 944 | 6 010 | 6 076 | 6 142 |
| 2,60 | 5 591 | 5 658 | 5 724 | 5 791 | 5 857 | 5 924 | 5 990 | 6 057 | 6 124 | 6 190 |
| 62 | 5 634 | 5 701 | 5 768 | 5 835 | 5 902 | 5 969 | 6 036 | 6 104 | 6 171 | 6 238 |
| 64 | 5 677 | 5 745 | 5 812 | 5 880 | 5 947 | 6 015 | 6 083 | 6 150 | 6 218 | 6 285 |
| 66 | 5 720 | 5 788 | 5 856 | 5 924 | 5 992 | 6 061 | 6 129 | 6 197 | 6 265 | 6 333 |
| 68 | 5 763 | 5 831 | 5 900 | 5 969 | 6 038 | 6 106 | 6 175 | 6 244 | 6 312 | 6 381 |
| 2,70 | 5 806 | 5 875 | 5 944 | 6 013 | 6 083 | 6 152 | 6 221 | 6 290 | 6 359 | 6 428 |
| 72 | 5 849 | 5 919 | 5 988 | 6 058 | 6 128 | 6 197 | 6 267 | 6 337 | 6 406 | 6 476 |
| 74 | 5 892 | 5 962 | 6 032 | 6 103 | 6 173 | 6 243 | 6 313 | 6 383 | 6 453 | 6 523 |
| 76 | 5 935 | 6 006 | 6 076 | 6 147 | 6 218 | 6 288 | 6 359 | 6 430 | 6 500 | 6 571 |
| 78 | 5 978 | 6 049 | 6 120 | 6 192 | 6 263 | 6 334 | 6 405 | 6 476 | 6 547 | 6 619 |
| 2,80 | 6 021 | 6 093 | 6 164 | 6 236 | 6 308 | 6 380 | 6 451 | 6 523 | 6 595 | 6 666 |
| 82 | 6 064 | 6 136 | 6 209 | 6 281 | 6 353 | 6 425 | 6 497 | 6 569 | 6 642 | 6 714 |
| 84 | 6 107 | 6 180 | 6 253 | 6 325 | 6 398 | 6 471 | 6 543 | 6 616 | 6 689 | 6 761 |
| 86 | 6 150 | 6 223 | 6 297 | 6 370 | 6 443 | 6 516 | 6 589 | 6 663 | 6 736 | 6 809 |
| 88 | 6 193 | 6 267 | 6 341 | 6 414 | 6 488 | 6 562 | 6 636 | 6 709 | 6 783 | 6 857 |
| 2,90 | 6 236 | 6 310 | 6 385 | 6 459 | 6 533 | 6 607 | 6 682 | 6 756 | 6 830 | 6 904 |
| 92 | 6 279 | 6 354 | 6 429 | 6 503 | 6 578 | 6 653 | 6 728 | 6 802 | 6 877 | 6 952 |
| 94 | 6 322 | 6 397 | 6 473 | 6 548 | 6 623 | 6 698 | 6 774 | 6 849 | 6 924 | 7 000 |
| 96 | 6 365 | 6 441 | 6 517 | 6 593 | 6 668 | 6 744 | 6 820 | 6 896 | 6 971 | 7 047 |
| 98 | 6 408 | 6 484 | 6 561 | 6 637 | 6 713 | 6 790 | 6 866 | 6 942 | 7 018 | 7 095 |
| 3,— | 6 451 | 6 528 | 6 605 | 6 682 | 6 758 | 6 835 | 6 912 | 6 989 | 7 066 | 7 142 |
| 02 | 6 494 | 6 572 | 6 649 | 6 726 | 6 803 | 6 881 | 6 958 | 7 035 | 7 113 | 7 190 |
| 04 | 6 537 | 6 615 | 6 693 | 6 771 | 6 849 | 6 926 | 7 004 | 7 082 | 7 160 | 7 238 |
| 06 | 6 580 | 6 659 | 6 737 | 6 815 | 6 894 | 6 972 | 7 050 | 7 129 | 7 207 | 7 285 |

## LONGUEUR — LARGEUR (229)

| LONGUEUR | 1,88 | 1,90 | 1,92 | 1,94 | 1,96 | 1,98 | 2,00 | 2,02 | 2,04 | 2,06 |
|---|---|---|---|---|---|---|---|---|---|---|
| 1,88 | 4 524 | | | | | | | | | |
| 1,90 | 4 572 | 4 621 | | | | | | | | |
| 92 | 4 620 | 4 669 | 4 719 | | | | | | | |
| 94 | 4 668 | 4 718 | 4 768 | 4 817 | | | | | | |
| 96 | 4 717 | 4 767 | 4 817 | 4 867 | 4 917 | | | | | |
| 98 | 4 765 | 4 815 | 4 866 | 4 917 | 4 967 | 5 018 | | | | |
| 2,— | 4 813 | 4 864 | 4 915 | 4 966 | 5 018 | 5 069 | 5 120 | | | |
| 02 | 4 861 | 4 913 | 4 964 | 5 016 | 5 068 | 5 119 | 5 171 | 5 223 | | |
| 04 | 4 909 | 4 961 | 5 013 | 5 066 | 5 118 | 5 170 | 5 222 | 5 275 | 5 327 | |
| 06 | 4 957 | 5 010 | 5 063 | 5 115 | 5 168 | 5 221 | 5 274 | 5 326 | 5 379 | 5 432 |
| 08 | 5 005 | 5 059 | 5 112 | 5 165 | 5 218 | 5 272 | 5 325 | 5 378 | 5 431 | 5 485 |
| 2,10 | 5 053 | 5 107 | 5 161 | 5 215 | 5 268 | 5 322 | 5 376 | 5 430 | 5 484 | 5 537 |
| 12 | 5 102 | 5 156 | 5 210 | 5 264 | 5 319 | 5 373 | 5 427 | 5 481 | 5 536 | 5 590 |
| 14 | 5 150 | 5 204 | 5 259 | 5 314 | 5 369 | 5 424 | 5 478 | 5 533 | 5 588 | 5 643 |
| 16 | 5 198 | 5 253 | 5 308 | 5 364 | 5 419 | 5 474 | 5 530 | 5 585 | 5 640 | 5 695 |
| 18 | 5 246 | 5 302 | 5 358 | 5 413 | 5 469 | 5 525 | 5 581 | 5 637 | 5 692 | 5 748 |
| 2,20 | 5 294 | 5 350 | 5 407 | 5 463 | 5 519 | 5 576 | 5 632 | 5 688 | 5 745 | 5 801 |
| 22 | 5 342 | 5 399 | 5 456 | 5 513 | 5 570 | 5 626 | 5 683 | 5 740 | 5 797 | 5 854 |
| 24 | 5 390 | 5 448 | 5 505 | 5 562 | 5 620 | 5 677 | 5 734 | 5 792 | 5 849 | 5 906 |
| 26 | 5 438 | 5 496 | 5 554 | 5 612 | 5 670 | 5 728 | 5 786 | 5 843 | 5 901 | 5 959 |
| 28 | 5 487 | 5 545 | 5 603 | 5 662 | 5 720 | 5 778 | 5 837 | 5 895 | 5 954 | 6 012 |
| 2,30 | 5 535 | 5 594 | 5 652 | 5 711 | 5 770 | 5 829 | 5 888 | 5 947 | 6 006 | 6 065 |
| 32 | 5 583 | 5 642 | 5 702 | 5 761 | 5 820 | 5 880 | 5 939 | 5 999 | 6 058 | 6 117 |
| 34 | 5 631 | 5 691 | 5 751 | 5 811 | 5 871 | 5 930 | 5 990 | 6 050 | 6 110 | 6 170 |
| 36 | 5 679 | 5 740 | 5 800 | 5 860 | 5 921 | 5 981 | 6 042 | 6 102 | 6 162 | 6 223 |
| 38 | 5 727 | 5 788 | 5 849 | 5 910 | 5 971 | 6 032 | 6 093 | 6 154 | 6 215 | 6 276 |
| 2,40 | 5 775 | 5 837 | 5 898 | 5 960 | 6 021 | 6 083 | 6 144 | 6 205 | 6 267 | 6 328 |
| 42 | 5 823 | 5 885 | 5 947 | 6 009 | 6 071 | 6 133 | 6 195 | 6 257 | 6 319 | 6 381 |
| 44 | 5 872 | 5 934 | 5 997 | 6 059 | 6 121 | 6 184 | 6 246 | 6 309 | 6 371 | 6 434 |
| 46 | 5 920 | 5 983 | 6 046 | 6 109 | 6 172 | 6 235 | 6 298 | 6 361 | 6 424 | 6 487 |
| 48 | 5 968 | 6 031 | 6 095 | 6 158 | 6 222 | 6 285 | 6 349 | 6 412 | 6 476 | 6 539 |
| 2,50 | 6 016 | 6 080 | 6 144 | 6 208 | 6 272 | 6 336 | 6 400 | 6 464 | 6 528 | 6 592 |
| 52 | 6 064 | 6 129 | 6 193 | 6 258 | 6 322 | 6 387 | 6 451 | 6 516 | 6 580 | 6 645 |
| 54 | 6 113 | 6 177 | 6 242 | 6 307 | 6 372 | 6 437 | 6 502 | 6 567 | 6 632 | 6 697 |
| 56 | 6 160 | 6 226 | 6 291 | 6 357 | 6 422 | 6 488 | 6 551 | 6 619 | 6 685 | 6 750 |
| 58 | 6 209 | 6 275 | 6 341 | 6 407 | 6 473 | 6 539 | 6 605 | 6 671 | 6 737 | 6 803 |
| 2,60 | 6 257 | 6 323 | 6 390 | 6 456 | 6 523 | 6 589 | 6 656 | 6 723 | 6 789 | 6 856 |
| 62 | 6 305 | 6 372 | 6 439 | 6 506 | 6 573 | 6 640 | 6 707 | 6 774 | 6 841 | 6 908 |
| 64 | 6 353 | 6 420 | 6 488 | 6 556 | 6 623 | 6 691 | 6 758 | 6 826 | 6 894 | 6 961 |
| 66 | 6 401 | 6 469 | 6 537 | 6 605 | 6 673 | 6 742 | 6 810 | 6 878 | 6 946 | 7 014 |
| 68 | 6 449 | 6 518 | 6 586 | 6 655 | 6 724 | 6 792 | 6 861 | 6 929 | 6 998 | 7 067 |
| 2,70 | 6 497 | 6 566 | 6 636 | 6 705 | 6 774 | 6 843 | 6 912 | 6 981 | 7 050 | 7 119 |
| 72 | 6 545 | 6 615 | 6 685 | 6 754 | 6 824 | 6 894 | 6 963 | 7 033 | 7 102 | 7 172 |
| 74 | 6 594 | 6 664 | 6 734 | 6 804 | 6 874 | 6 944 | 7 014 | 7 085 | 7 155 | 7 225 |
| 76 | 6 642 | 6 712 | 6 783 | 6 854 | 6 924 | 6 995 | 7 065 | 7 136 | 7 207 | 7 278 |
| 78 | 6 690 | 6 761 | 6 832 | 6 903 | 6 974 | 7 046 | 7 117 | 7 188 | 7 259 | 7 330 |
| 2,80 | 6 738 | 6 810 | 6 881 | 6 953 | 7 025 | 7 096 | 7 168 | 7 240 | 7 311 | 7 383 |
| 82 | 6 786 | 6 858 | 6 930 | 7 003 | 7 075 | 7 147 | 7 219 | 7 291 | 7 364 | 7 436 |
| 84 | 6 834 | 6 907 | 6 980 | 7 052 | 7 125 | 7 198 | 7 270 | 7 343 | 7 416 | 7 489 |
| 86 | 6 882 | 6 956 | 7 029 | 7 102 | 7 175 | 7 248 | 7 322 | 7 395 | 7 468 | 7 541 |
| 88 | 6 930 | 7 004 | 7 078 | 7 152 | 7 225 | 7 299 | 7 373 | 7 447 | 7 520 | 7 594 |
| 2,90 | 6 979 | 7 053 | 7 127 | 7 201 | 7 276 | 7 350 | 7 424 | 7 498 | 7 572 | 7 647 |
| 92 | 7 027 | 7 101 | 7 176 | 7 251 | 7 326 | 7 400 | 7 475 | 7 550 | 7 625 | 7 699 |
| 94 | 7 075 | 7 150 | 7 225 | 7 301 | 7 376 | 7 451 | 7 526 | 7 602 | 7 677 | 7 751 |
| 96 | 7 123 | 7 199 | 7 274 | 7 350 | 7 426 | 7 502 | 7 578 | 7 653 | 7 729 | 7 805 |
| 98 | 7 171 | 7 247 | 7 324 | 7 400 | 7 476 | 7 553 | 7 629 | 7 705 | 7 781 | 7 858 |
| 3,— | 7 219 | 7 296 | 7 373 | 7 450 | 7 526 | 7 603 | 7 680 | 7 757 | 7 834 | 7 910 |
| 02 | 7 267 | 7 345 | 7 422 | 7 499 | 7 577 | 7 654 | 7 731 | 7 809 | 7 886 | 7 963 |
| 04 | 7 315 | 7 393 | 7 471 | 7 549 | 7 627 | 7 705 | 7 782 | 7 860 | 7 938 | 8 016 |
| 06 | 7 364 | 7 442 | 7 520 | 7 599 | 7 677 | 7 755 | 7 834 | 7 912 | 7 990 | 8 069 |

## Epaisseur : 1ᵐ 30 centimètres — 230

| Longr | Feuilles | 1,30 | 1,32 | 1,34 | 1,36 | 1,38 | 1,40 | 1,42 | 1,44 | 1,46 | 1,48 |
|---|---|---|---|---|---|---|---|---|---|---|---|
| 1,30 | 1 758 | 2 197 | | | | | | | | | |
| 32 | 1 785 | 2 231 | 2 265 | | | | | | | | |
| 34 | 1 812 | 2 265 | 2 299 | 2 334 | | | | | | | |
| 36 | 1 839 | 2 298 | 2 334 | 2 369 | 2 404 | | | | | | |
| 38 | 1 866 | 2 332 | 2 368 | 2 404 | 2 440 | 2 476 | | | | | |
| 1,40 | 1 893 | 2 366 | 2 402 | 2 439 | 2 475 | 2 512 | 2 548 | | | | |
| 42 | 1 920 | 2 400 | 2 437 | 2 474 | 2 511 | 2 547 | 2 584 | 2 621 | | | |
| 44 | 1 947 | 2 434 | 2 471 | 2 508 | 2 546 | 2 583 | 2 621 | 2 658 | 2 696 | | |
| 46 | 1 974 | 2 467 | 2 505 | 2 543 | 2 581 | 2 619 | 2 657 | 2 695 | 2 733 | 2 771 | |
| 48 | 2 001 | 2 501 | 2 540 | 2 578 | 2 617 | 2 655 | 2 694 | 2 732 | 2 771 | 2 809 | 2 848 |
| 1,50 | 2 028 | 2 535 | 2 574 | 2 613 | 2 652 | 2 691 | 2 730 | 2 769 | 2 808 | 2 847 | 2 886 |
| 52 | 2 055 | 2 569 | 2 608 | 2 648 | 2 687 | 2 727 | 2 766 | 2 806 | 2 845 | 2 885 | 2 924 |
| 54 | 2 082 | 2 603 | 2 643 | 2 683 | 2 723 | 2 763 | 2 803 | 2 843 | 2 883 | 2 923 | 2 963 |
| 56 | 2 109 | 2 636 | 2 677 | 2 718 | 2 758 | 2 799 | 2 839 | 2 880 | 2 920 | 2 961 | 3 001 |
| 58 | 2 136 | 2 670 | 2 711 | 2 752 | 2 793 | 2 835 | 2 876 | 2 917 | 2 958 | 2 999 | 3 040 |
| 1,60 | 2 163 | 2 701 | 2 746 | 2 787 | 2 829 | 2 870 | 2 912 | 2 954 | 2 995 | 3 037 | 3 078 |
| 62 | 2 190 | 2 738 | 2 780 | 2 822 | 2 864 | 2 906 | 2 948 | 2 991 | 3 033 | 3 075 | 3 117 |
| 64 | 2 217 | 2 772 | 2 814 | 2 857 | 2 900 | 2 942 | 2 985 | 3 027 | 3 070 | 3 113 | 3 155 |
| 66 | 2 244 | 2 805 | 2 849 | 2 892 | 2 935 | 2 978 | 3 021 | 3 064 | 3 108 | 3 151 | 3 194 |
| 68 | 2 271 | 2 839 | 2 883 | 2 927 | 2 970 | 3 014 | 3 058 | 3 101 | 3 145 | 3 189 | 3 232 |
| 1,70 | 2 298 | 2 873 | 2 917 | 2 961 | 3 006 | 3 050 | 3 094 | 3 138 | 3 182 | 3 227 | 3 271 |
| 72 | 2 325 | 2 907 | 2 952 | 2 996 | 3 041 | 3 086 | 3 130 | 3 175 | 3 220 | 3 265 | 3 309 |
| 74 | 2 352 | 2 941 | 2 986 | 3 031 | 3 076 | 3 122 | 3 167 | 3 212 | 3 257 | 3 303 | 3 348 |
| 76 | 2 380 | 2 974 | 3 020 | 3 066 | 3 112 | 3 157 | 3 203 | 3 249 | 3 295 | 3 340 | 3 386 |
| 78 | 2 407 | 3 008 | 3 054 | 3 101 | 3 147 | 3 193 | 3 240 | 3 286 | 3 332 | 3 378 | 3 425 |
| 1,80 | 2 434 | 3 042 | 3 089 | 3 136 | 3 182 | 3 229 | 3 276 | 3 323 | 3 370 | 3 416 | 3 463 |
| 82 | 2 461 | 3 076 | 3 123 | 3 170 | 3 218 | 3 265 | 3 312 | 3 360 | 3 407 | 3 454 | 3 502 |
| 84 | 2 488 | 3 110 | 3 157 | 3 205 | 3 253 | 3 301 | 3 349 | 3 397 | 3 444 | 3 492 | 3 540 |
| 86 | 2 515 | 3 143 | 3 192 | 3 240 | 3 288 | 3 337 | 3 385 | 3 434 | 3 482 | 3 530 | 3 579 |
| 88 | 2 542 | 3 177 | 3 226 | 3 275 | 3 324 | 3 373 | 3 422 | 3 470 | 3 519 | 3 568 | 3 617 |
| 1,90 | 2 569 | 3 211 | 3 260 | 3 310 | 3 359 | 3 409 | 3 458 | 3 507 | 3 557 | 3 606 | 3 656 |
| 92 | 2 596 | 3 245 | 3 295 | 3 345 | 3 395 | 3 445 | 3 494 | 3 544 | 3 594 | 3 644 | 3 694 |
| 94 | 2 623 | 3 279 | 3 329 | 3 379 | 3 430 | 3 480 | 3 531 | 3 581 | 3 632 | 3 682 | 3 733 |
| 96 | 2 650 | 3 312 | 3 363 | 3 414 | 3 465 | 3 516 | 3 567 | 3 618 | 3 669 | 3 720 | 3 771 |
| 98 | 2 677 | 3 346 | 3 398 | 3 449 | 3 501 | 3 552 | 3 604 | 3 655 | 3 707 | 3 758 | 3 810 |
| 2,— | 2 704 | 3 380 | 3 432 | 3 484 | 3 536 | 3 588 | 3 640 | 3 692 | 3 744 | 3 796 | 3 848 |
| 02 | 2 731 | 3 414 | 3 466 | 3 519 | 3 571 | 3 624 | 3 676 | 3 729 | 3 781 | 3 834 | 3 887 |
| 04 | 2 758 | 3 448 | 3 501 | 3 554 | 3 607 | 3 660 | 3 713 | 3 766 | 3 819 | 3 872 | 3 925 |
| 06 | 2 785 | 3 481 | 3 535 | 3 589 | 3 642 | 3 696 | 3 749 | 3 803 | 3 856 | 3 910 | 3 964 |
| 08 | 2 812 | 3 515 | 3 569 | 3 623 | 3 677 | 3 732 | 3 786 | 3 840 | 3 894 | 3 948 | 4 002 |
| 2,10 | 2 839 | 3 549 | 3 604 | 3 658 | 3 713 | 3 767 | 3 822 | 3 877 | 3 931 | 3 986 | 4 041 |
| 12 | 2 866 | 3 583 | 3 638 | 3 693 | 3 748 | 3 803 | 3 858 | 3 914 | 3 969 | 4 024 | 4 079 |
| 14 | 2 893 | 3 617 | 3 672 | 3 728 | 3 784 | 3 839 | 3 895 | 3 950 | 4 006 | 4 062 | 4 117 |
| 16 | 2 920 | 3 650 | 3 707 | 3 763 | 3 819 | 3 875 | 3 931 | 3 987 | 4 044 | 4 100 | 4 156 |
| 18 | 2 947 | 3 684 | 3 741 | 3 798 | 3 854 | 3 911 | 3 968 | 4 025 | 4 081 | 4 138 | 4 194 |
| 2,20 | 2 974 | 3 718 | 3 775 | 3 832 | 3 890 | 3 947 | 4 004 | 4 061 | 4 118 | 4 176 | 4 233 |
| 22 | 3 001 | 3 752 | 3 810 | 3 867 | 3 925 | 3 983 | 4 040 | 4 098 | 4 156 | 4 214 | 4 271 |
| 24 | 3 028 | 3 786 | 3 844 | 3 902 | 3 960 | 4 019 | 4 077 | 4 135 | 4 193 | 4 252 | 4 310 |
| 26 | 3 056 | 3 819 | 3 878 | 3 937 | 3 996 | 4 054 | 4 113 | 4 172 | 4 231 | 4 289 | 4 348 |
| 28 | 3 083 | 3 853 | 3 913 | 3 972 | 4 031 | 4 090 | 4 150 | 4 209 | 4 268 | 4 327 | 4 386 |
| 2,30 | 3 110 | 3 887 | 3 947 | 4 007 | 4 066 | 4 126 | 4 186 | 4 246 | 4 306 | 4 365 | 4 425 |
| 32 | 3 137 | 3 921 | 3 981 | 4 041 | 4 102 | 4 162 | 4 222 | 4 283 | 4 343 | 4 403 | 4 464 |
| 34 | 3 164 | 3 953 | 4 015 | 4 076 | 4 137 | 4 198 | 4 259 | 4 320 | 4 380 | 4 441 | 4 502 |
| 36 | 3 191 | 3 988 | 4 050 | 4 111 | 4 172 | 4 234 | 4 295 | 4 357 | 4 418 | 4 479 | 4 541 |
| 38 | 3 218 | 4 022 | 4 084 | 4 146 | 4 208 | 4 270 | 4 332 | 4 393 | 4 455 | 4 517 | 4 579 |
| 2,40 | 3 245 | 4 056 | 4 118 | 4 181 | 4 243 | 4 306 | 4 368 | 4 430 | 4 493 | 4 555 | 4 618 |
| 42 | 3 272 | 4 090 | 4 153 | 4 216 | 4 279 | 4 341 | 4 404 | 4 467 | 4 530 | 4 593 | 4 656 |
| 44 | 3 299 | 4 124 | 4 187 | 4 250 | 4 314 | 4 377 | 4 441 | 4 504 | 4 568 | 4 631 | 4 695 |
| 46 | 3 326 | 4 157 | 4 221 | 4 285 | 4 349 | 4 413 | 4 477 | 4 541 | 4 605 | 4 669 | 4 733 |
| 48 | 3 353 | 4 191 | 4 256 | 4 320 | 4 385 | 4 449 | 4 514 | 4 578 | 4 643 | 4 707 | 4 772 |
| 2,50 | 3 380 | 4 225 | 4 290 | 4 355 | 4 420 | 4 485 | 4 550 | 4 615 | 4 680 | 4 745 | 4 810 |
| 52 | 3 407 | 4 259 | 4 324 | 4 390 | 4 455 | 4 521 | 4 586 | 4 652 | 4 717 | 4 783 | 4 848 |
| 54 | 3 434 | 4 293 | 4 359 | 4 425 | 4 491 | 4 557 | 4 623 | 4 689 | 4 755 | 4 821 | 4 887 |
| 56 | 3 461 | 4 326 | 4 393 | 4 460 | 4 526 | 4 593 | 4 659 | 4 726 | 4 792 | 4 859 | 4 925 |
| 58 | 3 488 | 4 360 | 4 427 | 4 494 | 4 561 | 4 629 | 4 696 | 4 763 | 4 830 | 4 897 | 4 964 |
| 2,60 | 3 515 | 4 394 | 4 462 | 4 529 | 4 597 | 4 664 | 4 732 | 4 800 | 4 867 | 4 935 | 5 002 |
| 62 | 3 542 | 4 428 | 4 496 | 4 564 | 4 632 | 4 700 | 4 768 | 4 837 | 4 905 | 4 973 | 5 041 |
| 64 | 3 569 | 4 462 | 4 530 | 4 599 | 4 668 | 4 736 | 4 805 | 4 873 | 4 942 | 5 011 | 5 079 |
| 66 | 3 596 | 4 495 | 4 565 | 4 634 | 4 703 | 4 772 | 4 841 | 4 910 | 4 980 | 5 049 | 5 118 |
| 68 | 3 623 | 4 520 | 4 599 | 4 660 | 4 738 | 4 808 | 4 878 | 4 947 | 5 017 | 5 087 | 5 156 |

## Epaisseur : 1ᵐ 30 centimètres — 231

| Longueur | 1,50 | 1,52 | 1,54 | 1,56 | 1,58 | 1,60 | 1,62 | 1,64 | 1,66 | 1,68 |
|---|---|---|---|---|---|---|---|---|---|---|
| 1,50 | 2 925 | | | | | | | | | |
| 52 | 2 964 | 3 004 | | | | | | | | |
| 54 | 3 003 | 3 043 | 3 083 | | | | | | | |
| 56 | 3 042 | 3 083 | 3 123 | 3 164 | | | | | | |
| 58 | 3 081 | 3 122 | 3 163 | 3 204 | 3 245 | | | | | |
| 1,60 | 3 120 | 3 162 | 3 203 | 3 245 | 3 286 | 3 328 | | | | |
| 62 | 3 159 | 3 201 | 3 243 | 3 285 | 3 327 | 3 370 | 3 412 | | | |
| 64 | 3 198 | 3 241 | 3 283 | 3 326 | 3 369 | 3 411 | 3 454 | 3 496 | | |
| 66 | 3 237 | 3 280 | 3 323 | 3 366 | 3 410 | 3 453 | 3 496 | 3 539 | 3 582 | |
| 68 | 3 276 | 3 320 | 3 363 | 3 407 | 3 451 | 3 494 | 3 538 | 3 582 | 3 625 | 3 669 |
| 1,70 | 3 315 | 3 359 | 3 403 | 3 448 | 3 492 | 3 536 | 3 580 | 3 624 | 3 669 | 3 713 |
| 72 | 3 354 | 3 399 | 3 443 | 3 488 | 3 533 | 3 578 | 3 622 | 3 667 | 3 712 | 3 756 |
| 74 | 3 393 | 3 438 | 3 483 | 3 529 | 3 574 | 3 619 | 3 664 | 3 710 | 3 755 | 3 800 |
| 76 | 3 432 | 3 478 | 3 524 | 3 569 | 3 615 | 3 661 | 3 707 | 3 752 | 3 798 | 3 844 |
| 78 | 3 471 | 3 517 | 3 564 | 3 610 | 3 656 | 3 702 | 3 749 | 3 795 | 3 841 | 3 888 |
| 1,80 | 3 510 | 3 557 | 3 604 | 3 650 | 3 697 | 3 744 | 3 791 | 3 838 | 3 884 | 3 931 |
| 82 | 3 549 | 3 596 | 3 644 | 3 691 | 3 738 | 3 786 | 3 833 | 3 880 | 3 928 | 3 975 |
| 84 | 3 588 | 3 636 | 3 684 | 3 732 | 3 779 | 3 827 | 3 875 | 3 923 | 3 971 | 4 019 |
| 86 | 3 627 | 3 675 | 3 724 | 3 772 | 3 820 | 3 869 | 3 917 | 3 966 | 4 014 | 4 062 |
| 88 | 3 666 | 3 715 | 3 764 | 3 813 | 3 862 | 3 910 | 3 959 | 4 008 | 4 057 | 4 106 |
| 1,90 | 3 705 | 3 754 | 3 804 | 3 853 | 3 903 | 3 952 | 4 001 | 4 051 | 4 100 | 4 150 |
| 92 | 3 744 | 3 794 | 3 844 | 3 894 | 3 944 | 3 994 | 4 044 | 4 093 | 4 143 | 4 193 |
| 94 | 3 783 | 3 833 | 3 884 | 3 934 | 3 985 | 4 035 | 4 086 | 4 136 | 4 187 | 4 237 |
| 96 | 3 822 | 3 873 | 3 924 | 3 975 | 4 026 | 4 077 | 4 128 | 4 179 | 4 230 | 4 281 |
| 98 | 3 861 | 3 912 | 3 964 | 4 015 | 4 067 | 4 118 | 4 170 | 4 221 | 4 273 | 4 324 |
| 2,— | 3 900 | 3 952 | 4 004 | 4 056 | 4 108 | 4 160 | 4 212 | 4 264 | 4 316 | 4 368 |
| 02 | 3 939 | 3 992 | 4 044 | 4 097 | 4 149 | 4 202 | 4 254 | 4 307 | 4 359 | 4 412 |
| 04 | 3 978 | 4 031 | 4 083 | 4 137 | 4 190 | 4 243 | 4 296 | 4 349 | 4 402 | 4 455 |
| 06 | 4 017 | 4 071 | 4 124 | 4 178 | 4 231 | 4 285 | 4 338 | 4 392 | 4 445 | 4 499 |
| 08 | 4 056 | 4 110 | 4 164 | 4 218 | 4 272 | 4 326 | 4 380 | 4 435 | 4 489 | 4 543 |
| 2,10 | 4 095 | 4 150 | 4 204 | 4 259 | 4 313 | 4 368 | 4 423 | 4 477 | 4 532 | 4 586 |
| 12 | 4 134 | 4 189 | 4 244 | 4 299 | 4 354 | 4 410 | 4 465 | 4 520 | 4 575 | 4 630 |
| 14 | 4 173 | 4 229 | 4 284 | 4 340 | 4 396 | 4 451 | 4 507 | 4 562 | 4 618 | 4 674 |
| 16 | 4 212 | 4 268 | 4 324 | 4 380 | 4 437 | 4 493 | 4 549 | 4 605 | 4 661 | 4 717 |
| 18 | 4 251 | 4 308 | 4 364 | 4 421 | 4 478 | 4 534 | 4 591 | 4 648 | 4 704 | 4 761 |
| 2,20 | 4 290 | 4 347 | 4 404 | 4 462 | 4 519 | 4 576 | 4 633 | 4 690 | 4 748 | 4 805 |
| 22 | 4 329 | 4 387 | 4 444 | 4 502 | 4 560 | 4 618 | 4 675 | 4 733 | 4 791 | 4 848 |
| 24 | 4 368 | 4 426 | 4 484 | 4 543 | 4 601 | 4 659 | 4 717 | 4 776 | 4 834 | 4 892 |
| 26 | 4 407 | 4 466 | 4 525 | 4 583 | 4 642 | 4 701 | 4 760 | 4 818 | 4 877 | 4 936 |
| 28 | 4 446 | 4 505 | 4 565 | 4 624 | 4 683 | 4 742 | 4 802 | 4 861 | 4 920 | 4 980 |
| 2,30 | 4 485 | 4 545 | 4 605 | 4 664 | 4 724 | 4 784 | 4 844 | 4 901 | 4 963 | 5 023 |
| 32 | 4 524 | 4 584 | 4 645 | 4 705 | 4 765 | 4 826 | 4 886 | 4 946 | 5 007 | 5 067 |
| 34 | 4 563 | 4 624 | 4 685 | 4 746 | 4 806 | 4 867 | 4 928 | 4 989 | 5 050 | 5 111 |
| 36 | 4 602 | 4 663 | 4 725 | 4 786 | 4 847 | 4 909 | 4 970 | 5 032 | 5 093 | 5 154 |
| 38 | 4 641 | 4 703 | 4 765 | 4 827 | 4 889 | 4 950 | 5 012 | 5 074 | 5 136 | 5 198 |
| 2,40 | 4 680 | 4 742 | 4 805 | 4 867 | 4 930 | 4 992 | 5 054 | 5 117 | 5 179 | 5 242 |
| 42 | 4 719 | 4 782 | 4 845 | 4 908 | 4 971 | 5 034 | 5 097 | 5 159 | 5 222 | 5 285 |
| 44 | 4 758 | 4 821 | 4 885 | 4 948 | 5 012 | 5 075 | 5 139 | 5 202 | 5 266 | 5 329 |
| 46 | 4 797 | 4 861 | 4 925 | 4 989 | 5 053 | 5 117 | 5 181 | 5 245 | 5 309 | 5 373 |
| 48 | 4 836 | 4 900 | 4 965 | 5 029 | 5 094 | 5 158 | 5 223 | 5 287 | 5 352 | 5 416 |
| 2,50 | 4 875 | 4 940 | 5 005 | 5 070 | 5 135 | 5 200 | 5 265 | 5 330 | 5 395 | 5 460 |
| 52 | 4 914 | 4 980 | 5 045 | 5 111 | 5 176 | 5 242 | 5 307 | 5 373 | 5 438 | 5 504 |
| 54 | 4 953 | 5 019 | 5 085 | 5 151 | 5 217 | 5 283 | 5 349 | 5 415 | 5 481 | 5 547 |
| 56 | 4 992 | 5 059 | 5 125 | 5 192 | 5 258 | 5 325 | 5 391 | 5 458 | 5 524 | 5 591 |
| 58 | 5 031 | 5 098 | 5 165 | 5 232 | 5 299 | 5 366 | 5 433 | 5 501 | 5 568 | 5 635 |
| 2,60 | 5 070 | 5 138 | 5 205 | 5 273 | 5 340 | 5 408 | 5 476 | 5 543 | 5 611 | 5 678 |
| 62 | 5 109 | 5 177 | 5 245 | 5 313 | 5 381 | 5 450 | 5 518 | 5 586 | 5 654 | 5 722 |
| 64 | 5 148 | 5 217 | 5 285 | 5 354 | 5 423 | 5 491 | 5 560 | 5 628 | 5 697 | 5 766 |
| 66 | 5 187 | 5 256 | 5 325 | 5 394 | 5 464 | 5 533 | 5 602 | 5 671 | 5 740 | 5 809 |
| 68 | 5 226 | 5 296 | 5 365 | 5 435 | 5 505 | 5 574 | 5 644 | 5 714 | 5 783 | 5 853 |

232

| LONGUEUR \ LARGEUR | 1,70 | 1,72 | 1,74 | 1,76 | 1,78 | 1,80 | 1,82 | 1,84 | 1,86 | 1,88 |
|---|---|---|---|---|---|---|---|---|---|---|
| 1,70 | 3 757 | | | | | | | | | |
| 72 | 3 801 | 3 846 | | | | | | | | |
| 74 | 3 845 | 3 891 | 3 936 | | | | | | | |
| 76 | 3 890 | 3 935 | 3 981 | 4 027 | | | | | | |
| 78 | 3 934 | 3 980 | 4 026 | 4 073 | 4 119 | | | | | |
| 1,80 | 3 978 | 4 025 | 4 072 | 4 118 | 4 165 | 4 212 | | | | |
| 82 | 4 022 | 4 070 | 4 117 | 4 164 | 4 211 | 4 259 | 4 306 | | | |
| 84 | 4 066 | 4 114 | 4 162 | 4 210 | 4 258 | 4 306 | 4 353 | 4 401 | | |
| 86 | 4 111 | 4 159 | 4 207 | 4 256 | 4 304 | 4 352 | 4 401 | 4 449 | 4 497 | |
| 88 | 4 155 | 4 204 | 4 253 | 4 301 | 4 350 | 4 399 | 4 448 | 4 497 | 4 546 | 4 595 |
| 1,90 | 4 199 | 4 248 | 4 298 | 4 347 | 4 397 | 4 446 | 4 495 | 4 545 | 4 594 | 4 644 |
| 92 | 4 243 | 4 293 | 4 343 | 4 393 | 4 443 | 4 493 | 4 543 | 4 593 | 4 643 | 4 692 |
| 94 | 4 287 | 4 338 | 4 388 | 4 439 | 4 489 | 4 540 | 4 590 | 4 640 | 4 691 | 4 741 |
| 96 | 4 332 | 4 383 | 4 434 | 4 484 | 4 535 | 4 586 | 4 637 | 4 688 | 4 739 | 4 790 |
| 98 | 4 376 | 4 427 | 4 479 | 4 530 | 4 582 | 4 633 | 4 685 | 4 736 | 4 788 | 4 839 |
| 2,— | 4 420 | 4 473 | 4 524 | 4 576 | 4 628 | 4 680 | 4 732 | 4 784 | 4 836 | 4 888 |
| 02 | 4 464 | 4 517 | 4 569 | 4 622 | 4 674 | 4 727 | 4 779 | 4 832 | 4 884 | 4 937 |
| 04 | 4 508 | 4 561 | 4 614 | 4 668 | 4 721 | 4 774 | 4 827 | 4 880 | 4 933 | 4 986 |
| 06 | 4 553 | 4 606 | 4 660 | 4 713 | 4 767 | 4 820 | 4 874 | 4 928 | 4 981 | 5 035 |
| 08 | 4 597 | 4 651 | 4 705 | 4 759 | 4 813 | 4 867 | 4 921 | 4 975 | 5 029 | 5 084 |
| 2,10 | 4 641 | 4 696 | 4 750 | 4 805 | 4 859 | 4 914 | 4 969 | 5 023 | 5 078 | 5 132 |
| 12 | 4 685 | 4 740 | 4 795 | 4 851 | 4 906 | 4 961 | 5 016 | 5 071 | 5 126 | 5 181 |
| 14 | 4 729 | 4 785 | 4 841 | 4 896 | 4 952 | 5 008 | 5 063 | 5 119 | 5 175 | 5 230 |
| 16 | 4 774 | 4 830 | 4 886 | 4 942 | 4 998 | 5 054 | 5 111 | 5 167 | 5 223 | 5 279 |
| 18 | 4 818 | 4 874 | 4 931 | 4 988 | 5 045 | 5 101 | 5 158 | 5 215 | 5 271 | 5 328 |
| 2,20 | 4 862 | 4 919 | 4 976 | 5 034 | 5 091 | 5 148 | 5 205 | 5 262 | 5 320 | 5 377 |
| 22 | 4 906 | 4 964 | 5 022 | 5 079 | 5 137 | 5 195 | 5 253 | 5 310 | 5 368 | 5 426 |
| 24 | 4 950 | 5 009 | 5 067 | 5 125 | 5 183 | 5 242 | 5 300 | 5 358 | 5 416 | 5 475 |
| 26 | 4 995 | 5 053 | 5 112 | 5 171 | 5 230 | 5 288 | 5 347 | 5 406 | 5 465 | 5 523 |
| 28 | 5 039 | 5 098 | 5 157 | 5 217 | 5 276 | 5 335 | 5 394 | 5 454 | 5 513 | 5 572 |
| 2,30 | 5 083 | 5 143 | 5 203 | 5 262 | 5 322 | 5 382 | 5 442 | 5 502 | 5 561 | 5 621 |
| 32 | 5 127 | 5 188 | 5 248 | 5 308 | 5 368 | 5 429 | 5 489 | 5 549 | 5 610 | 5 670 |
| 34 | 5 171 | 5 232 | 5 293 | 5 354 | 5 415 | 5 476 | 5 546 | 5 597 | 5 658 | 5 719 |
| 36 | 5 216 | 5 277 | 5 338 | 5 400 | 5 461 | 5 522 | 5 584 | 5 645 | 5 706 | 5 768 |
| 38 | 5 260 | 5 322 | 5 383 | 5 445 | 5 507 | 5 569 | 5 631 | 5 693 | 5 755 | 5 817 |
| 2,40 | 5 304 | 5 366 | 5 429 | 5 491 | 5 554 | 5 616 | 5 678 | 5 741 | 5 803 | 5 866 |
| 42 | 5 348 | 5 411 | 5 474 | 5 537 | 5 600 | 5 663 | 5 726 | 5 789 | 5 852 | 5 914 |
| 44 | 5 392 | 5 456 | 5 519 | 5 583 | 5 646 | 5 710 | 5 773 | 5 836 | 5 900 | 5 963 |
| 46 | 5 437 | 5 501 | 5 565 | 5 628 | 5 692 | 5 756 | 5 820 | 5 884 | 5 948 | 6 012 |
| 48 | 5 481 | 5 545 | 5 610 | 5 674 | 5 739 | 5 803 | 5 868 | 5 932 | 5 997 | 6 061 |
| 2,50 | 5 525 | 5 590 | 5 655 | 5 720 | 5 785 | 5 850 | 5 915 | 5 980 | 6 045 | 6 110 |
| 52 | 5 569 | 5 635 | 5 700 | 5 766 | 5 831 | 5 897 | 5 962 | 6 028 | 6 093 | 6 159 |
| 54 | 5 613 | 5 679 | 5 745 | 5 812 | 5 878 | 5 944 | 6 010 | 6 076 | 6 142 | 6 208 |
| 56 | 5 658 | 5 724 | 5 791 | 5 857 | 5 924 | 5 990 | 6 057 | 6 124 | 6 190 | 6 257 |
| 58 | 5 702 | 5 769 | 5 836 | 5 903 | 5 970 | 6 037 | 6 104 | 6 171 | 6 238 | 6 306 |
| 2,60 | 5 746 | 5 814 | 5 881 | 5 949 | 6 016 | 6 084 | 6 152 | 6 219 | 6 287 | 6 354 |
| 62 | 5 790 | 5 858 | 5 926 | 5 995 | 6 063 | 6 131 | 6 199 | 6 267 | 6 335 | 6 403 |
| 64 | 5 834 | 5 903 | 5 972 | 6 040 | 6 109 | 6 178 | 6 246 | 6 315 | 6 384 | 6 452 |
| 66 | 5 879 | 5 948 | 6 017 | 6 086 | 6 155 | 6 224 | 6 294 | 6 363 | 6 432 | 6 501 |
| 68 | 5 923 | 5 992 | 6 062 | 6 132 | 6 202 | 6 271 | 6 341 | 6 411 | 6 480 | 6 550 |
| 2,70 | 5 967 | 6 037 | 6 107 | 6 178 | 6 248 | 6 318 | 6 388 | 6 458 | 6 529 | 6 599 |
| 72 | 6 011 | 6 082 | 6 153 | 6 223 | 6 294 | 6 365 | 6 436 | 6 506 | 6 577 | 6 648 |
| 74 | 6 055 | 6 127 | 6 198 | 6 269 | 6 340 | 6 412 | 6 483 | 6 554 | 6 625 | 6 697 |
| 76 | 6 100 | 6 171 | 6 243 | 6 315 | 6 387 | 6 458 | 6 530 | 6 602 | 6 674 | 6 745 |
| 78 | 6 144 | 6 216 | 6 288 | 6 361 | 6 433 | 6 505 | 6 577 | 6 650 | 6 722 | 6 794 |
| 2,80 | 6 188 | 6 261 | 6 334 | 6 406 | 6 479 | 6 552 | 6 625 | 6 698 | 6 770 | 6 843 |
| 82 | 6 232 | 6 306 | 6 379 | 6 452 | 6 525 | 6 599 | 6 672 | 6 745 | 6 819 | 6 892 |
| 84 | 6 276 | 6 350 | 6 424 | 6 498 | 6 572 | 6 646 | 6 719 | 6 793 | 6 867 | 6 941 |
| 86 | 6 321 | 6 395 | 6 469 | 6 544 | 6 618 | 6 692 | 6 767 | 6 841 | 6 915 | 6 990 |
| 88 | 6 365 | 6 440 | 6 515 | 6 589 | 6 664 | 6 739 | 6 814 | 6 889 | 6 964 | 7 039 |
| 2,90 | 6 409 | 6 484 | 6 560 | 6 635 | 6 711 | 6 786 | 6 861 | 6 937 | 7 012 | 7 088 |
| 92 | 6 453 | 6 529 | 6 605 | 6 681 | 6 757 | 6 833 | 6 909 | 6 985 | 7 061 | 7 136 |
| 94 | 6 497 | 6 574 | 6 650 | 6 727 | 6 803 | 6 880 | 6 956 | 7 032 | 7 109 | 7 185 |
| 96 | 6 542 | 6 619 | 6 696 | 6 772 | 6 849 | 6 926 | 7 003 | 7 080 | 7 157 | 7 234 |
| 98 | 6 586 | 6 663 | 6 741 | 6 818 | 6 896 | 6 973 | 7 051 | 7 128 | 7 206 | 7 283 |
| 3 00 | 6 630 | 6 708 | 6 786 | 6 864 | 6 942 | 7 020 | 7 098 | 7 176 | 7 254 | 7 332 |
| 02 | 6 674 | 6 753 | 6 831 | 6 909 | 6 988 | 7 067 | 7 145 | 7 224 | 7 302 | 7 381 |
| 04 | 6 718 | 6 797 | 6 876 | 6 956 | 7 035 | 7 114 | 7 193 | 7 272 | 7 351 | 7 430 |
| 06 | 6 763 | 6 842 | 6 922 | 7 001 | 7 081 | 7 160 | 7 240 | 7 320 | 7 399 | 7 479 |
| 08 | 6 807 | 6 887 | 6 967 | 7 047 | 7 127 | 7 207 | 7 287 | 7 367 | 7 447 | 7 528 |

233

| LONGUEUR \ LARGEUR | 1,90 | 1,92 | 1,94 | 1,96 | 1,98 | 2,00 | 2,02 | 2,04 | 2,06 | 2,08 |
|---|---|---|---|---|---|---|---|---|---|---|
| 1,90 | 4 693 | | | | | | | | | |
| 92 | 4 742 | 4 792 | | | | | | | | |
| 94 | 4 792 | 4 842 | 4 893 | | | | | | | |
| 96 | 4 841 | 4 892 | 4 943 | 4 994 | | | | | | |
| 98 | 4 891 | 4 942 | 4 991 | 5 045 | 5 097 | | | | | |
| 2,— | 4 940 | 4 992 | 5 044 | 5 096 | 5 148 | 5 200 | | | | |
| 02 | 4 989 | 5 042 | 5 094 | 5 147 | 5 199 | 5 252 | 5 305 | | | |
| 04 | 5 039 | 5 092 | 5 145 | 5 198 | 5 251 | 5 304 | 5 357 | 5 410 | | |
| 06 | 5 088 | 5 142 | 5 195 | 5 249 | 5 302 | 5 356 | 5 410 | 5 463 | 5 517 | |
| 08 | 5 138 | 5 192 | 5 246 | 5 300 | 5 354 | 5 408 | 5 462 | 5 516 | 5 570 | 5 624 |
| 2,10 | 5 187 | 5 242 | 5 296 | 5 351 | 5 405 | 5 460 | 5 515 | 5 569 | 5 624 | 5 678 |
| 12 | 5 236 | 5 292 | 5 347 | 5 402 | 5 457 | 5 512 | 5 567 | 5 622 | 5 677 | 5 732 |
| 14 | 5 286 | 5 341 | 5 397 | 5 453 | 5 508 | 5 564 | 5 620 | 5 675 | 5 731 | 5 787 |
| 16 | 5 335 | 5 391 | 5 448 | 5 504 | 5 560 | 5 616 | 5 672 | 5 728 | 5 784 | 5 841 |
| 18 | 5 385 | 5 441 | 5 498 | 5 555 | 5 611 | 5 668 | 5 725 | 5 781 | 5 838 | 5 895 |
| 2,20 | 5 431 | 5 491 | 5 548 | 5 606 | 5 663 | 5 720 | 5 777 | 5 834 | 5 892 | 5 949 |
| 22 | 5 483 | 5 541 | 5 599 | 5 657 | 5 714 | 5 772 | 5 830 | 5 887 | 5 945 | 6 003 |
| 24 | 5 533 | 5 591 | 5 649 | 5 708 | 5 766 | 5 824 | 5 882 | 5 940 | 5 999 | 6 057 |
| 26 | 5 582 | 5 641 | 5 700 | 5 758 | 5 817 | 5 876 | 5 935 | 5 994 | 6 052 | 6 111 |
| 28 | 5 632 | 5 691 | 5 750 | 5 809 | 5 869 | 5 928 | 5 987 | 6 047 | 6 106 | 6 165 |
| 2,30 | 5 681 | 5 741 | 5 801 | 5 860 | 5 920 | 5 980 | 6 040 | 6 100 | 6 159 | 6 219 |
| 32 | 5 730 | 5 791 | 5 851 | 5 911 | 5 972 | 6 032 | 6 092 | 6 153 | 6 213 | 6 273 |
| 34 | 5 780 | 5 841 | 5 901 | 5 962 | 6 023 | 6 084 | 6 145 | 6 206 | 6 267 | 6 327 |
| 36 | 5 829 | 5 891 | 5 952 | 6 013 | 6 075 | 6 136 | 6 197 | 6 259 | 6 320 | 6 381 |
| 38 | 5 879 | 5 940 | 6 002 | 6 064 | 6 126 | 6 188 | 6 250 | 6 312 | 6 374 | 6 436 |
| 2,40 | 5 928 | 5 990 | 6 053 | 6 115 | 6 178 | 6 240 | 6 302 | 6 365 | 6 427 | 6 490 |
| 42 | 5 977 | 6 040 | 6 103 | 6 166 | 6 229 | 6 292 | 6 355 | 6 418 | 6 481 | 6 544 |
| 44 | 6 027 | 6 090 | 6 154 | 6 217 | 6 281 | 6 344 | 6 407 | 6 471 | 6 534 | 6 598 |
| 46 | 6 076 | 6 140 | 6 204 | 6 268 | 6 332 | 6 396 | 6 460 | 6 524 | 6 588 | 6 652 |
| 48 | 6 126 | 6 190 | 6 255 | 6 319 | 6 384 | 6 448 | 6 512 | 6 577 | 6 641 | 6 706 |
| 2,50 | 6 175 | 6 240 | 6 305 | 6 370 | 6 435 | 6 500 | 6 565 | 6 630 | 6 695 | 6 760 |
| 52 | 6 224 | 6 290 | 6 355 | 6 421 | 6 486 | 6 552 | 6 618 | 6 683 | 6 749 | 6 814 |
| 54 | 6 274 | 6 340 | 6 406 | 6 472 | 6 538 | 6 604 | 6 670 | 6 736 | 6 802 | 6 868 |
| 56 | 6 323 | 6 390 | 6 456 | 6 523 | 6 589 | 6 656 | 6 723 | 6 789 | 6 856 | 6 922 |
| 58 | 6 373 | 6 440 | 6 507 | 6 574 | 6 641 | 6 708 | 6 775 | 6 842 | 6 909 | 6 976 |
| 2,60 | 6 422 | 6 490 | 6 557 | 6 625 | 6 692 | 6 760 | 6 828 | 6 895 | 6 963 | 7 030 |
| 62 | 6 471 | 6 540 | 6 608 | 6 676 | 6 744 | 6 812 | 6 880 | 6 948 | 7 016 | 7 084 |
| 64 | 6 521 | 6 589 | 6 658 | 6 727 | 6 795 | 6 864 | 6 933 | 7 001 | 7 070 | 7 139 |
| 66 | 6 570 | 6 639 | 6 709 | 6 778 | 6 847 | 6 916 | 6 985 | 7 054 | 7 123 | 7 193 |
| 68 | 6 620 | 6 689 | 6 759 | 6 829 | 6 898 | 6 968 | 7 038 | 7 107 | 7 177 | 7 247 |
| 2,70 | 6 669 | 6 739 | 6 809 | 6 880 | 6 950 | 7 020 | 7 090 | 7 160 | 7 231 | 7 301 |
| 72 | 6 718 | 6 789 | 6 860 | 6 931 | 7 001 | 7 072 | 7 143 | 7 213 | 7 284 | 7 355 |
| 74 | 6 768 | 6 839 | 6 910 | 6 982 | 7 053 | 7 124 | 7 195 | 7 260 | 7 338 | 7 400 |
| 76 | 6 817 | 6 889 | 6 961 | 7 032 | 7 104 | 7 176 | 7 248 | 7 320 | 7 391 | 7 463 |
| 78 | 6 867 | 6 939 | 7 011 | 7 083 | 7 156 | 7 228 | 7 300 | 7 373 | 7 445 | 7 517 |
| 2,80 | 6 916 | 6 989 | 7 062 | 7 134 | 7 207 | 7 280 | 7 353 | 7 426 | 7 498 | 7 571 |
| 82 | 6 965 | 7 039 | 7 112 | 7 185 | 7 259 | 7 332 | 7 405 | 7 479 | 7 552 | 7 625 |
| 84 | 7 015 | 7 089 | 7 162 | 7 236 | 7 310 | 7 384 | 7 458 | 7 532 | 7 606 | 7 679 |
| 86 | 7 064 | 7 139 | 7 213 | 7 287 | 7 362 | 7 436 | 7 510 | 7 585 | 7 659 | 7 733 |
| 88 | 7 114 | 7 188 | 7 263 | 7 338 | 7 413 | 7 488 | 7 563 | 7 638 | 7 713 | 7 788 |
| 2,90 | 7 163 | 7 238 | 7 314 | 7 389 | 7 465 | 7 540 | 7 615 | 7 691 | 7 766 | 7 842 |
| 92 | 7 212 | 7 288 | 7 364 | 7 440 | 7 516 | 7 592 | 7 668 | 7 744 | 7 820 | 7 896 |
| 94 | 7 262 | 7 338 | 7 415 | 7 491 | 7 568 | 7 644 | 7 720 | 7 797 | 7 873 | 7 950 |
| 96 | 7 311 | 7 388 | 7 465 | 7 542 | 7 619 | 7 696 | 7 773 | 7 850 | 7 927 | 8 004 |
| 98 | 7 361 | 7 438 | 7 516 | 7 593 | 7 671 | 7 748 | 7 825 | 7 903 | 7 980 | 8 058 |
| 3,— | 7 410 | 7 488 | 7 566 | 7 644 | 7 722 | 7 800 | 7 878 | 7 956 | 8 034 | 8 112 |
| 02 | 7 459 | 7 538 | 7 616 | 7 695 | 7 773 | 7 852 | 7 931 | 8 009 | 8 088 | 8 166 |
| 04 | 7 509 | 7 588 | 7 667 | 7 746 | 7 825 | 7 904 | 7 983 | 8 062 | 8 141 | 8 220 |
| 06 | 7 558 | 7 638 | 7 717 | 7 797 | 7 876 | 7 956 | 8 036 | 8 115 | 8 195 | 8 274 |
| 08 | 7 608 | 7 688 | 7 768 | 7 848 | 7 928 | 8 008 | 8 088 | 8 168 | 8 248 | 8 328 |

# TABLES DE RÉDUCTION DES MÈTRES CUBES

En Tonneaux et millièmes de Tonneau, Français et Anglais ou Américains.

| MÈTRES cubes | TONNEAUX | | MÈTRES cubes | TONNEAUX | | MÈTRES cubes | TONNEAUX | |
|---|---|---|---|---|---|---|---|---|
| | Fr. | Ang. | | Fr. | Ang. | | Fr. | Ang. |
| 0,010 | 0 007 | 0 009 | 0,080 | 0 056 | 0 071 | 0,150 | 0 104 | 0 132 |
| 011 | 0 008 | 0 010 | 081 | 0 056 | 0 072 | 151 | 0 105 | 0 133 |
| 012 | 0 008 | 0 011 | 082 | 0 057 | 0 072 | 152 | 0 106 | 0 134 |
| 013 | 0 009 | 0 011 | 083 | 0 058 | 0 073 | 153 | 0 106 | 0 135 |
| 014 | 0 010 | 0 012 | 084 | 0 058 | 0 074 | 154 | 0 107 | 0 136 |
| 0,015 | 0 010 | 0 013 | 0,085 | 0 059 | 0 075 | 0,155 | 0 108 | 0 137 |
| 016 | 0 011 | 0 014 | 086 | 0 060 | 0 076 | 156 | 0 108 | 0 138 |
| 017 | 0 012 | 0 015 | 087 | 0 060 | 0 077 | 157 | 0 109 | 0 139 |
| 018 | 0 013 | 0 016 | 088 | 0 061 | 0 078 | 158 | 0 110 | 0 139 |
| 019 | 0 013 | 0 017 | 089 | 0 062 | 0 079 | 159 | 0 110 | 0 140 |
| 0,020 | 0 014 | 0 018 | 0,090 | 0 063 | 0 079 | 0,160 | 0 111 | 0 141 |
| 021 | 0 015 | 0 019 | 091 | 0 063 | 0 080 | 161 | 0 112 | 0 142 |
| 022 | 0 015 | 0 019 | 092 | 0 064 | 0 081 | 162 | 0 113 | 0 143 |
| 023 | 0 016 | 0 020 | 093 | 0 065 | 0 082 | 163 | 0 113 | 0 144 |
| 024 | 0 017 | 0 021 | 094 | 0 065 | 0 083 | 164 | 0 114 | 0 145 |
| 0,025 | 0 017 | 0 022 | 0,095 | 0 066 | 0 084 | 0,165 | 0 115 | 0 146 |
| 026 | 0 018 | 0 023 | 096 | 0 067 | 0 085 | 166 | 0 115 | 0 147 |
| 027 | 0 019 | 0 024 | 097 | 0 067 | 0 086 | 167 | 0 116 | 0 147 |
| 028 | 0 019 | 0 025 | 098 | 0 068 | 0 087 | 168 | 0 117 | 0 148 |
| 029 | 0 020 | 0 026 | 099 | 0 069 | 0 088 | 169 | 0 117 | 0 149 |
| 0,030 | 0 021 | 0 026 | 0,100 | 0 069 | 0 088 | 0,170 | 0 118 | 0 150 |
| 031 | 0 022 | 0 027 | 101 | 0 070 | 0 089 | 171 | 0 119 | 0 151 |
| 032 | 0 022 | 0 028 | 102 | 0 071 | 0 090 | 172 | 0 119 | 0 152 |
| 033 | 0 023 | 0 029 | 103 | 0 072 | 0 091 | 173 | 0 120 | 0 153 |
| 034 | 0 024 | 0 030 | 104 | 0 072 | 0 092 | 174 | 0 121 | 0 154 |
| 0,035 | 0 024 | 0 031 | 0,105 | 0 073 | 0 093 | 0,175 | 0 122 | 0 155 |
| 036 | 0 025 | 0 032 | 106 | 0 074 | 0 094 | 176 | 0 122 | 0 155 |
| 037 | 0 026 | 0 033 | 107 | 0 074 | 0 094 | 177 | 0 123 | 0 156 |
| 038 | 0 026 | 0 033 | 108 | 0 075 | 0 095 | 178 | 0 124 | 0 157 |
| 039 | 0 027 | 0 034 | 109 | 0 076 | 0 096 | 179 | 0 124 | 0 158 |
| 0,040 | 0 028 | 0 035 | 0,110 | 0 076 | 0 097 | 0,180 | 0 125 | 0 159 |
| 041 | 0 028 | 0 036 | 111 | 0 077 | 0 098 | 181 | 0 126 | 0 160 |
| 042 | 0 029 | 0 037 | 112 | 0 078 | 0 099 | 182 | 0 126 | 0 161 |
| 043 | 0 030 | 0 038 | 113 | 0 078 | 0 100 | 183 | 0 127 | 0 162 |
| 044 | 0 031 | 0 039 | 114 | 0 079 | 0 101 | 184 | 0 128 | 0 162 |
| 0,045 | 0 031 | 0 040 | 0,115 | 0 080 | 0 102 | 0,185 | 0 128 | 0 163 |
| 046 | 0 032 | 0 041 | 116 | 0 081 | 0 102 | 186 | 0 129 | 0 164 |
| 047 | 0 033 | 0 041 | 117 | 0 081 | 0 103 | 187 | 0 130 | 0 165 |
| 048 | 0 033 | 0 042 | 118 | 0 082 | 0 104 | 188 | 0 131 | 0 166 |
| 049 | 0 034 | 0 043 | 119 | 0 083 | 0 105 | 189 | 0 131 | 0 167 |
| 0,050 | 0 035 | 0 044 | 0,120 | 0 083 | 0 106 | 0,190 | 0 132 | 0 168 |
| 051 | 0 035 | 0 045 | 121 | 0 084 | 0 107 | 191 | 0 133 | 0 169 |
| 052 | 0 036 | 0 046 | 122 | 0 085 | 0 108 | 192 | 0 133 | 0 169 |
| 053 | 0 037 | 0 047 | 123 | 0 085 | 0 109 | 193 | 0 134 | 0 170 |
| 054 | 0 038 | 0 048 | 124 | 0 086 | 0 109 | 194 | 0 135 | 0 171 |
| 0,055 | 0 038 | 0 049 | 0,125 | 0 087 | 0 110 | 0,195 | 0 135 | 0 172 |
| 056 | 0 039 | 0 049 | 126 | 0 088 | 0 111 | 196 | 0 136 | 0 173 |
| 057 | 0 040 | 0 050 | 127 | 0 088 | 0 112 | 197 | 0 137 | 0 174 |
| 058 | 0 040 | 0 051 | 128 | 0 089 | 0 113 | 198 | 0 138 | 0 175 |
| 059 | 0 041 | 0 052 | 129 | 0 090 | 0 114 | 199 | 0 138 | 0 176 |
| 0,060 | 0 042 | 0 053 | 0,130 | 0 090 | 0 115 | 0,200 | 0 139 | 0 177 |
| 061 | 0 042 | 0 054 | 131 | 0 091 | 0 116 | 201 | 0 140 | 0 177 |
| 062 | 0 043 | 0 055 | 132 | 0 092 | 0 117 | 202 | 0 140 | 0 178 |
| 063 | 0 044 | 0 056 | 133 | 0 092 | 0 117 | 203 | 0 141 | 0 179 |
| 064 | 0 044 | 0 057 | 134 | 0 093 | 0 118 | 204 | 0 142 | 0 180 |
| 0,065 | 0 045 | 0 057 | 0,135 | 0 094 | 0 119 | 0,205 | 0 142 | 0 181 |
| 066 | 0 046 | 0 058 | 136 | 0 094 | 0 120 | 206 | 0 143 | 0 182 |
| 067 | 0 047 | 0 059 | 137 | 0 095 | 0 121 | 207 | 0 144 | 0 183 |
| 068 | 0 047 | 0 060 | 138 | 0 096 | 0 122 | 208 | 0 144 | 0 184 |
| 069 | 0 048 | 0 061 | 139 | 0 097 | 0 123 | 209 | 0 145 | 0 185 |
| 0,070 | 0 049 | 0 062 | 0,140 | 0 097 | 0 124 | 0,210 | 0 146 | 0 185 |
| 071 | 0 049 | 0 063 | 141 | 0 098 | 0 124 | 211 | 0 147 | 0 186 |
| 072 | 0 050 | 0 064 | 142 | 0 099 | 0 125 | 212 | 0 147 | 0 187 |
| 073 | 0 051 | 0 064 | 143 | 0 099 | 0 126 | 213 | 0 148 | 0 188 |
| 074 | 0 051 | 0 065 | 144 | 0 100 | 0 127 | 214 | 0 149 | 0 189 |
| 0,075 | 0 052 | 0 066 | 0,145 | 0 101 | 0 128 | 0,215 | 0 149 | 0 190 |
| 076 | 0 053 | 0 067 | 146 | 0 101 | 0 129 | 216 | 0 150 | 0 191 |
| 077 | 0 053 | 0 068 | 147 | 0 102 | 0 130 | 217 | 0 151 | 0 192 |
| 078 | 0 054 | 0 069 | 148 | 0 103 | 0 131 | 218 | 0 151 | 0 192 |
| 079 | 0 055 | 0 070 | 149 | 0 103 | 0 132 | 219 | 0 152 | 0 193 |

# TABLES DE RÉDUCTION DES MÈTRES CUBES

En Tonneaux et millièmes de Tonneau, Français et Anglais ou Américains.

| MÈTRES cubes | TONNEAUX Fr. | TONNEAUX Ang. | MÈTRES cubes | TONNEAUX Fr. | TONNEAUX Ang. | MÈTRES cubes | TONNEAUX Fr. | TONNEAUX Ang. |
|---|---|---|---|---|---|---|---|---|
| 0,220 | 0 153 | 0 194 | 0,290 | 0 201 | 0 256 | 0,360 | 0 250 | 0 318 |
| 221 | 0 154 | 0 195 | 291 | 0 202 | 0 257 | 361 | 0 251 | 0 319 |
| 222 | 0 154 | 0 196 | 292 | 0 203 | 0 258 | 362 | 0 251 | 0 320 |
| 223 | 0 155 | 0 197 | 293 | 0 204 | 0 259 | 363 | 0 252 | 0 320 |
| 224 | 0 156 | 0 198 | 294 | 0 204 | 0 260 | 364 | 0 253 | 0 321 |
| 0,225 | 0 156 | 0 199 | 0,295 | 0 205 | 0 260 | 0,365 | 0 254 | 0 322 |
| 226 | 0 157 | 0 200 | 296 | 0 206 | 0 261 | 366 | 0 254 | 0 323 |
| 227 | 0 158 | 0 200 | 297 | 0 206 | 0 262 | 367 | 0 255 | 0 324 |
| 228 | 0 158 | 0 201 | 298 | 0 207 | 0 263 | 368 | 0 256 | 0 325 |
| 229 | 0 159 | 0 202 | 299 | 0 208 | 0 264 | 369 | 0 256 | 0 326 |
| 0,230 | 0 160 | 0 203 | 0,300 | 0 208 | 0 265 | 0,370 | 0 257 | 0 327 |
| 231 | 0 160 | 0 204 | 301 | 0 209 | 0 266 | 371 | 0 258 | 0 328 |
| 232 | 0 161 | 0 205 | 302 | 0 210 | 0 267 | 372 | 0 258 | 0 328 |
| 233 | 0 162 | 0 206 | 303 | 0 210 | 0 268 | 373 | 0 259 | 0 329 |
| 234 | 0 163 | 0 207 | 304 | 0 211 | 0 268 | 374 | 0 260 | 0 330 |
| 0,235 | 0 163 | 0 207 | 0,305 | 0 212 | 0 269 | 0,375 | 0 260 | 0 331 |
| 236 | 0 164 | 0 208 | 306 | 0 213 | 0 270 | 376 | 0 261 | 0 332 |
| 237 | 0 165 | 0 209 | 307 | 0 213 | 0 271 | 377 | 0 262 | 0 333 |
| 238 | 0 165 | 0 210 | 308 | 0 214 | 0 272 | 378 | 0 263 | 0 334 |
| 239 | 0 166 | 0 211 | 309 | 0 215 | 0 273 | 379 | 0 263 | 0 335 |
| 0,240 | 0 167 | 0 212 | 0,310 | 0 215 | 0 274 | 0,380 | 0 264 | 0 336 |
| 241 | 0 167 | 0 213 | 311 | 0 216 | 0 275 | 381 | 0 265 | 0 336 |
| 242 | 0 168 | 0 214 | 312 | 0 217 | 0 275 | 382 | 0 265 | 0 337 |
| 243 | 0 169 | 0 215 | 313 | 0 217 | 0 276 | 383 | 0 266 | 0 338 |
| 244 | 0 169 | 0 215 | 314 | 0 218 | 0 277 | 384 | 0 267 | 0 339 |
| 0,245 | 0 170 | 0 216 | 0,315 | 0 219 | 0 278 | 0,385 | 0 267 | 0 340 |
| 246 | 0 171 | 0 217 | 316 | 0 219 | 0 279 | 386 | 0 268 | 0 341 |
| 247 | 0 172 | 0 218 | 317 | 0 220 | 0 280 | 387 | 0 269 | 0 342 |
| 248 | 0 172 | 0 219 | 318 | 0 221 | 0 281 | 388 | 0 270 | 0 343 |
| 249 | 0 173 | 0 220 | 319 | 0 221 | 0 282 | 389 | 0 270 | 0 343 |
| 0,250 | 0 174 | 0 221 | 0,320 | 0 222 | 0 283 | 0,390 | 0 271 | 0 344 |
| 251 | 0 174 | 0 222 | 321 | 0 223 | 0 283 | 391 | 0 272 | 0 345 |
| 252 | 0 175 | 0 222 | 322 | 0 223 | 0 284 | 392 | 0 272 | 0 346 |
| 253 | 0 176 | 0 223 | 323 | 0 224 | 0 285 | 393 | 0 273 | 0 347 |
| 254 | 0 176 | 0 224 | 324 | 0 225 | 0 286 | 394 | 0 274 | 0 348 |
| 0,255 | 0 177 | 0 225 | 0,325 | 0 226 | 0 287 | 0,395 | 0 274 | 0 349 |
| 256 | 0 178 | 0 226 | 326 | 0 226 | 0 288 | 396 | 0 275 | 0 350 |
| 257 | 0 179 | 0 227 | 327 | 0 227 | 0 289 | 397 | 0 276 | 0 351 |
| 258 | 0 179 | 0 228 | 328 | 0 228 | 0 289 | 398 | 0 276 | 0 351 |
| 259 | 0 180 | 0 229 | 329 | 0 229 | 0 290 | 399 | 0 277 | 0 352 |
| 0,260 | 0 181 | 0 230 | 0,330 | 0 229 | 0 291 | 0,400 | 0 278 | 0 353 |
| 261 | 0 181 | 0 230 | 331 | 0 230 | 0 292 | 401 | 0 279 | 0 354 |
| 262 | 0 182 | 0 231 | 332 | 0 231 | 0 293 | 402 | 0 279 | 0 355 |
| 263 | 0 183 | 0 232 | 333 | 0 231 | 0 294 | 403 | 0 280 | 0 356 |
| 264 | 0 183 | 0 233 | 334 | 0 232 | 0 295 | 404 | 0 281 | 0 357 |
| 0,265 | 0 184 | 0 234 | 0,335 | 0 233 | 0 296 | 0,405 | 0 281 | 0 358 |
| 266 | 0 185 | 0 235 | 336 | 0 233 | 0 297 | 406 | 0 282 | 0 358 |
| 267 | 0 185 | 0 236 | 337 | 0 234 | 0 298 | 407 | 0 283 | 0 359 |
| 268 | 0 186 | 0 237 | 338 | 0 235 | 0 298 | 408 | 0 283 | 0 360 |
| 269 | 0 187 | 0 238 | 339 | 0 235 | 0 299 | 409 | 0 284 | 0 361 |
| 0,270 | 0 188 | 0 238 | 0,340 | 0 236 | 0 300 | 0,410 | 0 285 | 0 362 |
| 271 | 0 188 | 0 239 | 341 | 0 237 | 0 301 | 411 | 0 285 | 0 363 |
| 272 | 0 189 | 0 240 | 342 | 0 238 | 0 302 | 412 | 0 286 | 0 364 |
| 273 | 0 190 | 0 241 | 343 | 0 238 | 0 303 | 413 | 0 287 | 0 365 |
| 274 | 0 190 | 0 242 | 344 | 0 239 | 0 304 | 414 | 0 288 | 0 366 |
| 0,275 | 0 191 | 0 243 | 0,345 | 0 240 | 0 305 | 0,415 | 0 288 | 0 366 |
| 276 | 0 192 | 0 244 | 346 | 0 240 | 0 305 | 416 | 0 289 | 0 367 |
| 277 | 0 192 | 0 245 | 347 | 0 241 | 0 306 | 417 | 0 290 | 0 368 |
| 278 | 0 193 | 0 245 | 348 | 0 242 | 0 307 | 418 | 0 290 | 0 369 |
| 279 | 0 194 | 0 246 | 349 | 0 242 | 0 308 | 419 | 0 291 | 0 370 |
| 0,280 | 0 194 | 0 247 | 0,350 | 0 243 | 0 309 | 0,420 | 0 292 | 0 371 |
| 281 | 0 195 | 0 248 | 351 | 0 244 | 0 310 | 421 | 0 292 | 0 372 |
| 282 | 0 196 | 0 249 | 352 | 0 244 | 0 311 | 422 | 0 293 | 0 373 |
| 283 | 0 197 | 0 250 | 353 | 0 245 | 0 312 | 423 | 0 294 | 0 373 |
| 284 | 0 197 | 0 251 | 354 | 0 246 | 0 313 | 424 | 0 295 | 0 374 |
| 0,285 | 0 198 | 0 252 | 0,355 | 0 247 | 0 313 | 0,425 | 0 295 | 0 375 |
| 286 | 0 199 | 0 253 | 356 | 0 247 | 0 314 | 426 | 0 296 | 0 376 |
| 287 | 0 199 | 0 253 | 357 | 0 248 | 0 315 | 427 | 0 297 | 0 377 |
| 288 | 0 200 | 0 254 | 358 | 0 249 | 0 316 | 428 | 0 297 | 0 378 |
| 289 | 0 201 | 0 255 | 359 | 0 249 | 0 317 | 429 | 0 298 | 0 379 |



$E^2$

TABLES

# TABLES DE RÉDUCTION DES MÈTRES CUBES

En Tonneaux et millièmes de Tonneau, Français et Anglais ou Américains.



| MÈTRES cubes | TONNEAUX Fr. | TONNEAUX Ang. | MÈTRES cubes | TONNEAUX Fr. | TONNEAUX Ang. | MÈTRES cubes | TONNEAUX Fr. | TONNEAUX Ang. |
|---|---|---|---|---|---|---|---|---|
| 0,430 | 0 299 | 0 380 | 0,500 | 0 347 | 0 441 | 0,570 | 0 396 | 0 503 |
| 431 | 0 299 | 0 381 | 501 | 0 348 | 0 442 | 571 | 0 397 | 0 504 |
| 432 | 0 300 | 0 381 | 502 | 0 349 | 0 443 | 572 | 0 397 | 0 505 |
| 433 | 0 301 | 0 382 | 503 | 0 349 | 0 444 | 573 | 0 398 | 0 506 |
| 434 | 0 301 | 0 383 | 504 | 0 350 | 0 445 | 574 | 0 399 | 0 507 |
| 0,435 | 0 302 | 0 384 | 0,505 | 0 351 | 0 446 | 0,575 | 0 399 | 0 508 |
| 436 | 0 303 | 0 385 | 506 | 0 351 | 0 447 | 576 | 0 400 | 0 509 |
| 437 | 0 304 | 0 386 | 507 | 0 352 | 0 448 | 577 | 0 401 | 0 509 |
| 438 | 0 304 | 0 387 | 508 | 0 353 | 0 448 | 578 | 0 401 | 0 510 |
| 439 | 0 305 | 0 388 | 509 | 0 354 | 0 449 | 579 | 0 402 | 0 511 |
| 0,440 | 0 306 | 0 388 | 0,510 | 0 354 | 0 450 | 0,580 | 0 403 | 0 512 |
| 441 | 0 306 | 0 389 | 511 | 0 355 | 0 451 | 581 | 0 404 | 0 513 |
| 442 | 0 307 | 0 390 | 512 | 0 356 | 0 452 | 582 | 0 404 | 0 514 |
| 443 | 0 308 | 0 391 | 513 | 0 356 | 0 453 | 583 | 0 405 | 0 515 |
| 444 | 0 308 | 0 392 | 514 | 0 357 | 0 454 | 584 | 0 406 | 0 516 |
| 0,445 | 0 309 | 0 393 | 0,515 | 0 358 | 0 455 | 0,585 | 0 406 | 0 516 |
| 446 | 0 310 | 0 394 | 516 | 0 358 | 0 456 | 586 | 0 407 | 0 517 |
| 447 | 0 310 | 0 395 | 517 | 0 359 | 0 456 | 587 | 0 408 | 0 518 |
| 448 | 0 311 | 0 396 | 518 | 0 360 | 0 457 | 588 | 0 408 | 0 519 |
| 449 | 0 312 | 0 396 | 519 | 0 360 | 0 458 | 589 | 0 409 | 0 520 |
| 0,450 | 0 313 | 0 397 | 0,520 | 0 361 | 0 459 | 0,590 | 0 410 | 0 521 |
| 451 | 0 313 | 0 398 | 521 | 0 362 | 0 460 | 591 | 0 411 | 0 522 |
| 452 | 0 314 | 0 399 | 522 | 0 363 | 0 461 | 592 | 0 411 | 0 523 |
| 453 | 0 315 | 0 400 | 523 | 0 363 | 0 462 | 593 | 0 412 | 0 524 |
| 454 | 0 315 | 0 401 | 524 | 0 364 | 0 463 | 594 | 0 413 | 0 524 |
| 0,455 | 0 316 | 0 402 | 0,525 | 0 365 | 0 464 | 0,595 | 0 413 | 0 525 |
| 456 | 0 317 | 0 403 | 526 | 0 365 | 0 464 | 596 | 0 414 | 0 526 |
| 457 | 0 317 | 0 403 | 527 | 0 366 | 0 465 | 597 | 0 415 | 0 527 |
| 458 | 0 318 | 0 404 | 528 | 0 367 | 0 466 | 598 | 0 415 | 0 528 |
| 459 | 0 319 | 0 405 | 529 | 0 367 | 0 467 | 599 | 0 416 | 0 529 |
| 0,460 | 0 320 | 0 406 | 0,530 | 0 368 | 0 468 | 0,600 | 0 417 | 0 530 |
| 461 | 0 320 | 0 407 | 531 | 0 369 | 0 469 | 601 | 0 417 | 0 531 |
| 462 | 0 321 | 0 408 | 532 | 0 370 | 0 470 | 602 | 0 418 | 0 532 |
| 463 | 0 322 | 0 409 | 533 | 0 370 | 0 471 | 603 | 0 419 | 0 532 |
| 464 | 0 322 | 0 410 | 534 | 0 371 | 0 471 | 604 | 0 419 | 0 533 |
| 0,465 | 0 323 | 0 411 | 0,535 | 0 372 | 0 472 | 0,605 | 0 420 | 0 534 |
| 466 | 0 324 | 0 411 | 536 | 0 372 | 0 473 | 606 | 0 421 | 0 535 |
| 467 | 0 324 | 0 412 | 537 | 0 373 | 0 474 | 607 | 0 422 | 0 536 |
| 468 | 0 325 | 0 413 | 538 | 0 374 | 0 475 | 608 | 0 422 | 0 537 |
| 469 | 0 326 | 0 414 | 539 | 0 374 | 0 476 | 609 | 0 423 | 0 538 |
| 0,470 | 0 326 | 0 415 | 0,540 | 0 375 | 0 477 | 0,610 | 0 424 | 0 539 |
| 471 | 0 327 | 0 416 | 541 | 0 376 | 0 478 | 611 | 0 424 | 0 539 |
| 472 | 0 328 | 0 417 | 542 | 0 376 | 0 479 | 612 | 0 425 | 0 540 |
| 473 | 0 329 | 0 417 | 543 | 0 377 | 0 479 | 613 | 0 426 | 0 541 |
| 474 | 0 329 | 0 418 | 544 | 0 378 | 0 480 | 614 | 0 426 | 0 542 |
| 0,475 | 0 330 | 0 419 | 0,545 | 0 379 | 0 481 | 0,615 | 0 427 | 0 543 |
| 476 | 0 331 | 0 420 | 546 | 0 379 | 0 482 | 616 | 0 428 | 0 544 |
| 477 | 0 331 | 0 421 | 547 | 0 380 | 0 483 | 617 | 0 429 | 0 545 |
| 478 | 0 332 | 0 422 | 548 | 0 381 | 0 484 | 618 | 0 429 | 0 546 |
| 479 | 0 333 | 0 423 | 549 | 0 381 | 0 485 | 619 | 0 430 | 0 547 |
| 0,480 | 0 333 | 0 424 | 0,550 | 0 382 | 0 486 | 0,620 | 0 431 | 0 547 |
| 481 | 0 334 | 0 425 | 551 | 0 383 | 0 486 | 621 | 0 431 | 0 548 |
| 482 | 0 335 | 0 426 | 552 | 0 383 | 0 487 | 622 | 0 432 | 0 549 |
| 483 | 0 335 | 0 426 | 553 | 0 384 | 0 488 | 623 | 0 433 | 0 550 |
| 484 | 0 336 | 0 427 | 554 | 0 385 | 0 489 | 624 | 0 433 | 0 551 |
| 0,485 | 0 337 | 0 428 | 0,555 | 0 386 | 0 490 | 0,625 | 0 434 | 0 552 |
| 486 | 0 338 | 0 429 | 556 | 0 386 | 0 491 | 626 | 0 435 | 0 553 |
| 487 | 0 338 | 0 430 | 557 | 0 387 | 0 492 | 627 | 0 436 | 0 554 |
| 488 | 0 339 | 0 431 | 558 | 0 388 | 0 493 | 628 | 0 436 | 0 554 |
| 489 | 0 340 | 0 432 | 559 | 0 388 | 0 494 | 629 | 0 437 | 0 555 |
| 0,490 | 0 340 | 0 433 | 0,560 | 0 389 | 0 494 | 0,630 | 0 438 | 0 556 |
| 491 | 0 341 | 0 434 | 561 | 0 390 | 0 495 | 631 | 0 438 | 0 557 |
| 492 | 0 342 | 0 434 | 562 | 0 390 | 0 496 | 632 | 0 439 | 0 558 |
| 493 | 0 342 | 0 435 | 563 | 0 391 | 0 497 | 633 | 0 440 | 0 559 |
| 494 | 0 343 | 0 436 | 564 | 0 392 | 0 498 | 634 | 0 440 | 0 560 |
| 0,495 | 0 344 | 0 437 | 0,565 | 0 392 | 0 499 | 0,635 | 0 441 | 0 561 |
| 496 | 0 345 | 0 438 | 566 | 0 393 | 0 500 | 636 | 0 442 | 0 562 |
| 497 | 0 345 | 0 439 | 567 | 0 394 | 0 501 | 637 | 0 442 | 0 562 |
| 498 | 0 346 | 0 440 | 568 | 0 395 | 0 501 | 638 | 0 443 | 0 563 |
| 499 | 0 347 | 0 441 | 569 | 0 395 | 0 502 | 639 | 0 444 | 0 564 |

# TABLES DE RÉDUCTION DES MÈTRES CUBES
En Tonneaux et millièmes de Tonneau, Français et Anglais ou Américains.

| MÈTRES cubes | TONNEAUX Fr. | TONNEAUX Ang. | MÈTRES cubes | TONNEAUX Fr. | TONNEAUX Ang. | MÈTRES cubes | TONNEAUX Fr. | TONNEAUX Ang. |
|---|---|---|---|---|---|---|---|---|
| 0,640 | 0 445 | 0 565 | 0,710 | 0 493 | 0 627 | 0,780 | 0 542 | 0 689 |
| 641 | 0 445 | 0 566 | 711 | 0 494 | 0 628 | 781 | 0 542 | 0 690 |
| 642 | 0 446 | 0 567 | 712 | 0 495 | 0 629 | 782 | 0 543 | 0 690 |
| 643 | 0 447 | 0 568 | 713 | 0 495 | 0 630 | 783 | 0 544 | 0 691 |
| 644 | 0 447 | 0 569 | 714 | 0 496 | 0 630 | 784 | 0 545 | 0 692 |
| 0,645 | 0 448 | 0 569 | 0,715 | 0 497 | 0 631 | 0,785 | 0 545 | 0 693 |
| 646 | 0 449 | 0 570 | 716 | 0 497 | 0 632 | 786 | 0 546 | 0 694 |
| 647 | 0 449 | 0 571 | 717 | 0 498 | 0 633 | 787 | 0 547 | 0 695 |
| 648 | 0 450 | 0 572 | 718 | 0 499 | 0 634 | 788 | 0 547 | 0 696 |
| 649 | 0 451 | 0 573 | 719 | 0 499 | 0 635 | 789 | 0 548 | 0 697 |
| 0,650 | 0 451 | 0 574 | 0,720 | 0 500 | 0 636 | 0,790 | 0 549 | 0 697 |
| 651 | 0 452 | 0 575 | 721 | 0 501 | 0 637 | 791 | 0 549 | 0 698 |
| 652 | 0 453 | 0 576 | 722 | 0 502 | 0 637 | 792 | 0 550 | 0 699 |
| 653 | 0 454 | 0 577 | 723 | 0 502 | 0 638 | 793 | 0 551 | 0 700 |
| 654 | 0 454 | 0 577 | 724 | 0 503 | 0 639 | 794 | 0 552 | 0 701 |
| 0,655 | 0 455 | 0 578 | 0,725 | 0 504 | 0 640 | 0,795 | 0 552 | 0 702 |
| 656 | 0 456 | 0 579 | 726 | 0 504 | 0 641 | 796 | 0 553 | 0 703 |
| 657 | 0 456 | 0 580 | 727 | 0 505 | 0 642 | 797 | 0 554 | 0 704 |
| 658 | 0 457 | 0 581 | 728 | 0 506 | 0 643 | 798 | 0 554 | 0 705 |
| 659 | 0 458 | 0 582 | 729 | 0 506 | 0 644 | 799 | 0 555 | 0 705 |
| 0,660 | 0 458 | 0 583 | 0,730 | 0 507 | 0 645 | 0,800 | 0 556 | 0 706 |
| 661 | 0 459 | 0 584 | 731 | 0 508 | 0 645 | 801 | 0 556 | 0 707 |
| 662 | 0 460 | 0 584 | 732 | 0 508 | 0 646 | 802 | 0 557 | 0 708 |
| 663 | 0 461 | 0 585 | 733 | 0 509 | 0 647 | 803 | 0 558 | 0 709 |
| 664 | 0 461 | 0 586 | 734 | 0 510 | 0 648 | 804 | 0 558 | 0 710 |
| 0,665 | 0 462 | 0 587 | 0,735 | 0 511 | 0 649 | 0,805 | 0 559 | 0 711 |
| 666 | 0 463 | 0 588 | 736 | 0 511 | 0 650 | 806 | 0 560 | 0 712 |
| 667 | 0 463 | 0 589 | 737 | 0 512 | 0 651 | 807 | 0 561 | 0 713 |
| 668 | 0 464 | 0 590 | 738 | 0 513 | 0 652 | 808 | 0 561 | 0 713 |
| 669 | 0 465 | 0 591 | 739 | 0 513 | 0 652 | 809 | 0 562 | 0 714 |
| 0,670 | 0 465 | 0 592 | 0,740 | 0 514 | 0 653 | 0,810 | 0 563 | 0 715 |
| 671 | 0 466 | 0 592 | 741 | 0 515 | 0 654 | 811 | 0 563 | 0 716 |
| 672 | 0 467 | 0 593 | 742 | 0 515 | 0 655 | 812 | 0 564 | 0 717 |
| 673 | 0 467 | 0 594 | 743 | 0 516 | 0 656 | 813 | 0 565 | 0 718 |
| 674 | 0 468 | 0 595 | 744 | 0 517 | 0 657 | 814 | 0 565 | 0 719 |
| 0,675 | 0 469 | 0 596 | 0,745 | 0 517 | 0 658 | 0,815 | 0 566 | 0 720 |
| 676 | 0 470 | 0 597 | 746 | 0 518 | 0 659 | 816 | 0 567 | 0 720 |
| 677 | 0 470 | 0 598 | 747 | 0 519 | 0 660 | 817 | 0 567 | 0 721 |
| 678 | 0 471 | 0 599 | 748 | 0 520 | 0 660 | 818 | 0 568 | 0 722 |
| 679 | 0 472 | 0 599 | 749 | 0 520 | 0 661 | 819 | 0 569 | 0 723 |
| 0,680 | 0 472 | 0 600 | 0,750 | 0 521 | 0 662 | 0,820 | 0 570 | 0 724 |
| 681 | 0 473 | 0 601 | 751 | 0 522 | 0 663 | 821 | 0 570 | 0 725 |
| 682 | 0 474 | 0 602 | 752 | 0 522 | 0 664 | 822 | 0 571 | 0 726 |
| 683 | 0 474 | 0 603 | 753 | 0 523 | 0 665 | 823 | 0 572 | 0 727 |
| 684 | 0 475 | 0 604 | 754 | 0 524 | 0 666 | 824 | 0 572 | 0 728 |
| 0,685 | 0 476 | 0 605 | 0,755 | 0 524 | 0 667 | 0,825 | 0 573 | 0 728 |
| 686 | 0 476 | 0 606 | 756 | 0 525 | 0 667 | 826 | 0 574 | 0 720 |
| 687 | 0 477 | 0 607 | 757 | 0 526 | 0 668 | 827 | 0 574 | 0 730 |
| 688 | 0 478 | 0 607 | 758 | 0 527 | 0 669 | 828 | 0 575 | 0 731 |
| 689 | 0 479 | 0 608 | 759 | 0 527 | 0 670 | 829 | 0 576 | 0 732 |
| 0,690 | 0 479 | 0 609 | 0,760 | 0 528 | 0 671 | 0,830 | 0 577 | 0 733 |
| 691 | 0 480 | 0 610 | 761 | 0 529 | 0 672 | 831 | 0 577 | 0 734 |
| 692 | 0 481 | 0 611 | 762 | 0 529 | 0 673 | 832 | 0 578 | 0 735 |
| 693 | 0 481 | 0 612 | 763 | 0 530 | 0 674 | 833 | 0 579 | 0 735 |
| 694 | 0 482 | 0 613 | 764 | 0 531 | 0 675 | 834 | 0 579 | 0 736 |
| 0,695 | 0 483 | 0 614 | 0,765 | 0 531 | 0 675 | 0,835 | 0 580 | 0 737 |
| 696 | 0 483 | 0 614 | 766 | 0 532 | 0 676 | 836 | 0 581 | 0 738 |
| 697 | 0 484 | 0 615 | 767 | 0 533 | 0 677 | 837 | 0 581 | 0 739 |
| 698 | 0 485 | 0 616 | 768 | 0 533 | 0 678 | 838 | 0 582 | 0 740 |
| 699 | 0 486 | 0 617 | 769 | 0 534 | 0 679 | 839 | 0 583 | 0 741 |
| 0,700 | 0 486 | 0 618 | 0,770 | 0 535 | 0 680 | 0,840 | 0 583 | 0 742 |
| 701 | 0 487 | 0 619 | 771 | 0 536 | 0 681 | 841 | 0 584 | 0 743 |
| 702 | 0 488 | 0 620 | 772 | 0 536 | 0 682 | 842 | 0 585 | 0 743 |
| 703 | 0 488 | 0 621 | 773 | 0 537 | 0 682 | 843 | 0 586 | 0 744 |
| 704 | 0 489 | 0 622 | 774 | 0 538 | 0 683 | 844 | 0 586 | 0 745 |
| 0,705 | 0 490 | 0 622 | 0,775 | 0 538 | 0 684 | 0,845 | 0 587 | 0 746 |
| 706 | 0 490 | 0 623 | 776 | 0 539 | 0 685 | 846 | 0 588 | 0 747 |
| 707 | 0 491 | 0 624 | 777 | 0 540 | 0 686 | 847 | 0 588 | 0 748 |
| 708 | 0 492 | 0 625 | 778 | 0 540 | 0 687 | 848 | 0 589 | 0 749 |
| 709 | 0 492 | 0 626 | 779 | 0 541 | 0 688 | 849 | 0 590 | 0 750 |

# TABLES DE RÉDUCTION DES MÈTRES CUBES

En Tonneaux et millièmes de Tonneau, Français et Anglais ou Américains.

| MÈTRES cubes | TONNEAUX Fr. | TONNEAUX Ang. | MÈTRES cubes | TONNEAUX Fr. | TONNEAUX Ang. | MÈTRES cubes | TONNEAUX Fr. | TONNEAUX Ang. |
|---|---|---|---|---|---|---|---|---|
| 0,850 | 0 590 | 0 750 | 0,920 | 0 639 | 0 812 | 0,990 | 0 688 | 0 874 |
| 851 | 0 591 | 0 751 | 921 | 0 640 | 0 813 | 991 | 0 688 | 0 875 |
| 852 | 0 592 | 0 752 | 922 | 0 640 | 0 814 | 992 | 0 689 | 0 876 |
| 853 | 0 592 | 0 753 | 923 | 0 641 | 0 815 | 993 | 0 690 | 0 877 |
| 854 | 0 593 | 0 754 | 924 | 0 642 | 0 816 | 994 | 0 690 | 0 878 |
| 0,855 | 0 594 | 0 755 | 0,925 | 0 643 | 0 817 | 0,995 | 0 691 | 0 878 |
| 856 | 0 595 | 0 756 | 926 | 0 643 | 0 818 | 996 | 0 692 | 0 879 |
| 857 | 0 595 | 0 757 | 927 | 0 644 | 0 818 | 997 | 0 693 | 0 880 |
| 858 | 0 596 | 0 758 | 928 | 0 645 | 0 819 | 998 | 0 693 | 0 881 |
| 859 | 0 597 | 0 758 | 929 | 0 645 | 0 820 | 999 | 0 694 | 0 882 |
| 0,860 | 0 597 | 0 759 | 0,930 | 0 646 | 0 821 | 1,000 | 0 695 | 0 883 |
| 861 | 0 598 | 0 760 | 931 | 0 647 | 0 822 | 001 | 0 695 | 0 884 |
| 862 | 0 599 | 0 761 | 932 | 0 647 | 0 823 | 002 | 0 696 | 0 885 |
| 863 | 0 599 | 0 762 | 933 | 0 648 | 0 824 | 003 | 0 697 | 0 886 |
| 864 | 0 600 | 0 763 | 934 | 0 649 | 0 825 | 004 | 0 697 | 0 886 |
| 0,865 | 0 601 | 0 764 | 0,935 | 0 649 | 0 826 | 1,005 | 0 698 | 0 887 |
| 866 | 0 602 | 0 765 | 936 | 0 650 | 0 826 | 006 | 0 699 | 0 888 |
| 867 | 0 602 | 0 765 | 937 | 0 651 | 0 827 | 007 | 0 699 | 0 889 |
| 868 | 0 603 | 0 766 | 938 | 0 652 | 0 828 | 008 | 0 700 | 0 890 |
| 869 | 0 604 | 0 767 | 939 | 0 652 | 0 829 | 009 | 0 701 | 0 891 |
| 0,870 | 0 604 | 0 768 | 0,940 | 0 653 | 0 830 | 1,010 | 0 702 | 0 892 |
| 871 | 0 605 | 0 769 | 941 | 0 654 | 0 831 | 011 | 0 702 | 0 893 |
| 872 | 0 606 | 0 770 | 942 | 0 654 | 0 832 | 012 | 0 703 | 0 893 |
| 873 | 0 606 | 0 771 | 943 | 0 655 | 0 833 | 013 | 0 704 | 0 894 |
| 874 | 0 607 | 0 772 | 944 | 0 656 | 0 833 | 014 | 0 704 | 0 895 |
| 0,875 | 0 608 | 0 773 | 0,945 | 0 656 | 0 834 | 1,015 | 0 705 | 0 896 |
| 876 | 0 608 | 0 773 | 946 | 0 657 | 0 835 | 016 | 0 706 | 0 897 |
| 877 | 0 609 | 0 774 | 947 | 0 658 | 0 836 | 017 | 0 706 | 0 898 |
| 878 | 0 610 | 0 775 | 948 | 0 658 | 0 837 | 018 | 0 707 | 0 899 |
| 879 | 0 611 | 0 776 | 949 | 0 659 | 0 838 | 019 | 0 708 | 0 900 |
| 0,880 | 0 611 | 0 777 | 0,950 | 0 660 | 0 839 | 1,020 | 0 708 | 0 901 |
| 881 | 0 612 | 0 778 | 951 | 0 661 | 0 840 | 021 | 0 709 | 0 901 |
| 882 | 0 613 | 0 779 | 952 | 0 661 | 0 841 | 022 | 0 710 | 0 902 |
| 883 | 0 613 | 0 780 | 953 | 0 662 | 0 841 | 023 | 0 711 | 0 903 |
| 884 | 0 614 | 0 780 | 954 | 0 663 | 0 842 | 024 | 0 711 | 0 904 |
| 0,885 | 0 615 | 0 781 | 0,955 | 0 663 | 0 843 | 1,025 | 0 712 | 0 905 |
| 886 | 0 615 | 0 782 | 956 | 0 664 | 0 844 | 026 | 0 713 | 0 906 |
| 887 | 0 616 | 0 783 | 957 | 0 665 | 0 845 | 027 | 0 713 | 0 907 |
| 888 | 0 617 | 0 784 | 958 | 0 665 | 0 846 | 028 | 0 714 | 0 908 |
| 889 | 0 617 | 0 785 | 959 | 0 666 | 0 847 | 029 | 0 715 | 0 909 |
| 0,890 | 0 618 | 0 786 | 0,960 | 0 667 | 0 848 | 1,030 | 0 715 | 0 909 |
| 891 | 0 619 | 0 787 | 961 | 0 668 | 0 848 | 031 | 0 716 | 0 910 |
| 892 | 0 620 | 0 788 | 962 | 0 668 | 0 849 | 032 | 0 717 | 0 911 |
| 893 | 0 620 | 0 788 | 963 | 0 669 | 0 850 | 033 | 0 718 | 0 912 |
| 894 | 0 621 | 0 789 | 964 | 0 670 | 0 851 | 034 | 0 718 | 0 913 |
| 0,895 | 0 622 | 0 790 | 0,965 | 0 670 | 0 852 | 1,035 | 0 719 | 0 914 |
| 896 | 0 622 | 0 791 | 966 | 0 671 | 0 853 | 036 | 0 720 | 0 915 |
| 897 | 0 623 | 0 792 | 967 | 0 672 | 0 854 | 037 | 0 720 | 0 916 |
| 898 | 0 624 | 0 793 | 968 | 0 672 | 0 855 | 038 | 0 721 | 0 916 |
| 899 | 0 624 | 0 794 | 969 | 0 673 | 0 856 | 039 | 0 722 | 0 917 |
| 0,900 | 0 625 | 0 795 | 0,970 | 0 674 | 0 856 | 1,040 | 0 722 | 0 918 |
| 901 | 0 626 | 0 795 | 971 | 0 674 | 0 857 | 041 | 0 723 | 0 919 |
| 902 | 0 627 | 0 796 | 972 | 0 675 | 0 858 | 042 | 0 724 | 0 920 |
| 903 | 0 627 | 0 797 | 973 | 0 676 | 0 859 | 043 | 0 724 | 0 921 |
| 904 | 0 628 | 0 798 | 974 | 0 677 | 0 860 | 044 | 0 725 | 0 922 |
| 0,905 | 0 629 | 0 799 | 0,975 | 0 677 | 0 861 | 1,045 | 0 726 | 0 923 |
| 906 | 0 629 | 0 800 | 976 | 0 678 | 0 862 | 046 | 0 727 | 0 924 |
| 907 | 0 630 | 0 801 | 977 | 0 679 | 0 863 | 047 | 0 727 | 0 924 |
| 908 | 0 631 | 0 802 | 978 | 0 679 | 0 863 | 048 | 0 728 | 0 925 |
| 909 | 0 631 | 0 803 | 979 | 0 680 | 0 864 | 049 | 0 729 | 0 926 |
| 0,910 | 0 632 | 0 803 | 0,980 | 0 681 | 0 865 | 1,050 | 0 729 | 0 927 |
| 911 | 0 633 | 0 804 | 981 | 0 681 | 0 866 | 051 | 0 730 | 0 928 |
| 912 | 0 633 | 0 805 | 982 | 0 682 | 0 867 | 052 | 0 731 | 0 929 |
| 913 | 0 634 | 0 806 | 983 | 0 683 | 0 868 | 053 | 0 731 | 0 930 |
| 914 | 0 635 | 0 807 | 984 | 0 683 | 0 869 | 054 | 0 732 | 0 931 |
| 0,915 | 0 636 | 0 808 | 0,985 | 0 684 | 0 870 | 1,055 | 0 733 | 0 931 |
| 916 | 0 636 | 0 809 | 986 | 0 685 | 0 871 | 056 | 0 733 | 0 932 |
| 917 | 0 637 | 0 810 | 987 | 0 686 | 0 871 | 057 | 0 734 | 0 933 |
| 918 | 0 638 | 0 811 | 988 | 0 686 | 0 872 | 058 | 0 735 | 0 934 |
| 919 | 0 638 | 0 811 | 989 | 0 687 | 0 873 | 059 | 0 736 | 0 935 |

# TABLES DE RÉDUCTION DES MÈTRES CUBES

En Tonneaux et millièmes de Tonneau, Français et Anglais ou Américains.



| MÈTRES cubes | TONNEAUX Fr. | TONNEAUX Ang. | MÈTRES cubes | TONNEAUX Fr. | TONNEAUX Ang. | MÈTRES cubes | TONNEAUX Fr. | TONNEAUX Ang. |
|---|---|---|---|---|---|---|---|---|
| 1,060 | 0 736 | 0 936 | 1,130 | 0 785 | 0 998 | 1,200 | 0 834 | 1 059 |
| 061 | 0 737 | 0 937 | 131 | 0 786 | 0 999 | 201 | 0 834 | 1 060 |
| 062 | 0 738 | 0 938 | 132 | 0 786 | 0 999 | 202 | 0 835 | 1 061 |
| 063 | 0 738 | 0 939 | 133 | 0 787 | 1 000 | 203 | 0 836 | 1 062 |
| 064 | 0 739 | 0 939 | 134 | 0 788 | 1 001 | 204 | 0 836 | 1 063 |
| 1,065 | 0 740 | 0 940 | 1,135 | 0 788 | 1 002 | 1,205 | 0 837 | 1 064 |
| 066 | 0 740 | 0 941 | 136 | 0 789 | 1 003 | 206 | 0 838 | 1 065 |
| 067 | 0 741 | 0 942 | 137 | 0 790 | 1 004 | 207 | 0 838 | 1 066 |
| 068 | 0 742 | 0 943 | 138 | 0 790 | 1 005 | 208 | 0 839 | 1 067 |
| 069 | 0 743 | 0 944 | 139 | 0 791 | 1 006 | 209 | 0 840 | 1 067 |
| 1,070 | 0 743 | 0 945 | 1,140 | 0 792 | 1 007 | 1,210 | 0 840 | 1 068 |
| 071 | 0 744 | 0 946 | 141 | 0 793 | 1 007 | 211 | 0 841 | 1 069 |
| 072 | 0 745 | 0 946 | 142 | 0 793 | 1 008 | 212 | 0 842 | 1 070 |
| 073 | 0 745 | 0 947 | 143 | 0 794 | 1 009 | 213 | 0 843 | 1 071 |
| 074 | 0 746 | 0 948 | 144 | 0 795 | 1 010 | 214 | 0 843 | 1 072 |
| 1,075 | 0 747 | 0 949 | 1,145 | 0 795 | 1 011 | 1,215 | 0 844 | 1 073 |
| 076 | 0 747 | 0 950 | 146 | 0 796 | 1 012 | 216 | 0 845 | 1 074 |
| 077 | 0 748 | 0 951 | 147 | 0 797 | 1 013 | 217 | 0 845 | 1 074 |
| 078 | 0 749 | 0 952 | 148 | 0 797 | 1 014 | 218 | 0 846 | 1 075 |
| 079 | 0 749 | 0 953 | 149 | 0 798 | 1 014 | 219 | 0 847 | 1 076 |
| 1,080 | 0 750 | 0 954 | 1,150 | 0 799 | 1 015 | 1,220 | 0 847 | 1 077 |
| 081 | 0 751 | 0 954 | 151 | 0 799 | 1 016 | 221 | 0 848 | 1 078 |
| 082 | 0 752 | 0 955 | 152 | 0 800 | 1 017 | 222 | 0 849 | 1 079 |
| 083 | 0 752 | 0 956 | 153 | 0 801 | 1 018 | 223 | 0 849 | 1 080 |
| 084 | 0 753 | 0 957 | 154 | 0 802 | 1 019 | 224 | 0 850 | 1 081 |
| 1,085 | 0 754 | 0 958 | 1,155 | 0 802 | 1 020 | 1,225 | 0 851 | 1 082 |
| 086 | 0 754 | 0 959 | 156 | 0 803 | 1 021 | 226 | 0 852 | 1 082 |
| 087 | 0 755 | 0 960 | 157 | 0 804 | 1 022 | 227 | 0 852 | 1 083 |
| 088 | 0 756 | 0 961 | 158 | 0 804 | 1 022 | 228 | 0 853 | 1 084 |
| 089 | 0 756 | 0 961 | 159 | 0 805 | 1 023 | 229 | 0 854 | 1 085 |
| 1,090 | 0 757 | 0 962 | 1,160 | 0 806 | 1 024 | 1,230 | 0 854 | 1 086 |
| 091 | 0 758 | 0 963 | 161 | 0 806 | 1 025 | 231 | 0 855 | 1 087 |
| 092 | 0 759 | 0 964 | 162 | 0 807 | 1 026 | 232 | 0 856 | 1 088 |
| 093 | 0 759 | 0 965 | 163 | 0 808 | 1 027 | 233 | 0 856 | 1 089 |
| 094 | 0 760 | 0 966 | 164 | 0 809 | 1 028 | 234 | 0 857 | 1 089 |
| 1,095 | 0 761 | 0 967 | 1,165 | 0 809 | 1 029 | 1,235 | 0 858 | 1 090 |
| 096 | 0 761 | 0 968 | 166 | 0 810 | 1 029 | 236 | 0 859 | 1 091 |
| 097 | 0 762 | 0 969 | 167 | 0 811 | 1 030 | 237 | 0 859 | 1 092 |
| 098 | 0 763 | 0 969 | 168 | 0 811 | 1 031 | 238 | 0 860 | 1 093 |
| 099 | 0 763 | 0 970 | 169 | 0 812 | 1 032 | 239 | 0 861 | 1 094 |
| 1,100 | 0 764 | 0 971 | 1,170 | 0 813 | 1 033 | 1,240 | 0 861 | 1 095 |
| 101 | 0 765 | 0 972 | 171 | 0 813 | 1 034 | 241 | 0 862 | 1 096 |
| 102 | 0 765 | 0 973 | 172 | 0 814 | 1 035 | 242 | 0 863 | 1 097 |
| 103 | 0 766 | 0 974 | 173 | 0 815 | 1 036 | 243 | 0 863 | 1 097 |
| 104 | 0 767 | 0 975 | 174 | 0 815 | 1 037 | 244 | 0 864 | 1 098 |
| 1,105 | 0 768 | 0 976 | 1,175 | 0 816 | 1 037 | 1,245 | 0 865 | 1 099 |
| 106 | 0 768 | 0 977 | 176 | 0 817 | 1 038 | 246 | 0 865 | 1 100 |
| 107 | 0 769 | 0 977 | 177 | 0 818 | 1 039 | 247 | 0 866 | 1 101 |
| 108 | 0 770 | 0 978 | 178 | 0 818 | 1 040 | 248 | 0 867 | 1 102 |
| 109 | 0 770 | 0 979 | 179 | 0 819 | 1 041 | 249 | 0 868 | 1 103 |
| 1,110 | 0 771 | 0 980 | 1,180 | 0 820 | 1 042 | 1,250 | 0 868 | 1 104 |
| 111 | 0 772 | 0 981 | 181 | 0 820 | 1 043 | 251 | 0 869 | 1 105 |
| 112 | 0 772 | 0 982 | 182 | 0 821 | 1 044 | 252 | 0 870 | 1 105 |
| 113 | 0 773 | 0 983 | 183 | 0 822 | 1 044 | 253 | 0 870 | 1 106 |
| 114 | 0 774 | 0 984 | 184 | 0 822 | 1 045 | 254 | 0 871 | 1 107 |
| 1,115 | 0 774 | 0 984 | 1,185 | 0 823 | 1 046 | 1,255 | 0 872 | 1 108 |
| 116 | 0 775 | 0 985 | 186 | 0 824 | 1 047 | 256 | 0 872 | 1 109 |
| 117 | 0 776 | 0 986 | 187 | 0 824 | 1 048 | 257 | 0 873 | 1 110 |
| 118 | 0 777 | 0 987 | 188 | 0 825 | 1 049 | 258 | 0 874 | 1 111 |
| 119 | 0 777 | 0 988 | 189 | 0 826 | 1 050 | 259 | 0 875 | 1 112 |
| 1,120 | 0 778 | 0 989 | 1,190 | 0 827 | 1 051 | 1,260 | 0 875 | 1 112 |
| 121 | 0 779 | 0 990 | 191 | 0 827 | 1 052 | 261 | 0 876 | 1 113 |
| 122 | 0 779 | 0 991 | 192 | 0 828 | 1 052 | 262 | 0 877 | 1 114 |
| 123 | 0 780 | 0 991 | 193 | 0 829 | 1 053 | 263 | 0 877 | 1 115 |
| 124 | 0 781 | 0 992 | 194 | 0 829 | 1 054 | 264 | 0 878 | 1 116 |
| 1,125 | 0 781 | 0 993 | 1,195 | 0 830 | 1 055 | 1,265 | 0 879 | 1 117 |
| 126 | 0 782 | 0 994 | 196 | 0 831 | 1 056 | 266 | 0 879 | 1 118 |
| 127 | 0 783 | 0 995 | 197 | 0 831 | 1 057 | 267 | 0 880 | 1 119 |
| 128 | 0 784 | 0 996 | 198 | 0 832 | 1 058 | 268 | 0 881 | 1 120 |
| 129 | 0 784 | 0 997 | 199 | 0 833 | 1 059 | 269 | 0 881 | 1 120 |

# TABLES DE RÉDUCTION DES MÈTRES CUBES

En Tonneaux et millièmes de Tonneau, Français et Anglais ou Américains.



| MÈTRES cubes | TONNEAUX Fr. | TONNEAUX Ang. | MÈTRES cubes | TONNEAUX Fr. | TONNEAUX Ang. | MÈTRES cubes | TONNEAUX Fr. | TONNEAUX Ang. |
|---|---|---|---|---|---|---|---|---|
| 1,270 | 0 882 | 1 121 | 1,340 | 0 931 | 1 183 | 1,410 | 0 979 | 1 245 |
| 271 | 0 883 | 1 122 | 341 | 0 931 | 1 184 | 411 | 0 980 | 1 246 |
| 272 | 0 884 | 1 123 | 342 | 0 932 | 1 185 | 412 | 0 981 | 1 247 |
| 273 | 0 884 | 1 124 | 343 | 0 933 | 1 186 | 413 | 0 981 | 1 248 |
| 274 | 0 885 | 1 125 | 344 | 0 934 | 1 187 | 414 | 0 982 | 1 248 |
| 1,275 | 0 886 | 1 126 | 1,345 | 0 934 | 1 188 | 1,415 | 0 983 | 1 249 |
| 276 | 0 886 | 1 127 | 346 | 0 935 | 1 188 | 416 | 0 984 | 1 250 |
| 277 | 0 887 | 1 127 | 347 | 0 936 | 1 189 | 417 | 0 984 | 1 251 |
| 278 | 0 888 | 1 128 | 348 | 0 936 | 1 190 | 418 | 0 985 | 1 252 |
| 279 | 0 888 | 1 129 | 349 | 0 937 | 1 191 | 419 | 0 986 | 1 253 |
| 1,280 | 0 889 | 1 130 | 1,350 | 0 938 | 1 192 | 1,420 | 0 986 | 1 254 |
| 281 | 0 890 | 1 131 | 351 | 0 938 | 1 193 | 421 | 0 987 | 1 255 |
| 282 | 0 890 | 1 132 | 352 | 0 939 | 1 194 | 422 | 0 988 | 1 255 |
| 283 | 0 891 | 1 133 | 353 | 0 940 | 1 195 | 423 | 0 988 | 1 256 |
| 284 | 0 892 | 1 134 | 354 | 0 940 | 1 195 | 424 | 0 989 | 1 257 |
| 1,285 | 0 893 | 1 135 | 1,355 | 0 941 | 1 196 | 1,425 | 0 990 | 1 258 |
| 286 | 0 893 | 1 135 | 356 | 0 942 | 1 197 | 426 | 0 990 | 1 259 |
| 287 | 0 894 | 1 136 | 357 | 0 943 | 1 198 | 427 | 0 991 | 1 260 |
| 288 | 0 895 | 1 137 | 358 | 0 943 | 1 199 | 428 | 0 992 | 1 261 |
| 289 | 0 895 | 1 138 | 359 | 0 944 | 1 200 | 429 | 0 993 | 1 262 |
| 1,290 | 0 896 | 1 139 | 1,360 | 0 945 | 1 201 | 1,430 | 0 993 | 1 263 |
| 291 | 0 897 | 1 140 | 361 | 0 945 | 1 202 | 431 | 0 994 | 1 263 |
| 292 | 0 897 | 1 141 | 362 | 0 946 | 1 203 | 432 | 0 995 | 1 264 |
| 293 | 0 898 | 1 142 | 363 | 0 947 | 1 203 | 433 | 0 995 | 1 265 |
| 294 | 0 899 | 1 142 | 364 | 0 947 | 1 204 | 434 | 0 996 | 1 266 |
| 1,295 | 0 899 | 1 143 | 1,365 | 0 948 | 1 205 | 1,435 | 0 997 | 1 267 |
| 296 | 0 900 | 1 144 | 366 | 0 949 | 1 206 | 436 | 0 997 | 1 268 |
| 297 | 0 901 | 1 145 | 367 | 0 950 | 1 207 | 437 | 0 998 | 1 269 |
| 298 | 0 902 | 1 146 | 368 | 0 950 | 1 208 | 438 | 0 999 | 1 270 |
| 299 | 0 902 | 1 147 | 369 | 0 951 | 1 209 | 439 | 1 000 | 1 271 |
| 1,300 | 0 903 | 1 148 | 1,370 | 0 952 | 1 210 | 1,440 | 1 000 | 1 271 |
| 301 | 0 904 | 1 149 | 371 | 0 952 | 1 210 | 441 | 1 001 | 1 272 |
| 302 | 0 904 | 1 149 | 372 | 0 953 | 1 211 | 442 | 1 002 | 1 273 |
| 303 | 0 905 | 1 150 | 373 | 0 954 | 1 212 | 443 | 1 002 | 1 274 |
| 304 | 0 906 | 1 151 | 374 | 0 954 | 1 213 | 444 | 1 003 | 1 275 |
| 1,305 | 0 906 | 1 152 | 1,375 | 0 955 | 1 214 | 1,445 | 1 004 | 1 276 |
| 306 | 0 907 | 1 153 | 376 | 0 956 | 1 215 | 446 | 1 004 | 1 277 |
| 307 | 0 908 | 1 154 | 377 | 0 956 | 1 216 | 447 | 1 005 | 1 278 |
| 308 | 0 909 | 1 155 | 378 | 0 957 | 1 217 | 448 | 1 006 | 1 278 |
| 309 | 0 909 | 1 156 | 379 | 0 958 | 1 218 | 449 | 1 006 | 1 279 |
| 1,310 | 0 910 | 1 157 | 1,380 | 0 959 | 1 218 | 1,450 | 1 007 | 1 280 |
| 311 | 0 911 | 1 157 | 381 | 0 959 | 1 219 | 451 | 1 008 | 1 281 |
| 312 | 0 911 | 1 158 | 382 | 0 960 | 1 220 | 452 | 1 008 | 1 282 |
| 313 | 0 912 | 1 159 | 383 | 0 961 | 1 221 | 453 | 1 009 | 1 283 |
| 314 | 0 913 | 1 160 | 384 | 0 961 | 1 222 | 454 | 1 010 | 1 284 |
| 1,315 | 0 913 | 1 161 | 1,385 | 0 962 | 1 223 | 1,455 | 1 011 | 1 285 |
| 316 | 0 914 | 1 162 | 386 | 0 963 | 1 224 | 456 | 1 011 | 1 286 |
| 317 | 0 915 | 1 163 | 387 | 0 963 | 1 225 | 457 | 1 012 | 1 286 |
| 318 | 0 915 | 1 164 | 388 | 0 964 | 1 225 | 458 | 1 013 | 1 287 |
| 319 | 0 916 | 1 165 | 389 | 0 965 | 1 226 | 459 | 1 013 | 1 288 |
| 1,320 | 0 917 | 1 165 | 1,390 | 0 965 | 1 227 | 1,460 | 1 014 | 1 289 |
| 321 | 0 918 | 1 166 | 391 | 0 966 | 1 228 | 461 | 1 015 | 1 290 |
| 322 | 0 918 | 1 167 | 392 | 0 967 | 1 229 | 462 | 1 016 | 1 291 |
| 323 | 0 919 | 1 168 | 393 | 0 968 | 1 230 | 463 | 1 016 | 1 292 |
| 324 | 0 920 | 1 169 | 394 | 0 968 | 1 231 | 464 | 1 017 | 1 293 |
| 1,325 | 0 920 | 1 170 | 1,395 | 0 969 | 1 232 | 1,465 | 1 018 | 1 293 |
| 326 | 0 921 | 1 171 | 396 | 0 970 | 1 233 | 466 | 1 018 | 1 294 |
| 327 | 0 922 | 1 172 | 397 | 0 970 | 1 233 | 467 | 1 019 | 1 295 |
| 328 | 0 922 | 1 172 | 398 | 0 971 | 1 234 | 468 | 1 020 | 1 296 |
| 329 | 0 923 | 1 173 | 399 | 0 972 | 1 235 | 469 | 1 020 | 1 297 |
| 1,330 | 0 924 | 1 174 | 1,400 | 0 972 | 1 236 | 1,470 | 1 021 | 1 298 |
| 331 | 0 925 | 1 175 | 401 | 0 973 | 1 237 | 471 | 1 022 | 1 299 |
| 332 | 0 925 | 1 176 | 402 | 0 974 | 1 238 | 472 | 1 022 | 1 300 |
| 333 | 0 926 | 1 177 | 403 | 0 975 | 1 239 | 473 | 1 023 | 1 301 |
| 334 | 0 927 | 1 178 | 404 | 0 975 | 1 240 | 474 | 1 024 | 1 301 |
| 1,335 | 0 927 | 1 179 | 1,405 | 0 976 | 1 240 | 1,475 | 1 025 | 1 302 |
| 336 | 0 928 | 1 180 | 406 | 0 977 | 1 241 | 476 | 1 025 | 1 303 |
| 337 | 0 929 | 1 180 | 407 | 0 977 | 1 242 | 477 | 1 026 | 1 304 |
| 338 | 0 929 | 1 181 | 408 | 0 978 | 1 243 | 478 | 1 027 | 1 305 |
| 339 | 0 930 | 1 182 | 409 | 0 979 | 1 244 | 479 | 1 027 | 1 306 |

# TABLES DE RÉDUCTION DES MÈTRES CUBES
En Tonneaux et millièmes de Tonneau, Français et Anglais ou Américains.

| MÈTRES cubes | TONNEAUX Fr. | TONNEAUX Ang. | MÈTRES cubes | TONNEAUX Fr. | TONNEAUX Ang. | MÈTRES cubes | TONNEAUX Fr. | TONNEAUX Ang. |
|---|---|---|---|---|---|---|---|---|
| 1,480 | 1 028 | 1 307 | 1,550 | 1 077 | 1 368 | 1,620 | 1 125 | 1 430 |
| 481 | 1 029 | 1 308 | 551 | 1 077 | 1 369 | 621 | 1 126 | 1 431 |
| 482 | 1 029 | 1 308 | 552 | 1 078 | 1 370 | 622 | 1 127 | 1 432 |
| 483 | 1 030 | 1 309 | 553 | 1 079 | 1 371 | 623 | 1 127 | 1 433 |
| 484 | 1 031 | 1 310 | 554 | 1 079 | 1 372 | 624 | 1 128 | 1 434 |
| 1,485 | 1 031 | 1 311 | 1,555 | 1 080 | 1 373 | 1,625 | 1 129 | 1 435 |
| 486 | 1 032 | 1 312 | 556 | 1 081 | 1 374 | 626 | 1 129 | 1 436 |
| 487 | 1 033 | 1 313 | 557 | 1 081 | 1 375 | 627 | 1 130 | 1 436 |
| 488 | 1 034 | 1 314 | 558 | 1 082 | 1 376 | 628 | 1 131 | 1 437 |
| 489 | 1 034 | 1 315 | 559 | 1 083 | 1 376 | 629 | 1 132 | 1 438 |
| 1,490 | 1 035 | 1 316 | 1,560 | 1 084 | 1 377 | 1,630 | 1 132 | 1 439 |
| 491 | 1 036 | 1 316 | 561 | 1 084 | 1 378 | 631 | 1 133 | 1 440 |
| 492 | 1 036 | 1 317 | 562 | 1 085 | 1 379 | 632 | 1 134 | 1 441 |
| 493 | 1 037 | 1 318 | 563 | 1 086 | 1 380 | 633 | 1 134 | 1 442 |
| 494 | 1 038 | 1 319 | 564 | 1 086 | 1 381 | 634 | 1 135 | 1 443 |
| 1,495 | 1 039 | 1 320 | 1,565 | 1 087 | 1 382 | 1,635 | 1 136 | 1 444 |
| 496 | 1 039 | 1 321 | 566 | 1 088 | 1 383 | 636 | 1 136 | 1 444 |
| 497 | 1 040 | 1 322 | 567 | 1 088 | 1 384 | 637 | 1 137 | 1 445 |
| 498 | 1 041 | 1 323 | 568 | 1 089 | 1 384 | 638 | 1 138 | 1 446 |
| 499 | 1 041 | 1 323 | 569 | 1 090 | 1 385 | 639 | 1 138 | 1 447 |
| 1,500 | 1 042 | 1 324 | 1,570 | 1 091 | 1 386 | 1,640 | 1 139 | 1 448 |
| 501 | 1 043 | 1 325 | 571 | 1 091 | 1 387 | 641 | 1 140 | 1 449 |
| 502 | 1 043 | 1 326 | 572 | 1 092 | 1 388 | 642 | 1 141 | 1 450 |
| 503 | 1 044 | 1 327 | 573 | 1 093 | 1 389 | 643 | 1 141 | 1 451 |
| 504 | 1 045 | 1 328 | 574 | 1 093 | 1 390 | 644 | 1 142 | 1 451 |
| 1,505 | 1 045 | 1 329 | 1,575 | 1 094 | 1 391 | 1,645 | 1 143 | 1 452 |
| 506 | 1 046 | 1 330 | 576 | 1 095 | 1 391 | 646 | 1 143 | 1 453 |
| 507 | 1 047 | 1 331 | 577 | 1 095 | 1 392 | 647 | 1 144 | 1 454 |
| 508 | 1 047 | 1 331 | 578 | 1 096 | 1 393 | 648 | 1 145 | 1 455 |
| 509 | 1 048 | 1 332 | 579 | 1 097 | 1 394 | 649 | 1 145 | 1 456 |
| 1,510 | 1 049 | 1 333 | 1,580 | 1 097 | 1 395 | 1,650 | 1 146 | 1 457 |
| 511 | 1 050 | 1 334 | 581 | 1 098 | 1 396 | 651 | 1 147 | 1 458 |
| 512 | 1 050 | 1 335 | 582 | 1 099 | 1 397 | 652 | 1 147 | 1 459 |
| 513 | 1 051 | 1 336 | 583 | 1 100 | 1 398 | 653 | 1 148 | 1 459 |
| 514 | 1 052 | 1 337 | 584 | 1 100 | 1 399 | 654 | 1 149 | 1 460 |
| 1,515 | 1 052 | 1 338 | 1,585 | 1 101 | 1 399 | 1,655 | 1 150 | 1 461 |
| 516 | 1 053 | 1 338 | 586 | 1 102 | 1 400 | 656 | 1 150 | 1 462 |
| 517 | 1 054 | 1 339 | 587 | 1 102 | 1 401 | 657 | 1 151 | 1 463 |
| 518 | 1 054 | 1 340 | 588 | 1 103 | 1 402 | 658 | 1 152 | 1 464 |
| 519 | 1 055 | 1 341 | 589 | 1 104 | 1 403 | 659 | 1 152 | 1 465 |
| 1,520 | 1 056 | 1 342 | 1,590 | 1 104 | 1 404 | 1,660 | 1 153 | 1 466 |
| 521 | 1 056 | 1 343 | 591 | 1 105 | 1 405 | 661 | 1 154 | 1 466 |
| 522 | 1 057 | 1 344 | 592 | 1 106 | 1 406 | 662 | 1 154 | 1 467 |
| 523 | 1 058 | 1 345 | 593 | 1 106 | 1 406 | 663 | 1 155 | 1 468 |
| 524 | 1 059 | 1 346 | 594 | 1 107 | 1 407 | 664 | 1 156 | 1 469 |
| 1,525 | 1 059 | 1 346 | 1,595 | 1 108 | 1 408 | 1,665 | 1 157 | 1 470 |
| 526 | 1 060 | 1 347 | 596 | 1 109 | 1 409 | 666 | 1 157 | 1 471 |
| 527 | 1 061 | 1 348 | 597 | 1 109 | 1 410 | 667 | 1 158 | 1 472 |
| 528 | 1 061 | 1 349 | 598 | 1 110 | 1 411 | 668 | 1 159 | 1 473 |
| 529 | 1 062 | 1 350 | 599 | 1 111 | 1 412 | 669 | 1 159 | 1 474 |
| 1,530 | 1 063 | 1 351 | 1,600 | 1 111 | 1 413 | 1,670 | 1 160 | 1 474 |
| 531 | 1 063 | 1 352 | 601 | 1 112 | 1 414 | 671 | 1 161 | 1 475 |
| 532 | 1 064 | 1 353 | 602 | 1 113 | 1 414 | 672 | 1 161 | 1 476 |
| 533 | 1 065 | 1 353 | 603 | 1 113 | 1 415 | 673 | 1 162 | 1 477 |
| 534 | 1 066 | 1 354 | 604 | 1 114 | 1 416 | 674 | 1 163 | 1 478 |
| 1,535 | 1 066 | 1 355 | 1,605 | 1 115 | 1 417 | 1,675 | 1 163 | 1 479 |
| 536 | 1 067 | 1 356 | 606 | 1 116 | 1 418 | 676 | 1 164 | 1 480 |
| 537 | 1 068 | 1 357 | 607 | 1 116 | 1 419 | 677 | 1 165 | 1 481 |
| 538 | 1 068 | 1 358 | 608 | 1 117 | 1 420 | 678 | 1 166 | 1 482 |
| 539 | 1 069 | 1 359 | 609 | 1 118 | 1 421 | 679 | 1 166 | 1 482 |
| 1,540 | 1 070 | 1 360 | 1,610 | 1 118 | 1 421 | 1,680 | 1 167 | 1 483 |
| 541 | 1 070 | 1 361 | 611 | 1 119 | 1 422 | 681 | 1 168 | 1 484 |
| 542 | 1 071 | 1 361 | 612 | 1 120 | 1 423 | 682 | 1 168 | 1 485 |
| 543 | 1 072 | 1 362 | 613 | 1 120 | 1 424 | 683 | 1 169 | 1 486 |
| 544 | 1 072 | 1 363 | 614 | 1 121 | 1 425 | 684 | 1 170 | 1 487 |
| 1,545 | 1 073 | 1 364 | 1,615 | 1 122 | 1 426 | 1,685 | 1 170 | 1 488 |
| 546 | 1 074 | 1 365 | 616 | 1 122 | 1 427 | 686 | 1 171 | 1 489 |
| 547 | 1 075 | 1 366 | 617 | 1 123 | 1 428 | 687 | 1 172 | 1 489 |
| 548 | 1 075 | 1 367 | 618 | 1 124 | 1 429 | 688 | 1 172 | 1 490 |
| 549 | 1 076 | 1 368 | 619 | 1 125 | 1 429 | 689 | 1 173 | 1 491 |

# TABLES DE RÉDUCTION DES MÈTRES CUBES

En Tonneaux et millièmes de Tonneau, Français et Anglais ou Américains.

| Mètres cubes | Fr. | Ang. | Mètres cubes | Fr. | Ang. | Mètres cubes | Fr. | Ang. |
|---|---|---|---|---|---|---|---|---|
| 1,690 | 1 174 | 1 492 | 1,760 | 1 222 | 1 554 | 1,830 | 1 271 | 1 616 |
| 691 | 1 175 | 1 493 | 761 | 1 223 | 1 555 | 831 | 1 272 | 1 617 |
| 692 | 1 175 | 1 494 | 762 | 1 224 | 1 556 | 832 | 1 273 | 1 617 |
| 693 | 1 176 | 1 495 | 763 | 1 225 | 1 557 | 833 | 1 273 | 1 618 |
| 694 | 1 177 | 1 496 | 764 | 1 225 | 1 557 | 834 | 1 274 | 1 619 |
| 1,695 | 1 177 | 1 497 | 1,765 | 1 226 | 1 558 | 1,835 | 1 275 | 1 620 |
| 696 | 1 178 | 1 497 | 766 | 1 227 | 1 559 | 836 | 1 275 | 1 621 |
| 697 | 1 179 | 1 498 | 767 | 1 227 | 1 560 | 837 | 1 276 | 1 622 |
| 698 | 1 179 | 1 499 | 768 | 1 228 | 1 561 | 838 | 1 277 | 1 623 |
| 699 | 1 180 | 1 500 | 769 | 1 229 | 1 562 | 839 | 1 277 | 1 624 |
| 1,700 | 1 181 | 1 501 | 1,770 | 1 229 | 1 563 | 1,840 | 1 278 | 1 625 |
| 701 | 1 182 | 1 502 | 771 | 1 230 | 1 564 | 841 | 1 279 | 1 625 |
| 702 | 1 182 | 1 503 | 772 | 1 231 | 1 564 | 842 | 1 279 | 1 626 |
| 703 | 1 183 | 1 504 | 773 | 1 232 | 1 565 | 843 | 1 280 | 1 627 |
| 704 | 1 184 | 1 504 | 774 | 1 232 | 1 566 | 844 | 1 281 | 1 628 |
| 1,705 | 1 184 | 1 505 | 1,775 | 1 233 | 1 567 | 1,845 | 1 282 | 1 629 |
| 706 | 1 185 | 1 506 | 776 | 1 234 | 1 568 | 846 | 1 282 | 1 630 |
| 707 | 1 186 | 1 507 | 777 | 1 234 | 1 569 | 847 | 1 283 | 1 631 |
| 708 | 1 186 | 1 508 | 778 | 1 235 | 1 570 | 848 | 1 284 | 1 632 |
| 709 | 1 187 | 1 509 | 779 | 1 236 | 1 571 | 849 | 1 284 | 1 632 |
| 1,710 | 1 188 | 1 510 | 1,780 | 1 236 | 1 572 | 1,850 | 1 285 | 1 633 |
| 711 | 1 188 | 1 511 | 781 | 1 237 | 1 572 | 851 | 1 286 | 1 634 |
| 712 | 1 189 | 1 512 | 782 | 1 238 | 1 573 | 852 | 1 286 | 1 635 |
| 713 | 1 190 | 1 512 | 783 | 1 238 | 1 574 | 853 | 1 287 | 1 636 |
| 714 | 1 191 | 1 513 | 784 | 1 239 | 1 575 | 854 | 1 288 | 1 637 |
| 1,715 | 1 191 | 1 514 | 1,785 | 1 240 | 1 576 | 1,855 | 1 288 | 1 638 |
| 716 | 1 192 | 1 515 | 786 | 1 241 | 1 577 | 856 | 1 289 | 1 639 |
| 717 | 1 193 | 1 516 | 787 | 1 241 | 1 578 | 857 | 1 290 | 1 640 |
| 718 | 1 193 | 1 517 | 788 | 1 242 | 1 579 | 858 | 1 291 | 1 640 |
| 719 | 1 194 | 1 518 | 789 | 1 243 | 1 580 | 859 | 1 291 | 1 641 |
| 1,720 | 1 195 | 1 519 | 1,790 | 1 243 | 1 580 | 1,860 | 1 292 | 1 642 |
| 721 | 1 195 | 1 519 | 791 | 1 244 | 1 581 | 861 | 1 293 | 1 643 |
| 722 | 1 196 | 1 520 | 792 | 1 245 | 1 582 | 862 | 1 293 | 1 644 |
| 723 | 1 197 | 1 521 | 793 | 1 245 | 1 583 | 863 | 1 294 | 1 645 |
| 724 | 1 197 | 1 522 | 794 | 1 246 | 1 584 | 864 | 1 295 | 1 646 |
| 1,725 | 1 198 | 1 523 | 1,795 | 1 247 | 1 585 | 1,865 | 1 295 | 1 647 |
| 726 | 1 199 | 1 524 | 796 | 1 248 | 1 586 | 866 | 1 296 | 1 647 |
| 727 | 1 200 | 1 525 | 797 | 1 248 | 1 587 | 867 | 1 297 | 1 648 |
| 728 | 1 200 | 1 526 | 798 | 1 249 | 1 587 | 868 | 1 298 | 1 649 |
| 729 | 1 201 | 1 527 | 799 | 1 250 | 1 588 | 869 | 1 298 | 1 650 |
| 1,730 | 1 202 | 1 527 | 1,800 | 1 250 | 1 589 | 1,870 | 1 299 | 1 651 |
| 731 | 1 202 | 1 528 | 801 | 1 251 | 1 590 | 871 | 1 300 | 1 652 |
| 732 | 1 203 | 1 529 | 802 | 1 252 | 1 591 | 872 | 1 300 | 1 653 |
| 733 | 1 204 | 1 530 | 803 | 1 252 | 1 592 | 873 | 1 301 | 1 654 |
| 734 | 1 204 | 1 531 | 804 | 1 253 | 1 593 | 874 | 1 302 | 1 655 |
| 1,735 | 1 205 | 1 532 | 1,805 | 1 254 | 1 594 | 1,875 | 1 302 | 1 655 |
| 736 | 1 206 | 1 533 | 806 | 1 254 | 1 595 | 876 | 1 303 | 1 656 |
| 737 | 1 207 | 1 534 | 807 | 1 255 | 1 595 | 877 | 1 304 | 1 657 |
| 738 | 1 207 | 1 534 | 808 | 1 256 | 1 596 | 878 | 1 304 | 1 658 |
| 739 | 1 208 | 1 535 | 809 | 1 257 | 1 597 | 879 | 1 305 | 1 659 |
| 1,740 | 1 209 | 1 536 | 1,810 | 1 257 | 1 598 | 1,880 | 1 306 | 1 660 |
| 741 | 1 209 | 1 537 | 811 | 1 258 | 1 599 | 881 | 1 307 | 1 661 |
| 742 | 1 210 | 1 538 | 812 | 1 259 | 1 600 | 882 | 1 307 | 1 662 |
| 743 | 1 211 | 1 539 | 813 | 1 259 | 1 601 | 883 | 1 308 | 1 663 |
| 744 | 1 211 | 1 540 | 814 | 1 260 | 1 602 | 884 | 1 309 | 1 663 |
| 1,745 | 1 212 | 1 541 | 1,815 | 1 261 | 1 602 | 1,885 | 1 309 | 1 664 |
| 746 | 1 213 | 1 542 | 816 | 1 261 | 1 603 | 886 | 1 310 | 1 665 |
| 747 | 1 213 | 1 542 | 817 | 1 262 | 1 604 | 887 | 1 311 | 1 666 |
| 748 | 1 214 | 1 543 | 818 | 1 263 | 1 605 | 888 | 1 312 | 1 667 |
| 749 | 1 215 | 1 544 | 819 | 1 263 | 1 606 | 889 | 1 312 | 1 668 |
| 1,750 | 1 216 | 1 545 | 1,820 | 1 264 | 1 607 | 1,890 | 1 313 | 1 669 |
| 751 | 1 216 | 1 546 | 821 | 1 265 | 1 608 | 891 | 1 314 | 1 670 |
| 752 | 1 217 | 1 547 | 822 | 1 266 | 1 609 | 892 | 1 314 | 1 670 |
| 753 | 1 218 | 1 548 | 823 | 1 266 | 1 610 | 893 | 1 315 | 1 671 |
| 754 | 1 218 | 1 549 | 824 | 1 267 | 1 610 | 894 | 1 316 | 1 672 |
| 1,755 | 1 219 | 1 549 | 1,825 | 1 268 | 1 611 | 1,895 | 1 316 | 1 673 |
| 756 | 1 220 | 1 550 | 826 | 1 268 | 1 612 | 896 | 1 317 | 1 674 |
| 757 | 1 220 | 1 551 | 827 | 1 269 | 1 613 | 897 | 1 318 | 1 675 |
| 758 | 1 221 | 1 552 | 828 | 1 270 | 1 614 | 898 | 1 318 | 1 676 |
| 759 | 1 222 | 1 553 | 829 | 1 270 | 1 615 | 899 | 1 319 | 1 677 |

# TABLES DE RÉDUCTION DES MÈTRES CUBES

En Tonneaux et millièmes de Tonneau, Français et Anglais ou Américains.

| MÈTRES cubes | TONNEAUX | | MÈTRES cubes | TONNEAUX | | MÈTRES cubes | TONNEAUX | |
|---|---|---|---|---|---|---|---|---|
| | Fr. | Ang. | | Fr. | Ang. | | Fr. | Ang. |
| 1,900 | 1 320 | 1 678 | 1, 940 | 1 348 | 1 713 | 1,980 | 1 375 | 1 748 |
| 901 | 1 320 | 1 678 | 941 | 1 348 | 1 714 | 981 | 1 376 | 1 749 |
| 902 | 1 321 | 1 679 | 942 | 1 349 | 1 715 | 982 | 1 377 | 1 750 |
| 903 | 1 322 | 1 680 | 943 | 1 350 | 1 716 | 983 | 1 377 | 1 751 |
| 904 | 1 323 | 1 681 | 944 | 1 350 | 1 716 | 984 | 1 378 | 1 752 |
| 1,905 | 1 323 | 1 682 | 1,945 | 1 351 | 1 717 | 1,985 | 1 379 | 1 753 |
| 906 | 1 324 | 1 683 | 946 | 1 352 | 1 718 | 986 | 1 379 | 1 753 |
| 907 | 1 325 | 1 684 | 947 | 1 352 | 1 719 | 987 | 1 380 | 1 754 |
| 908 | 1 325 | 1 685 | 948 | 1 353 | 1 720 | 988 | 1 381 | 1 755 |
| 909 | 1 326 | 1 685 | 949 | 1 354 | 1 721 | 989 | 1 382 | 1 756 |
| 1,910 | 1 327 | 1 686 | 1,950 | 1 354 | 1 722 | 1,990 | 1 382 | 1 757 |
| 911 | 1 327 | 1 687 | 951 | 1 355 | 1 723 | 991 | 1 383 | 1 758 |
| 912 | 1 328 | 1 688 | 952 | 1 356 | 1 723 | 992 | 1 384 | 1 759 |
| 913 | 1 329 | 1 689 | 953 | 1 357 | 1 724 | 993 | 1 384 | 1 760 |
| 914 | 1 329 | 1 690 | 954 | 1 357 | 1 725 | 994 | 1 385 | 1 761 |
| 1,915 | 1 330 | 1 691 | 1,955 | 1 358 | 1 726 | 1,995 | 1 386 | 1 761 |
| 916 | 1 331 | 1 692 | 956 | 1 359 | 1 727 | 996 | 1 386 | 1 762 |
| 917 | 1 332 | 1 693 | 957 | 1 359 | 1 728 | 997 | 1 387 | 1 763 |
| 918 | 1 332 | 1 693 | 958 | 1 360 | 1 729 | 998 | 1 388 | 1 764 |
| 919 | 1 333 | 1 694 | 959 | 1 361 | 1 730 | 999 | 1 389 | 1 765 |
| 1,920 | 1 334 | 1 695 | 1,960 | 1 361 | 1 730 | | | |
| 921 | 1 334 | 1 696 | 961 | 1 362 | 1 731 | | | |
| 922 | 1 335 | 1 697 | 962 | 1 363 | 1 732 | 2, 000 | 1 389 | 1 766 |
| 923 | 1 336 | 1 698 | 963 | 1 363 | 1 733 | | | |
| 924 | 1 336 | 1 699 | 964 | 1 364 | 1 734 | 3, 000 | 2 084 | 2 649 |
| 1,925 | 1 337 | 1 700 | 1,965 | 1 365 | 1 735 | | | |
| 926 | 1 338 | 1 700 | 966 | 1 366 | 1 736 | 4, 000 | 2 778 | 3 532 |
| 927 | 1 338 | 1 701 | 967 | 1 366 | 1 737 | | | |
| 928 | 1 339 | 1 702 | 968 | 1 367 | 1 738 | 5, 000 | 3 473 | 4 415 |
| 929 | 1 340 | 1 703 | 969 | 1 368 | 1 738 | | | |
| 1,930 | 1 341 | 1 704 | 1,970 | 1 368 | 1 739 | 6, 000 | 4 168 | 5 297 |
| 931 | 1 341 | 1 705 | 971 | 1 369 | 1 740 | | | |
| 932 | 1 342 | 1 706 | 972 | 1 370 | 1 741 | 7, 000 | 4 862 | 6 180 |
| 933 | 1 343 | 1 707 | 973 | 1 370 | 1 742 | | | |
| 934 | 1 343 | 1 708 | 974 | 1 371 | 1 743 | 8, 000 | 5 557 | 7 063 |
| 1,935 | 1 344 | 1 708 | 1,975 | 1 372 | 1 744 | | | |
| 936 | 1 345 | 1 709 | 976 | 1 373 | 1 745 | 9, 000 | 6 251 | 7 946 |
| 937 | 1 345 | 1 710 | 977 | 1 373 | 1 745 | | | |
| 938 | 1 346 | 1 711 | 978 | 1 374 | 1 746 | | | |
| 959 | 1 347 | 1 712 | 979 | 1 375 | 1 747 | 10, 000 | 6 946 | 8 829 |

*Nota.* — Pour éviter la confusion inséparable d'un grand nombre de chiffres, nous n'avons pas poussé les Tables de réduction plus loin que 2 Mètres cubes, de millième en millième ou de décimètre cube en décimètre cube. Comme peu de colis excèdent ce volume, on pourra toujours, au moyen d'une simple addition, obtenir la réduction en Tonneaux Français ou Anglais

Soit, par exemple, un colis dont le cubage est 5$^m$,422 et qu'on veut réduire en Tonneau Français, on décompose ce nombre en 4$^m$ et 1,422 : pour 4 Mètres on obtient 2,778, et pour 1,422 on trouve 0,988. En additionnant ces deux résultats, on a 3$^t$,766, correspondant à 5 Mètres cubes 422 millièmes.

[illegible table]

[illegible]